荆州水利志

（下 册）

《荆州水利志》编纂委员会 编

中国水利水电出版社
www.waterpub.com.cn
·北京·

图书在版编目（ＣＩＰ）数据

荆州水利志 / 《荆州水利志》编纂委员会编. -- 北
京：中国水利水电出版社，2016.12
ISBN 978-7-5170-5086-5

Ⅰ．①荆… Ⅱ．①荆… Ⅲ．①水利史－荆州 Ⅳ.
①TV-092

中国版本图书馆CIP数据核字(2016)第323188号

书　　名	**荆州水利志（下册）** JINGZHOU SHUILI ZHI
作　　者	《荆州水利志》编纂委员会　编
出版发行	中国水利水电出版社 （北京市海淀区玉渊潭南路1号D座　100038） 网址：www.waterpub.com.cn E-mail：sales@waterpub.com.cn 电话：(010) 68367658（营销中心）
经　　售	北京科水图书销售中心（零售） 电话：(010) 88383994、63202643、68545874 全国各地新华书店和相关出版物销售网点
排　　版	中国水利水电出版社微机排版中心
印　　刷	北京新华印刷有限公司
规　　格	184mm×260mm　16开本　122.75印张（总）　2928千字（总）　11插页（总）
版　　次	2016年12月第1版　2016年12月第1次印刷
印　　数	0001—3800册
定　　价	**600.00元**（上、下册）

凡购买我社图书，如有缺页、倒页、脱页的，本社营销中心负责调换

目　　录

上　　册

第三篇　江汉洪水与水旱灾害

第五篇　防洪工程（上）

第六篇　防洪工程（下）

下 册

第七篇 农 田 水 利

第八篇　水资源开发利用

第九篇　水利机构及管理

第七篇 农 田 水 利

　　荆州地区气候温和、土地肥沃、降水充沛，是全国重要的粮、棉、油、水产及禽蛋生产基地，湖北省的粮食棉花油料主产区，全省标准化农田示范区之一。农业在荆州国民经济发展中处于非常重要的地位，而农田水利工程在农业发展中，起着举足轻重的作用。

　　新中国成立前，为了改善生产条件，减少灾害损失，满足区内群众生存的基本需要，政府拨款及民间集资修建了一些小型排灌蓄水工程。但是由于财力物力有限，技术水平低，所建工程数量少、质量差，满足不了生产和生活的需求，农田灌溉主要靠自然降雨和湖、塘、堰、河、沟蓄水，内涝渍水只能靠河、湖自然调蓄，称之为"雨水农业"。由于年降水量在时间和空间上分布不均，抗灾能力极其有限，因此，洪、旱、涝灾害频繁交替发生，人们只能"望天收"。

　　新中国成立以后，党和政府把治水提到重要议事日程，为治理"旱包子""水袋子""虫窝子"，逐年投资修建了一大批大中型水库、泵站、涵闸等排灌骨干工程；同时，年复一年地组织群众开展了小型大规模的农田水利基本建设，有计划分步骤地实施河渠疏挖、小型水源工程、水土流失治理、兴建内垸涵闸、建设标准化示范农田、水利结合血防灭螺以及修筑田间道路等中小型工程项目，逐步提高了抗御水旱灾害的能力，荆州地区（市）的农业得以稳步发展。

　　由于农田水利设施多数于新中国成立后的 50—70 年代修建，经过几十年的运行，建筑物逐渐损毁，机电设备逐渐老化锈蚀，河渠逐渐淤塞，效益逐步衰减；加之 2001 年以后，为减轻农民负担，逐年减少或部分取消农民"两工"（义务工和劳动积累工），群众投资投劳大幅减少，已建农田水利设施在抗灾中暴露出许多问题。为了充分发挥已建工程的效益，国家和地方政府又投入资金，对已建大中型水利工程进行加固、改造、更新，使其正常发挥抗灾减灾的作用。

第一章 农田水利发展概况

荆州地区境内雨量充沛，过境客水量大，地下水位高，水热条件优越，土地肥沃，水资源极其丰富，对发展农业十分有利，故有"鱼米之乡"之美誉。

新中国成立前，长期的封建统治和落后的生产力无法大规模地开展农田水利基本建设，虽然兴修了一些小型水利工程，但抗御自然灾害的能力很低。丘陵山区没有水库，仅靠塘堰拦蓄少量的地表水，杯水车薪，无济于事。夏秋季节，一遇暴雨，山洪暴发，上游田毁人亡，下游洪水横溢，雨后连晴或少雨，农田灌溉严重缺水，人畜饮水困难。平原湖区地势低洼，江河纵横，湖泊棋布，有"水袋子"之称，洪涝灾害频繁发生。明、清（1368—1911年）544年间，发生水灾286次，尤以19世纪最为频繁，1815—1899年几乎连年不断。民国时期（1912—1949年），堤防溃口频繁，洪涝灾害日益严重。

新中国成立后，党和政府把兴水利、除水患纳入重要地位，统一规划、分期治理，带领人民群众筑堤防洪、开沟挖渠、兴修水库、修建涵闸泵站，开展了持续大规模的农田水利基本建设。历经60余年的不懈奋斗，江河堤防的防洪标准不断提高，防洪、排涝、灌溉工程形成完整的体系，渍害低产田得到综合治理，初步解决了洪、旱、涝灾害问题，绝大多数农田摆脱了"望天收"困境，农副产品的产量不断增加，人民群众得以安居乐业。

第一节 新中国成立前的农田水利

一、围垸垦田

运用工程措施围垸垦田，在平原湖区由来已久。人们为了获得土地耕种，先垦田，当受到洪水威胁时，再筑堤保护；也有先筑堤而后垦田的。凡依靠堤防保护的范围称之为"垸"。堤垸的称呼历来并不统一，有的称"垸"，有的称"圩"，有的称"围"，也有合称叫"围垸"，洞庭湖有的地方称"障"。不过，江汉平原都称"垸"。"垸"的概念和称谓，为两湖平原所特有。

唐以前，人们主要居住在山地和丘陵岗地，后来逐步向平原地区迁徙，逐水而居，选择近水而又不怕水淹的高地居住、耕种。从春秋战国到北宋初年的1500年间，荆江洪水位处于缓慢上升阶段，上升高度约2.3米，当时发展农业生产，主要是灌溉问题，洪水威胁并不严重。随着云梦泽解体，唐时开始围垸，宋时大规模筑堤围垸。围垸增多，调蓄洪水的场所就不断减少，迫使洪水位不断抬高（宋以后至民国时期的800年时间，荆江洪水位急剧上升，上升幅度11.1米，年均上升1.39厘米），围垸面临防洪、排水、灌溉等问题。囿于生产力水平低下，人们无法抗御和减轻洪、涝、旱灾害所造成的损失，因此，农业生产长期处于"望天收"的落后状态。直到新中国建立后,长期困扰农业生产发展的"三大问题(洪、涝、旱)"才开始得到解决。

据史料记载,荆州的治水活动可追溯到春秋时期。

春秋楚庄王时期(公元前613—591年),令尹孙叔敖根据江湖水利条件,采用壅水、挖渠等工程措施,形成了人工与天然水道构成的扬水运河(称为云梦通渠),灌溉纪南城两岸农田,沟通江汉航运,形成了荆州最早的灌溉渠道。

东晋时期,人们就开始在沿江河高阜地带筑堤御水、开荒垦殖。晋末,朱龄石开松滋三眀(当时称渠为眀),"引江水以灌田"。

唐代,垸田兴起,山南节度使王起广修濒江汉塘堰,制定用水法规,还引进了打井技术。

五代十国时(907年)南平王高季兴主持兴修江汉堤防,将堤防修筑的重点从保护城镇集市为主向保护农田方向转移,促进了江汉地区围垸垦田的发展。

北宋时期,朝廷鼓励围垸垦殖。仁宗庆历四年(1044年)正月,朝廷下诏,以"兴水利、谋农桑、辟田畴、增户口"的业绩作为地方官吏的奖惩和晋级的标准。由于垸田多处于沿江、滨湖一带,土地卑湿,易洪易涝,必须进行相应的农田水利建设才能有效开发利用水土资源,保障农业生产的发展。神宗煕宁二年(1069年),朝廷颁布《农田利害条约》,又称《农田水利约束》。诏颁诸路:"凡有能知土地所宜种植之法,及修复陂塘河港,或元无陂塘、圩埤(即小堤)、堤堰、沟洫可以创修,或水利可及众而为人所擅有,或田去河港不远,为地界所隔,可以均济流通者;县有废田旷土,可纠合兴修,大川沟渎浅塞荒秽、合行濬导、及陂塘堘可以取水灌溉,若废坏可兴治者……要在修筑围埤、堤防之类,以障水涝,或疏导沟洫、畎浍、以泄积水。"又诏诸路各置相应农田水利官。鼓励和督促地方官吏兴修农田水利。

南宋时期,北方人口大量南迁,江汉平原人口剧增。为了生存和支持战争的需要,与江湖争地,盲目围垸,争相垦殖,辽阔的江汉平原,被数以千计的"垸田"所分割。同时,朝廷在江汉地区大规模地开展军事屯田和营田,促使围垸和堤防工程大范围地兴起。南宋时期,以孟珙主持的"荆南屯留"规模为最大。公元1234—1240年,"大兴屯田,调夫筑堰,募农给种,首秭归,尾汉口,为屯三十,为庄百七十,为顷十八万八千二百八十"。大规模围垦滨江沿湖土地,在当时获得了显著的经济效益。史载:"南渡后,水田之利,富于中原,故大兴水利。"由于大兴屯田,围垸垦殖,滨湖之地,成为圩田,并堵塞南北诸穴口,与水争地现象十分严重,迫使洪水位不断上升,加上战事失利,已围的堤垸无力加修,至元代初,南北堤防频年溃决。

明朝时期,是江汉平原垸田发展的鼎盛时期,元末明初,由于战争,荆江、汉江两岸堤垸损坏严重。自后经过30多年,至1403年(永乐元年),损坏的堤垸相继得到恢复。由于长江、汉江分流穴口大量堵塞,迫使荆江水位不断抬高,至嘉靖年间,防洪形势日趋紧张。

清朝初年,政府继续鼓励围垦。无论是荆江、汉江还是洞庭湖地区围垦的规模比明朝中期还要大。清顺治十二年(1655年)下诏:"东南财富之地,素称沃壤。近年水旱为灾,民生重困,皆因水利失修,致误农工。"康熙四十四年(1705年),荆州垸田大发展,规定："无力之家，由官捐给牛种，滨江修筑堤防占压的田亩，由地方政府赔偿。"至乾隆后期，江汉地区的围垸已多达 1352 个。由于不断挤占洪水地盘，防洪形势日趋紧张。乾隆十三年（1749 年），湖北巡抚彭树葵言："人与水争地为利，以致水与人争地为殃。唯有杜其将来，将现垸若干，著为定数，此外不许私自增加。"但是，江汉之间的围垦有禁无止，相反，官私争相围垦，愈演愈烈，到了无土不辟的地步。嘉庆年间，荆州府在全省垦田数占第二位。这种盲目围垦的结果，迫使洪水位不断上升，堤垸溃口频繁。"迫至近代，因兵燹连年，人口皆多星散。虽垸田如数，而塌毁者多。其完好如初者，又因溃水淹没大半，人力不足，排除匪易，且一经荒地，野草遍地，荆棘丛生，再图开垦，良非易易，……是以良田日趋减少，人口愈形星散，……而成目前之农村凋敝，地荒人稀之现象"（民国二十四年《湖北省水灾视察团调查报告》）。这是民国年间荆州地方垸田衰败的真实写照。

二、修筑刂闸

荆州修建涵闸起缘较早，有史料记载者，最早的为元大德年间（1297—1307 年）石首县筑黄金堤时修渠建闸节制的记录。明代后，随着江汉平原人口急剧增加，垸田堤防发展加快，涵闸建设得到了较快的发展，建闸技术也有明显变化。至清后期，长江、汉江沿岸修建的一些刂闸，以条石结构为主，湖区一个民垸少则一刂，多则数刂。多数为陶管或木质结构，也有砖、石料结构，流量一般很小，虽经常淤废，但却是内垸排涝的重要设施。

松滋建成于清代的主要刂闸有天王堂（1842 年，单孔条石箱涵，宽 1 米，高 1.2 米，无启闭设备）、戴家渡闸（1871 年）、周忠闸（1892 年）、人和北闸（1898 年）、字纸篓闸（1900 年）、窑沟子闸（1908 年）、林家沟闸（1904 年）、碹马沟闸（1905 年）、马兰湾闸（1904 年）、刘家湾闸（1903 年）等 11 处。

公安县境内现存历史最长的是马家嘴闸（又名金城闸），建于清光绪十六年（1890 年），条石结构，孔宽、高各 1 米，闸身长 100.4 米。至清末公安县建有排水刂闸 35 座，多为陶管或木质结构，每座流量大都为 0.5 立方米每秒左右。

石首县在清末民国时，仅有几座简易排水刂闸，多为地绅私建。或是陶管砖洞，或用木板三合土筑，因质劣地基差，常成溃口之源。政府主修的较大涵闸仅 2 处。宣统元年（1909 年），在梅田湖建一刂闸，内外两道，外刂孔宽 2.25 米，内刂孔宽 2.4 米，高 2.7 米，闸底高程 29.47 米，系散块木闸板。1938 年，政府主修小湖口闸，孔宽 2.8 米，高 3.7 米，闸底高程 28.70 米，系散块木闸板、桩基条石结构。

江陵县清代和民国时期，县内较大的涵闸 20 处，其中沿江沿河的有 6 处，均石砖木结构，木质闸门，排水量小。6 处沿江沿河涵闸为：郝穴闸（范家堤排水沟）；吴家闸，道光二十一年（1841 年）建于吴家大堤中段，开始是木闸，道光三十年（1850 年）改建石闸，闸身长 23 米，高 3 米；马家寨闸，光绪十九年（1893 年）建于青安二圣洲堤马家寨处，用条石砌成箱式闸，闸身长 32 米，孔宽 1 米，高 1.8 米，底高程 35.50 米，1969 年拆除；柳港闸，光绪二十五年（1899 年）建于菱湖堤柳港，为箱式石闸，闸身长 27.0 米，孔高 2 米，宽 1.7 米，1962 年废闸重建新闸；游家闸，1920 年建于岑河游家垱，石拱闸，孔宽 2.2 米，高 4 米，1962 年拆除；里甲口闸，1933 年建于里甲口下虎西堤上，为拱形石闸，闸基用梅花桩加固，闸身长 30 米，1 孔，断面面积 6.5 平方米，1956 年汛期闸门被冲破，1959 年拆毁。

监利县古之剅闸为木剅、陶管或砖石砌结构，修筑简陋。清嘉庆年间，福田寺建有排水石闸，道光年间兴建了螺山闸、盂兰渊闸、吴洛渊和子贝渊闸。晚清和民国时期，内垸修建的剅闸日渐增多。新中国成立初期统计有大小剅闸 178 座。

沔阳县境内建闸历史久远。至新中国成立前，境内建有孔宽 2.4 米以内的小型剅闸 134 座，多为条石或青砖砌筑，规模小，结构简单，技术落后。早在清康熙年间，由朱麻垸兴建沔城西北之湖口弦第九剅，单孔 2 米拱闸。至光绪二十年（1894 年），全县有剅闸 44 座。

潜江县早在明清时期，就开始了小型水利建筑工程的建设。据统计，清代潜江共修建涵闸 87 座，其中孔宽 1.7～3 米的 10 座，1～1.6 米的 40 座，1 米以下的 37 座。民国时期潜江共建涵闸 54 座，其中孔宽 3.3 米的 1 座，1～1.5 米的 16 座，1 米以下的 37 座。这些涵闸 95% 使用条石砌成，少数为木石结构；在涵闸的形式上，拱式占 55%，箱式占 55%；闸门多为木质散块。

荆门县最早修建的涵闸是小江湖闸，始于清康熙四十八年（1709 年），安陆府马逢皋领建小江湖上、下二闸。雍正二年（1724 年）上闸闭塞，下闸朽坏，水泄不畅，乾隆十年（1746 年），州牧舒成龙与江防厅江允柟合谋重修下闸、复开上闸。嘉庆十二年（1807 年），署州守王树勋废上闸、立中闸、重疏下闸。同治四年（1865 年）中、下二闸均被襄水冲毁，绅士王杰三禀州牧恩荣，按亩摊费建石闸，闸孔高 2.4 米，宽 2.2 米，铁包木门，后因缺款停工，王杰三向母亲跪诉求助，卖地 40 亩，资助修筑，6 年石闸告竣，耗资八千余串，1946 年废弃。咸丰五年（1855 年）在马良西山脚下陡山湾处建马良排水闸 1 座，单孔宽 2.2 米，高 3.6 米。1912 年修邓家湖堤时，将水闸修复，以条石砌筑，单孔高 2.2 米，宽 4.8 米，铁包木门，1914 年将闸拆毁。

（一）长江干、支流堤防处主要涵闸

据荆州府及各县史料记载，长江干、支流堤防上修建了以下主要涵闸。

黄金堤闸 据《嘉庆重修一统志》记载：元大德中（1297—1307 年），石首县知县萨德弥实主持修筑黄金堤，挖渠建闸节制。"黄金堤在石首县南五里，元大德中萨德弥实所筑。县南去洞庭湖一百余里，每秋霖泛涨，辄至城下，自筑黄金堤障之，水患遂息。此堤不但防御外浸，亦利内泄，因设桥闸，以时启闭……开水道以疏江流，筑堤以护之"。可知此堤中建有节制闸，是一套排泄系统，具有一定的技术水平。石首黄金闸为荆州平原湖区最早见诸史籍的涵闸。

太师渊闸 明嘉靖三十四年（1555 年），翰林院编修张居正回乡休假，修建章寺渊闸，后张居正官至首辅为太子傅，故后人称章寺渊为太师渊。

李家埠闸 明嘉靖年间（1567—1573 年）所修，此闸位于谢古垸沮漳河李家埠横堤上，为箱式条石涵闸，长 28 米，高 8 米，2 孔，单孔净宽 4 米。

福田寺闸 清朝中叶，监利境内水患频繁。据《楚北水利堤防纪要》引湖广总督汪志伊奏浚各河疏："乾隆五十三年（1788 年），江水异泛涨，荆州府于江陵县大江北岸万城堤，溃决二十二处。嘉庆元年（1796 年）、九年（1804 年），监利县溃决狗头湾、程工堤、

金库垸三口，以致江陵、监利二县属支河湾汊多为淤塞，积水在田，无路可出，如盛钵盂。监利县被淹一百九十二垸。"直至嘉庆十一年（1806年）汪志伊莅任湖广总督之时，还目睹各垸积水深二三尺至丈余不等，或涸出五六分、二三分不等。如若长久如此，则将民不聊生，国赋难出。治水，也就成了他莅任伊始的头等大事。嘉庆十二年（1807年）三月间，汪志伊到江陵、监利巡视灾情，勘有监利县之福田寺地方即古之水港口，后被横堤阻隔，内杜婆垸积水高出堤外白艳湖水五尺，故决定在福田寺兴建一座石闸，使姚家湖以上之积水由太马河而达于闸，直入洪湖。监利县南部的王家港、郑家湖、刁子口、白公溪、嘉应港、白洼塘、何家湾、水头港等处淤塞亦应一律挑挖深通，水达洪湖，由新堤石闸入江。关王庙、汤河口、太阳垴等处私筑之土挡均行拆毁，俾无壅闭。成竹既定，即命降调知县曾行东、原任远安县典吏易甫二员承办福田寺闸及河道疏浚工程，并加修太马河堤，同时又在洪湖新堤建闸一座，立碑定章，"以时启闭"，规定每年农历九月上旬先开新堤闸，次开福田寺闸，不得以邻为壑；三月十五日先闭福田寺闸，三月二十日次闭新堤闸。这样内可宣泄积潦，外可防江水盛涨向内倒灌。此项工程于嘉庆十二年夏（1807年）动工，次年秋竣工，耗银数十万两，动用民工数以万计。此闸为拱式涵闸，单孔，净宽2.9米，孔高2.9米，长23米，设有两道闸门，闸身及挡土墙全部用条石砌成。闸下游有排水渠道一条，长约2.5千米，宽约50米，渠底与闸底等高。由于福田寺古闸自建成之后管理不善，至清同治年间（1862—1874年），闸虽犹存，但作用甚微，遂又恢复了以前的溃水成灾之状。

茅江闸 又称新堤老闸，位于洪湖（原属沔阳）新堤，为江陵、潜江、监利、沔阳等县湖区积水通江要道。新堤古名茅江口，外濒长江，内临洪湖。明嘉靖、万历及清康熙、雍正年间多次修复由沙市至汉阳的沿江干堤，堤身穿压茅江口，当时并未建闸。此后数邑民堤赖干堤阻遏江水，避免了堤内的洪水泛滥，但是，沙市便河以下各湖蓄水就只能由洋圻湖分向新滩、沌口二处出江，因消泄不畅，每值春夏暴雨，沿湖稻田沉没河底者，动辄数十万亩。清嘉庆十三年（1808年），湖广总督汪志伊视察灾情后，奏请发帑在沔阳新堤建石闸，消洪湖之水入长江，限每年农历九月上旬开启，以泄积潦，次年三月上旬关闭，以防江汛。但因新堤闸泄水量有限，不能满足排渍要求，嘉庆二十三年，绅士刘应鸾又领帑于龙王庙施墩河口添建新闸，因施工质量差，不久即行溃废。民国初年，新堤老闸闸基损坏，闸板腐朽，地方无力修缮，加之时局动荡，政府无暇顾及，致闸口淤塞，20余年不能开启。1947年，汉江工程局驻新堤第六工务所整修新堤老闸，开启排水后，因闸门关闭不严，汛期漏水，几乎酿成闸毁堤溃之灾。1949年7月，长江甘家码头干堤溃决，为及时泄洪冬播，当年开启老闸泄洪。1950年春整修闸身、更换闸门后，又发挥排水功能。1959年重建此闸，采用重力式拱涵结构，3孔，单孔净宽3米，1960年4月竣工。1999年12月至次年6月，对新堤老闸进行了整险加固。

道光二十年（1840年），湖广总督周天爵向朝廷奏报江汉灾情，所提《疏堵章程六章》中，就有三章专指修建涵闸事宜，他指出："查（长江）北岸自前任督臣汪志伊于汉川、沔阳、监利、江陵地方设立闸座，冬启夏闭，其法甚美，惜不度湖之广狭，又不专在下游，所制口门不过七八尺至一丈不等，如屋大之盂留一容指之口，冬月泄水无几，而夏汛续至即须堵闭，故无济也。"

范家堤排水闸 位于荆江大堤桩号 706＋500 处，建于清嘉庆二十三年（1818 年）。据此闸碑记记载："丙子（1816 年）之秋，双圣堤溃二百余丈，洪流内灌，平地扬波……越次年，丁丑（1817 年）春，详核淹渍情形，勘得郝穴汛有熊家河，可引桑湖汇归之水，直接出范家堤以达于江。爰请于大府，具奏借款，择吉鸠工，遴员监督而复建闸焉。"闸分前后两座，为套闸，共长 45.4 米（原文闸室长 14 丈 2 尺，清时 1 尺为 32 厘米，砖石结构），单孔，高宽各 2 米；闸前后均建有八字墙；堤内引水河长 766 米，河口宽 27 米、深 7 米、底宽 6.7 米。道光六年（1826 年）堤溃闸毁，遗址尚存石碑一座。

孟兰渊排水闸 位于荆江大堤桩号 658＋700 处，据民国《湖北通志》载："在窑圻江堤，道光年间（1821—1850 年）建，今废。光绪三年（1877 年）履勘，外洲高于闸口数尺。"另据《荆州府志》载："案内地卑于外江，昔内水难浅，外水易灌，闸遂止废。且此闸地处西北上游，仅能泄白露一带之水，不能使东南洼下之柴林河诸水逆流到此者，其理与势使然也。"

吴洛渊闸 亦称南剅，位于荆江大堤桩号 644＋000 处，系单孔浆砌条石剅闸，为清道光三年（1823 年）堤防溃决、外挽大堤时所建，民国十四年（1925 年）开闸引水抗旱时因出险封闭，后淤埋于堤内坡，新中国成立后锥探时发现此闸遗址并进行处理。

螺山闸 清道光三十年（1850 年），为消泄内湖渍水，在监利长江干堤螺山（原属监利县管辖）处修建排水闸，为浆砌条石结构，内外各置木闸门两道，闸孔为箱式拱顶。清同治《监利县志》载："螺山闸凿山为之，道光间建，今废。"又载，螺山闸"泄沔阳洪湖一带之水，惜淤塞无用"。新中国成立后，因闸底偏高，孔小，1959 年拆除，在原址改建为双孔 3 米宽混凝土排水闸，1971 年拆除，改建螺山泵站。

子贝渊闸 光绪八年间（1882 年），柴林河下游淤塞，监利子贝渊堤以北各垸渍水无消泄之路，北垸民众掘堤消水，与南垸发生纠纷与械斗，死伤甚多。据蔡、陈、瞿氏家谱记载，1852—1872 年的 21 年间，平均每年发生两起械斗。光绪九年（1883 年）湖广总督涂宗瀛奏拨帑金 14 万两，令沔阳知州李翰开疏柴林河，并督建子贝渊闸及重修龙王庙新闸，开启日期与老闸同。

四闸建成运行之后，湖水消泄问题基本得到解决。

（二）汉江干堤建闸情况

新中国成立前，汉江所属钟祥、荆门、潜江 3 县干堤均无剅闸，仅天门建有几处排水闸。沔阳县所辖汉江干堤，民间传说建有几座小剅，早已湮没。

天门县，新中国成立前，沿汉江、牛蹄支河和天门河都建有排水剅闸，多为单孔，材料为条石或青砖。

清雍正七年（1729 年），在汉江汉川堤段首次建永尊、成功两闸，以泄天、沔、汉同一排水区七十二垸（今沉湖地区）之渍水。嘉庆初，在牛蹄支河右岸建增嘉闸。道光二十六年（1846 年），在陶林垸堤段建永丰剅。道光二十九年（1849 年），永奠闸被水冲毁；咸丰十一年（1861 年），增嘉闸淤塞，七十二垸渍水难排。后于同治三年（1864 年）增建万福闸（又名双瓮闸），同治十年（1871 年），万福闸又遭溃废。光绪十三年（1887 年）成功闸沟淤。光绪十八年（1892 年），重修万福闸，门宽 6 尺，高 8.5 尺；重门叠户，前后 4 瓮；建闸材料底面为湖南金子湾所产，墙石为嘉鱼、蒲圻所出。

康熙四十九年（1710年），在麻洋潭下游2千米（桩号159+630）建方家闸，原有内闸、外闸，因河泓逼近，外闸崩入江中。内闸系双孔条石拱式，闸孔净高1.58米、净宽1.33米，木质闸门，每块厚15厘米。闸室长40米，底板高程26.80米。分担上七十二垸144平方千米排水。

同治十二年（1873年），建关庙闸（又名永庆闸），在麻洋潭与彭市河之间，位于汉左干堤桩号（167+080）。原有外闸、内闸，系单孔条石拱式，外闸高1.95米、宽1.6米，木质闸门，每块厚15厘米。内闸孔高1.4米、宽1.2米。道光二十六年（1846年），建鲜家剅闸，位于彭市河上游1千米（桩号173+664），单孔条石拱式，闸室高1.44米、宽1.18米，木质闸门，每块厚15厘米，闸室长26.3米，闸底高程28.39米。

清末建有白沙闸（又名寿安闸），在岳口与彭市河之间，汉左干堤桩号179+950，单孔条石拱式，闸孔高1.55米、宽1.17米；闸室长48.2米，底板高程29.36米，有二道闸槽，1956年拆除。张家剅闸，在岳口下游4千米，位于汉左干堤，桩号184+700，原系私剅，系单孔砖砌拱式，闸室高1.2米、宽1米，仅排小垸内积水，1957年拆除。

（三）东荆河堤建闸情况

东荆河堤上的剅闸，始建于清末，有条石拱闸，也有砖木结构，标准低。至新中国成立前，建有各类剅闸48处，新中国成立初，有5处较大剅闸尚在勉强使用，其余各剅闸均已废弃多年。仅存的5处较大石闸，其中裕丰闸位于左岸新沟坝（桩号66+850），建于1914年，单孔，净宽3米，1951年拆除重建；永安闸位于右岸郭口（桩号86+110），建于1929年，1953年拆除重建；万福闸，位于右岸中革岭（桩号116+210），建于1910年，1953年整修，1958年拆除；民生闸位于右岸（桩号169+380），建于1922年，1966年拆除；下万福闸，位于右岸（桩号171+592），建于1930年，1968年拆除。

民国时期，农田水利建设开展不多，仅贷款和群众自筹经费兴修了一部分小型涵闸、塘堰、挡坝等工程。1914年，由潜江人李逢源等请官府为民解除涝灾，获准在东荆河左岸新沟坝建裕丰闸，单孔，净宽3米，1916年孟夏竣工。开支铜圆47000串。可排江陵、潜江、监利、沔阳四县约24万亩农田渍水，由于闸外出水渠道淤塞严重，每次启闭，需夫300余人，银元150元，附近垸民负担极重，后改由潜江县按受益田亩统筹经费，成立河防公所专司管理。新中国成立前夕，闸体已损坏严重，且设计流量小，闸身长度不适应堤防培修要求，遂于1951年拆除重建。

1920年，唐家台组织48垸民众修建石拱桥，以桥代闸，是为游家闸，孔宽2.2米，高4米，闸基为木桩；1962年开挖豉湖渠，原48垸渍水汇入总干渠，此闸拆除。

1933年，修建里甲口闸，由湖北省第七区行政督察专员兼江陵县县长雷啸岑倡修，经费由受益农户按亩摊派。闸为拱式，闸基用木料梅花桩固基，1孔，闸长30米，全部用条石砌成，木质闸门，设计排3.2万亩农田渍水，因设计标准低，渍水不能外排，加上多年失修，险情不断，1959年拆除。

为解决内垸排水，至民国时期，每个民垸都建有剅闸。

三、开挖渠道

开挖灌溉排水渠道，沟通农田供排水出路，是平原湖区治水的重要措施，在荆州具有悠久的历史。明、清时期，湖区垸田大发展，农田水利也相应展开。

明代洪武初年，松滋开挖马嘶口引水渠，此渠为松滋参知政事傅献倡修，灌官田坪、马坊坪万余亩农田，为当时湖北省的著名灌区。清乾隆年间，挡口在茶庵寺，道光十一年（1831 年），挡口下移至新沟口，坝体用卵石堆砌而成，引水渠长 16 千米。由于年久失修，渠道淤塞，至民国晚期仅能灌田五千亩。

清嘉庆十一年至十六年（1806—1811 年），湖广总督汪志伊到湖区察看灾情，提出治理水灾方略，并督导开挖了江陵的老头河、冯家湖、人民沟、姜家河、陈家河等六千七百余丈，监利的吴家河、黄土沟、直河口、关庙挡、上下铁子湖等五千六百余丈，天门的刘家嘴、春秋阁、马家界、排北滩等一千四百余丈。石首县为治理上津湖，清同治年间曾开挖滑家挡至小湖口沟渠。

四、堰坝引水

丘陵山区农田灌溉和人畜饮水主要靠塘堰和引水挡坝解决。拦河筑坝（堰）引水灌溉是山区农田灌溉的主要形式之一，在荆州具有悠久的历史。民众认为"山地得力者堰"。三国时期，江陵附近广大农田因引沮漳二水而成为重要的农业灌区。晋末，朱龄石在松滋开三明渠，直接用人工渠道引江水灌溉。宋代，彭承在荆门州引蒙惠二泉灌溉耕地数万顷，其工程包括筑堰坝导流、修挖蓄水塘堰和修筑主干渠等。明代钟祥县有引丰乐河灌溉农田的较大灌区。清代，京山县引叶公桥水灌田千顷；钟祥县利用猪笼池等泉水灌溉，每泉皆能灌溉百顷以上的农田；荆门州引潭清洞泉水灌溉。此外，荆门的直江可灌田百顷，直江在荆门州东南 80 千米，据《名胜志》载："直江有渠，可灌田百顷，该渠长且直，故名直渠。"荆门境内还有引南泉水灌田千顷的记载。民国时期，省政府曾于 1935 年要求山区丘陵地区每保每年修建疏浚塘堰 20 口，因而塘坝工程得以迅速发展。

京山县于宋代就广引山泉水灌溉，明清时县境大修拦河筑坝引水工程，清光绪年间塘堰达 2990 处，最大者可蓄水 10 万立方米。清同治九年（1870 年），建新挡滚水坝，此坝位于杨集区双墩村，当地李姓士绅领头，按受益田亩筹款出工兴建，用块石堆砌长 55 米、高 2.5 米的滚水坝，同时开引水渠一条，长 1.5 千米，受益农田 119 亩。民国时期，民间自建塘坝蓄水工程发展较快，1934 年湖北省颁布《湖北省各县浚塘堰补充办法》规定："确保每年至少修浚新旧塘堰 3 个，面积不得少于 10 亩，深度平均至少一丈"。至 1949 年，京山县塘堰发展到 35000 余处，总蓄水量 6500 万立方米，可灌田 30 万亩，抗洪能力为 10～20 天。1949 年山丘区各县塘堰情况见表 7 - 1 - 1。

表 7 - 1 - 1　　　　　　　　　1949 年山丘区各县塘堰情况统计表

县　　名	塘堰数量/口	蓄水量/万 m³	灌溉农田/万亩
松滋县	34000	5000	
天门县	1500	1000	
钟祥县	31500	7000	
公安县	20000	3000	
京山县	35000	6500	30
荆门县	85000	6500	

第二节 治 理 规 划

新中国成立后，荆州地区对内垸水系治理走上从治标转向治本，从单一开发转向综合利用的轨道。从 1955 年开始，荆州专区组织力量，对全区水土资源进行了全面勘测，并根据全区的自然条件，确定了从全流域整体出发，兴建骨干工程，按水系进行分区治理的全面规划。

一、规划概要

新中国成立初期，荆州专区即组织力量制定荆州水利建设规划，随着时间的推移、生产力的发展，水、雨、工情的变化，又不断地对规划进行修改、补充、完善，最终形成比较完整的治理规划。

（一）平原湖区的治理方针

平原湖区治理，要求在保证堤防安全的前提下，因地制宜，以排为主，排灌兼顾，内排外引，等高截流，统一规划，综合治理。充分利用已有河、湖、井、港、堰、塘，加以整理疏浚，适当加宽加大；固定湖泊面积，不再围垦开荒，留湖蓄渍，调节蓄水，整理水系，互相连接，做到堰边通小河，小河通大河，大河通湖泊，死水网变活水网，大、中、小网配合，纵横相连，条条贯通，四通八达，有利排灌，有利运输。

（二）丘陵山区的治理方针

丘陵山区的治理，要求逐步开发山溪河流，节节筑坝，修建水库，以蓄为主，控制山洪，保持水土，增加调蓄水资源的能力。实行有计划、有步骤地分水系进行全面规划，统筹兼顾，综合治理，分区实施。在几大灌区内，以继承塘堰蓄水为前提，以大型为骨干，小型为基础，大、中、小结合，兴建蓄水工程；在有条件的地方，兴建引水、提水工程，全面开发水资源。

二、水利规划分区

1958 年荆州专区在《今冬明春实现河网化规划》中，进一步明确全区规划建设四大河网系统和三大灌溉系统，即七大水系。七大水利分区，是为了从根本上改变山丘区干旱缺水、平原湖区易旱易涝局面，促进社会生产力发展而采取的重大措施；是经过实地调查勘测和实践，不断对规划进行修改、补充、完善逐步形成的。全区七大水系基本情况统计见表 7-1-2。

表 7-1-2　　　　　　荆州地区七大水系基本情况统计表

水系	总面积 /km²	耕地面积 /万亩	林地面积 /万亩	水面面积 /万亩	荒地面积 /万亩	其他面积 /万亩
四湖	11547.5	523.27	36.51	344.36	41.09	423.20
汉南	3067.01	220.93	12.89	42.45	20.20	161.01

续表

水系	总面积/km²	耕地面积/万亩	林地面积/万亩	水面面积/万亩	荒地面积/万亩	其他面积/万亩
汉北	1925.00	144.46	10.53	41.35	3.03	74.83
江南	3514.73	192.30	15.61	118.94	31.45	149.01
漳河	6489.00	193.97	193.27	90.11	231.70	243.12
激湟	7323.00	234.14	236.88	66.52	404.57	268.86
沲水	2257.00	87.32	89.55	34.58	52.54	84.29
合计	36123.24	1652.89	595.24	738.31	784.38	1404.33

注　1. 资料来源：《荆州地区 1949—1979 年水利建设统计资料汇编》。

2. 四湖水系内垸面积 10375km²，外垸湖滩面积 1172.5km²。

3. 水系交织，七大水系统计面积大于荆州地区统计的自然面积。

(一) 平原湖区水利规划分区

平原湖区位于荆州地区东南部，西、北部与五峰山、荆山、大洪山余脉的山丘区相连，东、南部与孝感地区、武汉市平原湖区和湖南省洞庭湖区相连，行政区域包括石首、监利、洪湖、沔阳、潜江 5 县全境以及公安、江陵、天门 3 县的部分地区，分为四湖、汉南、汉北、江南四大水系，总面积 20054.25 平方千米，其中耕地 1080.96 万亩，人口约 675 万人。

平原湖区地处江汉平原，土地肥沃，水资源丰富，是国家的商品粮、棉、鱼生产基地。此区域地势低洼、江河纵横、湖泊棋布，原为江、汉洪水泛滥停滞之所，易涝易洪，有"水袋子"之称。

平原湖区范围大，水系复杂，为便于统一规划和治理，新中国成立初期，曾以江、汉为界划分为汉北（含激湟水系）、荆北、荆南三个水系。1955 年，荆州专署水利工程处以长江、汉江、东荆河为界将平原湖区划分为长江以北四湖水系、汉江以南通顺河水系、汉江以北天门河皂市河水系、长江以南四口（松滋口、太平口、藕池口、调弦口）水系。1958 年以后通称为四大水系，即四湖水系、汉南水系、汉北水系、江南水系。

1. 四湖水系

四湖地区古为云梦泽腹地，"四湖"一名源于 1955 年长委编制的《荆北区防洪排渍方案》。因境内有长湖、三湖、白露湖、洪湖四大湖泊而命名为四湖地区，亦即四湖水系。又因内荆河串联四湖，贯穿全流域，故亦称内荆河水系。四湖水系的东、南、西濒临长江，北临汉江及其支流东荆河，西北接荆门丘陵区，以漳河灌区的总干渠为界，行政区域包括荆州地区的监利县、洪湖县全境，潜江县、石首县、江陵县、荆门县的部分地区和沙市市全境。总面积 11547.5 平方千米。四湖水系的长湖以北地区同时属于漳河水库灌溉区。四湖水系自然面积分布情况见表 7-1-3。

表 7-1-3　　　　　　**1994 年四湖水系自然面积表**　　　　　单位：km²

县 (市)	合计	内垸	外滩	备　注
总计	11547.5	10375	1172.5	
江陵	2097.4	2008.6	88.8	

续表

县（市）	合计	内垸	外滩	备　　注
石首	376	—	376	
监利	3027	2500	527	
潜江	1475.2	1356.5	118.7	1994 年划出
洪湖	2312	2256	56	
沙市	161.9	155.9	6	1979 年划出，1994 年合并
荆门	2089	2098	—	1983 年划出

四湖水系地势西北高，东南低，高低悬殊。长湖以上为丘陵区，地面高程一般在40.00 米左右，最高为 136.50 米；长湖以下为平原湖区，地面高程一般在 24.00～28.00米，最低处约 18.00 米，周边地势高于内地，地面高程在 30.00 米以上的占全流域内垸的39%，高程在 28.00 米以下的占 43%。

区域内大小河流纵横交错，上区有"三桥八港"支流，主要由拾回桥河、太湖港河、上西荆河、龙会桥河等河流汇集山丘地区洪水入长湖及田关河；由内荆河串通沿途大小湖泊和长江、东荆河两侧大小支流，于新滩口注入长江，干流全长 358 千米，组成排水网络，河道总长 3494 千米，河网密度 0.34 千米每平方千米。

境内雨量充沛，但时空分布不均，以中区监利站为例，多年平均年降雨量在 1200 毫米左右，大暴雨多出现在 5—8 月，这 4 个月平均降雨量在 640 毫米左右，占全年降雨量的 53%，一般年份的有效雨量不到灌溉需水总量的一半。

1958 年制定的总体规划是以四湖总干渠、东干渠、西干渠为纲，以流域地区内的其他新老河道、渠道为网，以长湖、三湖、白露湖、洪湖以及江陵、潜江、监利、洪湖等县其他小湖为蓄水湖泊，建立荆北地区河网系统。

2. 汉南水系

汉南水系位于汉江及其支流东荆河之间、荆州地区东部，北、西、南 3 面环水，东与武汉市接壤，因地处汉江以南故称汉南水系。又以通顺河贯穿全境，亦称通顺河水系。行政区域包括沔阳全境及潜江东荆河左岸部分地区，总面积 3067.01 平方千米，耕地220.93 万亩，是荆州地区重要的粮棉产区之一。汉南水系自然面积分布情况见表 7-1-4。

表 7-1-4　　　　　　　　汉南水系自然面积表

县（市）	面积/km²	其中外滩/km²	耕地/万亩	人口/万人
合计	3067.01	315.04	220.93	158.83
沔阳	2538	277.54	184.25	138.44
潜江	529.01	37.5	36.68	20.39

汉南地区无山无丘，地势平坦，属典型的冲积平原，地势西北高、东南低。由于受汉江、东荆河泛滥淤积的影响，形成沿汉江、东荆河地势向中央湖地倾斜，且沿河高而沿湖低，地面高程在 34.50～21.50 米之间。

汉南地区雨季多发生在 5 月、6 月、7 月内，其降雨特点是分布面积广，持续时间长，降雨强度大。据仙桃雨量站资料记载：10 年一遇 24 小时暴雨量为 179 毫米。大量雨水往往由于排泄不畅而溃涝成灾。此外，汉南地区近百年来月最大降雨量为 668.2 毫米（1954年 7 月），最小为 0（1934 年 7 月）。降雨分配不均，农田迫切需要排涝灌溉设施。

水系内河流纵横，湖泊众多。河流除了汉江、东荆河外，内河有通顺河、城南河、通洲河、洛江河、四方河、西流河等。历史上通顺河、城南河为汉南水系的主要排灌河道，通州河、洛江河为排湖的主要水系，分别于老里仁口、彭场汇入通顺河。通顺河彭场以下有纳河、四方河分泄部分水量入东荆河下游泛区；西流河排西圻、永善等垸渍水由何家帮入东荆河泛区；城南河由幸福闸出东荆河，是潜江片的主要排水干渠。新中国成立初，垸内共有大小湖泊 38 个，面积 351.27 平方千米，其中排湖最大。

汉南水系历史上属于古云梦泽的一部分，水系演变频繁，江、河、港汊纵横交错，形成众多紊乱复杂的水系，通顺河、城南河即在汉水支流芦洑河的基础上逐渐演变而成。通顺河上承汉南区雨水汇集，下与东荆河、长江相通，每当夏秋长江水位高涨，下游受江水倒灌而成一片汪洋，称为东荆河下游泛滥区，因排水不畅，致农田受淹，血吸虫病流行，给当地人民群众带来深重灾难。

1958 年规划以东荆河、通顺河、通州河、洛江河、西流河为纲，以其流域内的其他新老河道、沟渠为网，以排湖及沔阳、潜江两县其他小湖为蓄水湖泊，建立汉南地区河网系统。

3. 汉北水系

汉北水系地处江汉平原北部，荆州地区东北部，汉江下游左岸，即汉江以北，故称汉北水系，也称天门河水系。行政区域包括天门县的平原湖区，总面积 1925 平方千米，耕地面积 144.46 万亩，是荆州地区的主要棉花产区。

汉北水系北与大洪山余脉的激潀水系相连，西、南有汉水环绕，依山带水，地势自西北向东南倾斜，高程在 28.00～34.00 米之间。区内主要河流有天门河、皂市河、汉北河。汉北河为区内排水总干渠（天门河下游入孝感地区汈汊湖群），汉北河主要拦截天门河、皂市河、大富水上游山丘区洪水，下游在孝感地区境内分别注入汉江、长江。清末民初，区域内湖泊 100 余个，面积 190 平方千米，至 20 世纪 80 年代尚存 57 个，正常水位时面积约 35.6 平方千米。汉北地区气候温和，年平均降雨 1251 毫米，其中 4—9 月降雨占全年雨量的 72%，最大日暴雨量 10 年一遇为 184 毫米，20 年一遇为 216 毫米。

汉北水系历史上吞吐调纳汉江洪水，汉江在汉北水系分流穴口较多，清康熙年间，汉江北岸的最后一个穴口——黑流渡被堵；咸丰元年，牛蹄口淤塞，至此汉江堤防连成整体，形成了以天门河、皂市河为主要排水干流的天门河水系。

天门河、皂市河均发源于大洪山脉的京山、钟祥境内，上游河段游走于山丘之间，集水面积大，下游通过天门县境内的平原湖区汇入汈汊湖群。天门河自永隆河起横贯天门全境，长 102 千米，每逢上游暴雨，大量区间积水汇集，奔泻而下，而平原湖区河道往往排泄不畅，致使农田屡屡淹没，酿成灾害。同时，因地势倾斜，大雨过后，河流一泄无遗，极易发生旱灾。

1958 年规划以天门河、皂市河、牛蹄支河为纲，以其流域地区内的其他新老河道、沟渠为网，以沉湖、白湖及天门县内的其他小湖为蓄水湖泊，建立汉北地区河网系统。

4. 江南水系

江南水系地处长江以南而得名。长江支流松滋河、虎渡河、藕池河、调弦河由北向南流经其境注入洞庭湖，故也称四口水系。四条支流分支甚多，纵横交错，江南水系也因此被分割成众多相对独立的民垸水系。水系西南以松滋河西支为界与沮水水系相连，南、东与湖南省洞庭湖区接壤，北以长江为界。行政区域包括石首县长江以南地区、松滋市东部地区、公安县以及江陵县弥市镇，总面积 3514.73 平方千米，耕地 192.30 万亩，是荆州地区主要粮食产区之一。

江南水系内除了石首县与湖南省接壤部分属于丘陵和低山区外，其余皆为平原湖区，总的地势受长江泥沙淤积影响而北高南低。

江南水系古为云梦泽，后逐渐淤高。自明朝嘉靖年间堵塞北岸郝穴以后，荆江北岸分流穴口尽堵，只有南岸穴口向洞庭湖分流。清同治年间（1870 年）形成松滋河后，遂形成四水向洞庭湖分流局面。四水分流造成江南水系防洪形势紧张，洪灾不断，同时水系内堤垸分割，民垸四面环水，经常面临外洪内涝的紧张局面。

根据此区域堤垸封闭、各成水系的特点和洪涝灾害威胁严重的自然环境的情况，新中国成立后的治理规划则以蓄洪、防洪、排涝为主，排灌兼顾，分片规划、分片治理，并将全区域划分为石首、虎东、五洲、虎西四大片。

1958 年的总体规划是以松滋河、虎渡河、藕池河、调弦河为纲，以其流域内的其他新老河道、渠道为网，以上津湖、牛浪湖、淤泥湖、黄天湖、玉湖、崇湖、小南海等大小湖泊为蓄水湖泊，建立江南四口河网系统。

（二）丘陵山区水利规划分区

新中国成立后，随着工农业生产和国民经济发展，治理山丘区的洪旱灾害极为迫切。早在 20 世纪 50 年代，荆州专署就根据山丘区的特点，提出了以蓄为主、控制山洪、保持水土、增加调蓄水资源的能力为目标，实行有计划、分步骤、分水系进行全面规划，统筹兼顾，综合治理，分区实施的治理方针。并将山丘区分为漳河、澴溾、沮水三大灌溉区。经过年复一年的不懈努力，到 20 世纪 90 年代初，基本建成了排灌自如的三大灌溉区。

1. 漳河灌溉区

漳河灌溉区是为治理漳河水系而划分的区域，以漳河而命名。此区东濒汉江，西界沮漳河，南抵长湖，北接襄樊市界，地跨荆州地区的江陵、钟祥、荆门 3 县和两个国营农场、3 个国有林场，自然面积 6489 平方千米，占山丘区面积的 40.25%，耕地面积 193.97 万亩。灌区地势多为低山和丘陵，区内较大河流有沮漳河自北向南注入长江；浰河、竹皮河自西向东流入汉江；新埠河从北向南汇集丘陵地带的众多支流入长湖。漳河灌区是荆州地区灌溉面积集中而又跨地区的最大灌溉区。

1958 年规划以荆门漳河水库和江陵太湖港水库为骨干，将荆门黄金港、官堰角、雷公嘴水库以及荆门全县、钟祥西部、江陵北部、潜江西北部地区呈长藤结瓜状的中小水库塘堰群连接起来，形成漳河地区自流灌溉网。

2. 澴溾灌溉区

澴溾灌溉区是为治理澴溾两大水系而规划的区域。其范围为：东以应城市境内大富水为界，西抵汉江边，北与随州市接壤，南迄汉宜公路北侧，地跨荆州地区的钟祥、京山、天门 3 县和五三、沙洋两个大型国营农场以及孝感地区的应城市。自然面积 7323 平方千米，占山丘区面积的 45.36%，耕地面积 234.14 万亩。区内有天门河、㴖水、㴖水和大富水等山溪河流，分别注入汈汊湖、汉江和汉北河。㴖㴖灌溉是荆州山丘区大型水库较集中且灌溉区域跨地区（市）的灌溉区，以㴖㴖两水系而命名。

1958 年规划以京山惠亭山水库、钟祥温峡口水库为骨干，将京山石板河水库、吴堰岭水库、石龙水库和钟祥石门水库以及京山全县、钟祥东部、天门北部地区呈长藤结瓜状的中小型水库塘堰连接起来，形成汉北地区自流灌溉网。

3. 㴖水灌溉区

㴖水灌溉区是为治理㴖水水系而规划的区域。东、北两面分别以松西河和长江为界，西至大岭与五峰、宜都相接，南抵湖南省澧水边。境内由南而北有㴖水、北河、庙河分别汇纳支流后，在不同地点注入松西河。自然面积 2257.00 平方千米，占山丘区面积的 14.38%，耕地 87.32 万亩。是荆州山丘区水源丰富、西跨湘鄂两省的大型灌区，以㴖水而命名。

1958 年规划以松滋㴖水水库为骨干，将松滋南河、北河等水库以及松滋全县、公安西部地区的长藤结瓜状的中小型水库塘堰连接起来，形成江南地区自流灌溉网。

荆州地区的七大水系规划形成之后，各水系在总的原则下，结合各自的特点，因地制宜、因时制宜，分别制定具体规划和实施计划。

1989 年，荆门划出荆州地区；1994 年以后，仙桃、潜江、天门、京山、钟祥等县又相继划出荆州地区。现荆州市仍然按照分水系综合治理的办法，形成了十三大灌区，实现了灌有水源、排有出路的目标。

第三节 建 设 概 要

荆州地区根据水利分区和治理规划，按照有计划、分步骤的治水策略，开展了大规模的农田水利基本建设，大致经历了以下 5 个阶段。

第一阶段（1949—1956 年）以筑堤防洪、"关大门"为主，兼顾农田水利。水利建设采取集中力量、修堤治水、保堤保命的方针，针对江汉堤防抗洪能力弱、洪灾频繁的特点，制定防洪标准，培修荆江大堤、长江干堤、汉江干堤、东荆河堤。其间，于 1952 年兴建了举世闻名的荆江分洪工程，1955—1956 年建成汉江杜家台分洪工程，1955 年 11 月至 1956 年 1 月完成东荆河长 56 千米的洪湖隔堤工程和新滩口堵口工程，结束了江水向四湖地区倒灌的历史。与此同时，平原湖区开始为大规模地兴修农田水利工程作准备，组织大批技术干部进行实地勘测、制定总体规划，并在丘陵山区试建了石门、石龙等大中型水库。

第二阶段（1957—1966 年）在继续建设防洪工程、保证江河堤防安全的基础上，全面开展以自排、自灌为主的农田水利建设。在 10 年时间里，平原湖区先后疏浚开挖了四湖总干渠、东干渠、西干渠、田关河、汉南通顺河、汉北河等骨干排水河道；兴建了新滩口、田关、泽口、兴隆、罗汉寺、万城、观音寺、颜家台、一弓堤、西门渊等 18 座大型排灌涵闸；丘陵山区修建了漳河、㴖水、惠亭山等 17 座大中型水库。至此，全区按水系治理的自流排灌系统初具规模。

1963—1966 年，实施了东荆河下游改道工程，修建了沔阳隔堤和开挖深水河槽，隔断了江水与通顺河水系的连接，为汉南水系治理创造了条件。

第三阶段（1967—1980 年）全面提高防洪、排涝、抗旱标准，开挖深沟大渠，大力发展电力排灌事业。平原湖区相继建成了黄山头、高潭口、南套沟、排湖、沙湖、幸福、螺山、新沟、大港口等一大批大型一级电力排（灌）水站，山丘区也修建了双河、长岗岭、肖店、郑家湾、李家嘴、孙庙、刘庙、牌坊口等一批单机容量 630 千瓦以上的大型电灌站，同时修建了温峡口、高关、八字门等一批大中型水库，并对原大中型水库进行整险加固和续建配套。1969—1975 年实施天门河改道工程，开挖汉北河。

第四阶段（1981—1997 年）加强经营管理，建管并重，配套挖潜，提高效益。1981 年 10 月，根据中央和湖北省委关于"把水利工作重点转移到管理上来"的精神，荆州地区提出全区水利工作方针是"搞好续建配套，加强工程管理，狠抓工程实效，抓紧基础工作，提高科学水平，为今后的发展作准备"。此阶段，防洪工程由"治标"转向"治本"，继续加固荆江大堤，实施荆江河势控制工程。80 年代末开展了堤防、泵站、涵闸、水库、渠道等各类水利工程的达标活动。与此同时，大力开展水利工程续建配套，对一些病险工程有计划地进行整险加固，大量疏挖排灌渠道，挖掘工程潜力等工作；还相继兴建了新滩口、田关、冯家潭二站以及公安闸口二站等沿江一级大型电排站；并对治理地下水，改造渍害中低产田进行了试点。

第五阶段（1998 年以后）蓬勃发展的新时期。1998 年长江发生大洪水之后，国家加大了投入，在对江河堤防及堤防上的涵闸全面进行整险加固的同时，实施了水库整险加固、大中型泵站更新改造、大型灌区续建配套及节水改造、农村饮水安全工程、水利血防综合治理、中小河流治理、城市防洪工程等项目，启动了荆南四河堤防加固、四湖流域综合治理、南水北调、引江济汉等工程建设项目。荆州市 1949－2012 年农田水利建设投资情况详见表 7-1-5。

表 7-1-5　　　　荆州市 1949—2012 年农田水利建设投资情况表　　　单位：万元

项目类型	合计	中央投资	地方债券	世行贷款	以工代赈	省投资	地方自筹
河渠工程	96152	1682		17269	40	52476	24685
泵站工程	154985	51062	664		110	59117	43932
水库工程	53950	23040	5016			13830	11991
灌区工程	67464	38460	2375			6467	20162
水电站	3368	1317	431			332	1288
水利血防	68471	21334	4915			4145	38077
节水灌溉	617	330					287
中小河流	30952	18502	3441			5481	3528
小农水	38141	24343				12868	930
合计	514100	180070	16842	17269	150	154716	144880

关于排涝标准，1955 年长委会编制的《荆北区防洪排渍方案》首次提出排涝标准为：

长湖水库、中区排水渠道、湖区排水渠闸，其设计标准为30年一遇3日暴雨拦蓄7天，然后在9天内泄至原来情况；中区排灌渠道暂按10年一遇暴雨（相当于3～4年一遇3日暴雨）于7天内排完设计。

1964年，湖北省提出四湖地区的排涝标准，以不低于5年一遇为基础。农田排渍，按10年一遇3日暴雨4天排完设计；抽水机站设计标准为5年一遇7～10天排完，渠道建筑物按20年一遇暴雨设计；渠道、支渠按5年一遇3日暴雨3～5天排完设计。

随后，荆州地区各县均采用5年一遇3日暴雨5天排完的除涝标准进行设计。

1982年四湖地区采用了日暴雨量187毫米，径流系数0.77，5日排完作为排涝设计标准（荆南地区3日暴雨量193毫米，10年一遇3日暴雨量232毫米）。

1984年，省水利厅勘测设计院编制《四湖地区防洪排涝规划复核要点报告》提出平原湖区的排涝标准，以降雨量作为统计基础，以7年一遇3日暴雨5日排完。一般选择5～10年一遇作为设计标准。采用上述标准，须作经济论证。四湖地区排涝标准选择10年一遇3日暴雨，结合调蓄区调蓄，10天排完（暴雨间隔期8～10天）。

经过多年建设，至1989年全区建成电力排灌站2562处，装机5104台，容量61.24万千瓦。其中单机800千瓦以上电排站22处，装机117台，容量15.24万千瓦，设计流量1822立方米每秒。1989年全区耕地面积1368万亩，其中易涝面积1144万亩。已达10年一遇排涝标准的有349.12万亩，占30%；5年以上不到10年一遇标准的有457.9万亩，占40%；3年以上不到5年一遇标准的有205.17万亩，占17.9%；3年一遇标准以下的易涝面积131.9万亩，占11.5%。

1997年9月，长委编制的《洞庭湖综合治理近期规划报告》指出：洞庭湖地区的排涝标准，10年一遇3日暴雨3天排至作物耐淹深度（湖北省采用3日暴雨5天排至作物耐淹深度）；控制湖泊率10%～15%，陆地径流系数0.85～0.90，作物耐淹水深0.5米。

2007年，省水利勘测设计院提出的《四湖流域综合治理规划报告》提出：四湖流域的排涝标准，达到10年一遇3日暴雨（四湖上区159.3毫米，四湖中下区178.0毫米）5天排至作物耐淹深度。排区蓄涝率：上区调蓄水量按1.2万立方米每平方千米考虑；高潭口排区调蓄水量按1.8万立方米每平方千米考虑；二级控制排区和相对独立的一级站排区，调蓄水量按2万～3万立方米每平方千米考虑。

2011年长委编制的《洞庭湖综合规划报告》（送审稿）提出：排田采用10年一遇3日暴雨3日末排至田间作物耐淹深度；排湖标准采用10年一遇15日末排至内湖控制水位。

荆州地区1949—1993年粮食、棉花、油料产量情况见表7-1-6；1994—2011年荆州市粮食、棉花、油料产量情况见表7-1-7。

表7-1-6　　　　荆州地区1949—1993年粮食、棉花、油料产量情况表

年份	粮 食		棉 花		油 料		备 注
	亩产/kg	总产量/t	亩产/kg	总产量/t	亩产/kg	总产量/t	
1949	91	1364445	13	29852	37	38946	
1950	97	1533310	15	38126	42	47770	

续表

年份	粮 食		棉 花		油 料		备 注
	亩产/kg	总产量/t	亩产/kg	总产量/t	亩产/kg	总产量/t	
1953	113	2156985	18	62396	45	74297	
1954	71	1035490	3	9960	23	22903	大洪水
1955	119	2400280	21	76389	30	60917	
1958	151	2736250	34	132867	39	61538	
1960	95	1735860	15	49405	28	27533	干旱
1961	86	1815635	21	63706	36	42771	干旱
1962	108	2335500	25	71658	38	44015	干旱
1966	163	3117075	57	242478	45	38955	
1970	165	3193215	37	147776	37	19882	
1980	197	3703145	37	150818	22	12104	内涝
1983	271	5038355	47	176923	49	62923	内涝
1985	329	5965335	74	233149	81	170079	
1990	368	6843041	85	262055	88	235821	
1991	319	5917115	78	248195	90	266186	内涝
1993	390	6637377	79	256645	101	266602	

表 7-1-7 　　　　1994—2011 年荆州市粮食、棉花、油料产量情况表

年份	粮 食		棉 花		油 料		备注
	亩产/kg	总产量/t	亩产/kg	总产量/t	亩产/kg	总产量/t	
1994	422	3566000	90	135900	101	200064	
1996	394	3285000	80	109900	106	273514	内涝
1998	384	3257800	50	75100	107	298244	大洪水
2000	449	3284700	72	93000	121	413886	
2003	422	2592000	77	102200	112	379713	内涝
2005	468	3222000	89	123700	130	454999	
2010	464	3755000	85	137500	145	530500	

注　资料来源：《荆州地区志》《荆州市志》《荆州年鉴》。

第二章　四 湖 水 系 治 理

四湖水系是荆江以北、汉江以南、东荆河以西的一个冲积平原，由众多河流、湖泊形成的紊乱而复杂的水系。区内包括监利、江陵、洪湖、沙市（区）全境及荆州区、石首市、潜江市、荆门市的部分地区。

四湖地处江汉平原腹地，是楚文化的发祥地，具有悠久的历史文化遗产及丰富的人文地理景观，既是重要的农业产品生产基地，又是石油、化工、纺织、农药等重要工业品生产基地。

四湖地区的水利建设有悠久的历史。公元前 6 世纪，在楚国令尹孙叔敖主持下开凿扬水运河。三国时引沮漳河水灌溉农田。东晋永和年间，荆州刺史桓温令陈遵修荆州城外金堤。公元 907 年南平王高季兴修沙洋至潜江堤防，自此江汉两岸堤防逐渐延伸，至明清已基本连成一体。宋以后江汉平原垸田逐步发展，排水剅闸及各项水利设施的兴修，对四湖地区农业的发展起到一定的作用。但随着水系的演变，沧海桑田，河道逐渐淤塞，剅闸沟渠湮废，加之四湖地区年降雨量大，且在时空上分布不均，洪涝灾害频繁成为制约四湖地区经济发展的突出问题。

新中国成立后，1955 年长委会提出了《荆北区防洪排渍方案》，确定了"关好大门，截断江水倒灌，治理紊乱的水系，逐步建立新的排灌体系，以适应农业生产发展的需要"的指导思想。从 20 世纪 50 年代中期开始，按照"统一规划、全面治理""留湖蓄涝、排蓄结合""高低分排、先排田后排湖""自排为主、提排蓄水相结合"等治理原则，陆续实施了洪湖隔堤工程，关闭了洪水倒灌的"大门"，结束了四湖地区与江湖相通的历史；开挖了四湖总干渠、东干渠、西干渠、排涝河、田关河、螺山电排渠等主要排水渠道；对区内大小湖泊进行了综合治理；兴建了一大批泵站涵闸，其中流量大于 5 立方米每秒的涵闸 2059 座，800 千瓦以上大型泵站 10 座（含田关、老新口）装机容量 10.4 万千瓦，排水能力 1166 立方米每秒，中型泵站 93 座，小型泵站 1911 座。以上工程的实施，极大地改善了区内的自然环境，逐步建成了沟、渠、闸、站相配套，引、排、蓄相结合的抗旱排涝系统工程，促进了区域经济发展和社会进步。

第一节　水 系 概 况

四湖地区在古代有大漕河、扬水（扬夏运河）、夏水、夏扬水、涌水等水道，沟通长江汉水。随着穴口分流水系的湮塞，沿江河堤防连成整体，四湖水系也相应发展成型。因内荆河自荆门至洪湖，沿途串联大小湖泊百余个，其中以洪湖、长湖、白露湖、三湖为较大，故称为四湖地区。在漫长的岁月中，沧海桑田，四湖水系发生了巨大的变化。

一、四湖水系概况

四湖水系介于东经 112°～114°，北纬 29°21′～31°之间。东、南、西三面濒临长江，北临汉江支流东荆河，西北接荆山东南部的荆门丘陵区，以漳河灌区的总干渠与三干渠为界。

四湖水系位于江汉平原腹地，区域内河流纵横、湖泊棋布，河网密度为 0.34 千米每平方千米。新中国成立初期，共有湖泊 195 个，面积 2725.5 平方千米。2012 年有湖泊面积为 683.63 平方千米。四湖地区总面积为 11547.5 平方千米（占湖北省总面积的 6%），其中内垸面积 10375 平方千米（其中丘陵面积 2360 平方千米，占 22.7%），外滩面积 1172.5 平方千米。2005 年在册耕地面积 548.5 万亩，其基本情况详见表 7-2-1。

表 7-2-1　　　　　　　　　2005 年四湖地区基本情况表

行政区域	面积/km²			人口 /万人	耕地 /万亩
	总面积	内垸	洲滩民垸		
沙洋县	1580.21	1580.21	—	19.91	66.9
东宝区	107.21	107.21	—	0.44	1.89
潜江市	1475.2	1356.5	118.7	43.6	69.3
荆州区	735.3	675.5	59.8	48.2	38.7
沙市区	492	486	6	51.6	15.2
江陵县	1032	1003	29	39	57.6
石首市	376	—	376	19.5	24.0
监利县	3027	2500	527	142	169.7
洪湖市	2312	2256	56	90	93.6
合计	11547.5	10375	1172.5	469.19	548.5

四湖水系按照自然地势、水系和已建的排灌工程，分为上、中、下和螺山 4 个排水区。

（一）上区

长湖库堤、田关河以北为上区，从沙市的雷家垱起，沿长湖至习家口，经刘岭、田关河，止于田关闸，面积 3400.4 平方千米，其中，内垸面积 3239.8 平方千米，外滩面积 160.6 平方千米。

（二）中区

洪湖小港以上、长湖以下（不含螺山排区）区域为中区。从新堤沿老内荆河至小港、下万全垸沿老内荆河至洪湖主隔堤黄丝南闸，再沿主隔堤至高潭口，面积为 5814.6 平方千米，其中，内垸面积 5045 平方千米，外滩面积 769.6 平方千米。

（三）下区

小港以下、新滩口以上区域为下区，面积为 1210.7 平方千米，其中，内垸面积 1154.7 平方千米，外滩面积 56 平方千米。

（四）螺山区

主隔堤以下、总干渠以南、螺山电排河以西为螺山区，面积1123.3平方千米，其中，内垸面积935.3平方千米，外滩面积186平方千米。

四湖流域属于亚热带湿润季风气候，具有四季分明、热量丰富、光照适宜、雨量充沛的特点。多年平均温度15.9～16.6℃，极端最低气温−15.1℃，极端最高温度39.5℃。无霜期230～270天。由于四湖地区三面环水，内部低洼、湖泊众多，历史上分流穴口多，江湖联通，是有名的"水袋子"。

区域内大小河流纵横交错，上区较大河流有拾桥、观桥、高桥和龙会桥等自然河流，汇流丘陵山区洪水入长湖及田关河，中下区由总干渠（内荆河）、东干渠、西干渠、排涝河、螺山电排河为排水骨干，组成排水网络，承担排水面积10375平方千米（其中中下区排水面积7135.0平方千米），年平均排水总量约50亿立方米，从下区尾闾新滩口排入长江。具体见表7-2-2。

表7-2-2　　　　　　　　　　四湖流域分片汇流面积表　　　　　　　　　单位：km²

分区	分片	汇入支流	汇流面积	备注	分区	分片	汇入支流	汇流面积	备注
上区		合计	3239.8				区间	83.2	荆门境内
	长湖	小计	2265.2	总出口刘岭闸	上区	田关河	小计	436.0	
		太湖港	386.6	荆州区境内			西荆河右	115.0	借粮湖68.0 野猪湖47.0
		龙回桥河	198.3	荆州区境内			荆幺河	96.0	
		拾桥河	1214.7	荆门境内			东干渠	92.0	荆门、潜江
		广坪港	84.0	荆门境内			保安河	57.0	潜江
		其他汉河	77.7	九店、杨场等4条			长白渠	76.0	潜江
		丘陵高地	125.9	蛟尾、毛李、乔姆等			合计	5045	
		湖面	178.0	荆门70.8，荆州市107.2	中区	高潭口区		986.0	
	西荆河	小计	538.6	总出口牛马嘴		洪湖	湖面	402.0	
		殷家河	228.0	包括彭塚湖		其他		3657.0	
		皮当港	66.0	包括虾子湖	下区		合计	1154.7	
		双桥港	61.0	荆门境内	螺山区		合计	935.3	
		流河	53.4	荆门境内	总计			10374.8	
		陶荆河	47.0	潜江境内					

四湖地区乃古时云梦泽的一部分，有长江、汉江、东荆河、清江、沮漳河和洞庭湖的湘、资、沅、澧四水汇入。众多河流的水量挟带着泥沙进入云梦泽，由山地进入低洼地区，后流速减慢，大量泥沙沉淀。由于进入云梦泽的水沙情况复杂，泥沙淤积的范围及数量多少又各不相同，经过长时间的积累，一部分高地显露，低洼的地方则排水不畅，最终

解体成江汉湖群。

根据湖区出土的古文化遗迹,证明早在四五千年以前,平原腹地的监利、洪湖一带,已有人类在此定居,进行原始的狩猎、渔业与农耕。春秋战国时期,这里为楚国属地。其后,随着人口增长、社会发展及经济活动的增强,人类对自然界与生态系统的干扰越来越大,其水系也就在自然力与人类活动力的双重作用下,加速演变。自宋开始,荆江一带大量修筑堤防(晋时仅修筑了荆州城外的金堤),长江的泥沙主要淤积在荆江干流两侧的滩地以及荆南的广大地区。沿汉江、东荆河一线,由于修筑堤防较晚,仍有大量泥沙涌入四湖地区,使原有的高地不断淤变,部分低洼地区则沦为水域。古云梦泽因淤积而解体,演变成江汉平原。宋以后,江汉平原垸田逐步发展,排水剅闸及各项水利设施的兴修,对四湖地区的农业发展起到一定的作用,同时也加速了古水系的变迁。

四湖流域内湖泊众多,较大的湖泊原有长湖、彭家湖、借粮湖、泥港湖、返湾湖、三湖、冯家湖、白露湖、沙湖、白滨湖、洋圻湖、五合湖、东蚁湖、张家湖、大沙湖、夏庄湖、瓷器湖、沙套湖、洪湖等20多个,由于围湖造田,湖面逐渐缩小,多数湖泊已不复存在。

在历史长河中,湖泊也在不断地发生变化。其变迁因素很多,主要是江河发育演变、垸田兴废、人口增加、农田水利的兴起、科学技术的提高等,使水域浩瀚的大泽解体成星罗棋布的大小湖群。湖泊数量由少到多又由多变少,湖面由大变小;由江湖相连、湖港交错逐渐演变成为江河隔绝、湖港分离;水域边界由自由泛滥逐渐演变成有堤防约束的固定湖面,几经沧桑始成现状。

新中国成立初期,根据《四湖水利资料简介》记载,四湖流域的湖泊面积在1000亩以上的尚有195个,总面积2725.5平方千米,占四湖流域总面积的26.3%。其中荆门县6个,面积84.18平方千米;江陵县80个,面积606.07平方千米;潜江县39个,面积233.57平方千米;监利县29个,面积314.62平方千米;洪湖县41个,面积1487.06平方千米。1954年、2005年、2012年面积在8万亩以上的湖泊水位、面积、容积变化见表7-2-3。

由于大量围垦,1988年调查时尚有湖泊面积1497平方千米,占四湖流域总面积的14.4%。至2004年,湖泊仅剩82个,面积710.8平方千米,占四湖流域总面积的6.9%(为1949年湖泊面积的26.3%)。

表7-2-3　　　　　　1954年、2005年、2012年面积在8万亩以上的湖泊
水位、面积、容积变化表

湖名	湖底高程/m	最高控制水位/m	1954年		2005年		2012年	
			面积/km²	容积/亿 m³	面积/km²	容积/亿 m³	面积/km²	容积/亿 m³
洪湖	22.00~22.50	27.00	735.19	22.50	402	13.50	308.00	—
长湖	27.00~28.00	33.00	229.38	7.63	157.5	6.18	131.00	—
三湖	27.60	29.50	88.00	1.67	—	—	—	—
白露湖	26.50~26.80	28.50	78.80	1.56	5.1	—	—	—

湖名	湖底高程/m	最高控制水位/m	1954年		2005年		2012年	
			面积/km²	容积/亿 m³	面积/km²	容积/亿 m³	面积/km²	容积/亿 m³
借粮湖	27.50	33.00	59.50	1.56	8.0	—	8.90	—
王家大垸	25.00~27.00	27.50	72.00	1.08	—	—	—	—
荒湖	26.00~27.00	27.50	58.00	0.58	—	—	—	—
大同湖	21.80	27.00	236.00	6.76	34.2	—	—	—
大沙湖	22.80	27.00	188.47	6.39	12.42	—	—	—
洋坼湖	22.50	24.00	65.70	1.12	—	—	—	—
合计			1811.04	50.85	624.31	19.68	528.00	—

二、四湖地区水旱灾害

四湖地区被长江、汉江所环绕、洪涝灾害严重，是具有历史性的水灾区。洪涝灾害的主要表现形式：长江、汉江、东荆河堤溃口成灾；长江、东荆河洪水自新滩口附近倒灌，内垸排水受阻，造成内涝；长湖上游山洪暴发，漫淹农田成灾。因此，四湖地区又被称为"水袋子"。

1949年以前，四湖地区水旱灾害频繁，其特点：①水灾多于旱灾，春旱多于夏旱，洪涝同步，有洪必有涝；②丘陵岗地易旱，平原湖区易涝。从元大德四年（1300年）至民国三十七年（1948年）的649年间，大的灾害有68年，其中，水灾57年、占84%，旱灾11年、占16%。

四湖地区的洪涝灾害，自清朝后期开始日趋严重，至民国时期更加严重、频繁。民国时期荆江大堤有6年溃口，长江干堤有11年溃口，沙洋汉江干堤有3年溃口，东荆河堤有22年溃口。由于江汉洪水倒灌，四湖内垸的678个围垸（江陵县92个、潜江县150个、监利县256个、洪湖县180个）更是溃决频繁，几乎到了年年淹水的地步。新中国成立后，1954年发生特大洪水，四湖地区因洪水倒灌、内涝、溃口和分洪共淹没面积近8000平方千米，尤以洪湖、监利两县受灾最为严重，洪水至10月底方才退去。出现严重内涝的年份有1980年、1983年、1991年和1996年，尤以1980年和1996年内涝所造成的损失最重。1980年农田受灾面积248.85万亩，其中，因涝绝收面积70.06万亩，分洪淹没42.78万亩，溃口淹没12万亩，减产粮食3.1亿千克。1996年的内涝灾害是自1954年以来最严重的一次，农田受灾面积364.2万亩，其中，绝收面积165.9万亩，减产粮食4.25亿千克，毁林3.2万亩，放养水面串溃135万亩。

1959—1961年连续3年受旱，从丘陵到平原有60多天没有下透雨，由于沿江没有修建引水涵闸和灌溉渠道，不能直接从江河取水，只能从垸内的湖泊、渠道、塘堰取水，水量有限，缺乏抗旱机械，不能组织搬大水，导致大面积农田受旱，人畜饮水困难。为了缓解旱情，1959年和1960年汛期在荆江大堤、长江干堤、汉江干堤、东荆河堤挖明口10多处引水。1959年粮食减产，1960年又减产，1961年由于沿江修建了一部分进水涵闸，引水能力增强，当年粮食略有增产，但仍低于 1959 年；经过 3 年受旱以后，四湖地区的灌溉工程能力不断加强，1972 年、1978 年受旱，基本做到了"旱不成灾"。

四湖地区洪涝灾害频繁，低洼地区长期积水，外滩面积大，是血吸虫病流行的重疫区。1954 年统计，血吸虫病患者占当时总人口的 12％。

第二节 治 理 规 划

四湖水系在 1955 年治理之前，存在着江汉堤防防洪标准低；上受山洪威胁，下有江水倒灌，排水没有出路；水系紊乱，水利设施失修，渍涝灾害严重；钉螺孳生，血吸虫病流行等突出问题。针对这些问题，荆州地区在长委会编制的《荆北区防洪排渍方案》基础上，根据社会经济诸方面情况的变化，多次进行修改、补充和完善，使得规划更加符合实际，并且通过规划的实施，逐步提高了四湖流域的抗灾能力。

一、指导思想

20 世纪 50 年代，荆州地区根据四湖流域最为突出的问题是防洪和排涝，确定了治理的指导思想是"关好大门"，截断江水倒灌，治理紊乱的水系，逐步建立新的排灌体系，以适应农业生产发展的需要。

四湖地区排涝系统工程建设的总体规划是依据 10 年一遇 3 日暴雨 5 日排完的治涝标准，按照"统一规划、全面治理""留湖蓄涝、排蓄结合""高低分排、先排田后排湖""自排为主，自排、提排、蓄水相结合"等原则，分阶段逐步建成沟、渠、闸、提、排、蓄相结合的排涝灌溉系统。

二、规划编制

（一）荆北区防洪排渍方案

1955 年 12 月，长委会勘测设计院作出《荆北区防洪排渍方案》（以下简称《方案》），分析了四湖流域洪涝灾害的成因及其严重后果，陈述了治理四湖的重要性及其紧迫性，明确了治理的指导思想、方针和原则及其治理的具体措施与任务，是四湖地区治理的一部大纲。虽然曾几次对其进行修订和补充，但始终是以这个方案为基础的。

1. 四湖流域产生渍涝灾害的基本因素

（1）由于降水量大，河湖淤塞，河道泄水能力不能满足排水需要，致使农田渍涝不能及时排除。河湖淤塞的主要原因是河湖交错，水系复杂，流向混乱，河道迂回曲折，河滩垦殖与拦河设障严重（主要是拦河渔网）。

（2）由于长江自新滩口倒灌及东荆河分注，抬高了洪湖水位，洪湖附近及四湖地区中部渠道的排水因受尾水顶托而宣泄不畅。

（3）由于长湖的自然调蓄，长湖以上的山地、丘陵地区的径流经常自习家口通过内荆河下泄，使长湖与三湖之间内荆河水面长期高于两岸农田，影响农田排水。

《方案》认为，四湖地区土地肥沃，适于垦殖，但由于洪灾、渍灾频繁，形成了约 1500 平方千米的垸内湖和渍荒地区，另有 1500 平方千米的自然湖泊因未加控制，不能充分利用，因此，迫切需要解决四湖地区的洪灾和渍灾问题。

2. 规划方针

（1）上区按"以拦洪为主，考虑济灌济航"的原则进行规划。利用长湖培修加强其堤防，在高家场、习家口和塔儿桥建渠道节制闸，控制蓄泄，以提高长湖的调蓄作用（平原水库），储备相当的水量以接济灌溉和航运，保留部分库容，在一定时段内拦蓄山洪，为水库以下的农田提供优先排渍的机会。农田排水完毕后，再启闸泄洪。

（2）中区按"排渍为主，灌溉为辅"的原则进行规划。整理现有河道，增辟必要的渠道，改善白露湖以上渍荒最严重地区的排涝状况，扩大耕地面积，同时兼顾灌溉的需要，提高抗旱能力。

（3）下区按"蓄洪垦殖，兼筹并顾"的原则，在长江中游平原区防洪排渍计划的统一指导下，以洪湖、大同湖、大沙湖及其周围洼地为蓄渍区，原受江水自然倒灌的泛区为蓄洪区。培修加强蓄洪区和渍蓄区的围堤，在螺山、黄蓬山或新滩口选择其中最有利的一处建造进洪闸，在新堤和新滩口建造泄水闸。当遇到长江发生非常洪水年份时，启闸分洪与长江中游的其他湖泊配合运用，从而达到减免洪水灾害的目的。在不分洪的年份，容蓄渍水，从而改善排涝状况；同时进行垦殖，扩大播种面积，发展农业生产。

3. 规划的核心内容

（1）防洪。利用四湖地区下游受江水倒灌的洪湖地区，兴办洪湖垦殖工程。在 1954 年情况下的蓄洪量为 57 亿～81 亿立方米，其具体工程有螺山进洪闸、洪湖隔堤、蓄洪区堤防及泄洪口等。

（2）排渍。上区控制长湖，兴建长湖水库，拦蓄长湖以上山地、丘陵径流，以减少长湖以下渠道泄水负担；具体工程为长湖水库堤防，习家口、高家场、塔儿桥节制闸等。中区整理排水渠系，采用 3 条干渠方案，具体工程为开挖、疏浚以内荆河为主作为排水总干渠，自习家口至福田寺入湖，全长 97 千米，东干渠长约 62 千米，西干渠长约 97.7 千米，建福田寺节制闸。下区建立蓄渍区，以洪湖、大同湖、大沙湖为基础，在汛期蓄渍，汛后垦殖；具体工程为建新滩口和新堤排水闸，兴筑长 430 千米、堤顶高程 28.00 米的蓄渍堤。

（二）荆北水系规划补充草案

1959 年 1 月，四湖排水工程指挥部根据荆州地委、专署确定的"以排为主，内排外引，排灌兼顾，等高截流，分级排蓄，综合利用"治水方针，提出了《荆北水系规划补充草案》，具体内容为在实施《荆北区防洪排渍方案》的基础上，增挖一条由长湖刘岭起至东荆河田关止、全长 30.5 千米的田关河，使长湖渍水的一部分由田关河直接排入东荆河，减轻四湖中下区压力，降低洪湖渍水位。

（三）荆北地区河网化规划草案

1961 年 5 月，荆州专区水利工程总指挥部以原有省、地规划为基础，作出《荆北地区河网化规划（草案）》，对长委的《方案》进行了细化。总的原则是以总干渠、东干渠、西干渠、田关河四大干渠为纲，打破地域界限，废堤并垸，分区布网，并以排灌为主，兼顾渔业、航运、发电、加工和垦殖。要求做到河湖分家，互不干扰，分片引灌，分区排蓄，全面开发，综合利用。具体内容如下。

（1）建立以沙市闸为纲的九大灌区。沙市闸灌区 3065 平方千米，观音寺闸灌区 790 平方千米，一弓堤闸灌区 563 平方千米，西门渊闸灌区 340 平方千米，王家巷闸灌区 500 平方千米，北王家闸灌区 194 平方千米，马家头闸灌区 85 平方千米，新堤闸灌区 876 平方千米，新城闸灌区 286 平方千米。

（2）建立两大排水系统。沙市—田关为一排水系统，配合东荆河口控制的运用，以田关闸为出口；沙市—新滩口为另一排水系统，以新滩口闸出口为排水中心，配合螺山、新堤大闸、永安、永乐等闸的联合运用，排泄长湖以下的渍水。

（3）建立三大调蓄区。保证四大干渠安全行洪。上区以长湖为滞洪区，以刘家岭为控制点，先蓄后排；中区以洪湖为蓄洪区，以福田寺闸为控制点，如沿江涵闸可以自流排泄，则中区雨水不入洪湖调蓄；下区以大同、大沙湖现有湖泊为蓄洪区，控制调蓄面积 185 平方千米，其中，大同湖 124 平方千米，大沙湖 61 平方千米。

（4）固定湖面，以利垦殖。三湖、白露湖不考虑调蓄，可适当开垦；洪湖一般不再围垦；控制长湖养殖面积 19 万亩。

（四）荆北地区排涝灌溉补充规划（含汉南地区）

1964 年 10 月，在副省长夏世厚、水利专家陶述曾分任正、副组长的"荆北地区水利综合利用规划领导小组"领导下，以湖北省水利厅设计院为主，省直有关部门及荆州专区、四湖地区有关县协助编制的《荆北地区排涝灌溉补充规划》，进一步提出了治理方案，根据地势特点，把全区分为上、中、下 3 片，既分片治理，又有机结合。

1. 规划标准

（1）排涝。以不低于 5 年一遇为基础，汛后排渍按关闸期间（5—10 月）的降雨，用 10～20 天排至冬播高程；农田排渍按 10 年一遇 3 日暴雨 4 天排完设计；抽水机站设计标准为 5 年一遇 7～10 天排完；渠道建筑物按 20 年一遇 3 日暴雨设计；渠道按 5 年一遇 3 日暴雨 3～5 天排完设计。

（2）灌溉。一律按保证率 80%、抗旱 50～70 天计算，即 5 年一遇标准。

2. 规划的主要内容

（1）长湖控制运用方案。

（2）东荆河口建闸控制方案。

（3）荆北地区排水系统规划，含洪湖控制运用、四湖中下区排水干渠规划。

（4）荆北地区灌溉系统规划。即长湖以上系统（万城、兴隆等闸引灌范围）、观音寺系统（已建观音寺闸及拟建柳口闸范围）、沙市闸系统（拟建沙市闸及已建东荆河沿岸闸范围）、监利系统（一弓堤、城南、王家巷等闸引灌范围）、新螺系统（沿长江干堤较高地带，已有的小闸保证率低，新增设电灌范围）。

（5）电力排灌工程规划。计划兴建螺山、南套沟、大沙湖、大同湖、石码头、沙套湖 6 处电力排灌站，合计装机容量 27123 千瓦，控制排水面积 3574.6 平方千米，并以螺山、南套沟两站控制调度，洪湖最高水位不超过 26.00 米。

（五）四湖总干渠中段河湖分家工程规划设计补充报告

1965 年 11 月，由荆州专署水利局制定。当时福田寺以上来水，一部分经内荆河至峰口、小港，流入下内荆河（流程为 67 千米），一般情况不入洪湖，但由于流程过长，又迂回曲折，因而水流不畅；另一部分经福田寺下泄至王家港直接入洪湖调蓄。当新滩口闸在抢排时，由于水入洪湖调蓄，水量分散，使小港至新滩口的水面坡降变缓，减少了向外江抢排的水量，不利于洪湖调蓄。

1. 规划原则

有利于提高新滩口排水闸关闸水位，延长抢排时间；力争高水高排，使中区渍水尽量外泄，减少洪湖蓄水量和吞吐负担；为电力排水工程打下基础，力争做到既是自排系统，也是电力排水系统；尽量避免大量拆迁房屋和挖压基本农田。

2. 规划方案

从福田寺入湖闸下游的王家港起，沿洪湖的北缘新开挖排水干渠至小港，全长 47 千米，其中新开挖干渠 42 千米，设计流量 380 立方米每秒，一河两堤，作为总干渠中段，并在南堤下新河附近建一座进出湖两用闸和在福田寺、小港各建船闸一座，实行河湖分家，排灌分家，沟通内河航道。当新滩口自排时，福田寺闸下泄水量不再经过洪湖调蓄，而直接沿渠道至新滩口排入长江，做到高水高排。

由于沿湖干渠有些地段淤泥深厚，挖河筑堤困难，只完成了北岸堤防，南岸自潭子口以下没有形成完整堤防，河湖分家工程规划未能实现，而老内荆河却已废弃，丧失排水功能，上游来水全部经新挖干渠入洪湖。由于过水能力与上游来量不配套，常常出现水位壅高，于是又在柳口开挖入洪湖的渠道（汉沙河），使福田寺闸的来水能尽快流入洪湖。

（六）四湖地区电力排灌站第一期工程规划（征集意见稿）

1966 年 3 月，由湖北省水利厅勘测设计院编制。规划的主要内容是选择新滩口建站配合分散建站方案。除建新滩口泵站外，并建南套沟、大沙湖、大同湖等电力排灌站 19 处，其中以南套沟、大沙湖规模较大，可与新滩口联合运用，控制洪湖水位。规划装机容量 25624 千瓦。同时在监北、中府、柴林河地区另兴建一批二级电排站，充分利用现有排水系统，力争多自流排水。

（七）荆北地区防洪、排涝、灌溉综合利用规划

1972 年 3—5 月，长办及省水利电力局召集四湖地区有关县共同研究落实洪湖承担 160 亿立方米蓄洪任务的工程方案，编制《荆北地区防洪、排涝、灌溉综合利用规划》，确定利用兴建洪湖分蓄洪区的机遇，开挖福田寺至高潭口排涝河，修建高潭口、付家湾（后改为新沟嘴与老新）两处电力排灌站。

（八）四湖流域水利化区划报告

1982 年 5 月，由荆州地区四湖工程管理局勘测设计室编制《四湖流域水利化区划报告》。此报告根据流域的地理特征和水利条件，将全区分为上、中、下及螺山 4 个排区，并分区进行了排涝水量估算及平衡，同时也作了灌溉用水分析，对流域治理的近期措施和远景设想提出了初步意见。

（九）四湖地区防洪、排涝的初步设想

1983 年 11 月，由湖北省水利勘测设计院提出《四湖地区防洪、排涝的初步设想》。此设想认为四湖地区的排涝大纲已基本形成，但有待进一步完善和提高。《四湖地区防洪、排涝的初步设想》认为造成 1980 年严重灾情的根本原因是上区排水出路没有解决好。如果没有上区来水，再加上老新泵站、新沟泵站的建设以及高潭口泵站的合理运用，从水量平衡来看，中下区的防汛形势虽然会全面紧张，但灾情是可以大大减轻的。并且提出四湖地区的防洪排涝治理措施应是建设"两湖三站"，即建设洪湖、长湖，兴建田关、付家湾、新滩口电排站。

1. 上区治理的长远设想和方案

（1）长远设想。一般情况下，上区水不下泄，就地解决，不能让"一水淹三县"的状况恶性循环。而且上区治理要考虑较大洪水（如 50 年一遇）的防洪安全问题。

（2）治理方案。田关建站提排；东荆河口建闸控制，由田关渠自排；提高长湖运行水位，增加田关渠自排时间。

2. 中下区治理的措施

四湖中下区存在的主要问题是总干渠过水能力小于来量，导致不相适应，且一级外排站的装机容量少。治理措施是兴建付家湾电排站，装机容量 4 台×2800 千瓦，设计流量140 立方米每秒；兴建新滩口电排站；加高加固洪湖围堤，规划调蓄水面 413 平方千米，围堤高程为 28.00 米、面宽 6 米，防洪水位为 26.50 米；疏浚内荆河黄丝南至小港的一段，沟通四湖水系，提高区内渍水自排和提排灵活运用能力。

（十）关于以水为主综合治理四湖地区"水袋子"问题的报告

1984 年 3 月 22 日，湖北省委在第四次党代会的报告中提出了要求对江汉平原"水袋子"进行综合治理的问题。会后，荆州地委向省委写了专题报告。5 月 31 日，省经济研究中心经过实地考察后，提出《关于以水为主，综合治理四湖地区"水袋子"问题的报告》。认为四湖地区生产潜力大，基础强，条件好，是湖北省农村经济发展的重要战略基地之一。并针对存在的问题提出了治理的指导思想、原则和措施。同年 7 月，由省政府组织对这个报告进行了讨论，8 月 20 日，省委同意并批转了此报告。

1. 综合治理四湖"水袋子"的指导思想

实事求是，尊重科学，讲究效益，大胆改革，从实际出发，对具体事物进行具体分析，以达到认识自然、改造自然的目的。治水是四湖地区的主要矛盾，应当实行以水为主，综合治理，进一步发挥总体经济效益。按照自然规律和经济规律办事，既注重工程措施，又注重生态措施，促进农业生产的良性循环。

2. 综合治理的基本原则

正确处理十个方面的关系

（1）正确解决江河防洪与内湖治理的关系。

（2）正确解决排水与调蓄的关系。

（3）正确解决自排与提排的关系，采取尽力自排，实行提排、调蓄并重的方针。

（4）正确解决现有工程配套、挖潜与新建工程的关系。

（5）正确解决上下兼顾与分区治水的关系。

（6）正确解决排地表水与排地下水的关系。

（7）正确解决调蓄与发展水产事业的关系。

（8）正确解决治水与植树造林的关系。

（9）正确解决治水与发展水运事业的关系。

（10）正确解决治水与血防工作的关系。

3. 当前应当解决的几个问题

（1）退田还湖，落实调蓄区，提高调蓄能力。

（2）优先实施流域性排涝工程的配套，在挖潜上下功夫。

（3）兴建中下区排涝骨干工程，解决上区排水出路，增加中区一级站的排水能力。

（4）综合治理，促进农牧业、水产、航运和林业协调发展。……水利建设和农业技术改造应采取"大渠降、小渠排，排灌分、水旱轮，肥配方、种改良，效益好、门路广"的办法。

4. 四湖地区经济发展目标的设想

（1）基本上达到抗御 10 年一遇排涝的标准，大部分农田旱涝保收，生态效益和社会效益都有显著成效。

（2）粮食产量由 1983 年的 24.5 亿千克增加至 35 亿千克、棉花总产量由 1983 年的108 万担增加至 150 万担、油料总产量由 1983 年的 55 万担增加至 198 万担，成鱼总产量由 1983 年的 319.5 万千克增加至 1 亿千克左右。

（3）到 1990 年，年产木材 80 万立方米。

（4）内河航道得以整治。

（十一）四湖地区水利综合利用复核报告

1984 年 6 月，湖北省水利勘测设计院对四湖地区原有规划进行调整和复核，提出了《四湖地区水利综合利用规划复核报告》。报告分析了 1980 年、1983 年涝灾成因及治理中存在的问题，认为四湖地区的水利建设的主要问题是：侧重于抓涝灾和旱灾，而对防洪考虑不周；实施规划的过程中，重主体工程轻调蓄区及配套；对出现的新问题没有及时研究解决等。从而提出了排涝规划原则及设计标准的选定。

1. 规划原则

规划的主导思想必须遵循自然规律和经济规律。工程所采用的数据、措施必须符合实际情况和具有可行性。提出的设计标准和工程投资必须与当前国民经济发展水平相适应。综合治理必须是互相协调、统一的。以水为主，综合治理，必须考虑水产、水运、农垦、卫生、血防等多部门的协调，统一安排。

2. 设计标准的选定

平原湖区的排涝标准，以降雨量作为统计基础，以 7 年一遇 3 日暴雨 5 日排完经济效果最好，所以一般选择 5～10 年一遇作为设计标准；水库标准按 50 年一遇设计，200 年一遇校核。

二级站及渠道、涵闸工程，一般按 10 年一遇 3 日暴雨 5 日排完的流量作为工程设计的流量，排水区内必须利用沟渠、湖泊及分蓄区调节来水量的 30%～40%。

具有流域性参加统排的一级站，按 10 年一遇 3 日暴雨，结合调蓄区调蓄，10 天排完，排至调蓄区起排水位；同时预留调蓄区，其容积能够吞纳一次洪峰来水量的 40%～60%。

3. 工程规划

工程规划概括为"两湖三站"。即建设好洪湖和长湖，负担蓄洪和防洪任务；建设新滩口、付家湾、田关等具有流域性的泵站，控制两湖以及干渠水位，同时修建白露湖、彭冢湖等调蓄滞洪区以及借粮湖、洪湖分洪备蓄区。一级站提排能力由现有 650 立方米每秒增加到 1310 立方米每秒，中下区排水装机容量由现有 58940 千瓦增加到 110940 千瓦，抗御 10 年一遇除涝面积达到耕地面积的 95％。

（1）上区治理工程规划。东荆河进口龙头拐新建排水涵闸，流量 5000 立方米每秒，闸孔净宽 276 米。田关新建泵站，装机容量为 6 台×2800 千瓦，设计排水流量 220 立方米每秒。加高加固长湖库堤，提高长湖运用水位，充分发挥长湖的调蓄作用。从习家口、田关北向中区分别下泄流量 70～100 立方米每秒，然后在中区设置工程解决。

（2）中下区治理工程规划。治理洪湖，规划调蓄面积 413.07 平方千米，堤顶高程 28.00 米，改建涵闸 20 处，护坡 8 千米。兴建付家湾泵站，装机 4 台，单机 2800 千瓦，排水流量 140 立方米每秒。白露湖保留 20 平方千米作为调蓄区，返迁人口 1700 人，退出低湖田 1.2 万亩，损坏鱼池 1000 亩，筑围堤 13 千米。其运用程序为先分总干渠来水，后分西干渠来水。新滩口新建泵站，装机容量 10 台×1600 千瓦，设计流量 220～250 立方米每秒，与高潭口站联合运用，如遇 1980 年类型洪水，洪湖周围不再分洪。疏浚黄丝南至小港河道，改善低洼农田排水。福田寺至小港河段与洪湖分家工程可增加抢排机会，但工程量大，留待后期建设。改善南套沟排区泵站运行条件，第一方案为兴建南套二站，装机容量 5 台×800 千瓦，设计流量 38.8 立方米每秒；第二方案为继续兴建二级站 8 处，装机容量 3240 千瓦，设计流量 47.6 立方米每秒。一级站续建配套工程，包括半路堤泵站扩挖引渠长 13 千米；高潭口泵站疏挖湖口至排涝河，扩建老子贝渊闸；老新和新沟泵站引渠疏挖配套；杨林山泵站续建。渠道疏挖配套工程，主要是完成干支渠道的剩余工程。

（十二）四湖流域综合治理规划报告

2007 年，省水利勘测设计院与四湖工程管理局在原规划的基础上作了进一步研究，提出《四湖流域综合治理规划报告》，对四湖地区防洪、排涝、灌溉工程作了全面分析，提出比较详细的治理规划。

1. 规划任务及目标

按人与自然和谐共处的治水思路，在四湖流域基本建成防洪减灾、水资源综合利用、水生态与水环境保护、流域科学管理四大体系，实现有效控制涝水，保障防洪安全，合理利用水资源，保证供水安全，控制血吸虫传播，改善水生态环境等战略目标。

（1）防洪除涝。

近期目标 长湖设计防洪标准基本达到 50 年一遇；完成大型泵站更新改造及其配套工程建设，疏挖总干渠、下内荆河、西干渠、东干渠和排涝河，实施洪湖退内垸还湖工程。

中期目标 长湖设计防洪标准达到 50 年一遇；总干渠在沿程二级泵站不超过 10 年一遇排水流量的条件下安全防御 1996 年型洪水；二级站控制排区和相对独立的一级站排区，达到 10 年一遇 3 日暴雨 5 天排至作物耐淹深度标准，排区蓄涝率至少为每平方千米 2 万～3 万立方米；大区域排水站考虑 2 次暴雨间隔时间排除调蓄容积，调蓄容积要求占净来水

量的 $50\%\sim60\%$，其排涝标准选用 10 年一遇 3 日暴雨 10 天排完。

远期目标：进一步完善四湖流域防洪除涝体系，全面实现水利现代化。

（2）灌溉供水。

近期目标 开展大型灌区的续建配套与节水改造，部分灌区示范和推广节水灌溉制度；保障城镇近期水平年的供水安全；农村完成安全饮水工程建设。

中期目标 全面开展灌区的续建配套与节水改造，大力推广节水灌溉制度；保障城镇规划水平年的供水安全；确保农村居民全面实现安全饮水。

远期目标 全面完成灌区的续建配套与节水改造，干支渠的水利用系数均达到规范规定的要求，灌溉设计保证率均达到 $80\%\sim85\%$，农业生产全面实现节水高效；保障城镇远期水平年的供水安全；基本消除城乡供水差别。

（3）水环境及水生态保护。

近期目标 2010 年前，区域内地表水体水质状况明显改善，达到或优于 IV 类水体水质标准，有效削减污染物排放量和入河量；主要河渠水流通畅，洪湖、长湖富营养化有明显控制。区域内局部地下水超采现象得到初步控制。与水相关的湿地退化、湖泊萎缩等生态环境问题不再继续发展。

中期目标 2020 年前，区域内所有水功能区达到功能目标，污染物排放量按照限排方案全部得到控制；实现合理开发利用地下水，明显改善地下水生态环境；基本解决与水相关的湿地退化、湖泊萎缩、水体富营养化等生态环境问题。

远期展望 2030 年前，区域内水环境水生态呈良性循环，自然环境优美，人水和谐，全面实现水资源的可持续利用，支撑社会经济的可持续发展。

（4）水土保持。

近期目标 基本消除因生产、生活需要对现有林草植被的破坏和生态自我修复能力的制约；健全预防保护和监督管理体系，切实保护好现有林草和水土保持设施，有效控制住人为水土流失；以荆州区为重点，开展以小流域为单元的综合治理，重点治理区水土流失综合治理程度达到 34%。

中期目标 重点治理区水土流失综合治理程度达到 80%。

远期目标 全面推进水土流失综合治理，使重点治理区和重点预防保护区水土流失集中分布区域的治理程度达到 100%，全面完成规划防治任务。

（5）水利血防。在规划水利工程时结合考虑灭螺阻螺措施，各水平年的目标与相关水利工程建设同步。

（6）航运及渔业。

航运 江汉航线（即新螺航线）上段（新城—宦子口）达到五级航道标准，下段（宦子口—螺山）达到四级航道标准；两沙运河（引江济汉工程）的规划标准为三级航道；内荆河上段（雷家垱—习家口）达到五级航道标准，下段（宦子口—新滩口）达到四级航道标准。

渔业 从水资源保护角度，提出各水平年渔业发展的限制性要求。

2．总体规划布局

（1）疏挖六大干渠。即总干渠、西干渠、东干渠、田关河、排涝河和螺山干渠。规划近期水平年疏挖总干渠、西干渠、东干渠高场以下段和排涝河半路堤—福田寺段，完成田关河整治和下内荆河琢头沟裁弯取直工程。中期水平年完成下内荆河疏挖整治，并结合泵站配套工程建设，疏浚田关河、排涝河福田寺—高潭口段和螺山干渠。疏挖干渠包括对沿线病险涵闸和危桥进行整险加固和改建。

（2）加固两湖堤防。长湖防洪工程包括长湖湖堤加固，滨湖内垸防洪堤加固，借粮湖、彭塚湖分蓄洪区建设等。规划中期水平年以前完成长湖防洪工程，近期完成长湖湖堤续建配套工程和荆州城区雷家垱闸建设。

洪湖防洪工程包括洪湖围堤加固，新堤排水闸引河疏浚，兴建洪湖下万全垸、监利螺西分蓄洪区等。规划中期水平年以前完成洪湖围堤加固和新堤排水闸引河疏浚，远期水平年建设洪湖下万全垸和监利螺西分蓄洪区等。

（3）控制污染总量。规划在水域功能区划的基础上，核算四湖流域主要水体和主要污染物环境容量，制定总量控制方案，提出工业污染源整治、城镇生活污水集中处理、城镇垃圾无害化处理和生态修复等水污染综合整治措施。控制的重点是城镇点污染源，对农业面源污染治理，合理规划经济，促进农业结构调整；推广农村清洁能源，合理使用化肥、农药。

规划新建城镇生活污水集中处理厂项目 21 个，进行限期治理的工业污染源项目 61 处，实行关停取缔的小造纸企业 10 个，实行关停取缔的印染污染工业企业 5 家，实施流域生态修复工程 3 处和长湖水生态保护工程，实施规模化畜禽养殖污染治理项目 21 个。

（4）联通江河湖港。规划长湖—洪湖区间以长湖为中心进行引清调度，由长湖保障其生态供水，水量不足时，通过江湖联通由外江补给。通过从沮漳河和汉江向长湖补水，由习家口闸向总干渠放水；中远期水平年则考虑兴建引江济汉和雷家垱闸等工程措施，使长江、汉江、长湖和西干渠连成一体，基本解决总干渠和西干渠的水体流动不畅和水环境问题。

洪湖主要是通过水生态修复工程提高其水环境承载能力。也可由新堤大闸实现江湖联通，利用新堤大闸在江鱼洄游、苗化期（4—6 月），择机对洪湖进行生态补水，达到灌江纳苗，补充洪湖生物量（多样性），兼顾释污的目的。

（5）完善排灌系统。

泵站更新改造　近期水平年完成田关、老新、新沟、高潭口、半路堤、南套沟、鸭儿河、汉阳沟、新滩口、仰口、燕窝、大沙、高桥、龙口、石码头、杨林山 16 座内垸一级排水泵站和外垸冯家潭泵站的更新改造。中期水平年进行上述泵站的渠闸桥涵等配套工程建设，以充分发挥现有工程设施的效益；同时按设计排涝标准控制和改造二级排水泵站。

退田还湖工程　规划近期实施洪湖退垸还湖工程，中期实施白露湖退田还湖工程。白露湖利用荒湖水面和部分低洼农田，退出 22 平方千米面积调蓄总干渠上段洪（涝）水，规划中期单退，远期恢复湖面；洪湖围堤内退出 40 个围垸，使洪湖水面恢复至 427 平方千米。

高潭口排区增建泵站　按 10 年一遇排涝标准规划，需增建 1 座外排泵站，设计流量 55 立方米每秒，规划结合洪湖东分块蓄洪工程兴建。

螺山排区增加调蓄　规划近期水平年开辟螺西桐梓湖调蓄区。

灌区续建配套与节水改造 重点完成漳河（四湖流域范围内）、兴隆、观音寺、西门渊、何王庙、监利隔北、洪湖隔北7个大型灌区的续建配套和节水改造。此处，对颜家台、一弓堤、荆州万城、长湖、沙洋赵家堤、监利王家湾、北王家、洪湖下内荆河以及人民大垸、三洲联垸等其他中小型灌区进行续建配套和节水改造。

（6）推进疫区血防工作。继续执行疫区优先治水、治水结合灭螺的方针。结合水利工程建设，采取清淤护坡、抬洲降滩、修建阻螺沉螺设施等水利血防措施，全面推进疫区水利血防工作。做到工程建设与血防设施同步实施、同步发挥效益，血防工作和工程建设协调发展。

第三节 工 程 建 设

新中国成立后，四湖地区的水利建设按照有计划、分步骤实施的治水策略，大致经历了关"大门"、修堤防洪；开渠建闸、治理内涝；增辟灌溉水源；兴建电力排灌站4个阶段，逐步完善了排灌设施，提高了抗灾能力，形成了遇旱引水、遇涝排水的排灌体系。

四湖流域的治理，经过几十年不断的努力，取得了巨大的成就，结束了"三年两水，洪涝灾害频繁"的历史，旧貌换新颜。经过几十年的运用，证明在防洪、排涝、抗旱、消灭血吸虫等方面取得了显著的成效，共完成土方（不含堤防工程）20.5亿立方米。

（1）关好大门，建成了沿江的防洪系统。结束了江湖串通、有雨就涝、无雨就旱的历史。四湖地区西北部分为丘陵岗地，其余部分为平原，平原部分占77.3%，全赖堤防保护。防洪保护圈堤防总长639.56千米，其中，荆江大堤182.4千米，长江干堤231.73千米，东荆河堤160.3千米，汉江干堤65.13千米。经过不断的加固，大部分堤防已达到国家规定的防御标准。

（2）建成了总干渠、东干渠、西干渠、田关河、排涝河、螺山干渠为骨干和一大批深沟大渠相配套的排水系统。六大干渠总长388.94千米。开挖了众多的干支配套渠道，主要支渠有138条，总长1802.46千米，干支渠总长2191.4千米，河网密度为0.315千米每平方千米。

（3）建成以高潭口、新滩口、螺山、田关等泵站为主的电力泵站外排系统。从1968年开始兴建南套沟泵站到2010年大沙泵站改造完成，四湖地区沿江共兴建800千瓦以上大型泵站10处，总装机10.4万千瓦，设计排水流量1160立方米每秒。内垸排水模数0.126立方米每秒每平方千米，减去长湖、洪湖面积后的排水模数为0.135立方米每秒每平方千米。

（4）建成以观音寺、西门渊、万城、新隆等闸组成的灌溉系统。通过自流和提灌，可基本满足区内农田和人畜饮水需要。从1958年开始建螺山引水闸（又名五八闸）至2010年，沿江共建引水闸24处，设计引流水量616.25立方米每秒。

（5）丘陵地区修建了一批大、中、小型水库，基本解决了人畜饮水和农田灌溉用水需要。从1958年开始，兴修大、中、小型水库99座（其中太湖港水库为大型水库），有效库容2.069亿立方米。

（6）对长湖和洪湖进行了重点整治，固定湖面，留湖调蓄，连同其他湖泊，一次可调蓄水量 14 亿立方米。

（7）建成以新滩口、田关排水闸为主，辅以新堤大闸和杨林山深水闸、新堤老闸联合运用的自排系统。设计排水流量 1698 立方米每秒。运用效益最好的是新滩口排水闸，一般年份的排水量约 25 亿立方米，最少的年份（1971 年）14.57 亿立方米，最多的年份（1989 年）41.79 亿立方米，大涝的 1980 年为 29.50 亿立方米，1996 年为 34.25 亿立方米。

（8）利用小港、张大口湖闸，福田寺防洪闸和习家口、刘岭等节制闸，对上、中、下区能够分别进行控制，形成"统一调度、分层控制、分散调蓄、风险共担"的科学合理的运用机制。四湖地区地面高差变化很大，自关沮口至习家口一线，地面高程为 29.00～30.00 米，田关附近为 31.00 米左右，而处在下游的洪湖，地面高程多为 24.50～26.09 米（24.50 米以上面积占洪湖全市面积的 53％，26.00 米以上面积占 25.1％），相差 4～4.5 米，而排涝时的水位一般相差 6～7.0 米。因此，四湖流域的治理比较注重高水高排的问题。根据地势特点，把全区分为上、中、下 3 片，既分片治理又有机结合；既能统一调度，又能独立运行；既做到田、湖分家，又能做到河、湖分家，统分结合。

（9）基本控制了血吸虫病的蔓延。经过几十年的努力，防治血吸虫病工作已深入人心，为群防群治奠定了基础。有了一套防治血吸虫病和消灭钉螺的有效方法。钉螺面积、病人、晚血病人人数虽有反复，但总的趋势是逐年减少。

（10）建成了新滩口、小港、福田寺、习家口、宦子口、螺山、鲁店、新城等船闸，成为连接江汉和内河航运的纽带。改善了中、下区部分河道的航运条件。由于济航水源困难，以及其他方面的原因，内河航运日益萎缩。

一、治理过程

1955—1956 年，由长委会勘测、规划、设计，荆州地区组织监利、沔阳、洪湖 3 县 12.46 万劳力，兴修从中革岭至胡家湾的东荆河隔堤（称为洪湖隔堤），与长江干堤连接，全长 56.12 千米，完成土方 514.7 万立方米、石方 5000 立方米、标工 385.8 万个，投资 282.59 万元；沿途堵筑高潭口、黄家口、南套沟、裴家沟、西湖沟、柳口、汉阳沟 7 口；同时在新滩口临时筑坝，关闭了长江、东荆河洪水倒灌的"大门"，结束了四湖地区江湖相通的历史，为四湖地区内部治理创造了有利条件。

1955 年冬，以治理内涝为重点的四湖排水工程全面开工。长湖以上区域采取疏导措施，由荆门、江陵、潜江 3 县共同对汇入长湖的拾回桥河、观桥河、龙会桥河、高桥河 4 条山溪河流进行疏浚、裁弯、加宽、筑堤，扩大河道断面，使排水畅通。同时，为减轻上游洪水对中下区的压力，将长湖作为蓄洪水库，加固加高长湖库堤，并实施高水高排的工程措施。1959 年挖通田关河，使长湖水通过田关河直接排入东荆河。长湖下区则以内荆河（四湖总干渠）为主干，分区开挖排水干渠，先后挖通总干渠、东干渠和西干渠。1959 年在长江干堤上修建了新滩口排水闸，1960 年在东荆河堤修建了田关闸，并修建了一批内垸节制闸。上述工程实施后，不仅冬春可以畅排渍水，而且汛期可以利用外江洪峰间隙抢排部分涝水，使全流域的内涝灾害比治理前大为减少。

随着排水系统的形成，排水条件的改善，自然湖面水位下降，湖面逐渐缩小；三湖、白露湖、大同湖、大沙湖等湖泊和一些沼泽地带，绝大部分开垦成农田，农田灌溉水源大量减少。1958 年，荆州地委、专署确定了"内排外引、排灌结合"的灌溉工程建设计划，1959—1961 年 3 年大旱也对灌溉工程建设起到了促进作用，从 1958 年开始，首先在长江干堤螺山和东荆河堤郭口、小白庙修建 3 座灌溉闸，20 世纪 60 年代又先后在长江、汉江干堤和东荆河堤上修建了观音寺、颜家台、万城、西门渊、一弓堤、兴隆、付家湾、大白庙等一批灌溉涵闸，同时开挖相应的灌溉渠道，较好地解决了平原湖区的灌溉问题。

自流排水设施的形成，使内涝灾害大为减轻，但由于受外江洪水顶托，汛期，许多自流排水设施不能发挥作用，每逢暴雨，渍水不能及时外排，渍涝灾害又日趋突出。随着国民经济发展和工农业生产的迫切要求，必须修建一批电力排灌站，以提高排涝标准，逐步实现旱涝保收。1968 年，四湖地区第一座大型电排站——南套沟电力排灌站动工兴建。1969 年平原湖区大涝，四湖地区 190.67 万亩农田受渍成灾，而有电排站的地方，灾情大为减轻，则更促使水利建设向提高排涝标准方向转变。进入 20 世纪 70 年代，随着供电状况的好转，大型泵站设备生产能力的增强，泵站建设速度也进一步加快。从 1971 年起，陆续在长江干堤、东荆河堤上修建了一级排灌泵站，同时，垸内二级泵站也发展很快，初步形成了遇旱引水、遇涝排水的排灌系统。沿江泵站情况详见表 7-2-4。

表 7-2-4　　　　　　　　　　四湖地区沿江一级外排泵站基本情况

站　名	所在县（市）	排入河流	装机容量 /（台×kW）	设计流量 /（m³/s）	外江最高工作 水位/m
新滩口	洪湖市	长江	10×1800	220	
高潭口	洪湖市	东荆河	10×1800	240	
田关	潜江市	东荆河	6×2800	220	
南套沟	洪湖市	东荆河	4×1800	78	
螺山	洪湖市	长江	6×2200	138	
杨林山	监利县	长江	10×1000	80	
半路堤	监利县	长江	3×3200	75	
新沟嘴	监利县	东荆河	6×800	51	
老新口	潜江市	东荆河	4×800	32	
石码头	洪湖市	长江	12×155	18	
龙口	洪湖市	长江	4×280	17	
高桥	洪湖市	长江	6×155	9	
燕窝	洪湖市	长江	2×280	16	
大沙	洪湖市	长江	4×800	32	
仰口	洪湖市	长江	6×155	10.2	
大同	洪湖市	东荆河	10×155	16.4	
鸭河耳	洪湖市	东荆河	6×155	9	
合计	17 处		109 ×111880	1261.6	

二、治理成就

四湖流域的治理是以排涝为重点，全力解决"水袋子"的问题。新中国成立以来，在治理湖泊、开挖渠道、修建涵闸泵站等方面取得了巨大成就。

（一）湖泊

新中国成立前夕，四湖地区有大小湖泊195个，湖泊面积2725.5平方千米（1949年统计）。随着平原湖区水利建设的发展、自然环境的改善、人口的增加和生产力的进步，许多经过治理的湖泊又被盲目围垦，湖泊面积迅速缩小。尤其是1955—1958年先后开挖四湖总干渠、东干渠和西干渠，内垸渍水自然降低，大片湖沼干涸。20世纪60—70年代，垸内大兴农田水利建设，开挖深沟大渠，兴建排水泵站，破湖挖渠，又使大片湖泊消失。1981年，中共荆州地委《关于进一步治理四湖地区的报告》指出："增加调蓄区，提高调蓄能力，固定现有湖面，严禁盲目围垦。在近期，长湖要控制在150平方千米，洪湖要控制在400平方千米之内。适当地修建备蓄区，面积约223平方千米，作为抗御较大洪灾的应急措施。初步拟定彭家湖18平方千米作为田关的备蓄区，借粮湖60平方千米作为长湖的备蓄区，下万全垸和螺山各60平方千米作为洪湖备蓄区，白露湖15平方千米作为总干渠的备蓄区。各备蓄区确定后，要兴建必要的安全措施。"至此，长湖和洪湖的调蓄面积才基本固定下来。1984年湖北省经济研究中心的调查报告指出："湖区围垦作为农业发展的措施应当结束，过多围湖削弱灌溉抗旱能力，减少自然水产养殖面积，减少航运调剂水源，特别是降低调蓄能力，使降雨产流与河道排水能力失去平衡，导致一遇大雨就大面积受灾。单纯增加装机电排，不可能解决涝灾问题。"到1990年，四湖地区面积1000亩以上湖泊仅存43个，总面积683.63平方千米。据2012年统计，四湖流域仅剩大小湖泊83个，总面积569.59平方千米，其分布情况详见表7-2-5。

表7-2-5　　　　　　　　　　**四湖流域湖泊基本情况汇总表**

县（市、区）	湖泊总数		说　明
	个数	面积/km²	
荆州区	9	12.31	
沙市区	6	132.61	长湖为荆州区、沙市区、沙洋县、潜江市共有
江陵县	13	4.12	
监利县	19	35.06	
洪湖市	26	317.95	洪湖为洪湖、监利共有
石首市	4	31.56	长江外滩
潜江市	4	27.82	其中借粮湖与沙洋共有
沙洋县	1	8.0	彭塚湖
开发区	1	0.16	
合计	83	569.59	

注　资料来源：2013年《荆州市水利工作手册》。2012年"一湖一勘"确认洪湖面积308km²，洪湖围堤内湖面积402km²，长湖确认湖面积131km²，长湖水位（习家口）32.50m时湖面积150km²。

主要湖泊治理情况如下。

1. 洪湖

（1）概况。洪湖因洪水潴积而得名洪湖，乃晚出之湖。洪湖现今所处位置在南北朝时代为马骨湖；唐宋期间，马骨湖由水变陆，被开垦为垸田；明嘉靖《沔阳州志》始见"洪湖"之名。历经沧桑变化，至民国时期，洪湖东西长 40 千米、南北长 27.5 千米；水位27.00 米时，湖面积达 735.19 平方千米，总容积 22.5 亿立方米，湖岸线总长 240 千米。

新中国成立初期，洪湖中水位 25.00 米时，相应面积 637.3 平方千米，相应容积95842 万立方米。1956 年以前，洪湖属通江敞湖，上纳四湖水系来水，下受长江、东荆河水倒灌。1956 年后，修建洪湖隔堤和新滩口排水闸，使江湖分离，湖水位降低。1965 年冬至 1966 年，沿湖泊北缘新挖了福田寺至小港的总干渠。1972—1974 年，在湖西部挖通宦子口到螺山的电排河。从 1965—1980 年，先后修筑了东部和南部沿湖围堤。自此，洪湖四周围堤已经形成，湖泊面积为 402 平方千米。2012 年全省"一湖一勘"确认围堤内（除已围垦围垸）湖泊面积为 308 平方千米。

（2）治理过程。1955 年，长委会作出《荆北地区防洪排渍方案》，将洪湖的蓄洪、蓄渍、垦殖规划纳入其中，作为四湖排水工程的重要组成部分，逐步加以治理。

1955—1956 年，兴建洪湖隔堤及新滩口堵口后，实现了江湖分家，洪湖水位平均下降 1.51 米，部分地势较高的湖滩露出水面，为开垦湖荒创造了条件。

1958 年，洪湖杨家嘴大队组织妇女围挽了洪湖的一个支汊养鱼，取名"三八湖养殖场"，面积 5.7 平方千米；1959—1960 年又先后将土地湖、北合垸、撮箕湖、新螺垸等大片湖泊围垦。

1961 年 5 月荆州专区在《荆北地区河网化规划草案》中提出四湖中区以洪湖作为调蓄区，控制湖面，以利调蓄，规定洪湖及周围小湖泊的控制总面积为 620 平方千米。

1965 年冬至 1967 年春，为实现河湖分家（总干渠与洪湖分家），从福田寺至小港沿洪湖北岸边缘开挖总干渠中段，总干渠以北湖泊被逐年围垦，面积达 80.095 平方千米。

1972—1974 年，监利县组织开挖了螺山总排渠，也称螺山电排渠，割裂原洪湖西片面积 105.0 平方千米。

到 1980 年止，洪湖共被围垦 386.6 平方千米，其中开垦农田 21.43 万亩，洪湖面积仅存 348.4 平方千米，为新中国成立初期的 54.7%（其中洪湖围垸内围垸面积 54.4 平方千米）。

1980 年，四湖地区大涝，由于调蓄水面和库容不足，导致大片农田受涝成灾，引起人们对洪湖调蓄作用的重新认识。1981 年对洪湖围堤进行全面整险加固时，荆州行署进一步明确洪湖围堤界限，围堤内除保留洪狮大垸和王小垸外，确定 402 平方千米湖面为汛期调蓄水面。

（3）洪湖围堤。新中国成立初期，洪湖围堤是民垸挡水的主要工程设施，当地群众称为"洪线堤"，总长 240 千米，因堤身矮小单薄，抗洪能力低，经常溃口成灾。新中国成立后，随着四湖排水工程的逐步实施，洪湖形成新的围堤，取代了洪线堤。

洪湖围堤北堤 1965—1967 年开挖总干渠中段，实施河湖分家工程时所筑，全长57.15 千米，它与总干渠中段是河湖同堤。同时筑成宦子口至福田寺 12.875 千米的围堤。

洪湖围堤东南堤 1959 年后沿洪湖围湖垦荒结合筑堤而成。1959 年，洪湖县峰口公社在铁老垸、金堂垸之间挽筑长 2 千米的围堤与两垸相接；1960 年围挽撮箕湖，形成撮箕湖堤；1964 年、1973 年分别挽筑铁新垸、北合垸，从而形成小港至张大口 6.7 千米的围堤；从张大口沿六合垸堤至挖沟子筑堤长 5.75 千米。1972 年新堤排水河开通，新堤镇将施墩河堵塞，堤线向上延伸至新堤排水闸，同年洪湖县将堤线沿三合垸下延至挖沟子闸，至此，由挖沟子闸至新堤大闸间形成了一条 10.55 千米的新围堤。

新螺垸围堤 1960 年洪湖县石码头区自正沟起跨伍家槽抵把子棚围挽洪湖 21 平方千米，修筑新螺围堤；1972 年，因修建新堤排水闸占压农田，由洪湖县铁牛公社从排水闸河西堤北拐起至分洪沟进行围挽，修筑长 5.7 千米围堤；1974 年将此堤线延至正沟，至此，自螺山电排河起（把子棚附近），至新堤排水闸形成了长 24.1 千米的新螺垸围堤，即洪湖围堤南堤。

洪湖围堤西堤 1970 年，监利县开挖螺山电排渠结合筑堤修筑了长 32 千米的洪湖围堤西堤。

洪湖围堤全长 149.125 千米，堤顶高程一般已达到 27.50～28.00 米（其中螺山至宦子口段高程为 28.00～30.00 米），面宽 4～8 米，边坡 1∶3。洪湖围堤在修筑时，因土源困难，部分地段是用篙排和土掺杂修筑，堤质很差，严重威胁堤身安全。1995—1999 年利用世行贷款加固围堤长度 43.5 千米（洪湖 35 千米，监利 8.5 千米），平台吹填 8.4 千米，护坡 13 千米（洪湖 10 千米，监利 3 千米），加固涵闸两座。主要工程量：土方 248.27 万立方米，石方 0.85 万立方米，混凝土 2.21 万立方米，投资 4369.65 万元。洪湖围堤分段长度见表 7 - 2 - 6。

表 7 - 2 - 6 洪湖围堤分段长度表

堤　段	起　止　地　点	长度/km	备　注
合计		149.125	
北堤	小计	70.025	
	福田寺—宦子口	12.875	四湖总干渠南堤
	福田寺—小港湖闸	41.84	
	子贝渊河两岸堤	7.25	
	下新河两岸堤	8.06	
东南堤	小计	23.00	
	小港湖闸—张大口闸	6.70	
	张大口闸—挖沟子闸	5.75	
	挖沟子闸—新堤大闸	10.55	
南堤	新堤大闸—螺山电排河	24.10	
西堤	螺山—宦子口	32.00	螺山电排河左堤

（4）控制运用。洪湖治理后，已成为四湖地区最大的蓄水工程，在洪湖水位 24.50 米起调，至水位 27.00 米时（挖沟子水位）有调蓄容积 10 亿立方米，见表 7 - 2 - 7，调蓄作用巨大。沿洪湖围堤建成新堤大闸、福田寺防洪闸、小港湖闸、张大口闸、子贝渊闸、下新河闸等大小数十座涵闸，还有部分二级泵站。每年汛期，四湖中下区以及螺山区涝水皆可入湖调蓄，然后由涵闸直排出江，或由高潭口、新滩口、螺山等电力排水泵站提排，四湖中下区的农田基本有了安全保障。

表 7 - 2 - 7　　　　　　　　　　　　洪 湖 水 位 容 积 关 系

水位 /m	23.00	23.50	24.00	24.50	25.00	25.50	26.00	26.50	27.00	27.50	28.00
湖容（不退围垸）/百万 m³	0	168.5	329.3	495.6	661.9	828.3	994.7	1161.0	1327.4	1493.7	1660.1
湖容（退40个围垸）/百万 m³	0	181.5	359.5	571.2	784.7	998.3	1121.8	1425.3	1638.8	1852..3	2065.9

注　水尺地点：挖沟嘴。

注： 洪湖围堤内垸情况：1987 年洪湖县有潭子河口等 13 处，面积 53.78 平方千米，调蓄水量 1.16 亿立方米；监利县有东港等 5 处，面积 37.76 平方千米，调蓄水量 0.78 亿立方米。合计 18 处，面积 91.54 平方千米，调蓄水量 1.94 亿立方米。备蓄区：洪湖县联合垸（土地湖）和监利县螺山排区。2001 年洪湖市有洪狮大垸等 23 处，面积 62.218 平方千米；监利县有王小垸等 19 处，面积 47.205 平方千米；合计面积 109.423 平方千米。

2. 长湖

（1）长湖概况。长湖是一座位于四湖地区上、中区交汇之处的平原水库，主要承接四湖上区 2265.5 平方千米面积的汇流，具有调蓄、灌溉、水产养殖、水运等综合功能。

《荆州府志》记载："长湖旧名瓦子湖，在荆州城东五十里，上通大槽河，汇三湖之水达于沔，其西有龙口水（今太白湖）入焉，水面空阔，无风亦澜，瓦子云者，或因楚囊瓦而名欤。"长湖为潜江、江陵、荆门所共有。从公元 264 年起，由于军事需要，曾经引水设险，湖面日益扩大，成为著名的"三海八柜"。

"长湖"之名始见于明代诗人袁中道诗："长湖百里水……。"长湖历经沧桑，时而为陆、时而为水、时而通江（沮漳河或汉江）。明代时，长湖即泛指瓦子湖、太白湖、海子湖，西起江陵龙会桥，东迄潜江鲁家店，北至荆门后港，南抵沙市观音垱、朱家场、天星观，东西长 30 千米，南北最宽处 18 千米，主要拦蓄荆门山丘区洪水。清代，长湖又东通汉江支流东荆河，造成汉江水常逆灌长湖，威胁长湖周围农田。1900—1901 年、1928—1929 年大旱，内荆河丫角庙断流，长湖大部分干涸，行人可涉足而过。1931 年，田关河淤塞并筑堤后，长湖与汉江、东荆河隔绝。新中国成立初期，长湖中水位时（30.30 米），相应面积 139.7 平方千米，相应容积 23921 万立方米。

（2）治理过程。1955 年，长委会提出的《荆北地区防洪排渍方案》中，将长湖作为一座综合利用的平原水库，进行综合治理。其规划治理原则是以防洪为主，兼顾灌溉、养殖、交通、卫生，达到综合利用的目的。南面以原中襄河堤为基础，进行改线、加固，形成库堤；东面兴修习家口至蝴蝶嘴库堤。

1962 年修建习家口节制闸（亦为四湖总干渠渠首闸），1965 年兴建刘岭节制闸和船闸，以此作为长湖通过田关河向东荆河泄水的主要通道，长湖也由自然排泄转入人工控制，面积 150.6 平方千米。自此，长湖库堤连成整体，堤长 57 千米。

从 1953 年开始，江陵、荆门两县先后在湖岸围垦堵筑湖汊共 65 处，总面积达

69.714平方千米，开垦农田50778亩、鱼池53793亩，湖面相对缩小。20世纪80年代勘测，湖面为129.1平方千米，相应容积24625万立方米，围垦面积1.59万亩。2012年全省"一湖一勘"确认湖面积为131平方千米。

（3）长湖库堤。长湖库堤是新中国成立后通过治理长湖，在原中襄河堤的基础上加培、改线而成，因长湖在1955年《荆北地区防洪排渍方案》中规划为平原水库，故称为长湖库堤，由中襄河堤、长湖库堤组成。

中襄河堤 在清代称襄河堤，因襄河（汉江）水对长湖影响最大、时间最长，襄河涨水，通过田关逆灌长湖；襄河水下落，长湖水平。襄水、襄堤由此命名。民国时期，为与汉江堤相区别，故称中襄河堤。

中襄河堤始建年代在历史文献中无明显记载，仅从长湖的历史演变中得知梗概。三国孙皓时（264年）令筑大堤壅水抗魏，为筑堤奠基之始。至孟珙（1242—1250年）引沮漳水经长湖达汉水，"三海通一，土木之工，百七十万"（《荆州府志》）。此时，沙桥门至滕子头堤身进一步形成。清道光年间，中襄河向东延伸，成为江陵四十八大垸的重要屏障。《江陵县志》记载："洪家垸、雷家垸、诸倪岗、福堂垸、马子垸旧系民工，道光二十年归官估办。"至清末，中襄河堤东段从岑河口附近的施家垱起，经张家场、丫角庙、习家口至泗场街北，西段从昌马垱起经观音垱、滕子头、沙桥门至沙市曾家岭，全长57千米。

长湖库堤 分为南北两部分，以南线为主。南线起自沙桥门，经太湖港沿长湖至蝴蝶嘴止，全长49.409千米，其中，荆州市从沙桥门至朱家拐堤长46.038千米，潜江市从朱家拐至刘岭闸堤长2.121千米，沙洋县从刘岭闸至蝴蝶嘴堤长1.35千米。南线库堤堤顶高程34.00～34.50米，面宽6米。北线分为3段。第一段从沙门桥、经草市、小北门，沿太湖港南堤，至秘师桥止，堤长14.9千米，因其具有保护荆沙城区的作用，将该堤视为长湖库堤对待，堤顶高程34.00～34.50米，面宽4～6米。第二段起自凤凰山，沿庙湖至龙会桥，经和尚桥至董家渡口止，全长31.75千米，多数地段尚未形成堤防，大水时需要抢筑子堤挡水，其中有5.4千米属于高坡地挡水。第三段为拾回桥河堤，长16.5千米。此外，从沙桥门至雷家垱长3.347千米，是荆沙城区重要的防洪屏障，堤顶高程已达34.50米，面宽6～8米。

1995—1999年利用世行贷款加固围堤长度20.5千米，护坡7.8千米，筑混凝土防浪墙3千米，加固涵闸5座，新修张家湾至朱家拐混凝土堤顶公路3千米，完成土方59.23万立方米，石方1.11万立方米、混凝土2.84万立方米、浆砌石0.61万立方米，投资3319.18万元。

当长湖水位达到32.50米（习家口水位）时有调蓄容积4.68亿立方米。长湖水位、面积、容积关系见表7-2-8。

表7-2-8　　　　　　　　　　　　长湖水位、面积、容积关系表

水位/m	面积/km²	容积/万m³
27.00	0	0
27.50	28.596	428.5

水位/m	面积/km²	容积/万 m³
28.00	49.212	2375.5
28.50	73.00	5400.0
29.00	98.814	9819.6
29.50	11.00	15000.0
30.00	116.66	21062.0
30.50	122.50	27100.0
31.00	129.70	33400.0
31.50	136.60	40000.0
32.00	143.59	46887.0
32.50	150.60	54300.0
33.00	157.50	61800.0
33.50	164.20	69700.0

注 水尺地点：习家口。

注：长湖拟退田还湖 4 处民垸情况：胜利垸（荆州区）面积 3.886 平方千米，蓄水量 884 万立方米；外桥子河（沙洋县）面积 2.238 平方千米，蓄水量 560 万立方米；马子湖（沙市区）面积 2.106 平方千米，蓄水量 527 万立方米；幸福垸（沙洋县）面积 1.48 平方千米，蓄水量 296 万立方米。合计面积 9.71 平方千米，蓄水量 2267 万立方米。备蓄区：借粮湖（沙洋县、潜江市）面积 8.9 平方千米，彭塚湖（含南湖和宋湖，属沙洋县）面积 4 平方千米。

3. 三湖

三湖位于江陵县东南部，乃四湖水系的四大湖泊之一，昔日由 13 个小湖组成，其中龚家垸、赵家垸、唐朱垸为最大，故名三湖。民国时期称公渡湖，以清水口为界，北部称为阴阳湖（现称运粮湖），东北部称塞子湖（又称半渡湖），东部称小南海，南部称三湖。湖呈北窄南宽状，南北长约 20 千米，东西宽约 15 千米，原有湖泊面积 122.5 平方千米。北有长湖水经习家口、丫角庙入汇，西纳沙市及豉湖之水，南有观音寺、郝穴之水入注，东经张金河、新河口下泄入白露湖。新中国成立初期，三湖水位 29.50 米时，湖泊面积 88 平方千米，相应容积 9622 万立方米，最高水位时面积 101.3 平方千米。1960 年挖通四湖总干渠，横破三湖为南北两片，湖水显著下降；是年，三湖养殖场改建为三湖农场，先后在湖内开挖了清水口、渡佛寺两条渠道，修建了排水闸，湖西之水被截入总干渠。农场在围垦过程中，先后开挖了清北、清南、齐铺 3 条排水渠，长 16.3 千米，自北向南开挖配套支渠 20 条，总长 90.4 千米，并修建二级排水站 4 座，总装机容量 2325 千瓦。随着水利设施逐步完善，三湖已经垦殖成农田，低洼地则辟为精养鱼池，三湖仅存湖名。

4. 白露湖

白露湖为古离湖遗存部分，位于潜江县境南部、监利县境西北部，原为江陵、潜江、监利 3 县共辖，清代和民国时期，该湖在江陵县境，由九家湖、沉湖、六合、永兴、芦湖、樊城、新兴、白苣等垸内湖串联组成，因湖中常栖白鹭水鸟而得名。据清初《江陵志·水泉》记载："白露湖上承夏港水东流南曲，襟带民居。"晚清和民国时期，垸田环绕，湖岸线平直，长宽均约 16 千米，湖面积 215 平方千米。北有龙湾河纳返湾、太仓、冯家湖诸水在陈露河注入；西有余家沟、陈徐河、彭家台等河受长湖、三湖之水汇入；东有熊口河在谭家港分支入湖，湖水经余家埠、古井口两支流下达洪湖。沿湖地势低洼，湖周围民垸围绕，湖内蒿草芦苇茂密，人烟稀少。新中国成立初期，白露湖属江陵、监利两县共管，湖中水位 28.00 米时，相应面积 76.7 平方千米，相应容积 8253 万立方米。1959 年冬，自湖的北面严李垸至赵家台破湖开挖四湖总干渠，湖水位大幅度下降，水面锐减；1960 年潜江和监利分别建立西大垸农场和白露湖农场，围垦范围 48 平方千米，1963 年春两农场合并为西大垸农场，隶属于湖北省农垦厅。随后，对白露湖进行全面综合治理，先后修筑 18 条围堤，长 27 千米；开挖主渠 10 条、长 39.7 千米，支渠 57 条、长 142 千米；修建大小桥闸 123 座和主要电力排灌站 7 座，围垦湖区面积 61 平方千米，耕地面积 10.87 万亩。

（二）渠道

开挖排水渠道，沟通农田排水出路，是平原湖区治水的重要措施。1955 年冬，按照《荆北区防洪排渍方案》，以治理内涝为重点的四湖排水工程全面展开，开挖排水渠道，修建排水涵闸，极大地改善了农业生产条件。

长湖以上地区的河道主要采取疏导措施，由荆门、江陵、潜江 3 县共同对汇入长湖的拾回桥河、观桥河、龙会桥河、高桥河 4 条山溪河流进行裁弯、加宽、筑堤，扩大河道断面，使排洪畅通。同时，四湖总干渠、东干渠、西干渠 3 条排水主干渠工程也全面动工。

1. 总干渠

总干渠是在原内荆河的基础上裁弯取直、多次疏浚扩挖而成，全长 185 千米。总干渠源于长湖，自习家口节制闸起经丫角庙、徐李市（东干渠由此入汇）、伍家场、黄穴口、周家沟、泥井口（西干渠自西南入汇）、南剅沟、福田寺止，是为总干渠上段，长 85 千米；从福田寺闸沿洪湖北缘至小港止，是为中段，长 42 千米；从小港至新滩口排水闸止，是为下段，长 58 千米。从新滩口排水闸至长江，河道长 3.5 千米。

为控制四湖中、上区来水进入洪湖和利用总干渠作为灌溉之用，1962 年在福田寺建成排水闸（老闸），四湖中、上区的来水，一部分通过排水闸进入洪湖，一部分仍通过老内荆河，经柳关、沙口、峰口至小港入下内荆河。1955 年冬至 1966 年春，实施河湖分家工程，经福田寺闸下游王家港起沿洪湖北缘，经麻雀岭、土地湖至小港，河长 42 千米，因施工困难，河成，但南堤未按计划完成。这条线路比经老内荆河至小港的距离减少 25 千米。1976 年福田寺主隔堤防洪大闸建成，老闸失去作用，原内荆河也随之废弃。

（1）内荆河旧况。内荆河主源起自荆门碑凹山，沿途汇集荆门、荆州、沙市、潜江、江陵、监利、洪湖共 10375 平方千米的径流，串联大小数十个湖泊，主干于洪湖新滩口出长江。新中国成立前，干流全长 358 千米，曲折率达 1.884，年均排水总量约 32 亿立方米。因渠道排水不畅，每逢汛期，长江、东荆河洪水从新滩口倒灌，沿下内荆河进入洪湖等地，大水年份，长江洪水可沿内荆河倒灌至监利县余家埠。水系内经常出现外洪内涝，灾害频繁。

（2）施工过程。1950—1953 年，省水利局、长委会对内荆河流域进行多次勘测，长委会于 1953 年绘制出长湖以下内荆河沿线的 1：25000 地形图。按照《荆北地区防洪排渍方案》，总干渠工程从 1955 年 12 月 3 日破土动工，到 2009 年共完成土方 7690.03 万立方米。施工过程大致分为 5 个阶段。

1）第一阶段（1955 年 12 月至 1960 年 3 月）总干渠初步形成。

1955 年 12 月 3 日，由湖北省劳改局押沙洋农场劳改犯一万人，在监利县东港口、周家沟、福田寺及潜江县熊口等地局部开挖总干渠与东干渠，至 1956 年 10 月结束施工。

1956 年 12 月，成立荆州专署四湖工程总指挥部，组织江陵、监利、洪湖 3 县民工与湖南卖工队和沙洋农场卖工队（20 世纪 50 年代部分地方的群众为了生活来源，自发地到水利工地参加劳动，获取劳动报酬，称"卖工队"），在 1955 年劳改犯施工地段继续施工。

1957 年冬至 1958 年春，江陵、监利、潜江、洪湖 4 县民工 63060 人及河南省南阳、镇平、长垣、新城、杞县、滑县、唐河 7 县以工代赈（指以参加水利施工领取钱物而达到赈灾目的的一种形式）民工 17884 人共 80944 人开挖总干渠长 38.4 千米及东干渠上段 58.2 千米，其中总干渠从苏家渊（福田寺上游约 1 千米）起到洪湖香檀河口止。

1959 年冬至 1960 年春，潜江、江陵、监利 3 县组织民工开挖总干渠习家口至福田寺段，长 85 千米；疏浚小港至茶壶潭长 23.7 千米以及柯理湾至琢头沟裁弯长 4.5 千米，共计疏挖 113.2 千米，自此，总干渠疏挖工程初步完成。

总干渠习家口至福田寺之间，为缩短河道距离，需要开挖一条破三湖、白露湖全长 14.7 千米的新河道，而且要在浮水、篙排、淤泥共 1.5～2.0 米深的湖中开渠筑堤，是四湖工程建设中的最难关，且为冬季施工，天寒地冻，施工条件异常艰难。江陵县民工负责开挖三湖段，潜江县民工负责开挖白露湖段。困难没有难住两县民工，他们在实践中总结出"篙排当钢筋，淤泥当砂浆"（将湖里的淤泥、篙排以及用船从湖岸边运来的干土，一层一层的堆叠起来，筑成两条夹堤，再将夹堤内的浮水排出后挖渠）的施工方法，江陵县郝穴公社 6000 名干部群众，于 10 天内排出渍水 600 多万立方米，完成筑堤任务。潜江县张金公社民工在 5 天 5 夜之中也在白露湖中完成了两条夹堤，并涌现出一批劳动英雄，如潜江民工肖国富，他曾经是修建漳河水库的"百车英雄"，腰斩白露湖的工程中，在寒风刺骨的冬季，带头跳进齐腰深的水里扎篙排、筑围堤，在排淤战中创造高工效，并且大摆擂台，始终保持不败纪录，成为潜江县"学、赶、超"的一面高工效红旗。

在其他施工地段，施工条件也十分恶劣，尤其是在开挖总干渠上段期间，时逢三年自然灾害，生活物质匮乏。监利县民工在腰斩碟子湖的施工过程中，广大民工在齐腰深的泥水中，冒着严寒，日夜三班轮流施工。夜晚施工时，在工地上挖部分土坑，灌进煤油燃烧照明。为鼓舞士气，工地上摆设大鼓，派人擂鼓呐喊助威。为提高工效，胶轮车、土斗车、牛车一起上，一个冬春完成土方 87.74 万立方米。第一阶段共完成土方 1542 万立方米。

2）第二阶段（1965 年冬—1966 年春）实施河湖分家工程。

1965 年，荆州地区水利局在 1963 年《荆北地区水利综合利用补充规划》中提出河湖分家工程（总干渠与洪湖分开）的基础上，确定了河湖分家工程的具体实施方案。1965

年冬至 1966 年春，监利、洪湖两县民工按规划设计破洪湖新开总干渠中段，从福田寺闸下游的王家港起沿洪湖北岸边缘破白艳湖、牛老湖、柳家湖、土地湖，经麻雀岭、纪家墩、闸口、麻田口至小港，开挖了长 42 千米的新河道，形成一河两堤（南堤因缺土源，施工难度大，未按设计完成）。

沿洪湖边开河筑堤十分艰难，要穿过大量湖汊，最困难的是横穿土地湖，湖中蒿草密布，淤泥沉蒿深达 1.3 米，湖水深 1～2 米，民工无处下脚，抽水机无处安装，干土倒下去旋即无踪。监利县民工摸索出一套施工方法：①对水深、淤泥多、土场窄的地方采用三合土挽埂，即用蒿排包泥土翻身打埂底，再用蒿草或其他杂草裹细土压二层，上面用块土压面；②在水浅、淤泥多、水草多的地段就地取水草裹土转筒挽埂，再在上面填土；③用蒿排一层层垒砌出水面，再填土；④挖小垸排水，采用"丢矶头"的办法，这种办法用于就近有较高但尚未露出水面的土埂，先从中间挖起，周围挽一小埂，边排水边挽，将土挖成大方块型，像丢石头一样丢矶头，循次渐进，挽起堤埂，先排出浮水和淤泥，再就近筑堤，人工起土。经过一冬一春施工，排干浮水 1477 万立方米，清除蒿排 22.41 万立方米，筑南北渠堤 43 千米，共完成土方 520 万立方米。第二阶段完成土方 2880 万立方米。

3）第三阶段（1978 年至 1980 年春）继续疏挖总干渠，上自习家口，下至宦子口。

四湖总干渠经过以上两个阶段的施工，全线基本挖成通水，但均未达到标准。自 1973 年冬开始，潜江县负责张金河至冉家集总干渠扩挖工程；江陵县负责扩挖余家埠附近总干渠；监利县负责扩挖王河至南剅沟河段。1978 年江陵县扩挖冉家集至五岔河河段。1979 年江陵县扩挖从习家口至齐家铺河段。1980 年大规模疏挖总干渠，潜江、江陵、监利 3 县负责施工。上自伍家场，下至宦子口达到设计要求。

1975—1979 年，洪湖县连续 5 年用挖泥船疏挖小港至吊口河段，长 7.6 千米。第三阶段共完成土方 1785.5 万立方米。

4）第四阶段（1986—1992 年）河床疏浚，完成土方 150 万立方米。

5）第五阶段（1993 年以后）河床疏浚。

总干渠工程一河两堤，虽然形成，但河道开挖除中段福田寺上下 15 千米断面已达设计标准外，其余河道断面和渠堤还有一部分没有达到设计标准，不能充分满足区内排大涝的需要，其中以上段（习家口至张金）约 24 千米、下段（小港至新滩口称下内荆河）58 千米尤为突出。如总干渠下段坪坊站 1980 年最高水位 26.40 米，过流断面 704 平方米，仅通过流量 288 立方米每秒，而新滩口排水闸设计流量 460 立方米每秒，新滩口泵站设计排水流量 240 立方米每秒，而当洪湖水位达到 24.50 米启排水位时，下内荆河过流能力仅 160 立方米每秒左右，阻碍了渍水快速入江。此外，总干渠中段福田寺至小港湖闸南堤尚未形成，仍有多处缺口与洪湖相通。

为扩大内河航运和农田排水需要，从 1993 年冬开始，又陆续对总干渠进行疏浚。

1993 年 11 月至 1996 年 1 月，江陵、潜江组织劳力 2.3 万人、机械 180 余台、挖泥船 3 艘，对总干渠习家口至潜江万福闸段的河床进行疏浚，长度 37.5 千米，完成土方 193 万立方米。

2007 年 8—11 月，湖北省水利水电勘测设计院完成《四湖流域综合规划报告》和《四湖流域综合治理一期工程可行性研究报告》，同年 12 月，省发改委和水利厅主持召开评审会，确定建设任务为：总干渠疏挖 100.5 千米（荆州市境内 62.2 千米、潜江境内 38.3 千米）；荆州境内重建 34 处涵闸、1 处泵站，整治加固涵闸 9 座、泵站 20 座；潜江境内整治加固涵闸 19 座、泵站 17 处；洪排河半路堤至福田寺段疏挖 16 千米，拆除重建 4 座涵闸、1 座泵站，新建何场节制闸及其跨河桥；洪湖围堤监利段加固 27.32 千米，整治涵闸 4 座及重建张家湖闸。

2008 年，省水利厅批复四湖流域综合治理工程实施方案，安排资金 3.34 亿元（省投资 2.2 亿元，荆州市自筹 1.14 亿元），其中，总干渠试验段项目 7901 万元，总干渠疏浚及建筑物整治项目 19827 万元，西干渠水利血防灭螺工程 1470 万元，洪湖围堤整险加固工程 4238 万元。

一期工程 2008 年度项目为习家口闸至玻湖渠出口（长 9.59 千米）和福田寺至子贝渊（长 15.89 千米）以及毛市（长 0.5 千米）3 个试验段疏浚和彭家河滩闸扩建工程。实施过程中，前两段采取修筑围堰，抽干基坑积水后用机械开挖清淤，整修渠坡；毛市段采用挖泥船清淤，机械修整边坡。工程于 2009 年 3 月动工，2010 年 1 月结束。疏挖工程完成土方 575.51 万立方米，投资 6496 万元。同时完成总干渠系配套工程，包括 38 座涵闸（沙市区重建 4 座、加固 2 座；江陵县重建 1 座、加固 4 座；监利县重建 25 座、加固 2 座）和 8 座泵站（沙市区 1 座、江陵县 3 座、监利县 4 座）的整治加固及管护配套设施，完成投资 2719.81 万元。

2008 年 1—5 月，对福田寺以下王港至宦子口段 9 千米渠道进行扩挖，底宽由 90 米扩挖至 105 米，完成土方 162.39 万立方米。2009 年 1—11 月，继续疏挖监利县境内渠道，长 35.914 千米，完成疏挖土方 551.63 万立方米。同时整治沿渠涵闸 31 座、泵站 12 座，工程总投资 10835.9 万元。经过整治后的四湖总干渠工程效益明显提高。

总干渠分地段设计与实施情况见表 7 - 2 - 9。

表 7 - 2 - 9　　　　　　　　总干渠分地段设计与实施情况表

起点	桩号	设计水位/m	设计流量/(m³/s)	底宽/m		底高/m	
				设计	已达	设计	已达
习家口闸	0+050	28.46 (30.32)	70	30	30	22.08 (23.95)	22.08 (23.95)
丫角	4+194	28.14	70	30	30	21.77	21.77
玻湖渠	9+748	28.11	72	30	30	21.75	21.75
清水渠	15+783	27.99	150	40	40	21.71	21.71
渡佛寺	18+933	27.93	174	40	40	21.67	21.67
小南湖	19+921	27.92	181	48	48	21.66	21.66
张金河	24+610	27.82 (29.62)	216	48	48	21.58 (23.37)	21.58 (23.37)
	32+506	27.53	317	48	48	21.4	21.4
万福闸	33+040	27.5	324	60	60	31.38	21.38
田阳一支渠	38+130	27.28	334	60	60	31.25	21.25
东干渠	43+836	27.14	339	70	70	21.07	21.07

续表

起点	桩号	设计水位 /m	设计流量 /(m³/s)	底宽/m		底高/m	
				设计	已达	设计	已达
刘渊闸	45+405	27.11 (28.9)	340	70	70	20.98 (22.78)	20.98 (22.78)
伍岔河	49+574	27	455	70	70	20.75	20.75
	52+106	26.93	462	90	90	20.61	20.61
荒湖	60+721	26.72	485	90	90	20.13	20.13
西干渠	68+303	26.5	698	100	100	19.82	19.82
王老河 水文站	75+029	26.23 (28.07)	798	110	110	19.59 (21.43)	19.59 (21.43)
毛市	78+458	26.08	802	110	110	19.47	19.47
钟家门	83+581	25.88	806	110	110	19.28	19.29
福田闸 上游90m	84+455	25.82 (27.82)	807	110	110	19.26 (21.26)	19.26 (21.26)
福田闸下 741m	85+286	25.68	808	110	110	19.23	19.23
麻雀岭	90+472	25.44	814	110	110	19.03	19.8219.03
	95+274	25.19	820	110	110	18.84	18.84
子贝渊	100+536	25.16 (27.00)	826	110	110	18.64 (20.48)	18.64 (20.48)
小港口	127+000	24.43		130	60	17.66	17.66
十字河	133+333			54	40	17.29	17.29
新滩口	185+000		460	54	27	14.16	14.16

注　本表"（）"内为吴淞高程，其他为黄海高程。

2. 西干渠

西干渠处于总干渠西侧，故名。渠道西起沙市区雷家垱，向东南流经江陵县靳家剅流入监利县，于泥井口汇入四湖总干渠，全长90.65千米（其中沙市区23.35千米、江陵县36.3千米、监利县31千米），汇流面积809.35平方千米，渠底宽22～46米，渠底高程24.15～22.15米，设计排水流量15～163立方米每秒。

西干渠是1955年《荆北地区防洪排渍方案》规划中的一条排灌两用河道，是四湖地区3条排水干渠之一，部分河段系在原有河道基础上疏挖而成。1958年10月至1960年3月先后开挖和疏浚了彭家河滩至秦家场22.3千米，秦家场以下和彭家河滩以上均利用老河。

1959—1960年，江陵县挖通了沙市飞机场至刘家桥、彭家河滩至刘家剅两段；监利县自秦家场至汤河口系利用原汪桥河和老内荆河右支进行裁弯取直和疏挖。自此，西干渠全线挖通，共完成土方812.94万立方米。

西干渠是其两岸沙市、江陵、监利809.35平方千米的主要排水工程，自1960年全线形成之后，部分河道断面未达到设计标准，特别是监利万岁河至鲢鱼港，形成瓶颈，使上游沙市、江陵 460.80 平方千米排水不畅。1977 年冬至 1978 年春，由荆州地区行署组织监利、江陵两县民工对西干渠进行疏挖，其中监利县疏挖西湖嘴至泥井口，长 24 千米（汤河口至泥井口为开挖新河，缩短流程 1 千米）；江陵县负责从砖桥至西湖嘴止，长 66.25 千米渠道的疏挖和扩挖。

1990 年 11 月，江陵县组织 10 万劳力扩挖沙市至彭家河滩闸 26.5 千米河道，共完成土方 278 万立方米、标工 250 万个。2006 年，监利县再次投资 1607.2 万元，对江陵至汪桥 11.5 千米的渠道进行了疏挖，完成土方 145 万立方米。西干渠设计与施工情况详见表 7-2-10。

表 7-2-10　　　　　　　　　　西干渠设计与实施情况表

地点	桩号	汇流面积 /km²	设计水位 /m	设计流量 /(m³/s)	底宽/m		底高/m	
					设计	已达	设计	已达
雷家垱	0+000		30.20		20	20	27.55	27.55
象鼻垱	23+000	45.44	29.37	15	20	20	26.40	26.40
老观中	32+000	168.24	29.04	40	30	30	25.95	25.95
新河口	36+500	267.13	28.87	72	39	39	25.73	25.73
彭家河滩	38+000	28.82	28.67	95	39	39	25.65	25.65
金枝寺	43+500	393.95	28.39	95	39	39	25.28	25.28
新河桥	50+000	452.17	28.06	105	39	39	24.85	24.85
万岁河	53+000	460.8	27.91	108	39	39	24.65	24.65
红联闸	60+300		27.54	119	40	40	24.15	24.15
永丰垸	61+500	520.81	27.47	119	40	40	24.09	24.09
鲢鱼港	70+736		27.00	122	40	40	23.46	23.46
干北泵站	72+000	547.16	26.94	122	42	42	23.39	23.39
西湖泵站	77+250	537.15	26.67	137	46	46	23.03	23.03
西湖嘴	79+750	700	26.54	151	46	46	22.87	22.87
泥井口	90+065	809.35	26.00	163	46	46	22.15	22.15

2007 年 7 月，西干渠水利血防工程纳入中央预算内专项资金（国债）计划，省发改委批复概算投资为 9494.07 万元，主要建设内容为渠道疏挖、兴建灭螺池、渠系建筑物整治等。完成主要项目为：2005—2007 年 5 月对中江村至潭彩剅段（10.5 千米）、潭彩剅至鲢鱼港（15.71 千米）共 26.21 千米渠道进行疏挖整治，完成土方 426.53 万立方米，投资 5164.65 万元；2008 年扩建彭家河滩闸，投资 769 万元；2011 年对潭彩剅桥以下影响公路安全的 800 米滑坡进行处理，投资 266 万元；2011 年对渠道两岸流沙进行处理，完成土方开挖 1.6 万立方米、回填 0.34 万立方米、完成投资 785.57 万元；渠道植树造林 2500 亩。

西干渠作为一条排灌两用渠道规划和施工，为达到在灌溉时分层抬高水位，灌溉两岸农田的目的，曾于 1961—1963 年先后在西干渠修建江陵潭彩剅节制闸、彭家河滩节制闸以及监利鲢鱼港节制闸、汤河口节制闸，因西干渠汇流面积大，一旦出现干旱，上游来水不能满足下游用水需要；而如果出现大的降雨，下游则关闸抢排，上游排水受阻，上下游经常发生矛盾。1977年冬至1978年春，拆除了潭彩剅、鲢鱼港、汤河口3座节制闸，西干渠成为单一的排水渠道。

3. 东干渠

东干渠处于总干渠东侧，故名。它是四湖地区排水工程的第二大干渠，上起荆门市唐家垴，自北向南流经潜江全境，在冉家集汇入总干渠，全长60.3千米（其中荆门境内8千米、潜江境内50.3千米），承雨面积335.4平方千米。东干渠在高场与田关河交叉，分为上、下东干渠，田关河以北河段称上东干渠，长26.3千米，其中从荆门陈家闸至高场北闸长17千米为新开挖渠道，排水流量73立方米每秒；田关河以南从高场南闸至冉家集称下东干渠，长34千米（利用熊口河裁弯取直而成），排水流量83立方米每秒。担负着荆门、潜江境内549平方千米、82.35万亩农田的排水任务，汛期还可分泄长湖、田关河洪水。

1957年10月，东干渠工程全面动工，潜江县开挖熊口至新河口段，长7.911千米（利用老河道长2.859千米，开挖新河5.052千米）。同年，沙洋农场开挖熊口以上河道2.823千米和新河口至徐李河河段长11.628千米。至1958年春，完成荆门唐家垴至潜江徐李寺共58.2千米的河道开挖，1958年11月至1959年3月疏挖徐李寺至冉家集长4.487千米的老河道，东干渠基本形成。

东干渠挖通后，流域内的淌湖、大白湖、小白湖、史家湖、甘家塔、后湖、返湾湖、深水游子湖、马长湖、太仓湖、荻湖、腊台湖等大小湖泊及洼地渍水得以迅速消泄，潜江县新开垦农田23.5万亩。

1989年11月至1990年1月，鉴于下东干渠河槽淤积严重，经湖北省水利厅批准，潜江市组织10万劳力进行全面扩挖，完成土方340万立方米，投资330万元，其排水能力达到83立方米每秒。新开和疏挖共完成土方979万立方米。东干渠断面情况见表7-2-11。

表 7-2-11　　　　东干渠分地段设计与实施情况表

地点	桩号	汇流面积 /km²	设计水位 /m	设计流量 /(m³/s)	底宽/m		底高/m		备注
					设计	已达	设计	已达	
李市	0+000						30.0	30.86	
陈家台	4+000								
董家闸	11+000								
广幺渠	20+000						27.5	28.5	
高场北	25+000	213.6		73.0	24.0	24.0			
高场南	25+000		29.8		34.0	34.0	26.74	26.74	
熊口大桥	37+000								
赵家垴	43+000				38.0	38.0			
徐李闸	56+000		27.88		38.0	38.0	24.74	24.74	闸上游
			27.44				23.53	23.53	闸下游
冉家甘	60+260	335.4	26.99	83.0			23.08		

4. 排涝河

1972年动工兴建洪湖分蓄洪区工程时，为了满足修建主隔堤的土源和荆北地区整体排灌系统的需要，在筑堤的同时，沿主隔堤安全区侧150米平行开挖一条大型电排河（主要功能为排涝，故称排涝河），全长64.8千米。上段从监利半路堤至福田寺，称上排涝河，长约16千米，设计排水流量85立方米每秒，以满足半路堤电排站排水需要，河底宽40米，河底高程22.00米，岸坡1：3，北岸有沙螺干渠、林长河等河渠与之相通。福田寺至洪湖高潭口河段称下排涝河，全长48.8千米，设计排水流量240立方米每秒，以满足高潭口电排站排水需要，河底宽67米，河底高程19.00米，岸坡1：3。北岸有监北干渠、新市支沟、跃进河、戴电河、陶洪河、监洪渠、柴林河、内荆河峰口段、范峰河、中府河、燕子河、永黄河等河渠与之相通。排涝河与主隔堤同时形成，共完成开挖土方3007.3万立方米，国家补助资金56.09万元。排涝河基本情况见表7-2-12。

表 7-2-12　　　　　　　　　　排涝河分地段设计与实施情况表

地点	桩号	设计水位/m	设计流量/(m³/s)	底宽/m		底高/m		备注
				设计	已达	设计	已达	
高潭口	0+000	23.40	240	67	67	19.0	19.0	
黄丝南	13+319	23.97	240	67	67	19.57	19.57	
下新河闸	21+400	24.32	240	67	67	19.92	19.92	
子贝渊闸	33+189	24.83	240	67	67	20.42	20.42	
福田寺	49+050	25.50	240	67	67	21.10	21.10	福田寺节制闸
			85.0	40	40	22.00	22.00	福田寺船闸
半路堤	64+820	25.80	85.0	40	40	22.00	22.00	

排涝河的形成，改善了四湖中区农田的排灌条件，降低了地下水位，使过去的沼泽地变成旱涝保收的良田及水产养殖基地，有效地促进了该地区农业生产的发展。

5. 田关河

田关河位于潜江、荆门境内，因其出口在东荆河，地名田关，故名。田关河系由古西荆河扩挖改造而成，设计河底高程26.60～27.50米，河底宽120～125米，排水流量250～349立方米每秒，承雨面积3180平方千米，全长30.46千米，其中，荆门境内1千米。田关河西起刘家岭节制闸与长湖相通，东过田关闸与东荆河相连，是四湖上区长湖的主要排水通道。

西荆河曾经是连接东荆河与长湖的河道，当东荆河水位较低时，长湖洪水通过西荆河排入东荆河；当东荆河涨水时，洪水通过西荆河向长湖及中襄河倒灌，不但造成长湖排水受阻，严重时还造成部分民垸堤决口。因此，1931年将西荆河田关处堵塞，东荆河与西荆河完全隔断，长湖洪水全部向中下区排泄，增加了中下区防洪排涝负担。

1955年长委会《荆北区防洪排渍方案》中并无开挖田关河的规划。1958年冬，按照荆州地委、行署关于"高水高排、低水低排、等高节流、分层排水"的方针，四湖排水工程指挥部技术人员提出了开挖田关河的设想，并编制出《荆北水系规划补充方案》，作出田关河开挖方案，得到湖北省水利厅的批准。

　　1958年10月，潜江县为了引长湖水灌溉后湖、周矶等地农田，组织5万民工开始施工，开挖了黄家店至周矶长7千米河段，至1959年10月，田关河全线挖通放水。由于施工难度大，未能按计划完成，将河底宽97.4米减为50米，通过流量125立方米每秒，完成土方582万立方米。

　　1970年11月至1971年3月，荆州专署四湖工程管理局组织荆门、潜江两县民工进行扩挖，全线按河底宽125米设计，但实际施工仅为84米。荆门完成刘家岭至荒窑泵站12.7千米河段，土方294万立方米；潜江完成荒窑泵站至田关闸17.3千米河段，土方452万立方米；排水能力达到204立方米每秒，为设计流量的91.6%。

　　1991年冬至1994年春，潜江市组织各种机械121台套，对田关河进行全面扩挖，河底宽增至115米，河底高程27.70～27.20米，完成土方344.1万立方米，国家投资435万元，群众投资636.13万元。

　　1996年，荆门、潜江、沙市组织劳力20万人，疏挖田关河上段19.6千米的河道，完成土方510万立方米，全线达到设计标准：刘岭闸以下设计流量250立方米每秒，河底宽120米，底高27.47米；牛家嘴设计流量349立方米每秒，河底宽120米，底高27.16米；田关设计流量349立方米每秒，河底宽125米（完成120米），底高26.99米。具体见表7-2-13。

表7-2-13　　　　　　　　　　田关河分地段设计与实施情况表

地点	桩号	设计流量/(m³/s)	底宽/m		底高/m
			设计	已达	
刘岭闸	0+000				27.5
	2+000	250	120	120	27.47
	4+000	250	120	120	27.43
	6+000	250	120	120	27.40
	8+000	250	120	120	27.36
牛家嘴	9+000	250	120	120	27.35
	10+000	349	125	120	27.33
	12+000	349	125	120	27.3
	14+000	349	125	120	27.26
	16+000	349	125	120	27.23
	18+000	349	125	120	27.19
	20+000	349	125	120	27.16
保安嘴	23+000	349	125	120	27.11
	26+000	349	125	120	27.06
	28+000	349	125	120	27.02
田关	30+400	349	125	120	26.99

　　田关河挖成后，荆门又对上西荆河进行改造、扩大流量，让荆门559平方千米的地表径流排入田关河。同时长湖西北部江陵和荆门共2164平方千米的地表径流下泄至长湖调

蓄，汛期利用田关河排入东荆河，还承担向田关泵站输水外排的任务。

为发挥田关河的排水效益，受益区先后开挖了与之配套的支、斗渠31条，建涵闸33座、泵站4处、倒虹管4处，并于1987年兴建了田关泵站，装机2800千瓦×6台，设计排水流量220立方米每秒，完成土方2202.1万立方米。

6. 螺山电排渠

螺山电排渠位于监利县境内，洪湖西缘，北起四湖总干渠南岸的宦子口，经王小垸、永丰垸、新发垸，南抵长江干堤螺山电排站，全长33.25千米。

监利县东南部的滨湖地区，地势低洼，常受湖水威胁，三年两涝。一般年景，受灾农田有30万亩左右，农作物产量长期低而不稳。为改变这种情况，监利县制定出《螺山排区的治理规划》，提出螺山电排站和螺山渠道同时兴建，省革委会批准实施。

1970年10月，监利县组织10万民工开挖螺山电排渠。此渠段多处为湖滩地，测量、施工都非常艰难。当年，监利县水利局12名工程技术人员在洪湖中实地测量，晚上息宿于木船之上，历时1个月，拿出实施方案。特别是刘家淌河段，系湖水回流与农田渍水排泄的交汇之处，方圆十里，水刷泥塞，淤泥深达5~6米，承担施工任务的龚场区群众硬是用脸盆捧出来一条河形。至1971年3月，螺山渠道一期工程结束，渠底宽40~100米，渠底高程22.50~22.00米，渠堤高程27.00米，堤面宽5~6米，完成土方817.0万立方米，投工61.45万个，国家投资14.91万元。

1991年冬，监利县再次组织12个乡镇的劳力，对宦子口至幺河口长27.25千米渠道进行疏挖，渠底扩宽至50~100米，渠堤加高到28.5~28米，完成土方90万立方米。

2003—2004年，荆州市航道管理局成立项目部，组织数十条挖泥船对全线渠道进行疏挖，浚深渠底，以利船舶航行。渠道疏挖土方填筑洪湖围堤内平台，同时改建周河大桥。

沿渠汇流主要干渠14条，建有幺河口、庄河口、桐梓湖、贾家堰、张家湖5座涵闸。

7. 中小型排灌渠道

1958年，荆州专区明确提出了建设河网化的规划：在平原湖区，"要充分利用原有的河、湖、沟、港、堰、塘，加以整理疏浚，适当加深、加宽、加大，固定湖泊面积，留湖蓄渍，调节蓄水，整理水系，互相连接，做到塘堰通小河，小河通大河，大河通湖泊，死水网变活水网，大中小网配合，纵横相连，条条贯通，四通八达，有利排灌和运输"；在丘陵山区，"要实现水利自流灌溉化，要开发山溪河流，节节筑坝，兴建水库，控制山洪，盘山开渠，引水上山，做到库连渠、渠连塘、渠塘灌田，调节用水，形成自流灌溉网"。

在这一指导思想的指引下，大中小排灌渠道建设遍地开花，速度加快，到20世纪70年代，水利骨干工程基本建成，与之配套的排灌渠道逐步完善。进入21世纪，渠道建设向高标准方向发展，对主要排灌渠道进行护砌硬化，以达到水流畅通、节约水资源的目的。

四湖流域（荆州境内）排灌渠道统计见表7-2-14。

（三）涵闸

1955年，四湖流域水利建设重点由防洪逐步转移至治涝，排水涵闸建设迅速展开，从1958年开始，首先在长江干堤螺山和东荆河堤郭口、小白庙3处修建灌溉闸，20世纪60年代形成高潮，先后修建长江观音寺、万城、颜家台等灌溉闸。同时在内垸排水渠道

表 7-2-14 四湖流域（荆州境内）排灌渠道统计表

县（市、区）	渠道性质				总长度/km	干渠		支渠		斗渠		农渠		2002—2010年建设情况	
	合计/条	排/条	灌/条	排灌结合/条		条	长度/km	条	长度/km	条	长度/km	条	长度/km	疏挖长度/km	衬砌长度/km
荆州	783	365	160	258	1927.5	32	102	126	397.5	191	607.7	434	1428	452.9	87.3
沙市	1369	512	362	495	2178	55	88	221	339.2	335	523.8	758	1227	288.1	29.7
江陵	1276	476	421	379	4869	51	194	206	734.4	312	1141.6	707	2799	507.8	107
监利	5447	474	421	4552	11672	220	460	878	1892	1332	2778	3018	6542	1380	1834
洪湖	2850	364	102	2384	6538	115	261	459	1043.2	697	1574.8	1578	3659	1162	104
合计	11725	2191	1466	8068	27184.5	473	1105	1890	4406.3	2867	6018.2	6495	15655	3791	2162

两侧修建了大量的排水、灌溉涵闸，其中大型涵闸有习家口节制闸、刘岭节制闸、福田寺防洪闸、小港湖闸、张大口闸等。至 2012 年，共兴建流量 5 立方米每秒以上的涵闸 2059 座，其中，引水闸 375 座〔沿江引水闸 24 座（含潜江市），设计流量 616.25 立方米每秒〕；排水闸 424 座（沿江排水闸 5 座，设计流量 1698 立方米每秒）。境内节制闸 1160 座；橡胶坝 1 座，坝长 85.6 米；其他水闸 20 座。四湖流域涵闸基本情况、控制性涵闸及沿江灌溉涵闸情况分别见表 7-2-15、表 7-2-16、表 7-2-17。

表 7-2-15 四湖流域流量≥5m³/s 的涵闸统计表 单位：m³/s

所在地	总数	引水闸			排水闸		节制闸	
		数量	流量	引水能力	数量	流量	数量	流量
荆州区	67	14	187.60	108059	16	205.30	37	478.10
沙市区	35	6	51.53	13500	11	73.10	18	247.14
江陵县	210	2	111.84	182954	80	742.69	128	1202.00
监利县	1179	174	1972.6	385600	249	1998.62	756	6918.26
洪湖市	468	179	2249.2	2130755	68	2303.20	221	2683.90
合计	1959	375	4572.8	2820868	424	5322.91	1160	11529.4

表 7-2-16 四湖流域控制性涵闸基本情况表

涵闸名称	所在地	所在渠道	建成年份	涵闸型式	排水流量/(m³/s)	涵闸规模	
						孔数	宽×高/（m×m）
习家口闸	沙市区	总干渠	1962	开敞	50	2	3.5×4.7
福田防洪闸	监利县	总干渠	1979	箱	667	6	8.5×9.4
福田节制闸	监利县	总干渠	1979	开敞	240	7	7.7×5
幺河口闸	监利县	洪湖	1974	开敞	105	4	4.5×7
小港湖闸	洪湖市	总干渠	1962	开敞	215	9	1×6×6
							8×4×4.3
新滩口闸	洪湖市	总干渠	1959	开敞	460	12	5×6

续表

涵闸名称	所在县市	所在渠道	建成年份	涵闸型式	排水流量/(m³/s)	涵闸规模	
						孔数	宽×高/(m×m)
外荆襄河闸	荆州区	西干渠	2008	箱	40	2	净宽2×2.5
彭家河滩闸	江陵县	西干渠	1963/2007（加固）	开敞	92.24	5	4×5.5
高场南闸	潜江市	东干渠	1976	开敞	73	5	2×3×4 3×3×3.8
徐李寺闸	潜江市	东干渠	1961	开敞	59	4	4×3
刘岭闸	荆门市	田关河	1965	开敞	229	9	3.5×4
田关闸	潜江市	田关河	1965	开敞	250	8	4×5.5
新堤大闸	洪湖市	洪湖	1991	开敞	800	23	6×9.5
子贝渊闸	洪湖市	洪湖	1963	开敞	106	5	1×6×6 4×4×4.35
下新河闸	洪湖市	洪湖	1962	开敞	128	5	1×6×6.8 4×4×4.2
张大口闸	洪湖市	洪湖	1962	开敞	124	5	1×6×6 4×4×4.3
桐梓湖闸	洪湖市	洪湖	1974	开敞	131	5	4.5×7
小港河闸	洪湖市	洪湖	1962	开敞	93	3	1×6×6 2×5×4.2

表 7 - 2 - 17　　　　　　　四湖地区沿江灌溉涵闸基本情况表

水系	闸名	设计流量/(m³/s)	规格 孔数	规模 宽度/m	规模 高度/m	闸底高程/m	修建年份	备注
长江	万城	40/50（扩大）	3	3.0	4.36	34.50	1961	荆江大堤桩号795+000
	观音寺	56.79/77.0（扩大）	3	3.0	3.3	31.76	1959	荆江大堤桩号740+750
	颜家台	37.6/41.6（扩大）	2	3.0	3.5	30.50	1965	荆江大堤桩号703+532
	一弓堤	20.0/30（扩大）	2	2.5	3.75	28.00	1962	荆江大堤桩号673+423
	西门渊	34.0/50（扩大）	2	3.5	4.95	26.00	1965	荆江大堤桩号631+340
	何王庙	34.0	2	3.0	4.5	24.50	1973	长江干堤桩号611+190
	王家巷	10.0/15.0（扩大）	1	3.0	4.5	24.80	1960	长江干堤桩号604+587
	王家湾	10.0/15.0（扩大）	1	3.0	4.0	25.00	1997	长江干堤桩号584+650
	北王家	12.5	1	2.5	4.0	25.00	1981	长江干堤桩号571+890
	白螺矶	4.86	1	2.5	3.75	25.00	1996	长江干堤桩号550+500
	高桥	22.3	1	3.0	3.0	24.00	1965	长江干堤桩号454+720
	仰口	6/9.2（扩大）	1	2.5	3.0	21.95	1962	长江干堤桩号402+000

续表

水 系	闸 名	设计流量 /(m³/s)	规格 孔数	规模 宽度 /m	规模 高度 /m	闸底高程 /m	修建 年份	备 注
东荆河	高潭口	西 20.0	2	3	5.1	25.5	1975	东荆河堤桩号 129+620
		东 20.0	1	4	6.6	24.5	1975	东荆河堤桩号 130+700
	中革岭	21.0	2	2.0	2.4	24.00	1966	东荆河堤桩号 116+550
	白庙	60.0	3	3.0	3.5	24.40	1962	东荆河堤桩号 109+550
	万家坝	9.6	1	2.0	2.5	24.50	1966	东荆河堤桩号 101+560
	施港	10.5	1	2.0	2.5	24.87	1966	东荆河堤桩号 95+050
	郭口	31.5	2	3.0	2.5	24.00	1973	东荆河堤桩号 86+080
	北口	18.0	2	2.5	3.25	24.80	1975	东荆河堤桩号 77+100
	谢家湾	27.0	2	3.0	4.5	25.00	1973	东荆河堤桩号 63+900
	杨林关	6.7	1	3.0	3.75	27.00	1964	东荆河堤桩号 61+980
汉江	新隆新闸	46.0	2	4.5	—	29.60	2002	汉江干堤桩号 255+750
	新隆老闸	32.0	3	3.0	3.5	30.80	1962	汉江干堤桩号 256+700
	赵家堤	15.0	1	3.0	3.0	31.10	1979	汉江干堤桩号 267+642
合计	24 处							

新中国成立后修建的涵闸在工程规模和质量等方面较新中国成立前有明显进步，结构形式由过去的涵管、涵洞发展为拱涵、箱涵和开敞式轻型结构，建筑材料由砖木和砖石结构发展为钢筋混凝土结构、钢质闸门，操作由人工逐步转为机械和电力启闭，部分涵闸实现自动化控制运用。

（四）泵站

四湖地区地势低洼，加之长江、汉江过境洪水峰高量大，外江水位高于内垸农田数米至十余米，而且江河的主汛期也是暴雨多发季节，每年汛期，江汉平原常处于外洪内涝的严重局面。在外江水位高、沿江涵闸不能自排的情况下，造成大面积农田内涝，有的地方甚至颗粒无收。在总结经验教训的基础上，人们认识到，要使平原湖区经济稳步发展，建成旱涝保收的粮棉基地，除巩固堤防，"关好大门"和兴建自流排水河渠、涵闸外，还必须修建提排工程，实现自排与提排相结合，才能有效解决低洼农田的渍涝问题。

1964 年《荆州地区水利综合利用补充规划》正式提出在平原湖区兴建一级电力排水泵站的规划，1968 年在四湖水系首建单机容量 1600 千瓦的洪湖南套沟泵站，从而拉开了在平原湖区大规模兴建电力排水泵站的序幕。20 世纪 70 年代成为四湖地区电排站建设蓬勃兴起时期，先后修建了南套沟、螺山、高潭口、新沟嘴、老新、半路堤等大型骨干泵站以及一大批中小型泵站。

1984 年，中共湖北省委书记关广富在省第四次党代会上指出：要对江汉平原"水袋子"进行综合治理，争取用 5 年时间，达到内涝能抵御 10 年一遇的标准。根据省委的指示和部署，1985 年以后，在"巩固改造、适当发展、加强管理、注重效益"的水利建设方针指引下，除了抓好已建泵站的续建配套和节能技术改造外，对确属排涝标准低的湖区，继续修建必要的骨干电力排水泵站，使排涝标准逐步得到提高。先后兴建了监利杨林山、洪湖新滩口、大沙、潜江田关等排水泵站。

在一级电力排水泵站大规模建设的同时，垸内二级泵站也相继发展起来，至 2012 年年底，整个四湖地区兴建单机 800 千瓦以上一级电排站 10 处，总装机 63 台，容量 104000 千瓦，提水流量 1169 立方米每秒（包括部分中小型一级外排站共 17 处，109 台，装机容量 108850 千瓦，设计流量 1288.6 立方米每秒），灌溉面积 68.1 万亩，排涝面积 812.52 万亩；中型电排站 93 处，装机 615 台，容量 104776 千瓦，设计流量 1271.71 立方米每秒，灌溉面积 188.25 万亩，排涝面积 351.39 万亩；小型泵站 1911 处，装机 2776 台，容量 190805 千瓦，设计流量 2151.25 立方米每秒，灌溉面积 302.94 万亩，排涝面积 408.41 万亩。经过半个世纪的努力，四湖地区的排水泵站工程基本形成以大型为骨干、大中小相结合，布局比较合理，效益十分显著的电力排灌新格局，排涝标准基本达到 10 年一遇（尚欠外排流量 180～220 立方米每秒）。四湖流域大中小型泵站情况分别详见表 7-2-18、表 7-2-19、表 7-2-20。

表 7-2-18　　　　　四湖流域单机 800 千瓦以上大型泵站基本情况表

泵站名称	所在县（市、区）	装机功率/kW	装机台数	设计流量/(m³/s)	建成年份
新滩口	洪湖市	18000	10	220	1986
高潭口		18000	10	240	1975
螺山	监利县	13200	6	138	1975
杨林山		10000	10	80	1986
半路堤		9600	3	75	1980
新沟嘴		4800	6	51	1976
南套沟	洪湖市	7200	4	78	1971
大沙		3200	4	32	2010
田关	潜江市	16800	6	220	1989
老新		3200	4	35	1976
合计		104000	63	1169	

表 7-2-19　　　　　四湖流域中型泵站（单机 155～800kW）基本情况表

县（市、区）	座数	装机/台	功率/kW	设计流量/(m³/s)
荆州区	7	55	15265	93.81
沙市区	7	50	7750	107.00
江陵县	8	55	7975	117.00
监利县	24	192	30495	330.4
洪湖市	47	263	43491	623.5
合计	93	615	104976	1271.71

表 7 - 2 - 20　　　　　　四湖流域小型泵站（单机 55~155kW）基本情况表

县（市、区）	座数	装机/台	功率/kW	设计流量/(m³/s)
荆州区	339	453	26857	228.78
沙市区	158	250	14504	179.15
江陵县	361	510	34317	426.25
监利县	430	635	47105	489.65
洪湖市	534	704	38075	526.17
开发区	7	10	755	8.20
潜江市	50	165	24792	259.7
荆门市	32	49	4400	33.35
合计	1911	2776	190805	2151.25

（五）水库

四湖上区多系丘陵岗地（丘陵面积 2360 平方千米，占 22.7%），每至雨季，常有山洪泛滥成灾；雨水不足时，又会造成干旱，人畜饮水困难。从 1958 年开始至 2012 年，兴建大、中、小型水库 99 座，其中，大型水库 1 座（太湖港）；中型水库 8 坐（荆门市 6 座，荆州区 2 座），小（1）型水库 39 座（荆门市 33 座、荆州区 6 座），小（2）型水库 51 座（荆门市 29 座、荆州区 22 座），有效库容 2.069 亿立方米（荆门市 1.289 亿立方米，荆州区 0.78 亿立方米）。配合塘堰、电力提水站，形成了以漳河、太湖港水库为骨干，中、小型相结合，蓄、引、提并举的灌溉系统，基本解决了农田灌溉用水和人畜饮水的需要，结束了"苦旱"的历史。

（六）修建船闸

四湖地区在 1955 年以前，江湖相通，内河航运发达。随着江湖分家，内河航运发生了变化。为适应这种变化，满足内河航运的要求，1960 年建成新滩口船闸（300 吨级），1968 年建成小港（河）船闸（100 吨级），1973 年建成小港（湖）船闸（300 吨级），1983 年建成福田寺船闸（300 吨级），1989 年建成习家口船闸（300 吨级），至此，沟通了上、中、下区的航运。为了使长江、汉江在中部连接起来，形成一条捷径航线，计划北起沙洋赵家堤（新城），南至洪湖螺山，全长 188.5 千米，较之绕道武汉约近 320 千米，可减少运输费用，节约能源消耗。1998 年建成螺山船闸（300 吨级），同时对宦子口（原船闸 1985 年建成，150 吨级）另建新船闸 300 吨级，1998 年建成新城船闸（300 吨级）、鲁店船闸（300 吨级）。此外，还建有刘岭船闸（1996 年建成，100 吨级后已废弃），徐李船闸（100 吨级）。

随着引江济汉工程完工，在引江济汉干渠（55＋925）西荆河枢纽，建有西荆河上游船闸、西荆河下游船闸。新的两沙运河形成，配合四湖地区已建船闸，成为连接江、汉和内河的纽带（内河船支进入引江济汉干渠后，可直通长江、汉江）。

（七）防治血吸虫病

四湖地区是血吸虫病重疫区。有"全国血防看两湖（湖南、湖北），两湖重点看四湖"

之说。党和政府非常重视血吸虫病的防治工作，把灭螺工程纳入水利工程统一规划、统一实施、统一验收、统一管理。采取工程措施与非工程措施相结合。经过几十年的努力，取得了很大的成绩，血吸虫病人已由 1954 年的 25.03 万人（占当时人口总数的 12％）下降至 2007 年的 8.43 万人（1956 年四湖地区有螺面积 170.5 万亩，病人 69.7 万人；1999 年有螺面积 37.5 万亩，病人 10.6 万人）。钉螺面积、病人、晚血病人总的趋势在逐年减少。具体见表 7 - 2 - 21。

表 7 - 2 - 21 四湖地区钉螺面积、病人历年变化表

年份	钉螺面积/万亩			患病人数	感染率/%	晚血病人数	急感病人数	病牛/头
	内垸	外滩	合计					
1956	20.70	19.65	40.35	47000	12.7		1893	
1970	31.8	38.70	70.50	138000	12.0		4715	
1976	18.75	21.15	39.90	199000	9.5		677	
1980	11.40	22.35	33.75	129000	6.2		1057	
1982	13.14	24.89	38.03	110000				
1987	12.20	24.57	36.77	123300		2566	1699	
1990	4.9	31.86	36.76	127100		1817	695	5590
1996			23.57	50356				2018
1998			29.00	72400		1013		4145
2004			35.77	79339		2741	48	
2005			41.60	84300		2398		5917

（八）外滩治理

四湖流域有外滩面积 1172.5 平方千米，耕地 72.36 万亩，人口 40.6 万人。由 16 个民垸组成，均为独立水系。外滩民垸虽属四湖流域的范围，但建设治理规划没有纳入四湖统一的治理规划，一直由属地管理。修、防、管全由受益范围内的群众自行负担，国家补助极少。水利建设相对滞后于内垸。外滩民垸堤长 277.8 千米，当遇到较大洪水时，有可能扒口分洪，因此堤防没有达到与长江、汉江堤防御水位相适应的标准。共建有大小电排站 17 处，装机容量 17755 千瓦，设计排水流量 171.9 立方米每秒，每平方千米装机容量 15.1 千瓦，大于四湖内垸的装机容量。但因大部分民垸调蓄容量小，排涝标准没有达到 10 年一遇的水平。外滩是四湖地区钉螺的主要传染源，三峡工程建成后，洪水漫滩机会减少，为消灭钉螺、控制向垸内扩散创造了条件。

四湖流域的治理，取得了巨大的成就，先后战胜了 1980 年、1983 年、1991 年、1996 年和 1998 年的洪涝灾害，已建工程充分发挥了显著的减灾效益，促进了经济社会的发展。

四湖地区外滩民垸基本情况见表 7 - 2 - 22，区内粮、棉、油、水产品产量情况见表 7 - 2 - 23。

四湖地区的排灌系统格局虽已形成，但排涝标准尚未达到 10 年一遇；湖泊调蓄面积不断被挤占，使已经达到的排涝标准不断降低。1998 年尚有湖泊面积 1497 平方千米，占四湖流域总面积的 14.4％。2004 年湖泊面积减少至 710.8 平方千米，占四湖流面积 6.9％。

表 7 - 2 - 22   四湖地区外滩民垸基本情况表

县（市、区）	垸名	垸堤长度/km	相应长江干堤桩号	面积/km²	耕地/万亩	人口/万人
荆州区	菱湖	14.23	795+600	91.4	3.6	1.2
	谢古	13.35	790+100～776+800	13.27	0.8	0.52
	龙洲	11.0	776+800～767+900	24.89	1.64	1.1
	学堂洲	6.3	767+900～762+200	11.5	0.35	0.05
沙市区	柳林洲	6.8	756+300～748+000	4.5	—	3.2
江陵县	耀新	13.85	733+500～722+700	20.7	1.70	1.5
石首市	人民上垸	83.045	697+500～673+600	441.7	24.4	22.7
监利县	人民下垸	26.7	673+600～638+970	125.0	11.6	3.6
	柳口	9.0	—	8.7	0.75	0.25
	新洲	24.85	624+600～612+000	34.1	3.88	0.25
	三洲联垸	50.56	599+100～566+700	186.0	20.1	4.50
	丁家洲	9.27	561+490～549+300	14.6	1.34	0.29
	财贸围堤	1.82	632+900～631+500	1.0	—	—
	工业围堤	4.0	628+570～627+107	1.0	—	—
	窑场围堤	1.5	627+000～626+500	0.62	—	—
潜江市	张新	16.0	230+950～247+600	32.8	2.2	1.70
合计	16 处	292.275		1011.78	72.36	40.86

表 7 - 2 - 23   2005 年湖北省与四湖地区粮、棉、油、水产品产量比较表

品种	湖北省	四湖地区	四湖地区占湖北省百分比/%
粮食产量/万 t	2177.38	256.9	11.8
棉花产量/万 t	37.5	9.7	25.9
油料/万 t	293.9	43.1	14.7
水产品/万 t	318.2	64.8	20.4

至 2012 年仅存湖泊面积 569.59 平方千米，占四湖流域面积的 5.5%；下内荆流的过流能力不能适应上游来量，也不能满足下游新滩口闸自排要求，必须疏挖长湖、洪湖的围堤。不同于一般的内河堤坊，挡高水位的时间长达 30～50 天，一旦溃口，损失惨重。要对堤身、堤基、平台、防风浪设施等进行加固，并且对险工、险段涵闸等储备一定数量的抢险器材。

三峡工程建成后，荆江及城螺河段发生冲刷，同流量下水位降低。汛期上游来水受到三峡水库调节，下泄流量减少，水位降低，会增加四湖地区农田自排的时间，减少排水泵站的排水扬程和因高水头引起停机的次数，四湖地区排涝状况将获得一定程度的改善。

随着三峡工程建成和引江济汉工程完工，四湖地区的灌溉用水格局将会发生变化，沿江引水涵闸自流灌溉保证率将会降低；部分渠湖水质被污染，生态环境质量下降；钉螺扩散防治任务还很艰巨；水利工程的管理工作需要加强。

四湖水利资源并未得到充分利用，四湖地区的开发具有很大的潜力，需要继续进行治理。

第三章 荆 南 水 系 治 理

荆南地区位于长江荆江河段以南,东经 111°14′～112°48′,北纬 29°30′～30°23′,北、东两面濒临荆江,南临湖南省,西部与宜昌市接壤。行政区域包括荆州市所辖松滋市和公安县全境、荆州区的弥市镇、石首市的江南部分。因地处荆江南岸,故称之为荆南地区。

第一节 水 系 概 况

荆南地区属洞庭湖水系,自然面积 5522.91 平方千米,其中,平原面积 3514.73 平方千米,占 63.9%;山区面积 158.92 平方千米,占 2.9%;丘陵岗地面积 1849.26 平方千米,占 33.2%。为了进行分片治理,根据不同的地形,将平原区分为荆南水系,将山丘区分为淞水水系。据 2010 年统计,区域内人口 237.07 万人,耕地 255.93 万亩。荆南地区围垸基本情况详见 7-3-1。

表 7-3-1 荆南地区主要围垸情况表(长江干堤以内)

区划	垸名	面积/km²	人口/万人	耕地/万亩	堤长/km	
松滋	合众	97.94	5.08	6.25	36.29	含松滋江堤 16.8km
	义兴	2.35	0.12	0.22	5.0	
	德胜	6.0	0.415	0.40	7.17	
	赵家	6.1	0.421	0.46	8.617	
	西大	53.76	2.15	2.74	17.5	
	永合	37.64	2.12	2.6	11.6	
	大湖	60.12	1.50	2.3	11.0	
	八宝	167.0	8.31	12.35	51.0	
	大同	193.0	10.0	13.86	68.2	含松滋江堤 9.8km,长江干堤 24.6km
荆州区	三善	165.9	8.32	13.06	35.56	不含涴里隔堤 17.23km、神保垸堤 3.76km
公安	三善	155.51	6.25	8.68	56.55	
	曹嘴	40.31	1.50	2.66	45.39	
	东港	156.6	7.9	10.7	73.76	蔡田湖垸合并前堤长 58.0km
	金狮	167.7	7.0	8.05	40.01	又称合顺大垸
	永和	177.3	7.3	8.66	33.18	

区划	垸名	面积 /km²	人口 /万人	耕地 /万亩	堤长 /km	
公安	南平	85.5	5.0	5.0	60.11	
	孟溪	307.31	14.5	18.7	83.79	包括小虎西干堤，不含小虎西山岗堤 10.61km
	荆江分洪区	921.0	52.5	54.0	208.38	不含安全区围堤 52.78km，北闸拦淤堤 3.43km
	永兴	15.05	0.40	0.20	8.40	
石首	联合	132.0	8.4	7.5	69.2	
	久合	53.0	3.3	3.9	27.61	
	城关大垸	280.5	31.54	16.66	70.572	含长江干堤 48.5km
	调关大垸	173.4	9.04	7.55	42.67	含长江干堤 38.82km
	连心垸	3.8		0.36	3.65	
合计	23处	3458.79	193.066	206.86	1075.209	

注 另有浣里隔堤 17.23km，小虎西山岗堤 10.61km，荆江分洪区安全区围堤 52.73km，北闸拦淤堤 3.43km，神保垸堤 3.76km，以上 5 处堤长共 87.76km。荆南地区（不含外滩）共有堤防长 1163.054km。围垸堤防长度不等于四河堤防长度。

荆南地区东部及西北部为丘陵，其余为平原湖区。地势大体上是西北向东南逐渐倾斜，松滋市的老城附近地面高程 45.00～39.00 米，公安北闸附近 41.00～40.00 米，石首绣林城区附近 34.00～31.00 米。

荆江四口（松滋口、太平口、藕池口、调弦口），亦称四河（松滋河、虎渡河、藕池河、调弦河）向洞庭湖分泄荆江洪水，荆南地区成为洪水走廊被分割成许多大小围垸。

荆南四河流经荆南地区的总长度 391.05 千米。其中，松滋河 203.05 千米（主河从松滋口至大口，河长 24.5 千米），西支从大口至杨家垱，河长 76 千米；东支从大口至新渡口，河长 102.55 千米；另有串河 50.26 千米（其中莲支河长 6.26 千米，官支河长 23.25 千米，苏支河长 10.5 千米，瓦窑河长 8 千米，中河口长 2.25 千米）；虎渡河 96.6 千米；藕池河 78 千米（主河从裕公垸至藕池镇长 12 千米；东支从藕池镇至梅田湖，河长 27 千米；中支从团山至新口，河长 20 千米，与湖南共界 5 千米；西支安乡河从倪家塔至湖南安生乡，河长 19 千米），鲇鱼须河长 1 千米；调弦河长 13 千米。

先秦时期荆南地区属古云梦泽的一部分。随着长江泥沙不断淤积，汉时已出现部分高地，至唐宋时云梦泽解体。汉高祖五年（公元前 202 年）置孱陵县，管辖范围包括今公安、石首、松滋（西汉初置高成县，东汉初裁撤，并入孱陵）和湖南的安乡、津市、澧县、华容等地，县治孱陵城（在今公安县的黄金口附近的齐居寺）。1870 年以前虎渡河与东河交汇处的古油水从黄金口注入云梦泽，因此，黄金口附近也称油江口。当时，从荆州城南至黄金口，西至乐乡（今涴市），东至调关还处于湖沼状态，只有零星的散块高地。统一的荆江河道尚未形成，更无荆南、荆北之分。随着长江泥沙不断淤积，黄金口外的云梦泽不断萎缩，出现很多高地。至南北朝时（479 年前后），公安县治从黄金口迁至斗湖堤，建安十四年（209 年）改孱陵为公安。油水在斗湖堤附近注入长江（出口处乃称油江口），油水残留的古河道于 1967 年填平。

据《水经注》载："江水……又东过江陵县南。县北有洲，号曰枚榮（今梅廻村），江水自此两分，而为南、北江也。"由于长江泥沙不断淤积云梦泽，至两晋时期，出现了以江陵为顶点的荆江三角洲，并不断发育，向东推移。江水仍分为若干支流。向北者较大的支流有夏水、涌水；向南流者为大江主流。由于泥沙淤积和人类活动的影响，至东晋时，夏水和涌水已明显萎缩并出现季节性断流。北流部分衰退，南流部分加强。从江陵至石首一带开始摆脱湖沼状态，塑造自身的河床形态。据盛弘之所著《荆州记》载："夏水盈则渺瀁若海，及冬涸则平林旷泽，四眺烟日。"随着云梦泽不断被泥沙淤积，至唐时已经解体，夏水和涌水已经湮塞。据《湖南省洞庭湖基本资料汇编》（第四分册附图云梦泽、洞庭湖历史演变图），两晋时期的荆江，大致在今沙市与荆州城之间有豫章口分流入夏扬水（沔水），然后干流又一分为二，左则为中夏水流入云梦泽，即今四湖腹地，右则为主流，经公安、石首至城陵矶。江的主流与今之主流流向大致相同，所不同的是仍有许多支流与穴口，即"洪水一大片，枯水几条线"的景观。

云梦泽的消亡过程也就是江陵以下荆江河床形成的过程。荆南地区大规模修堤围垸起于南宋初期。由于荆江南北堵塞了很多穴口，逼水归槽，荆江水位不断抬高，荆南地区同荆北地区完全分开了。

第二节 洪、涝、旱灾害

荆南四河形成以前，荆南地区只防荆江洪水，沿江堤防长度 228 千米。洞庭湖洪水因受"华容隆起"的阻隔，对荆南地区并不构成威胁。内垸堤防只防山丘和内垸渍水，一般堤高只有 2～3 米，有民垸 140 多个。四河形成以后，一个完整的荆南地区被分割成大小面积不等、互不相连的 23 片。经过合堤并垸，到 1936 年时，还有民垸 113 个（松滋 33 个、公安 51 个、石首 29 个），堤长 1306 千米（松滋 316 千米、公安 800 千米、石首 190 千米）。北防荆江，南防洞庭，内防四河，腹背受敌，汛期完全处于洪水包围之中。当江湖洪水遭遇时，四河堤防全线紧张。荆南长江干堤从明洪武十年（1377 年）至 1949 年的593 年间，溃口 112 次，其中，明代 32 次，清代 62 次，民国 8 次。1949—2011 年间发生严重溃堤的洪灾年份有 1949 年、1954 年、1965 年、1980 年、1982 年、1998 年等。

区内河流密布，围垸众多，河道总长 391.65 千米（不含串河），区内干支堤防总长1122.49 千米，抗洪能力低，排水没有出路，这是荆南地区的显著特点，也是洪涝灾害频繁的主要原因。

荆南地区的围垸，汛期被洪水包围。洞庭湖的来水时间一般年份比荆江要早一个月左右，每年 6 月份起就形成"水高田低"的态势，排水受阻，往往导致外洪内涝，腹背受敌，洪涝同步，涝重于洪。在没有机械、泵站排水设施的年代，降雨形成的渍水全靠各围垸内部湖泊调蓄或淹没低田解决，除特大干旱年份外，多数年份内涝灾害都有不同程度的发生。1949—2011 年，除 1954 年和 1998 年两次大洪水外（1954 年洪水，除丘陵山区外，平原湖区或分洪、或溃口、内涝，全部被淹），内涝严重的年份有 1980 年、1983 年、1991 年、1996 年和 2003 年，尤以 1980 年和 1983 年受灾最为严重。1980 年受灾农田102.69 万亩，其中，绝收 34.34 万亩，减产粮食 2.43 亿千克；1983 年受灾农田 72.18 万亩，其中，绝收 24.97 万亩，减产粮食 0.46 亿千克。

荆南地区雨量充沛，年均降水量 1200 毫米左右。江河环绕，过境客水多，一般年景，旱情并不严重。造成荆南地区因旱成灾的主要原因是降水时空分布不均匀、水资源分布不均衡和灌溉设施落后。特别是丘陵山区，如遇较长时间的干旱，不但农业减产甚至绝收，而且人畜饮水也十分困难。比较严重的是松滋山区因自然条件差，蓄水工程少，干旱发生较为频繁。

在灌溉设施（引水涵闸、水库、机电设备、渠道等）落后的年代，农田主要依靠降雨，如遇干旱，平原地区就利用老式龙骨水车、吊桶等提水工具，从塘堰、湖泊、沟渠取水灌田，抗旱能力极低。丘陵山区先要保人畜饮用水，再考虑灌田。因而山区和平原的大部分农田属"雨水农业"或称"望天收"。

虽说旱灾比水灾的次数少，但旱灾造成的损失也是很严重的。除了堤防溃口灾害，旱灾造成的损失往往比内涝灾害所造成的损失还要严重。因为旱灾常伴有虫灾发生，特别是大水之后又发生大旱，人畜饮水困难，瘟疫更容易流行。如 1945 年水灾后接着大旱，瘟疫流行，公安县因瘟疫死亡 1.5 万人，受感染 2 万多人，石首因瘟疫死亡万余人。

新中国成立后，荆南地区从 1949—2011 年的 63 年间，根据松滋、公安、石首气象站的资料分析，各地干旱情况详见表 7-3-2。

表 7-3-2　　　　　　　　1949—2011 年荆南各地旱年情况统计表

地区	干旱		大旱		春旱		备注
	次数	频次	次数	频次	次数	频次	
公滋	23	2.7	15	4.2	6	10.5	弥市采用公安站资料
公安	19	3.3	14	4.5	6	10.5	
石首	18	3.5	13	4.8	6	10.5	
弥市	19	3.3	14	4.5	6	10.5	

1959—1961 年连续三年大旱，是荆南地区新中国成立后旱情最重、时间最长、损失最大的一次自然灾害。旱灾发生后，由于多数围垸堤上没有引水涵闸，不能引江水灌溉，沟渠、湖泊、塘堰的水源有限，加上抗旱工具落后（多数为木质龙骨水车），因而灾情不断扩大，损失惨重。

1959 年 7—9 月，松滋、公安、石首 3 县的降雨量分别比多年同期少 78.5%、73%、57%，受灾面积 300 多万亩，粮食比 1958 年减产 10305.5 千克。旱情以松滋县最为严重，全县严重受灾农田 46 万亩，塘堰干涸 3 万余口，丘陵山区 5 万多人饮水困难，粮食比 1958 年减产 42.5%，棉花比 1958 年减产 30%。

1960 年，荆南各地均发生比较严重的干旱，8—9 月，松滋、公安、石首降雨量分别比多年同期少 65%、67%、69%。以石首灾情最为严重，3 月 6 日，桃花山至团山一线发生十级龙卷风，并伴有冰雹和暴雨，倒塌房屋 2 万余间，死亡 73 人；6 月普降暴雨，受灾农田 20 余万间；8—9 月的降雨量为 56.4 毫米，比多年同期少 69%；9 月 9 日，长江干堤大到口堤段引水抗旱的口门被冲开，淹没农田 5.6 万亩，2.43 万人受灾。

1961 年，松滋、公安降雨偏少，石首 7—9 月降雨量比多年同期少 152.3 毫米。经过前两年抗旱实践，各地总结经验教训，积极建设灌溉引水工程，抗旱能力有所增强，损失比前两年小。

第三节　治理规划

新中国成立后，荆南地区的治理是在长江中游防洪总体规划的指导下，采取了统一规划、分片（垸）分期治理的方法，并在实践中根据实际情况不断修改、充实和完善。

一、分片情况

根据荆南地区堤垸封闭、各成水系的特点和洪涝威胁严重的自然环境，将荆南水系划分为石首、虎东、虎西、五洲四大片。

（一）石首片

范围包括长江以南石首县的全部地区，总面积 1044 平方千米，其中，低山面积 95.4 平方千米，丘陵 254.6 平方千米，平原湖区 694 平方千米。因调弦河、藕池河穿过境内而又分为藕东、藕西、调东 3 个排灌区。

（二）虎东片

位于公安县虎渡河东部，即荆江分洪垦殖区，为独立水系，包括腊林洲和永兴垸，总面积 939.9 平方千米，均为平原湖区。荆江分洪区围堤建成以后，按照"立足分洪、分洪保安全，不分洪保丰收、保经济发展"的方针，对区内水利工程进行重新规划，沿分洪区围堤建立排灌工程设施。分洪垦殖区内则开挖排灌渠道，与闸站配套，形成了分洪区新的排灌系统。

（三）虎西片

地处虎渡河西部至松西河之间，北临长江，南抵黄四嘴，总面积 1190.96 平方千米，其间因虎渡河、松滋河及其支流交织贯通，而分割成 6 个独立的民垸，即三善垸、八宝垸、大同垸、东港垸、南平垸、孟溪大垸，在治水规划时均以垸为单位，建立各自独立的排灌工程。

三善垸　位于长江以南，虎渡河以西，松滋河东支和官支河以东，三面环水，地跨荆州区、松滋、公安 3 县（市、区），由原 13 个大垸合并而成，面积 350.9 平方千米，耕地 20.9 万亩。13 个民垸兴建于清咸丰元年（1851 年）至民国二十四年（1935 年），地势北高南低，垸内渍水靠玉湖调蓄。

八宝垸　位于松滋县八宝乡，松滋河东、西支之间，四面环水，由三合、长寿两垸合成，垸内面积 145.6 平方千米，耕地 12.6 万亩，地势北高南低，主产棉花。

大同垸　位于松滋县东北部，东北滨长江，西临松滋河东支，东南与三善垸接壤，三面环水，垸内面积 193 平方千米，耕地 14 万亩，地势由北向南略倾，以产棉花为主。

东港垸　位于松滋河东、西支之间，上抵莲支河，下滨苏支河，是由原来 8 个堤垸合并而成，周长 74 千米的封闭堤垸，四面环水，属公安县胡场、东港两镇辖区，总面积 141.27 平方千米，耕地 11.5 万亩。

孟溪大垸 位于虎渡河与松滋河东支之间，由原来的 16 个小垸合并而成，南界黄山头，三面环水，丘陵山地于垸中横贯南北，将此垸分为两大部分，属公安县孟溪、甘场两镇管辖，总面积 340 平方千米，耕地 20.5 万亩。

南平大垸 位于公安县南平镇，松滋河东、西支之间，北界苏支河，呈封闭型，周围堤长 61.87 千米，总面积 76.0 平方千米，耕地 4.84 万亩。

（四）五洲片

地处公安县，是长江的一个江心洲，紧靠荆江分洪区，为独立民垸，自然面积 53.0 平方千米。

二、规划情况

20 世纪 50 年代，荆州专署确定荆南水系的治理规划原则是：以蓄洪、防洪、排洪为主，排灌兼顾，内排外引，控制湖面，留湖蓄渍，分片规划、分片治理。

1950 年 8 月，长委会提出《荆江分洪初步意见》，建议在对荆江水患治本之前，把修建荆江分洪区工程作为治理荆江水患的一项重大措施。1952 年 3 月，中央批准兴建荆江分洪工程，于当年动工并完成。

1955 年，长委会提出《长江中游平原区防洪排渍方案》，首次提出将防洪与排涝进行统一规划。

1964 年，《荆州地区水利综合利用补充规定》正式提出在平原湖区兴建电力排水泵站的规划。

1985 年，荆州地区水利局提出《长江流域荆南区除涝规划要点报告》。报告中指出，荆南区除涝方面存在的主要问题是标准不高，内蓄不足。当时有外排装机 66192 千瓦，每平方千米为 18.6 千瓦。按 10 年一遇的标准（3 日暴雨量 232 毫米，5 天排完），计算产水量为 6.89 亿立方米，调蓄 3.03 亿立方米，需外排流量 976.9 立方米每秒，而当时的外排流量为 685.6 立方米每秒，尚需增加外排流量 299.8 立方米每秒。

1993 年，省水利水电勘测设计院提出《湖北省荆南地区水利综合治理近期规划》查勘报告。指出：荆南地区防洪形势严峻，堤防隐患多；河湖淤积严重，各种灾害频繁；分蓄洪区存在建设问题、管理问题等。根据存在的问题，要求荆南治理规划应统一在长江中下游防洪总体规划的原则下进行。

1994 年，荆沙市水利局提出，要求加强对荆南洪涝灾害的治理，使其防洪标准与荆江防洪整体能力相适应。治理要本着"统一规划，防洪为主，洪、涝、旱、螺综合治理"的原则，主要任务是加固堤防，改造闸站，清除洪障，稳定岸坡，合堤并垸，加强管理。具体任务是：从 1994 年起到 20 世纪末或稍长一点时间，对荆南的堤防进行整险加固，使堤防达到国家规定的防御标准；荆南堤防建有各类涵闸 213 座，有 145 座涵闸需要进行加固改造；新建和改造现有电力排水站，排涝模数达到 0.27；荆南尚存湖泊面积 194.26 平方千米，正常调蓄容积约 1.7 亿立方米，今后要固定湖面，留湖调蓄，改善荆南的灌溉条件。

1994 年 3 月，省政府以鄂政发〔1994〕23 号文向国务院报告，要求将湖北省洞庭湖区防洪治涝工程纳入国家洞庭湖治理规划。

1997 年，长委提出《洞庭湖区综合治理近期规划报告》，是以防洪、治涝为主，结合进行湖区灌溉、供水、航运、水产、水环境保护、血防等内容的综合性规划。规划分近期规划（2005 年水平）和远景规划（2020—2030 年）两个水平年。对洞庭湖区（含荆南地区）治理提出系统、完整的规划方案。水利部以水规〔1998〕166 号文批复。规划的主要内容如下。

（一）近期规划目标

在满足长江整体防洪安全的前提下，做到小水不受灾，大洪水少受灾，特大洪水有计划分洪。治涝标准按 10 年一遇 3 日暴雨 3 天（水田按 5 天）排至作物耐淹深度。控制湖泊面积 10％～15％。在此基础上，按消灭一块、清一块、先上游后下游的原则进行水利灭螺，减轻血吸虫病危害。

治涝规划　按照 10 年一遇 3 日暴雨 3 天（水田按五天）排至作物耐淹深度的原则，对现有设备挖潜、改造，调整垸内蓄涝面积，控制内湖湖泊率 10％～15％，通过逐垸水量平衡计算，适当增加新的设施。

治旱规划　对四口河道缺水地区，根据自然地理条件，因地制宜，采用引、提入垸解决本地区枯季水源问题。在已有供水、灌溉设施挖潜与配套的基础上，新建必要的供水、灌溉设施，以使水资源充分满足社会经济发展的需要和提高人民生活水平。

血防规划　荆南地区是我国血吸虫最严重的流行区之一。河湖港汊钉螺广泛孳生，新中国成立前有钉螺村庄 754 个，127 万人受到严重威胁。新中国成立后已消灭钉螺面积 38 万亩，1997 年有螺面积 5.5 万亩，340 个村受到严重威胁。螺情、疫情详见表 7-3-3。

表 7-3-3　　　　　　　　1997 年荆南地区螺情、疫情统计表

地区	总面积/万亩	有螺面积分类/亩								感染病人/人
		江湖洲滩		沟渠	坑塘	荒地	堤套	水田	其他	
		小计	其中芦苇							
合计	5.5	31776	13298	17985	3044	569	2	1707	87	39094
松滋	1.14	6269	0	2448	1104	92	0	1388	87	10024
公安	3.10	12746	3433	15537	1940	477	2	319	0	23788
石首	1.28	12761	9866	0	0	0	0	0	0	5282

按照"按水系划片块，灭一块清一块，先上游后下游"的水利灭螺原则，结合加高江河堤防，整滩（含吹填）消灭江河洲滩钉螺。规划洲滩灭螺面积 2.22 万亩，其中，松滋市 0.2 万亩，公安县 1.17 万亩，石首 0.81 万亩。同时对堤上 38 座有螺涵闸（松滋市 6 座，公安县 10 座，石首市 22 座）在整修中建防螺设施，防止钉螺经排灌涵闸进入垸内。

（二）远景规划目标

防洪规划　荆南四河堤防防洪标准不足 10 年一遇，与洞庭湖区整体防洪规划不相适应，应抓紧按规划方案实施。在满足长江整体防洪安排的前提下，做到小水不受灾，大水少受灾，特大洪水有计划分洪。2020 年以前，巩固、完善现有防洪体系，达到防御 1954 年洪水的标准。

治涝规划 根据不同分区的治理要求，因地制宜，综合治理，充分考虑恢复蓄涝面积，防止单纯增加机械规模，排田、排湖标准原则上为 10 年一遇，有条件的可适当提高，到 2020 年前，洞庭湖区形成"自排、调蓄、电排"相结合的治涝体系。

灌溉规划 根据全面规划、统筹兼顾，因地制宜，讲求实效，突出重点，分期实施的原则。从保障粮食安全、促进农村经济发展、着力改善农民生活生产条件出发，因地制宜制定灌溉规划。要进一步加强灌溉水源工程建设，完善农田灌排体系，改善农田灌溉条件，提高灌溉供水能力，至 2020 年，荆南地区的农田灌溉率为 100％，旱地灌溉保证率为 85％，水田灌溉保证率达到 90％。

第四节 工 程 建 设

从新中国成立初开始，荆南地区的治理就以防洪、抗旱、排涝为重点，组织人民群众开展持续大规模的工程建设。历经 60 多年的不懈努力，取得了巨大成就。

一、治理过程

荆南地区的治理经历了 5 个阶段。

1. 第一阶段：1949—1957 年为修复加固堤防阶段。

以"关好大门"为主，大力开展防洪工程建设，整险加固江河堤防。首先是修复 1949 年以前已经损坏的堤防，1952 年在集中力量修建荆江分洪工程的同时，对其他堤防进行整险加固、堵支并流，合堤并垸，缩短堤防长度，减轻防洪负担。与此同时，垸内农田水利工程采取因陋就简、因地制宜的方式进行建设，主要内容是对已有的渠道疏洗扩挖；整修原有的塘堰挡坝；丘陵山区开始修建小型水库；试建固定抽水机站；改造堤上原有的剅闸。1954 年发生特大洪水，荆南地区除丘陵山区外，平原湖区全部被淹，堤防、垸内水利设施损毁严重，这一时期的水利建设处于恢复时期。

2. 第二阶段：1958—1969 年为综合治理阶段。

在继续加固堤防的同时，发动群众兴建农田水利工程。水利工程建设由治标到治本，由单一防洪到防洪、排涝、灌溉综合治理。在"小型为主、配套为主、群众自办为主、当年受益为主"的水利方针指引下，以"治山、治土、治水"为中心，采取大兵团作战方式，治理湖泊；以维修改造沿江排涝涵闸、开挖深沟大渠、大搞"河网化"为重点，山区修建水库，整修新挖塘堰，截流引水，一大批大、中型水库（如松滋的氵危水、北河、南河、李桥等水库）相继开工并建成或基本建成。从湖南安乡引入电源，建设小型电力排灌站。

3. 第三阶段：1970—1979 年为全面发展阶段。

主要开展以兴建电力排灌站为主的水利工程建设，全面治理水旱灾害。如公安县大搞"五湖十八站"，同时进行沟渠配套，进一步完善田园化。在此期间，一大批大型电力排水站相继建成投入运行，排涝能力极大增强，各围垸排灌骨干工程基本形成。为解决部分水源缺乏的高岗死角仍受干旱威胁的突出矛盾，从 1972 年开始，各地根据水源条件，修建电力灌溉站引水灌田，如松滋建成了荆南地区总扬程最高的牌坊口电灌站。部分山区还动员群众挖储水窖。

4. 第四阶段：1980—1997 年为巩固提高阶段。

在"大搞农田基本建设，除险保安，配套挖潜，加强管理，充分发挥工程效益"的思想指导下，加强管理，建管并重，提高效益。采取一系列措施，切实把水利工程的重点转移到管理上来，不断提高水利工程的效益。对一些病险工程有计划地进行整险加固。这一时期，兴建了闸口二站，并将原有的固定机械排灌站全部改为电动泵站，进一步提高了排涝、抗旱能力。

5. 第五阶段：1998—2012 年为水利建设全面发展提高的新时期。

1998 年长江发生大洪水后，中央提出"要求进一步加强水利建设，坚持全面规划，统筹安排，标本兼治，综合治理，实行兴利除害相结合，开源节流并重，防汛抗旱并举"的治水方针，加大对水利建设的投入。荆南干、支堤建设全部列入国家投资计划，水库实施了除险加固，大型泵站进行了更新改造，大型灌区续建配套、农村饮水安全工程以及水利血防综合治理全面展开，防洪、排涝、抗旱标准全面提高。

二、治理成果

荆南地区的水利工程建设，经过多年的努力，建成了比较完整的防洪、灌溉、排涝工程体系，从根本上改变了荆南地区洪、旱、涝灾害频繁发生的局面。

（一）防洪工程

荆南地区河流众多，区内干支民堤防总长 1608 千米，堤上涵闸多，标准低，堤后渊塘多，管理基础设施薄弱，防洪标准普遍偏低，没有达到国家规定的防御水位标准；堤防三大险情（堤基管涌、堤岸崩坍、堤身隐患）普遍存在，尤以堤基管涌险情最为突出。1870 年松滋黄家铺溃口，大量泥沙淤积高程在 32.00～30.50 米，有一层厚 1.5～2.0 米的沙层，汛期容易发生管涌险情。1949—1998 年，荆南地区堤防、涵闸有 4 年发生溃决，都是管涌所造成。

根据水利部水规计〔2011〕532 号文件规定，湖北省洞庭湖区四河堤防加固工程建设范围为荆江右岸松滋河（包括松东河、松西河、苏支河、淞水河、新河、庙河）、虎渡河、藕池河、调弦河等在湖北省境内主要河道，部分串河和支流河道堤防及淞里隔堤。堤防总长度 706.03 千米，其中，松滋河堤防 400.63 千米（松西河 152.19 千米、松东河 181.27 千米、淞水河 36.81 千米、苏支河 11.43 千米、庙河 8.42 千米、新河 10.51 千米），虎渡河堤 183.59 千米，藕池河堤 94.51 千米，调弦河堤 10.07 千米，淞里隔堤 17.23 千米。堤防加固工程项目包括：堤身加高培厚 286.19 千米、堤基防渗处理 51.21 千米、堤身锥探灌浆、护岸固脚、堤顶防汛道路、涵闸整险等。按照以上规划，总土方量 4710.57 万立方米，石方 209.6 万立方米，对已有的 132 座涵闸中的 38 座涵闸进行改造，86 座涵闸进行加固接长，6 座涵闸维持现状。2011 年后正在按规划方案实施。

荆南四河堤防加固工程为地方水利建设项目，但其功能属性是以防洪为主的公益性水利工程，资金投入由中央水利建设资金和湖北省自筹资金组成。

荆南四河各河分别确定堤防设计标准。松滋水系、太平水系属于洞庭湖区，两岸堤防按 1949—1991 年实测最高洪水位设计；藕池河、调弦河堤防按 1954 年实测最高水位设计；虎渡河堤防按防枝城洪峰流量 80000 立方米每秒、沙市控制水位 45.00 米、城陵矶控制水位 34.40 米，利用荆江分洪区、虎渡河分流口门相应水位 45.13 米，南闸水位 42.00 米作为控制条件推算。取虎渡河设计洪水位和荆江分洪区设计蓄洪水位外包线作为虎渡河堤防设计标准；苏支河、沱水河、新河、庙河等堤防按松西河相应河段水面线推求；浣里隔堤根据进、退水口门水位（45.44 米、44.37 米）按直线插值确定。

（二）排涝工程

在修筑堤防"关好大门"的同时，大力开展排涝工程建设。重点是整修原有的涵闸、渠道，调整水系，治理湖泊。1970 年以后，随着电力事业的发展，荆南各地开展以兴建电力排灌站为主的水利工程建设，相继建成了一批大、中型电力排水泵站，增强了排涝能力。

1966 年以前，荆南地区兴建了少量的小型抽水机站。遇涝排水时，主要依靠人力龙骨水车排水或临时组织群机排水，效率很低。1966 年，公安、石首联合办电，从湖南安乡的丁家渡引入电源。1967 年石首县团山建成团山寺、打井窖、宜山垱及岩土地等 5 处固定电力排灌站，总装机 20 台，2300 千瓦，流量 22.8 立方米每秒，排水面积 4.7 万亩，灌溉面积 2.9 万亩。松滋县利用松木坪电厂电源，兴建第一座永丰电力排水站，1971 年 4 月竣工，安装 44 千瓦电机 5 台，排水流量 2.8 立方米每秒，受益农田 0.9 万亩。为解决荆江分洪区的排涝问题，1966 年 11 月动工新建荆南地区第一座大功率轴流泵电排站——黄山头泵站，1969 年 4 月竣工。安装 800 千瓦机组 6 台，排水流量 51.0 立方米每秒。

1971 年，荆南地区兴建了一批圬工排水泵站，简称"圬工泵"，是一种用混凝土和砖石砌成的窝壳，中间配置导水叶轮的立式轴流泵，用机械带动轴流泵排水，排水扬程在 3 米以下，适用于平原湖区低洼地带抢排涝水，具有泵体结构简单，制作方便，就地取材等特点。松滋建成圬工泵 34 处，1456 马力，排水流量 15.1 立方米每秒。石首在调关大麦洲安装 2 台苏排 62 型圬工泵。由于圬工泵排水扬程低，容易损坏，排出的水不能入江，仍在垸内循环，不能从根本上解决农田的渍涝问题，至 1980 年前后，一部分改为电排站，其余部分被拆除。

从 1973 年开始，电力排水泵站建设蓬勃发展，至 1979 年，一批大型骨干电力排水泵站相继建成。如公安县的闸口、玉湖、牛浪湖和法华寺泵站，松滋的小南海泵站和石首大港口泵站。荆南地区共建有单机 800 千瓦以上大型排水泵站 7 处。同时根据各个围垸的具体情况，因地制宜建成了一大批沿江小型电力排水泵站。

在修建电力排水泵站的同时，全面开始治理湖泊，固定湖面，留湖调蓄，开挖与泵站流量相适应的排水渠道，促进了农田水利建设的发展。1980 年和 1983 年发生严重内涝，大型泵站发挥了重要作用。公安县一级电排站累计运行 7 万多台时，提排出江渍水 8 亿多立方米，大大减轻了灾害损失。群众总结为"要生存、靠堤防，要吃饭、靠泵站"。1980 年的抗灾实践显示，荆南地区的外排能力明显偏低，未达到 10 年一遇的排水标准。因此，各地按照"以大中型排站为主，一、二级电排站相配套，涵闸自排与泵站提排相结合"的指导思想，根据各围垸的具体情况，又新增一批电力排水泵站。公安县于 1992 年建成闸口二站，1999 年建成淤泥湖二站，2010 年建成东港泵站。石首市于 2002 年建成上津湖泵站。至 2012 年，荆南地区单机 800 千瓦以上泵站达到 11 处。

在修建大型泵站的同时，各堤垸修建了一大批中、小型排水泵站，提高了排涝能力。荆南地区泵站情况详见表7-3-4、表7-3-5。

表7-3-4 荆南地区一级小型泵站情况表

县（市、区）	处数	台数	装机容量/kW	排水流量/(m³/s)	备注
松滋市	27	128	17615	176.6	不含长江外滩民垸
公安县	40	161	21895	205.52	
石首市	28	82	10870	113.56	
荆州区	1	18	3330	30.3	
合计	96	389	53710	525.98	

表7-3-5 荆南地区大型泵站基本情况表

县（市）	泵站名称	装机台数	功率/kW	设计流量/(m³/s)	备注
松滋市	小南海	4	3200	32.0	
公安县	黄山头	6	4800	51.0	
	闸口一站	6	5400	51.0	
	闸口二站	4	12000	120	
	玉湖	4	3600	36.0	
	牛浪湖	4	4000	36.0	
	法华寺	4	4000	32.0	
	淤泥湖二站	4	4000	32.8	
	东港	4	3200	31.0	
石首市	上津湖	4	3600	36.0	
	大港口	2	3200	40.0	
合计		11	46	51000	497.8

根据1985年荆州地区水利局编制的《长江流域荆南区除涝规划要点报告》，荆南水系承雨面积3551.97平方千米，3日暴雨产水量约6.898亿立方米，除垸内调蓄外，需外排的水量有3.8664亿立方米，当时已有外排装机66192千瓦，流量685.6立方米每秒，按10年一遇标准外排流量达到976.9立方米每秒的要求，需要增加外排流量291.3立方米每秒。1985年以后，新增4处大型泵站（公安闸口二站、淤泥湖二站、东港站、石首上津湖站），新增流量219.8立方米每秒，对原有7处大型泵站进行了改造，部分小型一级外排站也进行了改造。从总体上讲，已基本达到10年一遇的水平。分片的具体情况如下。

虎东片（荆江分洪区） 虎东片包括荆江分洪区、永兴垸、南五洲和腊林洲，面积1126.27平方千米。南五洲、永兴垸除涝已达到10年一遇标准。腊林洲在遇到大洪水需破垸分洪，排涝能力维持现状。荆江分洪区面积921.2平方千米，现有一级外排站9处，装机24310千瓦，湖泊调蓄面积28平方千米（崇湖、北湖、陆逊湖、朱家湖、黄天湖），外排涵闸 11 处，设计流量 660 立方米每秒。

松西片　包括松滋市合从垸、赵家垸、南海垸、大湖垸和公安县的合顺垸、永合垸，集水面积 940.20 平方千米（垸内自然面积 638.2 平方千米）。现有湖泊面积 40.06 平方千米（田湖、小南海湖、庆寿寺湖、马鞍湖、王家大湖、牛浪湖）。建有外排泵站 29 处，装机 18560 千瓦，经排涝计算复核，除赵家垸、大湖垸外，其他围垸已基本达到 10 年一遇排涝标准。有外排涵闸 52 座，设计流量 440 立方米每秒。

松虎区间片　包括松滋市大同、八宝垸，公安县孟溪、曹嘴、三善（含荆州区的弥市镇）、南平、东港垸，面积 1337.53 平方千米。主要湖泊有玉湖、淤泥湖、湖滨垱、三眼桥、郝家湖等，面积 29.7 平方千米。有外排涵闸 33 座，设计流量 400 立方米每秒。建有淤泥湖一、二站，八宝、里甲口、玉湖、东港等 35 处泵站，装机 37200 千瓦，除大同垸和弥市镇范围外，其他围垸已达到 10 年一遇排涝标准。

上津湖片（又称城关大垸）　面积 333.1 平方千米。已建上津湖泵站等 12 处，37 台，装机 7915 千瓦，流量 84.56 立方米每秒，已基本达到 10 年一遇排涝标准。主要湖泊有上津湖、白莲湖、东双湖、鸭子湖等，面积 24.9 平方千米。

调东片　调弦河以东，东面与湖南华容接壤，以桃花山脉为界，面积 183.4 平方千米，建有大港口泵站，装机 2 台，3200 千瓦，流量 40 立方米每秒，已基本达到 10 年一遇排涝标准。主要湖泊有三菱湖、宋湖、中湖、孟尝湖等，面积 12.7 平方千米。建有孟尝湖排水闸（设计流量 69.5 立方米每秒）和大港口排水闸（设计流量 17.3 立方米每秒），汛期可向调弦河抢排。

藕西片　指藕池河以西、安乡河以东地区，包括联合垸和九合垸，面积 214.9 平方千米，仅有湖泊面积 3.5 平方千米。现有排水涵闸 13 座，设计流量 96 立方米每秒。由于藕池河泥沙淤积严重，是荆南四河中悬河最严重的河道，内垸渍水自排困难。1977 年以前，汛后垸内渍水尚可自排，现在（2013 年）河底已淤高，其高程比堤内最低的农田还要高 0.5 米左右；1979 年以后修建的两座排水闸均已失效，全靠机电提排。建有一级外排站 17 处，装机 6160 千瓦。

2011 年，长委《洞庭湖区综合规划报告》中关于湖北省洞庭湖区（荆南区）治涝原则、标准与目标分别如下。

（1）治涝原则。根据涝区地形、水系、承泄区条件，划定治涝分区；根据不同分区的治理要求，按照因地制宜、综合治理的原则，拟定整体治理方案和分区配套治理措施。治理措施的拟定应充分考虑蓄涝面积，防止单纯增加机排规模；排水规模的确定，应考虑防洪与治涝的关系，直接入江泵站的排涝调度应服从防洪要求。

（2）治涝标准。排田标准原则上为 10 年一遇，有条件的可适当提高。排湖标准为 10 年一遇。

（3）治涝目标。2020 年前，洞庭湖区形成"自排、调蓄、电排"相结合的治涝体系，全面达到 10 年一遇标准。

荆南区总面积 3908.3 平方千米，耕地 212.59 万亩。治涝片分为虎东（主要为荆江分洪区）、松滋区间、松西、藕东（含上津湖和调东）、藕西 5 个区域，各区域又划分若干排涝片。已建排涝泵站 104 处，装机 9.532 万千瓦，设计排水流量 968 万立方米每秒。

虎东片 濒临长江，位于虎渡河以东地区，主要为荆江蓄滞洪区，以及永兴垸、南五洲和腊林洲等 3 个堤外围垸。集水面积 1126.27 平方千米，含黄山头等山丘高地，其中，垸内面积 1016.17 平方千米。现有耕地 53.70 万亩，人口 56.28 万人。湖泊水面面积 28 平方千米。有外排涵闸 11 处，设计外排流量 660 立方米每秒以上。区内排涝标准已达 10 年一遇（荆江分洪区内已建成一级泵站 9 处，装机 2.431 万千瓦）。

松西片 为松滋河西支以西，东靠丘陵高地的一片低洼地区，顺着松滋河自上而下有合众垸、赵家垸、南海垸、大湖垸和公安县合顺垸、永合垸。集水面积 940.20 平方千米，垸内自然面积 638.20 平方千米，耕地 42.02 万亩，人口 34.92 万人。湖泊（小南海湖、庆寿寺湖、马鞍湖、王家大湖、牛浪湖）水面面积 40.06 平方千米。为减轻平原区域的山洪威胁，沿山开有撇洪渠 19 条，渠长 60 多千米，拦截山洪面积 50 多平方千米。有外排涵闸 52 座，设计外排流量 440 立方米每秒以上。建有一级泵站 29 处，装机 1.856 万千瓦，已基本达到 10 年一遇排涝标准。

松虎区间片 位于松滋河西支以东、虎渡河以西。区内分布着相对独立的 8 个民垸。集水面积和垸内自然面积均为 1337.53 平方千米，现有耕地 84.91 万亩，人口 70.94 万人。现有排水涵闸 33 座，设计外排流量 400 立方米每秒。建有一级泵站 34 处，装机 3.4 万千瓦，除大同垸和荆州区弥市垸外，其他围垸基本达到 10 年一遇标准。根据排涝复核计算，大同垸欠电排流量 3 立方米每秒，可通过跃进闸、米积台、大同闸等泵站改造增补。弥市垸所欠流量较大，达 23.5 立方米每秒，需新建泵站才能解决，初步规划新增里甲口二站，装机 2400 千瓦。

藕东片 位于藕池河以东、长江以南地区，其间被调弦河分为上津湖和调东两片。藕东片自然面积 559.7 平方千米，耕地 19.52 万亩，人口 26.38 万人，大小湖泊 15 处，面积 15.5 平方千米。现有排水涵闸 15 座，设计外排流量 241 立方米每秒。建有一级泵站 15 处，装机 1.231 万千瓦，基本达到 10 年一遇标准。

藕西片 位于藕池河以西、安乡河以东，主要包括联合垸和久合垸。集水面积和自然面积均为 353.7 平方千米，耕地 12.44 万亩，人口 16.67 万人。现有湖泊面积 3.5 平方千米（联合垸），排水涵闸 13 处，设计外排流量 96 立方米每秒。建有一级泵站 17 处，装机 0.616 万千瓦，基本达到 10 年一遇标准。

（三）湖泊治理

新中国成立初期，荆南地区有湖泊面积 478.8 平方千米（不含长江干堤外垸湖泊。1955 年长委会编制的《荆北区防洪排渍方案》中，湖泊面积为 579 平方千米），占平原湖区面积的 13.1%。2011 年统计，尚有湖泊 141 个，面积 194.26 平方千米。现有湖泊面积仅占平原湖区面积的 5.4%。荆南地区湖泊主要有三种类型。

岗边湖或称河谷沉溺湖 荆南地区由于燕山运动形成的"华容隆起"，出现岗岭洼地。随着围垸兴起，洼地便成为蓄水湖泊。特点是依山傍岗，湖岸曲折，湖盆呈锅底状，湖底多为黄土层，水深可达 7～8 米（上津湖最深处 11 米），年内涨落幅度比较稳定，湖水涨落与湖泊周围来水面积大小及降水强度有关，外江（河）水位影响不明显（指无排水设施年代）。如上津湖、中湖、淤泥湖、牛浪湖等。

平原洼地湖或称河间洼地湖 荆南地区自藕池河与松滋河形成后，打乱了荆南地区原有的排水系统，河水挟带大量泥沙（实测资料表明由荆江经荆南四河流入洞庭湖的泥沙有11％左右淤积在四河河床），汛期四河水位不断抬高，内垸（内河）排水受阻。于是，降水所产生的径流在垸内最低洼处或内河汇入四河的低洼处汇集，形成湖泊。特点是湖底平坦、坡度缓和、湖水较浅，一般水深2～3米。如王家大湖、陆逊湖、小南海、崇湖等。在无排水设施（渠道、涵闸）的年代，围垸降水所产生的径流主要靠垸内低洼地调蓄。当湖底低于四河冬季水位时，湖水终年不涸。荆南地区的湖泊多属此种类型。

故道遗迹湖 河道自然与人工裁弯后，原弯曲河道的上、下口逐渐被泥沙淤积或筑堤，原有故道形成湖泊，多成牛轭形，或称此类湖泊为牛轭湖。如范兴垸的月亮湖，南碾垸的鸭子湖等。在众多的湖泊中，只有王家大湖与松滋河相通，汛期，松滋河水倒灌进入王家大湖，上游排水受阻，湖面扩大。其他湖泊都在围垸内面，有堤防与四河隔开，汛期，垸内降水所产生的径流全靠湖泊调蓄。湖面大小、水位高低，与垸内来水面积及降水强度有关。治理湖泊的首要任务是解决排水出路，固定湖面，留湖调蓄。在此基础上实现河湖分家，田湖分家。1950—1956年，对中小型湖泊开挖排水渠，破堤建闸，沿湖修筑防溃堤，固定湖面，初步实现湖、田分家，渠不串湖，这一时期湖泊面积减少不多。1956—1965年，各地开展以"治山、治水、治土"为中心的河网化运动，大搞农田水利建设，掀起开挖深沟大渠、降低地下水位的高潮。由于水利工程的兴建，湖泊水位相对降低，给围湖造田创造了条件。1970年以后，随着电力排水能力的增强，各地都出现了对湖泊过度围垦的情况，湖泊面积迅速减少，一些湖泊消失了，荆南地区的湖泊面积仅存194.26平方千米。如王家大湖，原有湖面107平方千米，现存9.2平方千米；玉湖原有面积40平方千米，1975年为19平方千米；小南海最大湖面36.4平方千米，现存11.5平方千米。通过围垦湖泊，扩大耕地面积40多万亩，在一定程度上缓解了人口对耕地需求的矛盾。又因为低湖地区多是杂草丛生，钉螺密布，是血吸虫的重疫区，围湖造田减少了钉螺的孳生地，有效地防止血吸虫病的传播。但是，由于过度围垦湖泊，调蓄功能锐减，造成一部分围垸天旱无水源，下雨要排涝的局面。1978年以后有的地方开始退田还湖，但成效不大。已围垦的低湖田保收程度低，已将一部分低洼湖田改造成精养鱼池。湖泊不断围垦，不得不大力兴建排水泵站。增加提排与减少湖泊（包括内垸河、渠、塘堰）调蓄作用相互抵消，导致了蓄排比例的严重失调。新中国成立以后的实践证明，荆南地区主要围垸的湖泊面积应保持在8％左右。截至目前（2013年），湖泊（包括内垸河、渠、塘堰）的调蓄能力，只占10年一遇3日暴雨产水量的30％左右，而1956年时，这个比例高达70％～80％。荆南地区湖泊情况详见表7-3-6。

（四）渠道工程

新中国成立初期，农田水利建设采取因陋就简、因地制宜的办法，对原有沟渠进行疏挖。1954年大水，水利设施损坏严重，原有沟渠大部分淤塞。1955年，省、地提出"以修复为主，量力新建"的原则，恢复水毁工程。1959年以后，各地以垸为主，按照"全面规划，综合利用"的原则，以垸为单位，统一规划，统一组织，结合建闸、建站，开挖新的排水渠道。由于平原湖区地下水位高，影响农作物生长，1965年提倡开挖深沟大渠（渠深一般2米左右），不但可以降低地下水位，增加渠道排水能力，又能节省土地。此

表 7-3-6　　　　　　　　　荆南地区主要湖泊面积、容积情况对比表

县（市）	湖名	面积/km²	湖底高程/m	正常容积/亿 m³	2011 年水面面积/km²	现有容积/亿 m³
松滋市	王家大湖	107.0	33.00	2.5	6.87	0.12
公安县	小南海	29.2	34.50	0.8	80.3	0.3661（含庆寿寺湖）
	淤泥湖	23.02	27.50	0.2	18.1	0.20
	牛浪湖	20.68	39.00	0.18	15.0	0.319
	崇湖	27.61	31.50	0.40	21.2	0.22
	玉湖	29.0	34.50	0.35	6.83	0.190
	陆逊湖	13.0	31.40	0.13	6.33	0.130
石首市	上津湖	37.2	25.20	0.72	13.5	0.134
	中湖	14.8	27.55	1.03	6.57	0.050
	宋湖	7.2	28.30	0.07	3.22	0.020
	三菱	13.9	26.30	0.20	4.86	0.030
	白莲	5.67	29.80	0.16	4.64	0.117
	黄莲	2.60	28.30	0.04	1.66	0.028
	山底	1.17	29.00	—	0.55	—
合计	14 处	332.05		6.78	189.63	1.9241

后，又结合农业综合开发，改造渍害低产田，开挖了大量的田间支渠，改善了农田生产条件。

荆南地区尽管围垸分散，但排水系统都是独立的。由于各个围垸的地形是四周高，中间低，北高南低，多数围垸都是一垸一条主渠，一渠贯通，联湖带站，高低分排，先田后湖，上（游）不压下（游）。当江河水位低时，通过排水闸排入江河，外江水位高时，则由电力排水泵站提排入江河。

公安县境内，荆江分洪区总排渠为该县排水的主渠道，上起北闸附近的关庙区，经八里港、金猫口、瓦池湾、吴达河、三汊河、杨子溪、栗树窖，由黄天湖排水闸排入虎渡河，全长 86.3 千米，底宽 13～50 米，一般水位可排流量 54 立方米每秒，受益农田 50 多万亩。1952 年修建荆江分洪工程，原有的水系被打乱。根据统一排水的方针，1955—1966 年兴建排水工程，一部分利用老河道（金猫口至三叉河利用原有西内河），一部分开挖新河，经过 3 期施工，至 1977 年完成，共开挖土方 484 万立方米。沿渠有崇湖、陆逊湖相连。高水由闸口一、二站排入虎渡河，低水由黄山头站排入虎渡河（南闸下游）。其他各垸（孟溪、南平、永和、金狮、东港、曹嘴、永兴、南五洲）均有各自的排水系统，共有排水干渠 65 条，总长度 482.57 千米。

松滋县 1959 年开始实施河网化工程规划，以垸为单位，开挖排水新渠道，改造旧河槽沟渠。1970 年以后，大搞渠网化，增挖大量排水渠道，改善了农田排水条件，至 1980 年，平原湖区基本实现了渠网化。大同垸，1957 年开挖中渠河，经过多次延伸扩挖，至

1974年贯穿南北。中渠河北起长江干堤杨家垴，南抵松东河跃进闸，长19.3千米，底宽10～60米，成为大同垸的主要排水干渠。八宝垸开挖东直渠，上起南宫闸，下至八宝闸，全长17.5千米。至2011年松滋市共有排水渠145条，总长564.2千米，其中干渠38条，总长196.1千米。松滋市西部平原傍山，为减轻山洪的威胁，沿山开挖盘山渠引山水直接入河湖（也称撇洪渠）。从1956年开始开挖幸福渠，至1970年，先后开挖主要盘山撇洪渠19条，长60多千米，拦截山洪面积50多平方千米，使4万多亩农田减轻了山洪威胁。

"河槽"是松滋市平原地区特有的地貌景观。1870年松滋黄家铺堤溃，冲成多条河流，除松西河、松东河两条主流外，还有很多支流。后因泥沙不断淤积，堵支并流，围挽堤垸，大部分支流的上下口被堵塞，有的成为内河，有的填平成农田或鱼池。当地对较大的内河（河槽）进行改造治理，迄今仍在发挥排水和蓄水作用。现存老河槽有10多条，总长108.4千米，正常蓄水量1450万立方米。较大的河槽有大同垸的浣米河，八宝垸的长寿槽。

长寿槽是八宝垸最大的老河槽，北起上南宫，南至八宝闸，纵贯全垸。槽长19.35千米，槽底宽20～190米，最大容水量1050万立方米。与中渠河平行，水出八宝闸或由八宝电排站排入莲花垱河。长寿槽原河宽数百米，南来北往船只经此河上可达长江、下可达洞庭湖。1931—1933年先后堵死了上南宫和下南宫，该河遂与外河隔绝，成为八宝垸的内河槽。1973年开始治理，挖槽筑堤，裁弯取直，固定河槽，田槽分家，成为八宝垸排水、灌溉的重要河道。

浣米河，又称南河，原是大同垸的一条通江老河槽，北从江陵大口入长江，南于米积台出松滋东支，河床宽60～100米。民国初年，堵塞上、下河口，成为大同垸内河槽。现河槽北起浣市，南至米积台，主河长12千米，河底宽40～60米，容水量180万立方米，因淤积严重，先后于1972年、1982年进行疏浚，排水条件得到改善。

石首市荆南地区排水系统分为三大片。

上津湖片（又称城关大垸） 地势西北高，东南低，内垸渍水主要排入调弦河。现已形成上、中、下三个排水区，既相互独立又相互贯通。上区排水面积47.5平方千米，水由陈币桥泵站排入藕池河；中区排水面积199平方千米，水由小湖口闸站排入调弦河；下区排水面积86.6平方千米，水由洋河剅闸站排入调弦河。此垸主要排水渠道为民建渠，渠长30.9千米，西起老山嘴，东至小湖口，穿显阳、官田二湖，渠底宽10～30米。该渠是在清同治年间从滑家垱至小湖口的一条小排水沟渠的基础上，经逐年扩挖改建而成。1957年对渠道进行疏浚，串五湖（花鱼、白莲、隔坝、蚌蛤、和尚湖），斩六山（刘家湾、肚脐、龟山、石滚、牛头、列货山），以后逐年扩大，使这一工程逐步完善，成为上津湖的骨干渠道。1961年建成小湖口排水大闸。

调东片 北临长江，东傍桃花山，中部有三菱湖、宋湖、中湖、孟尝湖等湖泊。垸内渍水一部分可以排入长江，大部分由大港口和孟尝闸排入调弦河。1953年扩建艾家嘴闸，抢排内垸渍水入长江。1970年建孟尝湖排水闸，1973年修建大港口闸，同时开挖、扩建大港口渠。1971年破湖劈岗挖通孟尝闸渠，把四个湖泊联成一体，构成孟尝湖水系。1973年建成三菱北湖防渍堤。1978年建成大港口泵站。从此，四个湖泊的水主要经大港站和孟尝湖闸自排或提排入调弦河。汛后仍有部分湖水经艾家嘴排入长江。主要渠道为孟尝湖渠，由王家堙至孟尝湖闸，长 7678 米，底宽 20 米。大港口渠，由黄陵山至秋干树，长 2500 米，底宽 30 米。

荆州区的弥市镇 原属三善垸水系，水经玉湖至蒲田嘴排入官支河。1964 年修筑浣里隔堤，为恢复原有排水系统，在浣里隔堤上建有 5 座排水闸，并开挖土桥口至里甲口电排主渠，长 12.3 千米。当玉湖不能调蓄时，由里甲口电排站排入虎渡河。自排渠北起大口（又名中古墙），经浣里隔堤余家泓闸南行至公安县下桥口，水出玉湖，渠长 14.1 千米，再由玉湖泵站提入官支河。由于玉湖容积小，一遇大雨，农田常受渍涝，玉湖地区的排涝标准不足 10 年一遇。

（五）灌溉工程

1959 年以前，荆南地区的农业生产处于"望天收"的状态。灌溉系统没有建成，堤上没有引水涵闸，不能从江河引水。抗旱水源主要依靠内垸的河渠、塘堰和湖泊，抗旱工具主要依靠人力龙骨车，机械抽水设备极少。经过 1959—1961 年连续三年干旱以后，各地都加强了灌溉工程的建设。

荆南地区除丘陵山区外，抗旱水源比较充裕，多数年份汛期水源保证率可达 90%。因此灌溉工程建设的指导思想是以解决引进水源为主，即丘陵山区兴修水库、塘堰、挡坝；平原湖区破堤建闸引水，修建机电灌溉泵站；内垸开挖灌溉渠道，有条件的地方，实行排、灌分家，灌溉水一次到田。经过多年的努力，有效灌溉农田 228.537 万亩，占耕地面积的 77%。荆南地区灌区分布情况详见表 7-3-7。

表 7-3-7 **2011 年荆南地区灌区分布情况表**

县（市、区）	耕地面积/万亩	30 万亩以上		5 万～30 万亩			1 万～5 万亩			1 万亩以下		
		设计灌田	有效灌田	处数	设计灌田	有效灌田	处数	设计灌田	有效灌田	处数	设计灌田	有效灌田
松滋市	64.65	36.99	30.6	3	17.72	15.39	2	4.75	4.2	15	5.1	4.45
公安县	150.18			11	139.97	104	2	7.12	5.94	18	14.94	12.55
石首市	47.19			3	38.54	28.03	2	4.64	2.54	10	4.66	3
荆州区	20.51			1	20.5	17.85	—	—	—	—	—	—
合计	282.53	36.99	30.6	18	216.73	165.27	6	16.51	12.68	43	24.7	20

注 资料来源：长委《洞庭湖综合规划报告》。

1. 水库建设

修建水库，是解决丘陵山区抗旱水源和防止山洪破坏的主要措施。荆南地区的水库大多修建于 1958 年前后，特别是 1959—1961 年连续三年干旱以后，各地兴起了修建水库的高潮。截至 2011 年，共有大、中、小型水库 88 座，总库容 6.6 亿立方米，可灌田 74.23 万亩。水库在抗旱防洪以及人畜饮水方面发挥了重要作用。但限于当时的物资和技术条件，有的工程规划不尽合理，仓促上马，存在各种安全隐患。1975 年 8 月河南省板桥、石漫滩两座水库垮坝失事，造成重大人员伤亡和财产损失，由此引起国家对水库防洪安全的高度关注。从 1976 年开始，通过对已建的水库进行洪水复核，提出除险加固方案。经过分批分期实施，荆南地区的大、中型水库以及一部分小（1）型、小（2）型水库列入全国病险水库除险加固规划。除一部分小（2）型水库外，其余水库已全部完成除险加固任务。荆南地区水库基本情况详见表7-3-8。

表7-3-8　　　　　　　　　截至2011年荆南地区水库基本情况表

县（市）	水库类型	数量/座	总库容/亿 m³	兴利库容/亿 m³	灌溉面积/万亩		备注
					设计	实灌	
松滋市	大型	1	5.116	3.090	51.9	45	
	中型	3	0.7742	0.4286	17.51	10.77	
	小（1）型	10	0.3575	0.2101	11.4	5.75	
	小（2）型	52	0.1278	0.0692	6.69	5	
	小计	66	6.3755	3.7979	87.5	66.52	灌松滋市、公安县、湖南澧县
公安县	中型	1	0.122	0.073	4.70	4.26	
	小（1）型	2	0.0608	0.0330	1.86	1.66	
	小计	3	0.1828	0.1060	6.56	5.92	
石首市	小（1）型	1	0.0122	0.0098	0.5	0.3	
	小（2）型	18	0.0329	0.0240	1.16	0.94	
	小计	19	0.0451	0.0338	1.66	1.24	
合计		88	6.6034	3.9377	95.72	73.68	

2. 塘堰、垱坝建设

塘泛指池塘，圆形称池，方形称塘。拦河筑坝壅水而又不能断流者谓之堰。今指人工开挖或疏浚废弃的沟渠用来积蓄附近的雨水且独立的蓄水工程称为塘堰。丘陵山区习惯将拦河引水工程称之为垱坝。用人工开挖，蓄水量在50立方米左右的称为储水窖。堤防溃口冲成的坑塘，称之为渊（潭）。塘堰的作用，因多分布于农户住宅附近，主要供人畜饮水或用于农田灌溉，还可兼作养殖、消防之用，以及拦蓄部分降水，减轻洪涝灾害。在"雨水农业"时代，是解决人民生活、农田灌溉所需的主要水源，也是生存和发展的重要条件。塘堰具有小型、分散、水体可多次交换、与农户关系密切、易于管理等特点。至民国时期，塘堰已遍布丘陵山区和平原，平均每2户就有一口塘堰。晚清和民国时期，荆南地区洪水灾害频繁，人民群众为了避水，多挖坑取土筑高台而居，取土坑就成了塘，这是平原地区塘多的原因。

松滋县　民国时期，全县有塘堰34629口，其中湖区1000多口，蓄水量5630万立方米。1935年湖北省政府要求山区丘陵地区每保（即今行政村）每年修复塘堰二十口。新中国成立后，至1953年共整修塘堰1.2万余口，平均每年整修3000多口。1955年农业合作化以后，大搞丘陵山区农田水利建设，至1957年塘堰发展到35301口。1959—1961年连续三年干旱，暴露出塘堰小而浅、抗旱能力严重不足的问题。经过1962—1965年连续四年整修塘堰，松滋县塘堰发展到42259口，总蓄水量达到6800万立方米。后由于大批水库相继建成受益，部分地方盲目毁塘填堰，致使塘堰大减。1973年比1965年减少4247口，容水量减少680万立方米，一遇干旱就要求水库放水，忽视塘堰蓄水和调剂水源的作用。人们在抗旱斗争中吸取教训，采取措施，禁止毁塘填堰。至2005年，松滋市有塘堰 3.78 万口，其中丘陵山区塘堰近 3 万口，总蓄水量 7500 万立方米，丰水年，复蓄水量可达 1.1 亿立方米。时至今日，塘堰仍然是农田灌溉和人畜饮水不可缺少的水利设施之一。

山丘溪河沿岸群众挖河打坝抬高水位，引水灌田的历史久远。松滋将挖河筑坝引水工程习惯称为垱或坝。明洪武初年，松滋修建了马嘶口垱，灌田 1 万余亩。由于年久失修，渠道淤塞，至 1948 年尚能灌田 5000 余亩。1951 年通过整修，使古垱重新发挥效益。1957 年又进行改建，可灌田 1.3 万余亩，其中自流灌溉 5000 亩。

民国末年，松滋山丘地区有大小垱坝千余条，引水灌田 6 万多亩。形式有二：一为条石浆砌垱坝，坝体比较坚固，主要建在山间小溪上；二是在较大溪河中，利用溪河砂石料临时堆砌筑坝拦水，山洪一来即毁，可随毁随修。至 2005 年，松滋市有大小引水垱坝 180 余条，一般年景，可灌田 6 万余亩，其中灌田千亩以上的垱坝 19 条，500～1000 亩的 30 多条。

公安县　1950 年，有塘堰 2 万余处，蓄水量 3000 万立方米。1958 年进行"河网化"建设，同时挖塘、扩堰，拦河打坝，扩大蓄水能力。1960 年，有塘堰 17726 处，蓄水面积 30421 亩，蓄水量 2400 万立方米。以后，在加固堤防，填塘固基中，大部分堤防禁脚内的塘堰被填平。1975 年在"园田化"建设中平整土地，又填平了部分塘堰。1985 年，有塘堰 12028 口，蓄水面积 24900 亩，蓄水量 2854 万立方米。

石首市　新中国成立前夕，有塘堰 5626 口。1958 年以后，由于平整土地，扩大耕地面积，有 1317 口塘堰被填平，减到只有 4308 口，蓄水量 1384 万立方米，可灌田 4.8 万亩。"文化大革命时期"，由于盲目垦殖，1972 年塘堰减少到 3674 口，蓄水量降至 758.5 万立方米。1976 年又增加到 3704 口，蓄水量 1809 万立方米，有垱坝 25 处。以后塘堰又逐渐减少，至 1985 年有塘堰 2365 口，水面 9.4 平方千米，蓄水量 848 万立方米。

随着新农村建设的逐步展开以及荆南四河堤防的全面加固，塘堰还在逐渐减少。

3. 涵闸建设

荆南地区各围垸的地势大多为四周高、中间低，沿长江（北）高，滨洞庭湖（南）低，因此，各围垸的灌溉系统不是统一的，多数是根据地势情况，决定灌溉取水点，尽可能提水一次到田，具有小型、分散的特点，一座引水闸或者一座机电提灌站就是一个灌溉系统。丘陵山区利用水库灌溉为主，平原湖区利用江河水源灌溉为主。

1954 年以前，荆南地区没有专门的引水涵闸。天旱时，一般利用排水闸开闸引水。由于闸门启闭困难，汛期极不安全。1961 年以后，各地开始在沿江河堤防修建引水涵闸。

公安县　1949 年，沿江有灌溉剅闸 50 座，引水流量 27.18 立方米每秒，标准低，汛期很不安全。新中国成立初期整修了一部分旧剅闸，1959 年流量达到 43.48 立方米每秒。到 2011 年止，公安县沿江共建引水涵闸 43 座，设计流量 207.5 立方米每秒，可灌农田 80.5 万亩。最大引水涵闸为二圣寺闸，设计流量 12.5 立方米每秒。

松滋市　1957 年在八宝垸的北矶垴修建首座灌溉闸，名保丰闸，设计流量 3.5 立方米每秒。至 2011 年，松滋市沿江共建引水闸 12 座，设计流量 49.9 立方米每秒，可灌田 26.96 万亩。最大引水闸为南宫闸，设计流量 21.4 立方米每秒。

石首市　1954 年开始建章华港西闸，设计流量 0.5 立方米每秒，至 2011 年已建成沿江河灌溉闸 34 座，设计流量 111.68 立方米每秒，可灌田 53.2 万亩。最大引水闸为小新口闸，设计流量 14.0 立方米每秒。

荆州区弥市镇 1960 年建成幸福闸（又名竹林子闸），以后又在虎渡河建成 2 座进水闸。共有进水闸 3 座，设计流量 27.14 立方米每秒，可灌田 17.2 万亩。

荆南水系沿江河共有进水闸 92 座，设计流量 396.22 立方米每秒，可基本满足农田灌溉以及人畜用水需要。但是，涵闸引水的保证率受到江河水位高低的制约。由于荆南四河断流时间不断增加，荆江河段因三峡工程运用，河床冲深，同流量下水位降低，春、秋两季抗旱引水仍然困难。

4. 泵站建设

1959 年以前，荆南水系的灌溉系统没有建成，抗旱水源主要依靠内垸的河渠、塘堰和湖泊，经过 1959—1961 年连续三年干旱以后，各地都加快了灌溉工程的建设步伐。

荆南地区除丘陵山区外，抗旱水源比较充裕，因此灌溉工程建设的指导思想是以兴建引水蓄水工程为主。

电力灌溉泵站是荆南地区抗旱引水的重要设施。它可以一级或多级提水到田。在涵闸不能自流引水时，可从江河直接取水灌田，并可对塘堰、沟渠以及水库灌渠尾闾水源进行补充。在水库不能自流灌溉的丘陵岗地，能一级或多级提水灌田。与机械抽水站相比较，具有提水扬程高、运行管理方便等优点。从实践中人们认识到，解决抗旱水源和采用先进的提水工具，是提高抗旱能力、减轻干旱造成损失的重要途径。1966 年以后，随着荆南地区电网的形成与发展，各地开始修建电力灌溉站。规划中充分考虑荆南地区各个围垸地势的特点，采取了因地制宜、小型分散的建站方式，其优点在于提水容易到田，而且便于管理。主汛期，以引江河（水库）水自流灌溉为主，电力泵站提水灌溉为辅。遇江河水位低，涵闸不能引水时，则以电力泵站提水灌溉为主。

截至 2011 年，荆南地区共有电力灌溉站 561 处，装机 817 台，总容量 57238 千瓦，设计流量 412.45 立方米每秒，可灌田 177.17 万亩。其中松滋市共建装机 55 千瓦以上电灌站 74 处，装机 105 台，总容量 1.05 万千瓦，灌溉流量 27.0 立方米每秒，可灌田 31 万亩；其中，从长江取水的泵站为杨家垴泵站，位于涴市境内，装机 3 台，容量 265 千瓦，设计流量 1.8 立方米每秒，扬程 7 米，可灌田 3 万亩；牌坊口站，位于陈店境内，电灌站分 5 级提水，总扬程 115 米，安装 630 千瓦电机 4 台，后增加 55 千瓦电机 3 台，总容量 2685 千瓦，提水流量 1.5 立方米每秒，可灌田 2.5 万亩。公安县共建电力灌溉站 283 处，装机 430 台，总容量 27697 千瓦，设计流量 198.2 立方米每秒，可灌田 92.01 万亩。石首市建成灌溉泵站 204 处，装机 282 台，总容量 19041 千瓦，设计流量 187.25 立方米每秒，可灌田 54.16 万亩。

从电力灌溉站的装机数量看，基本满足荆南地区农田灌溉用水需要。但是，能从长江直接取水的泵站少，多数泵站是从荆南四河提水。现因荆南四河断流时间不断增加，水源越来越困难，因此有的泵站水源得不到保证。

1966 年以前，由于受到电源限制，荆南各地以建机械排灌站为主。1946 年松滋县开始引进柴油抽水机，用 750 千克皮棉购回一台 8 马力抽水机，这是荆南地区最早拥有的抽水机。1947 年湖北省建设厅拟定松滋县为安装抽水机示范县，当年，松滋县安排永丰、永安乡，以各自棉花生产合作社的需要为名，向中国农业银行汉口分行贷款 2.72 亿元（旧币），购回 8 马力抽水机 5 台。由于缺乏技术人员操作和维修，未能充分发挥作用。1958 年，松滋县有抽水机 24 台，227 马力，灌田 3823 亩。1972 年丘陵地区建成机灌站 13 处，装机 24 台，1000 马力，灌田 1.87 万亩。公安县 1954 年分洪后，国家调来 106 台抽水机，抢排安全区渍水，后留给公安县 15 台，成立抽水机队。1958 年增至 35 台，建站 18 处，可灌田 2.93 万亩。石首市 1952 年购置一台 8 马力柴油机，配一台流量 0.05 立方米每秒的 6 英寸水泵，可灌田约 300 亩。1956 年冬建狮子岗、雨淋岗灌溉站，分别安装 45 和 20 马力煤气机（木炭）。1965 年在岗丘地区建固定抽水机站 50 处，装机 54 台，3409 马力，流量 15 立方米每秒。随着电力事业的发展，机械站或逐步改建为电力灌溉站或被拆除。但是在丘陵岗地或电源困难的地方，小型抽水机（12 马力以下）仍是灌溉的重要工具。因为它移动方便，操作简单安全。

戽斗、吊桶、龙骨水车曾是荆江两岸最古老的三大抗旱工具，为农户必备之农具。水车的发明在三国后期（250—280 年），到唐文宗时（826—836 年）才下诏书，拟出图样，要求推广水车，直到北宋时，水车才盛行于长江流域。水车对促进农业生产的发展，起到了很好的作用。时至今日，为了补充机电灌溉的不足和节省费用，对于那些分散、偏僻、零星田块仍在用水车、吊桶取水灌田。由于电力排灌站的迅速发展，龙骨水车和戽车已是稀罕之物了，这是社会进步的必然结果。

水车又名龙骨车（五大农具之一）。以人力为主，分手车、脚车两种。手车 1 人操作，也可两人操作，提水高度在 1 米左右（提水量为 0.01～0.03 立方米每秒，日灌田 2～3 亩）。脚车有 2 人、3 人、4 人操作，称为 2 人梁、3 人梁、4 人梁。在两个支架上安装 1 根长轴，上端装 1 根横杆作为操作人的扶手。水车叶片通过操作人员用脚转动长轴，带动叶片取水。提水高度一般不超过 2 米。当取水的水头较大时，可以通过多层串水。也有将水车改造成畜力车（亦称牛车）。1955 年荆州地区有各类水车约 12 万架。其中江陵县有水车 2.152 万架，松滋县有水车 1.5 万架，沔阳县有水车 2.83 万架，钟祥县有水车 6308 架。

在丘陵山区还有一种提水工具称"筒车"，为水冲式提水工具，利用河水落差提水灌田，每架日夜可灌田 10 亩左右，松滋县曾经拥有 50 多架。公安县在新中国成立初期推广畜力和风力水车，1954 年全县有畜力水车 2423 部，风力水车 121 部，后被逐步淘汰。

随着三峡工程的建成运行，荆南四河断流时间增加，荆南地区的用水格局已经发生新的变化，荆江河段同流量下的水位（1 万立方米每秒左右）将会明显降低。沿荆江及四河的引水保证率也将会不断降低，这对荆南地区的农田灌溉是不利的。过去荆南地区之所以旱不成灾（1961 年以后），就是因为可以通过沿江河的进水闸从外江源源不断引水。三峡工程运行后，当沿江河农田自流灌溉发生困难，而电力灌溉站的提水能力不能满足农田用水需要时，因旱成灾将不可避免。调整灌溉布局，沿长江增加提水泵站乃是荆南地区增强抗旱能力的重要任务。

第五节　三善垸工程概况

三善垸位于荆江南岸，北抵荆江，东临虎渡河，南傍官支河（松滋河分支），西与大同垸相连，与大同垸受统一保护的堤防。内垸排水以浣米河为界，承雨面积 350.9 平方千米。地势西北高，东南低，是一个独立的排灌水系。分属荆州区（159 平方千米）、公安县毛家港镇（159.26 平方千米）、松滋市沙道观镇和浣市镇（32.64 平方千米）。耕地面积 28.5 万亩，人口 28 万人。

三善垸历史悠久，宋时，今三善垸一带已开始筑堤围垸，明嘉靖庚申年（1560 年），枝江、松滋、江陵多处堤溃，至 1566 年 10 月，荆州知府赵贤督修后，沿江堤防逐渐恢复。1870 年大水，荆南堤防大部分被冲毁，至民国初年，民众又相继筑堤围挽垸，范围内有集生、保育、保障、七星、天保、杨家、大兴、谢家、花台、竹枝、协心、青阳、三保、恒丰、合义、三善、玉湖、平成、同心 19 个围垸。1914 年合垸围成一个大垸，初名三县垸，1925 年因水事纠纷，松滋、江陵、公安三县县长同意改名为三善垸，以示和善相处。

垸内有玉湖，是三善垸调蓄渍水的主要湖泊，再由新剅口排入虎渡河。新中国成立前面积有 30 多平方千米，1957 年航测湖面积 31.25 平方千米。1952 年修建荆江分洪工程后，虎渡河水位抬高，玉湖排水受阻。为解决三善垸排水问题，1953 年兴建蒲田嘴排水闸（又称虎西上闸），由长委会设计，荆州地区组织施工。闸址桩号 56＋234，设计 2 孔，每孔宽 6 米，高 4 米，闸底高程 32.85 米，设计流量 60 立方米每秒（2008 年原址改建，设计 4 孔，每孔宽 3 米，高 4 米，流量 60 立方米每秒），同时修筑玉湖防渍堤。1973 年对玉湖实施治理，固定湖面，仅存湖面积 10.9 平方千米，湖泊容积 1500 万立方米。由于湖泊过度围垦，电力外排站装机未达到设计标准，内涝灾害仍比较严重。

三善垸分为上、下两个排区，实行"高水高排，分层排水"。里甲口上排区排水面积 216.6 平方千米，玉湖下排区排水面积 134.3 平方千米。1974 年建成玉湖泵站，装机 4 台×800 千瓦，设计流量 32 秒立方米（2007 年更新改造，装机 4 台×900 千瓦，设计流量 36 立方米每秒）。1975 年建成里甲口电排站，装机 18 台×155 千瓦，设计流量 24.8 立方米每秒（2008 年更新改造，装机 18 台×185 千瓦，设计流量 30.3 立方米每秒）。当玉湖可以调蓄时，上区渍水排入玉湖后再由玉湖泵站排入官支河，当玉湖不能调蓄时，渍水可由里甲口站直接排入虎渡河；下区渍水则由玉湖泵站或蒲田嘴闸排入官支河。

三善垸排涝未达到 10 年一遇标准。根据长委 2011 年《洞庭湖区综合规划报告》计算成果，认为里甲口上区欠外排流量较大，需增加排涝流量 23.5 立方米每秒。规划新建里甲口二站，装机 2400 千瓦。2008 年里甲口站更新改造后，新增装机 540 千瓦，增加流量 5.8 立方米每秒，尚欠装机 1860 千瓦、流量 17.7 立方米每秒。

根据垸内地势北高南低的特点，因地制宜，采取小型、分散、自成系统，从长江、松东河、虎渡河自流引水为主，电灌站提水灌溉为辅。随着虎渡河、松东河断流天数增加，灌溉引水的保证率正在下降。

为加强对三善垸工程的管理，1975 年 3 月，成立三善垸水利管理委员会，1991 年更名为三善垸水利工程处。

第四章 汉北水系治理

汉北地区地处江汉平原北部，荆州地区东北部，汉江以北，故名汉北水系，天门河贯穿全境，又称天门河水系。湖北省水利厅 1958 年划分的汉北水系范围为：上自钟祥县碾盘山、下至武汉市的汉江以北与大洪山以南的地区，包括钟祥、京山、天门、汉川、应城、云梦、孝感及武汉市等县市，荆州地区天门县全境属汉北水系（钟祥、京山两县已列入山丘水系治理，故仅记载天门县平原湖区治理情况）。

第一节 水系概况

汉北地区历史上是吞吐调纳汉江洪水之所，汉江北岸分流穴口众多，清康熙年间，北岸最后一个穴口——黑流渡被堵，清咸丰元年（1851 年），牛蹄口淤塞，至此汉江北岸穴口堵塞，汉江堤防连成整体，汉北形成以天门河、皂市河为主要排水干流的水系。

汉北水系北与大洪山余脉的激涨水系相连，西南面汉水环绕，主要河流有大富水、溾水（皂市河）、天门河等。天门河为区内排水主河道，开挖汉北河的目的是使天门河、溾水、大富水与汈汊湖分开，撇除山丘面积 6564 平方千米的山洪直接出长江和汉江。

汉北地区气候温和，无霜期 240～260 天，年均降雨量 1092.9 毫米，其中 4—9 月降雨量占全年雨量的 72%，最大日暴雨量 10 年一遇为 184 毫米、20 年一遇为 216 毫米。

第二节 治理规划

为全面治理汉北地区，湖北省及其荆州地区多次对汉北地区进行规划。

一、汉北地区水利综合利用规划报告

1958 年湖北省水利勘测设计院经过查勘和调查研究，编制成《汉北地区水利综合利用规划报告》，提出的治理原则是：在中上游地区以蓄水、拦洪、发展灌溉为主，结合进行水土保持，充分利用水利资源，兼顾航运；在下游平原湖区以防洪、排涝、围垦，增加和改善耕地排灌条件为主，结合改善航运，消灭钉螺，发展水产养殖事业。具体规划为：①排水方面，天门河在杨林堵塞南支，展宽北支，加以疏浚，直出新沟；溾水下游则略加整治。②灌溉方面，兴建汉江引水闸，闸址在陈家场（后建在罗汉寺），并建设配套工程。

二、汉北地区水利工程扩大初步设计说明书

1963 年，荆州专署水利局编制《汉北地区水利工程扩大初步设计说明书》，提出在确

保汉江干堤及天门河堤安全的前提下，贯彻"以排为主，排灌兼顾，适当截流，分片治理"的方针，达到 80～100 天不下雨农田不受旱，一日暴雨量 184 毫米农田不受渍的目标，并且确定了排渍、引水灌溉工程规划。

1. 排渍工程规划

一般地区渍水采用分段截流、高水高排的办法，原则上不打乱原有水系，将全区划分北、中、南三个排渍区，北区以周河为主，包括三汊河以西及天门北部的张家湖、白湖、风波湖等地，疏浚杨林河、龙坑河接天门河北支作排水总渠，经吕家港泄入汈汊湖；中区以华严湖、沉湖为主，包括三汊河以东，龙坑河以南，仙北排水渠以北的全部地区，以杨林口以下的天门河南支作排水总渠，经韩家集泄入汈汊湖；南区以上七十二垸为主，并包括七十二垸地面高程 28.00 米以上的部分地区，以仙北排水渠作排水总渠，经仙北闸排入汉江。

2. 引水灌溉工程规划

按照进水闸的引水条件结合灌区地形采用高水高灌、分别引灌的方法，将全区划分为三个灌溉区，以周河及天门北部湖区为一灌区，由罗汉寺闸引灌；以上下七十二垸为一灌区，由岳口闸引灌；以华严湖为一灌区，由罗汉寺和岳口两闸共同引灌。

规划兴建的主要工程项目为仙北排水闸、沉湖排水闸，杨林口和新口两座节制闸，岳口灌溉闸以及排灌配套渠道疏挖工程。

三、汉北地区水利规划资料

1964 年 8 月，湖北省水利厅编制《汉北地区水利规划资料》，针对已建工程存在的问题，提出了新的排涝方案，即：拟在 1965—1970 年实施天门河改道工程，撇开天门城关以上 2600 平方千米的来水，在一般情况下，使其由天门河北支于新沟出汉江，即开挖汉北河方案。对于天门罗汉寺闸渠道以南，上下七十二垸及沉湖 28.00 米以上高程 316 平方千米的渍水，拟建仙北排水闸予以抢排。对汈汊湖的控制方案，提出当水位超过 27.00 米，备蓄区（包括汈西垸、汈东垸、全明南垸、天鹅北垸）开始蓄渍，在适当增加围垦面积的同时，应进一步稳定湖泊面积，使低水位时容纳垸内渍水，当水位受外江顶托时，容纳上游各河来水量。同时计划修建汉川等 3 处装机容量共 16470 千瓦的电力排水站。

第三节 工 程 建 设

新中国成立后，汉北水系的治理纳入荆州地区统一规划，分期实施。1949 年 10 月至 1957 年以防洪为重点，全力整险加固汉江干堤、堵筑民垸堤缺口；1958—1968 年以灌溉为重点，广辟水源，内蓄外引，兴建了天门罗汉寺进水闸和天南、天北长渠，修筑水库及配套工程，结合整治塘堰；1969—1975 年以排涝为重点，实施天门河、皂市河改道工程，开挖汉北河，疏浚南支河、中支河，改善排水条件；1976 年以后，以发挥水利综合效益为重点，兴建彭麻、新农等电力排灌站，试建机井和喷灌工程。至 1994 年，汉北地区有效灌溉面积达到 118 万亩，除涝面积 131.78 万亩，旱涝保收面积 102 万亩。

一、河渠工程

新中国成立后，对汉北水系进行了全面整治，开挖了汉北河、皂市河改道河、龙嘴沟河、严湖排水道，对东、西湖进行了裁弯取直改造，疏导了杨家沟、南支沟、中支河；开挖、整治排水能力 1 立方米每秒以上的水渠 147 条，总长 731 千米，设计排水能力1191.13 立方米每秒。其中主要建设项目为汉北河改道工程。

汉北河改道工程亦称天门河改道工程，是汉江下游北部平原湖区根治水害、开发水利的主体工程。

1950—1969 年，每年汛期，汈汊湖年平均接纳洪水 14 亿立方米，洪水经调蓄后，随汉江水位下降而逐渐退落。若遇汉江水位上涨顶托，湖水位即急剧上涨。1969 年，有 25 亿立方米洪水注入汈汊湖，汈汊湖五房台站水位 27.82 米，相应天门河天门站洪峰流量736 立方米每秒，水位 29.85 米；大富水洪峰流量 2120 立方米每秒，而当时只有汉川闸和东山头闸泄洪，汉北平原湖区农田受灾面积达 120 万亩，其中，绝收面积 70 万亩，粮食减产 1.35 亿千克，棉花减产 40 万担，同时钉螺孳生，血吸虫病流行，危及人民生命安全。

1964 年，湖北省水利厅在《汉北地区近期水利化实施规划报告》中，对天门河改道的两条路线进行了比较。拟定在天门城关姜家河附近堵天门河，开改道河经姜家河、风波湖、龙坑出严家河进龙赛湖。同时将汈汊湖群分为内湖和外湖，内湖为汈汊湖；外湖为东、西汊湖，龙赛湖，沉底湖，白湖。当水位达到 27.00 米时，内湖湖面为 160 平方千米，外湖湖面 167 平方千米，当水位超过 27.00 米时，备蓄区包括汈西湖、汈东湖、金明南垸、天鹅北垸开始蓄渍，湖面总面积 435 平方千米。

1969 年 10 月，国务院业务组批准了湖北省上报的《汉北水利工程规划报告》，确定天门河改道从天门城关镇西 3 千米的万家台起，过天皂公路，经水陆李、新河口、母猪台、双渡闸、麻河渡至辛安渡分两支流，一支出新沟，一支出东山头，使天门河、溾水、大富水与汈汊湖分家，拦截山丘约 6300 平方千米的来水，直接出长江和汉江，并以新沟为主要排洪出口，设计流量为 1500 立方米每秒；以东山头为主要排渍出口，设计流量500 立方米每秒。划定龙赛湖、月潭老鹳湖、龙骨、沉底湖等湖泊为控制调蓄区，总面积 156.7 平方千米的区域作为控制调蓄区。当龙赛湖、月潭老鹳湖开闸进洪，设计最大进洪流量 1400 立方米每秒，其分洪频率为 5 年一遇。当东山头闸、新沟闸闸外水位超过29.50 米，泄洪对武汉市增加威胁时，根据情况，东、西汊湖和汈汊湖也可依次分洪蓄水。拟定改道河以南约 2300 平方千米来水，当涵闸关闭时，应向汉江提排；改道河以北低洼地区可建电排站。在汉北水利工程实施过程中，主要电排站未建前，汈汊湖仍作蓄渍区；建电排站后，汈汊湖有计划地逐步围垦，但保留 55 平方千米湖面作为蓄渍区。

天门改道河按 20 年一遇洪水的标准设计，黄潭站控制最高水位 30.00 米，相应设计洪水流量水陆李以上为 800 立方米每秒，龙赛湖以下为 2000 立方米每秒。

1969 年 10 月 25 日，国务院业务组批准汉北水利工程列入 1970 年度地方建设项目，湖北省安排汉北河第一期工程施工任务：从改道河口至麻河渡长 65.25 千米的河道开挖与筑堤，计划土方 2800 万立方米。天门县成立施工指挥部，调集 17 个区、镇、场民工投入一期工程建设,高峰期工地人数达 22.97 万人,1970 年 5 月完成一期工程,完成挖河土方 1955.8 万立方米,标工 1830 万个。京山、江陵、沔阳 3 县承担长 27.17 千米的挖河筑堤工程任务,完成土方 266.66 万立方米。

汉北河开挖工程结束之后,又相继完成配套工程。1970 年 6 月完成天门河大坝截流;1971 年 4 月建成汉北一桥(天渔公路桥)和汉北二桥(天皂公路桥);1971 年 5 月建成天门船闸;1974 年建成张家湖、沉底湖、龙骨湖等一批配套涵闸,汉北河天门段工程基本完成,共完成土石方 3208.7 万立方米、标工 3003.7 万个,投资 1935.09 万元。

1975—1994 年,天门市又陆续完成汉北河堤段整险加固和电排站等配套工程,其中,1992 年完成石湖闸以下 16.8 千米河道降滩工程,1993 年完成石湖闸至汉北二桥降滩、庙洼汉堤段裁弯取直和后湖闸段滩地灭螺 3 项工程,1994 年对汉北河上段进行河道疏浚。

天门河改道工程实施后,区内排水系统得到调整和完善,通过控制运用,促进了汉北地区工农业生产和交通运输业的发展,有螺面积减少 27100 亩,增垦农田 5 万余亩,其工程效益十分显著。

二、排水涵闸

新中国成立前,沿汉江、牛蹄支河和天门河建有排水闸,多为单孔,建筑材料为条石或青砖。新中国成立后,改建和新建排水涵闸 224 座,设计排水能力 1861.71 立方米每秒。其中,汉江 4 座,设计排水能力 52.99 立方米每秒;沉湖地区 31 座,设计排水能力 137.9 立方米每秒;汉北河排水区 109 座,设计排水能力 1028.69 立方米每秒;天门河排水区 80 座,设计排水能力 642.13 立方米每秒。

汉江主要排水涵闸有彭市排灌闸和麻洋排灌站。其中彭市排灌闸于 1955 年 10 月动工,1956 年 6 月建成,1965 年改建,设计排水流量 8.94 立方米每秒,灌溉面积 4 万余亩。麻洋排灌站于 1965 年 11 月动工,1966 年 5 月建成,设计排水流量 18 立方米每秒,受益面积 4.2 万亩。

汉北河主要排水涵闸有 3 座,其中老龙堤排水闸于 1970 年冬动工,1971 年 12 月建成,设计排水流量 78 立方米每秒,受益农田 2.97 万亩;西北周闸于 1970 年冬动工,1971 年 12 月建成,设计排水流量 57.1 立方米每秒,受益农田 3.22 万亩;张家湖闸于1970 年冬动工,1971 年 7 月建成,设计排水流量 38.32 立方米每秒,受益农田 1.5 万亩。

天门河 0.8 立方米以上涵闸达到 80 座,总流量 642.13 立方米每秒,其中孔宽 3 米以上的涵闸有小板闸、八市闸、八市涵洞、团结对口闸、黄口闸、东湖口闸、华严闸、朱滩口闸、红卫闸、王台闸等。

皂市河主要排水闸为东白湖闸,设计流量 22.7 立方米每秒,受益面积 4 万亩,1978年 10 月建成。

东、西河主要排水涵闸为 1952 年在西河建成的流量 16 立方米每秒的白龙寺排水闸和1965 年在东河花园村剅狗头首建成的孔宽 1.5 米的排水涵闸。

三、排水泵站

新中国成立前,天门县的排水工具为手车和脚车,1951 年干驿松石垸排渍时开始使用机械排水。1966 年开始，农村开始使用电力抽水，1966 年建成的刘家河电排站为天门县电排站之始。至 1998 年，共修建电排站 177 座，装机总容量 32414 千瓦，受益面积 88.58 万亩。其中骨干电排站 3 处：刘家河电排站于 1966 年 11 月动工，1967 年 5 月竣工，设计自排流量 15 立方米每秒，同时建闸后式电力排水站，装机 155 千瓦电机 6 台，提排流量 8.1 立方米每秒；红旗电排站于 1983 年 10 月动工，1984 年 11 月建成，装机 8 台，单机容量 155 千瓦，设计流量 16.5 立方米每秒；彭麻电排站于 1982 年 12 月动工，1985 年 5 月建成，装机 800 千瓦电机 3 台，设计排水流量 24 立方米每秒。

四、灌溉工程

汉北水系的灌溉工程以江河引水为主，库塘蓄水为辅，自流灌溉为主，机电提灌为辅。其中引汉灌溉工程主要由罗汉寺进水闸、天南长渠、天北长渠和配套工程组成（详见第十章灌区建设）。

五、湖泊治理

新中国成立后，天门县对辖境湖泊进行了 4 个阶段的治理。

1950—1957 年，主要是开挖排水沟渠，初步解决河湖平原地区湖泊的排水出路问题，重点改善了华严湖、上七十二垸地区湖泊的排水条件，并在张家湖、华严湖开始人工水产养殖。

1958—1968 年，在一些较大湖泊兴办渔场，1959 年水产养殖产量达 172 万千克。

1969—1975 年，随着汉北河的形成，沿河各湖均开挖了出汉北河的排水渠道，并在出口修建了控制闸，基本实现了河、湖分家。

1976 年后，因受汉北河高水位的顶托，内垸渍水难排，相继在各湖的出口兴建电力排水泵站。同时重点治理了沉湖、华严湖、张家湖和白湖，治理过程中，围湖垦殖面积达 11.7 万亩（不包括沉湖军垦农场）。湖泊治理后，尚存湖泊 49 个，水面积 5.266 万亩，中水位时容积 3466 万立方米。

第五章　汉南水系治理

汉南水系位于汉江与东荆河之间，荆州地区东部，北、南、西三面环水，东与武汉市接壤。因地处汉江以南故称汉南水系，通顺河贯穿全境，又称通顺河水系。行政区域包括仙桃市全境和潜江市东荆河左岸的部分地区，总面积3067.01平方千米，耕地220.93万亩，是荆州地区重要的粮棉产区之一（湖北省水利厅1958年划分的汉南水系范围还包括蔡甸全境及汉川、武汉市郊区的部分地区）。

第一节　水系概况

汉南地区，地势平坦，属典型的冲积平原，地势西北高、东南低。历史上由于受汉江、东荆河泛滥淤垫的影响，形成沿汉江、东荆河高地向中央湖地倾斜，地面高程在34.50～21.50米之间。

汉南地区雨季多发生在5月、6月、7月内，其降雨特点是分布面积广，持续时间长，降雨强度大，据仙桃雨量站资料记载：10年一遇24小时暴雨量为179毫米。大量雨水往往由于排泄不畅而酿成涝灾。此外，汉南地区近百年来月最大降雨量为668.2毫米（1954年7月），最小为0（1934年7月），降雨不均，造成农田既怕涝又怕旱。

水系内河流纵横，湖泊棋布。河流除汉江、东荆河外，内河有通顺河、城南河、通州河、洛江河、四方河、西流河等。历史上，通顺河和城南河是区内主要排灌河道，通州河和洛江河为排湖南北的主要水系，分别于老里仁口、彭场汇入通顺河。通顺河彭场以下有纳河、四方河部分水入东荆河下游洪泛区；西流河排百世、西圻及永善等垸渍水由何家帮入东荆河下游泛区，城南河由幸福闸出东荆河。城南河通过治理，已经成为汉南潜江片的主要排水干渠。新中国成立初期，区内共有大小湖泊38个，总面积351.27平方千米，其中以排湖为最大，1952年水面积为110平方千米，通过治理、开垦，1974年固定湖面面积23平方千米，当水位26.50米时，容积3820万立方米。

汉南水系历史上属于古云梦泽，水系演变频繁，江、河穴口纵横交错，形成紊乱的水系，通顺河、城南河水系即为在汉水支流芦洑河的基础上逐渐演变而成。通顺河上承汉南地区雨水，下与东荆河、长江相通，每当夏秋长江水位高涨，水系下游受江水倒灌而成一片汪洋，称为东荆河下游泛区，排水不畅，血吸虫病流行。

第二节　治理规划

新中国成立前，汉江工程局曾于1934年和1937年两次派人对东荆河、通顺河进行勘测，提出了疏河建闸、培修堤防、划定湖界的规划，但未能付诸实施。新中国成立后，汉南水系治理经历了由局部治理到全面规划、综合治理的过程。

一、汉南区防洪、排渍、灌溉规划报告

1958 年 8 月，长办组织有关县的行政领导和工程技术人员，经过 1 年的勘测、设计，提出了《汉南区防洪、排渍、灌溉规划报告》，拟定汉南地区的治理原则是"在保证原有汉江分洪工程运用的基础上，扩大其蓄洪作用，以排渍为重点，首先减轻区内普通渍害，并适当满足区内灌溉、航运、卫生等各方面的要求"。规划的主要内容是以东荆河改道沌口控制方案。即按 10 年一遇 1 日暴雨 4 天排完为设计标准，拟定仙桃站为代表站，采用 10 年一遇 1 日暴雨量 160 毫米，径流系数采用 0.5，规划修建一批排水和灌溉工程。

1. 排水工程布置

潜江县及总口农场 256 平方千米的渍水主要通过幸福闸排入东荆河，在幸福闸关闭期间，考虑统一排水；以通顺河彭家场以下为排水总干渠，长 44 千米，并扩大四方河为支渠分泄总干渠渍水入泛区；彭家场以上至通顺河毛家嘴为北干渠，主要排泄通顺河以北及排湖区域渍水；彭家场以上至通州河唐家场接潜江城南河为南干渠，主要排泄潜江地区及通州河以南各地渍水。

2. 灌溉工程布置

分洪道以南蓄渍区的汉南地区，地面高程在 30.00 米以下的面积约为 1600 平方千米。据汉江泽口站水文资料记载，4—6 月泽口水位在 30.00 米以上的保证率为 85％；7—9 月是洪水季节，水位更高，汉南地区最大灌溉需水量为 133 立方米每秒。汉江 4—10 月最小流量为 200 立方米每秒，在丹江口水库工程建成运行后，泽口流量在枯水季节一般为 600 立方米每秒以上，在泽口建闸引水灌溉有利，因此，可考虑在泽口建闸。

3. 灌溉渠系布置

尽量使灌溉和排水相结合，即自泽口经三江口站至通顺河与北干渠相合；自三江口经潜江站城南河与南干渠相合。为抬高水位扩大自流灌溉，分别在北干渠的深江站、袁家口，南干渠的刁家庙、唐家场、朱家场等处建节制闸。

二、湖北省荆州专区汉南地区水利工程设计说明书

1963 年 5 月，荆州专署水利局在长办 1958 年规划的基础上，编制了《湖北省荆州专区汉南地区水利工程设计说明书》，提出了"内排外引、排灌兼顾、等高截流、分层排蓄"的方针，对汉南地区进行总体布置、分片治理。

1. 排渍工程规划

以截流分排为主，将全区划分为四片（包括 7 个排水区）进行治理。其分片情况：以通顺河两岸为一片，包含红旗垸、排湖、时合垸及通顺河北部 4 个排水区，以通顺河下游为排水总渠，渍水排入洪泛区；以杜家台分洪道为一片（以大兴垸为主），渍水由西流河经何家帮闸入洪泛区；以分洪道北为一片，渍水由王家台闸入洪泛区；以潜江总口地区为一片，渍水由幸福闸向东荆河外排为主，同时由唐家场下泄一部分，弥补幸福闸排量之不足。

2. 灌溉工程规划

以引水灌溉为主，汉江为主要水源，取东荆河之水以补不足。以泽口、谢湾、王家拐三闸为主，将全区划分为三个灌溉区，即泽口灌溉区，以泽口闸为汉南地区的主要引水闸，规划灌溉面积 245.1 万亩；谢湾灌溉区，范围包括泽口闸总干渠以南、城南河以西的区域，耕地面积 33.7 万亩，由谢湾闸引水灌溉；王家拐灌溉区，范围包括泽口总干渠以北、毛嘴以上的通顺河以北地区，耕地面积 13 万亩（其中潜江 7 万亩、沔阳 6 万亩），由王家拐闸引水灌溉。

3. 灌溉渠系布置

渠系布置的原则是尽量做到排灌分家，干渠利用原有河道作排灌两用，分段节制，排高灌低，排上灌下。灌溉干渠以通顺河上段、泽口至深江站为总干渠，中段从深江站至袁家口为北干渠，建有毛嘴、袁家口两处节制闸，从深江站向南新开挖渠道至谢家场，接原通顺河上段抵通海口作为南干渠，这两条渠道建成后，基本控制了汉南全部地区。

三、荆北地区水利综合利用补充规划

1964 年 10 月，由副省长夏世厚、水利专家陶述曾任正、副组长的荆北地区水利规划领导小组编制出《荆北地区水利综合利用补充规划》，此规划主要是针对汉南地区排涝和电力排灌两大方面。

1. 排涝规划

研究东荆河口控制方案、东荆河下游改道方案、汉江分洪区控制运用方案及排水系统规划。

2. 电力排灌网络规划

规划在汉南地区七里庙、红旗垸、大兴垸、时合垸等 5 处修建电力排灌站。

四、湖北省汉南地区灭螺、防洪、排涝综合治理规划报告

1973 年 8 月，湖北省水利电力勘测设计院提出《湖北省汉南地区灭螺、防洪、排涝综合治理规划报告》。规划在不影响汉江分洪的情况下，使杜家台分洪流量尽可能多地排出长江，少在泛区滞留。同时兴建泵站，控制泛区内渍水位，以达到稳定水深、水淹灭螺的目的。排水以通顺河水系为主，根据来水采取展宽、浚深措施，使河道过水断面能满足设计泄水要求。排水区域划分为总口（潜江县）、排湖、南屏垸、汉南中区、汉南泛区等 6 片，兴建排湖、沙湖等电力排灌站和控制闸，使其各自成为独立而又互相联系的排水系统。

五、汉南泛区灭螺防洪排涝规划补充说明

1977 年 6 月，湖北省水利电力勘测设计院在 1973 年规划的基础上，进一步提出《汉南泛区灭螺防洪排涝规划补充说明》，其要点是：在确保武汉市防洪安全、不影响汉江分洪的前提下，使泛区有控制地蓄洪垦殖；对泛区统一规划，形成一河两堤，夹水出江；在适宜地点兴建泵站或涵闸，整治河道，分片排蓄，控制水位，短期内达到彻底灭螺；除泛区外，还将通顺河水系划分为 4 个排水区，并提出了排水闸和泵站运用的原则。

六、汉南地区水利规划复核报告

1984年，湖北省水利电力勘测设计院编制《汉南地区水利规划复核报告》，重点对杜家台分洪区的综合治理、扩建和新建黄陵矶排水闸等进行规划。

第三节 工 程 建 设

新中国成立后，汉南水系的治理通过有计划、分步骤的实施，使汉南紊乱的水系成为较完整的排灌系统，在防洪排渍、灌溉灭螺等方面取得了显著的成效。

一、防洪

防洪建设，主要是加固汉江、东荆河堤防和修建杜家台分洪工程，同时在分蓄洪区周边，利用原有垸堤进行培修加固，修建泛区围堤。从1951年开始，分别对汉江干堤、东荆河堤进行整险固基、加宽加高，对已有民垸进行合堤并垸。1956年建成汉江分洪道，从杜家台经大兴、西圻垸出白湖，堤长20千米，与西圻垸南北堤相连。杜家台开闸分洪后，洪水将倒灌老襄河、西流河、四方河、通顺河，两岸河堤长达145千米，均需设防抢护，防汛任务加重。原防江水倒灌的民垸堤，变为承受汉江分洪影响的泛区围堤。为提高围堤防洪能力，1956—1958年，对西圻垸、草八垸东堤和红旗垸堤作重点培修，共完成土方近300万立方米，投入标工210万个，国家补助民工生活费72万元。围堤北段，从张家湾至周帮闸为分洪道北堤延长段，系按分洪道防洪标准于1973年修筑，堤顶高程31.60～32.50米。周帮闸至三县桥堤段亦系同年所修，按围堤防洪标准设计，堤顶高程31.00米。南段自公明山至何家帮为西圻垸东堤，堤顶高程30.50米左右。从何家帮至华湾闸为草八垸堤，堤顶高程29.50～30.50米。华湾闸至纯良闸为红旗垸东堤，1984年进行重点加培，堤顶高程达30.50～31.50米。纯良闸至大垸子原为保丰垸东堤，现作为通顺河改道东堤加修，堤顶高程在28.50～29.80米之间。

二、排涝

汉南的排涝主体工程，系利用原有的通顺河加以疏挖而成。其支流有通州河、四方河、西流河等。通顺河自西向东，经三江口、毛家嘴、袁家口等地，至解家口与来自右岸的通州河汇合后东行，在杨家沟与四方河汇合，在香炉山有西流河来汇，于沌口出长江，全长192.7千米，为汉南区内主要排水系统。

通顺河发源于潜江县竹根滩，原与汉江相通，由于汉江干堤经常溃决，河口不断淤积，清同治十年（1871）堵塞杨林洲，源头遂绝，成为内河。1955—1956年春，沔阳县组织劳力对通顺河太阳垴、火垴沟河段进行裁弯取直，自三角潭至油榨湾开挖长6.4千米新河道，缩短河道长4.1千米；1959年，在潜江县修建汉南进水闸（亦称泽口闸），从闸下开挖长800米渠道在吴家涧接通顺河，至此通顺河复与汉江沟通。1960年，在河道右侧南干渠建深江站闸，在毛家嘴建跨河节制闸，将泽口至毛家嘴长21千米河道改为泽口灌区总干渠，兼泄潜江县通顺河以北地区涝水。同年，建成跨通顺河的袁家口节制闸，将毛嘴闸至袁家口闸长 41.5 千米的通顺河改称北干渠，引总干渠水灌溉河道两岸及仙桃东部地区农田，兼泄通北地区涝水。1976 年兴建沙湖泵站，将魁阁至芦席场长 2 千米河段南移。1977 年，沔阳县修建大垸子闸，同时开挖红垸至渡泗湖分流河道，全长 12.516 千米。

1959—1994 年，沔阳县还采用人工和挖泥船从下游至上游逐年疏挖了水港至新里仁口长 61.1 千米河道，河底宽 30 米左右，自流排水时，可通过流量 70 立方米每秒，当二级泵站排水时，可通过流量 200～230 立方米每秒。

汉南区排水，采取分片解决。西南潜江总口一带 361.3 平方千米，主要由幸福闸排入东荆河；通顺河以北 372 平方千米高地，主要由北坝闸排入汉江；排湖 667.9 平方千米，向通顺河自排，汛期提排出汉江；沙湖 555.8 平方千米，主要向东荆河提排；时合垸 541.4 平方千米，自排入通顺河和提排入东荆河；洪北沔阳上下十三垸 173.9 平方千米，由南兴、周帮、江集 3 闸排入泛区。

三、灌溉

1959 年建成以泽口闸为枢纽的灌溉系统，设计流量 156 立方米每秒，可灌田 275 万亩。此外，以谢家湾闸为枢纽的灌溉系统，引水流量 30 立方米每秒，可灌田 33.7 万亩；以王家拐闸为枢纽的灌溉系统，引水流量 10.4 立方米每秒，可灌田 13 万亩。

以上排灌系统由排灌涵闸、渠道、调蓄湖泊和排灌泵站所组成。

1. 骨干灌溉渠道

潜江县骨干灌溉渠道有百里长渠、县河、通顺河（汉南河）及王拐电排渠，流量大于 10 立方米每秒的骨干灌溉渠道 9 条，长 120.2 千米，总流量 224 立方米每秒；沔阳县主要灌溉渠道为总干渠、南干渠、北干渠、仙下河、汪洲渠、通北渠、张杨渠等。

2. 骨干灌溉涵闸

截至 1995 年，潜江县修建大中型自流灌溉涵闸 13 座，主要灌溉涵闸为谢湾闸、汉南闸；沔阳县修建大中型引水涵闸 10 座，主要灌溉涵闸为泽口闸、深江站闸、张沟闸、通海口闸、解家口闸、毛嘴闸、刘潭闸、许横堤闸、沙嘴闸、汪洲闸等。

3. 电力提灌泵站

截至 1995 年，潜江县修建大中型电力灌溉站 9 座，装机 23 台，总容量 1945 千瓦，提水能力 17.9 立方米每秒，受益面积 134.9 万亩；沔阳县修建灌溉泵站 28 处，装机 56 台，总容量 4725 千瓦，灌区耕地面积 234.67 万亩。

第六章　山丘水系治理

荆州地区西北部为丘陵山区，分布在松滋、公安、江陵、荆门、钟祥、京山、天门等县，总面积为16096.00平方千米，占全地区总面积的44.48％。

山丘区与平原湖区区域交叉，河流上下游贯通，水系复杂。新中国成立前，因缺少较大的蓄水工程，上游（山区丘陵）常遭遇山洪和干旱之灾，下游（平原湖区）既受山洪的威胁，又受江洪的威胁，渍涝灾害频繁发生。

新中国成立后，荆州地区根据丘陵山区的自然条件和人民群众的迫切要求，在全面勘测调查的基础上，确定了"以蓄为主，控制山洪，保持水土，增加调蓄能力"的治理方针，按水系进行全面规划，综合治理。重点是大规模地修建水库、塘堰等蓄水工程，经过各级政府和人民群众数十年的共同努力，形成了洈水、漳河、漳漶三大灌溉区，减轻了山洪的威胁，解决了农田灌溉水源问题，促进了工农业生产和国民经济的快速发展。

第一节　水　系　概　况

荆州地区的山丘区溪流众多，水系复杂，较大河流有漳河、洈水、漶水、漶水、大富水、天门河等。

一、丘陵山区的分布情况

由鄂西五峰山余脉构成的山丘区分布在松滋县西部和公安县南部（松西河为界），高程由西向东递减，呈西高东低之势，最高高程位于松滋大岭山，达815.10米。由荆山余脉构成的山丘区分布在江陵县北部、荆门县大部、钟祥县汉江西部，地势北高南低。由大洪山余脉构成的山丘区分布在钟祥县汉江以东、京山县全境以及天门县北部（钟祥县大洪山山脉斋公岩峰海拔1051.00米），其地势向东南倾斜，逐渐过渡到平原湖区。

二、主要山溪河流

山丘区较大河流有12条，分别向东南流注于平原湖区，构成了山丘区与平原湖区地形交错、水系贯通的格局。其主要山溪河流如下。

（一）漳河

漳河，是沮漳河的东支（西支为沮河），沮漳河是长江中游北岸较大的支流，总流域面积7380.2平方千米，其中漳河流域面积2980平方千米。唐宋时期，汉江陆上三角洲和云梦泽变化较大，沮、漳两水汇流于当阳县河溶镇两河口。

漳河古名南漳，亦名漳水，发源于鄂西北南漳县薛坪三景庄（老龙洞、自生桥、蓬莱观）。老龙洞为源之首，洞口海拔高程 880.00 米。漳河自西北流向东南，全长 202 千米。三景庄至龙王滩 91 千米，属南漳县境，南谷口至龙王滩 36.4 千米为南漳县与远安县之河界，以下 9.1 千米为远安县与荆门市之界河。水过荆当岩进入当阳县境内，抵观音寺（现漳河水库坝址），河长 42.5 千米，观音寺至两河口 59.4 千米。

漳河接纳支流众多，并纳少数潜流、洞泉。流域面积 100 平方千米以上的支流有杨家河、小漳河、茅坪河、钱河、丁家河、白石港河、蚂蚁河、淯溪河、瓦窑河，其中茅坪河最大，位于漳河左岸，长 30 千米，有支流 25 条，流域面积 400 平方千米。淯溪河亦在漳河左岸，发源于荆门市尹家湾，水库鸡公尖大坝将其拦腰堵截，上游被水库淹没，下游自坝后东南方向流至当阳淯溪镇注入漳河，长 24.5 千米，流域面积 174 平方千米。

漳河干、支流的上游均处于深山峡谷之中，中下游处在低山丘陵与河谷平原的过渡地带。一般河水流量 2.6 立方米每秒，山洪暴发时，最大流量达 1810 立方米每秒（清宣统元年，1909 年农历六月），而枯水年最小流量仅 0.01 立方米每秒（1959 年 9 月 2 日）。河床纵坡由上至下，逐渐平缓，沮漳河流域北高南低，海拔高程自 1400.00 米至陈家寨出境处河床高程 42.00 米，河床最宽达 270 米，一般宽度为 120 米，河底为砂卵石与泥沙沉积。

据《漳河水库志》记载：漳河下游，自汉高祖三年至 1985 年的 2170 年间，共发生山洪 330 次，为 6 年半一遇，其中清末期的 100 年内则为 1.85 年一遇。山洪所过，"附廓民舍皆淹没，男女溺死者甚众；平地水深数尺，禾苗概被冲死"。而漳河下游东南一隅广阔的浅丘及平原地带，历来水源奇缺，旱灾频繁。

《荆门水利志》记载，荆门县的旱灾机遇为：宋代平均 23 年一次，元代 22 年一次，明代 21 年一次，清代 13 年一次，民国时期为 3.5 年一次。严重的旱年，塘堰干涸，河港断流，长湖可涉足而过，田地无收，人多关门闭户，讨米求生。

（二）沩水

相关内容详见第二篇河流与湖泊。

（三）漺水

漺水，又称杨集河，主流发源于杨集镇东南 5 千米鹰子尖山南麓桥高冲，曲折西北流，经芦棚、汪湾、杨集、魏家湾、吴家湾、陈门口、马成河、刘家河、刘家庙、叶家窝、涂家嘴，至房家口左岸有岩子河来汇，合流出京山县境，入钟祥县，与长寿河水（古名枝水）汇合。钟祥县境内还有龚家冲三岔口之水曲折西南流 9 千米，在梅家嘴出京山县境入钟祥县，西南流 2.7 千米于马家湾汇入漺水；经客店坡，过温峡口西南流至莫愁湖西北董家巷注入汉江。主源干流河道总长 87.7 千米，流域面积 1536.7 平方千米，其中，宜城县 208.4 平方千米、京山县 231.7 平方千米、钟祥县 1096.6 平方千米。沿途汇集三庙冲、皮家冲（三泉）、高桥河、周家冲、王家河、马蹄河等众多河流。

漺水属山溪性河流，水量变幅较大，一般流量为 0.9 立方米每秒，山洪暴发时，最大流量达 863 立方米每秒（1927 年在房家口实测），而枯水年最小流量仅 0.05 立方米每秒（1961 年 6 月实测）。河床纵坡大，河面由上而下逐渐增宽，最宽处达 50 米，一般宽度为 35 米。河底为卵石铺盖，急流处偶有岩石露底。沿途山泉溪流尤甚，虽为常流河，但遇干旱，常有断流之时。

激水一名，始见于《水经注》（卷二十八）载："水出新市县东北，又西南经太阳山，西南流经新市县北……，激水又西南流，注于沔，实曰激口"（水出新市县"东北"，又西南"经太阳山"，有误。古新市县治遗址在今宋河镇秦关，或以今县城的方位而言，均为县西北，太阳山在大富水河之东，而大富水源出于大洪山南麓白龙池，向东南流，故激水根本不经太阳山）。又据覃孝方民国三十八年《京山新志》稿本载："源出富水之西者曰激水经钟祥境入汉。"

（四）大富水

相关内容详见第二篇河流与湖泊。

（五）涢水

相关内容详见第二篇河流与湖泊。

（六）天门河

相关内容详见第二篇河流与湖泊。

第二节 治 理 规 划

新中国成立前，荆州山区丘陵主要是各自分散地兴修塘堰挡坝，不可能按规划有计划地开发水资源。新中国成立后，荆州地区根据山溪河流的自然条件，从全流域整体出发，制定流域的全面规划，确立骨干工程，按水系分区治理。而治理规划又在实践过程中不断地总结、修改、补充、提高、完善，使之由低级到高级，由点到面，逐步实现综合治理，达到控制洪旱灾害的目的。

一、规划形成

山区丘陵按水系分区治理规划，从无到有，从不完整到基本完善，以致规划的形成大致经历了三个阶段。

第一阶段 1950—1956 年，在"关好大门"、保证防洪安全的前提下，荆州专区水利分局配合各县水利部门，组织工程技术人员，在全区范围普遍勘测水资源和单项工程布局。其中 1955 年在"湖北省荆州专区水利工程处"的具体指导下，以刚刚组建的"荆州专区水利工程队"为基础，会同有关县水利部门，对山丘区的水资源进行了初步调查，实地勘测了石门、石龙、吴堰岭、太湖港、涝水等大中型水库的上下游情况、反复进行坝址选择，为制定全区的水利规划，做了大量的准备工作。在勘测的基础上，各地整修、扩建、新建了一批塘堰和少量的引水工程、蓄水工程，这些工程只能在局部地方发挥作用，不能控制洪旱灾害。这一时期为全区水利规划的准备阶段。

第二阶段 1955 年冬，荆州专区副专员饶民太、李富五等人根据荆州专区水利工程队的初步调查情况，广泛听取群众意见，进行认真研究，提出了全区水利建设事业必须根据"全面规划、加强领导"的方针，贯彻"防洪、抗旱、防涝并重"的原则和"根据不同地区、不同农作物的情况，因地制宜，全面规划，加强领导，发动群众，依靠互助合作集体力量，大力开发和兴修水利工程，把水害变水利"的指导思想。对山丘区的治理，提出了"两个灌溉区"的初步设想，即以松滋、钟祥、京山南部、天门北部规划为一个灌溉区，利用漳水水源，修建漳水防洪、灌溉工程和修建钟祥石门水库、京山石龙水库，大力兴办大、中、小型农田水利工程；以荆门、钟祥、京山以北规划为一个灌溉区，开发水源，大力兴办大、中、小型农田水利工程。这一规划设想虽然没有明确水系范围，但它已有了分片治理的设想。这是规划形成的设想阶段。

第三阶段 "两个灌溉区"的设想提出之后，经过一段时间的实践，特别是在1957年冬全区第一个小型农田水利建设高潮中，荆州地区的干部群众吸取外地"全面勘测、统一规划、节节拦水、盘山开渠、库塘相连、西瓜秧式"的经验并结合荆州山丘区实际，全区治水开始转向以水系为单位，走上全面勘测、统一规划、因地制宜、分区治理的轨道。因此，于1958年对两个灌溉区的设想范围进行了两次调整。

第一次调整是1958年5月21日，荆州专署水利局在《荆州专区1958—1962年水利规划（草案）》（以下简称《草案》）中，把荆州山区丘陵区按三片划分为三大灌溉网，即"江南松滋、公安、石首等县及江陵部分地区应根据控制四口方案进行规划……漳水根治采取上蓄下泄，排灌兼施，防洪发电，全面开发，综合利用；江北的江陵县、荆门、监利、洪湖及潜江、钟祥的部分地区，应围绕内荆河开发及漳河水库工程进行统一规划；荆江以北的荆门、钟祥部分地区不在漳河灌区内，应充分利用山沟溪流引水及修建中小型水库，组成本地区的自流灌溉网；汉北的京山、天门及钟祥的部分地区，以开发溾水、漳水、富水、石板河、永隆河、天门河等溪河为主，结合兴建温峡口（溾水）、惠亭山（漳水）、吴堰岭等大中型水库，京山、钟祥北部山水溪河泉水应予开发利用，以建立本地区的自流灌溉网"。这一规划与"两个灌溉工区"的设想相比较，已明确了江南、江北和汉北三大片，有了三大灌溉区的轮廓，但是山丘区与平原湖区的界限和按水系统一规划的思想不太明确。

第二次调整是1958年11月25日，荆州地委根据山丘区新中国成立9年来的治水成果，结合《草案》的规划意见，提出了山丘区实现自流灌溉化的规划范围："以荆门漳河水库和江陵太湖港水库为骨干，将荆门黄金港、官堰角、雷公嘴水库以及荆门全县、钟祥西部、江陵北部、潜江西北部地区'长藤结瓜'的中小水库塘堰群连接起来，形成漳河地区自流灌溉网；以京山惠亭山、钟祥温峡口水库为骨干，将京山石板河、吴堰岭、石龙、钟祥石门水库以及京山全县、钟祥东部、天门北部地区'长藤结瓜'的中小水库塘堰群连接起来，形成汉北地区自流灌溉网；以松滋漳水水库为骨干，将松滋南河、北河、马斯口水库以及松滋松西河以西、公安西南部地区'长藤结瓜'的中小水库塘堰群连接起来，形成江南地区自流灌溉网"。这个自流灌溉网规划意见比《草案》又进了一步，主要是山丘区与平原湖区按水系规划范围大致分开，形成了治理三大水系的相对独立的工程规划，特别是山丘区的水系有了明显的轮廓。

1958年11月，荆州专区在《今冬明春实现河网化规划》中指出，丘陵山区实现水利自流灌溉化，要开发山溪河流，节节筑坝，修建水库，控制山洪，盘山开渠，引水上山，万里长藤结满瓜，藤（渠）短的加长，瓜（库、塘）少的加多，瓜小的加大，藤瓜都要加固，有藤有瓜而无根的，则修建较大的骨干工程，让长藤扎在根上，扩大水源，做到库连渠、渠连塘，渠塘灌田，调节用水，全部发展自流灌溉，形成自流灌溉网。并且在丘陵山区建立三大灌溉系统，通过分区治理，实现自流灌溉与水力发电、库塘养鱼、发展交通、植树造林、牧养牲畜、改良土壤、坡改梯田、保持水土相结合。

1959 年 12 月，荆州专署又在沔阳县八城垸召开全区河网化现场会，会议在肯定治理七大水系规划的基础上，要求"在充分利用现有河道沟渠的前提下，有纲无网要补网，有网无纲要立纲"的原则，结合实际调整工程布局，以实现山丘区自流灌溉网。并将汉北、江南两个灌溉网分别命名为激浪灌溉区和沱水灌溉区，保留漳河灌溉区。至此，荆州山丘区治理三大水系的工程规划基本定局。此后，只是随着规划的实施进程和国民经济发展而充实工程项目，扩大工程门类，而按照三大水系进行工程布局的原则、方针没有改变。

二、灌溉区工程布局

三大灌溉区规划形成之后，对其工程建设规划本着"以蓄为主，上蓄下排、排灌兼顾、综合治理，以自流为主，提水为辅，投资少，收效快"的原则，因地制宜地进行了全区的水利工程布局。

（1）在山丘区山溪河流的干流上兴建大型水库，支流上兴建中小型水库，同时建设水库灌溉区和渠系工程配套，连接星罗棋布的塘堰，充分拦截地面径流，使之构成以小型为基础，大型为骨干，大、中、小结合的防洪灌溉体系。

（2）对山丘区与平原湖区交叉地区，从灌溉区的整体出发，以自排为主，提排为辅；自流为主，提灌为辅。沿江兴建排灌涵闸，辅以电排站；在水库灌区下游，适当兴建电灌站，构成上蓄下排、蓄引提结合、灌有水源、排有出路的排灌体系。

（3）在满足灌溉排水的前提下，做到水力发电、库塘养鱼、发展航运、植树造林、牧养牲畜、改良土壤、坡改梯田、保持水土 8 个目标相结合，全面规划，综合利用。

第三节　工　程　建　设

丘陵山区水利工程建设本着"以蓄为主、上蓄下排、排灌兼顾、综合治理"的原则，执行"以蓄为主、小型为主、社办为主"的方针，按照三大灌区的规划蓝图及其工程布局，因水系制宜，进行拦河筑坝，全力修建以水库为主体的蓄水工程。

水库蓄水工程的发展，大致经历了以下过程。

一、1953—1957 年为水库试建时期

湖北省、荆州地区和有关县三级水利部门，在集中精力修筑防洪工程的前提下，适当调剂人力、物力、财力，分别在京山、钟祥、江陵三县试建小、中、大三个类型的水库。1953 年京山县在石龙区何家垱村建小型水库，同年，省水利局也在石龙区主持修建荆州地区第一个中型水库——石龙水库；1954 年 11 月，荆州专署在大汛后，抽调行政技术干部，组织班子在钟祥县长滩乡修建荆州也是湖北省的第一座大型水库——石门水库；1957 年 10 月，荆州专署水利局会同江陵县水利局开发太湖港水系，兴建了丁家嘴、金家湖两个中型水库。与此同时，荆门县的卸甲口、东宝塔、黄金港、官堰角水库，钟祥县的花

山、黄鱼冲、天子岗、榨屋河、石牯牛、丁家垱水库，京山县的汀河水库，松滋县的六泉水库，江陵县的后湖、新湾水库以及五三农场的梭墩、月湖、西湖、季河等 25 座小（1）型水库则由区、乡组织群众自行开工兴建。另有 62 座小（2）型水库动工。经过 5 年的局部试建，为全面修建水库积累了经验，培养了技术干部，同时激发了群众修建水库的积极性。

这一时期修建的水库，坝型均为均匀土质坝，绝大多数能按基建程序办事，在施工中讲究规格质量，进行地质勘探，认真清基抽槽，坝体回填，一般采用石片砌，层踩层砌，夯压较密实，经运行多年证明，设计合理，施工质量良好。

二、1958—1975 年为水库建设大发展时期

这一时期又分两个阶段。

（一）第一阶段（1958—1970）为以大中型水库为主的发展阶段

1958 年农村实行了集体化生产，迫切要求修建更多更大的蓄水工程，发展灌溉事业。因此，1958—1960 年先后上马修建的大型水库有漳河、㴐水、惠亭 3 座，中型水库有吴堰岭、大观桥、绿水堰、峡卡河、铜钱山、黄坡、陈坡、北河、捲桥、象河 10 座，小（1）型水库有 16 座，小（2）型水库 32 座。

1961—1963 年，因前一时期上马修建的水库摊子铺得偏大，集体和个人的经济能力承受不起，又逢三年大旱，农业歉收，建筑物资和资金紧缺、群众生活困难，已经开工的水库枢纽工程不能按设计标准如期建成，而山洪威胁又迫在眉睫，造成"骑虎难下"的被动局面。荆州地区及有关县的水利部门根据荆州地委 1961 年 10 月提出的"明年、后年继续调整，在调整的基础上再继续发展"的意见，针对水库工程摊子偏大、战线长的问题，分不同情况，采取不同办法。对在建工程进行了调整：㴐水、峡卡河、铜钱山、黄坡、陈坡、北河、捲桥、象河等水库，坝体填筑不高，预留临时泄洪口后下马，精简指挥机构，组建临时管理班子，管理和养护坝体，保住成果，以利继续发展。对漳河、惠亭、吴岭、大观桥、绿水堰等大中型水库，坝体已经拦洪蓄水，群众又迫切要求水库放水抗旱，则利用农闲安排劳力在迎水面做经济断面，抢筑至脱险高程和开挖溢洪道同步进行施工；农忙时预留适当劳力常年施工，在保证大坝安全的前提下，抢修渠道抗旱受益。其他小型水库均分别按不同情况进行了相应调整，保证了重点，缩短了战线，使群众得以休养生息、渡过难关，为再继续发展做好准备。

1964 年，农村经济形势开始好转，也为水利建设注入了新的活力。根据"整险加固、成龙配套、清查整顿、扩大效益"的方针，集中力量对停建的工程按原设计标准续建，使之成龙配套，发挥效益。1964 年冬开始，原被调整停建的 8 座大、中型水库，除黄坡水库外，另 7 座水库枢纽及灌区工程先后复工；原安排坚持施工的 5 座水库，按照先脱险后受益的原则，枢纽工程按设计标准继续施工，灌区工程量力而行，在保证质量的前提下，加快工程进度，力争早建成受益。到 1970 年止，上述已开工的大中小型水库相继建成。此间，原规划中的温峡口、高关两座大型水库分别于 1966 年、1970 年年底动工兴建，至此，以大中型为主的发展阶段告一段落。

（二）第二阶段（1971—1975）为中、小型水库为主的发展阶段

1971年、1972年连续干旱，各级干部和群众亲眼看到大型水库的水源不足，边远地区有"鞭长莫及"之感，灌区内中、小型水库不多，未能充分拦截地面径流，有待进一步兴建水库，才能有效地控制旱情的发展。因此，从1972年冬起，山丘区又兴起一股中小型水库建设热潮。是年冬，动工的中型水库有14座、小型水库131座，至1975年全部建成，温峡口、高关两大型水库也基本建成，使三大灌区内增加了蓄水设施，扩大了调蓄能力，"长藤结瓜"的模式进一步完善。至此，以中、小型为主的发展阶段结束。1979年全区水库蓄水量情况详见表7-6-1。

表7-6-1　　　　　　　　　　1979年荆州地区水库蓄水量情况表　　　　　　　　单位：万m³

县别	大型水库		中型水库		小（1）型水库		小（2）型水库	
	处	总库容	处	总库容	处	总库容	处	总库容
合计	6	393494	35	108124	172	51881.9	492	17737.87
松滋	1	59300	2	7360	12	4279.2	29	890
公安			1	1180				
石首							11	363.5
江陵			3	12860	6	2423	17	1015.57
天门			2	6328	2	768	26	1009.1
荆门	1	203500	14	23501	71	16990.6	140	4028.9
钟祥	2	78050	7	25374	46	17236.9	110	4570.8
京山	2	52644	6	31521	29	8096.2	123	4859
沙洋农场					1	202	8	203
五三农场					5	1886	28	798

在水库大发展时期，由于大部分工程没有按基建程序办事，在施工中片面追求进度，忽视工程质量，致使一部分水库建成后，大坝漏水，建筑物（混凝土）存在蜂窝麻面，少数水库长期带病运行，成为险库，不能充分发挥效益。

这一时期对坝型的选择，一般不拘于土质坝，本着因地制宜、就地取材的原则，以土石为主，修建各种不同的坝型，加快了进度，节约了投资。

三、1976年以后，为水库全面整险加固时期

1975年秋，河南省经历"75.8"型暴雨，板桥水库倒坝，损失惨重。为了引以为鉴，荆州地区组织技术力量对全区所有水库进行了全方位的检查，暴露出水库防洪标准偏低，一部分水库施工质量差，有的枢纽工程遗留工程较大，存在各种不同的内在隐患等问题。因此，从1975年冬起，全面重新复核水库的防洪标准，拟定水库整修加固计划，针对不同情况，加高加固大坝，扩建或增建泄洪设施，处理内在的各种隐患和险情，分年分批地进行了整险加固，初步解决了水库存在的突出问题。

20世纪90年代，荆门、潜江、沔阳、京山、钟祥等县相继从荆州划出，至2011年，荆州市境内有各类水库119座，其中，大型水库2座（漳水水库及太湖港水库），中型水库6座，小（1）型水库19座，小（2）型水库92座。总库容8.35亿立方米，设计灌溉面积155.74万亩，发电总装机容量1.46万千瓦，水库防洪保护下游耕地116.64万亩，人口115.21万人。荆州市水库工程基本情况详见表7-6-2。

表7-6-2　　　　　　　　　　　　荆州市水库工程基本情况表

水库类型	个数	总库容/万 m³	兴利库容/万 m³	死库容/万 m³	下游保护		灌溉面积	
					人口/万人	耕地/万亩	设计/万亩	实灌/万亩
大型	2	66353	33714	14321	51.8	50.8	92.53	80.84
中型	6	12475	6349	1644	28.26	25.5	32.35	23.53
小（1）型	19	5258.8	3142.1	417.5	23.73	23.7	18.13	12.07
小（2）型	92	2475.1	1421.5	326.2	11.42	16.6	12.73	10.81
总计	119	86561.9	44626.6	16708.7	115.21	116.6	155.74	127.25

2001年以来，荆州市先后有68座大中小型水库列入全国病险水库除险加固规划，其中，大型水库2座、中型水库6座、小（1）型水库19座、小（2）型水库41座。截至2011年，共下达计划投资4.58亿元，其中，中央投资2.56亿元、地方配套2.02亿元；到位资金3.35亿元，其中，中央、省投资3.16亿元，市、县配套1938万元。

第七章　涵　　闸

荆州修建涵闸起源较早。随着垸田的发展，为适应垸内排水需要，长江、汉江堤防以及内河在清和民国时期修建了一部分涵闸，但数量不多，规模较小，质量差。

新中国成立后，随着生产力的发展，对水利设施的需求提高，全市所有的湖泊均通过修建涵闸与长江、汉江隔开。排水涵闸不仅数量上出现了一个大的飞跃，而且在结构、形式、工程规模方面的发展进步也很快。建筑形式已由过去的涵管、涵洞发展为各种开敞式水闸；结构由砖石圬工结构发展为钢筋混凝土结构；启闭方式由木塞、散板闸门发展为机械启闭；规模由小口管径至双孔、数孔以至数十孔；宽度由尺许至千米以上；功能由单一排水、引水至排灌结合分洪、泄洪。各项大小排水涵闸成为平原湖区排水系统的重要组成部分，对保障农业增产丰收发挥着重要作用。

第一节　发　展　概　况

20 世纪 50 年代初，荆州地区水利建设的重点是防洪工程，以修筑堤防、堵口"关大门"为主，因受经济和技术力量所限，只能对旧有涵闸进行整修、改建，新建涵闸很少。从 50 年代中期起，平原湖区兴建的排水闸越来越多，规模也越来越大。50 年代后期，随着江汉堤防工程的不断巩固，排水涵闸工程日显重要，因而建设规模不断扩大、数量逐渐增多，荆州地区的大型排水涵闸，绝大多数为 20 世纪 60—70 年代所兴建。

由于涵闸建设高峰期正值物资供应紧张时期，钢材、木材、水泥等主要建筑材料严重缺乏，加上经验不足，部分涵闸设计标准低，结构简陋，有的工程在施工过程中被迫临时修改设计方案，导致工程质量差，附属工程残缺，工程运行存在很多隐患，部分涵闸运行不久即须加固或重建。因而，20 世纪 90 年代以后，涵闸建设的重点是对旧有涵闸进行改建、加固。

到 2012 年止，荆州市范围内已建大小排水涵闸 7872 座，过闸流量 51081.77 立方米每秒。其中流量在 5 立方米每秒及其以上涵闸 2489 座，引水流量 5820.17 立方米每秒，排水流量 7862.67 立方米每秒。

一、新中国成立前涵闸

平原湖区涵闸起源于何时，史籍中无明确记载，但与堤垸发展关系密切。清光绪六年《荆州府志》载：堤垸皆有闸堰以便泄洪，谓之垱或谓之刿，其实一也。

据清嘉庆《一统志》卷 345 记载：元大德中（1298—1307），石首县知县萨德弥实筑黄金堤建闸，"黄金堤在石首县南五里，元大德中萨德弥实所筑。县南去洞庭湖一百余里，每秋霖泛涨，辄至城下，自筑黄金堤障之，水患遂息。此堤不特防御外浸，亦利内泄，因设桥闸，以时启闭……开水道以疏江流，筑堤以护之"。黄金闸为荆州平原湖区最早见诸史籍的涵闸。

明代，江汉平原人口急剧增加，垸田堤防发展加快，涵闸建设也日趋增多，建闸技术也明显进步。所建剅闸出现单孔拱式、箱式石闸等结构。《湖广通志》载：天门县"古堤有二，一在县东北，上、下有剅防，一名穴河，一名莲花，遇旱则湖水灌田，泛则开剅防淹，水势高则不开，明成化年间（1465—1488 年）知县姜绾重修"。另据民国三十七年三月《江陵县堤垸调查表》，江陵县尚存 4 座明代修建的涵闸。其中李家埠闸乃明嘉靖年间（1567—1573 年）年所修，此闸位于谢古垸沮漳河李家埠横堤上，为箱式条石涵闸，长 28 米，涵闸过水断面 2.0 米×4.0 米；另 3 座为杜家闸、邱家闸、吴家大闸。

清代，垸田继续发展，洪涝灾害更加频繁，涵闸、剅管建设较明代发展更快。

清雍正七年（1729 年），天门县在汉江汉川地段首建永奠、成功二闸，以泄天门、沔阳、汉川同一排水区七十二垸（现沉湖地区）之渍水。

清嘉庆十三年（1808 年）湖广总督汪志伊至监沔交界处（今监利县福田寺），见河港分歧，湖水荡漾不消，乃奏请朝廷拨款在福田寺与沔阳之新堤（今洪湖）各建一闸，并规定福田寺闸消潜江、监利之水入洪湖，新堤闸（现称老闸）则消洪湖之水入大江，限两闸同时启闭，不得以邻为壑，每年 9 月上旬开启，以泄积潦，次年 3 月上旬关闸，以防大汛。清光绪七年（1881 年），湖广总督涂宗瀛仿前汪总督办法，督建子贝渊闸与重修长江龙王庙之新闸，启闭管理与前两闸相同。

清末及民国时期，涵闸结构形式又有所进步，出现双孔涵闸。

新中国成立前涵闸结构主要为两种。其一为木剅，木质结构；其二为条石（砖）涵闸，涵闸底板和侧墙俱采用条石，闸底及闸墙缝中以糯米、白矾熬汁和以细灰趁热灌入，俾得流通融结，同时侧墙砌筑还有钉石互相衔接，闸门仍采用木门，这样修筑的涵闸比较坚固耐用。新中国成立前，建闸多采用有桩基础。一般用杉木，直径 0.15～0.20 米，桩长 4～6 米，间距 0.3～0.5 米，呈梅花状。这种桩基的优点是当上部建筑物重量较重时，可以起到稳定的作用，地基不均匀沉陷很小；缺点是打桩扰动地基土层，容易诱发管涌，桩的入土深度太浅，桩表面与土层的接触面积小，起不到摩擦支撑的作用。新中国成立前涵闸情况详见表 7-7-1。

表 7-7-1　　　　　　　　　　1949 年平原湖区涵闸（剅）统计表

县　别	涵闸处数	备　注
江陵县	184	
监利县	178	
洪湖县	13	小型剅闸未统计
公安县	115	排水闸 95 座、引水闸 20 座
石首县	1	小型剅闸未统计
潜江县	83	含汉南部分
沔阳县	134	
天门县	2	
合计	710	

二、新中国成立后涵闸建设

新中国成立后，平原湖区涵闸建设发生了质的变化，工程规模逐渐扩大，建筑质量逐步提高，效益明显增加。

新中国成立后，随着科学技术的进步和新型建筑材料的使用，尤其是荆江分洪工程北闸、南闸建成后，各地建闸均仿效这种轻型结构形式，建闸不再采用桩基。但是，有的涵闸地基淤泥层深厚，建成后发生不均匀沉陷，影响建筑物的安全和运用。为避免地基沉陷不均问题，有的闸、站采用钢筋混凝土桩基。如1989年田关泵站采用直径0.8～1.2米钢筋混凝土桩，入土深度20米。荆大堤颜家台、西门渊闸在改建时，均采用了钢筋混凝土桩，收到了较好的效果。

1950—1952年，改建和重建了沔阳排湖闸（包括附属4处小型涵闸）、潜江幸福闸、天门白龙寺闸、松滋培兴垸闸、公安木鱼山闸等，这些工程均为湖北省水利局直接组织施工，经费由银行贷款，或由政府投资。

1952年，兴建举世闻名的荆江分洪工程进洪闸和节制闸，它是荆州地区首建的大型涵闸，也是20世纪50年代初我国兴建的第一个大型水利工程。其中，进洪闸（又名北闸）54孔，每孔宽18米，孔高5.5米，全长1054.375米；节制闸（又名南闸）32孔，每孔宽9米，全长336.825米。

从20世纪50年代中期开始，荆州地区水利建设的重点转入农田灌溉和排涝，涵闸建设进入快速发展时期。至1994年，荆州地区共修建沿江排水涵闸240处，设计总排水流量7357.09立方米每秒；内垸主要河渠配套排水涵闸83座，排水流量5511.12立方米每秒。除了荆江分洪区南闸、北闸以及杜家台分洪闸属于分洪工程外，沿江河排水涵闸中以洪湖新堤大闸800立方米每秒设计流量为最大。设计流量100立方米每秒以上的涵闸还有长江干堤洪湖新滩口排水闸、南线大堤公安黄天湖排水闸、汉江干堤钟祥金刚口排水闸、潜江田关排水闸、仙桃欧湾排水闸、东荆河堤仙桃大垸子闸、泛区围堤仙桃纯良岭闸、钟祥皇庄民堤南湖闸、官庄民堤林湖闸、潞贺民堤丰山闸、石牌民堤石牌闸等。

1994年以后，涵闸建设的重点是对病险涵闸进行维修、加固、改建或移地重建，新建涵闸为数不多。至2011年，荆州市重点涵闸有111座，其中，荆江分洪区4座，浣里隔堤4座，洪湖分洪区主隔堤7座，荆江大堤5座，长江干堤36座，虎东干堤5座，东荆河堤12座，其他江河堤防38座。基本情况详见表7-7-2、表7-7-3。

表7-7-2　　　　　　　　　　2011年荆州市涵闸统计表

行政区划	涵闸数量 /座	流量 /(m³/s)	流量≥5m³/s的闸数/座			橡胶坝数量 /座	其他
			引水闸	排水闸	节制闸		
荆州区	446	1581.06	14	16	37	1	1
沙市区	289	864.31	6	11	18		1
江陵县	795	3308.3	2	80	128		2
松滋市	471	1875.6	60	25	23		11
公安县	2123	18641.14	39	57	153		2
石首市	713	2742.34	34	34	85		—
监利县	1991	13051.52	174	249	756		3
洪湖市	1044	9017.5	179	68	221	1	—
合计	7872	51081.77	508	540	1421	2	20

表7-7-3　荆州市江河堤防涵闸基本情况统计表

闸名	堤名	岸别	桩号	所在地	孔数	宽×高/(m×m)	设计流量/(m³/s)	闸底/m	堤顶/m	控制运用水位/m	结构形式	性质	设计效益/万亩	建筑年份	备注
万城闸	荆江大堤	长江左	794+087	荆州	3	3×4.36	40~50	34.5	49.4	43.67	钢混拱	灌	38	1962/1994（加固）	
引江济汉防洪闸	荆江大堤	长江左	772+400	荆州	2	32×17.4	350~500	27.7	47.4	开启				2012	
观音寺闸	荆江大堤	长江左	740+750	江陵	3	3.0×3.30	56.79~77	31.76	46.62	42.07	钢混开启	灌	81	1962/1997（加固）	
颜家台闸	荆江大堤	长江左	703+532	江陵	2	3.00×3.5	37.6~41.6	30.5	44.1	39.7	钢混拱	灌	40	1966/1996（加固）	
一弓堤闸	荆江大堤	长江左	673+423	监利	2	2.5×3.75	20~30	28	41.75	37	钢混拱	灌	32	1962/1994（加固）	
西门渊闸	荆江大堤	长江左	631+340	监利	2	3.5×4.95	34.29~50	26	39.87	35	钢混拱	灌	47.62	1965/1995（加固）	
半路堤站防洪闸	长江干堤	左	624+400	监利	3	3.50×4	76.8	39.7			钢混拱	灌/排		1999	
何王庙闸	长江干堤	左	611+190	监利	2	3.0×4.5	34	24.5	38.69	34.5	钢混拱	灌	44	1973/2000（加固）	
王家巷闸	长江干堤	左	604+587	监利	1	3×4.5	10/15	24.8	38.7	33.5	钢混拱	灌	16.3	1960/1977（加固）	
王家湾闸	长江干堤	左	584+650	监利	1	3.0×4.0	10/15	25	37.7	33	钢混拱	灌	8.86	1962/1996（加固）	
北王家闸	长江干堤	左	570+150	监利	1	2.50×4.0	12.5	25	37	30	钢混拱	灌	13.3	1960	
白螺矶闸	长江干堤	左	550+555	监利	1	2.5×3.75	4.86	25	36.6	33	钢混拱	灌	5.68	1962/1996（加固）	
杨林山站防洪闸	长江干堤	左	539+000	监利	10	2.0×2.0	80	20.6	36.5		钢混拱	排		1999	
杨林山深水闸	长江干堤	左	538+360	监利	2	2.5×3.0	30	19.5			钢混拱			1980	
螺山泵站	长江干堤	左	527+880	监利	1	12	50	20	35.6		钢混拱	排		1968	
螺山船闸	长江干堤	左	527+160	洪湖	1		300吨级	12.8			钢混开启	船闸	航运	1999	
新堤大闸	长江干堤	左	508+700	洪湖	23	69.50	800~1050	19.6	36		钢混半开启	排		1971/2001（加固）	
新堤老闸	长江干堤	左	505+583	洪湖	3	33.5	50	20	35.6		钢混拱	灌		1960	2000年加固
石码头站防洪闸	长江干堤	左	500+422	洪湖	1	3.5 3.5	18	20.6	35.5		钢混拱	灌/排		1975	2000年加固
龙口站防洪闸	长江干堤	左	464+681	洪湖	1	3.0 4.0	20	22.5	34.8		钢混拱	灌/排		1974	2000年加固
高桥闸	长江干堤	左	454+720	洪湖	1	3.0 3.0	22.3	24	34.7	30.5	钢混箱	灌/排	2.1	1965	
大沙站防洪闸	长江干堤	左	448+085	洪湖	2	3.5 3.5	29.4	24	34.7		钢混箱	灌/排		1971	

续表

闸名	堤名	岸别	桩号	所在地	闸孔尺寸		设计流量/(m³/s)	高程/m		控制运用水位/m	结构形式	性质	设计效益/万亩	建筑年份	备注
					孔数	宽×高/(m×m)		闸底	堤顶						
叶家边提灌站	长江干堤	左	441+975	洪湖	1						钢混箱		0.2	1986	
燕窝站站防洪闸	长江干堤	左	426+775	洪湖	1	3.0 4.0	20	21	34.7		钢混箱	灌/排		1982	
仰口闸	长江干堤	左	402+140	洪湖	1	2.50 3.0	6／9.2	23.5	34.7		钢混拱	灌/排	2.4	1962	
荆江济江防洪闸	荆江大堤	左	772+400	荆州	2	32×17.4	35～500	26.89	47.4	45.6	钢混开敞	排	2012	1959	
新滩口闸	长江干堤	左	400+139	洪湖	12	5.0×6.0	460	16.4	33		钢混开敞			1986	1985年加固
新滩口泵站	长江干堤	左		洪湖			220				钢混开敞				
新滩口船闸	长江干堤	左		洪湖	1	12	300吨级				钢混开敞			1960	1985年加固
两利闸	松滋江右堤	右	754+805	松滋	1	2.2×3.3	7.66	40.58	50.55		钢混拱	灌/排		1967/2000(加固)	
金闸	松滋江右堤	右	750+900	松滋	1	2.5×3.6	9.8	39.08	50.13		钢混拱	灌		1956/2000(加固)	
合众闸	松滋江右堤	右	13+215	松滋	1	2.5×3.6	9.8	39.08	50.13		钢混拱	排		1956/2000(加固)	
抱鸡母闸	采穴河右堤	右	744+200	松滋	1	1.2×1.80	15	42.27	49.1		钢混拱	灌		1996	
杨家脑闸	长江干堤	右	725+600	松滋	1	4.0×4.0	16～34	36.97	48.25	42.83	钢混箱	灌	13	2000	
幸福闸	荆江干堤	右	704+250	荆州	1	2.50×3.0	14.26	36.5	47.21	43.5	钢混拱	灌	6.5	1959	
荆江分洪进洪闸	长江干堤	右	697+850	公安	54	18.3×9.3	7700	41.5	47.2		钢混开敞	分洪	分洪	1952/1990(加固)	北闸
周家土地闸	长江干堤	右	691+040	公安	1	2.8×3.0	14	34	47	43	箱涵	灌	6.9	1959/1966(加固)	
马家嘴闸	长江干堤	右	666+234	公安	1	2.2×2.2	20～34	34	45.8	41	条石拱	灌	14.85	1890/1958(加固)	
二圣寺闸	长江干堤	右	651+250	公安	1	3.0×3.0	12.5～24	32	44.5	41	钢混拱	灌	0.6	1972	
二圣寺防洪闸	长江干堤	右	651+250	公安	2	2.0×3.0	12.5	30	44.5		钢混拱	灌		1972	
黄水套闸	长江干堤	右	620+336	石首	1	3.0×2.8	12.8～34.59	31.8	44	38	钢混箱	灌	3.84	1960/1967(加固)	
管家铺闸	长江干堤	右	578+850	石首	1	2.6×3.3	8.6	32	41.44		钢混拱	灌	7	1960	
新堤口闸	长江干堤	右	551+180	石首	1	2.6×3.5	8.6	31.5	40.86	38	钢混拱	灌	8.4	1963	外有张成院
老小湖口闸	长江干堤	右	537+540	石首	1	3.0×3.5	8.4	28.7	38.37	36.6	钢混拱	排		1952/2004(加固)	

续表

闸名	堤名	岸别	桩号	所在地	闸孔尺寸 孔数	闸孔尺寸 宽×高/(m×m)	设计流量/(m³/s)	高程/m 闸底	高程/m 堤顶	控制运用水位/m	结构形式	性质	设计效益/万亩	建筑年份	备注
小湖口站防洪闸	长江干堤	右	537+280	石首	3	3.0×3.5	51.5	28.5	38.37		钢混拱	排		1961	
大港口闸	长江干堤	右	531+464	石首	1	3.0×3.5	13.1	28	39.67		钢混拱	排		1973	调弦河内
大港口站防洪闸	长江干堤	右	531+200	石首	2	4.5×4.64	50	29.4	38.48		钢混拱	排		1978	调弦河内
桃花外闸	长江干堤	右	528+838	石首	1	2.5×3.05	5	30.5	39.24		钢混拱	灌	1.8	1960	
章华港新闸	长江干堤	右		石首	1	3.0×3.50	15	27	39.47		钢混管	灌/排		2001	
艾家明闸	长江干堤	右	505+316	石首	1	3.0×4.0	10.6	27.8	37		钢混箱	排		1953	
西兴闸	长江干堤	右	505+133	石首	1	1.8×2.7	10	27.4	37.65		条石拱	排		1955	
老章华港	长江干堤	右	501+293	石首	1	3.0×3.76	15	27.8	38.5	36.5	钢混拱	灌/排	4.45	1969	
调关闸	长江干堤	右	0+050	石首	3	3.0×3.5	60	26.5	39.1		钢混拱	灌/排		1958	隶属湖南省管理
余家泓闸	洈里隔堤		11+850	荆州	2	2.5×3.20	17.2	35	45.8	37.25	钢混拱	排		1965	
鄢家泓闸	洈里隔堤		13+000	荆州	2	2.5×2.5	16.8	35	45.8	37.2	钢混拱	排		1965	
太平桥闸	洈里隔堤		14+051	荆州	1	2.0×3.0	6.25	35	45.7	37.1	钢混拱	排		1965	
顺林沟闸	洈里隔堤		15+200	荆州	1	2.0×3.0	6.25	35	45.7	37.1	钢混拱	排		1965	
鄢家渡闸	虎东干堤	虎渡左	0+000	公安	1	3.0×3.2	10.46	35	46.26	42.5	钢混拱	灌	4.7	1973	
仁洋湖闸	虎东干堤	虎渡左	11+210	公安	1	2.0×2.15	6.4	37.5	43.92		钢混拱	排		1976	
李家大剅闸	虎东干堤	虎渡左	25+701	公安	1	2.8×3.00	12~17.69	30.5	45		箱涵	灌	4.54	1966	
罗家垱闸	虎东干堤	虎渡左	26+050	公安	2	2.2×2.22	7.5	34	42.98		钢混箱	灌/排		1984	
虎西下闸	虎东干堤	虎渡左	40+625	公安	1	2.5×3.00	7.2	30.5	45		钢混箱	排	4.54	1953	
闸口泵站闸	虎东干堤	虎渡左	58+479	公安	4	2.8×3.00	168	34	44		钢混箱	灌	2.58	1992	
下洞院闸	虎东干堤	虎渡左	60+555	公安	1	1.2×1.5	8	33.67	44.3		钢混箱	灌		1968	
罗气嘴闸	虎东干堤	虎渡左	69+595	公安	1	3.0×3.20	12.44	32	43.33	39	钢混拱	灌	7.69	1973	
荆江分洪节制闸	虎东干堤	虎渡左	90+635	公安	32	9.0×6.00	3800	36.2	44.65	节制	钢混开敞	节制	节制	1952/2002(加固)	南闸

续表

闸名	堤名	岸别	桩号	所在地	闸孔尺寸		设计流量/(m³/s)	高程/m		控制运用水位/m	结构形式	性质	设计效益/万亩	建筑年份	备注
					孔数	宽×高/(m×m)		闸底	堤顶						
黄天湖泵站	南线大堤	安乡右	579+800	公安			168	31.5	45.6		钢混箱	排		1969	
黄天湖老闸	南线大堤	安乡右	579+908	公安	2	8.8×2.9	250	31.6	45.5		钢混开敞	排		1953	
黄天湖新闸	南线大堤	安乡右	580+088	公安	3	5.3×5.30	140~450	30	45.5		钢混箱	排	56	1970	
黄丝南闸	洪排主隔堤		13+316	洪湖	1		67	21.5	34.7		钢混	排		1978	
丁新河闸	洪排主隔堤		21+395	洪湖	5	中6m余4m	128	22	34.7		钢混	排		1977	
子贝渊闸	洪排主隔堤		33+189	洪湖	3	中8m边26m	120	21	34.7		钢混	排		1977	
福田船闸	洪排主隔堤		49+550	监利	1	12	300t级	21	34.7		钢混开敞	排		1978	
福田防洪闸	洪排主隔堤		49+188	监利	6	6.8.0	667	21.1	34.7		钢混拱	排		1978	
沙螺闸	洪排主隔堤		54+500	监利	1	8.0	67	21.5	34.7		钢混	排		1978	
谢家湾闸	东荆河堤	右	63+900	监利	2	3.4.5	27	25	40	36.5	钢混拱	灌	8.59	1973	
北口闸	东荆河堤	右	77+100	监利	2	2.5×3.25	18	24.8	38.5	34	钢混拱	灌	12.9	1975	
杨林关闸	东荆河堤	右		监利	1	3.8	6.7				钢混拱	排		1978	
施港闸	东荆河堤	右		洪湖	1	4	10.5				钢混拱	灌		1978	
郭门闸	东荆河堤	右	86+080	洪湖	2	3.0×2.5	31.5	24	37.8	35.75	钢混拱	灌	13.8	1973	
白庙闸	东荆河堤	右	109+550	洪湖	3	3.0×3.5	60	24.4	35.61	33	钢混拱	灌	11.7	1962	
万家坝闸	东荆河堤	右	116+550	洪湖	1	3	9.6				钢混拱	灌		1966	
中岭闸	东荆河堤	右		洪湖	2	2.0×2.4	21	24	34.5	28.5	钢混拱	灌	4.4	1966	
高潭口(西)闸	东荆河堤	右		洪湖	2	3.0×5.1	20	25.5	32.8		钢混拱	灌	20	1975	
高潭口(东)闸	东荆河堤	右		洪湖	1	4.0×6.6	20	24.5	32.8		钢混拱	灌	8	1975	
汉阳沟闸	东荆河堤	右		洪湖	2	4	22				钢混拱	灌		1970	
鸭耳河闸	东荆河堤	右		洪湖	1	3.5	9				钢混拱	排		1980	
丁家挡闸	淦水河	右	17+150	公安	1	3.4×3.20	11.4	35.5	44.7		条石拱	灌		1962/1982（加固）	

续表

闸名	堤名	岸别	桩号	所在地	闸孔尺寸		设计流量/(m³/s)	高程/m		控制运用水位/m	结构形式	性质	设计效益/万亩	建筑年份	备注
					孔数	宽×高/(m×m)		闸底	堤顶						
法华寺闸	沮水河	左	14+900	公安	3	4.0×6.00	80	33.04	44.73		钢混拱	排		1972/1995（加固）	
法华寺泵站	沮水河	左	15+990	公安	4	φ1.6	36	34.5	44.3		混拱函	排		1975/2008（加固）	
导虹管进口	新河	左	5+530	松滋			12	37	46.9		反拱	排		1976	
横堤泵站	松西河	右	19+580	松滋	1	2.3×2.00	15	40.5	48.2			排		1977/2010（加固）	
余家渡闸	松西河	右	26+612	松滋	1	3.2×3.00	13	37.4	47.55		钢混拱	排		1976	
老嘴闸	松西河	右	42+200	松滋	1	3.4×52.5	10.1	35	46.8		混拱函	灌/排		1990	
南海闸	松西河	右	42+700	松滋	3	4.1×3.00	92.5	35.5	46.4		混拱函	排		1962	
小南海泵站	松西河	右	45+300	松滋			32					排		1979	
永合闸	松西河	右	53+760	松滋	2	3.752.5	18.7	35	45.8		混拱函	排		1964	
刘家嘴闸	松西河	右	81+410	公安	2	3.03.00	24	32.16	44.3		条石函	排		1959/1988（加固）	
牛浪湖泵站	松西河	右	89+540	公安	2	6.02.93	36	33.05	43.6		混拱函	排		1975/2009（加固）	
杨家闸闸	松西河	右	94+160	公安	2	32.20	20.4	30.75	43.19		钢混箱	排		1951/2010	
南宫闸	松西河	左	2+200	松滋	2	3.3×2.20	21.4	37.5	47.8		混混拱	灌		1959	
解放泵站	松西河	左	17+220	松滋		32.50	10	40.5	47.1		混拱函	排		1992	
解平闸	松西河	左	17+400	松滋	1	3.35×2.55	14.8	36.8	47.1		条石拱	排		1953	
和平闸	松西河	左	20+280	松滋	1	3.5×2.6	15.5	36.48	47.4		条石函	排		1953	
八宝闸	松西河	左	24+273	松滋	2	3.8×2.50	29.5	35.8	46.5		混拱函	排		1965	
八宝泵站	松西河	左	24+550	松滋	1	3.75×2.5	20.4	42	46.4		混混拱	灌		1973	
鸡公堤闸	松西河	左	48+150	公安	1	2.1.80	10.6	34.18	45.1		钢混拱	排		1973	
双河场闸	松西河	左	54+600	公安	2	2.8×3.00	21.6	33	45		条石拱	灌		1960/1981（加固）	
东港闸	松东河	右	46+050	公安	4	1.5×2.00	32		45.37		钢混箱	排		2008	
东港副老闸	松东河	右	46+100	公安	1	3.5×3.00	16.7	32.9	45.37		混拱	排		1975	

续表

闸名	堤名	岸别	桩号	所在地	闸孔尺寸 孔数	闸孔尺寸 宽×高/(m×m)	设计流量/(m³/s)	高程/m 闸底	高程/m 堤顶	控制运用水位/m	结构形式	性质	设计效益/万亩	建筑年份	备注
碾子沟闸	松东河	右	64+615	公安	1	2.5×3.00	10	31.7	44.25		条石拱	排		2009	
高庙泵站闸防洪闸	松东河	右	76+820	公安	1	2.5×3.00	10.8	30.25	43.65		钢混箱	排		2009	
大同闸	松东河	左	26+350	松滋	1	4.1×3.00	16	36.5	47		拱函	排		1963	
大同泵站	松东河	左	26+400	松滋	1	34.00	15	40.13	47		箱函	排		1982/2008(加固)	
跃进闸	松东河	左	27+480	松滋	2	3.95×2.3	16.8	36.6	46.8		拱函	排		1958	
跃进泵站	松东河	左	27+700	松滋	1	3.5×5.00	25	40.2	46.8		箱函	排		1975/2008(加固)	
米积台泵站	松东河	左	29+050	松滋	1	33.00	15	40.2	46.5		箱函	排		1974/2008(加固)	
胜利闸	松东河	左	29+000	松滋	1	4.1×3.00	16	36	46.5		拱函	排		1964	
蒲田嘴闸	松东河	左	56+234	公安	4	43.00	60	32.86	44.03		钢混	排		1953/2008(加固)	
小河口闸	松东河	左	54+108	公安	1	33.00	10.4	34.4	44.8		条石拱	排		1980/1988(加固)	
曹家嘴闸	松东河	左	46+677	公安	2	2.6×2.60	10.4	32.73	45.17		钢混	灌		1973	
甘家场闸	松东河	左	88+486	公安	3	3.35×3.0	34.9	30.05	42.88		石混拱	排		1959/1981(加固)	
淤泥湖二站	松东河	左	88+250	公安	2	4.8×3.10	32	31.2	42.88		钢混箱	排		1997	
淤泥湖一站	松东河	左	88+560	公安	1	2.5×3.00	17.6	34.5	42.88		钢混箱	排		1974/2000(加固)	
青石碑闸	松东河	左	99+200	公安	1	3.2×2.60	13.5	29.15	41.99		钢混箱	排		1980	
王湖泵站	官支河	左	18+038	公安	4	Φ1.6	36		44.82		混凝箱	灌/排		1973/2008(加固)	
里甲口泵站虹吸管	虎渡河	右	23+600	荆州	18	Φ0.8	30		46.00	38.13	高压预应力混凝土管	排		1975	翻堤虹吸管
建设闸	藕池河	左	9+750	石首	1	3.5×3.00	14	29.49	39.61		条石拱	排		1960	
大剅口站防洪闸	藕池河	左	18+800	石首	1	2.5×2.00	11	29.5	40.5		钢混拱	灌		1976	
陈市桥站防洪闸	藕池河	左	22+300	石首	1	2.7×3.00	12	33	40.8		钢混拱	排		1980	
卢林沟闸	安乡河	左	6+822	石首	1	2.25 1.6	16	32.5	41		钢混拱	灌/排		1962	

续表

闸　名	堤名	岸别	桩号	所在地	闸孔尺寸		设计流量/(m³/s)	高程/m		控制运用水位/m	结构形式	性质	设计效益/万亩	建筑年份	备注
					孔数	宽×高/((m×m)		闸底	堤顶						
宜山垱闸	团山河	右	3+700	石首	1	3.5×3.00	14	29.6	40.43		钢混拱	排		1973	
团山寺闸	团山河	右	6+200	石首	2	2.25×1.5	14	31.31	39		条石拱	灌		1965	
小新口闸	团山河	右	19+850	石首	2	3.36×3.0	14	29.64	39.38		钢混拱	灌		1958	
上津湖站防洪闸	调弦河	右	10+800	石首	2	4.8×2.50	32	27.5	40.1		箱涵	排		1999	
洋河刬闸	调弦河	右	11+000	石首	2	3.5×3.00	31.4	27	40		钢混拱	排		1967	
孟尝湖闸	调弦河	左	10+700	石首	3	3.0×3.50	69.5	27.8	39		钢混拱	排		1970	
柳港闸	沮漳河	左	2+930	荆州	2	2.5×2.50	32	36.5	46.58		箱涵	排		1961	
鸭子湖闸	南碾垸堤	长江右	6+015	荆州	1	2.6×3.30	10	31	41		混拱	灌		1975	
学堂洲闸	学堂洲围堤	长江左		荆州	1	2.5×2.8	10	35.96	47.9		钢混拱	排		1994	
天鹅洲闸	江北大堤	长江左	0+150	石首	3	3.5×3.5	70	30.5	41		混箱	灌/排		1964/1999(加固)	
人民大闸	大垸支堤	长江左	2+300	石首	3	4.0×4.50	105	30.5	38.5		明槽	排		1954	
陡岸洪闸	六合垸堤	长江左	3+100	石首	1	2.5×3.00	12	31	39.5		混箱	排		1997	
冯家潭一站	大垸支堤	长江左	6+200	石首	4	φ1.6	32	31	40.3		混管	排		1976	
血防闸	北碾垸堤	长江右	6+665	石首	2	2.5×3.00	12	32.5	40.9		混箱	排		2004	
故道闸	合作垸堤	长江左	25+406	石首	1	4.0×3.50	16	31	42.2		混拱	排		1992	
二站防洪闸	大垸支堤	长江左	25+592	石首	2	4.5×3.50	32	34.5	42.2		箱涵	排		1992	
杨坡坦闸	江北大堤	长江左	35+800	石首	1	3.0×3.70	16	30.3	39.6		混	排		1989	
冯家潭	大垸支堤	长江左		监利	3	3.0×4.0	37	28	40.1	36	钢混开敞	灌		1965	
流港闸	大垸支堤	长江左		监利	3	4.7×4.5	164.8	28.3	38.6		钢混开敞	排		1957	
杨沟闸	大垸支堤	长江右		监利	2	3.0×3.0	30	27.8	39		钢混拱	灌		1957	
孙良洲闸	三洲围堤	长江左		监利	2	3.0×4.5	60.2	24	36.2	32.5	钢混开敞	灌		1961	

注：涵闸收录标准：1级堤防(荆江大堤、南线主隔堤、洪排主隔堤)上的所有涵闸；江河干堤上 5m³/s 以上的涵闸；沿江穿堤泵站收录标准同涵闸，部分同桩号的闸站仅收录闸站。其他江河堤防上 10m³/s 以上上涵闸。

第二节 沿江主要排水闸

新中国成立后，荆州地区根据排涝需要，在长江、汉江、东荆河等河流堤防修建了数百座排水涵闸，构成了强大的排水体系，为农业生产和人民群众提供了安全保障。流量大于 100 立方米每秒的沿江大型排水闸有洪湖新堤大闸、洪湖新滩口排水闸、潜江田关排水闸、沔阳大垸子排水闸、公安黄天湖排水闸等。

一、新堤大闸

新堤大闸位于洪湖长江干堤桩号 508＋595 处，距洪湖新堤镇上游约 1 千米，距洪湖堤岸 2.5 千米，是四湖地区长江干堤上最大的排水闸。修建此闸的主要目的是利用长江洪峰间隙抢排洪湖渍水。此闸由荆州地区水利局设计，省水利局批准兴建。闸型为拱涵半明槽式，设计流量 800 立方米每秒，最大可达 1050 立方米每秒。闸址堤顶高程 36.00 米，闸底高程 19.60 米（现加高为 20.00 米），23 孔，每孔净宽 6 米，共宽 138 米，孔高 9.5 米，为钢筋混凝土结构、钢质平板闸门，电动卷扬式启闭机 5 台。

工程于 1970 年 10 月开工，1971 年 6 月竣工。土方工程由洪湖县负责，建筑安装工程由荆州水利工程队施工，共完成土方 213.3 万立方米、砌石 19689 立方米、浇筑混凝土 42009 立方米，国家投资 753.2 万元。

新堤大闸建成后，通过 20 多年运用，汛期抢排洪湖涝渍水的效率很低。据新堤水文站 1978—1981 年观测资料记载，年最大排水量 1.03 亿立方米（1979 年），1973 年及 1980 年的 2 年汛期完全无抢排机会，1970—1980 年平均抢排水量为 3768 万立方米，未达预期目的。主要原因是设计时水文资料系列太短，以及下荆江实施系统裁弯工程，引起城螺河段水位发生变化。据《洪湖县志·水利卷》载：此闸建在洪湖县城上游，与下游新滩口闸相距 90 千米，水位相差一般在 2 米以上。在排除内湖渍水时，新滩口排水闸开闸很长一段时间，新堤大闸还不能开启，待能开启时，洪湖水位已下降到无水可排，失去了抢排渍水的作用。新堤大闸建成后，曾灌江纳苗 14 次，共 396 小时，引进江水 1936 万立方米，纳鱼苗 3.5 亿尾（只），为发展洪湖渔业起到了一定的作用。

1998 年长江大洪水后，国家投资对洪湖长江干堤进行整治加固，鉴于新堤大闸洞身偏短，加上年久失修，大闸受损严重，底板裂缝 532 条，长 2269 米，影响防洪安全，2001 年由长委负责，对新堤大闸实施了加固。主要内容为闸室底板加厚 0.4 米，同时相应加固内消力池底板；闸外消力池延长并增设消力坎；对原冲坑进行修复；将中间 5 孔卷扬启闭机改为螺杆式启闭机。

二、新滩口排水闸

新滩口排水闸位于洪湖市新滩镇长江干堤上，它是四湖总干渠的总出口，与新滩口船闸、泵站一起组成新滩口水利枢纽工程。具体见图 7-7-1。

新滩口建闸前为通江敞口，四湖地区的渍水主要通过内荆河由此处排泄入江，同时长江洪水也由此沿内荆河向四湖地区倒灌。1955 年《荆北地区防洪排渍方案》中确定了新滩口建闸控制规划,从 1956 年开始至新滩口排水闸建成前每年汛期临时堵坝。

1956—1957 年,长办、省水利勘测设计院组织技术人员对新滩口排水闸闸址进行勘测,1958 年相继编制新滩口排水闸初步设计和技术设计,以 1931 年外江水位 29.80 米、内湖水位 24.58 米为设计标准,按 1954 年外江水位 31.25 米、内湖水位 25.40 米作校核,设计排水流量 460 立方米每秒,设计外挡水位差最高为 5.85 米,内挡水位差最高为 3.9 米。

新滩口闸于 1958 年 8 月经省水利厅审查批准动工。1959 年 9 月竣工,工程由四湖排水工程总指挥部统一领导、组织施工。施工技术工作由武汉市水利公司(后改编为湖北省水利厅工程四团)负责,劳力由洪湖、监利两县组织,历时 1 年,共完成土方 206 万立方米、石方 8459.5 立方米、混凝土 17314 立方米,耗用水泥 4136 吨、钢材 1010 吨,用工 230 万个,国家投资 403.7 万元。

新滩口闸系轻型浮筏三孔一联开敞明槽,共 12 孔,每孔净宽 5 米,全闸净宽 60 米,闸底高程 16.00 米,闸顶高程 33.00 米,闸身纵长 139.92 米,钢质平板闸门,设置 30 吨卷扬启闭机 2 台。

新滩口闸建筑在地质条件比较复杂的软弱基础上,地下水位高,一般在 17.00～18.00 米高程,最高达 23.27 米,在进行地基钻探时,因钻孔封闭不严,使地下水形成通道,1959 年 4 月上旬,当闸基挖至海拔 15.6 米时,出现管涌,经省水利厅领导和专家实地察看,与工地技术人员共同研究决定采用钢筋混凝土压盖管涌处,上设钢竖管减压,下设水平钢管导流,强行浇灌底板,浇完后,用平管封闭的办法,完成了底板浇灌;但地下水仍从伸缩缝中多处溢出,并挟带大量粉砂。为了防止沉陷不均,上游护坦板由原设计的 4 大块改为大小不等的 17 块,下游消力坡由原设计的 4 块改为 8 块。

由于出现大量管涌,证明闸基存在严重缺陷,成为病闸,1961 年进行第一次检查,发现闸身东西向沉陷不均,相差 14 厘米,上游护坦最大沉陷差为 15 厘米,消力池有长 8 米、宽 0.5 厘米顺流方向的裂缝,下阻滑板内裂缝总长 33 米、缝宽 0.5～0.8 厘米,上游护坦有长 13 米、深 1 米裂缝,全闸各个部位共出现裂缝 79 条。1965 年进行整修时检查,上游护坦板间的沉陷缝由原设计的 2 厘米裂开至 12 厘米,有 4 块护坦沉陷差达 0.72 米,止水被破坏;上游干砌石海漫有 19.6 平方米呈锅底形下陷,最大沉陷 1.09 米,并有 4 处冒水孔;下游海漫分别有直径 6 米和 16 米的深坑,坑深达 1.8 米。根据出现的问题,当年除修复止水、填补裂缝、修复下游海漫外,重点是延长上游护坦板并安装钢质浅层排渗管 35 套。

1966 年再次检查,发现 1965 年新浇的上游护坦板混凝土又下沉断裂,排渗管失去作用,对此,为增进基底密实,进行了浅层基础灌浆,同时在上游护坦筑一排深层减压井 7 个,以降低承压水头,消除地下水的破坏。

1969 年,因田家口溃口,新滩口闸被迫超设计泄洪,流量达 1280 立方米每秒,当年打坝检查,下游海漫有管涌孔 109 个,出水总流量 2.785 千克每秒,含沙率高达 49%,当时采用浅层基础灌浆 14.4 吨、海漫砌块石 173 立方米。

1971 年以后,为抗旱和照顾洪湖防洪排涝工程物资运输,抬高四湖总干渠下段水位,超蓄 1.19 米。1976 年再次检查,下游海漫前中部 900 平方米干砌石被冲毁,有大小管涌

17 个，当时采取在冲毁地段浇 10 米×10 米、厚 0.4 米的混凝土 9 块，海漫末端砌滚水坝一道，并增设闸门临时吊挂装置，调节闸门开高，改善出流，减少冲刷等措施进行整修。

1976 年以后，此闸仍出现新的问题，1985 年经省水利厅批准成立新滩口排水闸整险加固指挥部，投资 602 万元，对此闸进行改装和加固，由洪湖市水利局组织施工，共完成土方 4000 立方米、混凝土 1265 立方米、浆砌石 1379 立方米、干砌石 2000 立方米、混凝土预制板护坡 1518 平方米，加厚闸室底板 0.4 米（闸底高程由 16.00 米提高到 16.40 米），重做止水设备，延长消力池，增加闸室下游压重墩，上、下游海漫加固及铺设土工布（3507 平方米），新增减压井 20 口。使得此闸排水、内挡水运用条件得到改善。

2003—2005 年，再次对新滩口排水闸进行加固，主要内容为闸室加固、左右岸墙加固、公路桥改建、基础处理、增设减压井、重建启闭机房、内河外江消能防冲及加固处理。经过 2 次加固维修，此闸已基本达到设计要求。

新滩口排水闸地处四湖地区最下游，多年运用表明，自排时间长，特别是在汛期中常有抢排机会，冬春自流排水一般可延至 5 月，10 月以后，又可持续自排，排水效益显著，一般年份排水量为 25 亿立方米左右，最少年份（1971 年）为 14.57 亿立方米，最多年份（1989 年）为 41.79 亿立方米，大涝的 1980 年为 29.56 亿立方米，1996 年为 34.25 亿立方米。

三、田关排水闸

田关排水闸位于潜江市田关河的末端，东荆河右岸堤上，是四湖上区的主要排水出口，设计排水流量 167 立方米每秒，闸底高程 27.00 米，5 孔，总净宽 19 米（其中中孔宽 5 米，边孔各宽 3.5 米），配钢质平板闸门 5 扇，钢筋混凝土拱涵。此闸由荆州地区水利局按 1 级水工建筑物设计，于 1959 年动工，1960 年 5 月竣工，完成土方 13.1 万立方米、砌石 2231 立方米、混凝土6050 立方米，国家投资 117 万元。

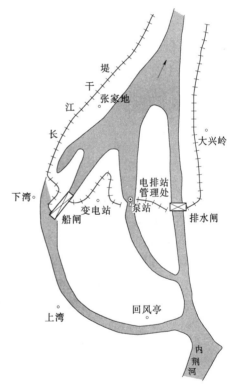

图 7-7-1 新滩口枢纽工程示意图

1960 年 9 月，开闸引东荆河水抗旱时，恰遇汉江涨大水，潜江县为了多引水灌溉，未执行荆州地区防汛指挥部关于外江引水涵闸一律关闭的决定，当东荆河水位陡涨至 41.43 米、内外水位差达 10 米以上时，在高水头压力下，有 4 孔闸门距闸底板 1.7～1.9 米处关不下去，先用 90 吨油压机强行下压，导致横梁破裂，又采用沉枕、抛树、沉船、沉块石等措施，终因水差过大，所抛物体均被冲进闸内消力池，造成进流量扩大至 300 立方米每秒，淹没农田 6600 亩，对田关闸建筑物造成严重破坏。汛后检查，上游八字墙向前滑动 2～3 米，闸室底板上游被潋流淘空深 0.8 米，纵向长 3～4 米，横向宽 15.4 米，上游海漫冲深 2.5 米，中孔拱顶破裂。

1960年以后，发现闸身纵横裂缝多道，虽经加固，但裂缝仍不断发展，影响东荆河堤安全，加之排水流量偏小，不适应长湖排水需要，故于1964年废弃，重建新田关排水闸。

新田关排水闸于1964年由省水利厅勘测设计院设计，省水利厅批准重建。新闸位于老闸前400米，距东荆河边260米，1964年10月开工，1965年6月建成，潜江县组织劳力负责土建工程，省水利厅工程四团负责安装工程，共完成土方9.4万立方米、砌石5032立方米、混凝土14028立方米、国家投资287.2万元。

新闸为1级水工建筑物，箱形，8孔，每孔净宽4米，闸底高程27.00米，堤顶高程42.50米，排灌两用，设计排水流量250立方米每秒，校核排水流量300立方米每秒，设计灌溉流量55立方米每秒，受益范围包括潜江的熊口、浩口、张金、老新等地和后湖、运粮湖、西大垸等农场以及监利荒湖农场、余埠等地，受益农田70万亩（1969年灌溉面积曾达到135万亩）。由于闸基原系古田关穴口，软土层深厚，闸基建在东荆河河滩上，未经预压，建成后，沉陷严重，据观测，闸中心沉陷量最大为590毫米，闸身成为马鞍形，原有止水设备全部被拉裂破坏失效。1965年11月以后，沉陷逐渐缩小，已基本趋于稳定。经修补伸缩缝止水，改装启闭设备，并多次整修，可安全运行。

此闸排水效益显著。多年平均排水量为2.76亿立方米，1970年排水量为10.7亿立方米，1973年为14.98亿立方米，1980年为6.16亿立方米，1996年为3.32亿立方米。

四、大垸子排水闸

大垸子排水闸位于沔阳县境内，东荆河左岸堤上，是汉江分洪区治理的重点工程。

1973年，湖北省水利勘测设计院在《汉南地区灭螺、防洪、排涝综合治理规划》中规划通顺河下游增加一条排水出路，拟在汉阳窑头沟建闸入江，以减轻泛区排水压力，进行垦殖灭螺，同时考虑航运、发电、排水等综合治理需要，要求将闸建在沔阳大垸子。1977年，全省农业工作会议决定同意沔阳要求，兴建大垸子排水闸和船闸。10月，沔阳县投入劳力10万人施工，包括开挖通顺河12.5千米，共完成土方567.84万立方米、混凝土27945立方米、砌石7924立方米，投资656.4万元。大垸子排水闸6孔，每孔净宽5米，闸底高程19.00米，顶高32.50米，排水流量225立方米每秒。闸基下有沙层，船闸施工中，曾发生管涌险情，闸首倾斜，后经处理沉陷稳定。

五、黄天湖排水闸

黄天湖排水闸包括新、老两座排水闸，是荆江分洪区的主要排水涵闸。

老闸位于荆江分洪区南线大堤桩号579+908～580+007处，开敞式钢筋混凝土结构，2孔、每孔宽8.8米、高2.8米，闸底板高程31.60米，闸长99米，钢质弧形闸门，设计泄洪流量250立方米每秒，正常排水流量72立方米每秒。此闸由长委会设计，荆江分洪总指挥部施工，1953年1月开工，同年7月竣工，国家投资219.4万元。

新闸位于荆江分洪区南线大堤桩号580+028处，距老闸320米，结构为钢筋混凝土方涵，3孔，每孔宽5.3米、高5.3米，闸底板高程30.00米，闸室长64.42米，设计排水流量450立方米每秒。此闸由长办设计，公安县施工，1969年开工，1970年建成，国家投资162.4万元。2003年，黄天湖老闸、新闸被列入《全国大中型病险水库除险加固专项规划》，省发改委批复总投资3460万元，其中，中央投资2076万元，省配套692万元，主要建设内容为闸室拆除重建、进出口护砌等。荆州地区沿江（河）排水涵闸情况详见表7-7-4。

表7-7-4　　　　　　1990年荆州地区沿江大、中型排水涵闸基本情况表

闸 名	所在县市	设计流量 /(m³/s)	排入河流	结构型式	闸孔尺寸		投资/万元	竣工年份
					孔数	宽×高/(m×m)		
新堤大闸	洪湖	8	长江	明槽	23	6×9.5	753.2	1971
新堤老闸	洪湖	131	长江	拱涵	3	3×3.5	115.5	1960
新滩口闸	洪湖	460	长江	明槽	12	5×6	403.49	1959
田关闸	潜江	250	东荆河	拱涵	8	4×5.5	287.22	1965
流港闸	监利	164.8	长江	明槽	3	3×4.5		1958
南套沟闸	洪湖	104.8	东荆河	开敞	4	5×4	45.58	1974
欧湾闸	仙桃	185	汉江	拱涵	4	4×6	84.5	1970
杜家台闸	仙桃	4000	分洪	明槽	30	12×4	3630	1956
幸福闸	潜江	94.4	东荆河	拱涵	3	3×4.25		1967
何邦闸	仙桃	92.7	蓄洪区	拱涵	3			1958
沙湖闸	仙桃	159	东荆河		4	4.5×5.4		1976
大垸子闸	仙桃	225	东荆河	半封闭	7	1×10×12	656.4	1981
						6×5×6		
南闸	公安	3800	分洪	开敞	32	9×10		1952
北闸	公安	8000	分洪	开敞	54	18×5.5	1655.9	1952
黄天湖闸	公安	140	虎渡河	混凝土方涵	3	4.3×5.3	217.56	1970
幸福电排闸	潜江	94.4	东荆河	拱涵	4	4×4	69.1	1978
石山港闸	仙桃	159	东荆河	拱涵	4	4.5×5.9	80.35	1976
纯良岭闸	仙桃	180	通顺河	半开敞	5	10×12.8	163.4	1984
金港口闸	钟祥	134	汉江			4×4	103.4	1969
南湖闸	钟祥	104	汉江					1973
石牌闸	钟祥	158	汉江			3×4	56.28	1965

第三节　沿江主要引水闸

新中国成立后，荆州各县除了对原有坝堰进行整修、扩建、改建和新建部分坝堰工程外，还集中力量修建了一批引水灌溉工程。至20世纪90年代，荆州地区在沿江干支民堤共建引水闸170座，引水流量1421.8立方米每秒，基本满足了农田灌溉需要。

一、万城闸

万城闸位于沮漳河左岸,荆州区荆江大堤桩号 794＋087 处,因紧靠古万城遗址而命名。万城闸系引沮漳河水灌溉农田的引水工程,为 1 级水工建筑物,钢筋混凝土结构,拱涵式 3 孔灌溉闸,每孔净宽 3 米、净高 4.36 米,平板钢质闸门,闸底高程为 34.50 米,闸顶高程为 39.36 米,安装蜗壳螺杆式启闭机 3 台,启闭能力 30 吨,控制运用水位 43.67 米,设计最大过闸流量 40 立方米每秒,灌溉面积 40.53 万亩。配套工程包括干渠长 3 千米,支渠 5 条,总长 82 千米。此闸自沮漳河引水,既可直接灌溉农田,又可补充太湖港水库水源,还可以调水入长湖,灌溉江陵县(今荆州区)马山、川店、八岭、李埠、纪南、九店和太湖等地 37 万亩农田。旱情严重年份,还可从此闸调水,经长湖灌溉荆门、潜江部分农田。1961 年由长办综合设计处设计,同年由省水利工程四团承建,江陵县组织将台、李埠等区 2000 人施工,1962 年 5 月建成。

1993 年 10 月至 1994 年 5 月对此闸进行改建。改建工程由湖北省水利勘测设计院设计,荆州地区水利设计院负责监造,江陵县水利工程队与长科院振动爆破研究所共同施工。

改建工程内容:拆除原闸首竖井,改为一节洞身;拆除 U 形槽,重建闸首,并对闸上部分进行重建;对闸首以下部分的消力池进行加固,海漫接长;上游护坡 20 米,新建闸首段长 18 米。改建后,闸底板高程 34.50 米,消力池高程 32.50 米,总长 182.24 米,设计流量 40 立方米每秒,校核流量 50 立方米每秒,3 孔,每孔宽 3.5 米。完成土方开挖 8409 立方米,堤身加培土方 610228 立方米、混凝土 2713 立方米、浆砌石 193 立方米、干砌石 1331 立方米,投资 484.95 万元。

二、观音寺闸

观音寺灌溉闸位于荆江大堤江陵县观音寺,桩号 740＋750,闸址位于古獐卜穴(明朝初塞)旧址,为老闸与新闸联合组成的套闸,是江陵县在荆江大堤最早修建的灌溉闸。老闸由荆州地区长江修防处设计,1959 年 11 月由江陵县组织滩桥民工 2000 人施工,建筑工程由荆州建筑公司承建,1960 年 4 月 5 日竣工。老闸系 3 级水工建筑物,3 孔混凝土拱涵,孔宽 3 米,钢质平板闸门,配备 25 吨启闭机,闸底高程 31.76 米,引水流量 56.79 立方米每秒。

由于设计标准低,此闸建成运用后,发现底板沉陷差达 42 毫米,伸缩缝渗水,闸门启闭时发生振动,下游海漫冲刷严重。1961 年 7 月,长办主任林一山、湖北省副省长夏世厚在实地察看后决定,为确保荆江大堤安全,在老闸上游围堤另建新闸。

新闸由长办设计,建筑工程由湖北省水利厅工程四团承建,江陵县组织滩桥、岑河、熊河、普济 4 区 3000 人施工,江陵县建筑公司负责安装,于 1961 年 11 月动工,1962 年 4 月建成。新闸为 1 级水工建筑物,开敞式,3 孔,每孔净宽 3 米,净高 3.3 米,闸底高程 31.76 米,闸顶高程 35.06 米,平板钢质闸门,闸室装有蜗壳螺杆式启闭机 3 台,启闭能力 30 吨,闸后消力池长 29 米,控制运用闸前水位 42.07 米,设计最大流量 77 立方米每秒(1971 年最大引灌流量达到 110 立方米每秒)。配套工程有总干渠一条,长 0.9 千米，分干渠 5 条，总长 102.4 千米，支渠 32 条，斗渠 331 条，灌溉江陵、潜江、监利、沙市以及江北、三湖、六合等地农田 95.3 万亩。1986 年抗旱中，观音寺曾开闸引水 90 立方米每秒，为四湖总干渠送水 1.2 亿立方米，水经排涝河由高潭口泵站提灌洪湖和监利部分农田。

新建的套闸经几年运行之后，检修门槽底板及侧墙、胸墙发现多处断裂，其中贯穿性裂缝 132 条，后进行了处理。

1996 年 12 月至 1997 年 5 月，对新闸实施整险加固，由荆州市水利水电工程总公司与武汉长江建筑工程技术有限公司共同施工。2009 年实施局部整治。

观音寺闸内渠多次发生管涌险情，危及闸身安全。1962 年 7 月 12 日在闸后距离 370 米处发生 1 处大的管涌，沙盘直径 4.8 米，深 11.6 米，旁边有 3 个小冒孔。当时向孔内投填沙石料 128 立方米。1964 年兴建减压井，导水减压止沙，多年未再出现管涌险情。1987 年 7 月 24 日 7 时左右，发现渠内距闸 407 米处，距减压井出水孔下边沿 10 米有一冒水孔，冒出的沙粒在渠底向四周扩散，直径达 8 米，孔口周围沙丘高出渠底 0.2 米。经采用筑坝抬高内渠水位，用粗沙、小卵石、大卵石充填，基本控制险情。

观音寺闸内渠地层分为 3 层，渠底（高程 31.76 米）覆盖土层厚 10～12 米，层下有厚约 8 米的粉细砂层，其下为厚 90～110 米的砂卵石层。长江河泓切割了覆盖土层及粉细砂层，江水直接与卵石层相连。洪水季节长江是深层地下水的主要补给源，并通过压力传递使承压水位增高，其影响范围可达数千米。长江水位与承压水位具有同步增长的规律，一旦过大的承压水头顶穿了上部覆盖层（或顺着土层的薄弱环节），承压水流就会夹带泥沙从裂缝中突涌出来，形成垂直管涌，破坏地基。这就是观音寺闸渠道 1962 年及 1987 年两次出险的原因（1987 年该处承压水头 7.8 米，垂直破坏比降为 0.78）。

对于深层承压水引起的流土破坏，设置防渗铺盖或截流墙的措施是无济于事的。处理的办法一是排水减压，削减承压水头；二是增加覆盖的压重。对观音寺闸内渠管涌险情处理的方法，设置减压井，排水减压；适当抬高内渠水位，蓄水反压，在冒孔处铺土织物作表层导渗处理；近堤脚填塘固基。减压井示意图见图 7-7-2。

设置减压井的原则是：全面控制，重点加强。堤后 500 米范围内均应降低地下水位，使冒孔不再出险，大堤附近 200 米的范围是重点保护区域，因此减压井大体成长方形布置，闸后和出险位置布井密中间稀。

减压井采用大口径井，玻璃钢管，包网为 20 目，其中井径 650 毫米（12 寸）15 口、井径 550 毫米（8 寸）5 口，分别布置于渠道两侧及闸后翼墙尾端渠道，1987 年出险。井管埋入砂卵石层 17 米（滤管长 15 米，井底高程 -6.00 米，可以涌出足够的地下水。井口高程 33.90 米，高出灌渠设计水位 0.3 米）。

此工程在措施上有一定的安全储备。减压井是按抽水量为 1300 吨每昼夜的标准设计的，可在任意井内抽水。一旦部分减压井功能衰减，可又通过抽水来保持减压效果。

设置减压井，口径宜粗（0.3 米以上），便于冲洗，尤其是非汛期应及时冲洗，防止导渗管内被泥沙淤塞，可延长使用时间；导滤管应深入卵石层，才能达到降低地下水位的效果。

观音寺闸内渠径采用大口径减压井处理，经多年运用未发生管涌险情。1998 年 8 月

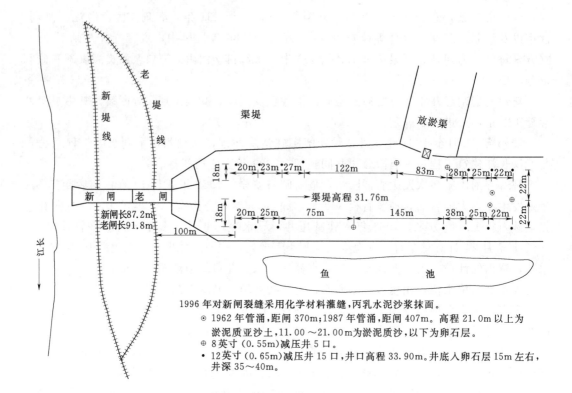

1996年对新闸裂缝采用化学材料灌缝，丙乳水泥沙浆抹面。

⊙ 1962年管涌，距闸370m；1987年管涌，距闸407m。高程21.0m以上为
淤泥质亚沙土，11.00～21.00m为淤泥质沙，以下为卵石层。

⊕ 8英寸（0.55m）减压井5口。

● 12英寸（0.65m）减压井15口，井口高程33.90m。井底入卵石层15m左右，
井深35～40m。

图 7-7-2 观音寺闸整险工程减压井示意图

17日闸外最高水位44.14米，内渠未发生管涌险情。

观音寺闸后地基渗流稳定计算成果见表7-7-5。

表 7-7-5 观音寺闸后地基渗流稳定计算成果表

	校核点	1	2	4	6	8	10	12	14	闸后计算水位/m	渠道水深/m	减压井出水量/(m³/d)
设计情况	地下水位/m	38.95	37.73	37.00	37.16	36.82	36.16	36.76	37.24	33.76	2.0	9220
	垂直向比降	0.43	0.32	0.26	0.27	0.26	0.24	0.30	0.33			
荆江分洪时	地下水位/m	38.71	37.54	36.84	36.99	36.66	36.04	36.60	37.05	33.26	1.5	8717
	垂直向比降	0.44	0.34	0.29	0.30	0.28	0.28	0.33	0.36			
警戒水位	地下水位/m	37.97	36.96	36.32	36.46	36.22	35.74	36.26	36.70	32.76	1.0	7305
	垂直向比降	0.42	0.34	0.28	0.30	0.29	0.32	0.35	0.39			
设防水位	地下水位/m	37.49	36.60	36.00	36.13	35.93	35.52	35.98	36.37	32.26	0.5	6364
	垂直向比降	0.42	0.35	0.30	0.31	0.31	0.32	0.37	0.39			
覆盖厚层/m		12.5	12.5	12.5	12.5	12.0	10.0	10.0	10.5			

三、颜家台闸

颜家台闸位于江陵县荆江大堤桩号703＋535处，因地处颜家台村境内而命名。20世

纪 60 年代初，郝穴以南沿干堤脚属于观南干渠灌溉范围，由于沙淤，地形太高，以及流量的限制，观南渠水不能越过郝穴老河，因此，大兴、永兴、金果寺等地区长期缺水灌溉。1965 年，颜家台闸列入修建计划，由江陵县水利局及长江修防总段设计，江陵县组织熊河、普济 2 区民工 2600 人施工，1965 年 12 月 10 日开工，1966 年 5 月 1 日竣工。

颜家台闸为 1 级水工建筑物，钢筋混凝土结构，拱涵 2 孔，每孔净宽 3 米，净高 3.5 米，钢质平板闸门，闸底高程 30.50 米，闸顶高程 34.50 米，闸室装有蜗壳螺杆式启闭机 2 台，启闭能力 30 吨，闸后建有消力池和扭曲面护坡，控制运用水位 39.70 米，设计流量 37.6 立方米每秒，最大流量 41.6 立方米每秒。1970 年超设计运用流量达 52.7 立方米每秒。配套工程有总干渠长 2.8 千米，干渠和分干渠 5 条，长 41.28 千米，支渠 14 条，灌溉白马、熊河、普济、沙岗、郝穴等地农田，设计灌溉面积 37.61 万亩，实际受益面积 51.16 万亩。

1995 年 10 月至 1996 年 5 月对此闸进行整险加固，拆除原闸首竖井，改作 2 节洞身，重建闸首及 U 形槽。由荆沙市水利水电工程处与长科院振动爆破研究所共同施工。2002 年、2006 年分别实施局部加固。

四、一弓堤闸

一弓堤闸位于监利县荆江大堤桩号 673＋423 处，系灌溉涵闸，与外滩冯家潭闸配合运用，引冯家潭长江故道水灌溉程集、汪桥、黄穴等乡镇近 25 万亩农田，并以此闸为引水工程构成一弓堤灌区。

一弓堤闸初建于 1961 年 11 月，1962 年 5 月建成。闸型为钢筋混凝土拱涵式，2 孔，每孔宽 2.5 米，闸身总长 82 米，闸底板高程 28.00 米，闸顶高程 32.20 米，堤顶高程 41.10 米，设计流量 20 立方米每秒。共浇筑混凝土 2020 立方米、开挖土方 41218 立方米、浆砌块石 1286 立方米，投工 22.8 万个，总投资 54.46 万元。

此闸建成之后，人民大垸围堤相继建成挡水，1964 年 2—6 月在大垸围堤修建冯家潭闸，3 孔，每孔宽 3 米，与一弓堤闸之间挖有一条 5 千米人工渠道相通，二闸可联合运用。

一弓堤闸投入运用以来，对于解决程集、汪桥等地农田旱情发挥了很大作用，但由于长江河势变化，荆江大堤历年加高培厚，加之老闸在修建时钢筋数量配置不足，混凝土老化，闸底板沉陷不均，多处开裂，成为病险涵闸，威胁荆江大堤防洪安全。

1991 年，省水利厅批准一弓堤老闸拆除，重建新闸。由荆江大堤加固工程总指挥部委托监利县水利局承担老闸拆除和新闸修建任务，1992 年 9 月 25 日破土动工，1993 年 9 月 10 日竣工。新闸按 1 级水工建筑物设计，为穿堤拱涵，竖井式闸首，闸室及拱涵均为 2 孔，每孔净宽 2.5 米，底板高程 28.00 米。新闸在老闸基础上重建，闸首及拱涵纵向曲线不变，涵闸全长 173.78 米，堤顶高程由原来 41.10 米加高到 42.26 米，堤面宽 12 米。闸上游最高水位 39.76 米，最高运用设计水位 37.00 米，设计灌溉流量 20 立方米每秒，扩大灌溉流量 30 立方米每秒。完成工程量为：拆除老闸钢筋混凝土 1825 立方米、混凝土 195 立方米、浆砌石 827 立方米；建闸浇筑混凝土 4455 立方米、浆砌石 1700 立方米、干砌石 783 立方米、挖填土方 16.72 万立方米；耗用钢材 235.14 吨，总投资 570 万元。

五、西门渊闸

西门渊闸位于监利县荆江大堤桩号 631＋340 处，系灌溉闸，引长江水经监新河（南段）灌溉容城、红城、毛市近 21 万亩农田。以此闸为引水工程构成西门渊灌区。在大旱年还可经鸡鸣铺闸引水，灌溉监北部分农田。

1959 年，兴建一座 2 孔、单孔宽 2.5 米的灌溉闸，钢筋混凝土结构，设计流量 25 立方米每秒，初名城南闸。

1964 年汛后，因老闸设计标准低，影响防洪安全，将其拆除重建新闸，于 1965 年 6 月建成。新闸按 1 级水工建筑物设计，系双孔钢筋混凝土拱涵，每孔宽 3.5 米，闸底高程 26.00 米，拱顶高程 31.55 米，堤顶高程 38.16 米，设计流量 34.27 立方米每秒，扩大流量 50 立方米每秒，设计灌溉面积 47.55 万亩。

西门渊闸运用水位最高为 36.62 米，最低水位为 28.50 米。在枯水年，4—5 月长江水位仍达不到运用水位，而此时又是春耕春播需水期，为应对春旱，1989 年冬兴工修建西门渊提灌站。计划装机 12 台×95 千瓦，于 1990 年 5 月完成一期工程，修建厂房一半，装机 6 台×95 千瓦，投资 150 万元。

西门渊闸运行以来，闸首沉降 10 厘米，与洞身形成 5～6 厘米跌坎，且闸顶堤高也由原 38.16 米加高到 40.00 米，堤面宽由 8 米加到 14 米，闸洞身长度已不相适应。1994 年 9 月 22 日兴工改造，外连接长洞身 18 米，重建闸首，1995 年 9 月 30 日竣工。具体改建情况为：爆破拆除老闸竖井 12 米，保留底板及 2.5 米高墙身，改为穿堤拱涵；爆破拆除老闸 U 形槽，改为长 18 米的竖井（即闸室），闸室底板厚 1.5 米，为解决抗滑稳定与地基承载力不足的矛盾，在闸室底板下布置混凝土灌注桩 18 根，桩径 1.05 米，单桩设计深 25 米，实际施工深 26～26.5 米；拆除老闸上游浆砌块石护底护坡，改建长为 19 米的 U 形槽，槽宽由上游 16 米渐变至 8.2 米，墙高 5.5 米，底板厚 1.4 米；U 形槽上游按 20 米长浆砌石及 20 米长干砌块石护底护坡。施工总长度 89 米。改造后，闸身增长 18 米，仍为 2 孔，每孔宽 3.5 米，闸底板高程 26.00 米，闸顶高程 40.00 米。工程总投资 750.2 万元。2014 年西门渊闸因沉陷问题将竖井后洞身拆除重建，规模与原闸相同。

六、何王庙闸

何王庙闸位于监利县长江干堤 611＋190 处，以其近邻何王庙村而得名。此闸引长江故道水源灌溉上车、汴河、朱河、棋盘、桥市 5 个乡镇 43.95 万亩农田，构成何王庙灌区。

何王庙灌区始由王家巷闸为引水工程，后因王家巷闸建筑质量问题而封堵，于 1972 年 11 月移址何王庙另建新闸，1973 年 5 月竣工。共完成混凝土浇筑 3656 立方米、开挖回填土方 11.50 万立方米，总投资 48.76 万元。

何王庙闸为双孔、每孔宽 3 米的钢筋混凝土拱涵式水闸，闸身总长 134.35 米，闸底高程 24.50 米，拱顶高程 29.60 米，堤顶高程 38.32 米，上游最高运用水位 34.50 米，设计流量 34 立方米每秒，配备 50 吨电动启闭机两台，按 1 级水工建筑物标准设计。

经运行多年，此闸出现闸门漏水、下游海漫遭受破坏等安全隐患。1987 年，荆州地区防汛抗旱指挥部对此闸作出"重点防守，注意险情变化，严禁在闸附近堆放重物，尽可能用封绝材料进行封缝处理"的度汛措施。1998 年汛后，省水利厅将其列入改建计划，由省水利水电勘测设计院设计加固工程方案。

1999 年 12 月 19 日，改建工程开工，由省水利水电建筑工程二处承建，2000 年 6 月 30 日竣工。完成工程量为拆除钢筋混凝土 1600 立方米，浇筑混凝土 2700 立方米，耗用浆砌石 158 立方米、干砌石 409 立方米，挖填土方 1.6 万立方米，工程总投资 281.17 万元。改建工程经验收评定为优良工程。

此闸在施工期间，回填土填至拱顶时，因农忙（播种棉花）停工 15 天。4 月底长江涨水，闸外施工围堰漫溃（已安装闸门）。连夜上劳力抢筑回填土，正遇降雨，所填土方整体向下游滑燵，至下游胸墙处隆起 1 米多高。经采取边回填边导滤的措施，勉强度过汛期。汛后，清除滑动土体，发现闸洞顶上 2 道截流环（0.5 米×0.5 米）全部被滑动土推断。

七、谢家湾闸

谢家湾闸位于监利县东荆河堤，桩号 63＋900 处。1964 年在杨林关处建有一孔灌溉闸，闸孔宽 3 米，设计流量 12.7 立方米每秒，因闸底过高，枯水季节无法进水，流量偏小，满足不了灌溉需要。为解决抗旱问题，1972 年在杨林关闸下游 2 千米处重建新闸，即谢家湾闸。谢家湾闸按 1 级水工建筑物标准设计，闸型为拱涵式，钢筋混凝土结构，两孔，每孔宽 3 米，高 4.5 米，闸底高程 25.00 米，堤顶高程 40.00 米，设计流量 27 立方米每秒，扩大流量 40 立方米每秒，投资 66.3 万元，灌溉新沟、龚场、网市 3 个乡镇共 33 万亩农田。

因该闸建筑时间久，部分设备老化，2005 年东荆河大洪水期间出现重大险情。2006 年省水利厅投入工程加固专项资金 171 万元对此闸进行整修，主要项目为重建启闭机房、更换闸门和止水橡皮、新建 100 米防渗墙、洞身碳化处理、消力池拆除重建、浆砌块石护坡、堤身加高培厚。加固工程于 2007 年 4 月完工。2010 年，湖北省财政厅下达粮食主产区水利设施维修补助资金 10 万元，对谢家湾闸外引河进行疏挖，浆砌石护坡 180 米。

八、北口闸

北口闸位于监利县东荆河堤，桩号 77＋100 处，始建于 1960 年，因质量问题于 1975 年拆除重建，以排涝为主、排灌两用，钢筋混凝土拱涵结构，2 孔，孔宽 2.5 米，高 3.25 米，闸底高程 24.80 米，堤顶高程 38.49 米，设计流量 18 立方米每秒，排涝受益面积 21.3 万亩，控制水位高程 37.21 米。此闸引东荆河水灌溉网市、龚场两个乡镇农田。

工程运行以来，闸门锈蚀严重，启闭设施老化，影响安全运行。2006 年，监利县财政投入 10 万元资金更换了闸门；2011 年，省财政厅从中央水利建设基金（应急度汛）中安排 30 万元，更换涵闸启闭机、加固工作桥，以确保此闸正常投入使用。

九、白庙闸

白庙闸位于东荆河干堤洪湖市境内白庙处，系钢筋混凝土底板，重力式拱涵结构，共分 3 孔，每孔宽 3 米，孔高 3.5 米，闸底高程 24.50 米，设计引水流量 60 立方米每秒，灌溉农田 11.7 万亩。工程于 1961 年 10 月动工，1962 年 4 月竣工，完成混凝土 1686 立方米、砌石 700 立方米、土方 6.33 万立方米，总投资 41.534 万元。为了与此闸配套，将原丰白河改道，以丰口闸与白庙闸两点定线，于 1978 年重新开挖渠道，长 12.5 千米，同时开挖支渠 16 条，建电站 3 座、涵闸 9 座，受益面积 80 平方千米。

十、兴隆闸

兴隆闸位于潜江县（今潜江市）境内兴隆镇，汉江右岸干堤上（桩号 256＋750），由荆州地区汉江修防处设计，1961 年 11 月动工，1962 年 5 月竣工。为 1 级水工建筑物，钢筋混凝土拱形结构，3 孔，每孔宽 3 米，高 3.5 米，闸底板高程 30.80 米，设计引水能力 32 立方米每秒，灌区内开挖干、支渠总长 203.5 千米，灌溉农田 48.9 万亩，因引水保证率低，不能满足农田灌溉需要，再建兴隆春灌站与之联合运用。此闸在施工中即开始出现管涌现象，经处理后，在汉江大水时仍然出现管涌险情，为此在闸下游 2 千米处修建了姚家岭防洪闸。

为满足灌区用水需要，2002 年在距老闸下游约 1 千米处重建新闸（桩号 255＋790），名兴隆二闸，2 孔，宽 4.5 米，高 4 米，设计流量 40 立方米每秒，闸底高程 29.60 米，堤顶高程 44.82 米。

十一、泽口闸

泽口灌溉闸位于潜江县泽口镇汉右干堤桩号 218＋050 处，是荆州地区汉南水系的主要引水工程，并以此闸为枢纽建成大（1）型自流引水灌区，地跨潜江、沔阳两县，灌溉农田 220.93 万亩，其中，潜江 36.68 万亩，沔阳 184.25 万亩。

1958 年 8 月，长办根据实地勘测结果，编制了《汉南地区防洪排涝灌溉规划报告》，规划在泽口建闸，设计灌溉范围为："上起泽口汉江以南、东荆河以北，下止杜家台分洪道以南和泛区围堤以西地区，可灌田 274.8 万亩"。经湖北省水利会议决定，列入 1959 年度施工计划。汉江修防处负责设计，沔阳县组织劳力施工，荆州地区水利局、汉江修防处负责技术指导，1958 年 12 月 15 日破土动工，1959 年 8 月 9 日建成。共完成土方 57.4 万立方米、混凝土 9665.5 立方米、浆砌石 537.7 立方米、干砌石 4630 立方米，投入标工 51.75 万个，国家投资 180 万元。

泽口闸为轻型开敞式钢筋混凝土结构，4 孔，每孔宽 7.5 米，高 4 米，钢质弧形闸门，闸底高程 27.70 米，设计流量 156 立方米每秒，允许最大水头差 11.5 米。闸建成后，汛期闸下游渠道在外江高水位情况下出现青砂管涌，经采取多种措施仍不能除险，严重威胁闸身安全和汉江干堤防洪安全，加之闸身抗滑安全系统不能满足规范要求，1987 年经省水利厅批准重建新闸。

新闸由荆州地区水利局勘测设计院设计，为 1 级水工建筑物，1987 年 11 月开工，1988 年 7 月竣工。新闸布置在老闸上游防渗板前 60 米，两闸位于同一轴线上，闸室采用开敞的矩形槽钢筋混凝土结构，6 孔，每孔宽 5 米，闸底高程 28.00 米，闸顶高程 44.20 米，闸室长 28 米，宽 39.2 米，高 16 米，钢质平板闸门，配螺杆启闭机，闸室两侧各设

36 米长的扶壁式刺墙。设计最大引水流量 156 立方米每秒。灌区共开挖总干渠 16.2 千米、北干渠 46.3 千米、南干渠 67 千米以及 4 条支渠。修建部分节制闸、分水闸。设计灌溉面积 275 万亩，灌区几经变化，实灌农田 163.14 万亩，其中潜江 8 万亩，仙桃 155.14 万亩。整个工程完成土方 20.2 万立方米，混凝土 13764 立方米，砌石 1301 立方米，标工 77.8 万个，耗用钢材 838 吨，水泥 3610 吨，木材 909 立方米，投资 580 万元（其中湖北省投资 430 万元，地方配套 150 万元）。

2010 年后，对部分结构进行整修，完成弧形闸门制造安装 4 套，将 3 号、4 号启闭机更换为液压式，以及对闸外护坡进行整修。

泽口闸灌溉效益显著，一般年份放水 150 天左右，最大流量 250～270 立方米每秒，年均引水量 6.5 亿立方米，最多时为 12.6 亿立方米（1978 年）。从 1959—2012 年（54 年）共引水 351.29 亿立方米。

十二、罗汉寺闸（天门进水闸）

罗汉寺进水闸位于天门县（今天门市）罗汉寺镇，汉江左岸遥堤桩号 273＋400 处，因附近有集镇"罗汉寺"而得名。于 1959 年冬动工，1960 年 4 月进水闸竣工，1962 年渠系配套工程基本完成。

天门县位于汉江以北，在进行水利分区时，将其规划为汉北区，全区总面积 2619 平方千米，其中沉湖农场和沙洋农场 116.82 平方千米。境内地势自西北向东南倾斜。为解决平原滨湖地区的灌溉用水，天门水利局于 1957 年提出在牛蹄支河建闸方案，1958 年又提出多宝和罗汉寺建闸方案，经钻探和方案比较，选定建在罗汉寺。

1959 年 10 月，由荆州地区水利局主持设计，11 月，省水利工程总指挥部批复设计方案。同月，天门县成立"天南引水灌溉工程指挥部"，于 27 日破土动工，1964 年竣工，完成土方 15.9 万立方米、浆砌石 1520 立方米、干砌石 2700 立方米、混凝土 4710 立方米，投入标工 10.79 万个，国家投资 79.54 万元。

罗汉寺闸为重力式钢筋混凝土拱涵结构，4 孔，每孔净宽 3 米，高 3.5 米，拱涵净高 5.15 米，闸底高程 30.80 米，堤顶高程 45.74 米，钢质平板闸门，配备 50 吨螺杆启闭机，正常引水流量 50 立方米每秒。1967 年此闸经维修加固后，经省水利厅批准最大引水流量提高到 120 立方米每秒。渠系工程有天南长渠 102.3 千米、天北长渠 60.13 千米，5 条支渠共 167.37 千米，还有 18 条斗渠和众多农毛渠以及渠道配套工程。灌区范围占天门全市耕地面积的 84.5%，有效灌溉面积 150 万亩，同时兼有发电、航运和城镇供水的功能。

因地基质量差等原因 ［吴松高程 13.00 米以下为砂卵石，13.00～30.00 米为细砂层，30.00～36.00 米（地表）为壤土］，闸在运用中多次发生管涌险情，虽经减压排渗处理，但未彻底排除。1971 年 11 月至 1972 年 4 月，在进水闸下游 1.3 千米处的渠道上兴建防洪节制闸一座，防洪闸与下游 10 千米处的多宝节制闸联合进行两级反压。

1963 年春，紧接海漫修建了 100 米长的水平反滤铺盖，当年局部失效。1964 年，在渠道两侧及矩形槽底部布设 29 个减压井，同时布设 4 个纵断面的测压管 22 根；并在闸室底板和消力池凿孔灌浆，因减压井淤塞，管涌险情重新发生。1968 年所增减压井 12 口；

1969 年在渠道边坡 2 米以下设四级反滤层 100 米，100 米以外作底部反滤（长 85 米），并延长混凝土海漫 100 米；1971 年在消力池坎上增设减压井 6 口。截至 1971 年，共设减压井 54 口，由于淤塞失效，险情逐步扩大。

1985 年 9 月，决定对此闸进行全面整修。工程由加长箱涵、海漫、减压井 3 个部分组成。箱涵共 6 节，长 58.5 米，与原拱涵出口相接，闸身长由 57 米增加至 109.5 米。

1977 年再次进行整修。工程项目包括减压井维修、消力池固结灌浆、伸缩缝处理与裂缝化学灌浆、反滤铺盖等。完成反滤料 2600 立方米，土工布 6000 平方米，减压井 17 口（深井 11 口，浅井 2 口，改造 4 口），基础固结灌浆 500 立方米，安装紫铜片和橡皮双层止水 150 米。

经整治后，险情基本得到控制。

罗汉寺闸建成后，灌溉效益显著，年均引水量约 9.3 亿立方米（53 年共引水 493.78 亿立方米），灌溉面积曾达到 179 万亩（1990 年引水 16.03 亿立方米）。

十三、沮漳河万城橡胶壅水坝

沮漳河万城橡胶壅水坝是荆州地区第一座橡胶壅水坝工程，也是湖北省最大的橡胶壅水坝。1997 年 12 月破土动工，1998 年 3 月完工。

壅水坝位于万城闸下游 100 米处，坝长 82 米，高 4.5 米，坝底高程 33.00 米，坝顶高程 37.50 米，为充水式橡胶坝。充水后坝前水位 37.00 米，通过万城闸（闸底高程 34.50 米）引水进入太湖港水库灌区。坝袋充排水方式为动力式，一次充、排时间均为 3.5 小时。整个工程完成混凝土 3700 立方米，开挖土方 4.5 万立方米，耗用钢材 140 吨、木材 50 立方米，总投资 602.28 万元。

沮漳河系天然排水河道，汛期河水暴涨，1996 年 8 月 5 日万城闸前实测最高水位达到 45.53 米，最大洪峰流量 2010 立方米每秒，而枯水期最小流量仅为 6.83 立方米每秒（1978 年 4 月），水位在 34.50 米以下。所以，在选择坝型时，既要满足枯水季节拦河蓄水要求，又要保证汛期洪水宣泄畅通，通过对多种坝型比较，最后选择具有造价低、施工期短、结构简单、自重轻、抗震性好、不阻水、止水效果好、不影响行洪等特点的橡胶坝。

此工程按照"结构简单、布局合理、运用方便、安全可靠"的原则进行布置。橡皮坝袋充水容积为 2335 立方米，选用两台 250QCM－500－10－22 型潜水泵。土建部分包括底板 4 块，顺水流方向长 15 米，每块分缝宽 14.6 米，底板厚 0.8 米；上下游防渗护坦长 25 米、厚 0.5 米；下游设消力池，长 15 米，深 0.4 米，底板厚 0.5 米；底板下设土工织物反滤层；池尾端设排水孔，呈梅花状布置，消力池后设海漫长 20 米，厚 0.3 米，两岸边坡用混凝土预制板护坡至 38.50 米高程；在防渗护坦左岸设蓄水池及充、排水控制系统。进水池与河槽水源采用直径 1000 毫米混凝土管连接，蓄水池与坝袋采用直径 600 毫米钢管连接，水泵出水口设直径 300 毫米闸阀控制。坝袋内采用直径 150 毫米钢管暗埋至斜墙外 38.30 米高程处，确保坝袋超压后的安全泄流，坝袋与混凝土基础采用钢压板式穿孔双线锚固定。

橡胶坝建成投入使用后，免除了此前每逢沮漳河低水位年份需要组织劳力于河床中修筑拦水土坝，第二年汛前又要组织劳力清除土坝的麻烦，蓄引水更加便捷自如。

第四节　内垸重要涵闸

平原湖区的治理主要是解决排涝问题。新中国成立后，荆州地区在内垸主要河流上修建了数以千计的大小涵闸，基本达到了 10 年一遇的排涝标准。重要涵闸有沙市习家口闸、潜江刘家岭节制闸、监利福田寺防洪闸、沔阳排湖闸、洪湖小港湖闸等。

一、习家口闸

习家口闸位于沙市区观音垱镇长湖库堤上，桩号 44＋300，为四湖总干渠的渠首工程，也是长湖的主要节制闸之一。

1955 年长江委《荆北地区防洪排渍方案》规划习家口节制闸排水流量 152 立方米每秒，1959 年四湖中上区开挖了田关河后，经荆州专署决定，习家口闸设计排水流量减少到 50 立方米每秒。由四湖工程指挥部设计，荆州水利局审核，省水利厅批准修建。

建闸工程指挥部由四湖工程管理局和江陵县水利局联合组成。1961 年 7 月破土动工，1962 年 4 月竣工。共完成土方 31516 立方米、砌石 787 立方米、混凝土 1081 立方米，国家投资 41.6 万元。

习家口闸为开敞式钢筋混凝土结构，2 孔，每孔净宽 3.5 米，高 4.5 米，闸底高程27.50 米，闸顶为面宽 6 米的公路桥，设计流量 50 立方米每秒，配备钢质平板闸门和 30吨螺杆启闭机 2 台。

由于设计标准偏低，又经常超设计运用，下游冲刷严重，为确保闸身安全，1979 年冬对此闸进行维修，将下游海漫接长 10 米。1980 年，在长湖水位 33.11 米超过设计水头差的情况下开闸泄水，虽然采取临时措施消能，但仍将下游海漫冲刷损坏，1981 年冬，再次进行加固，在闸下游 200 米处增建滚水坝一道，设计坝顶高程 29.50 米，以抬高下游水位，减小水头差。

1998 年 8 月，习家口闸在长湖水位 33.26 米的高水头情况下开闸泄洪，因超水头运行，闸门弯曲出险，同年 11 月整险加固，拆除闸上游八字墙，重建新闸，配置 257 型螺杆启闭机 2 台。

习家口闸建成后，对排泄长湖湖水、为下游提供抗旱水源以及济航发挥了重要作用。

二、刘家岭节制闸

刘家岭节制闸位于长湖库堤荆门市与潜江市交汇地——刘家岭，为田关河渠首工程，是长湖库堤上最大的排水涵闸。

刘家岭闸的主要作用是使长湖水实行等高截流，沟通长湖排水出路。由荆州地区水利局设计，省水利厅批准修建。

工程于 1964 年 12 月开工，四湖工程管理局和潜江县水利局组织施工，1965 年 5 月建成。完成土方挖填 58 万立方米、浇筑混凝土 5864 立方米、砌石 1386 立方米，耗用水泥 1400 吨、钢材 206 吨、木材 1500 立方米，国家投资 118.8 万元。

刘家岭节制闸为开敞式钢筋混凝土结构，共 9 孔，每孔净宽 4 米，孔高 3.5 米，设计过水能力 229.0 立方米每秒，闸底高程 27.50 米，闸顶高程 34.40 米，上游设计水位 32.50 米，钢质平板闸门，建闸初期配备螺杆式手摇启闭机 9 台，1969 年改为电动启闭。

刘家岭节制闸建成后，汛期除发挥排水效益外（与田关排水闸、泵站联合运用），还多次开闸引田关河水入长湖，以降低田关河水位，减轻田关河堤压力。由于设计中未考虑双向运用，反向运用对闸有一定影响。1990 年对此闸进行了加固，增加了反向消能设施，使其具备了双向运用条件。

三、福田寺防洪闸

福田寺距监利县城东北方向 21 千米，东临百里洪湖，西依内荆河，坐落在洪湖分蓄洪区主隔堤上。

1962 年，四湖总干渠下段挖成之后，内荆河得到治理，渍水得以排出。为了等高截流，分层调蓄，同年在四湖总干渠上修建福田寺排水闸（原清朝嘉庆年间所修老闸拆除）。闸为明槽式，11 孔，净宽 45 米，设计流量 280 立方米每秒，闸底高程 22.30 米，闸顶高程 29.50 米，钢筋混凝土结构，平板钢质闸门，配备卷扬机 1 台。工程共浇筑混凝土 2879.22 立方米、砌石 1790.75 立方米、挖填土方 5 万立方米，投资 101.13 万元。1972 年，洪湖防洪排涝工程开始兴工，因老闸与洪湖分蓄洪区防洪要求不配套，工程遂废弃，作交通桥使用。

1976 年 10 月在连接主隔堤之间，横跨四湖总干渠之上，兴建福田寺防洪闸（亦称拦洪闸、进湖闸）。闸址位于主隔堤桩号 49+188 处，为开敞式结构，由省洪湖防洪排涝工程总指挥部设计并组织施工，荆州地区水利工程队承建，于 1978 年 9 月建成。设计为 6 孔，每孔净宽 8.5 米，总净宽 51 米，闸底高程 21.00 米，闸顶高程 34.70 米，设计排水流量 384 立方米每秒，装有钢质平板闸门 6 扇，50 吨卷扬启闭机 6 台，完成混凝土 24000 立方米、砌石 23000 立方米、土方 114.4 万立方米，投资 626.8 万元。

防洪闸建成以来，经历了多次大水考验。1996 年排水流量高达 949 立方米每秒，是设计流量的 2.47 倍。由于多次超设计运用，加之年久失修，出现功能下降、设备老化、混凝土碳化、沉降变形不均引起的各种裂缝，以及超标准运行发生的水毁等问题，给防洪抗灾和工程安全运行带来极大隐患。2004 年国家投资 1196.11 万元，对防洪闸进行应急整险加固，由省水利勘测设计院设计、省水利水电工程建设监理中心监理、湖北华夏水利水电股份有限公司施工，完成了闸底板及消力池部分混凝土凿除与加固、闸室及底板部分止水拆除及重建、闸室上下游加增重槽及回填土、裂缝及碳化部分进行处理、下游海漫清淤等工程，将设计流量提高到 667 立方米每秒，校核流量为 810 立方米每秒。

防洪闸的作用是遇涝排涝（排除四湖上中区渍水）、遇洪防洪（洪湖分蓄洪区运用期间），确保非分洪区安全，灌溉时节制上游水位，灌溉总干渠两岸农田。

在对防洪闸进行整险加固的同时，还实现了全自动化控制改造。自动化监控系统由视频系统和控制系统两部分组成，通过对闸门的自动控制及实时监测，实时采集上下游水位及闸门的各种参数和信息，实现闸门开、关、停等智能化操作，并与远程的各级管理中心连接，实现了远程监测和控制。其设备运行状态的监测功能及故障多重保护、报警功能，为设备的安全运行提供了技术保证。

四、福田寺节制闸

福田寺节制闸位于福田寺防洪闸上游左侧，下排涝河与四湖总干渠交汇之处，具体见图 7-7-3。设计为开敞式混凝土结构，共 7 孔，每孔宽 5 米，总净宽 35 米，闸底高程 21.00 米，设计排水流量 240 立方米每秒，装有钢质平板闸门 7 扇、20 吨螺杆启闭机 7 台，完成混凝土 6300 立方米、砌石 3400 立方米、土方 37.11 万立方米，投资 177 万元。其作用是排涝期间节制总干渠水位，保障监利县、洪湖市排涝河以西 90 万亩农田的排水和灌溉，还可以通过高潭口泵站分排总干渠渍水，减轻洪湖压力。

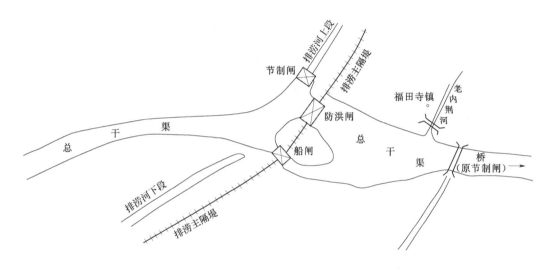

图 7-7-3　福田寺枢纽工程位置示意图

闸建成多年，运用较少，机电和启闭设备老化严重，影响安全运用，2005 年省水利厅安排资金进行整险，2006 年 1 月开工，主要项目为重建启闭机房、更新启闭设备、更换钢质闸门等，确保节制闸达到设计要求。

福田寺地处四湖中区下游，又位于洪湖调蓄区的进口，四湖总干渠与排涝河在这里交汇，中区在福田寺以上有 3369 平方千米的来水，以福田寺闸为控制点，相机进行自排、提排或调蓄，平衡降雨径流。当新滩口可以开闸排水时，可进入洪湖调蓄或进入排涝河，通过高潭口、半路堤泵站提排出东荆河和长江。灌溉季节可关闭节制水位，灌溉两岸农田。由于该闸起着承上纳下、调节平衡整个四湖地区的来水的作用，故有四湖地区水利咽喉之称。

五、小港湖闸

小港湖闸位于洪湖市小港农场，地处总干渠与内荆河下游交汇处，是河（总干渠）湖

（洪湖）分家工程的一部分，具体见图7-7-4。因总干渠中段南岸堤未形成而与洪湖相通，小港湖闸也就成为洪湖水入总干渠下段的控制闸。

小港湖闸由荆州地区水利局设计，省水利厅批准，1961年3月开工建设，洪湖县水利局组织施工，工程于1962年12月建成，共完成混凝土2457立方米、砌石879立方米、国家投资71.6万元。

小港湖闸闸型为开敞式结构，设计流量215立方米每秒，闸底高程21.50米，闸顶高程27.50米，9孔，总净宽38米（中孔宽6米、高6米，两侧边孔宽4米、高4.3米），钢筋混凝土结构，钢质平板闸门9扇，螺杆启闭机8台，卷扬启闭机1台。

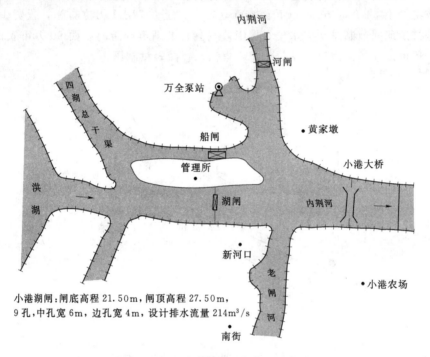

小港湖闸：闸底高程21.50m，闸顶高程27.50m，
9孔，中孔宽6m，边孔宽4m，设计排水流量214m³/s

图7-7-4　小港枢纽工程位置示意图

六、张大口闸

张大口闸位于洪湖滨湖办事处洪湖出口与新堤河的交汇处，为控制洪湖水位的节制闸之一。1961年3月动工兴建，1962年12月竣工，完成混凝土1510立方米、砌石300立方米、土方32800立方米，工程投资41.13万元。

张大口闸系开敞式结构，5孔，钢质平板闸门；为便于通航，中孔宽6米、高6米，分上下两板（即活动胸墙型），卷扬机启闭；边孔每孔宽4米、高4.3米，螺杆启闭机启闭，总净宽23米，公路桥面宽5米，载重8吨，设计流量124立方米每秒，闸底高程21.50米，堤顶高程27.50米。1983年4月，改人工启闭为电动启闭。1999年更换中孔启闭机。

张大口闸与小港湖闸联合运用，能控制洪湖滞蓄水量，丰雨期，两闸关闭，可优先抢排内荆河下游两岸1175平方千米的渍水；少雨干旱期，两闸关闭，开启新堤老闸，引长江水到内荆河下游，使 34 万亩受旱农田得到自流灌溉。

七、沔阳排湖闸

沔阳排湖闸是荆州地区平原湖区新中国成立后最早建设的涵闸之一。位于通顺河右岸的新里仁口。

闸址旧有梁滩石闸，双孔双瓮，中有天井，为嘉庆十三年（1808 年）湖广总督汪志伊奏准兴建，俗称皇闸，因底高孔窄，1950 年冬由省人民政府贷粮 400 万千克予以重建。由省水利局勘测设计，第六工程队与沔阳县共同组成"排湖渠闸工程处"负责施工，西南营造公司包工承建，1951 年竣工。

排湖闸为通顺河以南、通州河以北、排湖 38 垸及其周围面积约 500 平方千米的泄水要道。4 孔，每孔净宽 3 米，闸底高程 22.00 米，为条石及混凝土箱形结构，木质闸门，设计排水流量 34.7 立方米每秒。1969 年进行改造，木门改为钢质闸门，启闭设备改为电动机。

八、子贝渊闸

子贝渊闸位于洪湖市瞿家湾附近，内荆河右岸河堤之上。据《沔阳州志》记载："由于潜水来，光绪五年（1879 年），监利子贝渊堤以北各垸苦水无消泄，率众掘堤，与南垸民互争，伤杀甚重，沔阳知州、监利知县会详其情形，饬在子贝渊与新堤建闸，筹工未集。次年，沔阳知州钟庭瑞议设局筹款建筑，适子贝渊南岸堤溃，民纠筑未果。光绪七年（1881 年），沔阳知州黄广焯任内，南北两岸依然筑垒，构衅如故。光绪八年（1882 年），湖广总督涂宗瀛饬知州李辀到任，发帑金十余万两，开疏柴林河，建子贝渊闸，一道并移建新堤闸。"

子贝渊闸为单孔涵闸，孔宽 3.6 米，高 4.4 米，长 33 米，设闸板 2 道，闸身及挡土墙全部用条石砌成。建闸时，尚设有闸房，配置木质闸门，连同备用闸板在内，共 36 块，厚度 0.32 米。每年开闭闸板时间，立有石碑为记。民国时期，因管理不善，闸房被毁，闸门仅存半数，且大都损坏。闸门启闭之时亦久不照章执行。

1960 年春，开挖监洪渠后，为提高排涝能力，封闭原石闸，于 1961 年冬至 1963 年春建钢筋混凝土结构的新闸，闸址在老闸附近，5 孔，开敞式，中孔宽 6 米、高 6 米，左右两边孔各宽 4 米、高 4.8 米，闸底高程 22.00 米，顶高 28.5 米，设计流量 106 立方米每秒，总投资 40.8 万元。

1974 年，洪湖防洪排涝工程主隔堤形成，改变了原来的水系，该闸不能满足分洪区运用时的防洪要求。1975 年 8 月，由洪排总部设计、监利县负责施工，于主隔堤上另建子贝渊闸，1976 年 12 月完工。闸型为拱涵式，3 孔，中孔宽 8 米，两边孔宽各 6 米，设计流量 120 立方米每秒，完成挖填土方 2.25 万立方米、混凝土浇筑 1.04 万立方米、砌石 2200 立方米，投资 225.1 万元。新闸具有抗旱、排涝、通航功能，是四湖流域统一调度管理的重点涵闸，也是主隔堤以西高潭口排区（包括监利县监北地区）的自排出口之一，高潭口泵站提排时，节制洪湖水倒灌，干旱时，引洪湖水解决抗旱水源。

荆州地区1994年内垸主要排水涵闸情况详见表7-7-6。

表7-7-6 　　　　　　　　　　　　1994年以前内垸主要排水涵闸统计表

闸名	所在县	型式	孔数	闸高/m	闸宽/m	设计流量/(m³/s)	竣工年份
习家口闸	江陵	开敞	2	4.5	3.5	50	1962
福田寺防洪闸	监利	箱式	6	9.4	8.5	384	1978
福田寺船闸	监利			12	12		1983
小港湖闸	洪湖	开敞	9	6	6	215	1962
长河口闸	洪湖	开敞	3	7.3	4	74.4	1964
刘岭排水闸	潜江	开敞	9	3.5	4	229	1965
高场北闸	潜江	开敞	3	3	4	73	1976
高场南闸	潜江	开敞	5	3	4	57	1961
徐李寺闸	潜江	开敞	4	3	4	59	1961
彭家河滩闸	江陵	开敞	3	5.5	4	50	1963
黄丝南防洪闸	洪湖	开敞	1			50	1977
下新河出湖闸	洪湖	拱涵	3			120	1977
子贝渊出湖闸	洪湖	拱涵	3			120	1976
子贝渊老闸	洪湖	开敞	5			106	1963
下新河老闸	洪湖	开敞	5			128	1963
福田寺节制闸	监利	开敞	7			240	1975
沙螺防洪闸	监利	开敞	1			50	1978
幺河口闸	监利	明槽	4			94.3	1978
下市闸	仙桃	明槽	3	6.8	6	147	1973
袁家口闸	仙桃	明槽	5	3	3	135	1973
排湖渡槽闸	仙桃	明槽	1	7	18	207	1971
郭兴口闸	仙桃	明槽	5	4.5	6	134	1974
东堤闸	仙桃	明槽	5	11.25	6	157	1972
排灌涵管	仙桃	拱涵	9			267	1971
排湖泵站一号闸	仙桃	拱涵	6	6.8	4	107	1972
排湖泵站二号闸	仙桃	拱涵	6	6.8	4	207	1973
沙湖节制闸	仙桃	拱涵	8	12	10	150	1974
余场闸	仙桃	拱涵	4	7	5	120	1976
丰山闸	钟祥	拱涵	3	5	4	170	1962
潞市闸	钟祥	拱涵	3	4	3	90	1973
横堤闸	钟祥	拱涵	3	4		90	1964
丁家畈闸	钟祥	拱涵	2	3.5	3	88	1976
老龙堤闸	天门	拱涵	4	4.25	3.5	78	1971
西北周闸	天门	拱涵	3	4.25	3.5	57	1971
友谊闸	天门	开敞	2	3	5	48	1972

第八章 泵 站

荆州地区三面环水，尤其是平原湖区地势低洼，汛期外江水位高于内地，全靠堤防保护，每值雨季，渍水无法自流排泄，极易形成内涝灾害，排涝成为荆州工农业发展和人民群众安居乐业的大事。

新中国成立前，湖区曾使用过小马力柴油机排水，但为数甚少。新中国成立后，在巩固堤防、防洪保安的基础上，把排除内涝放在重要位置，通过整治疏挖排水渠道，修建排水涵闸，增强了自排能力，但在夏秋多雨季节，渍水仍不能外排。人们从实践中认识到，要在江河高水位时抢排渍水，只有修建机电排水站，自排与提排相结合，才能从根本上解决内涝问题。

电力排灌站是湖区排水设施的重要组成部分，它弥补了渍水受外江水位顶托不能自排的缺陷，有效地提高了排涝标准，减轻了渍涝灾害的威胁。

第一节 机 械 排 灌 站

1949 年以前，主要排水与灌溉设施是龙骨车，部分山区则是水力筒车或天车。据荆州各县地方志记述，新中国成立前荆州地区最早使用机械提水是 1946 年松滋县的永安、永丰等乡贷款购置小型抽水机 4 台用于农田排灌，由于操作技术不过关，排灌面积小，使用成本高，抗灾能力弱，所置设备多闲置未用。

1947 年 2 月，湖北省政府向行政院善后救济总署申请配贷抽水机 320 台，8 月，省政府召开部分受灾县订购抽水机座谈会，监利县从湖北省政府贷配柴油机 7 台（60 马力 3 台、6～12 马力 4 台），安装在尺八模范农场试用，为监利县机械抽水之始。

新中国成立后，从 1951 年开始，部分县使用柴油机进行排灌，因机械马力小，油料昂贵，技工少，机器维修困难，难以推广。1952 年荆州水利分局集中全区各县分散的抽水机，在江陵县岑河区长湖边设立了 3 个抽水机示范站，当年灌溉农田 1379 亩，又在江陵县丫角庙乡菱角洲利用 2 台 8 马力抽水机排除了 1200 亩的渍水。1953 年下半年，荆州专区水利局成立抽水机站，修建了沔阳许湾、胡场抽水机站，各配 45 匹煤气机 2 台，分别排灌 4000～5000 亩农田；江陵县也修建了 25 马力的煤气机站。1962 年公安县章田寺建立了 3 台 300 马力的抽水机站，成为平原湖区第一座单机超过 300 马力的抽水机站。

在兴办机械抽水机站的同时，各地通过实践经验的积累，逐步探索出以固定性的圬工泵代替机械抽水机站，抽水时只需安装机械即可使用。圬工泵是根据立式轴原理，用土法安装的一种固定的水泵。即用青砖和块石浆砌于跨渠涵闸，并考虑排灌两用和水陆交通的需要，在涵洞一端修建成球形水槽，安装泵轴、叶轮、导水轮、皮带轮等，形成一个以砖箱代替铁壳的轴流泵。它结构简单、安全可靠、投资小、效益大，适用于湖区低扬程排水。

由于机械排灌站功率小、耗油量大、费用昂贵、效率低，不能适应农田大排大灌的需要，因而发展不快。20世纪70年代后，电力排灌泵站的大规模兴建，机械排灌站不仅没有发展，而且原有的许多机站也逐步改为电力排灌站。到20世纪80年代，大部分机械排灌站被电力排灌站所取代。

第二节 泵 站 发 展 历 程

荆州地区排水工程建设经历了由点到面、从小到大、从机械泵站到电力泵站的发展过程。

1964年《荆州地区水利综合利用补充规划》正式提出在平原湖区兴建一级电力排水泵站的规划。1966年，公安、石首两县引进湖南省柘溪水库电源，兴建了公安黄山头单机容量800千瓦电力排水泵站以及石首县团山寺等5座单机容量155千瓦的电排站，1968年又在四湖水系兴建单机容量1600千瓦的洪湖南套沟泵站，从而拉开了在平原湖区大规模地兴建电力排水泵站的序幕。随着国民经济发展，特别是电力工业和机械工业的发展，又为兴修大容量的电力排水泵站提供了物资条件，而渍涝灾害的频繁发生，又促进了电力排水事业的加快发展，20世纪70年代，平原湖区电排站建设蓬勃兴起。

1957—1972年间，以建中小型泵站为主，试建大型泵站，共建成固定站117处，其中单机800千瓦以上的大型泵站两座（黄山头和南套沟）。1972—1983年，电力排灌工程建设进入高潮时期，这一时期仅兴建的大中型泵站就有17座，平均每年新增装机2.5万余千瓦。1984年以后，电力排灌工程进入稳步发展阶段，基本上形成了防洪、排涝、灌溉三大工程体系，在排灌方面形成了以小型泵站为基础，大、中型泵站为骨干的排灌体系。在排涝方面，基本达到了3日暴雨5日排至作物耐淹深度的10年一遇排涝标准。至1994年，荆州地区共建一级泵站109处，装机601台，214115千瓦，提排流量2475.96立方米每秒；二级泵站908处，装机188689千瓦，提排流量2289.6立方米每秒。荆州地区大型泵站情况详见表7-8-1。

表 7-8-1　　　　　　　　　　1994 年荆州地区大型泵站统计表

站名	站址	装机容量 /(台×kW)	设计流量 /(m³/s)	排水面积 /km²	排入河流	建成年份
高潭口	洪湖	10×1600	240	1056	东荆河	1975
新沟	监利	6×800	51	213.93	东荆河	1976
老新	潜江	4×800	35	121	东荆河	1976
半路堤	监利	3×2800	76.8~15	387.49	长江	1980
螺山	洪湖	6×1600	128	935.5	长江	1975
南套沟	洪湖	4×1600	78	277.06	东荆河	1971
黄山头	公安	6×800	54~15	921	虎渡河	1969

站名	站址	装机容量/(台×kW)	设计流量/(m³/s)	排水面积/km²	排入河流	建成年份
闸口一站	公安	6×800	48	921	虎渡河	1974
玉湖	公安	4×800	32	322.66	官支河	1974
法华寺	公安	4×800	32	324.76	沧水河	1978
牛浪湖	公安	4×800	36	233.4	松西河	1976
小南海	松滋	4×800	32	138.1	松西河	1979
大港口	石首	2×1600	40~20	238	调弦河	1978
冯家潭一站	石首	4×800	32	351.4	长江	1977
排湖	仙桃	9×1600	180/70	763	汉江	1974
沙湖	仙桃	6×1600	120/60	554.4	东荆河	1980
宝丰	仙桃	2×800	16	70	东荆河	1975
幸福	潜江	4×1600	94.4	414.87	东荆河	1978
新滩口	洪湖	10×1600	220	874	长江	1986
田关	潜江	6×2800	220	3240	东荆河	1989
杨林山	监利	10×800	80	932.5	长江	1986
冯家潭二站	石首	4×800	32	273.9	长江	1992
闸口二站	公安	4×3000	120	921	虎渡河	1992
彭麻	天门	3×800	24	73.4	汉江	1985
合计	24 处	125 台	2022.2			

1994 年以后，泵站建设仍继续发展，截至 2012 年年底，荆州市已建成大、中、小型泵站 13726 处，装机功率 69.1 万千瓦，总流量 6691.97 立方米每秒。其中单座 30 千瓦及以上固定站 3232 座，总装机 5272 台，总容量 54.8566 万千瓦，总设计流量 5773 立方米每秒。

大型泵站 10 座，装机 65 台，容量 10.30 万千瓦，设计流量 1104 立方米每秒。

中型泵站 120 座，装机 775 台，容量 16.7966 万千瓦，设计流量 1851 立方米每秒。

小型泵站 3102 座，装机 4432 台，容量 27.76 万千瓦，设计流量 2818 立方米每秒。

全市现有单机 800 千瓦及以上大中型泵站 21 座，装机 107 台，容量 14.14 万千瓦，设计流量 1476 立方米每秒。

荆州市泵站大多兴建于 20 世纪 70—80 年代，由于受当时资金紧缺、物资匮乏、技术条件相对落后等因素影响，部分工程设计标准低，有的未能全部完工或配套工程未实施，部分机电设备质量较差。这些设备设施经过近 40 年的运行，老损十分严重，给泵站运行带来很大的安全隐患，大大降低了工程运行效率，工程的正常运行得不到保证，如遇连续暴雨或大暴雨，不但泵站自身存在安全隐患，而且因运行效率低或运转不正常，使渍水不能及时排出，将给农业生产及人们生活带来损失和影响。

为了解决排涝泵站设备老化和建筑物失修问题，从 2005 年开始，国家启动了《中部四省（湖北、湖南、安徽、江西）大型排涝泵站更新改造规划》，项目建设的主要内容是机电设备更新改造和泵站主体建筑物加固改造。2009 年国家又启动了《全国大型灌溉排水泵站更新改造规划》。

荆州市泵站更新改造工程分 4 批进行，共有 21 处大型泵站纳入国家更新改造规划，单座泵站共计 102 座、616 台套，总容量 18.445 万千瓦，概算总投资为 12.7167 亿元。

第一批大型排涝泵站更新改造项目有高潭口、公安县黄山头、松滋市大同垸、石首市大港口、监利县新沟 5 处泵站列入湖北省第一批大型泵站更新改造项目，总装机 46 台套、总容量 3.63 万千瓦，核定概算总投资 1.5335 亿元（中央配套 7669 万元，省配套 4601 万元，地方自筹 3065 万元），2008 年已全部建成受益。

第二批泵站更新改造项目有新滩口、大沙、半路堤、闸口一站、冯家潭、玉湖、法华寺、小湖口 8 处泵站被列入全省第二批泵站更新改造项目，总装机 156 台套、总容量 6.076 万千瓦，核定概算总投资 4.5087 亿元，2008 年启动建设，2009 年全部建成受益。

第三批大型排涝泵站更新改造项目有南套沟、小南海、杨林山、联合垸、东港垸 5 处泵站列入中央新增投资部分，总装机 137 台套、总容量 3.271 万千瓦，投资 2.9431 亿元。

第四批大型泵站更新改造项目有李家嘴、孟溪、莲花 3 处泵站，总装机 277 台套、总容量 5.468 万千瓦，概算总投资 3.73 亿元。其中，李家嘴等泵站 6 座，总装机 25 台、总容量 1.095 万千瓦，投资概算 6114 万元；孟溪等泵站 18 座，总装机 90 台、总容量 1.881 万千瓦，初设批复投资 1.35 亿元，下达投资计划 3200 万元；莲花等泵站 25 座，总装机 162 台、总容量 2.492 万千瓦，初设批复投资 1.77 亿元。已完成安全鉴定和可行性研究报告、初步设计的批复等前期工作。

泵站更新改造工程的实施，消除了泵站的安全隐患，设备设施的质量得以提高，泵站的提排能力明显增强，排区的排涝标准得以恢复，为农业生产和发展提供了安全保障，极大地提高了抵御自然灾害的能力。同时，工程建设结合血防灭螺将进一步提高疫区内血吸虫防治标准，促进了区域环境建设，确保农业生产和社会经济的可持续发展，促进了新农村建设。

第三节 大 型 排 水 泵 站

按照流量和装机容量的大小，将泵站划分为大中小 3 种类型，其中单机容量 800 千瓦以上的为大型泵站。从 20 世纪 60 年代开始，荆州地区（市）共修建大型泵站 24 座，有效地提高了区内的排灌标准。

一、新滩口泵站

新滩口泵站是四湖中下区流域性的排水站，也是新滩口枢纽工程的重要组成部分，其作用是洪湖渍水通过小港湖闸、张大口闸流入新滩口，再由此站排出。该泵站在设计年份内，可提排直排区承雨面积 874 平方千米、渍水 9.2 亿立方米，解决四湖中下区 6200 平方千米渍水的出路，增加四湖地区保收面积 140 万亩；与高潭口泵站配合使用，能及时排除中区渍水，将洪湖水位控制在 26.00 米以内，四湖流域大部分低洼田避免分洪，同时也减少了内荆河及洪湖围堤防汛救灾费用，其工程效益非常显著。截至 2012 年新滩口泵站共运行 27 年、12.5 万台时，累计排水约 102 亿立方米，年均排水量 3.78 亿立方米。

新滩口泵站由荆州地区水利局勘测设计室设计，荆州地区水利工程队施工，集中全区具备大型泵站安装技术的工人安装设备，洪湖县负责施工组织和土方工程建设。

1983 年，省计委批准设计任务书，省水利厅批准初步设计。安装 1600 千瓦立式同步电动机配 28CJ 全调节立式轴流泵 10 台套，总装机容量 16000 千瓦，设计排水流量 220 立方米每秒，设计扬程 5.62 米（平均扬程 3.89 米）。1983 年 12 月 6 日开工，完成工程量：土方 188.1 万立方米，砌石 12246 立方米，混凝土 34651 立方米，国家投资 2431 万元。1986 年 7 月 7 日试车成功。

工程总体布置为堤身式，低驼峰虹吸管道出流，出口装有拍门。

站址存在的主要问题是地质条件差，承载力低，沉陷量大。为适应地基特点，设计中采用了减轻地基应力的措施，在站身进口侧设置 12 米的反压箱涵，降低泵房两侧的填土高度，在防渗布置上为防止侧向渗流破坏，布置有 35 米的空箱刺墙，并设有垂直和水平止水。

泵站设备操作设有中央控制室，实行集中控制，采用弱电选线巡回检测、微机处理新技术。

泵站施工过程中，采用了工程师欧光华、许金明等创新的深井点排水技术，保证了基坑的安全。

经勘探，站基范围内为第四系冲积层，上部为近期河湖相沉积层，下层为全新世河流相沉积层。站基下有两个含水层，第一层为亚砂土层，分布高程为 8.00～10.00 米，厚度不一，其间夹有多层薄砂；第二层为粉细砂层，顶板高程为 5.00～6.00 米，板层厚，含有丰富的地下水，经抽水试验，施工期间地下水位在 20.00～23.00 米之间变化。因此，对于基坑的渗透稳定问题必须予以高度重视，防止突涌现象发生。鉴于已建成的新滩口排水闸和船闸在施工过程中闸基部位都出现了管涌，闸基遭到了不同程度的破坏，虽多次处理，仍带病运行，危及建筑物的安全，乃决定对泵站基础采用深井点排水系统。

1983 年 10 月，进行深井点排水系统防止泵站基础渗透变形破坏的试验工作。1984 年 2 月完成井点施工，3 月投入使用，正常运行 3 个多月，有效地保证了基坑的施工安全。

泵站基坑开挖高程 16.10 米，覆盖土层厚 6.1 米，根据稳定计算，当地下水位达到 19.00 米时，基坑处于抗渗流稳定的临界状态。泵站底板浇筑后，填土至 17.00 米的高程，当地下水位达 21.50 米时，底板周围可能出现渗透变形，决定布置 9 口深井点，3 口观测井。井底高程为 −18.00～−20.00 米，孔深 42～44.0 米，井径 0.5 米，过滤管长 15 米（普通管长 21～29 米不等）。滤网一层 70 目铜丝布，裹 50 目两层尼龙布，外填料径为 2～4 毫米的小绿豆砂。

当井点工作时，基坑地下水位一般可降低 2.5～3.0 米，3 月至 4 月上旬，基坑地下水位控制在 16.00～17.40 米之间，保证了地基的安全。

新滩口泵站经过 20 多年的运行，暴露出的主要问题是：水泵与流道不匹配（流道为钟形流道），致使机组在运行中振动大、噪音大，水泵气蚀现象严重，装置效率不能充分发挥；主电机绝缘老化，性能下降；控制设备、保护装置属淘汰产品，可靠性低；中控室偏小；厂房门窗锈蚀变形，屋面漏水严重；结构混凝土碳化严重，出水流道出现裂缝；闸门锈蚀、启闭设备老化；管理设施落后。

2007年7月26日，湖北省发改委对新滩口泵站更新改造工程初步设计予以批复，计划投资8970万元，其中，中央投资4485万元，省级投资2691万元，地方配套1794万元。

泵站更新改造项目业主为荆州市四湖工程管理局，设计单位为武汉大学设计院，监理单位为湖北腾升工程管理有限公司。施工单位有：湖北省汉江水利水电建筑有限责任公司、安徽水安建设发展股份有限公司、武汉武大巨成加固实业有限公司、湖北大禹水利水电建设有限公司、深圳市东深电子股份有限公司。设备供应商有：无锡市锡泵制造有限公司、日立泵制造有限公司、湖北华博阳光电机有限公司、正泰电器股份有限公司、广州南洋电缆有限公司、上海凯泉泵业有限公司、湘潭电机股份有限公司。

泵站更新改造后，装机容量由10台×1600千瓦增加到10台×1800千瓦，设计排水流量220立方米每秒。

维修改造工程项目：水泵装置模型及现场试验，进水流道及水泵改造，混凝土炭化、裂缝及伸缩缝止水处理，拆除重建出口护坦和分洪转移公路桥桥面，泵站进出口引渠护砌，更换泵站桁车，拦污栅工作桥加宽，拆除重建交通桥两边跨，新建出口围堤防洪墙、出口防洪闸，更新进口检修闸门及液压启闭机，更新出口拍门及拦污栅栅体，机电及配套设施更新改造，重新配置主电机及其他电气设备，拆除重建现有副厂房，新建油处理室、进口启闭机房、主厂房、真空泵房、卷扬机房及装配间整修，更新拦污栅栅体、水文设施、泵站管护设施，站区改造，环保水保治理、水利血防工程建设等。

更新改造工程从2007年11月18日开始，2011年3月10日完工。流道改造是其重点项目。泵站原进水口采用钟形流道方式，存在缺陷，机组不能在额定功率状况下正常运行；经专家论证，将钟形流道改造成簸箕型流道。通过模型仿真试验，基本确认此方案的可行性，并于2007年底，将2号机作为试验机组，进行了流道改造试验。水利部检测中心于2008年8月1日进行现场运行测试，同年11月1日经省市有关专家和领导讨论通过，决定按此方案改造其他9台。2009年汛后至2010年4月底，完成了流道改造以及10台电机、水泵及电控设备的安装和改造项目，并正常投入当年防洪排涝，运行效果良好。

二、高潭口泵站

高潭口泵站位于洪湖市永丰镇东荆河右岸，距洪湖分蓄洪工程主隔堤与东荆河堤交会处500米，距洪湖市黄家口镇约3千米，与仙桃市杨林尾镇四丰村隔河相望。安装1600千瓦立式同步电动机配28CJ全调节立式轴流泵10台套，总装机容量16000千瓦，设计扬程4.7米，最大扬程7.2米，设计排水流量240立方米每秒，设计灌溉流量40立方米每秒。主要负担四湖中区洪湖、监利、潜江、江陵和沙市等县（市、区）渍水向外抢排的任务，同时兼顾灌溉农田40万亩，受益面积390万亩（其中排涝面积350万亩，灌溉面积40万亩）。直排区承雨面积1056平方千米，农田受益面积101万亩。站内设备均为我国自行设计制造。高潭口泵站主要建筑物有泵房、变电站、公路桥、拦污栅、浮体闸以及东、西灌溉闸（渠）等，是具有排涝、提灌和自流灌溉综合功能的泵站。

四湖中区的渍水是向长江排还是向东荆河排有利，曾就西门渊、新堤（均排入长江）和高潭口（排入东荆河）3处站址进行论证比较，考虑到长江汛期水位高，持续时间长，排水区内地势低，提水扬程高，装机容量、工程造价、设备材料及年运行费等均要增加，而且国内生产的泵型不能满足要求，因此，选择高潭口建站最为经济合理。详见表7－8－2。

表7-8-2　　　　　　　　　　三地有关参数比较表　　　　　　　　　　单位：m

站　址	外　江		内　河		净扬程	
	设计洪水位	设计水位	高水位	正常水位	最大	设计
西门渊	37.35	34.83	27.00	26.50	10.35	8.33
新堤	33.46	30.74	25.50	24.50	7.96	6.24
高潭口	32.20	28.70	25.00	24.00	7.20	4.70

高潭口泵站为湖北省洪湖防洪排涝工程的组成部分之一，于1972年12月破土动工，1973年10月完成主体工程土建部分，1975年5月10台机组全部安装完成。预算投资1438万元，实际投资1409.17万元。各项技术经济指标均达到国家标准，1981年被国家建委评为70年代国家优秀设计项目，1982年又获国家建委颁发的"工程设计、施工、安装银质奖章"。

施工过程中，泵站设备安装缺乏吊装设备，安装工人和技术人员自己设计加工了贴地滑轮吊装法，不仅保证了大件安装的安全，而且争取了时间，提高了工效20%，节约投资28541元。

工程急需的砂石料等大宗材料，由湖南运往工地的途中，需从长江翻堤入东荆河，翻堤的运距长达1.5千米，晴通雨阻，不但转运费用大，浪费多，而且时间不能满足施工要求。为了解决这个问题，工程指挥部决定开挖一条转运河，转运总量达11万吨。

高潭口电力排灌站工程经水利部批准，由省水利勘测院完成设计，为排水、提灌、自流灌溉相结合兼有公路交通的综合性枢纽工程。土方挖填由洪湖县负责安排劳力；水工建筑部分由荆州地区水利局工程队和洪湖县水利局工程队联合施工；机组设备由省水利局工程一团安装；变电站设备安装及高压线路架设由荆州地区电力局和洪湖县电力局联合施工。

高潭口泵站投入运行以来，由于排水渠道水流通畅（渠道过水断面是设计流量的1.8倍），多数年份外江水位在汛期均偏低，外江水位超驼峰的时间极少（驼峰高程32.00米，1998年外江最高水位31.90米，1996年外江最高水位31.15米，1983年外江最高水位31.77米）。泵站运行时，扬程多为3.5～4.0米之间。排水效益是四湖流域外排站中最好的。截至2012年，共运行22.03万台时，累计排水量211亿立方米，年平均排水5.414亿立方米（1980年排水17.71亿立方米，1983年排水18.2亿立方米，1996年排水15.5亿立方米）。为四湖地区的防洪、灌溉、排涝减灾，提高抗御自然灾害的能力，保障四湖地区基本农田稳产高产发挥了重要作用。尤其是当洪湖一旦分蓄洪后，可确保四湖中区数百万亩农田丰收。如遇1954年、1983年、1996年等典型年，四湖中区的涝灾也将大为减轻。

由于泵站运行多年，设备逐渐老化，给正常运行带来一些安全隐患。为了确保工程效益的发挥，此泵站列入全省 19 处大中型泵站更新改造项目之一。2005 年 10 月 8 日，省发改委下达关于荆州市高潭口泵站更新改造工程可行性研究报告的批复，工程估算总投资为 3437.56 万元。

2006 年 7 月 20 日，省发改委下达关于荆州市高潭口泵站更新改造工程初步设计的批复，总投资为 2675 万元，其中，中央财政预算专项资金 1335 万元，省水利基础设施建设专项资金 803 万元，地方配套 537 万元。

更新改造工程实施的主要内容：进口渠道的土方开挖、护底、护坡和出口渠道的清淤、泵站出水池止水维修；拦污栅水工建筑维修；维修主厂房、泵房前墙及流道裂缝处理，出口公路桥除险加固；站区混凝土公路及站区环境建设；管理房屋及堤顶公路维修；防洪闸门及启闭机设备维修；泵站 10 台电机及水泵的更新改造；10 台调节机构改造；室内电器线路更新改造；1 号站变的安装和 2 号站变的更新改造；计算机监控系统自动化等；行车、供水泵、排水泵、真空泵、顶转子油泵改造等。

更新改造工程完成总投资 2137.96 万元。其中，建筑工程 710.79 万元元；机电设备及安装工程 694 万元；金属结构设备及安装 353.73 万元。主体工程项目于 2009 年 12 月 30 日完工。改造后的水泵经现场测试，电机振动位移值最高为 0.036 毫米，水泵振动位移值最高为 0.073 毫米，电机最高噪音为 85 分贝，水泵最高噪音为 90 分贝，符合《泵站技术改造规程》要求。

三、南套沟泵站

南套沟电力排灌站位于洪湖市东荆河堤右岸 142＋450 处。此站是四湖中下区一座排田与排湖相结合的大型泵站，是荆州地区最早兴建的一座单机 1600 千瓦以上大型轴流泵站。于 1968 年 12 月动工兴建，1971 年 5 月建成受益，总装机 7200 千瓦（4 台×1800 千瓦），设计排涝流量 78 立方米每秒，受益农田 28.84 万亩；灌溉流量 17.8 立方米每秒，受益农田 4.65 万亩。主要承担黄家口镇和汊河镇 277.06 平方千米的排涝任务，同时参与新滩口、高潭口等泵站统排，降低洪湖汛期水位，为四湖流域统排骨干泵站之一。

南套沟电力排灌站原设计是利用原 1961 年修建的南套沟老闸作为防洪控制、排涝和灌溉节制之用，泵站建成运行后，老闸不能完全满足配套使用要求，由洪湖县水电局勘测设计院设计、省水电局批准并拨款 40 万元，由洪湖县水电局组织施工，对老闸进行改建。1973 年 10 月动工，1974 年 5 月竣工。

泵站自投入运行以来，因使用时间久，运用条件差，因而存在着安全隐患，主要是水泵锈蚀、磨损严重；辅机设备及电气设备老化；部分电机线圈拉曲变形，电机绝缘下降，机组温升过高，效率降低，达不到设计排水流量；泵站中控室地平面下沉达 60 厘米及配套建筑物损坏等，直接影响着泵站的正常运行和工程效益的发挥。

1998—2005 年，湖北省水利厅先后投资 1738 万元，地方配套 930 万元，对泵站进行加固改造。

2008 年，南套沟泵站更新改造列入全省第三批泵站更新改造项目即中央新增投资部分，对泵站进行改造。其主要改造项目为：泵站厂房整修、外墙涂料及屋面防水；主泵房进出口侧预制栏杆、厂区铸铁栏杆安装；进水渠道疏挖，混凝土护坡护底及止水更新；进出口挡土墙开挖回填、钢塑复合拉筋带、混凝土加筋带锚固板、六方块护坡、预制栏杆安装；出口挡土墙预制栏杆安装；拦污栅改造工程；进口检修平台重建工程；出口防洪闸加固工程；东、西节制闸改造工程等。

泵站投入运行以来，年平均运行 1959 台时，年平均排水约 1.4 亿立方米，为洪湖受益区的防洪、灌溉、排涝减灾，提高抗御自然灾害的能力，保障基本农田稳产高产发挥了重要作用。

四、螺山泵站

螺山电排站位于长江干堤螺山脚下，洪湖市境内。始建于 1970 年 5 月，1973 年建成投入运行。装机 6 台，单机容量 1600 千瓦，总容量 9600 千瓦，设计排水流量 99 立方米每秒，承担排水面积 935.3 平方千米，受益农田 88.99 万亩。

螺山排区环绕洪湖西、北边沿，地势低洼，常年受湖水威胁，三年两涝，1964 年受灾面积达 56.8 万亩，灾后，省水利厅编制的《荆北地区防洪排涝补充方案》之中，就拟定在螺山修建大型电排站，由于受技术力量和经济条件限制，未能实施。

1969 年，洪湖田家口处长江干堤溃口，淹没大量农田，兴建螺山泵站的要求更加迫切。同年，监利县提出修建螺山泵站的要求，省革委会批准实施。

1970 年 5 月，从荆州地区水利电力局、监利县水利电力局、荆州水利工程队、四湖工程管理局抽调技术人员组成"三结合设计组"，按照 10 年一遇 3 日暴雨 5 日排完标准开展设计工作。

在勘测设计的同时，监利县组建施工营和 3 万民工开始施工，于 1972 年年底完成土建工程。1973 年 4 月开始安装机组，由省水利工程一团负责安装。1976 年春投入运行。完成工程量为：主泵站挖填土方 52.53 万立方米、混凝土 16633 立方米、砌石 14394 立方米，总建筑面积 1702 平方米，消耗水泥 5362 吨、钢材 513.2 吨，投工 189.6 万个，其他配套工程土方 723 万立方米、投工 620 万个，工程总投资 1061.732 万元。

施工过程中，省、地有关领导将原设计的装机 9 台、总容量 14400 千瓦改为装机 6 台、总容量 9600 千瓦，实际运行过程中，显露出排涝标准不足、水泵扬程低等问题。1995 年省水利厅在基本建设计划中安排泵站改造资金 200 万元，对 4 号机组进行改造，装机容量 2200 千瓦。

1996 年 7 月，长江螺山站水位超历史最高水位，除了改造过的 4 号机组正常运行外，其余 5 台机组因"超扬程、超驼峰"而被迫停机 15 天，螺山排区农田最深渍水达 2 米，颗粒无收。灾后，省水利厅再次安排泵站更新改造资金 1300 万元，于 1997 年 5 月动工，对泵站实施改造，装机 6 台，单机容量增加为 2200 千瓦，总容量 13200 千瓦，排水流量扩大为 144 立方米每秒。

1980 年排水 9.14 亿立方米，1983 年排水 9.11 亿立方米，1996 年排水 5.59 亿立方米，1998 年排水 4.39 亿立方米。排水量多少与外江水位高低有关。

五、杨林山泵站

杨林山泵站位于长江干堤桩号 538＋300～538＋500 处，依杨林山而建，装机 10 台，单机 800 千瓦，总容量 8000 千瓦，设计扬程 7 米，排水流量 78.2 立方米每秒，与螺山泵站联合运用，共同担负螺山区的排涝任务。

1983 年，监利县水利局编制出《监利县杨林山电排站设计任务书》，省计委以鄂计基字〔83〕第 073 号文批准兴建。1983 年 3 月破土动工，1985 年 4 月竣工投入运行。泵站电机启动和监测均采用微机控制，为监利县水利设施控制自动化的开端。

泵站工程由荆州地区水利局和监利县水利局勘测设计院共同设计，监利县白螺、尺八、桥市、朱河等乡镇 25000 人投入施工。完成挖填土方 23 万立方米、浆砌块石 10428 立方米、干砌块石 3820 立方米，浇筑混凝土 20354 立方米，投资 1389.55 万元。

泵站经多年运行，特别是经过 1998 年大洪水考验，暴露出一些险情隐患，主要是因为地基发生不均匀沉陷导致第一节出水管断裂，1987 年采取外贴橡皮处理，但时间过久，橡皮老化，裂缝变大失去止水作用；伸缩缝止水铜片和橡皮破坏，达不到止水目的；泵站出水管及主泵房漏水；防洪闸门和拍门锈蚀严重；因 1998 年长江大洪水后，长江干堤加高，泵站防洪闸和深水闸所处堤身地面高程低于设计防洪标准；泵站拦污栅栅墩位移；出水渠冲刷严重；深水闸出水 U 形槽立板断裂。

针对以上问题，1999 年 2 月实施泵站整险工程，4 月竣工，完成出水管道内衬钢管 360 米，对 30 节伸缩缝止水进行更换，浇筑混凝土 339 立方米，更换拦污栅，泵站清淤 11 万立方米，对防洪闸 20 块闸门进行维修及更换止水，总投资 200 万元。

2008 年，杨林山泵站被列入《中部四省大型排涝泵站更新改造规划》，省发改委批复工程总投资 5800 万元。2009 年 2 月开工，2010 年 7 月竣工。改造的主要内容：主水泵更新为 1600HOQ - 9 型混流泵，主电机为 TDL1000 - 20/2150 同步电机等。

六、半路堤泵站

半路堤泵站位于长江干堤桩号 624＋500 处，担负着监利县四湖总干渠、西干渠以南，洪湖主隔堤以西 387.49 平方千米的排涝任务。同时通过四湖总干渠福田寺南岸建闸控制，可参加四湖流域统排，将总干渠部分来水直接排入长江，可提高四湖中区的排涝标准，特别是洪湖分蓄洪区工程运用时，实现高水高排。

半路堤附近区域原为螺山电排区，一部分渍水通过总干渠实现自排，因总干渠受上区来水的压力，有 219.49 平方千米面积不能自排，加之洪湖主隔堤修建之后，163 平方千米面积被隔在主隔堤以西，需要解决排水出路问题。1975 年，监利县在编制恢复被主隔堤隔断的水系的规划中提出修建泵站的要求，1976 年编制出《半路堤电力排灌站工程设计书》，1977 省计委以鄂计农字〔77〕第 231 号文批准兴建。设计标准为 10 年一遇 3 日暴雨 5 日排完，装机容量 3 台，单机 2800 千瓦，总容量 84000 千瓦，排水流量 76.5 立方米每秒，设计和施工均由监利县水利局承担。

泵站于 1977 年 10 月开始进行地质钻探，1978 年 1 月破土动工，监利县承担土方、混凝土浇筑等施工任务，省水利工程一团负责机组安装，1980 年 5 月投入运行。完成挖填土方 985694 立方米、混凝土 16113.5 立方米、浆砌石 38215 立方米、干砌石 820 立方米，总投资 860.7 万元。

由于设计、施工、安装等原因，以及运行后的自然因素，先后经历过续建、改造及整险加固等几个阶段。

泵站的输水渠道为排涝河，过水断面与泵站排水能力不匹配，1989 年冬由省水利厅投资 190 万元，疏挖半路堤至沙螺渠道 15 千米以及主机设备改造，泵站效益逐步提高。

2 号机组因安装质量问题，启动困难，振动剧烈，效率低，1994 年列入全省基建重点技术改造项目，投资 200 万元，更换机组水机转轮总成，达到技术规范要求，运行良好。

泵站原设计为排灌两用站，因运行成本高、灌溉渠道影响长江干堤安全等原因，1998年拆除东、西灌溉闸及其配套设施，使其成为单一的排水泵站。

从 1992—1998 年，共发生翼墙跌窝、伸缩缝漏水等 5 次大的险情，虽进行了应急处理，但未解决根本问题，1998 年 11 月开始进行整险，主要项目是翻筑堤身、修复伸缩缝及止水、对底板进行灌浆处理、更换防洪闸门等，1999 年 4 月完工，完成开挖回填土方6.82 万立方米、浇筑混凝土 479.6 立方米、浆砌石 1396 立方米，总投资 370.97 万元。

2007 年，半路堤泵站列入《中部四省大型排涝泵站更新改造规划》，省发改委批复工程总投资 5399.44 万元。工程于 2008 年开工，2010 年 6 月竣工。改造的主要内容：3 台主泵更新为 2650HDQ26 - 11 型全调节混流泵，3 台主电机为 TL3200 - 36/3250 型立式同步电机。

该站设计为堤后式，平管出水（3 孔，3.5 米宽、4 米高），由于地基承载能力低，为减轻地基承载重量，穿堤涵洞采用双层式结构，即下层过水，上层空腹，减轻填土重量。

七、冯家潭泵站

石首市人民大垸排区先后于 1977 年和 1993 年建成两座大型排涝泵站。

（一）冯家潭一站

冯家潭泵站位于石首市天鹅洲经济开发区人民大垸支堤，桩号 6＋200 处。西南濒长江，东与监利接壤，是跨石首和江陵两县市的大型排区。排区总承雨面积 351.40 平方千米，其中，江陵县承雨面积 9.0 平方千米，石首市 342.40 平方千米，涉及石首市的新厂、横市、大垸、小河等乡镇和天鹅洲经济开发区及江陵县的秦市、普济共 7 个乡镇（区），受益农田面积 25 万亩，其中江陵县 1.1 万亩。

冯家潭泵站是石首市人民大垸电力排灌工程的第一期工程。排区内有星火、燎原、聂家及蛟子河四大排水干渠至人民大垸闸，泵站与人民大垸闸间新开一条总干渠，底宽 32米，长 2.5 千米，由泵站将垸内渍水排入长江故道。此站是一座以排涝为主，结合灌溉的中型电力排灌站，于 1974 年经省、地、县联合会审，通过设计方案，电源由监利红城中心变电站以 35 千伏送至泵站。1974 年 8 月正式挖基动工，1977 年 8 月全面竣工投入运行。设计提排流量 32 立方米每秒，装机容量 4 台×800 千瓦，额定电压为 6 千伏，设计扬程 5.1 米，最大扬程为 7.1 米。泵站工程完成土方 103.36 立方米、浆砌石 2126 立方米、干砌石 1360 立方米、混凝土 5460 立方米，投工 144.77 万个，耗用钢材 178 吨，水泥 1890 吨、木材 1363 立方米，工程总投资 268.9 万元。

1998 年的大洪水，导致洪水翻越驼峰，严重威胁泵站安全。根据鄂水指〔1999〕2 号文件精神，冯家潭泵站被列入国家投资计划，安排整险资金 100 万元，新建防洪拍门、启闭机房、工作桥等。2006 年 5 月 29 日，省水利厅泵站安全鉴定委员会组成专家组，对冯家潭泵站（一站）建筑物及机电设备按照《泵站安全鉴定规程》的要求进行了安全状态综合鉴定与评价。建筑物共有 13 项，评定 Ⅱ 类建筑物 2 项，Ⅲ 类建筑物 3 项，Ⅳ 类建物 8 项。机电设备共 73 项，评定 Ⅱ 类设备 2 项，Ⅲ 类 2 项，Ⅳ 类 69 项，最终评定泵站安全类别为 Ⅲ 类，整体较差，低于国家相关标准。建议着手研究冯家潭泵站（一站）更新改造方案。

2006 年 10 月 30 日，省发改委、省水利厅联合主持召开了《石首市冯家潭泵站（一站）更新改造工程可行性研究报告》（以下简称《可研报告》）审查会，11 月 9 日，省发改委对可行性研究报告进行了批复，同意《可研报告》的内容。

2007 年 7 月 26 日，省发改委对初步设计报告进行了批复。更新改造工程于 2007 年 12 月 12 日开工，分为 6 个标段：土建及金属结构安装、4 台同步电机的采购与安装、4 台主水泵的采购与安装、高低压开关柜及直流装置的采购与安装、电缆设备采购与安装、控制与保护等设备采购与安装。2009 年底工程全面完工并投入运行。

此泵站更新改造工程项目是全省第二批 23 座泵站更新改造项目之一，国家批准概算总投资 2880 万元，中央、省、地方投资比例为 5：3：2，其中，中央投入资金 1440 万元，省级配套资金 864 万元，地方自筹资金 576 万元。

（二）冯家潭二站

冯家潭二站坐落在石首市人民大垸排区，与冯家潭一站联合运用，1989 年 10 月兴建，1993 年 5 月竣工。由荆州地区水利局设计院设计，荆州地区水利工程处和石首市水利工程队承建。共完成挖填土方 200.3 万立方米、浇筑混凝土 15862.5 立方米、浆砌 5474 立方米、干砌石 3046 立方米，总投资 2262 万元，其中，国家投资 1936 万元，地方自筹 326 万元。

此站装机 800 千瓦机组 4 台，总容量 3200 千瓦，设计扬程 5.5 米，排水流量 32 立方米每秒，开挖主进水渠 3000 米，出水渠 3500 米，支渠 1100 米，修建节制闸 5 处、桥梁 4 处，配建 35 千伏变电站一座，架设输电线路 12 千米。

此站承担石首市新厂、大垸、横市 3 个乡镇排水任务，受益农田 12 万亩，另外排老河渔场水面积 0.8 万亩、江陵县农田 0.3 万亩。

1988 年 4 月由省水文地质大队进行了钻探。泵站底板地基为淤泥质黏土，厚 2～3 米。为了克服地基差引起泵房不均匀沉陷，泵站采用钢筋混凝土灌注桩，桩径 80 厘米，主泵房 84 根，副厂房 24 根，出水箱涵 12 根，桩基深度约 32 米。2012 年进行检测，沉陷约 8 毫米。

1997 年 1 月全省开展创星级泵站活动，省水利厅组织验收，评定泵站为管理达标单位，荣获 2 星级奖牌。

2012 年 11 月，省发改委批复冯家潭二站更新改造计划，投资 2300 万元，主要建设内容为 4 台主机更新、4 台发电机维修改造。

八、闸口泵站

公安县闸口镇先后于 1975 年、1992 年建成两座大型排涝泵站。泵站采用封闭式，一旦荆江分洪工程运用，可保证机组、设备安全。

（一）闸口一站

闸口一站位于荆江分洪区中部西侧、虎渡河左岸，桩号 57＋800，是湖北省第一批兴建的大型排涝骨干工程，兴建于 1974 年，由荆州地区水利局和公安县水利局联合设计，荆江分洪区堤防管理总段组织施工，1975 年 5 月投入运行，装机 6 台，每台 800 千瓦，设计排水流量 48 立方米每秒，投资 1140 万元。

排区承雨面积 921.0 平方千米，耕地面积 54 万亩，辖 8 个镇、56 万人，是公安县主要的粮、棉、油及水产基地，闸口一站与闸口二站、黄山泵站共同承担荆江分洪区农田的排涝和分洪后的抢排任务，排涝标准采用 10 年一遇、3 日暴雨 5 日排至作物耐淹深度。泵站前池最高水位 42.00 米、设计运行水位 33.50 米、最高运行水位 35.60 米、最低运行水位 31.75 米；泵站外河防洪水位 42.58 米、设计运行水位 40.35 米、最高运行水位 41.16 米、最低运行水位 34.82 米；设计扬程 6.90 米、最高扬程 9.41 米。工程投入运行至今，排涝效益显著，安全生产率、工程完好率及设备完好率均达到 100％，为受益区的农业生产和经济发展作出了重要贡献。

闸口一站工程为 Ⅱ 等大（2）型工程，泵站由主泵房、进出水渠道、外江四孔防洪闸、拦污工程设施和输变电工程等组成。主泵房布置型式为堤身式，长 34 米、宽 15.3 米，底板高程 27.05 米、电机层高程 39.25 米、水泵层高程 30.39 米；出水流道为虹吸式，布置型式为单机单管，出水流道采用真空破坏阀进行断流；进水流道为肘形混凝土结构；泵站进水渠道长 520 米，出水渠长 480 米；外江四孔防洪闸为箱涵式钢筋混凝土结构，闸孔尺寸 5.12 米×5.04 米；拦污工程设施结构型式为扁钢栅条式，共 17 块。

2007—2009 年纳入国家"十一五"规划进行了更新改造，投资 3771 万元。由省水利水电勘测设计院设计，省质量监督中心站负责质量监督，湖北路达胜水利技术咨询有限公司监理。主要建设内容为：疏挖护砌进出口渠道；拆除重建闸口一站主泵房进出口挡土墙；修复闸口一站流道裂缝及站前拦污栅；加固主泵房前墙、集水廊道、电机大梁、电机层楼板、交通桥、防洪闸；新建副厂房、拦污栅；维修主厂房；更换主机主泵及电气设备；安装自动化系统和监控系统等。

完成工程量为土方 14.36 万立方米，混凝土 1.2 万立方米，核定总投资 4881 万元。泵站经过改造后装机 6 台×900 千瓦（单机容量增加 100 千瓦），设计提排流量 51 立方米每秒（比原设计流量增加 3 立方米每秒）。

（二）闸口二站

闸口二站位于荆江分洪区中部、虎渡河左岸，桩号 57＋800，由省计委批准，荆州地区水利水电勘测设计院设计，于 1988 年 11 月破土动工，荆州地区水利工程处施工，省质检中心站监理，1992 年 9 月建成，1993 年 5 月正式受益，投资 5063.4 万元。

泵站装机 4 台×3000 千瓦，设计提排流量 120 立方米每秒，泵站前池设计最高水位 42.00 米，最高运行水位 35.65 米、设计水位 33.35 米、设计低水位 33.00 米；泵站外河最高防洪水位 42.85 米、设计高水位 42.00 米、设计水位 38.80 米、设计低水位 36.20 米；设计扬程 5.3 米、最高扬程 7 米；设计流量 120 立方米每秒。

闸口二站工程为 Ⅱ 等大（2）型工程，泵站由主泵房、进出水渠道、外江 4 孔防洪闸、拦污工程设施和输变电工程等组成。主泵房布置型式为堤身式，长 31.7 米、宽 19.8 米、底板高程 24.90 米、电机层高程 44.84 米、水泵层高程 29.50 米；出水流道为虹吸式，布置型式为单机双管，出水流道采用真空破坏阀进行断流；进水流道为肘形混凝土结构；泵站进水渠道长 485 米，出水渠长 510 米；外江 4 孔防洪闸为箱涵式钢筋混凝土结构，闸孔尺寸为 5.12 米×5.04 米；拦污工程设施结构型式为扁钢栅条式，共 21 块。

九、大港口泵站

大港口泵站位于石首市东南角、陈公东垸调弦河左岸，北依长江，西濒调弦河，东南部以湘鄂两省交界的桃花山为界，与湖南省华容县接壤。于 1975 年 12 月 31 日动工兴建，1978 年 5 月建成受益。

大港口泵站装机规模 2 台×1600 千瓦，设计提排流量 40 立方米每秒，设计扬程 5.76 米，泵站排水区域承雨面积 199.9 平方千米，其中湖南省承雨面积 16.5 平方千米、石首市内 183.4 平方千米。涉及调关、桃花两镇及湖南华容的 5 个自然村，受益农田面积 8.7 万亩。

大港口泵站由荆州地区和石首县水利局联合设计，1975 年 12 月，经省、地水利局批准，组建施工指挥部，石首县水利局负责组织施工，省水利工程一团负责机组安装。1979 年 5 月竣工，共完成挖填土方 60.1 万立方米、砌石 9250 立方米、浇筑混凝土 6100 立方米，总投资 329.84 万元。

泵站型式采用堤后式，选用 2.8CJ - 70 型轴流泵，配备三相交流同步电动机两台，单机容量 1600 千瓦。

2005 年 4 月，湖北省泵站安全鉴定委员会组成专家组对大港口泵站现状进行了调查并作安全评价。2006 年 1 月，省发改委确定大港口泵站纳入国家大型泵站更新改造项目；8 月，长委同意大港口泵站更新改造工程初步设计报告及更新改造方案。

更新改造的主要内容为：主厂房装修及新建副厂房；防洪闸、自排闸改造；检修闸门、启闭台重建及泵站裂缝处理；泵站翼墙加固及进、出水渠道工程；拦污栅改造工程；交通工程；站区改造及房屋建筑工程；改造两台轴流泵；更新两台主电动机；电气及水力机械辅助设备改造等。

泵站改造工程主要工程量：土方开挖 24265 立方米，土方回填 3680 立方米，混凝土 1536 立方米，砌石 3779 立方米，砂石垫层 2249 立方米，建房面积 750 平方米，以及电机、电器、水泵设备、配电及辅助设备更新改造等，概算总投资 1959 万元。

更新改造工程设计单位为荆州市荆楚水利水电勘测设计院，施工单位为省水利水电建设总公司、葛洲坝集团第八工程公司，机电安装为石首市兴禹水利工程建设有限公司、无锡市锡泵制造有限公司等，监理单位为省水利水电工程质量监督中心站和荆州市水利水电工程质量监督站。

十、上津湖泵站

石首市上津湖泵站位于调弦河右岸支堤桩号 1+116 处，泵站排区位于石首市江南片中部，北依长江，南与湖南华容接壤，调弦河、藕池河东西环绕，使之形成一个独立的防洪排涝系统，是石首市内最大的电力排水站，排区内的工农业总产值占石首市的 1/3。泵站于 1996 年 6 月动工兴建，1998 年竣工。共完成挖填土石方 91.97 万立方米、浇筑混凝土 1.91 万立方米、浆砌石 2.25 万立方米，总投资 4680 万元。

泵站装机 900 千瓦机组 4 台，总容量 3600 千瓦，设计扬程 6.81 米，排水流量 36.0 立方米每秒，开挖主进水渠 1485 米，出水渠 150 米，修建节制闸 3 处、桥梁 3 处，配建 35 千伏变电站 1 座。

泵站排水区域承雨面积 333.1 平方千米，排涝受益耕地面积 10.3 万亩，承担高基庙、东升、焦山河、绣林以及湖南华容等乡镇 9.2 万亩农田的排涝任务，排区水位控制标准为站前内湖最低运行水位 28.70 米，外江最高运行水位 35.58 米。

2007 年 1 月，泵站列入《中部四省排涝标准更新改造计划》，投资 1564 万元。2007 年 12 月开工，主要建设内容为更新改造属于同一排区的小湖口泵站，12 台 155 千瓦主电机和主水泵更新。

十一、法华寺泵站

法华寺泵站（含法华寺站、牛浪湖站、邓家汊站一、二、三机房）位于公安县狮子口镇法华寺村境内、新洮水河北岸，以排涝灭螺为主，承雨面积 324.76 平方千米，其中，公安县合顺、全福、同德、新生等垸 150.46 平方千米，松滋永合、上陈等垸 174.3 平方千米。泵站始建于 1975 年 11 月，1978 年 4 月竣工，装机 4 台×800 千瓦，设计扬程 5.7 米，排水流量 32 立方米每秒，排涝标准为 10 年一遇。

牛浪湖泵站位于松西河右岸的公安县章庄铺镇闸西村，与湖南省澧县所辖永合垸（双龙乡、复兴场镇）为同一个排灌区，承担 233.4 平方千米的排涝任务，排涝面积 11 万亩，灌溉面积 2 万亩。泵站始建于 1974 年 11 月，由荆州地区水利局和公安县水利局联合设计，公安县水利局组织施工，1976 年 3 月，4 台机组投入运行，排涝标准为 10 年一遇。装机 4 台×800 千瓦，设计流量 36 立方米每秒，工程总投资 210.3 万元。

2007 年 7 月，省发改委同意此站与法华寺、邓家汊等泵站捆绑上报更新改造计划，统称法华寺泵站更新改造项目，于 2008 年 10 月动工，2010 年 5 月完工。

法华寺泵站更新改造项目是国家"十一五"期间第二批大中型泵站更新改造项目，2007 年 7 月 26 日，省发改委对初步设计报告进行批复，泵站工程总装机 9920 千瓦，流量 92 立方米每秒。其中，法华寺泵站装机 4 台，总容量由 3200 千瓦增加到 4000 千瓦，设计排水流量 36 立方米每秒，排涝面积 7.31 万亩；牛浪湖泵站装机 4 台，总容量由 3200 千瓦增加到 4000 千瓦，设计排水流量 36 立方米每秒，排涝面积 8.28 万亩；邓家汊泵站（一、二、三机房）位于狮子口镇、合顺垸排灌区，1988 年 7 月建成，装机 4 台，单机 160 千瓦，总容量 640 千瓦，设计扬程 4.47 米，排水流量 6 立方米每秒，灌溉面积 1.3 万亩，与法华寺站、车家嘴站共同承担 7.31 万亩的排涝任务。

泵站更新改造工程于 2008 年 10 月动工，2010 年 5 月 1 日全面竣工受益。

十二、淤泥湖泵站

淤泥湖泵站位于公安县孟溪大垸，松东河左岸甘家厂乡东升村处，由相对独立的一、

二、三站组成。排区承雨面积 325.53 平方千米，共同承担孟家溪、章田、甘家厂 3 个乡镇 19.66 万亩农田的排水任务。

淤泥湖一站始建于 1972 年 6 月，1974 年 8 月建成，装机 10 台，单机 155 千瓦，总容量 1550 千瓦，因建设时期受资金和建设条件限制，质量较差，加之容量小，效益低，1998 年 12 月国家投资实施更新改造，装机 8 台，单机 250 千瓦，总容量 2000 千瓦，设计扬程 8 米，流量 16.8 立方米每秒，排涝标准 10 年一遇。

淤泥湖二站为大型泵站，兴建于 1996 年，荆州市水利水电设计院设计，省水利工程团承建，省水科所建设监理中心监理，1999 年 5 月竣工，装机 4 台，单机 1000 千瓦，总容量 4000 千瓦，投资 5973.58 万元。驼峰工程为直管式，内湖最低工作水位 36.60 米，排水流量 32.8 立方米每秒。

淤泥湖三站原为邹郝垸泵站，由孟家溪镇管理，装机 6 台，单机 95 千瓦，总容量 570 千瓦，2005 年，为了便于排区统一调度和管理，此站移交淤泥湖泵站管理。

十三、大沙泵站

大沙站位于洪湖市大沙湖管理区境内，左岸长江干堤桩号 448+039 处，1971 年建成投入运行，装机容量 20 台×155 千瓦，总容量 3100 千瓦，设计排涝流量 30 立方米每秒，设计净扬程 6.8 米。主水泵为立式轴流泵，选配 JSL-12-8 型电动机。排水面积为 127.92 平方千米。

大沙泵站为堤后式泵站，由主泵房、压力水箱、出水箱涵、压力水箱涵闸、出口防洪闸等建筑物组成。主泵房呈 U 形布置于距堤脚约 30 米，站区地面高程为 27.10 米。主厂房内 20 台水泵也呈 U 形布置，直管出流至压力水箱，管端为拍门断流；压力水箱布置在 U 形泵房中间，其底板高程 21.00 米，压力水箱接两孔 2×3.5 米×3.5 米的钢筋混凝土穿堤出水箱涵；箱涵出口处布置有防洪闸，出口处设有 15 米长的消力池，消力池后接 100 米长的出水渠至长江主河道，压力水箱两侧各布置有一处压力水箱涵闸闸门。

泵站进水渠上的反压闸建于 1975 年，因原混凝土闸门运行失效，1997 年后进行加固改造，在靠泵站一侧重建闸墩及启闭台。进水渠在反压闸的进口侧布置有简易拦污栅一道。

泵站引水渠名彭陈渠，全长 13.5 千米，通过彭陈闸与下内荆河相连。彭陈闸原为后湖一带向下内荆河排水的自排闸，大沙站联合调度参与统排时，其作用变为双向引水的控制性涵闸。当内荆河水位低时，开启此闸向内荆河自排涝水；当内荆河水位高时，关闭此闸防洪；当大沙站联合调度参与统排时，开启此闸引下内荆河涝水入彭陈渠至大沙站进水前池，大沙站即可参与四湖地区的统排。此闸建于 1960 年，为钢筋混凝土拱涵结构，共 3 孔，闸孔尺寸 3.0 米×4.5 米，设计排水流量 32 立方米每秒。

大沙泵站机电设备主要包括：20 台主水泵、20 台主电机及其他机电设备。水泵电机及其他设备均为 20 世纪 70 年代产品，其运行时间均已超过使用年限，而且泵站东侧挡土墙使用的是木桩基础，对防洪不利，因而被列入湖北省第二批大型泵站更新改造项目。2007 年 7 月湖北省发改委对项目进行批复。项目包括大沙，龙口，燕窝，仰口一、二、三机 6 个泵站，设计受益面积 465.03 平方千米，装机总容量为 10360 千瓦，设计流量为

99立方米每秒。项目主要建设内容包括大沙站拆除重建为4台×800千瓦、设计流量30立方米每秒的大型泵站，对龙口、燕窝及仰口3个机房共5站的主机组、主泵房、进出水渠及电器设施进行更新改造。项目概算总投资8853万元，其中中央投资4426.5万元，省投资2656.0万元，地方配套1770.5万元。工程于2008年2月12日动工，2010年6月完工。

大沙站建设内容　主厂房重建，包括机组流道、水泵层、联轴层、电机层、安装间、变电区等；泵站出水箱涵止水处理；进出水渠道疏挖、护砌；新建拦污栅工作桥、渠堤挡土墙；重建预制桥梁、变电站、竖井及涵闸闸门、拦污栅、渠首彭陈闸闸门及启闭设施；彭陈闸除险加固；增设泵站管护设施；更新4台主水泵、4台主电机（4台×800千瓦）及自动化设备、输水钢管、出水拍门；整修反压闸、防洪闸闸门及启闭设施。泵站为混凝土桩基础。

龙口站建设内容：主厂房整修；出水箱涵伸缩缝止水、混凝土碳化、裂缝、伸缩缝、中孔盖板及止水处理；进出水渠道疏挖、护砌；重建泵站进水池两侧挡土墙、变电站、出口防洪闸消力池、海漫；新建拦污栅、清污机房、泵站反压闸、压力水箱涵闸、中孔自排闸启闭机房；增设泵站管护设施；更新6台主水泵及6台主电机、高低压变配电设备及自动化设备、输水钢管、出水拍门、拦污栅栅体、渠首江泗口闸闸门及启闭设施；整修反压闸、防洪闸、中孔自排闸闸门及启闭设施；江泗口闸除险加固。

燕窝站改造内容：主厂房整修；出水箱涵伸缩缝止水、混凝土碳化及裂缝破坏处理；重建进水池底板及两侧挡土墙、防洪闸消力池、海漫、拦污栅、变电站；新建泵站反压闸、压力水箱涵闸、出水压力箱涵节制闸启闭机房；获障闸除险加固；增设泵站管护设施。更新主水泵8台及主电机8台、高低压变配电设备及自动化设备、输水钢管、出水拍门、防洪闸、进口检修闸闸门、自排闸闸门、渠首获障闸闸门及启闭设施；整修进口反压闸、压力水箱涵闸闸门及启闭机；进出水渠道疏挖、护砌。

仰口一机房改造内容：主厂房整修；混凝土碳化、裂缝及伸缩缝、出水箱涵止水处理；新建压力水箱两侧涵闸出口消力池、启闭机房；重建泵站出口公路桥、泵站中间出水箱涵、出口反压闸消力池及护坦、工作桥、启闭房、变电站、进水池两侧挡土墙、拦污栅；进出水渠道疏挖、护砌。

仰口二机房改造内容：主厂房整修；泵站混凝土碳化和出水箱涵止水处理；重建检修闸平台、进水池两侧挡土墙、拦污栅、反压闸、变电站；新建耳闸出水消力池、启闭机房、副厂房；苏家沟闸除险加固；增设管护设施；更新10台主水泵及10台主电机、高低压变配电设备及自动化设备、输水钢管、出水拍门、压力水箱涵闸、检修闸反压闸和渠首苏家沟闸闸门及启闭设施、拦污栅栅体；进出水渠道疏挖、护砌。

仰口三机房改造内容：主厂房整修；泵站混凝土碳化及出水箱涵止水处理；新建泵站检修闸门槽、检修平台；重建泵站进水池两侧挡土墙、拦污栅防洪闸启闭机房、工作桥、防洪闸出水消力池及海漫、压力水箱涵闸启闭机房、变电站；丰收闸除险加固；增设泵站管护设施；更新6台主水泵及6台主电机、高低压变配电设备及自动化设备、输水钢管、出水拍门、压力水箱涵闸闸门、拦污栅栅体、防洪闸闸门、渠首丰收闸闸门及启闭设施；进出水渠道疏挖、护砌。

十四、新沟泵站

新沟电力排灌站位于东荆河右岸桩号 55＋600 处，在监利县新沟镇以西约 1 千米处，是一座以排为主、排灌结合的大型泵站。1976 年建成，总装机 6 台×800 千瓦，设计排水流量 52 立方米每秒，设计扬程 5.96 米。排区承雨面积 213.90 平方千米，监利县、新沟、周老嘴、黄歇口、荒湖 4 个乡镇场受益，灌溉面积 15 万亩，排涝面积 32 万亩。工程设计排涝标准为 10 年一遇 3 日暴雨 5 日排至农作物耐淹深度。

2007 年，泵站实施更新改造，改造工程包括土建和机电设备安装。土建工程内容为主厂房整修、新建中控楼和副厂房、输水涵洞整治及出水箱涵除险加固、周沟节制闸更新改造、进出水渠护砌、防洪闸及集水池启闭机房重建、机房清污、混凝土碳化及裂缝处理、闸门拦污栅拍门等金属结构制作及安装、机械设备安装及管理设施等。机电设备安装工程为更新所有机电设备，增加中央控制、监控、保护系统。

根据此站运行实测水位，通过排频分析计算，确定工程任务和规模为：进水池最高水位为 28.08 米，设计水位 25.06 米，最高运行水位 27.80 米，最低运行水位 24.50 米，防洪水位 39.04 米，设计扬程 5.96 米。

新沟电力排灌站系荆州市防洪排涝工程规划项目之一。根据省水利水电勘测设计院 1972 年编制的规划，兴建此泵站是与洪湖高潭口泵站联合运用，担负提排四湖中区 4899 平方千米排水任务，总提排流量 323 立方米每秒，尚需新沟泵站提排 87 立方米每秒，装机容量 10 台×800 千瓦。在解决排水任务的同时，可从四湖总干渠引水（或引东荆河水），解决监北地区的灌溉用水，实现排灌综合利用。对于上述规划，潜江市曾多次提出不同意见，要求分散建站，划片外排。1974 年湖北省水利会议上确定，在潜江市老新口增建一座电力排灌站，装机容量为 4 台×800 千瓦，将新沟电力排灌站规模相应缩小为 6 台×800 千瓦，排水流量 52 立方米每秒。

新沟泵站由监利县水利局组织施工，实际投资 561.54 万元，完成工程量：浇筑混凝土 13081 立方米，干砌石 2007 立方米，浆砌石 1143 立方米，挖填土方 77.39 万立方米，总投工 127.32 万个。

新沟泵站的建成，构成了南至四湖总干渠，北至东荆河，西邻潜江，东抵洪湖的监北区排灌体系，自然面积 744.39 平方千米，其中 436 平方千米的渍水由高潭口泵站分排。

在排涝方面主要通过监新河北段和纵横交错的干支沟渠，排除新沟、周老嘴、黄歇口、荒湖约 40 万亩农田的渍水，同时还可以从四湖总干渠取水 52 立方米每秒，提排入东荆河，与高潭口泵站、潜江老新口泵站联合运用，共同担负提排四湖中区渍水的任务，起到福田寺闸前高水削峰的作用。除排涝外，还可解决监北区 49 万亩农田的灌溉用水。

新沟泵站为大（2）型泵站，采用堤后式闸站结合的型式。工程主要包括：主泵站、防洪闸、集水池、灌溉闸、深水涵洞、公路桥等。

主泵站为堤后式混凝土结构，底板层高 20.12 米，垂直向上分别为水泵层、检修层和电机层，高程分别为 22.22 米、26.90 米和 30.90 米。厂房顶高 42.00 米。防洪闸建于主泵站之前，设计流量 52 立方米每秒，闸为两孔 3.5 米×3.5 米方涵洞式。集水池位于泵站与外河闸之间，共分两联，两侧分别建有 2 孔灌溉闸和 1 孔深水涵洞；池中央部位建有

4 孔控制闸，取东荆河水提灌时起着高低水位分家的作用。泵房侧各有 2 孔 3 米宽的灌溉闸，闸底高程 28.00 米，东荆河水位超过 28.00 米时，可自流灌溉。靠防洪闸两边各建有 1 孔深水涵洞。在距泵站 210 米处横跨监新河建有 1 座钢筋混凝土斜杆式桁架拱桥。

2007 年，泵站纳入国家大型排涝泵站首批更新改造规划，工程总投资 3197.98 万元，静态总投资 3141.77 万元，计划投资 2558 万元，其中，中央投资 1599 万元，省投资 959 万元，地方配套 640 万元。

十五、小南海泵站

小南海泵站位于松滋河西支右岸厍家嘴，是松滋市最大的电力排水站，也是小南海治理的主要配套工程。1976 年 11 月动工兴建，1979 年 12 月 6 日竣工。泵站装机 800 千瓦机组 4 台、总容量 3200 千瓦，设计扬程 7 米，排水流量 32 立方米每秒。建站过程中，开挖主排渠长 3732 米、支渠 4000 余米，修建节制闸 8 座，配建 35 千伏变电站一座，架设输电线路 16.3 千米。泵站排区承雨面积 138.1 平方千米，有耕地 11.7 万亩，承担小南海、庆寿寺湖、马鞍湖及庙河的排水任务，排涝农田 6.65 万亩，排湖水面积 1.5 万亩。

排区分 3 个水系控制：小南海湖水位达到 38.50 米时启排；庆寿寺湖及庙河水位达到 37.50 米时启排；马鞍湖水位达到 36.30 米时启排。排区内受益范围为松滋市的两镇（南海镇和新江口镇）两场（南海渔场和水稻原种场）。

泵站工程完成挖填土石方 119.7 万立方米、浇筑混凝土 4371 立方米、浆砌 1027 立方米、干砌石 560 立方米，耗用钢材 191.6 吨、水泥 2840 吨、木材 450 立方米。投入用工 300 多万个，总投资 257.7 万元，其中国家投资 166 万元，地方自筹 91.7 万元。

泵站在挖基时，挖至海拔高程 30.60 米的基础面上，出现裂隙水，尤以 3 号、4 号机坑渗水严重。当时采取打井减压和开沟导渗处理，并将设计底板高程抬高 0.56 米，同时增加了反拱底板拉力钢筋。

2002 年 5 月 20 日，根据省发展计划委员会批复，对泵站进行更新改造，改造工程由松滋市江南水利水电工程有限公司中标施工，荆州市水利水电工程建设监理处负责监理。于 2006 年 12 月 25 日完成。国家投资 750 万元，完成 2 台主水泵、电机、4 台励磁柜及桁车的更新；兴建中控楼和主厂房、节制闸、拦污栅、办公楼等；站区绿化、道路硬化、围墙维修等主体工程。

2007 年中部四省大型排涝泵站更新改造工程启动，小南海泵站与八宝泵站、纸厂河桂花树泵站和老城横堤泵站整合列入改造项目。2007 年 4 月，松滋市水利局委托荆州市水利水电勘测设计院编制了《湖北省松滋市小南海排区泵站更新改造工程可行性研究报告》，省发改委批复工程总投资 7058.86 万元。

2008 年 9 月，荆州市水利水电勘测设计院又编制了《湖北省松滋市小南海排区泵站更新改造工程初步设计报告》，2008 年 11 月 21 日，国家发改委、水利部下达投资计划 6489 万元。其中，中央预算内投资 3240 万元，地方投资 3249 万元。工程投资计划下达后，随即组织招投标工作，对工程的施工、监理、重要机电设备采购及安装实施公开招标，共划分 13 个标段，分 3 批完成。中标单位分别为荆楚水利水电工程建设监理处、武汉特种工业泵厂有限公司、湖北华博阳光电机有限公司、浙江江山特种变压器有限公司、正泰电器股份有限公司、湖北鄂电萃宇电缆有限公司、武汉创丰科技有限公司、湖北省华夏水利水电工程有限公司。湖北省水利水电工程质量监督中心站承担质量监督任务。

2011年11月25日省水利厅在小南海泵站主持召开小南海排区泵站更新改造工程验收会，其更新改造工程通过验收。

十六、黄山头泵站

黄山头泵站（又称黄天湖电排站）位于荆江分洪区最南端的南线大堤桩号0+579～0+769处，地处公安县黄山东麓的虎渡河左岸，西与著名的荆江分洪工程节制闸（南闸）毗邻，南与湖南省安乡县接壤，是荆江分洪区防洪排涝重点工程，也是荆州地区最早兴建的单机800千瓦以上的大型电排站。

黄山头泵站是荆江分洪区兴建的一级排水站。由省水利厅组织省、地、县水利局联合设计组设计，省水利工程团组织施工，始建于1965年，1969年4月投入运行。装机6台，单机800千瓦，总容量4800千瓦，设计排水流量51立方米每秒，泵站前池设计高水位34.00米、设计低水位31.70米；泵站外河最高防洪水位41.07米，设计扬程6.35米，最高扬程8.30米。整个工程共完成土方15万立方米、混凝土9056立方米，总造价330.08万元。泵房采用封闭式设计，一旦荆江分洪工程运用，可保证机组、设备安全。

排区承雨面积923.86平方千米，耕地面积54万亩，8个镇受益，是公安县主要的粮、棉、油及水产基地之一，此站与闸口二站、闸口一站共同承担荆江分洪区农田的排涝和分洪后的抢排任务，排涝标准采用10年一遇、3日暴雨5日排至作物耐淹深度。

泵站为Ⅱ等工程，其主要穿堤建筑物为1级，泵站由主泵房、进出水渠道、防洪闸、拦污工程和输变电工程组成。泵站为堤后式，进水流道为肘弯形混凝土结构，出水流道形式为直管式，采用拍门断流。

由于此站建站时间早，已运行40余年，受当时资金及技术条件限制，设备及建筑物因陋就简，水工建筑物结构老损且多处裂缝，直接影响安全运行，效率低、能耗大，尤其是主水泵不能随内外河水位变幅而小角度启动、大流量排水，从而影响效益的正常发挥。特别是1998年外江水位上涨至39.30米时，机组因超驼峰被迫全部停机达48小时之久，严重影响了农业生产。

2006年7月国家发改委批准湖北省19处大型排涝泵站进行更新改造，审定黄山头泵站更新改造概算总投资4007.47万元，其中，国家投资2004万元，省级配套1202万元，自筹801万元。累计到位投资3263.57万元，其中，中央投资2000万元，省级配套1202万元，县自筹61.57万元。累计完成投资3253.94万元，其中，建筑安装工程完成1830.57万元，机电设备完成949.57万元，管理设施完成465.8万元，环境保护及水土保持完成8万元。

改造项目包括土建工程和机电设备安装工程两大部分。土建工程内容为新建出口防洪闸、中控楼，主厂房及生活区房屋维修改造，拆除重建出水流道、进水渠拦污栅、主厂房工作桥，闸室维修，消能防冲及出口连接，南线大堤恢复，金属结构制作及安装工程，机械设备安装工程，管理设施等项目。机电设备安装工程为更换所有机电设备，增加中央控制、监控、保护系统。

更新改造工程由荆州市水利勘测设计院设计，达华工程管理有限公司监理，湖北大禹水利水电建设责任有限公司和湖北华夏水利水电股份有限公司承建，2008 年竣工。完成主要工程量为土方 12.95 万立方米、混凝土 9880 立方米、砌石 7203 立方米、金属结构制作及安装 244.85 吨。

十七、玉湖泵站

玉湖泵站位于公安县毛家港镇马蹄拐村，坐落在官支河左岸，主要承担荆州区弥市镇、松滋市涴市镇和公安县毛家港镇所辖的三善垸排涝任务。排区总承雨面积 322.66 平方千米，排涝面积 10.3 万亩，灌溉面积 3 万亩，灭螺面积 0.2 万亩。泵站建成后，减轻了三善垸的渍涝灾害，扩大耕地 3 万余亩。

泵站始建于 1973 年，由荆州地区水利局和公安县水利局勘测设计，公安县水利局组织施工，拟建装机 6 台、单机 800 千瓦，因财力物力所限，仅装机 4 台、单机 800 千瓦，总容量 3200 千瓦，1974 年 5 月建成。采用河床短虹吸型式，扬程 5.7 米，排水流量 36 立方米每秒，受益面积 27 万亩，共完成土方 12 万立方米、混凝土 7706 立方米、浆砌块石 2196 立方米，耗用钢材 3030 吨、水泥 2900 吨，投资 267.2 万元。

玉湖泵站更新改造工程由玉湖站，里甲口站，严家剅站一机房、二机房组成，整合上报计划。总装机 29 台，容量 8225 千瓦，排涝流量 72.2 立方米每秒。其中严家剅站位于毛家港镇，1985 年 7 月建成，属曹嘴垸排灌区，装机 4 台、单机 155 千瓦，总容量 740 千瓦，设计扬程 7 米，流量 6 立方米每秒，与曹嘴泵站共同承担 2.49 万亩农田的排涝任务。

2007 年 7 月 26 日，省发改委对初步设计进行批复。工程建设总投资 5853 万元。项目法人为公安县玉湖泵站更新改造工程项目部，土建工程由湖北大禹水利水电建设责任有限公司中标承建，市水利水电勘测设计院负责设计，荆楚监理处负责监理，省质监中心站负责质量监督。

主要建设内容为维修主厂房，新建副厂房、交通桥，重建拦污栅，改造进口检修平台、出水防洪闸，疏挖进水渠道和更新所有机电设备。

玉湖泵站装机 4 台，每台 900 千瓦（单机增加 100 千瓦）。计划工程量为土方 4.4 万立方米、混凝土 3872 立方米、砌石 4415 立方米。

更新改造工程于 2008 年 10 月动工，2009 年 5 月完成玉湖站土建部分施工，汛期利用新的水工建筑物配套老的机电设备；同时完成严家剅一、二机房土建和机电设备更换任务，确保当年运行。2009 年汛后，拆除、更换玉湖站所有机电设备，2010 年 5 月工程全面完成受益。

十八、东港垸泵站

东港垸泵站位于公安县西北部东港垸，原装机 10 台×155 千瓦，设计流量 15 立方米每秒，始建于 1974 年，因排水能力偏低，于 2008 年重建，装机 4 台、单机 800 千瓦，总容量 3200 千瓦，设计排水流量 31 立方米每秒。

2008 年，东港垸泵站与花大堰站、碾子沟站、高庙站、天兴站等 9 座泵站整合上报更新改造计划，列入国家"十一五"期间第三批大中型泵站更新改造项目，泵站工程总装机 47 台，总容量 8325 千瓦，流量 70.5 立方米每秒。其中花大垸站位于斑竹垱镇，1977年 5 月建成，属东港垸排灌区，装机 5 台，单机 180 千瓦，总容量 925 千瓦，设计扬程7.54 米，流量 7.5 立方米每秒，排涝面积 1.13 万亩，灌溉面积 0.6 万亩；碾子沟站位于斑竹垱镇，1978 年 5 月建成，属东港垸排灌区，装机 3 台，单机 400 千瓦，总容量 1200千瓦，设计扬程 6.97 米，流量 10 立方米每秒，排涝面积 1.85 万亩；高庙站位于南平镇，2010 年 4 月建成，属南平垸排灌区，装机 3 台，单机 500 千瓦，总容量 1500 千瓦，设计扬程 8.61 米，流量 10.8 立方米每秒，排涝面积 1.67 万亩；天兴站位于南平镇，1975 年4 月建成，属南平垸排灌区，装机 6 台，单机 250 千瓦，总容量 1500 千瓦，设计扬程7.94 米，流量 11.2 立方米每秒，排涝面积 2.36 万亩。

更新改造工程于 2009 年 2 月开始实施，计划建设工期为 3 年。由省水利水电勘测设计院设计，湖北路达胜工程技术咨询有限公司监理，湖北华夏水利水电股份有限公司、湖北禹龙水利水电工程有限公司、湖北大禹水利水电建设有限责任公司承建，东港垸泵站管理处统一管理。主要建设内容为进水渠道疏挖、护坡，主泵房上部结构、拦污栅桥、进口挡土墙、前池和出口消力池拆除重建，压力竖井、防洪闸及箱涵改造加固，增加检修闸槽，更换所有机电设备。完成主要工程量为土方开挖 22.2 万立方米，土方回填 12.1 万立方米，混凝土 3.2 万立方米，砂石垫层 5121 立方米，拆除钢筋混凝土 9240 立方米，总投资 8507 万元，2010 年 5 月竣工受益。

改造后的东港垸泵站由东港垸、花大堰、碾子沟、高庙、天兴 5 站组成，总装机8325 千瓦，流量 70.5 立方米每秒，其中，东港泵站装机 4 台×800 千瓦，设计排水能力36 立方米每秒。

十九、沔阳沙湖泵站

沙湖泵站位于沔阳县东南，通顺河以南保丰垸内。装机 6 台，每台 1600 千瓦，总容量 9600 千瓦，设计排水流量 126 立方米每秒，灌溉流量 21 立方米每秒。受益范围包括大兴、红旗、保丰 3 个水系共 554.5 平方千米，灌溉农田 20 万亩。

泵站枢纽由主泵房、变电站、通顺河倒虹管、节制闸、高山闸、石山港闸、余家闸、南闸、东闸、发电灌溉闸、主电排河等工程组成。主要配套建筑物有保丰排水闸、下保丰灌溉闸、华湾闸、大兴闸、益星闸、王场闸等。

泵站由沔阳县水利局设计，站址初选为江家垱，1973 年省水利局批准兴建，并将站址改为沙湖。1974 年 11 月动工，沔阳组织沙湖、西流河、彭场等 11 个公社的 3 万劳力施工，1977 年建成。

泵站为拦河式建筑，堤身式布置，进水流道为肘形，出口流道为平管，拍门止水。泵房全长 76.4 米，分水泵、检修、密封、电机 4 层，设计出口水位为 28.50 米，进口水位为 22.50 米。安装 6 台直径 2.8 米的轴流泵，配备 6 台单机容量 1600 千瓦同步电动机，进口最低控制水位 21.50 米。泵站建在软土地基上，施工过程中出现严重的不均匀沉陷，最大沉陷量达 0.5 米，后经卸载措施处理，地基稳定。

拦污栅布置在泵站前池上游，底部高程 15.50 米，顶部高程 24.50 米，分为 12 孔，单宽 6 米，总长 102 米，1991 年建成。

倒虹管卧于通顺河底，净宽 27 米，分 6 孔，每孔宽 4.5 米，3 孔一联，管长 78.4 米，泄通顺河以北涝水入泵站前池，设计流量 120 立方米每秒，引水灌溉红旗垸农田时，水由东联排灌孔过通顺河；通顺河以北地区的排灌水均由倒虹管与通顺河水立体相交。倒虹管东联的管顶建有通顺河节制闸，该闸 8 孔，净宽 42.4 米，在沙湖泵站提排水时关闭，余均敞开。倒虹管出口建有 5 孔高水闸，净宽 22.5 米，设计流量 120 立方米每秒，在泵站提排本区涝水时关闭，提排通顺河水时开启。1988 年 2 月为给站内生活供水，开启主灌闸引东荆河水，因水头差达 3.22 米，造成倒虹管西联顶板破坏，9 月进行爆破拆除和整修加固设计，11 月开始施工，1989 年 4 月修复。

石山港闸位于东荆河左堤 150＋980 处，泵站排水经此闸出东荆河，4 孔，净宽 18 米，闸底高程 20.50 米，设计排水流量 159.6 立方米每秒，1976 年 5 月建成。后因闸体纵横裂缝严重，危及防洪安全，于 2001 年经省水利厅批准在老闸上游建闸挡洪。

灌溉闸建在泵站出口左岸，闸底高程 21.20 米，孔宽 4 米，设计流量 20 立方米每秒，灌溉下保丰垸和红旗垸，因红旗垸渠道未建，故只灌溉下保丰垸。

主电排河北起余场闸，与四方河连接，破红旗垸至沙湖抵通顺河，经倒虹管至沙湖泵站，长 6.2 千米，河底高程 18.00 米，宽 40 米，设计流量 120 立方米每秒。

变电站设在泵房右侧，接仙桃至南套沟电源，从董家垱架设 110 千伏线路至泵站。

泵站和主要配套工程共完成土方 554.22 万立方米，混凝土 41632 立方米，砌石 17530 立方米，投资 1110.48 万元，其中省拨款 930 万元，余为沔阳县自筹。

二十、潜江老新泵站

老新泵站位于潜江县老新口镇约 30 米的东荆河右岸，承排潜江田关河以南、东干渠以东，包括老新、徐李、熊口等镇及熊口农场共 121 平方千米的渍水，以减轻监利、洪湖的排水压力，同时承担四湖地区统排任务。装机 4 台，每台 800 千瓦，设计排水流量 35 立方米每秒，受益农田 10.8 万亩，排涝标准为 10 年一遇。

泵站由荆州地区水利局和潜江县水利局联合设计，潜江县组织劳力施工。于 1974 年 11 月开工，1976 年 7 月竣工，完成土方 42 万立方米、砌石 525 立方米、混凝土 4753 立方米，耗用钢材 233 吨、水泥 2063 吨、木材 533 立方米，工程总投资 260.5 万元，其中，国家投资 200.5 万元，地方自筹 60 万元。

泵站设计为堤后式布置，装有 4 台轴流泵，提排渍水通过堤上防洪闸泄入东荆河。泵站地基为重黏土，泵房为钢筋混凝土结构，肘形弯管进水，直管出水，拍门断流。前池由进口护坦及翼墙组成，出水部分包括水池、防渗板、海漫、导水墙等。拦污栅布置在引水渠上，距离流道进口 35 米。泵站设计站前水位 26.00 米，最低水位 24.80 米，站后水位 30.60 米，最高水位 33.50 米。泵站主体工程还有防洪闸、电排河、变电站、尾水闸等。

防洪闸，位于东荆河堤桩号 44＋400，主要承泄老新泵站提排水量和中沙河尾水出东荆河，自排流量 20 立方米每秒，过闸流量 55 立方米每秒。当东荆河水超过 30.60 米时，关闭此闸，可防御东荆河洪水对泵站主体工程的威胁。防洪闸为 2 级水工建筑物，钢筋混凝土结构，半圆拱涵，双孔，每孔净宽 3.5 米，高 4.5 米，钢质平板闸门，配备 50 吨螺杆式电动启闭机 2 台。于 1975 年 10 月开工，1976 年 9 月建成，完成挖填土方 9 万立方米、混凝土 2596 立方米、砌石 1135 立方米，投资 46.6 万元。闸建成后维修两次，费用为 38.6 万元。

变电站，建在泵站南侧，从监利新沟变电站架设 11.5 千米长的 35 千伏高压线至泵站，变为 6 千伏供泵站使用。1975 年 4 月开工，1976 年 6 月竣工，投资 22.22 万元。

电排河，自电排站至史家台附近接通盛河，全长 9 千米，为泵站主要进水渠。设计渠底高程 23.10～24.30 米，底宽 25～15 米，1975 年 11 月至 1976 年 4 月挖通下段 6.9 千米，1980 年全线挖通，但未按设计完成，渠底高程实际为 23.10～25.70 米，底宽 7 米。完成土方 133 万立方米。自河挖通后，长期未疏浚，河床抬高，泵站运行时，拦污栅前后水位差过大，流速过急，冲刷严重，1988 年 8 月排涝期间，两个拦污栅墩被淘空下沉，造成重大事故。1990 年经省水利厅批准重建。

尾水闸，是中沙河尾水节制闸，建于 1965 年 1 月，钢筋混凝土结构，开敞式，单孔，宽 3.6 米，高 4.28 米，过水能力 16.2 立方米每秒，排水面积 50.2 平方千米。因受泵站外输水渠堤阻隔，于 1982 年废弃，又投资 11.78 万元，在泵站输水渠左侧重建新闸，设计与原闸相同。此闸设计为排水闸，上游未设消力池和海漫，但抗旱时作灌溉闸使用，导致渠底及护坡损坏严重。

泵站建成后由于配套工程未按设计完成，排水效率不高。排区被四湖东干渠分为两片，东干渠以东 101 平方千米，东干渠以西 87.2 平方千米。工程兴建后，本应东片先受益，后在东干渠上修建倒虹管，将两片渍水排入老新电排河后再提排，泵站枢纽工程完成后而东干渠倒虹管未配套，西片未能受益。另外，历史上由潜监河自排入总干渠的 70 平方千米来水，在 1980 年监利县填堵潜监河后而被迫排入老新电排河，造成高水低水一起排，增加了电排站的压力。由于上述情况，在 1980 年大水年，通城垸和获湖垸 1.7 万亩农田严重受涝。

老新泵站原纳入四湖地区统排规划，分担四湖中区排水任务，但未能发挥其应有的作用。主要原因是参加统排时进水要通过刘渊闸，进通盛河至老新电排河，而刘渊闸断面小，设计排水流量仅 21.6 立方米每秒，且闸底板比总干渠高出 2 米，不利进水抢排；通盛河断面也小，两岸到闸大都有闸无门，在统排时存在倒灌问题。因此，老新泵站参加四湖地区统排要对有关工程进行改造。

二十一、沔阳排湖泵站

排湖泵站位于距仙桃城区 4 千米的袁市地段，具体见图 7-8-1，是一个以提排、提灌、自排、自灌相结合，兼有通航、公路交通、水产养殖的综合枢纽工程。主要建筑物包括泵房、渡槽、涵闸、3 个节制闸、欧湾临江闸、袁家口闸、王市口闸、变电站等。装机 9 台，每台 1600 千瓦，总容量 14400 千瓦，设计排水流量 180 立方米每秒，承排面积 762 平方千米，占沔阳县总面积的 30%；灌溉流量 20 立方米每秒，灌溉农田 68 万亩。

排湖泵站北临汉水，南抵东荆河，每逢汛期，外江洪水高于内垸地面 2～7 米，内壅外涨。旧时沔阳境内民垸密布，排区有民垸 36 个，大小湖泊 12 个，区内地面高程在 24.50～29.50 米之间，沿河高、滨湖低、围垸周围高、中间低，雨洪同期，涝水难泄，农田易渍成灾。1969 年 7 月，沔阳农业因渍涝灾害损失严重。灾后，沔阳县长郭贯三在汇报灾情时陈述了沔阳涝灾的主要原因是地势低洼，没有大型排水泵站，提出兴建排湖泵站的请求。

1970 年 7 月，湖北省革委会批准排湖泵站建设规划，泵站由沔阳县水利局设计并施工。1970 年 7 月动工，1972 年 5 月建成。先安装 2 台机组投入运行，年末又安装 2 台机组，1973 年、1974 年、1978 年每年安装 1 台机组，1980 年全部投入运行。轴流泵直径 2.8 米，配备 1600 千瓦同步电动机，泵房布置为堤身式，肘形流道进水，虹吸流道出水，变电站设在仙桃镇。工程总共完成土方 22 万立方米、砌石 7725 立方米、混凝土 59625 立方米，总投资 1250 万元。

排湖泵站枢纽工程为一级排水泵站，主要工程有主泵站、渡槽、涵闸等 11 个项目。

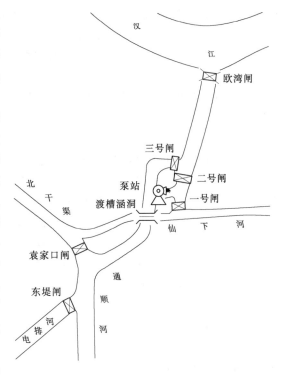

图 7-8-1　排湖泵站枢纽工程位置示意图

主泵站位于仙桃城区以西的袁家口，是枢纽工程的主体，长 78 米，宽 70 米，高 29 米，分水泵、检修、密封、电机 4 层。拦河（通顺河）建筑，肘弯形进水流道，虹吸式高驼峰出流，9 台机组分 3 联，安装全调节立式轴流泵，配同步电动机，额定容量 1600 千瓦，总容量 14400 千瓦。当扬程 5.5 米时，总排水流量 189 立方米每秒。

渡槽涵闸位于泵房上游，跨电排河兴建，为电排河与仙下河高低分排、排灌两用立体交叉工程。渡槽长 123 米，高 13 米，分上下两层，下层涵洞 9 孔，净宽 36 米，孔高 6 米，设计流量 210 立方米每秒；上部渡槽宽 18 米，两侧扶壁式挡水墙高 7 米，联通北干渠与仙下河，设计流量 110 立方米每秒，1972 年 5 月建成。

一号闸位于泵站右侧连接仙下河，供排灌调配用，3 孔，净宽 13.5 米，底板高程 22.50 米，设计流量 110 立方米每秒，开敞式建筑，1972 年 5 月完建。二号闸位于泵站左侧，跨泵站至欧湾闸的出水河道兴建，开敞式结构，6 孔，净宽 27 米，底板高程 22.00 米，设计流量 207 立方米每秒，1973 年建成。三号闸位于泵站至欧湾闸出水河道左堤上，为泵站提灌时引汉江水源入前池进水闸，钢筋混凝土拱涵，3 孔，净宽 13.5 米，底板高程 21.67 米，设计流量 70 立方米每秒，1973 年建成。

欧湾闸位于汉江右堤，拱涵，系排水入汉江和引汉江水灌溉的防洪、排涝、灌溉闸。4 孔，净宽 16 米，闸底板高程 22.50 米，设计排水流量 210 立方米每秒，1970 年 5 月建成。

拦污栅位于泵站前池上游，为阻拦渠中杂物而设置。拦污栅工作桥高程 26.10 米，宽

4.7 米，底高 18 米，设计上下游水头差 0.4 米，1978 年 11 月建成。

袁家口闸位于双龙村，跨通顺河兴建，系北干渠尾水闸，起排灌调控作用，开敞式钢筋混凝土建筑，5 孔，净宽 15 米，底板高程 23.00 米，设计流量 135 立方米每秒，1960年建成。

东堤闸位于通顺河右堤刘家台，开敞式，5 孔，净宽 24 米，其中，中孔 6 米可通航，两边各两孔、各宽 4.5 米，闸底高程 19.00 米，设计流量 157 立方米每秒，1972 年 10 月建成。

王市口闸位于王市口，跨通顺河兴建，钢筋混凝土开敞式建筑，在自流排水和泵站联合排水时敞开，分区排水时关闭。7 孔，净宽 31 米，其中，中孔宽 7 米可通航，闸底高程 19.00 米，设计流量 210 立方米每秒，1972 年 9 月建成。

郭兴口闸位于排湖北堤，跨排湖电排河兴建，为泵站提排本区涝水时的调控闸。开敞式结构，5 孔，净宽 26 米，中孔宽 6 米可通航，两边各 2 孔、各宽 5 米，底高 21.00 米，设计流量 134 立方米每秒，1974 年 10 月建成。

变电站位于泵站出水口右侧，始从汉川架设 110 千伏线路至泵站，由中南电力设计院设计，马口变电站供电。嗣后，荆州地区修建 220 千伏袁市变电站给泵站供电。

电排河从郭兴口起由西南向东北至刘家台接通顺河，长 12.4 千米，底宽 30～40 米，河底高程 21.00～19.00 米，设计流量 157 立方米每秒。此河在郭兴口汇集排中、排南、排北 3 条主要支河来水，郭兴口以下汇渣角湖等地雨水，经东堤闸与通顺河汇流，北流至袁家口，再至泵站前池，流量 207 立方米每秒。从泵站出口经二号闸至欧湾闸长 1.2 千米，河底宽 25 米，为排灌两用河。1971 年 1 月竣工，开挖土方 645 万立方米。

排湖泵站枢纽布置建筑物集中、控制运用灵活方便，排水既可出汉江，又可经泛区洪道出长江；灌溉水源既可取内湖水，又可取汉江水，保证率高。泵房位于临江闸内侧，不直接挡外江高水，维修比较方便，但泵房为侧向取水，进水条件较差，引起机组振动。

1980 年，水电部在该站进行大型泵站自动化系统试点，于 1982 年 4 月建成"综合运动装置"，实现了泵站机组、配套涵闸的自动化控制和检测。

2006 年，排湖泵站列入《中部四省大型排涝泵站更新改造规划》。核定投资 10865 万元，增加欧湾闸重建资金 627.87 万元，省发改委增加欧湾闸投资 300 万元。泵站改造后，净扬程由 5.6 米提高到 7 米，单机流量由 20 立方米每秒增至 25 立方米每秒。

排湖泵站自建成以来，排灌效益显著。1980 年排水 5.1 亿立方米，1983 年排水 4.2亿立方米，1978 年灌水 1.38 亿立方米。不仅使排湖周围 700 平方千米区域的农田排水能力达到了 10 年一遇的标准，而且提高了仙桃市东部近 50 万亩耕地灌溉保证率。

二十二、潜江幸福泵站

幸福电排站位于东荆河左岸，渔洋镇五洲村，城南河末端，是潜江县通顺河以南、东荆河以东 415 平方千米渍水外排的枢纽工程。装机 4 台，单机容量 1600 千瓦，总容量6400 千瓦，设计提排流量 94 立方米每秒，最大允许流量 102 立方米每秒，灌溉流量 14立方米每秒，受益农田 31 万亩。

潜江汉南区在建站前曾 3 次修建自排涵闸，首次为 1914 年，当时称裕丰闸，单孔；

第二次是 1951 年，为双孔幸福闸；第三次是 1967 年建成的 6 孔幸福闸。汉南片靠幸福闸排水，排涝标准低，1969 年 7 月 1 次暴雨，雨量达 157 毫米，致使 24.5 万亩农田受渍；1970 年 6 月，连续降雨 282 毫米，11.8 万亩农田受灾。1975 年春，潜江县向湖北省请示修建幸福电排站，8 月由江汉石油管理局地探队进行地质钻探，11 月组建幸福电排站工程指挥部，12 月破土动工，因泵基挖成之后，发现裂缝渗水，采取筑墙排水措施无效，决定将站址下移 57 米，因而延长了工期，至 1980 年才完工。共浇筑混凝土 19015 立方米，砌石 1920 立方米，投工 45 万个，投资 556.6 万元，其中，湖北省投资 396.6 万元，荆州地区投资 100 万元，潜江县投资 60 万元。

幸福泵站型式为堤身式，虹吸式出流，电源从新沟变电站输入。主要工程包括泵房、枢纽工程、防洪闸、灌溉闸、变电站、节制闸和渡槽等项目。

防洪闸建在东荆河堤距泵站横线轴心 105 米处，泵站出水经此闸出东荆河。当外江水位高涨时，由此闸防御洪水对泵站主体工程的威胁。设计为 4 孔，每孔宽 4 米，高 4.3 米，闸底高程 28.70 米，钢筋混凝土箱涵式结构，安装钢质平板闸门和螺杆电动启闭机 4 台，过水能力 100 立方米每秒。1976 年 10 月动工，1977 年 5 月竣工。

电排河有两条，一条为城南河，流量 110 立方米每秒；另一条为百里长渠尾端，长 8 千米，流量 80 立方米每秒。这两条人工河流是泵站的主要输水渠道。

节制闸建在两条人工河的交汇处，距泵站主厂房 400 米，3 孔，宽 12 米，高 4.3 米，过水流量 94.4 立方米每秒，对泵站自排和提排起调节作用。

变电站架设 35 千伏输电线路 10 千米，其中过东荆河 1 千米与总口农场共用，接新沟嘴变电站，站内配 4000 千伏安变压器两台，将 35 千伏电压降为 6 千伏，供泵站主机电源；配 100 千伏安直变 1 台，将电压降为 400 伏，作为保护电源和操作电源。

拦污栅初建时为简易扁铁栅条式，距流道口 160 米，栅块尺寸为 4.35 米×2.25 米，共 32 块。运行时，由于渠道水草多，影响进水，1991 年经省水利厅批准重建，投资 50 万元。

2006 年，幸福泵站列入《中部四省大型排涝泵站更新改造规划》，核定投资 3944 万元，其中，国家投资 1970 万元，地方配套 1974 万元。主要建设内容为更新主水泵 28CJ-70 型全调节轴流泵 4 台，更换主电机 4 台，并将电机容量由 1600 千瓦增至 1800 千瓦。

二十三、天门彭麻泵站

彭麻电排站位于汉江右岸干堤桩号 162+020 处，距麻洋潭西约 600 米，由天门县水利局设计并组织施工，为天门县装机容量最大的一处泵站。装机 3 台，每台 800 千瓦，总容量 2400 千瓦，设计排水流量 24 立方米每秒，排水面积 73.4 平方千米，灌溉农田 8 万亩。

1983 年 1 月，湖北省计划委员会批准修建。1982 年 12 月破土动工，1985 年竣工。共完成混凝土 4972.5 立方米、浆砌石 1013.9 立方米、干砌石 876.9 立方米、土方 38.5 万立方米，架设 35 千瓦输电线路 12 千米，完成标工 271.5 万个，国家投资 290 万元。

泵站采用坝后式闸站结合型式，安装电动机 3 台，水泵 3 台，设计起排水位 28.00 米，外江最高排水位 36.30 米。泵站枢纽工程包括泵房、防洪闸、变电站等。

防洪闸为单孔方涵，净高 4 米，净宽 3 米，闸身长 65 米，海漫长 46 米，闸底高程竖井段为 28.32 米，洞身段高程为 28.5 米，反压段高程为 28.13 米。防洪闸建成不久，1984 年 5 月 16 日，发现防洪闸中间段管身在距下游 5.4 米处有横向裂缝，底板裂缝宽 3 毫米，侧墙裂缝高度为 3 米。省、地、县 3 级有关负责人和工程技术人员到现场研究处理，确认为严重的责任事故，主要是工程设计和施工未严格遵循技术规范要求，地质条件较差、防洪闸设计不周、施工质量把关不严等。1985 年 1 月，湖北省水利科学研究所对闸身混凝土缺陷采用环氧材料修补，共处理 53 处，总面积 204.7 平方米，处理渗水点 25 处。

1987 年 12 月，增建缆车提水灌溉工程，安装 180 千瓦缆车提水设备 4 套，以出水闸为中心对称布置，设计最大扬程 6.89 米，流量 5.08 立方米每秒，1989 年 5 月完成，投资 86.6 万元。

2008 年，彭麻泵站列入《中部四省大型排涝泵站更新改造规划》，核定投资 4003 万元，其中国家投资 2000 万元。主要建设内容：主水泵更新为 1600ZLQ－6 型立式全调节轴流泵，主电机更新为 TL800－20/2150 型同步电动机以及泵房维修、加固、扩建等。

二十四、田关泵站

田关电排站位于东荆河右岸、潜江市田关排水闸南侧 300 米处，主要目的是在田关闸不能自排时，将田关河水排入东荆河。泵站工程由湖北省水利勘测设计院设计，建筑工程由荆州地区水利工程队承建，土建工程由潜江县承担。

田关泵站是四湖地区大型电排骨干工程，装机 6 台，单机 2800 千瓦，总容量 16800千瓦，设计提排能力 220 立方米每秒。按照四湖地区的统排规划和等高截流的原则，为解决四湖上区 3240 平方千米的排水出路而兴建，它与长湖、田关排水闸配合运用，构成四湖上区排涝主体工程。受益面积 3240 平方千米，其中，荆州市 1142 平方千米，潜江市2098 平方千米。

泵站枢纽工程包括泵房、防洪闸、拦污栅、变电站、引水渠、田关河公路桥等。

泵站布置型式为堤身式，虹吸式出流，选用轴流泵 6 台，2800 千瓦同步电动机，主厂房内分 3 层（水泵层、检修层、电机层）8 室（主机室、中控室、高压室、低压室、直流室、载波室、会议室、工休室）。

防洪闸设有工作和事故两重闸门，当外江水位高于驼峰高程 31.30 米、机组运行突然发生故障时，事故闸门迅速启动、断流，确保防洪和机电设备安全。

拦污栅建于距进水流道 180 米处，桥式，钢筋混凝土结构，采用机械打捞杂草和漂浮物。

变电站建在主厂房右侧，装置 1600 千伏安/110 千伏主变压器 2 台，电源经高场变电站输入，输电线路长 11.3 千米，其控制与保护装置均设在中央控制室，其启动、运行、监测全部自动化。

附属工程有引水渠、公路桥、后堤等，与主体工程同期完成。

田关泵站于 1986 年 5 月正式动工，按照省政府提出的 3 年完成任务的要求，实行机械化施工，并施行严格的奖惩办法，促进了工程安全顺利进行。施工中，由于站址地质情况复杂，为确保主厂房安全，在基础部位共打混凝土桩 464 根，桩径 0.8～1.25 米，总进尺 13711 米。主厂房与拦污栅之间左岸堤坡一度沉陷滑坡，是此站运行的一大隐患。

泵站全部工程于 1989 年 5 月完工，共完成土方 188.2 万立方米，混凝土 45700 立方米，耗用钢筋 2655.2 吨、木材 2323 立方米、水泥 15327 吨，国家投资 4000 万元。

1989 年 8 月，四湖上区连降暴雨，溃涝面积不断扩大，长湖水位猛涨到 32.49 米，田关泵站于 8 月 11 日投入运行，累计开机 28 天，运行 1908 小时，提排水量 1.7 亿立方米。据测算，如果没有田关泵站抢排，长湖水位将涨至 34.00 米，超保证水位 1.5 米。由于田关泵站的投入运行，有效地控制了长湖水位的涨幅，避免了分洪、溃堤和大面积农田受渍成灾情况的发生，同时也减轻了四湖中、下区的排水压力。

泵站运行 20 多年来，在水工建筑、机电设备、金属结构及设备、管理设施等方面暴露出混凝土裂缝、碳化、沉降缝止水撕裂漏水、电机大梁断裂、机电设备老化、金属结构锈蚀等问题，严重威胁泵站的安全运行和效益的发挥。2006 年，经省水利厅水电工程检测研究中心、武汉大学等部门现场检测、调查、分析，编制了田关泵站安全鉴定报告。省发改委批复对此站进行更新改造。工程总投资 9262.69 万元。主要建设内容：泵座基础、主泵房进口检修门槽及出口启闭机房改造，泵站裂缝、伸缩缝止水，混凝土碳化处理，厂房维修，渠道清淤和整治，翼墙裂缝处理，拦污栅加固，改造 6 台套主水泵和主电机，更新辅助设备，改造桁车，增加消防系统；电气设备更新改造，110 千瓦降压站设备及线路改造；更新 15 扇站前拦污栅、12 扇进口拦污栅和 4 扇进口检修闸门，增设 1 台移动耙斗式清污机，维修出口防洪闸，增设检修桁车，更换进口闸门启闭机，维修出口闸门启闭机。

田关水利工程管理处于 2006 年开始实施泵站更新改造，2008 年竣工。

荆州市泵站情况详见表 7-8-3、表 7-8-4、表 7-8-5。

表 7-8-3　　　　　　　　**2011 年荆州市单机 800kW 以上泵站基本情况表**

泵站名称	所在县（市、区）	装机容量/(台×kW)	流量/(m³/s)	驼峰高程/m	受益面积/万亩		建成年份	改造年份
					灌溉	排涝		
合计		107 台	1476		70.6	996.17		
新滩口站	洪湖市	10×1800	220	27.80		140	1986	2007
高潭口站	洪湖市	10×1800	240	31.58	40	350	1975	2006
小南海站	松滋市	4×800	32	直管式		11.7	1979	2008
黄山头	公安县	6×800	51	直管式		54	1969	2006
闸口一站	公安县	6×900	51	41.70		54	1975	2007
闸口二站	公安县	4×3000	120	42.10		54	1991	2007
玉湖站	公安县	4×900	36	43.70		7.82	1974	2007
牛浪湖站	公安县	4×1000	36	直管式		8.28	1976	2007
法华寺站	公安县	4×1000	32	直管式		7.31	1978	2007
淤泥湖站	公安县	4×1000	32.8	直管式		9.69	1999	
东港站	公安县	4×800	31	直管式		5	2010	
上津湖站	石首市	4×900	36	直管式		10.3	2001	

泵站名称	所在县（市、区）	装机容量/(台×kW)	流量/(m³/s)	驼峰高程/m	受益面积/万亩		建成年份	改造年份
					灌溉	排涝		
冯家潭一站	石首市	4×800	32	38.60		18	1997	2007
冯家潭二站	石首市	4×800	32	直管式		9.8	1989	
大港口站	石首市	2×1600	40	35.30	2.5	6.47	1978	2006
螺山站	监利县	6×2200	138	31.70		64.5	1975	
杨林山站	监利县	10×1000	80	直管式		62.5	1986	2008
半路堤站	监利县	3×3200	75	直管式		47.4	1980	2007
新沟站	监利县	6×800	51	直管式	15	32	1976	2006
南套沟站	洪湖市	4×1800	78	31.50	10	31.2	1971	2008
大沙站	洪湖市	4×800	32	直管式	3.1	12.2	2010	2007

表 7 - 8 - 4　　2011 年荆州市中型泵站（155～800kW）统计表

泵站类型	所在县（市、区）	数量/座	总功率/kW	装机数/台	设计流量/(m³/s)	受益面积/万亩	
						灌溉	排涝
全市合计		120	167966	775	1851	200.89	521.37
灌溉泵站	小计	10	18815	67	108.51	114.1	
	荆州区	3	8680	16	22.01	15.56	
	沙市区						
	江陵县	2	2400	20	35	65	
	松滋市	1	3150	10	2.4	3.3	
	公安县	1	930	6	10.2	6.74	
	石首市						
	监利县	3	3655	15	38.9	23.5	
	洪湖市						
排涝泵站	小计	59	92081	386	1037.9		318.52
	荆州区	3	5655	33	61.3		24.02
	沙市区	6	6510	42	86		32.78
	江陵县	2	2270	14	32		6.5
	松滋市	7	14010	50	135		52.34
	公安县	11	27430	54	240.1		57.27
	石首市	5	13030	30	139.6		49.9
	监利县	6	7465	53	83.5		29.3
	洪湖市	19	15711	110	260.4		66.41

续表

泵站类型	所在县（市、区）	数量/座	总功率/kW	装机数/台	设计流量/(m³/s)	受益面积/万亩	
						灌溉	排涝
灌排泵站	小计	51	57070	322	704.6	86.79	202.85
	荆州区	1	930	6	10.5	0.5	2.1
	沙市区	1	1240	8	21	4.8	8.03
	江陵县	4	3305	21	50	2.4	6
	松滋市	1	1240	8	12	0.8	4
	公安县						
	石首市	1	3200	2	40	2.5	6.47
	监利县	15	19375	124	208	48.8	74.3
	洪湖市	28	27780	153	363.1	26.99	101.95

表 7 - 8 - 5　　　　　2011 年荆州市小型泵站（55～155kW）统计表

泵站类型	所在县（市、区）	数量/座	总功率/kW	装机数/台	流量/(m³/s)	受益面积/万亩	
						灌溉	排涝
全市合计		3102	277600	4432	2808.78	495.01	604.46
灌溉泵站		1462	93687	1889	721.02	357.42	
	荆州区	182	13268	244	82.81	37.51	
	沙市区	38	1708	48	11.95	3.19	
	江陵县	135	6333	146	66.06	15.59	
	松滋市	226	15272	275	62.9	38.43	
	公安县	249	21688	354	134.45	77.65	
	石首市	202	12641	278	107.25	49.16	
	监利县	106	9812	151	100.96	62.73	
	洪湖市	324	12965	393	154.64	73.16	
排涝泵站		1191	129228	1823	1439.77		436.36
	荆州区	80	8700	116	94.62		31.22
	沙市区	99	10596	164	137.8		32.56
	江陵县	158	20355	265	262.14		42.41
	松滋市	129	13017	210	110		42.08
	公安县	200	27504	353	261.04		89.75
	石首市	174	15742	247	166.91		43.44
	监利县	226	20868	300	221.6		109.9
	洪湖市	118	11691	158	177.46		43.5
	开发区	7	755	10	8.2		1.5

泵站类型	所在县（市、区）	数量/座	总功率/kW	装机数/台	流量/(m³/s)	受益面积/万亩	
						灌溉	排涝
灌排泵站		449	54685	720	647.99	137.59	168.1
	荆州区	77	4889	93	51.35	5.75	8.76
	沙市区	21	2200	38	29.4	4.1	5.61
	江陵县	68	7669	99	98.05	10.79	13.5
	松滋市						
	公安县	33	5079	70	44.55	7.62	9.74
	石首市	60	5004	83	63.48	16.02	19.42
	监利县	98	16425	184	167.09	81.31	67.23
	洪湖市	92	13419	153	194.07	12	43.84

第四节 电 灌 站

荆州地区机电提水灌溉站建设与机电排水站发展基本上是同步进行的。20 世纪 60 年代初期，随着电能源的兴起，机电灌溉站在山区丘陵逐步发展起来，到 70 年代末期，电灌站在荆州城乡普及，基本形成了一个新的水利工程门类，配合蓄水、引水工程，构成蓄、引、提结合，自流与提水结合的新格局，成为提高灌溉保证率、促进工农业生产发展的重要工程设施。至 1983 年，荆州地区建成电灌站 930 座，装机 1373 台，总功率 165907 千瓦，设计流量 684.3 立方米每秒。1983 年荆州地区电灌站统计情况见表 7-8-6。

表 7-8-6　　　　　　　　　　1983 年荆州地区电灌站统计表

县别	数量/座	装机数/台	总功率/kW	流量/(m³/s)
合计	923	1311	163165	637.1
松滋	47	77	8939	19.0
公安	80	129	10935	63.2
石首	74	92	6920	43.0
江陵	96	142	18007	70.3
监利	19	35	4385	53.0
洪湖	4	6	430	4.4
潜江	16	—	2830	—
沔阳	8	20	2470	23.5
天门	88	144	15291	56.8
荆门	197	286	45159	147.1
钟祥	178	238	34526	112.7
京山	101	118	13115	32.8
沙洋农场	15	24	158	11.3

丘陵山区大型水库灌区建成后，在大旱年水源不足的情况下，无法满足农田灌溉需要，必须从江、河、湖、库提取水源，补充水库水源之不足，才能确保有充足的灌溉水源。因此，从 20 世纪 60 年代初到 70 年代末的近 20 年内，山丘区人民分别在漳河、漳洈、洈水三大灌区内的边远、死角地方，由点到面，分年分批兴建了一大批电力灌溉站，成为大型水库灌区集中管理、统一调度、提高抗旱能力的重要工程设施。荆州地区在三大灌区内共建成一、二、三级电灌站 108 处，总装机 301 台，总容量 99090 千瓦，提水流量 176.82 立方米每秒，灌溉面积 154.52 万亩。

1994 年荆州建市后，三大灌区仅保留洈水灌区。至 2011 年，荆州市单机 155 千瓦以上的中型灌溉站有 10 座，装机 67 台，总功率 18815 千瓦。

一、漳河灌溉区

漳河灌溉区在下游汉江、湖泊、水库等堤岸边共建成 155 千瓦以上的一、二、三级电灌站 79 座（含农场），总装机 226 台，总容量 79535 千瓦，提水流量 125.71 立方米每秒，可灌溉农田面积 108.73 万亩，其中单机 630 千瓦以上的一级大型电灌站 7 座。

（一）漂湖站

漂湖站原名潘家嘴抽水机站，站址位于钟祥县胡集镇潘家嘴，由机灌站改建而成，共分二级。一级站建于潘家嘴，从徐家坡开挖 500 米长引水渠，提汉江支流蛮河水，站内装机 3 台 630 千瓦和 2 台 220 千瓦电机及 300 马力柴油机，净扬程 27 米，提水流量 5.5 立方米每秒，灌溉面积 4.5 万亩。

二级站建于襄沙公路西 100 米处，由一级站供水，安装 630 千瓦电机 2 台和 215 千瓦电机 1 台，扬程 23 米，提水流量 4.2 立方米每秒，灌溉面积 3.5 万亩。

1961 年由荆州地区拨款，钟祥县组织 5000 民工及学生突击施工。原设计安装 80 马力柴油机 25 台，1962 年安装 10 台，因扬程高、机组多、耗油大，1965 年改为 3 台 300 马力柴油机，配水泵 3 台，单机流量 0.5 立方米每秒。1972 年大旱，兴建二级站，安装 80 马力柴油机 1 台，扬程 20 米，流量 0.2 立方米每秒。1974 年将柴油机改为 75 千瓦电机 1 台，1976 年增加 215 千瓦电机 1 台，流量增到 0.4 立方米每秒。1978 年，随着电力事业的发展和工农业生产需要，决定对一、二站进行改造，组织 1 万劳力施工，1979 年完工。一级站 3 台 630 千瓦和 2 台 220 千瓦电动机，流量为 5.5 立方米每秒，架设 35 千伏安线路长 12.5 千米，建变电站 1 座。二级站建变电站 1 座、安装变压器 1 台。整个工程完成土石方 145 万立方米、混凝土 386.5 立方米、浆砌 1280 立方米、干砌 4000 立方米，投入标工 103.8 万个，投资 104.7 万元。

（二）双河站

站址在钟祥县双河镇徐家湾。1975 年由钟祥县水利局设计，提汉江支流浰河水源。于 1975 年 11 月动工，1978 年 6 月建成，站分四级。

一级站建在双河镇徐家湾，泵房为砖木结构。装机 3 台，单机 630 千瓦，扬程 31.00 米，提水流量 4.5 立方米每秒，水泵进出水管道直径 0.8 米，吸水管长 7 米，出水管长 70 米，扬程 31.00 米。一级泵站至二级泵站长 7 千米，渠道建筑物有灌溉闸 12 处、泄洪闸 1 处、人行桥 8 座、公路桥 2 座、隧洞 2 处长 180 米、暗涵 1 处长 400 米。泵站建有防洪堤，设进水闸 1 处，闸底高程 41.40 米，安装平板闸门 1 扇，输电线路 1.1 千米，灌溉面积 2.2 万亩。

二级站在鄢家冲水库附近，装机 2 台×630 千瓦，单机流量 1.5 立方米每秒，净扬程 27.00 米，渠道长 7 千米，灌溉农田 4.5 万亩。

三级站位于丽山乡碑座岗，安装 155 千瓦电动机 2 台，提水流量 1.5 立方米每秒，渠道长 4 千米，灌溉农田 2 万亩。

四级站建在丽山村，安装 100 千瓦电动机 1 台，扬程 23 米，提水流量 0.3 立方米每秒，渠长 2.5 千米，灌溉面积 500 亩。

（三）长岗岭站

站址在钟祥县贺集乡石岗村，水源、电源与郑家湾相通连。由钟祥县水利局设计，荆州地区水利局批准兴建，钟祥县水利局工程队负责施工安装。1978 年 11 月开工，1982 年 12 月建成，站分为两级。

一级站建在石岗村，主体工程由引水渠、防洪闸、前池、泵房、干渠、隧洞、暗涵、变电站等组成。泵房面积 283.5 平方米，混凝土结构，装机 5 台，单机 630 千瓦，配水泵 5 台，总容量 3150 千瓦，总扬程 25.6 米，提水流量 7.5 立方米每秒，灌溉面积 2 万亩。进水闸在郑家湾至肖店电灌站主渠中部，引水至一级站，长 1000 米，底宽 15 米，过水流量 15 立方米每秒。防洪闸建在泵房前，过水流量 15 立方米每秒。干渠长 8.5 千米，底宽 5 米，水深 2 米，过水流量 7.5 立方米每秒。在干渠 6 千米处有一隧洞，长 320 米。变电站安装 ST-2500 千伏安变压器 1 台，输电线路 13 千米。

二级站建在周集村长岗岭，安装 380 千瓦电动机 4 台，总容量 1520 千瓦，净扬程 25.6 米，提水流量 3.2 立方米每秒，配 24SH-19 型水泵 4 台，干渠长 7.5 千米，底宽 3 米，渠道上建有夏家湾渡槽、涵闸。

（四）肖店站

站址在钟祥县石牌镇肖店，属漳河三干渠灌区。石牌瓦瓷管理区有 8 个村，耕地 3.5 万亩，其中水田占 97.5%，区内有堰塘 1218 口，蓄水容量 162 万立方米，仅能灌溉 0.35 万亩农田，1972 年大旱，漳河水库尾渠供水无保证，粮食总产量减少 50%。因此，钟祥县决定在肖店建灌溉站，提汉江支流竹皮河水源，引水上山。1976 年动工，1981 年建成。

一级站位于肖店村 5 组，装机两台，单机 630 千瓦，配 32SH-19 型水泵两台。泵房前设有防洪堤，长 2000 米，高 5 米，面宽 5 米；单孔石拱防洪闸一座，流量 4 立方米每秒。一级站扬程 22 米，提水流量 3.2 立方米每秒，通过出水渠为二级站提供水源。灌溉面积 1.8 万亩。

二级站装有 280 千瓦电机 3 台，配 24SH-19 型水泵 3 台，提水流量 2.4 立方米每秒。1600 千伏安变压器 1 台，输电线路 300 米。出水渠长 210 米，进入漳河三干一支渠。

（五）李家嘴站

李家嘴电力灌溉站是漳河水库二干渠灌区的一项补充工程。1966 年漳河二干渠挖通后，对江陵县水稻产区川店、马山、八岭、纪南、九店 5 个公社 32 万亩农田的灌溉起到很大作用。后因种植双季稻和开荒面积逐年扩大，工业用水不断增加，漳河水库已不能满足灌区抗旱水源的需求。1972年大旱，二干渠江陵灌区受旱面积达10万余亩。为了补充二干渠灌区水源，江陵县决定修建李家嘴电力灌溉站，把太湖港水库水提到县北丘陵高地入漳河二干渠水系，实行南水北调，引水上山，灌溉川店、马山公社35个大队13.56万亩农田。

电灌站由引水渠、防洪闸、一级泵站、一级输水渠、二级泵站、二级输水渠组成。

引水渠由丁家嘴水库西北朱家嘴起，经屈桥，利用太湖港故道，裁弯疏挖整理而成，过防洪闸到一级泵站前池，底宽8米，长5.6千米，引水流量11立方米每秒。

防洪闸位于一级泵站前池入口处，两孔，孔宽2.5米，钢质平板闸门，配备15吨启闭机，后改为30吨启闭机。

一级泵站位于马山公社凤林大队李家嘴，泵站即以此得名。7台机组，单机630千瓦，总容量4410千瓦，总扬程32.22米，净扬程29米，总流量10.5立方米每秒。由草市变电站架设11万伏高压线路到李家嘴，长33千米，在李家嘴建变电站，总容量32千伏安供给电源。

一级输水渠从一级泵站消力池起，北行至张家湾分水闸，与三支渠（漳河水库二干渠渠系）重合，到石家垸分水闸与三支渠分开东行，过川店街后，东北行抵龙山水库大坝西端，沿库依山北行至二级站前池，底宽4米，长7.8千米。

二级泵站位于川店公社高店大队九里岗，5台机组，单机630千瓦，总容量3150千瓦，总扬程30.76米，净扬程27米，总流量8.1立方米每秒。由李家嘴变电站架设35千伏安高压线至九里岗，长7.8千米，变电站总容量6400千伏安供给电源。

二级输水渠从二级泵站消力池起，沿九里岗北行，至蚂蟥大堰进入二干渠，渠底宽2米，长1.93千米。

电灌站工程由江陵县水利局设计，江陵县组织马山、川店等5个公社的2万劳力施工，动用100台拖拉机、93台牵引机、6200部手推车，1975年11月动工，1978年7月竣工，共完成土方339.99万立方米、混凝土5105立方米，投工450万个，国家投资343万元。

2008年，李家嘴一、二站列入《全国大型灌溉排水泵站更新改造规划》，省发改委投资6114.35万元，2009年开工，2011年8月完工。

（六）郑家湾站

郑家湾电力灌溉站位于钟祥县冷水镇东1.5千米的郑家湾，是漳河四干渠、东干渠的一项补充性灌溉工程。由于冷水、贺集、石牌等灌区地处四干、东干渠尾，水源得不到保障，钟祥县委决定兴建郑家湾提水灌溉站，引汉江水灌溉冷水地区6万亩农田。

郑家湾站由钟祥县水利局勘测设计，汉江修防处派技术人员进行指导。1975年7月荆州地区水利局批准建站规划方案，1975年冬成立建站工程指挥部，11月25日破土动工，1980年竣工。配套工程设施有进水闸1座，引水渠1条、长15.6千米，二级渠道长4千米；渠系建筑物有桥梁5座、渡槽2座、涵闸1座、分水闸3座、跌水9处。电灌站分为三级。工程共投资475.8万元，其中，国家投资330.6万元，地方自筹145.2万元。完成土方256万立方米、石方28万立方米、混凝土0.85万立方米、浆砌0.29万立方米。

一级站建于郑家湾，泵房位于防洪闸后 150 米处，设计装机 7 台×630 千瓦，实际装630 千瓦 32SH－19 型电机水泵配套设备 5 台套，总容量 3150 千瓦，出水管 5 道，总扬程 32.5 米，提水流量 7.5 立方米每秒。出水消力池位于渠首，混凝土浇筑而成。进水闸底高程 40.00 米，流量 15 立方米每秒，灌田 2 万亩。

二级站建于冷水铺西 2.5 千米的王家棚，其水源和电源均来自一级站，主要工程有35 千伏安变电站、5 千米输电线路、出水池、台渠和分水闸。其结构和设备布置与一级站相同。安装 3 台 32SH－19 型水泵，配套 630 千瓦电机 3 台，流量 4.5 立方米每秒。渠道与漳河四干渠相通。安装两台 32SH－19B 型离心水泵，配套 200 千瓦电机 2 台，流量 2.5立方米每秒，为横山、侯集和三级站送水，可灌溉 4.8 万亩农田。

三级站由冷水镇兴建并管理，分南站、北站。水源电源均来自二级站。南站建于官坡，安装 630 千瓦机组 1 台套，扬程 24 米，渠道长 7 千米，流量 1.75 立方米每秒，可灌溉农田 4000 亩。北站建于乔坡，安装 310 千瓦电动机 1 台，扬程 31 米，渠道长 1.5 千米，流量 0.5 立方米每秒，灌溉农田 7000 亩。

（七）大碑湾站

大碑湾电力灌溉站位于沙洋农场高阳镇，承担高阳、官垱、曾集 3 镇和黄土坡农场部分农田灌溉任务，是漳河水库三干渠下游最大的补水工程。设计灌溉面积 35.3 万亩，实际灌溉面积 30 万亩。1976 年 11 月动工兴建，1980 年基本建成，1985 年续建煞尾，完成土方 442 万立方米、混凝土 1.3 万立方米、浆砌石 1.98 万立方米、干砌石 0.2 万立方米，标工 553.7 万个，国家投资 733 万元。

大碑湾站安装机组 28 台套，容量 15150 千瓦，主要枢纽工程包括进水闸、引水渠、防洪闸、一级站、输水渠、二级站、三级站及灌溉渠系。

一级站位于高阳村肖家岗，装机 14 台×630 千瓦，引汉江水，最大扬程 30.5 米，流量 21 立方米每秒。输水渠长 12.63 千米，灌田 15 万亩。二级站位于范店村徐家湾，装机8 台×630 千瓦，扬程 28 米，流量 12 立方米每秒，输水渠长 800 米，接漳河三干渠，设计灌田 18.45 万亩。三级站位于漳河三干渠楝树店，装机 6 台×215 千瓦，扬程 11.8 米，流量 5.8 立方米每秒，设计灌田 12.45 万亩。

二、澉溂灌溉区

澉溂灌溉区建成 155 千瓦以上电灌站 21 座，总装机 50 台，总容量 14850 千瓦，提水流量 42.59 立方米每秒，灌溉面积 39.49 万亩，其中单机 630 千瓦以上一级大型站 5 座。

（一）刘庙站

刘庙站位于天门县九真镇文村西 1.5 千米处，因原拟建于刘庙村而得名。此站由天门县水利局设计、施工，1978 年 12 月开工，1979 年 11 月建成，装机 3 台，总容量 1415 千瓦，其中 630 千瓦 2 台、155 千瓦 1 台，配有 1800 千伏安变压器 1 台，10 千伏输电线路6.5 千米。扬程 22.6 米，提水流量 3.4 立方米每秒。灌溉面积 3 万亩。提水水源为石家湖，进水渠长 1.5 千米，底宽 6 米，出水渠长 1 千米，底宽 3 米。全部工程完成土方 22万立方米、混凝土 553 立方米、浆砌石 900 立方米、干砌石 350 立方米，投资 51 万元，其中国家投资 34 万元。

（二）新农站

新农站位于天门县李场乡兴隆村，天门县水利电力局设计、施工，1975 年 11 月开工，1977 年 12 月建成。装机 3 台，其中单机 630 千瓦 2 台、155 千瓦 1 台，总容量 1415 千瓦。配有 1800 千伏安和 220 千伏安变压器各 1 台，10 千伏输电线路 2.2 千米。扬程 24 米，提水流量 3.5 立方米每秒，灌溉面积 3.1 万亩。提水水源为柳河，进水渠 0.6 千米，底宽 5 米，出水渠长 1.5 千米，底宽 3 米。全部工程完成土方 10 万立方米，混凝土 200 立方米，浆砌石 1000 立方米，干砌石 450 立方米，投资 35.5 万元，其中国家投资 11 万元。

（三）岱河站

岱河站位于京山县雁门口区江桥村，与天门县石河区岱家河村交界处，北距县城 32 千米。此站设计两级提水，总装机 7 台，容量 3070 千瓦，控制灌溉面积 6.8 万亩。1978 年冬动工，由于水源、资金等原因，至 1985 年年底止，完成以下几项工程。

引水渠由天北长渠东虹节制闸起，沿西河而上疏挖至岱家河，长 13 千米，设计水深 1.6 米，流量 5.4 立方米每秒。建两孔防洪闸一座，设于一级泵站前池入口处，孔宽 2.3 米，钢质平板闸门，配 5 吨启闭机两台。

电源由钱场 35 千伏变电站架 35 千伏高压线经界子山（二级站）至岱家河，长 15 千米，建容量 2410 千伏安变电站 1 座。

一级站建 160 平方米泵房 1 栋，装机 4 台套，容量 1715 千瓦，其中 2 台 630 千瓦和 240 千瓦、215 千瓦各 1 台。提水总扬程 25.5 米，净扬程 22.4 米，设计提水流量 5.4 立方米每秒。

一级灌溉渠也是二级站引水渠，由一级站出水消力池北行至界子山二级站，长 8.2 千米，底宽 3 米，设计过水量 4.2 立方米每秒。

二级站位于雁门口区界子山村汉（口）宜（昌）公路边的界子山，原设计装机 1 台 630 千瓦和 3 台 185 千瓦，总容量 1185 千瓦，提水扬程 28.8 米，提水流量 4.2 立方米每秒。实际只安装 2 台 280 千瓦机组，1800 千伏安变压器 1 台。共完成土石方 31.3 万立方米，投工 30.4 万个，完成投资 80 万元（不含投工折资），其中国家投资 70 万元。

（四）东河站

东河站位于京山县钱场区吴岭村董家湾南的京（山）钱（场）公路边，提钱场电站坝水，1980 年 2 月正式动工建站。为防吴岭水库泄洪，建闸 1 座，孔 2.3 米，钢质平板闸门，配 5 吨启闭机 1 台。建 160 平方米平顶泵房 1 栋，装机 2 台 630 千瓦机组，提水净扬程 17 米，提水流量 3.6 立方米每秒。由钱场变电站架 35 千伏高压线 350 米至站，安装 1800 千伏安变压器 1 台。灌溉渠从出口消力池起北行 1.4 千米，进吴岭水库东干渠，控制灌溉面积 6.4 万亩，实际可灌溉农田 3.6 万亩。共完成土石方 3.81 立方米，混凝土 310 立方米，浆砌石 500 立方米，投工 3.6 万个。完成投资 74 万元，其中国家投资 68 万元。

三、澴水灌溉区

澴水灌溉区共建成 155 千瓦以上大、小电灌站 8 座，总装机 19 台，总容量 4705 千瓦，提水流量 7.52 立方米每秒，灌溉面积 6.3 万亩。其中容量 630 千瓦电灌站 1 座，即牌坊口电灌站。

牌坊口电灌站位于松滋陈店境内，坐落在长江之滨的牌坊口，是松滋最大的电灌站。此站取长江水灌溉陈店镇农田。站分 5 级提水，扬程为 115 米，为长江中游扬程最高的电灌站。原安装电机 4 台，单机 630 千瓦，后增加 55 千瓦电机 3 台，总容量 2685 千瓦，提水流量 1.5 立方米每秒，实际灌溉面积 2.5 万亩。

此站于 1972 年 11 月动工兴建，1974 年完成主体工程，挖通南、北两条干渠。1975 年完成变电站及输电线路工程，同年 8 月正式投入运行。完成土石方 48.58 万立方米，用工 108.5 万个，总投资 309 万元，其中国家投资 109 万元。

牌坊口电灌站建有干渠两条，总长 16.5 千米（南渠 4.5 千米、北渠 12 千米），支渠 10 条，总长 30 千米。

由于长江水位在春季偏低，取水困难，1989 年 3 月，将进水管接长并降低吸水高程 0.5 米，临时用 55 千瓦电机从外江抽水，解决了泵站的水源问题。

泵站电源从县城新江口架设 35 千伏安输电线路 21.7 千米，在牌坊口建 35 千伏变电站 1 座。除了满足泵站用电外，还解决了当地农村用电问题。

建站前的 1972 年大旱，牌坊口临时安装 420 马力柴油机 4 级提水上山，抽水 70 天，仅灌溉农田 720 亩，建站后的 1978 年大旱，由于该站发挥作用，当年粮食总产达到 2009 万千克，比 1972 年增产 21.6%。

四、平原湖区

在平原湖区，电力灌溉站建设也从 20 世纪 60 年代开始发展起来。主要有三种形式，一为单功能电力灌溉站，分布在地势较高的地方和排水干渠边，提取渠道之水灌溉；二为电力排灌站，以排水为主，结合灌溉，如洪湖高潭口电力排灌站担负 40 万亩农田的灌溉任务；三为春灌站，即配合利用沿江灌溉涵闸进行引水的机电灌溉站，在冬春季节，江河水位低下，灌溉涵闸不能进水，则利用机电提水灌溉农田，有观音寺、颜家台春灌站、楠木庙提灌站。

观音寺春灌站位于观音寺闸外西侧，1984 年建移动式泵站，装机 1280 千瓦，设计流量 16 立方米每秒。2001 年扩建，将其中 6 台改为 4 台，装机 640 千瓦（斜拉潜水泵），引水流量达到 22.5 立方米每秒。颜家台 1979 年安装 18 台，装机 990 千瓦，设计流量 11 立方米每秒；1998 年改造，装机 6 台×160 千瓦，设计流量 15 立方米每秒。

楠木庙提灌站位于监利县、东荆河堤桩号 77＋550 处，于 1986 年兴建，装机 3 台，每台 155 千瓦，设计提灌流量 4.5 立方米每秒，其中 1 台已报废，另 2 台带病运行。1991 年以来，东荆河逐渐萎缩，在 4 月以前水位低，春旱时，北口闸、谢家湾闸引水困难，而楠木庙站受长江回水影响，尚能从东荆河提水灌溉，故于 2007 年投资 565 万元重建楠木庙提灌站，基本满足网市、龚场两个乡镇 12 万亩农田的灌溉用水。

楠木庙提灌站采用高扬程潜水泵一级提水，安装 4 台 700QH－40 型潜水泵，扬程 17.6 米，装机容量为 4 台×380 千瓦，设计提水流量 6 立方米每秒。提灌站下游 150 米处建沉螺池一座，池底高程 25.30 米，两侧挡土墙顶高程 27.22 米，出口箱形挡墙过水孔为 1 排 1 孔，每孔 2 米×1.4 米。此站灌溉渠长 565 米，渠底宽 4 米，设计流量 6 立方米每秒，采用预制混凝土护砌。为方便沿河群众生产和交通，修建涵洞 1 孔，规模为宽 4 米、高 1.7 米、洞身长 6 米。站前设拦污栅 4 孔，孔口尺寸为宽 2.5 米、高 3.9 米。

第九章 水 库

新中国成立前，农田灌溉主要依靠河渠、塘堰、挡坝等小型水利设施和龙骨水车及少量的山区水力筒车、天车等提水工具。遇干旱年份，大部分农田灌溉缺水源，只能"望天收"。

新中国成立前，荆州地区没有水库。新中国成立后，京山县于1953年10月动工，兴建何家堍水库［小（1）型］，1954年5月竣工。1953年11月28日动工兴建石龙水库（中型），调集京山、天门和五三农场1.5万劳力，1956年4月竣工。钟祥县于1953年动工兴建榨屋河水库［小（1）型］，1956年竣工。松滋县于1954年动工兴建断山口水库［小（1）型］。荆门县1955年动工兴建卸甲口水库［小（1）型］。1958年全地区水库建设形成高潮。

1955年，省水利厅提出"以蓄为主、小型为主、社办为主"的指导方针，解决普通的水旱灾害。1956年以后，荆州地区根据丘陵山区的特点，提出以蓄为主、控制山洪、保持水土、增加调蓄水资源能力，实行有计划、分步骤、分水系进行全面规划，统筹兼顾，综合治理，分区实施的治理方针。以继承塘堰为前提，大型为骨干，小型为基础，大中小结合，按照三大灌区的规划蓝图及其工程布局，因水系制宜，拦河筑坝，修建以水库为主体的蓄水工程。山丘区的水库蓄水工程由点到面、由小到大，分年分批地全面展开。至20世纪90年代，荆州地区共建成大小水库705座，其中蓄水1亿立方米以上的大型水库7座，蓄水1000万～1亿立方米的中型水库35座，蓄水10万～1000万立方米的小型水库664座。水库总蓄水能力566万立方米，设计灌溉面积838.2万亩，完成土石方27613万立方米。

1994年荆州建市，水库建设以除险加固为主。至2011年荆州市有各类水库119座，其中大型2座，中型6座，小型111座，总库容8.36亿立方米，设计灌溉面积155.74万亩。

第一节 蓄水工程发展概况

蓄水工程泛指塘堰和水库，蓄水量小者为塘堰，蓄水量大者为水库。新中国成立前，荆州范围内修建了大量塘堰，为满足农业生产和群众生活发挥了一定作用，但因数量少，既不能解决干旱缺水问题，更不能解除山洪威胁。新中国成立后，由于发展农业生产的迫切需要，人民群众强烈要求治理山洪和解决水源，加上生产力的解放与经济的发展，为修建水库创造了条件，因而大中小型水库建设遍地开花，迅速发展起来。

一、塘堰概况

塘堰工程泛指陂、堰、垱、坝等各类小型蓄引水设施，具有适应山丘地区分散灌溉的特点，因其修建简便，灌溉及时，并兼有饮水、养殖、消防的效能，因而受到群众的普遍重视。

历史上，以小农经济为基础的社会条件下，生产力不发达，发展灌溉的最好形式是塘、堰、坝等小型水利工程。据史料记载，春秋时期，"孙叔敖为楚相，截汝汶之水，作塘以灌田，民获其利……战国后期，楚国利用江南丰富的水利资源，因地制宜，整治陂田堤堰，发展水利，兴修的陂、塘、河、渠居于诸国之冠"。据此，荆州的塘堰当起源于春秋战国时期。

唐代的塘堰以修治为主，并且有民约管理塘堰的记载。元和末年至宝历年间（815—827年），"山南节度使王起，滨汉塘堰联属，吏弗完治，起至部，先修复，与民约有水令，遂无凶年"。

明清两代塘堰有较大发展，既有官府督修的，也有豪绅主办的，还有广大农民自修的。

两千多年来，荆州山丘区的塘堰几经兴衰，至新中国成立前夕，共有塘堰 24.82 万个，总蓄水能力 33600 万立方米，按当时灌溉面积计算，平均每亩占有水量 100 立方米，抗旱能力不足 20 天。

新中国成立以后，1950 年冬至 1951 年春，荆州人民开展了较大规模的兴修和整修小型农田水利工程，一个冬春新修和扩建塘堰 19.53 万处，疏洗渠道 7534 条，建剅闸 1515 座。此后，每年在修筑堤防确保防洪安全的前提下，组织群众持续新建、扩建和整修塘堰，到 1958 年止，山丘区的塘堰增加到 27.79 万处，蓄水能力达 54400 万立方米，比 1949 年增长 51%，平均每亩占有水量 270 立方米。

20 世纪 50 年代为荆州地区塘堰兴盛时期。1958 年以后，由于集中力量修建大中型骨干工程，尤其是一批大中型水库建成受益，一些地区忽视了小型水利工程的作用，塘堰有下降趋势，其中 1959—1961 年三年大旱，粮食紧缺，群众生活困难，在"大办粮食"的影响下，曾一度出现平原湖区围湖造田，山区毁塘改田的错误做法，塘堰数量不增反减。据 1971 年统计，山丘区塘堰处数为 24.67 万处，比 1958 年减少 3 万多处，下降 11.6%。

1972 年大旱，人们开始认识到水库水源不足，水库放水"鞭长莫及"，同时也看到了塘堰有多方面拦蓄地表径流的作用，自觉停止毁塘改田做法，特别是 1972 年以后以生产队为单位，新挖和扩建了一大批容积较大的塘堰，称为生产队的当家堰。1985 年统计，山丘区的塘堰处数为 15.26 万个，蓄水能力为 39764 万立方米，仍比 1958 年少。

1986 年以后，因农村小城镇建设和乡镇企业的大发展以及公路的扩建、改建，使塘堰数量及蓄水能力有所下降。但是，农村推行联产承包责任制，土地以分散经营为主，小型水利工程又重新被人们所重视，各地逐步形成"小型大规模"的水利建设新高潮，塘堰整修加固工程纳入农田水利基本建设的重要内容，数量和质量得以提升。

二、水库规划及发展过程

新中国成立初期，荆州地区行政区内，丘陵山区总面积为 16142.87 平方千米，占全区总面积的 48.26%，丘陵山区内主要山溪河流有 12 条，向东南流注于平原湖区，构成了山丘区与平原湖区地形交错、水系贯通的格局，同时，山丘区雨量充沛，水资源丰富，具有修建蓄水工程的有利条件。

由于新中国成立前山丘区没有一座水库，仅有少量塘堰蓄水，农田灌溉严重缺水，而一旦山洪暴发，又酿成田毁人亡的灾难，人民深受其害，因此，根治水患、修建水库成为广大人民群众的迫切要求。新中国成立初期，刚刚获得解放的人民群众劳动积极性空前高涨，为大规模修建水库提供了劳力保障，随着工农业生产和国民经济发展，积累了一定的物资基础，为大规模修建水库工程提供了有利条件。因此，党和政府为了彻底解决丘陵山区洪、旱灾害问题，给人民群众一个安宁的生存环境，快速发展荆州的农业，决定发动群众，兴修水利，根治水患，因地制宜地开发水资源，修建一批防洪灌溉工程。

1955 年，在湖北省荆州专区水利工程处的指导下，以刚刚组建的"荆州专区水利工程队"为基础，会同有关县的水利部门，对丘陵山区的水利资源进行了全面调查，实地勘测了石门、石龙、吴岭、太湖港、沮水等山丘的实际情况，为制定全区的水利规划、修建大中型水库做了大量的准备工作。

《荆州专区 1958—1962 年水利规划（草案）》中，把荆州山丘区划分为三大灌溉网，即"江南松滋、公安、石首等县及江陵部分应根据控制四口方案进行规划。……进行沮水根治，采取上蓄下泄，排灌兼施，防洪发电，全面开发，综合利用；江北江陵、荆门、监利、洪湖及潜江、钟祥部分，应围绕内荆河开发及漳河水库工程进行统一规划；荆门、钟祥不在漳河灌区内的部分地区，应充分利用山沟溪流引水及修建中、小型水库，组成本地区的自流灌溉网；汉北的京山、天门及钟祥部分，以开发溾水、溲水、富水、石板河、永隆河、天门河等溪河为主，结合兴建温峡口、惠亭山、吴堰岭等大中型水库"。此规划初步明确了江南、江北、汉北三大灌区的轮廓。

1958 年 11 月，荆州地委出台《荆州专区今冬明春实现河网化规划》，提出了山丘区实现自流灌溉化的规划范围，即以荆门漳河水库和江陵太湖港水库为骨干，将荆门黄金港、官堰角、雷公嘴水库以及荆门全县、钟祥西部、江陵北部、潜江西北部地区"西瓜秧式"的中小水库塘堰群连接起来，形成漳河地区自流灌溉网；以京山惠亭山、钟祥温峡口水库为骨干，将京山石板河、吴堰岭、石龙、石门水库以及京山全县、钟祥东部、天门北部地区"西瓜秧式"的中小型水库塘堰连接起来，形成汉北地区自流灌溉网；以松滋沮水水库为骨干，将松滋的南河、北河、马斯口水库以及松滋全县、公安西南部"西瓜秧式"的中小型水库塘堰连接起来，形成江南地区自流灌溉网。自此，各大、中、小型水库建设在荆州山区丘陵地带全面展开。1994 年，荆州地区建成大、中、小型水库 705 座。1994 年以前荆州地区水库工程统计情况见表 7-9-1。

20 世纪 90 年代，部分县及其水库相继划出荆州地区管辖，荆州市境内有大型水库两座（沮水水库和太湖水库），中型水库 6 座，小型水库 111 座。设计灌溉面积 155.74 万亩。2001 年，荆州市先后有 68 座大中小型病险水库列入全国病险水库除险加固规划，其中，大型 2 座、中型 6 座、小（1）型 19 座、小（2）型 41 座。截至 2010 年，共下达计划投资 4.58 亿元，其中，中央投资 3.16 亿元，市县配套资金 1938 万元，累计完成投资 3.06 亿元。全市小（1）型水库已全部完成除险加固。

表 7-9-1　　　　　　　　1994 年以前荆州地区水库工程统计表

县别	水库数量/座	总库容/万 m³	有效库容/万 m³	死库容/万 m³	备　　注
合计	705	571136.77	283387.53	136539.66	
松滋	44	71829.20	38494.60	14564.20	
公安	1	1180.00	720.00	70.00	
石首	11	363.50	317.40	46.90	
江陵	26	16298.57	4727.23	1397.00	
天门	30	8105.10	4448.30	489.96	
荆门	226	247919.50	111933.40	89249.90	
钟祥	165	125231.70	61702.60	21587.80	
京山	160	97120.20	58933.40	9037.90	
沙洋农场	9	405.00	352.00	53.00	
五三农场	33	2684.00	1758.60	43.00	

第二节　漳　河　水　库

漳河是长江中游北岸支流沮漳河的东支，发源于南漳县境内三景庄，全长 202 千米，流域面积 2980 平方千米。流域内雨量充沛，水利资源丰富。为解除漳河东岸荆门、江陵、当阳等县大片丘陵地区干旱缺水的威胁，防治沮漳河山洪灾害，省人民政府于 1957 年 11 月决定兴建漳河水库。湖北省水利厅及其水利勘测设计院在沮漳河流域规划的基础上，于 1958 年 6 月提出漳河水利工程初步设计要点报告，同年 7 月 1 日，漳河水利工程正式动工兴建。荆州专署副专员饶民太任总指挥，调集荆门、江陵、钟祥、当阳、潜江、沙洋等县 12.8 万民工，加上解放军某部一个连、省水利厅工程一团以及荆州专署水利局工程队参加水库工程建设，高峰时达到 13.3 万人。历经 8 年的连续施工，于 1966 年 4 月建成并发挥效益。

限于当时的经济与技术条件，漳河水库建成受益之后，仍然存在一些突出问题，需要进一步完善。规划修建的 4 座泄洪设施，只建了陈家冲 1 座，设计 1000 年一遇的防洪标准，仅达到 200 年一遇，而且已建的枢纽工程存在多处隐患，是一座标准不高的病险水库。河南板桥水库失事之后，水利部把漳河水库列为"七五"期间第一批重点整治对象，从 1977 年开始，分 3 期历时 28 年对枢纽工程进行续建和加固。

漳河水库工程主要包括枢纽和渠道两大部分。枢纽工程有观音寺、鸡公尖、林家港、王家湾 4 座大坝及 1 座副坝，总长 12843 米，最大坝高 66.5 米；有清静庵、黄家湾、姚家冲 3 段总长 5500 米的明槽穿过 3 座山梁、2 个大冲，最大挖深 27 米，将观音寺、鸡公尖两库连成一个巨大的水库群，总库容 20.35 亿立方米；有陈家冲、马头砭两座泄洪闸和崔家沟、王家湾两座非常溢洪道，总泄水能力 8947 立方米每秒；有烟墩、徐家西湾、林家港等 8 座引水涵闸，总引水能力 132.5 立方米每秒。具体见图 7-9-1。

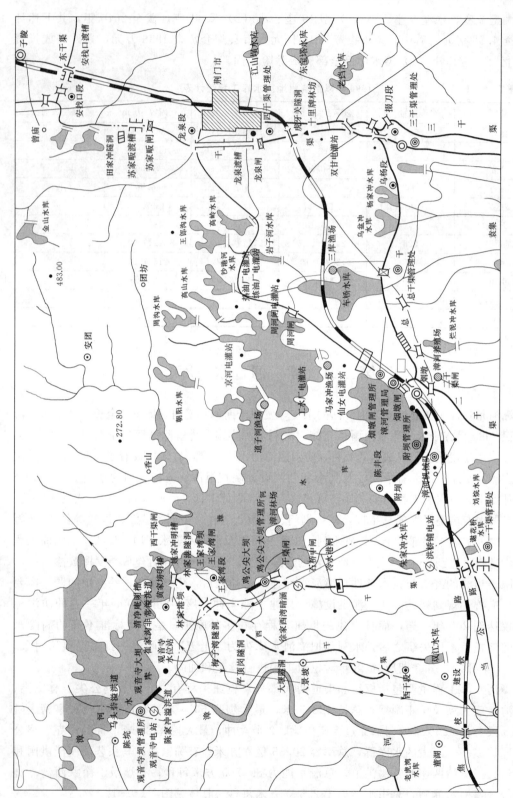

图 7 - 9 - 1 漳河枢纽工程平面布置图

渠道工程分 9 级，13990 条，总长 7167.54 千米，渠系建筑物 17547 座，其中，前 4 级渠道 23 条长 830.58 千米，渠系建筑物 4555 座，由专管机构管理；后 5 级渠道 13967 条，长 6336.98 千米，渠系建筑物 12992 座，由灌区管理。渠道纵横分布在荆门、荆州、宜昌三市六县（区），自然面积 5543.93 平方千米，受益农田 260.5 万亩。二、三、四级干渠尾水渠道与电站相连，形成以漳河水库为骨干、以江湖水为补充的大、中、小，蓄、引、提相结合的灌溉网络。

一、兴建缘由

漳河流域属长江中游暴雨区，上游河道陡峻，河床狭窄弯曲，每逢暴雨，峰高流急，坝址以上多年平均来水量 8.4 亿立方米，至两河口与沮河洪水相遭遇后，更是势不可挡。而沮漳河下游河湖交错，水系复杂，全赖河堤挡水行洪，若此时再遇长江顶托倒灌，两岸往往溃决成灾，并且增加长江洪水压力，严重影响荆江大堤安全。史载：自清道光二十九年（1849 年）至 1949 年的 101 年间，共发生洪灾 50 次，约平均每两年一次。

然而就在水患频繁的漳河两岸，有一大片丘陵岗地，年年缺水苦旱，人畜饮水困难，仅据民国时期（1912—1949 年）的旱灾记录，38 年中有 17 次旱灾年。漳河灌区干旱发生频率极高，且危害极大，旱则颗粒无收，故当地有这样一首民谣流传："水在河里流，人在岸上愁，天旱地冒烟，十年九无收"。无穷尽的水旱灾害，沿河人民苦不堪言，迫切期望治理沮漳河。

民国 24 年（1935 年），全国经济委员会汉江工程局赵承翰奉令勘察沮漳河流域，由当阳溯沮水而上以至水源，复东向至漳河发源处，沿漳河而下止于沙市，全程历时 50 余日，撰写了《勘察沮漳河水报告》，提出"疏浚尾闾，裁弯取直，开辟分流，调整河身，修固堤防"等建议，并提出了"人力、财力所容易做到"的规划。但民国时期战乱不已，未能付诸实施。

新中国成立初期，人民政府先后采取了沮漳河下游河堤加高培厚，河道裁弯取直，部分河段退堤还滩等措施，但不能根治沮漳河的洪水灾害。

1952 年、1953 年，连续两年大旱，荆门县 100 万亩农田因旱荒芜。省水利厅副厅长漆少川赴实地视察，见状十分痛心，当即指出，必须修水库解决旱区的灌溉问题。1956 年，省水利水电勘测设计院派勘测队前往沮漳河流域进行规划性的勘测。随后，省水利厅厅长陶述曾，副厅长漆少川、许金彪，设计院院长蒲亚林等到沮漳河查勘，确定了漳河以灌溉为主，沮河以防洪为主，兴利与除害并举的原则。1957 年 11 月，由省长张体学主持召开的全省水利会议上提出了兴建漳河水库的方案。

二、规划设计

漳河水库工程从 1958 年正式开始规划设计到 1986 年的补充初步设计，前后经过 9 次修改补充，逐步趋于合理完善。

（一）1958 年规划报告

1958 年 2 月，省水利水电勘测设计院提出《沮漳河流域规划报告》，其三大任务是灌溉、防洪、发电，相应解决航运问题。确定漳河以灌溉为主，沮河以防洪发电为主，理论平均蓄能总量 68.5 万千瓦，流域规划要求控制 18 亿立方米水量解决综合利用要求。初步规划沮河有竹林口、峡口、袁家畈 3 个梯级电站及远安电站，漳河有沙滩口、观音寺、鸡公尖等梯级电站，而漳河观音寺水库与支流清溪河鸡公尖水库的灌区自然面积有 5000 平方千米，灌溉作用巨大。规划选定漳河干流观音寺枢纽及支流鸡公尖枢纽为漳河流域的第一期工程开发对象。通过兴建漳河水库，以灌溉为主，配合灌区中小型灌溉工程形成西瓜秧式的自流灌溉网，满足漳河左岸及流域以外的地跨荆门、当阳、钟祥、江陵、潜江五县 316 万亩农田的灌溉用水，远期规划 400 万亩。开辟库内深水航道，改善观音寺以下至两河口枯水航道 53 千米，并利用灌溉干渠通航；规划枢纽水力发电两处，装机 4200 千瓦，渠道跌水理论蓄能 4000 千瓦；漳河水库运用理论计算单独可削减长江荆江段洪峰 0.1～0.2 米。

（二）1958 年扩大初步设计

1958 年 10 月，在原设计任务书的基础上，结合工地实际情况，将原设计的观音寺主坝钢筋混凝土柔性斜墙堆石坝改为黏土斜墙土砂石组合坝，水库按 3 级标准、50 年一遇洪水设计，200 年一遇校核。坝高设计 123.50 米，设计洪水位 121.60 米，正常水位 118.00 米，总库容 15.8 亿立方米，引水闸底板高程 102.00 米，灌溉面积 300 万亩。

（三）1959 年技术设计

1959 年 12 月，再次进行技术设计。此时工程已进入大规模施工，发现原设计烟墩渠道闸底板高程 102.00 米定得过低，增加了总干渠的土方开挖量，同时不能将水引到荆门掇刀石区，近 60 万亩农田无法自流灌溉。经综合各方面意见和技术论证，决定将渠道底高程由 102.00 米提高到 110.00 米，比原设计提高 8 米，大坝高程提高 3.5 米，这一设计方案的重大改变，报湖北省政府和荆州地委批准后，技术人员进行突击修改，于 12 月完成枢纽工程的技术设计，水库建筑物标准由 3 级提高到 2 级，设计洪水位升高到 126.10 米，蓄水正常水位 123.00 米，滞洪库容由 3.3 亿立方米增加到 4.25 亿立方米，总库容由 15.8 亿立方米增加到 21.85 亿立方米，主坝由 123.50 米增高到 127.00 米，副坝 126.00 米。设计的改变，增加坝体填方 25 万立方米，减少渠道、明槽、闸基开挖土方 251 万立方米，对加快水库建设起到了重大的促进作用。

（四）1963 年重新编制初步设计

1961 年 4 月，大坝筑高到 123.50 米。1962 年 7 月拦蓄库区 300 毫米的暴雨量，水库蓄水近 12 亿立方米，灌区部分按简易断面完成的渠道通水，灌溉农田达 23 万亩，工程初步受益。但由于工程兴建于"大跃进"年代，有关准备工作不充分，水文资料收集有限，技术论证不够全面，国家航测图（1：50000）量算库区承雨面积为 2251 平方千米，比原同比例的军用地图量得的 1816 平方千米大 24%，求得的多年平均年径流深由 472 毫米减少为 359 毫米。引水高程的变化而引起正常水位及大坝高程的变化。观音寺大坝与鸡公尖大坝坝型由原设计钢筋混凝土柔性斜墙堆石坝改为黏土斜墙土砂石组合坝，加之观音寺坝体填筑时因坝区附近缺土料，因而利用大量的风化石代替。鉴于以上情况，又先后于 1962 年 8 月和 1963 年 3 月编制《漳河水库工程（补充修改）设计任务书》和《补充再修改设计任务书》报送审批。

1963 年 6 月，设计人员根据水电部《关于审批设计文件的特级通知》，重新编写《漳河水库工程初步设计报告》，并为枢纽工程的整险加固和灌区渠系工程提供图纸，故将此次设计正式命名为初步设计。此次设计建筑物为 1 级标准，水库按 1000 年一遇设计，10000 年一遇校核，确定观音寺坝顶高程 127.00 米，鸡公尖坝顶高程 125.00 米，王家湾、林家港两坝高程 126.00 米，均为黏土斜墙多种土质坝；副坝高程 125.00 米，单种土质坝。同时，鉴于观音寺来水多、库容小、居上游洪水要冲，鸡公尖来水少、库容大、居尾闾，设计采取两水库以输水明槽相串联，分散泄洪的方式进行洪水调节演算，增设位于观音寺大坝右端的马头砦溢洪道和鸡公尖水库的王家湾深式泄洪水闸（兼作水库放空底孔），提高水库的抗洪能力。这次初步设计正常高水位为 123.50 米，设计洪水位观音寺为 124.85 米，鸡公尖为 123.50 米，库容 19.75 亿立方米（10000 年校核洪水位下），蓄洪库容 1.75 亿立方米，均较前两次设计有所减少，唯有效库容由原设计的 8.5 亿立方米增加到 9.4 亿立方米，灌溉面积调整到 315 万亩。

（五）1964 年补充初步设计

初步设计方案完成于 1963 年 7 月中旬，7 月 29 日，湖北省人民委员会发出《关于漳河水库工程初步设计的审查意见》；8 月 5 日，国务院发出《国务院关于漳河工程设计任务书的批复》；10 月 28 日，水电部发出《对湖北省漳河水利工程初步设计的审查意见》。设计院根据以上审查批复意见，针对水库建设的实际情况，又进行了灌区基本资料的重新收集，对灌区地表径流的研究利用、灌溉制度、土地规划、水量平衡、渠系设计及水库规模的复核等作了进一步论证及修改，1964 年 9 月完成《湖北省漳河水利工程初步设计补充报告》。漳河水库控制面积 2251 平方千米，多年平均来水量 8.91 亿立方米，经过多方案比较后，仍选定正常水位为 123.50 米，死水位 113.00 米。

（六）1976 年续建加固工程初步设计

1966 年 4 月，漳河水库基本建成受益，但尚有很多工程设施有待完善，4 座溢洪设施只建了陈家冲 1 座，水库防洪能力低，只能抗御 200 年一遇的洪水。因此，为了防洪安全不得不限制水位，而水库蓄水量又满足不了灌区需求，自灌区全面受益的 10 年间，就有 6 年在水库内抽死水抗旱。1975 年河南省出现"75.8"型暴雨后，考虑到漳河水库洪水位比荆江大堤高程高出 80 米有余，下游有荆州、沙市和 19 个民垸以及荆江大堤、焦柳铁路、207 国道和 318 国道等重要国民经济基础设施，位置重要，影响重大，漳河水库被列为全国重点整治的"病水库"。据此，1976 年 1 月，省水利水电勘测设计院提出了《湖北省漳河水库续建加固初步设计报告》，6 月又提出了《湖北省漳河水库续建加固工程补充初步设计报告》和《初步设计修正报告》。此次续建加固设计首先对设计洪水进行复核以作设置正常溢洪道建筑物设计的依据；其次，研究非常洪水来拟定非常溢洪道的保坝校核标准；最后就洪水调节对泄洪建筑物的总体布置、建筑型式、工程规模以及地形地质条件作了多方案比较，选定一般洪水、设计洪水、非常洪水的运行控制方案。设计续建马头砦溢洪道、王家湾深式泄水闸；增建崔家沟非常溢洪道；观音寺大坝加高 2 米，坝顶高程为 129.00 米，防浪墙顶高程 130.20 米；林家港坝加高 1.5 米，坝顶高程 128.00 米，防浪墙顶高程 129.20 米。

（七）1986 年除险续建加固工程补充初步设计

1975 年冬开始，经过 3 个冬春的施工，完成部分项目的续建加固，而未完工程主要有马头砦溢洪道和王家湾深孔泄洪闸，漳河水库仍属"病险库"。1986 年，水电部再把漳河水库列为"七五"期间全国续建整险工程之一，仍由湖北省水利勘测设计院设计。1986年 7 月，设计单位依据水电部对 1976 年续建加固初步设计的审查意见和洪水复核及调洪成果，针对漳河水库的实际情况，完成续建加固工程补充初步设计报告，提出尚未完成但必须续建与加固的项目及规模。

续建项目有：①马头砦溢洪道由 1976 年设计的 6 孔净宽 12 米调整为 4 孔净宽 12 米，位置仍选在观音寺大坝右侧 350 米、马头砦与半边山之间的天然冲沟处；②王家湾深孔泄洪闸由 1976 年设计的 3 孔净宽 8 米调整为 2 孔净宽 8 米，位置选在王家湾坝下游 400 米处。加固项目有陈家冲溢洪道、崔家沟溢洪道、副坝防渗明槽局部卡口扩宽、周河抗旱闸的封堵。大坝深层裂缝待查明裂缝的高程分布范围后再提出处理措施，并要求加强观测。主要建筑物防震按 8 度考虑。根据水电部分工，这次除险续建加固设计由长办负责审查。1986 年 8 月 21—24 日在漳河工程管理局评审，形成审查意见：防洪标准仍按 1000 年一遇洪水设计，防洪高水位 123.90 米，审核修建马头砦溢洪道、王家湾深式泄洪闸，加固陈家冲溢洪道、崔家沟非常溢洪道以及副坝等，对明槽进行局部扩宽及对岸坡进行局部处理。

（八）1999 年续建加固初设修正报告

从 1963 年漳河水库设计任务书到 1986 年续建加固补充初设报告，历次设计都提出在王家湾兴建深式底孔兼放空闸，为大坝明槽检修及国防需要提供放空条件。最后经过洪水复核论证，在 1999 年《湖北省漳河水库枢纽工程续建加固初设修正报告》中取消了原设计方案，理由是观音寺、鸡公尖大坝裂缝高程都在 114.00 米以上，而陈家冲和马头砦溢洪道底板高程是 114.00 米，如今后大坝检修，可用溢洪道将库水位迅速降至 114.00 米即可。因此，长委于 1999 年 2 月对《湖北省漳河水库续建加固初设修正报告》的批复中同意取消王家湾闸的原设计方案，改为兴建非常溢洪道，同时明确对陈家冲溢洪道进行加固。

三、工程建设

1958 年 5 月初，省长张体学在随州县主持召开的全省水利现场会议，确定兴建漳河水库。会后，荆州地区决定由专署水利局局长刘干和荆门县副县长杨泽民负责，先率荆门县民工 3500 人作大施工准备；5 月 9 日，荆门县第一批民工进驻工地，在人烟稀少且处于封闭状态的深山密林里扫除障碍，劈山炸石，拉开了漳河水库施工的序幕。

1958 年 6 月 5 日，湖北省委、省人民委员会批准成立荆州专署漳河工程总指挥部和中共湖北省荆州专署漳河工程指挥部委员会，荆州专署副专员饶民太任指挥长，中共荆州地委书记处书记梁久让任党委书记。8 年的大施工期间，省、地委根据人事变动情况，对总部及党委进行多次调整，先后任副指挥长、副书记的达 25 人。1975 年 10 月开始实施续建加固工程，由荆州地区农委主任张琴声任加固指挥部指挥长，荆州地委副书记尹朝贵任指挥部党委书记。1986年实施漳河水库第二期续建加固工程，副专员喻伦元任指挥长。

漳河水库工程项目多，规模宏大，施工时间长，必须组建精干的施工管理机构。在大施工期间，总部下设生产、劳保、供应、财器、工程、政治6处和办公室，处室以下又设职能科室和业务场、队、所，各单项工程分别成立了施工指挥部，在一个单项工程有两个县以上民工参加施工的，又分别成立各县施工指挥部，形成一个庞大、完善的指挥系统。

1958年5月9日，荆门县第一批民工进工地开始施工准备，接着江陵、钟祥、当阳、潜江等县和沙洋农场民工先后到达工地。10月15日，解放军某部117人赴工地支援工程建设。

1958年6月15日，省水利厅工程一团3个连队595人进驻漳河工地，负责工地技术指导工作，杨铭堂任主任工程师。全团干部职工和技术人员驻工地8年，先后提出了一些改进施工方法的建议，产生了巨大的效益。

1959年1月1日，荆州行署水利局工程队在漳河工地成立，全队358人，经实践锻炼，为荆州地区培养了一支水利技术骨干队伍。

根据谁受益、谁负担的原则，施工劳力以荆门、钟祥、江陵、当阳四县民工为主，还有城市工人、市民、人民解放军和各地的技工、船工、临工等到漳河工地支援工程建设。在施工时间安排上，根据农村生产特点进行，即在每年冬至翌年春季农闲时为大施工期，夏秋季节为常年施工期，整个工程经过8年的大施工和6年加固施工，参加建设的总人数达67.5万人。

漳河水库工程建设分2个时期、6个阶段。

1. 第一个时期为工程建设时期，分为3个阶段

1958年5—10月为施工准备阶段，由荆门县33500多人完成，共备块石11万立方米，完成土石92.2万立方米，修筑公路47千米，造船71只，铺设铁轨14千米、木轨生产道22条，搭盖工棚18.6万平方米，为大施工创造了条件。

1958年11月至1961年4月为大坝脱险阶段。设计105.00米高程为脱险高程。漳河水库建设自修建大坝及副坝开始，高峰时投入劳力10万余人，日夜奋战，抢筑大坝。正值汛期即将到来的紧张时刻，省委第一书记王任重给工地负责人亲书："请全体干部和民工想办法迅速抢到洪水之前确保安全，如何望复"。施工人员深感责任重大，采取措施，加快进度，终至洪水到来之前脱险。

1962年11月至1965年4月为配套建设阶段。经过3年自然灾害，国家经济困难，工程建设速度放缓。1962年10月17日，省人民政府发出《关于漳河水库工程防洪安全的指示》，要求先脱险后受益，决定把施工的重点放在枢纽工程上。1962年11月又恢复了大施工，至1964年1月1日，林家港大坝建成；10月1日，观音寺大坝建成；1965年3月12日，副坝工程建成；6月11日，陈家冲溢洪道建成；8月1日，鸡公尖大坝建成。

2. 第二时期为工程续建加固时期，分3期，历时28年

1976—1978年为第一期，将观音寺大坝加高2米，林家港大坝加高1.5米，使之分别达到129.00米和128.00米；副坝加宽2米；于观音寺库区首建崔家沟非常溢洪道。

1987—1993年为第二期，用7年时间续建了马头砦溢洪道，汛限水位由121.00米提高到122.00米，增蓄有效水量1亿立方米。

1998—2003 年为第三期，以陈家冲溢洪道和副坝为重点，对烟墩闸、崔家沟非常溢洪道、明槽等单位工程进行整险加固，续建了王家湾非常溢洪道。

漳河水库自 1958 年开始建设，至 2003 年续建加固结束，累计完成工程量：土方 4007.12 万立方米、石方 1020.4 万立方米、干砌石 88.4 万立方米、浆砌石 11.27 万立方米、混凝土 34.07 万立方米、标工 5903.69 万个、投资 41225.9 万元。完成工程量分类情况详见表 7-9-2。

表 7-9-2   1958—2003 年漳河水库完成工程量统计表

项 目		累计完成工程量/万 m³					标工/万个	投资/万元
		土方	石方	干砌	浆砌	混凝土		
枢纽工程	小计	851.31	724.61	79.18	3.35	18.04	3301.45	17540.1
	大施工时期	724.62	445	58.12	1.38	7.41	2624.05	5682.8
	1976—1986 年	63.39	179.19	19.02	0.47	0.76	677.4	1529.4
	1987—1995 年	48.5	55.03	1.01	0.67	4.56		3586.6
	1996—2003 年	14.8	45.39	1.03	0.83	5.31		6741.3
渠道工程	小计	3155.81	295.79	9.24	7.92	16.03	2602.24	23685.8
	大施工时期	2657.4	291.81	7.87	5.35	4.35	2602.24	3056.4
	1976—1986 年	76.29	1.33	0.35	0.55	0.3		135.7
	1987—1995 年	30.88	0.18	0.12	0.6	0.23		308
	1996—2000 年	51.31	1.04			1.12		5319
	1995—2000 世行贷款项目	339.93	1.43	0.9	1.42	10.03		14866.7
总计		4007.12	1020.4	88.4	11.27	34.07	5903.69	41225.9

四、工程规模

漳河水库由枢纽工程和渠系工程两大部分组成。枢纽工程由挡水工程、输水工程、引水工程和溢洪设施组成；渠系工程由 9 级渠道和渠系建筑物组成。漳河枢纽工程平面布置图见图 7-9-1。

(一) 挡水工程

挡水工程有观音寺、鸡公尖、林家港、王家湾 4 座大坝及 1 座副坝。

1. 观音寺大坝

观音寺大坝系漳河水库枢纽主体工程，坝址位于观音寺（1960 年以前由当阳县管辖，后划归荆门县管辖）下游 2.5 千米处，拦截漳河主河道 142.6 千米，控制流域面积 1957 平方千米，库容 8 亿立方米，坝型为黏土斜墙砂石组合坝。大施工时期按设计高程 127.00 米完成，1975 年冬开始枢纽工程加固，将坝加高 2 米，达到 129.00 米高程，最大坝高 66.50 米，防浪墙顶高程 130.20 米，坝顶长度 630 米，坝体工程量 544 万立方米。

2. 鸡公尖大坝

鸡公尖大坝拦截漳河支流清溪河，坝址位于鸡公尖山附近，是仅次于观音寺大坝的拦河主坝，坝型为黏土斜墙砂石组合坝。控制流域面积 255 平方千米，库容 12 亿立方米，1958 年冬动工兴建，1965 年 8 月按设计 126.50 米坝顶高程完成，最大坝高 58.00 米，防浪墙顶高程 127.70 米，坝顶长度 1950 米，坝体工程量 300 万立方米。

3. 林家港坝

林家港坝为观音寺、鸡公尖两大库区之间的拦冲沟坝。110.00 米高程以下为均质土坝，以上为黏土斜墙砂石组合坝。控制流域面积 4 平方千米，大施工时期按设计高程 126.50 米完成，1975 年冬加高 1.5 米，达到 128.00 米高程，最大坝高 25.00 米，防浪墙顶高程 129.20 米，坝顶长度 224 米，坝体工程量 33 万立方米。

4. 王家湾坝

王家湾坝是观音寺、鸡公尖两大库区之间的另一座拦冲沟坝，坝型与林家港坝相同，控制流域面积 4 平方千米，因考虑到王家湾建深式底孔闸，大施工时期按简易断面筑至 126.50 米高程。1967 年冬至 1968 年春按设计断面加固，坝面由 6 米加宽到 8 米，背坡筑 2 米宽平台。最大坝高 26.00 米，防浪墙顶高程 127.70 米，坝右岸山、坝结合部位埋设圆形涵管，高程 114.00 米，进口为分级取水卧管，因漏水严重，用混凝土堵塞。

5. 副坝

副坝西起鸡公尖，东至烟墩集以北，在分水岭不够设计高程处填筑均质黏土坝。1958 年动工至 1960 年，高程达到 123.50 米，1964 年冬至 1965 年春加筑至 126.50 米，最大坝高 15.70 米，防浪墙顶高程 127.70 米，坝长 10 千米，坝体工程量 121 万立方米。

副坝投入运行后，迎水面常年被北风吹起的波浪冲刷，最大风速 16.5 米每秒，最大波压 9.74 吨每平方米。大施工时迎水面砌有块石护坡，砌筑质量差，加之运行多年，出现块石风化、松动、塌陷及垫层流失等问题，坝体损坏严重。1999 年 11 月对副坝进行整险加固，其措施是：①将护坡块石彻底整平，更换不合格的块石；②碎石嵌缝捶紧；③用混凝土填平；④面层浇厚 15 厘米的混凝土、沥青灌缝。施工从 1999 年开始，2000 年完成，护坡 98946 平方米。

因副坝在建设过程中清基不彻底，坝体与地基接触面以下 0.5～1.0 米内覆盖含有腐烂植物根系和淤泥或淤泥质黏土；坝基内存在空洞，深度 0.5～1.0 米，长度 3～5 米；另外副坝禁脚 50 米以内有大小塘堰 19 口，这些问题影响副坝稳定。1997 年 1 月发现渗漏 45 处，总面积 14656 平方米。2000 年 3 月至 2001 年 1 月对副坝采取上面截流、下面导渗、填平塘堰等措施进行了整治。

（二）输水工程

漳河水库主要由观音寺水库和鸡公尖水库组成，中间由清静庵、黄家漧、姚家冲 3 段明槽连接，形成一个巨大的水库群。

清静庵明槽进口底高程 103.00 米，深 26 米，长 2200 米，开挖土石方 55.8 万立方米；黄家漧明槽进口底高程 102.70 米，深 22 米，长 2400 米，土石方工程量 52.5 万立方米；姚家冲明槽进口底高程 102.00 米，深 15 米，长 630 米，土石方工程量 9.34 万立方米。3 段明槽全长 5500 米，原设计底宽 20 米，因明槽系凿山而成，边坡陡，施工场地狭窄，故未按设计完成，最大通水能力 26000 立方米每秒。自 1960 年明槽通水以来，数次出现水库之间有较大的水位差，最高达 2.93 米，严重影响防洪调度和水库安全。1999 年

11月，分清静庵上段、清静庵下段、黄家滂3段实施扩挖卡口工程，从128.00米高程挖至118.00米，留5米宽平台，扩卡长度1314米，完成土石方34200立方米。明槽局部扩挖，过水断面扩大，水库调洪能力有所增强。

（三）引水工程

（1）烟墩闸（渠首闸）。此闸是漳河水库最大的引水闸，为压力箱涵式，灌溉配水闸进口2孔、3米×3米，出口并为1孔、4米×4米，发电配水闸2孔、4米×4米，拟定按进口低水头水力发电机组而设计，因未购到机组，电机未装；闸底高程110米，闸身长112.8米，设计最大引水流量121立方米每秒，总干渠，二、三、四干渠均由此配水。该闸原设计在周河凿隧洞建闸引水，洞长700米，经勘测比较，改在烟墩集北建闸。1958年动工兴建，1962年建成。

烟墩闸发电口原为钢筋混凝土0.5米厚的平板闸门，灌溉孔为钢质闸门，2台75吨螺杆启闭机，3台30吨手摇卷扬机，启闭机设置在露天。1965年春至1966年进行续建加固，其主要项目：兴建钢筋混凝土框架闸房；增建检修井；发电孔混凝土闸门改为钢质闸门；在闸身箱涵鞍型路面填土至127.00米高程，路面宽7米。

烟墩闸运行多年，工程设施开始老化，水工结构、金属结构、启闭机等存在严重隐患。1997—1999年对烟墩闸进行整险加固，其主要项目：改造拦污栅槽；增建检修平台；对28条裂缝进行补强；更换发电孔为4米×4米的闸门，将原卷扬式启闭机改为2台×250千瓦电动卷扬机；检修灌溉闸及启闭机；维修涵闸启闭房；改造闸顶公路；改造电源线路。

（2）徐家西湾闸（一干渠进水闸）。此闸位于鸡公尖大坝南端800米处，系开凿隧洞建闸引水，洞长168米，洞径1.2米，进口高程101.00米，最大引水能力8立方米每秒，灌溉10万亩农田，1958年动工兴建，1960年建成受益。

（3）西干渠进水闸。此闸位于林家港大坝左岸300米处，开凿隧洞引水，洞长180米，洞径1.4米，进口高程111.00米，最大引水流量2立方米每秒，灌溉面积2万亩。

（4）铜锣闸、付集闸、陈井闸。均位于副坝上，为同规格的灌溉引水闸，钢质闸门，进水底板高程115.00米，各配备10吨手摇螺杆启闭机，2000—2001年对3座涵闸进行加固改造，水下部分进行整修加固，水上部分重建闸门闸房。

（5）观音闸。此闸位于观音寺大坝上，1963年建成，压力圆管，直径1.8米，管长318米，进口高程98.00米，出口高程92.00米，设计引水能力6立方米每秒，闸门为2米×2米钢质闸门，配有25吨和50吨螺杆启闭机各1台，15吨手摇卷扬机1台。

（6）周河闸。此闸为抗旱进水闸，设计2孔，3米×3米，1975年8月建成。此闸在施工时，施工人员擅自修改设计方案，将箱涵长度21.8米缩短为14米，上游护坦由14米改为11.5米，取消下游消力池，混凝土挡土墙改为浆砌块石，闸门叠梁的钢筋用量减少，致使闸左岸渗漏，闸门叠梁断裂9根。荆州行署水利局于1975年11月17日就此发出通报，要求漳河工程局提出处理意见，由荆门县负责施工，1976年3月完成补救措施。终因此闸缺陷较多，1980年汛期曾在上游抢筑土坝挡水。

（四）溢洪设施

漳河水库采取分散泄洪的方式，建有陈家冲、马家砦2座溢洪道（闸）和崔家沟、王家湾 2 座非常溢洪道，总泄水能力 8947 立方米每秒。

1. 陈家冲溢洪道

陈家冲溢洪道位于观音寺大坝左岸库壁，距大坝 800 米处，1962 年 11 月动工，1965 年 7 月建成。溢洪道结构选用宽顶堰溢流，挑流鼻坎消能，由控制闸、渐变段、陡坡坎段和挑流鼻坎组成，全长 243.9 米，进口底板高程 114.00 米，鼻坎高程 91.00 米，闸身总净宽 60 米，分 5 孔，每孔宽 12 米，设计泄流 3425 立方米每秒，校核泄量 4619 立方米每秒。闸门为钢质弧形，弧半径为 12.5 米，高 10 米。铰轴心高程 121.50 米，在门顶上部布置工作桥，安装启闭设备，并设公路桥跨越溢洪道与大坝顶面相通。

陈家冲溢洪道基础岩石属于侏罗纪香溪煤系之泥质砂岩、细砂岩夹黏土岩和岩质页岩煤层，受断面影响，完整性已遭破坏，且风化剧烈，形成地下水通道。为提高基础整体性，采取设置竖向暗拱，用人工将槽底和边坡残存的松动石块、裂缝撬挖冲洗干净，浇筑与溢洪道基础同标号的混凝土处理断层裂缝；用孔柱灌浆和伸入基岩 20 米的帷幕灌浆办法进行断层处理，以加强基础岩石的整体性，从而提高承载力，防止闸身不均匀沉陷，同时削减渗透压力和防止闸身基础煤层及黏土岩层在地下水作用下软化崩解。

经运行多年后，检测发现溢洪道弧形闸门、启闭台大梁、公路桥、消能鼻坎等存在严重的锈蚀、裂缝问题，影响工程安全，1990—1991 年对陈家冲溢洪道裂缝、启闭台、公路桥大梁等部位采取化学材料配制的浆液灌缝处理，达到补强目的。1996—2004 年先后实施鼻坎修复、泄洪闸闸门加固、增加检修门等工程。

2. 马头砦溢洪道

马头砦溢洪道位于观音寺大坝右端半壁山与马头砦山之间的冲沟，是漳河水库的大型泄洪设施，为 1 级建筑物。1965 年只开挖 1 个明口，底宽 20 米，高程由 142.00 米挖至 120.00 米，开挖土石方 3.9 万立方米，称为临时溢洪道。1976 年冬至 1977 年春扩挖明口底宽至 82 米，高程由 120.00 米挖至 116.00 米，完成土石方 45.1 万立方米，计划修建 6 孔泄洪闸，因意见不统一，溢洪道停建。1987 年 8 月 23 日，马头砦溢洪道第三次开工，建设规模为 4 孔，每孔净宽 12 米，设计泄洪流量 2734 立方米每秒，校核洪水位泄流量 3683 立方米每秒。

马头砦溢洪道闸址所处地基有黏土泥化夹层，鼻坎下游 90 米处有 30° 的天然弯道，右岸有大的活动滑坡体，尾水渠底高程比下游河床高出 19 米，泄洪时无回水顶托，对下游不利，采取混凝土回填、帷幕灌浆和选定窄—扩—窄三联组合坎型式的方法进行处理后，方才进行泄洪闸的修筑。至 1994 年 3 月，全部工程结束。共完成土石方 55 万立方米、回填石渣 4.85 万立方米、浆砌块石 0.575 万立方米、混凝土 4.373 万立方米、帷幕灌浆 2524 平方米。

3. 崔家沟非常溢洪道

崔家沟非常溢洪道位于观音寺大坝东南 3 千米处，按宽 90 米、底部高程 120.00 米修筑，然后用土回填子堤至 126.50 米高程。完成土石方 45.7 万立方米。设计在陈家冲、马头砦两溢洪道全部开启的前提下，破子堤泄洪，按 1000 年一遇洪水 125.01 米设计，泄洪量为 1500 立方米每秒；如上游继续降雨，洪水位达 127.78 米时，泄洪量为 2485 立方米每秒。同时，建公路桥跨非常溢洪道联通观音寺大坝公路。1989 年在子堤内建药室，以备非常情况下启爆炸堤泄洪，设计最大泄洪量 2500 立方米每秒。

崔家沟非常溢洪道续建加固工程内容：开挖挡水子堤进口明渠所欠断面土方 1413.25 立方米；扩挖溢洪道土方 68267.25 立方米；进行子堤防渗处理及迎水面护坡，土石方开挖 195 立方米，黏土回填 510.76 立方米，干砌石护坡 852.15 立方米。

4. 王家湾非常溢洪道

王家湾非常溢洪道位于王家湾大坝南端 350 米冲沟处。原历次设计都提出在王家湾兴建深式底孔兼放空闸，闸底高程 100.00 米，以备大坝检修及国防需要提供放空条件。后经洪水复核论证，在 1999 年《湖北省漳河水库枢纽工程续建加固初设修正报告》中取消了原方案，改建非常溢洪道，2002 年 5 月开始施工。工程由进口护坦、低实用堰、出口泄槽、公路桥和挡水子堤组成。进口段用钢筋混凝土护坦，右岸浆砌石护坡，左岸加筋挡土墙护坡。王家湾非常溢洪道全长 246.7 米，其中建筑物长 93.6 米，设计洪水流量 1288～1703 立方米每秒，挡水挡为黏土斜墙代料坝，坝顶高程 126.50 米，上下边坡为 1∶2，黏土墙底厚 2.4 米，顶厚 0.8 米，迎水面为干砌石护坡。公路桥面宽 6 米，两边人行道各 1 米，共 4 跨，每跨 20 米。

（五）渠系工程

漳河灌区自然面积 5543.93 平方千米，地面高程 120.00～25.70 米。其中高程 40.00 米以上的丘陵地区面积 4658.84 平方千米；占总面积的 84%；地面高程 40.00 米以下的平原地区面积 855.29 平方千米，占总面积的 16%，受益农田 260.5 万亩。根据灌溉需要，水库渠道工程分级为总干、干、支干、分干及支、分、斗、农 8 级固定渠道，农渠以下的毛渠及田间灌排渠属临时渠道。其中总干渠、干渠根据地形多源引水，自成完整体系，不受田亩限制。干渠以下各级渠道控制田亩指标如下：支干渠大于 20 万亩；分干渠为 5 万～20 万亩；支渠为 2 万～5 万亩；分渠为 0.5 万～2 万亩；斗渠为 0.25 万～0.5 万亩；农渠为 0.05 万～0.25 万亩。漳河灌区范围广、渠道密布、渠系建筑物繁多，主要有闸、渡槽、隧洞、倒虹管、桥等渠系建筑物。

1. 渠道

总干渠建成于 1962 年，渠自烟墩闸起，填冲切岗向东，拦截中学冲、拦泥冲、车桥、乌盆冲、杨家冲、清水桥等 7 条大冲，横贯枣树店、车桥、杨家岗、罗汉山等 6 座山岗，直抵掇刀石北，尾水与三、四干渠进水闸相接，全长 18.05 千米，底宽 24～20 米，边坡 1∶2，渠底高程 110.00（起点）～108.44 米（终点），最大通水能力 121 立方米每秒，除总干渠直灌 8.95 万亩外，主要为二、三、四干渠输水。

一干渠于 1962 年 4 月建成。自鸡公尖大坝南端徐家西湾起，经秋树湾、冷水港、洪桥铺、吴家桥、吴家冲，尾水入三星寺水库，全长 50.73 千米，最大流量 7 立方米每秒，灌溉农田 10.45 万亩。

二干渠在总干渠右岸 640 米处（烟墩集东）取水，由北而南，经周集，沿荆门、当阳两市交界处至三界塚（今荆门市、当阳市、荆州区三市区交界处），再穿行于荆门市与荆州区边界至藤店进入荆州区境，尾水入八宝水库。全线长 83.34 千米，进口渠底高程 108 米，尾水渠底高程 53.96 米，渠底宽 11～4 米，设计流量 43 立方米每秒，实际最大流量 50 立方米每秒。

三干渠于1958年至1964年分6次施工完成。自总干渠尾端进水，向南，沿襄（樊）沙（市）公路东侧于九家湾折向东南，绕五岭、穿横店，过雷集，经柴集、楝树店、大碑湾抵沙洋，全长75.72千米，渠底宽14～6米，边坡1：2，进口高程108.39米，尾水闸底高程38.50米，入汉江，设计最大流量91立方米每秒，实际达到60立方米每秒，受益农田135.13万亩。

四干渠于1966年建成。自总干渠尾端向北，穿虎牙关隧洞，经龙泉渡槽，跨海慧沟，过苏畈渡槽、田家冲隧洞至安栈口，长18千米，进口渠底高程108.40米，底宽5米，边坡1：2，设计流量35立方米每秒，实际达到22立方米每秒，设计灌溉农田43.83万亩，实际达到42.92万亩。

西干渠自林家港起，经马家店、八景坡、七里店，尾水入双堰水库，全长18.9千米。进口渠底高程109.00米，尾水渠底高程95.53米，最大输水能力2立方米每秒，灌溉农田2万亩。

以6条干渠为总纲，连接支、分、斗、农、毛等各级渠道，总数达到13990条，总长7167.6千米，其中分干渠以上4级渠道23条，总长830.58千米；分干以下5级渠道13967条，总长6336.98千米。

2.渠系建筑物

漳河灌区已修建渠系建筑物17547座，其中由专管机构管理的总干、干、支干、分干4级渠道的建筑物4555座，由灌区管理的支、分、斗、农、毛5级渠道上的渠系建筑物12992座。在众多的渠系建筑物中，最具灌区特色的建筑物为沉箱、隧洞、渡槽。

沉箱 全灌区仅总干渠1座，是治理枣树店大挖方膨胀崩垮的工程，故名枣树店沉箱。1959年冬，在开挖总干渠时，当施工枣树店350米一段时，挖除上层棕黄色覆盖土后，下层则出现白垩色高岭山，中间有松散沙夹层，高岭土干燥收缩发裂，浸水易于膨胀、崩垮，挖了又垮，垮了又挖，最后形成1：5的边坡仍不能稳定，因而被迫停工。1960年12月，经湖北省水利水电设计院设计确定以沉箱通过枣树店段。沉箱结构为钢筋混凝土框架与挡土墙连接，无底板，高3.4米，宽6.2米，每节长分别为8米、9米、10米不等，沉箱现场浇筑后将底框内土挖出，并沿侧墙注水减少摩擦阻力，使之靠自重逐渐平衡下沉，直至设计高程（进口109.70米、出口109.54米），共完成土方6.33立方米、混凝土0.94立方米。

隧洞 渠系工程中，建隧洞27处，总长2556米。其中四干渠有隧洞4处，总长1539米，居全灌区之首，又以虎牙关隧洞最长。虎牙关位于荆门市南部，为石灰岩，四干渠必须穿山而过，其施工难度较大。1965年6月4日正式响炮动工，当刚开挖进出明口，8月14日发生大塌方，施工队伍冒着极大的危险，改革施工工具，改善施工方法，妥善处理3处断层、8条破碎带、10个大溶洞、72处塌方。1966年3月21日隧洞全程凿通，洞长1138米，净宽3.8米，净高4米（开挖断面4米×4.2米），进口洞底高程107.96米，出口洞底高程105.25米，设计流量35立方米每秒。

渡槽 全灌区共建渡槽56座，总长4049米，其中四干渠建有渡槽9座，总长2926.1米，为全灌区之最。渡槽设计造型亦各具特色，其中南桥、永盛、盐池、响水洞、胡家湾5座渡槽为薄壳装配式结构，选用悬臂、排架和双悬臂桁架解决大跨度难题，吊装设备为木绞磨，人字扒杆和木质独脚扒杆。龙泉渡槽位于荆门市郊龙泉中学西侧，进水断面 3.5 米×3.5 米，设计通水能力 40 立方米每秒，由 21 节流槽组成，全长 685 米，其中 559 米卧于象山山腰，126 米曲线跨海慧沟，状如卧龙腾空。北干渠响水洞渡槽横跨仙居河，河床水深 5 米，河面开阔，技术人员设计出百米大跨拱型渡槽，分两节预制，140 吨重的对拱用两台卷扬机采用"搬罾"土法吊装，1966 年 4 月空中吊装合龙成功。

（六）水电站

漳河水库的小水电开发从 1963 年修建观音寺水电站开始，到 1989 年底，水库水电站发展到两处，机组 5 台，装机容量 2926 千瓦，年发电量达 2000 万千瓦时。

1. 观音寺电站

观音寺电站兴建于 1963 年大施工期，是在观音寺大坝临时溢洪道右岸的 98.00 米高程平台上浇筑钢筋混凝土压力输水管，将水引至厂房发电，输水管长 237 米，尾端右侧加设 45°岔管分水，装机 280 千瓦，1964 年 1 月正式发电。

1980 年，因电力需求增加而续建观音寺水电站，装机 2 台，每台 800 千瓦，同时兴建 35 千伏变电站。电站于 1981 年建成，1984 年并网投产。1987 年因初装的 1 台 280 千瓦发电机组老化而被拆除。1988 年电站增容扩建，加设 1 台 800 千瓦发电机组。1989 年 5 月正式运行、并网发电。

2. 鸡公尖电站

鸡公尖电站兴建于 1963 年，初时安装 1 台 200 千瓦发电机组，引水流量 0.875 立方米每秒，完成引水渠 0.82 千米、尾水渠 1.8 千米、压力钢筋 600 米、混凝土 500 立方米，1965 年 1 月 1 日电站建成。此电站的建成，对鸡公尖大坝的工程施工用电和周围农民用电起到了很大作用。1975 年 10 月拆除，改在徐家西湾进水闸后修建，装机 3 台，526 千瓦（2 台×250 千瓦＋1 台×26 千瓦），1979 年建成投产。

五、工程效益

漳河水库担负着 260.5 万亩农田灌溉任务，同时为荆门市 13 万居民提供生活用水，为荆门炼油厂、热电厂等十多家大中型企业提供工业用水，以及水力发电等，其综合效益显著，社会效益亦为突出。

（一）农业供水效益

漳河水库建成后，由于有了水源作后盾，灌区先后开垦荒地 80 万亩，旱改水 20 万亩，两项扩大水浇地 100 万亩。建库前，灌溉区抗旱能力低，7 天无雨小旱、半月无雨中旱、1 个月无雨大旱；1960 年全灌区因旱减产，粮食总产约 1 亿千克；1961 年连续干旱，总产 1.5 亿千克，风调雨顺的 1965 年也只有 3.46 亿千克。水库建成后，粮食产量逐年上升，类似 1961 年大旱的 1988 年，灌区粮食产量仍达 12.5 亿千克，比 1961 年增加了 11 亿千克。

（二）工业及城市生活供水效益

漳河水库自 1972 年起开始向工矿企业供水，1981 年起开始城市生活供水并收取供水费，年供水量为 1.02 亿立方米，为城市居民和工业提供了优质的水源，间接为工业生产创造了经济效益。据荆门炼油厂核算，若从荆门市龙泉河取水，每立方米水价0.132元，且水量不足，必须从42.5千米外的汉江提水，水价为每立方米0.2555元，而由漳河水库供水，水价每立方米仅0.03元。仅此一家1980—1986年便减少水费开支1.42亿元。

（三）发电效益

水库枢纽共装机2962千瓦，仅1990年即发电2079万度，以当时入网电价计算，发电收入225万元。

（四）防洪效益

漳河流域历史上洪灾频繁，而下游防洪标准仍然偏低，两河口只能通过1500～2000立方米每秒的洪峰流量。漳河水库建成后，由于多年调蓄作用，在洪水年拦截漳河洪峰，与沮河错峰，大大减轻了沮漳河下游的压力，使洪灾减少到最低限度。据1966—1996年31年资料分析，共拦截1000立方米每秒以上洪峰流量25次，其中拦截3000立方米每秒以上洪峰流量5次，1991年最大洪峰流量4116立方米每秒，1996年7月8日最大洪峰流量5500立方米每秒，防洪效益十分显著。

（五）其他效益

漳河水库在正常水位123.50米时有相应水面15.6万亩，可养殖水面10.5万亩。加之库区日照时间长，库水的年平均温度为11.1℃，且水质优良，浮游植物有7门42类，藻类植物较多，成为鱼类的天然饵料，非常适合鱼类生长。经测算，水库渔业初级生产力为年产50万千克，自1992年引进银鱼，形成年产270吨的生产能力。水库周边有山地23441公顷，库中岛屿36个、5400余亩，适合林木花卉生长，特别是库区生长的柑橘具有果大皮薄、味甜化渣等优点，深受社会好评，1994年产水果130万吨。

近几年来，随着旅游业的兴起和发展，漳河水库以其秀丽的自然风景和众多的名胜古迹，以及地处三峡、荆州、襄樊黄金三角洲旅游轴线中心的优越地理位置，1997年被湖北省人民政府确定为省级风景名胜区，2002年9月又被水利部批准为国家级水利风景区。

第三节 洈 水 水 库

洈水水库是为治理洈水流域而建，坝址位于松滋市西南部和湖南省西北部交界处，是以防洪、灌溉为主，兼有发电、供水、养殖、航运等综合效益的大（2）型水库，也是荆州市水源最丰富，容积最大，坝体最长，效益最好的大型水库。库区跨湖北省的五峰、松滋和湖南省的石门、澧县共四县（市），水库加固复核总库容5.12亿立方米，设计灌溉松滋市、公安县和澧县共52万亩农田。发电装机4台，容量1.24万千瓦。洈水水库枢纽工程位置示意图见图7-9-2。

洈水有南北两源，北源名曲尺河，发源于湖北省五峰县清水湾，为主源；南源名四淌河，发源于湖南省石门县五里坪。两源于两河口汇合后，东流经暖水街、大岩嘴、街河市、杨林市、青羊山、桂花树，于汪家汊注入松滋河西支。北岸有臭水沟、洛河两条主要支流；南岸有川山河、皮家冲、六泉河、界溪河四条较大支流入汇。干流总长206.9千米，其中水库以上为104.4千米；流域总面积2218平方千米，其中荆州市面积1784.3平

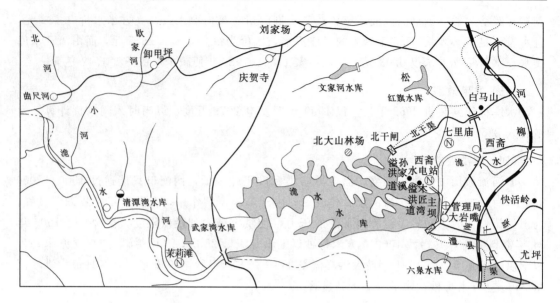

图 7 - 9 - 2 　 涔水水库枢纽工程位置示意图

方千米，水库控制面积 1142 平方千米。

涔水上中游为山溪性河流，河谷狭窄，两岸受山峦或丘陵岗地约束，河道走向变化不大。下游属平原河流，河道变迁较大。据东汉班固《地理志》记载：东汉时期，涔水（古油水）下游东流至公安县黄金口附近，然后折向东北注入长江。清同治年间，松滋河形成，涔水始汇入松滋河西支。下游河道变化较大的是青羊山以下河段，由于受青羊山阻截，河道由南向北急剧转折，形成两大弯道，主流环绕王家大湖，并分 3 条支流入湖，1970 年实施涔水下游改道工程，河湖分家，根治了王家大湖，方使下游泄流通畅。

一、兴建缘由

涔水流域地处五峰暴雨区范围内，雨量充沛，多年平均来水量 9.42 亿立方米。建库前，每逢暴雨，山洪汹涌，沿岸平川冲漫，下游近 30 万亩的湖区洪涝成灾。而涔水沿岸丘陵岗地又年年缺水干旱，人畜饮水十分困难，群众中流传着一首民谣：“一天大雨淹了田，五日无雨旱冒烟，十年就有九不收，拖儿带女逃荒年”。涔水流域因溪水涨落频繁，下游 10 万亩的王家大湖杂草丛生、钉螺密布，血吸虫病害十分严重，给流域内 20 多万人民带来苦不堪言的灾难。

据史料记载，1924—1926 年连续大旱，3 年不曾开田，人畜饮水困难，当地百姓离乡背井、四处乞讨。1935 年，涔水上游普降大雨，洪水泛滥成灾，下游淹没农田 35 万余亩，倒塌房屋 1700 余栋，灾民 15880 人，死亡 1200 人，数万群众举家外逃。面对频繁发生的洪旱灾害，积贫积弱的旧中国束手无策，沿岸人民祖祖辈辈根治涔水的夙愿无法实现。

新中国成立后，党和政府十分关心涔水的开发治理，从 1952 年开始采取局部治理措施。1952 年松滋县在纸厂河下游雷打坑至廖家湾进行改道，可缩短河长 8 千米，因地处下游的公安县群众有异议，开工不久即停工；1954 年大水，涔水下游两岸堤防尽皆漫溃，汛后，松滋、公安两县联合报请荆州专署，要求整治涴水河道。专署随即组织两县水利部门技术人员赴现场查勘，拟定了两个治理方案，根据当时的经济、技术条件，决定实施从刘家山河绕青羊山破湖得垸，经重阳树到郑子湖开挖改道新河方案，农历十一月十五，两县动员民工 3 万人开工，因大雪冰冻影响施工而停止。由此，引起省、地领导重视，决心采取治本措施，彻底消除水患。

二、规划设计

涴水水库枢纽工程经历了初建（1958—1962 年）、续建（1964 年）、整险加固（1974—1980 年）、除险加固（2005—2010 年）4 个阶段。

（一）初建阶段

1956 年，松滋县水利局对涴水全流域进行测量，提出上蓄下排的设想；1958 年 3 月，荆州专署水利局组织技术人员踏勘涴水河流域，查寻历史最高洪水痕迹和历史洪旱灾害资料；5 月编制出《涴水水库工程设计任务书》，呈报湖北省水利厅；6 月中旬，省水利厅又派测量队进行复测后，正式确定修建涴水水库。

1958 年 5 月，荆州专署水利局派工程师韩明炎带领技术人员，会同松滋县水利局技术人员组成设计组，进行水库工程初步设计。设计内容包括枢纽工程、灌区工程和水库下游防洪工程。水库初定名为大岩嘴水库，1959 年 3 月命名为西斋水库，同年 10 月定名为涴水水库。

枢纽工程按 3 级水工建筑物标准设计，防洪标准按 50 年一遇 3 日暴雨设计、200 年一遇 3 日暴雨校核。设计死水位 75.00 米，正常蓄水位 94.00 米，最高洪水位 96.50 米。坝顶高程 98.00 米，相应死库容 0.4 亿立方米，兴利库容 4.02 亿立方米，总库容 4.42 亿立方米。设计泄洪流量 1480 立方米每秒，校核泄洪流量 2440 立方米每秒。设计灌溉面积 55 万亩。发电装机容量 9000 千瓦，年发电量 5700 万千瓦时。下游防洪按 30 年一遇 3 日暴雨，并与同频率的洪水相遇设计，宝月寺最大流量为 1789.9 立方米每秒，法华寺最大流量 2327.2 立方米每秒。

（二）续建阶段

涴水水库于 1958 年动工兴建，1960 年因自然灾害而奉命暂停，1965 年复工续建。由于初建时主坝、溢洪道、发电站等主体工程的初步设计标准偏低，效益不能充分发挥，根据工农业发展的需要，决定进行修改、补充、扩大初步设计。湖北省水利厅勘测设计院派出以工程师王金为组长的设计组，1965 年 5 月开展设计工作。枢纽等级由 Ⅲ 级提高为 Ⅱ 级，洪水设计按 50 年一遇设计、500 年一遇校核。死水位提高到 82.50 米，正常水位仍为 94.00 米，设计洪水位 95.15 米，校核洪水位 97.00 米，死库容 1.33 亿立方米，兴利库容 3.09 亿立方米，防洪库容 1.21 亿立方米，总库容 5.63 亿立方米，灌溉面积 67.88 万亩，发电装机 12600 千瓦，1970 年水库基本建成。

（三）整险加固阶段

工程运行中发现散浸、漏水严重等问题，水库被迫减少蓄水，降低水位运行。1974 年开始着手进行水库整险加固工作，1980 年完成。

"75.8"河南特大洪水后，由武汉水利电力学院对洈水水库进行《洪水防洪复核》。采用省水利厅规定的 24 小时 PMF 等值线图和其他规定进行设计，洪水位 96.12 米，校核水位 97.66 米，正常蓄水位 94.00 米，死水位 82.05 米；总库容 5.93 亿立方米，死库容 1.33 亿立方米。

（四）除险加固阶段

水库除险加固工作于 2005 年 10 月 2 日开工，2010 年 10 月完工。2004 年由省水利水电规划勘测设计院对设计洪水进行了复核。防洪标准为 500 年一遇洪水设计、5000 年一遇洪水校核，其相应的设计洪水位 95.16 米，校核洪水位 95.77 米，正常蓄水位 94.00 米，死水位 82.50 米。相应总库容为 5.12 亿立方米，死库容 1.33 亿立方米。具体见表 7-9-3。

表 7-9-3　　　　　　　　　　　洈水水库特征值对比表

特征值	单位	原设计资料	"75.8"防洪复核	2005 年除险加固复核	备注
设计洪水位	m	95.15	96.12	95.16	
校核洪水位	m	97.00	97.66	95.77	
正常蓄水位	m	94.00	94.00	94.00	
死水位	m	92.50	82.50	82.50	
总库容	亿 m³	5.63	5.93	5.12	
兴利库容	亿 m³	3.09	3.09	3.09	
死库容	亿 m³	1.33	1.33	1.33	

注　高程系统采用洈水水库沿用高程系统，即黄海高程系统＋0.55m。

三、施工过程

洈水水库工程建设经历了初建、续建、除险加固等施工过程。

1958 年 6 月，湖北省水利厅组织湖北水利学校师生 30 余人到洈水开展测量工作，绘制了库区、坝址地形图和南北两条干渠线路纵横断面图。与此同时，松滋县组建水库工程指挥部，副县长贡福珍带队进行施工前期准备工作。9 月 1 日，主副坝工程破土动工。10 月，荆州地委批准成立"荆州专区洈水水库工程指挥部"及其"临时党委"，燕启祥、查远橙（兼政委）、贡福珍先后任指挥长，党委书记由松滋县委书记杨致远兼任。建筑物工程由荆州专署水利工程队施工，土方工程由松滋、公安两县民工承担，最高上劳力 45000 人（其中松滋约 3 万人、公安约 1.5 万人）。经过连续 3 个年度的施工，工程已初具规模，坝体高程已达 90.00 米，完成主坝土方 274 万立方米、南副坝土方 5.8 万立方米、北副坝土方 3 万立方米。1961 年春，因受 3 年大旱的影响，人力物力难以为继，为了让群众休养生息，洈水水库被列为缓建项目，被迫停工。

1965 年 2 月，省水利厅及荆州专署决定复工续建。续建工程由荆州专署组建工程指挥部，专署水利局局长涂一元任指挥长，指挥部下设松滋、公安县指挥部及大坝、溢洪道、水电站、南干渠、北干渠 5 个施工组，省水利水电设计院在工地建立设代组开展设计工作，荆州水利工程队负责建筑物施工。11月份，松滋上劳力两万人，负责大坝回填北段865米；公安上劳力1万人，负责加培南段775米。孙家溪溢洪道和电站及灌区工程也相继开工。1965年9月南干渠开始施工，1966年春完工；1967年湖南省澧县干渠竣工；1966年10月北干渠动工，1968年春完工；1969年，枢纽工程按原计划竣工。南、北干渠挖通以后，1970年冬即着手实施涴水河下游改道工程（亦称王家大湖围垦工程）。此工程破王家大湖为一河两堤，新开河长15千米，直抵公安县汪家汊，废除老河36千米，改善涴水河行洪条件，围湖造田5万亩，结合灭螺4万亩，1974年竣工，完成土方1500万立方米。

涴水水库工程由枢纽工程（主副坝、5座闸、1座电站）和灌区渠道所组成，各种建筑物1293座，规模大、任务艰巨、困难很多，主要表现为：国家因财力、物力所限，只能实行"民办公助"办法，动工时仅安排20万元器材包干经费；技术力量不足，施工人员没有实践经验；流域处于暴雨中心，施工期间受到暴雨洪水威胁。

面对非常严峻的形势，松滋、公安两县人民凭着根治涴水的强烈愿望，以满腔热情和自我牺牲精神投入工程建设。他们争先恐后报名参建，工具自己带，材料自己筹，不计报酬（每个标工补生活费0.25～0.35元），不辞劳苦，夜以继日地战斗在工地，就连春节也是在工地度过的，有的甚至献出了宝贵的生命；广大干部与群众同吃、同住、同劳动，充分体现了干部与群众同心同德、同甘共苦的优良传统和作风。

在大施工期间，工地党委发动群众，依靠群众，开展了大规模的工具改革，利用库区和灌区的树木做原料，进行斗车化、轨道化、板车化等改革。又因地制宜在大坝填筑时使用木制独轮手推车运送土料，独轮手推车小巧玲珑，装卸方便，不择道路，载重250千克，既减轻了劳动强度，又提高了工效。

涴水水库工程建设以主坝施工为最艰巨。工地处于暴雨中心，围堰导流最为关键。1958年10月13日，围堰尚未竣工，一天降雨104.6毫米，洪水流量904立方米每秒，工地连夜组织6000人抢筑，终因洪水过猛，漫堤溃口，下游器材被洪水冲走，但民工们毫不气馁，几经堵复，终于导流成功，大坝得以顺利施工。

堵口合龙抢筑大坝为最紧张。由于当时大办钢铁，分散了劳力，施工进度缓慢，如果1959年冬大坝不能合龙，将会前功尽弃。工地党委会同技术人员反复研究，决定采取3项举措：①降低高程，缩小断面，筑至90.00米高程，保安全度过汛期；②缩短土方运距，改良运输工具，优化劳力组合，签订责任合同，保证土方进度；③做好合龙前的一切准备工作。根据流域降雨特点，决定1960年2月2日合龙。2月2日7时，一场攻坚战打响，首先是围堰截流，经过13个日夜苦战，达到70.00米高程时，连降3天大雨，水位涨至68.00米，形势十分险恶，指挥部又及时采取措施，在迎水面抢筑子堤，增加劳力，水涨堤高，与洪水赛跑，终于战胜洪水，至4月，大坝达到90.00米脱险高程，为水库最终完建奠定了基础。

涴水水库工程在运用过程中，暴露出比较严重的问题。主要是主坝断面偏小，防洪标准偏低，坝基处理和填筑质量不高等。由于大坝存在安全问题，汛期蓄水量减少1亿多立方米，影响灌溉和发电效益，而且对下游20多万人民群众造成严重威胁。1974年6月，涴水水库管理处组织技术人员对大坝的稳定、漏水原因及洪水调节等重大问题作了分析，编制了加固设计方案。1976 年根据水电部及省水利电力厅的批文精神,在 1974 年编制的整险加固设计方案基础上,重新进行水库整险加固设计,其项目包括主坝加固,增建大坝防浪墙,兴建木匠湾溢洪道和非常溢洪道,加固孙家溪溢洪道。

2001 年,洈水水库纳入全国病险水库除险加固规划,重点实施灌区续建配套与节水改造工程。主要项目是渠道防渗护砌及整险;兴建渠道节制闸;加固和重建渡槽;改造分水口;完善灌区信息化设施。

2003 年 7 月,洈水水库管理局委托省水利水电勘测设计院和荆州华迪工程勘察院对水库工程进行勘察与安全评价,形成《洈水水库大坝安全评价报告》和《洈水水库大坝工程地质勘察报告》。8 月,省水利厅组织专家鉴定大坝为 3 级。2004 年 2 月,长委审查通过《洈水水库除险加固工程初步设计报告》,总投资 12032.34 万元,中央预算内专项资金与地方配套资金各占 50%,实际到位 9625 万元,其中,中央资金 6015 万元,地方配套 3610 万元。主要建设内容为:①挡水建筑物加固,包括主坝采用混凝土防渗墙处理、北副坝帷幕灌浆及部分坝体加高、南副坝水泥土深搅防渗墙、主副坝增设截流排水沟等;②泄水建筑物加固,包括孙家溪溢洪道拆除重建、木匠湾溢洪道更换闸门及启闭机等;③输水建筑物加固,包括 3 条灌溉渠道输水管加固、发电引水隧洞加固、更换闸门及启闭机等。

加固工程于 2005 年 10 月正式开工,2010 年 10 月完工,完成投资 9624.71 万元。共完成土石方 15.8295 万立方米、混凝土 20044 立方米、砌石 10362 立方米、混凝土防渗墙 48355 立方米、水泥土防渗墙 11319 立方米、帷幕灌浆 7228 立方米,耗用钢材 589.03吨、钢筋 513.54 吨。

四、枢纽工程

水库枢纽工程由主坝、副坝、溢洪道、发电站等项目组成。

(一)主坝

主坝轴线根据地形布置呈反圆弧形,全长 1640 米,坝顶高程 98.25 米,防浪墙顶高程 99.50 米采用黏土均质坝;初建时,坝顶宽 6 米,迎水面坝坡自上而下分别为 1:2.5、1:3、1:3.5、1:4。在高程 97.00 米处设宽 2.5 米平台一道,高程 75.00 米处有平台一道。迎水坡用块石护砌,背水坡植草防护,在坝脚高程 67.00 米以下设反滤坝,67.00 米以上的坝脚平铺反滤体。

1976 年实施加固后,主坝坝顶面宽增加到 9 米,背水面坝坡分别由 1:2.25、1:2.75 变至 1:2.5、1:2.75、1:3、1:3.5,坝体稳定系数由原设计 1:26 提高到 1:33。对坝体漏水问题,则采取翻筑、截流、导渗引排、滤水镇脚、缩小饱和体等措施。反滤坝由 67.00 米高程提高到 69.00 米高程,69.00 米至 77.00 米高程做表层排水。

(二)北副坝

北副坝位于主坝西北端,自小野鸡凹至陷马池,属山区与丘陵地带,地形起伏复杂,按照主坝设计高程,共设 10 座副坝,总长 5060 米,较大副坝有野鸡凹、木匠湾、北闸等,最大坝高在 14 米以上。坝型按照土料分布情况分别采用黏土心墙代料或黏土均质坝。按有关规定,坝顶高程应为 98.75~98.95 米,而实际坝顶高程只有 98.00 米。1976 年加固时，在坝顶建高 1 米的防浪墙。

（三）南副坝

南副坝自大岩嘴至南大山脚，地面高程一般为 90.00 米，最低 89.00 米，是比较平缓的丘陵地带，共设副坝 4 座，总长 2268 米，坝型为黏土均质坝，坝顶面宽 9 米，迎水面用块石护坡，背水面植草皮护坡。加固时期，在迎水面抽槽翻筑，加固回填，以解决渗水问题。

（四）溢洪道

在水库初建时期，修建孙家溪溢洪道，1965 年 9 月开工，1968 年 4 月竣工，位于主坝北端 500 米处，此处 1960 年水库停建后曾作为临时溢洪道使用。溢洪道型式为混凝土砌石重力溢流坝，出口为挑流鼻坎与下游溢洪渠连接，溢流坝长 38.5 米，堰顶高程 84.00 米，面宽 42.4 米，3 孔，每孔宽 12 米，净宽 36 米，最大泄洪流量 3260 立方米每秒，钢质弧形闸门，75 吨手摇、电动两用卷扬机启闭。由于原设计结构单薄，稳定系数偏小，影响安全运行，1989 年经湖北省水利厅和荆州地区水利局同意对孙家溪溢洪道进行加固，主要项目为：闸墩与牛腿结合处处理；工作桥加宽加厚并改为实心墩；加焊钢板、更换支座等。

1977 年，洈水水库加固时期，新建木匠湾溢洪道一座，型式为堰陡槽结构，堰顶高程 85.00 米，3 孔，每孔净宽 12 米，钢质弧形闸门，堰后用挑流坎型式与下游尾水衔接，设计流量 2420 立方米每秒。

另外，水库上游来水量大，库容小，常遇超标准洪水。为确保大坝安全，除运用溢洪道泄洪外，还需采取非常溢洪道措施。根据地形条件，在北副坝选择了 5 处山垭作为非常溢洪道，并预埋浆砌砖拱药室，必要时临时开启药室爆破。

（五）发电站

初步设计时，发电站站址选在主坝中段，1959 年发电输水管已基本建成。由于输水管施工质量差，且系黏土基础，影响主坝安全，故在扩大初步设计时放弃，另选站址。经比较，确定在主坝北端凿隧洞引水发电。

电站安装 4 台立式水轮发电机组，两种型号，一为 HL263 - LJ - 134，容量 3000 千瓦；一为 123 - LJ - 140，容量 3200 千瓦。总装机 12400 千瓦。2011 年国家投资 2956 万元，对电站进行扩效增容改造，1 号、2 号机组从 3000 千瓦增至 3300 千瓦，总容量达到 13000 千瓦。

电站厂房为半地下式，位于主坝北端 250 米处，三面靠山，主厂房长 40 米、宽 12.3 米，水轮机层高程 60.00 米，发动机层高程 65.65 米。副厂房布置中央控制室、开关室、充电机、通风机等。

五、灌溉工程

灌区位于洈水流域中下游，西靠水库，东抵松滋西河，北至木天河，南以湖南涔水为界，总面积约 1300 平方千米，总耕地面积 75 万亩，其中水田占 80%。

（一）渠首工程

渠首 3 处输水管于 1958 年 9 月始建，1976 年竣工，历时 18 年，共完成土方 1756 万立方米、石方 84.8 万立方米、混凝土 3.25 万立方米、浆砌石 8.77 万立方米、干砌石 0.724 万立方米，投入标工 1728.2 万个，投资 1213.67 万元。

南输水管 位于南副坝廖家冲，1959 年施工。进口高程 81.10 米，管长 84 米，直径 2 米，设计最大流量 27 立方米每秒。1959 年完成土方工程，工作桥、启闭机房等工程于 1967 年常年施工完成。共完成挖基回填土方 3.8 万立方米、浇混凝土 1149 立方米。

北输水管 位于北副坝陷马池，1959 年 8 月施工。进口高程 81.50 米，管长 80 米，直径 2 米，设计最大流量 19.6 立方米每秒。1959 年完成土方工程，工作桥、启闭机台、竖井加高等工程分别于 1967 年冬和 1968 年春施工完成。共完成挖基回填土方 5 万立方米、浇混凝土 949 立方米。

澧县干渠输水管 位于南副坝左岸，工程包括输水管、竖井、消力池、工作桥、引水渠、涵基开挖回填等，全长 80.75 米，内径 1.8 米，管壁厚 0.4 米，底板高程 82.50 米，设计流量 11.27 立方米每秒，设计灌溉面积 15.32 万亩，其中，湖北境内 0.3 万亩。工程于 1973 年 10 月动工，12 月开始浇灌混凝土，1974 年大坝回填，1975 年 1 月竣工。

（二）渠系工程

根据灌区地形布置渠系工程分为干、支、斗、农 4 级，其中干渠 3 条，总长 263 千米，灌溉松滋、公安和湖南澧县农田 52 万亩。松滋市受益乡镇 9 个、192 个村，水田 22.45 万亩，旱地 4.41 万亩；公安县受益乡镇 2 个、37 个村，水田 9.23 万亩，旱地 1.65 万亩；澧县受益乡镇 9 个、86 个村，水田 16.03 万亩，旱地 2.47 万亩。

南干渠 从南副坝渠首经廖家冲、梅家冲、尖峰岭、九龙山、快活岭、柏子垱、冉家冲、周贺冲、伞匠冲、布谷岭、窑洼口、雷家铺、紫竹园、台山坪、蒋家峪、梧桐峪、三星庙至章庄铺。沿线横贯 8 条大冲，斩断 4 道山岭，跨越两条主河，全长 94 千米，设计边坡 1∶1.5，最大过水流量 27 立方米每秒。工程于 1965 年 9 月开始测量，10 月破土动工。一期工程完成渠首至窑洼口渠段，长 19 千米，由于施工群众热情高涨，工程进展迅速，仅用 3 个月时间，渠道雏形基本形成。1965 年 12 月，6 个月完成土方施工任务。大型建筑物于 1967 年 4 月竣工。共完成土方 414 万立方米、石方 19.3 万立方米、混凝土 4054 立方米、浆砌石 7594 立方米、干砌 2154 立方米，架设渡槽 4 座（其中台山渡槽长 875 米、高 31 米），修建泄洪闸 3 座、溢流堰 1 处、渠下涵 27 处、公路桥 19 座、生产桥 81 座、倒虹管 3 处、分水口 275 处，开通支斗农渠 262.5 千米。

北干渠 从北副坝渠首经火烧铺、许家垱、白马山、黄土坡、洛河右岸、南边冲、杨家山，跨洛河抵石牯牛，顺河经林家冲、断山口至破垱口，长 32 千米。在此，主干渠一分为二。一支经双龙桥、凤凰山、培里桥、横岭、大金山、黄泥滩至牛王山嘴，长 27 千米。另一支经林子河、南河、北河、独松树、碾盘、西望嘴、拖柴土地，至木天河，长 42 千米。北干渠全长 101 千米，边坡 1∶2，设计过水流量 19.6 立方米每秒。1966 年 10 月，主干渠和分干渠工程全线展开。经过三冬两春施工，于 1968 年基本建成，但因追求进度而忽视质量，影响灌溉效益的发挥，又于 1969—1970 年采取维修和补救措施，1971 年才全面受益。北干渠为施工最难的渠道，干支渠总长 101 千米，其中，90% 要盘山开渠，劈开山垭 79 处，凿穿隧洞 17 处，总长 2769 米，架设渡槽 7 座，总长 1544 米，填筑大山冲 44 处、修建泄洪闸 11 处、溢流堰 4 处、渠下涵 44 处、公路桥 10 座、生产桥 125 座、分水口 191 处、节制闸 2 座，开挖支斗农渠 101 条总长 157.4 千米。共完成土方 6567 万立方米、混凝土 1.244 万立方米、浆砌 1.7 万立方米、干砌 5047 立方米，投入标工 710 万个，投资 360.67 万元。

澧县干渠 从南副坝兔子湾到尖峰岭进口，与南干渠平行 3 千米，建倒虹管穿过枝柳铁路，经九斗冲抵桐子岭，凿隧洞达六泉河，架设渡槽至康家桥，经箩筐湾凿高山隧洞，出杜家油榨架设渡槽跨界溪河，经伙房峪、仙鹤山、盐井水库、摸天岭至杨家垱，全长 68 千米，跨 3 个区 9 个公社，渠道设计边坡 1 : 1.5，最大过水流量 11.27 立方米每秒。1974 年动工，1976 年全部开通。共完成土方 685 万立方米、石方 17.8 万立方米、混凝土 9222 立方米、钢筋混凝土 6761 立方米、浆砌石 63185 立方米，投入标工 700 万个，投资 660 万元。兴建渡槽 3 座、隧洞 3 个、泄洪闸 7 处、渠下涵 100 处、分水口 209 处、倒虹管 1 处、节制闸 13 处、公路桥 29 座、生产桥 95 座，开挖支斗渠 25 条、总长 167.8 千米。该渠道为挖填工程量最大的工程。当时财力不足，物资条件差，常德地委和澧县县委依靠群众的力量，以土为主，采取"台渠代渡槽、大挖代隧洞"办法，劈山、填冲、筑岭，用一年时间完成了渠系工程。3 条干渠建筑物情况详见表 7-9-4。

表 7-9-4　　　　　　　　　　沅水灌区南、北、澧干渠建筑物统计表

渠　系			合　计	南干渠	北干渠	澧县干渠
渠线长度/km			263	94	101	68
建筑物分类		小计	1293	416	417	460
	渡槽	座	14	4	7	3
		长度/m	3080	1352	1544	184
	隧洞	座	20		17	3
		长度/m	3824		2769	1055
	陡坡/处		9	3	6	
	泄洪闸/座		21	3	11	7
	溢流堰/处		5	1	4	
	渠下涵/处		171	27	44	100
	公路桥/座		58	19	10	29
	生产桥/座		301	81	125	95
	分水口/处		675	275	191	209
	倒虹管/个		4	3		1
	节制闸/处		15		2	13

六、工程效益

（一）农业供水

农业供水是沅水水库的主要功能之一。水库设计灌溉面积 52 万亩，其中，松滋市 27 万亩，公安县 10 万亩，湖南省澧县 15 万亩。灌溉工程自 1966 年运行以来，每年平均为

灌区农田供水 2.5 亿立方米，对促进灌区社会经济发展起到了巨大作用。为了让有限的水资源发挥更大的效益，从 1982 年开始进行用水收费制度改革，试行全灌区"按田配水、计量收费"办法，年均节约灌溉用水 1.5 亿立方米，既提高了灌溉保证率，又可增加发电量 1000 千瓦时以上，增加水库管理单位的经济收入。

（二）工业及生活用水

工业用水的用户主要有两家，即松滋纺织厂和西斋火车站，年均供水 350 万立方米，年收入 40 万元以上。水库建成以后，初建一座 50 立方米的水塔专供管理机关生活用水，1990 年投资 47 万元兴建一座日产 4400 立方米的直供式水厂，为附近机关、学校供应生活用水。1994 年将供水经营从机关分离组建经济实体，专门从事供水及管道安装、小型加工维修。水库供水现拥有地下供、输、配管线 60000 余米，服务用户 3500 余户、1.6 万人，每日提供生活用水 3000 吨，年产值 60 余万元。

（三）发电效益

水力发电是水库功能的重要组成部分，也是水库水利经济的基础产业。水库工程施工期间仅装机 3 台，容量 9200 千瓦，1970 年 4 月投入运行。1976 年筹集资金 110 万元，安装了第 4 台机组，容量 3200 千瓦。水库管理机构依据保防洪安全、保农田灌溉、兼顾发电的原则，精心调度，争取多发电，年均发电量达 4000 千瓦时。为照顾地方用电，电站运行不久，经湖北省电力部门同意，架设临时线路，采用 200 千瓦的变压器，解决用户照明问题。在此基础上，逐步发展为西斋供电所，现拥有 35 千伏安变电站 1 座，容量 8000 千伏安，还有大岩嘴、豹子岭两处开关站，年供电量 3000 千瓦时以上，占发电量的 80%，逐步形成自发自供、余电上网的格局。

2000 年以来，为改变农村电网薄弱、设备陈旧老化、线损大、部分村组电价偏高、电能质量差的状况，水库组建专班实施农村电网改造和农电体制改革，实现了销售到户、抄表到户、服务到户、城乡同网同价。水库发电不仅有力支持了地方经济发展，也增强了管理单位的自身经济活力。至 2011 年，已累计发电 13.5 亿千瓦时，供电营业区供电量 6.06 亿千瓦时。

（四）防洪效益

洈水水库承担着保障下游防洪安全、灌区粮食安全和城乡人民正常生活的重任。为确保防洪安全，水库管理部门把防洪保安全列入工作的重中之重。即根据实际运行情况确定汛限水位，做到防洪与兴利兼顾，兴利服从防洪；根据多年降水规律，确定"低水迎汛、中水保灌、高水越冬"的调度原则，提高了灌溉、发电的保证率及防洪错峰的综合效益；先后在库区上游建立观测站网和通讯联系网络，将无线电传递改为自动遥测系统，极大地提高了监控功能，为制定正确的调度方案提供了可靠依据。洈水水库水位、库容、面积、泄量关系见表 7 - 9 - 5。

水库投入运行以来，共拦截 1000 立方米每秒以上的洪峰 49 次，其中 2000 立方米每秒的洪峰 2 次。据测算，防洪减灾效益达到 60 余亿元。尤其在 1998 年抗洪期间，水库在高水位泄洪时，为减轻长江及澧水过峰的压力，自担风险，超汛限水位运行 87 小时，为公安南平垸防洪安全发挥了关键作用。

表 7 - 9 - 5　　　　　　　　　　　沌水水库水位、库容、面积、泄量关系表

水位 /m	库容 /亿 m³	面积 /km²	溢洪道流量/(m³/s)		
			合计	孙家溪	木匠湾
76.00	0.49	9.60			
78.00	0.69	11.90			
80.00	0.93	14.40			
82.00	1.24	17.30			
84.00	1.61	20.30	0	0	
85.00	1.82	21.80	70	70	0
86.00	2.04	23.30	248	180	68
87.00	2.28	24.70	553	340	213
88.00	2.54	26.30	897	540	357
89.00	2.81	27.90	1362	775	587
90.00	3.10	29.50	1826	1010	816
91.00	3.40	31.30	2278	1270	1008
92.00	3.72	33.20	2795	1540	1255
92.50	3.89	34.10	3078	1675	1403
93.00	4.09	35.00	3360	1810	1550
93.50	4.24	36.00	3666	1965	1701
94.00	4.42	37.00	3972	2120	1852
94.50	4.61	38.00	4280	2270	2010
95.00	4.80	39.00	4587	2420	2167
95.50	5.01	40.00	4915	2580	2335
96.00	5.21	41.00	5243	2740	2503
96.50	5.42	42.00	5483	2800	2683
97.00	5.63	43.60	5823	2960	2863
97.28	5.76	44.30	6100	3144	2956
98.00	6.05	45.90	6586	3370	3216

（五）其他效益

水产养殖　从水库建成开始，就利用库区丰富的水资源逐步发展水产养殖，现拥有养殖水面 5 万余亩，有效养殖水面 2.03 万亩，形成鱼苗孵化、鱼种培育、成鱼精养和大库捕捞商品鱼基地，并打造成"沌水鱼"品牌。

林业生产　自建库至 2011 年，库区山地被逐步开发利用，库区绿化率达到 90％以上，共栽植用材林 4 万余亩，其中，柑橘面积 9000 亩，年产柑橘 200 万千克。水库林业的发展，取得了良好的社会效益、经济效益和生态效益，先后被评为全国绿化造林四百佳、湖北省绿化造林百佳单位，被水利部授予国家水利风景区荣誉称号。

休闲旅游　沌水库区风景独特，山水优美，拥有丰富的旅游资源，吸引国内外众多游

客。松滋市因势利导，适时兴办宾馆、旅游业，取得良好的经济效益。21世纪，水库继水利部批准为国家级水利旅游风景区后，又被鄂西生态文化旅游圈投资公司纳入发展规划。

涴水的治理取得了很大成绩，但还存在两个问题。其一，现有水库防洪库容偏小。水库自建成以来，据不完全统计，有19年溢洪，共溢洪水量35.5亿立方米，年平均溢洪量1.14亿立方米，占全部来水量（217亿立方米）的13%，说明水库库容不够。而且这期间并未发生特大洪水年。经常溢洪，不但浪费了大量的水资源，于发电不利，也给下游防洪、排涝带来诸多困难。其二，大坝以下至青羊山一段河道，溢洪能力与河道安全泄量极不适应。此段河道的安全泄量只有1000～1200立方米每秒，当水库泄洪与坝下各支流发生洪水遭遇时，就会造成重大灾害。1983年，涴水水库溢洪流量只有1010立方米每秒，时遇洛河洪峰汇入（估算洪峰流量900立方米每秒），青羊山流量高达2450立方米每秒，松滋受灾农田36.9万亩，其中有9.5万亩绝收。

第四节 其他大型水库

一、石门水库

石门水库是激漍灌区内治理天门河的骨干工程，坝址位于天门河干流上游钟祥县城东南，东桥、长滩两乡镇之间的聊崛山西麓，水库拦截寨子河，坝址建在刘家石门，故名石门水库。是以灌溉为主，兼有防洪、发电、养殖等综合效益的工程，是荆州地区最早建设的大型水库。水库承雨面积271.25平方千米，多年平均年降雨量974.5毫米，设计年来水量0.9亿立方米，设计总库容1.52亿立方米，有效库容0.79亿立方米，死库容0.13亿立方米，设计正常水位92.00米，死水位80.00米，最高洪水位94.13米，相应下泄流量790立方米每秒，设计灌溉面积34.8万亩，已达到灌溉面积23.7万亩。水库于1954年11月动工，清基后发现坝址有断层，于是停工勘探地质，补充设计，后经水利部批准，1956年1月复工，10月基本建成。

（一）建库缘由

长滩河下游为钟祥的长滩、罗集、旧口和京山县的永隆，天门的多宝5个区镇的大片区域。沿长滩河两岸，除部分山丘外，大部分属湖区，地势低洼。据《京山县志》记载，此处在宋朝时期，原是富饶地区，清末常年洪水泛滥，加上天门河受汛期倒灌顶托，造成河沙沉淀淤积，特别是1935年汉江堤溃口，上下夹击，漫溢成灾。1954年，长滩河大洪庙最大洪峰流量1444立方米每秒，恰逢区域内阴雨连绵，渍水尺深，时间达半月之久。沙洋农场和上罗汉寺一带淹没农田13.7万亩，农业减产60%以上。1955年6月下旬，雨水多，下游排水不畅，潘家台、贡士台、严家台一带良田全部被淹。1946—1955年，长滩河流域在下游洪涝灾害频发的同时，上游地区却发生旱灾9次，禾苗枯死，饮水困难，大部分污水有血吸虫孳生。新中国成立后，在长滩河下游建立五三农场和沙洋农场，分别开荒25万亩和62.5万亩，但天旱无水灌，下雨又受渍。为保证下游20万亩农田灌溉用水及减轻下游48万亩农田的洪涝威胁，经水利部批准，决定修建石门水库。

（二）勘测设计

早在 1953 年，钟祥县水利局组织测量班子，沿长滩河到大洪庙姚家畈测量库容坝址和灌区地形图，初定在大洪庙兴建水库，并进行设计，行文报省。是年冬，省水利局派技术员会同复测。1954 年春，省水利局对兴建水库方案进行研讨后，又组织省水利局工程技术人员和国营五三农场、钟祥县负责人实地踏勘，根据当时移民困难的实际情况，决定坝址选在刘家石门，兴建一座防洪、灌溉综合利用的大型水利工程。1954 年秋，省水利局组织技术人员进行设计，报经水利部批准兴建石门水库。

（三）施工经过

1954 年 11 月 25 日，由省直接组建石门水库工程建设指挥部，五三农场场长周季芳任指挥长，指挥部下设政治部、组织科、保卫科、工程科及民工指挥分部。钟祥、京山、天门 3 县负责施工。1955 年 1 月，中南地质局组织技术人员进行现场查勘，发现坝址以下有断层，当即停工。经重新钻探，弄清地质情况后，于 1956 年 1 月复工，并改组工程指挥部，由荆州专署副专员李富伍担任指挥长兼政委，由省水利工程一团施工。8 月，枢纽工程基本建成，9 月，工程建设重点转入灌区建设，1957 年 6 月完成一条干渠和三条支渠以及部分渠系配套工程，工程指挥部随之调整为管理机构。1958 年在石门水库管理处主持下，将干渠延伸到天门县多宝曾岭一带，整个工程施工告一段落。水库溢洪道原设计为开敞式宽顶堰，底宽 30 米，但因地质条件不符合要求，两侧崩坍严重，影响行洪，1976 年进行防洪复核后，扩宽溢洪道，1979 年又按部颁标准（100 年一遇设计、2000 年一遇校核）再次复核，确定建溢洪道泄洪闸，1982 年建成。

（四）枢纽工程

1. 大坝

大坝位于长滩河的刘家石门口，为均匀土质坝。施工前由湖北省水利厅工程大队进行土料勘探，并作物理学性质试验。根据土场分布情况，选取了 80 个试验坑，在每坑中取原状土样及搅动土样各一份，进行试验，决定选用其中的 3 号土样为主体。大坝全长 412 米，坝顶高程 96.50 米，面宽 4 米，最大坝高 35.50 米，反滤坝高程 71.00 米，防浪墙顶高程 98.00 米。

2. 溢洪道

溢洪道位于大坝右侧 500 米处的小石门西崖口，切断分水岭呈直角转弯，全长 1200 米，泄洪闸为开敞式宽顶堰，堰顶高程 86.50 米，3 孔、总净宽 18 米，平板闸门，最大泄量 790 立方米每秒。工程分两个阶段施工。

3. 输水管

输水管为灌溉、发电两用管，进口高程 68.70 米，管径 1.6 米，最大输水流量 22 立方米每秒，高发电管进口高程 77.60 米，圆形涵管管径 1.3 米，最大流量 5.25 立方米每秒，总装机 6 台，3670 千瓦。枢纽工程共完成土方 109 万立方米、石方 26.7 万立方米、混凝土 15160 立方米，耗用钢材 442 吨、水泥 5000 吨、木材 2690 立方米，总投资 1540 万元。

4. 灌区工程

灌区自然面积 365 平方千米（折合 54.72 万亩）。干渠自渠首起沿汉江遥堤南行，经长滩、罗集、旧口过汉宜公路到天门多宝湾，长 68 千米，引水流量 12.2 立方米每秒；支渠 10 条，总长 96 千米；分渠 10 条，总长 97 千米；斗渠 3564 条，总长 692 千米；渠系建筑物有渡槽、倒虹管、分水闸等 1636 处；渠系利用系数为 0.67。灌区工程共完成土石方 552.44 万立方米、混凝土 8600 立方米，总投资 679.44 万元，其中，国家投资 422.21 万元。设计灌溉面积 34.8 万亩。1957 年开灌以来，因干渠渠首盘山一段逐年崩垮，支渠渗漏严重，灌溉范围逐年缩小，水过不了汉宜公路，仅钟祥县和五三农场受益，实际灌溉面积 15.4 万亩。

（五）工程效益

水库投入运行之后，产生了明显的经济效益和社会效益。

（1）汛期拦截寨子河洪峰，减轻了天门河防洪压力。

（2）利用泄洪设施有计划地进行洪水调度，避免下游近 50 万亩农田遭受洪涝灾害。

（3）向灌区提供抗旱水源，减轻了干旱带来的损失，促进了灌区农业的发展。

（4）在丰水年提供发电用水，支援了工农业生产和农村照明。

二、惠亭山水库

惠亭山水库是激漅灌区内的骨干工程。水库坝址位于漅水中游京山县新市镇西南 2 千米惠亭山与木鱼山之间。坝址以上为丘陵，坝址以下地势向东南倾斜，逐渐过渡到平原湖沼地带。灌区跨荆州、孝感两个地区的京山、天门、应城 3 县（市）。设计灌溉面积 29.24 万亩，上游面积小，下游面积大。工程由 1 道主坝、2 道副坝、1 座溢洪道、1 座非常溢洪道、发电站、南北输水管及其南北干渠所组成，是以灌溉为主，兼有发电、防洪、供水、养殖等综合效益的水利工程。

（一）施工概况

1958 年，在省水利厅勘测设计院编制的《汉北地区水利综合利用规划报告》中，提出在漅水上游建京山水库（即惠亭山水库）的规划。此后，荆州专署水利局组织设计后报省水利厅批准，1959 年 11 月 5 日动工兴建。京山县成立湖北省惠亭水库工程指挥部，京山县县长柴鸿禄任指挥长，荆州专署水利局负责技术指导，京山县和天门县组织两万人施工。1960 年 4 月大坝合龙蓄水，又经过连续 4 年的常年施工，1964 年 10 月按简易断面筑至设计高程。南北两输水管分别于 1961 年、1963 年建成。

在枢纽工程常年施工期间，为了提前受益，1962 年冬至 1963 年秋，曾由湖北省组织武汉市的工人、市民 3000 多人开挖北干渠 15 千米（未竣工）；1964 年 10 月，由荆州专署水利局主持施工，局长涂一元担任工程指挥部指挥长。组织京山、天门、应城 3 县劳力 10 万人，采取分段施工、任务包干、保证规格质量的施工办法，对大坝按设计标准续建和开挖北干渠，1965 年 4 月 28 日，枢纽和北干渠工程同步完工，5 月 1 日开闸放水。《湖北日报》于 5 月 13 日第一版发表湖北省水利厅"惠亭水库多快好省办水利的经验"一文，着重报道了惠亭山水库工程质量好、速度快、一气呵成、不留尾巴的事迹。南干渠于

1965 年冬由天门县主持施工，京山、天门两县统一标准，分段负责，共上劳力 16000 人，1966 年 4 月完工，溢洪道于 1969 年 11 月动工，1970 年 7 月完工。整个工程建设历时 11 年。

（二）工程规模

惠亭山水库承雨面积 283.5 平方千米，总库容 3.14 亿立方米，其中，有效库容 1.735 亿立方米，设计洪水位 87.85 米，正常高水位 84.75 米，相应水面 23000 亩，库内淹没面积 25000 亩。整个工程共完成土方 653.5 万立方米、石方 84.2 万立方米、混凝土 1.73 万立方米，总投资 1415 万元。

1. 主坝

主坝坝顶高程 89.00 米，均质土坝，最大坝高 31.54 米，防浪墙顶高程 90.20 米。副坝 2 座，总长 480 米，最大坝高 15.4 米。

2. 溢洪道

溢洪道为开敞式宽顶堰，堰顶高程 84.75 米，净宽 80 米，最大泄洪流量 825 立方米每秒；非常溢洪道宽 100 米，最大泄洪流量 663 立方米每秒。

3. 南北输水管

南北输水管均为圆形涵管，管径分别为 1.5 米和 1.8 米，过水流量分别为 8.7 立方米每秒和 19.2 立方米每秒。

4. 水电站

水电站装机 3 台，820 千瓦，年发电量 90 万度。

（三）灌区工程

北干渠从渠首起，经京山县和应城市境内，穿汉宜公路至天门县 5 里墩止，全长 60 千米，最大流量 14 立方米每秒，干渠以下有支渠 10 条，总长 80.42 千米，斗、农、毛渠道共 107 条，总长 88.9 千米，渠系建筑物 332 处。

南干渠从电站尾水起，经京山县蒋家棚入天门县境过汉宜公路，与绿水堰水库干渠连接，全长 41 千米，最大流量 6.5 立方米每秒，干渠以下有支渠 5 条，总长 42 千米，渠系建筑物 237 处。

两条干渠工程共完成土石方 541 万立方米、混凝土 1.04 万立方米，总投资 679.23 万元。设计灌溉面积 29.24 万亩，实际灌溉面积 31.47 万亩。

（四）工程效益

惠亭山水库建成后，在防洪、灌溉、发电、城镇供水等方面发挥出巨大效益，特别是经受了库水位 84.17 米（1969 年 7 月）和 85.23 米（1983 年 10 月）两次最高水位的考验，大坝安然无恙。减轻了溾水下游的洪涝灾害；京山、天门、应城 3 县在 1966 年、1967 年和 1978 年 3 次百日大旱的情况下，水库及时输送水源，使灌区获得丰收。

三、温峡口水库

温峡口水库位于汉江左岸、钟祥县郢中镇东北部 35 千米处。东与客店乡毗邻，西、南与洋梓镇交界，北与张集镇接壤。水库拦截汉江支流溾水，控制流域面积 595 平方千米，设计库容为 5.78 亿立方米，有效库容 2.79 亿立方米，设计洪水位 106.60 米，正常高水位 107.00 米，相应水面 20000 亩，库内淹没面积 22058 亩。设计灌溉面积 51 万亩，实际灌溉郢中、九里、伍庙、东桥、张集、长寿、丰乐、洋梓等乡镇 92 个村及双桥原种场共 35.4 万亩农田。水库下游防洪面积达 3 万亩。此水库不仅是根治激河水系的骨干工程，而且是一座以防洪、灌溉为主，兼有发电、养殖等综合效益的大型水库。

（一）兴建缘由

激水两岸及其流域以外的大片土地，均属丘陵山区，多年平均年径流量 336 毫米，平均来水量 2 亿立方米，植被良好，干流坡陡，支流密布，呈扇形汇集，一到雨季，山洪暴发，阻塞交通，下游 30 万亩农田遭受洪水危害。同时，几日无雨，又遭受旱灾威胁，因此，建库前，农作物靠天收。1952—1953 年两年大旱，颗粒无收。1959 年大旱时，钟祥受旱面积达 13.2 万亩，粮食减产 207.6 万千克，钟祥县曾组织 4000 劳力在温峡口临时筑坝堵水，开挖引水渠道 4000 余米，架起 92 张龙骨水车引水，仅保 3000 亩水田收谷 7 成。从 1953 年起，钟祥县先后组织群众兴建 8 个小型水库，但不能解除大面积的旱灾威胁。钟祥县根据广大农民的迫切要求，积极向省政府申报，要求兴建温峡口水库。

（二）勘测设计

1953 年 8 月，省水利厅派 20 人的测量队会同荆州专区、钟祥县水利局的技术人员到现场进行勘测，因工程浩大，当时财力物力有限，未能实施。1958 年 9 月，钟祥县水利局再次组织 20 人的测量队及 8 名省水校实习生对水库坝址进行测量。

1959—1960 年，省水利厅地质队对水库坝址进行初步勘测钻探，编写了地质报告和设计任务书。省水利水电勘测设计院拟定在银子岩、香炉岩、官桥建坝 3 套方案。对 3 个坝址做了纵横断面测量、土场分布踏勘和工程量造价比较，最后选定在官桥建坝。

1962 年 2 月，省水利水电勘测设计院编制《汉北地区近期水利化实施报告》，明确提出在激水上游修建温峡口水库的规划。

1964 年春，副省长陶述曾会同荆州专区、钟祥县行政领导和工程技术人员共同踏勘激水上游后确定兴建此工程，并着手勘测设计。

1965 年 7 月和 1966 年 3 月，省水利水电勘测设计院两次编制温峡口水库设计任务书。按设计要求，水库正常水位在 107.00 米，淹没库区农田 2.19 万亩。同时作施工准备，组织搬迁库区群众 1121 户，拆迁房屋 8815 间，修通了洋梓至温峡口的公路及其施工道路。

（三）施工概况

1966 年 10 月，荆州地委、专署成立"中共湖北省荆州专区温峡口水利工程委员会"和"湖北省荆州专区温峡口水利工程指挥部"，由荆州专署副专员尹朝贵任党委书记兼指挥长，1969—1987 年，林开秀、刘世聪、陈国福、陈绵美、蒋昌忠先后任指挥长。工程于 1966 年 11 月开工，省水利工程一团负责建筑物施工，钟祥县负责土方工程，上劳力 3 万人，开挖渠道时最高达 8 万人。经过 4 年施工，1970 年完成枢纽工程。在枢纽工程即将完成之际，1969 年冬开始转入南、北两大干渠开挖，分别于 1972 年、1973 年完工，中干渠于 1973 年开工，1974 年完工。1975 年南干渠盘石岭渡槽完工，枢纽、渠系工程告一段落，1975 年冬至 1978 年又由省水利工程二团实施溢洪道改建工程，提高了水库的防洪标准。

（四）枢纽工程

1. 主坝与副坝

大坝建在官桥，1966 年 12 月动工，1969 年基本竣工。大坝为黏土心墙代料坝，坝顶高程 111.00 米，最大坝高 51 米，防浪墙顶高程 112.20 米，坝长 450 米，顶宽 6 米。1973 年实施加固工程，坝顶宽达到 8 米。副坝一座，坝顶高程 108.20 米，长 80 米，顶宽 6 米，坝内预埋药室。

2. 溢洪设施

溢洪道建于狮子山左侧，1966 年动工，1970 年建成。为开敞式宽顶堰，堰顶高程 98.00 米，闸底板高程 96.00 米，底宽 24 米，钢结构弧形闸门两扇。由于基础岩石破碎风化较深，渗漏严重，1975 年对溢洪道进行改建，改建后为 5 孔平板闸门，最大泄洪流量 2040 立方米每秒。非常溢洪道（老溢洪道旧址）为开敞破堤式（预埋药室），堰顶高程 101.00 米，净宽 80 米，最大泄洪流量 5510 立方米每秒。

3. 放空底洞

放空底洞位于大坝左端底部，高程 69.75 米，底洞进口为竖井闸门，原为 2.5 米×2.75 米方涵，1986 年加固改建为内径 2.5 米的圆涵，内装 2 扇平板闸门，底洞长 284 米，最大流量 30.9 立方米每秒。

4. 输水竖井

输水竖井分别建在 3 条干渠渠首，南、北干渠输水竖井于 1966 年开始兴建，1967 年完成。中干渠输水竖井兴建于 1973 年，1975 年完成。南干渠竖井建在大坝左端，进口高程 95.00 米，井顶高程 110.00 米，隧洞直径 2.5 米，洞身长 215 米，最大输水流量 19 立方米每秒；北干渠竖井建在大坝北端 6 千米的黑屋垭，进口高程 93.00 米，井顶高程 107.00 米，洞身长 945 米，最大输水流量 15 立方米每秒；中干渠竖井建于溢洪道右岸 200 米处，进口高程 97.00 米，井顶高程 110.00 米，1975 年溢洪道改建时，对渠首进行了改造，最大输水流量 5 立方米每秒。

（五）渠系工程

南干渠于 1969 年动工，1971 年建成，长 61 千米，进口流量 17 立方米每秒，尾水流量 5 立方米每秒；主要支渠有石门和九里支渠，渠系有渡槽 3 座、隧洞 9 个、节制闸 3 座、暗涵 3 处、斗门 195 处。北干渠于 1969 年动工，1972 年完工，全长 56 千米，设计流量 13 立方米每秒；渠系建筑物有渡槽 2 座、隧洞 3 个、暗涵 2 处、节制闸 1 座、泄洪闸 2 座、分水闸 1 处、生产桥 35 座、斗门 200 余处。中干渠 1972 年动工，1974 年完工，全长 13 千米，设计流量 5 立方米每秒。渠系建筑物有隧洞 1 个、节制闸 1 座、分水闸 1 座、暗涵 1 处、斗管 7 处、生产桥 1 座。

温峡口水库工程共完成土方 730 万立方米、石方 534 万立方米、混凝土 8.72 万立方米、耗用钢材 1608 吨、水泥 37386 吨、木材 9792 立方米，总标工 2526 万个，总投资 3352 万元。

（六）工程效益

1. 灌溉效益

1972—1988 年，水库灌溉输水 20 亿立方米，灌溉面积 34.05 万亩，灌区增产粮食

143.8 万吨、棉花 2220 万千克、油料 1584 万千克，创造经济价值 4.46 亿元。

2. 发电效益

水库在南干渠隧洞进口处建小水电站 1 座，装机容量 75 千瓦发电机组 2 台，基本满足工程管理单位及周围农户用电。

3. 综合经营

工程管理单位利用水库丰富的水土资源，大力发展水产养殖、林业、畜牧业，取得了较好的经济效益和社会效益。

四、高关水库

高关水库是激溷灌区内为治理大富水而建，水库截断大富水，大坝建在三阳、绿林、宋河三镇交界的大富水主流上，南距京山县城新市镇 32 千米，是汉北水利建设规划的重要组成部分。承雨面积 303 平方千米，多年平均来水量 1.19 亿立方米，总库容 2.124 亿立方米，有效库容 1.543 亿立方米，是京山县北部地区以防洪、灌溉为主，兼有养鱼、发电等综合效益的大型水库，计划灌溉面积 45 万亩，其中，京山 16 万亩、应城 29 万亩。因高关水库地跨荆州、孝感两地区，其管理隶属湖北省水利厅。

(一) 兴建缘由

建库前，大富水虽有湍湍急流，但由于田高水低，两岸农田只能望水兴叹，干旱连年发生，而一遇暴雨，山洪暴发，冲毁高阜，溃涝低滩，灾害尤重，两岸人民饱受洪灾之苦。因此，根治大富水、变水患为水利，成为人民群众的迫切要求。1970 年，湖北省革命委员会在天门河改道工程完工之后，作出了修建高关水库的决定。

(二) 建设情况

1970 年 7 月，省革委会决定高关水库上马，由孝感地区应城县负责建枢纽工程，荆州地区京山县负责建渠系工程，并分别成立"湖北省汉北水利工程高关水库应城县指挥部"和"湖北省汉北水利工程高关水库京山县指挥部"。各指挥部自行设计，报省水利厅批准后施工。10 月 13 日，应城、京山两县集中十余万劳力同时动工，1971 年 4 月 12 日枢纽大坝等主体工程基本竣工，拦洪蓄水。1972 年 7 月 16 日总干渠开通，年底渠系工程基本完工。总共完成土方 2045.16 万立方米、石方 908.47 万立方米、混凝土 9.394 万立方米，总投工 5508.08 万个，总投资 3742.20 万元。

(三) 枢纽工程

1. 大坝与副坝

大坝位于高关对面马家岭，坝身为黏土心墙土石组合坝，坝顶高程 124.50 米，最大坝高 45 米，坝长 1220 米，顶宽 6.5 米。副坝 3 座，总长 887 米，最大坝高 10.2 米，面宽 5 米。于 1970 年 7 月 13 日开工，1971 年 4 月 12 日基本建成。

当水库蓄水之后，水位从 114.68 米降至 104.87 米时，大坝迎水面于 1972 年 8 月 24 日至 9 月 15 日发生两处滑坡，滑动总长 486 米，滑动土方约 25 万立方米，同时坝基渗水严重。事故发生的原因，主要是坝坡陡，坝体代料大量使用了不透水的黏性土料及碾压不实而导致滑坡。为保证工程安全，拟定了 4 个处理方案进行比较，最后采用了大坝轴线下移 130 米，坝顶高程降低 4 米，坝型改为黏土心墙土石组合坝，滚坝抽槽，翻修重建的方案进行处理，于 1972 年 10 月 24 日开工重建，1973 年 12 月 11 日基本建成。此间，计完成土石方 517.2 万立方米，其中，坝体回填土方 347.79 万立方米，干砌石 2.2 万立方米，浆砌石 2060 立方米。

据 1982 年《湖北水利志通讯》五六期合刊载："原坝失事，重建新坝，造成国家损失达 840 万元，损失劳动工日 400 万个。"在大坝重建过程中，接受老坝脱坡的教训，对新坝的设计、基础处理、施工质量的控制等方面非常重视。基础回填和大坝心墙及 105.00 米高程以下坝壳的质量基本上合乎要求。但在施工后期，出现赶工图快，忽视工程质量的现象，致使有些部位未能达到设计要求。

2. 输水隧洞

输水隧洞位于大坝南端，系用钢筋混凝土衬砌、圆形有压隧洞，进口高程 100.50 米，全长 131.4 米，内径 3 米，输水流量 30 立方米每秒。在进口 18 米处，设竖井启闭台 1 座，竖井内径 6 米，启闭台高程 128.50 米（平老坝顶），内装钢质平板闸门 2 扇，配 75 吨和 50 吨螺杆启闭机各 1 台，与大坝同时开工，1971 年 4 月 11 日建成。

3. 溢洪道

溢洪道位于输水隧洞左侧，为开敞式宽顶堰，闸门控制。闸底高程 114.00 米，闸台顶高程 124.50 米，3 孔，每孔宽 8 米，净宽 24 米，装弧形闸门 3 扇，闸门顶高程 121.50 米，配 20 吨卷扬机 3 台，最大泄洪流量 1164 立方米每秒，尾水经梅家冲入大富水。非常溢洪道位于大坝以北原三号副坝处，1976 年按省水利局要求，采用 814 毫米 3 日暴雨复核，坝顶需加筑防浪墙，高 1.2 米，增建非常溢洪道，底部高程 116.00 米，底宽 120 米，最大泄洪流量 3724 立方米每秒。由京山县安排宋河、罗店两区劳力 1000 人，于 1976 年 6 月动工兴建。

4. 输水管

在堰口左侧建有高输水管，进口高程 108.00 米，采用圆形无压管，管径 1.5 米，设计流量 5 立方米每秒，管身长 60 米，在进口设框架钢质平板闸门启闭，1978 年 9 月完工。

5. 水力发电站

发电站位于输水隧洞出口，利用灌溉水流发电。设计装机 3 台，1500 千瓦。1984 年 11 月动工，1987 年春建成。实际装机 2 台，容量 1000 千瓦，1987 年 8 月 12 日并网发电。

（四）渠系工程

总干渠从输水管隧洞出口起，曲向东南，沿线经阿家湾、田家嘴、荣王店、大风凹、江家畈、肖家沟、竹林湾、牛皮畈、崔湾、范武堰、凡家岭，抵白沙口，全长 50.75 千米。渠首进口高程 100.33 米，至渠尾白沙口高程逐步降低至 77.05 米，渠底宽 9～7.4 米，渠深 3.5 米。渠底纵坡 1/6000，设计流量 30～25.3 立方米每秒。1970 年 8 月，组织三阳、惠亭、石龙、宋河、钱场、杨集、罗店、永兴、永隆九个区劳力 58500 人，10 月 20 日正式开工。渠线盘绕山坡，穿岭跨冲，凿隧洞 11 处，洞身总长 1406 米。其中，最长的大风凹隧洞，由钱场区施工，洞身长 485 米。架渡槽 10 座，槽身总长 1570.5 米，其中，竹林湾渡槽跨越石板河，是京山县境最长、过水流量最大的渡槽。槽身净宽4米，高2.8米，38跨，39个墩，最大墩高23米，槽身总长671.5米，设计通过流量30立方米每秒，由罗店区组织劳力施工。在省水利工程二团的技术指导下，1972年7月，竹林湾渡槽建成。渠道截断10米以上山岭22处，总长3620米。其中最大的余家山，由钱场区施工，长350米，最大挖深20米，开挖土石方14.8万立方米。筑渠底3米以上大填方27处，总长4380米，其中崔湾大填方，由永兴、永隆两区施工，长960米，最大填高7.3米，回填土方33.1万立方米。与干渠配套的有渠下涵、泄洪闸等中小建筑物212处。1972年7月16日上午10时，首次开闸放水试渠，顺利通过白沙口，进入应城县境。接着组织宋河、罗店、永兴3个受益区全面实施灌区配套工程，共开支渠12条，总长114.4千米，修建大小建筑物86处，其中，渡槽5座，槽身总长746米，1974年年底，配套工程基本完成。

（五）除险加固工程

高关水库大坝兴建时，由于受到当时多种因素的制约，未按要求进行地质勘探工作，也未对基础进行彻底处理，因此，大坝建成后坝基渗漏严重，多年来一直采用降低库水位的方式带病运行，严重影响水库防洪、灌溉效益的发挥。

1992年6月，水利部发出《关于进行第二批全国重点危险水库除险加固的通知》，把高关水库列为全国第二批重点危险水库。按照通知精神，高关水库管理处委托湖北省水利水电科学研究所完成了高关水库加固工程的可行性研究工作。1993年8月，省计委作出《关于高关水库加固工程可行性研究报告的批复》，批准《高关水库加固工程可行性研究报告》。依据审批意见，省水利水电科学研究所完成了高关水库除险加固工程的初步设计任务，长委作出《关于高关水库除险加固工程初步设计的批复》，核定高关水库除险加固工程静态投资2943.21万元，总投资3514.41万元，建设期限5年。坝基渗透变形是除险加固的重点。

1998年之前中央和省对高关水库除险加固工程的投入累计完成600万元。1998年大洪水后，中央加大了水利投资力度，高关水库除险加固工程全面启动。高关水库管理处委托湖北省水利水电科学研究所于1999年进行了高关水库概算调整工作，提交了《湖北省高关水库除险加固初步设计修编和概算调整报告》。2000年长委以"长汛〔2000〕395号"文《关于湖北省高关水库除险加固初步设计修编和概算调整的批复》，核定高关水库除险加固工程概算总投资5941.89万元。

调整概算主要工程量：土方开挖8.0万立方米、土方回填6.96万立方米、混凝土1.97万立方米，钻孔进尺3.03万米、帷幕灌浆进尺9301米。

加固工程主要建设内容：大坝基础帷幕灌浆工程；大坝上下游混凝土护坡工程；大坝反滤设施改造及枢纽其他加固工程；正常溢洪道加固工程；非常溢洪道改建工程；洪水调度自动化系统建设；大坝安全监测系统建设；管理设施建设。

水库工程为100年一遇设计，1000年一遇校核的2级水工建筑物。高关水库在运行过程中，已发挥了显著效益。平均每年灌溉放水6688万立方米，保证了30万亩农田的稳产丰收；有效地阻滞洪水，削减洪峰，减少水患；水库拥有12000亩养殖水面，每年产成鱼超过5万千克，是京山县渔业生产的重要基地。

五、太湖港水库

太湖港水库是为治理"上游旱、下游涝、土地荒废、血吸虫病流行"的太湖港水系而建。工程于 1957 年 10 月动工，1958 年 7 月建成。主体工程由丁家嘴、金家湖两座中型水库和后湖、联合两个小型水库以及万城引水闸组成。4 座水库分别拦截长湖水域的太湖港干支流，库间明渠串联相通。1962 年建成的万城闸引水干渠与水库干渠连通，1972 年在水库内建成李家嘴大型电灌站和库、渠分家工程，形成了库、闸、站结合，蓄、引、提结合，运用自如的灌溉工程体系。1988 年由荆州行署水利局报经上级水利部门批准，将水库群升格为大（2）型水库。此水库是以防洪、灌溉为主，兼有发电、养殖综合效益的工程，是荆州地区最早的流域开发工程，是海拔高程最低的大型水库。太湖港水库位置示意图见图 7－9－3。

图 7－9－3　太湖港水库位置示意图

丁家嘴水库位于江陵县（今荆州区）西北马山公社境内，距荆州古城 30 千米，拦截太湖港流域面积 138 平方千米地表径流，总库容 9844 万立方米，因大坝位于丁家嘴而得名。太湖港主流长 70 千米，申桥以上是丘陵地区，以下为平原湖区，由于荆江大堤多次溃口，河道淤塞，排水不畅，上游常闹旱灾，下游饱受渍涝，致使钉螺滋生，血吸虫病流行，造成大片土地荒芜。1955 年，经湖北省农业厅、荆州专署、江陵县水利局共同派员勘察，决定上游建水库，拦洪灌溉，中、下游疏排导流，可垦荒地 5 万余亩，水库为太湖港开发工程的主体项目。

金家湖水库位于江陵县（今荆州区）西北八岭镇境内，距荆州古城 17.2 千米，因大坝位于太湖港支流金家湖而得名。水库控制流域面积 23.21 平方千米，总库容 1600 万立方米。此水库原为太湖港开发工程的独立项目，1958 年 4 月拦洪，7 月建成枢纽工程。初步设计标准为小型水库，1973 年水利工程普查时，因下游有荆州、沙市等重要城镇和汉（口）鱼（泉口）公路，故划入太湖港系列成为中型水库。

后湖水库位于荆州城西 10 千米，八岭镇境内，为小（1）型水库，水库大坝拦截八岭山麓太湖港中游支流后湖水而得名。1957 年 10 月动工兴建，1958 年 10 月竣工，最大坝高 8.3 米，总库容 1195 万立方米，有效库容 384 万立方米，设计洪水位 38.22 米，校核洪水位 38.76 米，汛期限制水位 36.80 米，控制流域面积 15.85 平方千米，初建时期投资 10.26 万元，受益农田 7700 亩。

联合水库位于荆州城西 6 千米，地处八岭镇，为小（1）型水库，1957 年 10 月动工兴建，设计洪水位 36.80 米，校核水位 39.43 米，拦截流域面积 12.5 平方千米地表径流，1958 年 10 月建成，最大坝高 5.5 米，总库容 385.6 万立方米，有效库容 115 万立方米，建设投资 4.5 万元，受益农田 9.18 万亩。

（一）勘察设计

1956 年，荆州专署水利局和江陵县水利局共同组织技术力量对丁家嘴、金家湖等水库工程进行勘测、设计。初步设计标准为 4 级建筑物，1961 年进行防洪复核时提升为 3 级建筑物。1963 年根据水利部的有关规定，定为中型水库。1975 年，河南省出现"75.8 型"暴雨，板桥水库失事，对水库再次复核，因考虑到水库下游有荆州、沙市等重要城镇和汉宜公路，被列为重要中型水库进行加固设计。

1990 年 3 月，经省水利厅批准将 4 座水库联合，升级为大型水库。

水库承雨面积 189.56 平方千米，多年平均年降雨量 1169 毫米，多年平均年径流量 9374 万立方米，水库设计为 100 年一遇，校核洪水标准为 2000 年一遇，设计洪水位 40.55 米，正常高水位 37.74 米，相应水面 15130 亩，库内淹没面积 6838 亩，总库容 1.22 亿立方米，兴利库容 2914 万立方米，死库容为 1021 万立方米。大坝设计为均质土坝，最大坝高 12 米。太湖港水库水位、库容关系见表 7-9-6。

表 7-9-6　　　　　　　　　太湖港水库水位、库容关系表

水位/m	库容/亿 m³				
	合计	丁家嘴	金家湖	后湖	联合
35.00	0.1018	0.0420	0.0273	0.0287	0.0038
36.00	0.1934	0.0956	0.0432	0.0455	0.0091
37.00	0.3204	0.1620	0.0760	0.0671	0.0153
38.00	0.4768	0.2480	0.1092	0.0953	0.0243
39.00	0.6622	0.3680	0.1404	0.1195	0.0343
40.00	0.8025	0.5040	0.1404	0.1195	0.0386
41.00	1.0955	0.7970	0.1404	0.1195	0.0386
41.42	1.2193	0.9208	0.1404	0.1195	0.0386

（二）建设过程及除险加固

1957 年 10 月，江陵县人民政府组建"江陵县太湖港开发工程指挥部"，组织资市、滩桥、冲和、荆北、民主、朱集、裁缝、万城、荆西、将台、朱场 11 个乡 1.9 万名劳力破土动工。建筑工程由荆州建筑工程公司承建，副县长李先正任指挥长，技术负责人为荆州专署水利局工程师韩明炎。1958 年 4 月拦截洪水，10 月，丁家嘴、金家湖和后湖水库的大坝工程同时竣工。1962 年建成万城闸引水工程和联合大坝，1963 年开通库间明渠，将四库连为一体，并形成灌溉系统。

太湖港水库原设计洪水标准是按各单库的容量（分别为中小型）来确定的，防洪标准仅为 50 年一遇。在建设时期，受当时条件的限制，后湖和联合水库的坝顶分别欠高 1.33 米和 2.65 米，水库不能充分发挥作用；丁家嘴和金家湖水库的大坝溢洪道过流能力不足，均利用天然凹槽作非常溢洪道；4 座大坝均存在散浸、渗漏等问题；引水干渠多处散浸、渗漏和垮塌；引水涵闸闸门及其启闭设备老化；安全监测、防汛通信等设施不完善。因此，一直处于限制蓄水及带病运行状态。

1999 年太湖港水库纳入全国第一批病险水库除险加固项目，经过省水利厅组织专家鉴定，评定水库大坝为 3 类坝。2000 年 7—10 月，省水文地质工程勘测院和武汉大学勘测设计院分别对此库进行地质勘测和除险加固工程初步设计，2001 年 8 月长委下达《湖北省太湖港水库除险加固工程初步设计报告的批复》，核定工程静态投资为 3795.02 万元。

2001 年 6 月除险加固工程开工，2005 年竣工，完成土方开挖 28.565 万立方米、土方回填 14.95 万立方米、草皮护坡 28844 平方米、浆砌石 2023.7 立方米、干砌石 35035.8 立方米、混凝土 14759 立方米、锥探灌浆 4.5 千米、白蚁防治 4.5 千米。主要水库加固工程情况如下。

（1）丁家嘴水库枢纽除险加固。工程于 2002 年 2 月开工，主要建设内容为进水闸改扩建、大坝加固防渗、溢洪道改扩建、兴建副坝、尾水渠下涵改扩建等。加固工程于 2004 年 3 月 30 日完工，共完成土方开挖 24.242 万立方米、土方回填 5.03 万立方米、草皮护坡 8650 平方米、混凝土 8950 立方米、砂石垫层 6093 立方米、浆砌石 1016 立方米、干砌石 16695 立方米、锥探灌浆 1.125 千米、白蚁治理 1.125 千米。工程总投资 261.15 万元。

（2）金家湖水库枢纽除险加固。工程于 2001 年 6 月开工，主要建设内容为正常溢洪道改建、非常溢洪道封堵、大坝灌浆防渗、大坝减压排水沟等。加固工程于 2004 年 6 月完工，共完成土方开挖 12916 立方米、土方回填 18121 立方米、草皮护坡 2744 平方米、混凝土 1752.5 立方米、砂石垫层 3282 立方米、干砌石 6520 立方米、锥探灌浆 2.22 千米、白蚁治理 2.22 千米。

（3）后湖水库枢纽除险加固。工程于 2004 年 12 月开工，主要建设内容为大坝灌浆防渗、大坝减压排水沟、大坝防浪墙、泄洪闸维修等。加固工程于 2005 年 3 月完工，共完成土方开挖 10978 立方米、土方回填 721.5 立方米、混凝土 884.3 立方米、砂石垫层 2419 立方米、浆砌石 434.5 立方米、干砌石 8483 立方米、锥探灌浆 0.561 千米、白蚁治理 0.561 千米。

（4）联合水库枢纽除险加固。工程于 2001 年 6 月开工，主要建设内容为兴建纪南防洪闸、大坝加高、溢洪道重建、大坝上游护坡、坝身处理及坝顶道路工程等。加固工程于2005 年 3 月完工，共完成土方开挖 19323 立方米、土方回填 80416 立方米、混凝土3172.65 立方米、砂石垫层 2553 立方米、浆砌石 573.5 立方米、干砌石 3338 立方米、草皮护坡 17450 平方米、锥探灌浆 0.59 千米、白蚁治理 0.59 千米。

以上工程均由湖北省水利水电建设总公司承建，华傲水利水电工程咨询中心负责监理。

（三）枢纽工程

1. 丁家嘴水库

丁家嘴水库建主坝 1 道，为均匀质土坝，坝顶高程 43.00 米，坝顶长 1230 米，宽 5米，最大坝高 12 米，内外边坡 1∶3，坝体工程量 69.13 万立方米。副坝 1 座，总长 247米，最大坝高 5.5 米，坝体工程量 1.29 万立方米。溢洪道 1 座，为箱涵式，闸底高程35.50 米，闸顶高程 37.74 米，3 孔，每孔净宽 3 米×3 米，钢质平板闸门 3 扇，螺杆式启闭机，最大泄洪流量 112.4 立方米每秒。非常溢洪道为自溃坝式，堰顶高程 39.00 米。电站 1 座，装机 4 台，总容量 800 千瓦，年均发电量 350 万千瓦时。输水工程为箱涵式输水管，断面为 1.3 米×2 米，长 21.9 米，进口高程 34.60 米，设计流量 3.75 立方米每秒。节制闸为箱涵式，断面为 3 米×2 米，长 21.9 米，进口高程 34.63 米，设计流量 20立方米每秒。初建时期完成土方 31.9 万立方米、石方 6900 立方米、混凝土 250 立方米，投工 35 万个，投资 48.08 万元。

2. 金家湖水库

金家湖水库大坝为均质土坝，坝长 810 米，顶宽 5 米，最大坝高 9.5 米，坝顶高程41.50 米，内外边坡 1∶3，坝体工程量 19.93 万立方米。副坝 1 座，长 200 米；泄洪工程为开敞式宽顶堰，闸底高程 37.10 米，1 孔，净宽 14 米，最大泄洪流量 46.9 立方米每秒。输水工程为箱涵式输水管，断面 1.2 米×1.1 米，长 23 米，进口高程 33.47 米，设计流量 3.5 立方米每秒。

3. 后湖水库

后湖水库大坝为均质土坝，坝顶高程 39.30 米，最大坝高 8.3 米，坝长 613 米，顶宽4 米，内外边坡 1∶3，坝体工程量 69.13 万立方米。副坝 3 座，总长度 360 米，最大坝高8.3 米，坝体工程量 14.6 万立方米。泄洪工程为开敞式平板闸，闸底高程 34.67 米，闸顶高程 39.50 米，1 孔，净宽 4 米，最大泄洪流量 51.4 立方米每秒，配备钢质平板闸门 1扇，20 吨螺杆式启闭机。输水工程为圆涵式输水管，断面为 0.5 米，长 22 米，进口高程35.50 米，设计流量 0.3 立方米每秒。灌溉闸为圆涵式，断面 1 米，长 24 米，进口高程35.00 米，设计流量 0.3 立方米每秒。

4. 联合水库

联合水库大坝为均质土坝，坝顶高程 40.39 米，最大坝高 6.89 米，坝长 866 米，顶宽 4 米，内外边坡 1∶2.5，坝体工程量 9.14 万立方米。泄洪工程为开敞式宽顶堰，闸底高程 35.50 米，3 孔，每孔净宽 4 米，最大泄洪流量 112.4 立方米每秒。输水工程 2 处，其中拍马节制闸为开敞式，断面 5.1 米×3 米，进口高程 33.87 米，设计流量 6.3 立方米每秒。纪南节制闸为开敞式，断面 5 米×3 米，进口高程 33.77 米，设计流量 7.2 立方米每秒。

（四）工程效益

1. 农业供水

建库初期，太湖港水库仅靠拦蓄地表径流，因而水源不足，1961年大旱，水库基本枯竭。1962年建成的万城闸引水渠与水库联通后，上通丁家嘴水库，下联后湖水库，每年5—10月可引沮漳河水灌库。1972年大旱后，江陵县在库内建成李家嘴大型电灌站，实现南水北调，增加灌溉面积20万亩。1979年又建成青冢子分水闸和库渠分家工程，引水不经丁家嘴水库，直接由青冢子万城总干渠引水，除自灌太湖农场2.52万亩农田外，还供给5处电灌站提水灌溉7480亩，水源可靠，常年不涸。至此，形成了一个蓄、引、提、济多功能的灌溉体系，设计灌溉面积25.46万亩，实际最高灌溉面积40.53万亩，为太湖港流域的农业发展做出了突出贡献。

2. 发电

丁家嘴水库兴建时建水电站1座，装机4台，总容量800千瓦，年均发电量350万千瓦时，按每千瓦时电能创产值5.5元（1980年不变价）计算，年创社会产值1925万元。

3. 改善生态

从2000年起，每年向长湖补充水源2亿立方米，并通过长湖输水供给下游，惠及荆门、潜江、江陵、监利、洪湖的部分地区。从2005年起，在荆州城区实施生态引水工程，引入活水，置换污水。首先对护城河进行疏挖，然后利用太湖港排水渠及水利工程设施，从太湖港水库引5立方米每秒的活水，对护城河污染水体进行置换，使护城河的水质大为改善。

4. 水产养殖

太湖港水库丰富且质优的水资源，给发展水产养殖创造了条件，太湖港水库灌区水产品总量达到4.41万吨，成为荆州区水产养殖的重要基地。

六、黄坡水库

黄坡水库位于钟祥县东北方向张集、长寿、洋梓三镇交界处，距钟祥县城36千米，坝址建在长寿河的蔡家垱，因地属黄坡乡而得名。水库承雨面积281平方千米，年来水量9700万立方米，总库容1.183亿立方米，属大（2）型水库。

历史上，长寿、洋梓、丰乐地区因干旱威胁、山洪冲刷，致使土地荒芜，经济萧条。新中国成立初期，1953年大旱，田地干裂，收成锐减。1954年山洪暴发，汉江顶托，长寿河两岸房屋、农田被冲毁淹没，损失巨大。钟祥县决定兴建黄坡水库，变水害为水利，大力发展区域内的农业生产。

（一）勘测设计

1956年，钟祥县水利局组织技术力量进行野外测量和洪水调查等有关资料的收集整理。1957年对水库枢纽工程进行初步勘测。1958年，钟祥县水利局又组织18人的测量队，对库区、灌区进行勘查测量，拟定出兴建方案。同年12月动工兴建，1960年7月停建。1964年9月，荆州专署水利局组织技术人员对黄坡水库续建工程进行技术设计。

1975年3月，省、地、县3级领导及业务部门负责人到水库工地研究，决定继续修建此水库，并要求在原设计的基础上，加高坝身，扩大蓄水能力。钟祥县水利局组织力量，核实资料，重新设计，改均匀土质坝为心墙代料坝，增设水电站，加高大坝。1976年荆州地区水利局对黄坡水库的技术设计进行审查，同意按中型水库标准复工建设。钟祥县决定按中型上马、按大型施工，同时上报大（2）型设计任务书。

为了发挥水库的综合效益，做到养殖、发电、灌溉一水多用，规划设计西灌渠口高程为69.50米，灌溉农田2000公顷；发电后的尾水位54.55米，灌溉农田1333公顷。东灌渠口高程71.00米，灌溉农田4000公顷；视情况需要，还可延伸到伍庙、官庄农场、潞市，以补充温峡尾水灌溉之不足；还可将温峡水位56.00米以下的灌溉水从北干渠放入黄坡，使其发电后再灌溉56.00米高程以下的耕地。五里河流域100平方千米的承雨面积可作黄坡水库发电的补充水源，增加发电量，因此确定装机3台套，容量为1500千瓦。

（二）施工过程

1958年10月，成立钟祥县黄坡水库工程指挥部，组织劳力4656人，工程正式开工。一期设计为均匀土质坝，坝高24米，坝顶高程77.00米，正常蓄水位为73.50米，最高洪水水位为76.00米，总库容6351万立方米。施工过程中，考虑大坝脱险保安、拦蓄洪水的需要，采取填筑至65.00米高程后，优先填筑迎水坡，后背水面的施工方法。

由于仓促上马，计划不周，土场、施工道路尚未就绪，数千人涌入工地，造成混乱局面，加之施工过程中器材短缺，水泥、柴油供不应求，以及自然灾害造成民工生活不能保证，1960年被迫停工。其间，完成大坝土方22.82万立方米、砂卵石0.61万立方米、护坡石0.51万立方米、输水管石方0.48万立方米、混凝土116.8立方米、临时溢洪道挖方3.38万立方米，投入资金58万元。

1976年10月，荆州地区同意黄坡水库按大（2）型标准续建。设计标准为：坝顶高程81.00米，净高28.2米，坝体为黏土心墙代料组合坝，总库容1.18亿立方米。12月，续建工程开工，主要施工项目为大坝回填、溢洪道开挖、修建两条输水管、建设水电站等。上劳力12000人，完成土方15.9万立方米、石方11.1万立方米、混凝土1230立方米、浆砌石370万立方米、干砌石2838立方米，投入标工78.3万个。

为抢时间、赶进度在低温（-3~5℃）下浇筑混凝土，质量不能保证，水库大坝蓄水后，出现132处漏水、喷水现象，1975年采取膨胀水泥冲填、化学灌浆和水玻璃堵浸等方法处理，消除了隐患。至1978年1月，主坝和副坝的填筑工程基本完成。

1979年11月，黄坡水库煞尾工程开工，完成大坝内坡块石护坡、溢洪道挖深及水电站附属工程，溢洪道在70.00米高程的基础上，开挖一条宽15米、深1.4米的泄洪渠，使正常水位降低到74.60米，大坝达到81.00米高程。

由于西输水管出口受历年泄洪时的冲刷，危及坝身及建筑物的安全，1981年，在出口段建陡坡加鼻坎挑流1座，作为维护西输水管和坝身安全的临时措施。

（三）枢纽工程

大坝 大坝为均质代料坝。坝顶设计高程81.00米，实际达到81.50米，坝长970米，顶宽8米。坝坡均用块石护坡。一级平台高程65.50米，宽2米；二级平台高程72.00米，宽 2.5 米。反滤坝顶高程 60.00 米，宽 2 米。副坝 330 米，防浪墙顶高 82.00 米。

溢洪道　溢洪道为开敞式宽顶堰。位置选择在大坝西端鞍形部位。进口段与尾端相距 100 米，尾端与脚相距 1000 米。底宽 55 米，溢洪量为 820 立方米每秒。非常溢洪道宽 200 米，位于大坝东端副坝，必要时爆破溢洪。

发电输水管　发电输水管为钢筋混凝土结构，圆管直径 1.8 米，底板高程 61.00 米，钢质平板闸门，30 吨螺杆启闭机，设计流量 15 立方米每秒。

灌溉输水管　断面 2 米×2.8 米明流管，底板高程 65.50 米，设计流量 20 立方米每秒。

全部工程完成土方 64 万立方米、石方 62.8 万立方米、混凝土 0.4 万立方米，投入标工 199.7 万个。移民 2334 人，搬迁房屋 3555 间，国家投资 95 万元，钟祥县自筹 279.2 万元。

（四）工程效益

建库后，多次泄洪运用，消除了下游洪涝灾害。发电站建成后，主要向钟祥送电，年最高（1983 年）发电量为 532.26 万千瓦时。养殖水面 466.7 公顷，寄养汊 2.67 公顷，鱼池 0.22 公顷，是天然的水产养殖基地，为社会提供优质的水产品。

第五节　中　型　水　库

库容 1000 万立方米以上、1 亿立方米以下的水库为中型水库。荆州地区从 20 世纪 50 年代开始，共修建中型水库 33 座，其中现荆州市范围内有中型水库 6 座。中型水库情况见表 7 - 9 - 7。

表 7 - 9 - 7　　　　　　　　　荆州地区中型水库统计表

水库名称	建设年份	承雨面积/km²	总库容/万 m³	灌溉面积/万亩	备　注
铜钱山	1958—1979	51	3470	6	漳河灌区
峡卡河	1958—1979	34	2590	5	
陈坡	1959—1980	50	1650	1.7	
北山	1972—1975	56	3819	6	
龙峪湖	1974—1976	24	1685	2	
沙港	1964—1974	12.78	1416	5	
石龙	1953—1955	132.5	7497	10.86	漖洈灌区
吴堰岭	1958—1964	102	7220	15.88	
大观桥	1958—1964	64	4263	7.72	
绿水堰	1960—1962	28.6	2065	3.2	
洪水寺	1977—1979	20.25	1328	1.2	
刘畈	1965—1974	99	5628	10.2	
八字门	1975—1983	111.9	10060	6	
余家河	1965—1975	21.5	1090	2.4	
叶畈	1975—1980	13	1244	1.8	

水库名称	建设年份	承雨面积/km²	总库容/万 m³	灌溉面积/万亩	备 注
北河	1959—1966	75	5345	8.0	
卷桥	1959—1972	16	1220	4.76	浧水灌区
文家河	1974—1990	18	1391	0.5	
南河	1958—1973	12.5	1006	1.2	

注 此表未纳入荆门市和漳河水库管理局所属水库。

一、卷桥水库

卷桥水库坝址在公安县章庄镇卷桥，与湖南省澧县复兴场镇接壤，拦截牛浪湖支流，是浧水水库南干渠的"结瓜"工程。水库承雨面积16平方千米，总库容1220万立方米，其中兴利库容720万立方米，是荆州市较小的中型水库。水库防洪标准按50年一遇设计，1000年一遇标准校核，设计洪水位51.65米，正常高水位50.70米。卷桥水库由卷桥峪和孙家峪2个水库以明渠连接而成，卷桥峪为大库，承雨面积11平方千米，有主坝1道，均质土坝，长925米，坝顶高程54.20米，最大坝高15.8米；孙家峪为小库，承雨面积5平方千米，副坝1道，长450米，最大坝高8.1米。水库建溢洪道1座，8孔，孔口尺寸为2.5米×2.4米，最大泄洪流量165立方米每秒；输水管与拱涵的最大流量12立方米每秒；干渠全长30千米，设计灌溉面积4.76万亩，最大可达5.8万亩。

枢纽工程于1959年10月动工，因当时强调速度，不注重质量，大坝清基不彻底，坝体高程47.00米以下未碾压，1960年春，又在47.00米高程以上实行分段施工，接头多，土块大，碾压不实，当库水位上升到47.10米时，坝脚普遍漏水，并出现沉陷裂缝，被迫利用输水管放水降低水位，保住坝体成果后停工。1971年冬工程续建，将坝轴线向库内平行移动，经清基抽槽后，筑18～20米宽的内帮，1972年完工。将原坝全部翻筑后，改作外平台。1976年又在外坡坝脚填筑50米宽的平台，同时对漏水隐患作了导渗处理。

由于水库在兴建时期存在质量问题，致使大坝、溢洪道、输水管存在不同程度的安全隐患，多年带病运行。2001年9月，卷桥水库经省水利厅专家组评定为3类坝，被列入全国第二批重点病险水库除险加固工程计划，2002年10月正式实施，2003年10月按计划完成了水库枢纽主体建筑工程施工任务，2012年12月续建完成库间明渠公路桥重建等附属工程，完成总投资2537万元，累计完成土方36.4万立方米、混凝土0.96万立方米、砌石0.7万立方米，拆除混凝土0.95万立方米。

卷桥水库是一座以防洪为主，兼有灌溉、养殖等综合功能的中型水库。初建时因带病运行，实际灌溉面积只有2.3万亩。除险工程实施后，大坝防洪标准提高，兴利库容增加，设计灌溉面积达到3.06万亩。水库水位、库容、面积、泄量关系见表7-9-8。

表 7-9-8　　　　　　　　卷桥水库水位、库容、面积、泄量关系表

水位/m	库容/亿 m³	面积/km²	溢洪道泄量/(m³/s)
50.00	0.066	1.88	0
50.50	0.076	2.01	13.6

水位/m	库容/亿 m³	面积/km²	溢洪道泄量/(m³/s)
51.00	0.088	2.19	40.0
51.50	0.098	2.30	75.2
52.00	0.111	2.40	116.8
52.50	0.118	2.53	165.2
53.00	0.135	2.69	216.4
53.50	0.1435	2.86	226.7
54.00	0.164	3.06	237.6

二、北河水库

北河水库位于松滋市斯家场镇北河村，坝址拦截松西河支流北河。因水库下游有枝柳铁路，被列为重要的中型水库。水库承雨面积 75 平方千米，多年平均年降雨量 1100 毫米，多年平均年径流量 3050 万立方米。水库设计防洪标准为 50 年一遇，设计洪水位 127.59 米，校核洪水标准 1000 年一遇，校核洪水位 128.91 米，正常蓄水位 125.00 米，死水位 115.00 米，总库容 5345 万立方米，兴利库容 2744 万立方米，设计灌溉面积 13.5 万亩，实际达到 8.5 万亩。建水电站 1 座，装机 2 台 1000 千瓦。水库保护下游耕地 6.6 万亩，人口 6.9 万人，是一座以防洪为主，兼有灌溉、养殖、城镇供水、发电等综合效益的中型水库。

水库由松滋县水利局设计，荆州行署水利局批准，于 1959 年 10 月动工兴建，调集 15000 人会战，采用手推车、牛拉板车施工，进度较快，1961 年筑至脱险高程后停工，1962 年开凿鹞鹰山隧洞，打开了灌区的咽喉，1963 年枢纽工程完工，1964 年通水。大坝为均质土坝，全长 780 米，坝顶高程 130.70 米，最大坝高 32 米。副坝长 120 米，最大坝高 9.9 米。溢洪道为开敞式，底部高程 125.00 米，净宽 2 米，最大泄量 443 立方米每秒。非常溢洪道（破副坝）宽 30 米，最大泄量 180 立方米每秒。输水管为圆涵，直径 1.8 米，最大流量 11.5 立方米每秒。灌区设主干渠一条，长 11 千米，两条分干渠共长 34.3 千米，其中，二分渠与李桥水库连通。

2002 年 1 月，由湖北省水利厅批复同意北河水库除险加固工程初步设计方案，核定工程总投资 2102.42 万元，工程建设分 2003 年和 2004 年两年完成。其主要建设内容：大坝迎水面护坡、背水坡排水棱体、大坝混凝土路面、大坝防渗处理、输水管加固、重建溢洪道、混凝土公路、新建导虹管、金属结构安装、灌溉渠道改造等。

2004 年 6 月，在进行施工复勘时，大坝 0+710 处发现坝基岩存在严重的溶蚀现象，在进一步钻探时，0+680 处坝基以下 2.4 米发现浅层岩溶，除险加固工程被迫停工。2005 年 1 月，在进一步复勘时，又在左坝段发现 2 处坝基溶洞，并在主河段坝基接触带及坝体部分高程段发现较强透水层。为消除大坝隐患，2006 年 1 月，省水利厅以"鄂水利库复〔2006〕27 号"文作出《关于松滋市北河水库除险加固工程补充设计方案（大坝防渗工程）的批复》，同意补充设计方案，投资概算 402 万元，由省安排专项资金对大坝进行防渗处理。2010 年 12 月北河水库除险加固工程完工并通过验收,完成总投资 2504.42 万元。水库水位、库容、面积、泄洪量关系见表 7-9-9。

表 7-9-9　　　　　北河水库水位、库容、面积、泄洪量关系表

水位/m	库容/万 m³	面积/km²	溢洪流量/(m³/s)
115.00	660	1.54	
116.00	821	1.68	
117.00	1002	1.955	
118.00	1209	2.165	
119.00	1437	2.41	
120.00	1692	2.686	
121.00	1975	2.969	
122.00	2286	3.259	
123.00	2628	3.569	
124.00	2999	3.867	
125.00	3404	4.23	0.0
126.00	3846	4.604	47.8
127.00	4324	4.964	135
128.00	4840	5.352	248
129.00	5395	5.741	382
129.42	5640	5.90	443

三、南河水库

南河水库位于松滋市斯家场双土地,拦截北河支流南河。水库承雨面积 12.5 平方千米,多年平均年降雨量 1200 毫米,多年平均来水量 7100 万立方米,设计洪水标准为 50 年一遇,设计洪水位 128.30 米,校核洪水标准为 1000 年一遇,校核洪水位 129.00 米,正常蓄水位 127.00 米,死水位 116.50 米,总库容 1006 万立方米,兴利库容 669 万立方米,设计灌溉面积 2.4 万亩,实际灌溉面积 1.2 万亩。水库防洪保护区包括 4 个乡镇 23 个村、人口 7 万人、耕地 1.4 万亩,是一座以灌溉为主,兼有防洪、养殖、城镇供水等综合效益的中型水库。

南河水库由松滋县水利局设计,1958 年 10 月动工兴建,大坝为均质土坝,全长 347 米,最大坝高 17.4 米。1969 年完成大坝、输水管工程,1973 年完成溢洪道和渠道工程并正式受益。此水库建设规模为小(1)型水库,但由于水库大坝距枝柳铁路仅 400 米,防洪地位重要,1996 年 11 月,由荆沙市水利局以"荆水管字〔1996〕227 号"文作出《关于南河水库升级为中型的批复》,批准升级为中型水库,校核洪水标准由 500 年一遇提高到 1000 年一遇,复核坝顶高程 130.40 米,由于当时资金无法落实,大坝未予加高,防洪标准一直为原设计的小(1)型标准。

2002 年 1 月,南河水库除险加固工程经湖北省发改委批准立项,批复工程总投资为

1549.03万元。主要建设内容：大坝加高及混凝土路面、大坝护坡、大坝排水、大坝防渗处理、输水管重建、溢洪道重建、溢洪道尾水渠工程、金属结构设备及安装工程等。水库除险加固工程于2003年12月开工，2004年12月完工，2007年通过单位工程验收。水库水位、库容、面积、泄洪量关系见表7-9-10。

表7-9-10　　　　　　　　南河水库水位、库容、面积、泄量关系表

水位/m	库容/万 m³	面积/km²	溢洪流量/(m³/s)
113	7	0.076	
114	16	0.098	
115	27	0.122	
116	41	0.15	
117	58	0.19	
118	80	0.25	
119	109	0.346	
120	149	0.446	
121	198	0.536	
122	256	0.619	
123	324	0.746	
124	404	0.853	
125	494	0.924	
126	597	1.110	
127	718	1.265	0
128	853	1.435	29
129	1006	1.63	82
130	1180	1.860	150.6

四、文家河水库

文家河水库位于松滋市斯家场镇文家河村，拦截松西河支流洛河的分支文家河。于1974年12月动工兴建，1975年大坝合龙，以后断断续续施工，坝顶高程达到186.50米，距设计高程195.50米尚差9米时，于1979年春停工，在大坝中部180.00米高程开挖30米宽临时溢洪道度汛10余年，1990年续建，完成大坝、溢洪道、输水管竖井等枢纽工程，坝顶高程达到186.50米，面宽8米，溢洪道堰顶高程186.50米。

文家河水库承雨面积18平方千米，多年平均年降雨量1300毫米，多年平均来水量1260万立方米。大坝为均质土坝，主坝全长390米，最大坝高34.29米，水库设计洪水标准为50年一遇，校核洪水标准为1000年一遇，设计洪水位188.95米，校核洪水位190.08米，正常蓄水位186.50米，死水位172.50米，总库容1391万立方米，兴利库容873万立方米，死库容110万立方米。设计灌溉面积1.61万亩，实际灌溉面积1.07万亩。除了农田灌溉外，1980年在水库建水厂一座，日产近万吨，供刘家场、斯家场3.5

万人生活用水以及部分工业企业用水。水库保护下游 3 个乡镇 21 个村、人口 1.8 万人、耕地 1.68 万亩，是一座以灌溉为主，兼有城镇供水、养殖等综合效益的中型水库。

2008 年 11 月，水库除险加固工程经省发改委批准立项，批复工程总投资 2033.49 万元。主要建设内容为：大坝上游护坡、大坝防渗工程、大坝 182 米平台跌窝处排水导滤工程、溢洪道工程、引水工程、交通工程、房屋建筑工程、机电设备及安装工程等。于 2009 年 1 月开工，2012 年 12 月通过竣工验收，实际完成投资 1626 万元。水库水位、库容、面积、泄洪量关系见表 7 - 9 - 11。

表 7 - 9 - 11　　　　　文家河水库水位、库容、面积、泄量关系表

水位/m	库容/万 m³	面积/km²	溢洪流量/(m³/s)
171	78	0.20000	
172	94	0.2788	
173	121	0.2880	
174	157	0.3048	
175	192	0.3540	
176	227	0.3960	
177	270	0.4340	
178	314	0.4728	
179	372	0.5700	
180	467	0.6508	
181	495	0.6880	
182	567	0.7191	
183	645	0.8640	
184	730	0.9672	
185	834	1.0060	
186	929	1.0366	0
187	1035	1.0746	9.3
188	1149	1.1636	48.5
189	1258	1.4350	104.0
190	1387	1.2184	172.0
191	1515	1.2780	252.0
192	1541	1.3384	
193	1720	1.3500	

五、沙港水库

沙港水库位于荆州区川店镇西北 4.2 千米的三界村，距荆州城约 38 千米，因溪沟有砂眼常冒粗沙而名沙港。水库拦截菱角湖水系面积 12.78 平方千米，属漳河水库二干渠"长藤结瓜"工程，区内多年平均年降雨量 1055 毫米，多年平均年径流量 567 万立方米。

水库设计洪水标准为50年一遇，校核洪水标准为1000年一遇。设计洪水位51.76米，校核洪水位52.51米，正常高水位50.70米。水库总库容1416万立方米，兴利库容775万立方米，死库容234万立方米，设计灌溉面积5.08万亩（枯水期可从漳河水库二干渠补水），其中，马山镇2.65万亩、川店镇2.43万亩。水库养殖水面3500亩，是一座以灌溉为主，兼顾防洪、养殖等综合利用的中型水库。

1964年由江陵县水利局按小（1）型水库标准设计，马山区川店公社组织施工，当年建成西库，承雨面积5.53平方千米，总库容442万立方米。1973年水利工程普查后，决定扩建，1974年将库东侧山冲拦截筑坝，形成东库，并以明渠将东西两库联通，1975年由荆州行署水利局将水库规模升级为中型水库。大坝为均质土坝，最大坝高13米。

施工中，由于急于求成，从66.00米到72.00米的高程间，进踩厚，碾压差，虽经返工，但大坝质量仍较差，沉陷大，渗漏十分严重，因此控蓄水位定为66.00米。1978年筑撑帮加高，混凝土预制块护坡，蓄控水位定为67.00米。1980年7月大雨，库水位达到67.51米，坝端出现漏水，坝身散浸严重。从1986年开始，多次对水库进行应急整险，但未从根本上解决问题。2007年经省发改委批准立项除险加固，批复工程总投资1574.19万元。2007年9月，除险加固工程正式开工，2009年7月完工。水库水位、库容、面积、泄洪量关系见表7-9-12。

表7-9-12 沙港水库水位、库容、面积、泄量关系表

水位/m	库容/万 m³	面积/km²	溢洪流量/(m³/s)
60	8	0.07	
61	14	0.14	
62	37	0.32	
63	78	0.53	
64	144	0.79	
65	233	1.02	
66	348	1.29	
67	497	1.53	
68	668	1.97	
69	880	2.22	0
70	1128	2.68	3.2
70.2	1196	2.72	5.3
70.4	1265	2.80	8.0
70.5	1300	2.92	9.0
70.85	1403	3.00	14.0
71	1415	3.30	16.0

六、张家山水库

张家山水库位于荆州区马山镇，地处菱角湖水系上游，拦截9冲11汊11.9平方千米

的来水，承雨面积 43.3 平方千米，多年平均年降雨量 1055 毫米，多年平均年径流量 567 万立方米。大坝为均质土坝，复核坝顶高程 43.60～48.19 米，坝高 6 米，坝长 1680 米。设计洪水标准为 50 年一遇，校核洪水标准为 300 年一遇，设计洪水位 43.97 米，校核洪水位 44.42 米，总库容 1889 万立方米，其中兴利库容 558 万立方米。设计灌溉面积 5 万亩，实际灌溉面积 3 万亩，保护下游耕地面积 8 万亩、人口 2.9 万人，是一座以灌溉为主，兼有防洪、养殖、生态等综合利用的中型水库。

1957 年由江陵县水利局进行勘测、规划，完成设计任务书，经湖北省水利厅批复同意兴建，1959 年 11 月，荆州专署水利局批准，将张家山水库列入 1960 年度工程项目。1959 年 12 月，马山公社组织 3724 人、耕牛 1021 头（用土秒拉土）动工兴建。当时，正值漳河水库施工，青壮劳力多数去了漳河，此水库工地民工多系妇、幼、老、弱，又值灾年饥馑，人缺粮食牛缺草，工程配套缺资金，致使工程未能完工，仅供 7000 亩提灌水源和 3000 亩养殖水面。

水库所在位置地跨荆州（马山区）和宜昌（草埠湖农场，省管）两个地区，受淹没的是马山区（库区），而防洪、灌溉受益的是草埠湖农场。水库建成以后，马山区与草埠湖农场为菱角湖开荒范围问题，多次发生划界纠纷，长期不能解决，影响水库续建。1980 年江陵县水利局申请、荆州专署水利局批准予以销号。

鉴于此工程在防洪、灌溉等方面的重要作用，2011 年 12 月，由荆州市水利局以《荆州市水利局关于荆州区张家山水库注册登记的批复》将张家山水库恢复注册为中型水库。

针对水库存在的问题，经过安全鉴定、复核、初步设计、上报审批等程序，省发改委已同意张家山水库除险加固工程正式立项，批复概算投资 3391.32 万元。水库水位、库容、面积、泄洪量关系见表 7-9-13。

表 7-9-13　　　　张家山水库水位、库容、面积、泄量关系表

水位/m	库容/万 m³	面积/km²	溢洪流量/（m³/s）
42.5	1079		0
42.7	1166		2
42.9	1203		6
43.1	1292		10
43.3	1380		16
43.5	1558		23
43.7	1659		31
43.9	1760		39
44.1	1862		48
44.3	2020		57
44.5	2165		67

荆州地区小型水库统计见表 7-9-14；2011 年荆州市水库工程基本情况汇总见表 7-9-15。

表 7 - 9 - 14　　　　　　　　　　荆州地区小型水库统计表

县市	类型	处数	承雨面积/km²	库容/万 m³		实灌面积/万亩
				总库容	兴利库容	
荆门	小（1）	72	340. 15	17334	10554	34. 84
	小（2）	140	145. 56	4470. 2	2836	11. 49
钟祥	小（1）	50	387.85	19369	11015.9	18
	小（2）	125	442.2	5870	3060.05	8.3
江陵	小（1）	6	15.55	1045.5	633.1	4.3
	小（2）	14	18.02	756.5	396	3.35
京山	小（1）	33	230.25	9187	5826	15
	小（2）	101	186.25	4564	2800	9.9
天门	小（1）	1	9.3	490	246	0.72
	小（2）	17	55.6	722.3	318	3.5
五三农场	小（1）	5	110.9	2009	1109.5	2.1
	小（2）	25	39	615	496.8	0.82
松滋	小（1）	11	108.5	4448	2630	6
	小（2）	26	33.8	877	469	1.8
石首	小（1）	1	2.65	119.3	97.9	0.25
	小（2）	10	7.91	236.8	191.56	0.385
合计	小（1）	179	1205.15	5400.18	32112.4	81.21
	小（2）	458	928.34	18111.8	10567.41	39.55

表 7 - 9 - 15　　　　　荆州市（2011 年）水库工程基本情况汇总表

名称	所在乡镇	承雨面积/km²	总库容/万 m³	最大坝高/m	坝顶长度/m	汛限水位/m	溢洪道最大下泄流量/(m³/s)	灌溉面积/万亩		养殖面积/万亩
								设计	实灌	
总计	119	1801.9	83539.8					155.74	127.25	
一、大型	2	1331.56	63353.0					92.53	80.84	
漳水	漳水镇	1142	51160.0	42.95	8968.00	93.00	5043.0	52.00	45.00	2.03
太湖港	马山镇	189.56	12193.0	12.00	3519.00	37.74	144.6	40.53	35.84	1.10
二、中型	6	177.58	12267					32.35	23.53	
北河	斯家场镇	75.0	5345.0	32.00	780.00	125.00	322.00	13.50	8.50	0.63
南河	斯家场镇	12.5	1006.0	17.40	347.00	127.00	79.00	2.40	1.20	0.15
文家河	斯家场镇	18.0	1391.0	34.29	390.00	186.50	184.24	1.61	1.07	0.15
卷桥	章庄铺镇	16.0	1220.0	16.00	1375.00	50.70	116.0	4.76	4.76	0.30
沙港	川店镇	12.78	1416.0	13.58	1450.00	69.50	14.16	5.08	5.00	0.35
张家山	马山镇	43.3	1889	6.0	1860.00	42.30	46.0	5.00	3.00	

续表

名称	所在乡镇	承雨面积/km²	总库容/万m³	最大坝高/m	坝顶长度/m	汛限水位/m	溢洪道最大下泄流量/(m³/s)	灌溉面积/万亩		养殖面积/万亩
								设计	实灌	
三、小(1)型	19	200.6	5258.7					18.13	12.07	
1. 荆州区	6	16.6	951.8					4.37	4.37	
龙山	川店镇	4.6	253.0	10.73	625.00	68.40	19.3	1.41	1.41	0.00
铁子岗	川店镇	0.3	164.8	11.90	612.00	77.00	1.7	0.92	0.92	0.00
独松树	川店镇	1.3	118.7	10.85	1100.00	70.50	6.1	0.35	0.35	0.00
八宝	八岭镇	3.1	176.0	6.47	400.00	52.90	3.3	0.63	0.63	0.00
张家垱	马山镇	5.3	115.3	5.40	526.00	44.74	31.6	0.46	0.46	0.00
新湾	八岭镇	2.0	124.0	8.73	300.00	58.00	3.3	0.60	0.60	0.00
2. 松滋市	10	96.01	3605.93					11.40	5.74	
石桥	陈店镇	2.60	183.0	13.65	350.00	125.40	31.06	0.86	0.35	0.04
李桥	陈店镇	6.35	670.0	16.70	275.00	97.60	43.27	2.40	1.21	0.06
新桥	陈店镇	2.40	119.99	15.35	395.00	120.00	30.80	0.70	0.53	0.03
宝塔	老城镇	15.20	652.9	15.60	250.00	55.10	126.19	1.10	0.50	0.06
木天河	新江口镇	36.20	405.0	19.57	190.00	72.50	590.79	0.95	0.35	0.06
共青团	纸厂河镇	2.50	120.0	12.10	240.00	60.00	40.52	0.60	0.55	0.03
万家	万家乡	4.60	150.0	8.70	385.00	72.20	67.40	1.08	0.80	0.04
六泉	沿水镇	14.60	735.0	18.75	580.00	115.20	200.70	2.50	0.80	0.09
红旗	沿水镇	9.90	436.04	29.60	361.00	134.50	135.51	0.70	0.35	0.06
伍家湾	庆贺寺乡	1.66	134.0	27.50	85.00	136.20	26.78	0.51	0.30	0.02
3. 公安县	2	85.5	608.7					1.86	1.66	
杨麻	杨场镇	8.5	383.7	6.20	120.00	36.00		0.86	0.86	0.10
鹅支河	斑竹垱镇	77.0	225.0	10.00	100.00	38.00		1.00	0.80	0.03
4. 石首市	1	2.6	122.5					0.50	0.30	
吕家湾	桃花山镇	2.6	122.5	18.56	353.00	64.50	51.8	0.50	0.30	0.03
四、小(2)型	92	92.3	2475.1					12.73	10.81	
1. 荆州区	22	31.5	867.3					4.87	4.87	
岳湾	八岭镇	2.0	75.2	5.87	350.00	58.00	9.5	0.30	0.30	0.00
新北	八岭镇	1.8	77.5	6.70	523.00	49.60	13.2	0.30	0.30	0.00
仙南	八岭镇	0.9	73.1	9.80	324.00	54.50	3.4	0.11	0.11	0.00
民主	八岭镇	0.7	18.2	4.40	150.00	59.95	1.3	0.06	0.06	0.00
贾大堰	八岭镇	0.7	13.2	8.00	150.00	52.04	1.2	0.02	0.02	0.00
玉兰	川店镇	1.7	35.7	4.60	283.00	52.40	8.5	0.25	0.25	0.00
九口堰	川店镇	2.6	76.1	6.40	570.00	63.97	11.7	0.34	0.34	0.00

名称	所在乡镇	承雨面积/km²	总库容/万 m³	最大坝高/m	坝顶长度/m	汛限水位/m	溢洪道最大下泄流量/(m³/s)	灌溉面积/万亩		养殖面积/万亩
								设计	实灌	
张家土地	川店镇	0.9	52.2	8.60	386.00	59.00	5.1	0.23	0.23	0.00
柳别堰	川店镇	0.9	66.3	9.20	350.00	72.00	6.2	0.22	0.22	0.00
赵家坡	川店镇	0.3	22.1	6.50	320.00	78.80	1.6	0.15	0.15	0.00
杨家湾	川店镇	0.4	22.9	5.20	330.00	63.80	1.5	0.25	0.25	0.00
幸福堰	川店镇	0.3	16.5	5.30	340.00	69.00	0.8	0.25	0.25	0.00
燕窝池	川店镇	2.7	34.9	4.80	252.00	51.54	6.5	0.10	0.10	0.00
四清	川店镇	7.5	24.3	4.50	260.00	47.00	6.0	0.20	0.20	0.00
沥清	川店镇	0.5	19.3	4.53	315.00	61.88	1.0	0.15	0.15	0.00
育新	川店镇	1.5	25.6	3.50	180.00	58.43	5.0	0.12	0.12	0.00
凤凰山	川店镇	0.3	30.0	4.60	405.00	67.30	0.5	0.16	0.16	0.00
新堰	川店镇	0.5	15.8	5.60	230.00	75.73	0.8	0.10	0.10	0.00
北水堰	川店镇	0.3	14.8	4.50	247.00	70.76	0.5	0.05	0.05	0.00
付家冲	马山镇	3.0	72.8	6.50	525.00	53.87	15.3	0.62	0.62	0.00
安碑	马山镇	0.7	40.1	6.20	421.00	57.88	4.9	0.27	0.27	0.00
殷家湾	马山镇	1.3	40.7	7.56	450.00	53.50	13.9	0.62	0.62	0.00
2. 松滋市		52	52.62	1278.79				6.70	5.00	
杜家冲	陈店镇	1.26	57.9	10.00	370.00	114.65	3.95	0.15	0.09	0.00
古堤口	陈店镇	1.40	78.3	7.40	214.00	65.78	5.78	0.20	0.14	0.00
团结	马峪河林场	0.44	36.6	17.00	164.00	72.95	6.94	0.15	0.10	0.00
平桥	陈店镇	0.70	15.0	10.00	264.00	140.90	6.2	0.11	0.11	0.00
和平	陈店镇	0.30	27.2	9.13	210.00	145.90	8.0	0.11	0.11	0.00
红星	陈店镇	0.90	52.0	13.00	180.00	114.50	6.0	0.06	0.06	0.00
铁石溪	老城镇	0.40	13.3	6.50	94.00	56.30	5.0	0.04	0.04	0.00
青林	老城镇	0.67	27.0	6.45	145.00	101.50	20.0	0.08	0.06	0.00
望月	新江口镇	0.11	17.9	10.00	210.00	101.30	1.8	0.15	0.04	0.01
西流	新江口镇	0.23	14.1	8.00	140.00	112.50	1.7	0.05	0.02	0.01
联盟	新江口镇	0.53	14.9	8.50	160.00	79.50	1.5	0.15	0.05	0.01
棕木林	新江口镇	0.30	12.0	15.00	101.00	130.00	2.5	0.05	0.05	0.00
范家冲	南海镇	0.55	30.8	6.60	172.00	73.05	2.44	0.09	0.08	0.00
大金山	南海镇	1.80	25.0	10.00	350.00	53.40	5.4	0.15	0.15	0.00
三岔岭	南海镇	0.5	13.8	8.90	137.00	57.30	4.0	0.09	0.08	0.00
伍家桥	南海镇	0.5	18.5	9.00	144.00	65.90	3.0	0.15	0.15	0.00
站塔岗	南海镇	1.8	12.7	5.00	451.00	41.10	4.3	0.12	0.10	0.00

名称	所在乡镇	承雨面积/km²	总库容/万 m³	最大坝高/m	坝顶长度/m	汛限水位/m	溢洪道最大下泄流量/(m³/s)	灌溉面积/万亩		养殖面积/万亩
								设计	实灌	
断山口	街河寺镇	0.3	15.0	7.00	194.00	71.90	10.5	0.10	0.08	0.00
长岭	街河寺镇	0.3	14.6	10.00	115.00	92.50	6.0	0.10	0.07	0.00
常年	街河寺镇	0.2	10.5	9.64	121.00	65.07	6.0	0.10	0.05	0.00
三岗	纸厂河镇	1.0	34.0	12.00	170.00	72.00	4.0	0.25	0.15	0.01
陈家场	纸厂河镇	0.7	33.0	10.00	200.00	69.50	2.0	0.50	0.40	0.01
火联	纸厂河镇	0.5	20.0	10.00	120.00	60.50	3.5	0.20	0.10	0.01
前进	万家乡	0.11	12.2	5.00	180.00	59.10	1.5	0.18	0.15	0.00
赵家	万家乡	0.5	22.5	8.20	300.00	79.50	1.2	0.50	0.45	0.01
杨家岭	沧水镇	1.4	58.6	13.70	142.00	162.25	39.91	0.13	0.09	0.01
独松树	沧水镇	0.88	30.0	14.00	113.00	135.35	18.76	0.05	0.05	0.01
赵家湾	沧水镇	0.21	16.3	8.30	90.00	140.00	1.2	0.06	0.06	0.01
油榨湾	沧水镇	0.61	12.7	5.41	70.00	112.37	1.4	0.01	0.01	0.00
青龙嘴	沧水镇	0.33	25.0	6.00	170.00	73.76	3.46	0.10	0.08	0.00
杨溶	沧水镇	0.38	28.5	13.83	150.00	134.20	10.02	0.08	0.05	0.01
腊树井	沧水镇	0.9	44.0	15.60	96.00	185.50	27.17	0.07	0.07	0.01
徐家	沧水镇	0.64	57.3	11.20	150.00	74.00	7.26	0.50	0.50	0.01
双狮	沧水镇	2.34	19.3	8.20	110.00	98.00	44.6	0.02	0.02	0.00
薛家洞	沧水镇	3.63	27.8	16.10	125.00	175.50	118.9	0.05	0.05	0.00
破垱口	沧水镇	1.5	15.0	9.50	63.00	111.20	5.25	0.05	0.04	0.01
梨家湾	沧水镇	1.0	11.0	7.40	160.00	140.20	3.5	0.05	0.04	0.01
高升	王家桥镇	0.52	14.0	8.20	140.00	149.30	1.5	0.16	0.05	0.00
兰坪	王家桥镇	0.15	12.0	7.00	125.00	111.80	1.0	0.20	0.10	0.00
朝阳	王家桥镇	0.3	17.2	6.74	170.00	118.90	1.2	0.17	0.10	0.01
共幸	王家桥镇	0.66	18.79	9.20	160.00	111.00	10.22	0.10	0.05	0.00
麻林湾	斯家场	1.5	77.8	24.15	80.00	133.67	11.5	0.15	0.13	0.00
黄兴	斯家场	0.24	12.0	12.00	155.00	112.00	5.0	0.15	0.12	0.00
幸福	斯家场	0.8	12.0	11.00	62.00	126.20	5.0	0.08	0.07	0.00
洞湾	斯家场	0.5	11.5	10.00	45.00	161.70	4.0	0.10	0.06	0.00
桃树湾	斯家场	0.7	11.0	6.80	110.00	146.00	5.0	0.20	0.15	0.00
三望坡	刘家场镇	0.56	12.0	19.80	70.00	496.50	2.0	0.03	0.00	0.00
碾子湾	刘家场镇	1.0	18.7	16.00	104.00	212.00	5.0	0.07	0.07	0.00
藤子湾	刘家场镇	1.0	14.0	17.30	56.00	212.72	5.0	0.05	0.05	0.00
鄢家岗	刘家场镇	0.9	11.0	13.00	72.00	199.60	5.0	0.05	0.05	0.00

名称	所在乡镇	承雨面积/km²	总库容/万 m³	最大坝高/m	坝顶长度/m	汛限水位/m	溢洪道最大下泄流量/(m³/s)	灌溉面积/万亩		养殖面积/万亩
								设计	实灌	
清潭湾	卸甲坪	8.0	38.0	19.80	84.00	150.00	241.4	0.04	0.01	0.01
泉溪沟	卸甲坪	5.97	24.5	20.00	104.00	139.00	203.2	0.15	0.05	0.00
3. 石首市		18	9.1	329.1				1.16	0.94	
株树港	桃花山镇	1.1	52.8	18.50	110.00	227.31	23.4	0.10	0.10	0.01
哑口	桃花山镇	3.8	45.3	24.22	200.00	86.88	25.9	0.15	0.10	0.01
鸭子山	桃花山镇	0.5	42.5	15.11	102.00	64.05	9.5	0.15	0.10	0.01
大港湾	桃花山镇	0.2	14.1	7.00	198.00	60.92	4.0	0.05	0.02	0.01
邹家湾	桃花山镇	0.3	18.2	9.61	230.00	60.13	4.9	0.08	0.05	0.01
七顶岩	桃花山镇	0.3	15.4	10.72	209.00	56.35	5.9	0.05	0.05	0.01
红旗	桃花山镇	0.2	11.0	9.55	250.00	58.52	5.0	0.03	0.03	0.00
石华堂	桃花山镇	0.2	15.0	9.10	303.00	59.23	2.8	0.03	0.03	0.01
乌龙岩	桃花山镇	0.4	13.5	11.05	167.00	62.30	2.5	0.03	0.03	0.00
流水口	桃花山镇	0.5	14.8	9.80	95.00	113.80	8.6	0.15	0.10	0.00
船湾	桃花山镇	0.2	11.3	8.50	137.00	47.30	2.2	0.05	0.05	0.00
安湾	桃花山镇	0.2	10.5	5.00	110.00	47.80	2.8	0.03	0.03	0.00
包家湾	桃花山镇	0.2	11.3	8.00	130.00	55.60	2.2	0.02	0.02	0.00
老虎冲	桃花山镇	0.2	11.6	10.00	157.00	53.40	1.8	0.05	0.05	0.00
拗口	桃花山镇	0.2	11.4	10.00	80.00	50.30	2.6	0.05	0.05	0.00
跃进	桃花山镇	0.2	10.1	7.00	129.00	41.80	2.0	0.05	0.04	0.00
姚家湾	桃花山镇	0.2	10.1	12.00	105.00	59.90	1.0	0.05	0.05	0.00
兰家巷	桃花山镇	0.2	10.2	8.00	93.00	46.30	1.5	0.04	0.04	0.00

第十章 灌 区 建 设

新中国成立前,荆州的农田灌溉一直以堰塘垱坝等小型蓄引水工程为主,零星分散,未能形成大的规模,万亩以上的灌区仅有松滋马嘶口。新中国成立后,荆州地区根据自然条件和水域界限进行分区治理,丘陵山区以修建水库为主,平原湖区以修建涵闸泵站为主,不仅灌溉面积的数量和规模发展很快,而且抗旱的标准也逐步提高,基本达到灌有水源,排有出路,农田排涝能力基本达到 10 年一遇,抗旱能力一般可达 30~50 天。

第一节 概 况

新中国成立后,为改善生产条件,发展农业,各级党委、政府十分重视水利建设,农田灌溉事业迅速发展。从 1955 年开始,灌区建设按照以蓄为主,上蓄下排,排灌兼顾,综合治理的原则,进行全面规划。

在山丘区山溪河流的干流上兴建大型水库,支流上兴建中、小型水库,形成以水库为核心的灌区,同时不断完善渠系工程,连接星罗棋布的塘堰,充分拦截地面径流使之构成以小型为基础,大型为骨干,大、中、小结合的防洪灌溉体系。

在平原湖区,从灌溉区的整体出发,以排为主,排灌结合;自排为主,提排为辅;自流为主,提灌为辅。沿江建排灌涵闸,辅以电排站;在水库灌溉区下游适当兴建电灌站,构成上蓄下排,蓄、引、提结合,灌有水源、排有出路的排灌体系。

在满足灌溉、排水的前提下,做到"水力发电、库塘养鱼、发展水运、植树造林、牧养牲畜、改良土壤、坡改梯田、保持水土"八个结合,全面规划,综合利用。

一、荆州地区重点灌区

荆州地区主要是以涵闸引水灌溉,不仅建闸历时长,而且建闸规模也较大。早在1950 年,洪湖县就试建新丰闸引长江水灌溉农田,随后兴建了洪湖郭口闸、沔阳泽口闸、天门罗汉寺闸、江陵县观音寺闸、监利县西门渊闸、潜江兴隆闸等一批大小涵闸,引水能力达 1421.8 立方米每秒,灌溉面积达 786 万亩,占全区有效灌溉面积的 70%。其中灌溉百万亩以上农田的大型灌区有漳河、天门罗汉寺、沔阳泽口 3 个灌区。

(一) 漳河灌区

漳河灌区是以漳河水库为主体水源的全区最大灌区,设计灌溉农田 280.5 万亩,有效灌溉面积 223.5 万亩。灌区位于江汉平原北部,地跨荆门、江陵、钟祥、当阳四县,多为丘陵地区,农作物以水稻为主,是全省重要的商品粮基地之一。

漳河灌区开挖渠道 13990 条,总长 7167.56 千米。其中总干渠 1 条,长 18.05 千米,渠首烟墩闸的引水流量为 121 立方米每秒；干渠 5 条，长 403.93 千米。灌区内除主体水源外，还有中型水库 22 座，兴利库容 4.58 亿立方米；小（1）型水库 100 座，兴利库容 2.92 亿立方米；小（2）型水库 195 座，兴利库容 0.69 亿立方米。灌区还有 1 立方米每秒以上引水工程 56 处、30 千瓦以上提水工程 211 处，形成了以漳河水库为骨干、中小型水利设施为基础、大中小相结合、蓄引提相协调的灌溉网络。

漳河灌区在调度运用中，首先遇到的矛盾是"库区来水少，灌区需水多"。过去由于灌溉制度不健全，放水不讲计划，用水不计成本，以致出现"有水敞开放、缺水抽死水"的现象。1966—1979 年的 14 年中，有 8 年抽水库死水，总计 10.9 亿立方米，耗电 2700 万千瓦、耗柴油 8000 吨、耗资金 1490 万元。

自 1980 年开始，灌区实行"按田配水、计量收费"制度：（水量）指标到县，统一调度，节约有奖，超用加价；在工程维修上，把维修任务与所用水量挂钩，按受益田亩和当年所用水量各占 50％的比例分摊维修任务，任务完不成的，核减来年水量指标。此外，还将渠道水量损耗，按一定比例包干到渠道管理处（段），超过受罚，节约有奖，有效地促进了工程维修、灌溉管理和节约用水。

1984 年，在"按田配水、计量收费"的基础上，灌溉管理上又实行了 4 项改革。①水费由工程管理局对县计收改为灌区管理处直接对乡镇计收，减少中间环节，简化收费手续，让供需双方直接见面，从而强化了水的商品属性，也密切了双方关系；②支斗渠上的管理员由群众推荐，义务承担改为选聘任用、给予报酬，既调动了管理员的积极性，也提高了管水队伍的素质；③将一年一次配水改为全年定死、分期配水，避免了县市之间大超大余的弊端；④将节约水量年度有效改为当年节约当年有奖。以上改革措施经实践检验，对水库调度和灌溉调度十分有利。

经过一系列的改革，不仅使工程安全运行，取得了良好的经济效益，而且使供水结构趋于合理，步入良性循环轨道。1983 年，灌区用水 7.09 亿立方米，其中漳河水库供水 4.03 亿立方米，占 57％，中小水库供水占 24％，提用客水占 19％。1984 年用水 9.5 亿立方米，其中漳河水库供水 4.7 亿立方米，占 49.4％，中小设施占 42.5％，提用客水占 8.1％，从而使库内有效水年年有余，再没有出现抽死水的现象，降低了灌溉成本，减轻了农民负担。1985 年以后实行开放用水和控制用水相结合的制度，即在库水位 119.00 米以上时，开放用水，减少弃水；119.00 米以下时计划供水。由于不断完善制度和合理调整水价，对节约用水起到了促进作用，保证了水库水量年年丰盈，除了满足农业用水外，还有条件地开展工业用水和城镇生活用水业务，使水资源得到合理利用，增加了管理部门的经济收入。

（二）天门罗汉寺灌区

罗汉寺灌区由罗汉寺进水闸、天南长渠、天北长渠及其配套工程所组成。灌区面积为天门县耕地面积的 84.5％，有效灌溉面积 160 万亩。灌区于 1959 年动工，1962 年 5 月初步建成，1967 年 5 月扩建，1976 年基本按规划设计标准完成。共完成土方 4350 万立方米、混凝土 5.78 万立方米、浆砌石 3.18 万立方米、干砌石 2.9 万立方米，投入标工 3768 万个，总投资 3774 万元，其中国家投资 1928 万元。

罗汉寺进水闸位于汉江左岸遥堤，桩号 273＋400 处，西与荆门沙洋镇隔江相望。此闸于 1959 年 11 月动工兴建，1960 年 5 月竣工，以后多次进行整修扩建，国家累计投资 560 万元，累计完成土方 36.9 万立方米、混凝土 1.05 万立方米、浆砌石 2270 立方米、干砌石 5700 立方米。闸为 4 孔，每孔净宽 3 米，设计引水流量 50 立方米每秒，1967 年维修加固后，最大引水流量提高到 120 立方米每秒。

天南长渠于 1959 年 11 月底动工，1962 年基本建成受益，至 1974 年整个渠系配套成龙。渠道自罗汉寺进水闸经河山村、陈杨林场、谢家滩、新堰口、横林口、干驿抵界牌闸横贯天门南部，全长 51.3 千米。渠道底宽由 26 米逐次减为 4 米，相应过水能力由 50 立方米每秒递减为 5 立方米每秒。1972 年大旱，渠道实际最大过水为 146.1 立方米每秒。干渠配套主要有支渠 5 条、斗农渠 82 条，总长 568 千米及桥梁 36 座、节制闸 5 座、分水闸 5 座、泄洪闸 2 座。共完成土方 4209 万立方米、石方 3.3 万立方米、混凝土 3.7 万立方米，投入标工 3480 万个，投资 1213 万元，其中国家补助 451 万元。1985 年灌区有效灌溉面积达到 117 万亩。

天北长渠位于天门北部。渠首在进水闸 11 千米处多宝节制闸上游接天南长渠。渠线由西向东经汉景、夏家场、杨场至潘家渡通过倒虹管穿天门河绕陈家湖、鲁家湖、青山湖边缘，再穿西河、东河改道经西汉湖过汪王湖节制闸入汉北河，全长 60.13 千米，灌溉面积 42.94 万亩。渠道工程于 1966 年 11 月动工，次年 7 月主体工程完工，1975 年续建受益。渠底宽由 20 米逐次减为 14 米，设计引水流量 20～30 立方米每秒。渠道配套建筑 79 处。整个工程完成土石方 802 万立方米，投资 148.6 万元。

灌区建成以来，确保了灌区 160 余万亩粮棉产量大幅度增长。从 1960—1994 年，共引汉江水 263.9 亿立方米，年平均引水量达 7 亿立方米，不仅解决了农田灌溉用水，还发展了水电、航运和城镇供水，成为天门县国民经济命脉工程。

（三）沔阳泽口灌区

泽口灌区为自流引水灌区，跨沔阳、潜江两县，灌溉农田 250.32 万亩，其中，沔阳 197.77 万亩、潜江 52.55 万亩。1958 年，长办编制汉南地区治理规划，1959 年修建泽口闸后，两县在灌区内相继修建了与之配套的渠道、涵闸、泵站，建成了引取汉江过境客水灌溉区内农田的灌溉系统，不断改善了灌区生产条件，促进了灌区经济的持续发展。

泽口灌区原规划范围为杜家台分洪道以南地区，上起泽口汉江以南，东荆河以北，下止杜家台分洪道以南和泛区围堤以西地区，除湖泊河流面积外，实有灌溉面积 2290 平方千米，耕地 274.8 万亩。

1961 年和 1964 年，沔阳县在杜家台分洪道左右堤兴建北闸和南闸，灌区扩大到分洪道以北的洪北地区；1962 年 5 月，潜江县兴建谢湾进水闸，将灌区城南河以西区域划为谢湾灌区；1964 年，汉川、汉阳两县为引泽口闸水灌溉，在四合闸以上老襄河左岸建闸，在王家台以北建倒虹管穿长港河，引水灌溉西江、成功地区的部分农田；2000 年 5 月，将谢湾灌区划入泽口灌区。至此，泽口灌区范围包括潜江市的汉南地区，仙桃市的通北、排湖、时合垸 3 个排水区和沙湖排水区上下保丰垸以外区域及洪北排水区的老襄河供水区，自然面积 2437.1 平方千米，耕地 250.32 万亩。区内总人口 186.81 万人，其中农业人口 132.37 万人。

灌区水源来自汉江及其支流东荆河，以泽口闸为枢纽。为了弥补泽口闸引水量之不足，沔阳县从 1960 年起，在汉江右堤建北坝闸和卢庙闸；在东荆河左堤建姚嘴闸、姚嘴泵站、邵沈渡闸、联丰闸、杨林尾闸和马口闸、复兴闸，设计总流量 251.69 立方米每秒。其中姚嘴泵站、邵沈渡闸、联丰闸、杨林尾闸和北坝闸为排灌两用，设计流量 85.52 立方米每秒，其余为灌溉闸，设计流量 166.16 立方米每秒。春灌期间，汉江水位低，沿江涵闸引水量不能满足需要时，排湖泵站可开启 3 台机组补充供水，增补流量 63 立方米每秒。

灌区在境内干渠上建有涵闸进行调度配水，以下各级渠道设有涵闸、泵站、渡槽、倒虹管和桥梁等配套建筑物。至 2005 年，建有斗渠以上建筑物 2561 座，其中引水闸 1282 座、节制闸 46 座、泵站 22 处、渡槽 37 座、倒虹管 220 座、桥梁 954 座。灌区内有总干渠、南干渠、北干渠、仙下河、汪洲渠 5 条干渠和通北渠、张杨渠 2 条支干渠，还有流量 5 立方米每秒以上的支渠 65 条，干、支渠道总长 717.68 千米，田间斗、农、毛渠成网，可引水到田。

二、荆州市灌区

20 世纪 90 年代中后期，荆门、沔阳、潜江、京山、钟祥、天门等县市相继划出荆州地区后，荆州市辖区内的各县（市、区）形成了相对独立的灌溉网。2006—2011 年，国家投资实施大型灌区续建配套及节水改造工程，荆州市有 6 个大型灌区纳入全国的投资计划，通过涵闸泵站更新、改造、加固以及渠道防渗等工程措施，极大地提高了抗灾能力，保证了灌区农田稳产丰收。

（一）灌区基本情况

荆州市现辖 8 个县（市、区），共有灌区 213 个，总灌溉面积 877.87 万亩，其中，2000 亩以上灌区 61 个，灌溉面积 873.6 万多亩；2000 亩以下灌区 152 个，灌溉面积 4.2 万余亩。灌区基本情况详见表 7 - 10 - 1、表 7 - 10 - 2。

表 7 - 10 - 1　　　　　　　　荆州市 2011 年灌区基本情况汇总表

行政区划	合　计		2000 亩以上灌区		2000 亩以下灌区	
	数量/处	总灌溉面积/万亩	数量/处	总灌溉面积/万亩	数量/处	总灌溉面积/万亩
荆州市	213	877.8660	61	873.6392	152	4.2268
沙市区	2	27.6492	2	27.6492		0
荆州区	6	59.0007	6	59.0007		0
公安县	9	135.3717	9	135.3717		0
监利县	10	209.2472	10	209.2472		0
江陵县	4	119.5742	4	119.5742		0
石首市	10	79.2252	10	79.2252		0
洪湖市	3	153.9006	3	153.9006		0
松滋市	169	93.8972	17	89.6704	152	4.2268

表 7 - 10 - 2 　　　　荆州市大型灌区（30 万亩以上）统计表

序号	灌区名称	县（市、区）	有效灌溉面积/万亩	主要水源	主要引水控制工程名称	流量/(m³/s)
1	太湖港水库灌区	沙市区	9.76	太湖港水库	金家湖输水管	3.5
		荆州区	28.3586		拍马节制闸	6.3
		小计	38.1186		纪北渠首闸	7.2
2	观音寺灌区	江陵县	64.3713	长江	观音寺大闸	77
		沙市区	17.4574		观音寺春灌站	22
		小计	81.8287			
3	颜家台灌区	江陵县	43.9795	长江	颜家台闸	41.6
					颜家台春灌站	15
4	冯家潭灌区	石首市	23.5371	长江	天鹅洲闸	7
		江陵县	1.3811		古长堤泵站	1.4
		监利县	31.7321		蛟子闸站	3
		小计	56.6503			
5	西门渊灌区	监利县	29.5501	长江	西门渊闸	34.29
6	何王庙灌区	监利县	36.7449	长江	何王庙闸	34
7	老江河灌区	监利县	38.1456	长江	孙良洲退洪闸	60.2
					王家巷闸	15
					王家湾闸站	15
8	监利隔北灌区	监利县	42.3209	东荆河	谢家湾闸	27
					北口闸	18
					楠木庙提灌站	6
					新沟泵站	8
9	下内荆河灌区	洪湖市	83.2667	长江	石码头防洪闸	18
					龙口泵站	20
					高桥防洪闸	22.3
10	洪湖隔北灌区	洪湖市	43.45	东荆河	郭口闸	31.5
					施港闸	10.5
					万家坝闸	9.6
					白庙闸	60
					中岭闸	21
11	沅水灌区	公安县	9.5266	沅水水库	南干渠取水闸	27
		松滋市	23.0932		北干渠取水闸	19.6
		小计	32.6198		澧县干渠	11.27
12	孟溪大垸灌区	公安县	21.8367	虎渡河、松东河	中河口闸	6.37
					罗家塔闸	7.5

续表

序号	灌区名称	县（市、区）	有效灌溉面积/万亩	主要水源	主要引水控制工程名称	流量/(m³/s)
13	荆江灌区	公安县	63.0731	长江、虎渡河	黄水套引水闸	12.8
					二圣寺引水闸	12.5
					李家大剅引水闸	12
					雾气嘴引水闸	12.4
总计			611.5849			

（二）排灌沟渠分布

据 2011 年水利普查统计，荆州市 1 立方米每秒及以上灌溉渠道 751 处，全长 2546.5 千米，其中衬砌 347 千米，渠系配套建筑物 13720 座；0.2～1 立方米每秒灌溉渠道 38228 处，全长 27032.9 千米，其中衬砌 4491.9 千米，渠系配套建筑物 103720 座；1 立方米每秒及以上灌排结合渠道有 5331 处，全长 15360.4 千米，其中衬砌 249.5 千米，渠系配套建筑物 43320 座；0.2～1 立方米每秒灌排结合渠道 47316 处，全长 32011 千米，其中衬砌 1756.7 千米，渠系配套建筑物 103974 座；3 立方米每秒以上排水沟道全长 3055.8 千米，沟道配套建筑物 10359 座；0.6～3 立方米每秒排水沟道全长 21732.0 千米，沟道配套建筑物 65611 座。渠道分布情况详见表 7-10-3～表 7-10-7。

表 7-10-3　　　　　　　　荆州市 1m³/s 以上灌溉渠道统计表

行政区划	渠段数量/处	渠道长度/km	衬砌长度/km	渠系建筑物/座
荆州市	751	2546.5	347.0	13720
沙市区	88	258.5	8.0	590
荆州区	96	422.7	70.5	2736
公安县	194	464.1	94.1	3714
监利县	7	26.2	0.0	43
江陵县	176	505.4	45.8	3059
石首市	43	115.6	0.0	345
洪湖市	87	218.7	15.5	734
松滋市	60	535.3	113.1	2499

表 7-10-4　　　　　　　　荆州市 0.2～1m³/s 灌溉渠道统计表

行政区划	渠段数量/处	渠道长度/km	衬砌长度/km	渠系建筑物/座
荆州市	38228	27032.9	4491.9	103720
沙市区	713	439.5	78.9	1958
荆州区	4110	2881.6	485.8	27254
公安县	9026	544.2	501.9	15141
监利县	7388	5225.7	169.2	9986

续表

行政区划	渠段数量/处	渠道长度/km	衬砌长度/km	渠系建筑物/座
江陵县	3998	2747.1	367.9	11458
石首市	5099	3183.4	177.0	12275
洪湖市	4608	3482.9	2048.5	12655
松滋市	3286	3630.5	662.7	12993

表 7-10-5　　　　荆州市 1m³/s 及以上灌排结合渠道统计表

行政区划	渠段数量/处	渠道长度/km	衬砌长度/km	渠系建筑物/座
荆州市	5331	15360.4	249.5	43320
沙市区	88	191.2	0.5	805
荆州区	58	195.0	2.0	951
公安县	1470	3734.3	37.7	10421
监利县	1102	4768.7	117.5	8018
江陵县	468	1164.5	13.9	6811
石首市	367	925.4	8.0	3294
洪湖市	1392	3097.0	48.4	5841
松滋市	386	1284.3	21.5	7179

表 7-10-6　　　　荆州市 0.2~1m³/s 灌排结合渠道

行政区划	渠段数量/处	渠道长度/km	衬砌长度/km	渠系建筑物/座
荆州市	47316	32011	1756.7	103974
沙市区	2470	1330.5	17.7	5849
荆州区	3085	1929.3	66.1	8602
公安县	10834	5290.0	97.6	18113
监利县	13395	10951.2	50.8	23604
江陵县	5400	2250.5	27.2	18872
石首市	6170	4058.4	148.5	10670
洪湖市	3856	3988.0	1230.6	9934
松滋市	2106	2213.1	118.2	8330

表 7-10-7　　　　荆州市排水沟道统计表

行政区划	排水沟道长度			
	3.0m³/s 以上		0.6（含）~3.0m³/s	
	沟道长度/km	沟道建筑物/座	沟道长度/km	沟道建筑物/座
荆州市合计	3055.8	10359	21732.0	65611
沙市区	288.3	503	244.3	660
荆州区	445.9	1919	2613.4	13673

行政区划	排水沟道长度			
	3.0m³/s 以上		0.6（含）～3.0m³/s	
	沟道长度/km	沟道建筑物/座	沟道长度/km	沟道建筑物/座
公安县	377.3	1455	2746.0	8435
监利县	19.0	24	2227.0	9084
江陵县	988.7	4043	2079.3	7531
石首市	345.4	1201	1961.3	4992
洪湖市	347.3	471	7656.8	12638
松滋市	243.9	743	2203.9	8598

（三）灌区演变

1. 大型灌区演变情况

按照国务院水利普查办公室（简称国普办）规定的灌区规模及设计灌溉面积，荆州市灌溉面积30万亩以上的大型灌区13处。至2012年，已经纳入水利部大型灌区续建配套与节水改造规划的灌区6处，即涴水灌区，观音寺灌区，监利隔北灌区、何王庙灌区、西门渊灌区、洪湖隔北灌区。

隔北灌区原为东荆河灌区，范围为监利、洪湖两县的部分地区。1972年动工兴建洪湖分蓄洪区，主隔堤建成之后，改变了原有水系。1981年湖北省将洪湖分蓄洪区以外，隔堤以北的原东荆河灌区确定为隔北灌区。隔北灌区自建设初起就逐步形成了各自独立的灌溉体系，洪湖市与监利县交界处有一条30.00米高程的高地为分界线，灌溉水源各自独立，并且各自有相应的管理机构，因此将隔北灌区分为洪湖隔北灌区和监利隔北灌区。

老江河灌区，原为监利县王家湾、白螺和三洲共3个灌区，由于灌溉水源相同，在进行灌区续建配套与节水改造规划时，将3个灌区合并更名为老江河灌区。

冯家潭灌区，由监利县一弓堤灌区、西干北灌区的一部分、石首市人民大垸天鹅灌区和六合垸灌区及江陵县的蛟子渊灌区合并更名组成。

下内荆河灌区，由洪湖市内荆河灌区、下内荆河北灌区、下内荆河南灌区、下内荆河中灌区和南套灌区合并更名组成。

荆江灌区，按其所处地理位置和灌溉水源，由周家土地灌区、二圣寺灌区、黄水套灌区、李家大路灌区和雾气嘴灌区5个灌区合并更名组成。

孟溪大垸灌区，据国土部二次调查资料，公安县孟溪灌区耕地面积32.1128万亩，按照国普办规定灌区规模及设计灌溉面积，孟溪大垸灌区已达大型标准。

涴水灌区，由于灌溉水源相同，故将公安县和松滋市的涴水灌区合并。

另外，按照2011年国家普查方案要求，经对比复核，恢复颜家台灌区，延展太湖港灌区范围。

2. 中型灌区演变情况

弥市灌区由原三善垸灌区更名；柳关灌区对应中央名录名称为项北灌区；丁家洲灌区
位于白螺镇，属独立外垸灌区；管家铺灌区对应中央名录名称为横罗陈顾灌区；王蜂腰灌
区对应中央名录名称为联合垸灌区，同时进行了标准亩修正；洪湖沿湖灌区对应中央名录
名称为洪湖灌区；南宫闸灌区对应中央名录名称为南宫灌区、对应省规划名称为八宝灌
区；南海闸灌区对应中央名录名称为南海水闸灌区、对应省规划名称为南海垸灌区；合众
垸灌区对应中央名录名称为宝塔灌区；文家河水库灌区位于斯家场镇，由小灌区整合而
成。另外还有东港垸灌区、中合垸灌区、调东垸灌区、北河水库灌区、东风灌区、六泉灌
区等与中央名录名称一致。中型灌区分布情况详见表 7 - 10 - 8。

表 7 - 10 - 8　　　　荆州市中型灌区分布情况表

县（市、区）	中型灌区名称	数　量	有效灌溉面积 /万亩
荆州区	弥市灌区	3	11.9237
	菱湖灌区		3.17
	龙洲灌区		1.4883
公安县	东港垸灌区	6	10.1153
	合顺垸灌区		10.3654
	三善垸灌区		8.3742
	中和垸灌区		5.5106
	南五洲垸灌区		4.0721
	曹嘴垸灌区		2.4977
监利县	黄歇灌区	5	12.9369
	西干北灌区		6.4326
	柳关灌区		4.5537
	丁家洲灌区		2.0383
	新洲灌区		1.9239
江陵县	耀新灌区	1	2.5785
石首市	张智垸灌区	7	1.9944
	永合垸灌区		3.8648
	王蜂腰灌区		9.7834
	久合垸灌区		4.0923
	管家铺灌区		22.0905
	兴学垸灌区		1.8414
	调东灌区		10.0348
洪湖市	洪湖沿湖灌区	1	26.0138

县（市、区）	中型灌区名称	数 量	有效灌溉面积/万亩
松滋市	北河水库灌区	10	12.3441
	东风闸灌区		11.9661
	六泉水库灌区		2.1446
	合众垸灌区		6.7691
	南宫闸灌区		10.2444
	南海闸灌区		5.5802
	马嘶口灌区		1.1859
	牌坊口灌区		5.0619
	大湖垸灌区		2.6298
	文家河水库灌区		1.1357
合计		33	226.7584

第二节 大 型 灌 区

20世纪90年代，荆州地区的行政区划变更后，荆州市在原有水利工程设施的基础上，根据不同水系的具体情况，发展排灌事业，形成大小灌区208处，其中大型灌区（面积30万亩以上）13处，总面积611.5849万亩。

一、观音寺灌区

（一）灌区概况

观音寺灌区由渠首观音寺大闸和4条干渠、4条分干渠组成，行政管辖范围涉及沙市、江陵、潜江3县（市、区），属长江流域四湖水系。区内极端最高气温可达41℃，极端最低气温可达−10℃，平均气温16.2℃；多年平均年降水量1079.7毫米、多年平均年蒸发量1285.8毫米。灌区以平原为主，地面高程25.20～34.48米，灌区自流灌溉比例为62.83％，提水灌溉比例为6.29％，设计灌溉保证率为85％。

灌区始建于1965年，受益范围涉及江陵县、沙市区的13个乡镇87.11万亩耕地，2000年有效灌溉面积达到58.31万亩，其中，江陵县为商品粮基地县。灌区内人口总数达23.9531万人，其中农业人口19.5005万人。区内主要农作物比例为水稻67％、小麦28％、油菜53％、杂粮7％、棉花24％等，复种指数1.8，灌区粮食总产量约39950万千克，灌区内有灌溉保障的农田粮食亩产达800千克，非灌溉区域的粮食亩产为768千克；灌区内国民经济总产值达27.04亿元，其中，农业总产值17.03亿元，工业总产值10.1亿元。

（二）灌溉水源及水利工程

1. 引水工程

观音寺灌区主要引水工程1处，即观音寺大闸，闸址位于荆江大堤740＋750处，江陵县滩桥镇境内,1962年4月建成,设计最大引水流量77立方米每秒。灌区多年平均引水量为2.52亿立方米。1987年冬对观音寺闸进行全面检查,发现闸室及前后U形槽等部位有大小裂缝99条;1988年进行灌浆处理,运行两年后又发生渗水现象;1997年经水利部和长委审定,投资590万元进行加固改造后,运行正常。

2. 提水工程(特指外部水源)

观音寺灌区主要提水工程为观音寺春灌站,于1984年在观音寺闸旁修建,装机16台,每台80千瓦,总容量1280千瓦,设计提水流量16立方米每秒,受益范围包括江陵县的9个乡镇、2个管理区,省管江北监狱和沙市区的1个镇、2个农场、1个原种场以及潜江市的3个乡镇。该站于2004年改建,安装4台160千瓦斜拉潜水泵,设计流量20立方米每秒,设计灌溉面积15万亩。灌区多年平均引水量为0.18亿立方米。区内有机电井349眼,总控制面积1.02万亩。

3. 渠(沟)道工程

(1)总干渠。1960年利用观音寺老河上段杜家港疏挖围堤而成,从观音寺闸至观中渠长915米,底宽40米,设计引水流量77立方米每秒,1972年超运行流量达到110立方米每秒。

(2)观中干渠。1960年在杜家港建张家口临时溢洪道作渠首,利用观音寺老河经贺石桥、滩桥、神霄观、张家湾至青龙出西干渠。1964年建观中闸(2孔,各宽3米)进行控制。1965年实施排灌分家,观中渠改线,经滩桥街北至张林垱分水闸,长7.8千米,渠底宽16米,高程31.06~30.37米,渠道居高临下,灌溉水可自流到田,引水流量50立方米每秒。

(3)观北干渠。亦名西引渠,1960年建成,位于观音寺总干渠北堤855米处。渠首闸因施工时急于求成,利用废料,放水不足1个月即被冲毁。1961年重建,2孔,每孔宽2.8米。渠线东行经月堤、宝莲、吴家场至余家台节制闸,长9.7千米,底宽7.9米,引水流量26.4立方米每秒。

(4)观南干渠。进水口位于观音寺总干渠865米处,渠线向东南经代家台、雷家台、万家台、陈家台抵赵山口老河,长22千米,底宽7米,1960年由滩桥、熊河两区施工,因渠线地质为淤沙,极易崩塌阻塞,1965年才基本完工。1967年建观南闸,1孔,宽4米,引水流量16.5立方米每秒,灌溉滩桥、马市、熊河及江北农场等乡镇场农田。此闸于1988年报废重建,其结构及流量未变。

灌区内过水流量在1立方米每秒以上的灌溉渠道105条,长397.1千米,已实施衬砌长度36.3千米,其中2000年以后衬砌长度35.4千米,渠系建筑物1207座;流量1立方米每秒以上的灌排结合渠道219条,长625.9千米,已衬砌长度10.8千米,其中2000年以后衬砌长度5.9千米,渠系建筑物3987座;流量3立方米每秒以上的排水沟道22条,长719.7千米,沟道建筑物2009座。

(三)灌区续建配套与节水改造工程

1999年12月,江陵县水利局委托省水利水电勘测设计院编制了《观音寺灌区续建配套与节水改造工程规划报告》,灌区设计灌溉面积87.5万亩,其中耕地有效灌溉面积81.8287万亩,园林草地等有效灌溉面积5.2813万亩。2000年经省发改委批准建设,水利部以"水规计〔2001〕514号"文批复，计划投资56226.9万元，规划2020年完成。2004年4月通过专家评审，2005年续建配套与节水改造工程动工，至2012年12月，累计完成投资5610.42万元，占规划总投资的10.6％，实际灌溉面积达到82.723万亩，其中高效节水灌溉面积3万亩。主要工程型式为微灌、喷灌、滴灌，主要种植作物为粮、棉、油。灌区续建配套工程投资情况详见表7-10-9。

表7-10-9　　　　　　　　　观音寺灌区续建配套工程投资情况表

年份	完成投资/万元	其　中			恢复灌溉面积/亩	改善灌溉面积/亩
		中央	省	地方配套		
2005	608.82	300	180	128.82	3.14	4.13
2006	700	350	210	140	3.14	4.71
2008	980	700	280		3.38	6.13
2009	1050	900	150		3.38	5.12
2010	1050	900	150		0.84	4.08
2011	1120	1120			3.38	5.54
2012	101.6	101.6			10.81	58.31

主要建设内容：灌溉渠道疏挖、混凝土防渗衬砌；灌溉闸、倒虹管等控制工程新建、加固和改造；修建和配套渠道分水刣及生产桥加固改造；管护设施建设等。

（四）灌区管理

为了加强灌区协调和管理工作，江陵县和沙市区联合成立观音寺颜家台灌区管理处，负责观音寺灌区水利工程的统一管理。同时在灌区建立农民用水户协会，至2011年，共建立农民用水协会7个，主要负责田间末级渠道及其用水情况管理，共管理灌溉面积70.5042万亩。

二、何王庙灌区

（一）灌区概况

何王庙灌区位于监利县南部，地属江汉平原四湖流域螺山排区，西南靠监利长江干堤，东抵螺山泵站总排渠，东南以朱河、三岔河为界，北与洪排主隔堤、丰收河相接，灌区自然面积433.1平方千米。主要地形特征为蜂窝状盆碟式，平均地面高程24.00～27.50米，地面坡度由西南向东北逐渐倾斜。区内年平均降雨量1206.5毫米，但在年内分配不均，夏季多暴雨，易涝渍，春季降雨较少，易干旱。多年平均气温16.6℃，年最高气温38.3℃，最低气温-15℃，多年平均年蒸发量1483毫米，平均日照时数1988.7小时，相对湿度82％，无霜期258天。

区内辖上车湾、汴河、朱河、柘木、棋盘、桥市6个乡镇，总人口23.9万人，总面积709平方千米，总耕地面积36万亩（当地习惯每亩800平方米，折合标准亩43.2万亩），是监利县的重要产粮区。区内作物以水稻为主，旱作物有小麦、棉花、夏杂、蔬菜等。灌区自1972年开灌以来，累计为农业灌溉供水30亿立方米，加之农业技术推广及农作物品种改良，灌区粮食单产由灌前的 270 千克提高到 430 千克，粮食产量增长了 1.6 倍，发挥了显著的灌溉效益。

灌区国土面积 66.5 万亩，按农业区划分类：耕地 43.2 万亩，土地利用率为 65.11%；林地 0.8 万亩，占 1.2%；城乡用地 8.6 万亩，占 12.9%；交通用地 5.2 万亩，占 7.8%；水域 3.8 万亩，占 5.7%；园地 0.2 万亩，占 0.3%；其他占地 4.2 万亩，占 6.3%。

区内水田占耕地面积的 64%，旱地占耕地面积的 36%。土壤潜在养分含量丰富，酸碱度 pH 为 7.8~8.0，偏碱。灌区地下水位较高，一般埋深在 1 米以下，影响作物正常发育。

区内以公路交通为主，内河航运也十分发达。现有四级以上公路 60 千米，六级以上内河航线 70 千米；乡级公路遍及灌区各个村落，交通比较便利。灌区内有变电站 4 座，总容量 20.5 万千瓦。

(二) 灌溉水源及水利工程

1. 灌溉水源

灌区雨量充沛，多年平均地表水径流深 402.2 毫米，多年平均年径流量 1.782 亿立方米，实际利用量 1.22 亿立方米。长江从灌区西部通过，多年平均过境水量 3482 亿立方米。浅层地下水平均埋深在 1.0 米左右，变化幅度不大，地下水资源量为 0.8730 亿立方米。区内河渠沟网交错，螺山总排渠位于灌区东部，杨林山总排渠位于灌区南部，两条排渠之间是灌区的排水承泄区。此外，还有朱河、丰收河、友谊河、棋盘中心河、桥市中心河等较大的河道，均起到灌溉与排水作用。

2. 渠首引水工程

灌区从长江引水，渠首工程为何王庙闸和王家巷闸。何王庙闸建于 1974 年，两孔穿堤拱涵，竖井式闸首，闸孔宽 3 米，高 4.5 米，设计流量 34 立方米每秒，外江控制运用水位 34.50 米。王家巷闸建于 1960 年（1977 年此闸进行了整险加固），单孔穿堤拱涵，开敞式闸首，闸孔宽 3 米，高 4.5 米，设计流量 15.3 立方米每秒，外江控制运用水位 34.00 米。

3. 灌溉渠道及渠系建筑物

灌区现有灌溉渠系工程分为总干、干、支、斗 4 级，其中，支渠以上共 18 条，总长 199.1 千米；总干渠 1 条，长 7.2 千米；干渠 3 条，总长 30.6 千米；支渠 14 条，总长 161.3 千米。渠系建筑物包括 5 座分水闸、6 座节制闸。多处涵闸直接从干渠开口引水至田间。

4. 排水工程

区内总干渠为螺山总排渠和杨林山总排渠；干渠有朱河、丰收河、友谊河、三岔河、棋盘中心河、桥市改道河、桥市中心河等，排水渠道与灌溉渠道沟通，排灌不分。排水方式以自排和电排相结合。现有支渠以上排水渠道 20 条，长 291.4 千米。主要排水出路为螺山、杨林山两条电排渠。外排泵站 7 处，装机 24585 千瓦，总排水流量 271.8 立方米每秒。

(三) 灌区续建配套与节水改造

何王庙灌区已于国家"十一五"期间纳入大型灌区续建配套与节水改造规划，其基本思路为排灌分家、理顺渠系布局、沟渠疏浚、衬砌，建筑物配套，提高排灌标准和水利用系数，采用先进的节水灌溉技术，发展"两高一优"农业。规划的主要内容为对何王庙、王家巷两闸外引渠进行整治衬砌，灌区渠系工程疏浚，新建分水闸 20 座、支渠斗门 433 座、倒虹管 6 座、渡槽 2 座、穿公路涵洞 5 座、退水闸 11 座、排水闸 7 座、建立灌区用水管理自动测控系统。工程规划总投资 24909.77 万元，其中，骨干工程投资 15963.48 万元、田间工程典型区投资 1710.29 万元、田间工程其他项目投资 7236 万元。骨干工程项目主要工程量为土方 521.1 万立方米、浆砌石 12.97 立方米、干砌石 2856 立方米、砂石垫层 6.32 立方米、混凝土 4.38 万立方米，钢筋 776.4 吨。

灌区续建配套及节水改造工程全面实施后，灌溉水利用系数将由 0.4 提高到 0.65，灌溉水分生产率将由 0.53 千克每立方米提高到 1.31 千克每立方米，并为农业节水灌溉技术的推广普及创造条件。规划年灌区设计灌溉面积达到 36.0 万习惯亩（标准亩 43.2 万亩），年均减少农业灌溉用水 13257 万立方米，减少渠道输水损失 3037 万立方米，不仅能改变灌区目前用水不合理状况，缓解供用水矛盾，而且能显著改善灌区生态环境，增强农民节水、惜水意识，促进灌区经济可持续发展。

从 2005 年开始，国家、省累计投入资金 3150 万元，实施灌区续建配套及节水改造工程，完成的主要建设内容：总干渠疏挖衬砌 7.2 千米；中干渠疏挖衬砌 8.1 千米；南干渠疏挖衬砌 7.2 千米；朱河疏挖 7.5 千米；改造朱河、友谊河排水闸两座；新建分水闸 6 座、机耕桥 1 座、沉螺池 6 座。完成土方 102.13 万立方米、浆砌石 2.4 万立方米、混凝土 4.17 万立方米。

（四）灌区管理

灌区运行管理为分级管理，监利县水利局管理何王庙、王家巷两座引水闸，运行调度由监利县防汛抗旱办公室负责；灌区设有何王庙灌区管理机构，隶属监利县水利局，负责干渠的管理，其他建筑物与渠系工程由乡（镇）水管站委托专人管理，运行费用由水管站从乡（镇）水费收入中列支；田间工程由村组和农户自行管理，村级设有专职水利员，负责涵闸斗门启闭和灌溉机电设施的运行管理。

三、西门渊灌区

（一）灌区概况

西门渊灌区位于监利县境内，属四湖水系。区内多年平均年降水量 1191.2 毫米，多年平均年蒸发量 1373 毫米。区内极端最高气温 38.3℃，极端最低气温 -15.1℃，平均气温 16.3℃。灌区为典型的冲积平原，地势平坦，灌区高程介于 25.00～29.00 米之间。灌区自流灌溉比例 48％，提水灌溉比例 52％，设计灌溉保证率为 90％。

灌区始建于 1960 年，设计灌溉面积 36.6 万亩，总灌溉面积 30.04 万亩（其中耕地有效灌溉面积 29.55 万亩，园林草地等有效灌溉面积 0.49 万亩），2011 年实际灌溉面积 29.46 万亩。

灌区受益范围涉及监利县 5 个乡镇。区域人口总数为 29.8 万人，其中农业人口 9.6 万人。灌区内主要农作物比例小麦 35％、早稻 15％、中稻 48％、双晚 19％等，复种指数 2.04，灌区粮食总产量约 16671 万千克，亩产 502 千克（非灌溉区粮食亩产 443 千克）。

2010 年，灌区内国民经济总产值 16.79 亿元，其中，农业总产值 14.37 亿元，工业总产值 2.42 亿元。

（二）灌溉水源及水利工程

1. 引水工程

西门渊灌区主要引水工程 1 处，即西门渊闸引水工程（位于荆江大堤桩号 631＋340），设计引水流量 34.29 立方米每秒，灌区多年平均引水量为 0.6 亿立方米。

2. 提水工程

西门渊灌区主要提水工程 1 处，即窑圻垴泵站。此工程位于荆江大堤桩号 659＋000，多年平均引水量为 0.065 亿立方米；设计提水流量 3 立方米每秒。

3. 渠道工程

灌区流量在 1 立方米每秒以上的灌溉渠道 2 条，长度 1.4 千米，渠系建筑物 8 座；流量在 1 立方米每秒以上的灌排结合渠道 169 条，长度 742.9 千米，其中衬砌长度 27.8 千米，渠系建筑物 923 座。

（三）灌区续建配套与节水改造

监利县于 2000 年编制《西门渊灌区续建配套与节水改造规划》，经水利部批复，纳入全国大型灌区续建配套与节水改造规划，计划投资 21961.6 万元，实现有效灌溉面积 36.6 万亩，计划 2015 年全部完成。

从 2008 年开始实施节水改造工程，截至 2011 年年底，累计完成投资 3550 万元，占规划投资的 16.16%，其中，国家投资 2400 万元。完成的主要工程量：总干渠疏挖衬砌 4.25 千米，新建火把堤闸整治工程等，完成土方 26.2 万立方米、浆砌石 3.8 万立方米、混凝土 2.44 万立方米。

（四）灌区管理

为了加强灌区的管理，监利县成立了西门渊灌区管理所，负责灌区水利工程的统一管理，隶属监利县水利局，主要负责协助灌区建设及总干渠、干渠渠道及其配套建筑物的维护和管理。干渠以上的涵闸、泵站业务由监利县防汛抗旱办公室统一调度。灌区内有容城、红城、毛市、周老嘴、黄歇口镇水利管理站 5 个，负责各镇行政范围内支渠系水闸的调度、运行、维护管理，支渠及其下级渠道、渠系建筑物由受益村、组管理。截至 2011 年，灌区共建立农民用水户协会 2 个，主要负责支渠、斗渠等田间末级渠道及其用水情况管理，共管理灌溉面积 29.55 万亩。

四、监利隔北灌区

（一）灌区概况

监利隔北灌区地处四湖中区，北以东荆河为界，与潜江、沔阳接壤，南临洪排主隔堤，东接洪湖隔北灌区，西以监新河为界，总面积 472 平方千米，属监利县的监北片。区内年均气温 16.6℃，夏季最高气温 38.3℃，冬季最低气温 −15℃，无霜期约 240 天，多年平均年降雨量 1248 毫米，多年平均年降雨日数 134 天。

灌区范围有四个半镇，即龚场、网市、分盐、周老四镇及新沟镇一半的区域，共 90

个村、752 个组，2011 年总人口 18.5 万人，其中，农业人口 15.44 万人；总耕地面积 46.06 万亩，其中，水田占 62%，旱地占 37%。河道、湖、塘面积 4.02 万亩，居民等建筑物占地 9.11 万亩，其他面积 11.61 万亩。

灌区设计灌溉面积 46.06 万亩，有效灌溉面积 42.32 万亩，其中，自流灌溉面积 25.91 万亩，提水灌溉面积 11.77 万亩，灌区低产田 5 万亩。

灌区内地势平坦，地面高程多在 27.50 米左右，地势从西北向东南逐渐倾斜，西北高东南低。灌区属平原湖区，土壤以水稻土、湖土为主，种植业以水稻、棉花、油菜为主，其次是小麦、杂粮。1998 年农业总产值 2.7 亿元。灌区内交通便利，监潜公路、监汉公路均从区内通过，乡镇之间均通水泥路。区内有变电站 4 座，通信设施完备。

灌区自 1975 年开灌以来，累计为农业灌溉供水约 65 亿立方米，加上农业技术的推广及农作物品种改良，灌区粮食年均单产由灌前的 270 千克提高到 466 千克，粮食产量增长 1.7 倍多，发挥了显著的灌溉效益。

（二）灌区水源及水利工程

1. 灌溉水源

灌区雨量充沛，多年平均年降雨量 1248 毫米，多年平均地表径流深 353.4 毫米，多年平均年径流量 1.668 亿立方米，可利用量 0.92 亿立方米，实际利用量 0.82 亿立方米。灌区引水主要来源于东荆河，年均过境客水为 53.92 亿立方米，可利用量 15.44 亿立方米。浅层地下水平均埋深在 1.0 米左右，变化幅度不大，地下水资源量为 0.93 亿立方米，可利用 0.036 亿立方米。

2. 引排水工程

灌区引排水工程有 4 处，即网市镇的北口闸、楠木庙提灌站和新沟镇的谢家湾闸、新沟泵站。谢家湾闸于 1973 年建成，2 孔，每孔宽 3 米，高 4 米，设计流量 27 立方米每秒，闸底高程 25.00 米，控制运用水位 36.50 米。北口闸兴建于 1975 年，2 孔，每孔宽 2.5 米，高 3.25 米，设计流量 18 立方米每秒，闸底高程 24.80 米，控制运用水位 34.00 米。楠木庙提灌站兴建于 1976 年，装机 3 台×155 千瓦，设计流量 6 立方米每秒，启排水位 23.50 米，外江最高水位 30.00 米。新沟泵站兴建于 1976 年，装机 6 台×800 千瓦，设计排水流量 52 立方米每秒，灌溉流量 8 立方米每秒，起排水位 27.80 米，外江最高水位 32.50 米。

灌区灌溉渠系工程分为干、支、斗、农 4 级，干、支渠共 80 条，全长 282 千米，建筑物 845 处，其中，主要渠系建筑物有排水闸 7 座、灌渠分水闸 42 座、退水闸 14 座、倒虹管 2 座、公路涵洞 5 座、渡槽 3 座。

监新河、监北干渠为区内主干排水渠道，当从东荆河引水不足时，可通过监新河、监北干渠从四湖总干渠及洪湖引水。其他排水支沟只承担排水任务。

由于地势北高南低，区内渍水一般能通过监新河和监北干渠自排入四湖总干渠入洪湖；当四湖总干渠和洪湖水位较高，不具备自排条件时，可通过新沟泵站和高潭口泵站将渍水提排入东荆河。

（三）灌区配套及节水改造

灌区现行工程状态和管理体制未能使水资源的利用达到最优程度。主要表现为：春旱时，水源紧张，雨水利用率低，无法抵御严重春旱；灌区建设投入少，设计标准低，渠道渗漏严重，渠系水利用系数仅为0.5，须进行维修、配套、完善；控水试验和节水灌溉技术推广运用工作滞后；水费按亩征收，灌与不灌、灌多与灌少平均收费，造成水资源浪费，灌溉效率低；管理体制上存在管理环节多，水费层层加码，挫伤了群众节水意识。

2000年，根据灌区发展状况和国家对大型灌区续建配套及节水改造的有关要求，进行了全面规划，其基本思路为：防渗护砌、整险加固，减少输水损失，提高渠系水利用系数；对渠系建筑物整险加固、续建配套，增强输水配水能力；使用先进量测设施，实现远程遥测遥控；改革传统农田灌溉方式，积极推广水稻控水增产技术；引进先进管理方法，重新设计管水模式。基本原则是以节水为重点，抓好工程改造和续建配套，提高灌溉保证率和有效利用率，增加灌溉面积，降低供水成本，增强灌区工农业经济可持续发展能力。规划的水源工程主要有3个，即扩挖监北干渠，增加从洪湖引水的水量；疏浚监新河，增加从四湖总干渠引入的水量，改造恢复3座小泵站（彭桥、陶桥、天井泵站，共装机3台×95千瓦）；改造、扩建南木庙提灌站，增容3台×155千瓦，提东荆河水。

截至2012年，国家下达的灌区配套及节水改造工程总投资为25850.854万元，其中，骨干工程投资16472.90万元，田间工程投资9377.954万元。主要工程量为土方299.49万立方米，砌石119483立方米，混凝土84854立方米。

灌区续建配套及节水改造工程全面实施后，渠系水利用系数将由0.5提高到0.684，灌溉水利用系数由0.4提高到0.65，水分生产率从0.61千克每立方米提高到1.27千克每立方米，并为农业节水灌溉技术的推广普及创造条件，可将有效灌溉面积恢复到46.06万亩，灌区年均可减少农业灌溉用水14066万立方米，减少渠道输水损失35165万立方米。不仅能解决灌区用水不合理状况及可能出现的供用水矛盾，而且能显著改善灌区生态环境和灌溉秩序，增强农民节水、惜水意识，促进灌区可持续发展。

（四）灌区管理

灌区成立有监利县隔北灌区管理所，负责渠首工程和干渠管理，灌区支渠以下由镇水管站管理。

五、洪湖隔北灌区

（一）灌区概况

洪湖市隔北灌区位于四湖流域下游，西靠监利，东北以东荆河为界，南与主隔堤相接，东西长约38.5千米，南北宽约24.5千米，总面积632.7平方千米，其中，耕地面积61.69万亩，属洪湖市的6个乡镇总人口29.26万人。

灌区主要种植稻、麦、棉、油料等作物，其中粮食作物播种面积占65%以上，复种指数为2.04，2011年灌区总人口28.88万人，其中，农业人口22.32万人，粮食总产5806.5万千米，农业总产值3.49亿元，人均收入水平4027元。

灌区年平均降水量1344.7毫米，蒸发量1350.8毫米，多年平均年径流深338.6毫米，年径流量7.847亿立方米。雨量分配集中在4—8月，最大月雨量集中在5—6月，占全年降水量的31.3%。区内热量丰富，无霜期长，雨量充沛，且雨热同期，为农业生产提供了良好的气候条件。

灌区包括主隔堤以北，峰白河以东，东荆河以西的区域。地形平坦，除渠堤、台地、公路等地势稍高外，总体地势低洼，地面高程在 24.00 米左右，相对高差小于 5 米，区内河、塘发育，沟渠纵横。

区内主要土壤为壤土、沙壤土、淤泥质壤土，淤泥质土多分布于河、塘、沟底和灌区南部、西部的地表、地下浅层。

区内河流、沟渠、塘堰众多，地表水系发育，地下水较为丰富，根据地下水的埋藏条件和含水特征，本区地下水可划分为孔隙潜水和孔隙承压水两种类型。大量的地表水在本区汇集使地下水的补给源十分丰富。承压水的补给源主要是河渠的侧向补给，地表水与承压含水层的关系极为密切，汛期河渠补给承压水，枯水期承压水补给河渠。

孔隙承压水分布于上部黏性土中，水量小，且不均匀，受江水、地表水补给，地下水埋深 0.5~2 米。在下部砂及砂砾石中，含水量丰富，水质好，是此区主要的生活水源。

（二）灌区水源及水利工程

灌区水源主要是东荆河、排涝河，同时利用郭口、施港、万家坝、白庙、中岭闸 5 座引水闸引东荆河水。其中排涝河通过主隔堤上的黄丝南、下新河、子贝渊闸以及其他控制性涵闸可与洪湖联通，水源极其丰富；东荆河属季节性河流，夏盈冬涸，多数年份春灌取水比较困难。但是灌区属高潭口排灌区，利用高潭口泵站 2 台机组提洪排河水，提水流量 40 立方米每秒，可以满足农田灌溉需要。同时，利用洪湖的调蓄作用，排涝能力接近 10 年一遇（3 日暴雨 5 日排完）标准。

灌区已建渠道均为土渠，在实施灌区续建配套与节水改造以前，渠道边坡变形严重，多数渠不成形，渠坡垮塌、淤塞严重，直接影响到灌溉、排水流畅。

（三）灌区配套及节水改造

2006 年，洪湖隔北灌区续建配套与节水改造项目正式启动，至 2012 年，省发改委下达此灌区续建配套与节水改造计划投资总额为 9263.3 万元，到位资金 8863.3 万元。其中一期工程投资到位 2996.10 万元，项目区范围包括峰口镇及万全镇东北角的一部分，西面临仙洪公路，东北以东荆河为界，南靠洪湖分蓄洪区主隔堤，耕地面积 17.25 万亩；二期工程投资到位 5968.52 万元，项目区范围包括洪湖隔北灌区仙洪公路以东、高潭口泵站以南的 21.2 万亩耕地。

一期工程于 2006—2008 年度实施，建设内容为：何坛泵站、红花泵站、五合垸泵站、范湖泵站、坨建泵站、龚兴泵站、塘垴泵站、恒继泵站、红桥泵站更新改造；新建何坛、红花、五合垸、范湖等泵站拦污栅及龚兴电排河、塘垴电排河、恒继引河拦污栅各 1 座；更新改造燕子河闸、红花河尾水闸、唐家沟闸、范湖尾水闸及彭台节制闸；新建燕子河尾水闸和红桥进水闸沉螺池；疏挖永黄河、燕子河、千斤沟、五合垸北渠、五合垸南渠、及永兴河；整治加固 12 座涵闸；疏挖沟渠 22 条；硬化渠道 4.334 千米。

二期工程于 2008—2012 年度实施。建设内容为：整治加固继伍河闸、二洪节制闸、大蜂外闸、童岭节制闸、新颜河尾水闸、北干渠尾水闸、永利闸、向阳闸；更新改造王家滨、新垱、京城一站、京城二站、堤壿河、北剅沟、长春垸、代市、柴林、秦口、冒垴等泵站；整修加固秦口、代柴渠、长春垸、中长渠、京城、镇西、新垱、跑马、曾家湾、堤墰河、肖湾、北剅沟等涵闸；新建长春垸、秦口、柴林、童桥及冒垱泵站配套闸和施港节制闸；维修代市泵站及冒垱泵站拦污栅；拆除重建秦口、蔡口闸沉螺池；重建南林、河坝2座机耕桥；疏挖代电河、秦口河、蔡口河、柴林进水渠、新颜河、东直沟、北干渠、中干渠、全胜河、公路河、南观河、河坝河；改造伍沟泵站，拆除重建向云六组桥、白鱼桥和榨台桥等；疏挖峰白河，结合仙洪新农村建设硬化峰白河7千米；渠道疏挖23千米，其中，西堤灌渠5.157千米、王家滨河6.61千米、京城垸底沟4千米、龙坛河4.109千米。

截至2012年，已完成堤潭泵站、王家滨泵站、京城一泵站、京城二泵站的土建部分；新建堤墰泵站拦污栅及王家滨泵站拦污栅；对秦口站闸、秦口抗旱闸、代柴渠闸等7座涵闸进行了整治加固；疏挖了西堤灌渠、京城垸底沟等，完成土方开挖9.6万立方米、回填土方0.12万立方米、混凝土0.105万立方米，耗用钢筋13.2吨，共完成投资490万元。

（四）灌区管理

为加强工程建设的管理，洪湖市成立续建配套与节水改造工程建设管理办公室，以作为项目建设的项目法人，同时设三级管理机构，一级管理机构为洪湖市水利局，二级管理机构为洪湖隔北灌区管理总站，三级管理机构为五丰河管理站及陶洪河管理站。

六、洈水灌区

（一）灌区概况

洈水灌区范围涉及松滋市、公安县以及湖南省澧县，属长江流域洞庭湖水系。多年平均年降水量1180毫米、多年平均年蒸发量1365.6毫米。灌区主要以丘陵为主，地面高程38.00～80.00米。灌区始建于1965年，1967年灌区耕地面积达到52万亩，农田自流灌溉比例为90%，提水灌溉比例为10%，设计灌溉保证率为85.7%。

灌区受益范围涉及2省3县（市）20个乡镇的52万亩耕地。2011年灌区人口总数为75.80万人，其中农业人口40.14万人。主要农作物包括水稻、小麦、棉花、玉米、蔬菜等，复种指数为松滋2.31、公安2.04、澧县2.36，粮食总产量约37351.3万千克，灌溉区粮食亩产454千克，非灌溉区粮食亩产328千克，国民经济总产值107.66亿元，其中农业总产值46.91亿元，工业总产值60.75亿元。

（二）灌溉水源及水利工程

1. 取水工程

灌区的灌溉水源主要是洈水水库。洈水水库上的取水工程共有3处，取水工程位于洈水水库南、北副坝，其中南干渠取水闸位于南副坝，设计取水流量27立方米每秒；北干渠取水闸位于北副坝，设计取水流量19.6立方米每秒；澧干渠取水闸位于南副坝，设计取水流量11.27立方米每秒；灌区多年平均引水量为1.26亿立方米。

2. 渠道工程

灌区流量1立方米每秒以上的灌溉渠道106条，总长680.1千米，其中衬砌长度217.3千米，渠系建筑物3786座；流量1立方米每秒以上的灌排结合渠道17条，长度

27.5 千米，其中衬砌长度 1.4 千米，渠系建筑物 132 座；流量 3 立方米每秒以上的排水沟道 39 条，总长 138.8 千米，渠系建筑物 589 座。

（三）续建配套与节水改造

2000 年编制完成《荆州市沱水灌区续建配套与节水改造规划报告》，2001 年纳入全国大型灌区续建配套及节水改造规划，计划投资 38138.9 万元，规划实施完成后（2015年），灌区有效灌溉面积为 52 万亩。

灌区总灌溉面积 43.7639 万亩，其中，耕地有效灌溉面积 43.0962 万亩，园林草地等有效灌溉面积 0.6677 万亩，2011 年实际灌溉面积 39.17 万亩。

续建配套与节水改造工程实施情况：截至 2011 年底，灌区节水改造工程累计投资 10739.82 万元，已完成规划投资的 28.2%，还有 3 条干渠、520 条支渠尚未全部整治完成。

（四）灌区管理

灌区工程管理机构为荆州市沱水工程管理局。灌区设有 8 个管理段和 1 个灌溉试验站，分别为快活岭管理段、金星管理段、杨林市管理段、台山管理段、白马山管理段、茶市管理段、培里桥管理段、碾盘管理段、金星灌溉试验站，负责干渠工程管理养护、防汛抗旱和灌溉试验工作；至 2011 年，灌区共建立农民用水户协会 83 个，主要负责支渠、斗渠等田间末级渠道及其用水情况管理，共管理灌溉面积 33.4836 万亩。

七、太湖港水库灌区

（一）灌区概况

太湖港水库灌区范围涉及荆州区和沙市区，属四湖流域上区长湖水系太湖港，西、南以荆江大堤为界，东抵长湖边缘，北至漳河灌区二干渠的二分干渠。流域范围包括荆州区的川店、马山、李埠、郢城、八岭山、纪南等镇及太湖港管理区和沙市区的关沮、立新两个乡镇，南北宽约 16 千米，东西长约 35 千米，总面积 552.06 平方千米。区内极端最高气温可达 39.2℃，极端最低气温可达－19℃，平均气温 27.2℃，多年平均年降水量 1169毫米，多年平均年蒸发量 853 毫米。

灌区地势西北高，东南低，西北丘陵地带一般地面高程在 40.00～50.00 米，最高海拔高程 103.30 米（八岭山顶），平原湖区一般地面高程在 32.00～36.00 米，灌区自流灌溉比例为 65%，提水灌溉比例为 35%；设计灌溉保证率为 60%。

灌区受益范围涉及荆州区、沙市区 38.153 万亩耕地。2011 年灌区人口 50.98 万人，其中农业人口 19.02 万人。区内主要农作物及比例为水稻 40%、棉花 25%、油料 15%、蔬菜 15%、其他经济作物 5% 等，复种指数 1.60，灌区粮食总产量约 22.12 万千克，粮食亩产 568 千克，非灌溉面积粮食亩产 350 千克。灌区内国民经济总产值达 34.82 亿元，其中，农业总产值 16.18 亿元，工业总产值 18.64 亿元。

（二）灌溉水源及水利工程

1. 取水工程

灌溉水源为太湖港水库，总来水面积 189.56 平方千米，年径流量 0.9374 亿立方米，总库容 1.22 亿立方米。太湖港水库区域内的取水工程共有 6 处，其中，金秘渠，渠首为金家湖水库输水管，设计流量 3.5 立方米每秒；纪南渠，渠道直接从联合水库取水，靠距渠首 6 千米处的拍马节制闸控制流量，设计流量 6.3 立方米每秒；纪北渠，渠首闸建在联合水库，设计流量 7.2 立方米每秒；李台电灌站，位于丁家嘴水库库区内，装机容量 5 台×160 千瓦，扬程 22.3 米，提水流量 1.75 立方米每秒；刘桥电灌站，位于丁家嘴水库库区内，装机容量 4 台×130 千瓦，提水流量 1.2 立方米每秒；东桥电灌站，位于丁家嘴水库库区内，装机容量 4 台×280 千瓦，扬程 28 米，提水流量 2.25 立方米每秒。灌区多年平均引水量为 0.6 亿立方米。

2. 引水工程

太湖港水库灌区主要引水工程共有 2 处，其一为万城闸引水工程（沮漳河水位较低时，可通过沮漳河万城橡胶壅水坝引水），位于沮漳河荆江大堤 794＋100 左岸，设计流量 40 立方米每秒，引水干渠长 4.6 千米（万城闸至丁家嘴水库），设计过水流量 50 立方米每秒；引水分干渠长 3.1 千米（青冢子至金家湖水库），底宽 7 米，设计过水流量 25 立方米每秒；库间连接明渠有郭聚段和沈联段，设计流量 20 立方米每秒。其二为机电井，80 眼，总控制面积 0.4 万亩。

3. 灌溉渠道

灌区有流量 1 立方米每秒以上的灌溉渠道 109 条，长度 324.7 千米，其中衬砌长度 62.8 千米，渠系建筑物 2038 座；流量 1 立方米每秒以上的灌排结合渠道 122 条，长度 273.4 千米，其中，衬砌长度 0.9 千米，渠系建筑物 1455 座；流量 3 立方米每秒以上的排水沟道 129 条，长度 304.8 千米，渠系建筑物 1396 座。

（三）续建配套与节水改造

灌区始建于 1957 年，初始有效灌溉面积达到 35.84 万亩；按照水利部颁布的大型灌区标准，太湖港水库灌区符合其标准要求，但由于当时未及时做好大型灌区申报工作，导致太湖港灌区未列入国家投资规划。2009 年编制《太湖港水库灌区续建配套与节水改造规划》，规划投资 40064.57 万元，规划实施完成后（2020 年），灌区将实现有效灌溉面积 38.52 万亩。2009 年湖北省水利厅向水利部和国家发改委上报《关于将湖北省 10 个 30 万亩以上大型灌区纳入全国大型灌区续建配套与节水改造规划的请示》，太湖港水库灌区位列其中。

在国家未安排投资的情况下，地方自筹资金实施灌区续建配套与节水改造工程，截至 2011 年底，已累计投资 3920.71 万元，完成规划投资的 5%，主要实施了总干渠、分干渠的整治工程和改善灌溉设施。灌区总灌溉面积 38.288 万亩，其中，耕地有效灌溉面积 38.1186 万亩，园林草地等有效灌溉面积 0.1694 万亩，2011 年实际灌溉面积 38.153 万亩，其中高效节水灌溉面积达到 1 万亩，主要灌溉型式为喷灌、浅水勤灌、控水增产灌溉等。

（四）灌区管理

太湖港水库灌区管理机构为荆州区太湖港工程管理局，负责太湖港水库灌区水利工程的统一管理，下设 6 个管理段。截至 2011 年，灌区共建立农民用水户协会 6 个，主要负责各乡镇、管理区等田间末级渠道及其用水情况管理，共管理灌溉面积 28.3586 万亩。

八、颜家台灌区

(一) 灌区概况

颜家台灌区位于江陵县境内,范围涉及江陵县熊河、普济、白马、沙岗、郝穴、秦市6个乡镇,405平方千米,耕地35.5万亩,属四湖水系。区内极端最高气温41℃,极端最低气温−10℃,平均气温16.3℃;多年平均年降水量1068毫米、多年平均年蒸发量1297.2毫米。灌区主要以平原为主,高程介于26.00~29.00米,灌区自流灌溉比例60.52%,提水灌溉比例10.67%,设计灌溉保证率为90%。

灌区受益范围涉及6个乡镇,2011年灌区人口总数20.07万人,其中农业人口15.05万人。灌区内主要农作物及比例为水稻82%、小麦35%、油菜42%、杂粮29%、棉花16%等,复种指数2.04,灌区粮食总产量约13462万千克,粮食亩产达800千克,非灌溉区粮食亩产768千克,灌区内国民经济总产值16.16亿元,其中,农业总产值12.05亿元,工业总产值4.11亿元。

(二) 灌溉水源及水利工程

1. 引水工程

灌区主要引水工程为颜家台闸。此闸位于荆江大堤703+535处,20世纪60年代初,郝穴以南沿荆江大堤属观音寺灌区范围,由于渠道淤积,观南渠的水不能越过郝穴老河,因此,大兴、永兴、金果寺等地区长期缺水灌溉。1965年实施"排灌分家",颜家台闸列入修建计划,于1966年5月竣工,设计引水流量37.6立方米每秒,多年平均引水量1.3亿立方米。

2. 提水工程

灌区主要提水工程1处,即颜家台春灌站,其主要功能是在春季长江水位低、不能满足自流引水要求时,从长江提水灌溉;1985年在颜家台闸旁修建,装机18台,总容量990千瓦,设计提水流量11立方米每秒,灌溉江陵县6个乡镇的农田。1998年对泵站进行改建,安装6台160千瓦斜拉潜水泵,设计流量15立方米每秒,灌溉面积12万亩,多年平均引水量为0.7亿立方米。

3. 渠道工程

区内主要渠道有4条。①总干渠,于1966年5月建成,由颜家台闸下游起至颜中分水闸止,长2.8千米,底宽15米,渠底高程30.50米,引水流量41.6立方米每秒。②颜中干渠,于1966年在总干渠尾端建成颜中分水闸,1孔,宽2.5米,渠线经李家潭、涣渣湖、侯家垱穿荆洪公路北抵西干渠,长9.2千米,底宽8米,渠底高程29.50米,交叉工程有导虹管2孔,宽4.8米,引水流量20.9立方米每秒。1981年兴建新河桥1座,宽2米,过闸流量12立方米每秒。③颜北干渠,于1966年在总干渠尾端建成颜北分水闸,1孔,宽3米,渠线北经佘桥后东行至金枝寺倒虹管(2孔,宽3米),越过西干渠到白马街后,北行抵十周河,长13.6千米,底宽8~4米,引水流量24立方米每秒。④颜南干渠,于1966年在总干渠尾端建成颜南分水闸,1孔,宽2米,渠线南行越过白柳渠、万水河到田家坊后转东经杨岔路抵麻布拐河,长18.9千米,底宽3米,渠底高程30.30~28.41米,引水流量8.3立方米每秒,灌溉普济、秦市农田。

区内流量 1 立方米每秒以上的灌溉渠道 110 条，长度 263.5 千米，其中衬砌长度 14.2 千米，渠系建筑物 2059 座；流量 1 立方米每秒以上的灌排结合渠道 246 条，长度长 528.8 千米，其中衬砌长度 3.6 千米，渠系建筑物 2796 座；流量 3 立方米每秒以上的排水沟道 138 条，总长 398 千米，沟道建筑物 2130 座。

颜南渠水利血防工程于 2011 年 11 月动工兴建。工程建设内容：颜南渠疏挖护坡 10.7 千米；拆除重建农桥 5 座；改建分水口 75 处；建挡水墙 3 千米。血防整治共完成土方 9.04 万立方米、混凝土 1.54 万立方米，国家投资 1085 万元。工程效益为恢复灌溉面积 2.35 万亩，改善灌溉面积 3.43 万亩。

（三）续建配套与节水改造

灌区始建于 1966 年，设计灌溉面积 40.8 万亩，区内实际总灌溉面积为 45.7803 万亩，其中，耕地面积 43.9795 万亩，园林草地等面积 1.8008 万亩，2011 年实际灌溉面积为 41.9079 万亩。

灌区工程存在的主要问题：渠道工程紊乱，排灌不分，加重下游防汛排涝负担，水资源严重浪费；渠道建筑物工程老化严重，失去控制能力，灌溉面积大幅衰减，自流灌溉条件日益丧失；灌排条件不适应灌区农业现代化形势，种植业单调，中低产田多，产业结构调整困难，农民收入增长缓慢，农村生产环境差；灌区属钉螺流行区，血吸虫病对人畜存在严重威胁。

根据以上问题，2000 年编制完成了《颜家台灌区续建配套与节水改造规划》，水利部以长规计〔2001〕514 号批复。规划时灌区已实现有效灌溉面积 26.64 万亩，规划投资 3255.36 万元，工程全部实施后（2015 年），灌区将实现农田高效灌溉面积 35.5 万亩。

续建配套与节水改造工程实施情况：截至 2011 年年底，灌区节水改造工程累计投资 1085 万元，已完成规划投资的 33.3%。

灌区现有高效节水灌溉面积 0.12 万亩，主要工程型式为喷灌、微灌、低压管灌。

（四）灌区管理

江陵县观音寺颜家台灌区管理处负责颜家台灌区水利工程的统一管理，区内建立农民用水户协会 6 个，主要负责田间末级渠道及其用水情况管理，共管理灌溉面积 45.78 万亩。

九、冯家潭灌区

（一）灌区概况

冯家潭灌区范围涉及石首市、监利县、江陵县，南抵长江，北临四湖总干渠，西与江陵县交界，东至西门渊灌区，总面积 920.06 平方千米，属四湖水系。区内极端最高气温 39℃，极端最低气温 -14.9℃，平均气温 16.4℃；多年平均年降水量 1177.6 毫米、多年平均年蒸发量 1348.9 毫米。灌区以平原为主，地势平坦，地面高程 31.50～36.00 米，灌区自流灌溉比例为 70%，提水灌溉比例为 30%；设计灌溉保证率为 85%。

该区共有耕地面积 73.7438 万亩（石首市 30.1762 万亩、监利县 42.1628 万亩、江陵县 1.4048 万亩），设计灌溉面积 65 万亩（石首市 25 万亩、监利县 38.5952 万亩、江陵

1.4048 万亩），总灌溉面积 57.2625 万亩（石首市 23.6270 万亩、监利县 32.2307 万亩、江陵县 1.4048 万亩），其中，耕地有效灌溉面积 56.6503 万亩（石首市 23.5371 万亩、监利县 31.7321 万亩、江陵县 1.3811 万亩），园林草地等有效灌溉面积 0.6122 万亩（石首市 0.0899 万亩、监利县 0.4986 万亩、江陵县 0.0237 万亩），2011 年实际灌溉面积 53.3852 万亩（石首市 21.2642 万亩、监利县 31.2463 万亩、江陵县 0.8747 万亩）。

灌区受益范围均为商品粮基地。区域人口总数 34.9832 万人（石首市 15.1269 万人、监利县 17.9898 万人、江陵县 1.8665 人），其中，农业人口 30.2612 万人（石首市 14.6175 万人、监利县 13.7772 万人、江陵县 1.8665 人）。灌区内主要农作物及比例为水稻 70%、油菜 20%、棉花 10%，复种指数 1.93，粮食总产量约 29524 万千克。灌区内粮食亩产 386 千克，非灌溉区粮食亩产 310 千克。

（二）灌溉水源及水利工程

1. 灌溉水源

冯家潭灌区属以长江为主的多水源联合调度灌区，总进口为天鹅洲闸。当天鹅洲闸前水位达 31.00 米时，开闸向天鹅湖引进长江水，尔后开启冯家潭闸，向总干渠红联引河放水，开启总干渠上的人民大闸，水流经蛟子河，向石首人民大垸农田灌水；开启友谊闸，水流经蛟子河向监利下人民大垸农田灌水；开启一弓堤闸，水流经红联河、幸福河、友谊河向监利县一弓堤灌区灌水。

由于天鹅洲闸闸前淤积，洲滩淤高变宽，特殊年份，闸前水位低于长江，引长江水困难，可分别开启石首原人民大垸灌区的蛟子闸向蛟子河放水，开启古长堤闸向燎原渠放水进蛟子河，开启人民大闸放水入红联引河，尔后开启友谊闸向蛟子河（监利县段）放水，开启一弓堤闸向红联河、幸福河、友谊河放水，解决监利县农田灌溉问题。

2. 引水工程

冯家潭灌区主要引水工程共有 3 处，其中，天鹅洲闸建于 1999 年 5 月，位于长江（石首市）左岸沙滩子堤 0+275 处，设计流量 70 立方米每秒；蛟子闸建于 1971 年 11 月，位于长江（石首市）左岸 44+725 处，设计流量 3 立方米每秒；古长堤闸建于 1956 年 7 月，位于长江（石首市）左岸 14+730 处，设计流量 1.4 立方米每秒。3 处引水工程设计总流量 86.3 立方米每秒，灌区多年平均引水量为 2.236 亿立方米。

3. 提水工程

灌区主要提水工程共有 2 处，其中，蛟子泵站建于 1968 年 12 月，位于长江（石首市）左岸，装机 4 台，每台 80 千瓦，总装机容量 320 千瓦，设计流量 3 立方米每秒；古长堤泵站建于 1993 年 11 月，位于长江（石首市）左岸 14+780 处，装机 2 台，每台 55 千瓦，总装机容量 110 千瓦，设计流量 1.4 立方米每秒。多年平均引水量为 0.114 亿立方米。

4. 渠道工程

冯家潭灌区现有灌溉渠系工程分为总干、干、支、斗、农 5 级，渠道建成于 20 世纪 50 年代。现有总干渠红联引水渠，全长 6 千米，设计流量 25 立方米每秒；干渠蛟子河全长 23 千米，属灌排结合渠道，设计流量 32 立方米每秒；友谊河全长 9 千米，属灌排结合渠道，设计流量 20 立方米每秒；幸福河全长 4.1 千米，属灌排结合渠道，设计流量 3 立方米每秒；红联河全长 14.5 千米，属灌排结合渠道，设计流量 20 立方米每秒。支渠 239 条（石首市 93 条、监利县 146 条），全长 828.4 千米（石首市 232.6 千米、监利县 595.8 千米），总设计过水流量 25 立方米每秒，实际过水流量 18 立方米每秒。

灌区内流量 1 立方米每秒以上灌溉渠道 12 条（石首市 10 条、监利县 2 条），总长 39.6 千米（石首市 32.6 千米、监利县 7 千米），渠系建筑物 127 座；流量 1 立方米每秒以上灌排结合渠道 231 条（石首市 84 条、监利县 147 条），总长 839.4 千米（石首市 223 千米、监利县 616.4 千米），其中已衬砌 8.2 千米，渠系建筑物 1943 座（石首市 843 座、监利县 1100 座）。较大的渠系建筑物有叶家沟闸、电排河桥、蔡家湾桥、跃进闸、肖家拐闸、复兴闸、人民大闸、冯家潭闸、一弓堤闸。

灌区内石首有田间灌溉斗、农渠 1780 条，全长 2399.1 千米，其中衬砌 85.5 千米，渠系建筑物 2253 座；监利有田间灌溉斗、农渠 827 条，全长 301.4 千米，其中衬砌 21.9 千米，渠系建筑物 1373 座；排灌结合斗、农渠 4488 条，全长 3243.8 千米，渠系建筑物 6239 座。主要灌溉方式为引、提水。

灌区有流量 3 立方米每秒以上的排水沟道长 155.7 千米（石首市 135.2 千米、监利县 9 千米、江陵县 11.5 千米），总设计过水流量 327 立方米每秒，实际过水流量 277.6 立方米每秒，渠系建筑物 537 座（石首市 492 座、监利县 16 座、江陵县 29 座）。石首有田间灌溉斗、农渠 1780 条，全长 2399.1 千米，其中衬砌 85.5 千米，渠系建筑物 2253 座；监利有田间工程灌溉斗、农渠 827 条，全长 301.4 千米，其中衬砌 21.9 千米，渠系建筑物 1373 座，排灌结合斗、农渠 4488 条，全长 3243.8 千米，渠系建筑物 6239 座。灌区渠道完好率不到 50%，主要灌溉方式采取引、提水灌溉。

冯家潭排水体系分为 3 个区。①通过干渠蛟子河汇流后，分别通过冯家潭一站、二站提排，设计排水流量 64 立方米每秒，自排通过开启干渠蛟子河上的人民大闸水流经红联引河、一弓堤闸流入红联河；②通过流港闸、流港泵站入长江；③通过干南、干北电排河，由干南、干北泵站排入四湖总干渠。

（三）续建配套与节水改造

灌区始建于 1952 年，2011 年灌区有效灌溉面积达到 56.65 万亩。2000 年，在申报大型灌区配套与节水改造项目时，因冯家潭灌区（含石首市人民大垸和监利县下人民大垸）的两个大垸属备用分蓄洪区，在审核时，国家只承认监利县一弓堤闸的受益面积，加之行政区划上分属石首市和监利县，为了确保灌区列入规划，监利县、石首市各自单独以一弓堤灌区和人民大垸灌区上报，人为地将冯家潭灌区一分为二，导致灌区未能列入国家灌区续建及节水改造治理规划。

1993 年经批准堵塞沙滩子故道口门（建闸控制），沙滩子故道成为内湖，划为江豚保护区和麋鹿自然保护区，汛期水位降低，冯家潭灌区不能直接从长江引水，与农田抗旱用水产生矛盾。2009 年，省发改委、省水利厅以"鄂水利文〔2009〕10 号"发出《关于要求将湖北省 10 个 30 万亩以上大型灌区纳入全国大型灌区续建配套与节水改造规划的请示》，要求将冯家潭灌区纳入大型灌区进行建设，并编制和上报冯家潭灌区相关续建和配套工程规划。

（四）灌区管理

灌区工程管理机构为石首市冯家潭泵站，成立于 1976 年 8 月。按照职责规定，此机构负责冯家潭灌区农田排灌及其他用水。灌区共建立农民用水户协会 85 个，主要负责干渠工程管理养护和灌溉放水的管理工作及其用水情况管理，共管理灌溉面积 57.2625 万亩。

十、孟溪大垸灌区

（一）灌区概况

孟溪大垸灌区位于公安县，属长江流域洞庭湖水系。区内极端最高气温 38.1℃，极端最低气温 -14.7℃，平均气温 16.4℃；多年平均年降水量 1140 毫米，多年平均年蒸发量 1312.5 毫米。区内以平原为主，地面高程 29.50～45.50 米，自流灌溉比例 5%，提水灌溉比例 95%，设计灌溉保证率为 65%。

灌区受益范围涉及公安县孟家溪、章田寺、甘家厂 3 个乡镇。区域人口总数 13.3492 万人，其中农业人口 11.5736 万人。灌区内主要农作物为棉花、稻谷、小麦、蚕豆、杂粮、马铃薯等，复种指数 1.6，灌溉面积 32.1 万亩，2011 年灌区粮食总产量约 14155 万千克，粮食亩产 460 千克，国民经济总产值 15.19 亿元，其中，农业总产值 10.13 亿元，工业总产值 5.06 亿元。

（二）灌溉水源及水利工程

1. 灌溉水源

孟溪大垸水源主要有长江支流虎渡河、松滋东河以及淤泥湖、朱家湖、郝家湖、湖滨垱湖、三眼桥湖 5 个湖泊。垸内排灌渠道分别为小虎西排灌渠道、孟溪主排灌渠道、青石碑排灌渠道。

2. 引水工程

孟溪大垸灌区主要引水工程共 9 处，其中，中河口闸位于虎渡河支堤右岸桩号 50+400 处，设计流量 6.37 立方米每秒；大至岗闸位于虎渡河民堤右岸桩号 0+141 处，设计流量 4.7 立方米每秒；下坝闸位于虎渡河民堤右岸桩号 3+070 处，设计流量为 1 立方米每秒；中心闸位于虎渡河干堤右岸桩号 5+660 处，设计流量 1 立方米每秒；孟家溪闸位于松滋东河支堤左岸桩号 74+431 处，设计流量 4.08 立方米每秒；斋公垴闸位于松滋东河支堤左岸桩号 80+050 处，设计流量 1 立方米每秒；高剅口闸位于松滋东河支堤左岸桩号 90+250 处，设计流量 4.35 立方米每秒；章田寺闸位于虎渡河干堤右岸桩号 16+500 处，设计流量 1 立方米每秒；罗家塔闸位于虎渡河干堤右岸桩号 28+050 处，设计流量 7.5 立方米每秒。

3. 蓄水工程

以内垸湖泊、塘坝水源为补充水源，通过水闸或泵站，引流或提水灌溉，具有排灌功能的小虎西总排河贯穿整个灌区。

4. 提水工程（特指外部水源）

孟溪大垸灌区主要外江提水工程有 2 处。松滋东河幸福灌溉站，桩号 74+430，装机功率 52 千瓦，设计装机流量 0.4 立方米每秒；虎渡河右岸中河口灌溉站，桩号 50＋380 处，装机功率 1067 千瓦，设计流量 7.104 立方米每秒。

5. 机电井

灌区内有机井 39 眼，采用电力提水，总装机容量 70.2 千瓦，总控制面积 1.206 万亩。

6. 渠道工程

灌区流量 1 立方米每秒以上的灌溉渠道 122 条，总长 235.2 千米，其中已衬砌长度 43.7 千米，渠系建筑物 2290 座；流量 1 立方米每秒以上的灌排结合渠道 71 条，长度 116.5 千米，其中已衬砌长度 0.5 千米，渠系建筑物 405 座；流量 3 立方米每秒以上的排水沟道 81 条，长度 200.5 千米，沟道建筑物 857 座。灌区始建于 1954 年，为独立圩垸，有 3 个乡镇，以丘陵湖区为主。

（三）续建配套与节水改造

2000 年编制全国大型灌区续建配套与节水改造规划时，由于此灌区位于预备分洪区内，故未纳入规划。三峡工程建成后，预备分洪区运用概率降低，灌区灌溉面积 32.1127 万亩，符合大型灌区标准。因此，2009 年 6 月根据水利部办公厅、国家农业综合开发办公室及湖北省水利厅关于开展重点中型灌区节水配套改造建设规划的要求，对孟溪大院灌区节水配套改造项目进行了可行性研究并申报。

截至 2011 年底，灌区已投入续建配套与节水改造工程资金 322 万元，有效灌溉面积达到 21.8367 万亩。此项目为 2008 年通过小农业重点县建设对灌区内部分末级渠道进行硬化。

（四）灌区管理

2001 年公安县成立了孟溪大垸灌区管理处，负责此灌区内水利工程的统一管理；主要负责提水工程、引水工程、渠系建筑物及其用水情况管理。灌区共建立农民用水户协会 2 个，主要负责天鹅村、南阳村、毛家村、刻木村、联台村、杉木村 6 个行政村田间末级渠道及其用水情况管理，共管理灌溉面积 3.21 万亩。

十一、荆江灌区

（一）灌区概况

荆江灌区范围涉及公安县，区内极端最高气温 38.1℃，极端最低气温 －14.7℃，平均气温 16.4℃；多年平均年降水量 1140 毫米，多年平均年蒸发量 1312.5 毫米。灌区以平原为主，地面高程 33.70～38.40 米，灌区自流灌溉比例 10％，提水灌溉比例 90％，设计灌溉保证率为 75％。

灌区受益范围涉及公安县 8 个乡镇的 49.3 万亩耕地，区域人口总数 56.74 万人，灌区内主要农作物包括稻谷、小麦、蚕豆、杂粮、葡萄、马铃薯等，复种指数 1.6，灌区粮食总产量约 23690.9 万千克，粮食亩产 458 千克，国民经济总产值 82.23 亿元，其中，农业总产值 38.61 亿元，工业总产值 43.62 亿元。

（二）灌溉水源及水利工程

1. 灌溉水源

荆江灌区以长江、虎渡河水源为主，主要通过周家土地闸引水灌溉，其次以内垸湖泊、水库、塘堰水源为补充水源，通过水闸或泵站引水或提水灌溉，具有排灌功能的荆江分洪区总排河贯穿于整个灌区。

2. 渠系工程

灌区渠系已初具规模，主要工程布局合理，骨架基本形成，自流工程灌排分设，提水工程实行沟网送水补源，灌排合一。灌区有灌排结合总干渠 1 条，长 107.46 千米，底宽26 米、面宽 51 米，正常水深 4.5 米，设计过流流量 260 立方米每秒。总干渠首起埠河镇，经阚湖堤、夹竹园、杨家厂、麻豪口、藕池、闸口，止于黄山头，有 10 处外江引水闸、29 处提水工程，引长江、虎渡河之水到总干渠，然后通过二级泵站和流动站提灌到支渠。

3. 蓄水工程

杨麻水库为灌区蓄水工程，可通过二圣寺闸引长江水补充水源，年径流量 760 万立方米，兴利库容 189 万立方米。水库上的取水工程固定站共有 15 处，设计取水流量 12.5 立方米每秒，多年平均引水量为 0.4311 亿立方米。

4. 引水工程

荆江灌区主要引水工程共有 10 处，多年平均引水量为 2.12 亿立方米，引水闸设计引水流量合计 93.1 立方米每秒。其中有 4 处引水闸从长江取水，分别是黄水套引水闸，位于荆右干堤桩号 620+336 处，设计流量 12.8 立方米每秒；二圣寺引水闸位于荆右干堤桩号 651+250 处，设计流量 12.5 立方米每秒；马家嘴引水闸位于荆右干堤桩号 660+234 处，设计流量 9.9 立方米每秒；周家土地引水闸位于荆右干堤桩号 691+040 处，设计流量 10 立方米每秒。有 6 处引水闸从虎渡河取水，分别是鄢家剅引水闸，位于虎左干堤桩号 0+100 处，设计流量为 10.5 立方米每秒；李家大剅引水闸，位于虎左干堤桩号 25+701 处，设计流量 12 立方米每秒；刘家湾引水闸，位于虎左干堤桩号 47+780 处，设计流量 3 立方米每秒；下泗垸引水闸，位于虎左干堤桩号 60+000 处，设计流量 4 立方米每秒；雾气嘴引水闸，位于虎左干堤桩号 69+595 处，设计流量 12.4 立方米每秒；天保垸引水闸，位于虎左干堤桩号 77+680 处，设计流量 6 立方米每秒。

5. 提水工程

荆江灌区主要提水工程共有 29 处，多年平均提水量为 0.905 亿立方米，设计提水流量 30.94 立方米每秒。其中，从长江取水泵站有 9 处，合计装机功率 1995 千瓦，设计流量为 15.71 立方米每秒；从虎渡河东岸取水泵站有 20 处，合计装机功率 2295 千瓦，装机流量 15.22 立方米每秒。

6. 渠道工程

灌区流量 1 立方米每秒以上的灌溉渠道 4 条，总长 4.2 千米，渠系建筑物 7 座；流量1 立方米每秒以上的灌排结合渠道 759 条，总长 2036.8 千米，已衬砌长度 29.7 千米，建筑物 5165 座；流量 3 立方米每秒以上的排水沟道 39 条，总长 111.4 千米，建筑物292 座。

（三）续建配套与节水改造

灌区始建于 1954 年，工程设施多建于 20 世纪 60—70 年代，普遍存在着排灌泵站设施老化、干支渠道淤塞严重、供水能力下降、灌溉水利用率低、灌溉效益衰减等问题。2000 年编制全国大型灌区续建配套与节水改造规划时，由于此灌区位于荆江分洪区内，故未纳入国家投资规划。三峡工程建成后，调蓄控制能力增强，荆江分洪区运用概率大为降低，已具备恢复为大型灌区的条件。2009 年 6 月根据水利部办公厅、国家农业综合开发办公室及湖北省水利厅关于农业综合开发重点中型灌区节水配套改造建设规划修编的要求，对荆江灌区节水配套改造项目进行可行性研究并申报，灌区设计灌溉面积 90.1073 万亩。

截至 2011 年底，灌区续建配套节水改造工程投资 5072 万元，主要是对二圣寺闸、马家嘴闸、黄水套提灌站等从外江提水、引水工程进行了更新改造和加固，实际灌溉面积达到 63.0731 万亩。

（四）管理情况

2011 年，公安县成立荆江灌区管理处，负责荆江灌区水利工程的统一管理；主要负责提水、引水工程、渠系建筑物及其用水情况管理。灌区共建立农民用水户协会 2 个，主要负责马市村、上升村 2 个行政村田间末级渠道及其用水情况管理，管理灌溉面积 0.7444 万亩。

十二、下内荆河灌区

（一）灌区概况

下内荆河灌区范围属洪湖市，区内极端最高气温 39.6℃，极端最低气温 −13.2℃，平均气温 16.6℃，多年平均年降水量 1397.6 毫米，多年平均年蒸发量 1350.8 毫米。

灌区为平原水网地区，地势东南高西北低，沿下内荆河南、东地面高程在 26.00～29.00 米，北部沿洪排河地面高程在 23.50～25.00 米之间，地形平坦，自然条件优越。灌区自流灌溉比例为 12%，提水灌溉比例为 88%，设计灌溉保证率为 85%。

灌区受益范围涉及洪湖市 12 个乡镇的 84.11 万亩耕地，区域人口总数 41.37 万人，其中农业人口 35.85 万人。主要农作物包括水稻、小麦、玉米、棉花、蔬菜等，复种指数 2.31，2011 年灌区粮食总产量约 33440 万千克，粮食亩产 598 千克，非灌溉区粮食亩产 453 千克，国民经济总值达 46.85 亿元，其中，农业总产值 28.65 亿元，工业总产值 18.2 亿元。

（二）灌溉水源及水利工程

1. 灌溉水源

灌区处于四湖总干渠下内荆河段，主要水源为长江、洪湖，分别由小港湖闸、张大口闸引洪湖水入下内荆河，再由下内荆河灌入 43 条干渠、147 条支渠，灌溉渠系建筑物较完善，水源极其丰富。

2. 引水工程

灌区主要引水工程共有 7 处，其中，小港湖闸位于洪湖围堤上，设计引水流量 214 立

方米每秒，多年平均引水量为 1.12 亿立方米；石码头泵站防洪闸位于长江干堤左岸 500
+500 处，设计引水流量 18 立方米每秒，多年平均引水量为 0.13 亿立方米；龙口泵站防
洪闸位于长江干堤左岸 464+750 处，设计引水流量 20 立方米每秒，多年平均引水量为
0.115 亿立方米；高桥防洪闸位于长江干堤左岸 454+800 处，设计引水流量 22.3 立方米
每秒，多年平均引水量为 0.13 亿立方米；燕窝泵站闸位于长江干堤左岸 426+450 处，设
计引水流量 20 立方米每秒，多年平均引水量为 0.13 亿立方米。

3. 提水工程

灌区主要提水工程共有 19 处，其中，叶家边提灌站位于长江干堤左岸 442+000 处，
设计提水流量 3.6 立方米每秒，多年平均引水量为 0.098 亿立方米。

4. 渠道工程

灌区流量 1 立方米每秒以上的灌溉及灌排结合渠道 830 条，总长 1880.5 千米，其中
衬砌长度 23.6 千米，渠系建筑物 2739 座；流量 3 立方米每秒以上的排水沟道 22 条，长
度 52.8 千米，沟道建筑物 72 座。

（三）续建配套与节水工程

灌区始建于 1972 年，已具备大型灌区的条件。2000 年以前下内荆河灌区已列入全国
大型灌区名录，由于此灌区位于洪湖分蓄洪区内，故未纳入全国大型灌区配套与节水改造
投资规划。灌区设计灌溉面积 87.7672 万亩，2011 年实际灌溉面积 83.27 万亩（其中耕
地有效灌溉面积 81.2193 万亩，园林草地等有效灌溉面积 0.8441 万亩）。已实现高效节水
灌溉面积 0.031 万亩，主要工程型式为喷灌，主要种植作物为玉米、蔬菜。

（四）工程管理

洪湖市电力排灌管理总站成立于 1988 年，负责全市电力排灌站运行管理及下内荆河
灌区管理。灌区共建立农民用水户协会 2 个，主要负责周坊村、吴王庙村等田间末级渠道
及其用水情况管理，共管理灌溉面积 0.8537 万亩。

十三、老江河灌区

（一）灌区概况

老江河灌区位于监利县，长江流域四湖水系。区内极端最高气温 38.3℃，极端最低
气温-15℃，年均气温 16.6℃，多年平均年降水量 1206 毫米，多年平均年蒸发量 1483
毫米。

灌区全部属于平原地区，地貌类型为冲积平原，总体地表起伏较小，地势西南靠长江
干堤高，东北靠螺山总排渠低，区内沟渠纵横交错，地面高程 27.50～24.50 米，灌区自
流灌溉比例为 58%，提水灌溉比例为 42%，设计灌溉保证率为 90%。

灌区受益范围涉及监利县 4 个乡镇的 42.34 万亩耕地，为商品粮基地，灌区人口总数
24.882 万人。主要农作物及比例为早稻 15%、中稻 48%、晚稻 19%、棉花及其他 48%
等，复种指数 2.04，2011 年灌区粮食总产量约 22021 万千克，粮食亩产 500 千克，非灌
溉区粮食亩产 430 千克，国民经济总产值 22.90 亿元，其中，农业总产值 19.59 亿元，工
业总产值 3.31 亿元。

（二）灌溉水源与水利工程

1. 灌溉水源

灌区以老江河水源为主，长江补水为辅，是一个多水源联合调度运行灌区。

2. 引水工程

灌区主要引水工程共有 3 处，其中，孙良洲退洪闸位于柘木乡孙良村孙良泵站上游 50 米，多年平均引水量为 0.4 亿立方米，设计引水流量 60.2 立方米每秒；王家湾泵站（闸站合一）位于长江干堤左岸桩号 584+600 处，多年平均引水量为 0.32 亿立方米，设计引水流量 15 立方米每秒。

3. 提水工程

灌区主要提水工程有 4 处。上河堰泵站位于老岭村三洲联垸堤 46+114 处，多年平均引水量为 0.15 亿立方米，设计提水流量 3.2 立方米每秒；汪港泵站位于三洲镇下沙村右堤 2000 米处，多年平均引水量为 0.2 亿立方米；罗洲泵站位于三洲镇罗洲村上游左堤 2000 米处，多年平均引水量为 0.15 亿立方米，设计提水流量 2.7 立方米每秒；北王家泵站位于三洲镇孙良上游村左堤 2000 米处，多年平均引水量为 0.24 亿立方米，设计提水流量 10.5 立方米每秒。

4. 渠道工程

渠系工程分干、支、斗、农 4 级渠道，现有灌排结合的主干渠 5 条，建成于 20 世纪 60—70 年代。沿江渠道长 24 千米，设计流量 15 立方米每秒，实际流量 10 立方米每秒；朱尺河渠道长 6.9 千米，设计流量 15 立方米每秒，实际流量 10 立方米每秒；柘木长河渠道全长 31.3 千米，设计流量 30 立方米每秒，实际流量 20 立方米每秒；抗旱河渠道全长 5.7 千米，设计流量 10 立方米每秒，实际流量 7 立方米每秒；三洲沿江渠道全长 16.8 千米，设计流量 10 立方米每秒，实际流量 8 立方米每秒。此外，灌区流量 1 立方米每秒以上的灌溉渠道 2 条，长度 16.7 千米，渠系建筑物 22 座；流量 1 立方米每秒以上的灌排结合渠道 135 条，长度 753.5 千米，其中，衬砌长度 19.4 千米，渠系建筑物 1393 座。

一般年份，长江水位到 27.50 米以上时（王家巷闸外水位），可以直接通过王家巷闸引水至干渠沿江渠道、或王家湾泵站引水至朱尺河干渠，灌溉尺八镇农田；通过孙良洲退洪闸引水至柘木长河干渠和抗旱河渠道灌溉柘木乡、白螺镇农田，同时通过孙良洲退洪闸给老江湖补水。

特殊年份或长江水位低于 27.50 米时，可利用上河堰泵站提长江水至三洲沿江渠道灌溉三洲镇大部分农田，同时利用汪港泵站、罗洲泵站提老江湖水灌溉三洲镇其他农田；通过北王家泵站、王家湾泵站提老江湖水至沿江渠道、柘木长河灌溉尺八镇、柘木乡、白螺镇农田。

长江水位较低时，老江河灌区三洲片（含老江湖）可通过孙良洲退洪闸直接排入长江；尺八、柘木、白螺片排水一部分经何王庙灌区渠道排入洪湖，大部分经西中心河（排水流量 10 立方米每秒）、飞跃河（排水流量 10 立方米每秒）、九大河（排水流量 8 立方米每秒）、沙洪公路河（排水流量 14 立方米每秒）汇入杨林山电排渠，由杨林山深水闸（设计排水流量 28 立方米每秒）直接排入长江。长江水位较高时，老江河灌区三洲片（含老江湖）渍水可通过王家湾泵站（水闸工程）和北王闸进入西中心河和柘木长河汇入杨林山电排渠，由杨林山电力排灌站（设计提排流量 80 立方米每秒）提排入长江。

（三）续建配套与节水改造

灌区始建于 1962 年，含三洲、尺八、白螺矶、柘木四个乡镇，其中三洲为长江外垸。2011 年灌区有效灌溉面积达到 38.7 万亩。三峡水利工程建成后，汛期高洪水位明显下降，三洲联垸分洪的概率降低，老江湖形成一座天然水库，雨季容渍蓄水，汛期长江补水，枯水时作为灌区内的唯一灌溉水源，调蓄功能无可替代，对此灌区起到了十分重要的作用。监利县于 2008 年 5 月将老江河区域作为一个灌区制定了调度预案，充分利用老江湖的湖泊优势，发挥其调蓄与引灌作用。

老江河灌区以前按乡镇区划被划分为三洲、王家湾、白螺矶 3 个中型灌区，但现状是水源相同，灌排渠系相通且共用，由于以前缺乏统一的管理调度，用水时发生哄抢，排涝时发生阻隔，水事纠纷时有发生。为发挥工程的最大效益，解决好群众的用水矛盾，2011 年鉴于老江河区域调度预案早已实施，作为一个灌区可充分实施水资源的联合调度，为此，监利县水利局向省、市行文要求按大型灌区进行建设。2012 年，老江河灌区已纳入湖北省灌溉发展总体规划。

灌区设计灌溉面积 42.34 万亩，总灌溉面积 38.7 万亩，其中，耕地有效灌溉面积 38.15 万亩，园林草地等有效灌溉面积 0.585 万亩，2011 年实际灌溉面积 35.76 万亩。

由于灌区尚未正式纳入全国大型灌区续建配套与节水改造工程规划，地方财力有限，故未实施灌区节水改造工程。

（四）工程管理

监利县成立监利县灌区管理局，对老江河灌区水利工程进行统一管理，主要负责灌区建设管理及总干渠、干渠渠道及其配套建筑物的维护管理，干渠以上的涵闸、泵站业务受监利县防汛抗旱办公室统一调度。灌区内有柘木乡、尺八镇、三洲镇、白螺镇水利管理站 4 个，负责各镇行政范围内的支渠系水闸调度、运行、维护管理，支渠及其下级渠道、渠系建筑物由受益村、组管理。截至 2011 年，灌区共建立农民用水户协会 3 个，主要负责支渠、斗渠等田间末级渠道及其用水情况管理，共管理灌溉面积 38.15 万亩。

第十一章 湖 垸 治 理

平原湖区的突出问题是洪涝灾害严重而频繁，因此，湖垸治理的基本措施是以防洪排涝为主，重点解决严重的内涝灾害。在全面规划、综合治理、分期实施原则指导下，结合开展湖泊垦殖、开渠建闸、站，改造中低产田和消灭钉螺，发展内河内湖航运、水产养殖以及小水电等工程建设和治理措施，使湖区生产环境和条件逐步得到改善，发挥其社会效益和经济效益。

第一节 湖 泊 垦 殖

运用工程措施围湖造田，在平原湖区由来已久。这种活动始于春秋战国时期，大兴于宋、元及明、清时期，新中国成立初期又形成围湖造田的高潮。大量的围湖垦殖，一方面耕地增加，缓解了人口日益增多与耕地需求量日益增加的矛盾，同时对消灭钉螺、保障人民身体健康等起到了积极有效的作用；另一方面由于过度围垦，导致湖泊蓄泄平衡规律的改变，特别是内湖调蓄容积减少后，在遭遇特大暴雨的情况下，尽管各项水利设施全力以赴投入运行，仍然造成较大范围的洪涝灾害。四湖地区 1949 年时有 1000 亩以上湖泊 195 个，总面积 2725.5 平方千米，占四湖流域总面积的 26.3%，到 2004 年湖泊总面积仅存 710.8 平方千米，占四湖流域面积的 6.9%。沔阳县 1950 年有湖泊 32 个，水面面积 314.2 平方千米，到 20 世纪 80 年代仅剩养殖面积 40 平方千米，围垦耕地 30 余万亩；1980 年、1983 年受渍涝灾害面积都在 100 万亩左右，成灾面积分别为 36 万亩和 74 万亩。

一、新中国成立前湖泊垦殖

江汉平原，伴随着长江、汉水河道的发育和分流分汊水系的演变，形成了一些高阜地带，给湖泊垦殖创造了条件。从东晋时期开始，人们为了生存与繁衍，就在沿江高阜地带筑堤御水，开荒垦殖。到两宋时期，北方人口大量南迁，平原湖区人口剧增，耕地需求量日益增加，湖泊垦殖成为耕地的主要来源，因此，围垸垦殖速度加快。由于盲目围垸，争相霸占，以邻为壑，辽阔的江汉平原，被数以千计的民垸所分割；在围垸之内，高阜之地成为田，低洼之地成为湖，围垸之间形成紊乱水系，泄水不畅；水流挟带的泥沙，使垸田周边淤高；到明清时期，形成围垸似蜂窝、水道如蛛网的混乱局面，造成江河横溢，水患日增，水事纠纷此起彼伏。围垸的形成，使湖泊更为分散，湖面日渐缩小。到新中国成立前夕，平原湖区的湖泊有 842 个。1949 年湖泊基本情况详见表 7-11-1。

表 7 - 11 - 1 　　　　　　　　　　1949 年荆州地区湖泊基本情况表

县　别	湖泊个数	湖泊面积/km²
石首	97	178.76
松滋	40	134
洪湖	36	670.8
监利	58	447.8
公安	300	300
沔阳	32	314.2
江陵	100	446.67
天门	100	190
潜江	20	324.2
荆门	24	210.0
钟祥	35	32.92
合计	842	3249.35

二、新中国成立后湖泊垦殖

新中国成立初期，为发展农业生产，人民政府提出"生荒五年不负担（公粮），熟荒三年不负担"的开荒政策，鼓励人民开荒造田，平原湖区围湖垦殖是当时扩大耕地、发展农业的主要途径和措施。20 世纪 50 年代中期至 60 年代中期，平原湖区大规模地开渠建闸，实行江湖分家工程，使自流排水条件迅速改善，部分湖泊随之水落荒出，为大规模垦殖创造了条件。1955 年 6 月，武汉青年垦荒队 267 人至潜江县总口安家落户，开荒种地，同年 10 月 17 日以围垦潜江大苏湖、小苏湖为主的湖北省国营总口农场建立，成为荆州平原湖区第一个由省、地（区）管辖的大型国营农场。1955 年冬，四湖排水工程开始施工，排水条件日益改善。1957 年后，部分湖泊水落现底，荆州地区最大的湖泊——洪湖的水位比以前下降了 1.51 米，湖泊水位的下降，促进了围湖垦殖的发展。1955—1956 年间，农垦系统在平原湖区共开办国营农场 17 个（包括省管农场）。1965 年以后，在"以粮为纲"的方针指引下，同时随着电力、机械工业的发展，大功率电排站在平原湖区推广，湖区新增了排水出路，因而再次掀起围湖造田的高潮，湖泊垦殖线一再降低。据统计，荆州地区 1000 亩以上的湖泊，1956 年以前为 218.85 万亩，1972 年仅剩162.8 万亩。1965 年以前开办农场皆以种植业和养殖业为主，1965 年以后逐渐变为以种植业为主。

平原湖区大规模围湖造田以开渠结合筑堤为主，使得水落渠中，或自排或提排，以保证农业生产。新中国成立后围湖垦殖主要以国营、集体为主，或成片开垦办农场、渔场，或零星开垦成农田。据 1972 年统计资料，平原湖区共开办各级国营农场 43 个（含农垦、劳改、军队等单位），省和地区管辖的农场多为组织外地人员进行垦殖所成。全区国营农场有来自全国 28 个省、自治区、直辖市的 330 个县的人员。国营农场基本情况详见表 7 - 11 - 2。

表 7 – 11 – 2　　　　　　　　　省、地辖国营农场基本情况统计表

农场名称	所在县（市）	建场年份	围垦湖泊名称	湖泊面积/km²	
				1957 年	1990 年
省总口农场	潜江	1955	大苏湖	40.0	
省运粮湖农场	潜江	1961	阴阳湖	26.27	
省西大垸农场	潜江	1963	白露湖	86.67	5.53
地后湖农场	潜江	1957	后湖	66.67	8.24
地熊口农场	潜江	1957	西湾湖	30.0	
地周矶农场	潜江	1958	戴家湖		
省三湖农场	江陵	1960	三湖	88.0	
省菱角湖农场	江陵	1961	菱角湖	34.8	11.22
省六合垸农场	江陵	1960	鸭子湖	39.72	
地太湖农场	江陵	1957	太湖	5.25	
省人民大垸农场	监利	1957	长江外滩	6.67	
地荒湖农场	监利	1957	荒湖	53.33	
省大同湖农场	洪湖	1957	大同湖	23.6	6.67
省大沙湖农场	洪湖	1958	大沙湖	18.9	8.8
地小港农场	洪湖	1957	羊圻湖		1.5
地蒋湖农场	天门	1952	蒋湖		
地官庄湖农场	钟祥	1959	官庄湖	6.67	4.82

第二节　垸　田　整　治

垸田也称堤垸，它是在人类生产活动中逐步形成的，是人类赖以生存与发展的基础，也是土地开发与水利工程紧密结合的产物。

一、垸田的兴起与发展

春秋战国时期，古人就开始在云梦泽之高处筑堤防水，以利垦殖。南北朝（420—589年）以后，随着江汉内陆三角洲的进一步扩展，原已平浅的云梦泽主体在唐宋时代基本淤填成平陆，大面积的水域为星罗棋布的大小湖泊所代替。平原湖区垸田的大规模兴起为北宋末年，据资料考证：唐宋时期云梦泽解体，平原湖区出现了大面积滨江、滨湖、洲滩高地，为开发垸田创造了条件。北宋末年，北方人口大举南迁，需要大量土地种植粮食，因而湖垸开发有明显进展。《宋史·食货上二》载："自治平（1064 年）后，开垦岁增。"到宋室南渡之初，荆襄一带"沿江两岸沙田圩田顷亩不可胜计"。宋室南渡之后，出于军事需要，大量开展屯田营田活动。据《宋史·食货上四》记载："绍光元年（1131 年）知荆南府解潜奏辟宗纲、樊宾措置屯田……渡江后营田盖始于此。"《宋史·食货上四》还记载，荆襄一带，由名将岳飞主持营田，成效卓著，"其后荆州军食仰给，省县官之半焉"。

绍兴二十六年（1156 年），吏、户部又号召各路百姓自愿前往湖北请佃官田，并规定"请佃不限顷亩"，"承佃后放免租课五年"，因而吸引了大量劳力来垦官田，使垸田得到了顺利发展。至宋理宗嘉熙四年（1240 年），名将孟珙任京西、湖北安抚使兼知江陵府，"珙大兴屯田，调夫筑堰，募民给种，首秭归，尾汉口，为屯二十，为庄百七十，为顷十八万八千二百八十，上屯田始末与所减券食之数，降诏奖谕"。元大德（1297 年）年间《重开古穴碑记》中记载："宋以江南之力，抗中原之师，荆湖之费日广，兵食常苦不足，于是有兴事功者，出面划留屯之策，保民田而入官，筑江堤以防水，塞南北（荆江）诸古穴。"

明朝统一后，江西、安徽等地移民大量涌入平原湖区，沿江湖之地"插地为标、插标为业"，嘉靖《沔阳州志》载："明兴，江汉既平，民稍垦田修堤……湖河广深又垸少地旷。成化年间，佃民日益萃聚，闲田隙土，易于购致，稍稍垦，岁月寝久，因攘为少，又湖田未尝税亩，或田连数十里而租不数斛，客民利之，多濒河为堤以自固。至嘉靖年间，（堤）大者轮广数十里，小者十余里，谓之田垸，如是百余区"。据《刘氏宗谱·恒产志》载："江西刘氏在明成化年后移至沔阳邑东白公湖，初定居于湖边高地，领其地于官，标杆以为界。后因湖沼淤垫增高，乃于万历末年创挽新胜垸，继而扩大到乐耕垸、永丰垸。"《潜江县志》载：明成化年（1465 年）以前，潜江县仅有五乡一坊，湖垸 48 个，至万历年时已有百余垸。《万历湖广总志》载：监利县"田之名垸者，星罗棋列"。《监利县志》载，明万历九年（1581 年）清查土地，监利县共有田地 9852 顷 70 亩 4 分，比正统八年（1443 年）的 3954 顷 28 亩 1 分增加了 5898 顷 42 亩 3 分，其间不过 144 年而增长速度却为 146％。垸田的迅速发展，经济文化上升，人口稠密，城镇日增，"湖广熟，天下足"的民谚在明朝中期开始流行。

清代，平原湖区垸田发展的规模更大，垸田猛增。至乾隆二年（1737 年）沔阳南北两江大堤内外，子垸已发展到 1393 处（含今洪湖、天门、汉川），主要民垸 216 处，属于沔阳境内的有 128 处（沔阳县水利志）。据光绪六年（1880 年）《荆州府志》载，江陵县民垸已有 179 处，还有部分外江私垸；公安县有 47 垸，石首县有 41 垸、私垸 35 个；监利县咸丰九年清丈田亩共有 498 垸；松滋县有民垸 36 个。进入民国，因兵祸连年，平原湖区新筑民垸渐渐减少，原有民垸荒废增多，良田日渐减少，人口星散，呈地荒人稀之现象。此外，民国时期，为防御灾害，减轻垸堤修防任务，平原湖区各县开始合堤并垸，如松滋在光绪二十九年前后有民垸近百个，到 1936 年，通过堵支并流，合堤并垸，合并成 33 个大民垸，垸堤总长 3116 千米，保护垸田 37 万亩，1949 年实存民垸 30 个，垸田 42 万亩。

二、新中国成立后垸田的整治

新中国成立初，荆州地区民垸多达 1276 个（江陵 108 个、潜江 210 个、监利 256 个、洪湖 180 个、石首 29 个、公安 51 个、松滋 26 个、天门 278 个、钟祥 11 个、沔阳 137 个），随着平原湖区大力兴办水利，江河堤防抗洪能力增强，1956 年修建洪湖隔堤和沔阳泛区围堤，1966 年东荆河下游改道，1969 年汉北河工程建成，以后，四湖、汉南、汉北三大水系实现了江河分家、江湖分家，形成了以三大防洪圈为主体的大面积内垸，原有防洪垸堤大部分失去作用。荆南四河堵支并流合垸并堤，民垸数量大大减少，如荆江分洪区为原来的 14 个民垸组成，虎西部分将原有的 37 个小垸合并为 7 个大垸。另外，从 1955 年开始，平原湖区开始大规模治理内涝，开挖深沟大渠，一河两堤，改造原有河道，建设涵闸、泵站，内垸排涝条件改善，原有的内垸防涝堤为新的排水渠堤或湖泊防涝堤所取代。以防溃堤的大小将农田划分成不同标准的排水区、片，旱则开闸引水灌田，涝则开闸排水，低洼之地，无法自排的则电力提排，民垸的作用已被新的水系所取代。至 2011 年，无论是荆江，还是汉水、东荆河两岸，已经找不到一个完整的老民垸了。但是，长湖、洪湖以及江河洲滩还有部分民垸存在。

三、渍害中低产田改造

渍害中低产田是荆州地区中低产田的主要类型，主要分布在江汉平原，丘陵山区的冲、垅、坪中也有部分渍害低产田。中低产田种类很多，大致可分为水害型、障碍型、劣质型，其中水害型面积最大。这些农田，因地下水位高，土壤长期处于冷浸和淹水闭气环境，不仅影响到土壤通气状况和养分的转化，而且使土壤中的有害物质集聚，作物所需营养物质的积累和转换比例失调，致使农作物在生长发育期受渍害和毒害，导致发病率高、产量不稳。但由于这类农田土壤有机肥含量较高，水源条件较好，如果加以改造，增产潜力很大。因此，大力开展渍害低产田改造已成为荆州地区农业增产的必然趋势。渍害低产田改造在 20 世纪 80 年代以前的农田基本建设中，只是少量的低标准的进行了一些试点，高标准大规模改造是在 80 年代后期。在改造渍害低产田的技术上，经历了试点、扩大试点至推广几个阶段。

（一）渍害中低产田的分布和成因

农田渍害是因农田地下水位过高或存在浅层滞水，形成作物根系活动层内土壤水分过多的一种自然灾害，又称"地下涝"或"暗涝"。主要分布在沼泽性河流的两岸、湖泊周围，以及一些被垦殖的沼泽地、湖泊的湖盆和四周的洼地以及江汉干堤内侧汛期受外江水位影响形成的冷浸田

渍害低产田产生的原因主要有 3 个方面：①水体的渗透作用，江河湖泊、含水量大的水体等，江河水位长期超过农田，在重力作用下渗透农田而形成渍害；②排涝不畅，因农田的排涝标准低或落后的生产方式（如冬泡田），农田长期蓄水；③农田土壤土质黏性重，阻碍地下水位降低而形成渍害。农田渍害导致土壤环境不良，主要表现为水多气少、缺氧、土温低，因而不利于作物根系的正常呼吸和养分的转化吸收；有机质分解为有机酸、硫化氢、亚铁、亚锰等有害还原物质，进一步恶化土壤环境，降低土壤有效肥力，造成作物僵苗座兜、分蘖少，产量低。

江汉平原地势低洼，汇水量大，排涝标准不高，又受长江、汉江及其内湖高水位的影响，加之江汉平原为冲积平原，土质黏性重，因此存在大量的渍害中低产田，特别是 20 世纪 60—70 年代围湖而成的农田渍害更加严重；山区冲田受冷泉水影响，部分存在渍害；山区畈田因水土流失导致河床不断抬高形成落河田，渍害越来越严重；丘陵、岗地部分农田受排水不畅的影响而存在渍害。据 20 世纪 80 年代渍害低产田调查统计，荆州地区的渍害低产田为 387 万多亩，约占全区农田的 1/3。渍害中低产田分布情况详见表 7-11-3。

表 7 - 11 - 3　　　　　荆州地区渍害中低产田统计表（1988 年）　　　　　单位：万亩

县（市）	合计	渍害低产田（水稻田）					渍害中产田	
		小计	冷浸田	烂泥田	低湖田	严重性渍害田	水稻田	旱地渍水田
总计	501.32	387.83	108.77	49.12	70.20	159.74	78.17	35.32
江陵	45.41	38.05	20.54	4.12		13.39	6.64	0.72
松滋	15.32	11.91	2.64	0.57	5.56	3.14	0.76	2.65
公安	76.05	39.55	13.66	6.28	0.44	19.17	35.65	0.85
石首	10.35	7.21	1.69	0.49	0.91	4.12	0.85	2.29
监利	84.82	78.78	14.58	9.85	11.07	43.28	2.53	3.51
洪湖	85.33	76.23	0.76	17.38	31.09	27.0	4.89	4.21
仙桃	105.4	80.63	28.26	6.17	18.68	27.52	15.11	9.66
天门	21.52	10.97	4.44	0.73	1.26	4.54	7.07	3.48
潜江	40.12	35.34	16.73	1.69	0.85	16.07	0.79	3.99
钟祥	12.76	7.45	4.09	1.82	0.34	1.2	1.57	3.74
京山	4.24	1.71	1.38	0.02		0.31	2.31	0.22

（二）渍害中低产田的治理

荆州历来对改造渍害中低产田十分重视。从 20 世纪 60 年代中期起，荆州在平原湖区开展了以排涝为重点的水利工程建设，大力开展河道整治，至 70 年代末，基本建成灌有水源、排有出路的排灌系统，初步解决了排除地表水的问题，为以排水工程为主导的综合措施治理渍害农田创造了前提条件。同时，由于人口不断增多，对粮食的需求越来越大，改造渍害农田增产粮食成为解决粮食问题的客观需要。

20 世纪 60—70 年代，平原湖区排涝和山丘区的河道治理建设中，就结合采用明沟滤水对部分渍害田进行了较低程度的治理。真正把渍害田改造作为一项专门水利措施从工程、技术上加以研究并有针对性地治理是在 70 年代开始的，因当时财力有限，只是在小范围进行治理。1983 年，洪湖县的石码头周坊村和潜江县田湖大垸被纳入全省渍害低产田改造试点项目。

1. 洪湖县周坊村渍害田改造试点

周坊村位于四湖地区的下游区，地势低洼。全村耕地 6051 亩，渍害低产田 3100 亩。从 1966 年开始经过多年的治理，使 3870 亩农田达到园田化标准。已建 5 处泵站，总容量 234 千瓦，排涝达到 10 年一遇的标准。但由于地下水位高的问题没有解决，农业产量不高，1986 年，省水利厅协同洪湖县在周坊村办试点，经过几年的努力，到 1991 年已完成 1400 亩渍害田改造任务，其中，暗管排水 800 亩，鼠道排水 600 亩。暗管间距为 12～16 米不等，埋管深分别为 0.9 米、1 米、1.2 米。管材有石屑管、塑料波纹管等。暗管排水比明沟排水增产很明显。据 1987—1990 年观测，间距 12 米暗管农田水稻平均亩产 520.6 千克，比明沟排水的农田亩产 344.1 千克增产 51.29％；间距 16 米的暗管农田水稻平均亩产 465.3 千克，比明沟排水农田增产 35.1％。鼠道洞深 0.5 米，间距 3～5 米，比明沟排水每亩增产水稻 100～150 千克。

2. 潜江县田湖大垸万亩渍害田试点

潜江县浩口镇田湖大垸位于四湖地区上端，地势低洼，过去因天旱为田、雨后为湖，故名田湖。垸内耕地 2.03 万亩，其中有 1.43 万亩为渍涝低产田。1983 年，由湖北省水利厅、荆州地区水利局确定田湖渍害田改造试点，试验小区为 360 亩。通过素混凝土管暗管排水，取得明显效果。冬季地下水位由过去的 30 厘米下降到 80 厘米，土温升高 0.5～11.0℃，土壤氧化还原电位提高 80～100 毫伏。观测 3 年时间，水稻平均每亩增产 108 千克，增产率为 27.7%，增收一季小麦，亩产 225 千克，农田产出效益提高 70%。随着垸内的地表水排涝标准的提高，到 1988 年，暗管面积扩大到 3300 亩，1991 年建成 1.03 万亩暗管排水区。

暗管排水的设计根据田湖大垸土壤和园田化格局情况，确定暗管间距为 16 米，埋深 1.0 米，纵坡 1：500。暗管埋深不仅考虑了种植水稻，而且为湖区发展小麦种植创造了条件。

田湖万亩渍害田改造试点不仅在领导组织方面和规划设计方面取得成功经验，而且在施工组织管理方面也摸索了一些行之有效的经验。其施工组织分两个层次，其一，由县水利局和区水利站的工程技术人员组成专班，负责整体规划、施工技术指导、技术培训、重点项目审定和竣工验收等项；其二，由村组组成专班，接受所安排的具体任务，并组织发动农民按计划和标准要求承包，完成各项工程任务。

试点中重点对渍害田改造的适合范围、规划、明沟、暗管、鼠道布置（间距和深度）、改造的效益进行了探索，对暗管的埋设模式、型式、制作方式进行了研究，还对沟渠配套建筑物进行了研究。基本找出了适合不同类型渍害田改造的方法和完整的技术，提出了改造渍害田排水治渍两级标准：①初步治理标准是达到 5 年一遇以上，采用明沟、鼠道排水，达到灌得上、排得出、降得下，田间工程基本配套，雨后 3 天地下水位降至地面以下 0.5 米左右，晒田期 6 天降至地面以下 0.4 米，达到当地中产水平；②高标准治理为排涝达到 10 年一遇以上，采用暗管排水工程，达到灌得好、排得快、田间工程配套，雨后 3 天地下水位降至地面以下 0.8 米左右，晒田期降至地面以下 0.5 米，达到当地高产水平。试点及科研成果表明，在防洪、排涝灌溉工程体系基本形成并达到一定标准的情况下，将排水工程延伸到田间，调控地下水位，改善土壤水、肥、气、热条件，达到降渍、改土、增产的目的。

平原湖区治理渍害低产田的试点工作引起了中央有关部门的关注，认为治理渍害低产田技术是今后农业发展的重要措施。1988 年底，国务院农村政策研究室、国家计委、国家农业综合开发办公室等部门领导深入洪湖周坊村进行实地调查，对试点成绩给予充分肯定和鼓励。

1989 年年底，国家确定江汉平原以改造中低产田为中心内容的农业综合开发项目正式立项。自此，荆州改造渍害中低产田工作进入全面实施阶段。

3. 荆州地区渍害田情况

荆州地区根据渍害田的水文地质条件，分为 5 个区进行规划治理。

（1）Ⅰ区：暗管排水为主的黏土地区。此区位于平原腹地，地域辽阔，地势低洼，河湖密布，共有渍害低产田212万亩。区内土壤以冲—湖积混合淤泥质黏土、亚黏土为主，含有丰富的有机质，还有大量的湿生植物在其中腐烂，土壤透水性较差，如果采用沟渠排水，要求排水沟间距很密，成本高。根据潜江田湖大垸及洪湖石码头的试验所取得的经验，田间排水沟（毛沟）宜采用间距200米、沟深1.2～1.5米，在两条毛沟之间布置一条灌溉毛渠，渠深0.6～0.8米，田间地下暗管与毛沟垂直。

（2）Ⅱ区：以一套沟地下排水为主、暗管排水为辅的冲积平原区。长江南岸、汉江北岸的冲积平原，行政区划为公安、松滋、石首、天门等县市，共有渍害低产田67.38万亩。此区地层表面土壤多为亚砂土、亚黏土，地表4～6米以下有黏土或亚黏土隔水层。荆南平原表层潜水的动态变化受大气候降水影响，并与江水补排关系密切。

这类渍害田的改造工作重点有：①提高地面除涝标准，加强田间渠系建筑物配套；②开展以一套沟为主的降排地下水工程建设，在黏土含量较高的地区铺设一部分暗管排水设施。因为沿江地带土壤含沙量较大，渗透性好，排水毛沟间距一般为60～70米、沟深1.5米，农沟深1.8～2米、间距500～600米，而滨湖地区土质黏性较高，单纯靠沟排水达不到治理的目的，因此在排水毛沟中间宜增设地下排水暗管，暗管间距一般为18～24米。

（3）Ⅲ区：地下排水工程与水旱轮作措施相结合的冲—湖平原区。此区主要分布在东荆河两侧以及荆江北岸的冲—湖积平原，共有渍害低产田73.8万亩。此区域内土壤结构复杂，地表多为亚砂土、粉砂土，由于成土过程和人为因素，在地下30～80厘米的范围内，存在着障碍性青泥层或淤泥质亚黏土隔水层。其地下排水工程主要为旱作物生长创造条件，利用旱作物的深根效应，增加土壤的爽水性，改造渍害田。田间排水沟渠的设计，要满足旱作物的排水和水稻的生态需求要求。据天门棉花试验站多年试验资料，棉花地下水宜控制在1.2～1.5米，田间毛沟深1.5～1.8米，间距100～120米。土壤含黏土量大的地方毛沟之间铺设地下排水暗管，间距20～25米，埋深1.3～1.4米。

（4）Ⅳ区：山冲冷浸田区。山冲冷浸田主要指京山、钟祥、松滋3县的山冲冷泉田和江陵县北部丘陵地区的大冲冷浸田，面积约占荆州地区耕地面积的2%。山冲冷浸田形成的主要原因是山坡地表潜流补给。其治理措施主要是挖3渠：撇洪渠、排水渠、灌溉渠。

（5）Ⅴ区：生物适应性措施区。洪湖、白露湖、排湖、玉湖等大、中型湖泊的滨湖地区，面积约占全区总耕地面积的23.7%。由于地势低洼，地下水补给丰富，采用地下水排水的工程措施投资大，运行管理费高，经济效益差，宜采取退田还湖措施，发展水产养殖。渍害田分区情况详见表7-11-4。

表7-11-4　　　　　　　　荆州地区渍害田分区情况表　　　　　　　　单位：万亩

县（市）	合计	渍害低产田分区情况						渍害中产田分区情况			
		小计	Ⅰ	Ⅱ	Ⅲ	Ⅳ	Ⅴ	小计	Ⅱ	Ⅲ	Ⅳ
总计	500	387	212	67	74	11	23	113	53	51	9
江陵	45	38	31		4	2	1	7		6	1
松滋	15	12		11		1		3	3		
公安	76	40		38			2	36	36		

县（市）	合计	渍害低产田分区情况						渍害中产田分区情况			
		小计	I	II	III	IV	V	小计	II	III	IV
石首	10	7		7				3	3		
监利	85	79	52		19		8	6		6	
洪湖	85	76	45		24		7	9		9	
仙桃	105	80	62		15		3	25		25	
天门	22	11		11				11	11		
潜江	40	35	21		12		2	5		5	
钟祥	13	8			8			5			5
京山	4	2			2			2			2

农业综合开发的宗旨是以改造中低产田为重点，以增产粮、棉、油为目标，实行山、水、田、林、路综合开发。农业综合开发项目按照"旱能灌、涝能排、田成方、渠成网、林成行、路相通"的高标准进行建设。田间渠网按纵渠每隔 1000 米一条、横渠每隔 500 米一条进行布置。排水沟挖深 1~1.2 米，以降低农田地下水。以田块为单位进行平整，并配套桥、涵建筑物及排灌设施，以达到除涝增产的目的。

至 1994 年，经过渍害田改造的科研和生产性示范工作，解决了渍害田改造的规划设计和水分管理的关键技术，初步治理渍害田 62 万亩，高标准治理 2 万亩；1998—2005 年期间，通过完善田间排灌沟渠，有 100 万亩滨湖渍害低产田得到初步治理，其中 40 万亩达到高标准；至 2012 年，荆州市渍害中低产田有 60% 以上的面积得到治理，其中 120 多万亩通过治理达到高标准。2012 年渍害中低产田改造情况详见表 7-11-5。

表 7-11-5 　　　　　　2012 年荆州市渍害中低产田改造情况统计表

县（市、区）	中低产田面积 /万亩	完成总投资 /万元
荆州区	33.93	15024
沙市区	3.0	1928
松滋市	0	13500
公安县	35.51	37077.77
石首市	21.90	8588
监利县	19.71	7470.95
江陵县	14.68	4161.8
洪湖市	73.41	77072.12
合计	202.14	164822.64

（三）渍害中低产田改造科研工作

1963 年成立荆州四湖管理局排灌试验站，是湖北省重点排灌试验站之一，拥有比较完善的农田气象观测设施、排灌试验设施和农田水土测试分析室。排灌试验站运行以来，长期与大专院校及水利科研单位共同承担作物灌溉排水、作物渍涝灾害和农田水肥运移规律等方面的试验研究。经过连续多年的多点试验，积累了各类渍害田改造的排水工程技术经验，取得了一批科研成果，其中《四湖地区渍害低产田地下排水改良试验研究》于1987年12月通过省级鉴定，获1988年湖北省科技进步一等奖；1988年由水利部下达的《湖北四湖地区渍害低产田改造生产科研试验（扩大）》课题于1992年通过部级验收；2002年《涝渍地农业示范小区整体规划及综合整治开发研究》获湖北省科技进步二等奖；2003年《江汉平原涝渍地综合开发研究》获湖北省科技进步一等奖；2004年《易涝易渍农田排水改良技术研究》获湖北省科技进步二等奖。

第八篇 水资源开发利用

水是宝贵的资源，农业的命脉，国民经济的基础，人类赖以生存的源泉。但相对多水、富水的荆州而言，对水的重要性的认识有着不断升华的过程。

荆州左汉右江，境内水网密布，客水资源丰富。在人们抗御和利用水的能力还较低下的时期，荆州是谈水色变，素有"荆州不怕干戈动，只怕南柯一梦中"之说。早期治水的措施主要是筑堤防洪，挖渠排涝，把除祛水患作为第一要务。随着防洪排涝能力的不断提高和境内调洪蓄水的湖泊减少，以及水资源浪费和污染程度的加重，水乡泽国的荆州出现了季节性缺水和污染性缺水，由此敲响了警钟，水不是"取之不尽、用之不竭"的财富，它也需要人们加以合理的开发、利用和保护。1988年《中华人民共和国水法》的颁布实施，标志荆州水资源保护工作的开端，历经几十年的不懈努力，荆州水资源保护工作从设立专门机构、普查水资源量、订立水资源开发利用保护规划开始，到建立水资源保护执法体系，依法实施取水许可和收取水资源费的制度，建立水资源监测系统，向社会发布水资源信息，以唤起全社会共同保护水资源。

荆州地表地貌形态多样，由水引起的土资源的流失，加剧了旱涝灾害，对人类的生存环境和经济社会可持续发展构成威胁。长期以来，水土流失在荆州的山丘地区分布广泛。据卫星遥感资料和实际调查，荆州最高峰时水土流失面积达3303.9平方千米。水土流失导致山丘区耕地贫瘠，农业生产水平低下。自1955年开始，荆州就开始了水土保持工作，1991年《中华人民共和国水土保持法》颁布实施，水土保持工作走上了法治的轨道，将水土生态系统建设确立为荆州水利工作中的一项任务，年复一年地投入，将大规模农田水利工程建设与水土流失治理相结合，实行工程措施与生物防护配套建设，水土保持工作有了较大的发展。

南方多水，北方缺水这样一个全国性水环境状况在荆州同样存在。特别是实施南水北调工程后，丹江口水库以下的汉江干流及东荆河流域缺水矛盾也日益显露。为缓解这一矛盾兴建的"引江济汉工程"应运而生，一江清水济汉源。

由于水资源的浪费和污染，居住在江汉平原的人民出现了饮用水困难的情况。自20世纪80年代，人们不得不引用地下水资源，以获得安全的水源。2004年农村水改职能划归水行政主管部门后，农村以实现饮水安全为目标（即水质、水量、方便程度、水源保证率4项指标达标），全面兴建集中式自来水厂工程，用两个"五年计划"（2005—2015年）的时间，计划满足440.81万人饮水安全的需求。

荆州水资源丰富，但水能资源贫缺，为利用好已有的水能资源，自20世纪50年代就开始兴建了一批小水电站。至1979年统计，荆州地区修建水电站267处，装机428台、46407千瓦，年发电量2500万千瓦时。随着行政区划变更，沮水河水系成为荆州市重点开发的区域。沮水河水系山势陡峻，又受五峰暴雨中心影响，雨量多，径流大，可利用落差达110米，水能资源近10万千瓦。至2012年，荆州市共建水电站11处，装机35台、28186千瓦。

为综合利用水资源，充分发挥水利工程的效益，新中国成立后十分重视水利结合血防灭螺和发展水运事业，促进了各项事业的协调发展。

第一章 水资源保护

荆州地处两湖平原，境内江河纵横，湖泊密布，降水丰富，2011年平均降水深949.3毫米，年降水量133.46亿立方米；地表水资源量50多亿立方米；地下水资源量13.636亿立方米；水资源总量58.04亿立方米。产水模数41.3万立方米每平方千米；亩均占有水资源833立方米，为全省平均水平的56%；人均占有水资源1017立方米，低于全省人均1248立方米的水平。目前水资源利用程度还不很高，而且境内水资源的时空分布极不均衡，极易形成干旱和洪涝灾害。局部地区资源性或水质性缺水将是未来水资源十分突出的矛盾。

荆州除天然降水外，主要依赖于长江补充水源。长江天然水质总体良好，是工农业生产和人民生活用水的良好水源，也是水生生物生长繁殖的理想环境。随着经济发展，人口增加，废污水排放量逐年增多，河湖水质逐渐恶化。据调查，全市地表水水质监测河流总长为927千米，其中水质劣于Ⅲ类的河流总长为230千米，占总评价河长的24.8%，主要污染河流为四湖总干渠、沮漳河、藕池河，主要污染项目为氨氮、总磷、挥发酚等。洪湖、长湖、洈水水库营养状态评价均为中营养。2011年度全市共监测16个水功能区，达标水功能区6个，达标率为37.5%。水质的恶化，直接关系到人民的生活和社会经济的发展。

新中国成立前，由于生产力水平低下，对水资源的开发利用和破坏，在总体上尚不能对水资源的数量和质量造成重大的影响。自20世纪80年代后，随着工业化的迅速发展和农业技术革命，以及人口的增加和生活方式的改变，对水资源开发利用和影响程度也日益增强。20世纪70年代以前，荆州境内的所有河流湖泊皆水清鱼肥，水草丰美。时至今日，境内除长江外，绝大多数河流逐渐丧失了作为饮用水源的功能。因此，保护好水资源，加以合理的开发利用，是整个水利事业中的一个重要环节。

第一节 水资源保护机构

荆州水资源保护工作起步于1959年3月荆州专署水利局水文分站的建立。当年5月即开始对荆州、宜昌地区的15条河流（湖泊、水库）本底质（常规八大离子）进行监测。至1964年年初曾一度中断，1964年4月恢复监测至今。

1988年《中华人民共和国水法》的颁布实施，从法律上明确县级以上各级水利部门为同级人民政府的水行政主管部门，标志着水行政工作步入法制轨道，水利部门的职能也因此发生了重大变化。新中国成立以来，水利部门一直代表国家对水利工程进行投资建设，为国家的水利建设，为防洪保安、抗灾保丰收作出了巨大贡献。《中华人民共和国水法》明确规定，水利部门除继续履行这一职责外，还被赋予代表国家行使水资源的管理和对水事违法案件、水事纠纷的查处权。为适应职能的转变，水利部于 1989 年 11 月发出《关于尽快建立水政水资源机构的通知》，明确各地水利厅（局）水政水资源机构为各地水资源保护的归口管理部门，水文水资源勘测局（水文总站）为水环境监测中心的负责单位。1990 年，荆州地区水利局设水政水资源科，负责荆州地区水资源管理工作，湖北省环境监督中心荆州分中心为水资源管理技术支撑单位。荆州地区所辖的 11 个县，于 1991 年年底普遍完成了各级水政水资源机构的组建工作，地、县两级水行政主管部门内部均设立了水政水资源科、股。

水政水资源管理工作主要是负责本行政区划内地表水和地下水资源的统一规划管理。其具体工作内容如下：

（1）水文水资源调查评价。为发电、灌溉、航运、养殖、工业、生活、环境等用水需要提供规划、建设依据，并通过工程实施对水资源统一管理、合理调度和科学分配。

（2）污染调查。了解水体污染负荷数量、排放特点、污染物种类及性质，为控制污染物排放，调整产业结构与建设防治工程布局提供依据。

（3）水质监测与评价。设立监测站网、断面，获取水质数据，确定水体污染程度和污染类型，了解水环境状况变化趋势。

（4）开展水体污染物质迁移、转化、降解、自净规律的研究，研究污染物变化与河流、湖泊等水体水文因子关系，确定水环境容量，建立水质模型。

（5）编制水资源保护规划，进行水功能区划，提出污染总量控制计划及水污染综合防治方案，作为水资源保护管理的依据。

（6）建立水资源保护机构，实行水质、水量的统一管理。贯彻执行水资源保护方针、政策，采取经济、行政、技术等综合手段，治理和防止水污染，促进社会经济可持续发展。

第二节　水资源保护规划

一、地表水资源保护

2000 年，水利部以水资源〔2000〕58 号文发出《关于开展全国水资源保护规划编制工作的通知》。随后，湖北省水利厅以鄂水资〔2000〕130 号文发出《关于开展水资源保护规划编制工作的通知》。为抓好荆州市水资源统一管理，做好水资源的科学调度、优化配置、合理开发与保护工作，荆州市成立以荆州市水利局局长荣先楚为组长的荆州市水资源保护规划编制工作领导小组，于 2000 年 6 月开始编制工作，历时一年，于 2001 年 11 月完成《荆州市水资源保护规划》，并通过湖北省水利厅和长江委组织的审查。

《荆州市水资源保护规划》在统计、分析各项社会经济指标，评价、预测水质状况和各项取、用水量的基础上，划分了水功能区，拟定了水资源保护规划和水质监测规划，以此确定荆州市境内河流、湖泊、水库等水体的功能性质，制定出水体纳污总量控制方案，作出水资源环境监测工作规划目标。

（一）水功能区划分

水功能区划是根据水资源开发利用现状及长远供求计划，把水系按各类功能区的指标进行划分。水功能区划采用两级分区体系，即一级区划和二级区划。一级水功能区分为保护区、保留区、开发利用区、缓冲区4个区；二级水功能区划是在一级区划的基础上进行，将一级水功能区中的开发利用区划分为饮用水源区、工业用水区、农业用水区、渔业用水区、景观娱乐用水区、过渡区、排污控制区7类。依据《长江流域水功能区划分技术细则》，结合荆州城市总体规划、水资源基本状况、水系河流情况、涉水区域等，统计分析各项社会经济指标，评价、预测各项供需水量，划分荆州市一级水功能区25个，其中保护区3个、保留区13个、开发利用区5个、缓冲区4个。一级水功能区划基本情况见表8－1－1。

二级水功能区划是根据取水、排污、水质现状、水域特性、各部门用水现状及需求在一级水功能区划所制定的开发利用区内进行，荆州市二级水功能区划分为9个，见表8－1－2。

1. 一级水功能区

（1）保护区。依据国家有关部门划定的各类自然保护区，对所涉及的水域划作保护区，区内严禁进行其他开发活动，并不得进行二级区划分。其水质控制目标要达到Ⅰ类、Ⅱ类标准。

长江天鹅洲白鳍豚自然保护区　保护区位于石首市下游20千米的长江北岸故道内，故道外形呈圆环状，上口淤塞筑坝，下口及以下有一串沟与长江相通，自然面积3万亩。故道内河床底质环境好，每年灌江纳苗丰富了故道内的生物种类，增强了生物群落的调节功能，为珍稀鱼种白鳍豚天然的优良栖息场所。1992年9月经国务院批准，由农业部在此建立国家级自然保护区。

长江天鹅洲麋鹿保护区　在长江天鹅洲故道区内，环保部门建立了保护麋鹿及其生态环境的省级自然保护区，占地面积23500亩。自1993年引进30头麋鹿，现已有近千头麋鹿在此繁衍生息。

长江石首—监利白鳍豚保护区　将长江石首人民大垸柴码头—湖南塔市五码口长89千米的江段划作长江石首—监利白鳍豚保护区，水质标准维持现状，执行《地面水环境质量标准》（GB 3838—88）Ⅲ类水标准。

长江洪湖新螺段白鳍豚自然保护区　保护区位于洪湖市新滩口至螺山江段，长135.5千米，水域面积30.45万亩，1992年经国务院批准建立，为国家级自然保护区，水质标准维持Ⅲ类标准。

洪湖湿地自然保护区　洪湖是全国第七大淡水湖泊，位于洪湖市和监利县之间。其308平方千米水域划作省级湿地自然保护区，主要保护水生和陆生生物及其生态环境，水质标准维持现状Ⅲ类标准。

（2）开发利用区。为能满足工农业生产、城镇生活、渔业和游乐等业多种需求的水域，并能服从二级区划的分区要求。开发利用区水质标准应根据取用水用途分别执行相应的水质控制标准。

长江荆州开发利用区　开发利用区位于长江公安县虎渡河口—江陵县观音寺江段，长

表8-1-1　荆州市一级水功能区基本情况

水功能区名称	水系	河流	范围		长度（或面积）	现状水质	水质目标	区划依据
			起始断面	终止断面				
长江宜昌—荆州保留区	长中干	长江	松滋市陈家店五家口	公安县虎渡河口	62.0km	Ⅱ	Ⅱ	开发利用程度不高
长江荆州开发利用区	长中干	长江	公安县虎渡河口	江陵县滩桥镇观音寺	23.0km	Ⅲ	Ⅲ	重要城市江段
长江江陵—公安—石首保留区	长中干	长江	江陵县滩桥镇观音寺	石首市人民大垸观音寺	82.5km	Ⅲ	Ⅲ	开发利用程度不高
长江石首—监利白鳍豚保护区	长中干	长江	石首市人民大垸大垸柴码头	湖南塔市五码口	89.0km	Ⅲ	Ⅲ	国家级自然保护区
长江监利—洪湖保留区	长中干	长江	湖南塔市五码口	洪湖螺山水文站	130.0km	Ⅲ	Ⅲ	开发利用程度不高
长江洪湖新螺段白鳍豚保护区	长中干	长江	洪湖螺山水文站	洪湖新滩口	135.5km	Ⅲ	Ⅲ	国家级自然保护区
沮漳河荆州保留区	长中干	沮漳河	当阳河溶镇	荆州市李埠新台	114.0km	Ⅲ	Ⅲ	开发利用程度不高
长湖荆门—潜江—潜江开发利用区	长中干	长湖	长湖荆门—荆州	长湖荆门—潜江	122.5km²	Ⅲ	Ⅲ	
四湖总干渠荆州—洪湖保留区	长中干	总干渠	荆州观音垱习家	洪湖新滩口刘家堤	191.0km	Ⅲ	Ⅲ	
洪湖湿地自然保护区荆州开发利用区	长中干	洪湖	洪湖监利—洪湖		402.0km²	Ⅲ	Ⅲ	规模养殖
太湖港水库荆州开发利用区	长中干	太湖港水库	太湖港水库	太湖港水库	7.4km²	Ⅲ	Ⅲ	
东荆河保留区	长中干	东荆河	潜江市三口	武汉市新河口	180.0km	Ⅲ	Ⅲ	开发利用程度不高
松滋东河松滋保留区	洞庭湖	松滋东河	松滋市老城镇	公安县孟溪镇	85.0km	Ⅲ	Ⅲ	开发利用程度不高
松滋东河鄂—湘缓冲区	洞庭湖	松滋东河	公安县孟溪镇	公安县甘家厂	5.6km	Ⅲ	Ⅲ	湖北、湖南省界河流
松滋西河松滋保留区	洞庭湖	松滋西河	松滋市陈店松滋口	松滋人宝保丰闸	26.6km	Ⅲ	Ⅲ	开发利用程度不高
松滋西河松滋开发利用区	洞庭湖	松滋西河	松滋人宝保丰闸	松滋新江口字纸楼闸	13.2km	Ⅲ	Ⅲ	开发利用程度较高
松滋西河松滋—公安保留区	洞庭湖	松滋西河	松滋新江口字纸楼闸	公安县郑公渡	63.2km	Ⅲ	Ⅲ	开发利用程度不高
松滋西河鄂—湘缓冲区	洞庭湖	松滋西河	公安县郑公渡	湖南澧县杨家垱	5.0km	Ⅲ	Ⅲ	湖北、湖南省界河流
虎渡河荆州—公安保留区	洞庭湖	虎渡河	荆州弥市太平口	公安县凤凰斗岗	85.4km	Ⅲ	Ⅲ	开发利用程度不高
虎渡河鄂—湘缓冲区	洞庭湖	虎渡河	公安县凤凰斗岗	公安黄山头刘家垸	5.0km	Ⅲ	Ⅲ	湖北、湖南省界河流
藕池河公安—石首保留区	洞庭湖	藕池河	公安裕公陈家潭	公安县六合院	36.2km	Ⅲ	Ⅲ	开发利用程度不高
藕池河鄂—湘缓冲区	洞庭湖	藕池河	公安县六合院	石首久合院殷家洲	3.0km	Ⅲ	Ⅲ	湖北、湖南省界河流
调弦河石首保留区	洞庭湖	调弦河	石首调弦河口	石首焦山河邓家屋场	11.1km	Ⅲ	Ⅲ	开发利用程度不高
沱水河五峰—公安保留区	洞庭湖	沱水河	沱水河河源	公安狮子口任家汉	172.0km	Ⅲ	Ⅲ	开发利用程度不高
沱水河松滋开发利用区	洞庭湖	沱水河	沱水水库	沱水水库	23.0km²	Ⅱ	Ⅱ	开发利用程度较高

注：长中干系长江中游干流简称。

表8-1-2　荆州市二级水功能区基本情况表

水功能区名称		水系	河流（水库）	范围		长度（或面积）	功能区排序	现状水质	水质目标	区划依据
				起始断面	终止断面					
长江荆州开发利用区	长江荆州城南饮用水源、工业用水区	长中干	长江	虎渡河口	临江路	10.3km	饮用、工业	Ⅱ	Ⅱ	取水集中，取水条件，水质良好
	长江荆州柳林洲工业用水、饮用水源区	长中干	长江	临江路	东郊热电厂	3.0km	工业、饮用	Ⅱ	Ⅱ	取水集中，取水条件，水质良好
	长江荆州五七码头排污控制区	长中干	长江	东郊热电厂	虾子沟	1.7km	排污控制区	Ⅳ	Ⅳ	排污集中
	长江荆州观音寺过渡区	长中干	长江	虾子沟	观音寺	8.0km	过渡区	Ⅳ	Ⅲ	上下游水质要求有差异
松滋西河松滋开发利用区	松滋西河松滋新江口饮用水源区	洞庭湖	松滋西河	保丰闸	自来水公司取水口下游 11011	6.5km	饮用、工业	Ⅲ	Ⅲ	取水集中，取水条件，水质良好
	松滋西河松滋新江口排污控制区	洞庭湖	松滋西河	自来水公司取水口下游 11-01	宇纸楼闸	6.7km	排污控制区	Ⅳ	Ⅲ	排污集中
长湖荆门—荆州—潜江开发利用区	长湖渔业用水区	长中干	长湖	长湖	长湖	122.5km²	渔业、农业	Ⅲ	Ⅲ	渔业用水区、水质较好
太湖港水库荆州开发利用区	太湖港水库农业用水区	长中干	太湖港水库	太湖港水库	太湖港水库	7.4km²	农业、渔业	Ⅲ	Ⅲ	农业用水区、水质较好
洈水水库松滋开发利用区	洈水水库农业用水区	洞庭湖	洈水水库	洈水水库	洈水水库	23.0km²	农业、景观、娱乐、渔业	Ⅱ	Ⅱ	农业用水区、渔业用水区、风景名胜区

注　长中干系长江中游干流简称。

23 千米。

长湖荆门—荆州—潜江开发利用区 长湖为荆州市第二大湖泊，水产资源丰富，水质较好，将其 122.5 平方千米水面划作开发利用区。

太湖港水库荆州开发利用区 太湖港水库因农业用水量大，水产资源丰富，将库区7.4 平方千米水面划作开发利用区。

松滋西河松滋开发利用区 松滋河西支为松滋城区工业、生活主要水源地，松滋市自来水公司年均取水量 766.5 万立方米，将松滋河西支保丰闸—字纸篓闸长 13.2 千米河段划作松滋开发利用区。

洈水水库松滋开发利用区 洈水水库是一座以灌溉为主，兼有防洪、发电、养殖等综合效益的大型水库，洈水风景区已建成国家级森林公园和省级风景名胜区，将洈水水库23 平方千米水域划作开发利用区。

（3）保留区。保留区是指目前开发利用程度不高，为今后开发利用和保护水资源而预留的水域。保留区内应维持现状不遭破坏，未经流域机构批准，不得在区内进行对水质有不利影响的大规模开发活动，水质类别控制标准不低于现状水质类别。

长江宜昌—荆州保留区 长江松滋市陈店五家口—公安县虎渡河长 62 千米河段，开发利用程度不高，划作保留区，现状水质为Ⅲ类。保留区内水质控制标准不低于Ⅲ类。

长江江陵—公安—石首保留区 长江江陵观音寺—石首人民大垸柴码头，长 82.5 千米，功能区现状水质为Ⅲ类，水质控制目标为Ⅱ类。

长江监利—洪湖保留区 长江湖南塔市五码口—洪湖螺山站，长 130 千米，功能区现状水质为Ⅲ类，水质控制目标为Ⅱ类。

沮漳河荆州保留区 沮漳河于凤台流入荆州境内，至荆州区李埠镇新台注入长江，荆州境内流长 38.5 千米，开发利用程度不高，将沮漳河当阳河溶站—新台长 90 千米河段划作保留区，现状水质为Ⅲ类，水质控制目标为Ⅲ类。

四湖总干渠荆州—洪湖保留区 四湖总干渠自沙市区观音垱镇习家口至洪湖市新滩口刘家堤，长 191 千米，开发利用程度不高，划作保留区，水质控制目标为Ⅲ类。

东荆河保留区 东荆河自潜江市泽口分汉江水，南流至潜江市周矶，有田关河分长湖水汇入，在老新口折向东流至杨林尾，分南、北两支，北支经改道河至三合垸入长江，南支在高潭口接纳排涝河水后东流至武汉市汉南区水洪乡新河口（三合垸）入长江，长 180千米，开发利用程度不高，划作东荆河保留区，水质目标维持现状Ⅲ类。

松滋东河松滋保留区 松滋河自松滋陈店乡松滋口分长江水，南流经老城佛兴垸，分东、西两支，将松滋河东支老城镇—公安县孟家溪镇长 85 千米河段划作保留区，水质控制目标维持现状Ⅲ类。

松滋西河松滋保留区 将松滋河西支松滋河口—保丰闸长 26.6 千米河段划作保留区，水质控制目标为Ⅲ类。

松滋西河松滋—公安保留区 将松滋河西支字纸篓闸至公安县郑公渡长 63.2 千米河段划作保留区，水质控制目标为Ⅲ类；将公安陈家潭至六合垸长 36.2 千米划作保留区，水质控制目标为Ⅲ类。

调弦河石首保留区　调弦河位于石首市调关镇垸子口分长江水，至石首市焦山河乡邓家屋场，境内长 11.1 千米，开发利用程度不高，划作保留区，现状水质为Ⅲ类，水质标准维持现状。

沧水河五峰—公安保留区　沧水河为松滋河最大支流，源出五峰县清水湾乡永家湾，流经松滋在公安县狮子口镇汪家汊入松滋河，全长 172 千米，现状水质为Ⅲ类，开发利用程度不高，划作保留区，水质标准维持现状Ⅲ类。

（4）缓冲区。为协调省际间、矛盾突出的地区间用水关系，以及在保护区与开发利用区相接时，以满足保护区水质要求而划定的水域，未经流域机构批准，不得在其区内进行对水质有影响的开发利用活动。

松滋东河鄂—湘缓冲区　将松滋河东支经公安县孟家溪镇至甘家厂流入湖南省境，长 5.6 千米，现状水质为Ⅲ类，划作松滋河东支鄂—湘缓冲区，水质控制目标维持现状。

松滋西河鄂—湘缓冲区　将松滋河西支公安县郑公渡至湖南澧县杨家垱长 5 千米河段划作缓冲区，水质控制目标维持现状Ⅲ类。

虎渡河鄂—湘缓冲区　将虎渡河公安县风斗岗至黄山头刘家垸长 5 千米河段划作缓冲区，水质控制目标维持现状Ⅲ类。

藕池河鄂—湘缓冲区　将藕池河公安县六合垸至石首市久合垸殷家洲长 3 千米河段划作缓冲区，水质控制目标维持现状Ⅲ类。

2. 二级水功能区

二级水功能区划是将一级区划中的开发利用区划分为饮用水源区、工业用水区、农业用水区、渔业用水区、景观娱乐用水区、过渡区、排污控制区等 7 类。

长江荆州城南饮用水源、工业用水区　长江学堂洲至荆州主城区临江路长 7 千米的江段内集中有荆州自来水公司、沙市自来水公司所属的郢都、金凤、西区、中区等 4 个水厂，年均取水量为 6077 万立方米，为荆州城区生活及工业用水的重要水源供给地，依此划定为饮用水源、工业用水区。区内现状水质为Ⅱ类，控制标准为Ⅱ类。

长江荆州柳林洲工业用水、饮用水源区　沙市临江路至柳林洲长 3 千米江段，现有多家企业取水口，年取水量 5152 万立方米，为现有工矿企业生产用水取水口相对集中水域，故划作工业用水区；柳林洲水厂年取水能力 2824 万立方米，此区第二功能为饮用水源区。区内现状水质为Ⅱ类，控制标准为Ⅱ类。

长江荆州五七码头排污控制区　沙市东区热电厂至虾子沟河段，长 1.7 千米，现状水质为Ⅳ类。区域内接纳生产、生活废污水比较集中，有热电厂、沙隆达公司及大田公司等工业、生活废污水排污口，年纳污量达 4443.88 万立方米，主要污染物有 COD_{Cr}、悬浮物、氨氮、NO_2-N、TAS 等，其中沙隆达公司排污口 pH 值严重超标。此水域稀释自净能力较强，将其划作排污控制区。

长江荆州观音寺过渡区　长江虾子沟至观音寺闸长 8 千米江段，现状水质为Ⅳ类，上游二级区划为排污控制区。下游一级区划为长江江陵—公安—石首保留区，下游水质目标较上游高，为使相邻功能区顺利衔接，将其划作过渡区，水质控制目标为Ⅲ类。

松滋西河松滋新江口排污控制区 将松滋河西支自松滋自来水公司下游 1 千米处至字纸篓闸长 6.7 千米河段划作松滋河西支排污控制区，接纳松滋城区生活污水及造纸厂、白云边酒厂等工业废污水，年纳污量达 1000 万立方米，主要污染物有 COD_{Cr}、$NH_3 - N$、悬浮物等。

长湖渔业用水区 长湖正常蓄水容积 2.71 亿立方米，现状水质为Ⅲ类。将长湖荆门—荆州—潜江开发利用区划分为长湖渔业用水区，第二主导功能为农业用水区。

沩水水库农业用水区 沩水水库年来水量 9.42 亿立方米。将库区 23 平方千米水面划作农业用水区，年引水量为 5260 万立方米；库区 23 平方千米水面第二主导功能为景观娱乐用水区；将库区水域划作渔业用水区。沩水水库维持现状水质Ⅱ类标准。

太湖港水库农业用水区 将太湖港水库荆州开发利用区库区 7.4 平方千米水面划作太湖港农业用水区，第二主导功能为渔业用水区，现状水质为Ⅲ类，水质控制目标执行《渔业水质标准》（BG 11607—89）。

（二）地表水资源保护规划

地表水资源保护规划的范围是依据功能区的划分，相应提出保护规划，其重点是开发利用区。对开发利用区内各二级功能区进行水体纳污能力计算，提出各规划水平年污染物控制排放量和相对于基准年的现状减量。对保护区、保留区和缓冲区应提出水质保护要求，确定其在规划水平年内的水质标准及污染物控制排放量。

1. 现状污染物排放量的确定

根据有关排污资料，通过对排污口流量、污染物含量、污水排放规律的监测及计算，确定荆州市规划河段分功能区现状污染物排放量，见表 8 - 1 - 3。

表 8 - 1 - 3　　　　　　　　荆州市规划河段现状污染物排放量表

功能区名称		现状污染物排放量/（t/a）	
一级	二级	$NH_3 - N$	COD_{Cr}
长江宜昌—荆州保留区		395	5910
长江荆州开发利用区	长江荆州城南饮用水源、工业用水区	16	5102
	长江荆州柳林洲工业用水、饮用水源区	1	70
	长江荆州五七码头排污控制区	473	1646
	长江荆州观音寺过渡区	0	0
	合计	490	6818
长江江陵—公安—石首保留区		426	7310
长江石首—监利白鳍豚保护区		389	5362
长江监利—洪湖保留区		270	4220
长江洪湖新螺段白鳍豚保护区		249	3566
沮漳河荆州保留区		69	938
太湖港水库荆州开发利用区	太湖港水库农业用水区	163	223

续表

功能区名称		现状污染物排放量/(t/a)	
一级	二级	NH$_3$-N	COD$_{Cr}$
长湖荆门—荆州—潜江开发利用区	长湖渔业用水区	203	384
四湖总干渠荆州—洪湖保留区		463	9759
洪湖湿地自然保护区		312	550
东荆河保留区		14	266
松滋东河松滋保留区		10	20
松滋东河鄂—湘缓冲区		3	10
松滋西河松滋保留区		13	24
松滋西河松滋开发利用区	松滋西河松滋新江口饮用水源区	0	0
	松滋西河松滋新江口排污控制区	52	782
	合计	52	782
松滋西河松滋—公安保留区		28	52
松滋西河鄂—湘缓冲区		2	25
虎渡河荆州—公安保留区		20	158
虎渡河鄂—湘缓冲区		5	30
藕池河公安—石首保留区		25	258
藕池河鄂—湘缓冲区		5	40
调弦河石首保留区		10	30
沱水河五峰—公安保留区		135	3007
沱水水库松滋开发利用区	沱水水库农业用水区	34	50

2. 污染能力计算

水体纳污能力系指河段（或水域）在一定的设计水量下，满足水功能区水环境质量标准要求的污染物最大允许负荷量。最大允许负荷量的计算是制定污染物排放总量控制方案的依据。经计算，荆州市开发利用区水体纳污能力见表 8-1-4 和表 8-1-5。

3. 水体纳污总量控制方案

水体纳污总量控制方案系根据各江（河）段、水域的水体纳污能力和技术经济的可能性，结合排污现状，按不同水平年对污染物的控制排放量所提出的限额。

（1）污染物控制排放量的确定。依据功能区划分，荆州市目前划分长江荆州开发利用区和松滋西河松滋开发利用区共 6 个二级水功能区，污染物控制排放量见表 8-1-6。

荆州市湖泊（水库）共划分 3 个二级水功能区，各功能区污染物控制排放量均应小于最大允许入湖（库）速率，详见表 8-1-7。

（2）污染物现状削减量的计算。现状削减量是基于 1998 年污染物排放量的削减量，现状削减量等于现状排污量与规划年年控制排放量之差。对于现状排放量小于规划水平年污染物控制排放量的功能区，即现状水质优于规划目标量，不计算削减量（即削减量为零），控制排放量等于现状排污量。各规划水平年污染物现状削减量见表 8-1-8。

表 8-1-4　荆州市开发利用区水体纳污能力计算表

功能区名称		长度 /km	Q设 /(m³/s)	u设 /(m/s)	NH₃-N				COD_Mn			
一级	二级				Cs /(mg/L)	Co /(mg/L)	K /(L/a)	纳污能力 /(t/a)	Cs /(mg/L)	Co /(mg/L)	K /(L/a)	纳污能力 /(t/a)
长江荆州开发利用区	长江荆州城南饮用水源、工业用水区	10.3	26.7	0.25	0.43	0.40	0.4	92	3.3	3.0	0.3	633
	长江荆州柳林洲工业用水、饮用水源区	3.0	26.7	0.25	0.45	0.43	0.4	37	3.5	3.3	0.3	288
	长江荆州五七码头排污控制区	1.7	26.7	0.25	0.50	0.45	0.4	55	4.5	3.5	0.3	922
	长江荆州观音寺过渡区	8.0	26.7	0.25	0.46	0.50	0.4	26	4.2	4.5	0.3	154
松滋西河松滋开发利用区	松滋西河松滋新江口饮用水源区	6.5	1.95	0.05	0.45	0.43	0.11	6	2.5	2.3	0.1	35
	松滋西河松滋新江口排污控制区	6.7	1.95	0.05	0.50	0.45	0.11	8	4.5	2.5	0.1	157

表 8-1-5　荆州市湖泊（水库）最大允许入湖（库）速率计算表

二级功能区名称	Qp /(m³/s)	H /m	NH₃-N				COD_Mn			
			Cs /(mg/L)	Co /(mg/L)	K /(L/d)	[m] /(g/s)	Cs /(mg/L)	Co /(mg/L)	K /(L/d)	[m] /(g/s)
长湖渔业用水区	0.25	3.30	0.15	0.09	0.0072	0.08	5.0	3.5	0.0036	0.89
太湖港水库农业用水区	0.15	2.74	0.50	0.45	0.0072	0.08	5.0	4.5	0.0036	0.25
洈水水库农业用水区	0.10	4.50	0.05	0.02	0.0072	1.08	2.0	1.3	0.0036	1.33

表 8 - 1 - 6

荆州市开发利用区水体纳污总量控制表

功能区名称（一级）	功能区名称（二级）	水平年	水质类别	COD$_{Cr}$ Cs/(mg/L)	COD$_{Cr}$ 纳污能力/(万t/a)	COD$_{Cr}$ 现状纳污量/(万t/a)	COD$_{Cr}$ 总削减量/(万t/a)	COD$_{Cr}$ 分期削减量/(万t/a)	COD$_{Cr}$ 分控制排放量/(万t/a)	NH$_3$-N Cs/(mg/L)	NH$_3$-N 纳污能力/(万t/a)	NH$_3$-N 现状纳污量/(万t/a)	NH$_3$-N 总削减量/(万t/a)	NH$_3$-N 分期削减量/(万t/a)	NH$_3$-N 分控制排放量/(万t/a)
长江荆州开发利用区	长江荆州城南饮用水源、工业用水区	2005	II	9.9	0.1899	0.5102	0.3203	0.1281	0.3821	0.43	0.0092	0.0016	0	0	0.0016
		2010						0.0961	0.2860					0	0.0016
		2020						0.0961	0.1899					0	0.0016
	长江荆州柳林洲工业用水、饮用水源区	2005	II	10.5	0.0864	0.0070	0	0	0.0070	0.45	0.0037	0.0001	0	0	0.0001
		2010						0	0.0070					0	0.0001
		2020						0	0.0070					0	0.0001
	长江荆州五七码头排污控制区	2005	III	13.5	0.2766	0.1646	0	0	0.1646	0.50	0.0055	0.0473	0.0418	0.0167	0.0306
		2010						0	0.1646					0.0125	0.0180
		2020						0	0.1646					0.0125	0.0055
	长江荆州观音寺过渡区	2005	II	12.6	0.0462	0	0	0	0	0.46	0.0026	0	0	0	0
		2010						0	0					0	0
		2020						0	0					0	0
松滋西河松滋开发利用区	松滋西河松滋新江口饮用水源区	2005	II	7.5	0.0105	0	0	0	0	0.45	0.0006	0	0	0	0
		2010						0	0					0	0
		2020						0	0					0	0
	松滋西河松滋新江口排污控制区	2005	III	13.5	0.0471	0.0782	0.0311	0.0124	0.0658	0.50	0.0008	0.0052	0.0044	0.0018	0.0034
		2010						0.0093	0.0564					0.0013	0.0021
		2020						0.0093	0.0471					0.0013	0.0008

表 8-1-7   荆州市湖泊（水库）最大允许入湖（库）速率

二级功能区名称	$[m]/(g/s)$	
	NH_3-N	COD_{Mn}
长湖渔业用水区	0.08	0.89
太湖港水库农业用水区	0.08	0.25
洈水水库农业用水区	1.08	1.33

表 8-1-8   荆州市开发利用区污染物现状削减量表   单位：万 t/a

功能区名称		水平年	现状削减量	
一级	二级		COD_{Cr}	NH_3-N
长江荆州开发利用区	长江荆州柳林洲工业用水、饮用水源区	2005	0.1281	0
		2010	0.0961	0
		2020	0.0961	0
	长江荆州五七码头排污控制区	2005	0	0
		2010	0	0
		2020	0	0
	长江荆州五七码头排污控制区	2005	0	0.0167
		2010	0	0.0125
		2020	0	0.0125
	长江荆州观音寺过渡区	2005	0	0
		2010	0	0
		2020	0	0
松滋西河松滋开发利用区	松滋西河松滋新江口饮用水源区	2005	0	0
		2010	0	0
		2020	0	0
	松滋西河松滋新江口排污控制区	2005	0.0124	0.0018
		2010	0.0093	0.0013
		2020	0.0093	0.0013

（3）控制排放量和削减量的分配。长江荆州开发利用区 4 个二级功能区分布有 5 个排污口，若某一个二级功能区 COD_{Cr}、NH_3-N 现状排放量大于最大允许纳污能力，则根据各排污口现状排污量按比例分配功能区现状削减量，即目前排放量大的多削减，目前排放量小的少削减。其他开发利用区同样按排污现状分配削减量。各排污口控制排放量为现状排污量与削减量之差，入河排污口控制排放量和削减量见表 8-1-9。

4. 保护区、保留区及缓冲区保护规划

保护区、保留区及缓冲区均不进行纳污能力计算，只提出水质控制目标值和控制排放量，并确定水质控制断面。水质控制目标值主要考虑现状水质及该功能区对水质的保护要求，缓冲区还应兼顾上下游水功能区用水要求，当现状水质高于保护要求时，水质控制目标值应按现状水质控制，控制排放量按现状排放量控制。荆南四口诸河经常断流，$P=90\%$ 时的最枯月平均流量等于零，污染物控制排放量为零。

荆州市保护区、保留区及缓冲区水质控制目标值及控制排放量见表 8-1-10。

表 8-1-9　　荆州市开发利用区入河排污口总量控制分配表

功能区名称		排污口名称	COD_{Cr}/（万 t/a）			NH_3-N/（万 t/a）		
一级	二级		现状纳污量	削减量	入河纳污控制总量	现状纳污量	削减量	入河纳污控制总量
长江荆州开发利用区	长江荆州城南饮用水源、工业用水区	学堂洲泵站	0.5102	0.3203	0.1899	0.0016	0	0.0016
	长江荆州柳林洲工业用水、饮用水源区	帅伦造纸厂	0.0070	0	0.0070	0.0001	0	0.0001
	长江荆州五七码头排污控制区	沙市热电厂	0.0591	0	0.0591	0.0020	0.0018	0.0002
		沙隆达公司	0.1051	0	0.1051	0.0452	0.0400	0.0052
		大田公司	0.0004	0	0.0004	0.0001	0	0.0001
		小计	0.1646	0	0.1646	0.0473	0.0418	0.0055
	长江荆州观音寺过渡区		0	0	0	0	0	0
松滋西河松滋开发利用区	松滋西河松滋新江口饮用水源区		0	0	0	0	0	0
	松滋西河松滋新江口排污控制区	松滋生活用纸厂	0.0045	0.0018	0.0027	0	0	0
		松滋白云边酒厂	0.0024	0.0010	0.0014	0.0001	0	0.0001
		字纸楼排污闸	0.0713	0.0284	0.0429	0.0051	0.0044	0.0007
		小计	0.0782	0.0312	0.0470	0.0052	0.0044	0.0008

表 8-1-10　荆州市保护区、保留区及缓冲区水质控制目标值控制排放量表

河流	功能区名称	现状水质	水质控制排目标值/（mg/L）		控制排放量/（万 t/a）	
			COD_{Mn}	NH_3-N	COD_{Mn}	NH_3-N
长江	长江宜昌—荆州保留区	Ⅲ	3.0	0.40	0.5910	0.0395
长江	长江江陵—公安—石首保留区	Ⅲ	4.0	0.45	0.7310	0.0426
长江	长江石首—监利白鳍豚保护区	Ⅲ	3.3	0.40	0.5362	0.0389
长江	长江监利—洪湖保留区	Ⅲ	3.0	0.35	0.4220	0.0270
长江	长江洪湖新螺段白鳍豚保护区	Ⅲ	2.5	0.30	0.3566	0.0249
沮漳河	沮漳河荆州保留区	Ⅲ	3.0	0.50	0.0938	0.0069
四湖总干渠	四湖总干渠荆州—洪湖保留区	Ⅲ	4.7	0.50	0.9759	0.0463
洪湖	洪湖湿地自然保护区	Ⅲ	5.0	0.15	0.0050	0.0002
东荆河	东荆河保留区	Ⅲ	4.0	0.50	0.0266	0.0014
松滋东河	松滋东河松滋保留区	Ⅲ	2.3	0.43	0	0
松滋东河	松滋东河鄂—湘缓冲区	Ⅲ	2.3	0.43	0	0

河流	功能区名称	现状水质	水质控制排目标值 /(mg/L)		控制排放量 /(万 t/a)	
			COD_{Mn}	NH_3-N	COD_{Mn}	NH_3-N
松滋西河	松滋西河松滋保留区	Ⅲ	2.3	0.43	0.0024	0.0013
松滋西河	松滋西河松滋—公安保留区	Ⅲ	2.3	0.43	0.0052	0.0028
松滋西河	松滋西河鄂—湘缓冲区	Ⅲ	2.3	0.43	0.0025	0.0002
虎渡河	虎渡河荆州—公安保留区	Ⅲ	4.0	0.48	0	0
虎渡河	虎渡河鄂—湘缓冲区	Ⅲ	4.0	0.48	0	0
藕池河	藕池河公安—石首保留区	Ⅲ	3.3	0.40	0	0
藕池河	藕池河鄂—湘缓冲区	Ⅲ	3.3	0.40	0	0
调弦河	调弦河石首保留区	Ⅲ	5.0	0.50	0	0
沩水	沩水五峰—公安保留区	Ⅲ	1.9	0.20	0.3007	0.0130

（三）水资源保护对策措施

1. 工程措施

水资源保护工程措施主要是为了防治水污染，使水体水质达到拟定的水质目标，满足水体功能要求对排放废水采取的削减处理、调度等工程措施。水资源保护工程措施一般包括污水净化工程、排水工程、环境水利工程和节水工程。

（1）在实际监测中部分排污口单项指标超标，如造纸、农药等企业排放的污水性质比较单一，污染严重，由污染源企业自行处理，修建单项净化工程，严禁不经处理向自然水域排放。

（2）对城市的生活污水实行主城区污水管网收集，兴建（或扩建）城市污水处理厂，对污水进行处理后排放。

（3）合理利用水体自净能力接纳污水，建设长距离输水管线，将污水输送到允许地点排放。对水库运行合理调节，增大枯水期的流量，以减轻下游河流低水位时最易发生的严重污染。

（4）建设污水库，实行水体沉淀自净，在河流径流量低时储存污水，而在径流最大时释放污水。

2. 管理措施

（1）加强对水资源的权属管理。水资源为国家所有，水资源管理服务于公共利益，严格实施取水许可管理，彻底改变水资源取用无序和水资源浪费的状态。

（2）建立"水务一体化"管理体制。历史形成的"水源地不管供水、供水不管排水、排水不管治污、治污不管回用"的部门分割、地区分割的水资源管理体制已严重地阻碍水资源的保护和开发利用，造成水环境恶化，水资源功能丧失的后果。因此，应成立统一管理水资源的职能部门，实行水资源开发、利用、配置节约、保护、防治的全方位、全过程的统一管理，协调社会各部门对水的需求，减少不同利益主体在追求效益最大化过程中对水资源的破坏和浪费，实现水资源的优化配置与永续利用，保证区域社会经济可持续发展。

（3）建立合理的水价体系。水作为自然资源具有有限性、不可替代性和可污染性。因此，应充分运用经济手段，促进水资源优化配置，合理利用。在考虑水价成本时，不仅要计算水的供给成本，还应考虑水使用后的治理成本，建立合适的水利工程供水价格形成机制，逐步将供水价格提高到合理的水平，强化水资源的分配管理，推行"计划用水""节约用水"的方针，实行用水定额制，对用水量进行严格管理，利用经济杠杆来奖励节约用水，惩罚浪费者，调动节水积极性。通过水价改革，建立合理的水价形成机制和管理体制，用经济手段保护和合理利用水资源。

（4）加强点源、面源、内源的综合治理。一些小化工、小造纸等"十五小"企业，废污水未经任何处理直接排入附近河流、湖泊、水库、良田内，对局部地表水、地下水污染严重，当地居民苦不堪言，必须下决心整改、关停此类企业。为此，应大力推行以清洁生产为代表的污染预防战略，淘汰物耗能耗高、用水量大、技术落后的产品和工艺，在工业生产过程中提高资源利用率，削减污染物排放量，实现从末端治理为主向源头治理控制为主的战略转移。除工业和城市生活排水造成的点源污染外，含农药、化肥的农田径流，畜禽养殖业排放的废水废物形成的面源污染，以及湖泊、水库、河流底部沉积物蓄积形成的内污染源，均越来越严重，加强点源、面源和内源污染的综合治理已经刻不容缓。

（5）加强水资源保护法制建设，依法行政。严格执行《中华人民共和国水法》《中华人民共和国水土保持法》《中华人民共和国防洪法》，进一步健全以流域为单位的水资源保护法规体系和执法体系，并进行统一监督与管理。尚急需加紧制定的法规包括：水功能区管理办法、水体纳污总量控制管理办法及实施细则、入河排污口监督管理办法及实施细则、水资源污染补偿征收办法、水资源管理与保护条例等，为水资源保护提供法律支持。

依法行政，首先应搞好水政监察规范化建设，加大对水资源违法问题的处理力度，坚决纠正有法不依、执法不严的现象，制止不顾大局为谋求局部利益阻碍水资源统一管理的行为，执法严格，违法必究。

二、地下水开发利用规划

1995 年 11 月，水利部水政水资源司以政资规〔1995〕10 号文确定在全国开展地下水资源开发利用规划工作，并于 1996 年 1 月印发了《全国地下水资源开发利用规划工作技术大纲和技术细则》。1996 年 4 月，湖北省水利厅以鄂水政资〔1996〕116 号文印发了《湖北省地下水资源开发利用规划工作大纲和技术细则》，用以指导全省地下水资源开发利用规划编制工作。1998 年，荆州市水利局成立了以副局长曹子富为组长的"荆州市地下水资源开发利用规划工作领导小组"，并委托荆州市水文水资源勘测局承担编制任务。编制专班对全市地下水现状及开采进行登记与复核，对有关地下水监测资料进行分析和计算，充分研究分析荆州市地下水资源开发利用现状和地下水资源及可开采量，根据荆州市社会经济发展的实际要求，历经一年多时间，编制出《荆州市地下水资源开发利用规划》，并于 2000 年 9 月 13 日由荆州市水利局和荆州市水文水资源勘测局共同主持召开验收会，肯定规划成果基础资料真实可靠，规划方案切实可行，为全市水资源管理，实施取水许可制度，合理开发利用地下水资源，推行计划用水、节约用水目标提供了科学依据。

《荆州市地下水资源开发利用规划》主要包括区域水文及水文地质条件，规划区地下水资源开发利用现状调查与分析，规划区地下水资源与可开采量，地下水资源开发利用规划等内容。

荆州市地层主要是第四系和第三系，其中第四系地层覆盖全市版图，上第三系地区隐伏于第四系地层下。松滋西部山区从震旦系到第三系仅有些零星露头，荆州区八岭山一带有下第三系末期的玄武岩露头。荆州市平原区广泛分布上、中更新统砂砾（卵）石孔隙承压水含水层，其具有埋深浅、厚度大、水量丰富的特点，山丘区地下水相对贫乏。平原区地下水类型有第四系松散岩孔隙（承压）水、上第三系碎屑岩类裂缝孔隙水、岩溶裂隙水、玄武岩隙孔洞水、松散岩类孔隙水。水化学类型以重碳酸钙镁型为主。从各分区情况看，荆州市北部山区地下水资源贫乏，基本无开采潜力；沙市城区、荆州城南、松滋城区因局部超采，需压缩限量开采，其余区域有较大潜力。

荆州市地下水资源量为 262532 万立方米每年，可开采量为 249228 万立方米每年，现状年开采量为 9934 万立方米，开采井数为 1091 眼，开采深度一般为 40～80 米，个别井深达 160 米。长期以来，由于取水户对地下水资源保护的认识不足，地下水开发利用缺乏统一规划和管理，普遍存在无勘察资料盲目开采现象，少数地区只讲需求不顾可开采量，结果导致局部地下水资源超采，引起地下水水位持续下降，现已形成荆州城南、荆州棉纺厂—沙市棉纺厂、江陵化肥厂、岑河镇水厂、江北农场水厂、松滋灯泡厂—白云边酒厂等 6 个超采区。主要集中在荆州市城区、松滋市城区，尤其以荆棉—沙棉、松滋灯泡厂—白云边酒厂一带超采最为严重，荆棉—沙棉一带已形成漏斗面积 13 平方千米，年平均水位高程 23.27 米，极端最低水位 19.05 米，中心水位降深平均为 4 米。

荆州市地下水一般无色无味、透明，水温在 16～20℃之间，pH 值在 7.1～8.2 之间，属中性，矿化度除监利一带略偏高，其余县（市、区）均较低，全市仍属淡水范畴。就地下水水质总体而言，质量处于相对稳定和较好的水平。

荆州市江河纵横，湖塘密布，水资源丰富，地表、地下水资源相互转换关系密切。根据多年地下水资源开采情况，未超采区即开发利用潜力区分布面积广，可开采潜力大，应合理地开发利用。对超采地区应严格控制增凿新井，控制每年的开采量，水资源不足部分尽可能利用地表水资源，以实现地下水资源基本采补平衡。

第三节　水　质　监　测

水质监测是由采样、测试、统计、分析，得到关于水的物理、化学和生物特征定量数据，以掌握水体质量动态，从而有针对性地开展水资源开发利用和保护的基础工作。

1959 年，荆州地区水文分站水化学分析室（以下简称"水化室"）成立，标志着水利部门除对江河水量的水文观测外，开始对水质进行监测。

1991 年，湖北省水利厅实施水质监测工作的归口管理，明确各级水文部门是同级水行政主管部门的水质监测机构，并于 1993 年 6 月将原荆州地区水文总站改称为"湖北省荆州地区水文水资源勘测局"，荆州的水质监测工作从单一日常性监测评价，发展到以地表水为主体，融地下水、各专业用水、生活污水及工业废水等监测于一体的综合性监测系统，对境内江、河、湖、库水体及地下水进行定期和不定期监测，掌握境内水质的变化趋势，积累水质状况的基本资料，为防治和监督管理水污染，制订水资源保护规划，开展水资源保护各项活动提供依据。

一、水质监测站网

1959 年 1 月 1 日，荆州专署水利局根据湖北省人民委员会（以下简称"省人委"）〔58〕鄂农办字 653 号文件要求，成立"荆州专署水利局水文分站"，下设水化室，开展水化学分析。水化室除配置常规分析仪器外，还配备了水质监测车、五日生化需氧量培养箱、荧光测汞仪、极谱仪、电导仪、分光度计、TG328A 光学读数分析天平、离子色谱仪和 3200 原子吸收分光度计等。

随着水资源保护工作的开展，水资源监测网点也不断增加，至 1992 年，除长江委所属站点外，荆州地区已建成水文站 12 个、水位站 12 个、雨量站 93 个、蒸发站 7 个、水温站 4 个、地下水观测点 9 个、水稻观测点 4 个、泥沙站 1 个、颗粒分析站 1 个、流量巡测点 22 个、水文调查点 141 个、水质监测河段 12 个，测站总数是 1956 年的 12 倍，基本形成一个分布合理，比较完整的水文网点。

1993 年 6 月，荆州地区水文总站改称为"湖北省荆州地区水文水资源勘测局"，同时设立"湖北省水环境监测中心荆州分中心"，实行合署办公，承担荆州地区的水资源水环境监测与评价工作。其主要职能如下：

（1）定期（或连续）监测江、河、湖、库等地表水体和降水及地下水体的水质，掌握其变化动态，在搜集、积累和整理代表水体质量的物理、化学和生物数据的基础上，提出水体质量状况评价报告；确定水体中污染物的时空分布状况，追溯污染物的来源、污染途径、迁移转化和消长规律，预测水质污染的发展趋势；分析研究水质水量的相关关系，根据水质水量的动态变化，对水体污染造成的危害作出水质预报。

（2）对突发性污染事故进行跟踪监测，为政府部门和水资源用户采取措施防止污染事故发生提供科学依据，确保工农业生产与生活用水的安全。

（3）调查掌握污染源资料，根据污染物质的种类和性质，判断水污染对生态环境和人体造成的影响，为制定防止水污染的具体措施、评价污染防治措施的实际效果，为制定水环境质量标准、污染物排放标准和有关法规提供科学依据；同时为实施对污染物排放的监督管理和水资源保护管理服务。

（4）对不同功能区水质进行监测，衡量功能区水质是否满足不同用途（如旅游、供水、灌溉、养殖、发电）的水资源开发利用对水体质量的要求，为水功能区的管理和水资源保护规划的执行提供技术支持。

（5）积极开展水环境监测方面的科学研究，研究和运用先进的水质监测技术，深入开展水环境及污染的理论研究，探索水质变化机理；充分发挥水质信息的作用，为国家对水资源和水环境管理与保护的宏观规划和科学决策，为国民经济建设及工农业生产和人民生活提供优质服务。

1993 年，荆州水环境监测分中心通过地方计量主管部门的计量认证，1997 年通过国家计量认证和水利评审组的评审，分别于 2002 年、2007 年、2010 年通过国家认证认可监督管理委员会的复审和换证。经国家认证监督委员会批准，具备开展地表水、地下水、饮用水、污水、大气降水、底质与土壤六大类共 49 项参数的检测资格。至 2011 年监测分中心在荆州市境内长江、松滋河、藕池河、虎渡河、沱水、四湖总干渠保留区、长湖、洪湖等设有监测站 23 个（表 8-1-11），在开展水体水质监测的同时，还开展了洪湖、长湖藻类监测。

表 8-1-11　　　　　　　　荆州水环境监测分中心水质监测站一览表

序号	站名	所在水功能区		水质站地点	代表河长（或面积）	至河口距离/km	始测年份
		一级区	二级区				
1		沮漳河荆州保留区		湖北省荆州市荆州区李埠镇万城村	114km	20	1992
2	习家口	长湖荆门—荆州—潜江开发利用区		湖北省荆州市沙市区观音垱镇习口村	122.5km²	191	1965
3	何桥	四湖总干渠荆州—洪湖保留区		湖北省荆州市沙市区观音垱镇习口村	10km	181	2007
4	老河	四湖总干渠荆州—洪湖保留区		湖北省监利县毛市镇老河村	70km	123	2007
5	福田寺	四湖总干渠荆州—洪湖保留区		湖北省监利县福田寺乡福田寺村	20km	103	1986
6	新滩口	四湖总干渠荆州—洪湖保留区		湖北省洪湖市新滩口镇大兴岭村	91km	3	1991
7	弥市	虎渡河荆州—公安保留区		湖北省荆州市荆州区弥市镇	85km		2010
8	藕池	藕池河公安—石首保留区		湖北省公安县藕池镇	36km		2010
9	杨家垱	松滋西河鄂—湘缓冲区		湖南省津市市如东乡杨家垱	5km	219	1998
10	沙溪坪	沱水河五峰—公安保留区		湖北省松滋市刘家场保留区	50km	101	2009
11	大岩嘴	沱水水库松滋开发利用区		湖北省松滋市沱水镇大岩嘴	5.76km²	89.3	1971
12	城南	长江荆州开发利用区	长江荆州城南饮用水源、工业用水区	湖北省荆州市荆州区李埠镇	10.3km		2004
13	柳林洲	长江荆州开发利用区	长江荆州柳林洲工业用水、饮用水源区	湖北省荆州市沙市区柳林洲	3km		2004
14	虾子沟	长江荆州开发利用区	长江荆州五七码头排污控制区	湖北省荆州市沙市区虾子沟	1.7km		2010
15	北门口	长江宜昌—荆州保留区		湖北省石首市绣林镇	82.5km		2005
16	三矶头	长江监利—洪湖保留区		湖北省监利县容城镇三矶头	130km		2010
17	长江新堤	长江洪湖新螺段白鳍豚保护区		湖北省洪湖市新堤镇	135.5km		2005

序号	站名	所在水功能区		水质站地点	代表河长（或面积）	至河口距离/km	始测年份
		一级区	二级区				
18	新江口	松滋河保留区		湖北省松滋市新江口镇	103km		2005
19	施墩河口	洪湖湿地自然保护区		湖北省洪湖市洪湖施墩河口	80.4km²		2009
20	大口	洪湖湿地自然保护区		湖北省洪湖市洪湖大口中心河	80.4km²		2009
21	茶坛岛	洪湖湿地自然保护区		湖北省洪湖市洪湖茶坛岛	80.4km²		2009
22	蓝田	洪湖湿地自然保护区		湖北省洪湖市洪湖蓝田三期	80.4km²		2009
23	官墩	洪湖湿地自然保护区		湖北省洪湖市洪湖官墩	80.4km²		2009

二、水质监测情报

荆州地区水文站在设立水化室之初，即开展水质化学分析，为农业灌溉用水试验分析提供水质数据 300 多个。洈水水库建成后，对洈水水库库区上游 13 条河段取水样分析 pH 值、汞、砷、矿化度等 15 个项目，为处理上游开采硫磺矿废水提供了可靠数据。自 1981 年起开展荆州地区水资源调查评价工作，经搜集资料和实地调查，初步取得了全区地表水资源量数据分布规律和与年降雨的关系，参加并完成了"湖北省地下水资源评价""四湖中区年、月、次降雨和径流分析"等项工作。1992 年，水化室还承担了国家"八五"攻关项目——酸沉降分析，负责宜昌部分站的酸雨分析和宜昌、黄冈、恩施、武汉等 9 个站的大气污染分析。

荆州水环境监测分中心成立后，按水利部的要求，每月上旬对境内重要水功能区、省界水体、饮用水水源地等监测断面采样监测，每月 20 日对地方水行政主管部门、长江流域水资源保护局发送检测报告，并上报湖北省水环境监测中心，由此中心报长江委、水利部、国家防总等相关部门。

近年来，荆州水环境监测分中心除做好常规水质监测和成果报送工作外，还配合荆州市水利局、荆州市水文水资源勘测局分别于 1999 年 12 月和 2001 年 11 月编制了《荆州市地下水开发利用规划》和《荆州市水资源保护规划》。整理刊布 1959—2010 年的水质资料，分别逐年印发《荆州市水资源公报》。

第四节　水资源保护与管理

一、水环境概况

根据湖北省水环境监测中心 2011 年水质监测资料，依据《地表水环境质量标准》（GB 3838—2002），对荆州市内的 6 条河流、1 条渠道、1 座大型水库和 2 个湖泊的水质进行了监测和评价。

2011年全年期评价河长947千米，水质达Ⅱ类水的河长为140千米，占总评价河长的14.78%；水质为Ⅲ类水的河长为555.3千米，占总评价河长的58.64%；水质为Ⅳ类水的河长为171.7千米，占总评价河长的18.13%，为沮漳河万城段、四湖总干渠福田寺段，主要污染物为氨氮、总磷；水质为Ⅴ类水的河长为70千米，占总评价河长的7.39%，为四湖总干渠老河段，主要超标项目为氨氮、总磷；水质为劣Ⅴ类水的河长为10千米，占总评价河长的1.06%，为四湖总干渠何桥段，主要超标项目为氨氮、总磷、挥发酚。

湖泊：长湖和洪湖评价面积519.88平方千米，2011年营养状态评价均为中度富营养，长湖全年期水质评价为Ⅳ类，未达到水质管理目标（Ⅲ类）；洪湖全年期水质评价为Ⅳ类，未达到水质管理目标（Ⅲ类），超标项目为总磷。

水库：2011年沧水水库水质评价为Ⅱ类，达到水质管理目标（Ⅱ类），其营养状态为中营养。

省界水体：2011年全年期松西河杨家垱和沧水乌溪沟两省界断面水质评价均为Ⅱ类。

水功能区：2011年度全市共监测19个水功能区，达标水功能区7个，达标率为36.84%。

二、水功能区划分

水功能区是指为满足水资源合理开发、利用、节约和保护的需求，根据水资源的自然条件和开发利用现状，按照流域综合规划、水资源保护和经济社会发展要求，依其主导功能划定范围并执行相应水环境质量标准的水域。一级水功能区分为保护区、缓冲区、开发利用区、保留区4个区。二级水功能区划是在一级区划的基础上进行，将一级水功能区中的开发利用区划分为饮用水源区、工业用水区、农业用水区、渔业用水区、景观娱乐用水区、过渡区、排污控制区等7类。经批准的水功能区划是核定水域纳污能力，确立水功能区限制纳污红线，落实最严格水资源管理制度的一项重要的基础工作。

2003年7月31日，湖北省人民政府以鄂政函〔2003〕101号文批复同意湖北省水利厅《湖北省水功能区划》，明确划定荆州市境内一级水功能区23个，二级水功能区4个。

2009年6月，石首市水利局、荆州市水文水资源勘测局编制完成《石首市地表水功能区划》；2013年6月，公安县水利局、荆州市水文水资源勘测局编制完成《公安县地表水功能区划》，对石首市、公安县境内重要的河流、水库、湖泊、人工渠道进行了水功能区划分，其中《石首市地表水功能区划》于2009年7月经石首市人民政府令第2号颁布实施。

三、计划用水和取水许可管理

实施取水许可制度是《中华人民共和国水法》确定的一项基本制度，"国家对直接从地下或者江河、湖泊取水的实施取水许可制度"。1993年6月11日，国务院第5次常务会议通过了《取水许可制度实施办法》，并于1993年8月1日公布，此办法规定：国务院水行政主管部门负责全国取水许可制度的组织实施和监督管理。

1998 年 7 月 22 日，荆州市人民政府以第 4 号令印发《荆州市水资源管理办法》，正式实施取水许可制度，规定凡利用水工程或者机械提水设施直接从江河、湖泊（含水库）或者地下取水的单位和个人，均应向水行政主管部门申请取水许可，并依照规定取水。同时还规定凡适应取水许可制度的单位和个人，均应按规定缴纳水资源费。根据《荆州市水资源管理办法》，荆州市各县（市、区）水行政主管部门全面开展计划用水、节约用水工作，实行严格的水资源管理制度，开展全市取水许可证发放和各取用水户年度取水计划申请审批工作。

各级水行政主管部门受理取水申请后，及时对取水申请材料进行全面审查，综合考虑取水可能对水资源的节约保护和经济社会发展带来的影响，决定是否批准取水申请。

2002 年 3 月 24 日，水利部、国家计委发布《建设项目水资源论证管理办法》，开始实施建设项目水资源论证制度，通过论证对不合理取用水需求进行抑制。

2006 年 2 月 21 日，国务院以第 460 号令颁布《取水许可和水资源费征收管理条例》。随后荆州市对原有取用水户进行重新审核登记，重新颁发新证，并实行年度取水计划申请制度。各取水用户在年初申报全年取用水计划，填报《年度取水计划申请审批表》，经审核汇总按湖北省水利厅审定的总用水指标，再分别核定各取水户的取水计划。2012 年，根据湖北省水利厅统一部署，开展了全市取水许可台账建立工作，将全市所有取水口信息录入取水许可证登记系统。经过专班人员摸查、审核、汇总，按取水口建立健全了全市取水许可电子档案，包括取水许可登记（审批）表、水资源论证报告书、各种批文、取水许可监督管理材料、每年的实际取水量、年度取水总结、排污口审查报告、节水措施、退水水质情况等有关水资源管理的内容，确保取水许可资料的准确性、完整性。全市共发放取水许可证 251 个，其中荆州市级 7 个、荆州区 16 个、沙市区 15 个、江陵县 36 个、松滋市 66 个、公安县 35 个、石首市 29 个、监利县 28 个、洪湖市 19 个。

四、饮用水水源地保护

2011 年，湖北省人民政府办公厅以鄂政办发〔2011〕130 号文发布《湖北省县级以上集中式饮用水水源保护区划分方案》，确定荆州市县级以上集中式饮用水水源保护区 11 处，见表 8 - 1 - 12。明确要求地表水饮用水源一级保护区的水质基本项目限值不得低于《地表水环境质量标准》（GB 3838）中的 Ⅱ 类标准；地表水饮用水源二级保护区的水质基本项目限值不得低于《地表水环境质量标准》（GB 3838）中的 Ⅲ 类标准，并保证流入一级保护区的水质满足一级保护区水质标准的要求，地表水饮用水源准保护区的水质标准应保证流入二级保护区的水质满足二级保护区水质标准的要求；地下水饮用水源保护区（包括一级、二级和准保护区）水质各项指标不得低于《地下水质标准》（GB/T 14848—1993）中的 Ⅲ 类标准。水源地保护区环境管理还规定：在饮用水水源保护区内，禁止设置排污口；禁止在饮用水水源保护区新建、改建、扩建与供水设施和保护水源无关的建设项目；已建成的与供水设施和保护水源无关的建设项目，由县级以上人民政府责令拆除或者关闭；禁止在饮用水水源保护区内从事网箱养殖、旅游、游泳、垂钓或者其他可能污染饮用水水体的活动；禁止在饮用水水源准保护区内新建、扩建对水体污染严重的建设项目，改建的建设项目，不得增加排污量。根据饮用水源地保护的要求，荆州市自 2011 年开始，

表 8 - 1 - 12　　　　　　　　荆州市县级以上集中式饮用水水源保护区方案

序号	地市	水源地	水体	保护区级别	保护区范围 水域	保护区范围 陆域	备注
1	荆州市 沙市区	南湖水厂水源地	长江	一级	长度：取水口上游1000m至下游100m 宽度：长江中泓线至左岸左岸的水域	长度：一级保护区水域河长 宽度：左岸至防洪堤内区域	南湖、郢都、城南3水厂共划二级保护区
				二级	长度：取水口上游3000m至下游300m 宽度：河道防洪堤以内一级保护区外的水域	长度：二级保护区水域河长 宽度：一级保护区陆域外防洪堤以内的陆域	
2	荆州市 沙市区	柳林水厂水源地	长江	一级	长度：取水口上游1000m至下游100m 宽度：长江中泓线至左岸的水域	长度：一级保护区水域河长 宽度：左岸至防洪堤内区域	
				二级	长度：取水口上游3000m至下游300m 宽度：河道防洪堤以内一级保护区外的水域	长度：二级保护区水域河长 宽度：一级保护区陆域外防洪堤以内的陆域	
3	荆州市 荆州区	郢都水厂水源地	长江	一级	长度：取水口上游1000m至下游100m 宽度：长江中泓线至左岸左岸的水域	长度：一级保护区水域河长 宽度：左岸至防洪堤内区域	郢都、城南水厂共划一级保护区
				二级	长度：取水口上游3000m至下游300m 宽度：河道防洪堤以内一级保护区外的水域	长度：二级保护区水域河长 宽度：一级保护区陆域外防洪堤以内的陆域	南湖、郢都、城南3水厂共划二级保护区
4	荆州市 荆州区	城南水厂水源地	长江	一级	长度：取水口上游1000m至下游100m 宽度：长江中泓线至左岸的水域	长度：一级保护区水域河长 宽度：左岸至防洪堤内区域	郢都、城南水厂共划一级保护区
				二级	长度：取水口上游3000m至下游300m 宽度：河道防洪堤以内一级保护区外的水域	长度：二级保护区水域河长 宽度：一级保护区陆域外防洪堤以内的陆域	南湖、郢都、城南3水厂共划二级保护区
5	荆州市 石首市	石首第二水厂水源地	长江	一级	长度：取水口上游1000m至下游100m 宽度：长江中泓线至右岸的水域	长度：一级保护区水域河长 宽度：右岸至防洪堤内区域	
				二级	长度：取水口上游3000m至下游300m 宽度：河道防洪堤以内一级保护区外的水域	长度：二级保护区水域河长 宽度：一级保护区陆域外防洪堤以内的陆域	

序号	地市	水源地	水体	保护区级别	保护区范围 水域	保护区范围 陆域	备注
6	荆州市 洪湖市	洪湖陵园水厂水源地	长江	一级	长度：取水口上游1000m至下游100m 宽度：长江南门沙洲至左岸防洪堤内的水域	长度：一级保护区水域河长 宽度：左岸防洪堤内陆域	
				二级	长度：取水口上游3000m至下游300m 宽度：湖北省界到左岸河道防洪堤以内一级保护区陆域外的水域	长度：二级保护区水域河长 宽度：二级保护区陆域外左岸防洪堤以内（包括南门沙洲）的陆域	
7	荆州市 松滋市	松滋自来水公司水源地	松滋河西支	一级	长度：取水口上游1000m至下游100m 宽度：河道防洪堤以内的水域	长度：一级保护区水域河长 宽度：两岸防洪堤内陆域	
				二级	长度：从一级保护区的上游边界向上延伸2000m，下游向下延伸200m 宽度：河道防洪堤以内	长度：二级保护区水域河长 宽度：两岸防洪堤内陆域	
8	荆州市 公安县	公安县自来水公司宏源水源地	长江	一级	长度：取水口上游1000m至下游100m 宽度：长江中泓线至右岸	长度：一级保护区水域河长 宽度：右岸防洪堤内区域	
				二级	长度：取水口上游3000m至下游300m 宽度：河道防洪堤以内一级保护区外的水域	长度：二级保护区水域河长 宽度：一级保护区陆域外防洪堤以内的陆域	
9	荆州市 监利县	监利县第一水厂饮用水水源地	长江	一级	长度：取水口上游1000m至下游100m 宽度：长江中泓线至左岸	长度：一级保护区水域河长 宽度：左岸防洪堤内区域	监利县一、二水厂共划二级保护区
				二级	长度：取水口上游3000m至下游300m 宽度：湖北省界到左岸河道防洪堤以内的水域	长度：二级保护区水域河长 宽度：二级保护区陆域外左岸防洪堤以内的陆域	
10	荆州市 监利县	监利县第二水厂饮用水水源地	长江	一级	长度：取水口上游1000m至下游100m 宽度：长江中泓线至左岸	长度：一级保护区水域河长 宽度：左岸防洪堤内区域	监利县一、二水厂共划二级保护区
				二级	长度：取水口上游3000m至下游300m 宽度：河道防洪堤以内一级保护区外的水域	长度：二级保护区水域河长 宽度：二级保护区陆域外左岸防洪堤以内的陆域	
11	荆州市 江陵县	江陵县城区水厂水源地	长江	一级	长度：取水口上游1000m至下游100m 宽度：长江中泓线至左岸	长度：一级保护区水域河长 宽度：左岸防洪堤内区域	
				二级	长度：取水口上游3000m至下游300m 宽度：河道防洪堤以内一级保护区外的水域	长度：二级保护区水域河长 宽度：二级保护区陆域外防洪堤以内的陆域	

逐步开展水源地安全保障达标建设各项工作。

（1）关闭荆州市中心城区金凤和临江两个小型水厂取水口，缩小水源地保护面积，减少污染发生的隐患。

（2）划定荆州市生活饮用水水源一级和二级保护区，设置标志标牌。对一级、二级保护区污染实施清理、整治与管理，对现有影响饮用水源水质的排污口和码头等设施实行逐步截流和迁移，禁止在长江等重点饮用水源保护水域内新设排污口，确保饮用水源安全。加快建设截污及污染物治理工程的进度，其中包括建设城市截污干管、污水处理厂和垃圾中转站。将上游地区排放的生活污水和工业废水以及固体废弃物对饮用水源的影响减小到最低程度，保证位于城区下游水厂的水源安全。在港口规划时调整港口的整体布局或制定强有力的防止水源污染的保障措施。

（3）限期治理工业污染源，重点抓好食品、纺织和造纸业等污染企业，严格实行建设项目环保同时设计、同时施工、同时竣工验收的制度，确定各企业的排放总量和排放标准。对超标排放的企业，令其限期达标排放，经过治理仍不能达标对其实行"关停并转"，限制污染企业的发展，此外，新建工业项目应进入工业园区，对排放的污染物企业应自行处理或进行集中处理。电镀、纸浆等重污染企业，统一规划，统一定点，在工业园规划区域内建设污水处理设施，污水经处理达标后再准予排放。

（4）重视治理生活污染源，加快污水处理厂的建设，加强对生活垃圾收集、清运及无害化处理。

（5）为了防止污染物靠近取水口，减少因油污、泄漏物、漂浮物对饮用水水源的污染，警示河道内来往船只，预防流动排污等，在学堂洲水厂和柳林洲水厂取水点周围半径100米的水域及其沿岸设置隔离栏。

（6）为了清理疏通取水口汲水区域，改变因水流变缓造成的河床变化和漂浮物淤积现象，改善水源水质，保证枯水期正常取水，保护取水泵船和桁架的安全，实施护坡和承台修筑加固、取水河床清淤，建设生态隔离带等水源保护工程。

（7）加强水源地水质监测，适时掌握污染负荷的变化和水体水质状况，及时采取相应措施。

五、排污口管理

2004年，湖北省水利厅以鄂水利办资〔2004〕3号文发出《关于开展全省入河排污口普查登记工作的通知》，全市各县（市、区）即开始排污口的普查登记工作，至2009年9月，荆州市共登记排污口162个，年排污总量36.15亿立方米。自2011年开始结合饮用水水源地安全保障达标建设，关闭或迁移入江排污口24处，结合城市污水处理及管网建设关闭、合并排污口5处；对新设置的排污口实行建设论证制度，督促其达标排放。

六、地下水资源管理

荆州市共有6个地下水资源超采区，其中荆州城区尤为严重。荆州城区的地下水开采主要是厂矿企业的自备水源，据统计，1965—1993年，开采井152口，分布面积38平方千米，平均单井日开采量16398立方米，开采井深一般在50~100米，多年平均年开采量为 4029 万立方米。由于过度地集中大量开采，形成荆棉—沙棉的漏斗区。为控制漏斗区扩大，采取限采的措施，要求纺织、化工企业转产，改取用地下水为地表水，地下水超采的情况有所好转。

近几年，随着水空调（利用地下冷水制冷降低室内温度）的兴起，荆州城区出现一些单位和个人为降低生产成本，相继大量私自开采使用地下水资源的现象，致使市中心城区地下水取用呈现无序、过量开采的状况，给城市防洪安全、城区地质结构稳定和市民饮用水安全带来很多隐患。为加强和规范荆州市城区地下水的开采使用管理，经 2010 年 9 月 20 日荆州市政府常委会审议通过，于 10 月 11 日，以荆州市人民政府第 80 令颁发《荆州市城区地下水开采使用管理规定》，自 2010 年 11 月 1 日起施行。

依照国家相关法律法规和《荆州市城区地下水开采使用管理规定》，坚持依法行政，规范程序，文明执法，按照"先易后难、关供同步"的原则，加强对开采使用地下水资源的监督与管理，确保城区堤防安全、地质稳定和供水安全。2012 年 5 月 10 日，荆州市政府组织相关单位召开协调会议，对集中整治城区违规开采使用地下水资源活动进行了动员部署。5 月 11 日，市政府成立荆州市集中整治市城区违规开采使用地下水资源活动领导小组。5 月 10 日至 6 月 30 日为宣传发动、调查摸底阶段；2012 年 7 月 1 日至 7 月 31 日为申报检查、审查阶段；从 2012 年 8 月 1 日开始为全面封堵违规开采地下水井阶段。

2012 年以来，荆州市水利局集中整治城区违规开采使用地下水资源活动领导小组带领水政监察支队、市长江河道管理局、荆州区水利局、沙市区水利局、开发区水利局并联合市公安局、水务集团等相关成员单位，对荆州区、沙市区、开发区及荆江大堤 1000 米范围内 58 家单位和个人的违规开采使用地下水的行为进行检查和取缔。紧接着专班工作人员对已取缔的单位进行回访，防止出现反弹；对特殊行业取用地下水，且其他用水暂时不能替代的，则督促其办理取水许可证，规范取水行为；同时对城区地下水现状进行全面勘测、调查，并以此为依据，依照法律法规的规定，科学合理地划定禁采区、限采区和可采区，合理开发利用水资源，为荆州的经济建设与发展提供了优质服务和有力保障。

七、水污染综合防治

据荆州市环保局 2008—2010 年水环境监测数据表明，荆州城区太湖港渠、长湖为Ⅳ类水质，护城河、荆沙河、西干渠、豉湖渠等污染较严重，属于劣Ⅴ类水质。在水质保护方面，积极实施城区生态补水工程，通过长年实施补水，使护城河、荆沙河、荆襄河、西干渠上段的水质有所改善。同时积极向上级部门争取把市中心城区饮用水水源地安全保障达标和长湖、浰水作为备用水源地纳入"十二五"项目。长湖作为备用水源地已列入全省重要饮用水水源地名录。

八、重大水污染事件查处

水污染防治工作主要由城建部门和环保部门牵头督办，水利部门在督办过程中起配合作用。环保部门和水利部门都有排污口管理权限，环保部门偏重于污染源的管理，管理重点和对象是污染生产者；水行政主管部门是对设置入河排污口行为进行许可审查和监督，管理对象是排污口设置单位，而非产生污染的单位。近几年来，荆州市重大水污染事件主要是监利县新沟镇东荆河水污染事件和沮漳河菱角湖水污染事件。

（一）监利县新沟镇东荆河水污染事件

2008年2月24日晚，监利县新沟镇东荆河水质受到较为严重的污染，致使新沟自来水厂取水口水质超标而被迫停止供水。25日上午，监利县环保局接到新沟镇水厂电话投诉后立即进行现场调查及采样监测，并于26日9时许报告荆州市环保局，市环保局迅速上报荆州市政府。荆州市政府高度重视，立即安排荆州市环保局局长带领环境监察、监测人员组成工作专班赶赴现场，就此次污染事件进行调查处理。湖北省环保局李兵局长也到现场指导处置工作。

此次污染事件导致新沟镇境内新沟水厂、砂矶村水厂、乔家村水厂、杨林关街水厂和东荆河水厂等5家水厂被迫停止供水（日供水量1.25万吨），供水受影响人口约5.6万人，有5所学校师生因无法饮水而部分放假。为摸清污染源头，监利县环保部门组成调查组从新沟水厂东荆河取水口起，往上游经渔洋、总口、熊口、王场、高石牌及沙洋等地沿途调查污染状况，未发现污染源排污现象。

26日，经省、市、县三级环保部门现场调查核实后初步判定，此次水污染事件系因汉江水质污染造成的。汉江枯水期流量偏小，而沿江城镇排放的工业、生活废水大量排入汉江，其中富含氮、磷等营养物质，导致汉江流域水质富营养化。加之当时气温持续升高，水体中各类水藻迅速滋生、繁殖，同时又有藻类大量死亡，使水质浑浊，出现"藻华"现象，从而对东荆河水质造成污染。

污染事件发生后，监利县立即责令沿河5家水厂停止供水，采取用洒水车从周边乡镇运送供水的方式缓解群众用水矛盾；组成专班沿河排查污染源，并及时开展现场采样监测。

为迅速处理水污染事件，荆州市水利局会同监利县水利局和荆州市水文局查勘了现场的情况，并汇报至湖北省水利厅，经省水利厅调度，26日下午将汉江进入潜江兴隆河段的兴隆闸关闭，以阻断汉江来水，并开启刘岭闸，将长湖水引入田关河后再向东荆河补充洁净水，水污染事件得到及时处理。

（二）沮漳河菱角湖水污染事件

2012年2月27日上午，荆州市环保局接到群众关于沮漳河荆州段水体发生异常的报告。荆州市环保局即会同荆州市水利局、荆州市水文局、荆州市疾病控制中心和荆州区水利局赶赴现场进行调查处理，并开展环境监察、监测工作。

经查，沮漳河上游为宜昌市沮河和荆门市漳河，在宜昌当阳市两河口汇合进入沮漳河，最后流入长江。沮漳河荆州段全长近38.5千米，菱角湖管理区沿线有5个水厂近1.37万人在沮漳河取水。沮漳河荆州段水体呈棕黄色，有异味，沉淀后有少量绿色沉淀物。

环保部门发布《突发环境事件应急信息专报》称，入冬以来，沮漳河水位明显偏低，几乎断流，近期气温升高，水体散发出明显气味。

荆州市环境监测中心站分别在荆州与当阳过境段面、菱角湖管理区自来水厂取水口、沮漳河长江入口采取了水样，现场采样监测结果表明：河水中藻类优势种为小环藻，密度

分别为 1.35×10^7 个/L、1.6×10^7 个/L、1.46×10^7 个/L，沮漳河荆州段发生轻度水华。

　　沮漳河荆州段发生"水华"事件，造成近千户居民吃水困难。环境事件发生后，荆州区菱角湖管理区被迫购买大量桶装纯净水，挨家挨户发放给当地居民。此外，还调集消防车从城区自来水管网取水，专程运来以供居民们使用。此种方式只能暂时解决居民用水，不能从根本上解决水质问题。有关人员曾沿沮漳河堤逆水而上，查询污染源头，在当阳市境内的沮河沿岸，发现一化肥企业向河中排放工业废水，所排废水冒着白泡，呈类似鸡蛋黄的颜色。如果想要彻底根治沮漳河污染问题，必须限制（污水必须经过处理）上游的化肥厂排放工业废水。冬季枯水期，应当启用漳河水库水进行生态补水。

第二章 水 土 保 持

水土保持是我国的一项基本国策，对预防和治理水土流失，保护和利用水资源，减轻水旱灾害，改善生态环境、发展生产具有十分重要的作用。荆州人民和水土流失进行了长期的斗争，作出了不懈的努力。1955年成立荆州专区水土保持委员会，开始有组织、有领导地展开以造梯田、做谷坊、封山育林为重点的水土流失治理工作。水土流失严重的荆门、钟祥、松滋等地率先成立水土保持委员会。1957年9月，荆门县颁布了《水土保持暂行办法》。"三年自然灾害"和"文化大革命"期间水土保持工作停滞不前。20世纪70年代末结合农田水利基本建设再度开展水土保持工作，并取得了一定成效；80年代曾一度只重视水土资源开发利用，而忽视了对水土资源的保护，水土流失有增无减；90年代初，各县（市、区）以小流域治理为重点，以生产建设项目监管为突破口，在水土保持宣传、机构建设、工程治理、法规配套、监督管理等方面得到了较大发展，水土保持和生态环境建设工作逐步规范化、制度化、法制化。

《中华人民共和国水土保持法》（简称《水土保持法》）颁布后，荆州市各级政府认真贯彻《水土保持法》、国务院《水土保持法实施条例》和《湖北省实施水土保持法实施办法》，建立健全水土保持监督执法机构，水土流失治理本着"预防为主、综合治理"的原则，从过去单一治理、分散治理，转向以小流域为单位进行综合治理，取得了明显成效。但水土保持工作和水土流失治理任务还相当繁重。

第一节 水土流失分布及危害

20世纪80年代以前，荆州地区丘陵山区面积约为1.46万平方千米，主要分布在钟祥、京山、荆门、松滋和江陵、石首的部分地区，地质主要为石灰岩、砂石岩、红砂岩、千枚岩和磺砂岩，岩层风化松软，山地植被稀疏，是造成水土流失的根本原因。

一、水土流失分布

荆州地区国土总面积34218平方千米，其中丘陵山区面积14662平方千米，占总面积的42.8%，平原湖区面积19557平方千米，占总面积的57.2%。荆州地区的水土流失面积集中在山丘地区的钟祥、京山、荆门、松滋、石首等县（市），据1980年统计，全区水土流失面积达3303.9平方千米，其中山丘区面积达3247.35平方千米，占水土流失面积的98%，具体见表8-2-1。

表 8 - 2 - 1　　　　　　　　　荆州地区水土流失面积统计表　　　　　　　　　单位：km²

县（市、区）	国土面积	轻度以上侵蚀面积					
		小计	轻度	中度	强度	极强度	剧烈
合计	34218	3303.90	1993.52	1293.85	14.13	2.40	
京山县	3905	1075.82	615.70	460.12			
钟祥县	4450	1074.07	646.83	421.17	5.70	0.37	
荆门市	4222	557.19	308.08	240.03	7.05	2.03	
沔阳县	2470	10.20	7.05	3.15			
潜江县	2114	15.47	15.47				
天门县	2450	15.25	0.09	15.16			
监利县	2900	8.24	8.24				
江陵县	3242	5.48	5.48				
石首县	1459	1.87	1.87				
洪湖县	2375	384.71	384.71				
松滋县	2376	155.60		154.22	1.38		
公安县	2255						

1996 年年底，荆州行政区划调整，荆州市国土面积 14067 平方千米，其中丘陵山区面积 2970 平方千米，占国土面积的 21.2%。根据 2000 年卫星遥感资料和实际调查结果，水土流失面积 1426.24 平方千米，占总面积的 10%，其中轻度流失面积 699.11 平方千米，中度流失面积 605.62 平方千米，强度流失面积 115.25 平方千米，极强度流失面积 6.26 平方千米，土壤年平均侵蚀模数 2762 吨每平方千米，年平均侵蚀总量 845 万吨，见表 8 - 2 - 2。

进入 21 世纪以后，荆州市水土流失主要集中在松滋、石首。松滋市是水土流失比较严重的区域，山区丘陵轻度以上水土侵蚀面积 544 平方千米，占国土面积的 24.3%，见表 8 - 2 - 3。其中，轻度侵蚀面积 325 平方千米，年均侵蚀模数 600～750 吨每平方千米；中度侵蚀面积 154 平方千米，年均侵蚀模数 2800～3500 吨每平方千米；强度侵蚀面积 53 平方千米，年均侵蚀模数 5500～6500 吨每平方千米；极强度侵蚀面积 12 平方千米，年均侵蚀模数 8000～9500 吨每平方千米，平原湖区及丘陵河谷地带属微侵蚀区，水土流失量甚少。轻度侵蚀区域主要分布在松滋中部丘陵和西部低山地区；中度侵蚀区主要集中在西南部低山区；强度侵蚀区主要分布在毁林开荒严重、成片坡耕地一带；极强度侵蚀区呈零星分布，主要分布在矿山开采、公路建设和经济开发区，尤以刘家场、斯家场及新江口最多。据估算，松滋市每年土壤流失量 126.6 万吨，约相当于每年流失 2000 亩农田耕作层土壤。土壤侵蚀类型有 3 种：①片蚀，这是松滋市水土流失的主要形态，大多产生于山坡大于 25°的坡耕地上；②沟蚀，山坡雨水集中冲刷的地区成条状沟槽，岩石裸露；③重力侵蚀，在雨水作用下，土壤黏结力减弱，常发生山崩、滑坡、垮坎，造成田地沙压、堵塞沟河，甚至冲毁房屋、村庄，是一种危害较大的水土流失现象。

表 8-2-2　荆州市 2000 年各县（市、区）水土流失现状表

类型区域（行政区）	总面积 /km²	水土流失面积										合计 /km²	流失面积占总面积比例 /%	沟壑密度 /(km/km²)	土壤侵蚀模数 /[t/(km²·a)]	水土流失特征
		轻度 /km²	占比例 /%	中度 /km²	占比例 /%	强度 /km²	占比例 /%	极强度 /km²	占比例 /%	剧烈 /km²	占比例 /%					
总计	14182	699.11	49.0	605.62	42.5	115.25	8.1	6.26	0.4			1426.24	10.1	2.48	2762	面蚀、沟蚀
松滋市	2235	109.46	36.0	141.42	46.5	46.87	15.4	6.26	2.1			304.01	13.6	2.63	3245	面蚀、沟蚀
洈水水库	79	18.23	44.6	19.41	47.4	3.27	8.0					40.91	51.7	2.47	3350	面蚀、沟蚀
石首市	1427	105.91	51.2	70.18	33.9	30.91	14.9					207.00	14.5	2.65	3050	面蚀、沟蚀
洪湖市	2519	36.00	48.0	39.00	52.0							75.00	2.9	2.43	2154	面蚀、沟蚀
江陵县	1032	72.00	66.7	36.00	33.3							108.00	10.5	2.12	2336	面蚀、沟蚀
监利县	3118	87.00	46.0	102.00	54.0							189.00	6.1	2.81	2238	面蚀、沟蚀
公安县	2257	175.74	58.8	95.00	31.8	28.00	9.4					298.74	13.2	2.34	2720	面蚀、沟蚀
荆州区	1046	66.27	43.3	85.11	55.6	1.70	1.1					153.08	14.6	2.63	2650	面蚀、沟蚀
沙市区	469	28.50	56.4	17.50	34.7	4.50	8.9					50.50	10.7	2.2	2550	面蚀、沟蚀

表 8 - 2 - 3　　　　　　　　　　　松滋市各流域水土流失现状表

小流域名称	土地总面积/亩	水土流失面积		小流域名称	土地总面积/亩	水土流失面积	
		面积/亩	占总面积比例/%			面积/亩	占总面积比例/%
洈水上游两河流域	56505	38760	68.6	六泉河流域	175020	27315	15.6
红岩河流域	95400	42900	45.0	界溪河流域	189150	21180	11.2
乌溪沟地区	49245	35025	71.1	史家冲流域	76005	17940	23.6
柳林河流域	13725	9975	72.7	南海湖流域	230730	13080	5.7
尖岩河流域	66480	26790	40.3	城南河流域	63810	27825	43.6
干沟河流域	70200	59745	85.1	木天河流域	100200	48300	48.2
李家河流域	99345	63195	63.6	庙河流域	152565	42105	27.6
长河流域	89070	72240	81.1	陶家湖流域	46320	4395	9.5
文家河流域	61035	15915	26.1	洈水国家森林公园	116505	44205	37.9
南河流域	80790	47265	58.5	马峪河林场	50310	3015	6.0
北河流域	92325	34245	37.1	洛河下游流域	82440	10875	13.2
碾盘河流域	152655	54765	35.9	洈水下游流域	339960	23790	7.0
乌溪沟地区	62400	31155	49.9	合计	2612190	816000	

石首市水土流失主要分布在丘陵岗地。土壤微度侵蚀面积 214 平方千米，年均侵蚀模数 90～130 吨每平方千米；轻度侵蚀面积 164.5 平方千米，年均侵蚀模数 650～800 吨每平方千米；中度侵蚀面积 244.1 平方千米，年均侵蚀模数 2900～3700 吨每平方千米；强度侵蚀面积 409.4 平方千米，年均侵蚀模数 6000～7000 吨每平方千米；极强度侵蚀面积 175 平方千米，年均侵蚀模数 8500～9500 吨每平方千米；剧烈侵蚀面积 220 平方千米，年均侵蚀模数 16000～17000 吨每平方千米，剧烈侵蚀面积占石首市自然面积的 15.4%，主要分布在调关、桃花、东升、团山、久合垸等乡镇。

二、水土流失原因

据实地调查，全市土壤侵蚀形态主要是水力侵蚀，其次为重力侵蚀。水力侵蚀中，主要是坡面水域造成的面蚀和沟槽水流造成的沟蚀；重力侵蚀多因沟蚀造成沟岸基础失稳而产生流失。主要原因如下：

（1）自然因素。

1）气候因素。对土壤侵蚀作用较大的气候因素是降水。荆州市年平均降水量为 1077.1～1424.8 毫米，且时空分布不均，5—10 月降水量占全年降水量的 70% 左右，夏季常出现暴雨，峰值高，降雨时间集中，地表水流经裸露的大地表土造成严重的侵蚀和冲刷，从而形成侵蚀和沟蚀，因此极易产生严重的水土流失。

2）植被因素。荆州主要以自然植被为主，草木稀疏，林地覆盖率仅为 14.8%。且有 47.5 万亩的荒山荒地未被利用，地表裸露遭受自然侵蚀，表土更加疏松，抗冲性能差。

　　3）土壤条件。荆州市成土母质多为变质凝灰岩和变质砂石岩，抗蚀能力差，在夏季高温高湿及冬季冻融作用下，极易分化剥蚀，土壤中的黏粒成分少，砂粒含量高，土壤质地松散，静水崩解速度快，分散力强，在雨滴击溅和径流的冲刷下，容易产生面蚀和网状细沟侵蚀，从而造成水土流失。

　　（2）人为因素。

　　1）乱开乱垦挂坡地。随着人口不断增加，加剧了人多地少的矛盾，毁林造田现象时有发生，挂坡地急剧增加，造成水土流失。在 20 世纪 70—80 年代"以粮为纲""向高山要粮、向荒湖要粮"的年代，乱开乱垦现象十分严重，破坏了山丘区的生态平衡。耕作方式多为顺坡耕作、顺坡起垄，由于坡度陡、土质差，开垦后便成为"三跑田"（跑水、跑肥、跑土），土层越种越薄，直至土尽石露。

　　2）乱砍滥伐森林。山区部分地区经济不发达，林产品收入是其经济收入的主要来源，因而导致过度开采林木，植被遭到破坏，造成水土流失。

　　3）开发性建设中忽视水土保持工作。近些年来，随着市场经济迅猛发展，境内各县（市、区）开发建设项目发展很快，如采矿、交通、城建等，但一些单位和个人在开发建设中由于没有制定水土保持方案，大量废弃土石渣乱堆乱弃，没有采取妥善的水土保持措施，植被破坏严重，造成大量水土流失。

三、水土流失危害

　　新中国成立前，由于连年战乱和对山区资源实行掠夺式经营，造成植被严重破坏，导致荒山坡耕地水土大量流失。新中国成立以来，虽对水土流失区进行了一段时间的治理，但由于科学不发达，生产方式落后，加上人口增长过快，生产体制多变，因此，水土流失的危害未能得到根治。根据调查材料和一些观测资料，水土流失给山丘地区的生产建设带来以下几方面的危害。

　　（1）破坏土地资源。因水土流失造成农田水打砂压，耕地表土被冲走，土壤肥力下降，土质变劣，耐旱能力降低，丧失农田利用价值，农作物单产低。据调查，松滋市由于坡耕地长期冲刷，原为林地的部分石灰岩山地，现已石化为秃石山的山地面积达 45000 亩，土地资源浪费严重。山区水土流失地方，农田多为"三跑田"（跑水、跑土、跑肥），土层薄，保水能力差，十天半月不下雨，就人畜饮水困难；暴雨时，山下农田常遭水打砂压，群众说"山上开荒，山下遭殃"。丘陵水土流失造成沟、河淤塞，疏通难度大，导致沟比田高，地下水水位升高，进而形成冷浸田，致使地力下降。由于径流冲刷，坡耕地被切割的支离破碎，致使耕地减少，加剧土地资源危机。这样，土地越来越贫瘠，产出越来越低，形成"越破坏越流失，越流失越穷、越穷越破坏"的恶性循环。

　　（2）淤塞水利设施，降低工程效益。水土流失导致河道、湖泊、水库、塘堰、渠道等水利工程严重淤塞。汛期，河道过流能力降低，水位上涨快，水库库容小，造成年年防汛的严峻形势。

　　有的地方由于河床抬高，沿河两岸农田逐渐变成"田山河"或"落河田"，最后演变成冷浸低产田，农作物单产大幅度下降。

　　（3）生态环境失调，自然灾害频繁。由于植被遭到大量破坏，土地涵养水源能力降低，农田保土能力下降，水利设施淤塞，加剧了洪涝旱等自然灾害。据统计，在近 20 年的时间内，局部旱灾频率加大，由过去的 3～7 年发生一次到现在的每两年就发生一次。

（4）水土流失制约了山区的发展。有的山区因水土大量流失，农业生产长期在低水平上徘徊，而洪旱灾害逐年加剧。凡水土流失比较严重的地方，必然是低产多灾的贫困山区。20 世纪 80 年代，松滋连续遭受洪旱灾害袭击。1982 年 6 月 19—21 日，全县普降大到暴雨。湖区 12.6 万亩农田受渍，山丘区因山洪暴发，冲压农田 1.5 万亩，冲垮塘堰、堤坝、渠顶公路 330 处，给农业生产和人民生命财产造成很大损失。1983 年因洪灾绝收 9.5 万亩，有 51.7 万人受灾，特重灾民 7 万人，山区山洪成灾，冲毁水利设施 2869 处，冲压农田 22644 亩，倒房 6055 间，部分村民生活困难靠救济度日。

第二节　水土保持机构建设

1956 年，成立荆州专区水土保持委员会，由副专员任主任委员，下设办公室，配干部 3 人，在专署水利分局办公，并分别在松滋县王家桥区、荆门县栗溪区、钟祥县张集区和京山县三阳区建立 4 个水土保持站，开展水土流失治理试点工作。荆门、松滋、钟祥、京山、天门、江陵、石首等县（市）先后建立水土保持委员会，由副县长任主任委员。

1957 年 9 月，荆门县颁布《水土保持暂行办法》，办法规定，对滥砍、乱伐森林，造成水土流失严重后果的，要依法惩处。

1960 年因精简机构，撤销荆州专区水土保持委员会，3 名专职干部被精简，各水土保持站人员相继调离，水土保持工作曾一度无人过问，任其自由发展。

1966 年受"文化大革命"影响，大部分地方水土保持工作处于停顿状态。

1982 年 12 月 3 日，荆州行署以荆行〔1982〕52 号文成立"荆州地区水土保持工作协调小组"，由副专员徐林茂任组长，农业、林业、水利等部门负责人参加，办公地点设在水利局，日常工作归口工程管理科负责。各县相应建立领导机构，在全区开展水土保持工作，治理水土流失重点区域。

1991 年，《水土保持法》颁布后，荆州地区各级政府和水行政主管部门高度重视水土保持工作，建立水土保持监督执法机构，水土流失综合治理力度加大。

2002 年，荆州市水利局成立水库水保科，后与水库、堤防合并为堤防水库水保科，各县（市、区）相继建立水保科，为水行政主管部门水土保持工作的管理机构。

2003 年，荆州市人民政府办公室以荆政办函（2003）22 号文批准成立"荆州市水土保持工作委员会"，同时出台《荆州市水土保持和生态建设实施意见》（荆政发〔2003〕11号）。同年 5 月，荆州市编制委员会正式批准成立"荆州市堤坝白蚁防治和水土保持监测站"，同时办理"水土流失防治费""水土流失设施补偿费"（以下简称"两费"）的收费许可证，全市水土保持监测和收费工作正式启动。年底，全市召开第一次水土保持工作会议，安排部署全市水土保持与水土流失治理工作。会后，各县（市、区）相继成立水土保持工作委员会，由分管水利的副县（市、区）长任主任委员。荆州市水土保持监测分站（堤坝白蚁防治与水土保持监测站）定编 3 人，与堤防水库水保科合署办公。按照湖北省水土保持监测网络建设的总体要求，荆州市设立综合监测点 1 处（荆州市水土监测站），重点监测点 2 处（松滋乌溪沟水文站、洪湖水文站），普通监测点 1 处（沙市观音垱习口村墒情点），另设荆州市水土保持生态规划监测点 42 个。

2007 年，全市水土保持监测网络与信息系统工程建立，计算机网络系统及相关设施安装到位，经过系统测试后正式投入使用。

2011 年，根据人事变动，经荆州市政府同意，对荆州市水土保持工作委员会成员进行了调整充实，市政府副市长刘曾君任主任，市政府副秘书长李宜孝、市水利局局长郝永耀任副主任，市发改、财政、农业、国土、林业、环保、交通等部门负责人为成员，办公室设在荆州市水利局。

2011 年荆州市水利局以荆水函〔 2011 〕 84 号文下发《关于加强全市生产建设项目水土保持监测工作的通知》，要求建设单位协助水保机构开展水保监测工作，切实按工程批复的水保方案落实。全市设市级监测站 2 个，县级监测站 9 个，同时在水土流失严重的松滋洈水水库上游乌溪嘴、庙河、长河小流域和沙市长湖流域专门设立水土流失监测站，重点监测、重点治理，见表 8 - 2 - 4 。

表 8 - 2 - 4　　　　　　　　　　监 测 站 点 布 设 表

县（市、区）	市级监测站/个	县级监测站/个	监测点/个
松滋市	1	1	10
洈水水库		1	2
石首市		1	5
洪湖市		1	3
江陵县		1	3
监利县		1	8
公安县		1	5
荆州区		1	3
沙市区	1	1	3
合计	2	9	42

第三节 水 土 流 失 治 理

一、1990 年前的治理情况

山丘地区人民历来有垒石筑堤造梯田以控制水土流失的习惯。新中国成立前已建成不少石堤，平土种植，但规模小且零散，水土流失未能得到控制。新中国成立初期，经过一段时间的试点工作，荆州地区水土流失治理初见成效。据《1958 年水土保持工作总结》记载：松滋、荆门、钟祥、京山 4 个水土流失重点县完成坡改梯 43675 亩，坡田停种2893 亩，种草 4100 亩，植树造林 10.91 万株，封山育林 2572 平方千米。采取的工程措施有：建谷坊 80 座，修塘堰挡坝 1535 处，挖沉沙池 15347 个，修田埂 53 条 2.3 千米，筑挡河坝 438 处，开截流沟 10440 条。通过以上措施初步控制水土流失面积 250 多平方千米，占总流失面积的 9.3％。

荆门县从 1956 年开始有组织、有领导地在栗溪区大栗乡开展以造梯田、建谷坊，封山育林为主要措施的水土流失试点工作。大栗乡是象河、仙居河的发源地，境内多山无草，树木稀少，坡度较陡的沙山有 16 座，面积 8 平方千米，一般坡度在 30°～40°，最大坡度 60°多；有 5 条较大的溪河。全乡水土流失面积约 40 平方千米，插旗村水土流失最严重，新中国成立前 39 户人家因水土流失生活贫困，迁走 7 户，死亡 10 户，余下 22 户贫病交加，外出乞讨为生。新中国成立后，当地政府领导农民大搞治水、治山、治土活动，植树造林、坡改梯，农业生产条件得到改善，农民生活水平迅速提高。截至 1985 年，荆门县有林地面积 121.2 万亩。森林覆盖面积为 25.7％，其中营造水土保持林 7.5 万亩，坡改梯 4.5 万亩，完成水土保持面积 29.9 万亩，占强度和中度流失面积的 90％。

1959 年松滋县制定"全面规划、综合开发、沟坡兼治、集中治理"的方针，明确赶子幽、坪山、冯家窑等 9 个乡为水土保持重点乡，山区其他乡试办 1～2 个水土保持点，凡有水土保持任务的区、乡分别建立水土保持工作领导小组，当年县水利局在冯家窑和赶子幽两乡集中培训水土保持农民技术员 37 人。1962 年后，松滋县水土保持工作结合农田水利建设再度开展。到 20 世纪 60 年代末，松滋县修沙坝、谷坊 5000 余处，坡改梯 6000 亩，治理水土流失 123 平方千米。70 年代，以治水为主，治山、治土相结合，统一规划、统一部署、大兵团作战，采取冬春大干、常年不断地平田改土，坡地改梯田成效显著。据 1980 年统计，桃树、王家桥、街河市、大岩嘴、麻水等公社调集上万劳力和机关干部、学校师生，大战跑马岭、雀儿岭、牛长岭，开山炸石垒新垱，移山填沟造梯田，新造梯田 5700 亩，种植经济林 3.7 万株，控制水土流失面积 5800 亩，完成土石方 80 万立方米。

经过 40 余年的努力，至 1990 年荆州地区已治理水土流失面积 1610.67 平方千米，占应治理面积的 50％，其中农业措施治理 125.2 平方千米，林业措施治理 1109.26 平方千米，工程措施治理 71 平方千米，其他措施 302.8 平方千米。

二、1991—2005 年治理情况

1991 年 6 月 29 日第七届全国人大常委会通过并发布《水土保持法》。荆州地区认真贯彻执行《水土保持法》，坚持预防为主、全面规划、综合治理、因地制宜、加强管理，注重效益的方针，水土保持工作从此走上了依法治理的轨道。从 1995 年开始，荆州市水土流失从分散治理转为以小流域为单元的集中治理，加强预防监督措施，取得了一定的成效。在国家的重点扶持下，对松滋六泉河、南河、长河流域，荆州区太湖港流域，沙市长湖流域，石首保丰河流域，洪湖黄蓬山流域等进行了分片集中治理。

截至 2005 年，全市累计治理水土流失面积 633.06 平方千米，建设基本农田 16.43 万亩，发展经果林 11.05 万亩、水保林 40.06 万亩，封禁治理面积 17.06 万亩，坡改梯 10.36 万亩，修建拦蓄工程 866 处、骨干挡坝 48 座，修建沟渠防护工程 205.4 千米。这些工程和生物措施增加了土地植被，延缓了降雨径流，治理区生态环境大为改善，水土流失得到遏制，森林覆盖率大幅提高。

松滋市丘陵山区面积 1533 平方千米，占国土面积的 70.4％，水土流失面积大，轻度以上水土侵蚀面积占全市国土面积的 1/4，尤其是西部山区水土流失十分严重。按照"统

一规划、先易后难、分期治理"的原则,从 1991 年开始,斯家场镇的万年桥、赶子幽、鸡笼坝、旗林、斯家坡 5 个村;大岩嘴乡的南闸、野鹅堰、大岩嘴、金花垱 4 个村,共治理水土流失面积 29.3 平方千米(其中斯家场镇 15.7 平方千米,大岩嘴乡 13.6 平方千米)。坡改梯 4950 亩,种植水土保持林 110.5 万株,修建挡坝 21 处,开盘山排渠 6000 米,挖沉沙池 21 个,5 年共完成投资 78.62 万元,其中国家投资 61.5 万元,群众集资 17.12 万元,基本上实现了小雨不出田,大雨不冲田,暴雨不成灾的目标。

2000 年 3 月松滋市被列入"全国生态环境建设示范县",确定 25 个小流域分期治理项目。7 月 20 日,松滋市人民政府颁布《关于划分全市水土流失重点防治区域的通告》,将松滋市划分为 3 个区,其中重点保护区面积 325 平方千米,重点治理区面积 180 平方千米,重点监督区面积 10 平方千米,并提出抓好水土保持的具体要求,坚持以小流域为单元,开展山、水、林、田、路综合治理。主要措施是:在宜林地实施林、草保土,以土滞水保壤,达到植被生长与水土保持良性循环;在地表切割破碎、沟道坡降大的地方,采取闸沟防冲,疏河降床,改善农田生产条件;在流失严重的山谷修建谷坊,把治沟与造田相结合;在干旱缺水地方灌溉与饮水工程相结合,修建蓄水保水工程;对坡耕地实行坡改梯、旱改水,保土耕作,开好灌排沟渠、水平截水沟,以控制水土流失;在丘陵林、田混杂的小流域,采取工程措施和生物措施,山上造林、山脚建园、平田治土、沟中建坝等措施。

通过以上措施,截至 2011 年,松滋综合治理水土流失面积 60.3 平方千米,封山育林 49950 亩,种植水土保持林、经济林 36495 亩,年减少土壤侵蚀量 55 万吨,减蚀率为 49%。

三、2006—2010 年治理情况

2006 年,编制形成《荆州市水土保持生态建设规划》,规划明确了荆州市水土流失治理的原则,即以预防为主、防治结合的原则;以小流域为治理单元,因地制宜,因害设防,科学合理地配置各项水土保持措施,实行工程措施和植物措施相结合,治坡与治沟相结合,山、水、田、林、路统一规划,综合治理,形成多目标、多功能、高效益的综合防治体系;同时,要坚持经济效益和社会效益、治理保护和开发利用、近期利益和长远利益相结合,坚持可持续发展、合理安排各项水土保持措施。根据以上原则,结合荆州市各县(市、区)实际情况,将全市划分为重点预防保护区、重点监督区和重点治理区等"三区"。

(1)预防保护区。面积约 10868 平方千米,以基本农田、林地为主,主要分布在松滋市、石首市、荆州区的近山丘陵地带及各地小流域正常侵蚀范围的水田、平地、非生产用地等。

(2)重点监督区。面积约 740 平方千米,分布较为广泛分散,主要分布在开发建设项目集中的城区、开发区、工矿企业、集镇、公路、铁路建设区等。区内人口密集,各种生产建设活动频繁,人为水土流失隐患较多,尤以近山丘陵区采矿业最为突出。

(3)重点治理区。重点治理区面积约 1849 平方千米,涉及各县(市、区)大部分乡镇。此区以治理水土流失,改善农业生产条件和生态环境为主,坚持经济效益、生态效益

表 8－2－5

荆州市 2010 年累计水土流失综合治理情况统计表

项 目	治理面积/万亩	分项治理措施						淤地坝			坡面水系		塘坝池等小型蓄水保土工程		土石方量/万m³	实施生态修复面积/万亩	落实治理成果管护面积/万亩	竣工小流域/条	投资/万元				群众投劳/万工日
		基本农田面积/万亩	水保林面积/万亩	经济林面积/万亩	种草面积/万亩	封育治理面积/万亩	其他措施面积/万亩	数量/座	规划拦沙量/万m³	规划淤地面积/km²	控制面积/km²	长度/km	数量/座	设计蓄水量/万m³					小计	中央	地方	群众	
(1)	(2)	(3)	(4)	(5)	(6)	(7)	(8)	(9)	(10)	(11)	(12)	(13)	(14)	(15)	(16)	(17)	(18)	(19)	(20)	(21)	(22)	(23)	(24)
荆州区合计	13.72	3.15	3.72	1.61	0.30	3.74	1.20						2		905.00	0.08	3.36	2	242	138	80	24	226.2
其中国家重点工程	3.05	0.08	0.46	0.37		2.14							2		4.00			1	190	110	80		26.2
沙市区合计	1.35	0.30	0.39	0.09		0.57									1.30	0.37	1.05	3	70	35	35		
其中国家重点工程	1.35	0.30	0.39	0.09		0.57									1.30	0.37	1.05	3	70	35	35		
松滋市合计	10.50	0.51	3.45	1.77		4.76	0.003	60	75	540	6800	180.0	140	240.0	1409.00	2.02	7.80	3	480	65	75	340	
其中国家重点工程	3.06	0.07	1.12	0.32		1.55		32	8	220	312	4.8	23	2.9	21.93	1.31	0.87	1	85	65		20	
石首市合计	7.80	0.45	0.19	0.10	0.02	0.90	0.007				5000	4.0	12	100.0	4.00	0.12	0.90		80	50	30		4.5
其中国家重点工程	3.00	0.07	0.19	0.10	0.007	0.90	0.007				5000	4.0	12	100.0	4.00	0.12	0.90		80	50	30		4.5
洪湖市合计	6.15	0.32	0.30	0.15	0.60	0.79									3.00			1	80	40	40		
其中国家重点工程	1.20	0.09	0.30	0.15	0.60	0.79									3.00			1	80	40	40		
沧水库合计	1.80		0.90	0.16		0.54									11.00				80	15	15	50	21.0
其中国家重点工程	0.68		0.22	0.11	0.007	0.33									1.03				30	15	15		1.5
荆州市合计	41.33	4.73	8.96	3.88	0.37	11.31	1.21	60	75	540	11800	184.0	154	340.0	2333.00	2.60	13.12	9	1032	343	275	414	251.0
其中国家重点工程	12.34	0.63	2.70	1.13	0.06	6.28	0.007	32	8	220	5312	8.8	37	102.9	34.26	1.81	2.82	6	535	315	200	20	32.2

和社会效益相结合，综合治理，同时做好水土保持、预防监督管理工作。

在水土流失综合调查的基础上，全市水土流失范围划分为以下 3 种类型。

（1）近山丘陵中—强度水土流失类型区。此区分布于荆州市西北部，主要涉及松滋、石首、公安 3 县（市），总面积 1100 平方千米，水土流失面积 420 平方千米，占总面积的 38％。

（2）浅丘平原区轻—中度水土流失类型区。此区包括松滋市、石首市、公安县和荆州区的一部分，总面积 2300 平方千米，水土流失面积 460 平方千米，占总面积的 20％。

（3）平原水网轻—中度水土流失类型区。此区范围较大，分布全市，是荆州市主要类型区，总面积约 10667 平方千米，水土流失面积 969 平方千米，占总面积的 9％左右。

在治理方向上，根据各地地理条件的不同，实施以下不同的治理措施。

（1）对近山丘陵中—强度水土流失类型区，加强预防保护，通过封山育林育草，保护现有植被，建设高效水源涵养林和水土保护林体系。通过退耕还林还草，绿化宜林荒山，补植疏林，抚育中幼林等措施，提高林草植被和林地经济效益，增加经济林果比重，提高农民经济收入。同时加强基本农田建设和水利水保工程建设，保障粮食自给。

（2）对浅丘平原轻—中度水土流失类型区，适当减少耕地面积，提高耕地质量，加强塘、库、堰及各种小型水利水保工程设施的配套管理，积极营造用材林、经果林，补植疏幼林，实施封禁治理，建立以粮、棉、油、渔、畜、瓜果、蔬菜、花卉全面发展的生态经济农业。

（3）对平原水网轻—中度水土流失类型区，主要治理措施为加强水利工程建设和管理，加大预防监督力度，保护措施和工程措施相结合，以护堤护岸、沟渠防护为主，在江、河、湖岸堤进行绿化防护并结合美化建设，体现滨江、滨湖特色，适当发展经果林和水土保持林。

经过 5 年的治理，至 2010 年全市治理水土流失面积 41.33 万亩，其中建设基本农田 4.73 万亩，栽种水保林 8.96 万亩、经济林 3.88 万亩，种草 0.37 万亩，禁山育林 11.31 万亩，其他措施治理 1.21 万亩，兴建淤地坝 60 座，完成土石方 2333 万立方米，完成投资 1032 万元，见表 8-2-5。

第四节 典型小流域治理

一、松滋市长河小流域治理

长河小流域位于松滋市刘家场镇西南部，属洈水水库库区上游支流水系，流域内有张山堰、关庄坪、百木洲、油榨口、沙溪坪、郑家铺 6 个行政村、67 个村民小组，总人口 10407 人，人口密度 171.1 人每平方千米。流域总面积 59.4 平方千米，有耕地 10269 亩，林地 67581 亩，荒山荒坡 555 亩，水域 3750 亩，非生产用地 4411.05 亩。经济组成主要为种植业、林业、养殖业，2000 年农业总产值 1035 万元，其中种植业 356.47 万元，林业 198.47 万元，养殖业 480.06 万元。从经济结构分析，林业收入虽只占农业总产值的 18.9％，但林业投入少，收入高，因此，乱砍滥伐现象较突出，是导致此地区水土流失的重要原因之一。

长河小流域属丘陵与低山区的过渡地带，南部是海拔 100.0～300.0 米的丘陵区，地表为泥质页岩，北部是海拔 300.0 米以上的石灰岩低山区。流域多年平均年降水量 1260 毫米，最大年降水量 1750 毫米，最小年降水量 870 毫米。

由于流域内土质黏性差，森林植被覆盖率低，加之人为破坏等因素，水土流失较为严重。轻度以上侵蚀面积 22 平方千米（其中轻度侵蚀面积 7.2 平方千米，中度侵蚀面积 10.4 平方千米，强度侵蚀面积 4.4 平方千米），占土地总面积的 37.3%。

长河小流域治理分四期实施，共完成总投资 172.93 万元，其中关庄坪水保试点工程，国家投资 13.9 万元，群众自筹资金 20.93 万元，治理面积 1400 亩。其中，坡改梯 200 亩、补植水保林 300 亩、植经果林 200 亩、封禁 500 亩、天然林保护 200 亩，修建水保工程 4 处，完成土方 6.13 万立方米、石方 0.5 万立方米，植湿地松 11.25 万株、蜜柚 1.6 万株、马尾松 2 万株，有效控制了试点区的水土流失。在治理水土流失的同时，积极推广群众乐于接受又行之有效的保护措施，巩固了治理效果。推广"猪－沼－稻（麦、苞、苕）"种植模式，把农村替代能源建设与家庭养殖业、种植业相结合，既发展了农村经济，又控制了薪柴砍伐量，为实施封育管护奠定了基础；荒山荒坡改梯田种植经济果木林，开辟新的财源，减少群众对林业经济的依赖，可有效缓解用材林的萎缩速度；建设蓄水池（窖），解决群众饮用水困难，并在其承雨面积内实施以封山育林为主的水源保护措施，增强了自然植被的涵水养水能力。

2002 年度治理水土流失面积 9 平方千米，其中基本农田治理 0.5 平方千米，坡改梯 0.1 平方千米，水保林 2 平方千米，经果林 1 平方千米，封禁 5.4 平方千米，共植树 10 万株；修建配套工程 50 余处，其中整修堰塘 2 处，修建谷坊 5 座、蓄水池 10 座、沉沙池 30 个，开排水沟、截流沟 2.5 千米，完成土方 3 万立方米、石方 0.2 万立方米、混凝土 100 立方米，完成投资 63 万元，治理程度达到 40.9%。通过治理，减少土壤流失量 0.5 万吨，增加降水有效利用量 50.5 万立方米，提高植被覆盖率 10.5%，解决了 300 人的饮水困难，直接受益人口 5000 人，年增加经济收入 31 万元。

2003 年治理水土流失面积 4.5 平方千米，其中经果林 0.75 平方千米，水保林 1.5 平方千米，封禁 2.2 平方千米，保土耕作 0.05 平方千米，植树 12 万株；修建配套工程 6 处，其中整修堰塘 2 处，建拦沙坝 2 处、生产桥 1 座，疏挖排水沟 1800 米，完成土方 0.2 万立方米、石方 115 立方米、混凝土 20 立方米，完成投资 30 万元，治理面积达到 20.5%。通过治理，减少土壤流失量 0.3 万吨，增加降水有效利用量 41.3 万立方米，提高植被覆盖率 20.5%，解决了 200 人的饮水困难，直接受益人口 2500 人，年增加经济收入 27.9 万元。

2004 年治理水土流失面积 5 平方千米，其中经果林 0.3 平方千米，水保林 2 平方千米，封禁 2.7 平方千米，植树 56 万株；修建配套工程 3 处，其中堰塘 1 处、生产桥 2 座，渠道整治 1800 米，完成土方 0.14 万立方米、石方 346 立方米、混凝土 101 立方米，工程总投资 45.1 万元。

二、荆州区太湖港流域治理

太湖港流域位于荆州区西北部，总面积 552.06 平方千米，水土流失面积 275.33 平方千米，占流域总面积的 49.9％，其中轻度流失面积 179 平方千米，占流失面积的 65％；中度流失面积 93 平方千米，占流失面积的 33.9％；强度流失面积 3.33 平方千米，占流失面积的 1.1％。

太湖港流域发源于川店镇双堰村，经荆州城北于凤凰山注入长湖，全长 64.8 千米，包括川店镇、马山镇、李埠镇、郢城镇、八岭山镇、纪南镇、太湖管理区及沙市区的一部分。主要山溪河有李家场、五里冲、张家冲、金家冲、后湖冲、土龙冲等 8 条，其中丘陵区占 60％，平原湖区占 40％；该流域属四湖水系上区，丘陵地带一般地面高程 40.00～50.00 米，最高海拔 103.3 米（八岭山顶），平原湖区一般地面高程 32.00～36.00 米。

2001 年，荆州区太湖港流域水土保持项目列入荆州市水土保持项目治理计划。项目建设单位为荆州区太湖港水库管理局，设计单位是荆州市水利水电勘测设计院，施工单位为楚江水电公司荆州分公司。10 月 8 日，湖北省计划委员会和湖北省水利厅联合发文（鄂计农经〔2001〕1058 号），安排资金 130 万元，其中中央财政预算内专项资金（国债）80 万元，地方配套 50 万元。

2003 年下达投资计划 30 万元，其中中央专项 15 万元，地方配套 15 万元，两次合计下达中央专项 95 万元，地方配套 65 万元。

荆州区成立了由区政府领导、区直有关单位主要负责人参加的水土保持工作领导小组。同时成立由区长任组长，水利、林业、财政、纪委、司法、土管、城建等部门负责人为成员的水土保持督查小组，具体负责全区的水土保持规划建设工作。

经过两年的建设，共完成水土流失治理面积 14 平方千米，其中基本农田建设（坡改梯）750 亩，发展经济林 2700 亩，种草 90 亩，封禁 16260 亩，修建小型水保工程 6 处，完成土石方 4.6 万立方米、浆砌石 1920 立方米，完成投资 150.9 万元。

三、石首市韩家冲小流域治理

韩家冲小流域位于石首市东南部的桃花山镇，是保丰河的主要支流，承雨面积 10.5 平方千米，北临长江，东南与湖南省华容接壤。地面高程最高为 340.00 米，为洞庭湖环湖岗地，地势起伏大，坡度在 5°～30°，为侵蚀性切割丘陵。流域内人口 5492 人，耕地 1757.5 亩，林地 9535.8 亩，水域 2055 亩，人均耕地 0.3 亩。流域以面蚀与沟蚀为主，重力和风力侵蚀相伴发生。据调查，有微度水土流失面积 80 平方千米，占流域总面积的 32.3％；轻度侵蚀面积 41.3 平方千米，中度侵蚀面积 11.8 平方千米，强度侵蚀面积 5.9 平方千米。

2004 年，国家投资 20 万元，地方自筹 20 万元，用于韩家冲小流域治理。发展经果林 300 亩、水保林 3000 亩，封禁 4200 亩，挖塘堰 1 座，筑石坝 1 座长 90 米，治理水土流失面积 5 平方千米。

项目实施后，流域生态环境得到很大改善，林草覆盖率由 30％提高到 81％，年水土流失量控制在 6.25 万吨以下，同时减轻了水土流失对下游的危害，提高土地利用率 60％，人均收入提高 30％以上，当地农民逐步脱贫，生活质量明显提高。

四、松滋市南河小流域治理

南河小流域位于松滋市斯家场镇腹地，河流自西向东注入松滋河西支，流域面积

39.06 平方千米，流经万年桥、赶子幽、鸡笼观、旗林、斯家坡、龙潭、黄家岭、斑竹等
8 村和宝竹桥居委会，总人口 1.24 万人，耕地 1.2 万亩，林地 2.5 万亩，1993 年人均纯
收入 703 元。

南河小流域地处松滋西部的丘陵山区结合部，地面高程为 88.00～530.50 米，土壤为
变质岩（当地俗称麻砂）和黄壤土，质地松散，极易流失。由于流域内森林被大量砍伐，
植被遭到破坏，水土流失现象极其严重，年均流失量在 8 万立方米以上，每年都有近百口
堰塘淤积成"碟子堰"，南河水库因泥沙淤积年减库容万余立方米，有 300 多米灌溉渠道
因水土流失造成滑坡。严重的水土流失，不仅增加了水利工程的维修养护难度，同时也削
弱了农业生产基础设施。

1993 年湖北省水利厅将南河小流域列入省重点水土流失综合治理与防治乡镇，拨专
款对此流域进行综合治理。斯家场镇政府组织群众结合冬春水利建设开展了大规模整治。
按照"防治并重、治管结合、因地制宜、科学规划"的原则，强化封山育林，开发经济林
带，开挖盘山沟渠，整治险工险段，修筑拦沙坝，大搞坡改梯。至 2003 年，经过 10 年的
努力，治理区内共封山育林 2 万亩，坡改梯 3000 亩，植用材林 25.5 万株、经济林 22.84
万株，建拦沙坝 5 处、生产桥 15 座、路涵 28 处，疏挖整治沟渠 4 条共 6.5 千米，块石砌
护 17 处共 1700 米，流域内建省柴灶 2179 口，柴改煤灶 877 户。10 年治理共投入标工
55.85 万个，完成土石方 40.3 万立方米，总投资 180.6 万元，其中国家投资 40.5 万元，
群众劳务折资 140.1 万元。

南河小流域经过综合治理，明显地改善了农业生产条件。通过南河水库南北灌渠配套
延伸，改善灌溉面积 5810 亩，扩大灌溉面积 1500 亩；通过坡改梯新增耕地 1650 亩；通
过封山育林、坡改梯、拦沙坝建设等治理措施，地表植被增加，水土涵养能力增强，自然
面貌大为改观。治理前防治区内有荒山 5000 亩，十年间全部植树造林，森林覆盖率由原
来的 28% 增加到 56%。生态环境的改善，使区域内抗旱能力普遍提高了 7～12 天，同时
南河水库的泥沙淤积量由原来的年均 1 万立方米减少到 0.2 万立方米，实现了山绿水清的
治理目标，促进了农业经济增长。1992 年与 2002 年相比，粮食总产量由 685 万千克增加
到 892 万千克，增产 30.2%；人均纯收入由 703 元增加到 2125 元，增收 202%；经济林
地由 858 亩增加到 3150 亩，增加 267%；十年间新植 25.5 万株，封山育林 2 万亩，木材
蓄积量增加 50% 以上；减少了泥沙淤积，塘堰蓄水量增加了 50 万立方米。

五、洪湖市黄蓬山小流域治理

洪湖市黄蓬山流域面积 29.6 平方千米，流域内有 6 个行政村、1.41 万人，耕地面积
2.45 万亩，林地面积 0.78 万亩。

黄蓬山流域地处丘陵平原结合部，土壤为黄壤土、流沙土，质地松散，极易流失。历
史上黄蓬山流域是山清水秀，环境优美。后来由于树木被大量砍伐，植被遭到严重破坏，
区内水土流失现象严重，年均流失量在 5 万立方米以上，区内 75 口蓄水塘堰、9 条主要
排灌渠道因水土流失造成严重滑坡淤塞，严重影响水利工程效益的发挥。

2002 年 2 月，此流域的黄家山、陈吕家山、花果山、虎山、古家湾一带约 11 平方千
米纳入省、市规划治理的重灾区，采取改造坡耕地，建造梯田，挖截水沟，修建排灌沟

渠，修筑塘堰、道路，封禁治理等措施，对流域水土流失进行综合治理。

（1）调整用地结构。用地结构调整以水土保持为基础，以经济效益为中心，充分发挥流域自然优势，优化农、林、特生产用地比例，调整农业产业结构。以消灭荒山、荒坡为重点，大力发展经济林，增加林地经济效益。

（2）改造坡耕地。坡耕地是区域内水土流失的严重地方，把坡耕地改造为水平梯田，是治理水土流失的重要措施，是保证群众粮食自给和发展多种经济的一项重要举措。梯田布置实行顺水坡比地形，大弯就势，小弯取直，集中连片，并结合坡面蓄排水工程和田间生产路统一布设，合理安排，修建高标准土坎梯田 1200 亩，完成土方 3.8 万立方米。采取田坎植桑固坡，降低水土流失率。

（3）采用植物措施。植物具有调节气候、涵养水源、保持水土，防止和减少自然灾害，净化环境等多种功能。小流域治理本着"适地适树、速生高效"的原则，培植效果好、经济价值较高的植物。水保林选用意杨，经济林主要发展果林，植树造林 12.2 万株，其中水保林 5 万株，经济林 7 万株，果木林 0.2 万株。根据流域内的实际情况将花果山、虎山、魏家山等 3 平方千米面积实施封禁治理，既可尽快恢复植被的封闭度，防治水土流失，又增加了林木蓄积量。

（4）修建小型水利水保工程。因地制宜，适地适量修建一批小型水利水保工程，实行以工程护植物，以植物护工程，植物措施和工程措施相结合的综合防护体系。在经济林基地，坡改梯工程和用材林基地配套修建一批排灌沟渠、蓄水塘堰、过路桥涵水闸等小型工程，共整修塘堰 15 口，埋设管涵 15 处，建小型节制闸 4 处，铺筑碎石路面 3000 米，疏挖灌渠 2000 米，完成土方 15.5 万立方米、石方 1500 立方米、混凝土 125 立方米，总投资 155 万元，其中国家投资 100 万元，群众投劳折资 55 万元。

（5）改善农业生产条件。黄蓬泵站改造后，抗旱能力增强，农田受益面积扩大，新增灌溉面积 1350 亩，改善灌溉面积 5600 亩，改造坡耕地 1200 亩。通过坡改梯、植树造林、封禁治理等工程措施，林草覆盖率由原来的 15％增加到 38％，每年可减少流失淤积量 3 万立方米，水土流失得到控制，生态环境大为改善，粮棉产量明显提高，农民人均纯收入从 1024 元增长到 1850 元，增长 1.7 倍。

第三章 引江济汉工程

引江济汉工程是南水北调中线一期汉江中下游四项治理工程（兴隆水利枢纽、引江济汉、部分闸站改造、局部航道整治）之一，其作用是通过在长江荆州河段引水开挖大型人工渠道输送至汉江兴隆河段，补充因南水北调中线调水而减少的水量，同时改善汉江兴隆以下河段的生态、灌溉、供水和航运条件。引江济汉工程兼具通水、通航功能，使长江和汉江能直接沟通，是一条大型人工运河。

引江济汉工程地跨荆州市荆州区、荆门市沙洋县及潜江市。引水工程进水口位于荆州区李埠镇龙洲垸，出水口位于潜江市高石碑镇。工程于 2010 年 3 月 26 日开工，2014 年 9 月 26 日通水，总投资约 85 亿元。引水干渠全长 67.23 千米，进口渠底高程 26.10 米（此章均为黄海基面，以下不再注明），出口渠底高程 25.00 米，底宽 60 米，边坡 1:（2～3.5），设计流量 350 立方米每秒，最大引水流量 500 立方米每秒；年平均补水量 31 亿立方米，其中补汉江水量 25 亿立方米，补东荆河水量 6 亿立方米；引水干渠航道为限制性 Ⅲ 级航道，通行 1000 吨级船舶。

引江济汉干渠在荆州市境长 27.052 千米，干渠沿北东向穿荆江大堤、318 国道、宜黄高速公路、庙湖、荆沙铁路、海子湖后，经纪南镇雷湖桥村拾桥河故道进入沙洋县。荆州市境内共建有各类建筑物 46 座，其中水闸 5 座、泵站 1 座、倒虹吸 12 座、公路桥 26 座、铁路桥 1 座。工程征地拆迁主要涉及荆州区 4 个镇（管理区）15 个村 49 个组，永久征地 9589.5 亩，临时用地 9924 亩，搬迁农户 841 户、3699 人，拆迁房屋面积 17.31 万平方米。兴建安置点 14 个。

引江济汉工程建成后，每年可向汉江补充水量 21.9 亿～25.2 亿立方米，向东荆河补充水量 5.6 亿～6.1 亿立方米，通过补水，使汉江仙桃控制断面的流量在 2—3 月大于 500 立方米每秒的历时保证率达到 95%，基本保证调水后的流量不具备发生"水华"的条件，使汉江下游的生态环境得到有效保护。当汉江流量达到 800 立方米每秒时，东荆河得以自然分流，为东荆河沿岸的工农业生产和人民生活的饮用水提供水源保证。汉江下游来水量增加使兴隆以下河段的通航条件得到保证，同时，引江济汉干渠按 Ⅲ 级航道建设，开辟了长江中游与汉江下游的水运捷径，建成江汉运河（两沙运河），缩短江汉之间绕道（汉口）航程 673 千米，提升了工程自身的综合利用功能。

第一节 工 程 规 划

一、兴建缘由

我国水资源的分布是南方地区多水，北方地区干旱缺水，为解决这一矛盾，毛泽东主席于1952年提出"南方多水，北方缺水，如有可能，借点水来也是可以的"宏伟设想。在党中央、国务院的关怀下，经40年的不懈努力，形成了南水北调东线、中线和西线调水基本方案。中线调水工程于20世纪90年代开始兴工，标志是丹江口水库坝顶的加高及建成。中线工程调水后，受其直接影响的是汉江中下游干流及其分支东荆河。中线一期的调水量95亿立方米，约占丹江口坝址断面径流量的1/4，汉江流域径流量的1/6。丹江口水库大坝加高后，水库的调蓄能力增大，显著改善了汉江中下游地区的防洪形势，同时加大了汉江中下游枯水出现的频率，可能产生不利的影响：调水后汉江兴隆河段多年平均水位下降0.5米，分旬灌溉保证率除个别旬外均有不同程度的下降，其中4月降幅最大，对汉江干流各灌区春灌期灌溉用水和东荆河的灌溉水源影响较大；调水后仙桃断面（2—3月）流量大于500立方米每秒的历时保证率下降了43%，对河道内水环境产生较大的影响；调水后中水流量历时减少较多，对航运营运效益也造成一定的负面影响。

为补济汉江中下游因南水北调后的水量不足，故规划从长江荆江河段引长江水到汉江，以减缓丹江口水库调水后对汉江下游地区造成的水资源供需矛盾，改善汉江下游河道内枯水期的水环境，基本控制"水华"的发生。研究表明，汉江中下游"水华"发生的条件为水体中有较高的氮磷浓度、缓慢的水流和适宜的温度等，当春季2—3月时，藻类大量繁殖，"水华"现象便出现。自20世纪90年代以来，汉江沙洋以下河段共发生4次"水华"现象，直接影响汉江下游自来水厂的正常运行，经长江委采用WQRRS数学模型对1957—1997年模拟分析，汉江下游发生春季"水华"概率，调水前为13年，加坝调水后为11年。因此，在加强污染防治和环境整治的基础上，实施引江济汉工程补水，改善汉江下游河道的水环境状况十分必要。

汉江下游地区经济发达，工农业生产及人民生活用水对水资源的需求呈增长趋势，而汉江钟祥以下基本上为平原湖区，地表径流难以利用，只能依靠汉江作为主要水源，此外汉江水资源时空分配极不平衡，导致旱灾发生较频繁，水资源供需矛盾突出，丹江口水库调水后，汉江中下游的用水供需矛盾势必加剧。因此，通过引江济汉工程为兴隆以下河段和东荆河提供可靠水源，可缓解汉江下游水资源相对不足的矛盾。

引江济汉调水还可通过习家口闸向四湖总干渠送水，补充四湖中、下区工农业生产和人民生活用水。这样，南有长江，北有东荆河，中有总干渠，形成覆盖全四湖流域的灌溉网。不但提高了四湖地区的灌溉保证率，而且对其生态环境亦有明显的改善。

二、规划编制过程

引江济汉工程的设想可谓由来已久，早在20世纪50年代中期，水利部门就规划四湖地区兴建沙市闸，引长江水灌溉的方案。交通部门在做全国水运网规划时，也曾拟建两沙（沙市、沙洋）运河作为京广运河的江汉连接段，1959年被长办列入《长江流域综合利用规划要点报告》。1972年长办编制的《荆北放淤规划》再次提出沙市建闸方案。

1978年大旱，汉江中下游连续200多天干旱少雨，受灾面积1230万亩，促使水利部门又对引江济汉工程重新进行规划研究。湖北省水利水电勘测设计院于1980年编制了《江汉引水工程规划报告》，充分论述了灌溉引水结合航运兴建引江济汉工程的必要性和迫切性，并对引江济汉干渠的走线——高线和低线两条线路进行了比较论证，原则推荐了从沙市盐卡进口的低线方案。1984年湖北省交通厅又编制了《两沙运河航运规划报告》。嗣后，长办和湖北省水利水电勘测设计院将引江济汉工程作为南水北调中线工程汉江中下游补偿工程，在20世纪90年代又组织过多次查勘和规划。

2001年9月和2005年12月，长办相继编制完成《南水北调中线工程规划（2001年修订）》和《南水北调中线一期工程可行性研究总报告》，并获审查通过。上述两报告均将引江济汉等汉江中下游四项治理工程，列入了南水北调中线第一期工程范畴，促使汉江下游的生态环境得到合理保护和健康发展，达到南水北调中线调水区和受水区经济、社会、生态的协调发展，实现"南北双赢"。

依据国务院审议通过的《南水北调工程总体规划》，受湖北省南水北调工程建设管理局委托，湖北省水利水电勘测设计院于2002年6月正式开展引江济汉工程可行性研究工作，于2005年12月编制完成《南水北调中线一期引江济汉工程可行性研究报告》。

2008年年底，国务院正式批准将汉江中下游治理纳入南水北调中线一期工程，其中包括兴隆水利枢纽、引江济汉、部分闸站改造、局部航道整治等四大工程，计划总投资102.8亿元。

按照国务院南水北调工程建设委员会办公室要求，湖北省南水北调工程建设管理局组织力量对引江济汉工程进行初步设计，经湖北省水利水电勘测设计院、长江勘测规划设计研究院、中水淮河规划设计研究有限公司、湖北省交通规划设计院等勘测设计单位的通力合作，于2008年12月编制完成《南水北调中线一期引江济汉工程初步设计报告》，后经审查、修改、补充，于2009年10月编制完成《南水北调中线一期引江济汉工程初步设计报告（审定本）》。

三、工程规模确定

引江济汉工程属调水工程，应以工程供水对象汉江中下游干流和东荆河所需水资源量经供需平衡分析后而确定，同时，还因进口长江水位变幅较大，必须考虑自流引水工程和提水工程。鉴于长江5—9月水位较高，自流条件较好，为尽量缩减汛期的抽水历时，故确定工程5—9月自流引水保证率达到90%作为渠道断面设计条件，泵站的设计条件为补充满足其余时段工程任务的要求。

（一）渠道设计流量确定

从渠道5—9月自流引水保证程度分析，并考虑汉江干流和东荆河灌区需水要求的不均衡性，故工程的设计流量为350立方米每秒。

（二）渠道最大引水流量确定

为尽可能利用干渠自流输水能力来增加中水流量的历时，同时考虑到需水过程的不均匀性，渠道的引水规模应适当留有余地，故渠道的最大流量确定为500立方米每秒。

（三）东荆河补水流量确定

按缺水量进行设计代表年分析，选择1960年作为东荆河灌区设计代表年（$P=85\%$），据此确定东荆河补水设计流量为100立方米每秒，同时加大系数取1.1，故东荆河的补水加大流量确定为110立方米每秒。

(四) 泵站规模

泵站规模的确定以满足工程任务目标为基础，即工程出口断面的汉江流量大于 800 立方米每秒的历时保证率基本达到 60% 左右，大于 600 立方米每秒的历时保证率基本达到 75% 左右，同时鉴于三峡工程建成运用后清水下泄河床下切导致进口水位下降有一个观察和渐变的过程，故确定近期泵站规模为 200 立方米每秒，远期泵站规模为 250 立方米每秒。

四、引水干渠线路方案确定

引江济汉工程引水干渠线路关系到输水安全、经济和综合功能的发挥，故选线至关重要。根据多年的研究成果，引江济汉干渠的总体位置处于长江上荆江河段与汉江兴隆河段之间，这已形成共识，但其具体线路的选择有几种意见。经研究，引江济汉工程的进水口曾有 3 个选择，即枝江大埠街、荆州区龙洲垸、沙市盐卡。出水口有两个选择，即潜江高石碑、红旗码头。由此而衍生出的可选引水线路多达 9 条。红旗码头位于兴隆水利枢纽工程下游 25 千米，若以此为出口，则兴隆枢纽以下 25 千米的河道将无法覆盖，同时这条线路难以绕开江汉油田，直接经济损失将高达 7 亿~10 亿元，所以此方案最先被否决。而在剩下的线路中，若以水头较高的大埠街作为引水口，至离兴隆水利枢纽工程下游 3 千米的高石碑而出，则要绕过长湖蜿蜒 82 千米之多，其间交叉建筑多达 104 座，加之土方开挖量巨大，这条 "高 I 线" 也被淘汰。而进口同在大埠街的 "高 II 线" 方案，也因其地处长江四大家鱼产卵地，上游 40 千米河段是中华鲟保护区，在此取水会对生态造成不利影响而作罢。同样出于生态环境的考虑，间距最短的 "盐高线" 方案由于进水口位于沙市下游，一些工业废水将影响引水水质也被放弃。以龙洲垸作为取水口，在不加外力或辅助外力的情况下可保证运河正常流淌。但以此为取水点仍有两条线路可供选择。

(1) 龙高 I 线。进口位于荆州区李埠镇龙洲垸，出口为潜江市高石碑，干渠沿东北向穿荆江大堤 (桩号 772+400 处)、太湖港总渠，在荆州城北穿宜黄高速公路后向东偏北穿过庙湖、海子湖，走蛟尾镇北，穿长湖、后港湖汊后，于高石碑入汉江，全长 67.23 千米，干渠在拾桥河交叉处分水入田关河向东荆河补水。

(2) 龙高 II 线。龙高 II 线为利用长湖线，进出口与龙高 I 线相同。干渠前段 (龙洲垸—海子湖) 在海子湖处入长湖，渠长 21.7 千米，干渠后段 (毛李湖汊—高石碑) 在毛李湖汊东与龙高 I 线相同，渠长 21.8 千米。龙高 II 线渠道全长 43.5 千米，利用长湖水道 23.73 千米，相比龙高 I 线缩短修筑干渠 23.73 千米，但需加固长湖围堤 47.2 千米。

引江济汉干渠最终确定以龙洲垸为进口的龙高 I 线，渠线较短，移民占地较少，工程量和投资较省，其不足是自流引水时段短，需泵站抽水增加运行费用。同时还需采取稳定河势的工程措施。

五、工程总体布置

引江济汉工程总体布置包括引江济汉干渠工程和东荆河补水节制工程两部分。

(一) 引江济汉干渠工程总体布置

引江济汉引水干渠采用明渠自流结合泵站抽水的输水方式。渠道的交叉工程根据地形、水位等条件，采用立交或平立交结合形式；与公路铁路交叉工程全部采用跨渠桥梁形式。

引水干渠进口为龙洲垸，出口为高石碑。渠首位于荆州市李埠镇龙洲垸长江左岸江边，干渠线路沿北东向穿荆江大堤（桩号 772+400），在荆州城西伍家台穿 318 国道、红光五组穿宜黄高速公路，近东北向穿过庙湖、荆沙铁路、襄荆高速公路、海子湖后，折向东北向穿拾桥河，经过蛟尾镇北，穿长湖、走毛李镇北穿殷家河、西荆河后，在潜江市高石碑镇北穿过汉江干堤（桩号 251+320）入汉江。

引水干渠全长 67.23 千米，其中荆州市境内长 27.13 千米，荆门市境 33.90 千米，潜江市境 6.20 千米；进口渠底高程 26.10 米，出口渠底高程 25.00 米，干渠渠底纵坡 1/33550，渠道底宽 60 米，内坡比 1:2～1:3.5，外坡比 1:2.5。渠道在拾桥河相交处分水入长湖，经田关河、田关闸入东荆河。

干渠沿线主要建筑物有泵站节制闸、船闸、沉沙池、沉螺池、荆江大堤防洪闸、港南渠分水闸、庙湖分水闸、拾桥河枢纽建筑物（拾桥河上游泄洪闸、下游泄洪闸、倒虹吸、码头、左岸节制闸）、后港分水闸、西荆河枢纽建筑物（上、下游船闸和左岸倒虹吸）、高石碑枢纽建筑物（高石碑出口闸、船闸）。

干渠沿线所截断的公路、铁路和渠道，全部采用跨渠桥梁和倒虹吸恢复交通和渠系，涉及各类建筑 107 座。

（二）东荆河补水节制工程总体布置

东荆河补水节制工程是南水北调引江济汉工程的重要组成部分。引江济汉干渠从拾桥河泄洪闸分水入长湖，然后经长湖东南侧的刘岭闸进入田关河，出田关河流入东荆河，补充东荆河水源，设计输水流量 110～130 立方米每秒，以解决东荆河灌区的水源问题。

东荆河补水节制工程沿线主要建筑物工程有刘岭闸、田关闸加固，修建仙桃马家口橡胶坝、洪湖黄家口橡胶坝，新建冯家口闸，疏挖火垱沟故道，新建一屋嘴桥，改建火垱沟桥和通顺河节制闸。

第二节 工 程 建 设

2010 年 3 月 26 日，南水北调中线一期引江济汉工程正式开工。国务院南水北调工程建设委员会办公室主任张基尧、湖北省省长李鸿忠、湖北省南水北调工程建设管理局局长郭志高在荆州市施工现场主持开工庆典仪式。

引江济汉工程以湖北省南水北调工程建设管理局为工程建设项目法人，并成立工程处、规划处、质量监督站等对工程建设的质量、进度、安全实施监督管理。荆州市段工程分 7 个标段实施招标选定施工企业进行施工。

2010 年 1 月 10 日，荆州市人民政府成立"荆州市南水北调引江济汉工程建设领导小组"，领导小组下设办公室，具体负责引江济汉荆州段工程征地、房屋拆迁等的服务协调工作；配合湖北省南水北调工程建设管理局加强对荆州市段 7 个标段工程建设的施工环境、工程质量、安全、进度进行督办。

土地征用：为配合引江济汉工程的建设，严格按国家关于土地征用的政策、程序及补偿标准，于2011年年底完成永久性征地7840亩。随着工程建设的进展而陆续征用临时用地9571亩。后随着工程项目建设完工，又陆续开始对临时用地进行复垦工作。

拆迁安置：按照国务院南水北调工程建设委员会办公室批复的《南水北调中线一期引江济汉工程征地拆迁实施规划（荆州区）》，荆州市段共拆迁831户，涉及人口3842人。通过建集中安置点13个，采取拆迁还建、分散安置、外迁补偿等多种方式，从2010年3月至2012年3月，历时两年完成拆迁安置任务。

引江济汉干渠工程及配套工程项目历时4年施工至2014年10月完工。2014年夏，汉江上游来水较历年平均值减少8成，汉江下游及东荆河几乎断流，漳河水库水位位于死水位以下，江汉平原600余万亩农作物面临严重旱情。为缓解旱情，备受关注的引江济汉工程比原定通水时间提前51天投入运行。2014年8月8日7时40分，引江济汉工程龙洲垸引水闸开闸放水，开闸时流量为60立方米每秒，后加大为110立方米每秒，奔涌的江水流入汉江，滋润沿线600余万亩农田。

第三节 荆州市主要工程

一、龙洲垸（取水口）枢纽工程

龙洲垸枢纽工程位于荆江大堤付家台（桩号772+400），进口段长4千米。引江济汉工程进水"龙口"有两个，一个进水，一个进船，呈V形布置，口宽600多米，引水工程沿引水渠中心线依次布置为闸前引水渠、龙洲垸进水闸、沉沙池（含沉螺池）、提水泵站及泵站节制闸、连接渠段、荆江大堤防洪闸；通航工程依次是闸前通航渠、船闸，在荆江大堤防洪闸前会合。

（一）龙洲垸进水闸

龙洲垸进水闸布置在龙洲垸堤上（桩号为0+300~0+532），闸室总宽95.60米，过流总净宽80米，8孔，孔口尺寸为10米×9.43米（宽×高，下同），设计进水流量350立方米每秒，最大引水流量500立方米每秒，闸底板高程26.10米，进水闸出口以120°平面扩散角接沉沙池，出口渠底纵坡1/146，闸室两侧新建堤防连接进水闸和龙洲垸堤防，共同抵御长江洪水。新建堤防同龙洲垸堤防标准，堤顶宽3米，堤顶高程44.00米，外边坡比1:3，内边坡比1:4。龙洲垸取水枢纽工程示意如图8-3-1所示。

（二）沉沙池、沉螺池

进水闸后设沉沙池，池内平均流速0.25~0.4米每秒，池底长200米，宽200米，池底低于渠底2米；沉螺池与沉沙池结合布置，宽350米，长500米，由沉沙池扩宽而成。下游连接段通过隔水墩分两支分别与泵站和节制闸连接；泵站侧连接段以1:10的逆坡上升至高程25.40米与泵站前沿平台连接，节制闸侧连接以1:10的逆坡上升至26.92米高程与节制闸进口段连接。两侧地面高程36.00~38.00米，开挖边坡比1:3，在高程32.00米设3米宽马道。

（三）龙洲垸泵站

泵站由泵房及进、出水建筑物等组成为大（1）型Ⅰ等工程。泵房顺流向长34米，宽

图 8-3-1 龙洲垸取水枢纽工程示意图

98.90 米，建筑基面高程 14.90 米。设计扬程 3.20 米，设计流量 200 立方米每秒，远期提水规模 250 立方米每秒，设计选用 7 台 3400ZLQ40-3.2 全调节式轴流泵（安装 6 台，土建预留 1 台），单机容量 2800 千瓦，单机设计流量 40 立方米每秒。泵站进水口尺寸为 8.0 米×6.0 米，设平面检修闸门 1 块，闸门尺寸为 8.9 米×5.31 米，出水口尺寸为 8.0 米×4.75 米，配置快速工作门和检修门，快速工作门尺寸为 8.8 米×5 米，检修门尺寸为 8.8 米×5.17 米。站内设 110 千伏专用变电站。泵站主要功能是当长江水位低，渠道自流引水流量小于需补水流量时，用泵站提水。

（四）泵站节制闸

节制闸总宽度为 75.6 米，过流总宽度为 50.6 米，5 孔，孔口尺寸为 8.0 米×8.0 米，底板高程 26.92 米。采用弧形工作门，尺寸为 8.0 米×8.0 米，工作半径 9.5 米，节制闸上游和下游分别配置检修叠梁门 1 扇，上游检修门尺寸为 9.1 米×8.1 米，下游检修门尺寸为 10.8 米×10.05 米。

（五）荆江大堤防洪闸

荆江大堤防洪闸按 1 级建筑物设计，兼作防洪通航，采用开敞式平底闸，共设 2 孔，单孔净宽 32 米，通航净空 8.5 米，过流总净宽 64 米，底板高程 26.89 米。闸底板下设深 10 米的混凝土防渗墙，每孔防洪闸设一道提升式平面挡水闸门，闸门尺寸为 34.15 米×19.6 米，共计 2 扇，每扇重 715 吨。

（六）龙洲垸船闸

船闸布置在防洪闸上游约 700 米处，连接河长度为 1430 米，底宽 44 米，船闸主体工程长 210 米，闸室宽 23 米，门槛水深 3.5 米，设计代表船型为 1000 吨级货船和 1+2×1000 吨船队。

二、渠道工程

渠道位于荆州区李埠镇龙洲垸长江左岸，渠线向东北方穿荆江大堤（桩号 770+

400)，在荆州城西伍家台穿 318 国道、拍马村附近穿汉宜高速公路、安家岔穿 207 国道后，向东穿庙湖、荆沙铁路、襄荆高速公路、海子湖后，经纪南镇雷湖村拾桥河故道进入荆门市。引水干渠全长 67.23 千米，其中荆州段长 27.05 千米，进口渠底高程 26.10 米，出口渠底高程 25.00 米，干渠渠底纵坡 1/33550，渠底宽 60 米，设计水深 5.62～5.58 米，设计内坡比 1：2～1：3.5；渠道设计流量 350 立方米每秒，最大引水流量 500 立方米每秒。渠道内用混凝土护砌，左岸渠顶设计宽 7 米，碎石路面；右岸渠面宽 6～7 米，混凝土路面，渠堤外坡有宽 4 米的绿化草地。

三、重要交叉工程

引水干渠与已有渠道的交叉主要有荆州城边的太湖港总渠（流量 250 立方米每秒）和红卫渠、港南渠、庙湖、海子湖、长湖等，主要建倒虹吸 12 座。

倒虹吸为穿越引水干渠底部而连接原有水系的水利工程设施，其设计原则是满足原渠的过流能力，且设计工况水头损失不超过 30 厘米；在地形、地质条件允许下，倒虹吸管的轴线应尽可能与引水干渠成正交，力求做到管线最短，工程量最省；倒虹吸水平管段的顶部置于引江济汉干渠渠底以下 1.5 米。倒虹吸由进口段、出口段及管身段 3 个部分组成。进口段由渐变段兼沉沙池段、闸室段组成。

引江济汉干渠与公路交叉全部采用跨渠式桥梁，共建公路桥 24 座、铁路桥 1 座。

四、东荆河补水工程

引江济汉工程实施后，将通过拾桥河枢纽工程经长湖、刘岭闸、田关闸向东荆河输水流量 110～130 立方米每秒，解决东荆河灌区的水源问题；在洪湖市黄家口建橡胶坝，设计水位 27.00 米，解决洪湖市沿东荆河区域灌溉用水；在马家口建橡皮坝（左岸仙桃市、右岸洪湖市），设计水位 28.00 米，解决仙桃市、洪湖市、监利县沿东荆河部分地区灌溉用水。

五、荆州（前方）控制调度中心

引江济汉工程按现代水资源管理理念和要求建设电力、通信、信息管理和控制调度中心。在荆州市设前方调度控制中心，采用计算机及网络技术，采集沿途河流和水闸的流量、水位、泥沙、闸门开启高度和水工建筑物观测等数据，并结合沿途水系的水雨情报进行控制调度。

附：荆州市引江济汉工程建筑物明细表（表 8-3-1）

引江济汉工程及兴隆枢纽位置示意图（图 8-3-2）

表 8-3-1　　　　　　　　　荆州市引江济汉工程建筑物明细表

建筑物名称	桩号	等级		设计流量 /(m³/s)	孔口尺寸 /(m×m)	孔数/孔	进口底板 高程/m	建筑物 型式
		主要	次要					
龙洲垸进水闸	0+360	1		350.0	10×9.43	8	26.10	涵洞式
龙洲垸泵站	2+988			250.0		7	16.94	立式轴流泵
泵站节制闸	2+988			350.0	8×8.1	5	26.92	开敞式

建筑物名称	桩号	等级		设计流量 /(m³/s)	孔口尺寸 /(m×m)	孔数/孔	进口底板 高程/m	建筑物 型式
		主要	次要					
荆江大堤防洪闸	3+800			350.0	34×19.6	2	26.89	开敞式
港南渠分水闸	5+349			10.0	2.0×2	2	28.30	涵洞式
庙湖分水闸	17+100			6.0	1.7×2	1	28.00	涵洞式
红卫渠倒虹吸	4+760			3.0	1.5×1.8	1	30.50	方管型
港南渠倒虹吸	5+370			22.6	2.5×3.2	2	28.50	方管型
港总渠倒虹吸	7+439			249.0	4.8×5	6	27.15	方管型
花冲排渠倒虹吸	10+387			5.8	2×2.2	1	32.00	方管型
纪南渠倒虹吸	12+229			6.3	1.5×2	2	31.80	方管型
拍马纸厂排污 渠倒虹吸	13+539			4.8	2×2.2	1	30.60	方管型
红光灌区倒虹吸	14+556			3.0	1.5×1.8	1	31.63	方管型
红光排渠倒虹吸	14+970			3.3	1.5×1.8	1	30.60	方管型
庙湖曾家湾倒虹吸	17+650			11.2	2.2×2	2	28.30	方管型
澎湖电排渠倒虹吸	19+113			5.8	2×2.2	1	28.50	方管型
海子湖湖叉倒虹吸	22+280			142.8	5.5×4	4	27.19	方管型
鲁挡河倒虹吸	25+620			3.7	1.5×2	1	27.00	方管型
拾桥河泄洪闸	28+014			740.0	19×79.76	8	26.17	开敞式
拾桥河倒虹吸	28+179			240.0	4.8×4	8	32.17	方管型

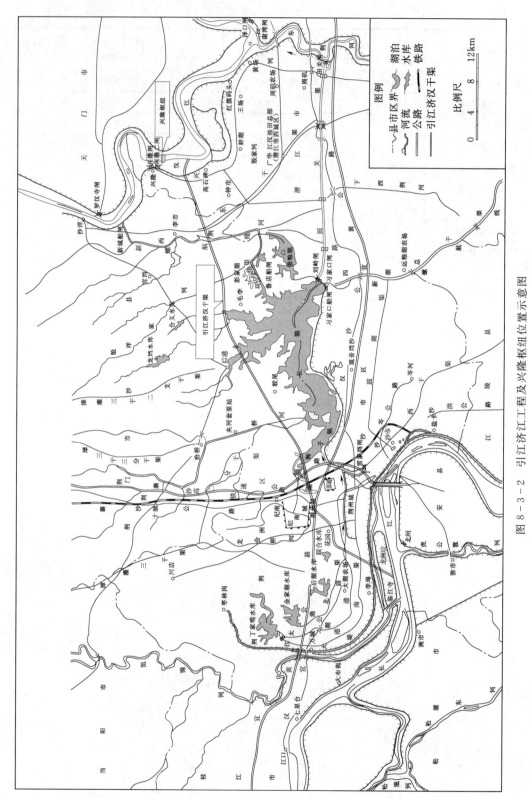

图 8 - 3 - 2 引江济江工程及兴隆枢纽位置示意图

第四章　水　力　发　电

　　荆州地区山岗丘陵地区有可利用的水能资源，据 1979 年《荆州地区水利建设统计资料汇编》，荆州全地区可供开发利用的水能资源蕴藏量约 15 万千瓦，1994 年撤区建市后，北部山岗丘陵等县（市）划出，荆州市水能蕴藏量降为 10 万千瓦，主要集中在沮水流域。沮水流域有主要河流 10 条，这些河流坡陡水急，水能资源较丰富，可开发利用的水能资源为 9.8 万千瓦，可装机 9.5 万千瓦，年发电量可达 1.75 亿千瓦时。

第一节　发　展　历　程

　　新中国成立前，荆州山区的农民，利用山泉水的落差，安装木制轮机，带动各种古老的加工工具来砻稻壳、碾米、磨面、舂纸浆等，虽历史悠久，但仅是对水能的简单利用。

　　新中国成立后，荆州地区山岗丘陵地区以蓄水为主，开始大兴水库建设，结合引水提水工程，开发利用水资源，在为工农业生产提供水源的前提下，还因地制宜发展小水电事业。

　　1956 年冬，荆州专署水利局派工程技术人员，率先在钟祥县客店坡夏家湾和荆门县城关镇举办小水电试点，夏家湾水电站是利用客店区南店村一长年泉水，开挖引水渠道 2000 米，引水流量 0.2 立方米每秒，水头差 22 米，安装铁制水轮机 1 台，容量 30.6 千瓦。电站于 1957 年建成，供当地农民照明和加工农副产品（1970 年 9 月扩建，改装成 2 台发电机组，容量增至 150 千瓦）。荆门城关水电站是在竹皮河右岸原建设街的南门老坝上加修高 1 米的土坝，汇集蒙、龙、惠、顺 4 股泉水于坝前，在坝上安装活动闸门控制水量，开挖 500 米的引水渠，利用水头 4.4 米，流量 0.7 立方米每秒，安装木制旋桨式水轮机 1 台，容量 20 千瓦。电建于 1957 年 4 月建成，供城关镇居民照明，当年运行 214 天，累计发电 10.27 万千瓦时。与此同时，荆门盐池区建成三泉水电站（1×24 千瓦）。经过试点，积累了修建小水电站的经验，培养了技术人才，为后来全荆州地区发展小水电起到了示范和推动作用。

　　1958 年，荆州地区加快了小水电的建设。1958 年 7 月 1 日，荆门县盐池区雷公嘴水电站建成，安装木质水轮机 1 台 40 千瓦，夜晚发电照明，白天利用水能打米、磨面、轧花及加工。省、地、县三级水利部门分别召开现场会，推广雷公嘴电站的经验。此后，从山丘区到平原湖区一批小水电纷纷上马，在此期间，因连续 3 年大旱，资金短缺，后又受"文化大革命"的影响，大部分电站未能投产发电，被迫停建后经过调整项目，压缩建设规模，保证重点项目，至 1979 年，荆州地区已建成小水电站 267 处，装机 428 台，总容量 46407 千瓦，见表 8-4-1。

表 8-4-1　　　　　　　　　　1979 年荆州地区小水电站情况表

县别	设 计 规 模			已 装 机 组		
	装机台数/台	容量/kW	年发电量/(万 kW·h)	处数/处	台数/台	容量/kW
合计	434	47084.4	15673.00	267	428	46407.4
松滋	83	15380.5	6447.60	56	83	15380.5
石首	5	192.0	45.00	4	5	192.0
江陵	6	566.0	140.00	3	4	316.0
洪湖	3	600.0	140.00	1	3	600.0
沔阳	16	2300.0	500.00	6	16	2300.0
天门	30	3381.0	732.00	9	30	3381.0
荆门	77	5151.5	1484.80	55	77	5151.5
钟祥	118	11463.0	3800.00	62	114	11036.0
京山	83	5123.4	558.00	65	83	5123.4
沙市农场	2	150.0	30.00	1	2	150.0
五三农场	3	131.0	30.00	2	3	131.0
漳河水库	8	2646.0	1765.60	3	8	2646.0

　　荆州地区的水电站大多装机功率较小，以农村社队自建自管自用为主。稍具规模（装机 200 千瓦以上）的水电站有 11 处，装机 25 台，总容量 8940 千瓦，年发电量 1662.8 万千瓦时，见表 8-4-2。

表 8-4-2　　　　20 世纪 80 年代荆州地区小水电站（200kW 以上）情况表

县别	站名	地点	利用水头/m	水源	流量/(m³/s)	年利用小时数/h	年发电量/(万 kW·h)	已装机		投产日期
								台数/台	容量/kW	
松滋	七里庙	西斋镇	4.5	浣水	39.00	3000	400.0	3	1950	1982 年 1 月
松滋	芭王滩	万家乡	4.5	浣水	39.00	3000	400.0	3	1500	1986 年 4 月
天门	苗锋	拖市乡	5.5	天北渠	15.00	3000	153.6	4	640	1981 年
钟祥	天宁	洋梓镇	5.3	范河	7.00	4000	118.0	2	180	1987 年
京山	八字门	新市镇	68	石板河	3.60	1500	126.0	2	1600	1983 年
京山	惠亭水库	新市镇	29.7	水库	2.53			1	250	1987 年
京山	惠亭水库	新市镇	31.0	水库	3.12			1	320	1988 年
京山	余家台	厂河乡	6.0	大富水	4.76	4311	68.2	2	250	1984 年
京山	石龙	石龙乡	13.2	水库	8.00	1800	135.0	3	750	1980 年
京山	刘畈	三阳镇	12.1	水库	7.25	1200	60.0	2	500	1987 年
京山	高关	三阳镇	9.6	水库	20.50	2416	202.0	2	1000	1986 年
合计							1662.8	25	8940	

　　1980 年后，国家大电网覆盖面日益扩大，装机在百千瓦以下的微小型水力发电站逐

步被淘汰，荆州小水电建设以并网调整为主，兴建重点电站，经过 10 年的调整巩固与重点兴建，至 1990 年保存小水电站 135 处，装机 275 台，总容量 44293 千瓦，相比之前减少一半，重点新建小水电站 11 处，装机 25 台，总容量 8940 千瓦。

1994 年 11 月至 1996 年 10 月，荆州拆区建市，荆门、钟祥、京山、天门、仙桃、潜江相继划出荆州的行政区划，荆州小电站明显减少。进入 21 世纪后，国家为改善生态环境，发展贫困山区经济，实施小水电代燃料工程，荆州市小水电建设得到发展，并通过招商引资开发水能资源，2003—2006 年先后开工建设 4 座小水电站。在建新站的同时，对原有老站进行更新换代改造，2008 年，七里庙水电站纳入小水电代燃料项目，国家投资720 万元；2011 年，西斋水电站和青冢子水电站纳入农村水电增效扩容改造试点项目，总投资 2100 万元。截至 2011 年，荆州市拥有水电站 9 座，发电机组 30 台套，总容量 27800千瓦，见表 8 - 4 - 3。

表 8 - 4 - 3 　　　　　　　　荆州市小水电站装机基本情况统计表

序号	站名	站址	所在河流	投入运行日期	装机台数/台	容量/kW	总容量/kW	备注
1	纱帽尖水电站	松滋市卸甲坪乡	洈水	2006 年 4 月	3	800	2400	
2	西斋水电站	松滋市洈水镇	洈水	1970 年 4 月	4	2×3800+2×3300	14200	
3	七里庙水电站	松滋市洈水镇	洈水	1982 年 1 月	3	630	1890	
4	伍家滩水电站	松滋市洈水镇	洈水	2007 年 12 月	3	630	1890	
5	芭芒滩水电站	松滋市万家乡	洈水	1985 年 12 月	3	500	1500	
6	石牌水电站	松滋市街河市镇	洈水	2006 年 4 月	6	630	3780	
7	北河水电站	松滋市斯家场镇	北河	2006 年 5 月	2	500	1000	
8	青冢子水电站	荆州区太湖港水库	沮漳河	1980 年	4	250	1000	
9	株树港水电站	石首市桃花镇	保丰河	1976 年	2	80	160	
全市合计					30		27800	

第二节　电　站　建　设

一、西斋水电站

西斋水电站位于洈水水库大坝北端，是洈水水库配套的水力发电站，以地处西斋镇境内而得名。

水电站始建于 1958 年，站址初设于水库大坝中，因施工中出现工程质量问题，以及考虑到坝中埋管严重影响主坝安全，故决定易址重建。经反复比较，站址选定距主坝北端100 米的野鸡凹。电站于 1965 年 9 月动工兴建，由湖北省水利电力勘测设计院设计，荆州地区水利工程队施工，松滋县提供施工劳力，在洈水水库工程指挥部的统一领导下进行施工。1969 年水工建筑全部竣工，1970 年 5 月两台机组投产运行，至 1976 年 4 月，4 台机组全部运行发电，并入国家电网运行。

西斋水电站采用隧洞引库水发电，主洞长 118 米，洞径 5 米，设计发电输水流量 56 立方米每秒，最大水头 36 米，安装 2×3000 千瓦和 2×3200 千瓦发电机组 4 台，总容量 12400 千瓦，设计保证出力 3960 千瓦，设计年均发电量 5700 千瓦时，年利用 4530 小时。工程建设完成开挖土石方 20 万立方米、浇筑混凝土 6298 立方米，投入用工 80.1 万个，建设总投资 660 万元。

水电站站址几经变更。1958 年 10 月，在渔水水库建设的同时，站址选定在水库南副坝的瓦窑岗，因开挖工程量大，且干扰大坝进土而被放弃，将已挖的基坑土方 0.46 万立方米又回填压实。1959 年冬，改址于主坝中间修建，设计装机 3 台×3300 千瓦，建成发电管及竖井，发电管共 3 孔，孔径 2.5 米，单管长 126.6 米，引水管顶高程 75.00 米，竖井高程 90.00 米，完成混凝土 4940 立方米。竖井因雪天浇筑，气温在 −8℃ 左右，又未采取加温措施，浇筑混凝土质量很差，虽经处理，仍漏水严重。考虑到长期输水，振动很大，水流冲刷管壁剥蚀，维修困难，加之站址在大坝中间，势必对大坝安全构成严重威胁，故而又被放弃。1965 年，最后选定站址于主坝北端的野鸡凹，并将原建的发电管作施工导流和施工时电站，安装 160 千瓦发电机 1 台，至 1971 年，将发电管封堵。

水电站自 1970 年两台机组建成投产后，架设了由电站到河田坪电厂 35 千伏输电线路，导线长 19 千米，从而使水电和火电并网输电。为解决当地企业和群众用电，电站架设专线，给西斋镇、大岩嘴乡及西斋火车站周围近百家企业和居民供电，至 1986 年，自供区供电面积已达 280 平方千米，自供电量达 3126 千瓦时，占电站年发电量的 3/4，基本实现了自发自供、余电上网的目标，为促进当地工农业生产的发展发挥了重要的作用。

发电机组设备历经 20 年的长期运行后，1990 年 11 月经荆州地区水利局批准，对 4 台机组、变压器、35 千伏线路的自动保护装置进行了更换，增添了集中控制台，对厂容厂貌进行了改造，工程投资 89.21 万元。改造工程于 1991 年 4 月竣工验收。

1999 年 1 月和 2004 年，由哈尔滨电机厂银河分厂对电站 1 号、2 号机组进行了改造。改造内容为：水轮机由原 HL230 - HJ - 134 型改为 HLA296 - LJ - 132 型，由于转速增加将原永磁机皮带轮更新，将原合金推力瓦更新为塑料推力瓦；发电机由 TS - 325/44 - 22 型改为 SF3300 - 18/3250 型，机组增加负荷 400 千瓦，改造投资 300 万元。

2011 年该电站被确定为全国农村水电增效扩容改造项目试点单位之一，经水利部和湖北省水利厅批准，当年 9 月工程正式启动。湖北省水利厅以鄂水利函〔2011〕654 号文下达《关于荆州市渔水电站增效扩容改造初步设计报告的审查意见》，批复电站总投资 2956 万元。增效扩容改造项目为：1 号、2 号水轮发电机组从 3000 千瓦增容到 3300 千瓦，更新 3 号、4 号机组调速器、主阀、励磁系统、直流系统、自动化监控保护系统和测温制动系统等主辅设备；更新 1 号、2 号主变压器，1 号、2 号厂变压器；更新所有高、低压配电装置；更新全厂油、水、汽等辅助设备；更新调度及通信自动化设备；改造厂房起重机，更新尾水闸门启闭设备；改造压力隧洞、厂房、升压站、尾水闸门、进厂道路等土建工程。工程计划 2013 年 2 月完工。

截至 2012 年，电站累计发电 15.40 亿千瓦时，供电 7.55 亿千瓦时，发供电经营收入 35676.17 万元，税收 4036.64 万元，利润 4403.6 万元，见表 8 - 4 - 4。

表 8 - 4 - 4   西斋水电站历年发、供电统计表

年 份	发电量 /$(10^3\,kW \cdot h)$	供电量 /$(10^3\,kW \cdot h)$	发供电经营收入 /万元	税金 /万元	利润 /万元
1970	19640		59	3.00	43.00
1971	22590	250	117	0.20	81.80
1972	26380	350	71	0.80	35.20
1973	48470	410	128	19.00	49.00
1974	14750	580	58	9.00	1.00
1975	36860	630	138	2.00	83.00
1976	18480	1580	82	2.00	51.00
1977	20570	1770	134	2.00	104.00
1978	12930	2860	120	3.00	90.00
1979	15490	3820	140	3.00	91.00
1980	46420	3850	346	4.00	252.00
1981	17680	3610	140	4.00	81.00
1982	43800	2960	355	6.00	167.00
1983	50070	3460	391	24.00	172.00
1984	32270	5780	250	25.00	78.00
1985	28170	6940	231	39.00	69.00
1986	20390	7080	158.8	26.16	20.97
1987	43840	14150	355.22	57.53	87.18
1988	34680	18380	288.19	67.98	31.27
1989	60340	22740	473	95.20	151.45
1990	41660	20200	364.38	77.20	77.96
1991	31990	21610	335.28	80.24	51.78
1992	28040	27240	445.82	105.60	7.21
1993	41450	30390	716.92	162.17	145.41
1994	46150	29890	972.72	136.54	150.08
1995	39380	33630	837.93	30.80	123.98
1996	46470	33940	934	42.00	156.00
1997	33830	38450	817	67.00	132.00
1998	45820	26380	1529	235.30	367.00
1999	47060	31670	1517.4	251.00	315.30
2000	41980	29080	1530.4	262.50	182.00
2001	19620	18150	970	216.50	−191.00
截至 2001	1077270	441830	15006.06	2059.72	3256.59
2002	57170	18000	1616.7	328.70	116.13

续表

年 份	发电量 /(10^3kW·h)	供电量 /(10^3kW·h)	发供电经营收入 /万元	税金 /万元	利润 /万元
2003	55880	24540	1865.5	157.80	123.13
2004	41500	29330	1800.19	187.93	−15.58
2005	35280	32450	1655.03	148.46	−166.28
2006	23080	35840	1914.57	147.61	−177.26
2007	42500	36270	2247.06	246.78	220.76
2008	45800	29980	1987.94	147.98	267.60
2009	41528	24250	1854.12	218.48	146.10
2010	42238	24431	1763.00	139.56	213.14
2011	33137	27830	1755.00	117.06	−2.80
2012	44700	31150	2211.00	136.56	422.07
合计	1540083	755901	35676.17	4036.64	4403.6

二、七里庙水电站

七里庙水电站位于松滋市西斋镇七里庙山麓，洈水水库下游 5 千米处，是洈水梯级开发电站之一。电站于 1976 年 11 月 11 日动工，1982 年 1 月 2 日正式投产发电。

此水电站由松滋县组成指挥部负责组织施工，在机电安装期间，得到洈水水库西斋水电站、湖南慈利县水电设备厂和城关电站的大力支援。电站建设历时 5 年零 4 个月，共完成开挖土石方 32.5 万立方米，投入用工 153.5 万个，耗用水泥 4526 吨、钢材 365.2 吨、木材 638.7 立方米，工程总投资 366.59 万元，其中国家投资 188.5 万元，银行贷款 158 万元，地方自筹 20.09 万元。

电站建有拦河混凝土滚水坝 1 座，长 120 米，坝面宽 8 米。坝上安装预制自控多绞翻板闸门 19 扇，门高 3 米、宽 6 米，由水压自动控制闸门启闭。此种闸门在全省挡水建筑设施中属首次试用。坝体北端建有宽 2 米、泄洪流量 12 立方米每秒的调节闸 1 座，浆砌尾水槽长 500 米。发电厂房建于大坝北端，设计安装 650 千瓦（实际出力 500 千瓦）机组 3 台，总容量 1950 千瓦。设计水头 4.50 米，设计流量 39 立方米每秒，后因尾水槽淤塞严重，实际水头只能达到 3.75 米。因此，电站发电出力只有 60％。近年，电站筹资 15 万元，分 3 期对尾水槽进行清淤挖深，共清除淤积沙石 3.2 万立方米，从而提高了发电水头，发电效率提高到 85％。

三、芭芒滩水电站

芭芒滩水电站位于松滋市万家乡芭芒滩村洈水与洛河的汇合处，利用七里庙水电站尾水发电，是洈水梯级开发的小型水力发电站之一。

水电站在河中建有拦河混凝土滚水坝和冲沙闸，采用自动翻板闸门拦水。设计水头 4.50 米，安装 3 台×500 千瓦机组，总装机容量 1500 千瓦。电站于 1978 年冬由万家公社筹资组织民工修建，1980 年冬因资金短缺，停工待建；1984 年冬动工续建，1986 年 4 月完工投产。工程完成土石方 24 万立方米、混凝土 1484 立方米、浆砌石 6515 立方米，投入人工 114 万个，总投资 357 万元，其中国家补助资金 50 万元。2003 年 8 月由个人集股斥资 500 万元整体购买，实行了小水电站产权制度改革，改制为民营企业，更名为芭芒滩水电有限责任公司。

四、伍家滩水电站

伍家滩水电站位于松滋市洈水镇花园洲村，距洈水水库大坝下游 7 千米，是洈水梯级开发的水力发电站之一。

伍家滩水电站为松滋市洈河梯级生态水电开发有限公司引入社会资本修建而成，由松滋市水利勘测设计院、浙江省东阳市水利水电建筑公司中标承建，于 2005 年 9 月 18 日动工，2006 年 12 月投入运行。

伍家滩水电站属河床式水电站，装机 3 台×630 千瓦，总装机容量 1890 千瓦，设计最大流量 47.4 立方米每秒，设计水头 4.50 米，滚水坝长 108 米，冲砂闸长 5 米，电站厂房 31 米×26 米，输出电压等级 10 千伏，年利用 3398 小时，年发电量 642.3 万千瓦时，工程总投资 1201.36 万元。

五、纱帽尖水电站

纱帽尖水电站位于松滋市洈水上游曲尺河村，松滋市浙丽生态水电开发有限公司主持招标，松滋江南水利水电工程公司中标承建，2003 年 11 月 26 日破土动工，2006 年 6 月投产运行，总投资 1327.6 万元，全部由业主自筹。

此水电站采用重力式溢水坝，坝长 99.9 米，最大坝高 21 米，坝址以上承雨面积 341 平方千米，水库正常蓄水高程 151.80 米，正常蓄水位库容 60 万立方米，设计水头 12.00 米，装机 3 台×800 千瓦，总装机容量 2400 千瓦，年平均利用 3794 小时，年发电量 900 万千瓦时。

六、北河水电站

北河水电站位于松滋市斯家场镇北河村，站址位于北河水库大坝下 150 米处，是北河水库的配套电站。

北河水库于 1959 年 10 月动工兴建，在修建水库的同时建有一座水力发电站，装机 1 台 125 千瓦，经多年运行，设备已老化不能正常运行。2003 年，松滋市水利局决定对电站进行升级改造，利用水库输水管引库水发电。

北河水电站升级改造工程由松滋市水利勘测设计院设计，松滋市洈河梯级生态水电公司集股建设，松滋市松南建筑工程有限公司中标承建。工程于 2004 年动工，改装机组 2 台×500 千瓦，总装机容量 1000 千瓦，设计水头 22.00 米，设计流量 6 立方米每秒，年利用 3615 小时，年发电量 361 万千瓦时。工程总投资 596.8 万元，完成土方石方 8200 立方米、混凝土 295 立方米、浆砌石 565 立方米，耗用钢筋 35 吨。于 2006 年 6 月 28 日投产发电。

七、石牌水电站

石牌水电站位于松滋市街河市镇白果树村，浢水水库下游 17 千米浢河与洛河的交汇处，是浢水梯级开发水力发电站之一。

此水电站由松滋市水利勘测设计院设计，松滋市浢河梯级生态水电开发有限公司集股建设，浙江磐安县水利水电建筑工程有限公司中标承建。于 2004 年 10 月 18 日动工兴建，装机 6 台×630 千瓦，总装机容量 3780 千瓦。2005 年年底建设完成，2006 年 6 月投产运行。总投资 2208.8 万元。电站年利用 3234 小时，年发电量 1222 千瓦时。

八、青冢子水电站

青冢子水电站位于荆州区太湖港水库万城总干渠与双城总干渠交汇处，以地处青冢子东岸而得名。

此水电站由江陵县水利局设计，1977 年 11 月动工兴建，至 1979 年 9 月安装 2 号、4 号两台机组，1980 年运行发电。随后，又分别于 1982 年 5 月和 1983 年 4 月安装 1 号和 3 号机组，电站全部竣工投产。工程总投产 67.9 万元、完成土方 8000 立方米、混凝土 767.8 立方米、浆砌石 672 立方米。电站装机 4 台×125 千瓦，总装机容量 500 千瓦，设计水头差 4.50 米，设计流量 20 立方米每秒。

此水电站为渠道式引水跌水式发电站，每年 4—10 月利用万城闸引水灌溉，经太湖港总干渠直接引沮漳河水发电，以太湖港水库作调节，除枯水和洪水期外，每年可运行发电 200 多天，1983 年发电量 34.9 万千瓦时。

1994 年 6 月，投资 20 多万元完成发电机组及上网设备改造，于同年 6 月 23 日正式与国家电网并网输电，至 10 月 10 日停机，累计发电 1680 小时，发电量 70.4 万千瓦时。

此水电站的 4 台分体式机组均为 20 世纪 50 年代的产品，生产工艺落后，产品质量较差，加之运行年代久远，设备故障频发，经常停机检修，影响电站效益。1995 年 6 月，荆州区水利局要求改造。同年 9 月 18 日荆州市水利局以荆水农〔1995〕126 号文批复青冢子水电站更新改造，将 2 号、3 号机组更换为 2 台×200 千瓦机组，对电机控制、保护设备进行技术改造。改造工程于 1997 年 4 月完成，投资 145 万元，当年发电 93.55 万千瓦时。

1998 年，沮漳河万城壅水坝建成，为青冢子电站增加了水源，但由于受青冢子泄洪闸流量的限制，影响水轮机能量的发挥，2001 年 12 月至 2002 年 5 月兴工，将泄洪闸由原 2 孔扩建为 3 孔，对 1 号、4 号机组换装为 200 千瓦的发电机组。至此，电站 4 台机组全部为 200 千瓦的发电机组，总装机容量 800 千瓦，年发电量 401.85 万千瓦时。

2011 年，根据水利部小水电增效扩容改造的要求，此水电站被列为全省 47 个增效扩容改造试点项目工程之一，2012 年 7 月动工，同年年底完成改造，电站装机 4 台×250 千瓦，总装机容量 1000 千瓦，设计发电量 430 万千瓦时。

此水电站自 1980 年投入运行以来，截至 2012 年累计发电 4727.8 万千瓦时。

第五章 饮 水 工 程

农村人口饮水困难和饮用水不安全的问题历来存在，荆州山丘地区和平原湖区兼而有之。新中国成立初期，结合农田水利工程有计划地开展零星分散的农村饮水工程建设，为解决山区人畜饮水困难取得了初步成效。随着城乡经济迅速发展，工业和人民生活用水量急剧增加，供水环境不断变化，特别是水质污染加重，资源性缺水和水质性缺水矛盾日益突显，城乡供水工程不断发展，并成为直接影响工农业生产和人民生活的重要基础工程之一。1977年，中央提出解决农村人畜饮水困难，并设立专项基金，开展农村水改工作。1986年，随着农村经济快速发展，乡镇城镇规模不断扩大，国务院明确水利部"归口管理乡镇供水"后，乡镇集中式供水厂（站）得到发展。进入21世纪，荆州市各级政府把城乡饮水工程作为最大的民生问题，在国家和省级财政的大力支持下，集中人力物力财力，先后启动农村饮水解困及安全饮水工程，至2012年，荆州市先后投资10.92亿元，兴建集中式供水厂（站）188处，285.4461万人的饮水状况得到改善。

第一节 发 展 概 况

一、农村饮水困难情况及原因

荆州缺水的地区主要分布在山区和部分丘陵地区。山区山高坡陡，交通不便，无蓄水设施，有的地方地质是石灰岩石层，岩溶裂隙发育，地表不易承水，山乡人民常年肩挑背驮到处找水吃。丘陵地区依托小塘小堰供人畜饮用，水源不足，一遇干旱，"滴水贵如油，家家为水愁。"

山丘地区由于缺乏水源，长期被迫饮用不洁水，一水多用导致疾病流行和传播。部分山区饮用高氟水，普遍患有龋齿和氟骨病，严重影响身体健康。

平原湖区人民长期饮用河水、井水、塘堰水，但随着水环境的改变，原有湖泊、塘堰因大兴农田水利而消失，取而代之的是大批的人工渠道，地表水资源调蓄量减少，加上受降水时空分布的影响和工业废水、农药化肥残毒水、生活污水的污染，平原湖区也出现了饮用水困难。

平原湖区钉螺分布广泛，传播血吸虫病，农民为获取饮用水不得不与疫水接触，导致感染。同时还因地表水被病毒污染，极易流行肠道传染病和肝病。

截至2004年年底，荆州市农村总人口516.82万人，其中饮水安全和基本安全人口156.44万人，占30.27%；饮水不安全人口360.38万人，占69.73%。饮水不安全类型主要为：①地表水污染。其中，饮用未经处理的Ⅳ类地表水6.48万人，占1.8%；饮用细菌学指标超标严重，未经处理的地表水 113.1 万人，占 31.4％。②地下水水质不达标。饮用污染严重未经处理的地下水的有 102.11 万人，占 28.3％。③局部地区为高氟水。饮用人口 0.72 万人，占 0.16％。④饮用存在其他水质问题的有 123.13 万人，占 34.2％。⑤水量不够、饮水保证率不达标的有 14.19 万人，占 3.9％。所有饮水不安全人口中，在血吸虫疫区的有 316.72 万人，占全部饮水不安全人口的 87.9％，见表 8-5-1。

表 8-5-1　　　　　　　　　　荆州市农村饮水不安全调查表

县（市、区）名称	农村总人口/万人	饮水安全和基本安全人口/万人	合计	小计	氟超标	未经处理的Ⅳ类及超Ⅳ类地表水	细菌学指标超标严重，未经处理的地表水	污染严重，未经处理的地下水	其他饮水水质问题	水量不达标	用水方便程度不达标	水源保证率不达标	其中血吸虫疫区饮水不安全人口/万人
荆州区	32.35	8.77	23.58	23.58		3.94	1.85	9.66	8.13				17.18
沙市区	13.95	3.12	10.83	10.83			0.13		10.70				10.83
江陵县	36.68	4.11	32.57	32.57			7.08	12.67	12.82				32.57
松滋市	80.29	27.72	52.57	42.18	0.72				41.46			10.39	41.46
公安县	94.17	30.16	64.01	61.74			20.28	40.56	0.90		2.27		52.00
石首市	49.46	10.34	39.12	39.12		2.54	11.00	2.02	23.56				24.98
监利县	124.13	41.84	82.29	82.29			45.08	37.20					82.29
洪湖市	80.19	27.58	52.61	51.08			27.57		23.41	0.22	1.31		52.61
开发区	5.60	2.80	2.80	2.80			2.80						2.80
合计	516.82	156.44	360.38	346.19	0.72	6.48	115.90	102.11	120.98	0.22	3.58	10.39	316.72

二、人畜饮水工程

荆州地区从 1952 年开始结合农村水利建设在山区修建一些小塘小堰、小水池，以解决部分地方人畜饮水困难。但这些塘堰蓄水能力有限，又受自然降水的影响，效果极为有限。20 世纪 50 年代末至 70 年代，山区开始兴建水库，截断山溪河流，筑大坝拦水，既解决山区农业灌溉问题，也为人畜饮水提供了水源，改变了山区严重缺水的局面。据《荆州地区水利建设统计资料汇编》载：截至 1979 年，荆门、钟祥、京山、松滋 4 县解决饮水困难的人口 17.56 万人，牲畜 9.84 万头。但是，上述 4 县因人多地广，已建水库水源远离居民居住地，天旱机遇多，蓄水量少，人畜饮用困难的问题仍十分突出。

1977 年，湖北省革命委员会发出批示要求把解决人畜饮水困难作为水利工作的一件大事来抓，每年从农田水利事业费拨出专款，兴建人畜饮水工程。荆州地、县水利部门，因地制宜，修建了一批小型分散、形式多样的小型饮水工程，截至 1984 年，荆州地区建成小水库 54 座、蓄水池和水塘 256 口、深井 37 口、提水泵站 15 处，开挖输水渠 25 千米，解决饮水困难人户 30160 户 20.5 万人，大牲畜 8 万头。

1984 年 8 月 13 日，国务院办公厅批转水电部《关于加速解决农村人畜饮水问题的报告》，湖北省政府于当年12月召开全省人畜饮水工作会议，对解决人畜饮水工作作了部署和安排，要求各地进一步加强对这项工作的领导，认真做好全面规划，确定人畜缺水标准（出村单程1～2千米，或至取水点垂直高差100米以上的村庄），组织力量，逐年实施解决。据此，12月8日荆州行署水利局制订了全区人畜饮水工程计划，加快了人畜饮水工程建设步伐，到1990年止解决了25.95万人、17.67万头牲畜的饮水问题。

1991年11月，国务院办公厅转发水利部《关于进一步做好农村人畜饮水和乡镇供水工作的报告》，确定把人畜饮水作为攻坚任务，国家投资扶持解决人畜饮水困难问题。此时，由于平原湖区地表水源遭到污染和乡镇集镇建设速度加快，在解决山丘地区饮水困难的同时，对平原湖区提出改善饮水质量（农村实行压把井取用地下水）和乡镇集中供水建设工程。至1994年，荆州地区已解决21.46万人口、7.85万大牲畜的饮用水问题。

1995年，国家开始安排专项资金用于农村饮水解困工程，兴建各种形式的改水工程，乡镇建集中供水厂，村级建深井高塔水厂，农户继续建造简易改水设施，如机井、大口井、手压井等。2000年初，国家正式启动国债资金补助饮水工程建设，"饮水解困工程"人均建设投资354元，其中国家投资150元，不足部分由地方政府与群众自筹。据2002年农村改水统计年报（荆州市爱国卫生委员会办公室统计）称：荆州市累计投入水改资金3亿元，其中国家投入0.34亿元，集体投资0.56亿元，群众自筹2.10亿元，累计改水受益人口达412.52万人，占农村总人口的87.76%，其中自来水厂（站）达4322处（历年建厂累计），受益人口321.74万人，自来水受益率68.44%；手压机井89499台，受益人口74.60万人，占农村总人口的15.87%；其他改水受益人口16.18万人，占农村总人口的3.45%。

三、农村饮水安全工程

2004年，中共中央下发1号文件对农村饮水安全工作提出明确要求，时任总书记胡锦涛连续4次作出批示，强调"要科学规划、落实措施、统筹考虑城乡饮水，统筹考虑水量水质，重点解决一些地方存在的高氟水、高砷水、苦咸水等饮用水质不达标的问题，以及局部地区饮用水严重不足的问题。"因此，"农村饮水解困工程"改称为"农村饮水安全工程"，农村改水职能移交水行政主管部门。农村以实现饮水安全为目标，即水质、水量、方便程度、水源保证率4项指标达标，全面兴建集中式自来水工程。

2004年，荆州市水利局组织人员深入到村组、农户进行调查，结果表明，荆州市农村总人口516.80万人，其中饮水安全和基本安全人口156.44万人，占30.27%；饮水不安全人口360.38万人，占69.73%。在此基础上，荆州市先后编制了农村饮水安全规划，并分年度实施。

（一）"十一五"（2005—2010年）规划及完成情况

1. "十一五"规划编制

根据《湖北省"十一五"农村饮水安全规划》，确定荆州市"十一五"期间解决175.28万人饮水安全问题，剩下185.10万人留待以后解决。据此，荆州市编制《荆州市"十一五"农村饮水安全工程规划》，规划兴建农村饮水安全工程167处，其中新建和改扩建自来水厂 119 处，管网延伸 48 处，解决 175.28 万人的饮水不安全问题。

2004 年国家正式实施农村饮水安全工程，对人均投资概算作出明确规定，并逐年提高。2005 年人均投资为 360 元，其中国家补助 148 元，省补助 64 元，其他部分由地方政府和受益农户自筹；2006—2007 年提高到每人 390 元，其中国家补助 176 元，省补助 64 元；2009 年后提高到每人 500 元，其中国家补助 300 元，省补助 66 元。按照中央确定人均投资 390 元的标准，荆州市在"十一五"期间需资金 6.84 亿元，其中中央和省级补助 4.21 亿元，地方配套资金 2.63 亿元。

2. "十一五"农村饮水工程建设

从 2005 年开始到 2010 年年底，全市兴建农村供水工程 161 处（次），其中新建水厂 66 处，改扩建水厂 26 处，管网延伸 69 处，日供水规模 75 万吨，解决了纳入规划的 174.28 万人（监利县缺 1 万人，由"十二五"计划补充）的饮水不安全问题。各县（市、区）解决人口分别为荆州区 9.62 万人，沙市区 5.16 万人，江陵县 13.26 万人，松滋市 25.55 万人，公安县 30.48 万人，石首市 17.61 万人，监利县 42.78 万人，洪湖市 27.54 万人，荆州开发区 2.28 万人，见表 8-5-2。共完成投资 74506 万元，其中中央和省投资 52963 万元，地方配套及群众自筹 21543 万元。

（二）"十二五"（2010—2015 年）规划及工程建设

1. "十二五"规划编制

2009 年年底，全市开展 2010—2013 年农村饮水安全现状调查及规划人口复核，结果表明，至 2010 年年底，荆州市农村区域的户籍总人口为 535.44 万人，其中饮水安全和基本安全人口为 269.91 万人，占 50.41%；饮水不安全人口为 265.53 万人，占 49.59%。

2011 年，湖北省编制了《湖北省"十二五"农村饮水安全工程规划》，荆州市纳入省"十二五"规划的为 203.98 万人。

根据湖北省水利厅的统一布置，2011 年 9 月开始，全市 8 个县（市、区）（无荆州开发区）依照 2010 年现状调查情况，按照"村村通"和"全覆盖"的目标，着手编制"十二五"规划，年底编制完成。根据 8 个县（市、区）规划，农村区域户籍总人口为 534.32 万人，各地将 2010 年年底饮水不安全人口 265.53 万人全部纳入解决，并整合已有水厂，全部受益人口达 285.22 万人，全面解决农村地区的饮水不安全问题。规划建设集中供水工程 155 处，其中新建 42 处，改扩建 41 处，管网延伸 72 处。工程总投资 14.99 亿元，其中申请中央补助 8.21 亿元，地方配套及自筹 6.78 亿元。

2. "十二五"农村饮水工程建设

2011 年完成农村居民 32.5 万人、农村学校师生 3 万人的饮水工程，建设水厂 34 处，其中新建 11 处，改扩建和管网延伸 23 处。完成总投资 17150 万元，其中中央补助 11500 万元，地方配套及自筹 5650 万元。

2012 年完成农村居民 30.62 万人、农村学校师生 7.2 万人的饮水工程，建设水厂 28 处，其中新建 8 处，改扩建和管网延伸 20 处。完成总投资 17521 万元，其中中央补助 11340 万元，地方配套及自筹 6181 万元，见表 8-5-3。

表 8 - 5 - 2　　　　荆州市"十一五"期间农村饮水安全规划及完成情况表

县（市、区）名称	农村总人口/万人	"十一五"规划			分年度解决饮水不安全人口/万人								工程建设处数/处			
		饮水安全和基本安全人口/万人	饮水不安全人口/万人	规划人口/万人	小计	2004年试点	2005年	2006年	2007年	2008年	2009年	2010年	新建	改扩建	管网延伸	小计
合计	516.82	156.44	360.38	175.28	174.28	1.50	4.00	21.50	32.49	45.90	31.52	37.37	66	26	69	161
荆州区	32.35	8.77	23.58	9.62	9.62	0.50	1.80	0.80		5.48	1.04	0.00	3	1	9	13
沙市区	13.95	3.12	10.83	5.16	5.16			1.00		2.98	1.18	0.00	0	0	7	7
江陵县	36.68	4.11	32.57	13.26	13.26		1.50	4.00	5.75	2.01	0.00	0.00	3	0	14	17
松滋市	80.29	27.72	52.57	25.55	25.55		0.70	2.90	4.74	5.29	2.76	9.16	11	2	3	16
公安县	94.17	30.16	64.01	30.48	30.48	0.50		5.11	8.00	6.40	1.82	8.65	17	0	18	35
石首市	49.46	10.34	39.12	17.61	17.61			2.17	4.00	5.31	2.00	4.13	3	8	1	12
监利县	124.13	41.84	82.29	43.78	42.78	0.50		2.42	6.00	10.43	11.28	12.15	19	9	7	35
洪湖市	80.19	27.58	52.61	27.54	27.54			3.10	4.00	8.00	10.44	2.00	10	6	8	24
开发区	5.60	2.80	2.80	2.28	2.28			0.00			1.00	1.28	0	0	2	2

表 8－5－3　荆州市"十二五"期间农村饮水安全工程规划及完成情况表

县（市、区）名称	各类人口数/万人				集中供水工程处数/处				总投资/万元			省规划人口/万人	分年度解决饮水安全人口/万人	
	农村人口	安全人口	不安全人口	规划人口	新建	改扩建	管网延伸	合计	中央	地方配套及自筹	合计		2011年	2012年
合计	534.32	249.10	285.23	285.23	42	41	72	155	82149	67769	149917	203.80	32.5	30.62
荆州区	36.72	19.01	17.71	17.71	2	5	6	13	4179	4773	8952	13.93	3.0	2.80
沙市区	13.93	9.14	4.79	4.79	0	0	1	1	1444	1588	3032	4.70	1.0	3.01
江陵县	37.15	16.82	20.33	20.33	0	8	5	13	6100	4908	11008	14.28	4.0	3.27
松滋市	73.51	32.83	40.69	40.69	16	0	12	28	12206	10435	22641	24.12	3.0	6.27
公安县	91.14	51.95	39.19	39.19	5	8	10	23	10200	10683	20883	34.00	4.3	5.39
石首市	53.97	17.61	36.36	36.36	1	9	1	11	10900	7300	18200	19.98	5.7	3.78
监利县	141.81	64.62	77.19	77.19	11	7	20	38	22022	17062	39083	55.05	5.0	3.30
洪湖市	86.09	37.12	48.97	48.97	7	4	17	28	15098	11020	26118	37.74	6.5	2.80

注　湖北省批复规划 265.52 万人。

第二节　重点农村饮水安全工程

2004—2012 年，荆州市共修建 184 处集中式农村饮水安全工程，日供水能力达到465867 立方米，受益村 1711 个，保障 2854461 人的饮水安全，见表 8 – 5 – 4。

一、荆州区里甲口供水站

荆州区里甲口供水站位于弥市镇虎西支堤 23＋600 处，里甲口电排管理站院内。于2005 年 11 月 22 日动工兴建，2006 年 6 月 1 日投入运行，投资 500 万元。供水站基本解决了杨林湖、马浩、木桥、里甲口、南堤、中洲子、生产、金星、麻林桥、苏家铺、五灵观等 10 村和 1 个渔场共计 2500 多户、12990 多人口安全饮水问题。

供水站取用长江支流虎渡河之水，经澄清、消毒、沉淀、过滤 4 道程序，达到国家生活饮用水标准后，通过无塔式自动供水系统，将达标的饮用水送至用户。设计日供水能力1000 吨，实际日供水 400 吨，保证用户随时用上安全、卫生的自来水，基本解决了血吸虫疫区老百姓吃水难的问题。

二、荆州区川店镇古松水厂

古松水厂位于荆州区川店镇古松村村委会旁，以相距 1.2 千米的松树水库为供水水源。松树水库为小（1）型水库，承雨面积 1.3 平方千米，总库容 115 万立方米。水厂设计供水人口 11877 人，设计日供水规模 1000 立方米，供水范围包括丫子桥、望山、李场、藤店、古松、双堰、玉南、云南 8 个行政村。

2011 年 8 月 9 日，湖北省发改委对《荆州市荆州区 2011 年农村饮水安全川店镇古松水厂供水工程初步设计报告》进行了批复，核定总投资 621.14 万元，其中国家投资356.31 万元，市（区）自筹 264.83 万元。同年 12 月 23 日进行工程招标，湖北宏业水利工程有限公司、宜昌弘健材料有限公司分别中标承建水厂土建工程和承供管材及配件。工程于 2012 年 1 月 10 日动工兴建，同年 12 月 17 日完工，主要完成开挖土方 94306 立方米、回填土方 93346 立方米、混凝土 512 立方米，耗用钢筋 22.8 吨，铺设 PE 管道294161 米，进户安装 1726 户。

水库水经管道输送至厂区经原水池、沉淀池、滤池进入清水池，再通过高压泵经主、支管网进入到各用户，日供水 600 吨。

三、江陵县田家坊水厂

田家坊水厂位于江陵县普济镇田家坊村，荆江大堤 699＋000 处。采用浮船式泵机取用长江水源。厂区内建有 90 立方米每小时反应沉淀池、80 立方米每小时重力无阀滤池、二氧化氯发生器和 400 立方米清水池，经沉淀、过滤、加氯等净水工艺处理后，由 6 台90 千瓦高压泵机输送至用户，厂区外铺设 DN32－255PE 供水管道 14.4 万米，建闸阀127 处，供水范围涉及熊河镇的三闸、边江、南湖、严中、侯当、吴桥和普济镇的田家坊、周家坊、金果寺、西庄河、朱港、大军湖、邓赵港、洪渊、柳口、金马等 16 个村、

表 8 - 5 - 4

荆州市农村饮水安全工程汇总表

序号	供水工程名称	供水规模 /(m³/d)	建设年份	所在乡镇（管理区）	受益村数/个	受益人数 /人	水源类型	水处理工艺	消毒方式	管理方式
（一）	荆州区	24100			75	154200				
1	里甲口水厂	1000	2005～2008	弥市镇	6	12990	虎渡河	絮凝、沉淀、过滤	二氧化氯发生器	水利部门管理
2	弥市镇水厂	5000	2006	弥市镇	3	3000	虎渡河	絮凝、沉淀、过滤	二氧化氯发生器	镇政府管理
3	青冢子水厂	1000	2006、2008	马山镇、八岭山镇、李埠镇、太湖港管理区	5	12691	太湖港水库	絮凝、沉淀、过滤	二氧化氯发生器	水利部门管理
4	石马水厂	500	2006	八岭山镇	3	2898	太湖港水库	絮凝、沉淀、过滤	二氧化氯发生器	镇政府管理
5	马山水厂	500	2005	马山镇	2	1480	地下水	絮凝、沉淀、过滤	二氧化氯发生器	镇政府管理
6	城河村水厂	200	2008	马山镇	1	2006	地下水	絮凝、沉淀、过滤	二氧化氯发生器	村集体管理
7	蔡桥村水厂	200	2008	马山镇	1	1956	地下水	絮凝、沉淀、过滤	二氧化氯发生器	村集体管理
8	太湖水厂	5000	2006～2011	太湖管理区	3	8400	太湖港水库	一体化发生器	二氧化氯发生器	承包
9	李埠镇自来水厂	500	2009	李埠镇	4	4680	沮漳河	絮凝、沉淀、过滤	二氧化氯发生器	镇政府管理
10	紫荆水厂	200	2005	川店镇	2	1600	柳别堰水库	絮凝、沉淀、过滤	二氧化氯发生器	村集体管理
11	菱湖自来水厂	1000	2008、2011	菱湖管理区	5	8879	沮漳河	絮凝、沉淀、过滤	二氧化氯发生器	镇政府管理
12	川店水厂	2000	2008	川店镇	2	2800	龙山水库	絮凝、沉淀、过滤	二氧化氯发生器	镇政府管理
13	古松水厂	1000	2011	川店镇	8	11877	独松树水库	絮凝、沉淀、过滤	二氧化氯发生器	水利部门管理
14	城区自来水厂	6000	2005～2012	纪南镇、鄂城镇、李埠镇、太湖港管理区、八岭山镇	29	78943	长江	絮凝、沉淀、过滤	二氧化氯发生器	承包
（二）	沙市区	12000			95	99835				
1	柳林洲水厂管网延伸工程	12000	2006、2008、2009、2010、2011、2012	观音垱镇、锣场镇、关沮新乡、立新乡、岑河原种场	95	99835	长江	絮凝、沉淀、过滤	二氧化氯发生器	镇政府管理

续表

序号	供水工程名称	供水规模/(m³/d)	建设年份	所在乡镇（管理区）	受益村数/个	受益人数/人	水源类型	水处理工艺	消毒方式	管理方式
(三)	江陵县	2500			9	13886				
1	秦市水厂	1500	2007	秦市乡	6	8775	地下水	一体化发生器	二氧化氯发生器	政府承包
2	沙岗水厂	1000	2006	沙岗镇	3	5111	地下水	曝气、过滤、沉淀	二氧化氯发生器	政府管理
3	观音寺水厂	1500	2007	滩桥镇	9	10800	地表水	絮凝、沉淀、过滤	二氧化氯发生器	政府管理
4	东庄湖水厂	700	2008	沙岗镇	5	7807	地下水	一体化发生器	二氧化氯发生器	政府承包
5	资市水厂	1000	2008	资市镇	4	6117	地下水	一体化发生器	二氧化氯发生器	政府承包
6	王市水厂	700	2009	白马寺镇	5	7244	地下水	一体化发生器	二氧化氯发生器	政府承包
7	郝穴水厂	5000	2008	郝穴镇、熊河镇	32	45727	地表水	絮凝、沉淀、过滤	二氧化氯发生器	外资管理
8	聂堤水厂	700	2007	秦市乡	6	6400	地下水	一体化发生器	二氧化氯发生器	村集体管理
9	白马水厂	1000	2009	白马寺镇	8	13653	地下水	一体化发生器	二氧化氯发生器	政府承包
10	普济水厂	700	2006	普济镇	5	14708	地下水	一体化发生器	二氧化氯发生器	水利部门管理
11	三湖水厂	2000	2012	三湖管理区	6	15280	地下水	一体化发生器	二氧化氯发生器	政府管理
12	六合垸水厂	1000	2006	六合垸管理区	2	4600	地下水	一体化发生器	二氧化氯发生器	政府管理
13	马市水厂	1500	2008	马家寨乡	10	13217	地表水	絮凝、沉淀、过滤	二氧化氯发生器	政府管理
14	马市第二水厂	2980	2012	马家寨乡	16	31511	地表水	絮凝、沉淀、过滤	二氧化氯发生器	政府管理
15	田家坊水厂	2400	2008	普济镇、熊河镇	24	23146	地表水	絮凝、沉淀、过滤	二氧化氯发生器	水利部门管理
(四)	松滋市	3390			171	31353				
1	刘家场龙泉水厂	800	2006	刘家场镇	4	7200	地下水	絮凝、沉淀、过滤	加氯消毒	国有企业管理
2	刘家场三望坡水厂	250	2009	刘家场镇	2	2800	地下水	絮凝、沉淀、过滤	加氯消毒	国有企业管理
3	刘家场方家坪村供水站	100	2010	刘家场镇	1	1004	长江	絮凝、沉淀、过滤	加氯消毒	村公益事业促进会管理
4	刘家场郑家铺水厂	350	2012	刘家场镇	2	2834	地下水	过滤	加氯消毒	国有企业管理

续表

序号	供水工程名称	供水规模/(m³/d)	建设年份	所在乡镇（管理区）	受益村数/个	受益人数/人	水源类型	水处理工艺	消毒方式	管理方式
5	刘家场镇诺驷山延伸工程	250	2012	刘家场镇	2	2136	文家河水库	絮凝、沉淀、过滤	加氯消毒	国有企业管理
6	卸甲坪水厂	300	2008	卸甲坪乡	1	2000	地下水	絮凝、沉淀、过滤	加氯消毒	国有企业管理
7	黄林桥水厂	300	2007	卸甲坪乡	1	2500	地下水	一体化净水	加氯消毒	国有企业管理
8	卸甲坪曲尺河水厂	500	2011	卸甲坪乡	3	4350	地下水	一体化净水	加氯消毒	国有企业管理
9	卸甲坪乡天星堰水厂	300	2011	卸甲坪乡	8	3529	地下水	过滤	加氯消毒	村公益事业促进会管理
10	卸甲坪乡横过山水厂	240	2013	卸甲坪乡	1	3000	地下水	絮凝、沉淀、过滤	加氯消毒	国有企业管理
11	新江口城区天河延伸工程	420	2011	新江口镇	3	4440	松西河	絮凝、沉淀、过滤	加氯消毒	国有企业管理
12	南海镇城区自来水厂磨盘洲片供水站	800	2012	南海镇	6	8375	松西河	絮凝、沉淀、过滤	加氯消毒	国有企业管理
13	南海镇庠家嘴水厂	1700	2009、2010	南海镇	9	24000	松西河	絮凝、沉淀、过滤	加氯消毒	国有企业管理
14	斯家场镇杨家溶水厂	2000	2007、2010	斯家场镇	10	18000	文家河水库	絮凝、沉淀、过滤	加氯消毒	国有企业管理
15	斯家场镇杨家溶水厂2013年度延伸工程	600	2014	斯家场镇	5	6520	文家河水库	絮凝、沉淀、过滤	加氯消毒	国有企业管理
16	沙道观集镇水厂延伸工程	1000	2014	沙道观镇	4	9948	地下水	曝气、过滤	加氯消毒	私营企业管理
17	王家桥镇北河水厂	2100	2009、2010	王家桥镇	12	31000	北河水库	一体化净水	加氯消毒	国有企业管理
18	万家水厂	1950	2011、2012	万家乡	9	23623	万家水库	一体化净水	加氯消毒	国有企业管理
19	沧水镇花园洲水厂	2500	2008、2010	沧水镇、衔河市镇	14	32800	沧水河	絮凝、沉淀、过滤	加氯消毒	国有企业管理

续表

序号	供水工程名称	供水规模/(m³/d)	建设年份	所在乡镇（管理区）	受益村数/个	受益人数/人	水源类型	水处理工艺	消毒方式	管理方式
20	涴水镇南闸水厂	1300	2010、2012	涴水镇	6	16000	涴水库	一体化净水	加氯消毒	国有企业管理
21	纸厂河马坪水厂	1650	2008、2010	纸厂河镇	9	26000	涴水河	一体化净水	加氯消毒	国有企业管理
22	八宝镇管网延伸工程	2000	2008、2010	八宝镇	5	22245	松西河	过滤	加氯消毒	国有企业管理
23	八宝镇红旗片管网延伸工程	2500	2012	八宝镇	7	25064	松西河	过滤	加氯消毒	国有企业管理
24	老城镇管网延伸工程	1700	2008、2010	老城镇	9	20000	松西河	过滤	加氯消毒	国有企业管理
25	杨林市石龙桥水厂	1800	2009	杨林市镇、纸厂河镇	5	18000	涴水河	一体化净水	加氯消毒	国有企业管理
26	杨林市石赤腾洞水厂	3300	2014	杨林市镇	12	34600	涴水河	絮凝、沉淀、过滤	加氯消毒	国有企业管理
27	陈店镇陈店水厂	2250	2011、2012	陈店镇	11	20000	石桥水库	一体化净水	加氯消毒	国有企业管理
28	涴市镇东凤闸水厂	1600	2008、2010	涴市镇	10	27300	长江	一体化净水	加氯消毒	国有企业管理
（五）	公安县	3360			216	21054				
1	青罗水厂	300	2005	杨家厂镇	1	1400	地下水	曝气、过滤	加氯消毒	水利部门管理
2	夹竹园水厂	900	2005	夹竹园镇	2	2200	虎渡河	絮凝、沉淀、过滤	加氯消毒	水利部门管理
3	玉湖水厂	800	2005	毛家港镇	3	733	地下水	曝气、过滤	加氯消毒	水利部门管理
4	牛浪湖水厂	800	2005	章庄铺镇	10	9712	松西河	絮凝、沉淀、过滤	加氯消毒	水利部门管理
5	花基台水厂	280	2006	夹竹园镇	2	3041	虎渡河	絮凝、沉淀、过滤	加氯消毒	水利部门管理
6	郑河水厂	280	2006	麻豪口镇	3	3968	长江	絮凝、沉淀、过滤	加氯消毒	村集体管理
7	甘家厂水厂	610	2006	甘家厂乡	6	13530	松东河	絮凝、沉淀、过滤	加氯消毒	水利部门管理
8	章庄铺水厂	780	2006	章庄铺镇	2	4028	卷桥水库	絮凝、沉淀、过滤	加氯消毒	水利部门管理

续表

序号	供水工程名称	供水规模/(m³/d)	建设年份	所在乡镇（管理区）	受益村数/个	受益人数/人	水源类型	水处理工艺	消毒方式	管理方式
9	青羊岗水厂	400	2006	毛家港镇	4	6623	地下水	曝气、过滤	加氯消毒	村集体管理
10	朱家嘴水厂	700	2006	闸口镇	3	7788	虎渡河	絮凝、沉淀、过滤	加氯消毒	水利部门管理
11	江南水厂	1200	2006	麻豪口镇	4	10065	长江	絮凝、沉淀、过滤	加氯消毒	水利部门管理
12	南堤水厂	700	2006	毛家港镇	4	7591	地下水	曝气、过滤	加氯消毒	村集体管理
13	县自来水厂	5000	2007	斗湖堤镇、夹竹园镇、埠河镇、杨家厂镇	28	59527	长江	絮凝、沉淀、过滤	加氯消毒	国有企业
14	黄山头水厂	1200	2007	黄山头镇	2	5202	虎渡河	絮凝、沉淀、过滤	加氯消毒	镇政府管理
15	东港水厂	1800	2007	斑竹垱镇	9	17420	地下水	曝气、过滤	加氯消毒	水利部门管理
16	宝岗水厂	1200	2007	孟家溪镇	8	14306	地下水	絮凝、沉淀、过滤	加氯消毒	水利部门管理
17	中码头水厂	2880	2007	杨家厂镇	13	29318	长江	絮凝、沉淀、过滤	加氯消毒	水利部门管理
18	毛家水厂	1920	2008	章田寺乡	7	20550	地下水	曝气、过滤	加氯消毒	水利部门管理
19	黄金口水厂	960	2008	夹竹园镇	4	9208	虎渡河	絮凝、沉淀、过滤	加氯消毒	水利部门管理
20	申津渡水厂	1920	2008	狮子口镇	9	19486	地下水	曝气、过滤	加氯消毒	水利部门管理
21	上升水厂	1200	2008	黄山头镇	6	16268	地下水	曝气、过滤	加氯消毒	水利部门管理
22	城乡水厂	1200	2008	藕池镇	5	12423	地下水	曝气、过滤	加氯消毒	水利部门管理
23	埠河水厂	1400	2008	埠河镇	10	15934	长江	絮凝、沉淀、过滤	加氯消毒	镇政府管理
24	孟家溪水厂	3120	2008	孟家溪镇	12	21591	松东河	絮凝、沉淀、过滤	加氯消毒	水利部门管理
25	卷桥水厂	5000	2010	章庄铺镇	16	29753	卷桥水库	絮凝、沉淀、过滤	加氯消毒	水利部门管理
26	七根松水厂	4800	2011	章田寺乡、甘家厂乡	17	43290	虎渡河	絮凝、沉淀、过滤	加氯消毒	水利部门管理
27	南菁庙水厂	5000	2012	南平镇	14	29446	松东河	絮凝、沉淀、过滤	加氯消毒	水利部门管理
28	狮子口水厂	5000	2013	狮子口镇	12	27299	松西河	絮凝、沉淀、过滤	加氯消毒	水利部门管理
(六)	石首市	200			1	1200				
1	吴家岗村水厂	200	1998	桃花山镇	1	1200	地表水	直取直供	无	集体经营

1372

续表

序号	供水工程名称	供水规模/(m³/d)	建设年份	所在乡镇（管理区）	受益村数/个	受益人数/人	水源类型	水处理工艺	消毒方式	管理方式
2	青竹沟村水厂	200	2007	桃花山镇	1	1600	地表水	直取直供	无	集体经营
3	桃花山镇第二自来水厂	600	2008	桃花山镇	2	7000	地表水	常规净水	二氧化氯	集体经营
4	伯牙口村水厂	430	2000	调关镇	1	1300	地表水	直取直供	无	集体经营
5	槎港村水厂	430	2000	调关镇	1	1600	地表水	直取直供	无	集体经营
6	新河洲村水厂	300	1998	调关镇	1	2500	地表水	直取直供	无	集体经营
7	北湖坝村水厂	400	2001	调关镇	1	1240	地表水	直取直供	无	集体经营
8	调关镇第二自来水厂	800	2012	调关镇	4	6500	地表水	生物慢滤	无	集体经营
9	焦山河水厂	500	1986	东升镇	2	4583	地下水	直取直供	无	集体经营
10	关路圻村水厂	300	1997	东升镇	1	2000	地下水	直取直供	无	集体经营
11	童子岗村水厂	200	1996	东升镇	1	1800	地下水	直取直供	无	集体经营
12	柳湖坝村水厂	250	1999	南口镇	1	1800	地下水	直取直供	无	承包
13	上官洲村水厂	300	1994	南口镇	1	1700	地下水	直取直供	无	承包
14	永福村水厂	300	1997	南口镇	1	2200	地下水	直取直供	无	承包
15	雷家沟村水厂	50	1998	南口镇	1	500	地表水	直取直供	无	承包
16	过脉岭村自来水厂	400	1996	团山寺镇	1	1232	地下水	直取直供	无	承包
17	茅草街自来水厂	200	1998	高陵镇	1	1500	地下水	直取直供	无	集体经营
18	月堤拐村水厂	800	1997	高陵镇	1	3000	地下水	常规净水	二氧化氯	私营
19	桃花山镇自来水厂	1000	1990	桃花山镇	5	8000	地表水	常规净水	二氧化氯	集体经营
20	东升镇自来水厂	1000	1995	东升镇	5	9385	地表水	常规净水	二氧化氯	集体经营
21	久合垸乡自来水厂	1000	1996	久合垸乡	8	12171	地下水	常规净水	二氧化氯	集体经营

续表

序号	供水工程名称	供水规模/(m³/d)	建设年份	所在乡镇(管理区)	受益村数/个	受益人数/人	水源类型	水处理工艺	消毒方式	管理方式
22	高基庙镇自来水厂	1000	1986	高基庙镇	6	7200	地下水	不完全处理	无	私营
23	团山寺镇荣实自来水厂	1000	1984	团山寺镇	1	5300	地表水	常规净水	无	私营
24	高陵镇自来水厂	1000	1995	高陵镇	2	6200	地下水	常规净水	二氧化氯	集体经营
25	调关镇自来水厂	5000	2004	调关镇	18	20000	地表水	常规净水	二氧化氯	集体经营
26	新厂镇自来水公司	5000	1997	新厂镇	12	22788	地表水	常规净水	二氧化氯	集体经营
27	大垸镇自来水厂	4000	2009	大垸镇	23	35600	地表水	常规净水	二氧化氯	集体经营
28	横沟市镇自来水公司	4000	2008	横沟市镇	18	44000	地表水	常规净水	二氧化氯	集体经营
29	小河口镇自来水厂	5000	2009	小河口镇	21	23000	地表水	常规净水	二氧化氯	集体经营
30	南口镇自来水厂	4000	1986	南口镇	13	32000	地下水	常规净水	二氧化氯	集体经营
31	周家山剅自来水厂	50000	1988	笔架山办事处	26	28000	地表水	常规净水	二氧化氯	集体经营
(七)	监利县	27950			140	206670				
1	桐梓湖水厂	500	2007	棋盘乡	1	2739	地下水	常规处理	二氧化氯消毒	村集体管理
2	高潮村水厂	300	2007	棋盘乡	1	1055	地下水	常规处理	二氧化氯消毒	村集体管理
3	北吴水厂	300	2007	桥市镇	1	2070	地下水	常规处理	二氧化氯消毒	村集体管理
4	上车湾王塘水厂	580	2007	上车湾镇	4	4500	地下水	常规处理	二氧化氯消毒	村集体管理
5	尺八水厂	3200	2008	尺八镇	8	20421	地表水	常规处理	二氧化氯消毒	乡镇政府管理
6	分盐水厂	2400	2008	分盐镇	11	18056	地下水	常规处理	二氧化氯消毒	租赁承包
7	龚场水厂	3200	2008	龚场镇	13	21523	地下水	常规处理	二氧化氯消毒	乡镇政府管理
8	周老施家水厂	2800	2009	周老嘴镇	15	22046	地下水	常规处理	二氧化氯消毒	租赁承包
9	网市高庙水厂	1500	2009	网市镇	5	10885	地下水	常规处理	二氧化氯消毒	租赁承包
10	汴河水厂	2500	2009	汴河镇	14	18458	地下水	常规处理	二氧化氯消毒	乡镇政府管理

续表

序号	供水工程名称	供水规模/(m³/d)	建设年份	所在乡镇（管理区）	受益村数/个	受益人数/人	水源类型	水处理工艺	消毒方式	管理方式
11	网市中心水厂	600	2009	网市镇	4	5003	地下水	常规处理	二氧化氯消毒	乡镇政府管理
12	黄歇水厂	500	2009	黄歇镇	4	4146	地下水	常规处理	二氧化氯消毒	乡镇政府管理
13	大垸水厂	1070	2009	大垸镇	3	9146	地表水	常规处理	二氧化氯消毒	乡镇政府管理
14	桥市水厂	1700	2009	桥市镇	13	14226	地下水	常规处理	二氧化氯消毒	乡镇政府管理
15	毛市水厂	2800	2010	毛市镇	17	20370	地下水	常规处理	二氧化氯消毒	乡镇政府管理
16	福田水厂	1500	2010	福田寺镇	11	12026	地下水	常规处理	二氧化氯消毒	租赁承包
17	棋盘水厂	2500	2010	棋盘乡	15	20000	地下水	常规处理	二氧化氯消毒	租赁承包
18	朱河水厂	15000	2010	朱河镇	23	15000	地表水	常规处理	二氧化氯消毒	乡镇政府管理
19	新沟水厂	2000	2010	新沟镇	9	21000	地表水	常规处理	二氧化氯消毒	乡镇政府管理
20	分盐河山水厂	1200	2010	分盐镇	8	10000	地下水	常规处理	二氧化氯消毒	租赁承包
21	柘木水厂	2800	2010	柘木乡	25	21800	地表水	常规处理	二氧化氯消毒	乡镇政府管理
22	三洲中心水厂	3000	2011	三洲镇	14	16460	地表水	常规处理	二氧化氯消毒	乡镇政府管理
23	新沟乔家水厂	1300	2011	新沟镇	5	12238	地下水	常规处理	二氧化氯消毒	乡镇政府管理
24	福田柳关水厂	2400	2011		2	23130	地下水	常规处理	二氧化氯消毒	租赁承包
25	黄歇伍场水厂	1600	2011	黄歇镇	10	15200	地下水	常规处理	二氧化氯消毒	租赁承包
26	白螺中心水厂	5000	2011	白螺镇	11	13472	地表水	常规处理	二氧化氯消毒	乡镇政府管理
27	桥市河桥水厂	1600	2011	桥市镇	8	10774	地下水	常规处理	二氧化氯消毒	乡镇政府管理
28	程集中心水厂	5000	2011	程集镇	14	20616	地下水	常规处理	二氧化氯消毒	乡镇政府管理
29	姚集水厂	1920	2011	程集镇	12	19512	地下水	常规处理	二氧化氯消毒	乡镇政府管理
30	汪桥中心水厂	6000	2011	汪桥镇	11	18180	地下水	常规处理	二氧化氯消毒	乡镇政府管理
31	上车中心水厂	5000	2012	上车湾镇	19	52000	地表水	常规处理	二氧化氯消毒	租赁承包
32	汴河刘口水厂	4500	2012	汴河镇	11	48000	地下水	常规处理	二氧化氯消毒	乡镇政府管理
33	网市镇东荆河水厂	4900	2013	网市镇	21	51516	地表水	常规处理	二氧化氯消毒	乡镇政府管理

续表

序号	供水工程名称	供水规模/(m³/d)	建设年份	所在乡镇（管理区）	受益村数/个	受益人数/人	水源类型	水处理工艺	消毒方式	管理方式
34	荒湖中心水厂	3200	2013	荒湖管理区	5	12325	地下水	常规处理	二氧化氯消毒	乡镇政府管理
35	大垸中心水厂	4500	2013	大垸镇	7	19902	地表水	常规处理	二氧化氯消毒	乡镇政府管理
36	红城观音水厂	2900	2011	红城乡	10	13276	地下水	常规处理	二氧化氯消毒	乡镇政府管理
（八）	洪湖市	11000			529	90440				
1	洪狮中心水厂	2000	2008	滨湖办事处	3	6500	汉沙河	絮凝、沉淀、过滤	氯化铝	水利部门管理
2	滨湖管网延伸工程	1000	2009	滨湖办事处	18	17826	长江水	絮凝、沉淀、过滤	氯化铝	水利部门管理
3	螺山管网延伸工程	2000	2009	螺山镇	11	14557	长江水	絮凝、沉淀、过滤	氯化铝	水利部门管理
4	曹市中心水厂	6000	2008、2010、2011	曹市镇	36	51557	东荆河水	絮凝、沉淀、过滤	氯化铝	水利部门管理
5	双河中心水厂	2000	2008	汉河镇	13	12743	地下水	曝气、过滤	漂白粉	水利部门管理
6	汉河中心水厂	5000	2010、2012	汉河镇	29	37946	地下水	曝气、过滤	漂白粉	水利部门管理
7	府场中心水厂	5000	2012	府场镇	10	19240	东荆河水	絮凝、沉淀、过滤	氯化铝	水利部门管理
8	瞿家湾中心水厂	2000	2008	瞿家湾镇	4	6409	地下水	曝气、过滤	漂白粉	水利部门管理
9	沙口中心水厂	5000	2009、2011	沙口镇	22	24950	地下水	曝气、过滤	漂白粉	水利部门管理
10	中岭中心水厂	2000	2010	万全镇	6	7597	地下水	曝气、过滤	漂白粉	水利部门管理
11	万全中心水厂	5000	2008、2010	万全镇	31	28121	地下水	曝气、过滤	漂白粉	水利部门管理
12	乌林中心水厂	5000	2008、2009	乌林镇	21	38404	长江水	絮凝、沉淀、过滤	氯化铝	水利部门管理
13	老湾中心水厂	2000	2009、2010	老湾回族乡	11	16347	长江水	絮凝、沉淀、过滤	氯化铝	水利部门管理
14	龙口中心水厂	3000	2009、2010、2011	龙口镇	34	52445	长江水	絮凝、沉淀、过滤	氯化铝	水利部门管理
15	新滩中心水厂	5000	2006、2010、2011	新滩镇	28	34902	长江水	絮凝、沉淀、过滤	氯化铝	水利部门管理

续表

序号	供水工程名称	供水规模/(m³/d)	建设年份	所在乡镇（管理区）	受益村数/个	受益人数/人	水源类型	水处理工艺	消毒方式	管理方式
16	燕窝中心水厂	5000	2006、2008	燕窝镇	27	38858	长江水	絮凝、沉淀、过滤	氯化铝	水利部门管理
17	峰口中心水厂	20000	2006、2007、2008、2010	峰口镇	41	65648	东荆河水	絮凝、沉淀、过滤	氯化铝	水利部门管理
18	戴家场中心水厂	5000	2008、2009	戴家场镇	15	26102	地下水	曝气、过滤	漂白粉	水利部门管理
19	小港中心水厂	2000	2009、2011	小港农场	19	12494	长江水	絮凝、沉淀、过滤	氯化铝	水利部门管理
20	大沙湖中心水厂	10000	2010、2012	大沙湖农场	58	31105	长江水	絮凝、沉淀、过滤	氯化铝	水利部门管理
21	大同湖中心水厂	5000	2009、2012	大同湖农场	38	35600	长江水	絮凝、沉淀、过滤	氯化铝	水利部门管理
22	石码头中心水厂	2000	2010	乌林镇	6	10008	地下水	曝气、过滤	漂白粉	水利部门管理
23	黄家口中心水厂	5000	2010	黄家口镇	15	24456	长江水	絮凝、沉淀、过滤	氯化铝	水利部门管理
24	北洲中心水厂	2000	2011	新滩镇	11	9500	地下水	曝气、过滤	漂白粉	水利部门管理
25	瞿家湾中心水厂	4000	2013	瞿家湾镇	7	8500	长江水	絮凝、沉淀、过滤	氯化铝	水利部门管理
26	解放水厂	500	2009	燕窝镇	4	5500	长江水	絮凝、沉淀、过滤	氯化铝	镇政府管理
27	叶家边水厂	300	2009	燕窝镇	2	3200	长江水	絮凝、沉淀、过滤	氯化铝	镇政府管理
28	王洲水厂	600	2009	乌林镇	3	4300	长江水	絮凝、沉淀、过滤	氯化铝	镇政府管理
29	董口水厂	200	2007	沙口镇	2	2200	地下水	曝气、过滤	漂白粉	水利部门管理
30	界牌水厂	500	2006	螺山镇	4	5200	长江水	絮凝、沉淀、过滤	氯化铝	水利部门管理
（九）	荆州开发区	3000			14	23000				
1	柳林洲水厂管网延伸工程	3000	2009、2010	沙市农场、联合乡	14	23000	长江水	絮凝、沉淀、过滤	二氧化氯	荆州水务集团管理

4576 户、23146 人。

此厂于 2007 年 12 月动工兴建，2008 年 3 月建成投产，设计日供水规模 2400 立方米。工程投资 536.6 万元。2008 年 11 月，江陵县自筹资金 130 万元，将供水主管延伸至普济镇自来水厂，将田家坊水厂与普济水厂供水管网并网供水，解决普济水厂采用地下水水易结垢的问题，使田家坊水厂新增受益人口 1.9 万人，实际供水人口达 4.1 万人。

四、江陵县马家寨二水厂

马家寨二水厂为江陵县马家寨水厂扩建工程，是由湖北省发改委、湖北省水利厅于 2011 年 9 月 28 日下达的农村安全饮水项目。马家寨水厂扩建工程批复投资为 1626.40 万元，其中中央投资 925.17 万元，地方配套及群众自筹 701.23 万元，工程建设任务为：新建日供水量 2980 立方米水厂 1 座，铺设 DN355、DN32 型号的 PE 供水管网 210 千米及配套设施。水厂以长江水为水源，取水口位于马家寨乡摇头埠渡口下游 500 米，厂区位于马家寨乡同心村。

工程于 2012 年 2 月动工兴建，12 月底建成投产，供水范围涉及马家寨乡的文村、文新、耀新、同心、万兴、青安、长江、张黄、龙桥、杨渊、马林、邓泓、白洋、赵桥等 14 个村，供水人口 30839 人。

五、松滋市斯家场镇杨家溶水厂

杨家溶水厂位于松滋市斯家场镇杨家溶村。建设规模为日供水 1800 立方米，工程分两期建设，2006—2007 年为第一期；第二期在新建水厂基础上进行管网延伸，于 2010 年完工。建设内容为取水工程，厂区内修建 600 立方米清水池 1 座、90 立方米净化池 1 座，铺设主管网 23.15 千米、支管网 558 千米，完成开挖回填土方 23 万立方米、混凝土 279 立方米、浆砌石 121 立方米，耗用钢筋 17.13 吨。工程总投资 779 万元，其中中央投资 403 万元，省级配套资金 117 万元，地方配套资金 259 万元。受益范围包括斯家场镇白鹤山、小堰垱、鞍子岭、万年桥、旗林、姜家岭、文家河、杨家溶等 8 个村和涴水镇金坪、仙女洞 2 个村，供水 5900 户、23000 人。

六、松滋市涴水镇花园洲水厂

花园洲水厂位于松滋市涴水镇花园洲村。建设规模为日供水能力 2500 立方米，工程分两期建设，2008 年新建水厂为第一期；第二期 2010 年度进行管网延伸，建设内容为修建 600 立方米清水也 1 座、净化池（含絮凝反应池、斜管沉淀池、快滤池）1 座，铺设供水主管网 39.5 千米、支管网 261 千米。完成土方开挖回填 10 万立方米、混凝土 1227 立方米、浆砌石 15.81 立方米，耗用钢筋 27 吨。工程总投资 1343 万元。

供水范围涉及涴水镇花园洲、石牌、汪家嘴、火连坪、后坪、野鹅堰、青龙嘴、团山、豹子岭，街河市镇白果树、苦竹寺、曙光、平板桥、新生等两个乡镇 14 个村，供水 6200 户、32800 人。

七、松滋市王家桥镇北河水厂工程

北河水厂位于松滋市王家桥镇，以取用北河水库库水而得名。建于 2008 年，建有取水工程及 800 立方米清水池 1 座、120 立方米每日一体化净水设备一组，铺设供水主管网 17.6 千米、支管网 126 千米，设计日供水能力 2100 立方米。完成主要工程量为：土方开挖回填 15 万立方米、混凝土 646 立方米、浆砌石 216 立方米，耗用钢筋 18.53 吨。工程总投资 1235 万元，其中国家投资 597 万元，省级配套资金 195 万元，地方自筹资金 443 万元。

供水范围涉及王家桥镇 2 个社区和 9 个行政村，即王家桥社区、麻水社区、黄金堂村、花园桥村、围岭村、太阳红村、店子岭村、杨树河村、民主一村、簸箕岩村、联合村，以及斯家场镇赶子幽村，供水 5995 户、29500 人。

八、松滋市陈店水厂工程

陈店水厂位于松滋市陈店镇石桥水库北岸，以石桥水库为水源，其水量充沛，水质优良。于 2011 年完成水厂供水工程建设，2012 年进行管网铺设，共完成土方开挖 139519 立方米、土方回填 136262 立方米、混凝土 2099 立方米。工程总投资 1003 万元，其中国家投资 601.8 万元，省补助资金 132 万元，自筹资金 269.2 万元。

此水厂建有 800 立方米清水池 1 座、一体化水处理净化设施 1 座以及管理用房和配水泵房。铺设管网 344 千米，日供水能力 2240 立方米，供水区域包括 1 个集镇、11 个行政村、3 所小学，供水人口 27000 人。

九、公安县七根松水厂

七根松水厂位于公安县章田寺乡罗家塔泵站处，紧靠虎渡河，以其河水为水源。建于 2011 年，2012 年铺设管网，供水范围包括章田寺镇和甘家厂镇的 17 个行政村，设计日供水能力 4800 立方米，受益人口 43290 人。

水厂采用滑道式取水方式，装机 2 台×80 千瓦，经 180 米的管道输送到厂区，通过沉淀池至滤池进入清水池，再经过水泵送至用户，与之相配套的建有 320 立方米每天穿孔反应斜管沉淀池 1 个、320 立方米每天重力无阀滤池 1 座、1000 立方米方形钢筋混凝土清水池 1 座。厂区建有加压泵房和管理办公综合用房，工程总投资 2343 万元。

十、石首周家剅供水工程

周家剅供水工程是在原周家剅灌溉泵站的基础上，于 1987 年 5 月动工改建而成，以黄家拐湖和鸭子湖湖水为水源，增加 3 台套水泵机组，埋设 2 条直径为 400 毫米的自应力钢筋混凝土管，其中一条直接送原水至造纸厂，日供水能力 1.2 万吨；另一条至净化水厂，经过反应、沉淀、过滤和消毒后，供给张城垸工业区的企事业单位、学校和居民，日供水能力 3000 立方米，总投资 117.6 万元。

1995 年，水厂进行扩建，新增日供原水能力 1.26 万立方米、日供净化水能力 3000 吨，到 1995 年年底，水厂拥有固定资产 280 万元，日供原水能力 2.46 万吨，日供净化水能力 6000 吨。

为满足农村安全供水的需求，水厂于 2010 年投资 600 万元，新建 1 座具有全自动监控系统的取水趸船，日取水量 5 万吨，2010 年 10 月投入 350 万元，新建 1 座日产 5 万立方米的平流沉淀池。2012 年投资 1100 万元新建日产 5 万立方米水预沉池、气压反冲滤池、4000 立方米清水池各 1 座，同时延伸主管 42.98 千米，扩大日供能力为 50000 吨，供水范围包括 2 个乡镇和 1 个办事处、26 个行政村，受益人口 61403 人，同时承担笔架山办事处 10000 亩农田灌溉任务。

十一、石首市南口镇自来水厂

南口镇自来水厂位于石首市南口镇，始建于 1986 年，占地面积 6500 平方米，建成初期供水能力每天 400 吨，承担南口集镇街区 2000 余人和十余家企事业单位的生产生活用水。

2006 年，此厂确定为全镇的中心水厂，实施全镇统一供水。2007 年，国家投资 2300 万元对水厂进行了扩建改造，新掘直径 350 毫米的取水深井 1 座，修建容积 450 立方米的清水池 1 座，新建除铁除锰水处理塔 1 座，生产能力提高到 2000 吨每天，同时，对厂区环境进行了改造，延伸管网 20 千米，工程投资 230 万元。

2010 年，再次争取国家投资 279 万元，对水厂取水、制水、供水设备进行了现代化改造，新增全天候 24 小时全方位电子监控系统，加装水厂运行管理智能变频和自动控制设备，生产能力达到 4000 立方米每天，再次延伸管网 30 千米，供水范围包括 6 个村、27000 人。

十二、监利县朱河镇中心水厂

朱河镇中心水厂位于监利县朱河镇，建于 20 世纪 80 年代，初建时以地下水为水源。因地下水含铁量过高，于 1995 年铺设取水主管近 10 千米，改从何王庙长江故道取水。2009 年，根据"大水源、大管网、大规划、大水厂"的建设要求，确定对此水厂实施综合整治改造，工程分两期实施。一期工程于 2009 年 8 月至 2010 年 4 月实施，主要建设沉淀池、过滤池、清水池 3 座和供水房、配电房、管理用房 3 座，工程投资 650 万元；二期工程于 2010 年 9 月至 2011 年 2 月实施，主要安装机电设备和村级管网建设，工程投资 590 万元。新建的中心水厂日供水能力为 15000 立方米，解决朱河镇和周边乡镇 15 万人的饮水安全问题。

十三、监利县施家水厂

施家水厂位于监利县周老嘴镇施家村，于 2008 年 11 月开工兴建，2009 年 6 月竣工，工程总投资 926 万元，日供水能力为 2800 立方米，供水范围涉及 15 个行政村、4400 户、22046 人。

此厂以地下水为水源，采用变频恒压控制设备实行自动运行管理。采用租赁承包的方式，由承包方经营管理，自负盈亏，每年向镇政府缴纳 2 万元的折旧与大修费，探索出农村水厂"建得成、管得好、用得起、长受益"的运行管理模式。

十四、洪湖市黄家口中心水厂

黄家口中心水厂位于洪湖市黄家口镇朱市村，以地下水为水源。取水点设在厂区内，凿有 3 口井径 60 厘米、深 120 米的深井，管井设计日取水量 800 立方米。依据水质化验结果，此处地下水水质无色无味透明，氯化物、氰化物、砷等有害物质含量低于限值，仅铁、锰含量超标，符合《地下水质量标准》（GB/T 14848—93）中Ⅱ类水水质标准，水厂采用地下水曝气处理经滤池加消毒剂后进入清水池，再用水泵经管网送至用户。厂区内建有日处理水能力 5000 立方米的重力式无阀滤池 1 座、容积 500 立方米的清水池 2 座，装有 4 台套 37 千瓦供水水泵，日供水能力 5000 立方米，供水范围为 1 个集镇和 15 个村，总管网受益人口 28456 人。

第六章 水利综合利用

新中国成立后，荆州地区依据其独特的自然地理环境，坚持以防洪为基础，以排涝为主体，开展了持续大规模的农田水利基本建设。同时，根据工农业生产和人民生活的需要，结合交通、航运、血防灭螺等事业，充分发挥投资的综合效益，促进了各项事业的协调发展。

第一节 水利结合血防灭螺

荆州地区多为低洼地，湖泊众多，沼泽密布，是血吸虫病重疫区。据 1975 年江陵县凤凰山出土的西汉男尸解剖分析，证实血吸虫病在荆州地区流行至少有 2100 余年的历史。血吸虫病是荆州地区存在的主要灾害之一，可与洪涝灾害并重，严重制约着社会、经济的发展，直接威胁着荆州人民群众的身体健康。

1955 年，毛泽东主席发出"一定要消灭血吸虫病"的号召，并发表了《送瘟神》的诗篇。党中央在《全国农业发展纲要》中指出：要把治水与血吸虫病防治和消灭钉螺（以下简称"血防灭螺"）结合起来，统一规划，统一部署，统一行动，形成制度化。1957 年 2 月 18 日，水利部发出《关于新修水利结合消灭钉螺的指示》，要求各疫区水利部门，明确"兴修水利结合消灭钉螺是水利部门的任务之一，应纳入水利规划及年度计划之内"。

荆州地区根据钉螺是血吸虫唯一中间宿主的科学研究结果和各级政府的统一部署安排，从 1956 年开始，始终坚持"湖区优先治水，治水优先灭螺"的方针，把兴修水利与血防灭螺紧密结合起来，采取了一系列行之有效的措施。至 2012 年，共投入水利血防资金 72182 万元，其中中央投资 21334 万元，省投资 4145 万元，地方债券 8626 万元，地方自筹 38077 万元。

2012 年与 2004 年相比，全市人群感染率由 9.34% 降至 0.4%，耕牛感染率由 8% 降至 0，晚期血吸虫病人由 3795 人降至 2462 人，急感病例由 44 降至 0，血吸虫病人由 11.9 万人降至 2.25 万人，连续 3 年未查到阳性钉螺，连续 5 年未出现本地感染急感病例，以村为单位的人群感染率降至 1% 以下。

一、血吸虫危害情况

1956 年，为了掌握血吸虫的危害程度，有的放矢地采取灭螺措施，荆州地区各县组建水利血防指挥部，各乡建立水利血防大队部，对全区进行血吸虫病普查，结果表明，全区 13 个县均有钉螺孳生和血吸虫病人。全区有钉螺面积 137.2166 万亩，其中分布在江河外滩 66.9580 万亩，内垸 67.2818 万亩，山丘区 2.9768 万亩，染病人数 151549 人。其后，每间隔几年，都在全区范围内进行一次血吸虫危害及防治情况的普查（以下简称"血防普查"）。

1985 年进行血防普查，荆州地区所辖 11 个县（市）和一个农场均有血吸虫病流行，全区 210 个乡镇有 180 个乡镇流行血吸虫病，占 85.7%；6013 个村有 2967 个村流行血吸虫病，占 49.3%；疫区受威胁人口 469 万人，占总人口 1006 万人的 46.6%；有血吸虫病人 19 万人、病牛 7220 头，钉螺面积 53.8 万亩。

1994 年，荆沙合并，天门、潜江、仙桃划出，荆州 10 个县（市、区）和一个农场，流行血吸虫病的有 184 个乡镇、2326 个村，受威胁的有 378 万人，感染血吸虫病人 11.3 万人、病牛 4402 头，钉螺面积 36.4 万亩。

1996 年，钟祥、京山和五三农场划出，荆州市 8 个县（市、区）有 139 个乡镇、2037 个村流行血吸虫病，疫区人口 330 万人，占总人口 616 万人的 53.6%，有血吸虫病人 10.2 万人、病牛 9656 头，钉螺面积 32.4 万亩。

至 2005 年，荆州市累计消灭钉螺面积 171.6 万亩，治愈血吸虫病人 115.5 万人，6 个乡镇达到传播阻断标准，6 个乡镇达到传播控制标准。但仍有 122 个乡镇、1966 个村流行血吸虫病，疫区人口 350 万人，占总人口的 55%，有血吸虫病人 10 万人，钉螺面积 48.7 万亩，分别占全国的 14.1% 和 8.6%。

2006 年，普查钉螺面积 48.39 万亩，其中易感染地带面积 17 万亩；晚血病人 2602 人。

2007 年，普查钉螺面积 112.5 万亩，有螺面积 44.62 万亩，其中易感染地带面积 15.7 万亩；血吸虫病人 18 万人，其中晚血病人 3196 人（新病人 526 人），急性感染病人 9 人。

2008 年，普查钉螺面积 46.70 万亩，其中易感染地带面积 15.13 万亩；血吸虫病人 16.01 万人，其中晚血病人 2631 人，急性感染病人 3 人。

2009 年，普查钉螺面积 73 万亩，新增晚血病人 413 人，急性感染病人 2 人。

2010 年，普查钉螺面积 68.96 万亩，在册晚血病人 2541 人。

普查结果表明，荆州地区（市）是全省乃至全国血吸虫病流行的重度疫区之一，危害程度十分严重，防治任务非常繁重，尤以四湖地区最为突出。

二、灭螺措施

水利结合灭螺，始终坚持以土方灭螺为主，重点是改造钉螺的生存孳生环境。每年的春季组织血防专业人员在查清钉螺分布情况后，制定灭螺规划，然后集中时间、药物、人力突击开展灭螺活动，消灭村庄周围及易感染地带的钉螺。秋冬季节，结合农田水利基本建设、农业综合开发、精养鱼池开挖，大规模开展土方工程灭螺。大型土方工程灭螺以疏挖有螺渠道为主，水利部门与血防部门统一规划、统一部署、统一检查、统一验收、统一结账。几十年来，水利工程灭螺主要是筑堤围堰、开沟建闸、围垦湖荒、平整土地、有螺渠道硬化、建抑螺防浪林、修建沉螺池和人畜饮水工程，同时并用水改旱、药杀、火烧、土埋、水淹等措施。

（一）湖滩灭螺

湖滩灭螺主要采用围湖垦殖、水淹养殖、火烧、药杀等措施，以上方法既可单独采用，亦可联合使用。

围湖垦殖：将有钉螺的湖泊进行圈围，排除渍水，改变环境，使钉螺不能到达水中而自行消灭。

水淹灭螺：将有螺的草滩型湖泊控制一定的水深，使钉螺在冬天不能上陆地，达到深水淹死钉螺的目的。

火烧灭螺：对冬天杂草丛生的湖滩和外滩芦苇地进行火烧（俗称走底火），也可人为种植芦苇在冬天进行火烧，以消灭钉螺。

（二）沟渠灭螺

沟渠灭螺是水利结合血防灭螺的主要措施之一。其主要方法是采用土埋和药杀。土埋方法主要有以下两种形式。

（1）开新河，填旧沟。此方法是 20 世纪 50 年代后期普遍采用的一种方法。当时，农田水利基本建设普遍展开，需要开挖大量的排灌河道沟渠，于是在布满钉螺的旧河道沟渠，先将两壁 7～8 厘米厚的有螺土壤铲到河渠沟底，后用新土填埋，达到消灭河渠中钉螺的目的。

（2）疏挖旧河。对不能废弃的有螺河道沟渠，在水利工程建设时进行疏挖，先将河道进行药物灭螺处理，然后排干河水，将有螺土搬运到远离河道的地方或河堤上，上面再用新土覆盖，以消灭钉螺。

三、灭螺情况

从 1956 年开始灭螺，至 1989 年止，水利结合灭螺共完成标工 24809.2 万个，完成土石方 54647.74 万立方米，灭螺面积 641.2 万亩，其中灭净钉螺面积 250 余万亩，天门和京山两县基本接近消灭血吸虫病的标准。

1990 年，全区结合冬春水利建设，掀起灭螺施工高潮，共上劳力 25 万人，完成灭螺土石方 299 万立方米，工程灭螺面积 14066 亩。

1991 年，进入 7 月，荆州地区连降暴雨，渍灾严重，造成钉螺面积扩大。灾后进行普查，查出钉螺面积 65 万余亩。入秋后，荆州地区组织 110 万人开展工程灭螺，上大型机械 2897 台，完成标工 1378 万个，完成灭螺土方 2352 万立方米，灭螺面积 77365 亩。

1992 年实施世界银行贷款血防项目，逐步使用药物灭螺。荆州地区在沙市岑河镇杉木村试建沉螺池，以防止钉螺随水流扩散。

1993 年 11 月，荆州地委、行署在五三农场召开灭螺联防会，进行紧急部署，掀起冬季灭螺高潮，共投入劳力 4 万多个，完成灭螺土方 50 多万立方米，完成标工 50 多万个，灭螺面积 3600 亩。

1994 年，松滋市集中灭螺机械、药物和劳力，在南海镇庆寿寺实施机械灭螺大会战，灭螺面积 4000 余亩；钟祥、京山两县和五三、太子山农场开展灭螺联防，进行联合行动，春季灭螺面积 3000 余亩，冬季灭螺面积 4000 余亩。

1995 年，荆沙市突击开展药物和工程灭螺，灭螺面积 11.7 万亩，完成灭螺土方 718 万立方米，完成标工 2454 万个。

1996 年，荆州市水利局、荆州市血防办组织荆州区、松滋市、公安县开展三善垸水系灭螺联防工作，投入药物 19 吨，完成灭螺土方 6 万立方米、标工 28 万个，反复灭螺面积 3739 亩，有螺村由 8 个下降到 3 个，钉螺面积由 971 亩下降到 581 亩，钉螺密度下降率为 63%。

1997 年利用世界银行血防贷款，实施环境改造工程，湖北省投入项目经费 1360 万元，工程改造项目 45 个，验收 43 个，环境改造面积 2 万余亩。

1998 年，长江发生大洪水，汛期溃漫或扒口行洪有螺围垸 79 个，汛后，全市投入药物 145 吨，对易感染地带进行灭螺杀蚴 13.4 万亩。

1999 年开始，石首市开展兴林抑螺工程项目建设，2 年时间在小河口镇神皇洲和调关镇新河洲种植意杨 1.17 万亩，是效益型血防工程建设的一个范例。同年湖北省投资 70 万元，荆州区李埠镇在红卫渠建沉螺池 1 座。与此同时，将荆州区荷花村、沙市区三岔村、江陵县边江村纳入荆州市血防灭螺试点村，主要是结合农业综合开发，修建沉螺池和有螺渠道硬化工程。

2000 年，全市第二批世界银行贷款 26 个血防环境改造项目启动，湖北省下拨资金 820 余万元，环境改造面积 1 万余亩，主要为药物治理。

2003 年由于世界银行贷款血防项目终止，血防灭螺的资金减少，钉螺面积又大幅上升。

2004 年，荆州市政府下发《关于做好今冬明春水利血防工作的意见》，全市完成土方 5200 万立方米，新增灌溉面积 1 万亩，改善农田灌溉面积 49 万亩，改造中低产田 10 万亩，治理土地面积 15.75 万亩，水利工程结合灭螺 5 万亩，全市建沉螺池 15 座，硬化有螺渠道 6 万米，开挖渠道 13 万米，灭螺面积 6101 亩，改造钉螺孳生地 2000 余亩。

2005 年，全市普查有螺面积 92.5 万亩，药物灭螺 13.4 万亩，水利部门在疫区实施渠道硬化工程 62 千米，流域综合治理结合灭螺 88 千米，林业部门实施兴林抑螺 17.5 万亩。

2006 年，灭螺面积 15.67 万亩，其中药物灭螺面积 14 万亩，在螺区疏挖渠道 19.3 千米，道路建设 233.7 千米，兴林灭螺 2.7 万亩。

2007 年，全市争取血防综合治理项目投资 9.18 亿元，药物灭螺面积 17.4 万亩，完成"一建三改"10.7 万户，疫区新增安全饮水人口 50 万人，修建村级公路 846 千米，建抑螺防浪林 4.6 万亩，有螺洲滩实施禁牧 59 处，面积 122 万亩。

2008 年，全年投入资金 1000 余万元，灭螺面积 14.36 万亩，其中药物灭螺面积 14.31 万亩，完成"一建三改"5.37 万户，有螺洲滩禁牧面积 33.56 万亩，渔民集散地建厕所 86 座，疫区新增安全饮水人口 41.8 万人，建沉螺池 11 个，有螺道路硬化 30.8 千米，建抑螺防浪林 4.37 万亩，疫区修建村级公路 1100 千米。

2009 年，灭螺面积 12.89 万亩，建沼气池 4.42 万个，洲滩禁牧面积 28.5 万亩，开挖鱼池 7551 亩，建抑螺防浪林 7，1 万亩，修建村级公路 838 千米，利用水利血防综合治理资金，共疏挖河道 67 千米，硬化渠道 54.3 千米，修建沉螺池 3 座。

2010 年，灭螺面积 13.9 万亩，建三格式厕所 10 万座，建抑螺防浪林 7.7 万亩，修建村级公路 645.3 千米。

四、血防灭螺专业队

自 1970 年起，荆州地区先后在疫区建立一支不脱产的群众性常年血防灭螺专业队，队员达 11000 人，至 20 世纪 80 年代维持在 7000 人左右。

1985 年，全区 11 个县有不脱产专业队 298 个，队员 6486 人，完成灭螺土方 515594 立方米，土埋灭螺面积 7038 亩，药物灭螺面积 71919 亩，有效灭螺面积 16450 亩。

1993 年 9 月，荆州地委下发《批转地方病防治办〈关于稳定血防灭螺专业队伍的报告〉的通知》，要求凡是血吸虫病流行的乡镇都要建立不脱产灭螺专业队，并按照谁受益、谁负担的原则，落实好灭螺队员的报酬。

1994 年，10 个县（市、区）有灭螺专业队 211 个，队员 2766 人，完成灭螺土方 2783776 立方米，土埋灭螺面积 3218 亩，药物灭螺面积 87559 亩，有效灭螺面积 12947 亩。

1999 年，尚有灭螺专业队 168 个，队员 2201 人。至 2002 年，因农村实行费税改革，逐步取消了劳动积累工和义务工，灭螺专业队伍随之取消。

五、重大灭螺部署及活动

1985 年，荆州地委先后下发《关于血吸虫病防护工作的电报》《关于开展血防宣传月活动的通知》。

1986 年 7 月，荆州地委印发《关于进一步加强血防工作的意见》，地委、行署召开全区血防和水改工作会议，组织参观公安县收治晚血病人情况。9 月，省人大一行 6 人到监利、江陵、潜江 3 县视察血吸虫病防治工作。12 月，中央顾问委员会（以下简称"中顾委"）委员谭友林将《关于湖北江陵白马区血吸虫病严重流行的情况》送给中顾委委员们传阅，中顾委副主任薄一波即刻将材料批转卫生部，要求尽快研究解决重疫区血吸虫病流行的问题。

1987 年，地委、行署首次提出对血防工作要"动真感情、拿硬措施、搞大动作"的要求。决定在潜江、江陵、监利和地区财政部门各拿 10 万元用于救治晚血病人和修建灭螺工程。11 月，全国血防专家咨询委员会主任郭源一行视察江陵岑河、潜江浩口灭螺现场。

1988 年 11 月，行署专员徐林茂率松滋、公安、石首、监利、洪湖、潜江等县分管血防工作的县长、水利局长、血防办主任，深入江陵、石首、监利 3 县重疫区现场办公，决定地区水利局投资 40 万元用于石首小河口灭螺工程。

1989 年 3 月，全国血吸虫病疫情分析会和苏、皖、赣、湘、鄂 5 省血防联防协作会在荆州召开。11 月，由卫生部、水利部、农业部等部委组成的国务院血防调查组到公安、潜江、江陵、仙桃等县（市）考察。

1990 年 10 月，中共中央政治局委员李铁映来荆州视察血吸虫病防治工作，看望了江陵县晚血病人和医务人员，查看了江陵岑河与监利红城水利工程灭螺现场。11 月，国务院在武汉召开全国血防工作会议，其间，与会领导 85 人视察了潜江熊口镇水利工程灭螺现场。

1991 年，行署印发《关于血吸虫病重疫区血防扶贫工作若干试行意见的通知》和《关于进一步加强血吸虫病防治工作的决定》。4 月，《四湖地区沟渠水体钉螺分布规律及防止钉螺随水扩散的研究》被国家科委评定为技术先进、实用性较强的成果。

1992 年 3 月，世界卫生组织与卫生部在荆州举办血吸虫病防治对策讲习班，数名博士、专家、教授到会授课。10 月，由卫生部、水利部、农业部组成的国务院血防试点县考察组到江陵、潜江考查。12 月，湖北省委副书记姜一带领"湖北省晚血抢救基金会"一行来荆州举行赠款仪式和募捐动员大会。

1993 年 3 月，湖北省政府在江陵县召开血防试点现场办公会。4 月，全区血防研究会召开，通过《荆州地区血吸虫病研究会章程》。9 月，国务委员彭珮云一行 5 人来荆州视察，听取血防工作汇报，深入江陵、潜江等县（市）查看灭螺现场，了解疫情，看望病人，对荆州地区血防工作作了指示。

1994 年 4 月，湖北省灭螺经验交流会在松滋县召开。地委、行署主要负责人带领地区部、委、局负责人深入石首小河口、公安黄山头、松滋纸厂河等 6 个重疫区村进行现场办公，地直 23 个部门拿出 448.5 万元资金，帮助重疫区灭螺治病。

1995 年，荆沙市委、市政府决定对已有车辆每车每年 100 元、个体工商户每年每户 20 元、机关干部每人每年 10 元征收血防费，作为血防事业专项资金。5 月，湖北省政府在江陵区召开血防现场办公会，与会代表考察了滩桥镇高兴村、熊河镇侯垱村农业综合开发结合灭螺现场，增拨 400 万元资助晚血病人。11 月，日本 3 名医科教授参观荆州区李埠、太湖农业开发结合灭螺工程现场及沮漳河外滩综合治理灭螺现场。

1996 年 3 月，由水利部盖国英司长负责，组成国务院血防试点考核验收组来荆州指导工作，到江陵、沙市等地查看灭螺、改水、改厕情况，对学生进行血防知识考试。8 月，卫生部部长陈敏章视察洪湖、监利疫情，为洪湖血防所挥笔写下"为大灾之年无大疫而奋斗"的题词。荆州市电视台录制《荆沙血防所工作喜与忧》和《送走瘟神，造福子孙》血防专题片，在《江汉风》栏目播出。

1997 年 3 月，湘鄂毗邻地区血防联防会议在石首市召开，荆州市监利县、洪湖市的血防工作负责人出席会议。当年，全市启动世界银行血防贷款环境改造灭螺工程项目 45 个。

1998 年，长江大水，中央电视台《东方时空》《金土地》栏目以《抗洪灾，防疫情》为题对荆州市血防抗灾防病工作进行专题报道。7 月，国务院血防检查组来荆州视察了荆州区学堂洲围垸平滩灭螺工程以及侯垱村综合治理灭螺工程现场。

2000 年 5 月，以水利部副部长张基尧为组长的国务院血防检查组来荆州检查血防工作。同月，荆州市召开辖区内中、省直涉及钉螺单位负责人会议，就灭螺工作进行协调。12 月，荆州区组织万人在沮漳河谢古垸外滩开展了声势浩大的平滩改掌造田送瘟神大会战，共开挖沟渠 25 条，完成土方 25 万立方米，平整滩地千余亩，新增耕地 5000 余亩，改造了钉螺孳生环境。

2001 年 6 月，沮漳河水系血防联防工作会在荆州召开，荆州区、菱湖农场、枝江市、草埠湖管理区有关人员参加会议。

2002年3月，世界卫生组织总部官员恩格尔斯等对荆州疫区进行实地考察，检查了荆州区荆西村、红卫渠等血防工程，并亲自触诊。同月，荆州市第二届人民代表大会第三次会议通过《关于加强血吸虫病防治工作议案的决议》。9月，荆州市政府与县（市、区）签订2002年血吸虫防治工作责任书。

2003年3月，湘鄂毗邻地区在公安县召开血防联防会议，并成立联防指挥部，通过了有关县（市、区）血防联防协议和防治计划。7月，以水利部副部长张基尧为组长的国务院血防检查组来荆州检查工作，查看江陵县马家寨祁渊村和沙市区岑河农场综合治理工程现场。

2004年，荆州市制定四湖地区血吸虫病综合治理项目书，将7个县（市、区）纳入重点规划项目，力争到2008年达到疫情控制标准。5月，卫生部副部长、国务院血防领导小组办公室主任王陇德率国务院血防检查组来荆州检查，先后查看了公安县花基台综合治理工程、荆州区红卫渠阻螺工程、江陵县彭家河滩钉螺分布现场、边江村综合治理工程试点。

2005年1月，荆州市政府组织对8个县（市、区）血防工作目标责任制情况进行检查，并与8个县（市、区）签订2005年血防目标责任书。10月。全国人大代表管晓虹、吴爱玲考察了江陵、公安两县的血防工作，实地察看了花基台、杨家场、边江村、中江村等灭螺现场和综合治理工程项目。

2007年6月，湖北省政府在公安县召开全省血防"整县推进、综合治理"现场会，湖北省长罗清泉出席会议。7月，中央电视台在江陵县拍摄血防纪录片，记录了江陵县人民同血吸虫病作斗争的一个缩影。

2008年8月，湖北省政府"整县推进、综合治理"暨疫情控制达标督查组到荆州，督查血防疫情控制达标工作。9月，中、省组织的国家血吸虫病疫情控制考核评估专家组对荆州8个县（市、区）的疫情达标工作进行考核评估，经对居民、家畜进行现场查病，核查档案资料，对照国家有关控制标准，全市达到血吸虫病疫情控制标准，部分村达到传播控制和传播阻断标准。11月，湘鄂两省血防联防会在公安县召开。同月，全国血吸虫病潜在流行区监测工作会在江陵县召开。

2010年，荆州区、江陵县和监利县被荆州市政府确定为"以机代牛"工作整县（区）推进试点县（区）。一区两县组建专班，全力淘汰耕牛近4万头。

第二节　水利结合水运

荆州地区水网发达，与四邻均有河流相连，故内外交通向以水道运输为基础。不仅古近代如此，即使发展到现代，已形成水、陆、空立体式的交通格局，荆州航运仍然处于不可忽视的地位。

荆州航运历史源远流长，早在先秦时期的楚国即已奠定基础。《史记·河渠书》记载："于楚，西方则通渠汉水云梦之野……此渠皆可行舟，有余则用于溉浸"。汉晋之际江陵造船业十分兴旺，规模之大和技艺之精居全国前茅，水运业十分发达。西晋杜预所开扬夏运河沟通江汉航运。至清末民国时期，荆州地区共有航道约4800千米，其中约1600千米可通行轮船。

新中国成立后，水利建设从规划到实施，突出水利综合利用。在平原湖区水利建设中，做到水利与水运紧密结合，除了长江、汉江干流外，开挖河渠，修建水库，使全区航道比民国时期多300余千米，在主要干支河道上修建了十多座船闸，内荆河、天门河等主要内河航道通航条件得到一定程度的改善。随着道路运输事业的快速发展和农业生产的变化，内河航运逐渐萎缩。

一、航道

荆州地区以纵贯全境的长江、汉江为主干，以其支流和内河航运为分支，构成四通八达的航道网络。

（一）内荆河航道

内荆河原为四湖水系的一条主要航道，系荆州、沙市至武汉间的水运捷径，自沙市至洪湖新滩口全长约215千米。1955年以前，陆路运输比较落后，内荆河航道是荆州、沙市内外交通运输的主动脉。从沙市便河起过长湖，从习家口进入内荆河，由新滩口出长江，主航道全长约300千米，较沿长江到汉口缩短里程约184千米，并可避免长江航行风险，且内荆河一般年份四季通航，汛期毛家口以下可通行60吨小火轮，毛家口以上可通行50吨以下船只。

1955年，四湖总干渠工程实施以后，内荆河得到全面疏挖改造，缩短了航道里程，沿线修建了新滩口、小港湖、福田寺、习家口等节制闸。这些节制闸的修建，一方面可控制航道水源，抬高水位，改善航道；另一方面它们又成为碍航设施。为此，1955年以后，又相继修建了新滩口、小港、福田寺、宦子口等船闸，1989年建成了习家口船闸，内荆河航道得以全线贯通。

1955年以前，内荆河济航水源全靠沿岸湖泊供给，常有断航之虑。万城闸建成之后，可与长湖配合使用，为总干渠习家口至张金段提供济航水源；张金以下航道分别由福田寺防洪闸、小港湖闸、新滩口排水闸进行控制，以保证内荆河航道全年通航。

（二）两沙运河航道

两沙（沙市—沙洋）运河形成于明朝（它的前身是扬水运河），起自沙洋盐码头，经高桥、幺口至陈家场西南折入长湖，又经关沮口出长湖经塔儿桥至沙市，全长约90千米，其水源有二：一为长湖以南万城等地来水经运河南段注入长湖；二为荆门东南部之山溪水与潜江西部之径流亦以长湖为归属。历经200余年，运河逐渐淤积，通航能力下降，光绪二年（1876年）曾经由官督民修进行过疏挖，航道复畅。宣统三年（1911年），汉江李公堤决口，沙洋至高桥段几乎全部淤塞，不能通航。民国时期曾分别于1936年、1938年、1943年3次疏挖运粮河，但收效甚微。

新中国成立后，可通航者为高桥至沙市约80千米，而高桥至脉旺嘴、凡家场至蝴蝶嘴段，淤积尤甚，通航能力依水位变化而改变，沙市—幺口约可通行10～50吨木船，幺口—高桥只能通行1.5～2吨小划子。1955年，《荆北地区防洪排渍方案》对两沙运河进行了规划，将两沙运河分为两段，即：沙洋至高桥为新开航道，航线自沙洋沿李湖起利用沿汉宜公路的河沟经转桥至高桥，全长 8.32 千米；高桥至沙市利用原河道进行疏浚，为缩短航程，径穿借粮湖经窑场入长湖，可缩短航程 15 千米。1955 年以后，水利、航运部门曾经对此方案进行多次修改，定名为江汉运河，但未付诸实施。随着公路运输的兴起和治理四湖工程的实施，有的航道被新开的河渠所切断，运河的功能逐渐消失。

（三）汉北河航道

汉北河是 1969 年 11 月至 1971 年 12 月新开拦截山洪的河道。汉北河航道上起天门河万家台以西杨家峰，东经天门县进入孝感地区，由新沟入汉江，航道全长 142 千米，其中荆州地区段 85 千米。

杨家峰至万家台为原天门河的一段，全长 49.5 千米，河面宽 50~80 米。枯水期（12 月至次年 4 月）水深仅仅 0.3~0.4 米，航道宽 3~7 米，并有 17.5 千米的浅滩，可通航 10 吨以下船舶；洪水期可通航 50 吨以下船舶。万家台以下 35.5 千米航道为新开河道，其水位直接受下游新沟、东山两闸控制，受水位影响，航道宽 112~30 米，深 5~0.5 米，可季节性通航 100 吨级以下船舶。

二、船闸

新中国成立前，平原湖区的河流、湖泊多为自然状态，无助航设施。新中国成立后，在水利建设中，通过修建堤坝和涵闸，使河流、湖泊由原来的自然状态变为人工控制。为了保证水运畅通，一般在小河流上所建的节制闸，都将闸的中孔设计较大，以利于小木船通行。但节制闸不是专门的过船设施，而往往成为碍航建筑物。在较大河流及内河主要航道上，水利和交通部门从 1959 年开始修建新滩口、浩口、刘岭、内荆河小港（河）、总干渠小港（湖）、福田寺（老）、福田寺（新）、宦子口、习家口、大垸子、螺山、新城、鲁店、徐李等船闸，其中新滩口、福田寺、刘岭、大垸子等 11 座船闸，由水利部门设计、投资和修建。

（一）新滩口船闸

新滩口船闸位于洪湖市新滩镇内荆河与长江交汇处，顺江而下，距武汉市 90 千米，是四湖地区最早修建的船闸。

1. 工程规模

此船闸由湖北省水利勘测设计院设计，以 300 吨级为通航标准。闸门呈 U 形，分 7 段，每段长 20 米，上闸首长 17 米，下闸首长 16 米，连同上下闸首总长 173 米，闸室净宽 11.6 米，两侧护船木各宽 0.2 米，总宽 12 米。上闸首高程 16.00 米，下闸首高程 14.00 米，闸顶高程 32.50 米，钢质平板横拉门两扇，两侧为垂直升降式的平板钢质输水闸门。

2. 施工组织

新滩口船闸由荆州地区水利局主持施工，1959 年 12 月动工，1960 年 9 月竣工，10 月 1 日正式通航。荆州地区水利局局长涂一元任指挥长、党委书记。湖北省交通厅余渊，四湖工程指挥部李大汉、王景祥，洪湖县罗国钧、李同仁，监利县杨荣发，湖北省水利工程四团杨炳炎、谢勘武等任副指挥长。技术负责人为谢勘武、郑光序。湖北省水利工程四团技术工人与监利、洪湖两县农民承担全部施工任务。

3. 完成工程量

船闸工程总计完成土方 136.31 万立方米（其中闸基 41.38 万立方米、防洪堤 12.00 万立方米、拦河坝 20.00 万立方米，新开航道 20.00 万立方米，闸基回填 21.00 万立方米，改善航道 3.13 万立方米，其他 18.80 万立方米）、砌石 1.10 万立方米、混凝土 2.4075 万立方米，国家投资 648.83 万元。

4. 工程效益

船闸建成后，年通航最多达 325 天（1974 年），20 世纪 60—80 年代年平均创收 5.83 万元，不仅效益显著，而且还大量减少提驳转运费、免除转载劳力。

船闸工程在施工过程中，由于闸基地质条件为重粉质壤土、粉质黏土及细沙，出现严重的管涌险情，昼夜出水量达 8000 立方米，处理办法为：开沟导水、木槽束流、散流集中、流速加大、砂随水走、深挖排水机坑、降低水位。经过处理后，原先分散的管涌群均约束在 50 厘米宽的木槽内，冒出的沙随着流水带入机池内，边抽水边掏沙，水位控制在底层铺垫的油毛毡与柏油麻袋以下，钢筋扎好后突击浇筑混凝土。随着回填土的加高，机池逐步封闭，冒水断流。

（二）福田寺新船闸

1965 年，交通部门曾经在总干渠动工修建福田寺船闸，年底停工，1975 年续建，尚未通航，洪湖分蓄洪工程主隔堤工程开工，原闸设计不具备防洪功能而报废。

福田寺新船闸位于主隔堤 49+550 处，四湖总干渠引渠上。由湖北省洪湖防洪排涝工程总指挥部设计，荆州地区水利工程队负责施工。是一座设计为 300 吨级的三通船闸。上通总干渠习家口，下通新滩口，上游右岸沿排涝河直通长江干堤半路堤。上游闸首闸槛高程 22.00 米，钢质平板轨道式横拉门一扇；下闸首闸槛高程 21.00 米，弧形闸门 2 扇，其中下扇为通航闸门，上扇为分洪时的挡水闸门；排涝河闸首为下沉式弧形闸门。全闸总长 276 米（其中闸室长 123 米），闸室净宽 12 米。

船闸工程于 1978 年 11 月开工，1983 年元月完工，完成土方 88 万立方米、混凝土 1.54 万立方米、砌石 3184 立方米，完成投资 583 万元。

由于多年运行，工程存在严重的安全隐患。2008 年，湖北省发改委以鄂发改交通〔2008〕1375 号文批复实施工程整险项目，湖北省水利厅、湖北省交通厅下达投资计划 897 万元。主要工程项目包括：上、下游闸首全部拆除并新建，改上游横拉闸门为升卧式闸门，改下游弧形闸门为平板闸门，更换所有启闭机，上、下游引航道清淤及护坡，排涝河闸首封堵，闸室混凝土碳化处理，供电线路更换等，总投资 897 万元。2011 年 2 月开工建设，2012 年 6 月基本完工，通过此次整险，排除了闸门漏水及启闭设备老化等安全隐患，优化了启闭方式，确保了船闸的安全运行。

（三）刘岭船闸

刘岭船闸位于长湖库堤刘家岭，为四湖上区荆门市拾桥、后港、毛李与荆州区纪南、九店等地通往田关的船闸。由荆州地区水利局和潜江县水利局共同设计，潜江县组织劳力与荆州地区水利工程队技术工人共同施工，指挥长为李大汉，技术负责人为韩明炎、郑光序。

船闸由上、下闸首和闸室组成。上、下闸首各宽 7.3 米（含两侧护船木各 0.15 米），长 14 米；闸室长 100 米。引渠以干砌块石护坡，闸槛高程 27.70 米，上闸首顶高 34.50 米，下闸首顶高 33.70 米，上、下闸首各设钢质横拉门一扇，电动机启闭。

工程于 1965 年冬开工，1966 年 7 月竣工。共完成土方 4.8765 万立方米、砌石 563 立方米、混凝土 4280 立方米，国家投资 67.96 万元。

船闸建成后，不仅沟通了四湖上区的水运交通，而且减少了大量的货物转运提驳费，效益显著。

第九篇　水利机构及管理

　　江汉沿江堤防是由分散的民垸经过合堤并垸、堵塞穴口，从而形成统一的沿江堤防，并无专门的管理机构。明嘉靖四十五年（1566年）订立《堤甲法》，开始建立专人管理制度。但堤防的修防事务仍由地方官员负责。清乾隆五十三年（1780年）决定由荆州同知管理荆州万城大堤堤工，设官署于李家埠，始行官守。其他沿江汉堤视其重要程度，分别由知县或县丞、主簿、典史、巡检等官员兼理。民垸堤则自修自防。民国初期堤防管理基本沿用清制。1912年设立荆州万城堤工总局，专管万城大堤修防事宜。1918年荆州万城堤工总局改名荆江堤工局。1937年，荆江堤工局改为江汉工程局第八工务所。民国时期，荆州境内所辖江汉干堤，除荆江大堤设有专局管理外（钟祥县汉江堤曾设钟祥堤工局），其余堤段修防由所在县或组织堤工防护委员会负责督导各堤堤董保办理。民垸堤仍实行自修自防体制。新中国成立初期，1949年2月成立"湖北省人民政府荆州水利委员会"，12月，成立"湖北省农业厅水利局荆州分局"，荆州各县也相继设立水利局。随着水利工程建设逐步展开，堤防、分蓄洪区、水库、泵站、涵闸等大中型水利工程相继建成，各流域、各重点工程相继建立常设管理机构，并同时建立防汛抗旱指挥机构。经过数十年的调整变更，管理机构得以完善。

　　荆州堤防管理法规始于明嘉靖年间的《堤甲法》，清朝和民国时期也出台了一些关于堤防岁修和防汛的规章，但不全面、系统。新中国成立后，党和政府对水利工程管理十分重视，从中央到地方陆续出台了水利工程管理的规范性文件，明确了工程管理范围、管理职责和目标要求，管理工作逐步规范化、制度化，尤其是《中华人民共和国水法》《中华人民共和国防洪法》等法律法规的颁布实施，管理方式逐渐由行政手段管理转变为依法规范管理。1994年开始，工程管理评定由目标管理评定到"千分制"评定，管理目标更加明确，评定方法更加科学，从而促进了各项管理工作不断改进和提高。

第一章 防汛抗旱指挥机构

荆州境内，每年5—10月为汛期，按时节分为桃花汛、伏汛和秋汛，其中以伏汛最烈，洪涝灾害时有发生。新中国成立前，既无统一的防汛组织机构，又无妥善周密的部署，防汛抢险队伍临时拼凑，技术力量薄弱，抢险器材缺乏，致使江河堤防屡遭溃决，多次酿成千古奇灾。新中国成立后，党和政府十分重视江河防汛工作，层层建立防汛机构，各级主要负责人担任防汛指挥长，实行严格的责任制，党政军民全力以赴投入防汛抗洪斗争，荆楚大地得以安澜。

第一节 新中国成立前修防机构

荆州堤防修筑历史较早，但大多是自管自修，政府委派水利官员"监修"或在汛期进行"督导"。

明嘉靖年间（1522—1566年）荆江堤防多次发生溃决。嘉靖四十五年（1566年）荆州知府赵贤主持大修荆江南北两岸堤防，订立《堤甲法》，设立堤防专人管理制度，这是荆江地区堤防最早实施的组织管理体制，但堤防修筑防汛事务仍由地方行政官员兼管。

清"康熙十三年（1674年），议准楚省滨江一带地方有司专令……荆州、安陆（含钟祥）六府同知，分督……钟祥、京山、天门、江陵、公安、石首、监利县丞，潜江县主簿，沔阳、荆门二州州同，咸宁、嘉鱼……松滋十县典史，每逢夏秋汛涨，各于所属地方董率堤老圩甲，搭盖棚房，置备桩篓、柴草、芦苇、铁筐等项器具，堆贮棚所，昼夜巡逻，看守防护，春冬兴工修筑"。

雍正七年（1729年）议准湖北武昌、荆州、襄阳三道加兼理水利衔，荆州道统辖荆州府同知、同州、县丞、主簿等官职。乾隆五十三年（1788年）荆江大水，朝廷以荆州万城大堤"向属民修，地方官不能妥为办理"，决定由荆州水利同知管理堤工（官署设在李家埠），并由荆州水师营防汛时上堤设卡驻守，始行官守〔水师营驻江陵筲箕洼，协理文职人员共同履行万城大堤的防护职能。设守备1员、千总1员、把总2员，外委、额外各1员，有兵丁213名。该营专管水操事务，并兼护送铜、铅等差。自乾隆五十四年（1789年）始，每年四月至八月由守备带领弁兵上堤驻守〕。这是荆江大堤管理机构最早的设置。沿堤设立万城、李家埠、江神庙、沙市、登南、马家寨、金果寺、拖茅埠等9个工局和沙市石卡（驻康家桥公善堂，负责验收发放石料），负责管理荆州万城大堤修防业务。

乾隆皇帝明确规定，汛期，由总督、巡抚轮流分年主持防汛，如因省垣有事不能履职，则务必上报委托道府代防。荆州府并设同知专司其事，下设修防局，所管辖官民67

工，汛期责令堤长、圩甲带领民夫上堤防守，增加近堤绅耆帮同防护。还具体规定："荆州万城大堤，每五百丈设堤长、圩甲各四名，堤上设卡屋常年驻守，汛涨时多备守水器具，同业民昼夜防守，该道府同知，往来巡查，一有危险，即行严督抢护，如水利各官防护不力者，该道府查明纠查。"道光十二年（1832年），因同知催费督修不得力，万城大堤改归荆州知府承办，仍由水利同知雇人稽查。道光十六年（1836年）秋，监利朱三弓堤溃口，洪水泛滥，哀鸿遍野。乡人平子奇目睹惨状，义愤填膺，具写《告李赓廷疏职状》呈送县衙（注：李赓廷六任堤董）。状中云："半堤秋水，悠悠微风，日和重阳节，堤溃朱三弓。""盖此罪过，非堤董李赓廷莫属也。"故而"群起而讨之曰：半堤水，悠悠风，太阳晒倒朱三弓，罪当诛堤董。"诉状进衙，一连数月，杳无音讯。不久，平子奇以《论李赓庭宜加处置状》指诉"李赓庭朋比为奸，贻害堤政，祸及生民。"李赓廷先是贿赂官吏，后又串通县衙，反告平子奇，并请求革除平子奇的功名（监生）。道光十九年（1839年）十月初九，平子奇赶至江陵长湖，将历次文状面呈湖广总督周天爵。总督深感问题严重，十二日，亲率大批官员踏勘朱三弓溃口处，认为平子奇反映的问题具体详细，真实可信。平子奇反被关入县衙。在牢中写成《续禀》，通过友人帮助，送达总督手中。总督看完呈词，随即批示："仰监利县牢将监生平德魁（注：派名）火速开释，并严拿李赓廷等，解辕深究。"未过多久，李赓廷在省城被处斩，党羽胡光治、胡玉昆被监禁10年，并没收全部不义之财。此案历时8年（《监利历史》）。对防汛实绩突出者奖赏，明确规定，连续3年安澜者晋级或加俸。清代后期设水利官员负责荆江防汛，渐次相沿成规，且防汛与岁修多为一体，夏秋防汛，冬春岁修，同治年间（1862—1874年）由县丞督责防守，荆州万城大堤每500丈设堤长1人、堤甲5人、烟夫25人（注：烟夫指人烟户口、户籍的总称。沿堤居民轮年充当，专门修筑土牛（预备土），每烟夫1人堆筑土牛5座，栽插杨柳以备防汛抢险），每二工或三工设堤差1人，在荆州同知和县丞带领下，担负防汛抢险任务。同治十三年（1874年）将荆州水师营守备1员裁去，改设千总、外委、额外各1名，统兵92名，专事堤工。光绪六年（1875年）改水师营为堤防营，派千总1员驻扎中斗蓬（江神庙）负责防守，隶属荆州知府直接调遣。

荆州万城大堤，上起堆金台，下迄拖茅埠，全长124千米。由于地处险要，关系重大，历代皆重视。自康熙至清末，经过200多年的经营管理，始具相当规模，成为荆江北岸平原的屏障。

荆州除荆州万城大堤有专管机构外，其他沿长江各县堤防管理不尽相同。清代沿江各县堤防无专管机构，由县令委县丞、主簿、巡检，分段负责修防管理。民垸则以垸为单位，民修民管。如松滋县明至清初县丞兼管水利、堤防，随后，县衙设工房兼司水利，晚清水利业务改由典史分管。乾隆五十三年（1788年）大水后，官堤由官督改为民修，设立堤工总局，局设总监，总监由县衙委任。堤工总局专理按粮派土，督修堤工之责。堤工局业务隶属荆知同知管理，道光十二年（1832年）改属荆州知府。同治九年（1870年）黄家铺溃口后，堤防全由民修民管。各民垸公推有堤工经验的垸坤为垸首，自理其事。垸设堤工局（亦称为土局），其堤工修防、征费，由各垸土局统一负责。明清时期，公安县水利事宜由知县主管，民堤以垸为单位设立修防会。石首县自明清至民国初期，堤防无常设专门管理机构，堤垸修防，各垸自行设立修防处、土局、垸务委员会，由垸首轮流担任主任、堤董、堤保职务。监利县在明永乐三年（1405年），上自拖茅埠，下至沔阳县界牌，长185千米滨江堤防分上、中、下三乡（亦称为三汛），由县令委县丞、主簿、巡检、分段负责修防管理。清顺治初年，监利知县蔺完瑝创设"堤防修筑兴工法例"，规定：冬春岁修，由相堤和知根估工造册；夏秋防汛，另委圩长、头人，率夫上堤防守搪护。收土募土，由堤老负责，工程质量由垸长监督。嗣后，此例废止，唯堤老存，后更名为董事。道光十五年（1836年）县设土局（总局），实行局征局修。各乡设有分局。监利3乡江堤，共分设土局6个。自此改堤董收土募捐为局征局修。民垸不论大小，皆属民修民防，每垸推举垸长1名，垸副（有的称为总头或头人）若干名，修防任务根据工程量大小，另推举堤董1名或若干名经办，其费用一般按受益田亩均摊。

民国时期，废府存道，江陵、松滋、公安、石首、监利属荆宜道，1914年改称为荆南道。京山、荆门、钟祥、天门、潜江县属襄阳道，沔阳属汉阳道。1927年撤销道制。1932年设立行政督察区，沔阳、潜江、天门、京山、钟祥属第六行政督察区；江陵、松滋、公安、石首、监利属第七行政督察区。1936年调整行政督察区，京山、钟祥、天门属第三行政督察区，其余属第四行政督察区。行政督察区设专员公署，为省政府委员会派出机构，下设民政、财政、教育、建设、警保5科。水利事宜由建设科办理。

民国初期，水利业务由各县知事负责（1912年改知县为知事，1926年改知事为县长），1926年以后，水利行政业务由县长负责，1941年由建设科（股）兼负水利事宜。1924年整理湖北堤政，划分全省堤防为荆江、汉江（汉水、长江汇合之意）、襄江3段管理。荆江段包括宜昌、宜都、枝江、松滋、江陵、公安、石首至监利荆河垴湘鄂交界处堤段；汉江段包括荆宜道辖之下游，自嘉鱼、沔阳（今洪湖市沿江堤防）……直达黄梅同仁段；襄江段包括江汉道辖之襄江，自光化……钟祥、荆门、天门、京山、潜江……达汉阳入江之官堤。同时再分官堤、民堤两种，复分最要、次要两类。

民国初期，限定每年6月15日至9月15日为汛期。

民国时期，荆州堤防管理体制如荆州万城堤、钟祥汉北堤属重要堤段，设有堤工局。1926年，重组湖北省水利局，堤防岁修工程按江汉流域，于黄冈、沙洋、郝穴三地分设汉黄、襄河、荆河三路水利局，管理江汉堤防。1928年2月撤销汉黄、荆河、襄河3个水利分局，拟定《湖北省各县堤工章程》，规定今后属于堤防工程者，设临时工程处办理，属于防汛岁修者，责令有堤各县县长办理。1932年全国经济委员会在汉口成立江汉工程局，为全国经济委员会直属单位，负责湖北省江汉堤防修防事宜。江汉工程局成立后，对堤防管理体制进行了一次大的改革，分别于黄石港、武昌、嘉鱼、监利、汉川、岳口等处分设6个工务所，后又增加沙洋、新堤两个临时工务所。同时，裁撤前水利、堤工两局所辖之荆门、汉川、阳夏、监利、塔市驿等蛮石采办处，分别交由有关工务所兼办，荆江堤工局仍沿旧案，赓属进行。1945年抗战胜利后（1938年3月，日军入侵武汉，汉江工程局随省府西迁），江汉工程局恢复所属8个工务所，依次分别设在汉川、仙桃、沙洋、黄石港、武昌、新堤、监利、沙市（新堤为第六工务所，管理汉阳虾子沟至监利荆河垴；监利为第七工务所，管理监利荆河垴至拖茅埠，石首艾家嘴与公安石首交界；沙市为第八工务所，管理江陵拖茅埠至江陵堆金台，公石交界至松滋采穴；仙桃为第二工务所，管理汉阳脉旺嘴至天潜界（左），汉川柏枝沟至天潜界（右）；沙洋为第三工务所，管理天潜界至荆门马良山（右），东荆河左岸干堤 15 千米，右岸干堤 12 千米）。

1926 年湖北省政务委员会在全省堤防工作代表大会上，宣布江汉两岸堤防为官堤（即干堤）。1932 年后，荆州境内江汉干堤由江汉工程局所属工务所负责修防事宜，工务所是江汉工程局派驻干堤负责修防工程技术、掌握堤工粮款的流域性事业单位，常年派出技术人员到各县同修防处进行岁修测估设计、施工验收，汛期负责防汛工作。

1933 年，《湖北省江汉干堤岁修防护章程》规定："凡有干堤各县，自上游起，沿堤线向下游，每五里为一保，设堤保一人，每五保为一董，设堤董一人，利害关系，相同之各董保，得组设修防处，设主任一人，堤线过长，事务较繁者，增设副主任一人。"

1932 年，经江汉工程局核准，将松滋县松滋河东的"官堤"改为干堤，由县政府统一修防，在涴市丙码头设松滋县滨江干堤修防处。该处业务隶属荆江堤工局，行政属县政府领导。1933 年冬，为统一领导大同垸干堤和民堤的修防，将滨江干堤修防处更名为松滋县滨江干堤兼大同垸民堤修防处。1935 年冬，成立松滋县水利委员会，为全县水利修防机构，县长兼任主任委员，建设科长兼副主任委员，有堤各乡乡长为委员。各民垸设立民堤修防处，设主任 1 人，副主任（或称为协修主任）1 人。修防处正、副主任均由各垸公举有声望的士绅担任，主任报县政府委任，每届任期 1 年，可连选连任。1942 年 6 月25 日，设立松滋县防汛委员，统一指挥全县防汛工作，县长兼任防汛专员，驻军长官为防汛督办，各民垸设立防汛分会。1944 年 2 月，平原湖区各民垸设立民堤修防工程水利协会，理事长由各垸修防主任兼任；山丘各乡设立兴修塘堰工程水利协会。1946 年 10 月组建松滋县水利协会，统一领导全县水利协会工作。

公安县：1931 年成立滨江干堤修防处，1932 湖北省水利局特设公安堤工处。1936年，县府设建设科，主管堤防和农田水利。1945 年成立水利委员会，由县长兼主任，并设有副主任委员和委员若干人，各民垸堤设修防处，下设修防段、管理修防和征收堤费等事宜。

石首县：1932 年县政府设教育建设科。政府外设堤工、农村复兴、财务等委员会。1941 年以前，堤防无专门机构。各垸自行设立修防处、土局、垸务委员会等，由若干名首士（又称为垸首）组成，下设堤董、堤保，分段管理，堤工事务由建设科兼管。1932年石首滨江干堤由第七工务所管理，设有藕池、县城、新堤口、调弦等 4 个分段。

监利县：民国初期循清末土局制，随后堤防机构逐渐统一。1914 年，江堤修防事宜，由荆江堤工局代管，具体工程由土局承办。县政府设有建设科，管理全县水利事务。1918年设立监利县堤土局，会同土局征收土费。其堤防养护由知事组设堤工防护委员会，办理沿堤堤董、堤保等人选事宜。1926 年后，境内长江干堤划归荆河水利分局管辖，对溃口和崩岸等特险工程，省府设"临时工程处"负责堵筑抢护。1934 年初，组设监利县堤工委员会，后改为 5 个修防处，即长江干堤的上汛、中汛、下汛上段、下汛下段 4 个修防处和东荆河堤的北汛修防处，专司堤防管理养护。各修防处组织为常设专管机构。1945 年在上车湾成立监利县江堤临时防汛办事处。1946 年年底，鉴于县境东荆河两岸堤线过长，修防管理顾此失彼等情况，决定将原北汛修防处改设为北汛和襄河两个办事处。

1938 年江汉工程局所拟《江汉干堤防汛办法》规定：防汛期以 6 月 1 日至 8 月底为标准，但得依水情酌量变更。有堤各县县长兼任防汛专员，各区区长兼任防汛委员，各地市镇由当地警察局局长兼任防汛专员，并会同江汉工程局所属各工务所督率各堤修防处保甲人员防汛。

荆州万城大堤民国初年，以"堤身所在纯属江陵，且土费由江陵一县负担，故定名曰江陵万城大堤。"1918年因堤居荆江北岸，改称为荆江大堤。民国初期，实行"官绅合办"体制。1912年在沙市成立荆州万城堤工总局，设总理、协理各1人；前者由湖北省巡按使委任，后者由江陵县自治会公举。总局下仍按前清旧制，于万城等9处设立分局，沙市设石卡，设立6个土费局。1918年荆州万城堤工总局改名荆江堤工总局，原设之总理改称为局长。1933年属江汉工程局。1937年11月25日，荆江堤工局改为江汉工程局第八务所，改局长为主任。原荆江堤工局于11月办理结束。9个分局合并为4个分局（郝穴、祁家渊、李家埠、万城）。汛期为6月1日至9月初。日军占领时期，第八工务段迁往恩施，堤工管理机构一度瘫痪，由地方自行组织成立万李、江沙、登马、郝金拖4个修防处，隶属沙市堤防工程处。1944年另由沦陷区省政府建设厅在沙市成立第四工务所，有八九名办事员，办理岁修、防汛一切事宜，兼顾县民垸堤防汛工作。日本投降后，第八工务所恢复履职。荆江大堤1911—1931年采取选举沿堤附近有堤工经验的人，委任为义务堤绅，按照工名号次分段负责。1934年按江汉工程局指令，改每5里为1保（险要堤段酌量缩短），设堤保1人，每5保为1董，设堤董1人，9个分局设18董、65保，分管堤务（每董辖堤7.5千米，每保辖堤1.5千米，险工险段加派丁防守）。

清至民国，沙市属江陵县管辖，沙市沿江堤属荆州万城大堤，有堤工分局或沙市堤防工程处，管理沙市长江堤防。1931年后，实行董保管理制，沙市设2董共5保。1946年后，荆江大堤划分为6个防汛段，沙市段由荆沙防汛委员会负责，内河堤则由乡民自保。

襄河修防始于明代。钟祥县在清顺治年间，设有堤长、堤甲和堤差，分段看护堤防。康熙十三年（1674年）设县丞兼管水利，堤防最基层设堤甲、堤保。民国初江汉堤列为官堤，设钟祥堤工局。1919年宋树烈任局长，1923年3月呈请辞职，同年湖北督军兼省长肖耀南委任李澍接任。1932年设管理段。1934年成立县修防处，1935年汉江大水，钟祥汉江堤多处溃口，机构也随之消失。1939年设钟祥遥堤段，直属江汉工程局领导。当年3月1日日寇占领旧口，遥堤段工作人员随钟祥县政府撤出，时隔7年无人管理。1945年江汉工程局从恩施迁回武汉，各工务所相继恢复，钟祥县设旧口、皇庄、丰冠3个堤防管理处，行政上由县建设科领导。

潜江县：明代设主簿。主簿署负责水利水工。清顺治元年（1644年）裁主簿，改以典史兼管水利。顺治十五年（1658年），复置主簿和主簿署。康熙十三年（1674年），议准潜江县主簿署夏秋督夫防汛，冬春督夫修堤。乾隆十一年（1746年），湖北总督、兵部尚书以潜江堤多，仅有主簿一人，不够派遣，奏准乾隆钦定："荆门州建阳司巡检准其改驻潜江县与主簿分汛管堤。"民国时期，潜江县无堤工管理机构，境内汉江、东荆河等官、民堤划分成段，各段推举堤首经管，由县派员监修。1926年11月，潜江堤防属设在沙洋的湖北省襄河路水利分局经管。1932年潜江汉江干堤泽口以下属第六工务所管理，泽口以上属沙洋临时工务所（1933年改为第七工务所）管理。东荆河堤由新沟嘴临时工务所管理。1934年，汉江、东荆河左岸龙头拐至梅家嘴，右岸关家榨至田关堤段，分别由第四（岳口）、第七（沙洋）工务段管理。潜江在汉江左岸设襄北干堤修防处3个，右岸堤设襄南干堤修防处 7 个。同年 12 月 22 日成立潜江县水利委员会，县以下各区成立区水利委员会。由县长兼任委员长，主管堤工修防和水利事宜。1945 年后，潜江县汉江干堤全部交第七工务所分管。潜江设有汉江堤防管理总段。有堤防的乡分别成立民堤修防处。

天门县：明朝时期，天门县署下设县丞署，县丞署除辅佐知县掌管粮、马、征税等事项外，还兼管水利、堤防。河、湖水域由河泊所兼管。清朝时期，县衙内设有 8 个科房，其工房专管河道、水利、城工、桥梁。襄河堤（汉江）以县丞为汛官，牛蹄支河以巡检为汛官，护城堤以典史为汛官。民国时期（1912—1926 年），水利由县知事负责办理，设县佐，驻岳家口，专管汉江堤防。1926 年以后，水利由县长负责指挥与监督。1930 年，县府设建设股，负责水利事务。1936 年成立天门县水利委员会，由县长兼任委员长。1933 年后，汉江干堤堤工事务由江汉工程局设在岳口的第六工务所办理。1934 年天门县所辖襄河堤段设有 3 个修防处，各处主任分别由该处所在区的区长担任。

沔阳县：清代和民国时期，州、县无专司水利的机构。清末沔阳州衙设州同、州判协助知州管理主要堤防，衙内设工房，办理水利等建设事宜。1912 年废州改县，在沔城设县行政公署，县公署最高行政长官称为知事。内设 3 科，第一科内设工房兼管水利。1926 年，县行政公署改称为县政府，改 3 科为 4 股，建设股兼管水利。1946 年后，县政府仍由建设科兼管水利。清末，官堤视其主次按官职划分防守任务，江堤由州同负责防守，襄堤由州判负责防守。民垸堤民修民防，由各垸大业主充当圩头，公推垸长数人，经办修防事务。汛期由垸长分段防守，圩头分巡防护。民国时期，由县政府在汛期组织防汛委员会，县长兼主任，负责境内江襄（注：长江、汉江）防汛事宜。江襄沿途各区、乡亦成立防汛委员会，区长、乡长兼任主任，会同江汉工程局工务所督率各堤段修防处及保甲人员负责各自堤段防汛。民堤仍自修自防。1930 年，湖北省水利局制定的《十九年沿江沿襄两岸干堤防汛章程》中规定："襄河设防汛段 8 处，各段由省水利局委派防汛主任 1 人，主持其事。"1932 年，东荆河堤列为县属干堤，县府设东荆河堤防委员会，下设姚嘴、朱新场、杨林尾、太阳垴、西湖头 5 个修防处，均由县政府派员或任命当地士绅 1~2 人负责东荆河堤修防。清代，沔阳州同署设新堤，督办长江干堤防汛事务。道光年间，在铁牛、新堤、乌林矶、锅底湾、粮洲等地设有塘汛所，汛兵在汛期主管各段的防汛。内荆河堤和民垸堤以垸为单位由垸长、圩甲负责，实行民治民防。

荆门县：晚清时，荆门州无水利专衙，由州同、主簿兼理水利。民国年间，除汉江干、民堤设堤工组织外，亦无专设全县水利机构，乡村塘堰垱坝之事，多由县政府建设科兼管，一般工程由知县督修。1928 年荆门县设堤工修防局，办理一切修防事务。1932 年江汉工程局第七工务所专管汉江干堤沙洋堤段。1945 年，在汉江又设第一、第二、第三工务所，具体管理荆门马良山至天门徐家台及东荆河堤。1947 年设黄瓦干堤修防处。汉江干堤每 5 千米设堤保 1 人，每 5 保设堤董 1 人。各堤堤董就共同受益关系组织修防处。同年，湖北省第四行政督察专员公署指出：凡汉江干堤防汛事宜，由有堤各县县长兼任防汛专员，有堤各区区长或乡长兼任防汛委员，会同江汉工程局所属工务所督率各堤修防处及保甲人员办理。

京山县：所属汉江堤防称为"京山长堤"，自钟祥白口（旧口）起，至聂家滩入潜江县界止，长 90 余里（47.2 千米）。清顺治时，全堤分为 18 段，民国初改称为"十八口民堤"，每口长约 5 千米。全堤以王家营堤最为险要，1921 年列为官堤。清末民初，汉江堤有堤董、堤保及地方绅士监督近堤民众防守、抢险。1946 年县长兼任防汛专员，乡（镇）长兼任防汛委员。清代，水利由县丞分管。乾隆元年（1736 年），水利县丞署移至多宝湾，就近管理汉江堤防。1916 年 8 月，县知事公署效法前清旧制，于多宝湾设县佐，专管十八口民堤。1928 年后水利事务先后由县政府第三科和建设科兼管，在多宝湾设京山县滨襄干堤修防处，下设堤防工务所。1947 年县属民堤每 5 里为 1 保，每 5 保为 1 董，分设堤保、堤董、实行分段管理。1949 年 8 月，多宝湾、七里湖地区划出京山县，县境再无襄堤。

附：干支民堤等级划分情况

荆州境内堤防明代无等级划分。清朝乾隆年间始有堤防等级划分，荆州万城大堤由民堤升为皇堤。民国时期，江汉沿江堤防的等级划分多次变动。凡由官署派员督修或拨款兴工者，通以"皇堤"或"部堤"名之，如江陵万城堤、沔阳大字号江堤，皆有此称。以后这类堤防皆称"官堤"。或曰：1926 年前，经内政部核准兴修者为官堤，由人民自修者为民堤。

1923 年，湖北整顿堤工，议定凡江汉两岸干流堤防，经清代认为或半认为"部堤"，当时堤工局长系由省长委派，经费亦由省署直拨者，一律定为"官堤"。依此定为官堤者，荆江段有荆州万城堤；汉江段有沔阳江堤、刘家码头和宏恩江堤；襄江段有荆门沙洋堤、京山王家营堤。除此以外，一律为民堤。

1926 年大水，湖北省水利局规定以沿江沿汉主要堤段为干堤，由政府设立机构，用"堤工专款"兴工，修复水毁堤段。堤不沿江及沿汉而属次要堤段者，均属民堤，责由地方政府修复。这是"干""民"堤的一次明显划分。

1931 年，规定沿江沿汉高大蝉联之堤为干堤，其他为民堤，但因缺乏标准，难以定性，纠纷迭起。至 1937 年议定："滨江滨汉原有民堤除洲堤外，凡受益两万亩以上，堤身高厚与附近衔接之干堤相等者，均改为干堤。"1945 年后，江汉工程局将两岸干堤划分为三级，凡保护田亩在 20 万亩以上，每千米堤段保护田亩不在 4000 亩以下者，称为一级干堤；凡保护田亩在 3 万亩以上，每千米堤段保护田亩不在 1500 亩以下者，称为二级干堤；凡保护田亩在 3 万亩以下，仅关系一隅者，称为三级干堤。依此定为一级干堤者，长江有监利上汛、中汛、下汛江堤、荆江大堤；汉江有新沟至钟祥罗汉寺等 14 垸堤（含遥堤）及潜江龙头拐间垸堤；东荆河有泽口至田关和泽口至梅家嘴干堤。

新中国成立后，堤名与分等有所调整。荆州沿长江各段堤防，除荆江大堤名称不变外，一律改称为长江干堤；汉江各段沿江堤防，除遥堤外，一律改称为汉江干堤；洪湖隔堤、沔阳隔堤一律称为东荆河堤。新立名者，有浣里隔堤、洪排主隔堤、分蓄区围堤（南线大堤、虎东干堤、虎西干堤、虎西山岗堤、安全区围堤、北闸拦淤堤、杜家台分蓄洪区围堤）、松滋江堤等。

1954 年为了进一步明确堤段重要性，又提出有"确保堤段"之称，明文规定："确保堤段在任何情况下，不惜任何代价，皆要保证无虞。"先后确定为确保堤段者，荆州有荆江大堤、汉江遥堤、南线大堤等。1995 年，湖北省水利厅依据全省江汉干支河流水系，确定江汉堤防分为十大堤系：长江干堤、汉江干堤、东荆河堤、府澴河堤、汉北河支堤、荆南四河支堤、汉江支堤、倒举巴浠支堤、其他支堤、外洲围堤。

以上资料来源于《湖北水利志》（2000年）。

注：1. 清代省以下为道，道的长官称道员，俗称道台，尊称观察。一种是划分若干府、县为辖区，主管其政务者称分守道。另一种只管辖区内某一专门项目，如河工（水利）、屯田、督粮、储粮等，则称分巡道。

道下为府，长官称知府，知府尊称太守、太尊，又称黄堂。其辅助官吏有同知、通判，同知亦称司马，通判亦称别驾。知府、同知、通判，合称三堂。知府为正堂，同知为左堂，通判为右堂。这是府官中的一、二、三把手。

府以下为县，长官称知县，其下属有县丞、主簿、典史、巡检等官。巡检始于宋代，主要设于官隘要地或兼管数州数县，或管一州一县；明清州县均有巡检，多设司于距城稍远之处。

州有直隶州和散州之分，前者隶属于省，与府平行，后者分隶于府，与县平行。直隶州较大，它还有属县。其长官均称知州，尊称刺史、州牧，其下有州同和州判。

2. 清朝乾隆时，土方计量单位为汉方，1汉方约合现在的3.7立方米。

3. 清朝军职官员，满族有八旗军官（正规军），汉族称绿营军官（绿营兵由汉人组成，处于协从地位），绿营兵分别由地方长官总督、巡抚统率。绿营军官最高为提督，受总督节制；下分总兵、副将、参将、游击、都司、守备、千总、把总等职衔。清代兵制，凡千总、把总、外委所统率的绿营兵都称汛，其驻防巡逻的地区称汛地，亦作"讯地"。

第二节　新中国成立后防汛抗旱机构

新中国成立后，防汛机构相继建立。1950年5月，水利部召开第一届全国防汛会议，明确规定各地防汛工作以地方行政机构为主体，建立统一的防汛机构。1951年6月，荆州专区根据规定组建防汛指挥部，专员张海峰兼任指挥长，地委、专署、军分区主要负责人担任副指挥长，各部门主要负责人为指挥部成员，防汛指挥部办公室设在水利局。各县同时成立防汛指挥机构，由党政主要领导任指挥长或政委，武装部、水利局等县政府相关部门领导和堤防管理单位负责人任副指挥长。自此以后，每年汛期即由各级人民政府建立统一的防汛指挥机构，实行统一领导、分级负责，结束了历史上各自为政的局面。1952年6月，根据湖北省防汛会议精神，荆州专区增设长江、汉江、东荆河3个防汛分部，由荆州专区防汛指挥部副指挥长兼任指挥长。长江分部在荆州区长江修防处机关办公，汉江和东荆河分部分别在各修防处机关办公。1954年大汛，荆州专区防汛指挥部改称荆州专区防汛总指挥部。为加强对荆江分洪工作领导，由荆州、常德、长江中游工程局共同组成荆江防汛分洪总指挥部。同时，成立石首人民大垸指挥部和荆江分洪南线指挥部。1956年5月，湖北省人民委员会提出"四防"（防汛、防旱、防涝、防山洪）工作任务，荆州专区防汛总指挥部更名为荆州专区"四防"指挥部，平原湖区县成立"三防"指挥部，丘陵山区县成立"四防"指挥部。

1957 年汛前，成立荆州地区防汛指挥部长江、汉江、东荆河分部，沿江各县和沙市市也相应成立流域防汛指挥部，负责辖区江汉干堤和支民堤防汛抢险工作。当地党政主要领导和地方驻军、水利、堤防、公安、粮食、交通、物资、供销等部门主要负责人担任正副指挥长。

20 世纪 60 年代，荆州地区先后组建漳河、洈水水库防汛指挥部，负责水库的防汛抗旱工作。

1970 年 5 月，荆州地区"四防"指挥部改称"荆州地区防汛抗旱指挥部"，下设办公室为常设机构，由副指挥长、水利局局长兼任办公室主任。

1983 年 6 月，成立荆州地区防汛抗旱指挥部，由行署专员任指挥长，地委书记任政委。同年 12 月，湖北省政府要求各级防汛指挥部坚持常年办公，地委、行署决定"荆州地区防汛指挥部办公室"为县级常设机构，定编 15 人，与水利局合署办公，曹道生兼任办公室主任。

1987 年 10 月，荆州地区防汛指挥部办公室设专职主任，易光曙任主任。

1989 年 5 月 6 日，成立荆州地区四湖防洪排涝指挥部，办公室设在四湖工程管理局，指挥长由分管水利工作的副专员担任。

1990 年，漳河水库管理局收归湖北省水利厅直管，成立湖北省漳河水库防汛指挥部，由湖北省水利厅厅长或荆门市人民政府主要领导任指挥长，荆州地区、江陵县领导任副指挥长。

1994 年年底，荆沙合并，1995 年成立荆沙市防汛指挥部，1997 年更名为荆州市防汛指挥部。为解决因行政区划调整后四湖流域的防汛排涝矛盾，湖北省水利厅于 1995 年成立"湖北省四湖地区防洪排涝协调领导小组"，由湖北省水利厅副厅长任组长。同年，荆沙市组建荆沙市四湖防汛排涝指挥部，指挥长由分管水利副市长兼任，荆州区、沙市区、江陵区、监利县、洪湖市也相应成立四湖防汛排涝指挥部。

1998 年 1 月，《中华人民共和国防洪法》（以下简称"防洪法"）颁布实施后，防汛工作纳入法制轨道，实行行政首长负责制，组建荆州市防汛抗旱指挥部，由市长任指挥长，市委书记任政委，公安、财政、供销、交通、物资、水文、气象等部门负责人为指挥部成员，下设荆州市长江、四湖、洈水 3 个流域防汛指挥部。每年汛期根据人事变动，及时调整防汛抗旱指挥机构组成人员。荆州市长江、四湖防汛指挥部，分别由荆州市主要领导兼任指挥长。按照地方行政首长负责制原则，洈水水库防汛指挥部指挥长由松滋县人民政府主要领导担任，水库负责人和受益的有关乡镇（含湖南澧县）负责人任副指挥长。7 月长江大水，国务院副总理、国家防总总指挥温家宝，率国家防总领导赴荆州指挥。省防汛抗旱指挥部以荆州防汛为重点，成立前线指挥部，并派出 32 个防汛工作组和督查组，分赴各县（市、区）实地检查督办防汛抢险工作；荆州市防汛指挥部与荆州市长江防汛指挥部合署办公，设立荆州市长江防汛前线指挥部、洪湖前线指挥部、荆江分洪前线指挥部，洪湖分洪前线指挥部和荆江分洪安全转移指挥部。

1999 年，荆州市防汛指挥部更名为荆州市防汛抗旱指挥部，荆州市四湖防汛排涝指挥部更名为荆州市四湖、东荆河防汛指挥部。

2005 年，经湖北省政府同意，成立"湖北省四湖流域管理委员会"，主任由湖北省水利厅厅长段安华兼任，办公地点设在荆州市四湖工程管理局，主要负责四湖流域防汛、排涝、抗旱的指挥协调工作，同时撤销湖北省四湖地区防洪排涝协调领导小组。

1951—2011 年，荆州防汛指挥机构虽名称、所辖范围历经多次变更，流域单位和县（市、区）的防汛指挥机构也随之变更，但防汛为主体的职责不变。荆州防汛指挥机构及指挥长名单见表9-1-1，1996 年后荆州市防汛指挥机构网络见图9-1-1。

表9-1-1　　　　　　　　荆州防汛指挥机构及指挥长名单表

年份	防汛指挥机构	指挥长	副 指 挥 长
1951	荆州专区防汛指挥部	张海峰	魏国运、黄柏青、倪辑伍
1952	荆州专区防汛指挥部	阎 钧	单一介、胡易之、倪辑伍
1953	荆州专区防汛指挥部	单一介	饶民太、倪辑伍
1954	荆州专区防汛总指挥部	单一介	饶民太、刘强、倪辑伍、
1955	荆州专区防汛总指挥部	单一介	饶民太、倪辑伍、李大汉
1956	荆州专区防汛总指挥部	单一介	饶民太、李富五、邓锐辅、刘干、涂一元
1957	荆州专区防汛总指挥部	单一介	倪辑伍、饶民太、李富五、关来福、刘干、尹俊武、邓锐辅、李大汉、涂一元
1958	荆州专区防汛总指挥部	单一介	饶民太、李富五、刘干、邓锐辅、李地山、孙华民、杜生奎、唐忠英、张家振、从克家、涂一元
1959	荆州专区防汛总指挥部	单一介	倪辑伍、饶民太、李富五、邓锐辅、李地山、孙华民、张家振、从克家、王兴发、郭贯三、王恩和、涂一元
1960	荆州专区防汛总指挥部	单一介	倪辑伍、饶民太、李富五、邓锐辅、李地山、杜生奎、张家振、从克家、王兴发、郭贯三、王恩和、岳瀛洲、李振科
1961	荆州专区防汛总指挥部	单一介	饶民太、李富五、张家振、邓锐辅、从克家、江洪、郭贯三、涂一元
1962	荆州专区防汛总指挥部	单一介	饶民太、李富五、李地山、杜生奎、唐忠英、张家振、从克家、岳瀛洲、江洪、程鹏、郭寿同、涂一元
1963	荆州专区防汛总指挥部	单一介	饶民太、李富五、涂一元、李地山、杜生奎、王兴发、岳瀛洲、江洪、郭寿同、王建国
1964	荆州专区防汛总指挥部	单一介	饶民太、李富五、涂一元、杜生奎、王兴发、岳瀛洲、江洪、郭寿同、朱俊功、王建国
1965	荆州专区"四防"指挥部	单一介	饶民太、李富五、王兴发、江洪、王建国、朱俊功、王正道、尹朝贵、涂一元
1966	荆州专区"四防"指挥部	饶民太	李富五、尹朝贵、夏甫庆、乔万祥、李有为、王兴发、江洪、王建国、朱俊功、王正道、林实夫、涂一元
1968	荆州地区革委会防汛指挥部	付庞如	江洪、尹朝贵、林实夫、夏甫庆、李有为、胡恒山、康兰英、周显明、张发友、詹仲才、穆常生、丁世贵、刘本良
1969	荆州地区革委会防汛指挥部	付庞如	胡恒山、穆常生、尹朝贵、李海忠、江洪、李富五、林实夫、李有为、康兰英、周显明、张发友、刘本良、徐光荣、杜海禄、万继坤
1970	荆州地区革委会防汛指挥部	朱俊功	饶民太、尹朝贵、胡恒山、穆常生、李海忠、郭兴、吕相华、李俊、王力群、袁文生、于从舜、徐长启、王宝玺、齐树勋、王永禄、李民、桑二则、苏志强

续表

年份	防汛指挥机构	指挥长	副指挥长
1971	荆州地区革委会防汛指挥部	粟侠辉	石川、任中林、饶民太、尹朝贵、吕相华、袁文生、王宝玺、齐树勋、李民、王玉章、任和亭
1972	荆州地区革委会防汛指挥部	粟侠辉 石川	饶民太、尹朝贵、胡恒山、王宝玺、齐树勋、桑二则、任和亭、谢清渠、曹道生
1973	荆州地区革委会防汛指挥部	任中林 （政委：粟侠辉、石川）	饶民太、尹朝贵、夏甫庆、李有为、王宝玺、郭寿同、桑二则、任和亭、曹道生
1974	荆州地区革委会防汛指挥部	任中林 （政委：粟侠辉、石川）	饶民太、尹朝贵、夏甫庆、李有为、王宝玺、郭寿同、齐树勋、李民、任和亭、徐林茂、曹道生
1978	荆州地区革委会防汛指挥部	胡恒山 （政委：粟侠辉）	赵富林、马胜魁、徐林茂、尹朝贵、夏甫庆、陈效先、郭寿同、李有为、桑二则、曹道生、唐玉金、李荣久、彭天明、赵诚、史书题
1979	荆州地区"四防"指挥部	胡恒山	赵富林、马胜魁、粟侠辉、尹朝贵、李有为、徐林茂、陈效先、桑二则、唐玉金、郭兴春、王文良、晏道炎、张琴声、曹道生、朱华义
1981	荆州地区"四防"指挥部	马胜魁	江洪、尹朝贵、李有为、曹道生、唐玉金、徐林茂、陈效先、晏道炎、张琴声、薛宏模、刘贤礼、李会友、苏斌、朱华义
1982	荆州地区"四防"指挥部	马胜魁	尹朝贵、徐林茂、李有为、陈效先、晏道炎、曹道生
1983	荆州地区防汛抗旱指挥部	马胜魁	徐林茂、尹朝贵、晏道炎、陈效先、苏斌、李民、桑二则、张琴声、刘贤礼、许和勋、王俊、曹道生、朱华义
1984	荆州地区防汛抗旱指挥部	赵富林	段永康、徐林茂、张明春、喻伦元、许和勋、王俊、高全兴、付文学、欧志诚、陈新民、刘涛清、顾远扬、祝新加、曹道生、朱华义
1985	荆州地区防汛抗旱指挥部	赵富林	段永康、徐林茂、王生铁、张明春、乔万祥、陈效先、王俊、喻伦元、高全兴、付文学、欧志诚、陈新民、刘涛清、顾远扬、祝新加、徐德永、杨寿增、周仲篪、曹道生、朱华义
1986	荆州地区防汛抗旱指挥部	王生铁	徐林茂、晏道炎、喻伦元、刘涛清、王俊、付文学、欧志诚、陈新民、顾远扬、祝新加、徐德永、杨寿增、鲁振华、柯余双、易光曙、周仲篪、朱华义
1987	荆州地区防汛抗旱指挥部	王生铁	徐林茂、尹朝贵、喻伦元、刘涛清、朱华义
1988	荆州地区防汛抗旱指挥部	王生铁	徐林茂、晏道炎、尹朝贵、喻伦元、鲁振华、柯余双、乔万祥、薛宏模、王俊、付文学、欧志诚、刘涛清、顾远扬、杨寿增、廖永新、李国章、吴威先、刘一德、李光忠、马维成、陈万年、周仲篪、彭栋才、金华清、李绍膺、曹道生、朱华义、易光曙
1989	荆州地区防汛抗旱指挥部	徐林茂	尹朝贵、柯余双、鲁振华、晏道炎、陈效先、刘涛清、曹道生、朱华义、薛宏模、王俊、喻伦元、付文学、欧志诚、徐德永、易光曙、廖永新、李国章、刘一德、李光忠、马维成、陈万年、周仲、彭栋才、金华清、邓述彻、张光耀、康志宏、罗贤才、李绍膺

年份	防汛指挥机构	指挥长	副指挥长
1990	荆州地区防汛抗旱指挥部	徐林茂	尹朝贵、鲁振华、柯余双、廖永新、晏道炎、喻伦元、曹道生、付文学、欧志诚、刘涛清、顾远扬、徐德永、杨寿增、李国章、刘一德、李光忠、陈万年、周仲、彭栋才、金华清、邓述彻、张光耀、康志宏、罗贤才、李绍膺、朱华义、易光曙
1991	荆州地区防汛抗旱指挥部	徐林茂	廖永新、柯余双、鲁振华、喻伦元、晏道炎、周仲簏、邓述彻、刘涛清、李国章、薛宏模、李光忠、陈万年、康志宏、周年丰、罗贤才、欧志诚、彭栋才、刘一德、付文学、金华清、郭毓智、朱华义、易光曙
1992	荆州地区防汛抗旱指挥部	徐林茂 （顾问：尹朝贵、李绍膺、曹道生）	廖永新、柯余双、鲁振华、喻伦元、晏道炎、周仲簏、周彩章、卢孝云、周年丰、胡嘉猷、邓述彻、刘涛清、李国章、谢作达、薛宏模、李光忠、康志宏、欧志诚、刘一德、付文学、罗贤才、罗心华、彭栋才、张普华、陈志勋、金华清、郭毓智、朱华义、易光曙
1993	荆州地区防汛抗旱指挥部	徐林茂	柯余双、鲁振华、胡嘉猷、袁良宽、喻伦元、姜谷华、晏道炎、周彩章、周年丰、邓述彻、刘涛清、李国章、谢作达、李光忠、康志宏、罗贤才、罗心华、谢松保、郑家琏、张普华、陈志勋、金华清、郭毓智、朱华义、易光曙
1994	荆州地区防汛抗旱指挥部	徐林茂 （政委：卢孝云）	柯余双、鲁振华、胡嘉猷、袁良宽、喻伦元、姜谷华、晏道炎、周彩章、黄迪纯、邓述彻、刘涛清、李国章、谢作达、李光忠、张雪年、罗贤才、罗心华、张人才、谢松保、杨泽柱、何文富、张普华、陈志勋、赵正贵、李克超、朱华义、易光曙
1995	荆沙市防汛指挥部	张道恒 （政委：卢孝云）	柯余双、鲁振华、童水清、袁焱舫、袁良宽、李光忠、周彩章、黄迪纯、张普华、刘涛清、林钟梅、刘耀清、唐逢庚、谢作达、刘捷、罗心华、张人才、张雪年、袁承煊、彭贤坤、黄发恭、谢松保、杨泽柱、何文富、陈志勋、赵正贵、刘宗绣、刘德佳、张祖新、郭大孝、吴建国、易光曙、朱华义
1996	荆沙市防汛指挥部	张道恒 （政委：卢孝云）	童水清、李光忠、张祖新、马林成、郭大孝、谢作达、刘耀清、杨泽柱、袁承煊、易光曙
1997	荆州市防汛指挥部	张道恒 （政委：刘克毅）	童水清、李光忠、张祖新、马林成、刘耀清、谢作达、杨泽柱、王树华、袁承煊、吴金勇、赵仲涛、曾凡海、易光曙、荣先楚
1998	荆州市防汛指挥部	王平 （政委：刘克毅）	童水清、王明宇、张祖新、马林成、盛国玉、杨泽柱、赵仲涛、刘耀清、谢作达、王树华、曾凡海、袁承煊、夏述云、吴金勇、荣先楚
1999	荆州市防汛抗旱指挥部	徐松南 （政委：刘克毅）	童水清、张普华、杨泽柱、王明宇、赵仲涛、刘耀清、王贤玖、王树华、曾凡海、韩从银、黄发恭、夏述云、吴金勇、荣先楚
2000	荆州市防汛抗旱指挥部	徐松南 （政委：刘克毅）	童水清、张普华、马林成、王明宇、赵仲涛、曾凡海、王贤玖、杨道洲、刘耀清、何文富、韩从银、夏述云、荣先楚
2001	荆州市防汛抗旱指挥部	李春明 （政委：刘克毅）	童水清、张普华、马林成、王明宇、刘捷、赵仲涛、王贤玖、杨道洲、何文富、韩从银、范怀月、杨书伦、周建国、荣先楚

续表

年份	防汛指挥机构	指挥长	副 指 挥 长
2002	荆州市防汛抗旱指挥部	李春明 （政委：刘克毅）	吴永文、马林成、张普华、王明宇、王贤玖、赵仲涛、刘捷、黄建宏、何文富、韩从银、范怀月、周建国、张其宽、罗会林、荣先楚
2003	荆州市防汛抗旱指挥部	应代明 （政委：段轮一）	马林成、张普华、王明宇、易法新、王贤玖、夏述云、刘捷、黄建宏、何文富、周建国、张其宽、范怀月、耿冀威、罗会林、荣先楚
2004	荆州市防汛抗旱指挥部	应代明 （政委：段轮一）	马林成、张普华、喻自泉、易法新、王贤玖、黄建宏、雷中喜、夏述云、刘捷、张其宽、何文富、范怀月、李江汉、罗贵舫、罗会林、耿冀威
2005	荆州市防汛抗旱指挥部	应代明 （政委：段轮一）	马林成、喻自泉、易法新、黄建宏、雷中喜、孙贤坤、张其宽、赵毓清、程雪良、周建国、武常宪、李江汉、陈秋中、罗会林、耿冀威
2006	荆州市防汛抗旱指挥部	应代明 （政委：段轮一）	马林成、喻自泉、易法新、黄建宏、雷中喜、孙贤坤、张其宽、赵毓清、程雪良、周建国、武常宪、李江汉、陈秋中、罗会林、耿冀威
2007	荆州市防汛抗旱指挥部	王祥喜 （政委：应代明）	傅立民、喻自泉、易法新、黄建宏、雷中喜、张其宽、孙贤坤、赵毓清、刘曾君、周建国、武常宪、王守卫、张明军、罗会林、耿冀威
2008	荆州市防汛抗旱指挥部	王祥喜 （政委：应代明）	傅立民、喻自泉、易法新、黄建宏、张其宽、孙贤坤、赵毓清、刘曾君、黄谋宏、周建国、武常宪、王守卫、韩杰、罗会林、耿冀威
2009	荆州市防汛抗旱指挥部	王祥喜 （政委：应代明）	傅立民、喻自泉、易法新、黄建宏、张其宽、孙贤坤、赵毓清、朱惠民、吴方军、刘曾君、黄谋宏、郭跃进、周建国、武常宪、王守卫、韩杰、罗会林、耿冀威
2010	荆州市防汛抗旱指挥部	王祥喜　李建明 （6月后） （政委：应代明）	傅立民、喻自泉、易法新、杨俊苹、张其宽、孙贤坤、朱惠民、吴方军、刘曾君、黄谋宏、郭跃进、、张文政、周建国、武常宪、王守卫、韩杰、耿冀威
2011	荆州市防汛抗旱指挥部	李建明 （政委：应代明）	杨俊苹、罗文祥、张其宽、李江汉、姜昌琪、任万伦、朱惠民、吴方军、刘曾君、李国斌、曾庆祝、徐朝平、周建国、武常宪、王守卫、彭贤荣、李宜孝、郝永耀

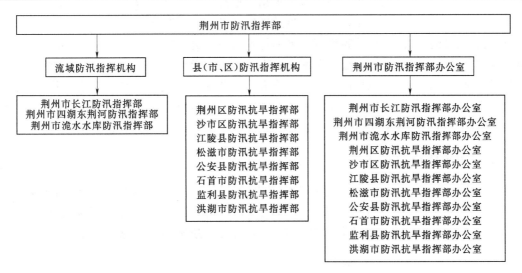

图 9-1-1　1996年后荆州市防汛指挥机构网络图

第三节　防汛抗旱指挥部办公室

一、机构沿革

荆州防汛抗灾任务艰巨而繁重，历届党政领导对防汛抗旱办事机构的建设高度重视。各级防汛抗旱指挥部办事机构设在水利部门，防汛抗旱指挥部办公室（以下简称"防办"）负责防汛抗灾日常工作。1950 年，荆州行政区督察专员公署开始组建防汛抗旱指挥部，省水利局荆州分局为指挥部办事机构，局长王建国任办公室主任。从 50 年代起，地区（市）防汛抗旱指挥部根据人事变动每年进行调整，作为办事机构的防办主任一直由水利局局长兼任。1983 年 6 月，荆州地委、行署批准正式成立荆州地区防汛抗旱指挥部办公室，为正县级常设机构，定编 15 人，与水利局合署办公。1985 年防办内设水情科、通信科。1987 年 10 月 30 日，荆州地委任命水利局副局长易光曙为防办专职主任。1996 年机构改革，确定人员编制 9 名，其中主任 1 名，副主任 2 名。2001 年 1 月至 2004 年 12 月，市防办主任由市水利局局长兼任。2004 年 12 月由张玉峰任防办专职主任。2011 年，市防办主任由水利局局长郝永耀兼任，设专职副主任 1 名，设综合科和信息科。

二、主要职责

市防办承担市防汛抗旱指挥部日常工作，具体安排全市防汛抗旱工作；拟定全市有关防汛抗旱工作的总体要求、发展战略并贯彻实施；组织编制荆州市长江、东荆河、沮漳河、四湖流域、三善垸流域、内沮河流域、沮水水库、荆江分蓄洪区、洪湖分蓄洪区等江、河、湖、库及分蓄洪区的防御洪水方案、洪水调度方案、分蓄洪区安全转移预案及荆州市抗旱预案，并监督实施；指导、督促县（市、区）防汛部门制定和实施防汛抗旱相关预案；负责掌握全市防汛抗旱动态、水旱灾情，研究制定宣传方案，及时发布权威信息，正确引导舆论，组织指导防汛抗旱新闻报道工作；指导防汛演练和抗洪抢险；督导有关防汛指挥机构清除江河湖库和分蓄洪区范围内行洪障碍；负责中央、省、市防汛抗旱经费的分配计划，防汛抗旱物资的储备、调配和管理；组织、指导和检查分蓄洪区安全建设、管理运用和补偿工作；组织汛期防汛值班，全程跟踪雨情、水情、工情、灾情，及时会商，随时提出应急措施，当好决策参谋；组织、指导防汛机动抢险队和抗旱服务组织的建设和管理；组织全市防汛抗旱指挥系统的建设与管理。

三、历届防办负责人

防办自组建以来，一直与水利局合署办公，主任一职，多由水利局局长兼任。1987 年始设专职防办主任，其后专职与兼职交替变动。1983 年以来历任防办主任为曹道生、朱华义、易光曙、刘德佳、荣先楚、耿冀威、张玉峰、郝永耀。其任职情况见表 9 - 1 - 2。

表 9-1-2　　　　　　　荆州（地）市防汛办公室历届领导任职情况表

职务	姓名	性别	任职起止时间	备注
主任	曹道生	男	1983 年 12 月至 1985 年 12 月	兼任
	朱华义	男	1985 年 12 月至 1987 年 10 月	兼任
	易光曙	男	1987 年 10 月至 1994 年 11 月	
	刘德佳	男	1994 年 11 月至 2001 年 11 月	
	荣先楚	男	2001 年 11 月至 2003 年 10 月	兼任
	耿冀威	男	2003 年 10 月至 2004 年 12 月	兼任
	张玉峰	男	2004 年 12 月至 2011 年 4 月	
	郝永耀	男	2011 年 4 月至今	兼任
副主任	易光曙	男	1983 年 12 月至 1984 年 5 月	
	魏国炳	男	1984 年 12 月至 1985 年 6 月	
	贺富彬	男	1985 年 3 月至 1992 年 5 月	
	王德春	男	1986 年 2 月至 1994 年 11 月	
	张宏林	男	1988 年 7 月至 1992 年 6 月	
	张玉峰	男	1994 年 11 月至 1997 年 9 月	
	曹子富	男	1994 年 11 月至 2000 年 1 月	
	肖正华	男	2002 年 1 月至今	

注　1.1983 年以前的防办负责人任职情况未收集到相关资料。

　　2. 副主任只收录组织部任命人员，兼职人员未收录。

第二章 水行政机构

明清和民国时期，荆州虽有水政官员，但未设置专门的水行政机构。府、县官员以修堤防汛为主，农田水利（民垸修防、开挖沟渠、建闸、排涝、抗旱）次之。实行"官民分治"。江汉干堤由府、县管理，农田水利由垸民自理。新中国成立后，随着水利事业的发展，水行政机构不断发展壮大，形成门类齐全、管理严密、运转灵活的管理网络。

第一节 荆州市水利局

一、机构沿革

1949年7月28日成立"湖北省人民政府荆州水利委员会"。12月，湖北省人民政府以农水字〔1949〕1号文指示，建立湖北省农业厅水利局荆州分局，下设天门、钟荆潜、江松公3个办事处。

1950年10月前，全区水利业务附设在荆州专署实业科，干部2人。10月下旬正式成立湖北省水利局荆州专署水利分局（以下简称"荆州水利分局"）。业务隶属省局领导，管辖江陵、松滋、公安、天门、潜江、荆门、钟祥、京山8个县的水利工作，局长由荆州专署专员张海峰兼任，配备干部10人。办公地点在荆州镇向阳街一民房内。

1951年6月，沔阳专区撤销，其水利分局部分工作人员充实到荆州水利分局，荆州水利分局管辖范围为江陵、松滋、公安、天门、潜江、荆门、钟祥、京山、沔阳、监利、洪湖、石首。王建国任荆州水利分局局长，干部增加到30人。同年9月，长江修防处、汉江修防处由省下放地区管理。1953年3月，东荆河修防处由省下放地区管理。10月，荆州水利分局设抽水机站。

1955年2月，沙市划归荆州专区，未设水利管理机构。5月，为加强对全区水利工程建设的统一领导，地委、行署决定成立湖北省荆州专区水利工程处（以下简称"荆州水利工程处"），由李富五任处长，主管全区堤防和农田水利工作。荆州水利分局负责农田水利的勘测、规划和支民堤及内湖防汛工作。同年年底，组建荆州专区水利分局工程队，配备干部50名，同时受专署委托成立荆州专区水土保持委员会，业务归口荆州水利分局，配干部3人。

1956年下半年，荆州水利分局与荆州水利工程处合并，改名为湖北省荆州专署水利局，刘干任水利局局长，配备干部43人。同年局机关由江陵荆州镇搬至沙市中山路

68 号。

1958 年 12 月，荆州水文站由省下放地区水利局管理。

1959 年，局机关搬至荆州屈原路。8 月，郭贯三任水利局局长。水利局实有干部、职工 64 人。

1960 年 12 月，工程队在漳河水库工地重新组建，干部、职工共 300 余人，由地区水利局管理。

1961 年春，涂一元任水利局局长。

1967 年 7 月底，"文化大革命"开始，水利局机构逐渐瘫痪。水利局和所属单位领导先后停止工作。

1968 年 8 月，水利局机关干部除少数人留荆州地区革命委员会（以下简称"革委会"）工作外，多数人进学习班学习，11 月进"五七"干校劳动。全区水利业务隶属地区革委会农林水小组，干部 8 人。

1970 年 2 月，成立荆州地区革命委员会水利电力科（以下简称"水利电力科"），主管全区水利、电力和水产业务工作。徐林茂任科长，配干部 23 人。中国人民解放军派出代表（以下简称"军代表"）夏尔宝，参加水利电力科工作。

1971 年 4 月，水利电力科改称荆州地区革命委员会水利电力局（以下简称"水电局"），由农办副主任任和亭兼任局长，干部定编 36 人。

1972 年 9 月 23 日，沙市市成立水利局，周文学任局长。沙市堤防管理段归口沙市市水利局领导。

1974 年秋，徐林茂任水电局局长。

1975 年 3 月，增设水电局汽车队。

1976 年 5 月，水利、电力分家，成立荆州地区革命委员会水利局。8 月，水利局成立党委，徐林茂任党委书记。

1978 年 10 月，恢复荆州地区行政公署水利局（以下简称"荆州地区水利局"）。徐林茂任局长。11 月，水产业务从水利局分出。12 月，曹道生接任水利局局长。

1979 年 6 月，沙市恢复为省辖市，其水利业务分出。11 月，荆门县城关镇升格为县级市，增设荆门市水利局。

1983 年 8 月，荆门县和荆门市组建成省辖荆门市，水利业务工作由湖北省水利厅直接领导。

1984 年 4 月，成立荆州地区水利职工中等专业学校。

1985 年 12 月，曹道生任荆州地区水利局顾问，朱华义任荆州地区水利局局长。

1989 年 4 月，湖北省政府决定将漳河水库工程管理局交湖北省水利厅直接领导。

1994 年 10 月，天门、潜江、仙桃 3 市水利局划出，由省直管。11 月，撤销荆州地区和沙市市水利局，组建荆沙市水利局筹备组，组长易光曙，党委书记朱华义，办公地点设在原荆州地区水利局，原沙市市水利局科以下中层干部留在沙市区水利局和沙市区长江河道管理分局工作，副县级以上干部和离退休干部划入荆沙市水利局。新设立沙市、荆州、江陵 3 区水利局。

1995 年，汉江修防处和东荆河修防处合并组建为湖北省汉江河道管理局，由湖北省水利厅直接管理,田关水利工程管理处和刘岭闸管所交湖北省汉江河道管理局管理。8月,成立荆沙市水利局。

1996年12月,荆沙市水利局更名为荆州市水利局,易光曙任局长。钟祥、京山水利局划入荆门市水利局管辖,吴岭水库管理处交湖北省水利厅直接管理,惠亭和石龙水库管理处交荆门市水利局管理。

1997年3月,荣先楚任荆州水利局局长。

1999年12月,成立荆州市水利系统工会工作委员会。

2003年10月,耿冀威任荆州水利局局长。

2004年3月,成立荆州市南水北调引江济汉工程管理局。

2005年8月,荆州市水利水电开发总公司、荆州市水利工程综合经营供销站退出事业单位序列,整体转制为企业。

2006年公务员登记名单:耿冀威、张玉峰、戴金元、张文教、徐仲平、肖正华、邓爱荆、王述海、万江平、郭再生、曹子富、邵余英、郑明进、熊剡彪、卢进步、邓克道、裴海鹰、索绪昊、言鸽、王旗、黄泽华、刘振邦、张维芳、赵祥训、黄运杰、刘先平、漆爱群、李斌、马齐鸣、陈先锋、周国萍、郭红利、陈家清。

2010年5月,荆州市机构编制委员会核定荆州市水利局行政编制33名,其中领导职数8名(局长1名,副局长3名,防办副主任、纪委书记、总工程师、工会主席各1名),科级领导职数15名(正科11名,副科4名)。

2011年4月,郝永耀任水利局局长。年末,全市水利系统共有干部职工6384人。其中,行政人员324人(荆州市水利局机关定编33人),专业技术人员2962人(高级职称76人、中级职称1163人、初级职称770人、其他953人)。

2012年,荆州市水利水电开发总公司(华夏水利水电开发总公司)移交荆州市国资委管理。

水利局机构名称变更情况见表9-2-1。水利局历届领导及正副调研员任职情况见表9-2-2。

表9-2-1　　　　　　　　水利局机构名称变更情况

名　称	时　期	名　称	时　期
湖北省水利局荆州专署水利分局	1950年1月至1956年12月	荆州地区行政公署水利局	1978年10月至1994年10月
湖北省荆州专署水利局	1957年1月至1970年1月	荆沙市水利局筹备组	1994年11月至1995年8月
荆州地区革命委员会水利电力科	1970年2月至1971年4月	荆沙市水利局	1995年8月至1996年12月
荆州地区革命委员会水利电力局	1971年4月至1976年5月	荆州市水利局	1997年1月至今
荆州地区革命委员会水利局	1976年6月至1978年10月		

表 9 - 2 - 2　　　　　　　　　　水利局历届领导及正副调研员任职情况表

职务	姓名	性别	任职起止时间	备　注
局长	张海峰		1950 年 10 月至 1951 年 6 月	专员兼
	王建国		1951 年 7 月至 1956 年 9 月	
	刘　干		1956 年 10 月至 1959 年 3 月	
	郭贯三		1959 年 5 月至 1961 年 1 月	
	涂一元		1961 年 12 月至 1966 年 9 月	
	徐林茂		1970 年 2 月至 1971 年 4 月	荆州地区革委会水电科科长
	任和亭		1971 年 4 月至 1974 年 9 月	
	徐林茂		1974 年 11 月至 1978 年 10 月	1976 年 8 月兼党委书记
	曹道生		1978 年 12 月至 1985 年 11 月	1982 年兼党委书记
	朱华义		1985 年 12 月至 1994 年 11 月	兼党委书记
	易光曙		1994 年 11 月至 1995 年 8 月	筹备组组长
			1995 年 8 月至 1997 年 3 月	局长
	荣先楚		1997 年 3 月至 2003 年 10 月	兼党委书记
	耿冀威		2003 年 10 月至 2011 年 4 月	兼党委书记
	郝永耀		2011 年 4 月至今	兼党委书记
副局长	倪辑伍		1950 年 10 月至 1964 年 5 月	
	邓锐辅		1956 年 10 月至 1964 年 5 月	
	朱汉卿		1953 年 7 月至 1960 年 12 月	
	李大汉		1955 年 3 月至 1956 年 11 月 1959 年 8 月至 1961 年 12 月	
	曹道生		1960 年 12 月至 1978 年 12 月	
	王丑仁		1961 年 12 月至 1962 年 5 月	
	金　声		1962 年 9 月至 1967 年 7 月	
	陈万年		1962 年 6 月至 1963 年 5 月	
	杨洪超		1962 年 6 月至 1963 年 4 月	
	唐忠英		1962 年 1 月至 1962 年 1 月	
	王桂成		1964 年 6 月至 1968 年 8 月	
	徐林茂		1971 年 4 月至 1974 年 11 月	
	路　英		1971 年 4 月至 1976 年 5 月	
	向从凯		1971 年 7 月至 1976 年 12 月	
	倪巨修		1971 年 12 月至 1983 年 12 月	
	凡明达		1971 年 4 月至 1983 年 11 月	
	毛善远		1972 年 2 月至 1978 年 11 月	
	范恭泉		1972 年 2 月至 1972 年 10 月	
	张宏林		1970 年 2 月至 1971 年 4 月	荆州地区革委会水电科副科长
	李志明		1970 年 2 月至 1971 年 4 月	荆州地区革委会水电科副科长

职务	姓名	性别	任职起止时间	备 注
副局长	陈维森		1972 年 2 月至 1972 年 4 月	
	舒云兰	女	1972 年 10 月至 1983 年 12 月	
	朱华义		1974 年 8 月至 1985 年 12 月	
	白 鸿		1978 年 9 月至 1978 年 11 月	
	张宏林		1978 年 9 月至 1983 年 12 月	
	杨寿增		1978 年 12 月至 1983 年 12 月	
	李田生		1978 年 12 月至 1983 年 12 月	
	吴志良		1983 年 2 月至 1994 年 11 月	
			1994 年 11 月至 1995 年 8 月	筹备组副组长
	易光曙		1984 年 5 月至 1987 年 10 月	
	杨 旭		1983 年 12 月至 1994 年 11 月	
			1994 年 11 月至 1995 年 8 月	筹备组副组长
			1995 年 8 月至 1997 年 5 月	副局长
	关庆滔		1985 年 12 月至 1990 年 3 月	
	刘德佳		1994 年 11 月至 1995 年 8 月	筹备组副组长
	王德春		1994 年 11 月至 1995 年 8 月	筹备组副组长
			1995 年 8 月至 1997 年 7 月	副局长
	孟庆成		1987 年 11 月至 1994 年 11 月	副局长
			1994 年 11 月至 1995 年 8 月	筹备组副组长
			1995 年 8 月至 1997 年 2 月	副局长
副局长	周传炳		1994 年 11 月至 1995 年 8 月	筹备组副组长
	孙昌万		1994 年 11 月至 1995 年 8 月	筹备组副组长
	谭有炎		1994 年 11 月至 1995 年 8 月	筹备组副组长
			1995 年 8 月至 1998 年 4 月	副局长
	郭为平		1994 年 11 月至 1995 年 8 月	筹备组副组长
			1997 年 9 月至 2003 年 10 月	副局长
	郭再生		1997 年 7 月至 2001 年 11 月	
	张玉峰		1997 年 7 月至 2004 年 12 月	
	邵余英	女	1997 年 7 月至 2000 年 1 月	
	戴金元		2000 年 9 月至 2010 年 12 月	
	王良琪		2003 年 2 月至 2005 年 12 月	
	张文教		2004 年 2 月至 2011 年 12 月	
	徐仲平		2004 年 12 月至今	
	万江平	女	2005 年 12 月至 2008 年 9 月	
	陈思宏		2008 年 9 月至今	
	李发云		2010 年 11 月至今	
	杨 斌		2011 年 10 月至今	

续表

职务	姓名	性别	任职起止时间	备　注
总工程师	欧光华		1994 年 11 月至 1995 年 8 月	
	王德春		1997 年 7 月至 2004 年 11 月	
	王述海		2004 年 12 月至今	
工会主席	邵余英	女	2001 年 11 月至 2005 年 6 月	
	熊剡彪		2011 年 7 月至今	
调研员	张宏林		1988 年 7 月至 1991 年 5 月	防办调研员
	周传炳		1995 年 8 月至 1997 年 3 月	
	朱华义		1995 年 8 月至 1996 年 12 月	
	王德春		1997 年 7 月至 2004 年 11 月	
	郭再生		2001 年 11 月至 2007 年 1 月	
	刘德佳		2001 年 11 月至 2005 年 3 月	
	戴金元		2010 年 12 月至 2012 年 12 月	
	张玉峰		2011 年 4 月至 2013 年 2 月	
	张文教		2011 年 12 月至 2013 年 12 月	
副调研员	杨旭		1997 年 5 月至 1998 年 10 月	
	何同文		1998 年 4 月至 1999 年 10 月	
	程昌松		1998 年 10 月至 2002 年 10 月	
	蔡从义		1998 年 10 月至 2000 年 10 月	
	曹子富		2004 年 10 月至 2008 年 11 月	
	郑明进		2001 年 9 月至 2008 年 9 月	
	邓爱荆	女	2002 年 10 月至 2004 年 12 月	
	熊剡彪		2003 年 2 月至 2011 年 7 月	
	卢进步		2004 年 12 月至 2011 年 5 月	
	赵祥训		2008 年 12 月至 2010 年 6 月	
	邓克道		2012 年 5 月至今	
	黄运杰		2012 年 5 月至今	
	索绪昊		2012 年 5 月至今	

1951—2011 年，荆州水利局随着工作内容和人员变化，名称上屡有变更，同时，荆州的行政区划历经多次变更，流域单位和县（市、区）的防汛指挥机构也随之变更。1996年后荆州市水利系统组织网络见图 9-2-1。

二、机构职责

20 世纪 80 年代前，水行政机构的工作职责是负责全荆州地区的防洪、排涝、抗旱的调度指挥工作，负责全区水利建设规划及大型工程建设与管理，统一协调管理各县（市、区）水利工作。但其具体职责缺乏明确的规范。《中华人民共和国水法》颁布实施后，荆

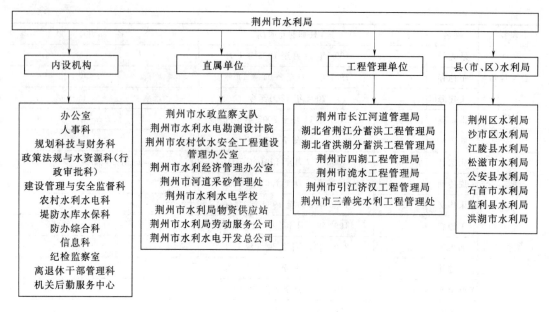

图 9-2-1　1996 年后荆州市水利系统组织网络图

州市人民政府明确荆州市水利局为同级政府水行政主管部门。其主要职责是：

（1）负责《中华人民共和国水法》《中华人民共和国防洪法》等法律、法规、规章的贯彻实施和监督检查，推进全市水利行业依法行政工作，组织起草有关水利方面的地方规范性文件并监督实施。

（2）负责保障全市水资源的合理开发利用，拟订全市水利发展及战略规划和政策，组织编制重要江河湖泊的流域综合规划、专业规划，指导县（市、区）和流域水利规划工作。

（3）负责提出全市水利固定资产投资规模和方向，按照规定权限，拟定全市水利规划和年度计划规模内固定资产投资项目，负责提出国家下达全市财政性资金的水利投资安排意见并组织实施。

（4）负责全市生活、生产经营和生态环境用水的统筹兼顾和保障，实施水资源的统一监督管理，拟订全市水中长期供求规划、水量分配方案并监督实施，组织开展水资源和水能资源调查评价工作，负责全市重要流域、区域以及重大调水工程的水资源调度，组织实施取水许可、水资源有偿使用制度和水资源论证、防洪论证制度，指导水利行业供水和乡镇供水工作，指导、组织、协调全市农村饮水安全工程建设与管理工作。

（5）负责全市水资源保护工作，组织编制水资源保护规划，组织拟订重要江河湖泊的水功能区划并监督实施，核定水域纳污能力，提出限制排污总量建议，指导饮用水水源保护工作，指导地下水开发利用和城市规划区地下水资源管理保护工作。

（6）负责防治水旱灾害，承担荆州市防汛抗旱指挥部的具体工作，组织、协调、监督、指挥全市防汛抗旱排涝工作，对重要江河湖泊和跨县（市、区）水工程实施防汛抗旱排涝调度和应急水量调度，编制荆州市防汛抗旱排涝应急预案并组织实施，指导水利突发公共事件的应急处理工作。

（7）负责全市节约用水工作，拟订节约用水政策，编制节约用水规划，制定有关标准，指导和推动节水型社会建设工作。

（8）指导、组织全市水利设施、水域及其岸线的管理与保护，主管全市河道、堤防、水库、湖泊、涵闸、泵站、分洪区、蓄洪区、滞洪区、排灌区水利工作，指导市内江河湖库闸站的治理和开发，指导、组织水利工程建设与运行管理，组织实施具有控制性的或跨县（市、区）及跨流域的重要水利工程建设与运行管理，负责全市河道采砂的统一管理和监督检查工作。

（9）负责全市水土保持工作，拟订水土保持规划并组织实施，组织实施水土流失的综合防治、监测预报并定期公告，负责有关开发建设项目水土保持方案或方案表的审批、监督实施及水土保持设施的验收工作，组织、指导有关水土保持建设项目的实施。

（10）指导全市农村水利工作，组织协调农田水利基本建设，指导、协调节水灌溉等工程建设与管理、农村水利社会化服务体系建设工作。

（11）负责全市水能资源开发利用管理工作，指导、组织和实施水能资源规划编制、设计审查、建设监管、水库防汛调度等方面的工作，指导、组织农村电气化和小水电代燃料工作。

（12）负责市内重大涉水违法事件的查处，协调跨县（市、区）水事纠纷，指导、组织全市水政监察、水行政执法和水利规费征收工作，依法负责水利行业安全生产工作，组织、指导水库、水电站大坝的安全监管，组织、指导水利建设市场的监督管理，组织实施水利工程建设的监督。

（13）开展全市水利科技、教育和对外合作工作，组织开展全市水利行业质量监督工作，组织监督实施全市水利行业的有关技术标准、规程规范，承担全市水利统计工作，组织开展全市水利行业对外交流工作。

三、内设机构

1955年2月，荆州水利分局设秘书、工程、财器3科。

1956年下半年，荆州水利分局与荆州水利工程处合并，改名为湖北省荆州专署水利局，设秘书、堤防、农田水利、财器4科。

1959年，增设工程管养科。

1970年2月，成立水利电力科，下设办公室、政工、工管、电力、水产、后勤6个办事组。

1975年3月，局机关内设秘书、政工、计财、工程管理、水产、电力、堤防7科。

1979年4月，增设水利科、行政科，撤销水产科、电力科。9月，成立荆州地区水利科学研究所。

1981年10月，增设勘察设计室。

1983年8月，保留秘书、政工、水利、计财、工管、堤防6科和勘测设计室，农电科改为电力排灌科，增设工程师室。

1984年6月，成立荆州水利多种经营服务公司。

1985年10月，秘书科改为办公室，水利科改为农田水利科，撤销电力排灌科和工程师室。11月，防办增设通信科、水情科，成立机关工会。

1988年8月，勘测设计室更名为荆州地区水利水电勘察设计院，增设审计科、水政科。

1990年，水政科改为水政水资源科。

1996年12月，内设办公室、政工科、水政水资源科、计划财务科、水库管理科、河道堤防科、农田水利科、农电科、审计科；荆州市防办在水利局单设，负责日常防汛抗旱工作，内设通信科、水情科。

1999年12月，成立荆州市水利系统工会工作委员会。

2001年12月，内设机构调整，撤销审计科，审计职能划归计划财务科，增设节约用水办公室与水政水资源科合署办公，水库管理科更名为水库水保科，农田水利科和农电科合并为农村水利水电科，政工科更名为人事劳动科，增设建设管理与科技教育科、离退休干部管理科、监察室、团委、机关后勤服务中心。水利系统工会工作委员会更名为水利工会工作委员会。

2003年5月，大坝白蚁防治站更名为荆州市堤坝白蚁防治和水土保持监测站。10月，水利规费征收管理处整体并入水政监察支队，对外保留水利规费征收管理处的牌子。

2004年3月，成立荆州市南水北调引江济汉工程管理局。9月，成立荆州市河道采砂管理处，与水政监察支队（水利规费征收管理处）合署办公。同月，农村水利水电科加挂荆州市村镇改水办公室的牌子。

2006年3月，撤销农电测试中心站。农田水利技术推广中心、堤坝白蚁防治与水土保持监测站、防汛通信服务中心，人财物整体合并，成立荆州市水利技术服务中心，对外加挂农电测试中心站和堤防白蚁防治与水土保持监测站的牌子。

2008年9月，成立荆州市农村饮水安全工程建设管理办公室，挂荆州市水利工程质量监督站的牌子。

2010年5月，水利局内设机构有办公室、人事科、规划科技与财务科、政策法规与水资源科（荆州市节约用水办公室、行政审批科）、建设管理与安全监督科、堤防水库水保科、农村水利水电科、防办综合科、信息科、离退休干部科、监察室。

（一）办公室

1956年年底设立秘书科，1985年改为办公室。负责局（办）机关政务工作的协调，并负责重要事项的督办落实；组织局（办）机关日常工作，负责起草文件，承办文秘、档案、会务、政务信息、公文传递、机要保密、社会治安综合治理、新闻宣传、信访工作；负责局（办）机关内部规章制度建设和后勤行政管理工作。历届负责人（正科级，下同）：杜贤作、杨伏林、张玉峰、钟恒成、陈家泽、卢进步、邓克道。

（二）人事科

1970年设立政工科，2001年11月更名为人事劳动科，2010年5月改为人事科。负责机关和直属单位的人事管理、机构编制、劳动工资、教育培训工作；负责系统精神文明建设；承办局机关和直属单位局管干部的管理；指导本行业劳动保护、职称、保险、福利工作；负责统计年报和人事档案管理；指导全市水利行业职工队伍建设；负责水利体制改革的有关工作。历届负责人：章一州、饶大志、蔡崇义、邓爱荆、黄运杰。

（三）规划科技与财务科

1956 年 12 月设立财器科，后改为计财科、财务科，2010 年 5 月改为规划科技与财务科。负责拟定全市水利发展战略、中长期发展规划；组织编制全市水利建设年度计划；承办大中型水利建设项目建议书、可行性报告、工程建设投资的编制和审查上报工作；组织审批水利建设项目建议书、可行性报告和工程建设投资；组织编制流域综合规划和专项规划，协调流域开发工作；对大中型水电站建设的选址、库容规划提出呈报意见；组织协调和承办水利综合统计工作；组织实施重点水利科学研究、技术引进和科技推广；指导、组织全市水利信息工作建设与管理工作；组织编制市水利部门预算；指导直属单位的财务管理工作；承担市水利资金和国有资产的监督管理工作；提出有关水利价格、收费、信贷的建议；组织会计人员的培训和会计业务电算化管理；负责局机关行政会计、出纳工作；负责对局直属水利单位财务管理实施监督和检查。历届负责人：向家井、江家斌、刘湘宁、熊衍彪、索绪昊、吴綦生（审计科）。

（四）政策法规与水资源科（荆州市节约用水办公室、行政审批科）

1988 年 8 月设立水政科，1990 年更名为水政水资源科，2010 年 5 月改为政策法规与水资源科。负责拟定全市水利法制建设规划；研究有关水利方面的方针政策，起草水利方面的地方规范性文件；实施指导全市水政监察和水行政执法工作；承办县（市、区）和部门间的水事纠纷协调工作；承办水利局行政诉讼、行政复议和普法教育工作；承办水资源的统一规划、管理和保护工作；组织实施取水许可制度和水资源费征收制度；组织编制水中长期供求计划，组织全市水资源调查评价，拟定全市水量分配方案并组织实施；组织全市水功能区的划分和向饮水区等水域排污的控制，监测江河湖库的水量水质，审核水域纳污能力，提出限制排污总量的意见；组织建设项目的水资源论证及其环境影响评价；指导全市计划用水、节约用水和城市供水的水源规划；组织全市水资源调查评价；负责水利行政审批及市政府行政服务中心水利窗口有关工作。历届负责人：纪登浩、郑明进、孙代远、王社平、裴海鹰。

（五）建设管理与安全监督科

2001 年设立建设管理与科技教育科，2010 年 5 月更名为建设管理与安全监督科。对全市水利工程建设进行行业管理，严格执行项目法人责任制、招标投标制、建设监理制、合同管理制；规范、指导全市水利行业的质量管理、水利工程建设和监督及合同管理工作；组织市属水利工程的市级验收；组织和协调重点水利水电工程建设；组织研究解决市属水利工程建设和管理中的疑难技术问题，负责新技术的推广和应用；负责本行业勘察、设计、施工、监理、咨询、招标代理机构资格的审查和申报工作；组织水利行业技术质量标准和规程、规范的监督实施；承担全市水利行业安全生产监督工作，指导水库、水电站大坝的安全监管，组织实施水利工程的安全监督；组织开展市管水利工程建设项目的稽查工作。历届负责人：言鸽。

（六）堤防水库水保科

1956 年 12 月设立堤防科。1975 年成立工程管理科，1996 年 12 月改工程管理科为水库管理科，2001年5月再次改为水库水保科，2010年11月与堤防科合并后改为堤防水库水保科。负责全市河道堤防和分蓄洪区行业管理，保护河道、分蓄洪区水工程；组织制定全市堤防发展战略规划；组织拟订全市河道堤防、分蓄洪区的建设管理规划和计划；负责监督协调国家和省安排全市的大江大河和分蓄洪区基本建设项目和实施；主管全市河道、分蓄洪区、沿江涵闸等水域及岸线；配合有关部门组织全市江河防汛工作和组织制定市内主要河流洪水调度方案；负责组织河道管理范围内兴建各类建设项目的防洪安全审查及监督实施；负责全市水库行业管理，负责归口管理全市水库枢纽工程及水库干渠，组织制定管理规章规程和管理实施办法并监督实施；拟定水库整险、加固、续建配套工程规划和计划，负责项目的论证、初审并组织监督实施；配合有关部门组织水库防汛抗旱调度规章，组织制定大、中型水库防洪与兴利调度运用方案的上报及审批汛期控制运用计划；组织指导全市中型水库注册登记、蓄水鉴定、大坝安全鉴定规章；指导全市水库工程单位对水库大坝开展监测、维修养护及白蚁防治工作，对水库大坝的安全实施监督管理；负责组织水库供水工程建设，协调管理水库供水；主管全市水土保持工作，协调水土流失综合治理；拟定水土保持工程措施规划并组织实施；组织全市水土保持重点治理区的工作；组织水土流失的监测；对水土保持有关法律、法规、规章的执行情况实施监督。历届负责人：姚永贵、樊哲雄、曾祥培、叶朝德、程昌松、徐仲平、郑明进、王旗、赵祥顺、黄泽华。

（七）农村水利水电科

1956年12月设立农田水利科，后更名为农水科，2011年5月和农电科合并设立农村水利水电科。负责全市农田水利、乡镇供水、农村饮水、机电排灌泵站和农村水电站工作；承担市农田水利建设办公室日常工作；研究提出全市农村水利的发展规划，编制全市农村水利建设的规划和计划，并负责项目初审和组织实施工作；负责湖区、灌排区建设和管理；指导全市农田水利基本建设和农村水利社会化服务体系建设；参与组织拟订大型灌区规划；组织制定市内主要湖泊防洪排涝调度方案并配合有关部门制定调度规章；指导乡镇供水、农村饮水和农村节约用水工作；指导全市农田水利工程管理制度的改革，负责全市灌溉排水试验，组织全市农田水利技术推广；会同有关部门搞好水利血防、农业综合开发和粮、棉、油基地建设；负责机电排灌泵站、农村水电站的建设和管理工作；组织全市大型排灌泵站抗灾运用；制定和实施排灌泵站、地方水电建设的具体政策和规章，参与编制全市机电排灌泵站、地方水电站发展规划。历届负责人：杜贤作、王德春、叶朝德、裴海鹰、刘振邦、王旗、李斌。

（八）防办综合科

2010年5月设立防办综合科。承担市防汛抗旱指挥部办公室具体日常工作；负责综合全市防汛抗灾情况，统计洪、涝、旱灾情，编写报告、简报和发布新闻，草拟有关通知和命令；组织拟订分洪转移方案和洪水调度预案；协调组织汛前检查，会同有关科（室）督促清除行洪障碍。历届负责人：陈先峰

（九）信息科

1985年3月荆州地区防汛办公室设立通信科、水情科，2010年5月撤销通信科、水情科，设立信息科。组织和管理全市水利防汛信息化建设；制定全市水利防汛信息化建设

发展规划；负责全市水雨情信息的收集、整理、预报和发布；管理本辖区的防汛通信设施；负责水利局域网的建设、管理和水利信息上网等工作。历届负责人：董永胜、赵祥顺、张维芳。

（十）纪检监察机构

按照《中共荆州市委机构编制委员会关于市直机关纪检监察机构设置和人员编制配备的意见》（荆编〔2010〕2号）规定设置监察室。历届负责人：王德雄、马齐鸣、漆爱群、刘先平。

（十一）离退休干部科

负责局机关离退休干部工作，指导直属单位的退休干部工作。历届负责人：何同文、漆爱群、郭红利。

注：因20世纪70年代以前内设机构变化较大，资料收集存在困难，现收录的科室主要负责人为80年代以后任职人员。

第二节 党 的 组 织

1976年前，水利局机关设立党支部或党总支委员会，由局长兼任党支部或党总支书记。

1976年，成立中国共产党荆州地区水利局委员会，党委书记由局长兼任。

2002年，水利局党委增设纪委，局机关设党支部。

2007年，市水利局设党委，局机关设立党总支，下设3个党支部。

至2011年，市直水利系统共设党委17个、党总支6个、党支部152个，共有党员2169人。

表9-2-3　　　　荆州（地）市水利局党组织历届领导任职情况表

职务	姓名	性别	任职起止时间	备　　注
书记	徐林茂		1976年8月至1978年12月	
	曹道生		1979年4月至1985年11月	
	朱华义		1985年11月至1995年8月	
	易光曙		1995年8月至1997年3月	
	荣先楚		1997年3月至2003年10月	
	耿冀威		2003年10月至2011年4月	
	郝永耀		2011年4月至今	
副书记	朱华义		1979年4月至1985年11月	
	张宏林		1979年4月至1984年3月	
	易光曙		1994年11月至1995年8月	
	刘德佳		1994年11月至2001年11月	
	张玉峰		2002年3月至2011年4月	

续表

职务	姓名	性别	任职起止时间	备　注
纪委书记	伍启才		1994 年 11 月至 2000 年 1 月	
	龚邦泉		1993 年 2 月至 1994 年 11 月	
			1994 年 11 月至 1995 年 2 月	副书记（副县级）
	邵余英	女	2000 年 1 月至 2001 年 11 月	
	曹子富		2001 年 11 月至 2004 年 11 月	
	邓爱荆	女	2004 年 12 月至今	

第三节　县（市、区）水利局及乡镇水利站

民国以前，各县无专门水利机构，民国时期由县长率董保承担堤防修筑和抢护职责，负责水利事宜。1931 年大水后，各地开始重视水利，设立水利委员会，由县长任委员长，负责办理一切水利事务。

新中国成立后，党和政府十分重视水利工作，各县先后建立水利局和工程管理机构，负责水利建设和防汛抗灾工作，县以下设区水工组或乡镇水利站、水管所。

荆州地区原有 13 个县（市）水利局，由于行政区划变更，各县（市）水利局随之变更，至 2011 年，荆州市辖洪湖、松滋、石首、监利、江陵、公安、荆州、沙市共 8 个县（市、区）水利局，为同级人民政府水行政主管部门。

一、县（市、区）水利局

（一）荆州区水利局

荆州区水利局由原江陵县水利局分设而成，江陵县水利局成立于 1949 年。1994 年 10 月撤销江陵县，设立荆州区、江陵区，同时成立荆州区水利局和荆州区防汛办公室，办公地点在荆州区通会桥路 13 号，工作人员为原江陵县水利局分出的部分人员，与荆州区防汛办公室合署办公。内设办公室、计划财务科、工程管理科、人事劳动科，行政定编 16 人。2011 年，荆州区水利系统在职 435 人，局直二级单位有区太湖港工程管理局、长湖工程管理局、南水北调引江济汉工程管理局、学堂洲围堤管理段、沙港水库管理处、水利水电建设管理总站、水利勘察设计院、水政监察大队。全区现有川店、马山、纪南、八岭山、郢城、弥市、李埠等 7 乡镇和太湖港、菱角湖 2 个管理区水利站，由乡镇（管理区）、区水利局双重管理，定编 45 人，实有 99 人。

（二）沙市市（区）水利局

1955 年 7 月前沙市市为省辖市，1955 年 8 月至 1979 年 7 月由荆州地区管辖，1972 年成立沙市市水利局。1979 年 8 月至 1994 年 10 月又划为省辖市。1994 年荆沙合并，11 月成立沙市区水利局和防汛办公室，办公地点位于沙市区廖子河路，局内设办公室、计划财务科、农村水利科、水政水资源科，核定编制 9 人。2011 年，沙市区水利系统在职人员 112 人。局直二级单位有区长湖管理局、水政监察大队、水利经济公司、水利工程处。

现有观音垱、岑河、锣场、关沮、立新等 5 个乡镇水利站，为区水利局派驻乡镇机构，定编 9 人，实有 16 人。

（三）江陵县（区）水利局

1994 年 10 月撤销原江陵县水利局，成立江陵区水利局，办公地点设在郝穴镇，1995 年 5 月成立防汛办公室，与水利局合署办公。1996 年 11 月，江陵区水利局更名为江陵县水利局，局内设办公室、政策法规与水资源科、规划科技与财务科、建设安全监督管理科，行政在编人员 13 人。全系统现有水利技术人员 142 人，局直二级单位有县四湖管理局、水政监察大队、农村安全饮水办公室、观音寺颜家台灌区管理处、水利设计室。辖郝穴、熊河、普济、白马、沙岗、秦市、资市、马市、六合垸、三湖等 10 个乡镇（场）水利站，定编 41 人，实有 36 人。

（四）松滋县（市）水利局

1949 年 11 月成立松滋县人民政府水利局，县长饶民太兼任水利局局长，办公地址设在新江口民主街，后迁至共青路 1 号。2011 年，局内设办公室、人事科、水政水资源科（行政审批科）、规划财务科（会计核算中心）、建设管理与安全监督科、河道堤防科、水库水保科、农村水利水电科、农村饮水安全办公室，定编 26 人。局直二级单位有市水政监察大队（采砂管理站、规费管理站）、水利勘测设计院、堤防管理段、北河水库管理处、文家河水库管理处、小南海泵站、水利物资站、水利工程队（抗旱服务队）、七里庙电站、大同垸水委会、车阳河采石场。辖八宝、沙道观、涴市、老城、新江口、南海、沧水、刘家场、王家桥、杨林市等 10 个乡镇水利站。在编人员 578 人，实有 264 人。

（五）公安县水利局

1949 年 12 月成立公安县水利局，局内设总务组和工程组，下设 9 个区水利委员会。1955 年 5 月，公安县和荆江县合并为公安县，县水利局机关由南平镇迁到斗湖堤镇，5 个区下设水利管理段，4 个区水利管理只派水利专干，原荆江县水利工作由荆江分洪区围堤管理总段负责。2011 年年底，公安县水利局机关内设办公室、人事科、计划财务科、政策法规与水资源科（行政审批科）、工程规划建设管理科、水库水土保持科、离退休干部科；公安县防汛抗旱指挥部办公室内设综合科、水情科、信息科。核定行政编制 20 名，实有在职人员 41 名。水利局二级单位有县荆南河流堤防管理总段、卷桥水库管理处、总排渠管理段、农电排灌总站、二圣寺闸站枢纽工程管理所、黄山电排站、玉湖电排站、牛浪湖电排站、法华寺电排站、淤泥湖泵站管理处、闸口泵站管理处、小虎西电排站、水利局机关服务中心、水利水电勘测设计院、多种经营管理站、水利规费征收稽查管理站（与县水政监察大队合署办公）、农村饮水安全工程建设管理办公室、东港垸泵站管理处、重点水利建设投资项目管理办公室。辖埠河、斗湖堤、夹竹园、杨家厂、麻豪口、闸口、藕池、黄山头、甘家厂、章田寺、孟家溪、南平、章庄铺、狮子口、斑竹垱、毛家港等 16 个乡镇水利管理所。全县水利系统有干部职工 1090 人。

（六）石首县（市）水利局

1949 年 12 月 5 日成立石首县水利局，办公地点设在绣林镇，内设工程股、财器股、人秘股、办公室。2010 年 6 月机构改革，石首市水利局与石首市防汛抗旱指挥部办公室合署办公，机关行政编制 16 名。内设办公室、法规监察科等 7 个科室。局直二级单位有堤防管理总段，电力排灌总站，冯家潭一、二站，大港口泵站，上津湖泵站，陈币桥泵站，水政监察支队（水规费征收所），农村饮水安全建设管理办公室，水利多种经营管理站，水利勘察设计院，水利物资储运站，水利工程队，周家剅水厂。辖桃花山、调关、东升、笔架山、锈林、南口、高陵、团山寺、久合垸、高基庙、新厂、大垸、横沟市、天鹅洲开发区和小河镇等 15 个水利站。全市水利系统核定事业编制 382 人，实有 343 人。

（七）监利县水利局

监利县水利局成立于 1950 年 10 月，办公地点设在监利县容城镇。1986 年 7 月成立监利县防汛抗旱指挥部办公室，与水利局合署办公。局内设办公室、计划财务科、水政水资源科（挂"行政审批科"牌子）、人事科、河道堤防建设管理科、农村水利水电科、防办综合科，行政定编 20 人。2011 年，全县水利系统在职 745 人，其中水利工程技术人员 153 人。局直属二级单位有水利信息中心、灌区管理局、西门渊灌区管理所、隔北灌区管理所、何王庙灌区管理所、电力排灌管理总站、半路堤电力排灌站、新沟电力排灌站、杨林山电排站、螺山电排站、王港电排站、四湖管理局、三洲管理段、下荆江河势控制工程管理段、洪湖围堤管理段、新洲管理段、水政水资源监察大队、水利勘测设计院共 18 家。辖三洲镇、尺八镇、白螺镇、柘木乡、桥市镇、棋盘乡、朱河镇、汴河镇、上车湾镇、容城镇、红城乡、程集镇、汪桥镇、福田寺镇、毛市镇、分盐镇、黄歇口镇、周老嘴镇、新沟镇、龚场镇、网市镇等 21 个乡镇水利管理站和大垸管理区、荒湖管理区 2 个水利局（科），由所在乡镇（管理区）政府管理，实有人数 326 人。

（八）洪湖县（市）水利局

1951 年 5 月 17 日建立洪湖县，同时组建洪湖县水利局和洪湖县防汛抗旱指挥部办公室，1988 年 1 月洪湖县水利局更名为洪湖市水利局。局内设办公室、规划科技与财务科、政策法规与水资源科、人事科（挂老干科牌子）、建设管理与安全监督科、堤防水保科、农村水利科、防办综合科、信息科，行政定编 22 人。2012 年全市水利系统在职 277 人，其中水利工程技术人员 101 人。局直二级单位有电力排灌管理总站、南套沟电力排灌站、新堤排水闸管理所、水利勘测设计院、水政监察大队、水利规费管理站、水利技术推广中心、综合经营管理总站、下万全垸电力排灌站、石码头电力排灌站、大沙电力排灌站、农村饮水安全管理站。辖螺山、新堤办事处、乌林、老湾、龙口、燕窝、新滩、黄家口、滨湖办事处、汊河、万全、峰口、曹市、沙口、瞿家湾等 20 个乡镇水利管理站，由市水利局和乡镇双重管理，定编 59 人，其中水利工程技术人员 40 人。

（九）荆门县（市）水利局

1951 年 2 月成立荆门县水利局。1968 年 10 月，改为荆门县水利局革命领导小组。1969 年水利局停止办公，仅从局机关抽调 3 人到荆门县革命委员会生产指挥组工作。1970 年局机关更名荆门县革命委员会水利水电科。1972 年改为荆门县革命委员会水利电力局。1976 年水利与电力分家，1979 年水产股分出。水利局内设办公室、计财股、工程管养股、农电股、人事股。同年 11 月，荆门县城关镇改为荆门市（县级市），设立荆门市水利局。1983 年

8月国务院批准设立省辖荆门市。原县、市水利局合并为荆门市水利局。局内股改科，设办公室、政工、计财、水利、堤防、农电、多种经营等6科，纪委、工会等机构。局内下辖二级单位24个，区镇水利站20个，全系统干部职工1446人（含计划外用工）。其中，局机关56人，局直单位616人，乡镇水利站及其工程管理人员774人，科技人员91人。

（十）天门县（市）水利局

1950年7月28日成立天门县水利局，县长张先浩兼任局长。1968年8月成立天门县水利局革命领导小组。1970年成立天门县革命委员会水利电力局，统管全县水利、水产、电力工作。1976年4月水利与电力分家，小水电归口水利局。1979年5月，水产业务从水利局划出。1980年12月更名为天门县水利局。1988年1月，天门县水利局更名为天门市水利局。1994年10月，天门市水利业务直接由湖北省水利厅领导，局内设办公室、政工科、计财科、水政科、工管科、行政科、保卫科、老干科和监察室、局工会。直属单位有汉江修防总段、水资源管理站、水利派出所、水利规费管理站、水利工程队、青山采石场、水科所、罗汉寺闸、绿水堰水库、大观桥水库管理所、汉北河管理段、彭麻电排站以及电力排灌总站。

（十一）潜江县（市）水利局

1949年6月成立潜江县水利局，县长李富伍兼任局长。1968年3月成立潜江县水利局革命领导小组。1970年7月成立潜江县革命委员会水利电力科。1976年8月，水利与电力分家。水利局机关干部职工29人，内设办公室、勘测设计室、政工股、工管股、管养股、排灌股、财器股等2室5股。1979年3月，水利与水产分家，水利局配干部职工61人。1987年6月，成立"三防"办公室，1988年潜江县水利局更名为潜江市水利局。1994年10月由省直管，内设办公室、水政水资源科、财务审计科、政工人事科、后勤科、机电排灌总站、综合经营管理站、水利工程服务站。

（十二）沔阳县（仙桃市）水利局

1949年4月成立沔阳县水利局，县长王锦川兼任局长。1950年6月，沔阳县政府增设堤防委员会，与水利局合署办公。1951年6月，设置洪湖县，将沔阳东荆河以南地区划入洪湖县。1970年，沔阳县革命委员会设立水利电力科。1972年更名为沔阳县革命委员会水利电力局。1976年5月，分设水利局和电力局，1979年2月，水产业务从水利局划出。1980年12月，沔阳县革命委员会水利局更名为沔阳县水利局。1984年2月，沔阳县政府将"三防"指挥部办公室定为常设机构，与水利局合署办公。局内设办公室和人事、工程、堤防、机电排灌、财务企业、工程管理6股。1986年更名为仙桃市水利局，1993年机构改革，撤销仙桃市"三防"办公室和局机关所有科室，组建党委办公室、"三防"办公室、行政财务办公室、企业办公室等四大办公室。撤销水政水资源科，成立仙桃市水政水资源管理站。1994年10月，仙桃市由省直管。

（十三）京山县水利局

1950年京山县人民政府成立建设科水利股。1955年7月5日成立京山县水利局。1962年8月县水利、水产、农业机械局合并为水利局。1968年9月成立京山县水利局革命领导小组。1970年3月改为京山县革命委员会水利电力科。1973年1月改为京山县革命委员会水利电力局，1976年5月，分设水利局、电力局，1979年7月，水产业务从水利局分出。1983年3月，京山县水利局和水产局合署办公。1984年3月机构改革，更名为京山县水利水产局。内设办公室、人事股、计财股、工程管理股、农电股、水产股、综合经营管理股。增设京山县防汛办公室、水利勘测设计室、水产科学研究所、水利工程公司、水利物资公司、水产供销公司、水库派出所，刘畈、八字门、余家河、叶畈等4座水库管理所，惠亭、高关、绿水堰3个水库渔场。1986年11月水利水产局分设水利局、水产局。水利局机关干部职工70人。1996年12月，荆州行政区划调整，京山县划入荆门市。

（十四）钟祥县（市）水利局

1950年，钟祥县人民政府设水利科。1951年更名为水利局。1956年成立钟祥县水利工程队，1968年5月成立钟祥县水利局革命领导小组。1970年更名为钟祥县革命委员会水利电力局。1971年改为钟祥县革命委员会水利电力科。1972年12月又更名为钟祥县革命委员会水利电力局。1978年8月，水利、电力分家，1979年水产从水利局分出。局机关设工管科、堤防科、农电科、计财科、政工科、多种经营科及办公室、设计室和工会，机关工作人员35人。1992年5月更名为钟祥市水利局。1996年12月，钟祥市划入荆门市管理。

各县（市、区）水利局历届局长任职情况见表9-2-4。

表9-2-4　　　　　各县（市、区）水利局历届局长任职情况表

县（市、区）	姓名	性别	职务	任职起止时间	备　注
荆州区	单一介		局长	1949年冬至1951年	江陵县时期，县长兼
	傅毅远		局长	1952年至1955年夏	江陵县时期，县长兼
	张久荣		局长	1955年夏至1955年10月	江陵县时期
	佘鑫谟		局长	1955年10月至1968年8月	江陵县时期
	黄远玉		局长	1970年9月至1984年4月	江陵县时期
	张德新		局长	1984年4月至1986年9月	江陵县时期
	樊哲圣		党委书记	1985年9月至1988年3月	江陵县时期
	陈经顺		局长	1988年3月至1994年10月	江陵县时期
			局长	1994年10月至1999年12月	
	袁　平		局长	1999年12月至今	
沙市区	周文学		局长	1972年9月至1973年3月	荆州地区管辖时期
	李家玉		局长	1973年3月至1979年4月	荆州地区管辖时期
				1982年6月至1989年3月	省辖市时期
	朱德钦			1989年3月至1991年4月	省辖市时期
	刘德佳			1991年4月至1994年10月	省辖市时期
	郭为平			1995年6月至1996年12月	
	肖发强			1997年1月至2001年11月	
	周清国			2001年12月至2011年11月	
	唐　华			2011年12月至今	

续表

县（市、区）	姓名	性别	职务	任职起止时间	备　注
江陵区	王昌俊	男	局长	1994 年 11 月至 2003 年 1 月	
	朱瑞模	男	局长	2003 年 1 月至 2008 年 3 月	
	吕　东	男	局长	2008 年 3 月至 2011 年 12 月	
	梁江新	男	局长	2011 年 12 年至今	
松滋市	饶民太	男	局长	1949 年 11 月至 1952 年 9 月	县长兼
	杨致远	男	局长	1953 年 1 月至 1953 年 6 月	
	周步云	男	局长	1953 年 6 月至 1956 年 5 月	
	郑明义	男	局长	1956 年 5 月至 1957 年 2 月	
	卢殿芝	男	局长	1957 年 8 月至 1958 年 9 月	
	郑定智	男	局长	1958 年 9 月至 1964 年 3 月	
	魏大文	男	局长	1965 年 9 月至 1966 年 5 月	
	吴发茂	男	局长	1970 年 5 月至 1985 年 9 月	
	毛克勤	男	局长	1985 年 9 月至 1996 年 11 月	
	郭培华	男	局长	1996 年 11 月至 2003 年 3 月	
	覃　旭	男	局长	2003 年 3 月至 2005 年 5 月	
	尤国成	男	局长	2005 年 5 年至今	
公安县	陈　铁	男	局长	1949 年 12 月至 1952 年 2 月	
	熊昌训	男	局长	1953 年 2 月至 1956 年 2 月	
	陈修贵	男	局长	1956 年 2 月至 1958 年 3 月	
	胡文清	男	局长	1958 年 5 月至 1958 年 9 月	
			局长	1958 年 9 月至 1960 年 3 月	兼总段段长
	王庭印	男	局长	1960 年 4 月至 1965 年 2 月	
	苏连祥	男	局长	1965 年 2 月至 1968 年 2 月	
	杨先均	男	组长	1968 年 2 月至 1969 年 10 月	水利局革命小组
	胡文清	男	科长	1970 年 3 月至 1972 年 2 月	县革委会生产指挥组水电科
	王　斌	男	局长	1972 年 3 月至 1976 年 8 月	水利电力局
			局长	1976 年 8 月至 1984 年 3 月	水利局
	甘行科	男	局长	1984 年 3 月至 1990 年 11 月	
	刘明乐	男	局长	1990 年 11 月至 1993 年 3 月	
	甘行科	男	局长	1993 年 3 月至 1995 年 5 月	
	龚天兆	男	局长	1995 年 5 月至 2000 年 5 月	
	张远雄	男	局长	2000 年 5 月至今	
	陕学彬	男	局长	2007 年 4 月至 2011 年 12 月	
石首市	樊金保	男	局长	1949 年 12 月至 1950 年	县长兼任
	刘　伟		局长	1951 年至 1953 年	县长兼任

续表

县（市、区）	姓名	性别	职务	任职起止时间	备　注
石首市	原有发		局长	1953 年至 1954 年 7 月	县长兼任
	王介夫		局长	1955 年至 1956 年	
	张义斌		局长	1956 年至 1969 年 11 月	
	罗贻荣		组长	1969 年 11 月至 1970 年 3 月	县革委会水电组
			科长	1970 年 4 月至 1973 年 4 月	县革委会水电科
			局长	1973 年 5 月至 1976 年 7 月	县革委会水电局
			局长	1976 年 8 月至 1978 年 12 月	
	廖枝南		局长	1979 年至 1980 年	
	余丕中		局长	1981 年 3 月至 1988 年 1 月	
	李贻鉴		局长	1988 年 2 月至 1994 年 10 月	
	谢在民		局长	1994 年 10 月至 1999 年 8 月	
	毕折冰		局长	1999 年 8 月至 2009 年 4 月	
	陈沙生		局长	2009 年 5 月至今	
监利县	刘强	男	局长	1950 年 10 月至 1954 年 4 月	县长兼
	郭继森	男	局长	1956 年 5 月至 1961 年	
	陈炳贵	男	局长	1962 年 9 月至 1964 年 8 月	县委农工部部长兼
	易光曙	男	局长	1965 年 10 月至 1966 年 5 月	
	王天增	男	局长	1973 年 4 月至 1975 年 11 月	
	夏昌松	男	局长	1975 年 12 月至 1987 年 11 月	
	黎大图	男	局长	1987 年 11 月至 1990 年 10 月	
	郭志高	男	局长	1991 年 3 月至 1996 年 1 月	
	王大银	男	局长	1996 年 2 月至 2006 年 12 月	
	季梅清	男	局长	2007 年 1 月至 2008 年 3 月	
	夏昌华	男	局长	2008 年 4 月至 2009 年 5 月	
	吴爱清	男	局长	2009 年 6 月至今	
洪湖市	郭贯三		局长	1951 年 6 月至 1952 年 5 月	
	徐植焕		局长	1952 年 6 月至 1952 年 9 月	
	杨运昌		局长	1952 年 9 月至 1956 年 2 月	
	朱华义		局长	1957 年 9 月至 1966 年 10 月	
				1972 年 8 月至 1972 年 12 月	县革委水电科
	汪明吉		局长	1966 年 10 月至 1970 年 3 月	
				1972 年 12 月至 1977 年 2 月	水利电力局
	方先昌		局长	1977 年 2 月至 1985 年 1 月	
	邹开俊		局长	1985 年 1 月至 1988 年 1 月	
	龚茂金		科长	1970 年 3 月至 1971 年 7 月	县革委水电科

续表

县（市、区）	姓名	性别	职务	任职起止时间	备 注
洪湖市	王佰吉		科长	1971年7月至1972年8月	县革委水电科
	吴道凯		局长	1988年1月至1991年3月	
	程圣普		局长	1991年3月至1996年3月	
	谢先洪		局长	1996年3月至2005年8月	
	王炎阶		局长	2005年8月至今	
荆门市	张沧州		局长	1951年至1952年	县长兼
	田怀德		局长	1952年至1953年	代县长兼
	李民		局长	1953年至1955年	
	陶子清		局长	1956年至1962年	
	杨泽民		局长	1963年至1964年	
	陶子清		局长	1964年至1965年	
	张保庭		局长	1966年至1969年	
	刘光森		局长	1970年至1975年	
	周友德		局长	1976年至1983年	
天门市	张先浩		局长	1950年7月至1952年10月	县长兼
	段勃海		局长	1962年4月至1966年8月	
	刘宽发		局长	1966年8月至1970年3月	
	杨秋成		局长	1970年2月至1984年2月	
	高南方		局长	1984年2月至1985年3月	
	李腊元		局长	1985年3月至1987年4月	
	胡正选		局长	1987年4月至1994年3月	
	李安清		局长	1994年3月至1995年1月	
潜江市	李富伍		局长	1949年6月至1956年2月	县长兼
	孙庆洪		局长	1956年2月至1957年11月	
	寇从事		局长	1957年11月至1984年3月	
	华运桥		局长	1984年3月至1986年12月	
	何性松		局长	1986年12月至1988年3月	
	高先武		局长	1988年3月至1991年3月	
	齐家茂		局长	1991年3月至1994年3月	
	从维清		局长	1994年3月至1995年9月	
沔阳县（仙桃市）	王锦川		局长	1949年6月至1949年10月	县长兼
	王建国		局长	1949年11月至1950年10月	
	郭贯三		局长	1950年11月至1951年6月	
	黄礼周		局长	1952年8月至1953年2月	
	万寿昌		局长	1953年5月至1954年3月	

续表

县（市、区）	姓名	性别	职务	任职起止时间	备　注
沔阳县（仙桃市）	王诗章		局长	1955 年 3 月至 1959 年 4 月	
	吴良桐		局长	1965 年 9 月至 1966 年 10 月	
	张志燧		局长	1966 年 10 月至 1968 年 2 月	
	周训森		局长	1968 年 2 月至 1970 年 3 月	
	高文元		局长	1970 年 3 月至 1970 年 6 月	
	徐正钧		局长	1970 年 6 月至 1979 年 12 月	
	冯声启		局长	1981 年 3 月至 1986 年 3 月	
	冯群东		局长	1986 年 8 月至 1991 年 3 月	
	刘平阶		局长	1991 年 3 月至 1995 年 1 月	
京山县	黄保山		局长	1955 年 7 月至 1957 年 10 月	
	罗孔惠		局长	1957 年 11 月至 1959 年 6 月	
	朱光全		局长	1959 年 6 月至 1960 年 5 月	
	江应峰		局长	1960 年 5 月至 1963 年 3 月	
	曾仲超		局长	1964 年 2 月至 1968 年 9 月	
	郭才秀		局长	1968 年 9 月至 1981 年 1 月	局长、组长、科长
	刘启顺		局长	1981 年 5 月至 1984 年 8 月	
	褚四清		局长	1984 年 4 月至 1996 年 12 月	
钟祥市	傅鼎呈		局长	1953 年至 1955 年	
	许光财		局长	1956 年至 1960 年	
	林逢吉		局长	1961 年至 1966 年	
	马忠贤		局长	1971 年至 1987 年	
	王道根		局长	1988 年至 1996 年 12 月	

二、乡镇水利站

乡镇水利管理单位，随着行政区划的调整，变动也较频繁。新中国成立以来，无论乡镇行政区划如何变更，但这一级水利管理机构一直保留。其发展情况大体如下。

1951 年，建立区（镇）水利基层管理组织，当时称为水利委员会或水利管理站，区长兼任水利委员会主任，县水利局派一名技术干部任副主任并主持日常工作。

1956 年，撤区建乡，各乡镇成立水工组。

1958 年，成立人民公社，公社内设水利科，常配水利干部 1 名。

1961 年，恢复区建制，区、社两级均成立水利工程指挥部（以下简称"水工部"），区水工部常年工作人员 10 人左右，公社水工部不常设，只常设水利干部（干事）1 名。

1975 年，撤区并社，水利基层管理组织得到较大发展，当时这一组织称为公社水利站，有的称为水电管理站，公社配水利社长 1 名，并常设 10 人左右的水利工程队。

1984 年，行政体制改革，恢复区建制，水电组、水工队改称为水利管理站或水利工程管理所，区（镇）配水利区（镇）长1名，设10人左右的工程队，分管水利乡长1名，水利工程员1名。

1986年，湖北省人民政府规定，区、乡镇水利水电管理站是基层管理组织，为县（市）水利局的派出机构，已建立的要巩固完善，已有的国家编制不能减少，人员要相对稳定，对尚未建立而管理任务重确实需要建立的，要抓紧建立，配备专人。自此，各县（市、区）健全乡镇水利管理机构，或称为水利站或称为水管所，各县名称不一，但其职能是统一的，主要负责辖区、乡镇范围内的农田水利建设和管理，负责水工程设施的设计施工，协助乡镇搞好防洪治涝和灌溉工作，负责年度下拨的水利资金和物资管理使用，水利工程的水费计收和水利法规的贯彻执行，水利工程的岁修养护等。

2011年，根据湖北省委、省政府关于推进基层水利管理服务体系建设的指示精神，湖北省编办、湖北省水利厅联合印发了《关于健全和完善基层水利管理服务体系的意见》，要求各地尤其是山区和丘陵地区尽快按小流域组建或以乡镇为单元整合设置基层水利管理站。荆州市共组建乡镇水利站（所）99个，实有人数862人。荆州区、洪湖市、监利县3个县（市、区）水利站由县（市、区）水利局和乡镇双重管理，其他县（市、区）水利站由水利局直管。各县（市、区）乡镇水利管理机构统计见表9-2-5。

表9-2-5　　　　　　　各县（市、区）乡镇水利管理机构统计表

县（市、区）	单　　位	定编人数	实有人数	管理体制
荆州区	川店镇水利站	4	6	乡镇、区水利局双重管理
	马山镇水利站	4	4	
	纪南镇水利站	4	9	
	八岭山镇水利站	4	4	
	郢城镇水利站	2	6	
	弥市镇水利站	5	9	
	太湖港管理区水利站	15	15	
	菱角湖管理区水利站	4	42	
	李埠镇水利站	3	4	
	合计	45	99	
沙市区	岑河水利站	2	5	区水利局直管
	观音垱水利站	3	5	
	锣场水利站	1	1	
	关沮水利站	2	3	
	立新水利站	1	2	
	合计	9	16	
江陵县	郝穴镇水利站	3	2	县水利局直管
	熊河镇水利站	5	4	
	普济镇水利站	4	4	
	沙岗镇水利站	5	5	

县（市、区）	单 位	定编人数	实有人数	管理体制
江陵县	秦市乡水利站	3	3	县水利局直管
	白马镇水利站	5	3	
	资市镇水利站	4	4	
	马市乡水利站	4	4	
	六合垸农场水利站	4	3	
	三湖农场水利站	4	4	
	合计	41	36	
松滋市	八宝水利管理站	73	9	市水利局直管
	沙道观水利管理站	33	9	
	涴市水利管理站	25	9	
	老城水利管理站	61	9	
	新江口水利管理站	36	9	
	南海水利管理站	35	9	
	涴水水利管理站	57	9	
	刘家场水利管理站	20	9	
	王家桥水利管理站	37	9	
	杨林市水利管理站	34	9	
	合计	411	90	
公安县	埠河水管所	11	11	县水利局直管
	斗湖堤水管所	7	7	
	杨家厂水管所	8	8	
	夹竹园水管所	7	6	
	闸口水管所	8	8	
	麻豪口水管所	9	8	
	藕池水管所	6	6	
	黄山水管所	7	5	
	甘家厂水管所	6	6	
	章田寺水管所	7	6	
	孟家溪水管所	7	7	
	南平水管所	7	8	
	章庄铺水管所	10	9	
	狮子口水管所	10	10	
	斑竹垱水管所	10	11	
	毛家港水管所	10	9	
	合计	130	125	

续表

县（市、区）	单　位	定编人数	实有人数	管理体制
石首市	桃花山水利站	6	8	市水利局直管
	调关水利站	9	10	
	东升水利站	10	10	
	笔架水利站	9	9	
	绣林水利站	7	6	
	南口水利站	9	10	
	高陵水利站	6	5	
	团山寺水利站	7	6	
	久合垸水利站	7	7	
	高基庙水利站	8	6	
	新厂水利站	9	7	
	大垸水利站	9	10	
	横市水利站	7	7	
	开发区水利站	3	3	
	小河口水利站	7	7	
	合计	113	111	
监利县	白螺镇水利管理站	7	7	乡镇、县水利局双重管理
	程集镇水利管理站	10	10	
	尺八镇水利管理站	17	17	
	分盐镇水利管理站	9	9	
	福田寺镇水利管理站	8	6	
	龚场镇水利管理站	21	21	
	红城乡水利管理站	9	26	
	黄歇口镇水利管理站	9	12	
	毛市镇水利管理站	7	15	
	棋盘乡水利管理站	9	9	
	桥市镇水利管理站	18	18	
	人民大垸管理区水利局	41	42	
	荒湖农场管理区水电科	7	20	
	容城镇水利管理站	12	12	
	三洲镇水利管理站	10	10	
	上车湾镇水利管理站	5	5	
	汪桥镇水利管理站	16	13	
	网市镇水利管理站	14	14	
	新沟镇水利管理站	4	4	

县（市、区）	单　位	定编人数	实有人数	管理体制
监利县	周老嘴镇水利管理站	20	18	乡镇、县水利局双重管理
	朱河镇水利管理站	15	15	
	汴河镇水利管理站	9	10	
	柘木乡水利管理站	13	13	
	合　计	290	326	
洪湖市	螺山镇水利管理站	3	3	乡镇、县水利局双重管理
	新堤办事处水利管理站	4	4	
	乌林镇水利管理站	3	3	
	老湾乡水利管理站	2	2	
	龙口镇水利管理站	3	3	
	燕窝镇水利管理站	3	3	
	新滩镇水利管理站	3	3	
	黄家口镇水利管理站	3	3	
	滨湖办事处水利管理站	3	3	
	汊河镇水利管理站	3	3	
	万全镇水利管理站	4	4	
	峰口镇水利管理站	4	4	
	曹市镇水利管理站	3	3	
	沙口镇水利管理站	3	3	
	瞿家湾镇水利管理站	2	2	
	府场镇水利管理站	2	2	
	戴家场镇水利管理站	3	3	
	大沙湖管理区水利管理站	3	3	
	大同湖管理区水利管理站	3	3	
	小港管理区水利管理站	2	2	
	合　计	59	59	

第三章　工程管理机构

　　荆州河流、湖泊和水库众多，干支民堤线长，防洪排涝任务繁重，水利工程门类齐全。为了管理好、运用好堤防、水库、湖泊、涵闸渠道、泵站、水文和分蓄洪工程，荆州先后组建了一批水利工程管理机构。1983年以后，行政区划变更，荆门、沔阳、潜江、钟祥、京山、天门等县（市）水利局和汉江、东荆河、田关、漳河、吴岭、惠亭、石龙等水工程管理单位先后划出荆州管辖，至2011年，市直水利工程管理单位共5个，其中荆州市长江河道管理局、荆江分洪区工程管理局、洪湖分洪区工程管理局为湖北省水利厅和荆州市双管单位。

第一节　荆州市长江河道管理局

一、机构沿革

　　民国末期，长江干堤由江汉工程局统一管理，下设若干工务所，负责日常修防事宜，荆州地区所辖长江干堤（包括荆江大堤），分属第七、第八工务所管理。

　　1949年7月28日，成立湖北省人民政府荆州水利委员会，接管荆江地区长江堤防。同年12月3日改组成立湖北省农业厅水利局荆州分局，下设天门、钟荆潜、江松公3个办事处。江松公办事处设在沙市，负责管理荆江大堤和松滋、江陵、公安长江干堤。

　　1950年，成立长江委中游工程局，统一管理全省江汉干堤修防业务。同年7月设置长江委中游工程局荆州区长江修防处，原湖北省农业厅水利局荆州分局江松公办事处改为第一工务所，管辖江陵、松滋、公安等县的长江干堤，荆州专署专员张海峰兼任处长。

　　1951年7月，沔阳专署撤销，沔阳、监利、石首和新组建的洪湖县并入荆州专区。9月8日，更名为荆州专区长江修防处，隶属中游工程局领导。专员阎均兼任处长。

　　1953年2月，公安直辖段改为荆江管理总段，同时撤销3个工程队的名称，专员胡义之兼任处长。同年12月，副专员饶民太兼任处长。

　　1954年6月15日，荆江分洪工程管理处和长江修防处合并更名为荆州区长江修防管理处，副专员李富五任处长。

　　1956年3月，更名为湖北省水利厅荆州区长江修防处，业务隶属湖北省水利厅领导，党、政关系由地方政府领导。

　　1962年，成立党支部，张家振任书记。

　　1964年，易名为荆州地区长江修防处，人事、行政实行属地管理。

1966年，"文化大革命"开始后领导班子逐渐瘫痪，1968年9月，成立处革委会，军代表路金启、郑兵先后任主任，主持工作。

1973年3月，成立长江修防处党委，任和亭任书记。

1974年8月，郭贯三调任处革委会主任。

1978年8月，撤销革委会，郭贯三任党委书记兼处长。

1984年，马香魁任处长。

1990年5月，袁仲实任处长。

1994年9月，荆州地区长江修防处更名为荆沙市长江河道管理处。

1996年9月，张文教任处长。12月，更名为荆州市长江河道管理处。

1998年12月，市编委明确长江河道管理处为正县级全民所有制事业单位。

1999年3月，湖北省机构编制委员会《关于进一步理顺长江河道管理体制的批复》，明确荆州市长江河道局更名为荆州市长江河道管理局，实行双重领导，以荆州市管理为主的管理体制。

2003年，秦明福任局长。

2008年，全市水利工程管理体制改革，荆州市长江河道管理局定为纯事业单位。

2009年，经省人力资源和社会保障厅批准，局机关人员列入参照公务员管理范围。

2011年，荆州市长江河道管理局在职1889人（机关工作人员97人），其中专业技术人员587人（高级职称32人、中级职称412人、初级职称143人）

荆州市长江河道管理局历届负责人任职情况见表9-3-1。

表9-3-1　　　　　　荆州市长江河道管理局历届负责人任职情况表

姓名	职务	任职起止时间	备注
张海峰	处长	1950年11月至1951年6月	荆州专署专员兼
阎均	处长	1951年6月至1953年1月	荆州专署专员兼
胡义之	处长	1953年2月至1953年10	荆州专署专员兼
饶民太	处长	1953年11月至1955年6月 1957年1月至1968年9月	荆州专署副专员兼
李富五	处长	1955年6月至1956年12月	荆州专署副专员兼
路金启	革委会主任	1968年9月至1970年1月	军代表
郑兵	革委会主任	1970年7月至1973年12月	军代表
郭贯三	处长	1974年8月至1984年4月	兼党委书记
马香魁	处长	1984年4月至1990年5月	1984年11月至1991年11月兼党委书记
袁仲实	处长	1990年5月至1996年9月	1982年2月至1990年5月任副处长 1991年5月至1996年9月任副书记
张文教	处长、局长	1996年9月至2003年5月	1995年8月至2002年10月任党委书记
秦明福	局长	2003年5月至今	2002年10月至2011年9月任党委书记
曹辉	副局长	2011年9月至今	2011年9月任党委书记
黄柏青	副处长	1950年11月至1951年9月	

续表

姓名	职务	任职起止时间	备　注
邓锐辅	副处长	1950 年 11 月至 1956 年 5 月	
刘大明	副处长	1951 年 6 月至 1953 年 3 月	
唐忠英	副处长	1953 年 12 月至 1978 年 1 月	
王　前	副处长	1953 年 12 月至 1966 年 6 月	
李大汉	副处长	1954 年 9 月至 1955 年	
张家振	副处长	1955 年 6 月至 1976 年 10 月	
肖川如	副处长	1962 年 1 月至 1984 年 4 月	
崔　民	副处长	1964 年 7 月至 1979 年	
倪巨修	副处长	1964 年 7 月至 1973 年 3 月	
杨先德	副主任	1969 年 9 月至 1970 年 3 月	
耿　美	副主任	1970 年 1 月至 1973 年 12 月	军代表
向从凯	副主任	1970 年 7 月至 1972 年 8 月	
刘其玉	副主任	1971 年 8 月至 1984 年 4 月	1984 年任顾问
李同仁	副主任	1972 年 3 月至 1984 年 4 月	1984 年至 1990 年 5 月任顾问
张宏林	副主任	1972 年 3 月至 1978 年 9 月	
陈为森	副主任	1973 年 4 月至 1984 年 4 月	
崔茂如	副处长	1978 年 1 月至 1984 年 4 月	
申庆忠	副处长	1978 年 8 月至 1991 年 11 月	1991 年 5 月至 1991 年 11 月兼纪委书记
袁玉波	副处长	1978 年 8 月至 1991 年 11 月	
尹同孝	副处长	1978 年 11 月至 1979 年 9 月	
邹月恒	副处长	1979 年 9 月至 1984 年 4 月	1984 年 4 月至 1990 年 4 月任纪委书记
戴明月	副处长	1979 年 9 月至 1984 年 4 月	1984 年 4 月至 1994 年 1 月任工会主席
李金玉	副处长	1980 年 12 月至 1984 年 4 月	
夏德光	副处长	1984 年 4 月至 1986 年 2 月	
夏　雷	副处长	1986 年 2 月至 1990 年 4 月	
镇万善	副处长	1986 年 2 月至 1999 年 3 月	1996 年 9 月至 2000 年 5 月兼副书记
	副局长	1999 年 3 月至 2000 年 5 月	
	总工	2000 年 5 月至 2001 年 12 月	
孟庆成	副处长	1986 年 12 月至 1987 年 10 月	
朱家文	副处长	1990 年 5 月至 1996 年 9 月	
陈扬志	副处长	1990 年 5 月至 1999 年 3 月	
	副局长	1999 年 3 月至 2000 年 7 月	
王俊成	副处长	1992 年 4 月至 1999 年 3 月	1994 年 6 月至 2000 年 5 月兼任纪委书记
	副局长	1999 年 3 月至 2004 年 11 月	
徐仲平	副处长	1996 年 6 月至 1999 年 3 月	
	副局长	1999 年 3 月至 2000 年 6 月	

续表

姓名	职务	任职起止时间	备　注
张生鹏	副局长	1999 年 2 月至 2010 年 4 月	
王建成	副书记	2000 年 5 月至今	
李　一	副局长	2000 年 5 月至 2007 年 2 月	
杨明琛	纪委书记	2000 年 5 月至今	
张昌荣	副局长	2003 年 9 月至今	
陈东平	副局长	2004 年 12 月至今	
杨维明	总工程师	2004 年 12 月至今	
龚天兆	副局长	2000 年 5 月至 2003 年 3 月	
	副县级干部	2006 年 6 月至今	
	党委委员	2007 年 10 月至今	
罗运山	党委委员	2007 年 10 月至今	
	副局长	2011 年 7 月至今	
郑文洋	副局长	2011 年 7 月至今	
王梦力	副局长	2011 年 7 月至今	

二、主要职责

负责所辖长江河道堤防工程整治的规划、勘察、设计和实施工程建设；组织荆江大堤、长江干堤、南线大堤、荆南四河堤防、松滋江堤和上、下荆江河控等堤防基建项目的实施；负责对河道、堤防及两岸的滩地、沙洲、自然资源、防浪林、堤防内（外）禁脚实施管理；负责对河道堤防管理范围内修建码头、渡口、道路、跨河、穿河、穿堤、临河架桥及其他建筑设施进行立项审查、上报、批复；负责荆州市长江防汛指挥部办公室的日常工作，做好防汛期间的水雨情预报、险情分析，制定并实施度汛抢险方案；负责做好防汛器材的调运、储备和检查工作。

三、内设机构及直属单位

（一）内设机构

1960 年以前设工程、管养、财器、人秘 4 股，1961 年以后改股为科。

1985 年设办公室和工程技术、工程管理、支民堤管理、计划财务、通信、行政、政工、老干部管理等 8 科；纪委、工会、团委按有关章程设置。

1988 年增设多种经营科。1990 年 5 月增设通信总站，与通信科一套班子，两块牌子。

2008 年，市局机关内设机构撤销计划科、保卫科，增设防洪科、宣传科，在工程管理科加挂行政审批科牌子。

2009 年 3 月，增设会计核算中心（正科级）。同年，水政监察支队升格为副县级。

2011 年，内设机构有办公室、政工科、工程技术科、工程管理科、支民堤科、财务器材科、审计科、计划科、行政科、老干科、水利经济办公室、勘察设计院。

（二）直属单位

1951年下属单位有电话队、2个采石组、3个工程队、4个堤防管理总段（江陵、监利、洪湖、石首）和3个堤防段（沙市、松滋、公安）。

1954年下辖荆江分洪南、北闸管理所，沙市、松滋堤防段和江陵、监利、洪湖、石首、公安堤防总段。直属单位有船队、测量队、物资供应站、荆江山场、北闸管理所、南闸管理所、招待所及驻宜昌采石工作组。

1995年，原江陵县长江修防总段分设为荆州区长江河道管理总段、江陵区长江河道管理总段；原沙市长江修防管理处更名为沙市区长江河道管理总段。

1998年，直属单位有荆江分洪工程南北闸管理处、河道堤防水政监察支队、北闸管理所、南闸管理所、通信总站、长江船舶疏浚总队、驻宜昌办事处、驻石首办事处、测量队、物资供应站、培训中心、劳动服务中心、生活能源供应站、湖北省荆江防汛机动抢险队。

1999年3月，各县（市、区）长江河道管理总段更名为长江河道管理分局，其人事、财务和业务由荆州市长江河道管理局统一管理。12月，增设荆州市长江工程开发管理处。

2004年，将物资站、劳动服务公司、培训中心与长江工程开发管理处合署办公；将测量队、勘测设计院、荆江河道演变监测中心合署办公；将石首分局和驻石首办事处合署办公。

2008年，市局机关内设机构撤销计划科、保卫科，增设防洪科、宣传科，在工程管理科加挂行政审批科牌子。

2010年6月，沙市分局更名为荆州市长江河道管理局直属分局，级别为副县级。

2011年，直属单位有荆州分局、沙市分局、江陵分局、松滋分局、公安分局、石首分局、监利分局、洪湖分局、南北闸管理处、河道堤防水政支队、北闸管理所、南闸管理所、通信总站、长江船舶疏浚总队、测量队、物资供应站、培训中心、劳动服务中心、生活能源供应站、驻宜昌办事处、驻石首办事处、湖北省荆江防汛机动抢险队。

第二节　荆州地区汉江修防处

一、机构沿革

新中国成立前，荆州地区汉江干堤分别由江汉工程局第二、第三工务所负责修防事宜。

1949年11月，湖北省水利局荆州水利分局设天门办事处（驻岳口）、荆钟潜办事处（驻沙洋）分别管理天门、钟祥、荆门、潜江境内的汉江堤防。

1950年4月，湖北省水利局改组为长江委中游工程局和湖北省农业厅水利局。中游工程局主管湖北省江汉干堤修防工作，将原湖北省水利局荆州水利分局改称为荆州区修防处，与荆州专署水利局分开办公，管辖天门、钟祥、荆门汉江堤防。

1951年10月，沔阳专区撤销，以沔阳修防处为基础，重新组建中游工程局荆州区汉江修防处，驻荆门县新城。荆州专署专员阎均兼任处长，属长委会中游工程局和荆州专署双重领导。1952年驻址迁荆门县沙洋镇。

1953年，荆州专署专员胡易之兼任处长。

1954年，荆州专署副专员饶民太兼任处长。

1955年4月，中游工程局撤销，荆州区汉江修防处交由湖北省水利厅领导，更名为湖北省水利厅荆州区汉江修防处，业务属水利厅领导，党、政关系属荆州地委、专署领导。

1956年，建立党支部，从克家任支部书记。

1957年7月，从克家任处长。

1960年12月，改由荆州专署直接领导，各县修防段与县水利局分开，县修防段业务由修防处领导，党政由所在县领导。

1966年，"文化大革命"开始，处党政工作遭到严重干扰。1968年元月，成立有工人、群众代表参加的汉江修防处革委会，工人代表代文彬任主任。1970年，军代表苏联云任支部书记兼主任。

1973年，从克家任处党总支书记兼主任。

1978年6月，成立汉江修防处党委。8月，撤销革委会，成立荆州地区汉江修防处。从克家任处长、党委书记。

1982年3月，魏国炳升任处长、党委书记。

1984年12月，鲍明润升任处长。

1985年，魏国炳再任党委书记，主持全面工作。

1994年10月，荆沙合并，汉江修防处改由湖北省水利厅直接领导。1995年2月，汉江修防处和东荆河修防处合并组建为湖北省汉江河道管理局，原管范围和职责不变。

荆州地区汉江修防处历届负责人任职情况见表9-3-2。

表9-3-2　　　　荆州地区汉江修防处历届负责人任职情况表

单位名称	职务	姓名	性别	任职起止时间	备注
荆州区汉江修防处	处长	阎钧	男	1951年9月至1952年11月	专员兼
		胡易之	男	1952年12月至1953年5月	专员兼
		饶民太	男	1953年5月至1957年7月	副专员兼
		从克家	男	1957年7月至1968年1月	
	副处长	黄柏青	男	1951年9月至1953年6月	
		朱友椿	男	1951年9月至1952年12月	
	第一副处长	从克家	男	1953年5月至1957年7月	
	第二副处长	李士庄	男	1953年5月至1957年7月	
	副处长	朱玉龙	男	1957年6月至1962年5月	
		路振杰	男	1962年6月至1968年1月	
		魏国炳	男	1964年7月至1968年1月	
		李同仁	男	1965年6月至1968年1月	

续表

单位名称	职务	姓名	性别	任职起止时间	备注
汉江修防处革命委员会	主任	戴文彬	男	1968 年 1 月至 1970 年 6 月	
		苏联云	男	1970 年 6 月至 1971 年 11 月	
		从克家	男	1973 年 3 月至 1974 年 3 月	
	第一主任	从克家	男	1974 年 3 月 1978 年 8 月	
	第一副主任	从克家	男	1970 年 6 月至 1973 年 3 月	
	副主任	雷世明	男	1968 年 1 月至 1970 年 6 月	
		李同仁	男	1968 年 1 月至 1970 年 6 月	
		沈先堂	男	1970 年 6 月至 1971 年 11 月	
		路振杰	男	1970 年 6 月至 1978 年 8 月	
		魏国炳	男	1970 年 6 月至 1978 年 8 月	
		郑景山	男	1975 年 4 月至 1978 年 8 月	
		邢子春	男	1975 年 10 月至 1978 年 8 月	
		范恭泉	男	1976 年 2 月至 1978 年 8 月	
		胡义圣	男	1978 年 6 月至 1978 年 8 月	
荆州地区汉江修防处	处长	从克家	男	1978 年 8 月至 1982 年 2 月	
		魏国炳	男	1982 年 2 月至 1984 年 12 月	
		鲍明润	男	1984 年 12 月至 1995 年 2 月	
	副处长	魏国炳	男	1978 年 8 月至 1982 年 2 月	
		范恭泉	男	1978 年 8 月至 1981 年 11 月	
		路振杰	男	1978 年 8 月至 1984 年 4 月	
		邢子春	男	1978 年 8 月至 1980 年 10 月	
		胡义圣	男	1978 年 8 月至 1985 年 4 月	
		郑景山	男	1978 年 8 月至 1984 年 4 月	
		付正洪	男	1982 年 1 月至 1984 年 4 月	
		范开万	男	1982 年 2 月至 1984 年 4 月	
		雷世明	男	1982 年 2 月至 1984 年 4 月	
		鲍明润	男	1984 年 4 月至 1984 年 12 月	
		胡黑尔	男	1984 年 4 月至 1995 年 2 月	
		范开万	男	1984 年 10 月至 1995 年 2 月	
		曾祥培	男	1990 年 4 月至 1992 年 4 月	
		李以平	男	1994 年 6 月至 1995 年 2 月	
	顾问	从克家	男	1982 年 2 月至 1983 年 12 月	
		路振杰	男	1984 年 4 月至 1986 年 3 月	

二、内设机构及直属单位

（一）内设机构

1955 年 4 月，处机关设工务股、器材股、人事股、行政股、电话队、采石场。

1963 年 10 月，处机关改股设科，设工务科、管养科、财器科、人秘科、电话队、采石场。

1985 年，处机关调整为办公室、工程科、计财科、政工科、行政科、电信科和船队、采石场。

1988 年，处内设办公室、政工科、工管科、计财科、保卫科、通信科、支民堤科、多经科、行政科，定编 90 人。

（二）直属单位

1951 年，下辖钟祥、天门、潜江、沔阳 4 个县管理总段和荆门县直属段。

1963 年 5 月，杜家台分洪工程管理所直属处领导。

1984 年，荆门升为地级市，荆门汉江管理段从荆州地区汉江修防处划出。

1988 年，直属单位有船队、马良采石场，杜家台、泽口、田关、罗汉寺 4 个闸管所和钟祥、天门、潜江、沔阳 4 个管理总段。

第三节　荆州地区东荆河修防处

一、机构沿革

1950 年 10 月，成立湖北省农林厅水利局东荆河修防处，驻址监利新沟嘴财神庙，李知本任支部书记兼处长。

1953 年 3 月，易名荆州区东荆河修防处，隶属荆州专员公署领导，副专员饶民太兼处长。

1962 年 5 月，王丑仁任处长。

1966 年，"文化大革命"开始后，机关行政组织基本处于瘫痪状态，由"文革"领导小组主持工作。

1968 年 3 月，成立处革委会，王丑仁任革委会主任。

1978 年 4 月，撤销革委会，恢复荆州地区东荆河修防处，实行党委领导下的处长分工负责制。王丑仁任处长。

1986 年 3 月，成立东荆河修防处党委，王天增任党委书记、处长。

1994 年 10 月，荆沙合并，荆州地区东荆河修防处由湖北省水利厅领导。移交时，全处总人数 59 人。

荆州地区东荆河修防处历届负责人任职情况见表 9-3-3。

表 9 - 3 - 3　　　　　荆州地区东荆河修防处历届负责人任职情况表

单位名称	姓名	职务	任职起止时间	备注
湖北省农林厅水利局东荆河修防处	李知本	处长	1950 年 8 月至 1951 年 12 月	
	丁云翔	副处长	1950 年 8 月至 1952 年 6 月	
	郭贯三	副处长	1952 年 8 月至 1953 年 10 月	
荆州地区东荆河修防处	饶民太	处长	1953 年 8 月至 1958 年 3 月	副专员兼
	王丑仁	处长	1962 年 5 月至 1968 年 2 月	
	郭贯三	副处长	1953 年 11 月至 1958 年 3 月	
	路振杰	副处长	1956 年 10 月至 1962 年 6 月	
	朱玉龙	副处长	1962 年 7 月至 1964 年 7 月	
	程大松	副处长	1965 年 6 月至 1972 年 7 月	
荆州地区东荆河修防处革委会	王丑仁	主任	1968 年 3 月至 1978 年 4 月	
	胡华明	副主任	1968 年 3 月至 1978 年 3 月	
	宋寿安	副主任	1968 年 3 月至 1975 年 5 月	
	范开万	副主任	1972 年 3 月至 1978 年 3 月	
	夏　雷	副主任	1977 年 7 月至 1978 年 3 月	
荆州地区东荆河修防处	王丑仁	处长	1978 年 3 月至 1983 年 4 月	
	王天增	处长	1986 年 3 月至 1994 年 12 月	
	范开万	副处长	1978 年 3 月至 1982 年 2 月	
	夏雷	副处长	1978 年 3 月至 1986 年 2 月	
	王成	副处长	1979 年 10 月至 1990 年 11 月	
	傅德发	副处长	1983 年 2 月至 1984 年 4 月	
	王天增	副处长	1983 年 7 月至 1986 年 3 月	
	郑存灼	副处长	1984 年 4 月至 1986 年 12 月	
	郭民华	副处长	1984 年 10 月至 1995 年 2 月	
	刘德福	副处长	1985 年 3 月至 1986 年 2 月	
	廖明才	副书记	1989 年 3 月至 1995 年 2 月	
	董瑞山	副处长	1990 年 9 月至 1995 年 2 月	

二、内设机构及直属单位

(一) 内设机构

1950 年，处机关内设秘书、人事、工务、财务、总务 5 股，全处职工 97 人，其中干部 58 人。

1953 年 10 月，机关内设人秘股、工务股、财务股。

1968 年，"文化大革命"期间内设政工组、工程组、后勤组。

1979 年 10 月，处机关改股为科，设人秘科、工程科、财器科。

1984 年 5 月，处内设政工科、秘书科、工管科、计财科、通信科。

1987年，秘书科改为办公室。

1988年，增设多经科。

（二）直属单位

1950年，下辖4个修防段。

1953年10月，撤销4个修防段，按行政区划成立潜江、监利、洪湖、沔阳4个县管理段。

1984年，潜江、监利、洪湖、沔阳管理段改为修防总段。

第四节　荆州市四湖工程管理局

一、机构沿革

1955年11月，成立湖北省四湖排水工程总指挥部。12月，成立荆州专署四湖排水指挥部，协助省四湖指挥部的工作，刘干任指挥长。1956年11月省四湖指挥部撤销，将施工任务移交荆州四湖指挥部，指挥部驻监利余家埠。李富五任指挥长、党委书记

1957年7月，成立中共四湖工程委员会，李富五任党委书记。

1959年10月，地委书记孟莜彭兼任指挥长、党委书记。

1960年3月，大施工结束，指挥部撤销，只留下王丑仁等十余人处理善后工作。

1962年2月，成立荆州专署四湖工程管理局并建立党支部，编制60人，李大汉任支部书记、局长。1962—1964年管理局驻地曾先后搬迁3次（沙市至江陵习家口至监利毛家口至江陵丫角庙）。

1968年11月，成立荆州地区四湖管理局革命领导小组，王爱任组长。

1969年10月，姚云高代理全面工作。1970年2月，王平权临时代理全面工作。

1970年9月，四湖管理局与荆州地区长湖水产管理处、窑湾养殖场、公安处长湖水上分局合并为荆州地区四湖管理局革命委员会，机构设在江陵县关沮口长湖水产管理处，白鸿任主任。1971年10月分开，恢复荆州地区四湖工程管理局，机关搬回丫角庙。

1972年3月，尹同孝任局长。

1973年6月，范恭权任局长。重建荆州地区四湖工程管理局党支部，范恭权任支部书记。

1976年9月，马香魁任局长。1978年8月管理局成立党委，马香魁任书记。

1978年8月，撤销荆州地区四湖工程管理局革委会。

1984年4月，张宏林任局长。5月，设纪律检查委员会、工会委员会。

1985年12月，荆州地区高潭口电力排灌站、洪湖县新滩口水利工程管理处移交四湖工程管理局。

1988年10月，郭再生任局长。

1994年5月，成立荆州地区四湖排灌区世界银行贷款项目管理办公室。同年，荆州地区四湖工程管理局改为荆沙市四湖工程管理局（1996年年底改为荆州市四湖工程管理局）。

1995年3月，刘岭闸管理所、田关水利工程管理处划归湖北省水利厅管理。

1997 年 7 月，杨伏林任书记、局长。

2001 年 8 月，副书记肖金竹主持工作。2002 年 11 月，副局长曾天喜代理主持全面工作。

2004 年 12 月，曾天喜任局长。

2005 年 4 月，成立湖北省四湖流域管理委员会，负责四湖流域防汛排涝抗旱的指挥、协调工作。湖北省水利厅厅长段安华任主任，办公地点设在荆州市四湖工程管理局。同时，市机构编制委员会明确该局为纯公益性事业单位，核定事业编制 230 名，所需经费渠道逐步纳入财政预算。

2007 年 8 月，郝永耀任局长、党委书记。

2011 年 5 月，卢进步任局长、党委书记。全局在职 336 人，其中局机关在职 132 人，管理人员 27 人，专业技术人员 49 人，工勤人员 56 人。

荆州市四湖工程管理局历届负责人任职情况见表 9 - 3 - 4。

表 9 - 3 - 4　　　　荆州市四湖工程管理局历届负责人任职情况表

	姓名	职务	性别	任职起止时间	备注
荆州地区四湖工程排水指挥部	李富伍	指挥长	男	1956 年 11 月至 1959 年 10 月	
	李大汉	副指挥长	男	1956 年 11 月至 1959 年 10 月	
	王景祥	副指挥长	男	1957 年 7 月至 1959 年 10 月	
	秦思恩	副指挥长	男	1957 年 7 月至 1959 年 10 月	
荆州地区四湖工程总指挥部	孟筱澎	指挥长	男	1959 年 10 月至 1960 年 3 月	
	李富伍	副指挥长	男	1959 年 10 月至 1960 年 3 月	
	江洪	副指挥长	男	1959 年 10 月至 1960 年 3 月	
	朱俊功	副指挥长	男	1959 年 10 月至 1960 年 3 月	
	乔万祥	副指挥长	男	1959 年 10 月至 1960 年 3 月	
	李大汉	副指挥长	男	1959 年 10 月至 1960 年 3 月	
荆州地区四湖工程管理局	李大汉	局长	男	1962 年 2 月至 1966 年 5 月	
	克非	副局长	男	1962 年 2 月至 1962 年 9 月	
	王爱	副局长	男	1962 年 9 月至 1969 年 10 月	
	姚云高	副局长	男	1965 年 10 月至 1966 年 5 月	
	夏昌迪	副局长	男	1966 年 1 月至 1966 年 5 月	
	尹同孝	局长	男	1972 年 3 月至 1973 年 6 月	
	姚云高	副局长	男	1972 年 3 月至 1973 年 6 月	
	任泽贵	副局长	男	1972 年 3 月至 1973 年 6 月	
荆州地区四湖工程管理局革命委员会	范恭泉	主任	男	1973 年 6 月至 1976 年春	
	马香魁	主任	男	1976 年 9 月至 1978 年 8 月	
	姚云高	副主任	男	1973 年 6 月至 1978 年 8 月	
	于树照	副主任	男	1976 年 7 月至 1978 年 8 月	
	任泽贵	副主任	男	1973 年 6 月至 1978 年 8 月	
	夏昌迪	副主任	男	1973 年 6 月至 1973 年 8 月	

续表

姓名	职务	性别	任职起止时间	备注
马香魁	局长	男	1978 年 8 月至 1984 年 4 月	
张宏林	局长	男	1984 年 4 月至 1988 年 7 月	
郭再生	局长	男	1988 年 11 月至 1997 年 7 月	
杨伏林	局长	男	1997 年 7 月至 2001 年 8 月	1988 年 6 月至 1997 年 7 月任副局长
曾天喜	局长	男	2005 年 1 月至 2007 年 8 月	1997 年 8 月至 2004 年 12 月任副局长
郝永耀	局长	男	2007 年 8 月至 2011 年 4 月	
卢进步	局长	男	2011 年 5 月至今	
姚云高	副局长	男	1978 年 8 月至 1983 年 5 月	
于树照	副局长	男	1978 年 8 月至 1984 年 4 月	
任泽贵	副局长	男	1978 年 8 月至 1988 年 8 月	
郭少成	副局长	男	1983 年 1 月至 1988 年 8 月	
朱成虎	副局长	男	1983 年 4 月至 1984 年 4 月	
镇英明	副局长	男	1984 年 4 月至 2002 年 9 月	
朱宗林	副局长	男	1984 年 4 月至 2002 年 9 月	
雷世民	副局长	男	1986 年 2 月至 1996 年 6 月	
王兴国	副局长	男	1991 年 6 月至 1991 年 11 月	
江家斌	副局长	男	1996 年 6 月至 2002 年 9 月	
叶朝德	副局长	男	1996 年 6 月至 2002 年 9 月	
肖金竹	副局长	男	1997 年 11 月至 2002 年 11 月	
石仁宝	工会主席	男	1996 年 7 月至 2002 年 1 月	
韩从浩	副局长	男	2002 年 1 月至 2007 年 1 月	
吴少军	副局长	男	2002 年 1 月至 2005 年 1 月	
姚治洪	工会主席	男	2002 年 5 月至 2007 年 1 月	
韩从浩	党委副书记	男	2007 年 1 月至今	
姚治洪	副局长	男	2007 年 7 月至今	
刘思强	副局长	男	2007 年 7 月至今	
严小庆	总工程师	男	2007 年 7 月至今	
于　洪	工会主席	男	2010 年 7 月至今	

荆州地区（市）四湖工程管理局

二、主要职责

负责四湖流域的总体规划并组织实施；负责四湖流域水利工程的规划、设计、建设、维护与管理；承担四湖流域的防洪、排涝、抗旱任务，科学调度、合理运用现有水利工程设施；承担湖北省四湖流域管理委员会办公室的日常工作；受水行政主管部门的委托，监督检查辖区内的水事活动，维护正常的水事秩序，并配合有关部门查处水事治安和刑事案件；负责管理辖区内的水资源、水域、生态环境及水利工程设施的保护工作。

三、内设机构及直属单位

（一）内设机构

1955 年内设办公室、工程处、供应处及财器科、组宣科、保卫科。

1979 年 8 月，设办公室、勘测设计室、行政科、计财科、政工科、工程科、管养科。

1984 年 5 月，撤销秘书科，分别设置办公室、行政科，增设工程技术科、计划财务器材科。

1988 年 4 月，科室调整为秘书科、政工科、计财科、多种经营科、调度室。

2011 年，科室调整为办公室、防汛调度中心、人劳科、工程管理科、工程技术科、计划财务科。

1989 年 3 月，秘书科改为办公室，增设工管科。5 月，恢复保卫科（1990 年 5 月更名为公安科）。

1992 年 4 月，增设审计科。

1995 年 4 月，撤销调度室，增设勘察设计室；多种经营科改为经营管理科；公安科改为保卫科。

2000 年 11 月，设立荆州市四湖工程管理局水政监察大队。

2002 年 6 月，增设监察室。

2007 年 12 月，增设离退休干部科。

2011，内设科室为办公室、防汛调度中心、人劳科、监察室、工程管理科、工程技术科、计划财务科、离退休干部科。

（二）直属单位

1963 年，设立江陵、潜江、监利、洪湖等县四湖管理段，属四湖工程管理局和有关县双重领导。

1968 年 11 月，专署水利局下属彭家河滩灌溉试验站移交四湖工程管理局领导。

1984 年 4 月，高潭口电排站、新滩口水利工程处移交四湖工程管理局统一领导。

1988 年 5 月，直属单位有物质站、劳动服务公司、习口闸管所、刘岭闸管所、试验站、船队。7 月，成立荆州地区田关水利工程管理处，划归四湖工程管理局领导。

2008 年 12 月，直属单位有两个副县级，即高潭口水利工程管理处、新滩口水利工程管理处；3 个正科级，即水政监察大队、习口闸管所、排灌试验站。

2011 年 6 月，成立荆襄河闸管所，隶属四湖工程管理局领导，为正科级事业单位。

第五节　湖北省洪湖分蓄洪区工程管理局

一、机构沿革

1972 年 10 月，荆州地区革命委员会批准成立荆州地区洪湖防洪排涝工程指挥部。驻址洪湖县汉河公社。指挥长由荆州地区革委会副主任饶民太兼任。地委副书记尹朝贵任临时党委书记。

1973年11月，指挥部易名为湖北省洪湖防洪排涝工程总指挥部。总部迁到峰口镇。湖北省革委会副主任夏世厚任指挥长，荆州地委书记石川任政委。同时，荆州地区成立中共湖北省洪湖防洪排涝工程总指挥部临时委员会，石川任书记。

1982年4月6日，成立中共湖北省洪湖防洪排涝工程总指挥部委员会，荆州行署副专员徐林茂兼任党委书记，刑子春任副书记（主持工作）。

1984年4月12日，陈为森任党委副书记、副指挥长（主持工作），1990年4月任党委书记。

1994年，湖北省人民政府办公厅批准成立湖北省洪湖分蓄洪区工程管理局，暂保留湖北省洪湖分蓄洪区工程总指挥部的牌子。

1995年5月，曾祥培任局长、指挥长、党委副书记（1998年任党委书记）。

2000年10月，易贤清任局长。

2008年，全市水利工程管理体制改革，确定为纯事业单位。

2009年，经湖北省人力资源和社会保障厅批准，局机关人员列入参照公务员法管理范围。

2011年4月，饶大志调任局长。全局有职工468人，其中在编在职300人（专业技术人员110人，其中高级职称13人、中级职称50人、助理职称47人）。

湖北省洪湖分蓄洪区工程管理局历届负责人任职情况见表9-3-5。

表9-3-5　　　湖北省洪湖分蓄洪区工程管理局历届负责人任职情况表

单位名称	职务	姓名	性别	任职起止时间	备注
荆州地区洪湖防洪排涝工程指挥部（1972年10月至1973年10月）	指挥长	饶民太	男	1972年10月至1973年11月	
	副指挥长	刘其玉	男	1972年10月至1973年11月	
		李大汉	男	1972年10月至1973年11月	
		王伯吉	男	1972年10月至1973年11月	
		易光曙	男	1972年10月至1973年11月	
		徐林茂	男	1972年10月至1973年11月	
		李先正	男	1972年10月至1973年11月	
		杨寿增	男	1972年10月至1973年11月	
		姚云高	男	1972年10月至1973年11月	
湖北省洪湖防洪排涝工程总指挥部（1973年11月至1994年6月）	指挥长	夏世厚	男	1973年11月至1979年12月	
	副指挥长	任中林	男	1973年11月至1974年11月	
		尹朝贵	男	1973年11月至1974年11月	
		王永禄	男	1973年11月至1974年11月	
		齐树勋	男	1973年11月至1974年11月	
		李荣元	男	1973年11月至1974年11月	
		任和亭	男	1973年11月至1974年11月	

单位名称	职务	姓名	性别	任职起止时间	备注
湖北省洪湖防洪排涝工程 总指挥部 （1973年11月至1994年6月）	副指挥长	范恭泉	男	1973年11月至1974年11月	
		刘其玉	男	1973年1月至1979年12月	
		李会友	男	1973年11月至1974年11月	
		何佑文	男	1973年11月至1974年11月	
		徐海艇	男	1973年11月至1974年11月	
		郭寿同	男	1974年11月至1975年12月	
		曹道生	男	1974年11月至1975年12月	
		别业农	男	1974年11月至1975年12月	
		姚云高	男	1974年11月至1975年12月	
		肖典炎	男	1974年11月至1975年12月	
		李香垓	男	1974年11月至1975年12月	
湖北省洪湖防洪排涝工程 总指挥部 （1973年11月至1994年6月）	副指挥长	王伯吉	男	1974年11月至1975年12月	
		郭贯三	男	1974年11月至1975年12月	
		魏国炳	男	1974年11月至1975年12月	
		邢子春	男	1975年10月至1984年3月	
		陈顺才	男	1976年1月至1979年12月	
		马香魁	男	1976年1月至1979年12月	
		易光曙	男	1976年1月至1979年12月	
		段超第	男	1976年1月至1979年12月	
		范开万	男	1977年1月至1977年6月	
		倪巨修	男	1980年1月至1982年3月	
		崔民	男	1980年1月至1980年7月	
		毛德昌	男	1981年1月至1984年3月	
				1985年1月至1992年9月	
		汪明吉	男	1981年1月至1984年3月	
		王丑仁	男	1983年4月至1984年4月	
		陈为森	男	1984年4月至1995年6月	
		邝和清	男	1984年4月至1984年10月	
		朱成虎	男	1984年4月至1988年7月	
		杨思德	男	1988年4月至1996年9月	
		向家井	男	1990年5月至1995年6月	
		黄富远	男	1990年5月至1995年6月	
		曾祥培	男	1992年4月至1995年6月	
		张法安	男	1992年9月至1995年6月	

续表

单位名称	职务	姓名	性别	任职起止时间	备注
湖北省洪湖防洪排涝工程总指挥部 （1973年11月至1994年6月）	政委	石 川	男	1973年11月至1974年11月	
	副政委	胡恒山	男	1973年11月至1974年11月	
		于从舜	男	1973年11月至1974年11月	
	顾问	邢子春	男	1984年4月至1990年10月	
	调研员	毛德昌	男	1984年4月至1984年12月	
		汪明吉	男	1990年5月至1991年11月	
湖北省洪湖分蓄洪区工程管理局	局长	曾祥培	男	1995年5月至2000年8月	
		易贤清	男	2000年8月至2011年4月	
		饶大志	男	2011年4月至今	
	副局长	许国瑞	男	1995年5月至2000年1月	
		杨思德	男	1995年5月至1996年9月	
		黄富远	男	1995年5月至2004年11月	
		张法安	男	1995年5月至2004年11月	
		饶大志	男	1995年6月至2004年12月	
		刘湘宁	男	1999年9月至2003年9月	
		王忠国	男	2003年6月至今	
		王社平	男	2004年12月至2011年7月	
		孟祥林	男	2004年12月至今	
		常伦新	男	2009年9月至今	
	纪委书记	胡乾荣	男	1997年3月至2000年8月	
		吴少军	男	2004年12月至今	
	总工程师	陈 超	男	2004年12月至今	
	工会主席	张文亮	男	2000年6月至2007年11月	
		易法明	男	2007年11月至今	

二、主要职责

管理64.82千米的主隔堤及其附属建筑物，运用涵闸为四湖地区抗灾和工农业生产服务；依据湖北省分洪区安全建设和管理条例对已建安全区、转移设施进行管理；负责分蓄洪区围堤、安全转移设施、通信报警设施的建设；制定分洪应急预案，做好相应的准备工作，在分洪时具体负责预案的实施及主隔堤防守，协调参加抗灾各部门的关系，为确保武汉市和江汉平原的防洪安全以及分洪后人民群众的安全转移和妥善安置发挥参谋作用；参加荆州市防汛抗灾工作。

三、内设机构及直属单位

（一）内设机构

1972年10月，设办公室、政工科、财器科、工程科。

1973 年 10 月，设办公室、政治处、后勤处、工程处。

1980 年 1 月，内设机构调整为人秘科、工程科、财务器材科、行政科。

1984 年 4 月，人秘科分为办公室和政工科，撤销行政科，增设多种经营科。

1988 年，增设物资站。

1990 年 4 月，增设工会办公室。

1992 年 4 月，增设通信科。

1996 年 6 月，工程科更名为工程技术科，增加设计室、工程管理科。

1999 年 9 月，增设审计科、行政科、老干科。

2000 年，增设监察室、工程计划科。

2004 年 11 月，政工科更名为人事劳动科，通信科更名为通信中心，增设总工程师室。

2007 年 6 月，增设社会主义精神文明建设（简称文明办）办公室。

2011 年，内设科室为办公室、工程技术科、工程管理科、通信信息中心、水利经营办公室、财务科、政工科、文明办、监察室、老干科、计划科。

（二）直属单位

1974 年，设洪湖、监利主隔堤管理段。

1981 年 7 月，设监利县福田寺三闸管理处。

1985 年 5 月，设洪湖主隔堤管理总段，监利主隔堤管理段与福田寺三闸管理处合并为监利主隔堤闸管理总段。总部机关设多种经营服务公司，1986 年更名为综合服务部。

1988 年，监利主隔堤闸管理总段分设为主隔堤监利县管理总段和监利县福田寺三闸管理处。

1991 年 5 月，综合服务部更名为劳动服务公司。

1995 年 2 月，原管理总段更名为分局。

1996 年，成立机械施工队，1997 年更名为机械工程处。局机关物资站、劳动服务公司、招待所、液化气站、装潢公司合并，组建综合经营管理处。

1998 年，撤销综合经营管理处，成立为劳动服务中心（2004 年更名为机关物业管理中心）。

2003 年 4 月，在机械工程处的基础上组建湖北宏业公司。5 月，组建防汛抢险船舶运输队。

2006 年，三闸管理处更名为三闸分局。

2011 年，直属单位有监利分局、洪湖分局、三闸分局、防汛抢险船队、宏业公司（机械工程处）、物业管理中心。

第六节　湖北省荆江分蓄洪区工程管理局

一、机构沿革

荆江分蓄洪工程管理局位于公安县斗市镇荆江大道北侧，是荆江分蓄洪区转移安置工程建设和管理的机构。它的前身是公安县荆江分洪区建设工程指挥部。

1953年，成立长江委中游工程局荆江分洪区工程管理处，张家振任处长。

1964年5月，成立公安县荆江分洪建设工程指挥部（以下简称"建工部"），由县长张明春兼任指挥长。

1967年11月，成立建工部革命领导小组，彭爱真任组长。

1970年3月，公安县革命委员会撤销建工部。

1971年5月，恢复建工部，由公安县革命委员会副主任邹克泉兼任指挥长，先后由王玉田、胡文清主持全面工作。

1976年4月，成立公安县荆江分洪区移民建设委员会，与建工部合署办公，县委书记张明春任主任委员。

1979年10月，李仁任指挥长。

1983年1月，移民建设委员会与建工部合并，张大坤任指挥长。

1986年11月，杨本成任指挥长。

1988年1月，更名为公安县荆江分洪区建设工程管理局，单位级别为副县级，杨本成任局长，定编130人。

1993年3月，陈志超任局长。

1997年12月，更名为湖北省荆江分洪区工程管理局，单位级别为县处级。实行湖北省水利厅与荆州市政府双重领导，以荆州市政府领导为主的管理体制。

1998年5月21日，荆州市委、市政府委托荆州市水利局统一管理。核定事业编制400名。

1999年5月，陈志超任副局长、党委副书记（正县级，主持全面工作）。

2000年6月，徐仲平任局长、党委书记。

2004年12月，饶大志任局长、党委书记。

2008年，全市水利工程管理体制改革，确定为纯事业单位。

2011年7月，田方兴任局长、党委书记。年底，局系统共有干部职工549人，专业技术人员200人。

湖北省荆江分蓄洪区工程管理局历届负责人任职情况见表9-3-6。

表9-3-6　　　　湖北省荆江分蓄洪区工程管理局历届负责人任职情况表

单位名称	姓名	职务	任职起止时间	备注
公安县荆江分洪建设工程指挥部	张明春	指挥长	1964年5月至1967年10月	公安县县长兼
	彭爱真	革命领导小组组长	1967年11月至1970年3月	
	邹克泉	指挥长	1971年5月至1976年4月	
	张明春	主任委员	1976年4月至1979年10月	公安县委书记兼
	李　仁	指挥长	1979年10月至1984年1月	
	张大坤	指挥长	1984年2月至1986年10月	
	杨本成	指挥长	1986年11月至1989年5月	
	王玉田	副指挥长	1971年5月至1972年5月	主持全面工作
	胡文清	副指挥长	1972年5月至1973年5月	主持全面工作

续表

单位名称	姓名	职务	任职起止时间	备注
公安县荆江分洪建设工程指挥部	杨本成	副指挥长	1974 年 3 月至 1977 年 1 月	
			1981 年 6 月至 1986 年 10 月	
	彭爱真	副指挥长	1974 年 3 月至 1977 年 1 月	
	雷长华	副指挥长	1964 年 6 月至 1967 年 10 月	
			1971 年 5 月至 1979 年 2 月	
	李通武	革命领导小组副组长	1967 年 11 月至 1970 年 3 月	
	余一夫	革命领导小组副组长	1967 年 11 月至 1970 年 3 月	
	吴顺坤	副指挥长	1975 年 6 月至 1981 年 2 月	
	张大声	副指挥长	1976 年 7 月至 1979 年 7 月	
	张升孝	副指挥长	1981 年 1 月至 1984 年 4 月	
	姚俊友	副指挥长	1985 年 4 月至 1989 年 5 月	
	石长年	副指挥长	1985 年 10 月至 1989 年 5 月	
	黄祥章	副指挥长	1986 年 10 月至 1989 年 5 月	
	陈志龙	副指挥长	1989 年 2 月至 1989 年 5 月	
公安县荆江分洪区建设工程管理局	杨本成	局长	1990 年 12 月至 1992 年 5 月	
	陈志超	局长	1993 年 3 月至 1997 年 12 月	
	姚俊友	副局长	1989 年 1 月至 1994 年 3 月	
	杨本成	副局长	1989 年 5 月至 1990 年 11 月	
	陈志超	副局长	1989 年 5 月至 1993 年 3 月	
	谭长荣	副局长	1989 年 5 月至 1997 年 12 月	
	黄祥章	副局长	1990 年 1 月至 1994 年 3 月	
	陈志龙	副局长	1992 年 3 月至 1997 年 12 月	
	邓和云	副局长	1993 年 1 月至 1997 年 12 月	
湖北省荆江分蓄洪区工程管理局	陈志超	局长	1999 年 3 月至 2000 年 5 月	
	徐仲平	局长	2000 年 6 月至 2004 年 12 月	
	饶大志	局长	2004 年 12 月至 2011 年 6 月	
	田方兴	局长	2011 年 7 月至今	
	谭长荣	副局长	1997 年 12 月至 2005 年 11 月	
	陈志龙	副局长	1997 年 12 月至 2003 年 11 月	
	邓和云	副局长	1997 年 12 月至 1999 年 2 月	
	郭业友	副局长	1999 年 5 月至 2005 年 7 月	
	刘清武	副局长	1999 年 5 月至 2005 年 11 月	
	高长平	副局长	2005 年 11 月至今	
	田方兴	副局长	2007 年 8 月至 2011 年 7 月	
	李海峰	副局长	2005 年 11 月至 2012 年 2 月	
	徐荣科	副局长	2011 年 7 月至今	
	石长年	总工程师	1998 年 7 月至 2004 年 11 月	
	徐星华	总工程师	2005 年 11 月至今	

二、主要职责

负责荆江分洪区、涴市扩大分洪区、虎西预备蓄洪区和人民大垸分洪区的工程建设；依据湖北省分洪区安全建设和管理条例对已建安全区、转移设施进行管理；制定分洪应急预案，做好相应的准备工作，在分洪时具体负责预案的实施，协调参加抗灾各部门的关系，为确保荆江大堤的防洪安全以及分洪后人民群众的安全转移和妥善安置发挥参谋作用；参加荆州市防汛抗灾工作。

三、内设机构及直属单位

（一）内设机构

荆江分洪区建成后，由荆江县管理总段管理，内设工务股、财器股、人事股、行政股。

1964 年 5 月，建工部内设办公室、工程股、财器股。

1995 年 12 月，建工局内设工程科、工程管理科、财务科、政工科、通讯科、企业科、审计科、老干部工作科、行政科、保卫科、办公室、纪检、工会。

2001 年 4 月 23 日，计财科分设为计划科和财务科。

2007 年 12 月，政工科更名为人事劳动科，工程科更名为工程建设科，计划科更名为规划财务科，综合经营办公室更名为水利经济管理科，通信科更名为通信信息中心，行政科更名为后勤服务中心。局机关内设科室调整为 12 个，即工程建设科、通信信息中心、人劳科、纪检监察室、财务科、办公室、工会办、文明办、工程管理科、后勤服务中心、水经科、团委。

2011 年 3 月，建设工程大队更名为防汛机动抢险队。

（二）直属单位

1953 年 6 月，设北闸、南闸管理所和一、二、三、四、五区及虎西共 6 个管理段。

1964 年 5 月，下设北闸、南闸、荆江、杨厂 4 个指挥所。

1995 年 12 月，设㟃市、杨厂、闸口、夹竹园、埠河、黄山、藕池、麻口、裕公、曾埠头、黄水套、吴达河共 12 个管理所和运输公司、移民房开发公司、建筑工程公司、综合经营公司、物资站等 5 个二级单位，共有职工 523 人。

2008 年 3 月，直属单位调整设置为 16 个，即斗湖堤管理所、杨厂管理所、闸口管理所、夹竹园管理所、埠河管理所、黄山头管理所、藕池管理站、麻豪口管理站、黄水套升船机管理所、综经站、运输大队、物质站、建设大队、杨家厂分洪汽渡管理站、水政监察大队、防汛培训中心。

第七节　湖北省漳河工程管理局

1959 年 6 月 22 日，经湖北省人民委员会批准，成立湖北省荆州专署漳河水库管理委员会，由湖北省水利厅、农业厅、水产厅、林业厅，荆州专署和荆门县、当阳县的负责人组成，荆州专署专员单一介任主任委员，副专员饶民太、李寿山任副主任委员。其主要任务是负责水库管理和规划建设。

1960年1月，荆州专署划荆门县烟墩人民公社的12个大队、当阳县观音管理区的5个大队成立漳河人民公社，并与管委会合并办公，李国清任社长。11月，将漳河人民公社交荆门县领导。

1962年2月，成立荆州地区漳河工程管理局（管委会同时撤销），属荆州专署领导，白鸿任局长。11月，湖北省人民委员会将荆州地区漳河工程管理局更名为湖北省漳河工程管理局，委托荆州专区代管，实行省、地双重领导，白鸿继任局长。

1966年10月，建立健全了枢纽和各干渠管理机构。跨市、县的总干渠、二干渠、四干渠的管理单位属管理局领导；只灌一个县（市）的西干渠和一干渠、三干渠实行双重领导，行政上由所在县（市）管理。

1967年，"文化大革命"致使管理局机关瘫痪。3月，以管理局人武部部长李子德为主成立抓革命、促生产办公室；4月，成立湖北省漳河工程管理局抓革命、促生产第一线指挥部，白鸿任指挥长，李子德为政委。

1968年11月，成立湖北省漳河工程管理局革命委员会"，军代表任学贤为革委会主任。

1972年3月，郭贯三任革委会主任。

1974年8月，熊顺林任革委会主任。

1978年10月，地委决定恢复湖北省漳河工程管理局，熊顺林任局长。

1984年4月，徐维翰任局长。

1990年，湖北省漳河工程管理局由湖北省水利厅领导。

湖北省漳河工程管理局历届负责人任职情况见表9-3-7。

表9-3-7　　　　　　湖北省漳河工程管理局历届负责人任职情况表

单 位 名 称	职务	姓名	任职起止时间
荆州地区（湖北省）漳河工程管理局	局长	白鸿	1962年2月至1967年4月
	副局长	熊顺林	1962年2月至1967年4月
		李士庄	1962年2月至1967年4月
		辛效国	1962年4月至1967年4月
		贺富彬	1963年5月至1967年4月
		邢子春	1964年2月至1967年4月
		李一道	1966年10月至1967年4月
湖北省漳河工程管理局抓革命、促生产第一线指挥部	指挥长	白　鸿	1967年4月至1968年11月
	政委	李子德	1967年4月至1968年11月
	副指挥长	熊顺林	1967年4月至1968年11月
		赵洗心	1967年4月至1968年11月
		贺富彬	1967年4月至1968年11月

单位名称	职务	姓名	任职起止时间
湖北省漳河工程管理局革命委员会	主任	任学贤	1968 年 11 月至 1972 年 2 月
		郭贯三	1972 年 3 月至 1974 年 7 月
		熊顺林	1974 年 8 月至 1978 年 10 月
	副主任	赵洗心	1968 年 11 月至 1978 年 10 月
		许成讯	1968 年 11 月至 1978 年 10 月
		白　鸿	1969 年至 1978 年 10 月
		贺富彬	1970 年至 1978 年 10 月
		向从凯	1971 年至 1978 年 10 月
		朱四清	1971 年至 1978 年 10 月
		郭贯三	1971 年至 1972 年 3 月
		熊顺林	1971 年至 1974 年 8 月
		李士庄	1974 年 8 月至 1978 年 10 月
		辛效国	1974 年 8 月至 1978 年 10 月
		郭少成	1978 年 5 月至 1978 年 10 月
		江　峡	1976 年 4 月至 1978 年 10 月
		杨治国	1978 年 5 月至 1978 年 10 月
湖北省漳河工程管理局	局长	熊顺林	1978 年 11 月至 1984 年 3 月
	局长	徐维翰	1984 年 7 月至 1991 年 6 月
	局长	贾泽玉	1984 年 4 月至 1984 年 7 月
	局长	林善钿	1992 年 10 月至 1998 年 10 月
	局长	赵金河	1998 年 12 月至今
湖北省漳河工程管理局	副局长	赵洗心	1978 年 11 月至（离职时间不详）
		郭少成	1978 年 11 月至（离职时间不详）
		贺富彬	1978 年 11 月至（离职时间不详）
		杨治昌	1978 年 11 月至（离职时间不详）
		刘玉春	1978 年 11 月至（离职时间不详）
		辛效国	1978 年 11 月至（离职时间不详）
		江　峡	1978 年 11 月至（离职时间不详）
		郑克文	1981 年 3 月至 1991 年 7 月
		余启武	1984 年 4 月至（离职时间不详）
		徐维翰	1983 年 4 月至（离职时间不详）
		贾泽玉	1984 年 4 月至 1996 年 6 月
		王洪禄	1985 年 1 月至 1995 年 3 月
		赞先德	1986 年 11 月至（离职时间不详）
		马忠贤	1987 年 5 月至 1997 年 7 月

单位名称	职务	姓名	任职起止时间
湖北省漳河工程管理局	副局长	林善钿	1989年4月至1992年9月
		刘其武	1993年4月至1998年12月
		赵金河	1994年11月至1998年12月
		刘　纲	1993年3月至1996年7月
		刘万宏	1997年7月至（离职时间不详）
		蒋国建	1998年12月至2000年10月
	顾问	李士庄	1978年11月至（离职时间不详）
		江　峡	1978年11月至（离职时间不详）
		刘锦禄	1983年1月至（离职时间不详）
	调研员	郑克文	1993年5月至1994年11月
		王洪禄	1995年3月至1996年1月
		范昌才	1988年1月至1993年4月
		徐声灿	1990年4月至1993年2月
		吕时松	1990年4月至1993年9月
		陈明理	1991年9月至1993年2月
		徐兴孝	1990年10月至（离职时间不详）
	总工程师	刘钰衡	1991年7月至1998年
		陈志明	1999年10月至（离职时间不详）
	工会主席	朱思清	1984年11月至（离职时间不详）

第八节　荆州市洈水工程管理局

一、机构沿革

1958年，洈水水库动工兴建。6月，成立大岩嘴水库指挥部，1959年3月，由于劳力、经费、器材不足，水库工程改为分期施工，工地成立留守机构，9月，成立西斋水库工程指挥部。1960年4月更名为洈水水库工程指挥部。燕启祥、查远橙、贡福珍先后任指挥长，临时党委书记由松滋县委书记杨致远兼任。

1962年，撤销工程指挥部，成立洈水水库管理处，刘大奎任处长。

1965年4月，成立荆州专署洈水水库工程总指挥部，荆州专署水利局局长涂一元任指挥长。

1969年，成立荆州地区洈水水库管理处革命委员会，万先华任主任。

1973年3月，贡福珍任处长。

1975年，成立荆州地区洈水水库加固工程指挥部，贡福珍任指挥长。

1984年4月，张运义任处长。

1987 年 3 月，廖新权任处长。

1991 年 6 月，更名为荆州地区浣水水库管理局，单位级别为县级，廖新权任局长，内部机构不变。

1994 年 10 月，更名为荆沙市浣水工程管理局，隶属荆沙市水利局。荆沙市编委批准事业编制增加为 400 人。

1996 年 6 月，雷正立任党委书记，裴德华任局长。

1998 年 12 月，市编委明确荆州市浣水工程管理局为全民所有制事业单位，机构级别为正县级，隶属荆州市水利局领导。经费实行自收自支。

2002 年 10 月，王联芳任局长。

2005 年 12 月，全市水利工程管理体制改革，市编委明确荆州市浣水工程管理局为准公益性事业单位，机构级别为县级，隶属荆州市水利局领导。人员经费纳入财政预算，由财政监管实行以收抵支。

2011 年，荆州市浣水工程管理局定编人数 276 名，实有 323 人。

2012 年 5 月，廖光耀任局长。

荆州市浣水工程管理局历届负责人任职情况表 9 - 3 - 8。

表 9 - 3 - 8　　　　　　荆州市浣水工程管理局历届负责人任职情况表

姓名	性别	职务	任职起止时间	备　　注
刘大奎		处长	1961 年 4 月至 1965 年 4 月	
彭夕春		处长	1965 年 4 月至 1969 年 1 月	
			1970 年 1 月至 1973 年 3 月	
万先华		处长	1969 年 1 月至 1970 年 1 月	
贡福珍		处长	1973 年 3 月至 1984 年 4 月	
张运义		处长	1984 年 4 月至 1987 年 3 月	
廖新权		处长	1987 年 3 月至 1991 年 6 月	
		局长	1991 年 6 月至 1996 年 10 月	
雷正立	男	党委书记	1996 年 6 月至 2005 年 9 月	1989 年 10 月至 1996 年 6 月任副局长
裴德华	男	局长	1996 年 10 月至 2002 年 10 月	1987 年 3 月至 1996 年 6 月任副局长
王联芳	男	局长	2002 年 10 月至 2012 年 5 月	2005 年 9 月至 2012 年 5 月兼任党委书记
廖光耀	男	局长	2012 年 5 月至今	兼党委书记
		副局长	2002 年 10 月至 2012 年 5 月	
向进章	男	副局长	1987 年 3 月至 1992 年 10 月	
梅运振	男	副局长	1987 年 3 月至 1995 年 5 月	
邹法亭	男	副局长	1987 年 3 月至 2004 年 6 月	
黎孔明	男	副局长	1994 年 6 月至 2004 年 6 月	
陈能武	男	副局长	1994 年 6 月至 2004 年 6 月	
李选胜	男	党委副书记	2002 年 10 月至 2012 年 12 月	
		纪委书记	1996 年 6 月至 2002 年 10 月	

续表

姓名	性别	职务	任职起止时间	备 注
郭培华	男	副局长	2003 年 11 月至今	
庹少东	男	副局长	2005 年 9 月至今	
曾 平	男	总工程师	2005 年 9 月至今	
肖习猛	男	工会主席	2009 年 11 月至今	

二、主要职责

管理水库大坝、副坝、灌溉主干渠、两座溢洪道、一座水电站；做好水库上游水雨情预测预报，准确及时掌握水雨情，制订防洪预案，科学调度运用，确保水库安全度汛及下游 26 万人口、35 万亩农田和襄柳铁路等国家财产和人民生命安全；抓好浠水灌区节水配套设施建设，确保 3 县 52 万亩农田的适时灌溉；充分利用水资源，保护水资源，做好水质监测、淤积观测和污染防治工作；维护库区渔业生产秩序，保护水库渔业资源；加强供电线路改造和台区建设，确保供电设施安全运行；积极配合鄂西生态文化旅游圈投资有限公司，加大浠水旅游开发和景区建设力度。

三、内设机构及直属单位

(一) 内设机构

1959 年 9 月，内设政治处、办公室、工程科、机务科、交通科、建设科、财务科、物资供应科、卫生科。

1960 年 4 月，更名为浠水水库工程指挥部，增设保卫科。

1962 年，内设工程科、财务科、器材科。

1965 年 4 月，设政治部、办公室、工程科、供应科、机电科、大坝工程组、电站工作组、溢洪道工作组。

1970 年，内设办公室、工程科、器材科。年底，续建工程结束，总指挥部及内设机构撤销。

1972 年，处内增设政办室，撤销办公室。

1975 年，处内机构设为秘书科、政工科、工程科、财器科、生产科。

1984 年，秘书科改为办公室，增设派出所。

1986 年，成立劳动服务公司（1988 年改为劳动服务部）。

1990 年，增设通信科。

1991 年 6 月，增设设计室。

2011 年，内设机构为办公室、人事劳动科、计财科、工程科、经营管理办公室、政法科、党群办、信息中心等 8 个职能科室。

(二) 直属单位

1972 年，设尤坪、杨林市、洛河、唐家洼、碾盘管理段、溢洪道管理所、大坝管理所、南闸管理所。

1982 年，北干渠交松滋县管理。

1984 年，增设电站、养殖场、供电所、北闸管理所、快活岭管理所、金星管理段。

1994 年 10 月，成立建筑安装工程、装潢、旅游、供水站及商贸 5 个经济实体（公司）。

2009 年 3 月，松滋市北干渠移交洈水工程管理局管理，设白马山、茶市、培里桥、碾盘 4 个管理段，为正科级事业单位。

2011 年，直属单位有大坝、溢洪道、南副坝、北副坝等 4 个管理处，快活岭、金星、杨林市、白马山、茶山、塔里桥、碾盘山等 7 个管理段以及西斋水电站、西斋供电所、水利工程维修队、自来水厂、后勤服务中心、洈水宾馆等。

第九节　荆州市水文水资源勘测局

一、机构沿革

荆州地区境内开展水文工作最早始于 1903 年 1 月，由海关在沙市设置水文站。新中国成立后，由湖北省农水局在天门市皂市设立二等水文站，在京山晏店设立三等水文站，长江汉江干支流及内荆河均由长江委设立各等级水文站。

1955 年，省属各水文站归属设计院水文总站领导。

1957 年 1 月，长办将内荆河各水文站移交省水文总站管理，水文总站在荆门韩家场成立中心流量站。1958 年迁到当阳成立杨家河中心流量站，兼管宜昌、恩施和荆州部分水文站。

1958 年 12 月，湖北省人民委员会将全省各级水文站下放所在地领导，专署水利局内设水文分站。

1961 年 1 月，荆州专署又将水文分站下属测站下放到所在县水利局领导，县局设中心流量站。

1963 年 3 月，荆州专署又将测站上收到专署水利局领导，下设漳河、惠亭、丫角、洪湖和大岩嘴 5 个中心流量站。

1964 年 4 月，全国水文体制上受水电部领导，湖北境内水文站由湖北省水利厅代管。同年 9 月，地区水文分站升格为县级，下设测验、水情、政工、秘书 4 个股。

1968 年元月，成立湖北省水文总站荆州水文分站革命委员会。

1970 年 11 月，第二次下放到荆州地区革委会水电科领导，下设漳河、天门、洪湖、潜江 4 个水文片。

1980 年 12 月，水文体制再度上收，由湖北省水利厅水文总站管理。

1993 年 8 月，荆州地区水文分站恢复为副县级机构，易名为湖北省荆州地区水文水资源勘测局，下设水情通信、勘测、水资源、政工、办公室和科技咨询 6 个科室。

1995 年 3 月，更名为湖北省荆沙市水文水资源勘测局。

1996 年 12 月，更名为湖北省荆州市水文水资源勘测局。

荆州市水文水资源勘测局历届负责人任职情况见表 9-3-9。

表 9 - 3 - 9   荆州市水文水资源勘测局历届负责人任职情况表

姓名	性别	职务	任职起止时间	备注
任泽贵	男	站长	1958 年 12 月至 1962 年 6 月	
克 非	男	站长	1962 年 6 月至 1962 年 10 月	
查茂祥	男	党支部书记	1962 年 10 月至 1978 年 8 月	兼站长
陈亚平	男	党支部书记	1966 年 4 月至 1971 年月	兼站长
陈 伟	男	党支部书记	1970—1985 年	
汪明吉	男	站长	1978 年 1 月至 1978 年 11 月	
孟祥江	男	党支部书记	1985—1986 年	
魏立成	男	党支部书记	1987—1987 年	
杨如军	男	党委书记	1988 年 10 月至 2001 年 1 月	
		局长	1988 年 10 月至 1997 年 12 月	
潘霁扬	男	局长	1997 年 12 月至 2000 年 1 月	
尹定国	男	局长	2001 年 1 月至 2001 年 7 月	
肖贵清	男	局长	2001 年 7 月至 2007 年 6 月	
刘国荣	男	局长	2007 年 7 月至 2001 年	

二、内设机构及站点

全局内设机构有办公室、人教科、勘测科、水情科、水资源科、咨询部、砂管基地等7个科室和洪湖、天门2个勘测队，田关、浩口、习口、万城、大岩嘴5个基本站。有干部职工76人。现有各类监测站点111个，其中水文站13个、水位站50个、雨量站30个、地下水站12个、墒情站6个。现有站点中，中央报汛站2个，省报汛站103个，地方报汛站6个。

第十节　荆州地区惠亭水库管理处

1960 年 10 月，设立京山县惠亭水库管理处，由京山县配备干部，属京山县领导。1963 年 4 月改由荆州专署水利局领导。

1965 年 5 月，成立荆州地区惠亭水库管理处。在北干渠设小张弯、源泉、汤池、川子岭 4 个管理段。

1966 年，增设义和（京山）、杨场（天门）两个管理段，因京山渠线长（34 千米），增设新市管理段。

1970 年 6 月 24 日，荆州地区将惠亭水库管理处下放京山县领导。1971 年 8 月收归荆州地区水利局领导，为副县级单位。内设机构有人秘科、工管科、财器科、生产科。

1986 年，撤销人秘科，设立政工科、办公室，增设新市管理段综合经营公司、派出所。

1990 年，内设机构有办公室、财器科、工管科、政工科、多经科、派出所。

1996 年，因行政区划变动，交荆门市水利局管理。

历届负责人：倪长青、韩朝选、刘宗汉、方在河。

第十一节 荆州地区吴岭水库管理处

1961 年 8 月 24 日，成立京山县吴岭水库管理处。

1963 年 4 月，荆州专署将其收归地区水利局领导。同年 12 月 23 日荆州专署将大观桥水库管理所和绿水堰水库管理所交由吴岭水库管理处管理。

1964 年，大观桥和绿水堰两座水库交天门县水利局领导。

1970 年 6 月，吴岭水库管理处下放京山县领导。

1971 年 8 月，荆州地区将其收归地区水电局领导，处内设人秘科、财器科、工程管理科、综合经营科。下设大坝管理所、水产养殖场、水产公司、东西干渠管理段。

1990 年，人秘科分设办公室、政工科。

1996 年，因行政区划变动，吴岭水库交由湖北省水利厅直管，成立湖北省吴岭水库管理局。

历届负责人：朱光全、张国权、王平权、杜忠贵、郑有润、戴声振、艾道春。

第十二节 荆州地区石龙水库管理处

1955 年 5 月，由湖北省水利局设立石龙过江水库管理处。

1957 年春，交荆州专署水利局领导。

1970 年 6 月，下放京山县领导。

1971 年 8 月，归口荆州专署水利局领导。内设办公室、政工科、工管科、计财科、农业科，灌区设立京山县管理段（驻汤家岭）、天门管理段（原驻石河，改驻雷陈）。管理段人员由所在县委派，其行政业务由石龙水库管理处统一领导，全处共有干部职工 92 人。

1996 年，因行政区划变动，石龙水库交由荆门市水利局管理。

历届负责人：佘丙诸、徐从云、杨思德、范昌才、刘宗汉、方在河、戴声振。

第十三节 荆州市南水北调引江济汉工程管理局

2004 年 3 月，成立荆州市南水北调引江济汉工程管理局，为正县级事业单位，隶属荆州市水利局，承担南水北调引江济汉荆州段的工程建设及相关配套工程建设的工作协调、管理、施工组织、质量监督任务；负责协调荆州段工程建成后的运行、维护和管理。核定事业编制 8 名，内设综合科、工程科，局长由荆州市水利局局长耿冀威兼任。

2009 年 12 月，市编委确定为参照公务员管理的事业单位。

2010年1月，成立荆州市南水北调引江济汉工程建设领导小组，领导小组下设办公室，耿冀威兼任办公室主任。

2011年4月，荆州市水利局局长郝永耀兼任局长。

荆州市南水北调引江济汉工程管理局历届负责人任职情况见表9-3-10。

表9-3-10　　荆州市南水北调引江济汉工程管理局历届负责人任职情况表

姓名	性别	职务	任职起止时间	备　注
耿冀威	男	局长	2004年3月至2011年4月	荆州市水利局局长兼
郝永耀	男	局长	2011年4月至今	荆州市水利局局长兼
曾天喜	男	副局长	2007年8月至今	
王旗	男	总工	2010年9月至2013年3月	
黄泽华	男	副调研员	2012年5月至今	

第十四节　荆州市三善垸水利工程管理处

一、机构沿革

1975年3月，成立三善垸水利管理委员会，级别为科级，人员分别从江陵县、公安县、松滋县抽调干部组成，隶属荆州地区水电局领导。副局长曹道生兼任主任，邓金城任副主任（主持工作）。办公地点为公安县毛家港镇。

1980年10月，蒲田嘴排水闸、玉湖湖口闸、东西节制控制闸等水利工程收归三善垸水利管理委员会直接管理，单位人数增加到12人。内设人秘股、工程管养股、财务器材股、湖口闸管理所、蒲田闸管理所。

1985年1月，徐联芳任主任。

1991年，更名为荆州地区三善垸水利工程管理处，级别为副县级，徐联芳任处长。隶属荆州市水利局领导，内设科室人员编制不变。

1992年，内设机构调整为人秘行政科、工程管养科、财务器材科、综合经营科、湖口闸管理所、排涝计量总站。5月，处机关搬迁至公安县斗湖堤长江路233号。

1996年6月，张培祥任处长。

1997年5月，成立荆州市内浈水河防汛协调领导小组，负责直接管理运用调度，新增内浈水河水系管理职能

2006年，市编委批复三善垸水利工程管理处为纯公益性事业单位，机构级别为副县级，隶属荆州市水利局领导，确定事业编制14名，所需经费纳入财政预算。内部机构设置为办公室、工程管养科、计划财务科、湖口闸管理所、蒲田嘴闸管理所。

2010年3月，刘顺华任处长。

荆州市三善垸水利工程管理处历届负责人任职情况见表9-3-11。

表 9 - 3 - 11　　　　　　　　荆州市三善垸水利工程管理处历届负责人任职情况表

姓名	职务	任职起止时间	备注
曹道生	主任	1975 年 3 月至 1983 年 12 月	荆州地区水利局副局长兼
邓金城	副主任	1975 年 1 月至 1983 年 12 月	
	主任	1984 年 1 月至 1984 年 12 月	
徐联芳	处长	1985 年 1 月至 1996 年 5 月	
张培祥	处长	1996 年 6 月至 2010 年 2 月	
刘顺华	处长	2010 年 3 月至今	

二、主要职责

负责处理三善垸流域的水利建设规划、设计、施工、管理运行、维修养护；担负三善垸流域的防汛、调度、排涝工作；协调处理荆州、公安、松滋 3 县（市、区）的水事关系，解决水事矛盾。受水行政主管部门的委托，负责并承担管理范围内水资源、生态环境及水利工程设施的保护工作，对水事活动进行监督检查，维护正常的水事秩序；负责协调公安县、松滋市内洈河防汛排涝的有关事宜，并检查有关单位对荆州市防办调度决策的执行情况。

第十五节　荆州市高潭口水利工程管理处

1972 年 12 月，成立湖北省洪湖防洪排涝工程高潭口电排站工程建设指挥部，指挥长何佑文。内设政工组、生技组、后勤组、财务组。

1977 年 12 月，成立荆州地区高潭口泵站革命委员会，副县级单位。姚云高任主任。

1978 年夏，恢复荆州地区高潭口泵站名称，成立党委。11 月，朱思清任书记、站长。内设机构由组改为股。

1984 年 4 月，傅德发任书记、站长。由荆州地区水利局领导。下设办公室、政工科、技术科、财务器材科、多种经营科。

1987 年，移交荆州地区四湖工程管理局。9 月，石仁宝任副书记、站长。

1990 年 3 月，更名为荆州地区高潭口水利工程管理处。吴道明任书记。

1993 年 12 月，方先昌任书记。

1994 年，荆沙合并，1995 年更名为荆沙市高潭口水利工程管理处。

1997 年，更名为荆州市高潭口水利工程管理处。10 月，荆州市委组织部批准成立中共高潭口水利工程管理委员会。

1998 年 7 月，韩从浩任书记、处长。

1999 年，高潭口水利工程管理处内设机构为办公室、政工科、财务器材科、工程管养科、保卫科、泵站管理所、化工厂、劳动服务中心，编制总数 153 人。同年成立纪律检查委员会。

2005 年 4 月，市编委明确高潭口水利工程管理处为荆州市四湖工程管理局直属单位。

2008 年，刘松青任书记、处长。定编 72 人，内设办公室、人劳科、计划财务科、工程管理科、泵站管理所、三闸管理所。

2011年，全处在职在编86人，其中管理人员17人，专业技术人员18人，工勤人员51人。

荆州市高潭口水利工程管理处历届负责人任职情况见表9-3-12。

表9-3-12 荆州市高潭口水利管理处历届负责人任职情况表

姓名	职务	性别	任职起止时间	备 注
何佑文	指挥长	男	1972年12月至1977年12月	湖北省洪湖防洪排涝工程高潭口电排站工程建设指挥部，荆州地区水利局直管
杨寿增	副指挥长	男	1972年12月至1977年12月	
韩明炎	副指挥长	男	1972年12月至1977年12月	
姚云高	书记、站长	男	1974年10月至1978年10月	1977年12月成立荆州地区高潭口泵站革委会，荆州地区水利局直管
朱思清	书记、站长	男	1987年11月至1984年4月	荆州地区高潭口泵站，荆州地区水利局直管
傅德发	书记、站长	男	1984年4月至1986年9月	
石仁宝	副书记、站长	男	1987年9月至1990年3月	1987年9月荆州地区高潭口泵站移交荆州地区四湖管理局直管
吴道明	书记	男	1990年4月至1990年12月	1990年3月更名为荆州地区高潭口水利工程管理处
方先昌	书记	男	1993年12月至1998年7月	1995年更名为荆沙市高潭口水利工程管理处
	处长	男	1996年2月至1998年7月	1996年10月任副书记
韩从浩	书记、处长	男	1998年7月至2007年7月	荆州市高潭口水利工程管理处
刘松青	书记、处长	男	2008年12月至今	

第十六节 荆州市新滩口水利工程管理处

1959年，成立新滩口排水闸管理所，1961年，成立新滩口船闸管理处，隶属荆州地区长江修防处领导。

1965年，排水闸管理所和船闸管理处合并成立新滩口双闸管理处，隶属荆州地区四湖工程管理局。

1973年，划归荆州长江修防处管辖。

1977年，更名为洪湖县新滩口双闸管理所，隶属洪湖县水利局。

1985年，成立新滩口水利工程管理处，隶属荆州地区水利局，单位级别为副县级。

1986年5月，成立中共荆州地区新滩口水利工程管理处委员会。

1987年，划归荆州地区四湖工程管理局。

1994年，荆沙合并，更名为荆沙市新滩口水利工程管理处。

1997年，更名为荆州市新滩口水利工程管理处。

2005年4月，市编委明确新滩口水利工程管理处为荆州市四湖工程管理局直属单位。

2008年12月，市编委核定编制87人，内设机构有办公室、人劳科、计财科、工程科、泵站管理所、排水闸管理所、船闸管理所。2011 年，全处在职在编 118 人，其中管理人员 21 人，专业技术人员 13 人，工勤人员 84 人。

荆州市新滩口利工程管理处历届负责人任职情况见表 9-3-13。

表 9-3-13　　　　荆州市新滩口水利工程管理处历届负责人任职情况表

姓名	职务	性别	任职起止时间	备　　注
汪新林	所长	男	1959—1966 年	新滩口排水闸管理所（隶属荆州地区长江修防处）
罗国钧	处长	男	1961—1964 年	新滩口船闸管理处（隶属荆州地区长江修防处）
夏昌迪	处长	男	1965—1973 年	新滩口双闸管理处（隶属荆州地区四湖工程管理局）
窦金庭	主任	男	1974—1976 年	新滩口双闸管理处（隶属荆州长江修防处）
佘传仁	所长	男	1977—1979 年	洪湖县新滩口双闸管理所（隶属洪湖县水利局）
邹久海	所长	男	1980—1983 年	洪湖县新滩口双闸管理所（隶属洪湖县水利局）
胡勤环	所长	男	1984—1986 年	洪湖县新滩口双闸管理所（隶属洪湖县水利局）
郑祖荣	处长	男	1985 年 7 月至 1993 年 5 月	荆州地区新滩口水利工程管理处
方先昌	书记	男	1986 年 5 月至 1987 年 11 月	荆州地区新滩口水利工程管理处
宋永俊	书记、处长	男	1993 年 12 月至 2006 年 7 月	1995—1998 年更名为荆沙市新滩口水利工程管理处
张爱国	书记、处长	男	2006 年 7 月至今	2006 年 7 月至 2010 年 8 月任副处长，主持工作

第十七节　荆州地区田关水利工程管理处

1985 年 10 月，荆州地区成立田关泵站工程指挥部，行署副专员喻伦元任指挥长。1988 年 7 月，荆州地区行署批准成立荆州地区田关水利工程管理处，为副县级事业单位，隶属荆州地区四湖工程管理局。内设办公室、计划财器科、工程管养科、多种经营科和泵站管理所，定编 70 人。

1990 年，设立荆州地区汉江修防处田关闸管所，田关闸管理从田关水利工程管理处划出。

1994 年，荆州地区编委同意增设政工科。

1995 年，因荆州行政区划变更，田关水利工程管理处更名为湖北省田关水利工程管理处，隶属湖北省水利厅。刘岭闸管所划入田关水利工程管理处。湖北省水利厅为其定事业编制 116 人，其中刘岭闸管所 30 人，田关水厂 20 人。

荆州地区田关水利工程管理处历届负责人任职情况见表 9-3-14。

表 9-3-14　　　　荆州地区田关水利工程管理处历届负责人任职情况

姓名	职务	性别	任职起止时间
张云龙	处长		1988 年 12 月至 1998 年 12 月
向德明	处长		1998 年 12 月至 2007 年 12 月
肖迪松	处长		2008 年 1 月至今
华运桥	书记		1988 年 12 月至 1998 年 12 月

第四章　荆州市水利局直属机构

第一节　荆州市水政监察支队（水利规费征收管理处）

一、机构沿革

1995年8月，荆沙市编委批准成立荆沙市水利规费征收管理处，定事业编制6人，机构级别为科级，孙代远为处长。

1997年10月，市编委明确规费荆州市水利征收管理处负责全市防汛费、水资源费的征收与管理工作，定事业编制10人，人员经费自筹。12月，市编委批准成立荆州市水政监察支队，级别为副县级，定编7人，荆州市防办副主任曹子富兼任水政监察支队队长，孙代远任水利规费征收管理处处长。

2003年10月，市编委同意将荆州市水利规费征收管理处整体并入荆州市水政监察支队，对外保留荆州市水利规费征收管理处的牌子，合并后机构级别不变，人员编制15人。内设综合科、水政水保监察科、规费征收科。

2006年6月，孙代远为水政监察支队队长。10月，单独成立了荆州市河道采砂管理处。采砂管理业务从支队划出。

2009年12月，经湖北省人事厅同意，荆州市水政监察支队人员纳入参公管理，定编10人，实有人数8人。实行两块牌子一套班子合署办公。

二、主要职责

（一）荆州市水利规费征收管理处职责

组织宣传贯彻实施各项水利规费政策；依法征收各项水利规费，确保水利规费征收到位；负责水利规费资金的监督管理，提出水利规费资金的使用计划，检查水利规费资金的使用情况；对下级水利规费征收工作进行指导、检查和监督。

（二）荆州市水政监察支队职责

依法保护水工程设施安全，依法对水事活动进行监督检查，依法实施取水许可审批，依法调处和查处水事纠纷和案件。

第二节　荆州市水利水电学校

一、技工教育

1978年，经荆州地区行政公署批准，成立荆州地区水利技工学校，校址设在原荆州地区水利工程队院内。学校有教职员工 18 人。内设办公室和教研室，设水利机械和水利施工两个专业。当年水利机械专业招生 40 人。

1979 年两个专业各招收 40 人。历时两年半，完成了教学大纲规定的教学任务，学生均达到了技工二级至三级的水平。

1981 年成立荆州地区水利系统培训班，教学重点由水利技工培训转为水利系统在职职工培训。

1982 年由地区水利局农电科主办两期水利电力排灌技术培训班，培训全区大型泵站基层骨干 177 人；由地区水利局管养科主办水库调度运用培训班，培训水库技术人员 30 人。同年，举办 1 期文化补习班，培训学员 50 人。

1983 年，由农电科主办 1 期泵站技术培训班，学员来自全区 16 个大型泵站，培训学员 78 人，这些学员成为泵站的技术骨干。

二、职工中专

1983 年年底，荆州地区水利局先后向荆州地区行署和湖北省人民政府提出申请，拟将荆州地区水利职工培训班改为湖北省荆州地区水利职工中等专业学校。

1984 年，湖北省人民政府批准成立荆州地区水利职工中等专业学校。学校为差额拨款单位，办学经费主要为学费收入，不足部分由地区水利局从水费收入中调剂解决。学校级别为副县级，隶属地区水利局领导，业务上接受地区教育局的领导。校址设在沙市东区虾子沟，招生对象主要是荆州地区水利战线的在职职工。全校教职工 38 人，内设机构有办公室、教务科、总务科、团委，1986 年增设学生科。

1986 年学校迁至沙市东区窑湾，原荆州地区水利工程处车队院内，设立农田水利、工程管理、机电排灌 3 个专业。1985—1987 年累计招生 315 人。

1987 年招生范围由原荆州地区扩展到全省。1988 年增设小水电、水利经济管理两个专业，招生 183 人。同年开办干部专修班，招收学员 34 人。

1991 年，学校教职工达到 77 人。职工中专办学 8 年，在教学设备、校园建设等方面得到了很大发展，学校还建立了物理学、水力学、测量学、计算机、电工与电子技术等实验室。

三、普通中专

1991 年，荆州地区水利职工中专转为全日制普通中专，学校更名为荆州地区水利水电学校，由荆州地区水利局主管，接受教育行政部门的业务指导。同时，继续承担水利系统在职职工的培训任务。

1991 年，学校设 4 个专业，即小水电、机电排灌、水利工程管理和农田水利，批准普通中专招生计划 50 人，开设专业为农田水利，学制 3 年，其他专业无招生计划。1992 年，招收国家任务生 60 人，委培生 160 人，涉及机电排灌、农田水利、水利工程管理 3 个专业。1993 年招收国家任务生 100 人，委培生 188 人，对等协作生 24 人。

1996 年，在荆州本地和河南省商丘地区、陕西省安康地区等地招生 629 人。

1997 年，招生范围扩展到福建、江西，当年招生 464 人。

1984—2000 年的 16 年间共为社会各界输送普通中专毕业生 2800 名。

2001 年，荆州市水利水电学校停办。

2006 年 8 月，与湖北省创业技工学校签订校舍整体出租协议。创业技工学校一次性支付 400 万元租金，水利局向市政府争取 100 万改革资金，全部用于水利水电学校教职工的安置。

学校历届校长：程作华、王德春、郑存灼、董芳群。党委书记：杨德纯、樊哲雄。

第三节　荆州市河道采砂管理处

一、机构沿革

为加强境内长江河道采砂管理工作，2004 年 9 月 16 日，市编委批准成立荆州市河道采砂管理处，与荆州市水政监察支队合署办公，所需人员从荆州市水利局系统内调剂，由荆州市水政监察支队统一领导、统一执法。

2006 年 5 月 30 日，根据《长江河道采砂管理条例》（国务院令 320 号）的有关精神，市编委同意将荆州市河道采砂管理处单独设置，机构级别为正科级事业单位，核定事业编制 5 人，人员从水利系统事业单位中调剂，所需经费从罚没收入中解决。办公地点设在荆州市水利局水利宾馆。

二、主要职责

宣传贯彻《中华人民共和国水法》《中华人民共和国防洪法》《长江河道采砂管理条例》等法律法规；负责全市范围内河道采砂工作的管理和监督检查；对公民法人或其他组织违反《长江河道采砂管理条例》的行为依法进行查处；负责对有关县（市、区）河道采砂管理工作和禁采执法活动进行指导、监督、检查和督办。

第四节　荆州市水利水电勘测设计院

一、荆州市水利水电勘测设计院

1981 年，荆州地区机构编制委员会批准成立荆州地区行政公署水利局勘察设计室。

1988 年，撤销勘察设计室，组建荆州地区水利水电勘测设计院，与 1979 年 9 月成立的荆州地区水利科学研究所合并，为全民所有制事业单位，机构级别为副县级，隶属荆州地区水利局领导，办公地点设在荆州市屈原路 39 号。内设机构有办公室、财会室、规划室、水工室、机电室、科技室。

1993 年 4 月，建设部授予水利行业水利水电勘测设计乙级资质证书。

1994 年 10 月，荆沙合并，更名为荆沙市水利水电勘测设计院。

1996 年，更名为荆州市水利水电勘测设计院。

1999 年 11 月，在荆州市工商行政管理局注册登记，取得企业法人营业执照，注册资金 303 万元。

2006 年 1 月，取得水资源论证乙级资质证书和水利行业水利水电勘测设计乙级资质证书，业务范围为水库枢纽、引调水、灌溉排涝、河道整治、城市防洪等工程建设，围垦专业为乙级、建筑行业为丙级资质。

2008 年，通过 ISO 9001 质量管理体系认证。

2011 年，核定编制 48 人，实有 20 人。注册人员有一级注册结构师 1 人、二级注册结构师 1 人、二级注册建筑师 3 人、注册造价师工程师 2 人。

1988 年"荆州地区水资源供需平衡四级区研究"获省科委、省农委优秀成果一等奖；1989 年"洪湖新滩口泵站设计"获省优秀设计二等奖；1993 年"泵站拍门自动挂钩脱钩装置设计"获省勘察设计三等奖；2000 年"四湖排水系统优化调度研究及排水实时调度决策支持系统"获省政府科技进步三等奖。2005—2009 年度获全省水利科技先进工作单位。

历任主要负责人：谭有炎（主任）、纪登浩（书记）、吴熙春（院长）、樊豫枫（院长）。

二、县（市、区）水利水电勘测设计院

（一）荆州区水利勘察设计院

1981 年 9 月成立江陵县水利勘测设计室，承担江陵县三级以下水利工程设计。1994 年 8 月经江陵县编委批准为江陵县水利勘察设计院，1994 年更名为荆州区水利勘察设计院。机构规格为副科级事业单位，内设机构为设计室、勘察室、办公室，定编 20 人。历年来，设计院承担的设计项目主要有太湖港水库引水渠水利血防工程、荆州区沙港水库除险加固工程、学堂洲泵站改造工程、引江济汉水系恢复工程、12 座小型水库除险加固工程、荆州区农村安全饮水工程、荆州区小型农田水利工程等，还与荆州市水利水电勘测设计院合作设计了李家嘴电力灌溉站、里甲口电排站 2 座大中型泵站的更新改造以及 2 个中型灌区改造、2 个中小河流治理的设计。

（二）江陵县水利设计室

1996 年成立江陵县水利设计室，有职工 9 人，承担的设计项目有水利规划编制 4 个、小型农田水利基本建设项目 6 个、农村安全饮水项目 8 个、农发项目 3 个、中小河流治理工程 4 个、粮食基础能力建设实施方案 1 个、灌区续建配套与节水改造工程实施方案 2 个。

（三）松滋市水利勘测设计院

松滋市水利勘测设计院创建于 1981 年，属全民所有制副科级事业单位，是集勘察、测绘、规划设计、施工于一体，多元化、跨行业的一所丙级设计单位，可承接中小型水库枢纽工程建设、中小型泵站、抽水站、中小型涵闸、中小型自来水厂及办公楼、民房等工程的概预算、设计与施工。自成立以来，主要设计完成浠市、王家桥、纸厂河、沧水、万家等 11 个农村饮水安全项目，34 座小水库溢洪道扩挖设计工程项目，修订完成小农水建设项目实施方案及设计图册。2011 年有员工 32 名。

（四）公安县水利水电勘测设计院

1991年正式成立公安县水利水电勘测设计院，具有丙级资质设计等级证书，2011年有职工21人。历年来，公安县水利水电勘测设计院完成的中小型水利工程规划设计项目主要有县域内历年农田水利工程、农业综合开发水利建设工程、小型农田水利重点县建设工程、农村安全饮水工程等，还与荆州市水利水电勘测设计院合作完成了荆江分洪区灌区、县内中小河流治理、中小型水库除险加固等工程的设计。

（五）监利县水利勘测设计院

1987年4月成立监利县水利勘测设计院，是独立核算的设计企业单位。2011年有职工9人，为水利勘测丙级、工程测量丁级设计院。完成的主要规划设计有四港泵站、窑圻垴泵站改造，监利县水利"十二五"规划，监利县小型农田水利大沧垸、燕湖垸、碾桥垸等项目设计，洪湖汉河土地整理项目和监利县汪桥土地整理项目规划设计。此外还与荆州市水利水电勘测设计院合作完成了监利县西门渊灌区、何王庙灌区、隔北灌区三大灌区的规划、可行性研究及实施方案，中小河流治理监新河综合整治方案，监利县柘木水厂、分盐河山水厂、网市东荆河水厂新建工程及大垸水厂、黄歇水厂管网延伸等工程的设计。

（六）石首市水利勘测设计院

1986年成立石首市水利局设计室。1996年更名为石首市水利勘察设计院，具有水利行业（灌溉排涝、水库枢纽）丙级设计资质，2011年有职工18人。历年来，先后承担的设计项目有小河口镇、久合垸乡、团山镇、桃花山镇、东升镇等乡镇农业综合开发中低产田改造项目设计，财政局万亩吨粮田建设项目与粮食基础能力建设项目设计。此外还协助荆州市水利水电勘测设计院完成了"十一五"农村饮水安全项目的可行性研究、初步设计、实施方案及株树港、邹家湾、哑口、鸭子山、流水口水库整险除险加固工程设计。

（七）洪湖市水利勘测设计院

1984年成立洪湖县水利勘测设计室，1989年更名为洪湖市水利勘测设计院，取得水利行业（灌溉排涝）乙级资质等级证书、丁级工程测量等级证书。现有职工35人。先后承担的设计项目有洪湖市下内荆河水利血防项目、洪湖市大沙湖管理区彭陈渠水土保持流域试点工程项目、洪湖市峰白河河道疏浚硬化工程、洪湖市隔北灌区续建配套与节水改造等。

第五节 荆州市水利综合经营管理办公室

1984年6月，荆州地区编委批准成立荆州地区水利工程多种经营服务公司，直属荆州行署水利局领导，实行企业管理，单独核算，自负盈亏，定编10人。

1986年4月，更名为荆州地区水利工程多种经营管理站，定事业编制10人，机构级别为正科级，隶属水利局领导。内设机构为办公室、业务科、财务科。主要职责为：编制全区水利综合经营发展规划、落实计划，技术培训，总结交流经验，调查研究，提供信息，统计产值利润，管理好周转金，协作供求等。

1990年3月，更名为荆州地区水利工程综合经营管理处，其隶属关系、机构级别、职能、人员编制不变，同时成立荆州地区水利多种经营供销站，事业性质，实行企业化管理，经费自筹解决，机构级别为正科级，隶属地区水利综合经营管理处领导，人员编制10人。主要从荆沙城区水利系统内部调配及安置职工子女就业。

1997年1月，对综合经营管理处进行改革调整，留12人从事管理工作，人员经费从水费中定额拨款，其余人员分流到多种经营供销站实行自主经营，自负盈亏。

1998年10月，更名为荆州市水利综合经营管理办公室，定事业编制11人，人员经费由水利局定额拨款。2003年起，市财政对其实行补助拨款。

历届主要负责人：龚光英、孙长彪、纪登浩、章一州、何凡生。

第六节　荆州市水利局物资供应站

1973年12月，荆州地区革命委员会批准成立荆州地区水电物资供应站，主要职责是负责农田水利基本建设和防汛抗灾所需钢材、水泥、木材、机柴油、五金、农业机械和电力设备的计划调拨和采购，保证防汛抗灾、抗洪排涝、大型农田水利和水利水电建设的物资供应工作。站址设在沙市东区虾子沟，由荆州地区水利工程队代管，定编5人。

1978年，更名为荆州地区水利局物资供应站，划归荆州地区水利局领导。

1984年，站址搬迁到沙市大庆路黑窑场，站内设调运股、业务股、人秘股，定编28人。

1988年，内部机构改设办公室、业务科和水利水电物资经营部。定编35人，为差额补贴的全民事业单位，正科级。

1994年10月，荆沙合并，更名为荆沙市水利局物资供应站。

1996年，更名为荆州市水利局物资供应站。

20世纪90年代后，国家计划物资全部取消，物质站运转艰难。2002年后，物资站通过变卖部分资产为离退休老同志购买养老保险，在职员工发给生活费，另谋职业。

历届主要负责人：孟正荣、黄忠俭、吕安振、王少贵、向家景、孙长彪、王俊平、胡晓路

第七节　荆州市水利水电开发总公司

一、机构沿革

1956年12月，为承担全区水利工程勘测施工任务，组建荆州专区水利分局工程队，配干部、工人50人。

1958年1月，在漳河工地重新组建工程队，参与漳河水库工程的施工。1965年10月，工程队机关迁驻沙市东区窑湾。内设办公室、政工股、计财股、生产股、后勤股、工程股和机械连、修配连。

1975年8月，成立荆州地区水电局汽车队。

1984年4月，定名为荆州地区水利工程队，单位级别为副县级。内设办公室、政工

科、财器科、工管科、生产设备科、行政科、工会。下属单位有施工队、汽车队、修造厂、预制厂。

1986 年 3 月，更名为荆州地区水利工程处，内设办公室、人事保卫科、工程管理科、计划财务科、汽车队、机械施工队、修造厂、预制厂。1990 年增设多种经营管理科。

1996 年 7 月，荆州市水利工程处与沙市市荆堤房地产综合开发公司（1987 年 5 月沙市市政府批准成立）合并，组建荆州市水利水电开发总公司。内设办公室、政工科、计划科、财务科、经营办公室、审计科、工程师室、保卫科、工会、团委。总公司下设 7 个分公司，即荆堤房地产综合开发公司，第一、第二、第三工程公司，物业管理公司，汽车运输公司，综合经营服务公司。10 月，增设离退休人员管理科。

2005 年 3 月，荆州水利水电开发总公司退出事业编制，整体转为企业。

2011 年，总公司从业人员 423 人，其中高、中级技术职称 120 人（包括水利水电一级建造师 16 人、水利水电二级建造师 14 人）。企业注册资本 5980 万元。

2012 年 11 月，荆州市水利水电开发总公司整体移交荆州市国资委管理。

二、历届负责人

荆州地区水利工程处历届主要负责人：李先正、唐忠英、左定坤、王少贵、李田生、贺富彬、郑存灼、邓德胜、朱柏春、杜贤作、侯德章。

沙市市荆堤房地产综合开发公司历届负责人：王国华、颜家真、毕勇国、周锡炎、吉林、曹志明、许歇任。

荆州市水利水电开发总公司历届负责人：毕勇国、侯德章、谢圣军。

三、工作业绩

荆州地区水利工程处曾参加漳河水库、沮水水库、石门水库、京山八字门水库、高关水库、潜江幸福泵站、沔阳大沙湖泵站、洪湖新堤排水闸、福田寺防洪闸及船闸、宋家台渡漕、监利新沟泵站、松滋杨林市泵站、新滩口泵站、高潭口泵站、田关泵站、公安闸口二站、石首冯家潭二站等 30 多处大、中型水利工程的施工。

荆州市水利水电开发总公司先后参加了南水北调引江济汉工程、洪湖防洪排涝工程、荆江分蓄洪区配套工程建设；承接长委重要堤防隐蔽工程石首鱼尾洲、北碾子湾治理、黄石耙铺大堤、荆州城市防洪排涝以及公安、石首、监利、洪湖长江干堤堤防加固工程。

荆州市水利水电开发总公司具有水利水电工程施工总承包一级、房屋建筑总承包三级和地基与基础工程专业承包三级资质，获有 ISO 三体系管理认证证书和安全生产许可证书。公司先后被认定为湖北省和荆州市"重合同守信用"企业；被评为荆州市文明单位、荆州市安全生产先进单位、湖北省"安康杯"优胜企业、荆州市劳动保护工作示范工会；被授予农行湖北分行"AAA 信用企业"、中国水利施工和湖北省水利施工"AA"信用企业称号。

2001 年以来，荆州市水利水电开发总公司足迹遍及鄂、粤、藏、桂、赣、湘等省（自治区），在水利施工、房屋建筑、地基与基础工程等多个领域取得了显著成绩。所建工程，合格率 100%，优良工程达 60% 以上，无安全质量事故，在社会上享有良好的声誉。

第八节　荆州市水利技术服务中心

荆州市水利技术服务中心是由农电测试中心、农田水利技术推广中心、堤坝白蚁防治与水土保持监测站、防汛通信服务中心于 2006 年 3 月合并后成立的。为便于上下对口，中心对外挂荆州市农电测试中心和荆州市堤坝白蚁防治与水土保持监测站的牌子。

一、荆州市堤坝白蚁防治与水土保持监测站

2003 年 5 月，市编委批准成立荆州市堤坝白蚁防治与水土保持监测站，机构级别为正科级，定编 3 人，为差额拨款单位。主要职责为：负责全市水土保持监测网络规划布局、管理和水土流失动态监测及数据处理；承担全市水土流失普查工作，配合重点工程的水土保持管理并承担监测工作，为定期公告全省、全市水土流失动态提供依据；承办开发建设项目水土保持方案技术审查；承担水土保持科研项目技术推广工作；根据国家有关政策法规，从事水土保持项目规划、项目建议书编制等方面的工作。

二、荆州市农电测试中心

荆州市农电测试中心成立于 1987 年 10 月，属全民所有制事业单位，实行企业管理，机构级别为正科级，隶属荆州市水利局，为独立法人，定编 5 人。单位主要负责全市泵站、水电站兴建及更新改造项目的现场效率测试和电力设备预防性试验、交接试验等测试任务，负责培训、指导、协调各县（市、区）测试站的工作。1991 年通过湖北省计量局计量认证，从 1997 年起，一直被湖北省技术监督局计量认证合格，2010 年 1 月取得了湖北省水利工程质量检测单位的机械电气类乙级检测资质。

2006—2011 年先后独立或与有关检测单位合作，完成了对县（市、区）大部分更新改造泵站的安全鉴定检测及更新改造完成后的现场检测工作，并通过了部省评审。

第九节　荆州市荆松水泥厂

1970 年 7 月松滋县水电局在刘家场兴办松滋县水泥厂，实行民兵建制生产管理，厂部为连，车间为排，有职工 93 人。

1975 年 4 月，荆州地区水利局投资扩建为 5 万吨生产能力，并更名为荆州地区水利电力局松滋水泥厂，由地、县水利局联合经营，行政、基建归地区水利局管理，党务、人事由松滋县领导。同年 5 月，松滋县将刘家场园艺五队划归水泥厂领导。

1976 年 4 月，内设基建科、生产科、财务科、供销科、行政科、劳资科、保卫科、设备科、党委办公室、化验室及 6 个车间。

1979 年 3 月，增设厂长办公室，将化验室改为检验科，基建科改为工程科。

1980 年 3 月，由于市场不景气，辞退 212 名亦工亦农人员，全厂职工仅剩 186 人。

1985 年，厂内设办公室、工会、调度室、财务科、供销科、销售科、化验室、企业办公室、保卫科、行政科、设备科、劳动人事科、劳动服务公司以及生料、烧成、成品、

机修、电力 5 个车间。5 月 8 日，水泥厂再次扩建，年产水泥由 5 万吨扩建到 8.8 万吨，组织、人事、行政工作也一并由荆州地区水利局管理。

1989 年，荆州行署办公室批准，在 8.8 万吨基础上扩建一条 4.4 万吨生产线。

1995 年 3 月，荆州地区荆松水泥厂更名为荆沙市荆松水泥厂。

1997 年，水泥厂移交荆州市建材局。

历届主要负责人：李宗富、徐庆尧、张必发、周云成、李宗富、范真贵、周刚常、吴发茂、赵茂忠、李德斌、丁永浩。

第十节　湖北省漳河水库排灌机械队

1966 年漳河水库建成后，灌区遭受第一次干旱，地区水利局购置东方红 54 马力柴油机 50 台，在周河架机抽库区死水抗旱。抗旱结束后，机械移交漳河管理局代管。1975 年 2 月 25 日正式成立机械队，为漳河灌区抗旱服务。1990 年漳河水库交由湖北省水利厅直管后，机械队划归荆州地区水利局领导。1995 年湖北省水利厅将荆州地区水利局排灌机械队交由漳河工程管理局，更名为湖北省漳河水库排灌机械队，为全省抗大旱、排大涝服务。

第十一节　三　峡　宾　馆

荆州市三峡宾馆由原中国三峡工程开发总公司筹建处和荆州市水利局于 1987 年共同投资组建，为全民所有制事业单位，实行企业化管理，机构级别相当正科级，隶属荆州市水利局领导，核定人员编制 25 名。1998 年 10 月，荆州市水利局将三峡宾馆归并荆州市水利水电开发总公司代管经营，1999 年 4 月，市编委将三峡宾馆与荆州市水利水电开发总公司合并，三峡宾馆保留原名称、性质、级别，属荆州市水利水电工程总公司二级单位。2005 年 8 月，三峡宾馆（包括附楼、综合楼门面）整体租赁给武汉腾飞汽车有限公司，租期 12 年，总租金 300 万元（每年 25 万元），租金收入用于安置三峡宾馆职工。三峡宾馆历届主要负责人及任职时间：夏登科（1987 年 12 月至 1997 年 11 月）、李士元（党支部书记，1987 年 12 月至 1994 年、王玉林（1997 年 11 月至 1998 年 11 月）、袁任军（1999 年 1 月至 1999 年 4 月）、李年源（2000 年 6 月至 2005 年 3 月）。

第五章　水　工　程　管　理

荆州水利工程门类齐全，有堤防、分蓄洪工程、水库、涵闸、电力排灌站、渠道、塘堰，形成了防洪、排涝、灌溉三大体系。工程管理单位也随之建立，管理工作日益得到重视，并逐步规范化、制度化、法治化，保证了各类水利工程设施的安全，发挥了水工程的效益。

第一节　管　理　措　施

一、管理概要

荆州水利工程管理始于堤防。自宋以后堤防溃决灾害加剧，历代朝廷对堤防工程的管理倍加关注。

新中国成立前夕，江汉干堤管理有了一定的基础，但小型农田水利工程管理却是一项空白。新中国成立后，随着水利建设大规模地展开，水利工程门类增多，管理工作逐步得到重视。1954年湖北省第一次水利工程管理会议，强调各级都要把水利工程管理纳入议事日程，坚决克服重建轻管思想，健全管理机构，明确管理体制，制定管理法规，保证工程安全，有效地发挥各类工程效益。

荆州的水利工程管理经历了由堤防到农田水利，由行政手段到健全管理规章，由单一工程管理到综合经营管理，由无法可依到依法治水管水，水利管理工作逐步深化。20世纪50年代，着重抓堤防兴修和管理，1957年荆州专署提出"兴修与管养并重"的方针，堤防和农田水利管理工作得到全面发展。60年代初，有的地方出现了撤销基层管理机构、调离管理人员、乱砍防护林，甚至挖堤种庄稼破坏堤防工程的现象；少数地方重建轻管，忽视水利工程管理，导致发生水库垮坝的严重教训。1965年，在水库和灌区开展清查整顿，把一些不安全、不达标的小（2）型水库降级为塘堰。1972年，全区水管单位开展"五查四定"（查工程投资、查工程安全、查工程效益、查综合经营、查管理现状，定任务、定措施、定计划、定体制），推动了水利工程管理工作。1984年，根据水利部统一部署，开展"三查三定"（查安全、定标准，查效益、定措施，查综合经营、定发展规划）。通过以上清查和整顿，对规范全区水利工程管理起到很大促进作用。

1985年，荆州地区召开全区水利改革座谈会，要求把水利工作的重点转移到管理上来。各县（市）水利局按照"加强经营管理，讲究经营效益"的方针和"两大支柱"（水费征收、综合经营）、"一把钥匙"（生产责任制）的改革思路，不断强化管理工作，各单位以经济效益为中心，以各种承包制为手段，正确处理安全、效益、经营三者关系，转轨变型，全面服务，不断提高水管单位自身效益，使全区水利工程管理工作步入一个新阶段。

1988年《中华人民共和国水法》颁布后，水利管理工作进入到依法管理的新时期。11月，国务院批转水利部《关于依靠群众合作兴办农村水利的意见》，强调贯彻自力更生为主，国家支援为辅的方针，实行劳动积累工、多层次多渠道集资兴办农村水利。荆州地区贯彻谁受益、谁负担的原则，要求农村水利工主要用于乡村范围内的防洪、排涝、灌溉、供水等小型工程，建立农村水利工清账结算制度，充分发挥水利设施抗灾作用，改善农业生产条件。同时，依法清除江河湖库阻水设施，确保行洪畅通和水利工程安全。

1990年，随着水利改革的深化，社会主义市场经济的建立，水利管理走向新的"四化"（行业管理规范化、工程设施标准化、水事活动法制化、职工生活小康化）。这一时期，全区水利工程管理出现三大变化：经过工程整险加固，管理达标上档升级得到提高；依法治水、依法管水出现了新局面；水利经济得到大发展。

1991年，全省水利工程划界确权会议后，荆州地区成立由水利、土管、公安、司法、交通、财政等部门参加的水利工程划界确权领导小组，统一协调解决划界过程中遇到的重大疑难问题，堤防、水库、涵闸、泵站等水管单位积极参与配合，按照湖北省政府颁布的《水利工程管理办法》等有关规定开展确权划界工作。

通过艰苦细致的工作，全区重点水利工程用地划界确权、登记发证工作顺利完成。到1994年全区长江干堤、汉江干堤、东荆河堤、大中型水库和800千瓦以上的大中型泵站以及沿江涵闸都依法进行划界确权，大部分工程用地颁发了土地证书，建立健全了水利工程用地档案资料，做到工程用地权属合理，界址界桩清楚，管理范围准确，证书齐全，资料完备。水利工程划界确权后，解决了许多历史遗留问题，避免了因权属不清引起的水事纠纷，为水利工程管理单位开发水土资源，保护水工程完整提供了法律依据。

管理范围：大中型水库兴利水位线以下，大型水库主坝坡脚外200米，中型水库主坝坡脚外100米，大中型水库副坝坡脚外50米；大中型河道、湖泊堤防外堤脚外1~10米，灌排干渠的渠坡脚外2~4米，水工建筑物边线以外10~50米。

保护范围：大中型水库防洪水位线以下，大型水库主坝坡脚外500米，中型水库主坝坡脚外300米，大中型水库副坝坡脚外200米；大型河流和江汉干堤的内外禁脚分别为30米、50米；中型河道、湖泊堤防内外堤脚外15~30米，水工建筑物边线以外一般为300米。

1995年，全国水利经济工作会议后，把水利工程管理提高到一个新的高度，要求在确保工程安全和水利资产保值增值前提下，实现依法经营，增强水利产业活力。

2003年，荆州水管体制改革正式启动，根据全国和湖北省水利改革方案，进一步明确水利管理单位性质、责任，严格定编定员。按照文件规定，将市、县（区）水管单位划分为3类：第一类为纯公益性，定为事业单位，全市定性为纯公益性事业单位54个，其中市直5个（荆州市长江河道管理局、湖北省荆江分蓄洪区工程管理局、湖北省洪湖分蓄洪区工程管理局、荆州市四湖工程管理局、荆州市三善垸水利工程管理处）；第二类为准公益性，依其承担任务确定性质，承担防洪排涝任务的部分，定为事业单位，从事供水、发电等经营部分转为企业，全市水利系统准事业单位9个，其中市直1个（沮水工程管理局）；第三类为创收单位，承担城市供水、水力发电、工程施工等水管单位，定性为企业。2005 年 3 月，荆州市水利水电开发总公司、荆州市水利局多种经营管理站退出事业编制，整体转为企业。2008 年 12 月，荆州市水管体制改革工作基本完成并通过上级主管部门验收。根据改革方案，共核定事业编制 5458 人（其中市直 3642 人）。

二、奖惩制度

（一）清代奖惩办法

康熙三十九年（1700 年）议准：湖广筑堤责令地方官员每年九月兴工，次年二月告竣。如修筑不坚，以致溃决，将巡抚按"总河例"，道府按"督催官例"，同知以下按"承修官例"议处。同年康熙下旨：江堤与黄河堤不同，黄河水流无定，时常改道，故设河官看守，江水并不改移，故交地方官看守。……嗣后，湖广堤岸溃决，府州县官各罚俸禄一年，巡抚罚俸半年。

雍正七年（1729 年）朝廷议准：对防汛、修堤不负责任的官员，由各道揭发参奏，该道徇私不揭，由督府一并题参。

乾隆二十四年（1759 年），地方官劝民疏渠开堰有功者酌量记功，有急工捐资三百两以下者给牌匾；三百两以上者题请议叙。

（二）民国奖惩条例

1929 年 4 月，内政部颁发《水利官员考绩条例》，规定水利官员每年考绩一次，由主管机关分别给予奖惩。奖励共分 5 等，即升级、加俸、记大功、记功、嘉奖；惩戒分 5 等，即免职、减俸、记大过、记过、申诫。1931 年 3 月，湖北省政府颁布《湖北水利堤工奖惩暂行章程》。奖励项目分为嘉奖、记大功、记功、加俸、递升、依次递升、调升，惩罚包括申斥、记过、记大过、撤职、停委（1～3 年）、降级（照原级递降）、追赔等。第十条规定，办理堤工人员如果侵蚀公款情节重大，由水利局相叙事实，呈请省政府特别惩办。1936 年，湖北省政府令颁《防止堤工弊端办法》规定，凡修干堤、民垸或筹办堤工机关员役人等，不得为包工或承揽人。……如有溃决情事，除完全赔偿外，并予以刑事处分。

（三）新中国成立后的奖惩办法

1950 年，湖北省防汛指挥部《防汛奖惩暂行办法》第五条规定，奖励办法：登报表扬，通令表扬，奖状、奖旗、奖章，奖品，奖金，荣誉（模范、英雄）。第六条规定，罚惩办法：批评、警告、通报、处分。

1988 年 6 月 3 日，国务院颁布的《中华人民共和国河道管理条例》第四十四条规定，汛期违反防汛指挥部的规定或指令的，县级以上地方人民政府河道主管机关，除责令其纠正违法行为、采取补救措施外，可以并处警告、罚款、没收非法所得；对有关责任人员，由其所在单位或者上级主管机关给予行政处分，构成犯罪的，依法追究刑事责任。第四十八条规定，河道主管机关的工作人员以及河道监理人员玩忽职守、滥用职权、徇私舞弊的，由其所在单位或上级主管机关给予行政处分；对公共财产、国家和人民利益造成重大损失的，依法追究刑事责任。

1997 年 8 月 29 日颁布实施的《中华人民共和国防洪法》第七章明确了防汛的法律责任（略）。1998 年 11 月 27 日，湖北省第九届人民代表大会常务委员会第六次会议通过《湖北省实施〈防洪法〉办法》，其中第五章明确了相关法律责任，并作出处罚规定。

三、奖惩实例

（一）奖励实例

清道光十三年（1833 年），郝穴主簿尹春年因办理郝穴许仙观等处石工及防护抢险有功，按"应升三缺升用"。

道光二十三年（1843 年），黄冈县丞汤景，在办理观音寺矶及帮修万城堤时尽心出力，先后记大功 4 次，并按"应升三缺升用"。

1915 年，万城堤工局总理徐国彬因"三庆安澜，劳绩异常"，内政部核议，大总统批准，授给"七等嘉禾章"，协理杨继南等 3 人为"九等嘉禾章"。

1934 年，荆江堤工局徐国彬因"劳绩卓著"，国民政府主席林森题词"绩著安澜"匾额，以资表彰。

1950 年 9 月，石首堤防管理人员刘大寅，长期从事堤防管理工作，在防汛抢险时跳进水中堵住浑水漏洞，被评为全国特等劳动模范，并出席国庆大典观礼。

1978 年，水电部授予荆江大堤灭蚁工程队"水利电力科学技术先进集体"称号，并在全国科技大会上被授予"合作完成堤坝白蚁防治研究成果奖"。

1979 年 12 月，天门汉江干堤管养员罗河山，潜心堤防林业病虫害的防治实践与研究，撰写专著两部，受到中外专家的好评，获"全国水利先进个人""全国科学大会奖""全国劳动模范"等荣誉。

1991 年，监利县堤防管理总段刘治虎因管理工作成绩突出，水利部授予"水利管理先进工作者"荣誉称号。

2010 年，江陵分局陈永珍因堤防管理工作业绩突出，湖北省总工会授予"湖北'五一'劳动奖章"。

（二）惩罚实例

清乾隆五十三年（1788 年），荆江大堤自万城至御路口溃决 22 处，成千古奇灾，乾隆为此事共发诏书 24 件，将 10 年以内承修堤工官员暨管上司分别责任大小，对总督、巡抚、施道、知县等分别以革职、革职留用、降级调用、捕拿刑部治罪和罚款处分。

道光十二年（1832 年）大堤溃决处，"凡属新建工程或未满保固期限者，查明承修官员及接防官员一并惩处，并追赔夫工银两，承修者追赔七分，接防者追赔三分"。

道光二十二年（1842 年）堤溃，知府程伊湄"咎无可辞"被革职，"限两月复溃口，所需银两计二万八千三百余两由其认赔"。

1931 年大水一案，经监察部提出弹劾，中央公务员惩戒委员会于 1938 年 3 月 28 日分别作出处理决定："湖北省水利局局长陈光明等免职并停止任用 2 年；卢邦燮（嘉鱼县长）、卢泽东（石首县长）等降一级改叙。王显一（沔阳县长）、张明之（枝江县长）、卢本权（江陵县长）、毕蔚如（汉阳县长）、万树铭（监利县长）等减月俸百分之十"。

1935 年荆江大堤溃决一案，中央公务员惩戒委员会于 1938 年 5 月 7 日议决："①原江汉工程局局长杨思廉玩忽职守，予以免职并停职任用 12 年；②原堤工局万城分局堤工主任吴锦棠玩忽职守予以免职并停用 10 年；③原荆江堤工局局长徐国瑞玩忽职守予以降二级改叙"。

1955 年 7 月 3 日，监利白螺区丁家州围堤溃决，监利县纪委给予白螺区区长傅冠章党内严重警告处分，荆州专区防汛指挥部对此通报全区各地。

1960 年抗旱时，钟祥县旧口公社在距汉江遥堤堤脚 20～100 米挖顺堤引水沟 22.38 千米，对堤禁脚覆盖层造成破坏，荆州专署派员实地调查后，责令旧口公社在汛前将引水沟填平并恢复原状，对钟祥县管理总段段长陈仁元给予降级撤职处分，对其他责任人予以通报批评。

1980 年 8 月 28 日，监利三州联垸万家墩堤溃口，中共荆州地委纪检委员会组织联合调查组，对溃口事件进行调查。监利县委分别向省委、地委作了书面检查。

1984 年春，江汉石油管理局物探公司 2213 地震队，严重违反堤防管理规定，不经堤防部门批准，擅自在荆江大堤险段钻孔爆破 120 孔，造成人为险情，严重威胁大堤安全。经有关部门决定，给 2213 地震队队长开除留用处分；江汉石油管理局主管处长、总工程师记大过一次处分；荆州地区长江修防处及江陵总段有关人员也分别受到党纪、政纪处分。

1998 年，公安孟溪大垸虎渡河严家台溃口后，荆州市纪委组织公安、水利、堤防联合调查组对溃口事件进行详细调查后，对镇委书记、镇长和分管水利的副镇长给予撤职处分。

第二节　管　理　组　织

按照统一领导，分级负责，专管和群众管理相结合的原则，经过 60 余年的水利改革和发展，荆州地区（市）水利工程建立了比较完备的水利工程体系和管理组织，在防汛、排涝、灌溉中发挥了重要作用。

一、专管机构

各类水利工程建成之后，分别建立管理机构，并由同级水行政主管部门对其进行统一管理。

新中国成立初期，荆州专区设立长江、汉江、东荆河 3 个修防处，分别管理流域内的河道、堤防工程。境内支堤、重要民堤由当地政府设置堤防管理单位，业务上接受河道管理单位指导。20 世纪 60 年代后，荆江、洪湖、杜家台等分蓄洪工程也先后建立专管机构。

1986 年 8 月，湖北省人民政府《批转省水利厅关于加强水利水电管理工作报告的通知》中，对工程管理体制和管理机构作了原则规定：各类水利工程一律按照"谁受益、谁管理、谁负责"的原则，建立健全管理机构，完善管理体制，完成管理任务。凡一个县受益的工程，由所在县管理；受益范围跨县、跨地（市）的工程，原则上由上一级主管部门管理或委托一个主要受益单位管理。按照以上原则，属国家投资兴办的工程，由各级政府组建管理机构，其人财物由同级水行政主管部门负责管理；跨地（市）的水利工程，由上一级主管部门直管或由主要受益单位代管。如漳河水库跨荆州、宜昌、荆门3市，1989年前由荆州地区代管，1990年由湖北省水利厅直管。两个县（市、区）以上受益的水利工程则由荆州地区组建专门的管理机构，如吴岭、石龙、惠亭3个水库分别组建水库管理处，1995年荆沙合并后，吴岭水库划归湖北省水利厅直管。沌水灌区涉及松滋、公安和湖南省澧县一部分，一直由荆州地区（市）水利局管理。四湖地区的防洪、排涝、灌溉工程由荆州市四湖工程管理局统一管理。境内流域性大型泵站的专业管理机构有新滩口水利工程管理处、高潭口水利工程管理处和田关水利工程管理处等。四湖地区的总干渠、西干渠、田关河、螺山电排渠、洪排河、监新河等由受益县（市）设立专管机构管理。

二、基层组织

荆州的乡镇水利基层管理组织始于新中国成立初期，当时称为区（乡镇）水利委员会和水利管理站。1975年撤区并社（大公社），人民公社普遍成立水利站，主要负责乡镇以下水利水电工程的规划、设计、建设和管理工作。省地县各级政府和水行政主管部门对乡镇水利站（水管所）建设十分重视，1986年湖北省政府发文明确：区（乡镇）水利水电管理站，是基层管理组织，为县（市）水利局派出机构，已建立的要巩固完善，已有国家编制的不能减少，人员要相对稳定。对尚未建立、管理任务重和确实需要的，要抓紧建立，配备专人。1987—1995年，荆州地区乡镇水利站（水管所）得到进一步巩固和发展，人员相对稳定，服务水平不断提高，工程管理运行良好，经济实力逐年增强。21世纪初，根据全国水管体制改革精神，各县（市、区）又按流域或乡镇重新组建水利站或水管所，确定人员编制，明确工作任务。

乡镇水利站（水管所）是县（市、区）水利局派出机构，是区（乡镇）政府的事业单位，也是乡村水利工程的管理单位。水利站（水管所）隶属关系有两种，一为水利局和区（乡镇）政府双重领导，即人事、业务、经费由水利局直管，党务、行政关系由区（乡镇）政府领导；二为县（市、区）水利局直管。据2011年统计，全市有乡镇水利站（水管所）108个，其中由县（市、区）水利局直管的有5个，县乡双重管理103个，共872人。

三、群管组织

荆州历来就有群众组织管理堤防和农村小型水利工程的习惯。由乡镇组织管委会，受益户推选专业人员参加，或由受益户协商设立水利协会管理。在灌溉季节由受益户组织临时班子或指定专人管水。新中国成立后，乡镇集资兴办的小型水利工程，本着谁投资、谁受益、谁管理的原则，由受益区组织管理。受益范围在两个乡镇以上的灌区，实行专门管理机构与受益群众管理相结合的制度。主要建立健全受益代表会议制度，制定用水公约，决定灌区岁修、水费计收等重大事项。乡镇一般配有水利主任，村有水利副村长，组有管水员。每年冬春，按受益面积大小，由受益人义务承担沟渠清淤任务。水利体制改革后，小型农田水利工程多实行专人专户承包责任制。

荆州境内的堤防实行专管与群众管理相结合，除县以上设专管机构外，县以下一般在公社、大队（后改为区、乡、村）设立管养点，确定护堤员。1957年12月开始，长江干堤按每5千米确定1名专职管养员，每人每年补助水利工120个，水利工可抵水利负担；

每月补助生活费 12 元，由堤防管理单位支付。1960 年提出修管并重方针，堤防由群管改为专管与群管相结合，堤防按 1~2 千米配 1 名专职管养员。1980 年后，长江、汉江、东荆河基本上按每千米配 1 名专职管养员。1985 年堤防管养员实行堤林承包责任制，补助标准提高到 100 元左右，同时让他们优先承包堤禁脚平台搞种植，增加收入。据 1994 年统计，全区堤防共有群管员 2056 人，其中长江 916 人、汉江 659 人、东荆河 481 人。2005 年水管体制改革后，群管员全部清退完毕，由国家正式职工承担堤防养护任务。

四、军警组织

军警和地方联合管理堤防由来已久，尤以汛期常见。清乾隆五十三年（1788 年）大水后，朝廷令驻扎江陵筲箕洼的荆州水师营设守备 1 员、千总 1 员、把总 2 员，外委、额外各 1 员，兵丁 213 人，协助当地水利官员，共同搞好荆江大堤的防护。每年四月至八月，由守备带领兵丁上堤驻守，每千米设兵卡 1 间，驻兵 2 名，与伏卡联防，共设兵卡 26 间；杨林矶、黑窑厂、观音寺 3 处石矶各驻兵 1 名，共驻兵 50 名。规定全营兵丁轮流替换，以期营务、堤防两不误。光绪元年（1875 年）改水师营为堤防营，隶属荆州知府直接调遣。营兵于堤上分段设卡，常年驻防。1913 年堤防营裁撤，湖北巡按使又责成省水警总厅所属各署水警，就近协助堤防部门参与修防和禁止挽筑私垸，违者以武弹压。1914 年，荆江堤防改组，成立堤工警察署，堤工总局稽查兼任署长，下属各分局警官由分局经理兼任，分局设堤警 2 名，管理堤防事务。

新中国成立后，军警与堤防建设、管理和防汛工作关系更加密切。大型水利工程配备经济警察，负责工程安全保卫工作。1952 年荆江分洪工程建成后，由荆州军分区派一个警卫连，分驻荆江分洪工程进洪闸（北闸）和荆江分洪工程节制闸（南闸），其中北闸两个排，南闸一个排。1955 年以后，二闸联合成立民警队（经济警察），设队长和指导员各 1 名、民警 60 人分驻二闸（北闸 35 人、南闸 25 人），配备枪支弹药，以武装保卫大闸为主，并参与其他闸务管理。1966 年民警队撤销。1967—1985 年每年汛期由武汉军区派一个连队的兵力驻守北闸，负责汛期进洪闸的安全。1985 年武汉军区撤销，汛期由广州军区派工兵连驻守北闸，同时担负北闸防淤堤的爆破任务。2008 年三峡工程建成运行，荆江防洪形势有所缓和，广州军区未再派部队驻守。

1981 年，各级堤防管理机构成立堤防治安保卫组织。由地区公安处抽调一名干部任荆州地区长江、汉江、东荆河修防处和大型水库公安特派员，行政和业务分别隶属地区公安处和工程管理单位领导。江陵、监利两县修防总段也配有专职公安特派员和公安干事 2~3 人组成治保办公室。1985 年，荆州长江、汉江、东荆河 3 个修防处和各县修防总段先后成立公安派出所。每所设所长、指导员各 1 人，民警 3~7 人。其行政和业务关系，分别隶属所在县公安、河道管理部门，经费开支由堤防管理单位负责，同时成立群众性的治安保卫小组。这些警力的配备，主要为了加强堤防、涵闸、水库等水利工程和防护林的保卫工作，确保工程的完整和安全运用，并负责对附近居民和参加防汛人员进行水法规宣传。对违反管理法规的，进行劝说、制止；对破坏水利工程或其他违法犯罪行为的，进行侦破、拘留和审讯。1998 年，长江大水，调动中国人民解放军、武警官兵 5 万余人投入抗洪抢险斗争。1999 年，上述公安保卫机构撤销，各工程管理单位组建水政监察队伍，行使安全保卫职能。

第三节　管　理　法　规

法制管理是河道堤防管理的重要组成部分，也是非工程措施的重要内容。依法管理是维护工程完整、工程安全，发挥工程效益的重要保证。

一、新中国成立前法规

荆州筑堤防洪历史悠久，但很长历史时期里未设置专门的河道堤防管理机构，管理法规也不健全。明嘉靖四十五年（1566年），荆州知府赵贤主政，首创荆江堤防专人管理制度——《堤甲法》。明崇祯十四年（1641年），沔阳知州章旷"议分江堤岁修之制"，规定"就近田亩顶修"，"照田起伏"，修筑江堤。清乾隆元年（1736年），沔阳知州禹殿鳌将州同移驻今洪湖新堤镇，管理沿江堤防。如遇大水，逐级上奏朝廷，动用帑银，以工代赈，修复堤防。清乾隆五十三年（1788年）大水后，朝廷决定由荆州水利同知专管堤工，"将大堤按每五百丈为一工，共编六十七工，每工设堤长一人，堤甲五人，夫二十五人，由近堤居民按年轮替。上堤人员免除一切杂役，并划有"圩甲田"以供改善生活"。清道光十二年（1832年），荆州宋知府禁堤上房屋示："爱护堤防，俾资永保田庐，不许堤面造盖房屋，倘敢故违，定即严拿，从重究办"。清道光十七年（1837年），林则徐就任湖广总督。在职期间，他亲自领导襄阳、荆江民众防洪抢险，并制订了《修筑堤工章程》十条，公布于众，建立了筑堤的规章制度。

民国时期，堤防管理法规制度比较明确具体，对堤防保护、湖滩围垸、堤防造林、农田水利、灌溉工程均制定了相应的法令规章。

1912年，荆江堤工局以"荆江南北两岸私筑垸堤阻塞江流"，呈请内务司派员勘测，立案杜患，内务司拟定《取缔私垸办法》。1918年，湖北省府鉴于堤工官员贪污肥私严重，特颁《湖北堤工奖惩暂行条例》。1932年，湖北省水利局为加强堤防管理，制定《湖北省境内江汉干堤行驶汽车取缔章程》，对土堤通行汽车作了限制。1933年，豫、鄂、皖3省总部为清理湖北水利堤工事物，厘定《湖北水利堤工事物清理委员会验收堤工规则》，对湖北江汉干堤验收制度作了具体要求和规定。同年6月，湖北省府颁布《组织修督办法令》，湖北省堤工事物清理委员会颁布《验收堤工规则》，全国经济委员会江汉工程局颁布《湖北省江汉干堤岁修防护章程》。1942年，行政院颁布实施《水利法》，共九章七十一条。其主要内容包括水利机关、水权、水利事业、水之蓄泄、水道防护等。1945年，抗日战争胜利，为修复水毁工程，江汉工程局拟定《江汉干堤堵口工赈办法》十四条。此办法在施工组合上改以团为单位，按田收方，照方给价，改变了过去"点发工资，以少报多"的弊端。1947年2月，江汉工程局成立堤防造林管制委员会，并拟定《堤防造林及限制倾斜地垦殖办法》。同年4月，湖北省府颁布《湖北省管理各县民堤办法》及《湖北省各县民堤修防组织规程》各十二条。前者规定，民堤管理以江汉工程局为主管机关，不得增挽民垸；后者规定，民堤修防处设主任1人，堤董、堤保若干人，修防期间分段负责督工防护之责。

民国时期虽然颁布了上述一些办法、章程和条例，一定程度上对堤防工程管理起了积极作用。但终究未能改变管理混乱的局面。

二、新中国成立后法规

新中国成立后，为保障水利工程安全，充分发挥工程效益，先后制定和完善了一批水利工程管理法规，为水利工程管理提供了法律依据。

（一）河道管理规定

河道管理范围，大致包括围垸挽筑、采砂、取土，兴建港口、码头等。为确保河道行洪通畅和堤防安全，各级人民政府在不同时期作了具体规定。

1950年，中南军政委员会颁布《中南区关于土地改革中水利工程留用土地办法》，规定："洲滩垸堤或圩垸堤顶高程应比当地干堤堤顶高程低一米"。1951年，中南军政委员会命令规定："干支河流两岸隙地，凡未经水利机关核准，一律禁止擅自修堤挽垸，免增治水困难"。同期，《中南第一届水利会议决定》规定："各地不得与水争田，不得围垦；沿江的湖泊水系，不论大小，均不得改变与侵犯或缩小。如有任何改变，必经批准。长江以内新淤泥洲，坚决禁止围垦。旧有洲地，亦不得围垦，洲内已溃堤垸的修复，更应报告批准"。

1962年，荆州专区印发《荆州专区水利工程管理办法》（草案），强调按照"统一领导、分级管理"的原则，建立健全各级堤防管理机构，认真做好管理养护工作。同时对水库、涵闸管理作了相应的规定。

1973年，湖北省革委会重申"不准在江河滩地，擅自围垸、拦河筑坝以及修建其他有碍行洪建筑物"的规定。

1975年6月，湖北省革委会印发《关于严禁在危及防洪安全的河道内设置阻水物通知》，规定："对江河洲滩，应本着垦而不围的原则，予以利用。严禁盲目围垦，以利河道通畅。今后，在江河湖滩进行围垦，需经省防汛指挥部审批。凡因擅自围垦河道，设置阻水物，而造成决堤或死人事故的，要认真追究责任，严肃处理"。1979年，湖北省革命委员会印发《关于保护水利工程保证防洪安全的布告》，规定："在河道内挖沙取土，必须在水利部门的统一规划下进行，不准乱挖乱取"。

1982年7月2日，荆州地委批转地区防汛指挥部《关于清除江河行洪障碍的报告》，要求指定专人限期拆除长江、汉江、东荆河一切阻水障碍，确保水流畅通。

1987年，国务院印发《关于清除行洪障碍保障防洪安全的紧急通知》，指出："加强河、湖管理，巩固清障成果，并重申所有行洪河道、行洪滩地和蓄洪湖泊，不准围垦或再设置新的行洪蓄洪障碍物"。10月，《湖北省河道堤防管理十条标准》颁布，荆州全面推行河道堤防目标管理责任制，全方位开展堤防达标活动。

1988年，国务院颁布《中华人民共和国河道管理条例》后，荆州地区长江、汉江、东荆河的管理范围以及无堤防河道的管理范围有了明确界定。明确有堤防河道为两岸堤防之间的水域、滩地及护堤地，无堤防的河道依据历史最高洪水位和设计洪水位界定，并对河道管理范围内的阻水障碍物，按照谁设障、谁清除的原则，由河道主管机关提出清障计划和实施方案，由防汛指挥部责令设障者在规定的期限内清除。逾期不清除的，由防汛指挥部组织强行清除，并由设障者负担全部清障费用。

1991年2月27日，湖北省水利厅、财政厅、物价局联合颁发《湖北省河道采砂收费管理实施细则》。

1992年8月12日，湖北省人民政府令第33号发布《湖北省河道管理实施办法》。

1993年12月21日，湖北省人民政府令第51号发布《湖北省河道堤防工程修建维护费征收、使用和管理办法》，规定："本省长江干堤、汉江干堤及其重要支民堤，按保护区域，为堤防维护费征收范围。所有工商企事业单位、个体工商户以及农户，为堤防维护费的缴纳人，并对征收标准作了明确规定"。

1994年1月1日，施行《湖北省河道堤防工程修建维护费征收使用和管理办法》，共4章26条，对征收范围、标准和使用管理都有明确规定。

1996年11月22日，湖北省第八届人大常委会第23次会议通过《湖北省分洪区安全建设与管理条例》，对安全区建设与人口控制、安全转移设施管理作了明确规定。

2001年1月12日，湖北省人民政府发布《关于在长江河道湖北段禁止采砂的通告》。同年1月20日荆州市政府印发《关于在长江河道荆州段禁止采砂的紧急通知》。同年10月25日，国务院第45次常务会议通过《长江河道采砂管理条例》（国务院令第320号），自2002年1月1日起施行。2003年9月19日，《湖北省长江河道采砂管理办法》（湖北省人民政府令第256号）由湖北省政府常务会议通过，自公布之日起施行。

（二）堤身管理规定

1950年，中南军政委员会颁布的《江湖河流沿岸护堤公约的命令》规定："堤顶、堤坡不准栽植农作物；堤身不准建房、埋坟、挖坑、取土；及时修补堤身漏洞、裂缝"。

1968年，湖北省革委会印发的《关于加强堤防管理保护堤防安全的通知》指出："要绝对保证堤身的完整。严禁在堤上和堤内外规定范围内开挖明口、开沟挖壕、开垦种植、建屋、建窑、埋坟、打井等其他损伤堤身或堤坡的行为"。

1973年，湖北省革委会重申，不准在堤防内外禁脚30～50米范围内耕种；不准在水库、闸站、堤防的200米范围内开沟、取土、埋坟、盖房、建窑和修建破坏地表土层的建筑物；500米范围内，不准爆破、打井、钻探和修建地下工程。

1982年，《湖北省河道堤防管理暂行条例》规定："严禁在堤身、堤坡上铲草皮、取土、挖洞、开口子、埋坟、堆放物料"。

1992年8月，《湖北省河道管理实施办法》第二十一条规定：《湖北省河道堤防管理暂行条例》颁布后，在堤身和禁脚地范围内修建的仓库、厂房、办公房、住宅等建（构）筑物，凡未经河道专门管理机关批准的，建设单位和个人必须在河道专门管理机关规定的期限内无条件自行拆除；上述条例颁发前修建的建（构）筑物，也应按规划逐步拆迁。

（三）工程用地规定

1950年，中南军政委员会颁布的《中南区土地改革中水利工程留用土地办法》规定："堤外（临水面）距堤脚100米及堤内（背水面）距堤脚50米以内之土地，一律收归国有，作为护堤和工程用地。如堤外无地，则根据需要将堤内留用土地扩展至100～150米"。"堤垸溃决多年，已恢复湖泊状态者，一律收归国有"。1951年中南军政委员会颁布的《关于江汉干堤留用土地办法补充规定》指出："干堤内有塘堰房屋者，应除去后再按规定留地，特殊地方可超出 150 米"。

1982 年，《湖北省河道堤防管理暂行条例》规定："工程留用地距禁脚地的范围，分别为确保堤、干堤及重要支堤 200 米左右，支堤 100 米左右，工程留用地，平时可由当地生产队耕种，工程需要时，无代价取土，任何人不得阻拦"。

1992 年，《湖北省河道管理实施办法》第三章第十八条明确规定："工程留用地：确保堤、干堤及重要支堤迎水面和背水面均 200 米（从禁脚外沿算起）"。

（四）堤禁脚地规定

1963 年，《荆州专区水利工程管理办法》规定："荆江大堤内 30 米，外 50 米；江汉干堤、东荆河堤内 10 米，外 30 米；支民堤内 5 米，外 10 米，作为堤防禁脚，均不得新建任何建筑物"。

1972 年，《荆州地区水利工程管理办法》规定："堤防禁脚，荆江大堤、南线大堤、汉江遥堤，内外留 30 米；江汉干堤、东荆河堤，内留 20 米，外留 30 米……凡属险工险段应适当放宽，禁脚以内不得耕种和开沟"。

1982 年，《湖北省河道堤防管理暂行条例》规定："堤防禁脚范围分别为：确保堤迎水面 50～100 米，背水面 30～50 米；干堤及重要支堤迎水面 30～50 米，背水面 5～10 米。

1992 年，《湖北省河道管理实施办法》第三章第十八条规定："禁脚地：确保堤迎水面 50～100 米，背水面 30～50 米；干堤及重要支堤迎水面 30～50 米，背水面 20～30 米（以堤防两侧斜面与平地交叉点算起）"。第二十条规定："严禁任何单位和个人在堤防和禁脚地范围内建房、爆破、采砂、打井、挖洞、埋坟、铲草皮、打粮晒场、搭棚、设摊、堆放物料、钻探和开发地下资源，进行考古发掘以及从事其他危害堤身和禁脚的行为"。"非经省人民政府批准，任何单位和个人不准将堤身和禁脚范围内的土地批给其他单位和个人使用"，"河道专门管理机关除修建哨屋、临时工棚、通信照明设施、堆放防汛抢险物料外，不准修建其他任何建筑物"。

（五）沿堤钻孔、爆破规定

1969 年，荆州地区革委会行文规定："荆江大堤外 100 米内，不准爆破，堤内 100～120 米，须报上级批准。荆江分洪区和长江干堤、汉江干堤、东荆河堤外 70 米以内不准爆破，堤内 70～120 米，须报上级批准。险工险段的堤防外滩，一律不准钻孔爆破"。

1970 年，湖北省革委会行文规定："任何单位、任何个人，都不准在堤防维护范围内修建防空洞"。同年，荆州地区革命委员会《关于处理江堤沿线防空洞和爆破孔的紧急通知》规定："荆江大堤 1000 米以内（沙市市区一律不准挖），长江、汉江和东荆河 500 米以内，不准挖地下防空洞（壕），其防空措施，可采用地面上堆土筑掩体的办法"。

1971 年，荆州地区革委会水电科《关于长江水下石油勘探爆破报告的批复》规定："水下石油钻探：沙市以内，江中爆破必须离岸边 400 米以外，严格控制爆破期间水位（沙市水位 35.00～40.00 米），药量 20 千克以内，药包沉入水深 1.5 米以内。凡属江中爆破，应由石油勘探单位提出爆破方案，上报审查批准后进行，并报地区备案"。

（六）堤顶车辆通行与沿江建筑物修筑规定

1964 年，水电部《堤防工程管理通则》规定："禁止铁轮、木轮和履带车辆在堤上行驶

（有路面的除外）。堤顶泥泞期间，除防汛抢险专用车外，禁止各种车辆通行。凡利用堤顶作为公路时，交通部门应定期向水利部门缴纳养护费"。"严禁在河道内任意筑坝、挑水堤等工程和倾倒灰渣、矿渣等杂物，以免阻塞水流，改变流向，影响河道行洪和堤防安全"。

1971年，湖北省革委会《关于加强堤防水库工程管理的规定》规定："无路面堤段，在下雨和雨后未干时，严禁行驶车辆或拖拉机"。

《湖北省河道管理实施办法》第二十二条规定："利用堤顶、禁脚地新建公路，须事先经县以上水行政主管部门或河道专门管理机关批准"。"修建取、排水口及临时性设施必须经有关水行政主管部门或河道专门管理机关批准"。"埋设缆线、管道，修建桥梁、码头、渡口、道路以及通航设施等，建设单位必须将工程建设方案，报送有关水行政主管机关或河道专门管理机关"。

（七）涵闸与附属设施管理规定

1968年6月，湖北省革委会印发《关于加强堤防管理保证堤防安全的通知》，规定："维护好沿堤排灌涵闸及其附属设施，确保结构完整和使用安全，禁止超载汽车在闸上行驶。涵闸的启闭运用，应暂按原分级管理的权限，履行批准手续，不得擅自启闭。如抗旱挖堤引水，必须经地区革委会报省批准。严禁偷盗、破坏堤防附属设施，如防汛电话线路、测量标记、护坡块石、防汛器材、仓库、哨棚等"。

1971年，湖北省革委会印发《关于加强堤防水库工程管理的规定》，指出："汛期，堤防、水库上的涵闸闸门的启闭，要按照统一领导、分级管理原则，严格履行批准手续。未经批准，任何单位和个人，不准随意启闭"。

1989年9月，湖北省水利厅颁发《湖北省江汉堤防涵闸管理暂行规定》，对省内长江、汉江、东荆河等河流及县以上管理的其他河道堤防的涵闸管理作了明确规定。

1990年10月，水利部颁布《水闸管理通则》，明确规定每年汛前、汛后应对水闸工程及各项设备进行定期检查；当发生特大洪水、暴雨、暴风、强烈地震和重大工程事故时，管理单位应及时组织力量进行全面重点检查，并根据定期检查和重点检查所发现的工程缺陷或问题，对工程设施进行必要的整修和局部改善。

1995年3月，湖北省防汛抗旱指挥部制定《关于汛期江河堤防上涵闸运用批准权限的规定》："长江、汉江、东荆河等河堤涵闸的正常运用，其批准权限在各地市防汛抗旱指挥部或省汉江河道管理局；涉及两个以上地市行政区划受益的需超设计标准运用或警戒水位以上使用的，需报经省批准"。

2005年11月，荆州市防汛指挥部印发《关于沿江涵闸和流域控制性涵闸调度运用意见》，对长江干堤、东荆河堤、重要支民堤涵闸和四湖流域重要控制性涵闸及三善垸水系、内沧河涵闸的调度运用作了明确规定。

（八）防护林管理规定

1981年，湖北省人民政府行文规定："江汉干堤国家规定的禁脚和防浪林地，属全民所有，种植林木，国造国有，与社队合造的，比例分成，山林权所有证发给当地主管单位"。

1982年，《湖北省河道堤防管理暂行条例》规定："保护护堤林木，严禁乱砍滥伐。县以上管理的堤防禁脚，由堤防部门统一营造护堤林，其他任何单位和个人不准侵占，不准任意砍伐、破坏……"。湖北省水利局《关于堤防造林绿化管理的通知》规定："任何单位和个人，不准乱砍滥伐护堤林，违者损一根栽三棵，罚五元，并追回原物，严重者依法处理"。

1992年，《湖北省河道管理实施办法》规定："江汉干堤及其重要支堤以外的堤防护堤护岸林的采伐管理，按国家和省的有关规定执行；因防汛抢险急需采伐护堤护岸林的，抢险单位可以先行采伐，但事后应将采伐情况报县以上林业主管部门或河道专门管理机关备案；县以上林业主管部门对护堤护岸林的采伐和种植依法进行监督；对江汉干堤及其重要支堤护堤护岸林的经营收入，县、市河道专门管理机关按规定提取育林基金和更新改造资金，以用于护堤护岸林的营造和管理"。

（九）地方政府制定的河道堤防管理规定

1950年以来，荆州地区（市）及各县（市、区）人民政府和防汛抗旱指挥部，结合各地实际，制定了一系列有关河道堤防管理的条例、制度和规定，对加强水利工程管理起到了重要作用。

1956年，荆州专区防汛指挥部制定《关于处理干堤内钻孔（井）工作的规定》。

1958年，荆州专署制定《水利工程管养暂行办法》。

1960年3月29日，荆州专署印发《关于加强堤防、涵闸、水库管理养护工作的指示》。12月21日，中共荆州地委批转《湖北省荆州专区水利工程管理养护暂行规定（草案）》。

1962年7月22日，荆州专区"四防"总指挥部发布《关于管好用好水利工程的几项规定》。11月，荆州专署印发《荆州专区水利工程管理办法（草案）》。

1975年6月，荆州地区革委会印发《关于汛期涵闸、水库、泵站启闭运用批准权限的通知》。

1982年、1983年，荆州地委先后印发《有关清除江河行洪障碍问题的通知》。

1985年6月，荆州地区防汛指挥部发布《关于汛期水利工程调度和控制运用的命令》。

第四节　堤　防　管　理

新中国成立前，荆州境内堤防管理一般由沿堤州、县组织群众自修自防，堤防组织最早形成于明嘉靖年间。新中国成立后，堤防管理经历由重建轻管到建管并重、由单一管理到达标管理、由行政管理到依法管理，从群管与专管结合到专业管理的演变过程，形成全面管理的局面。

一、桩号设置

堤防桩号，以千米为单位，每千米立石碑一块，又称为"堤防公里碑"，反映堤防长度和相对位置，也是划分堤防管理范围的"界碑"。

堤防桩号的设置，始于民国时期，1922—1932年间，扬子江水道讨论委员会（1928年改为扬子江水道整理委员会，1935年将扬子江水道整理委员会、太湖流域水利委员会、湘鄂湖江水文总站合并，组成为扬子江水利委员会），曾在所辖范围内分别施测精密水准，埋设石标。江汉干堤之里程碑及水准点在抗战期间多有损坏，江汉工程局自1946年起，由251测量队办理标石测设工作，长江左岸自黄梅段窑至江陵万城止，共计校测802千米，水准标点 148 个；长江右岸自阳新马家湾至松滋灵忠寺止，共计校测 737 千米，水准标点 145 个；汉江左岸自汉口起至钟祥遥堤止，共计校测 135 千米，水准标点 58 个；汉江右岸自汉阳起至荆门马良止，共计校测 299 千米，水准标点 59 个；东荆河自泽口至左岸梅家嘴及右岸田关一段，共计校测 20 千米，水准标点 4 个。1947 年 4 月完成。荆州长江、汉江河段堤防自民国时期设置桩号以来，堤身历经培修，有的裁弯取直，有的退挽，有的加修，堤段实际长度发生变化，与桩号所示里程并不完全吻合，但桩号并未重新修正。

（一）重要干堤桩号

（1）荆江大堤。荆州枣林岗至监利城南，桩号 628＋000～810＋350，堤长 182.35 千米。

（2）汉江遥堤。汉江遥堤桩号 260＋000～315＋265，堤长 55.26 千米。

（3）南线大堤。南线大堤桩号 579＋000（荆江分洪工程节制闸东引堤）～601＋000（公安县藕池镇何家湾），堤长 22.00 千米。

（二）长江干堤桩号

荆州河段左岸干堤桩号，按湖北省长江左岸干堤桩号的顺序设置。湖北省长江左岸堤防的起点（江左桩号 0＋000）位于湖北省黄梅县黄广大堤与安徽省同马大堤交界处的段窑，止点（江左桩号 810＋350）位于湖北省荆州市荆州区枣林岗，全长 810.35 千米。其中，荆州管辖（洪湖胡家湾至荆州枣林岗）桩号 398＋000～810＋350 堤段，堤长 412.35 千米。

荆州河段右岸干堤桩号，按湖北省长江右岸干堤桩号的顺序设置。湖北省长江右岸堤防的起点（江右桩号 0＋000）位于湖北省阳新县与江西省交界处的富池口，止点（江右桩号 737＋000）位于湖北省松滋市灵钟寺，全长 573.38 千米。其中，荆州管辖（石首市五码口至松滋市灵钟寺）桩号 497＋680～737＋000 堤段，堤长 220.12 千米。

注： 江右灵忠寺桩号 737＋000，为 1946 年测设。湖北省起自阳新县马家湾（桩号 0＋000）至蒲圻铁山嘴与湖南临湘交界（桩号 353＋260），堤长 353.26 千米。从铁山嘴起经湖南省临湘、岳阳、华容至湖北省石首五码口（桩号 497＋680），长 144.42 千米。从石首五码口（桩号 497＋680）经石首、公安、江陵、松滋灵忠寺止，桩号 737＋000，堤长 220.12 千米（原堤长 239.32 千米）。沿江干堤共长 573.38 千米。根据 1974 年湖北省水利水电基本资料汇编整理。

（三）汉江干堤桩号

汉江左堤自钟祥罗汉寺至天门多祥卢林，桩号 138＋000～315＋265，堤长 177.10 千米，汉江右堤自潜江高石碑至仙桃禹王宫，桩号 108＋000～259＋689，堤长 150.139 千米。

（四）东荆河堤桩号

左堤自潜江龙头拐至仙桃大垸闸，桩号 000＋000～164＋000，堤长 164.00 千米，右堤自潜江雷垱至洪湖胡家湾，桩号 000＋000～173＋400，堤长 173.40 千米。

现东荆河荆州市河段堤防起点位于监利县新沟镇廖刘月，止点位于洪湖市新滩镇胡家湾，桩号 44＋600～173＋050，堤长 128.45 千米。

（五）其他堤防桩号

洪湖分蓄洪区主隔堤：起点位于东荆河干堤（高潭口），止点位于长江干堤（监利半路堤），桩号 0＋000～64＋822，堤长 64.822 千米。

虎东干堤：桩号 0＋000～90＋580（公安县太平口至黄山头），堤长 90.58 千米。

虎西干堤：桩号 2＋000～40＋480（公安县大至岗至黄山头），堤长 38.48 千米。

沮漳河（左岸）堤防：起点位于菱角湖管理区凤台，止点位于马山镇梅花湾村与荆江大堤搭垴。桩号 0＋000～14＋230，堤长 14.23 千米。

浣里隔堤：起点位于松滋市浣市镇，止点位于荆州区里甲口，桩号 0＋000～17＋230，堤长 17.23 千米。

北闸拦淤堤：起点接长江干堤北闸纪念塔，止点接虎东干堤，桩号 0＋000～3＋430，堤长 3.43 千米。

虎西山岗堤：起点位于大至岗，止点位于马鞍山，桩号 0＋000～43＋630，堤长 43.63 千米。

湖北省洞庭湖区（荆南四河地区）支堤、民堤根据堤别不同，桩号自成体系。

附：荆州市长江干流堤防桩号里程表（表 9－5－1）

荆州地区汉江、东荆河堤桩号里程表（表 9－5－2）

荆州市荆南四河堤防桩号里程表（表 9－5－3）。

表 9－5－1 　　　　　　　　　荆州市长江干流堤防桩号里程表

堤别	所在县（市、区）	桩　　号	起止地点	堤长/km	备注
长江干堤左岸	洪湖市	398＋000～531＋500	胡家湾—韩家埠	133.55	长江干堤
	监利县	531＋550～675＋500	韩家埠—小河口	143.95	长江干堤
		531＋550～628＋000		95.45	长江干堤
		628＋000～675＋500		47.50	荆江大堤
	江陵县	675＋500～745＋000	小河口—木沉渊	69.50	荆江大堤
	沙市区	745＋000～761＋500	木沉渊—黑窑厂	16.50	荆江大堤
	荆州区	761＋500～810＋350	黑窑厂—枣林岗	48.85	荆江大堤
长江干堤右岸	石首市	497＋680～585＋000	五码口—老山嘴	87.32	长江干堤
	公安县	601＋000～696＋800	藕池口—北闸	95.80	长江干堤
	荆州区	700＋000～710＋260	太平口—罗家潭	10.26	长江干堤
	松滋市	710＋260～737＋000	罗家潭—灵钟寺	26.74	长江干堤
南线大堤	公安县	601＋000～579＋000	藕池镇—南闸	22.00	
虎东干堤	公安县	0＋000～90＋580	太平口—黄山头	90.58	
虎西干堤	公安县	2＋000～40＋480	大至岗—黄山头	38.48	
浣里隔堤		0＋000～17＋230	浣市—里甲口	17.23	
	松滋市	0＋000～2＋700		2.70	
	荆州区	2＋700～17＋230		14.53	

续表

堤别	所在县（市、区）	桩 号	起止地点	堤长/km	备注
北闸拦淤堤	公安县	0＋000～3＋430		3.43	
东荆河堤右岸		44＋600～173＋050		128.45	
	监利县	44＋600～82＋000	廖刘月—雷家台	37.40	
	洪湖市	82＋000～173＋050	雷家台—胡家湾	91.05	
洪湖分蓄洪区主隔堤		0＋000～64＋822		64.822	
	洪湖市	0＋000～37＋000	高潭口—瞿家湾	37.00	
	监利县	37＋000～64＋822	瞿家湾—半路堤	27.822	
沮漳河左岸	荆州区	0＋000～14＋230	菱湖凤台—马山梅花湾	14.23	

表9-5-2　　　　　　　　荆州地区汉江、东荆河堤桩号里程表

堤别	桩 号	起止地点	堤长/km	备注
汉江遥堤	260＋000～315＋265		55.26	
汉江干堤	138＋000～315＋265	钟祥罗汉寺—天门多祥卢林	177.10	汉左
汉江右堤	108＋000～259＋689	潜江高石碑—仙桃禹王宫	150.14	
东荆河堤	000＋000～164＋000	潜江龙头拐—仙桃大垸闸	164.00	左堤
	000＋000～173＋400	潜江雷垱—洪湖胡家湾	173.40	右堤
东荆河荆州市河段	44＋600～173＋050	监利新沟—洪湖新滩口	128.45	右堤

表9-5-3　　　　　　　　荆州市荆南四河堤防桩号里程表

序号	堤段名称	所在县（市、区）	起止地点	起止桩号	长度/km	荆南长江干堤	
						桩号	长度/km
	总计				706.03		187.44
1	松滋河				400.62		69.90
1.1	松西河右岸	小计			73.78		
			胡家岗—杨家垱	16＋800～94＋240	73.78		19.23
		松滋市	胡家岗—丰坪桥	16＋800～27＋200	9.90		
			丰坪桥—太山庙	27＋300～34＋500	7.20	27＋300～34＋500	7.20
			太山庙—窑沟子	34＋700～54＋328	19.30		
		公安县	窑沟子—刘家嘴	56＋223～81＋582	25.35		
			汪家汊—杨家垱	82＋210～94＋240	12.03	82＋210～94＋240	12.03
1.2	松西左	小计	北矶垴—永丰剅	0＋000～86＋325	78.40		
		松滋市	北矶垴—八宝闸	0＋000～24＋750	24.75		
		松滋市、公安县	莲支河出口封堵	24＋750～32＋500	0.41		
		公安县	莲支河左终—苏支河左起	32＋500～56＋408	23.90		
			苏支河右起—永丰剅	56＋989～86＋325	29.33		

1491

序号	堤段名称	所在县（市、区）	起止地点	起止桩号	长度/km	荆南长江干堤	
						桩　　号	长度/km
1.3	松东右	小计	北矶垴—永丰剅	0＋000～90＋963	84.64		
		松滋市	北矶垴—龚家湾	0＋000～20＋200	20.20		
		松滋市、公安县	莲支河进口封堵	20＋200～26＋500	0.26		
		公安县	肖家嘴—南音庙	26＋500～65＋473	38.97		
			南音庙—永丰剅	65＋753～90＋963	25.21		
1.4	松东河左	小计	东大口—新渡口	5＋500～103＋900	96.61		40.42
		松滋市	东大口—松公界	5＋50～29＋761	24.26		
		公安县	松公界—黄家革	30＋500～32＋615	2.11		
	(官支河左)	公安县	黄家革—蒲田嘴	0＋000～21＋848	21.84		
		公安县	蒲田嘴—中河口	55＋193～63＋160	7.96		
		公安县	中河口—新渡口	63＋474～103＋900	40.42	63＋474～103＋900	40.42
1.6	沱水左				15.65		
		公安县	桂花树—刘家嘴	11＋000～26＋653	15.65		
1.7	沱水右	公安县	梧桐峪—汪家汊	0＋000～21＋155	21.15		
1.8	苏支左	公安县	松黄驿—南音庙	0＋000～5＋884	5.88		
1.9	苏支右	公安县	松黄驿—南音庙	0＋000～5＋545	5.54		
1.10	庙河左	松滋市			3.25		
		松滋市	木天河口—丰坪桥	5＋000～8＋250	3.25		
1.11	庙河右	松滋市	木天河口—丰坪桥	0＋000～5＋170	5.17	0＋000～5＋170	5.17
1.13	新河左	松滋市	磨盘洲—太山庙	3＋500～8＋580	5.08	3＋500～8＋580	5.08
1.15	新河右	松滋市	磨盘洲—太山庙	4＋500～9＋934	5.43		
2	虎渡河	荆州区、公安县			183.59		95.46
2.1	虎渡河左	公安县：荆江分洪区	北闸—南闸	0＋000～90＋580	90.58	0＋000～90＋580	90.58
2.4	虎渡河右		太平闸—大至岗		93.01		
		荆州区：涴市扩大分洪区	太平闸—荆公界	0＋000～25＋000	25.00		
		公安县	荆公界—中河口	25＋000～49＋623	24.62		
			中河口—大至岗	49＋937～54＋825	4.89	49＋937～54＋825	4.88
		公安县虎西备蓄区	大至岗—黄山头闸	2＋000～40＋500	38.50		
3	藕池河	石首市			94.51		16.00
3.1	藕池河左				16.00		
		石首市	老山嘴—拦河坝	20＋000～36＋000	16.00	20＋000～36＋000	16.00

续表

序号	堤段名称	所在县（市、区）	起止地点	起止桩号	长度/km	荆南长江干堤 桩号	荆南长江干堤 长度/km
3.2	藕池河右	石首市			27.000		
		石首市	王蜂腰—三字岗	12+000～24+000	12.00		
		石首市	黄金嘴—梅田湖	24+000～39+000	15.00		
3.3	团山河左	石首市	黄金嘴—石华剅	0+000～12+610	12.61		
3.4	团山河右	石首市	三字岗—小新口	0+000～20+000	20.00		
3.6	安乡左	石首市	王蜂腰—白湖口	0+000～18+900	18.90		
4	调弦河	石首市			10.07		6.07
		石首市	焦山河—将家冲	5+928～12+000	6.07	5+928～12+000	6.07
		石首市	双剅口—孟尝湖	7+000～11+000	4.00		
5	涴里隔堤	松滋市、荆州区	涴市—里甲口	0+000～17+233	17.23		

二、管理范围

《湖北省河道管理实施办法》规定：省境内确保堤、干堤及重要支堤的禁脚地、工程留用地和安全保护区范围由市、县人民政府按照下列标准划定公布。

禁脚地：确保堤迎水面50～100米，背水面30～50米；干堤及重要支堤迎水面30～50米，背水面20～30米（从堤防两侧斜面与平地的交叉点算起）。

工程留用地：确保堤、干堤及重要支堤迎水面和背水面均为200米（从禁脚地外沿算起）。

安全保护区：确保堤、干堤及重要支堤迎水面和背水面均为300米（从工程留用地外沿算起）。

鉴于荆江大堤的特殊重要性，1997年8月18日湖北省政府办公厅批复将其安全管理范围由《湖北省河道管理实施办法》规定的550米扩增至1000米。

三、管理体制

历史上荆州堤防管理体制复杂多变。从明朝嘉靖四十五年（1566年）荆州知府赵贤制定《堤甲法》，到1912年由荆州万城堤工总局专管荆江大堤堤务，统管下设的万城、李家埠、江神庙、沙市、登南、马家寨、郝穴、金果寺、拖船埠等9个工局和沙市石卡以及6个土费局，历经346年，荆江大堤由分散管理演变为官方统一管理、分级管理的体制。1926年，荆州江汉堤防由湖北省水利局下设的襄河（沙洋）、荆河（郝穴）水利分局管理。1928年，撤销襄河（沙洋）、荆河（郝穴）水利分局。1932年11月，成立江汉工程局，分设6个工务所，后又增加沙洋、新堤两个临时工务所。荆州境内江汉堤防分别由第二、第三、第四、第五、第六、第七、第八工务所管理（工务所管理范围曾有变动）。

新中国成立后，按照统一领导，分级负责的原则，依靠沿堤基层政权和广大群众，实行"专管与群管相结合"的管理体制。长江、汉江荆州河段堤防以其防洪地位和重要性的不同，有干堤、支堤和民堤之分，管理体制也有所不同。荆江大堤、长江干堤、南线大堤、虎东干堤、虎西干堤、浣里隔堤等由荆州市长江河道管理局统一管理，荆南四河支堤、民堤由所属各县（市、区）堤防管理总段管理，业务上由荆州市长江河道管理局指导。洪湖分蓄洪主隔堤由湖北省洪湖分蓄洪区工程管理局管理，汉江干堤和东荆河堤由湖北省汉江河道管理局管理，沮漳河堤由荆州区菱角湖管理区管理。

1956年，沿线以乡为单位建立"堤防管养委员会"，委员7～9人，其中由专管水利的副乡长任主任委员，组织群众进行堤防养护。1960年开始建立管养点，每个管养点设管养主任1人、管养员2～5人。管养主任由公社抽调脱产干部担任，工资主要由堤防部门和其所在乡村给予补助。主要任务是护堤、护林、护草、护物。在完成上述任务后，积极发展农副业生产。实行国家投资、群众管理、收益分成的管理办法。2005年后，进行堤防管理体制改革，提高管理科学化、专业化水平，辞退原有的堤防管养员，由国家正式职工负责日常管理工作。从事堤防管理的职工实行分堤段责任制管理，工资待遇与工作业绩挂钩。

四、目标管理

荆州地区干支堤目标管理工作始于20世纪80年代，主要以"湖北省河道堤防管理十条标准"为依据开展达标活动。"十条标准"对承包责任制、堤容堤貌、禁脚管理、河道清障、涵闸运行、险工护岸、护堤林栽植、管理设施、综合经营等提出了明确要求和具体指标。

1994年以来，按照水利部颁发的《水利工程管理办法》《河道目标管理等级评定标准》，制定堤防目标管理规划，全面开展了河道堤防目标管理"千分制"达标升级活动。通过堤容堤貌整治，完善各项管理设施，建立健全巡堤、维护管理、检查考核制度，有效促进了管理工作的有序开展，并取得明显成效，至2005年，全市堤防（除部分支堤和民垸外），全部达到国家颁布的三级以上管理标准。特别是荆江大堤的管理，自1997年开始，以水利部颁布的一级标准为基础，提出了"堤面平、龟背形、坡比准、肩如绳，平台正、哨屋匀、内杉果、外杨林，砂石足、碑牌明，爬地虎、一片青"的36字标准。1998年2月，在荆江大堤达标工作会议上，荆州市委书记刘克毅要求做到抓荆堤、促全局、保平安，举全市之力，把荆江大堤建成"中华第一堤"。经过大规模整治，荆江大堤堤肩轮廓清晰、堤坡饱满、堤面平整、平台完好，堤顶路面晴通雨阻。1998年3月下旬，荆江大堤达标工作通过湖北省水利厅的检查验收。4月中旬，长委有关领导和专家组成验收组，对荆江大堤目标管理工作进行验收，各堤段综合评分均达到国家1级堤防标准，受到水利部、长委领导的好评，并表示在全国推广荆江大堤达标管理经验。

五、确权划界

江河堤防线长面广，堤防管理用地与沿堤农户土地紧密相连，常因土地权属产生一些水事纠纷。自1993年开始，用了3年的时间，对境内的江河干支河堤防及重要的民垸堤防依法进行划界确权，由国土资源管理部门颁发国有土地使用证书，明确了权属关系，为堤防管理创造了条件。

荆州地区长江干堤，汉江、东荆河堤防和护堤地土地确权面积统计分别见表9-5-4～表9-5-6。

表9-5-4　　　　　　　　荆州地区长江干堤土地确权面积统计表

序号	县（市、区）	堤别	堤长/km	禁脚占地/亩			洲滩占地/亩
				小计	堤内	堤外	
合计			911.16	93940.05	40489.95	53449.95	49150.05
一	荆州区		73.63	8152.05	4519.95	3633	2229
1	御路口	荆江大堤	10.5	1672.05	1045.05	627	169.95
2	李埠	荆江大堤	20	2961	1851	1110	1041
3	万城	荆江大堤	18.35	1435.95	898.05	538.95	1018.95
4	弥市		24.78	2083.05	726	1357.05	
		长江干堤	10.26	1234.05	529.95	703.95	
		浣里隔堤	14.52	849	196.05	652.95	
二	沙市区	荆江大堤	16.5	2025	756	1269	
三	江陵县	荆江大堤	69.5	10380	6349.05	4032	
1	柳口	荆江大堤	24.5	2383.05	1432.95	949.95	
2	郝穴	荆江大堤	18	3624	2173.95	1450.05	
3	祁家渊	荆江大堤	15.5	2248.95	1225.95	1023	
4	观音寺	荆江大堤	11.5	2125.05	1516.05	609	
四	监利县		143.95	19135.05	8383.05	10752	4803
1		荆江大堤	47.5	6240	3225	3015	1230
2		长江干堤	96.45	12895.05	5158.05	7737	3573
五	洪湖市	长江干堤	135.55	16428	6079.05	10348.95	10423.05
1	螺山	长江干堤	21.55	2413.05	895.05	1521	1500
2	城关	长江干堤	8.5	805.95	298.05	508.05	510
3	乌林	长江干堤	19.5	2323.95	859.95	1464	1474.05
4	老湾	长江干堤	7	949.95	351	598.05	601.95
5	龙口	长江干堤	24	3468	1282.95	2184	2197.95
6	大沙	长江干堤	3.8	514.95	190.05	324	325.95
7	燕窝	长江干堤	30.2	3565.05	1318.95	2245.95	2260.05
8	新滩	长江干堤	21	2386.95	883.05	1504.05	1552.95
六	松滋市		29.44	3765	1438.05	2326.05	
1	涴市	长江干堤	2.24	276	115.05	160.95	
		长江干堤	11.2	1650	562.05	1087.05	
		涴里隔堤	2.74	217.95	105	112.05	

序号	县（市、区）	堤别	堤长/km	禁脚占地/亩			洲滩占地/亩
				小计	堤内	堤外	
2	采穴	长江干堤	13.3	1621.05	655.95	964.95	
七	公安县		347.18	23010	9210	13800	30730.05
1	斗湖堤		18.84	1522.05	724.05	798	1356
2	杨家厂		19.55	1642.95	655.05	988.05	1515
3	麻豪口		33.87	2280	1255.05	1024.95	1126.05
4	藕池		24.53	1449	783	666	930
5	黄山头		38.08	4507.05	1882.95	2623.95	3922.05
6	小虎西		78.63	2158.95	720	1438.95	2902.05
7	闸口		30.55	2578.05	966	1612.05	1309.05
8	夹竹园		27.96	2643	918	1725	160.95
9	埠河		75.17	4228.05	1303.05	2925	17512.05
八	石首市	长江干堤	95.4	12778.95	3942	8836.95	960
1	绣林		32.48	4350	1612.95	2737.05	
2	东升		22.5	3361.05	945	2416.05	
3	调关		40.42	5068.05	1384.05	3684	

表 9-5-5　　　荆州地区汉江、东荆河堤防土地确权面积统计表

单位	领证面积/亩	其中		宗地数/宗	领证年份
		堤防用地面积/亩	生产生活用地面积/亩		
钟祥汉江总段	18741	18531	210	10	1993
天门汉江总段	25789.5	25290	499.5	76	1993
潜江汉江总段	16800	16594.5	205.5	14	1993
仙桃汉江总段	25759.5	23370	2389.5	44	1993
潜江东荆河总段	20945.2	20852.1	93.1	17	1994
仙桃东荆河总段	24502.4	24487.8	14.6	32	1995
监利东荆河总段	7013	6996	17	3	1995
洪湖东荆河总段	18263	17345.78	917.22	7	2010
杜家台闸总段	1693.64	1693.64		2	1994
泽口闸总段	163.52	163.52		1	1995
田关闸总段	348	292.5	55.5	3	1993
罗汉寺闸总段	389.64	366.54	23.1		1995
马良采石场	489.45		489.45		1993
合计	160897.85	155983.38	4914.47	215	

表 9－5－6　　　　荆州地区汉江、东荆河护堤地土地确权面积统计表

管理单位	堤别	岸别	起止桩号	长度/km	护堤地面积/亩		
					堤外	堤内	小计
汉江局	合计			752.501	53729.10	34618.10	88347.20
钟祥汉江总段	汉江遥堤	左	315＋265～275＋802	39.463	3551.22	2921.22	6472.44
	大柴湖围堤	左	0＋000～45＋400	45.400	3945.54	2396.55	6342.09
小计				84863	7496.76	5317.77	12814.53
天门汉江总段	汉江遥堤	左	275＋802～260＋000	15.802	712.65	663.84	1376.49
	汉江干堤	左	260＋000～138＋100	121.900	8593.69	5444.91	14038.60
小计				137.702	9306.34	6108.75	15415.09
潜江汉江总段	汉江干堤	右	259＋689～222＋850 221＋300～199＋200	58.939	4651.71	3861.36	8513.07
	东荆河堤	左	0＋000～13＋666	13.666	1106.82	601.47	1708.29
	东荆河堤	右	0＋000～13＋403	13.403	128.35	546.08	674.43
小计				86.008	5889.88	5008.91	10898.79
仙桃汉江总段	汉江干堤	右	199＋200～108＋000	91.200	4947.10	2809.80	7756.90
	洪道堤	左	0＋000～20＋000	20＋450	1036.70	331.80	1368.50
	洪道堤	右	0＋000～20＋982	21.657	1147.30	172.20	1319.50
小计				133.307	7131.10	3316.80	10447.90
潜江东荆河总段	东荆河堤	左	13＋666～67＋830	54.164	4094.18	1794.63	5888.81
	东荆河堤	右	13＋403～44＋600	31.197	2384.55	1794.63	4179.18
小计				85.361	6478.73	3589.26	10067.99
监利东荆河总段	东荆河堤	右	40＋600～82＋000	37.400	2537.85	1373.10	3910.95
洪湖东荆河总段	东荆河堤	右	82＋000～173＋400	91.050	9492.41	7184.68	16677.09
仙桃东荆河总段	东荆河堤	左	67＋830～164＋000	96.810	5396.03	2718.83	8114.86

第五节 河 道 管 理

1988 年《中华人民共和国水法》《中华人民共和国河道管理条例》和 1992 年《湖北省河道管理实施办法》颁布后，从对河道堤防工程进行岁修、养护，发展到对河道实行全面管理。在管好河道工程的同时，对河道进行整治与建设，保护河道安全运行。

一、河道整治与建设管理

河道沿岸的堤防、涵闸和护岸工程，在长期运行过程中，受自然和人为因素的影响，常遭受不同程度的损坏，因此必须做好工程检查，发现问题和隐患及时进行处理，确保工程正常运行，发挥其效益。

从防洪安全出发，保证河道管理范围内的建设项目必须符合国务院批准的《长江流域

综合利用规划简要报告》规定的防洪标准，维护堤防安全，保护河势稳定和行洪畅通，这是河道堤防管理部门的一项重要职责。根据《中华人民共和国河道管理条例》《中华人民共和国行政许可法》等有关法规的规定：荆江大堤距堤脚 550～1000 米范围内新建、扩建、改建厂房、仓库、工业和民用建筑及其公共设施，打井、钻探等工程；长江干堤及连江支堤（荆南四河）堤防距堤内脚 500～550 米内的地质钻探和房屋桩基工程都要经过行政审批许可。对长江及连江支流两岸堤防之间，长江干堤及连江支流（荆南四河）堤防内脚至 100 米范围内，荆江大堤内脚至 550 米范围内新建、扩建、改造的项目进行初审后，由上级水行政部门审批上报。

二、河道清障和采砂管理

（一）河道清障

确保河道行洪畅通是河道保护的首要任务。河道行洪障碍分为自然形成和人为因素两类。任何形式的行洪障碍都将缩小河道过流断面，降低河道行洪能力，还会影响河势变化，对防洪安全造成威胁。由于历史原因，干支流河道围垦民垸众多，影响河道泄洪能力。20 世纪 80 年代，荆州地委行署对清除河道行洪障碍高度重视，多次发文要求限期清除行洪障碍，确保河道水流畅通。1982 年 7 月 2 日，中共荆州地委批转地区防汛指挥部《关于清除江河行洪障碍的报告》，强调切实加强领导，指定专人负责，限期清除长江、汉江、东荆河三大流域行洪障碍。1983 年 7 月 27 日，荆州行署批转地区长江修防处《关于藕池河东支河口扒坝行洪的意见》，要求彻底清除行洪障碍，确保荆江行洪安全。1983 年 8 月 8 日，荆州地委办公室发文同意石首县复兴洲、新建垸、三星外垸、向家台等阻水围垸彻底刨毁，神皇垸、灭螺垸、白沙洲、新民外垸、新河洲等 5 处限制水位刨毁；北碾湾、南碾湾、新河外垸遇特大洪水时，必须听从地区防指通知，按时予以刨毁。1985 年 5 月，沙市轮渡公司在长江南岸渡口建有长 90 米、宽 6 米、高 4.5 米的阻水丁坝，丁坝两侧建有 20 余栋砖混结构房屋，形成一大行洪障碍，湖北省水利厅、荆州行署研究决定在汛前拆除 5000 平方米房屋和 60 米长丁坝，彻底消除行洪隐患。20 世纪 90 年代，结合贯彻《中华人民共和国水法》，清除四湖总干渠渠堤违章建房 126 间，4850 平方米，清除挡坝、渔网等阻水设施 1083 处。经过治理，障碍基本被清除，阻碍河道行洪的现象少有发生。

（二）河道采砂管理

河道泥沙是河床动态平衡的重要组成部分，采砂活动不可避免地涉及堤防、护岸工程和河势的稳定。为加强对全市河道采砂的管理，2004 年根据国务院第 320 号令规定，成立荆州市河道采砂管理处，与荆州市水政监察支队合署办公。2006 年 5 月，荆州市水利局单独成立荆州市河道采砂管理处，负责全市范围内河道采砂工作的管理和监督，对违反《长江河道采砂条例》的行为依法进行查处，对县（市、区）河道采砂的管理工作进行监督、检查和指导。主要采取的措施为：加强宣传教育，提高禁采认识和管理水平；认真贯彻实施《长江河道采砂条例》，立足无采区的实际，牢固树立长期禁采的思想，强化全市长江河道禁采管理；开展专项整治，加强采砂船只监管力度，荆州市长王祥喜、副市长刘曾君主持召开有各县（市、区）主要领导和市直部门参加的全市河道采砂整治工作会议，对整治任务、内容、责任都提出了具体要求。通过整治，有 17 艘采砂船只改变了用途，占未整治前的 60％；还有 14 艘采砂船停靠封存，并落实了监管资金和监管责任人，8 艘外地采砂船遣送出境。部门协作，加大打击巡查力度。通过与公安、海事和新闻媒体联合，依法打击长江非法采砂活动。全市共出动执法人员 1500 余人次，开展执法巡查 160 余次，集中打击查获违法偷采船只 12 艘，追回逃离船只 4 艘，拆除采砂设备 6 台套，上缴财政罚没款 118 万元。通过开展"清江行动""节假日突袭行动""重点水域专项打击行动"，有力地打击和震慑了长江非法采砂行为，维护了长江河道安全。

合理编制长江河道可采区规划。全市长江河道内砂石资源储备量丰富，仅松滋市丁家垴至江陵县郝穴段长 120 千米水域砂石资源储藏量达 6000 万立方米以上。为合理、有序开发和利用砂石资源，根据 2007 年长江中下游干流河道采砂规划修订工作会议精神，全市所辖江段由禁采区改为限采区，经现场勘察，认真审核，并征求航道和海事部门意见后，向湖北省水利厅申报荆州市长江河道规划可采区 1 处（即荆州市松滋曾家洲采砂区），规划保留区工程采砂和填筑采砂区 2 处（即沙市区金城洲采砂区和江陵县窑头埠采砂区）。2008 年 12 月后，规划保留区增加到 5 处（即荆州区太平口心滩保留区、沙市区金城洲保留区、江陵县突起洲保留区、监利县窑圻垴保留区和乌龟洲左岸保留区）。2009 年 12 月，再次向湖北省水利厅申报长江河道采砂规划限采区 4 处：荆州市松滋曾家洲限采区、沙市区金城洲限采区、江陵县突起洲限采区和监利县乌龟洲左岸限采区，待长江委论证审批。

2011 年是水利部、交通运输部确定的长江"涉砂船舶治理年"。荆州市河道采砂管理工作领导小组决定，5—12 月在长江干流松滋车阳河至洪湖新滩口江段，组织开展涉砂船舶专项整治行动，荆州成立了由水利、海事、公安、航道等部门负责人参加的长江干流荆江河段涉砂船舶专项整治行动小组，明确专项整治的指导思想，整治对象和范围，以及整治时间、职责分工和目标要求。通过巡查、暗访，加大专项打击力度，全市出动执法人员 1600 余人，巡查 120 余次，集中打击 30 余次，抓获非法采砂船 15 艘〔其中配合县（市、区）查获 9 艘〕，查获逃离监管船 1 艘，上缴财政罚没款 181 万元。

同时，开展长江河道沿岸砂场清理工作。据统计，荆州市 8 个县（市、区）砂场总数为 117 个，其中堤外禁脚有 79 个，堤内禁脚有 38 个，占用堤顶的有 1 个，占用河道管理范围的有 36 个，影响行洪安全与防汛抢险的有 5 个。在 117 个砂场中，经水行政主管部门批准的有 10 个，未经批准的有 107 个；经税务部门登记的有 44 个，未登记的有 73 个；经工商行政部门注册的有 60 个，未注册的有 57 个；经国土资源管理部门批准的有 10 个，未经批准的有 107 个。

三、河道监测和岸线管理

新中国成立以来，围绕江河河床演变和崩岸整治，先后开展了矶头整治、险工护岸和河床演变的观测工作，以避免崩岸险情的突发性，争取整治的主动权，为护岸观测设计、施工提供科学依据。20 世纪 50 年代，各流域修防处及所辖县段就开展辖区河道崩岸险情的观测工作，1960 年长办荆实站配合长江修防处进行观测；1980 年后，长江修防处测量队承担了这项工作。多年来，荆州市长江河道管理局在荆江 30 多个河段和 20 多个护岸段分别进行崩岸和护岸观测，其中对荆江大堤沙市、观盐、灵黄、祁冲、郝穴、城南等重点险工险段进行重点观测、水位测量，每年汛期或汛后进行 2～3 次，测量宽度均过深泓线，一般为 250～300 米，重点险段为 400 米。1956 年对荆江大堤沙市、郝穴、监利 3 个河湾的河势演变进行了系统观测。每 5 年进行一次全江观测。通过观测，摸清了荆江河段崩岸的基本情况，对其规律和成因有了清晰认识。

三峡工程建成后，上游来沙量减少，荆江河段冲刷加剧，河势变化将对荆江护岸带来不利影响。2007 年 7 月，湖北省水利厅成立荆江河道演变监测及研究领导小组，启动监测研究项目，由荆州市长江河道管理局组织实施，荆州长江勘察设计院和长江科学院共同开展荆江河道演变监测及分析工作，其研究成果为荆江地区防洪安全管理提供技术指导，并为河势控制工程和航道整治工程的规划设计提供技术支撑。

荆州河段干支流沿岸分布许多城镇、工矿企业、港口码头。改革开放以来，区域经济发展迅猛，河道岸线开发利用越来越快，沿江两岸新建、扩建、改建工程越来越多。这些工程不同程度地减少了泄洪断面，对防洪安全、河势稳定、航道畅通均有一定影响。堤防管理部门正确处理河道岸线开发利用与防洪保安的关系，既积极支持，合理开发，又实行严格管理，务使建设项目服从防洪整体规划安排，维护河道堤防安全。同时，把荆江河道岸线开发利用管理工作纳入法制化、规范化管理轨道，建设项目必须由河道管理部门审查，上级水行政主管部门审批后方可实施。

2003 年，为及时有效地处置恐怖袭击对荆江大堤的破坏，保护人民生命财产安全，减少灾害损失，维护社会秩序和社会稳定，荆州市长江河道管理局依据水利部水汛〔2003〕253 号文件和相关法律法规，结合实际，制定《荆江大堤反恐怖应急预案》。预案分总则、组织机构与职责、预测预警、应急处理、应急保障、监督管理、附则等部分。

第六节 涵闸泵站管理

荆州境内的涵闸泵站遍布江河湖库和内垸，承担着内泄渍涝、外防洪水、灌溉农田的任务，在防洪、排涝、灌溉中发挥了显著作用。自工程建成之后，就组建了专门的管理机构，其管理体制主要为河道堤防单位管理、水利部门基层管理单位管理两种。为保证闸站工程的正常运行，更好地为农业生产和国民经济服务，各地按照水利部1963 年颁发的《闸坝工程管理通则》和 1983 年实施的《水闸工程管理通则》以及1980 年颁布的《机电排灌站经营管理暂行办法》进行管理，逐步摸索出一套行之有效的管理办法。

一、涵闸管理

20 世纪 90 年代初统计，荆州地区沿江有主要涵闸 55 座，其中灌溉闸 40 座，排水闸15 座；按流域分，长江 29 座，汉江 12 座，东荆河 14 座。至 2011 年，荆州市有各类涵闸 7872 座，设计流量 5 万立方米每秒，其中流量超过 5 立方米每秒的涵闸有 2489 座，其中灌溉闸 508 座，设计流量 5820 立方米每秒；排水闸 540 座，设计流量 7862.67 立方米每秒；节制闸 1421 座，设计流量 1.77 万立方米每秒。

(一) 日常维修

大中型涵闸自建成之后，均设有专门管理单位，配备专职闸管员，一般涵闸为2～3人，大型涵闸为5～6人。日常维修养护工作由涵闸或堤防管理单位安排专人负责，所需经费由省、市、县水行政主管部门安排专项资金，由涵闸管理单位组织实施。

涵闸管理人员的主要职责：对机电设备定期进行养护维修，消除工程隐患，确保启闭灵活、安全运行；对闸墙、闸门、启闭机进行观测，检查有无变形、裂缝、锈蚀现象以及安全保护设施是否完好；按要求及时上报水位流量；做好涵闸内外的卫生，营造优美的环境；做好记录，整理资料，建立档案，使成果真实可靠。

对于影响安全运行的较大问题，则由涵闸管理单位制定维修方案和预算，上级主管部门安排维修经费，涵闸管理单位组织实施，确保涵闸安全运行，充分发挥效益。

(二) 管理目标和范围

管理目标：闸室内外整洁干净，无违章建筑；启闭灵活，闸门止水橡皮完好；水工建筑无损坏，附属设施完好无损；水位资料整理完好，档案文书齐全。

管理范围：依据《湖北省河道管理实施办法》规定，大型涵闸上下游各500米，左右各200米；中型涵闸上下游各200米，左右各100米；小型涵闸上下游各100米，左右各30米。距离从涵闸外沿算起。

(三) 启闭运用

长江干堤涵闸（含荆江大堤一弓堤、西门渊闸）的运用：当外江水位在设防水位以下时，由市长江防指负责调度；当外江水位在设防水位至警戒水位之间时，由荆州市长江防指审查，报荆州市防指批准执行；当外江水位超过警戒水位时，由荆州市防指报湖北省防指审批执行。

汉江干堤、东荆河堤上的涵闸引水或超标准运用、封堵启闭，由沿江各县（市）防汛办公室审查申请，报湖北省汉江防汛办公室批准执行。

支民堤涵闸运用：当外江水位在设防水位以下时，由县（市、区）防指负责调度；当外江水位在设防水位至警戒水位之间时，由县（市、区）防指审查，报荆州市流域防指批准执行；当外江水位超过警戒水位时，由荆州市流域防指审查，报荆州市防指审批执行。

涵闸超标准运用：凡沿江涵闸超设计标准运用和排水闸作引水使用、灌溉闸作排水逆向使用，均须由荆州市流域防汛指挥部进行安全审查，报荆州市防指批准执行，超控制水位运用的由荆州市防指报湖北省防指批准后执行。

病险涵闸调度运用：凡被列入病险的沿江涵闸以及通知封堵的涵闸，汛期未经荆州市防指批准，严禁使用。汛期有蓄水反压任务的沿江涵闸，有关县（市、区）防指要严格按规定水位落实反压措施，确保安全。

二、泵站管理

20世纪70年代开始，荆州地区在平原湖区兴建排涝泵站，在丘陵山区建设电灌站，到20世纪90年代初，荆州地区共建有电力排灌站1583处、3601台49.6万千瓦，其中电排站635座、2228台33万千瓦，设计流量3692立方米每秒，电灌站932处、1373台

16.6万千瓦，设计流量684.3立方米每秒。2011年，荆州市共有大小泵站3243座，总装机58.69万千瓦。

电排灌泵站是季节性很强的抗灾设施，必须实行专业化管理，才能保证安全、高效、低耗、经济运行。自泵站建设运行以来，水利部和各级水行政主管部门先后制定了一系列运行管理规章制度和办法，使泵站管理更加科学化、规范化、标准化、制度化。

（一）管理制度和办法

1980年3月，水利部颁发了《机电排灌站经营管理暂行办法》，7月，又颁发了《国营机电排灌泵站实行八项技术经济指标考核的暂行规定》，从此荆州地区机电排灌站的管理工作依据办法和规定，步入健康发展的轨道。当年，为了摸清排灌泵站现状，荆州境内泵站建立了国营排灌站现状登记卡和技术档案。

1984年，湖北省水利厅在广济县召开全省电力排灌管理工作会议，贯彻湖北省政府《关于湖北省水利工程收费管理试行办法》，对排灌站试行8项经济指标考核，并就制订排灌站设备评定标准、岗位责任制、安全规程和运行规程等达成了共识。

1985年2月，湖北省水利厅在荆门召开会议并颁发了《湖北省大中型电力排灌站运行规程》和一些配套规章制度，促进了泵站管理工作，泵站面貌发生了深刻变化。

1986年5月，为理顺泵站管理体制，经湖北省财政厅同意，湖北省水利厅批文确定县级及乡镇水利站管理的泵站为国营泵站。1988年3月，湖北省水利厅和湖北省农机局联合下发《关于排灌泵站归口管理问题的补充通知》，规定："国营电力排灌站归口地市县水利部门管理；江河湖区集体的机电排灌站由乡镇水利站管理；电力排灌站原来由哪个部门管理的，仍由原部门管理；柴油机排灌站由农机部门管理"。

为了保证大型排涝泵站的运行费，1995年6月，湖北省政府办公厅明确指出："泵站的费用应采取分级负责的办法，即排涝的运行管理费（含大修费）由受益县市、农场负责，设备及工程更新改造纳入省财政及水利基本建设计划安排"。按照以上规定，高潭口、新滩口两座泵站的运行管理费一直由荆州地区水利局从征收的水费中解决。

2003年3月，随着财政体制和农村税费改革，湖北省财政厅发布《关于进一步加强大型泵站公益性排涝费用实行财政补助的通知》，对跨流域大型泵站公益性排涝财政补助范围和标准以及资金的使用和管理作了明确规定。荆州市境内的高潭口、新滩口、南套沟、螺山、杨林山、半路堤、新沟、牛浪湖、大港口和公安玉湖、法华寺、冯家潭（一）站等12处大型泵站纳入全省财政补助范围。对跨流域的9处主要解决排涝电费，其中正常维修费不能超过补助额的10%；对公安县3处跨县（市）泵站的排涝电费，省财政补助62%，采取转移支付的方式下达到同级财政。

（二）泵站达标管理

为了实现泵站规范化管理，1989年9月，湖北省水利厅颁发《湖北省泵站管理"达标"验收办法》，规定了机构与领导班子、技术经济指标、职工管理、责任制、安全生产、文明生产、财务管理、经营管理、基础资料档案、后勤管理等10项47条考评标准。

1991年1月，湖北省水利厅颁发《湖北省泵站管理"达标"评分细则》，2005年，湖北省水利厅组织地市农电科长和泵站技术骨干进行验收，荆州市19处800千瓦以上大型泵站有 10 处达到省星级标准，其中二星级 3 处、三星级 7 处，中小型泵站达标 7 处。洪湖市南套沟泵站被水利部授予"水利部一级管理单位"称号。

根据湖北省水利厅《关于抓紧水利工程用地划界确权工作的通知》，全市 21 处大型泵站，有 13 处已按规定完成确权划界任务，共划定泵站保护面积 444.93 万平方米，实际占用土地面积 289.27 万平方米，见表 9-5-7。

表 9-5-7　　　　　　　　　　荆州市大型泵站确权面积统计表

泵站名称	土地证面积 /m²	管护范围面积 /m²	界址与界桩是否清楚	相关证件是否齐全
新滩口泵站	474690	772676	是	是
高潭口泵站	241361.2	241361.2	是	是
大港口泵站	75827	75827	是	是
冯家潭泵站	122560	122560	是	是
石首市冯家潭第二泵站	21668.63	21668.63	是	是
小南海泵站	9338	220000	是	不齐全
黄山头泵站	1100000	1443022	是	是
闸口泵站管理处	345520	447418	是	是
玉湖泵站	161538	256230	是	是
牛浪湖泵站	43662	93279	是	是
法华寺泵站	218980	313153	是	是
淤泥湖泵站	77522	225840	是	是
东港垸泵站		216250	无	无
合计	2892666.83	4449284.83		

（三）泵站测试

1987 年，荆州地区水利局建立电力排灌中心测试站，对大中型电力排灌站进行现场测试并作出技术鉴定，促进了泵站的机务管理和工程管理。1991—1992 年 3 月，通过对国营泵站机电设备老化情况的调查，发现电机和水泵老化率分别达 62%～70%。并将此技术鉴定报上级水利主管部门，引起高度重视。从 2007 年开始，国家安排 10 多亿元资金，对大型泵站进行更新改造。

（四）调度运用管理

为了加强对大型电力排灌站运行的科学调度，湖北省政府和湖北省防指曾多次发文提出具体方案，特别是对四湖流域的大型泵站调度作出了具体规定。1995 年针对四湖地区行政区划变更和田关泵站交湖北省水利厅直管后，湖北省政府又批转湖北省水利厅关于《四湖地区防洪排涝调度方案》的报告。

2011 年湖北省政府下发《湖北省大型排涝泵站调度和主要湖泊控制运用意见》，就汛前准备、调度运用原则、跨地（市）防洪排涝调度和主要湖泊汛期控制运用提出了具体明确的意见。

第七节 渠 道 管 理

渠道是灌溉和排涝工程的主要通道，渠道不畅会导致有水灌不进，有涝无法排的严峻局面。新中国成立以来，全市建成2000亩以上的灌区208处，总共有排灌渠道15693条，总长22351千米。按照分级负责和专管与群管相结合的原则，建立健全管理体系和管理制度，对渠道进行有效管理。

一、管理机构

20世纪50年代末，按照自然条件，将平原湖区划分为四大水系，全面规划，综合治理。各排灌区按照"分级管理"原则，分别设置管理机构。1963年4月27日，荆州专区发布《关于进一步明确水利工程管理体制的通知》，规定各大排灌区要以闸站为核心、以闸站带渠道，分设管理机构。据此，设立四湖、汉南、汉北、江南4个排灌区。丘陵山区的干渠管理原则上由水库管理单位负责，支渠管理由受益县（市）或乡镇负责。

汉南排灌区受益范围包括沔阳县的全部和潜江县的部分乡镇。按照"涉及两县以上受益的工程由上一级或委托主要受益单位管理"的原则，地区不设统一的管理机构，由两县自行管理。泽口闸是汉南的引水工程，以沔阳受益为主，则由沔阳设置管理机构，业务由荆州地区委托汉江修防处代管。此区域小型水利工程分别由县和乡镇设置管理单位，几个乡镇受益的工程由县水利局设置专管机构统一管理。

汉北排灌区主要受益是天门县，区域内的水利工程由天门县水利局负责管理。罗汉寺闸是汉北排灌区的主要引水工程，灌溉汉北全境，1994年前由荆州地区委托汉江修防处代管，后由天门市设置专管机构，归口天门市水利局领导。

江南排灌区位于长江南岸，荆南"四河"贯穿全境，堤垸和农田水利工程自成体系。一般是一个乡镇一个垸子，涉及2个以上乡镇的大垸子，原则上由县水利局设置专管机构。江南排灌区涉及公安、江陵、松滋部分乡镇，荆州地区成立三善垸水利管理委员会，统一协调排水事宜，协调3个县有关乡镇提排渍水。

四湖排灌区受益范围涉及荆州地区的江陵、监利、洪湖、潜江、沙市、荆门市和沙洋农场的一部分。1962年荆州地区成立四湖工程管理局，统一管理四湖地区的水利工程。1983年荆门、1994年潜江由省直管后，境内的部分水利工程同时划出，由湖北省水利厅成立领导小组，协调四湖地区防汛排涝矛盾。四湖地区的长湖、洪湖、总干渠、西干渠、东干渠及其配套工程由四湖工程管理局直接管理，设置江陵、监利、洪湖、潜江县（市）"四湖工程管理段"和江陵长湖管理段。2000年后，设置荆州区、沙市区、江陵县、洪湖市、监利县管理分局，属县、局双重管理。排灌渠堤上的建筑物工程由所在县（市）负责管理，共有管养点61个、管养员168人。刘岭闸、习家口闸设管理所，田关、高潭口、新滩口设水利工程管理处，由四湖工程管理局管理。半路堤、杨林山、螺山、南套沟、新沟、老新电排站以及五岔河、豉湖渠、监利河、沙螺干渠由受益的监利、洪湖、江陵直接管理，防汛排涝期由荆州地区（市）统一调度。

二、管理范围及职责

按湖北省政府的有关规定,灌溉渠道堤防禁脚和工程保护用地为3～5米;排水渠道禁脚范围为5～20米,险工险段适量放宽。由专门管理机构按有关水工程管理法律法规严格管理,清除渠堤违章建筑和渠道行洪障碍等阻水设施,确保渠道水流畅通。1979年2月,荆州地区行政公署印发《四湖总干渠工程管理试行规定》,严禁在渠道内设置各类行洪障碍和违章建筑;禁止耕种渠坡、渠堤和禁脚;禁止在渠堤和渠道内取土挖沙;禁止向渠道倾倒垃圾、矿渣和有毒污害物;严禁盗砍渠堤林木;管理好剅闸和泵站。1998年3月,四湖工程管理局颁发《四湖流域水利工程管理近期达标条件及验收评分标准》,对管理达标工作提出具体要求,并对渠道管理达标实行百分制考评,对推动渠道管理取得了很好的效果。

三、更新改造

这些大小渠道修建于20世纪50—60年代,大多淤塞严重,有的已完全不能通水。80年代,全区开展"小型大规模"农田水利建设,动员农村劳力把所有渠道清淤疏挖一遍,提出"渠见底、坡见新,淤泥挑过分水岭",渠道的过水能力大大提高。1998年大水后,堤防建设加快,但小型农田水利建设滞后,致使有些渠道名存实亡,根本无法过流。针对上述问题,21世纪初,国家和集体筹资开始用机械对农村沟渠全面疏挖,对一些重要灌渠进行混凝土硬化。2008年后,国家开展大型灌区节水配套蓄水工程建设,荆州市建设大型灌区13处。截至2011年,全市渠道疏挖长6423.36千米,其中衬砌硬化906.58千米。

第八节 施 工 管 理

新中国成立前,荆州境内基本没有专业的施工机构与队伍。一个工程的筹划、准备到实施,一般由官方组织临时班子征召民工施工,工程建成后人员解散。到民国时期,才有"包工队",堤防修筑多采取"团头"包工方式,招佚修筑竣工后,再验收结账。筑堤主要工具为锄头箢箕,人力肩挑,片碛压实。"团头"在施工中,经常采取偷工减料、虚报冒领方法牟取利益,掘土挖禁脚,筑堤掩草帮,致使堤质极差。

新中国成立初期,兴建大中型水利工程,一般由政府投资、组建施工指挥部,农民是主力军,地县水利施工队伍是技术骨干,施工管理体制沿用民兵编制(团营连),组织农村劳动力采取"人海式大兵团作战"进行建设。

20世纪80年代实行计划管理,水利建设由行政首长指挥,靠农民投工投劳或以资代劳完成。农村实行家庭联产承包责任制后,逐年减轻农民负担,除每年冬春小型农田水利建设实行以资代劳,一事一议,仍依靠农民集资投劳外,其他大中型水利工程均由政府或流域单位组织机械化施工。90年代末期,江河堤防整险加固、水库加固脱险、泵站涵闸整修、灌区改造等大中型工程逐步实行招标投标,由专业施工队伍参加施工,中标单位完全采用机械化完成,施工进度加快,从而极大地解放了农村劳动生产力。

一、大集体施工时期

新中国成立初期，由于国家经济困难、生产力落后、机械少，大小水利工程只能靠农民手挖肩挑完成。在党和政府的领导下，层层组建施工指挥部，搞大兵团作战，自力更生，艰苦奋斗，在较短时间内兴建了一批大中型水利骨干工程。

（1）1952年4月5日，举世闻名的荆江分洪工程动工，由湖北、湖南和中南军政委员会负责人组成"荆江分洪委员会"，同时成立由军队、工程技术、财务、后勤负责人组成的"荆江分洪总指挥部""荆江分洪前线指挥部"，以及北闸、南闸和荆江大堤加固工程等6个指挥部，下设技术组、器材组、宣传组，靠"政治挂帅、思想领先"，开展社会主义劳动竞赛，调动广大农民施工积极性。当时组织湖北、湖南的工人、农民20万人和解放军6个师10万人，仅用75天完成了新建荆江分洪进洪闸（北闸）、节制闸（南闸）、南线大堤、分洪区围堤和54千米荆江大堤的加固任务，共完成土方834.58万立方、石方17.13万立方米、混凝土11.6万立方米，完成国家投资5576万元。在施工中，30万劳动大军严格执行荆江分洪指挥部颁布的"一切劳动听指挥，尊重专家，服从技术指导，维护工地秩序，按时劳作，爱惜器材，团结友爱，严守工程秘密"等10项劳动纪律。开展"红五月"劳动竞赛，掀起施工高潮。在竞赛中，英雄模范人物成批涌现，不断革新施工工艺和劳动工具，工效成倍提高。工程竣工后，由总指挥唐天际、副总指挥许子威分别剪彩，表彰了饶民太、辛志英等20名特等劳动模范。

（2）1955年11月16日，经国务院批准的洪湖隔堤正式动工，荆州专区成立洪湖隔堤施工指挥部，副专员李富伍任指挥长。参加施工的监利、沔阳、洪湖3县分别建立以副县长为指挥长的工程建设指挥部，共动员12.46万人参加施工，奋战60天，靠农民手挖肩挑完成土方514.75万立方米，完成国家投资282.59万元，建成56.42千米的洪湖隔堤。至此，洪湖境内东荆河堤形成整体，堵截了长江、东荆河洪水倒灌，使四湖地区江、河分家，保护农田30万亩，新垦耕地20余万亩。11月底，湖北省公安厅、民政厅共同组建湖北省四湖排水工程指挥部，钱运炎任指挥长。12月，荆州专署成立四湖排水指挥部，由专署水利工程处副处长刘干任指挥长，荆州水利分局副局长李大汉任副指挥长，调集沙洋农场劳改人员1万余人。展开大兵团作战，开挖四湖总干渠东港口至伍家场和东干渠下端，从此拉开了四湖排水工程建设的序幕。

（3）1958年动工的漳河水库工程，组建以副专员饶民太为指挥长的总指挥部，先后动员荆门、江陵、钟祥、潜江、当阳5县，沙洋农场和解放军7181部队13.3万人参加施工，靠肩挑手挖，大兵团作战，历时8年，于1966年基本建成，共完成土方6039.4万立方米。其间遇到1959—1961年3年自然灾害的困扰，尽管按受益区民工每工补0.6元，非受益区民工每工补0.8元，但国家财力还是不能保证，曾一度停工。党和国家领导人李先念、董必武给予了极大的关怀。湖北省委第一书记王任重、省长张体学先后到工地帮助解决实际困难和问题，荆州地委以饶民太为首的大批干部常驻工地，指挥施工，在"破除迷信、解放思想"口号的鼓舞下，广大群众政治热情高涨，县市之间、社队之间、个人之间挑战应战，劳动竞赛搞得热火朝天，指挥员抓两头、带中间、树标兵，领导群众技术三结合，施工高潮一浪高过一浪。经过8年奋战，水库全面建成受益，改善了下游50多万亩农田灌溉水源状况，施工中，涌现出 150 名特等劳动模范，有 200 余人在工地献出了宝贵生命。

（4）1972 年上马的洪湖分蓄洪第一期工程，是"文化大革命"期间开工的一个大型水利工程，荆州地区革委会成立洪湖防洪排涝工程指挥部，由革委会副主任饶民太任指挥长。1973 年成立湖北省洪湖防洪排涝工程总指挥部，由湖北省革委会副主任夏世厚任指挥长，荆州地委书记石川任政委。参加施工的沔阳、洪湖、监利、天门、潜江、江陵相应组成建设指挥部，由县革委会主要领导任指挥长和政委。当时，因施工机械少，土方工程全靠农民手挖肩挑，组织大兵团作战完成。荆州地区调集 6 个县 48 万人参加施工，各县按民兵建制设团（区）、营（公社）、连（大队）、排（小队）组织施工，还从地直水利管理单位、地直各部委及军分区抽调大批干部参加施工管理。施工现场红旗招展，语录牌、宣传栏到处可见，连与连、营与营、团与团开展"比学赶帮超"活动，劳动竞赛一浪高过一浪。经过一冬一春施工，完成了福田寺至高潭口全长 48.8 千米的筑堤任务。

在大兵团作战过程中，如何加强施工管理和质量监督，调动广大民工群众积极性至关重要。在多年的施工实践中，摸索出一套行之有效的办法。

（1）抓好质量管理。及时下发《施工须知》，要求严格按规范进行施工，各县、区、公社、大队均配备工程技术员跟班作业，即技术人员加强巡查、控制质量。

（2）抓好开沟排水、起土进踩和碾压整形等重要环节。坚持以团为单位，统一开沟排水，调度使用机械，以营为单位平衡进踩，以连为单位统一挖河取土；配备责任心强的踩工，明确职责，负责踩层厚度、土料质量、堤身坡度、交卡接头的处理和平衡进踩。

（3）精心组织施工。为避免人多造成混乱窝工，各县指挥部采取层层落实好任务，任务到排，定额到人，筑堤断面到营，挖河断面到连，谁先完成先下堤。

（4）改进施工方法，抓好劳力组合。把劳力和工具组合好，肩挑、手推车、机械合理搭配，实行流水作业。

（5）评工记分，发好工票，凭工票领取粮、钱补助，回生产队记工参加分配。

一切工作以"政治挂帅、思想领先"，调动人民群众施工积极性，体现了当时的时代特色。各地以政治夜校为阵地，忆苦思甜为动力，迅速掀起高出勤、高功效、高质量的"三高"热潮。尽管当时生活物资紧缺，条件艰苦，但广大民工肩挑背驮，不辞辛苦，日夜战斗，出色地完成了施工任务。

二、小型大规模时期

中共十一届三中全会以后，中国社会主义建设进入了新的发展时期。随着国民经济的调整和农村经济体制改革的深入，从 1979 年开始，荆州连续 3 年水利基本建设投资大幅度减少。1980 年农村逐步推行家庭联产承包制，再实行大集体式的施工方式，已比较困难，再者就是一些大型骨干水利工程已基本建成。这一时期主要是完善配套，开展小型大规模的农田水利基本建议。

农田水利基本建设实行计划管理和竣工报账制，规定单机 800 千瓦以上的大型泵站和沿江涵闸以及跨县（市）以上的大型排灌渠道，由国家投资解决建设用料（钢筋、水泥、木材），用工主要靠农民投劳，国家给予适当补助。工程竣工后，按计划报账。农田水利工程建设侧重项目计划建议书、可行性研究报告的评估、审查、审批，确定是否纳入建设计划。水库、堤防和小农水施工仍由行政首长负责，组建各类水利工程建设指挥部指挥施工。

1986—1995 年，荆州地区根据国务院《关于大力加强农田水利基本建设的决定》，提出了"三年恢复效益、五年上新台阶"的战略目标，实行劳动积累工制度，采取地方财政拿一点，"以工补农"补一点，耕地占用税提一点，水费收入挤一点的办法，多渠道、多层次增加水利投入，开展小型大规模农田水利建设，解决部分地区排灌死角。平原湖区大搞排灌渠道清淤，改造低产田；丘陵山区大搞深塘扩堰、坡改梯，建设稳产高产农田。1991 年，全区水利建设贯彻以土方为主、以配套挖潜为主、以恢复效益为主的方针，潜江、洪湖、公安、钟祥、江陵等县（市）实行全民负担水利工，每个干部职工每年 10 立方米土，有力出力，无力出钱。机关干部、企事业职工和农民一样"上水利、结硬账"。全区最高上劳力 206.5 万人，占总劳力的 61.5％，为历史最高纪录。完成大小工程 2.95 万处，其中 10 万人以上的工地 3 处（沔阳通顺河疏挖工地、潜江东干渠扩挖工地、监利半路堤排涝河疏挖工地），万人以上工地 35 处。全区完成土石方 1.7 亿立方米、标工 1.25 亿个、劳平 38 个，改造中低产田 5 万亩，改善 7 万人、6 万头大牲畜的饮水困难状况，水利结合灭螺面积 8.5 万亩。1986—1990 年，全区共完成土石方 5.9 亿立方米，完成水利投资 5.86 亿元，改造渍害中低产田 230 万亩，消灭钉螺面积 23 万亩，新增和改善除涝面积 292 万亩，改善灌溉面积 305 万亩。1991—1995 年结合江汉平原土地开发，建设暗排、暗降农田 33 万亩，完成土方 6.7 亿立方米、石方 771 万立方米、混凝土 78 万立方米，完成投资 13.55 亿元。公安、仙桃、监利、潜江、洪湖获得全省水利建设先进县，各获奖金 5 万元。公安县连续 3 年荣获"全省水利建设先进县"，其中 1991 年获"全国水利建设先进县"，以奖代补 100 万元。

堤防建设一直按照岁修整险计划实施，由堤防部门根据汛期出现的险情和国家投资额，提出岁修工程计划，经上级主管部门审查批准后，即可组织实施。1974—1998 年度荆江大堤加固工程项目属计划管理体制。水电部明确荆江大堤加固工程为水电部直管项目，项目主管单位为长办（1989 年后为长江委）。荆江大堤加固工程实施计划通过长委下达；建设单位为湖北省水利厅，对项目工程质量、进度和资金负总责；施工单位为荆江大堤加固工程总指挥部（履行部分建设单位职责），对湖北省水利厅负责。该时期工程任务主要由荆州、沙市、江陵和监利 4 个分指挥部按上级下达的计划和设计内容组织实施。荆江大堤加固工程总指挥部组建质量控制专班在现场进行质量控制。

湖北省水利厅及荆江大堤加固工程总指挥部按照当时水利工程建设管理程序组织实施荆江大堤加固工程。按照国家有关部门下达的年度投资计划和水利部审批同意的《荆江大堤加固工程补充初步设计》所确定的建设内容、设计标准，并根据堤防现状、存在的主要问题及现场查勘成果，编制年度工程实施计划，上报长委审批。按照长委审批同意的年度计划，安排组织实施。督促各县市荆江大堤加固工程分指挥部加强施工质量和进度，合理调配劳力和机械设备，做好临时征用土地和房屋拆迁等各项社会协调工作，按照荆江大堤加固工程总指挥部下发的《荆江大堤加固工程施工管理文件》所确定的施工质量控制标准，组织施工。对专业性较强的穿堤建筑物、渗控工程、挖泥船输泥加固堤防等工程，选择专业队伍施工。

南线大堤、松滋江堤纳入国家基本建设项目后，其管理模式与荆江大堤基本相同。1992年8月，长委明确南线大堤加固工程为水利部直供项目，主管单位为长江委，湖北省水利厅为建设单位，对项目主管单位负责，全面组织协调项目的建设，对项目的工程质量、工程进度和资金管理负总责。湖北省水利厅明确荆州地区长江修防处为施工单位，并受厅委托履行部分建设单位职责，对湖北省水利厅负责。为完成加固工程的施工任务，根据项目与施工管理的要求，专门成立"荆州地区长江修防处驻南线大堤工作组"，具体负责组织南线大堤加固工程的实施。公安县南线大堤加固工程指挥部为施工具体承建单位，与荆州地区长江修防处驻南线大堤工作组共同参与工程施工。

松滋江堤加高加固工程1994—1998年度施工，实行计划管理，长委为项目主管单位，湖北省水利厅为建设单位。湖北省水利厅委托荆州市长江河道管理处代行部分建设单位管理职能，并与荆州市长江河道管理处签订施工承包合同。湖北省水利厅委托委监理中心为松滋江堤加高固工程的工程监理单位，基建投资计划实行分级负责、投资包干责任制。

三、四制管理模式

随着社会经济的不断发展和改革的逐步深化，建设管理体制也不断健全和完善。1998年后，国家对建设管理体制作出重大调整，在项目建设中履行基本建设程序，逐步实行和完善项目法人、招标投标、施工监理、合同管理等制度，采用公开招标、评委会评议、政府监察部门代表现场监督开标的形式，实行阳光操作，从施工过程、施工资料整编及工程验收，实行全过程监理制度，施工管理更加规范。

（一）项目法人制

1999年，湖北省政府决定在全省范围内试行项目法人负责制，明确湖北省水利厅为全省重点堤防建设和分蓄洪区工程建设的项目法人单位（即业主），对工程建设全过程负责。

从2000年8月起，湖北省河道堤防建设管理局为全省1级、2级堤防和重点堤防及分蓄洪区建设总投资在2亿元以上的项目法人，对项目建设的质量、进度和资金管理等全过程负总责。荆州市长江河道管理局、湖北省洪湖分蓄洪区工程管理局、湖北省荆江分蓄洪区工程管理局等大型水利工程建设与管理单位成立建设管理办公室（以下简称"建管办"），各建管办作为项目法人的派出机构，具体负责工程建设的现场管理，并在施工所在地设立项目部作为其现场具体管理单位。

项目法人按照《湖北省长江干堤与分蓄洪区工程建设管理暂行办法》规定的职责范围开展建设管理工作，按照基本建设程序和建设内容组织实施，主要职能为：负责项目前期工作；根据工程建设需要，组建建设管理机构；负责任免建设管理机构主要行政及技术负责人；负责对建设管理机构行为进行监督检查；组织和委托建设管理机构对工程建设项目的设计、监理、施工和材料及设备进行招标、签合同；组织编制项目年度建设计划，下达年度实施方案；控制工程投资，管好用好建设资金；监督检查工程工期、质量和工程建设责任制落实情况；组织工程竣工验收，负责项目资金到位；负责协调解决工程建设外部环境。

在资金管理上，实行专户储存、专账核算、专人管理、专款专用，建立规范的工程用款拨付程序，按计划项目、施工合同和工程进度，并经总监理工程师审核、项目行政负责人审批后拨付工程款。同时还开展对工程款的自查和检查，执行堤防建设资金使用情况定期报表制度。

自 1999 年以来，由湖北省水利厅、湖北省河道堤防建设管理局担任法人的大型工程建设项目有荆江大堤加固工程、南线大堤加固工程、松滋江堤加高加固工程、荆南长江干堤加固工程、洪湖监利长江干堤整治加固工程、湖北省洞庭湖区四河堤防加固工程、洪湖分蓄洪二期工程等。

2002 年，根据水利部《关于贯彻落实加强公益性水利工程建设管理若干意见通知》精神，荆州市农田水利工程建设项目开始组建项目法人机构。全市泵站改造、灌区续建配套、病险水库加固等工程全部组建项目法人。全市大型泵站更新改造中，高潭口、新滩口泵站改造的法人为荆州地区四湖管理局。松滋小南海、洪湖南套沟、大沙湖、公安黄山头、雨湖、东港垸、法华寺等泵站改造工程经所在县（市）人民政府批准，由泵站管理单位负责人担任法人代表。四湖综合治理工程，确定四湖工程管理局为项目法人。2004 年开始，各大中型水利建设项目法人按国家有关规定，建立项目信息管理月报制度，专人负责将工程进度、质量、资金管理、工程监理和施工队伍情况以及抽签结果以文字、表格形式报荆州市水利局和湖北省水利厅。

（二）工程监理制

荆江大堤二期加固工程 1995—1998 年有监理单位介入，1999 年后，全面推行工程监理制，由监理单位对工程质量、进度和投资控制全面负责。组成人员有总监理工程师、副总监理工程师、监理工程师（员）。监理单位的主要职责是：按照《水利工程建设监理规定》和监理合同中的有关规定，编制《监理规划》和《监理实施细则》；按照监理工作规范的要求，常驻现场，从施工单位进场签发开工令起到清理施工现场工程完工止，采用旁站、巡视、跟踪检验等形式，对工程实施全过程监理，并主持分部工程验收；参与项目各项验收工作，接受和配合工程审计。

自实施工程监理制以来，承担监理任务的主要单位有长委监理中心、湖北华傲水利水电工程咨询中心、中国水利水电建设工程咨询北京公司、湖北省水利水电工程建设监理中心等。施工过程中，凡工程施工地点均派驻专职监理人员，实行事前、事中和事后的严格控制，对施工过程中的每道工序、每个环节都必须经过现场监理工程师签字后方可开始施工。对施工中的质量问题随时进行监督检查，发现问题及时通报，督促施工单位整改。根据合同约定，物质器材均由承包方自行采购，但是材料进场时，必须有出厂报告或合格证，经过建设方、监理方和施工方一起验收，并抽样送检，试验合格，方可使用。特殊材料和设备，要求施工单位必须送往省级质量技术监督部门进行校核和检验后方可使用。由于监理严格把关，保证了合格材料、设备在工程建设中的使用，对确保工程建设质量发挥了重要作用。

（三）招标投标制

1998 年后，列入国家基本建设的工程项目逐步开始实施招投标制，择优选取施工企业承建。

按照有关规定，凡工程投资额在100万元人民币以上或设备采购合同估价在50万元人民币以上的建设项目及其配套、附属工程，都必须进行招标。

公开招标项目均在《中国经济导报》《中国水利报》《湖北日报》《荆州日报》和互联网上公开发布招标信息，通过招标方式择优选择企事业单位参与承建；部分应急整险项目或不宜公开招标的特殊工程或项目比较零星的工程，经湖北省水利水电工程招投标委员会批准后采取邀请招标方式，向符合项目资质要求的企业发送招标邀请书。项目法人对拟中标单位报湖北省水利水电工程招投标委员会公示备案后，向中标单位发出中标通知书，并委托现场管理机构签订施工合同。

招标申请书经湖北省水利厅招标办批准后，招标单位应按《水利工程建设项目施工招标投标管理规定》编制标底。所有接触过标底的人员均负有保密法律责任，不得泄露。实行议标的建设项目，其合同价由招标投标双方商议，协商价款必须控制在批准概算之内，并报湖北省水利厅招标办批准。

申请参加投标的单位，按要求填写资格审查资料，资料应包括申请参加建设项目施工投标函、投标单位投标申请表、企业简介、授权书（不授权，可免）、项目法人委托书、企业营业执照、企业资质等级证书、企业资信证明、企业安全资格审查认可证、企业通过ISO9000系列质量认证及奖励证书、当年或上一年企业资质年检证明、项目经理资格证书、近3年承担的水利水电建设项目施工（安装）情况或机电设备供货情况介绍等内容。

招标单位应按招标文件或补充通知规定的时间、地点开标，开标应在投标单位的代表签名以示出席的情况下公开进行。由招标投标管理机构当众查验投标书（包括补充函件）密封情况并启封，招标单位公布各投标单位的名称、投标报价、工期、投标保函以及招标文件规定的需要公开宣布的其他内容。

评标委员会成员由招标单位聘请招标投标管理机构、建设项目主管部门、设计和监理单位以及特别邀请的本行业专家组成，人数应为不少于5人的奇数，最多不宜超过15人，其中受聘专家人数不得小于总人数的2/3。所有评标委员会成员须经省或地（市）招标投标管理机构审查。严禁评标委员会成员私下与投标单位接触，更不得泄露评标情况和评标结果。

确定中标单位后，由招标单位发出中标通知书，并在招标文件规定的时限内，组织建设单位和投标单位签订合同。合同副本报省或地（市）招标投标管理机构备案。同时通知未中标单位并退还投标保函。

招投标工作由业主主持，建管办参与配合。招投标工作本着公平、公开、公正的原则，以达到优选施工队伍的目的，为确保工程建设的进度和质量提供保障。

荆江大堤先后通过招标选取39家施工企业承建；南线大堤共招标4家施工企业承建；松滋江堤共招标27家承建单位为该工程施工单位；荆南长江干堤先后招标43家企业承建；洪湖监利长江干堤先后招标84家施工单位承建；洪湖分蓄洪区围堤加固工程、洪湖新堤安全区围堤兴建工程、大中型桥梁建设工程均严格执行了招投标制。各建管办均在现场成立施工项目经理部，项目经理部配有技术负责人、专职质检员、材料员、安全员、预算员、施工员、机械师等，做到计划协调、现场管理、物资供应、资金收付、对外联络五统一。施工项目经理部负责工程项目的施工管理，完成工程合同规定的全部内容。

（四）合同管理制

1998 年以后，根据国家有关规定，工程建设全面实行合同管理。严格按照合同进行管理。凡由项目法人招标的工程，由建管办或项目部按国家颁发的合同范本与施工企业签订施工合同。监理受建设单位委托直接参与施工承包合同管理。工程量核实、工程款拨付，每道工序验收都必须有监理签字。建管办、项目部、监理经常对施工单位按照合同规定的内容进行检查、督办。

在荆江大堤、长江干堤和荆南四河堤防加固工程建设中，全面推行与市场经济体制相适应的"项目法人制、招标投标制、建设监理制、合同管理制、廉政责任制"五项建设管理制度，建立和完善"法人负责、企业保证、监理控制、政府监督"的质量管理体系，确保堤防工程建设的顺利进行和工程建设的高标准、高质量。

在洪湖分蓄洪二期工程建设过程中，各单项工程采用包工包料、总价承包的方式，甲乙双方严格依照合同条款，各自履行自己的义务，行使自己的权利，有效地执行了合同规定的一切内容，保证了双方的合法权益，维护了合同的严肃性。

（五）工程验收

工程验收分为阶段验收、单位工程验收和工程竣工验收 3 种形式。建管办根据施工单位的申请，向项目法人提交验收报告，协助项目法人组织工程验收工作。验收工作必须有设计、监理单位参加，按照《水利水电建设工程验收规程》（SL 223—1999）、《堤防工程施工质量评定与验收规程》（SL 239—1999）和《水利基本建设项目竣工财务决算编制规程》（SL 19—2001）的有关规定执行。有些工程项目的验收是受项目法人委托，直接由建管办组织工程验收，验收完成之后，及时将验收结果书面报告项目法人。

为了保证工程验收质量，在验收时，要求监理单位提供统一的单元工程质量评定表，由施工单位据实填写，监理人员对其质量等级进行核定。设计单位则重点检查是否按照设计图纸要求保质保量完成。

第九节　灌溉工程管理

灌溉工程包括各类水库和塘堰工程。水库是重要的蓄水工程，具有灌溉、防洪、发电、养殖、供水、航运等综合效益。水库工程的管理包括枢纽工程管理和灌区管理。枢纽工程管理的内容有工程观测、白蚁防治、工程检查维修等。灌区工程管理的内容有渠道巡查、工程维修、测流计量和用水管理。搞好工程管理对水库防洪安全至关重要。

一、工程观测

（一）大坝安全监测

水库大坝监测是工程管理的基础，其目的是及时发现险情，进行必要维修养护，确保水库安全应用，为科学管理提供可靠依据。

工程观测主要限于大中型水库枢纽工程。观测的项目有垂直位移、水平位移、渗透量、测压管和建筑物裂缝观测。根据确保工程安全需要，大型水库一般都有固定的观测人员，定期观测，此外，还对建筑物外部形态进行观测。中型水库和电灌站由管理单位安排人员进行不定期观测。

1. 漳河水库工程观测

漳河水库大施工期，为了解建筑物的变形、渗漏和裂缝动态，1965 年 9 月按水电部《水工建筑物观测工作手册》中有关规定，在枢纽各建筑物安装永久性变形观测标点、工作基点、测压管、渗流量等观测设施。1967 年 5 月在观音寺、鸡公尖两主坝筑至高程123.50 米后，在观音寺坝内外肩部布 14 个点，在鸡公尖坝迎水面和坝顶布 18 个点，进行垂直位移和水平位移观测。1975 年冬，为提高防洪标准，观音寺主坝加高 2 米，林家港大坝加高 1.5 米，结合加固施工，观音寺大坝增设 3 排 30 个点，鸡公尖大坝增设两排20 个点，林家港大坝增设 1 排 5 个点，副坝增设 1 排 18 个点；增设量渗堰 19 处。至1989 年，整个枢纽工程共设有垂直位移标点 25 排 244 个点，水平位移标点 18 排 148 个点，侧压管 25 个，断石 119 根，量渗堰 27 处，起测基点 31 个，位移工作后视点 32 个。枢纽工程观测设施布置见表 9－5－8。

表 9－5－8　　　　　　　漳河枢纽工程观测设施统计表（1989 年）

观测设施　　　　工程名称	沉降标点		位移标点		测压管		量渗堰	起测基点	位移工作后视点
	排	个	排	个	断面	根	处	个	个
观音寺大坝	8	84	8	73	6	21	3	33	8
陈家冲溢洪道	4	23	3	14				2	3
马头砭溢洪道	2	16	2	16				1	2
林家港坝	2	10					2	1	
崔家沟溢洪道							2		
鸡公尖大坝	6	57	6	57	8	24	6	5	6
王家湾坝	2	10					1	1	
副坝	4	51			18	65	5	4	
渠首闸	1	6	1	6				1	1
其他							1		
合计	29	257	20	166	32	110	20	48	20

2. 洈水水库观测

洈水水库主要进行了变形、渗漏和淤积观测。

1960—1965 年间为水库停建时期，仅做过渗流量观测。1970—1974 年，先后布设了沉陷、位移、渗流量等观测设施，但观测精度不高，资料收集整理不够系统。1976 年加固施工结束后，才逐步设置沉陷点、位移点、量水堰，见表 9－5－9。1977 年 4 月起开始观测，同年开展水库淤积观测。观测工作由工管科负责，主要内容为大坝、溢洪道位移观测，库区的淤积观测和气象观测工作按年度进行资料整编，4 年刊印一次，大坝管理所负责测压管和渗流观测，溢洪道管理所负责溢洪道渗流观测。共有专职观测人员 7 人。

经过多年观测，到 20 世纪 80 年代末，浠水水库大坝全年最大沉陷量为 29 毫米，水平位移量小；1983 年特大洪水时，测压管水位最高为 96.83 米，最大日渗流量为 345.25 立方米，最小日渗流量为 4.75 立方米，平均日渗流量为 48.24 立方米。

根据历年观测资料分析，每个观测点的观测值都呈下降趋势，说明整个坝体渗流条件在向好的方向转化。通过 1983 年、1991 年、1995 年、1998 年主坝渗流量、库水位、降雨量相关数据分析，库水位与总渗流量基本相关，降雨量对渗流量影响较大。据 1977—1999 年共 22 年的水库淤积观测结果，茶家湾至三朗洲河段平均淤积 3.96 米，其他地段淤积不明显。

表 9 - 5 - 9 浠水大坝渗流量观测点统计表

编号	桩号	观测地点	距坝轴线水平距离 /m	规格 /mm	出溢高程 /m
1-3	0+100	渔场公路旁	68.0	150	78.04
11	0+753	中闸段	102.0	150	66.21
13	0+867	中闸段	85.5	150	67.87
14	0+907	中闸段	83.0	130	68.30
附3	1+247	北坝头	91.0	150	69.11
附4	1+296	北坝头	86.2	150	7.078
36	1+335	北坝头	84.7	150	69.88
35	1+365	北坝头	80.8	150	70.92

(二) 观测制度

1. 位移观测

一般每半年观测一次，主汛期超过正常水位时加测。工作基点及后视基点的校测，每两年进行一次。观测精度严格按照《土石坝安全监测技术规范》(SL 60—94) 和湖北省水利厅制定的《大坝监测几项暂行规定》执行。其中，垂直位移观测采用三等水准测量，坝区水准工作基点每两年校核一次。水平位移观测采取视准线法，视距在 300 米内的，每个标点观测两个测回，两测回之差不得超过 2 毫米；视距在 300 米以外的，每个标点观测 4 个测回，其测回最大误差不得超过 4 毫米。

2. 渗流观测

测压管水位观测：非汛期每 10 天观测一次 (逢 10 日、20 日、30 日)，汛期每 5 天观测一次 (逢 5 日和 10 日)，超过正常水位时每 1～2 天一次，管口高程校核每年末进行一次。

流量观测：一般情况每天上午 10 时前观测一次，特殊情况观测两次。

按部颁标准，每年对观测资料进行一次小结整理，每 4 年整编刊印成册。

二、白蚁防治

水库大坝的白蚁防治工作，从 20 世纪 60 年代中期开始，由点到面展开，但在 80 年代以前，防治机构不健全，经费无来源，防治工作松散无力。80 年代以来，水利管理成为水利工作的重点，将水库的白蚁防治工作纳入议事日程。地、县水利局先由工管科（股）代管，逐步发展到成立专门工作班子，落实防治经费，全面开展防治工作。1989年8月，经市编委批准，荆州地区水利局成立水库大坝监测和白蚁防治站，各县（市）水利局设白蚁防治领导小组，各水库管理单位配有专业防治人员，水库的白蚁防治工作才有新的起色。

（一）建立专班，查找蚁患

水库管理单位成立白蚁防治领导小组，由主管工程的副局长、工管科长和管理大坝的负责人组成。主、副坝管理所落实防治专人，还从外地请来行家帮助指导查找和控蚁工作。有的水库管理单位举办培训班，采取课堂和现场操作相结合，以老带新，以枢纽带灌区，提高白蚁防治专业人员的素质。白蚁防治岗位采取竞争上岗，岗位责任考核与效益工资挂钩，调动专业人员灭蚁积极性；建立白蚁档案室和标本柜。白蚁防治工作逐步走向制度化、规范化。

针对白蚁怕水、怕光的特性和4月归巢繁殖，10月活动减少，归巢越冬的活动规律，每年4月、10月组织两次白蚁普查，发现蚁迹做好标记，绘制白蚁分布图，"久雨不晴查高坡，久晴不雨查低坡，四至六月蚁繁殖，重点普查不放过"。每年工作检查、年度考核和工程维修都把白蚁防治列为重要内容，把治理工作落到实处。

（二）落实防治经费和措施

20世纪80年代，大型水库每年白蚁防治费5000元左右，中型水库2000元左右，随工程维修计划一同下达，小型水库靠当地乡镇或村组自筹。90年代末，随着防治工作全面展开，经费增加到1万～3万元。为了做到专款专用，防止挪用，水库管理单位统一掌握使用，防治药物集中购买，根据防治规模和效果领取药物，核销经费。

白蚁防治技术由过去单一挖掘法，发展到"找、毒、熏、灌、挖"五位一体的防治措施，具体方法有以下几种。

（1）诱杀法。有灯光诱杀和杂草诱杀两种。灯光诱杀适用于夏季白蚁繁殖飞翔期间，利用灯光在库边、水旁安放聚光灯即可杀灭；松柴杂草诱杀是利用白蚁喜食松浆、杂草的特点将其兵蚁诱至坑内杀灭，使其蚁王无兵，王后自死。

（2）翻挖法。跟路追巢，蚁巢有主巢和副巢，副巢在主巢周围，上下远近不等，要注意翻挖活捉蚁王、蚁后，彻底歼灭。这种方法直观彻底，但费工多，难以普遍采用。

（3）熏杀法。采用药物灭蚁，在蚁路上施药，熏杀效果好。

（4）抽槽断路法。在大坝、山头或建筑物周围抽一深槽回填砂料，断绝蚁路。

沱水水库自1969年开始主、副坝白蚁防治以来，共挖灭蚁巢2504窝（表9-5-10），确保了大坝安全。

三、工程维护

工程维修养护，主要是对枢纽工程进行常年维修，做到随坏随修，常修常新，保持工程完好。对机电设备定期维修和保养，使各种设备在任何情况下都能做到启闭灵活，运用自如，保证工程安全，延长使用寿命。

表 9-5-10 沧水历年挖灭蚁巢统计表 单位：窝

年份	主巢	副巢	取巢部位								
			主坝			南副坝			北副坝		
			巢数	距坝		巢数	距坝		巢数	距坝	
				10m内	10~300m		10m内	10~300m		10m内	10~300m
1969	26	4	6	2	4	14	2	12	10	4	6
1971	25	6	3	1	2	16	3	13	12	2	10
1972	60	8	5	2	3	48	12	36	15	3	12
1973	165	17	9	4	5	46	12	34	127	17	110
1974	116	4	19	7	12	68	21	47	33	5	28
1975	110	3	25	9	16	67	12	55	21	6	15
1976	119	12	9	5	4	27	2	25	95	43	52
1977	55	4	3	2	1	29	6	23	27	4	23
1979	52	4	2	1	1	30	4	26	24	1	23
1981	28	6	1		1	19	3	16	14	3	11
1982	11	8	2		2	4		4	5		5
1983	13	5				4		4	9		9
1984	60	3	1		1	11		11	48		48
1985	69					25	8	17	44	44	1
1986	43					12	5	7	31	9	22
1987	107	6	19	1	18	26	9	17	68		68
1988	125	74	6	3	3	54	7	47	139		139
1989	92		3	3		43		43	46		46
1990	95		6	6		47		47	42		42
1991	64		8	8		56	12	44			
1992	89		11	11		16	13	3	62	12	50
1993	47		33	2	31	14	3	11			
1994	101		33	6	27	68	11	57			
1995	79		42			37			44		
1996	84		11			29			14		
1997	28		1			13					
1998											
1999	12		10			2					
2000	25		22			3			1		
2001	8		5			2					
2002	17		4			13					
2003	12		7			5					

续表

年份	主巢	副巢	取 巢 部 位								
			主坝			南副坝			北副坝		
			巢数	距坝		巢数	距坝		巢数	距坝	
				10m内	10～300m		10m内	10～300m		10m内	10～300m
2004	13		6			7					
2005	15		3			12					
2006	10		6			4					
2007	3		2			1			4		
2008	92		75			13			16		
2009	63		36			11			29		
2010	142		75			38			10		
2011	65		30			25					

（一）主、副坝的维修养护

主、副坝工程常年维修养护，每年初由水库管理机构有关科室汇同各管理所签订工程管理目标责任书，采用全年经费承包的办法进行，分月完成，年终结账。所有承包项目按承包规定的时间，保质保量完成。做到"四无"（坝面无坑洼、背坡无杂草、护坡无散石、沟道无阻塞），坝体的点、面、线轮廓清晰美观。其他较大的非常规性维修工程一般由基层管理单位编报计划，经审批后实施，竣工验收后结账。

（二）启闭设备维修

输水闸要求经常进行维护保养，闸室做到机电齐全，外观整洁，启闭灵活，安全可靠。闸门要每年检查一次，及时除锈刷漆，保持完好。钢丝缆绳每年涂一次黄油，发现断丝及时更换。对转动部件每年注一次润滑油。每次启动闸门时，对轴承注一次油。经常对电源部分检查保养，发现问题及时维修更换。汛前维护保养好备用电源，汛期每周检查一次，或试运行一次，非汛期一个月运行一次。

四、灌溉管理

农田灌溉管理经历了由小到大、由分散到集中的过程。从 20 世纪 50 年代互助合作社，到 60 年代成立高级农业社和人民公社，灌溉工程由小到大，特别是万亩以上灌区形成以后，灌溉工作发展到以单项工程为主的集中管理，其管理组织也由群众自管逐步过渡到国家建立专门机构与群众民主管理相结合的管理体系。70 年代，为了消灭灌溉死角扩大灌溉水源，便开始向大中小结合、蓄引提并重的灌溉系统发展，管理上也发展到统一管理与分散管理相结合的方式，并实行了多种水源联合运用的新体制。80 年代采用经济手段管水，进行水费改革和用水制度改革，使灌溉管理开始向节约型和效益型转化。90 年代后，开始对灌区进行改造，力争恢复原有效益，扩大服务面，由单纯为农业服务转化为国民经济全面服务，促使水利灌溉工程向良性运行转化。

(一) 改革用水制度，加强水费征收

灌溉工程多数是国家投资、农民投劳兴建的，初期实行无偿供水，因而农民缺少节水意识和措施，造成大量水资源浪费。一遇干旱，供需矛盾突出，不少水库靠抽死水灌田。漳河水库 1966—1979 年的 14 年中，有 8 年抽库内死水，耗资近亿元。从 1980 年后，用经济手段管理，实行"按亩取水，按方收费，节约归己，超用加价"的办法，取得良好效果，当年水量自给有余。此后再也没有出现抽死水灌田的现象。

20 世纪末，逐步推行以水库自收、协会代收、财政代征等多种征收方式相结合的水费征收模式。洈水灌区通过与松滋市政府和灌区各乡镇积极协商和沟通，基本水费已实现了财政代征，计量水费由水库与有关乡镇核定灌溉净水量后，也实现了财政代收。据 2011 年统计，全市水库应收水费 1433.8 万元，实收 652.6 万元（灌溉水费 467.2 万元、城乡生活用水水费 95.7 万元）。其中，大型水库实收水费 561 万元，中型水库实收水费 49.3 万元，小型水库实收水费 42.3 万元。

(二) 掌握用水规律

探索和掌握用水规律，是制定科学用水，促进农民增产丰收，搞好灌溉管理的重要内容。根据灌溉排水试验站多年的实验资料和农民灌溉用水的实践，基本摸清了各种农作物的用水规律。

水稻生长期需水规律：平原湖区，早稻需水 250～306 立方米每亩，中稻需水 430～486 立方米每亩，晚稻需水 220～296 立方米每亩；丘陵山区，早稻需水 260～280 立方米每亩，中稻需水 440～480 立方米每亩，晚稻需水 234～267 立方米每亩。

棉花生长期总需水量为 234～253 立方米每亩，其需水规律是两头小中间大，从现蕾期起，需水量逐渐增大；从开花到吐絮为需水高峰，约占总需水量的 45%～65%；吐絮以后需水量逐渐下降。棉花花玲期时间较长（一般为 40～55 天），此时气温高，株杆生长旺盛，需水量增多，如果水分不足，就会减产。

小麦需水规律：小麦总需水量为 250～400 立方米每亩。需水量最多的时期是拔节至成熟阶段，约 70 天，占生长期的 1/3 左右，但需水量占总需水量的 70% 左右；其次是越冬前分蘖期，占总需水量的 10% 以上，日需水量约 1 立方米每亩。

五、水库达标管理

1986 年 5 月，水电部颁发《综合利用水利工程经营管理考核指标》《综合利用水利工程国家级管理单位评审和奖励办法》《综合利用水利工程等级标准》《综合利用水利工程经营管理考核成果评分办法》等关于水利工程管理的规范性文件。同年，湖北省水利厅制定了《湖北省大型水库经营管理考核评分细则》（总分 1000 分）。1990 年，湖北省水利厅颁发《湖北省小型水库管理达标条件》。1994 年，荆沙市人民政府颁布《荆沙市水库工程管理办法》。

全市水库管理工作按照上级文件要求，从探索、推行到全面展开，开展了持久的水库管理达标工作。洈水水库在全省大型灌区管理考评中，连续 3 年获得全省第一名，并获得水电部颁发的"综合利用水利工程一级管理单位"称号，通过了水利部组织的国家级管理

单位考核验收。公安县捲桥水库在全省中型水库经营管理考核中获得全省第一名。1991年，荆州区小型水库管理获得全省第一名。

从 2010 年开始，全市又采取百分制考核的形式，将水库安全管理目标责任制纳入县（市、区）政府的绩效考核。水库安全管理目标责任考核总分为 100 分，设水库防汛责任制、防汛预案及措施、水库安全调度管理、安全管理经费、小型水库管理体制、宣传报道和典型经验六大考核目标，考核得分计入县（市、区）政府绩效考核总分，作为年末评先、评奖的依据，有效推动了水库运行管理工作和管理体制的创新。

六、水库划界确权

为依法确认大型水库工程用地的所有权和使用权，保障工程安全运行，根据国家土地局、水利部（1992）国土籍字第 11 号文件精神和湖北省水利厅、土地局（1991）397 号文件规定，1998 年 2 月 18 日荆州市人民政府下发专题会议纪要，明确洈水工程用地划界工作由荆州市土地局负责。经过实地勘测，共绘草图 67 张，布设界桩 251 个，于 1998 年 2 月 16 日召开联席会议，形成《洈水水库工程用地权属界线协议书》，2001 年 4 月 3 日松滋市人民政府颁发洈水水库工程用地国有土地使用证，使用面积为 6.69 万亩，其中库区 6.13 万亩、坝区 0.19 万亩、南干渠（松滋段）0.3 万亩、北干渠和澧干渠 0.07 万亩。

据 2011 年统计，全市 119 座水库应确权划界面积 174117 亩，已划界确权面积 105923 亩，发证确权面积 97022 亩。其中，大型水库应确权划界面积 100449 亩，已划界确权发证面积 96948 亩；中型水库应确权划界面积 41588 亩，已划界确权面积 8700 亩，发证确权面积 74 亩；小型水库应确权划界面积 32080 亩，已划界确权面积 275 亩。

七、小水库专业化管理

2005 年以来，结合病险水库除险加固工作，努力推行大中型水库代管小型水库的模式，并将小型水库管理体制创新作为县（市、区）政府绩效考核的单项目标纳入了百分制考核范围，取得了很好的成效。荆州区太湖港水库、沙港水库，松滋市北河水库，公安县捲桥水库代管了小（1）型水库 9 座、小（2）型水库 6 座。利用大中型水库的管理优势，有力地推动了相关小型水库的除险加固、防汛保安、日常运行管理等工作，提高了小型水库的专业化管理水平。2008 年水利工程管理体制改革完成后，全市 119 座水库，纯公益性质 3 个，准公益性质 115 个，经营性质 1 个。管理人员编制总数为 658 人，其中纳入财政编制人员 460 人、自筹资金人员 127 人、其他在编人员 71 人；本科以上学历人员 49人、大中专学历人员 560 人，高级职称 5 人、中级职称 38 人、初级职称 99 人。

八、水库调度运用

20 世纪 90 年代前，漳河、温峡、石门 3 座大型水库因涉及两个地区受益，由荆州地区提出调度方案报湖北省批准后执行；洈水、惠亭、石龙、吴岭 4 座水库由荆州地区直接调度，报湖北省备案。1997 年后，荆州市洈水水库由荆州市直接调度；太湖港水库由荆州区调度，报荆州市备案；其他水库由管理单位制定调度方案，分级指挥调度。水库放水做到根据农田需要实行按田配水，计量收费，适时适量灌溉，节约用水。

第六章 水 政 与 执 法

第一节 水 行 政 工 作

水行政，是对水利事业的行政。管理的内容包括：国家与地方水法规的制订，水利方针、政策、法令、法规的实施监督，水事案件、水事纠纷的调解与裁决，水利工程的建设与管理等。

一、水法规及规范性文件

20世纪70年代前，主要着重于水害防治和水利工程的微观管理，对水资源和水政执法管理概念不够明确。自80年代开始，水利部先后颁布了《河道堤防管理条例》《水闸工程管理通则》《水库工程管理通则》《灌区管理暂行办法》《水利水电工程管理条例》等水行政规章。国务院先后发布了《征收排污费暂行办法》《水利工程水费核定、计收和管理办法》《中华人民共和国河道管理条例》《水库大坝安全管理条例》《中华人民共和国防汛条例》等水行政法规。1984年5月，《中华人民共和国水污染防治法》颁布实施。1988年1月，国家颁布了第一部水的基本法——《中华人民共和国水法》。1991年6月颁布了《中华人民共和国水土保持法》，1997年8月29日颁布了《中华人民共和国防洪法》。湖北省也陆续制订、发布了相应的实施办法或条例，荆州地区（市）和各县（市、区）也出台了相配套的地方规范性文件，逐渐形成了一个比较完善的水法规体系。

1949—1997年，据不完全统计，湖北省人大常委会、湖北省人民政府和有关部门先后对农田水利建设、防汛抗灾、河道堤防管理、水土保持、水资源管理和开发利用等，共颁布水行政规章57件，其中1978—1997年颁布水行政法规38件。1988年《中华人民共和国水法》颁布实施后，全省水行政立法进展明显加快。在此期间，荆州地区根据国家及省颁布的一系列水法规，制定了一系列水利规范性文件。1995年荆州行政区划调整后，成立荆沙市人民政府。市人大、市政府和水行政主管部门开始制订水利地方规范性文件，为依法治水、管水、防汛提供了依据。

（1）1955年6月27日，荆州专员公署颁布《防汛负担办法》十四条，对防汛劳力动员、按劳产比例负担、减免政策、清工结账等作了严格规定。

（2）1956年，荆州专区防汛指挥部发出《关于处理干堤内钻孔（井）工作的规定》。

（3）1958年，荆州专署颁发《水利工程管养暂行办法》。

（4）1960年3月29日，荆州专署发出《关于加强堤防、涵闸、水库管理养护工作的指示》。

（5）1960年12月21日，中共荆州地委批转《荆州专区水利工程管理养护暂行规定

（草案）》。

（6）1962年7月22日，荆州专区"四防"总指挥部发布《关于管好用好水利工程的几项规定》。

（7）1962年11月14日荆州专署印发《荆州专区水利工程管理办法（草案）》。

（8）1963年8月23日，荆州专署颁布《荆州专区征收水费暂行办法》。

（9）1963年3月2日，荆州专署发布《加强树木管理保护的布告》。

（10）1964年，荆州地区行政公署印发《关于四湖总干渠工程管理试行规定》。

（11）1971年11月10日，荆州地区革委会发布《关于进一步发展大、中型湖泊、水库渔业生产的布告》。

（12）1975年1月31日，荆州地区革委会颁布《漳河灌区抗旱灌溉管理制度》。

（13）1975年6月11日，荆州地区革委会颁发《关于汛期涵闸、水库、泵站启闭运用批准权限的通知》。

（14）1976年8月6日，荆州地区革委会转发《荆州地区电力排灌工程管理办法（试行）草案》。

（15）1979年2月27日，荆州行署颁发《四湖总干渠工程管理试行规定》。

（16）1980年4月1日，荆州行署批转漳河工程管理局《关于农业用水实行按田配水，计量收费暂行办法的报告》。

（17）1980年4月16日，荆州行署批转地区水利局《关于惠亭水库灌溉调度运用问题的报告》。

（18）1982年4月15日，荆州行署批转地区水利局《关于涢水水库实行按田配水、计量收费办法的报告》。

（19）1982年7月2日，中共荆州地委批转地区防汛指挥部《关于清除江河行洪障碍的报告》，1983年荆州行署发出《有关清除江河行洪障碍问题的通知》。

（20）1984年，荆州地区防汛指挥部发出《关于惠亭、石龙、吴岭水库1984年灌溉调度方案的通知》。

（21）1984年7月28日，荆州行署批转地区水利局《荆州地区水利工程收费管理补充办法》。

（22）1985年6月27日，荆州地区防汛指挥部发出《关于汛期水利工程调度和控制运用的命令》。

（23）1991年2月6日，荆州行署印发《荆州地区水利工程水费核定、计收和管理规定》。

（24）1994年，荆沙市人民政府批转《荆沙市水利局关于荆沙市水库工程管理办法》。

（25）1995年，荆州市水利局、物价局、财政局联合印发《关于征收水资源费的通知》。

（26）1996年，荆州市水利局印发《关于加强防汛费使用管理的通知》。

（27）1998年，荆州市防办转发湖北省防办《关于坚决制止在长江干流河道内乱采砂的紧急通知》。

（28）2001年，荆州市人民政府令第31号颁布《荆州市水库管理办法》。

（29）2002年，荆州市防办制定《荆州市城市防洪预案》。

（30）2003年，荆州市人民政府批转《荆州市水土保持与生态建设实施意见》。

（31）2005年，荆州市防汛抗旱指挥部发布《荆州市沿江涵闸和流域控制性涵闸调度运用意见》。

（32）2005年，荆州市防办在2001年、2002年预案的基础上制定《荆州市城市防洪预案》。

（33）2006年7月10日，荆州市防汛抗旱指挥部制定《荆州市分蓄洪区运用预案》。

（34）2007年，荆州市防汛抗旱指挥部发布《关于明确分洪区运用有关单位职责和任务的通知》。

（35）2007年，荆州市水利局发布《关于规范取用地下水行政许可审批有关问题的通知》。

（36）2011年，荆州市人民政府下发《关于加快水利改革发展的决定》。

（37）2011年，荆州市人民政府第80号令发布《荆州市城区地下水开采使用管理规定》。

（38）2012年，荆州市人民政府办公室颁布《荆州市防汛抗旱应急预案》。

（39）2012年，荆州长江防汛指挥部制定《荆州市长江防洪预案》。

二、水法规宣传及普法教育

1986年，国家开始实施"一五"普法教育以来，到2011年已完成"五五"普法教育规划。1991—1995年，国家实施的"二五"普法教育，把《中华人民共和国水法》列为全面普法内容，依据水利部和湖北省水利厅制定的《第二个五年普法工作中开展水法宣传教育的规划》，荆州市制定了关于《中华人民共和国水法》《中华人民共和国水土保持法》宣传教育规划和年度实施计划。

1989年6月，湖北省政府发出《关于加强〈中华人民共和国水法〉学习、宣传贯彻的通知》，要求各级政府加强对水法规学习、宣传的领导，加强水政机构建设，积极制订和完善与水法相配套的地方性行政规范性文件。

1990年3月26日，湖北省水利厅、司法厅发出《关于继续深入学习、宣传、贯彻〈中华人民共和国水法〉的通知》，要求在原有基础上突出重点、采取措施，坚持不懈地把学习、宣传、贯彻水法工作引向深入。同年12月，中共中央、国务院批转《宣传部、司法部关于在公民中开展法制宣传教育第二个五年规划》。1991年4月28日，湖北省水利厅、司法厅联合下文要求在第二个五年普法工作中普及水法宣传教育。1993年8月，湖北省人大率团到荆州、公安、洪湖、石首、仙桃等地检查贯彻执行水法的情况。从此，全市各级水利部门每年结合3月22日"世界水日"和"中国水周"，在3月开展"水法规宣传月"活动，取得了很好的效果。

1993年1月18日，联合国第47次大会通过193号决议，决定从1993年开始，确定每年3月22日为"世界水日"。1988年《中华人民共和国水法》颁布后，水利部确定每年7月1—7日为"中国水周"，考虑到"世界水日"和"中国水周"的内容基本相同，因此从1994年开始把"中国水周"时间改为每年3月22—28日。此后，荆州在每年的"世界水日""中国水周"期间都开展了大规模的水法规宣传活动。主要做法有：结合"世界水日""中国水周"集中宣传，按照每年确定的宣传主题，充分利用报刊、电视、标语、横幅、宣传车船等多种形式进行宣传；结合水利建设和防汛抗灾深入宣传，提高全民水患意识；结合全国普法活动进行长期宣传。使水法规宣传制度化、长期化、规范化。进入21世纪后，紧紧围绕"依法治水""人水和谐""饮水安全""转变用水观念、创新发展模式""构筑人水和谐社会""发展水利、改善民生""节约保护水资源、落实科学发展观""严格水资源管理、保障可持续发展"等主题，长期地、大张旗鼓地宣传，增强了广大群众的法制观念，取得了很好的效果。

在纪念《中华人民共和国水法》颁布5周年和《中华人民共和国水土保持法》颁布2周年之际，荆州地委、行署和各县（市）党政主要领导都利用电视、广播发表重要讲话，出动宣传车、船，印刷《中华人民共和国水法》《中华人民共和国水土保持法》宣传小册3万余册，全区形成了"五有五结合"：广播里有声、电视里有影、报纸上有文、墙壁上有画、路口有横幅、手中有宣传册；水法宣传与农田水利建设相结合，与防汛抗灾结合，与各种会议结合，与小康工作队结合，与施工现场结合。接受宣传教育的人员达580余万人，宣传覆盖面达90%以上，并把《中华人民共和国水法》《中华人民共和国水土保持法》宣传纳入机关工作人员考试范围，增强了各级机关干部学习水法规、执行水法规的自觉性。

水行政主管部门的领导和水政科长是水法学习教育的重点，也是水法宣传教育的骨干。1988年以来，地县水利系统共举办水法培训班231期，参加学习的人数达5800多人。1996—2011年，全国实施"三五""四五""五五"普法教育规划中，荆州市水利局和各县（市、区）水利局每个"五年普法教育规划"都成立了领导小组和工作专班，由局长任组长，分管的副局长任副组长，有关科室负责人为成员，领导小组办公室设在政策法规和水政水资源科。先后举办《中华人民共和国宪法》《中华人民共和国行政许可法》《中华人民共和国行政复议法》《中华人民共和国行政处罚法》《中华人民共和国国家赔偿法》《中华人民共和国行政诉讼法》《中华人民共和国防洪法》和新修订的《中华人民共和国水法》培训班，请政法大学教授授课，请县（市、区）水利局执法人员介绍依法征收水利规费和水利执法的工作经验，共培训市县水政执法880余人。

2002年10月1日，新修订的《中华人民共和国水法》颁布实施后，全市举办培训班108期，培训干部职工15810人，有2055人参加全省统一考试，合格率达92%以上。

2006年起，进入"五五"普法规划时期，荆州市水利局每季度组织一次普法讲座，每月两次集中学习，在"世界水日"和"中国水周"以及12月4日全国法制宣传日期间，重点宣传《中华人民共和国防洪法》《取水许可和水资源费征收管理条例》《湖北省水资源费征收管理办法》，设立宣传站点，收看《人·水·法》和《法治的力量》等电视系列片及"12.4特别节目"，通过宣传教育，提高了广大公民的水资源保护和节约用水的意识，营造了良好的法制氛围。

2011年起，进入"六五"普法规划时期，全市水利系统相继制定"六五"普法规划，湖北省水利厅会同湖北省环保厅、农业厅发出开展"三少"活动，保护生命之水的倡议被列入"世界水日""中国水周"宣传内容，倡导全社会"每亩少施一斤肥、少撒一两药、少用一方水"，把"三少"宣传教育活动纳入 2011 年水资源管理考核的重要内容，有效地控制农业污染，保护水资源和水生态环境。

据不完全统计，1998—2011 年，荆州市委、市政府、市人大、市政协和各县（市、区）水行政主管部门领导在广播电台、电视台、报纸发表讲话或文章 538 次（篇）。在荆州日报开辟"贯彻水法、依法治水"和"加强水资源管理、搞好水土保持"等专栏，刊载文章 80 余篇，在水利宣传周期间，出动宣传车船 1056 辆（次），张贴标语 5000 余条、宣传画 780 件，挂横幅 650 余幅，发放水法规宣传册 2.6 万余册，总共投入宣传经费 72 万余元。

三、行政审批

荆州市行政服务中心于 2003 年 3 月成立，水利行政审批工作正式纳入中心集中办公。2008 年 11 月，市编委批复同意在荆州市水利局政策法规与水资源科加挂水行政审批科的牌子。水行政审批科主要负责行政审批项目的集中受理、审核、审批、送达和综合管理与协调工作。2011 年，荆州市水利局成立行政审批工作领导小组，局长郝永耀任组长，副局长陈思洪任副组长，负责指导水行政审批工作。

根据荆州市人民政府《关于公布继续实施行政审批事项的规定》（荆州市人民政府令第 99 号），荆州市水利局实施行政审批的内容有：负责取水及取水权变更许可（取水许可、取水权变更许可、变更取水许可证载明的事项审批）；防洪工程项目审批（非防洪建设项目洪水影响评价报告书审批、蓄滞洪区避洪设施建设审批）；在江河湖泊新建、改建和扩大排污口的审批；生产建设项目水土保持方案许可和水土保持设施验收审批；河道管理范围内涉水项目审批（河道管理范围内修建建设项目许可、河道采砂许可）；水库管理范围内建设活动审批（水库管理范围内建设活动审批、水利水电工程调度规程审批）；涉及水利工程项目审批（水利水电工程汛期调度运用方案审批，原中型省管及小型水利工程开工审批，中型占用农业灌溉水源、灌排工程设施审批）。以上七大项行政审批职能归并到水行政审批科，相关科室不再承担行政审批工作。按照审批办理精简、统一、效能原则，建立行政审批窗口受理制、首问负责制、一次告知制、限时办结制、责任追究制和首席代表制，谁审批、谁负责、谁监管、谁负责，进一步提高服务质量和效能。到 2011 年，水利窗口共受理审批项目 258 件，办结 236 件，办结率达 92% 以上。

第二节 水 利 执 法

20 世纪 80 年代前，各级政府虽然颁布过一系列水法规和部门规章制度，但都依靠行政手段实施。《中华人民共和国水法》颁布实施后，荆州地区和各县（市、区）人民政府均明确水利机构为同级政府的水行政主管部门，赋予水行政主管部门有按照国家法律、法规以及规章制度进行执法的权利，对违犯水法规的行为进行监督检查和实施行政处罚。自此，加强水利建设和水资源管理，查处水事违法案件，调处水事纠纷，成为各级水行政部门依法治水、依法管水的重要任务和主要职责。

1988 年 7 月，荆州地区以贯彻《中华人民共和国水法》为契机，以建立水法规、水管理、水利执法3个体系为中心，开展水政建设工作，建立地县水政机构，健全水利执法队伍。当时，荆州组建了两支水利执法队伍，即水政监察和水利公安。1990年，水政监察员共620人。为加强水利工程保卫工作，在组建水政机构和加强执法队伍建设的同时，强化水利公安队伍建设。全区各大型水库、重点堤防和电排站建立公安派出所，配备公安干警以及警车、警械、通信等装备。部分中型水利工程也建立了公安派出所和民警室。全区共建立公安派出所26个，配备干警172人。根据水利部和公安部有关文件精神，切实加强水利公安队伍的领导和管理，对水利公安实行双重领导，业务上由公安部门指导，行政上由水利部门统一管理。水利执法机构建立后，荆州地区和各（县、市）水利局先后组织力量对原有的规范文件进行清理，结合本地实际依照法律制定一系列地方性配套文件；结合防汛排涝和农田水利建设清除违章建筑和阻水障碍物，依法处理了大批违反《中华人民共和国水法》的案件，仅1990年上半年，公安派出所和水政监察机构处理河道违法案件77件，罚款1.3万元，追回损失1.8万元；处理破坏水工程案件180件，判刑15人，拘留56人，经济处罚1.6万元，充分发挥了水利执法和水利公安队伍对保护水利工程安全的重要作用。

一、水政监察机构与队伍建设

1990年，荆州地区及各县（市）水利局先后成立水政水资源机构，具体负责水行政立法调研，水法规宣传教育，查处水事案件，调处水事纠纷，实施取水许可制度，统一管理和保护水资源，依法开展征收水资源费等工作。同年8月15日，水利部1号令发布《水政监察组织暨工作章程》，规定："各级水政机构是水行政执法的职能部门；水政监察人员是水行政主管部门执法代表，按照规定的范围依法实施水政监察"。11月29日，湖北省水利厅在江陵、天门、钟祥、公安等县开展水行政执法体系建设试点工作，为全省建立执法体系摸索经验。

1995年12月8日，水利部就水政监察队伍规范化建设提出具体目标：执法队伍专职化，执法管理目标化，执法行为合法化，执法文书标准化，考核培训制度化，执法统计规范化，执法装备系列化，监察监督经常化（以下简称"八化"）。按照"八化"要求，1996年3月28日，湖北省水利厅确定监利县为全国水利监察规范化建设试点县。1997年9月10日，水利部水政水资源司、长委水政水资源局、湖北省政府法制办和湖北省水利厅、荆州市政府组成验收小组对监利县水政监察规范化建设试点进行验收，被评为全国优秀试点县，监利县水政水资源监察大队被评为全国水政监察先进单位。湖北省水利厅向全省推广监利的经验后，各县（市、区）水利局先后开展了水政监察规范化建设工作，湖北省政府于当年12月11日发出《关于加强水利执法队伍建设的通知》，各地相继建立水政监察支队、监察大队。经市编委同意，成立荆州市水利局水政监察支队，与荆州市水利规费征收处为一套班子，两块牌子，属事业单位，级别为副县级。根据工作需要，荆州市长江河道管理局成立水政监察支队，其下属8个分局和荆州市四湖工程管理局、湖北省荆江分蓄洪区工程管理局、湖北省洪湖分蓄洪区工程管理局、荆州市沮水工程管理局、荆州市三善垸水利工程管理处以及各县（市、区）水利局先后建立水政监察大队。到2011年，全市有水政监察支队2个，水政监察大队20个，水政监察人员576人，其中专职水政监察人员 250 人，初步建设成为一支管理严格、素质过硬、装备精良、作风顽强、战斗力强的水政执法队伍。按照"八化"要求，全市水政监察队伍统一换发水政监察制式服装，发放水政监察证书，做到着装持证上岗、规范执法。

2006—2010 年先后开展了水政执法知识竞赛和"一案一考评"研讨会，通过交叉考评及时发现水事案件办理中存在的问题，从而规范了全市水行政执法行为，提高了办案水平。在全省水政执法案卷评查活动中，石首和沙市的案卷被评为优秀水政执法案卷，参赛选手被授予"全省水行政执法十佳办案能手"光荣称号。

2011 年，围绕"提高执法水平，规范执法行为，推动水政监察队伍建设"，全市开展了创造"五好"水政监察队伍，争创"五好"水政监察员活动，促进水政监察队伍改进工作作风，提高业务能力、工作效率和服务水平。

二、查处水事案件，调处水事纠纷

《中华人民共和国水法》颁布实施后，全市县以上人民政府水行政主管部门大力开展水行政执法活动，始终把保护水工程的安全、完整当作水政执法的重要任务，把拆除违章建筑、清除行洪障碍作为水行政执法工作的重中之重。1995—2011 年，经过广大水政执法监察人员的努力，全市立案查处水事案件 2392 起，结案 2328 起，罚款 897.19 万元。2006 年以来，查处违法采砂 60 起，罚款 430.3 万元。

（一）水事案件查处

在水政执法中，全市水利系统把保卫水利工程安全完整当作水利执法的首要任务，常抓不懈。

1985 年 12 月 2 日 23 时，有人潜入浰水水库内炸鱼，水库工作人员赶到现场将两名炸鱼人员当场抓获，随即扭送派出所。扭送途中，两名炸鱼人员操起扁担行凶，导致一名工作人员死亡。案发两天后，两人被公安机关抓获，后法院判决一人死刑、一人无期徒刑。

1989 年，监利县水政监察大队查处滥砍护堤林、偷盗防汛器材、盗毁水利工程设施案件 20 余起，其中逮捕 8 人，治安拘留 15 人，追回赃物折款 8000 多元，经济处罚 25000 元，为国家挽回直接经济损失 3 万余元。

1988 年冬到 1989 年春，京山县 49 座电灌站的电力线路和机电设备被盗，造成直接损失 29 万元，严重影响农业生产。县水利局提请县公安部门及时侦破，抓获盗窃团伙 18 个共 78 人，追回赃款 17 万元。提请司法机关判刑 53 人，拘留 25 人。以案说法，教育群众，此后这类案件大幅下降。

1990 年 4 月初，公安县胡家场信用社擅自在莲支河动工建房，堤防管理单位多次制止不听，坚持将一栋两间 70 平方米的房屋建成。县防汛指挥部发出清障通知，责令其自行拆除，但信用社拒不执行。6 月初，县防汛指挥部依法组织水政监察人员强行拆除了此违章建筑。

1991 年初，潜江市龙湾 11 户村民擅自在渠堤迎水面违章建房，市水利局多次制止无效，便依法实施行政处罚，责令自行拆除，恢复渠堤原貌。当事人不服，向荆州地区水利局申请行政复议。复议结果维持原处罚决定。当事人既不向法院起诉，又不履行处罚决定。潜江市水利局便依法申请法院强制执行。经法院审理后，5月17日，组织140余人的行政执法队伍，将干渠上的11户294平方米违章建房强行拆除。

1991年，荆州水政监察执法队伍和水利公安联合执法，全年处理河道违法案件77起，罚款1.3万元，追回损失1.8万元；处理破坏水工程事件180件，拘留50人，经济处罚1.6万元。

1994年6月29日，监利县上车镇师桥村党支部书记带领10名村干部砍断洪湖分蓄洪主隔堤迎水面滩地新植防浪林625株，水政执法部门对此进行了严肃查处，由上车镇党委政府给予主要责任人严肃批评，处以1000元经济赔偿和次年补栽所毁林木的处罚，并通报监利全县。

（二）调处水事纠纷

1995年以来，共调处水事纠纷125件，其中97件为协调解决，28件为政府仲裁解决。

监利与石首的水事纠纷　上、下人民大垸建成后，石首上人民大垸的渍水由蛟子河排入下人民大垸，造成两垸之间的矛盾。20世纪60年代初，经监利、石首两县协调，地区批准，监利兴建一弓堤、冯家潭、朱家渡3闸，并扩建刘港闸；石首兴建横沟闸，疏挖蛟子河，上、下人民大垸排水出朱家渡闸，经一弓堤排入四湖西干渠，经冯家潭排入长江，矛盾有所缓解。70年代上、下人民大垸兴建冯家潭、流港电力排灌站，排灌各行其道，水利纠纷基本解决。

潜江与监利水利纠纷　老新口（又称为柳口河），是潜江、监利的历史河道。每逢旱涝灾害，潜江老新口和监利晏桥发生矛盾，经常打架斗殴。1962年经两县协商，潜江在老新口建节制闸，渍水从通城垸出板刴子、柯土刴2处排入四湖总干渠，监利在付家湾兴建排灌闸，水事矛盾得到缓和。为加快上游渍水排泄，1974年，潜江从老新口破通城垸新开一条潜监河，经荆州地区批准，将新沟泵站原计划10台机组分4台给潜江老新口兴建电力排灌站，解决当地渍涝问题。

三、典型案例

（一）沙市洪城商铺拒交防汛费案

2001年6月，荆州市沙市区水政监察大队对荆州市洪城商港某商铺送达《关于2001年度防汛费征收工作的通知》。经现场核定，此商铺应缴防汛费为50元。之后多次上门征收，且送达《催缴防汛费通知书》，但在规定的时间内当事人拒不缴纳。其行为涉嫌违反《中华人民共和国防洪法》《中华人民共和国防汛条例》《湖北省防汛费征收管理办法》的有关规定。11月15日沙市区水利局立案，19日制作了询问笔录，于22日下发了《行政处罚告知书》，28日又下发了《行政处罚决定书》。行政复议期内，当事人未提出任何异议，也未履行处罚决定。沙市区水利局于2002年4月10日向区人民法院申请强制执行，于5月底执行到位。此案有两个特点：一是标的小，应缴防汛费仅为50元，4倍罚款仅200元；二是过程长，案件从立案到执行到位，历时6个月。此案的难点在于执行难，当事人对水行政处罚往往持一种无所谓态度。在行政复议期内，当事人既不提出行政复议，又不履行处罚决定。期满后，尽管执法人员曾提请当事人迅速履行行政处罚决定，但其拒不履行。最终，只能申请法院强制执行。这时，当事人才向荆州市行政服务中心（荆州市优化经济环境办公室）投诉。案件的关键是社会影响大。通过行政服务中心的调解，维持了行政处罚决定。此案执行到位后，荆州日报迅速予以报道，使当事人所在的商城规费征收情况明显好转，增强了全社会的水法意识，加深了公民对防汛费缴纳工作的认识。

（二）联通荆州分公司侵占水工程案

2006 年 3 月 31 日，江陵县观颜灌区管理处水政执法人员巡堤时发现，有施工队擅自在颜北渠上栽杆架线，危及渠堤安全。经询问得知，工程施工队属中国通信建设第三工程局二分公司，为中国联通有限公司荆州分公司（以下简称"联通荆州分公司"）建设 G 网 9 期工站传输电缆线路。随后，执法人员要求施工队停止施工。但施工队负责人不听劝阻，强行施工。江陵县水利局接到书面报告后，决定立案查处，由江陵县水政监察大队调查取证。通过现场勘察，此传输光缆路经颜北渠总长 1150 米，在堤顶和堤迎水面共架设线杆 27 根。其中，有 4 根拉杆横跨渠道，由于设计标准偏低，拉杆及接线直接影响渠道灌溉。现场调查后，执法人员又来到联通荆州分公司进一步调查，提取有关证据。在事实清楚的前提下，江陵县水利局认为联通荆州分公司在建设基站传输光缆线路时，侵占水工程，其行为违反了《中华人民共和国水法》第四十一条的规定，依法对其下达了《行政处罚告知书》，责令其停止违法行为，拆除所栽线杆恢复渠道原状，处 3 万元罚款；按照《中华人民共和国行政处罚法》《水行政处罚实施办法》的有关规定，又对其下达了《听证告知书》。联通荆州分公司收到《听证告知书》后，认识到违法行为的严重后果，主动上门要求从轻处罚。经过协商，双方签订协议：①跨渠线杆只能作为临时性占用物，服从水利工程的需要随时拆除；②采取补救措施，对横跨渠道的拉线按照水利部门的要求进行整改，自行迁移渠堤迎水面线杆；③缴纳罚款 1 万元。至此，此案圆满办结。

（三）中石化新沟站违法取水案

2008 年 3 月，中国石化洪湖输油管理处新沟站在管道升级改造中，未经水行政主管部门批准，擅自取用地下水。3 月 18 日，监利县水政监察大队在巡查中发现其非法取用地下水行为，当场下达了《停止违法行为通知书》并告知其相关责任与义务。随后进行调查取证、现场勘察和摄像。同时找到现场值班人员，对其宣传水法规，要求停止取水，并制作了详细的调查笔录。根据《中华人民共和国水法》第六十九条第一款规定，于 3 月 25 日给新沟站送达《行政处罚告知书》，拟作出：责令停止违法行为，处 9 万元的罚款。根据《中华人民共和国行政处罚法》和《水行政处罚实施办法》的有关规定，监利县水利局于 4 月 21 日、5 月 16 日，又分别给新沟站送达《听证告知书》《行政处罚决定书》。同时，执法人员也利用送达文书之际，向其宣传水法，督促其履行法定义务。最终，新沟站认识到违法行为的严重性，主动上门要求从轻处罚。经监利县政府组织协调：新沟站申报取水许可相关资料，接受罚款 1.2 万元，主动安装合格的计量设施。

（四）江陵滩桥自来水厂拒缴水资源费案

江陵县滩桥镇自来水厂是一家镇属水厂，核定水厂 2006 年 3 月 1 日至 12 月 31 日取用地下水量为 16.7671 万立方米，根据《中华人民共和国水法》《湖北省水资源管理办法》

规定，湖北省财政厅、湖北省水利厅核定的水资源征收标准为 0.10 元每立方米，滩桥镇自来水厂 2006 年应缴纳水资源费为 1.6767 万元，经江陵县地方税务局多次上门征收，滩桥自来水厂未予缴纳。江陵县地方税务局将情况反馈到水利部门，江陵县水利局随后下达了《关于责令限期缴纳水资源费的通知》，责令滩桥镇自来水厂限期缴纳 2006 年的水资源费，但此水厂一直以企业困难为由，拒缴水资源费。根据《中华人民共和国水法》第七十条规定，决定从滞纳之日起按日加收 2‰ 的滞纳金共计 0.3744 万元；处应缴水资源费 3 倍的罚款 4.1301 万元，共计人民币 6.1812 万元的处罚。经过多次耐心宣传《中华人民共和国水法》，使其认识到违法的严重后果，后来该厂主动上门要求从轻处罚。经过协商，该厂愿意缴纳 2006 年 3 月至 12 月水资源费 1.6767 万元、滞纳金 0.3744 万元及罚款 1 万元，合计人民币 3.0511 万元。

（五）监利县光大路桥公司违法采砂案

2011 年 9 月开始，监利县光大路桥工程有限公司在承建监利县白螺镇流霞线道路及厂区填土工程建设项目中，因考虑土方来源不足并破坏当地良田，将方案变更为吹砂填筑，在未取得采砂许可的情况下，擅自租用"赣南昌浚 0026 号"吸砂船在长江禁采区内白螺镇水域采砂吹填。12 月，荆州市水利局发现其违法行为后，向此公司发出《责令停止违法采砂行为通知书》，责令其立即停止在长江禁采区内采砂的违法行为，听候处理。2012 年 1 月，荆州市水利局对涉嫌违法采砂行为立案调查，先后询问了此公司法定代表人委托人、项目经理、业主单位湖北省璧玉新材料科技有限公司工地负责人、吸砂船负责人，现场进行了调查取证，查实其违法采砂共计 16.8 万立方米。根据《长江河道采砂管理条例》《湖北省长江河道采砂管理实施办法》《国家发展改革委、财政部关于长江河道砂石资源费收费标准及有关问题的通知》的有关规定，荆州市水利局对该公司下达处罚 25 万元罚款及征收砂石资源费 31.6134 万元的《行政处罚告知书》《听证告知书》。光大路桥工程有限公司在收悉《责令停止违法采砂行为通知书》《行政处罚告知书》《听证告知书》后，主动承认违法采砂的事实，保证以后不再违法采砂，放弃听证并表示愿意接受处罚。同时，光大路桥工程有限公司以企业包袱沉重、运转困难为由，恳请减免部分罚款。荆州市水利局就此召开行政处罚集体讨论，考虑到支持地方经济建设，最终决定对光大路桥工程有限公司违法采砂案罚款 20 万元及征收砂石资源费 31.6134 万元。2012 年 5 月 18 日，光大路桥工程有限公司将 20 万元罚款汇缴至荆州市非税收入管理局，砂石资源费缴纳至监利县水利局。

四、历史水事纠纷

（一）大泽口成案

大泽口（又名吴家改口），历史上发生多次疏堵之争，汉江北岸诸县主疏，南岸主塞。从清道光二十四年（1844）至民国二年（1913 年），其间发生过 13 次水事纷争，直至动兵弹压，方告平息。兹将各次事件按发生的时间顺序分录如下。

1. 清道光二十四年（1844 年）

事实：沔阳僧人蔡福隆，借塞梁滩改口之名，将泽口内十里之黄家场河口（又名垱口）填塞四十余弓，长二百余弓，高八九尺。

具控人：天门许本墉等。

结案：府宪王亲勘刨毁，访拿蔡福隆，逃窜未获。

2. 道光二十七年（1847年）

事实：蔡福隆复出传单，以疏西荆河为名，敛费收米，实欲于泽口两面建设石矶，使东荆河日久淤塞。

具控人：李一竣、余奉慈等。

结案：府宪贾另详立案永杜害端。

3. 咸丰十年（1860年）

事实：沔人邵端麟，怂惠州牧朦禀修筑，未奉批准，王茂义率同数千人，摆列枪炮兵器旗号，在小泽口内县河之竹根滩，填塞河心长百余弓，高五六尺，宽七八十弓，水遂断流，复于口门两端筑坝长七百余弓，对骑马堤截河筑埂，并声言小泽口筑竣再筑大泽口。

具控人：天门何凤鸣等，京山刘祖琨等，潜江孙衍庆等，天门石元音、张楚儒等。

结案：四月，府宪黄移汉饬沔州押毁。同治十年，藩台张批押毁土埂，久奉院批，何以延今仍未遵办，实属玩法，仰安陆府移会督饬办理。七月，委员上官履勘会详文称，若不令平毁，必阻碍分泄。若即刻平毁，又误该地收获，由沔绅李修德等出具愿毁甘结，秋收后即行平毁。

十月，藩台札行摧毁。十一月，复札沔阳州刻日平毁。十一年，沔州牧据李林曙之谎禀，谓所筑系旗鼓之旧堤、小泽口，非古河等语。八月，督院李批，布政司速催沔阳州赶紧押令刨毁，倘须水师弹压，即据实禀请勿再延搁。藩台张札沔阳州硃票寓目即办，再延详参。十二年，抚台郭委员督催一次。

4. 同治十二年（1873年）

事实：潜生刘义文纠筑改口，并建石矶拦淤。十月，沔人王子芳遍贴传单，于十月初一蛮塞改口刬下七里之何家刬修筑横堤。

具控人：天门周良源等、钟祥高折桂等、天门罗德怀等。

结案：抚院郭、督院李批，仰布政司严催押毁。皋台黄仰汉阳府饬沔州遵毁。安陆、汉阳两府会勘，声明二口宜疏不宜筑，口内石矶万不可建。十一月，知府李札县妥为解散，详省饬令纠办。

5. 同治十三年（1874年）

事实：沔人严士廉纠众二千余人，至沔阳逼官出告示六十张，执长枪镗镰刀锚蛮筑何家刬，私设堤局，勒派夫费。

结案：沔州牧请弹压，六月，督院李、抚院郭，奏明将严士廉正法，田秉臣流罪，刘子才徒罪，余从免，追土埂押毁，刻石文曰："泽口官河，永禁阻遏，拦筑首犯，斩绞同科"。

6. 光绪二年至光绪七年（1876—1881年）

事实：光绪二年，沔阳州牧信潜人关俊才言，朦禀修筑溃口，不及支河一字，翁抚奏拨四万九千串，民捐六万串，为修筑并举之计，关俊才术领疏河款延不兴工，籍护改口新堤为名，河宽二百余弓，谋建矶一百八十弓，以期不塞而塞。俊才同事张某忿俊才吞款太多，赴省呈控提解关俊才到省收押，不知俊才若何得脱图圄。光绪七年，武弁王子芳、王光炳不服弹压，违禁在何家剅地方筑坝基已出水，襄水盛涨，被遏阻激，贻害下游，坝亦寻冲，数万金钱徒付一掷。

具控人：张玉成、马鸣佩、肖任林、金达燕、周良翰等。

结案：光绪五年，督院李批，仰布政司会同按察司饬沔阳州潜江县严禁。光绪七年八月，督院李奏革王子芳职，拿办为首之人，饬司颁发永禁筑坝告示，勒石河干。

7. 光绪十一年（1885 年）

事实：沔人魏凤池、陈焕藻设局亩费外，有乐输帮费以筑私堤子坝渊为名，实欲筑改口河坝收费三千余串未动工，而局用已一千余串。

具控人：潜沔灾民李之位，陈国平请藩司示禁。

结案：藩司委员履勘。光绪十二年，荆州府恒会议通详改口实难筑塞，督院裕批改口有四百丈宽，实为消泄汉水要道，如将此口堵塞，则上下游两岸堤塍处处可危，即饬禁止。

8. 光绪十四年（1888 年）

事实：严士廉之子有严仙山及杨荣廷，瞒耸京员，以吴家改口被灾，请饬估修等情，朦奉谕查办。仙山不候查办定夺，即竖立黄旗，书奉旨督工字样。查杨荣廷禀词内称田关强筑，水无分泄之途，府场河塞，水无下泄之路等语。伊等亦自知水势不可遏，抑而利令智昏，苟图便宜，仙山又是士廉遗孽故耳。

具控人：王振南、龚廷镛等。

结案：督抚奉谕委史守安陆府汉阳府勘明核办。九月，裕督奎抚查明改口本系分泄襄水河道，禁止堵筑奏稿内载，拟疏下游尾闾，办法甚详，奉朱批，著照所请。

9. 光绪十九年（1893 年）

事实：叶廷甲、郑超一，遣抱赴都察院捏请于吴家改口之马湖地方建矶。

具控人：陈端瀛等。

结案：安陆府安襄郧荆道批示，名为建矶，实希翻案，详由督抚咨院销案。

10. 光绪二十二年（1896 年）

事实：严惟恒煽众私筑。

结案：潜江县禀拨水陆营勇委员查挐出示严禁。

11. 光绪二十九年（1903 年）

事实：江陵监沔千余人，麇筑泽口附近之官湖郑西地方，声称堵塞泽口。

具控人：天门罗占鳌等、潜江谢炳朴等。

结案：经潜江、江陵、监利会同出示严拿，并蒙安陆知府赵禀拨水陆营勇驱散，将所作土埂刨毁。

12. 光绪三十四年（1908 年）

事实：潜人谢孝达等朦禀将口门龙头拐建泗水矶，何家埠一带错综建矶，彭道督工，工竣，夏间水涨冲坏。

具控人：蒋芳增等。

结案：经农工商部咨督抚委襄阳道施，候补道魏，安陆府张，潜天官绅会勘，议订善后七条：①泽口永不准阻遏；②～⑤要限制矶坡；⑥注重疏河；⑦禁止私自动工。南北约数十人签押，永远遵守。

13. 民国二年（1913 年）

事实：沔阳等县代表谭方鹏禀请修筑吴家改口未批准一事，经查勘吴家改口委员蒋炳忠、李廷权、刘沛元等报告书（民国二年三月二十四日），有沔人唐传勋、莫廷权等带领百余人杂穿军服，张旗执械，同来吴家改口，驻扎龙头拐彭公祠，经潜江知事万良铨亲查看旗上书写"奉都督命令修筑改口"。据民国元年十二月二十八日的传单"启者吴家改口堤工，择于阴历癸丑年正月十三日齐集开工，在彭公祠挂号，各垸业友，自备箢锹，携带行李及十日资粮，慎勿滋扰地方，特此布告。"传单上书写奉都督示："照得吴家改口，遗害数十余年，现经禀请修复，齐集赴工勿延，自备箢锹资粮，务各踊跃争先，换班期限十日，每夫铜币一元，压挖出钱购买，经费量力垫捐，木桩竹障柴草，一应买办周全，寄宿借餐谨慎，不扰该处闾阎，诸事责成代表，不可疏忽偷闲"。据唐传勋等谈：都督府会议准拨款二百万筑襄堤，伊等提议修筑改口无需拨款，并委卢步青前来督促。会同潜江知事欧阳启勋于二月二十七日查看改口已筑二十二丈，宽三丈七尺，高五尺，当经传谕停工并即督促刨毁，工人尽数散归，此事发生后，经襄北天门等县电请黎都督派兵弹压。在此期间，襄北闻讯纠集民众渡江抵制堵塞，军队为恐两相冲突，设法检收南夫器械，而引起南方与军队发生纠纷，以致刀伤高逢吉排长，抢走枪支被服军装等件，并烧毁彭公祠及连卡屋，堤夫亦伤三人等事件。

具控人：天门、潜江、京山、汉川、钟祥等县知事指控沔人陈炳坤等煽众筑塞"大泽口"，恳请湖北省军民政府及黎都督派兵弹压，并从严拿办首犯。

结案：经查勘吴家改口委员蒋炳坤等会同潜江知事万良铨前往现场查勘筑堵事件，经都督电饬军队弹压及地方各团体前往开导后，一律散归。遏止了北岸万余民众南渡相互蛮斗之乱。提议：吴家改口万不可塞，为保护潜城，必须加固龙头拐堤。为免潜沔人民受襄水泛滥之苦，惟有疏宽荆河，以畅其流。由军民政府内务司派员筹组荆襄水利研究会勘测工程，先荆后襄，依序疏凿，为众擎易举之谋，一劳永逸之计，以息南北之恶感。"行政公署呈内务部，本省大泽口等处请勒石永禁堵筑"。（民国三年一月十一日）

（二）子贝渊水事纠纷

子贝渊水事纠纷是一个较大、持续时间较长的水事纠纷。据《荆州万城大堤续志》记述："光绪八年（1882 年）春，经湖北巡抚彭祖贡会同地方官劝谕，监利子贝渊决堤放水。决堤后，北岸水退尺余，南岸则水涨四尺，附近的瞿家湾等二十六垸被淹。时值淫雨兼旬，江河并涨，新堤倒灌，使监北沔南七百余垸田庐尽没。监利县民指控地方官决堤殃民，两岸形成械斗。湖广总督涂宗瀛乃奏请于原口处修建启闭石闸，疏挖柴林河以消夏秋盛涨，修复新堤龙王庙闸以泄冬春积涝之水。子贝渊建闸疏河各工，于本年十月动工，次年五月告竣。光绪十年（1884 年），又奏请于原开口处建朝天石闸一座以畅消北岸渍水，因经费无着未果。至光绪十二年（1886 年），四月，湖广总督裕禄乃奏请开挖子贝渊下游二十里之冯姓河以资宣泄，并杜争端"。

（三）沙洋河监利沔阳水事纠纷

沙洋河从监利龚场大兴垸流入洪湖贺家湾（新中国成立前属沔阳县），是大兴垸 18 万亩农田的主要排水河道。洪湖与监利均系低洼地区，洪涝频繁，从清至民国末，水事纠纷不断。1921年，大兴垸内渍，洪湖贺家湾在沙洋河尾拦河打坝，阻止上游排水，监利大兴垸明剅沟组织500多人强行挖坝，发生械斗，明剅沟1人当即被打死。而明剅沟第二天火烧贺家湾48家民房，官司打到省城。官府开庭判处大兴垸垸董易琼生、易科望2人死刑。明剅沟不服，再次向省城申诉，省府派龙老爷来实地查看，经庭上讲明道理，陈述利害，决定将2人免死，挖开河垱，随后在扒头河兴建排水闸。后来大兴垸人民为感谢龙老爷，由易琼生主持，在网埠头修建了一座龙公寺，以示纪念。

（四）冯家闸（垱）水事纠纷

清咸丰二年（1852年），潜江县开挖冯家河（即今赵家河）排泄乡林、返湾两垸渍水，受益面积10万余亩。渍水经竺家场、冯家湖入白露湖。两垸民众为防止南水倒灌，于清同治八年（1869年）集资建冯家闸。冯家闸建成后，乡林、返湾两垸大片土地开垦成良田。后因水利失修，河道淤塞，排灌不畅，加上下游民众及豪坤地主强占河床两侧土地进行耕种，阻碍了上游的渍水下泄，至光绪十年（1884年）渍水泛滥，上垸民众欲启闸放水，下垸（西大垸）民众阻止开闸，两相冲突引起械斗，损失惨重，双方死亡37人，轻伤53人，重伤23人，事故发生后，毁闸筑垱，阻止排水，改称为冯家垱。此为冯家闸有名的"甲申惨案。"

为了解决乡林、返湾两垸的排水出路问题，清政府于光绪十一年（1885年）重建冯家闸，使用9年后，复于光绪二十年（1894年）废除。

抗日时期，民主政府为解决乡林、返湾等垸的排水纠纷，曾专门进行过实地调查，在冯家垱挖闸址放水时，还发现尸骨30多具。

四湖总干渠和东干渠开挖后，这一带的水事纠纷才从根本上得到解决。

第十篇 水 利 经 济

　　荆州人民依堤为命，堤防修筑为地方自筹经费，派民修筑。明清时期，江汉堤防连成一体，堤防工程规模日益宏大，涉及地域日益广阔，再以一地之力已无法承担，故而出现了国家、地方及群众共同承担的局面，且办法多种多样，特别是晚清以后筑堤费用的筹集，更是名目繁多。多方筹集堤工经费，一方面支撑了堤防的修筑和维修；另一方面也造成了贪污舞弊之风的盛行，加重了民众的负担。《荆州万城堤志·经费》中披露：道光年间，收取土费的人员中"私收者竟至十分之七，以百姓之脂膏饱胥吏之奸橐"。1930 年 11 月，荆江堤工局在《请免征江陵土费援白家湾等堤成例》中亦披露："土局各主任员司间有贪婪成性藐法营私，虽禁令森严，而浮收和弊端终不能竟，历年不肖主任亏欠款项案卷累累。"

　　民国初年堤防经费来源，基本沿袭清例，1926 年荆河、襄河水利分局成立，原有荆州万城堤工局照旧不变，各照田赋整税附征十分之一堤工捐（1948 年改称为堤工费），荆州沿江沿汉堤工始有专款来源。各县民垸堤工经费仍为民筹民修。

　　新中国成立后，水利资金来源主要包括国家投资、地方自筹、群众投劳折资、银行贷款、征收水费及水规费。水利资金的投入极具明显的时代特征。1998 年以前，水利资金的投入主要以地方投劳为主，国家投资为辅，1998 年大水后，则以国家投资为主，地方配套为辅，一举改写了千百年来"农民摊资派劳"修筑堤防的历史，仅用数年的时间完成了之前数百年的工程积累，使水利工程设施发生了质的飞跃，防洪抗灾的能力有了明显的提高。

　　新中国成立后，通过修建大批水利工程设施，为发展水利综合经营提供了基础条件。20 世纪 50—60 年代，水利工程管理单位在保证工程安全运行的前提下，发展种养殖业，堤林植树初具规模，基本达到"以林养堤"的要求。20 世纪 60 年代水库渔业兴起，特别是 80 年代以后，随着水管体制的变革，水利部门的综合经营更是蓬勃兴盛，高峰时生产经营门类达到 8 大类 200 多项，从业人员达到 3000 多人，年产值达 7.9 亿元。20 世纪末至 21 世纪初，荆州水利综合经营由部门封闭式生产发展到横向联合、引进外部资金、共同开发、合伙承包、单位承包、入股等多种形式并举发展，并对综合经营实体实行公司制运作，优胜劣汰，形成规模企业，参与市场化竞争，水利综合经营由此迈上一个新台阶。

第一章 水 利 投 入

在新中国成立以前，堤防建设多以民征民修为主，经费自理，重要堤防"民修公助"，由民众推举堤董负责，后设置土局。至民国时期设置江汉工程局，实行官征民修，或遇大灾之年，政府给予补助，或予贷款，或以工代赈。

新中国成立后，国家给予了大量的水利资金投入，各级地方政府也自筹资金投入，1949—2012年，全市水利基本建设累计投资168.034亿元。在水利资金投入的同时，荆州民众也年复一年地投入大量水利工，累计投工达50.92亿个，完成土方70.55亿立方米。兴建了大批水利工程设施。

第一节 资 金 投 入

一、新中国成立前的水利资金

荆州自古依堤为命，而堤防的修防资金主要以"摊征"的方式解决，但也有部分年份遭遇大洪水灾害，民力不济，朝廷拨银修筑堤防。

（一）土费征收

明清时，荆州沿江沿汉各有堤之县堤工岁修及防汛资金，"皆派诸田亩"，即由受益田亩摊征，称为"田亩土地伕费"，简称"土费"。再由地方募集民力修筑堤防，已成朝廷一项规制。但各地征收的标准和办法不尽相同。

荆州万城堤工为全郡保障，系荆州水利同知专管，历年岁修由水利同知勘后估办，由县（江陵）按粮摊派，督率收缴兴修。清道光年间，水势盛涨，岁修工程费年年增加。同知督办均不得力，酌照该督所请，此项堤工从清道光十二年（1832年）开始由荆州知府承办。知府先期亲自勘察详定，由县照例按粮派费缴存府库（《大清会典事例》）。另据《万城堤防辑要》记载："万城大堤工程用款，全恃江陵土费项下开支，收土费之法，向例是照地丁银每两派土不超二十方。"由所设6个土局（即荆州城、枣林岗、岑河口、龙湾、郝穴、普济观）征收，交荆州府统管。江陵土费征收标准"按江陵田赋每银（地丁银）一两，折土20方，每分土分为三派：头派每分土征收0.1元、二派征收0.13元、三派征收0.16元"。每年可征收2万～3万元。

清末和民国初期土费为修筑荆州万城堤经费的主要来源。当时，万城堤也称为南堤，中襄河、东荆河、直路河等堤称为北堤，又有南土费与北土费之分。南土费用于修筑荆江大堤，北土费用于修防县管之北堤，由城乡六土局征收。1932年土费改归江陵县财政局随粮征收。1933年改由县政府征收，设南、北两局，南费归湖北省银行沙市分行保管，专作荆江大堤用款；北费由江陵县财务委员会保管，作为中襄河、东荆河、直路河、阴湘城堤堤工修防之用。1937年停止征收土费。荆江大堤岁修工款、防汛经费等由江汉工程局统筹开支，地方征收的田亩费、盐捐费则解缴省府。

监利江堤绵长，分为三汛，即上乡（窑圻）汛、中乡（朱河）汛、下乡（白螺）汛。每届修堤，由在堤各知根（即熟悉情况之业户）根据堤势之险夷，兴修之缓急，测定土数，并造册呈报县府核准后按粮派土，以通县粮石均派，每粮一石，派土若干井（注：修堤取土时土坑开挖的土方称为"井土"，亦称为"下方"。运至堤上的土方称为"红土"，或称为"上方"），每井方一丈、深二尺五寸，方有定价，由各里长计丈分摊和由排年向各业户催缴。清顺治庚寅年（1650年）监利县东西堤溃决，知县蔺完璜即"分别上下受利里"，"依粮石摊派井土升合尺寸"兴筑溃堤。清乾隆五十三年（1788年）大水后，土费改由县签发印单（即土券），由各堤垸圩头、堤老（后称为董事）负责征收。道光初年，江堤"每年岁修土方六十余万，派征制钱六万串"。道光十五年（1836年），胡广总督纳尔经额委汉阳同知唐树义（曾任监利知县）到监利设堤工总局。沿堤各乡镇各设土局（分局），专理堤工筹办。实行局征局修即土费经县府核定后，由各乡土局派员征收，并负责募工岁修，此法沿用至民国时期。

沿汉江各县的堤防亦为按粮派土，征夫修筑，但视堤防重要程度不同，分最重要者为"部堤"（即襄江段官堤——钟祥大堤、王家营堤、沙洋大堤），重灾年份岁修官府拨款或他县协济；较次要者为"民堤"（即襄江段的天门、潜江、沔阳堤段），即民征民修，或官助民修，所借库银分年征摊还库。

钟祥大堤，自明代遇有溃决，皆钟（祥）、京（山）、天（门）、潜（江）四县及武（昌）、荆（门）、安（陆）三卫分工合筑。因钟祥县受患者仅十分之一，诸县受患者十之九，清顺治十七年（1660年），即按收益多寡定额征夫，自汉堤铁牛关至王家营以十分为率，钟祥四分，京山二分五厘，天门二分五厘，潜江一分三厘，荆门卫、安陆卫七厘中之四厘，武昌卫七厘中之三厘，嗣后，即按此分数分筑。

京山王家营大堤，清道光以前，按钱粮赋税每两完三千文，堤工向每工三十文，按"山（区）一、湖（区）三，四股分派，依土方定银两摊征。咸丰九年（1859年），山乡绅民自愿按粮银每两出伕费二百文，随粮征收，并请准在钱粮每两三千文内核减二百文（只按银粮每两收二千八百文），并将原每工三十文亦免收。

荆门州沙洋大堤，昔与江陵万城大堤并重，自明嘉靖二十六年（1547年）沙洋关庙堤溃至隆庆二年（1567年）时延20年方修复，并建石牌坊一座，铸铁牛二座于关庙前。然嗣后仍屡遭溃决，顺治十二年（1655年），由荆州、安陆二府协修，之后皆然。康熙十三年（1674年），荆州修石头觜堤，派荆门协修未遂，乃为借口，遂创"荆（州）不协安（陆）"之议。而江（陵）监（利），亦从此止。以后潜（江）沔（阳）协修亦停。于是五邑（荆、潜、江、监、沔）之公堤，独责成荆门一州。荆门山田有八湖田仅二，向以"湖代山粮，山代湖修"。当时官府称协济难行，且多弊端。康熙二十一年（1682年），吏部给事中王又旦奏疏称：湖北诸郡堤工费用系由百姓摊派，本来负担就重，地方官吏还有各县互相协济，受苦更甚。如安陆府之汉堤，自铁牛关以下属钟祥汛地，又有沔阳负担等等之例。这种做法其害有五：一是天气寒冷老百姓远离家乡，多有冻饿死者；二是民工上堤免不了受当地官吏压榨勒索之苦；三是帮助别县修堤使本县堤工废弛；四是地方籍"协济"进行勒索贪污；五是常因此而闹纠纷，动需时日，贻误修筑时间。工部据此下令今后严禁协济，如有不肖官吏借端科派等弊，由湖广总督从重议处。沙洋大堤协济修筑之例停止，其负担于荆门独理。雍正七年（1729 年），朝廷批准荆门沙洋大堤岁征湖粮三千石，每石输银一两，合计三千两，以作为岁修堤防工费（《续行水金鉴》152 卷）。

荆州堤防修筑频繁，堤工经费开支浩大，其中苛派勒索，虚报冒领，贪污亏欠之事时有发生，以致"民力难支，互相控告，聚会抗官"的事件发生（《湖北安襄郧水利集案（上）》）。为正肃纲纪，清乾隆十二年（1747 年），朝廷"议准湖北各堤堤长严饬迎河各官，加意稽察长，止令传唤雇工，毋许滥行苛派，如有旷误营私，勒索滋扰情弊，严加治罪，别行公举签充。如迎河各官，漫无责察，经道府揭参，照堤岸溃决疏防例处分"（《续行水金鉴》卷 153）。朝廷虽有严明纪律，但地方各官员贪污舞弊成风。

道光十七年（1887 年），林则徐任湖广总督期间曾与湖北巡抚周之琦联名向朝廷奏报改除堤政积弊情形称，湖北江汉堤防延袤三十余州县，岁修需费甚巨，而生息款项有限，不得不积费于民，查历年收费修堤，或官征官修，或官征民修，或民征民修，三者皆不能无弊，若费征于官，则必假于胥吏。征于民则必委权于董事。胥吏之多舞弊固不待言，而董事若不得人也难驾驭。即以监利设局收土费一事言之（监利上年七月曾发生民众捣毁堤工总局案件），溯查该县数十年前按旧章，本系由堤长自行收费，继而改为官征官修，又继而改为签董给单，道光十四年（1884 年）又改为设局收费。收费之事为地方官所把持，随意加征堤费，甚至用非刑锁拿欠费，以致引起民愤。对堤工总局章程应重新加以稽查，规定今后局不许多设，人不许多充，因而应用不许多开，费不许多派，首士必由公举，不许寅缘滥人，不许留连把持。如有狡诈巧滑之人，应加以痛办，以儆效尤。并责成各管道府随时秉公查核，有病即除，有犯即惩，如或迁就因循，查出一并查处（《林文忠公奏议》）。

民国初年，沿袭清制。1927 年经堤工局召集各法团及江陵县县长会议，决定土费职员由县、局会委，所征土费解堤局应用。征收办法例照地丁银两，每土一方，按头、二、三限征钱：头限征一百二十文，二限征一百四十文，三限征一百六十文。后因险工需款过巨，又增为每土一方头限征钱四百文，二限收四百五十文，三限收五百文，呈准以一年为限。1928 年仍照旧率征收，堤款又虞不足，乃改为每土一方头限征二百五十文，二限征三百文，三限征三百五十文。1929 年改征洋码，每土一方，头限征洋一角，二限加三分，三限加六分。民国十九年（1930 年）、民国二十年（1931 年）两年，循此未变。

1932 年 1 月，湖北省府令饬裁撤江陵县土局，并取消三派制，折中每土一方征费 0.13 元，由江陵县政府随粮附征，湖北堤管委员会派监征员监征，按月由县政府解拨堤工局动用。

同年，江陵县人熊鹏翮等呈请免除荆州堤工土费，湖北省水利局就层奉此案呈明如下："荆江大堤绵延 270 余里，上年大水，得以保存，不得谓岁修之力，而岁修之款，向持土费与盐捐，若将土费免除，盐商势必援例，堤局岁修与局用，则将均受影响。全省堤工经费，自裁厘后，收入大减，对荆江大堤援案年拨补助费 2 万元，已属竭力，万无再增可能，若将江陵土费遽然免除，则荆堤工事，势必无款举办，危险实不堪设想，一旦堤身溃决，人民受害，恐有千百倍于出款矣。"因经呈湖北省政府决定："江陵土费，在未经筹有其他项抵补之前，仍照旧征收"（省档：民国二十一年（1932 年）《省府公报》）。民国二十六年（1937 年）湖北省政府改组荆江堤工局为江汉工程局第八工务所，例收之江陵县土费及沙市盐捐，由原收机关暂行收存，不得再行支领，另行核议。嗣经省府秘书处与江汉工程局拟定《改组荆江堤工局办法》六条，其中第三条规定：（甲）江陵县土费，自该局改组完成之日起，即行停征。（乙）沙市盐捐，仍予保留，由沙市营业税局代收交存湖北堤工专款保管委员会，作为堤工经费。同年 11 月 15 日省府委员会决议交财政厅、江汉工程局核议再定。民国二十七年（1938 年）荆州沦为战区，长江堤防遭到严重损毁。民国二十九年（1940 年）6 月，荆沙沦陷，至民国三十四年（1945 年）复原后，仍续征收，直至新中国成立前夕。

（二）国家拨款

《万历实录》卷 24 记载："明万历二年（1574 年），湖广巡抚赵贤奏称：据湖广当江汉之要，荆州、承天等处频遭水，其民恃堤为命……而堤所恃以固者，惟穴口分泄之力，只因旧穴湮塞，以致水势横决。今议开荆州采穴。新冲二口、承天、泗港、许家湾各穴口以杀水势。前此节经抚按奏修堤塲，请银一万五千余两，今水患如故，合将库贮德安仓粮、银并减存备用各禄银三千二百二十二两，来充广阜仓银五千三百三十一两五钱支用"。朝廷奏准。此为最早朝廷拨款修筑江汉堤防的记载。

清代，由于江汉堤防的地位日益提高，特别是荆江大堤已成"皇堤"，沙洋大堤列为"部堤"，朝廷拨款修堤次数更多。

清雍正五年（1727 年），世宗亲谕："荆州沿江堤岸，着动用帑金，遴选贤员，监督修理。修成后仍为民堤，令百姓加意防护，随时补葺，裨得永受其益（《大清会典事例》）。

乾隆五十三年（1788 年），荆江万城堤溃决，乾隆派大学士阿桂查办灾情，并发帑银 200 万两，以为修理堤工石矶城池兵房及抚恤灾民修补仓库之用。当年乾隆帝上谕："荆州沿江堤防为保护百姓田庐而设，固应动用民力修筑，此次受灾较重，且经同意动用库银由官府办理。荆州地方人口众多，若竟归为民堤，不由政府经办，则百姓谁肯首先出钱，踊跃从事……将来修堤所需费用派之于民，由政府办理"（《湖北通志》卷 43）。此年空前巨款虽不全部用于堤工修理，但作为政府投资修堤起到标志性作用。

道光二十四年（1844 年），荆江万城堤再溃，朝廷又批拨库银 10.8 万两用于堵口加固堤防。

沙洋堤防历为荆州的屏障。在清雍正七年（1729 年）议准为官堤，朝廷拨银加以修筑。据《湖北安襄郧水利集案》记载："清康熙五十三年（1714 年），关庙前修建草坝，领引库银七千两，康熙六十一年（1722 年），修关堤内一包三险月堤并熊家凹月堤，领司库银三千两。雍正六年（1728 年）修关堤内朱李湾堤，领司库银三千七百八十四两。雍正九年（1731 年），修关堤内熊家凹小月堤，领司库银两百七十四两。雍正十二年（1734 年）修建关庙前石矶，领司库银五百零五两。乾隆元年（1736 年）修关堤内郑家潭及欧土地等处堤，领司库银一千两。乾隆六年（1741 年）修郑家潭月堤，领司库银三百两。乾隆八年（1743 年）、乾隆九年（1744 年）修建沙洋到潜江界堤，共费帑银二万七千五百余两"。

民国初期，荆州堤防的修筑及管理仍沿袭清例，国家对其投资不大。直至1932年4月，湖北省水利局划分有堤各县为甲、乙、丙、丁、戊、己六等，按等发给堤工补助费。江陵、监利、沔阳、钟祥、京山、潜江、天门等县均列为甲等，每年补助1万元。此外，荆江大堤因关系重大，岁修工款，除照历年补助1万元，特准另补2万元，根据各年险情不同酌情另加险工工款。

民国二十四年（1935年），江汉并发大水，荆州遭受严重水灾，民力枯竭，始由国库拨款对荆州堤防进行修复，仅汉江遥堤退挽工程就拨款300万元。并在监利新沟嘴设临时工赈工务所，拨款（洋）20万元，修复东荆河堤。民国三十四年（1945年）抗日战争胜利，江汉堤防亟待修复。次年元月2日，湖北省建设厅召开全省干民堤堵复工程工赈原则及民堤管理机关审查会议，议决利用联合国救济总署对华援助的面粉和棉纱，实行以工代赈修复江汉堤防，同时还议决民堤补助费的来源：①由江汉关等附加堤工专款内提拔10%；②由各县县政府按受益田亩就地筹措；③由江汉工程局提出计划，请救济分署洽筹工粮，以工代赈。

（三）荆堤盐捐

荆江大堤沙市盐捐始于1920年，是荆江堤工局长徐国彬以荆堤险工迭出，修防乏款，乃商同江陵县知事姜继襄，召集沙市绅商及各盐行、盐栈、盐商，会议筹款办法。其时，适逢沙市运销局撤销，遂议定售川盐1包各盐行栈缴运销局费钱250文及水客应缴150文，共计400文之规定，后易名为修防公益捐。经湖北省长公署核准，责成盐行盐栈汇收汇缴，计川盐1包，重150斤，缴300文；淮盐1包，重100斤，缴200文。1929年12月，湖北省财政厅以沙市盐捐征收钱码，不合现时计政，令饬改征洋码。计川盐一包（100斤）改征0.14元，精盐一包改征0.1元，淮芦盐一包改征0.07元。是时，江陵土费及沙市盐捐，除大部拨作荆江堤工局经费及修防费外，向例尚需按年由土费下拨交中襄河北堤协款1500元及由盐捐项下提8%拨直路、中襄河二北堤，另提12%作沙市初中及旅省荆南中学补助费。1937年，荆江堤工局改为江汉工程局第八工务所后，此项捐款拟定仍予保留，交由湖北省堤工专款保管委员会作为堤工经费。

（四）钟祥船捐、堤工捐

在江汉堤防的保护范围内，从事农业的生产者缴纳土费，而从事工商业及其他行业的生产者也要缴纳其他的各种捐款。荆州最早开征的是船捐，始于清末，并在汉江设置钟祥船捐局，专理其事。其捐分上下水两种，初期，上水捐全数归钟祥堤工局，作钟祥十八工段堤费；下水捐以六成解省，四成交襄阳老龙堤工局。民国前期，相沿未变。1926年撤销钟祥堤工局，1927年、1928年两年，上水船捐，由当时湖北省水利局拨给钟祥堤工程处，作为补助此堤工程费用。1928年湖北省财政厅令饬钟船捐局将上水船捐解缴湖北省堤工经费保管委员会，不再经过钟祥堤工程处，工捐由湖北省建设厅统一拨付，下水船捐原来解之六成，免于提解，连同原案四成，并拨襄阳老龙堤使用。从此，钟祥上下水船捐悉已全作堤费。1931年，原船捐局改名为"湖北省堤工经费保管委员会钟祥船捐处"。统一纳入湖北省堤工经费范围。"民国十五年（1926年）秋，国民革命军定都武汉，正值大水，湖北各法团鉴于频年水患，民不聊生，乃联名呈奉中央党部。中央联合政府会议决议于湖北之特税、厘金暨有堤之武昌等三十六县田赋内，各照正税征收十分之一堤工捐。并于湘、赣、鄂三省海关出进口货，按物价百分之一（时正税值百抽五，堤捐值百抽一），附征堤工捐，专款存储，由财政部通令施行，作为鄂省之修堤经费，不准挪作别用，垂为定案"（民国二十六年（1937年）《湖北建设概况》和《湖北省年鉴》）。由此，荆州开征的堤工捐始有商捐，从商人的营业额和房产主的房租中按比例收取，一般百货按每串抽取1～2文；从房租中收取2～3串；烟税（鸦片），从抽取的鸦片烟税每串抽取4文；海关附加，沙市为开放口岸，从海关附加提取10％用于堤防修筑。1946年10月，湖北省政府发布命令，规定自民国三十六年（1947年）田赋开征之日起，"按田亩正税征实标准（二斗六升）带征十分之一堤工捐，比照公粮征收办法征收。荆州各县除征收田赋堤工捐外，江陵、沙市亦照案在地价税内带征一成堤工捐"。抗日战争期间，停征堤工捐。1947年恢复征收。因物价波动，田赋及堤工捐改征实物。1948年，堤工捐改称为堤工费。

附：江陵、松滋、潜江、天门县土费征收情况

江陵县 土费征收仍循清制，由荆州城、枣林岗、岑河口、龙湾、郝穴、普济观6个土局征收。1931年撤销6个土局，由县财政局随粮附征。1946年按田赋正额，由田粮稽征处代征。征收标准，1912—1926年，按地丁银每两银派土17～20方（每汉方合3.7立方米），每方土折钱一百二十文至一百六十方（铜钱）。每1方土，按头、二、三限征钱；头限征一百二十文，二限征一百四十文，三限征一百六十文。1927年因险工需款过巨，又增为每土一方头限收钱四百文，二限收四百五十文，三限收五百文，呈准以一年为限。1928年仍照旧率征收。堤款又虞不足，乃改为每一方土头限收二百五十文，二限收三百文，三限收三百五十文。1929年改征洋码，每土一方，头限征洋一角，二限加三分，三限加六分。1929年废土钱改洋（银元，银每两折银元1.4元，米每石折银元2.8元。银角为银元辅币，县内流通省铸伍角、贰角、壹角银币。1935年，国民政府发行法币，禁用银元）。抗战胜利后，法币贬值，每亩征收土费由300～400元，增到1947年的1500～2000元（法币有一元、五元、十元，与银元比价为1：1，1946年以后，法币发行失控，五十元、一百元、一千元、二千元的大钞充斥市场。通货膨胀，法币急剧贬值）。1932年收洋25217元，1934年收洋41123元。

在征收土费的措施上，一是立了章程，超过期限不缴土费，处以罚金；二是提前一年征收下年土费。当时江陵县政府除向农民征收土费外，还在盐商和工商企业界中提取盐捐和江防事业费。县征收的南土费、盐捐上缴省政府。北费用于县管堤工经费。自1926年起湖北省政府对荆江大堤堤工经费给予补助。1937年荆江大堤岁修土、石工款、防汛经费由江汉工程局统筹支付。

松滋县 明清时期，松滋境内堤工经费主要靠民筹，按田粮附征。清初，按赋按田科粮，按丁（适龄人口）派银。后将丁银纳入田赋内，随粮统一征收，称为"地丁银"。官征田赋中，对山塘田和湖汊田均有科征。1788年前，松滋沿江大堤皆由官府从国库费中拨银修筑，百姓称大堤为"官堤"。土费征收向例按地丁银每两派土10多方，每方土折钱一百二十文至一百六十文，由县政府随粮收缴上解，用于江汉大堤修防。境内民垸（又称为私垸）为民筹民修，官府向无助修之例。民修堤工按粮摊派，每土方一丈（长、宽）、

厚一尺，谓之"一个"土。大约每粮（田赋粮）一石，派土 2 个，多或三四个，每个土折钱二百文。民国初年，堤费筹措沿袭旧制。1926 年将土费改为堤工捐，按田赋正税地丁、屯饷（民佃军田）、漕米（清末，漕、南二米，漕米运京，南米作当地军饷）、卫粮（军田）四项，附加十分之一征收堤捐，而屯饷于 1924 年先行开征堤捐。1929 年将堤捐原征白银改征银元。地丁（民田）堤捐，按银每两折征大洋一角四分；屯饷堤捐，按银每两折征大洋一角五分八厘七毫；漕米折洋二角八分；卫粮折洋四分零三毫，堤捐随田赋秋粮统一征收，全额上缴省府。1933 年裁撤土局，由县田粮处统一代征。抗战胜利后，1947 年堤工捐恢复征收。因物价波动，田赋及堤工捐改征实物。田赋正税为征实、征借、公粮、稻谷四项。田赋额一元，征堤工捐稻谷二升六合，由县田粮处随粮代征。堤内民垸堤工所需经费及用工，按需摊征，按田派土征费，报县备查。田分上、中、下三等，土费负担有别。如大同垸上田每亩派土 2 方，征籽棉 4 市斤；中田派土 1.5 方，征籽棉 3 市斤；下田派土 1 方，征籽棉 2 市斤。实物按市价折款征收。每年八月十五日至九月十五日为堤费征收期。

潜江县 清代，水利工负担，主要用于堤防岁修。收费修堤，或官征官修，或官征民修，或民征民修，全由当地农民负担。负担办法，各垸依照田亩数量，将堤划段自修，工竣，由政府水利官员验收。民国初期，县境汉江、东荆河修堤防工仍由农民负担，地方官员只起督催作用，倘若工大费巨，民力不济，则报省拨款兴修。1926 年开始征收堤工捐，汉江堤和东荆河堤修防费用省给予补助，1935 年汉江堤防汛民工的补助标准每人每天伙食费 0.15 元。

天门县 明清时期，天门县水利负担主要用于修筑汉江堤钟祥段和县域内的堤防。咸丰七年（1857 年），"暂行在天门设局，按亩派费，协修钟祥堤。如需费过巨，禀请借款修筑，堤成之后，征费还款"。修筑钟祥堤的负担办法，"钟邑派出三成，天邑派出五成，京邑派出二成，以资帮修"。负担标准是，"钟邑岁修，每亩派钱百文，京、天两县协帮之费五六十文"，后因"民情困苦，钟邑岁修应派亩费，以及京、天两县协修亩费一律统减为四成收取"。清朝时期，商人对堤防的负担主要为商捐。政府劝商人捐款修筑溃堤。光绪年间，为整修岳口护岸工程，从商人的营业税和房产主的房租中按比例收取资金。一般百货按每串抽取 1～2 文，药土（鸦片）每串收取 4 文。每年从房租中可收取 2～5 千串。民垸负担政策，一般是各垸按亩派费，兴工时各出土工，派费在每亩 300～500 文之间。

注：制钱，古货币名称，亦名通宝，俗称"明眼钱、缗钱"。铜质圆形，中有方孔，通用标准"文、十、百、串"计数，一般 1 枚值 1 文，1000 文为一串（又称 1 吊）。清初，有当五、当十、当五十、当一百的大钱。荆州境内流通制钱始于唐武德四年（621年）至清光绪十四年（1888 年）。铜元俗称"铜板""茗板"。有清光绪开铸的"光绪元宝""大清铜币"和辛亥革命后所铸的当十、当二十的开国纪念币，面额最高的是当二百文及川字当五十、当一百、当二百文铜元。

田赋代征分漕粮、九厘饷、丁粮、课租 4 项。漕粮，分总军正米（北运京师供驻扎八旗的俸米）和南粮正米（运送武昌和荆州的官米）两项。漕粮一向征米，至咸丰时太平军兴起，漕路梗滞，便折成银钱交饷。九厘银，始于明万历十七年（1589 年）前后，每亩加征白银九厘以作军饷。清沿袭明制。丁银，亦称为地丁银。课租，包括学田课、更名地课、湖课、芦课、杂课（斑匠银）等 5 项。

二、新中国成立后的水利资金

新中国成立后，停止向农民征收土费，水利资金的来源主要依靠国家投资和群众投劳。1958 年以后，开始按水利工程受益面积征收水费。

（一）投资政策

1953 年 12 月 1 日，湖北省人民政府发布《关于兴修水利工程有关政策说明》，其要点是：国家对水利建设的投资，应集中投放在大、中型水利工程，一般小型水利工程由群众自筹自办，国家一般不投资不贷款。结合荆州的情况，其具体政策是：

（1）江汉干堤（含确保堤段）、东荆河堤的整险岁修，防洪工程，分蓄洪工程和大型、重要中型农田排灌工程，所需资金、设备、材料，由国家投资结合地方集资来支付；各项工程用工，由农民合理负担；国家区别受益区和非受益区、普通工和技术工的不同情况按日标准工（土石方按运距计算，杂工按定额工计算），给予不同标准的生活补助。

（2）对于支堤、民堤和小型农田排灌工程，由乡村组织农民自筹、自办，或者统筹、联办共用。国家一般不予投资。对于重要险工和重要小型工程，国家和地方适当支付石方和材料经费。

（3）水土保持、小水电和人畜饮水等工程，国家和地方补助材料和设备费。

（4）凡因修建水利工程，挖、压、淹没的土地和应拆迁的民房，一律由国家按规定的标准给予经费补助。

（5）江汉干堤（含确保堤段）、东荆河堤和大型水库的防汛负担为义务工，谁受益、谁负担，不受益不负担，国家不给予报酬。如抢护特大险情，对抢险民工给予适当生活补助，防汛所需主要器材和物资，由国家调拨；一般民用器材由乡、村组织自筹自带。一般支堤和民堤以及中、小型水库防汛器材，一律由乡、村自筹解决。

1957 年 11 月，全省水利座谈会确定：受益 5000 亩以下的小型水利工程全部由受益农业社自己兴办，国家只负责技术指导；受益万亩左右的中型工程，以农业社为主兴办，国家以贷款给予必要的补助，如有困难，可由县财政适当补助；受益几万亩到几十万亩的大型工程，由国家兴办，农业社进行补助（如负担土方工程之一部分、大部分或全部）。所有渠道工程原则上由群众自办，石料费由县级财政补助。对已批准的工程一律实行"三包"，即财务包干、任务包干、质量包干。经费结余不上交（节约的资金用于水利建设），少了不补发。

1960 年，国家正处于经济困难时期，鉴于群众的水利负担过重，对负担政策作了适当的调整。9 月，湖北省政府召开全省水利工作会议，拟定提高对民工实行的工资制，其标准分为三等：全部工资制，每标工 1～1.2 元；半工资制，每标工 0.8 元；伙食补助制，每标工 0.4 元。实行全部工资制的，除去个人伙食补助外，剩余部分按个人自留 30%，交生产队 70%，由生产队记标工参加年终分配。

1962 年 9 月，湖北省水利工作会议召开，对水利投资政策作了进一步明确规定。国家投资主办的工程，主要器材由国家负担，参加施工的民工每个标工补助 0.8～1 元，个别距离较远参加施工的民工补助 1.2 元。民办公助的工程分两种办法：一种为国家负担三材（钢材、木材、石材），给民工生活补助；另一种为只给三材，不给生活费。小型水利工程实行自修自管自用。贫困地区和受灾严重地区兴修小型水利工程，专署、县财政适当补助。

1972 年 2 月，湖北省委发出《关于处理"一平""二调""三收款"暂行办法》，对自 1958 年至 1971 年间"大跃进""文化大革命"时期出现的平均主义、乱调动劳力和物资，以及乱收费的问题进行了纠正。其中，就水利投资政策作了新的规定：兴办水利，要贯彻依靠群众，自力更生，勤俭办水利方针。省对大中型工程和山区困难地区兴办的水利工程，要给予适当的扶持。具体标准为：①长江、汉江干堤的维修，每标工补助 0.3～0.4 元，荆江大堤补助 0.5 元，护堤石方经费由省负担。②大型水利工程的工程费、工具补助费、每个标工的生活补助费（每标工 0.4 元、0.5 元、0.6 元不等）由省负担。

1986 年 9 月，湖北省委、省政府下发《关于加强农村水利工作的指示》，规定，省、市、县的地方财政用于农田水利基本建设的部分，一般应占当年财政收入总额的 1/3 以上。乡镇企业以工补农资金，农村合作组织提取公积金，城市工矿企业占用灌溉水所收取的返还水费、占用排水等灌溉面积所收取的水利建设补偿费，均应用于水利建设。

1995 年 1 月 5 日，湖北省人民政府做出《关于进一步加强水利建设的决定》。提出湖北水利建设，必须坚持深化改革，增加投入，突出重点，提高效益，稳固基础，加快发展的原则。重点加大防洪工程、农田水利、人畜饮水工程建设力度；加快中小水电、加快综合经营发展步伐；加强水利职工队伍建设。实行巩固与发展结合，治理与开发结合，建设与管理结合。要立足现有工程，狠抓除险加固、维修改造、更新配套，尽快恢复和扩大工程效益。要放手发动群众，大力开展小型大规模高质量的农田水利建设，搞好水利结合灭螺，要分期择优兴建一批骨干水利工程，要努力办好水利现代化的试点。20 世纪 90 年代水利建设的目标任务是，努力控制江河堤防的险工险段，提高部分重点堤段的防洪标准，逐步使境内长江、汉江河段分别抗御 1954 年型和 1964 年型洪水。中小河流能确保抗御新中国成立以来曾出现过的最大洪水，继续抓好大中型险库的除险加固，基本消除小型水库的病险隐患，达到抗御设计洪水的能力。为保证工程建设所需资金，要探索国家办水利与社会办水利相结合的路子，建立多层次、多渠道、多元化的水利投入新机制。

建立水利专项建设基金。各级投入水利的周转金和有偿使用部分，回收后要纳入基金管理，滚动使用。

农村合作经济组织提留的公积金，要有一定的比例用于村、组的小型农田水利建设。

各项非农业建设征用的排灌耕地面积，要按土地征用费的 5% 收取水利建设补偿费。

采用合资、独资、股份制等多种形式，兴办水利水电工程，实行"谁投资，谁所有，谁收益"的政策。

积极引用外资，增加中长期水利贷款。

劳务投入是农村水利建设投入的主体，要坚持和完善水利劳动积累工制度，每个农业劳动力年投工数量不少于 25 个。防洪排涝工程设施保护范围的城镇职工和有劳动能力的居民，均有参加防洪排涝建设的义务，每人每年投工 5 个。水利积累工和义务工在本人自愿的前提下可以以资代劳。

水利基础设施的建设，必须分级投入，分级负责，建立投资分摊和有偿使用制度。

明确各级的水利建设事权和投资范围。省主要负责流域性枢纽、调水控制工程和跨地（市、州）的水利设施和重要骨干水利工程的建设；地（市、州）主要负责跨县（市）的水利设施和骨干水利工程的建设；一个县（市）范围内的水利工程，主要由县（市）负责筹资建设。

根据工程类型、规模和所处地域情况，实行不同比例的投资分摊政策。防洪除涝等社会公益型的工程属于省主要负责的，主体工程概算投资的70％、重点配套工程概算投资的50％由省负责，受益地（市、州）县财政相应分担30％和50％；属于地方主要负责的工程，主体工程投资由省视地域经济状况适当安排，贫困山区安排70％，其他地区安排50％，其配套项目由地方投资建设。灌溉等有偿服务型工程属于省主要负责的，省投资干渠以上工程概算投资的60％～70％，受益县（市）自筹配套30％～40％。供水、发电等生产经营型工程，谁建设，谁筹资，筹资有困难的省里给予支持，并实行投资有偿回收的办法。

坚持按规定收取水利工程排灌水费、河道堤防工程修建维护管理费、河道采砂管理费。

1996年，湖北省计委、湖北省水利厅联合下发《湖北省水利建设事权划分和投资分担暂行办法（试行）》，按"谁受益、谁负责"的原则，根据工程建设性质、规模和受益范围，对工程进行权事的划分。

省主要负责流域性枢纽、调水控制工程和跨地（市、州）的水利设施以及重要骨干水利工程建设；地（市、州）主要负责跨县（市）的水利设施和骨干水利工程建设；一个县（市）范围内的水利工程，主要由县（市）负责筹资建设。已建水利工程的整险加固、更新改造、扩建及配套等，按现行管理体制进行管理，谁受益，谁负担。

大江大河的治理，由中央和省承担。流域面积2000～3000平方千米的干流治理，中央和省补助30％；2000平方千米以下的河道治理，省不安排投资。

涵闸工程项目由所在地（市、州）或县（市）负责。大型涵闸工程投资，由中央和省补助60％，地市及以下负担40％；中型涵闸工程投资，由中央和省补助30％，地市及以下负担70％。

除涝泵站的整险加固和更新改造工程，单机800千瓦、总装机2400千瓦以上的大型骨干工程，单机155千瓦、总装机1550千瓦及以上的中型泵站工程，中央和省分别补助主体工程设备材料费的60％、40％，其余由地市及以下分别按40％、60％负担；小型除涝工程由地市及以下全额负担。

新建除涝泵站工程，由项目所在地（市、州）或县（市）负责。单机800千瓦、总装机2400千瓦以上的大型泵站，单机155千瓦、总装机1550千瓦及以上的中型泵站，中央和省分别一次性补助主体工程投资的70％、50％，地市及以下分别负担30％、50％；泵站排区工程投资主要由受益地市及以下负担，中央和省分别只补助主排渠上建筑物工程投资的50％、30％，余由地市及以下负担；流域性除涝泵站，中央和省补助主体工程和主排渠上建筑物投资的70％，余由受益地区负担；小型泵站由地市及以下全额负担。

灌溉泵站的整险加固和更新改造投资，主要由受益地市及以下负担，其中单机630千瓦、总装机 2520 千瓦及以上的大型泵站，单机 155 千瓦、总装机 1550 千瓦及以上的中型泵站，中央和省分别补助主体工程设备材料费的 50%、30%，其他工程投资由地市及以下负担。

新建灌溉泵站工程，由项目所在地市负责。单机 630 千瓦、总装机 2520 千瓦及以上的大型灌溉泵站，单机 155 千瓦、总装机 1550 千瓦及以上的中型灌溉泵站，中央和省分别一次性补助主体工程投资的 60%、50%，总干渠以上建筑物投资分别为 50%、40%，小型灌溉泵站全部由地市及以下负担。

灌排区配套工程投资，设计面积在 30 万亩以下的灌排区和 10 万～30 万亩的灌排区，中央和省分别补助总干渠配套建筑物投资的 40%、30%；新建灌排区，中央和省投资比例按上述规定提高 10%。

中央和省补助的各类水利工程投资，按批准的初步设计概算一经确定均实行包干使用。对工程建设中因设计漏项、工程量变更等造成的超预算投资，全部由地市及以下自行负担。

1998 年长江发生流域型大洪水，荆州长江堤防险象环生，数万名人民解放军和武装警察部队指战员与荆州人民一道与洪水进行殊死搏斗，最终夺取了抗洪的胜利，但也耗费了巨大的人力、物力和财力。为抗击类似 1998 年的洪水，国家投巨资对荆州长江堤防进行整险加固和加修。这一时期的投资特点是以国家投资为主，地方配套为辅。地方配套包括投劳折资和政策性税费减免。

2003 年荆州开始实施水管体制改革，对水利工程管理单位实行"定编、定员、定经费"的三定方案，经费纳入同级地方财政预算和拨付。为减轻农民负担和规范排灌水费收费标准，明确荆州市所辖荆州区、沙市区、江陵县、公安县、监利县、石首市的全部乡镇和松滋市的部分（老城、新江口、涴市、沙道观、八宝、南海、纸厂河、杨林寺）乡镇为易涝的一类地区。规定每亩年收取排涝费 11 元。但由于征收标准偏低和地方财力困难，大型水利工程设施的运行和维护费用出现了困难。为此，湖北省财政厅于 2003 年 1 月 13 日下发《关于对大型泵站公益性排涝费用实行补助的通知》，决定对荆州市跨市行政范围受益的高潭口、新滩口、南套沟、螺山、杨林山、半路堤、新沟、牛浪湖、大港口和跨县（市）行政范围受益的玉湖、法华寺、冯家潭（一）等 12 处大型泵站实行财政定额补助，用于解决支付公益性排涝电费及维修补助资金。同年 10 月 17 日，湖北省财政厅又发出《关于进一步加强大型泵站公益性排涝费用支付管理的通知》（鄂财农发〔2003〕40 号），明确规定财政补助资金主要用于解决公益性排涝电费，其中荆州市 9 处跨市受益的大型排涝泵站可从省补助总额中拿出 10%用于正常的维修养护。

2005 年 8 月 15 日，湖北省财政厅、湖北省水利厅印发《四湖流域水利工程定额补助资金使用管理办法》，强调为充分发挥四湖流域水利工程防汛抗旱的整体功能和效益，便于四湖流域的统一管理和统一调度，省级财政决定对参加四湖流域统排的高潭口、新滩口、老新、新沟、半路堤、杨林山、螺山、南套沟等 8 处泵站和参加统排的习家口、彭家河滩、福田等防洪闸，小港湖、张大口、子贝渊、下新河、新滩口、新堤、桐梓湖、幺河口等 11 座控制性涵闸，在原专项用于公益性排涝定额补助 887 万元的基础上，每年再定额补助 387 万元，由四湖工程管理局负责参加统排泵站排涝电费集中审查汇总，具体组织统排单位的维修养护工作。

从 2006 年起，中央设立小型农田工程建设补助专项资金（《财政部、水利部关于印发〈中央财政小型农田水利工程建设补助专项资金管理办法（试行）〉的通知》），重点支持小型水源、渠道、机电泵站等工程设施的修复、新建、续建与改造。申请中央财政补助资金的对象包括农户（联户）、农民用水户协会或其他农民专业合作经济组织、村组集体等，水利工程建设投资进入了一个新的时期

2006 年 8 月 11 日，湖北省财政厅、湖北省水利厅印发《湖北省水利基础设施建设政策性专项转移支付资金管理暂行办法》，规定省级财政将对国家专项安排的资金设立水利基础设施建设专项资金，实行专项管理，具体组织工程项目设施。至此，国家的投入政策的范围已从大江大河的治理转移到了农田水利工程建设上来，投资的范围和额度有了明显的增大，荆州市开始了大规模地水库除险整险、大中型排灌泵站更新改造和大型灌区的节水续建配套建设。

2008 年 1 月 16 日，湖北省人民政府办公厅印发《进一步减轻湖北省大湖区农民负担综合改革方案》，要求乡镇水利管理站要按乡镇综合配套改革的要求，按流域整合机构和人员，推进以钱养事改革。明确"一事一议"筹资和"投工投劳"不准超过规定的标准，不准违背农民意愿强行"以资代劳"。从 2008 年起取消大湖区的易涝地区排涝水费。严格按规定的用途和在规定的范围使用"一事一议"筹资筹劳，不准超范围和跨乡镇使用所筹资金和劳务。同时还规定，除遇到特大防洪抢险、抗旱等紧急任务，经县级以上人民政府批准可动用农村劳动力外，不准再以防汛抗灾的名义向农民收取防汛抗灾费。不准再以公路建设、堤防整治的名义向农民集资收费。灌溉经营性水费要按受益面积计量，据实收取。不断完善灌溉经营性水利基础设施建设，有条件的地方要逐步做到灌溉经营性水费计量收费。根据大湖区县（市）的财力状况，中央和省财政增加对大湖区防汛排涝和堤防建设维护等费用的投入，加大对大湖区高产农田建设、泵站更新、小型农田基本建设和农业综合开发等项目的投入。同年 7 月 7 日，湖北省财政厅、湖北省水利厅又以鄂财办发〔2008〕7 号文印发《湖北省农村饮水安全专项补助资金管理暂行办法》，明确指出：农村饮水安全专项补助资金是列入国家农村饮水安全工程规划的省级配套资金和垫付中央投资的补助资金，国家把农村饮水安全工程列入了投资范围，以行政村为基本单元编制《农村饮水安全实施方案》，经审查和审批后，按规定的比例或额度进行配套支付。

（二）资金来源

1949—2012 年，荆州市水利基本建设累计投资达 1680352 万元，其中中央投资 915606 万元（中央预算 381241 万元、中央基金 2850 万元、中央专项 531515 万元）、地方债券 54977 万元、以工代赈 7689 万元、省投资 220476 万元、地方自筹 436904 万元、其他资金 289 万元，见表 10 - 1 - 1。

新中国成立以来的水利投资大致可分为两个阶段：第一阶段是三年恢复期和"一五"至"八五"时期（1949—1995 年），46 年共完成水利基本建设投入 132370 万元，占总投入的 8%；第二阶段是"九五"至 2012 年的 17 年间，共完成水利基本建设投入 1547982 万元，占总投入的 92%。

表 10-1-1　　　　荆州市 1949—2012 年度水利基本建设投资表
（按规划年汇总）　　　　　单位：万元

项目	合计	中央投资	地方债券	世行贷款	以工代账	地方自筹	省投资	其他资金
	1680352	915606	54977	44412	7689	436904	220476	289
起步阶段（1949—1952 年）	2327						2327	
"一五"期间（1953—1957 年）	2028						2028	
"二五"期间（1958—1965 年）	3286						3286	
过渡时期（1963—1965 年）	1459						1459	
"三五"期间（1966—1970 年）	2435						2435	
"四五"期间（1971—1975 年）	14646	10635					4011	
"五五"期间（1976—1980 年）	16684	10580					6104	
"六五"期间（1981—1985 年）	13557	7795					5762	
"七五"期间（1986—1990 年）	27886	20635				156	7095	
"八五"期间（1991—1995 年）	48062	26679		167	7689	2860	10551	116
"九五"期间（1996—2000 年）	395215	249714	28191	27302		73737	16171	100
"十五"期间（2001—2005 年）	389125	250756		16943		97833	23593	
"十一五"期间（2006—2010 年）	467701	183630				169400	114598	73
"十二五"期间（2011—2012 年）	295942	155182	26786			92918	21056	

（1）堤防建设投资。新中国成立后，江汉堤防的修筑成为水利建设的重点，1949—2012 年累计投入堤防建设资金 816551 万元，占总投资的 49%。根据堤防建设资金投入力度的大小，大致可分为以下两大阶段。

1950—1998 年为第一阶段。这一阶段主要的特点是国家投资与群众投劳相结合，投入的力度较弱，投资的用途主要是解决民工的生活补助（主要是人民群众的劳务投入）和一些主要建筑材料的费用。施工的方式以人工手挖肩挑为主，打人海战术，其间共投资 188825 万元，仅占堤防建设总投资的 23%。

1999—2012 年为第二阶段。这一阶段的主要特点是国家投资为主、地方配套为辅，其间共投资达 627726 万元，是第一阶段投资的 3.32 倍。主要实施了荆江大堤加固工程、松滋江堤加固工程、南线大堤加固工程、洪湖监利长江干堤整险加固工程、荆南长江干堤加固工程和洞庭湖区四河堤防加固工程等 6 个重点建设项目。

（2）分蓄洪工程投资。1952 年，中央在新中国成立之初财力十分困难的情况下，投资 4715.06 万元兴建了荆江分洪工程。此后又先后兴建了杜家台和洪湖分蓄洪工程。至 2012 年，国家累计投入分蓄洪工程建设资金 127460 万元。

（3）河势控制工程投资。20 世纪 60 年代后期，下荆江实施系统裁弯后，由于河道缩短，水流比降增大，加剧了河岸的崩坍。1974 年 8 月长办提出《下荆江河势控制规划初步意见》，尔后，国家分年度对下荆江实施了河势控制工程，至 2012 年累计投资 27778 万元。

（4）渠道涵闸工程投资。渠道和涵闸是荆州水利工程的重要门类。新中国成立以来共开挖大小排灌渠道15693条，总长19920千米，全市河网密度为每平方千米面积中拥有0.17千米河道。在这些河渠上建有流量大于1立方米每秒的涵闸7872座，河渠与涵闸的建设总投资为96152万元。

（5）泵站工程投资。从1966年公安、石首两县（市）引进湖南柘溪电源，首建公安黄山头电力排水泵站开始，至2012年全市共建有大小泵站13726处，装机功率69.1万千瓦，总投资154985万元。

自2006年开始，国家投资实施大型泵站更新改造项目，至2012年共实施泵站改造20座。具体情况参见第七篇第八章。

（6）水库工程投资。全市现有各类水库工程119处，共投资53950万元，自2001年开始，国家投资实施水库除险加固项目，总投资49072万元。具体情况参见第七篇第九章。

（7）灌区与节水工程投资。荆州市已建成大小灌区208处，总灌溉面积877.866万亩，其中30万亩以上灌区13个，灌溉面积611.5849万亩；1万～30万亩灌区33个，灌溉面积226.7584万亩，投资67464万元；另兴建部分节水灌溉示范项目，完成投资617万元，总投资为68084万元。自1999年起，国家投资实施大型灌区续建改造项目，至2012年，改造灌区6个，完成投资44880万元。自2001年起，实施节水灌溉示范项目6个，投资1203万元。

（8）人畜饮水及安全工程投资。2000年，农村改水职能移交水利部门后，即实施了人畜饮水工程。自2005年起至2012年共兴建农村供水工程216处，总投资131008万元（其中人畜饮水工程投资1834万元、安全饮水工程129174万元）。

（9）城市防洪工程投资。1998年国家投资实施城市防洪工程，项目有学堂洲吹填，太湖港、李埠新垸、田家湖电排站，柳林洲围堤加固等，总投资4000万元。

（10）河湖疏浚投资。1999—2012年实施疏浚的河湖有荆江四口洪道、荆江河道、城陵矶河段、沮漳河临江寺、松滋河牟家岗、藕池河三岔河等，共完成投资22427万元。

（11）平垸行洪工程投资。1998年长江大水后，国家下达平垸行洪计划，至2006年共投资8745万元，实施工程项目139处，其中双退96处、单退23处、裹头7处、退洪闸11处，另外续建12处。

（12）水土保持项目投资。自2001年起实施水土保持项目8处，完成投资1047万元。

（13）水电建设工程投资。全市现有水电站8个，共完成投资3368万元。

（14）水利血防项目投资。自2000年开始实施，主要项目有四湖西干渠、太湖港引水渠、洪湖下内荆河、石首人民大垸、荆南四河等水利血防工程，共完成投资72182万元。

（15）中小河流治理项目投资。自2010年开始实施至2012年，治理了荆州区太湖港河、江陵县五岔河、洪湖市峰北河、监利县监新河，共完成投资30952万元。

（16）小型农田水利建设投资。每年国家和地方为解决耕地灌溉和农村人畜饮水问题，投资修建了一批田间排灌渠道、抗旱水源工程，以及小水库、塘堰、蓄水池、水井、引水工程等，至2012年共完成投资38141万元。

（17）其他费用。主要包括库区扶贫、商品粮基地建设、水利科研、水利规划等，共完成投资23523万元。

第二节 劳 务 投 入

自古以来，荆州的劳动人民为水利建设作出了巨大的贡献，冬春修筑堤防开挖河渠，夏秋防汛抢险，几乎全年投入水利建设及防汛，而且是年复一年、代代相传。特别是新中国成立后，农民对水利的劳力投入更是空前的。

新中国成立以来，农民的义务工和积累工的投入，对荆州的防洪、排涝、灌溉体系等水利工程建设起到了极大作用。水利工负担总的原则是：谁受益，谁负担；多受益，多负担；少受益，少负担；不受益，不负担。具体的水利工负担政策根据农业经济体制的变革而有所改变。

新中国成立初期，水利工的负担是以田亩为基础，结合适龄劳力，按田、劳、资的比例任务到户，合理负担。劳，指男 18～50 岁、女 18～45 岁的劳动力，每劳动力派工 1～2 个；田，指户主家的土地数，每亩派工 2～3 个；资，指城镇工商业者，按每年 11 月一个月营业税负担，工商业者所纳税款，由税务机关代收，财政代管，由水利部门列入堤防岁修有关的支出。

1952 年农村土地改革以后，农民实行小集体生产。水利工负担的政策是以县为单位，测算出年度水利用工总额，按田劳比例，将水利工分配到农业社。农业社对堤防、农田水利用工统一调配，有计划地合理组织劳力，整修堤防，兴修农田水利。工程任务较大劳力不足的，本着自愿互利的原则，借工还工，"推磨转圈"；受益范围涉及两县以上的工程，由专署统一调配劳力，工完账清，县与县之间，长进短出，实行政策兑现。

1958 年农村建立人民公社后，农民实行大集体生产。水利建设搞"大兵团"作战，强调团结治水，对堤防建设以直接受益的县为主，按劳力分配标工任务。大型农田水利工程，受益的公社承担义务工，农民出工一切自带，社队给予一定的生活补贴，这种办法一直延续到农村经济体制改革以前。

1978 年以后，农村实行家庭联产承包责任制，水利工负担办法又回到在受益范围内按田劳比例（或田人比例）分配负担的政策，以县为单位，将当年所需完成的水利建设任务按负担政策，以县政府文件下发给各乡镇，分解到村组农户，照数完成。随着农村改革的不断深入，大量农村劳力外出务工经商，水利工的任务出现无劳力完成的现象。1988年，监利县首先出现"以资代劳"的水利负担的新形式。具体做法是：将全年度国家水利工程用工任务和乡镇自办小型水利用工任务的总工程量折算成标工，再把国家工程和自办工程两个等级的用工工价折算成现金，然后按照人田结合的原则，把标工数和现金数下达到村组、农户，规定国家工程每标工 5 元，自办工程每标工 3 元，现金由村统一收取（或由村里垫付），实行多做工多得钱，少做工少得钱，不出工的全出钱，及时组织清工结账兑现。此种办法较好地解决了劳力外出务工经商不能完成水利工的矛盾，很快在荆州推广。2002 年，荆州启动农村税费改革工作，将 2002—2005 年定为 3 年过渡期。此期间的水利工按劳平 10 个工作日安排工程项目，经受益农民代表"一事一议"后，再安排兴工建设。

2005 年，全省取消了水利义务工和积累工，水利建设与投入呈现多元化。同年，湖北省政府出台《关于进一步加强水利建设的决定》，提出建立多元化的水利投入新机制，逐步形成国家投资、地方自筹资金、社会集资、以资代劳、以劳折资、股份合作、银行贷款等多渠道、多层次的水利投入体系。

1950—2012年，荆州共完成水利标工 517355.53 万个，累计完成土方 725150.30 万立方米、石方 14833.61 万立方米、混凝土 961.91 万立方米，见表 10-1-2。

表 10-1-2　　　　　　　　　荆州水利建设逐年完成工程量情况表

年份	土方/万 m³	石方/万 m³	混凝土/万 m³	标工/万个
1950	2050.06	13.66		1435.00
1951	4169.08	20.22	0.69	2918.30
1952	5872.18	31.57	11.89	4110.53
1953	4201.75	47.23	0.88	2940.70
1954	3617.24	51.02	0.67	2531.90
1955	7263.80	74.93	0.38	5084.10
1956	7552.56	74.25	1.24	5286.40
1957	6764.02	76.25	1.02	4734.80
1958	12456.67	106.29	2.53	8719.20
1959	12965.91	217.47	4.63	9075.50
1960	15106.65	614.14	5.19	10574.20
1961	3948.57	90.19	2.40	2763.60
1962	7125.94	91.79	8.62	4987.50
1963	7967.03	171.97	7.30	5576.90
1964	11189.11	188.82	7.72	7832.30
1965	11234.88	213.99	9.25	7863.80
1966	12941.61	433.84	7.88	9058.70
1967	14527.33	273.27	10.82	10168.90
1968	6370.33	223.78	2.69	4459.00
1969	8134.67	216.77	3.13	5693.80
1970	12429.71	264.30	5.28	8700.00
1971	19574.22	506.63	15.61	13821.50
1972	15947.63	435.35	10.47	11162.90
1973	19119.19	663.36	13.25	13383.30
1974	23551.46	547.84	14.23	16485.70
1975	30347.50	654.51	16.30	21242.90
1976	36412.81	882.79	16.57	25488.40
1977	32596.41	1184.56	15.79	22817.20
1978	33757.23	957.94	19.55	23629.90

年份	土方/万 m³	石方/万 m³	混凝土/万 m³	标工/万个
1979	22991.39	680.84	26.45	16093.70
1980	15333.00	269.00	12.32	10733.10
1981	13522.00	206.00	9.02	9465.40
1982	11236.00	185.00	11.09	7865.20
1983	12567.00	182.00	10.20	8796.90
1984	10327.00	182.00	12.95	7228.90
1985	9689.00	162.00	6.00	6782.30
1986	10645.00	211.00	7.62	7451.50
1987	13663.16	194.91	10.27	8314.70
1988	13520.00	160.25	6.85	9697.86
1989	11763.88	126.24	8.33	9322.04
1990	12034.50	154.30	11.44	8427.80
1991	8708.65	107.00	9.50	6094.80
1992	11034.50	97.00	10.50	7723.80
1993	12040.10	126.50	8.97	8428.00
1994	11250.00	21.00	7.50	7875.00
1995	10231.21	99.00	3.25	8005.2
1996	9885.26	258.04	5.8	8432.4
1997	10578.00	59.10	11.52	8293.00
1998	13472.00	75.54	10.74	11732.80
1999	14597.19	96.35	9.31	9747.83
2000	16831.50	100.98	17.50	11108.79
2001	10692.00	25.51	19.90	6278.00
2002	1389.1	363.34	250.61	6615.60
2003	6477.33	201.48	36.05	3900.00
2004	5160.00	57.00	12.00	3612.00
2005	4750.00	48.00	15.30	3325.00
2006	3820.00	130.00	21.00	2674.00
2007	3546.00	150.00	3.40	2482.20
2008	4072.49	54.5	8.05	3787.50
2009	3180.17	135.30	45.40	2957.00
2010	3872.32	87.50	21.17	3157.28
2011	4165.00	186.70	5.82	3271.00
2012	9800.00	311.50	80.10	5125.00
合计	725150.30	14833.61	961.91	517355.53

注 表中统计数据1994年前为荆州地区数据，1994年后为荆州市数据。

第三节 利 用 外 资

一、世界银行贷款

1988—1990 年，荆州地区四湖排灌区利用世界银行贷款的项目立项，向国家有关部门提交了项目建议书。

1990 年 11 月 7 日，国家计委发出外资〔1990〕1597 号文件通知，江汉平原农田水利开发项目，已被国务院批准立项列入国家利用外资三年滚动计划，要求抓紧进行可行性研究及按程序进行对外工作。

1991 年 1 月 9 日，湖北省水利厅向湖北省水利水电勘测设计院、湖北省水利水电科学研究院和涉及立项的荆州地区水利局下达了任务，荆州地区水利局随即成立了世界银行贷款项目领导小组，并设置办事机构。

1994 年 11 月，利用世界银行贷款文本正式生效，荆州地区四湖排灌区批准利用世界银行贷款 9451 万元。工程项目为长湖、洪湖围堤加固和田关河扩挖工程，按贷款协议分 5 年实施完成。

二、日本国际协力银行贷款

1998 年 10 月，荆州市水利局根据湖北省水利厅和荆州市计委关于开展利用日元贷款建设城市防洪立项工作的要求，开始从事前期立项工作，委托湖北省水利水电勘测设计院编制完成《荆州市城市防洪规划》，按基本建设程序报经长委、水利部审查通过，正式提交了《荆州市利用日本协力银行贷款荆州市城市防洪项目立项建议书》。经日本国际协力银行调查评估团和国内外专家的评审，1999 年 11 月 19 日，日本国际协力银行评估团通过了项目的可行性报告。2000 年 3 月 28 日，财政部代表国家与日本国际协力银行签订贷款协议。

2000 年 5 月 10 日，荆州市财政局发出了《关于利用日元贷款荆州城市防洪项目还款承诺函》，提出贷款金额 176300 万日元（折合人民币 1.2 亿元）。7 月 28 日，荆州市财政局又发出《关于申请增加荆州市城市防洪项目城建部分日本协力银行贷款额的请示》，称在进行工程造价预算时，拟定整治标准低、工程计量不足及采用工程定额标准偏低，导致投资估算不足，仍有部分重要项目未能列入计划，无法从根本上解决荆州城区的防洪排渍问题，故特要求湖北省财政厅在不增加地方配套资金数额的情况下，增加 6000 万元人民币等额日元贷款。经湖北省财政厅审批，荆州市实际利用日元贷款（折合人民币）1.7287 亿元。工程项目包括城市防洪工程、城市排涝工程、防汛抢险应急仓库和管理调度用房工程。日本国际协力银行提供的贷款属日本政府援助性的优惠贷款，贷款期为 40 年，宽限期为 10 年，贷款年息 0.75%，还款本息由市财政负担。

第二章 水规费征收

水规费是水利经济的重要组成部分，荆州地区自1955年开征农业水费以来，先后经历了从公益性无偿供水到政策性低价供水，从低价供水到按成本核处计收水费，从收取水费到明确水是一种商品，按商品价格管理的阶段。水规费的征收对维持水利工程运转起到了重要作用。

第一节 水 费 征 收

一、水费征收发展概况

荆州历有征收土费的惯例，却无征收农田相关水费的传统，仅晚清时期，荆州丘陵地区有个别联户引水工程，由主管向受益户征收钱粮，用于工程的维修管理的记载。新中国成立后，随着农田水利工程不断地兴建，农田排涝、灌溉体系的不断完善，自1955年开始，荆州地区开始征收农田农业水费，至2003年，随着农业税费的改革，停止征收农业排涝水费，其间经历了不同的阶段。

（一）1955—1962 年期间

新中国成立初期，根据"谁受益、谁负担"的水利建设政策，采取以工代赈、群众自筹或民办公助的办法开展堤防和农田水利建设，荆州地区各地尚无统一的水费征收政策。

1955年，荆州专署防汛指挥部转发《湖北省水利工程征收水费暂行办法》，部分县依据此规定选择有一定排灌条件的区域自行征收水费，按亩平摊，有的每亩收钱0.1～0.2元，有的收谷1～1.5千克，一般是随粮代征，县财政部门代管，不作地方财政收入，专署不提成。在财政部门监督下，水利部门用于工程管理费用。1959—1961年，荆州地区连续发生旱灾，各县停止征收水费。

（二）1963—1979 年期间

1963年8月23日，荆州专署依据湖北省水利厅、湖北省财政厅《关于国家管理水利工程水费和使用的几点意见》，参照前期部分县征收水费的具体作法，首次颁布了《湖北省荆州专区征收水费暂行办法》，规定凡是国家投资兴办的水利工程，如水库涵闸及其排灌工程，均应根据受益情况征收水费，从制度上统一了全区水费征收工作，明确了收费的范围、标准、办法和管理制度以及提成上交比例等具体政策。此阶段的水费征收主要是按受益田亩平摊，随公粮一起由县财政部门代征。所收水费实行县级收费，专署提成。主要用于水利管理人员工资、工程维修运用、观测试验等方面，为稳定管理队伍、加强工程管理、保证工程安全、发挥工程效益，促进工程管理经费逐步自给自足并良性循环奠定了一定的基础。

（三）1980—1990 年期间

1980 年前，水费计收办法是在水利工程受益范围内，不论用水条件优劣，不计用水多少，均按亩平摊，这在起初阶段发挥集体的力量、调动农民治水的积极性方面，起到了很大的作用，但随着时间的推延，特别是干旱比较严重的年份，这种水费拉平，经济负担不平衡的收费政策，导致上游地区用水浪费大，下游地区用水困难的现象日益显露。1979年，荆州地区漳河水库率先在漳河三干渠灌区实行"按方收费"的尝试，当年大见成效。同年冬，湖北省水利厅在咸宁地区召开水利管理工作会议，对漳河水库"按方收费"尝试大加赞誉，决定 1980 年在漳河水库全灌区试行按方收水费的办法，对此，荆州行署专门发文，肯定了漳河水库"按田配水，计量收费"的办法，借以积累经验，在全区推广。1980—1984 年，从总结经验教训入手，对按受益面积平摊水费的政策进行一系列改革工作，创办漳河灌区和江陵四湖灌区两个分别代表山区丘陵和平原湖区的试验区。经 3 年试点摸索出了"按田配水，计量收费"的方法。

1984 年 7 月 28 日，荆州行署根据国务院颁发的《水利工程水费核订、计收和管理办法》和湖北省人民政府《关于湖北省水利工程收费管理试行办法》的原则精神，结合荆州地区近几年水费征收方式改革的经验，制订了《荆州地区水利工程收费管理补充办法》（以下简称《补充办法》）。《补充办法》虽明确规定按田配水，按量收费，但由于荆州地区所处的地形比较复杂，既有山区丘陵，又有平原湖区；水库灌区的灌溉设施比较齐全，按用水量计价收费尚可执行，但平原湖区排灌没有分家，灌溉设施不够完善，难以全部执行按用水量计方收费。针对这些实际，此期间荆州实际执行的是基本（农田）水费加计量水费"双轨制"计收水费制度。

（四）1991—2002 年期间

《补充办法》在实际执行过程中，由于水价制订的过低，加之物价上涨，管理人员增加，所收水费仅能支付管理人员工资，导致工程折旧、维修养护、管理运行及电费仍入不敷出，水利工程的正常安全运行难以为继。对此，荆州行署于 1991 年 2 月 2 日印发《荆州地区水利工程水费核订计收和管理规定》（以下简称《规定》），此《规定》的颁布，明确了水的商品属性，水费征收范围从农业用水扩大到工业用水和生活用水，以及其他用水，征收的方式从按田亩平摊水费改为按计量用水收费，同时还明确了水利管理单位的收费自主权。通过改变水费征收方式，保证了用水负担的合理性，调动了广大农民注重节水的自觉性和调整农业生产结构的积极性。同时，还调动了水管单位管好水、供好水的积极性。但在此阶段执行的仍然是基本水费和计量水费的"两部制"水价，考虑物价上涨的因素，改货币定价为实物折价计收，货币结算。

（五）2003 年后的水价改革

2003 年 7 月，国家发改委、水利部以水利部 4 号令发布《水利工程供水价格管理办法》，随着农村税费改革的全面推进，荆州市停收了农业排水费，农业灌溉只收计量水费。而一些灌区供水工程，供水无限制，仅靠水量收费，根本无法维持管理人员的工资发放和工程运转，如果完全按运行成本收费，则水的价格居高，农民难以承受。

2004 年 2 月，湖北省人民政府颁发了《湖北省水利工程水价管理暂行办法》（以下简称

《办法》，此《办法》所指的水利工程水价包括了水利工程供水价格和排水价格，这就为收取排涝水费和灌溉水费奠定了法规基础，并明确了水利工程供（排）水价格由供（排）水生产成本、费用和利润等构成。供排水价同时还包括农业供（排）水价和非农业供（排）水水价，扩大了水费征收的范围。《办法》还规定了水利工程供水，应逐步推行基本水价和计量水价相结合的"两部制"水价。其后，随着湖北省大湖地区（洪湖和洞庭湖区称为大湖区）农民负担转移支付，荆州市不再收取农业排涝水费，农业灌溉开始实行"两部制"水价。

依据《办法》的规定，荆州市于 2005 年全面启动水价核定工作，先后下发《荆州市人民政府办公室关于规范荆州市水利工程管理的实施意见》和《荆州市物价局、水利局推行"两部制"水价有关问题的通知》等文件。荆州各县（市、区）根据以上两个文件要求，本着既减轻农民负担，又有利于水利工程正常运转和建立新的运行机制的原则，会同物价部门，按照最新的物价水平和工资标准，在测算供（排）水成本的基础上制定出水价，并进行了成立"农民用水者协会"推行由"农民用水者协会"，按合同征收水费的改革尝试。

1. 水价测算

根据《湖北省水利工程水价管理暂行办法》规定，水利工程供（排）水价格由供（排）水生产成本、费用和利润等构成：①供（排）水生产成本是指正常供（排）水生产过程中发生的直接工资、直接材料费、其他直接支出以及应计入供（排）水生产成本的固定资产折旧费、修理费、水资源费等制造费用；②费用是指为组织和管理供（排）水生产经营而发生的合理销售费用、管理费用和财务费用；③利润是指供（排）水经营者从事正常供（排）水生产经营应获得的合理收益，按净资产利润率核定。据此，荆州市物价局、荆州市水利局组织专班对荆州区太湖港水库，江陵县观音寺、颜家台，公安县孟溪大垸，监利县何王庙、西门渊、隔堤北，石首市人民大垸，松滋市北河，荆州市㳇水等 10 大灌区工程进行了调研，测算出 10 个典型单位年平均（2003—2007 年）供水总成本为 4817 万元，其中直接工资 950 万元、直接材料费 522 万元、其他直接支出 340 万元、制造费用 1939 万元（包括折旧费 1151 万元、修理费 426 万元、低值易耗品费 23 万元、办公费 38 万元、水电费 29 万元、邮政电信费 18 万元、差旅费 32 万元、工会经费 14 万元、职工教育费 7 万元、劳动保险费 108 万元、业务招待费 46 万元、坏账损失 1 万元、其他费用 46 万元）、管理费 762 万元、营业费 250 万元、财务费用 54 万元。经对全市 10 个典型水利工程的测算，"两部制"水价成本如下。

基本水价是指农民无论是否用水均要按有效灌溉面积向供水单位交纳的定额费用，其作用是保证水利工程管理单位的正常运转，其构成为［直接工资＋管理费用＋（折旧费用＋修理费用）×50％］÷有效灌溉面积。经测算为 8.62 元每亩。

计量水价为实际用水价格，其构成为［（折旧费用＋修理费用）×50％＋其他各项费用］÷以支渠进水口为计量点的全年均供水量。经对 10 个工程单位调查数据进行计算，每立方米水价为 0.049 元。

按测算的成本价计算，平均每亩水价应为 22.66 元。

2. 水价核定

经将测算结果和拟定的水价申报后，湖北省物价局、湖北省水利厅作出《关于荆州市大型灌区农业供水"两部制"水价的批复》，从 2006 年起，荆州市省管大型灌区农业供水实行"两部制"水价。分别对沮水灌区，江陵县观音寺灌区，洪湖市隔北灌区，监利县何王庙灌区、西门渊灌区、隔北灌区的基本水价和计量水价作出具体规定。根据湖北省物价局、湖北省水利厅的批复，荆州市物价局、荆州市水利局又分别对荆州区太湖港水库灌区、弥市灌区，松滋市北河水库灌区、南宫闸灌区，公安县孟溪大垸灌区，洪湖市隔北、沿湖灌区、下内荆河灌区，石首市人民大垸、横罗陈顾灌区等市管灌区的基本水价和计量水价作了批复，测算和核定的具体水价见表 10-2-1。

表 10-2-1 　　　　　　　　　　荆州市"两部制"水价测算核定表

序号	县（市、区）及灌区名称	2005 年前执行水价		测算水价		核定水价	
		基本水价/（元/亩）	计量水价/（分/m³）	基本水价/（元/亩）	计量水价/（分/m³）	基本水价/（元/亩）	计量水价/（分/m³）
一	荆州区						
1	太湖港水库灌区	6.5		6.5	3.3	5	3.3
2	弥市灌区	6		6	3	4	2.5
二	沙市区						
1	长湖灌区	6.5	2	6.5	3		
三	江陵县						
1	观音寺灌区	7		5	4	5	2
2	颜家台灌区	7		5	4	5	2
四	松滋市						
1	北河水库灌区	15		5	4	4	4.3
2	南宫闸灌区	5		5	1	4	1.5
五	公安县						
1	孟溪大垸灌区	6.36		4.97	2	4	1.5
六	石首市						
1	人民大垸灌区	7.2		4.94	2.2	4	1.5
2	横罗陈顾灌区	7.2		5.18	2.5	4	1.5
七	监利县						
1	监利隔北灌区	7		5.67	1.7	4	1.5
2	西门渊灌区	7		3.01	1.1	4	1.5
3	何王庙灌沤	7		6.6	2.5	4	1.5
八	洪湖市						
1	洪湖隔北灌区	9		4.1	2.2	4	1.5
2	下内荆河灌区	9		4.1	2.2	4	2
3	洪湖沿湖灌区	9		4.1	2.2	4	2
九	沮水灌区		6.5	5	4.3	4	4.3

在实际执行过程中，由于对农户终端用水的计量设施无法安装，计量水价仍难以征收。对此，《湖北省关于规范水利工程农业水费收取和使用的管理意见》（鄂办发〔2002〕35号）文件将农业水费分成农业排涝水费和农业灌溉水费。排涝水费属公益性水费，征收标准每年每亩11元，列入农业负担卡由财政部门负责征收，县乡两级按一定比例分配使用，具体分配比例各县（市、区）有所差异，乡镇留成平均为49%，主要用于乡镇排涝；县（市、区）为51%，主要用于县（市、区）级排涝统一调度。

灌溉水费按核定的"两部制"水价执行。在计量设施无法安装到位的情况下，在测算灌区多年平均年用水量的基础上，再按批复的水价，计算出每亩的灌溉水费。荆州批复的平均基本水价为每亩4元，多年平均亩用水量为200立方米，批复水价为0.015元每立方米，计量水费为3元，亩平均灌溉水费为7元。

2003年1月13日，湖北省财政厅印发《关于对大型泵站公益性排涝费用实行财政补助的通知》，决定对荆州市跨市排涝的高潭口、新滩口、南套沟、螺山、杨林山、半路堤、新沟、牛浪湖、大港口等9处大型泵站实行财政补助，以用于解决公益性排涝电费；对荆州市跨县（市、区）排涝的玉湖、法华寺、冯家潭（一）站等3处泵站实行财政补助，以用于支付公益性排涝电费。同时还规定，实行财政补助后，跨市县（市、区）排涝的大泵站不得再收取排涝水费。此后，湖北省政府实施大湖转移支付，至2008年荆州停征排涝水费，只收取灌溉水费。

3. 农民用水者协会

农民用水者协会最早在漳河水库灌区试行，20世纪90年代末，引入沮水灌区。农民用水者协会是以灌区支、分渠为单元，用水者依照国家有关法律规章成立的群众管水组织，实行民主管理，自主经营，负责辖区内的灌溉管理、工程管理、水费计收和推广节水灌溉增产技术等方面的工作，与水管单位配合形成管理体系。

2004年，荆州全市推行"两部制"水价，与之配套改革的是全市各地均成立了农民用水者协会，协会最高权力机关为用水者代表大会，下设执行委员办事机构，实行主席负责制。协会主席一般由乡镇长或行政村的村主任兼任。各协会制定《农民用水者协会章程》《用水者协会水费征收使用管理办法》《工程管理制度》《灌溉管理制度》等章程制度以及灌区供用水合同。

2007年，全市应征排涝费5811万元，实际征收5759万元〔其中乡镇留成2823万元、县（市、区）调剂2936万元〕，征收率为99.11%，见表10-2-2。

表10-2-2 　　　　　　　　　　　荆州市2007年排涝水费征收表

行政区划	统排面积/万亩	水费征收标准/（元/亩）	应征收消费/万元	实际征收消费/万元			征收率/%
				小计	乡镇留成	县级	
荆州市	528.22	11	5811	5759	2823	2936	99.11
沙市区	13.36	11	147	147	103	44	100
荆州区	40.35	11	444	444	144	300	100
江陵县	51.36	11	565	515	124	391	91.15
石首市	49.55	11	545	544	176	368	99.82

行政区划	统排面积 /万亩	征收标准 /(元/亩)	应征收 /万元	实际征收/万元			征收率 /%
				小计	乡镇留成	县级	
监利县	142.82	11	1571	1571	715	856	100
洪湖市	91.00	11	1001	1001	469	532	100
公安县	103.72	11	1141	1140	870	270	99.95
松滋市	36.06	11	397	397	222	175	100

农业灌溉水费的征收是各县（市、区）按亩平计征的灌溉水价，由政府下达文件到乡镇，最后由财政逐级委托向农民用水者协会征收。2007 年，全市应征收农业灌溉水费4279 万元，其中基本水费 1882 万元、计量水费 1457 万元，实际征收 3889 万元，其中基本水费 1817 万元、计量水费 1405 万元，征收率为 90.89%，见表 10-2-3。

表 10-2-3　　　　　　　　　荆州市 2007 年灌溉水费征收表

序号	行政区划	应征收/万元			实际征收/万元			征收率 /%
		小计	基本水费	计量水费	小计	基本水费	计量水费	
一	荆州市	4279	1882	1457	3889	1817	1405	90.89
1	沙市区	143	79	64	82	46	36	57.34
2	荆州区	370			370			100.00
3	江陵县	565			292			51.68
4	石首市	330	202	128	330	202	128	100.00
5	监利县	999	571	428	999	571	428	100.00
6	洪湖市	630	360	270	574	328	246	91.11
7	公安县	649	412	232	649	412	232	100.00
8	松滋市	593	258	335	593	258	335	100.00

农民用水者协会组织的出现，对理顺政府、管理部门与用水户之间关系，破解农业水费征收难题，将末级渠道的管理与农户利益挂钩，以及提高渠道的利用率和缩短供水流程都起到了一定的积极作用。经过近 10 年的运作，部分地方的农民用水者协会名实不符，未能发挥真正应有的作用。

二、水费计收标准及市（地区）级提成水费

1955 年开始，荆州部分县以民垸为单位，自行征收水费，其办法是将垸内农田划分甲、乙、丙、丁 4 个等级，征收标准每亩 0.1～0.3 元，或收谷 1～1.5 千克。当年监利县在龚郑、周郑两垸试行，征收面积 32418.62 亩，实际收费 5501.39 元，亩均约 0.17 元。

1958—1962 年，荆州各县全面开征水费，征收标准为：水田自流灌溉每亩每年 1～1.2 元，水田提水灌溉每亩每年 0.7～0.9 元；旱田每亩每年 0.5～0.6 元，排水不分水、旱田，每亩每年 0.3～0.4 元。

1963 年,《湖北省荆州区征收水费暂行办法》颁布,统一规定了全荆州地区的水费征收标准:平原湖区排灌涵闸受益范围内的田亩,水田每年每亩征收排灌水费 0.4～0.6 元,旱田每年每亩征收排灌水费 0.1～0.3 元;丘陵、山区水库涵闸渠道灌溉受益范围的田亩,水田每年每亩征收水费 0.6～0.8 元,旱田每年每亩征收水费 0.1～0.3元。通过水利设施由人工提水灌溉的,不论哪种地区,每年每亩征收水费 0.1～0.3元,两项相加亩平不超过省政府规定的亩平 1 元的标准。同时,还规定了专署提水费的提成办法,确定了提成比例。四湖地区,以县为单位征收的水费上交专署 30%;汉南、汉北地区,以县为单位征收的水费上交专署 20%;专署所管的漳河、石门、石龙、吴岭、大观桥、绿水堰等大中型水库,以县为单位按受益范围内的田亩,所征收的水费上交专署 40%。

1980 年 4 月 1 日,荆州行署批准了漳河工程管理局《关于农业用水实行“按亩配水、计量收费”暂行办法的报告》,开始试行水费改革,以解决水费标准偏低、水资源浪费严重的问题,经几年改革经验积累,1984 年,荆州行署颁发了《荆州地区水利工程收费管理补充办法》,水费征收办法改为基本水费加计量水费。农业灌溉水费按方计量收费,基本水费每亩 0.50 元,计量水费每立方米 0.003～0.005 元。排涝水费分自流排水和电力提排,自流排水按实排面积每亩收 0.3～0.5 元,电力提排又分基本水费和电费,两项合并测算为单季种植田每亩收 2 元,双季种植田每亩收 2.8 元。

1991 年 2 月 6 日,《荆州地区水利工程水费核订、计收和管理规定》(荆行发〔1991〕13 号)发布,对征收标准作了大幅度的调整。农业供水实行基本水费加计量水费:①水库灌区自流供水,基本水费每亩 3 千克稻谷折价计收,计量水费每 100 立方米按 3.5 千克稻谷折价计收,以支渠进水口为计量点;②引水工程供水,基本水费每亩按 2 千克稻谷折价计收,以支渠进水口为计量点;③电力提水工程供水,基本水费每亩按 2 千克稻谷折价计收,计量水费每 1000 立方米按 2 千克稻谷计收,以渠道泄水口或水管口为计量点。农业排水,按受益耕地面积计收:涵闸自排,每亩按 2 千克稻谷计收;电力工程排水,每亩按 6 千克稻谷折价计收。同时,对地区提成水费标准也进行了调整:基本水费,四湖地区,每亩按 1 千克稻谷折价提成,汉南、汉北地区,每亩按 0.75 千克稻谷折价提成,山区、丘陵及荆南地区,每亩按 0.5 千克稻谷折价提成;四湖地区流域性泵站排涝水费提成按受益面积,统排区每亩按 2.5 千克稻谷折价提成,直排区每亩按 3 千克稻谷折价提成;三善垸流域综合基本水费按受益面积每亩按 1 千克稻谷折价提成,电力排灌费按方量据实分摊。征收的标准以稻谷市场价为折算的依据。

2003 年后,荆州市农业税费改革,排涝水费由财政转移支付,灌溉水费实行“两部制”水价管理,同时明确规定,市级不再征收水费。农业灌溉水价经测算申报,各级物价部门批复的荆州市大中型灌区农业供水“两部制”水价见表 10 - 2 - 4。在水管体制改革之后,各级水管单位的人员和运行经费纳入到同级财政预算,由财政全额支付,荆州市再未向县(市、区)提成水费。

按荆州市所辖的 8 个县(市、区)计算,自 1965 年征收水费开始,截至 2014 年,全市共征收水费 145263.20 万元,见表 10 - 2 - 5(表中荆州区 1994 年以前的数据为江陵县统计数据)。

表 10－2－4　　　荆州市大中型灌区农业供水"两部制"水价批复标准

序号	灌区名称	供水价格标准		批准文号
		基本水价/(元/亩)	计量水价/(分/m³)	
一	大型灌区（6处）			
1	沧水灌区	4	4.3	鄂价能交〔2005〕261号
2	江陵观音寺灌区	5	2	鄂价能交〔2006〕125号
3	监利西门渊灌区	4	1.5	鄂价能交〔2006〕125号
4	监利何王庙灌区	4	1.5	鄂价能交〔2006〕125号
5	监利隔北灌区	4	1.5	鄂价能交〔2006〕125号
6	洪湖隔北灌区	4	2	鄂价能交〔2006〕125号
二	中型灌区（11处）			
1	荆州太湖港水库灌区	5	3.3	荆价管〔2006〕46号
2	荆州弥市灌区	4	2.5	荆价管〔2006〕40号
3	松滋北河水库灌区	4	4.3	荆价管〔2006〕44号
4	松滋南宫闸灌区	4	1.5	荆价管〔2006〕44号
5	公安孟溪大垸灌区	4	1.5	荆价管〔2006〕45号
6	江陵颜家台灌区	5	2	荆价管〔2006〕86号
7	洪湖南套灌区	4	2	荆价管〔2006〕86号
8	洪湖下内荆河灌区	4	2	荆价管〔2006〕86号
9	洪湖沿湖灌区	4	2	荆价管〔2006〕172号
10	石首人民大垸灌区	4	1.5	荆价管〔2006〕172号
11	石首横罗陈顾灌区	4	1.5	荆价管〔2006〕172号

表 10－2－5　　　荆州市 1965—2014 年水费征收情况统计表　　　　单位：万元

年份	合计	荆州区	沙市区	江陵县	松滋市	公安县	石首市	监利县	洪湖市
总计	145263.20	23047.37	1786.33	9947.21	14114.71	28979.10	12853.35	37214.43	17320.71
1965	285.32	64.24			40.00	不详	不详	126.45	54.63
1966	301.08	80.00			40.00	不详	不详	126.45	54.63
1967	301.13	80.53			40.00	不详	不详	126.45	54.15
1968	8481.58	8261.00			40.00	不详	不详	126.45	54.13
1969	307.85	87.23			40.00	不详	不详	126.45	54.17
1970	409.81	110.97			52.39	小详	不详	126.45	120.00
1971	377.84	79.00			52.39	不详	不详	126.45	120.00
1972	408.84	110.00			52.39	不详	不详	126.45	120.00
1973	395.91	81.40			68.06	不详	不详	126.45	120.00
1974	418.94	110.28			62.21	不详	不详	126.45	120.00
1975	414.14	105.00			62.69	不详	不详	126.45	120.00

续表

年份	合计	荆州区	沙市区	江陵县	松滋市	公安县	石首市	监利县	洪湖市
1976	453.61	107.60			52.71	不详	46.85	126.45	120.00
1977	428.50	78.00			57.05	不详	47.00	126.45	120.00
1978	430.26	81.00			53.81	不详	49.00	126.45	120.00
1979	462.72	89.00			72.27	不详	55.00	126.45	120.00
1980	421.53	94.50			53.82	不详	58.00	76.21	139.00
1981	479.93	86.40			66.11	不详	58.00	131.42	138.00
1982	516.44	102.22			76.94	不详	58.00	139.28	140.00
1983	573.55	93.00			81.42	不详	62.00	200.13	137.00
1984	596.82	88.00			101.40	不详	64.00	202.42	141.00
1985	1022.28	58.00			146.61	302.95	61.00	295.72	158.00
1986	941.62	64.00			164.00	303.32	57.30	198.00	155.00
1987	1006.71	78.00			175.01	276.70	85.00	240.00	152.00
1988	1400.48	249.00			200.27	356.61	85.60	349.00	160.00
1989	1643.45	260.00			201.94	502.51	131.00	395.00	153.00
1990	2073.54	375.00			239.87	531.67	158.00	395.00	374.00
1991	2357.02	336.00			425.05	674.57	295.00	339.40	287.00
1992	2834.25	515.00			355.48	674.07	301.00	557.70	431.00
1993	3036.57	616.00			246.99	685.18	659.00	467.40	362.00
1994	3908.93	708.00			525.30	968.93	641.00	597.70	468.00
1995	5115.16	495.00	111.14	332.83	732.77	1250.32	686.80	1024.30	482.00
1996	5971.01	592.00	176.85	435.67	505.16	1538.33	630.00	1680.00	413.00
1997	7396.25	559.00	228.11	425.26	1024.31	1791.57	633.00	2289.00	446.00
1998	5815.84	500.00	148.75	506.00	442.19	1493.00	523.90	1930.00	272.00
1999	6415.72	505.00	104.97	563.64	633.04	1700.07	602.00	1773.00	534.00
2000	5437.62	635.00	57.61	212.42	811.52	1700.07	521.00	1035.00	465.00
2001	6681.30	555.00	131.90	523.14	853.59	1700.07	722.60	1576.00	619.00
2002	4484.73	478.00	49.00	232.34	350.00	994.69	468.70	1576.00	336.00
2003	4856.31	334.00	10.00	551.10	364.76	1349.15	429.30	1570.00	248.00
2004	4866.91	602.00	29.00	348.00	262.46	1349.15	359.30	1570.00	347.00
2005	6617.66	584.00	46.00	506.07	480.28	1348.01	732.30	2570.00	351.00
2006	7255.29	489.00	46.00	833.34	760.86	1490.09	716.00	2570.00	350.00
2007	7291.64	546.00	87.00	565.40	696.66	1469.08	875.50	2570.00	482.00
2008	4015.69	419.00	91.00	553.50	341.98	649.01	330.20	1000.00	631.00
2009	4321.78	419.00	60.00	565.00	389.57	649.01	330.20	1000.00	909.00
2010	4225.73	419.00	70.00	547.00	303.58	646.95	330.20	1000.00	909.00

续表

年份	合计	荆州区	沙市区	江陵县	松滋市	公安县	石首市	监利县	洪湖市
2011	4623.59	417.00	85.00	563.00	416.44	646.95	330.20	1000.00	1165.00
2012	4471.53	417.00	86.00	562.00	265.64	645.69	330.20	1000.00	1165.00
2013	4582.69	417.00	89.00	561.50	374.30	645.69	330.20	1000.00	1165.00
2014	4126.11	417.00	79.00	560.00	259.42	645.69	0.00	1000.00	1165.00

第二节　规　费　征　收

依照法律法规，荆州市水行政主管部门涉及的行政事业性收费的项目有水资源费、河道采砂管理费、河道工程修建维护管理费、占用农业灌溉水源及设施补偿费、水土流失防治费、水土保持设施补偿费、水利建设工程质量监督费、河道采砂资源费、防汛费、荆江大堤堤面工程补偿费。荆州市水利规费历年征收情况统计见表10-2-6。

表10-2-6　　　　　　荆州市水利规费历年征收情况统计表　　　　　单位：万元

年份	防汛费		水资源费		水保两费	
	全市	其中：市直	全市	其中：市直	全市	其中：市直
1995	1003.53	228.30	3.00			228.30
1996	842.21	317.35	63.58	47.28	15.60	364.63
1997	744.25	266.91	176.20	121.40	30.83	388.31
1998	778.28	246.78	178.99	124.18	31.50	370.96
1999	771.56	234.40	162.78	104.98	23.80	339.38
2000	716.47	229.27	152.31	89.55	25.30	318.82
2001	659.25	201.59	144.22	89.88	37.00	291.47
2002	632.86	192.09	137.76	75.53	29.00	267.62
2003	580.47	173.28	147.11	74.78	17.95	248.06
2004	591.80	178.70	123.07	53.37		232.07
2005	582.10	170.05	151.00	77.46		247.51
2006	531.00	162.45	20.60	14.67		181.12
2007	560.00	155.43	542.06	383.81		539.24
2008	560.00	143.98	654.00	429.00		572.98
2009	562.00	129.01	705.42	458.41	32.10	587.42
2010	560.00	149.42	616.00	310.08	86.76	459.50
2011	560.00	152.67	675.88	335.17	160.36	547.84
2012	560.00	152.29	449.24	347.56	74.00	549.85
合计	11795.78	3483.97	5103.22	3137.11	564.20	6735.08
总计			17463.20			

一、水土保持费

1991 年 6 月 29 日,《中华人民共和国水土保持法》经第七届全国人民代表大会常务委员会第 20 次会议通过并发布。湖北省也随之颁发了《湖北省实施〈中华人民共和国水土保持办法〉办法》,荆州的水土保持工作得以依法开展。

2000 年 5 月 19 日,湖北省人民政府发布了《关于征收水土保持设施补偿费和水土流失防治费的通知》(以下简称《通知》),全市"两费"征收工作全面展开。《通知》规定:①凡在湖北省行政区域内从事自然资源开发和生产建设活动,在山区丘陵修建铁路、公路、水工程和兴办矿山企业,损坏水土保持设施的单位和个人,必须交纳水土保持设施补偿费。水土保持设施系指具有防治水土流失功能的生物设施和工程设施,包括水土保持林草、梯田梯地,治沟、治坡的工程设施,水土保持监测设施和科研设施。②凡在湖北省行政区域内因从事自然资源开发和生产、建设活动,造成水土流失的单位或个人,必须按照县级以上水行政主管部门批准的水土保持方案进行治理,不治理的,必须交纳水土流失防治费,由县级以上水行政主管部门统一安排治理。

水保两费的收费标准:①水土保持设施补偿费按挖掘、破坏的地表面积和倾倒土(石、渣)实际占地面积计征,每平方米一次性交纳补偿费 1.5 元,对损坏其他水土保持工程设施的,按其恢复同等标准工程的现行造价计收。②自然资源开发和生产建设的单位或个人造成水土流失的,应当积极治理,不治理的,按标准交纳水土流失防治费,具有水行政主管部门批准的水土保持方案的自然资源开发的生产建设等项目,按批准的方案所列预算费用,一次性或分期交纳水土流失防治费。没有水土保持方案或水土保持方案未经水行政主管部门批准的自然资源开发和生产建设等项目,造成水土流失的,按挖掘、破坏的地表面积或倾倒土(石、渣)的实际占地面积,每平方米一次性交纳防治费 2 元。

2004 年,荆(州)东(岳庙)高速公路在建,荆州市水利局委托公安县水政监察大队对公路建设的水土保持项目进行跟踪管理,依法对此项目征收水土保持设施补偿费和水土流失防治费,开荆州市征收水保两费之先河。2004 年 12 月 16 日,随(州)岳(阳)南高速公路动工,过境之处的监利县水利局随即成立工作专班,全力配合高速公路的修建,并根据湖北省水利厅水保处的安排,监督其实施经湖北省水利厅批准的《随岳南高速公路水土保持方案》,督促落实高速公路损毁水利工程设施的修复,并依法征收水土保持设施补偿费。此后,荆州范围内的大型基建项目陆续开工建设,水土保持工作和水保两费的征收工作也逐步展开。1996—2012 年,共征收水保两费 564.2 万元。

二、防汛费

1991 年 7 月 21 日,国务院以第 68 号令发布《中华人民共和国防汛条例》,规定任何单位和个人都有参加防汛抗洪的义务,所有单位和个人必须听从指挥,承担人民政府防汛指挥部分配给自己的防洪抢险任务。但此时的防汛任务主要由农村劳力承担。1995 年 4 月 6 日,湖北省人民政府印发《湖北省防汛费征收管理办法》,进一步明确了凡湖北省境内年满 18~60 周岁男性、18~55 周岁女性有劳动能力的公民均为有防汛义务的公民,每年度有 5 个防汛义务工,因故不能直接参加防汛抗洪,按当时的工价折算每工 5 元折资缴纳用于防汛抗洪，防汛费为每个纳费义务人每年 25 元。自此，荆州市开始征收防汛费。市、县（市、区）主管防汛工作的部门负责所辖行政区域内的防汛费征收。

防汛费的征收方式为：荆州市、县（市、区）各级的防汛费均由防汛主管部门委托市水规费征收站和各县（市、区）水规费征收站负责征收。每年 2—3 月间，由市、县（市、区）人民政府或直接由防汛指挥部根据统计部门对各机关、团体、企事业单位上年年末统计人数，下达当年防汛费的征收任务。各机关、社团组织、企事业单位，是各自单位纳费义务人的防汛费代收义务人，各乡镇人民政府和城区街道办事处负责辖区的防汛费征收。防汛费代收义务人将本单位的防汛费收齐之后再交纳给水规费征收站，或由水规费征收站派员上门收取。防汛部门按代收总额的 2％ 和 4％，分别向机关、社团组织、企事业单位代收义务人和乡镇人民政府、城区街道办事处支付代收手续费。

2000 年以后，大江大河的防洪工程建设投入不断增加，防洪标准逐步提高，民众的防洪意识也逐渐淡化，加之企事业单位的改革不断深化，大量企事业职工变成了社会人，防汛费的征收难度增加，防汛费的征收方式也在随之变化。部分县（市、区）对政府所在地区工商个体户的防汛费则由水利规费站派员直接上门征收。

自 1995 年开征防汛费至 2012 年，全市共征收防汛费 11795.78 万元（2013 年停止征收）。

收取的防汛费实行"专款专用，专户储存"，使用防汛费由市、县（市、区）防汛部门提出用款计划，由防汛主管领导审批，报同级财政部门审核后拨付防汛部门按计划或工程进度使用。防汛费使用范围：防汛物资器材的购置、储备及紧急抢险；防汛通信设备更新改造及维护；防汛部门基础设施建设和管理；防汛抢险挖占集体所有土地补偿；防汛部门征收机构的业务费。

三、水资源费

1994 年 12 月，湖北省政府以鄂政发〔1994〕173 号文颁发《湖北省水资源费征收试点办法》，荆州开始试行征收水资源费。

1995 年 4 月 25 日，国务院办公厅以国办发〔1995〕27 号文颁发《关于征收水资源费有关问题的通知》。1997 年 1 月，湖北省政府颁发《湖北省水资源费征收管理办法》（湖北省人民政府令第 113 号），荆州市政府转发了省政府 113 号令，荆州水资源费征收工作全面展开。

水资源费征收对象为所辖行政区域内凡利用水工程或者机械提水设施直接从江河、湖泊（含水库）和地下取水的单位和个人，均应缴纳水资源费。

水资源费由县级以上人民政府水行政主管部门分级负责征收。其中，地表水日取水 3 万立方米（年取水 1100 万立方米），地下水日取 0.2 万立方米（年取水 70 万立方米），水（火）电厂总装机 5 万千瓦以上的取水由省水行政主管部门征收；地表水日取水 2 万～3 万立方米（年取水 800 万～1100 万立方米），地下水日取水 0.15 万～0.2 万立方米（年取水 50 万～70 万立方米），水（火）电厂总装机 2.5 万～5 万千瓦的取水由市水行政主管部门征收，其他取水由县（市、区）水行政主管部门征收。

荆州市分为两类水资源地区，其征收标准不同。第一类水资源地区为荆州区、沙市区、江陵县、监利县、公安县、石首市、洪湖市，其征收标准为：工业取水，地表水每立方米0.02元，地下水每立方米0.03元；生活取水，地表水每立方米0.01元，地下水每立方米0.02元；水（火）力发电取水，地表水每千瓦时0.0015元，地下水每千瓦时0.005元。第二类地区为松滋市，工业取水，地表水每立方米0.03元，地下水每立方米0.04元；生活取水，地表水每立方米0.015元，地下水每立方米0.025元，水（火）力发电取水，地表水每千瓦时0.002元，地下水每千瓦时0.006元。

按规定，由县（市、区）级水行政主管部门征收的水资源费，60％留用，20％上交市水行政主管部门，20％上交省水行政主管部门。

由市水行政主管部门征收的水资源费，70％留用，30％上交省水行政主管部门。

2006年1月12日，湖北省政府以第285号令重新颁发《湖北省水资源费征收管理办法》，明确规定直接从地下或江河、湖泊及水工程拦蓄的江河、湖泊水域取用水的单位和个人，必须按照规定缴纳水资源费，对由县水行政主管部门征收的水资源费免除上交的部分，全部自留，同时对水资源费的使用范围也作了明确的规定：重点水源工程建设项目；饮水安全、水资源保护建设项目；节水型社会建设项目；水资源规划；水资源费征收开支；特困企业及社会福利企业水资源费返还等。

2009年，湖北省物价局、湖北省财政厅、湖北省水利厅联合下发《关于水资源费征收标准及有关问题的通知》，对征收标准作了具体的修订：①地表水（含取用暗河河水），工业用水每立方米0.10元；生活和自来水厂取用水每立方米0.05元；水力发电按实际发电量每千瓦时0.03元，火力发电按取用水量每立方米0.05元；跨流域调水及其他取用水每立方米0.20元。②地下水，工业取用水每立方米0.20元；生活和自来水厂取用水每立方米0.01元；其他取用水每立方米0.25元。同时还提出了累进收取水资源费的制度，即超计划或者定额在30％（含30％）以内的，其超量部分按规定水资源费标准的2倍收费，超计划或者定额在30％～50％（含50％）以内的，其超量部分按规定水资源费标准的3倍收费，超计划或者定额在50％以上的，其超量部分按规定水资源费标准的5倍收费。

水资源费自开征以来，先是由水行政主管部门安排水规费征收站征收，2006年9月，湖北省人民政府印发《关于全省水资源费由地税部门代征的通知》，将水资源费统一由地税部门代征，其办法是由各级地税部门会同同级水行政主管部门对取用水单位和个人的取用水量（或发电量）、应缴水资源费每半年核定一次，由地税部门据实足额征收。此种征收方式经运作3年之后，2009年5月湖北省人民政府又发出《关于全省水资源费由水行政主管部门直接征收的通知》，全省水资源费由各级水行政主管部门直接征收，地税部门不再代征。

荆州市水资源费自1995年开征以来，至2012年共征收5103.219万元。

四、水利建设基金

1997年2月25日，国务院颁布《水利建设基金筹集和使用管理暂行办法》（国发〔1997〕7号）。同年5月8日，湖北省人民政府发布《湖北省水利建设基金筹集使用管理办法》。8月11日，荆州市人民政府印发《关于认真贯彻＜湖北省水利建设基金筹集使用管理办法＞的通知》，开始了水利建设基金筹集工作。

（一）水利建设基金来源

（1）从收取的政府性基金（收费、附加）中提取 3%，应提取水利建设基金的政府性基金项目包括公路养路费、公路建设基金（含高等级公路建设资金）、车辆通行费、公路运输管理费、与中央分成的地方电力建设基金、公安和交通部门的驾驶员培训费、市场管理费、个体工商业管理费、征地管理费、市政设施配套费。

（2）从年度新增财政收入中剔除列收列支、政策性先征后返及按规定上解后，提取 10% 作为水利建设基金。

（3）纳入国家计划的基本建设投资项目，按项目投资总额剔除获得土地使用权所发生的费用后，按其剩余部分的 2% 征收水利建设基金。

（4）对技术改造项目，按投资的 1% 征收水利建设基金。

（5）单位和个人购置必须发放号牌且上路运行的机动车辆，按购置价款，进口车征收 10%、国产车征收 5%（其中国产货车征收 3%）的水利建设基金。

（6）非农业建设使用土地的，按获得土地使用权所发生费用的 5%，向用地单位征收水利建设基金。

（7）电网销售电价按每度电附加 0.005 元标准向用电户（农业排灌和农户家庭用电除外）征收水利基金，除水力发电用水以外的各类非农业生产用水以及城镇居民生活用水，按每立方米附加 0.02 元的标准，向用水户征收水利建设基金。

（8）从征收的城市维护建设税中划出 15% 的资金，用于城市防洪建设。

（二）水利建设基金的征收

1998 年 10 月，荆州市政府成立由分管水利工作的副市长任组长，市财政局、市审计局、市水利局、市交通局、市公安局、市工商局、市土地局、市经济委员会、市建设委员会、市发展和改革委员会等部门主要负责人为成员的工作领导小组，下设水利基金征收管理办公室，财政、审计、水利等部门各派工作人员负责征收管理日常工作。1998 年 10 月 20 日，市财政局、市水利局、市审计局联合印发《关于下达 1998 年水利建设基金征收任务的通知》，下达 1998 年水利建设基金征收任务 2380 万元，其中县（市、区）1180 万元、市直部门 1200 万元，当年实际征收 54.5 万元。

1999—2000 年，市财政局、市水利局、市审计局联合印发《关于下达市直年水利建设基金征收任务的通知》。1999 年和 2000 年征收任务分别为 448 万元和 265 万元。两年实际征收 360 万元，其中 1999 年征收 300 万元，2000 年征收 60 万元。2001 年，随着电力、土地、工商等系统的征收项目由省直接征收，城市供水项目停收，水利建设基金征收的项目只余 5 项，其中 3 项涉及财政，因其财政困难，故于 2001 年起停收水利建设基金。2010 年后，各级机构又重新开始征收水利建设基金，并对征收门类进行了调整。

五、河道堤防工程修建维护管理费

1993 年 12 月 21 日，湖北省人民政府以第 51 号令颁发《湖北省河道堤防工程维修维护管理费征收、使用和管理办法》，决定在全省开征河道堤防工程修建维护管理费

（以下简称"堤防维护费"），规定在全省长江、汉江干堤及其重要支堤直接保护的区域，为堤防维护费征收范围，在其保护范围内所有工商企事业单位、个体工商户以及农户，为堤防维护费的纳费人。1994 年 12 月 8 日，湖北省人民政府又以鄂政发〔1994〕165 号文下发《关于印发〈湖北省河道堤防工程建设维护管理费征收管理实施办法〉的通知》。此通知进一步明确了堤防维护费的征收标准，对缴纳消费税、增值税、营业税的生产经营者，按其缴纳的流转税总额的 2％征收。对从事农业生产的单位和个人，每年按每亩农田 5 千克稻谷的价格（按当年农业税计价标准计价，下同）计收；对从事林、牧、渔业生产的单位和个人，每年按每亩林、牧、渔用地 6 千克稻谷的价格计收。湖北省水利厅负责全省堤防维护费的征收，堤防维护费实行委托代收制度。所有缴纳消费税、增值税、营业税的纳税人，应缴纳的堤防维护费，由各级地税机关随税代收。从事农、林、牧、渔业生产的纳税人应缴的堤防维护费，由财政部门的农税机关随税代征。此类纳费人属个体农户的缓 5 年，于 1999 年 1 月 1 日起开始征收，后随着农业税的取消，此项收费也随之取消。

1996 年 4 月，湖北省政府办公厅印发《关于堤防维护费分成问题的通知》，就堤防维护费分成比例作了明确划分，委托地税、财政部门代收的堤防维护费，全额上交省后，按市上交费额的 10％返还给市水行政主管部门，按市上交费额的 30％返还给县（市、区）水行政主管部门，其余部分留省水利厅。对完成省下达征收堤防维护费年度计划的超收部分全额上交省后，60％返还给市水行政主管部门。返还给市、县（市、区）水行政主管部门的堤防维护费主要用于长江、汉江干堤及其重要支堤的修建、维护和管理，具体包括：堤防整险加固工程及日常维修、养护和管理所需经费；长江、汉江防洪抢险所需费用；分蓄洪区防洪建设及管理所需经费；水文、水工观测、科学实验、科技推广运用、白蚁防治、治安管理等工作所需费用。

六、河道采砂管理费

1990 年 6 月 20 日，水利部、财政部、国家物价局联合下发《关于颁发〈河道采砂收费管理办法〉的通知》。规定河道采砂必须服从河道整治规划，河道采砂实行许可证制度，由发放河道采砂许可证的单位计收采砂管理费。

1992 年，湖北省人民政府办公厅下发《关于收取河道采砂管理费有关问题的通知》，规定采砂管理费由水利部门或河道专门管理机关负责收取，采砂管理费按吨计收，每吨最高不超过人民币 0.6 元。2003 年 10 月，财政部、国家发改委、水利部以财综〔2003〕69 号文发布《长江河道砂石资源费征收使用管理办法》，规定在长江宜宾以下干流河道从事采挖砂、石，取土和淘金（以下简称"采砂"）活动的单位和个人，应当按照规定缴纳长江河道砂石资源费。

2003 年 9 月 19 日，湖北省政府以 256 号令颁发《湖北省长江河道砂管理实施办法》，明确规定长江采砂管理实行县级以上人民政府行政首长负责制，县级以上水行政主管部门具体负责行政区域内长江采砂管理和监督检查工作。此后，长江委明确规定宜昌至武汉关江段为禁采江段。荆州没有开征河道砂石资源费，仅开展长江采砂执法，对违法采砂予以罚款。2006—2012 年罚没收入 545.3 万元，见表 10 - 2 - 7。

表 10 - 2 - 7　　　　　　荆州市河道采砂管理（2006—2012 年）罚没情况表

年份	违法采砂（吹填）数量/起	罚款总金额/万元	备注
2006	4	47.0	
2007	7	61.0	
2008	7	66.0	
2009	11	84.5	
2010	10	71.0	
2011	8	100.0	
2012	10	115.8	
合计		545.3	

七、义仓粮

我国隋代以后各地方为防荒而设置粮仓。《隋书·长孙平传》："奏令民间每秋家出粟谷一石已下，贫富差等，储之里巷，以备凶年，名曰义仓。"

1953 年，开始在荆江分洪区征收义仓粮。荆江分洪区有耕地 55.90 万亩，按田亩缴纳少量的农业税。规定上田每亩负担 17 斤（市斤，下同），中田每亩负担 13 斤，下田每亩负担 10 斤，同年收储稻谷 509.3 万斤，直接用于分洪区的生产建设。

1954 年，分洪区首次分洪，义仓粮全部免征。

1955 年，以粮食"三定"（定产、定购、定销）的产量为计税产量，征收义仓粮 1004.5 万斤稻谷，占计税产量的 3%，平均每人负担 49 斤，每亩负担 15.4 斤。

1958 年，中断义仓粮的征收。分洪区农业税的征收与非分洪区的负担标准一样，1964—1985 年，全县每年从征收的农业税中，为分洪区提留义仓粮 300 万斤稻谷，由县财政开设专户存储，作为建设分洪区专项资金。1985—1990 年收归荆州地区财政局管理。1991 年起，收归湖北省财政厅管理。1989 年，湖北省财政厅将义仓粮以周转金形式投放到县短期周转，当年投放 136 万元。至 1999 年，累计投放 3490.4 万元，主要用于农业特产基地建设和分蓄洪工程建设。2003 年国家停止征收农业税，义仓粮同时停止征收。

第三章 水利综合经营

新中国成立后，荆州水利事业的不断发展为水利综合经营提供了丰富的水土资源和技术设备等条件。但在 20 世纪 70 年代以前，水利部门工作的重点放在水利工程建设上，鲜有水利综合经营业务开展，部分管养点利用房前屋后发展少量的养殖业，是一种福利经济。1979 年，中央召开全国水利工作会议，针对水利投资阶段性减少、水利工程老化、工程效益减退、水利部门自身经济困难的状况，确定水利调整时期的工作方针为"加强经营管理，讲究经济效益"。据此，荆州水利部门开始利用水土资源发展渔业、农牧业、加工制造等多种经营生产，以增强自身的活力。1984 年，水利部又提出"转轨变型，全面服务"的水利改革方向，要求将"水费计收，综合经营"作为水利部门的两大支柱产业，以推行生产承包责任制作为一把钥匙，搞活水利经济，增强部门自身活力。同时明确水利部门的三大任务，即防汛抗灾、工程管理、综合经营。荆州水利部门认真贯彻这一指导思想，打破行业、部门界线，积极开展综合经营，自此，荆州水利部门综合经营正式起步。到 20 世纪 90 年代进入高速发展期，水利综合经营门类涉及种养、化工、纺织、建材、机械加工、运输、商贸、旅游、供水等行业，生产产品 200 余种，从业者达 3000 多人。随着社会主义市场经济制度的建立与完善，经营性行业竞争激烈，由于受行业特点所限以及水利部门自身改革的不断深入，进入 21 世纪后水利综合经营面临严峻的挑战，大部分从业人员的身份由全民所有制职工转变为社会人员，大多数经营项目不适应市场的竞争而倒闭，水利综合经营逐步走向低谷。经过社会主义市场经济的洗礼，至 2012 年荆州水利综合经营仍有水利建筑、城镇供水、水利旅游、堤林种植等行业参与市场竞争。

第一节 发 展 概 况

荆州水利综合经营，随着水利事业的发展与改革，大致经历了兴起时期、发展时期和改革时期。

一、兴起时期（1950—1979 年）

水利综合经营的发端可追溯至 20 世纪 50 年代。其时，荆州的防洪堤防框架已基本形成，江河堤防长达 972.37 千米，且均已明确了堤防的保护范围，为堤防种植防护林提供了条件。荆州各县（市）和地直工程管理单位，在保证工程安全运行的前提下，利用堤防植树，林下种植各种农作物和养殖家畜，以改善管养人员的生活福利。至 50 年代末，部分堤段堤林成材，可砍伐出售，基本达到"以林养堤"。1958 年，荆州在修建漳河水库的带动下，各地也纷纷修建起中小型水库，在工程建成之后，也开始利用库区水面养鱼和库区周边植树。此时的水利综合经营主要是林业和渔业，经营规模较小，且以自发经营为主，尚处于起步阶段。

1959—1979年，是荆州水利建设的大发展时期，相继建成漳河、沮水、太湖港等大中型和一大批中小型水库，建成了四湖、汉南、汉北流域排灌工程和荆江、洪湖分蓄洪工程，以及众多的涵闸、泵站、渠道工程，一方面促进了荆州社会经济的发展，另一方面也为荆州水利综合经营提供了丰富水土资源和人力、设备条件。1959年，全省水库管理工作会议召开，提出把水库建成三大基地（即水利、电力、农林牧副渔基地）和五场（即农场、林场、养殖场、畜牧场和加工厂）相结合的联合生产企业。根据会议精神，1959年5月经湖北省人民委员会批准，成立荆州专署漳河水库管理委员会，旨在规划和开发水库的综合经营，同年9月17日，漳河水库还处在建设过程中，就从五三、太湖两个国营农场调入农工2400人，分别组建烟墩、鸡公尖、观音寺3个农牧渔场和王家湾捕捞队，还兴办了砖瓦、陶器、水泥等工厂。受3年自然灾害的影响，经营效益不佳，1961年进行整顿，撤销了3个农牧渔场，精简了一部分职工，改组成立一个渔场、一个林场，确定水产以渔为主，林业以用材林为辅的发展方向。结合搞好水土保持和其他农牧业等生产。与此同时，太湖港水库、沮水水库、北河水库也先后创办了渔场，大力发展水产养殖，至20世纪70年代，荆州已拥有大小水库705座，其中蓄水1亿立方米以上的大型水库6座，养殖水面达18.32万亩，平均年产成鱼51.80万千克。

20世纪70年代初，水利综合经营的采石业、加工业、运输业兴起，发展较快。1966年7月实施了荆江中洲子裁弯工程，1969年2月又实施上车湾裁弯工程，1968年10月汉江丹江口水库建成，荆江及汉江中下游河势发生了明显的变化，护岸工程所需石料猛增，水利系统大量开办采石场，最多时有采石场9处，年开采能力近100万立方米，为荆江河势控制工程和汉江护岸工程提供石源。所创收入增强了水利经济活力，为解决石料运输问题，长江河道管理局和沿江沿汉有河势控制工程建设任务的县（市）也纷纷组建船舶运输队，参与水上货物运输。

1970年后，各县（市）在"围绕农业办水泥，办好水泥为农业"口号的号召下，先后兴建了监利水泥厂、潜江水泥厂，解决农田水利建设建筑材料的供应不足。1975年，荆州地区水利局投资100万元，在松滋县水利局刘家场水泥厂的基础上扩大生产能力。

二、兴盛时期（1980—2002年）

1979年年底，水利部、财政部、水产总局在广东东莞县联合召开全国水库养鱼和综合经营交流会。会后，地区行署水利局迅速贯彻落实会议精神，明确要求各工程管理单位都要充分利用水土资源，挖掘现有工程设施、技术人才和设备潜力，因地制宜抓好水（水产）、农（种植）、工（加工）、商（业）各种项目的生产，全面发挥水利工程的综合效益。为激励各水利工程管理单位大力发展综合经营，明确水利工程管理单位是事业单位，实行企业化管理，将事业预算管理办法改为财务包干管理。扩大工程管理单位的经营自主权。财务包干形式分为3种：对条件较好、收入较好，经营自给有余的单位，实行"定额上交，超收留用"的办法；对经费自给的单位，实行"收入不交，差额不补，自求平衡，以丰补歉"的办法；对因条件差、收入少，尚不能经费自给的单位，实行"收入不交、定额补贴、自求平衡、限期自给"的办法。水利综合经营一经制度创新，其发展势头也非常迅猛。

1984年，水利部提出"转轨变型，全面服务"要求，将"水费计收、综合经营作为水利部门的两大支柱，推行承包责任制作为一把钥匙"，明确水利部门的三大任务，即防汛抗灾、工程管理、综合经营，把综合经营放到重要的地位。地区行署水利局于1984年6月27日成立水利综合经营管理机构，随后，全区11个县（市）水利局和地区管理的水利工程管理单位均设立水利综合经营管理机构，配备专人专班，安排专门经费，既有管理职能，同时还从事经营活动。自此，荆州水利系统综合经营正式全面展开。首先是局水利工程多种经营服务公司（1986年4月改称水利工程多种经营管理站）根据各地和各单位的情况，安排全年综合经营的生产任务，年中进行督促检查，年末进行检查评比，分类排队，奖惩兑现。其次是多种经营管理站自身也是经营实体，利用局机关办公楼临街一楼全部改造成经营门面，主营副食、百货，二楼改建为水利宾馆。在局机关的带动下，全系统各自发挥自身的优势，打破行业、部门界线，巩固原有项目，不断发展新项目，至1985年，全系统在原有林业、渔业、种植业等传统项目的基础上，新增小水电、工副业、商业服务业等项目，有机械五金加工厂15个、水泥制品厂52个、鞋帽加工厂6个、化工厂5个、木材加工厂21个、粮食加工厂30个、旅社宾馆49家、商业网点280个；新增水产养殖水面8800亩，增产成鱼16.5万千克；林果面积达13.84万亩，植树627.91万株，年产水果32万千克，水上运输船总吨位4855吨；家禽、家畜达100万只（头），全年水利综合经营产值达7674万元，创利润884万元，安排家属就业2545人，安置待业青年1713人。水利综合经营成了水利行业中的一个支柱产业。

水利综合经营的快速发展，给水利系统带来了较大的变化，经济实力得到了增强，职工的福利待遇有了改善，拓宽了职工家属及子女的就业渠道，更进一步促进了水利综合经营的良性循环发展，水利综合利值一年一个台阶，1987年全区水利综合经营产值达9609万元，利润1063万元。当年举办了全区水利综合经营首次产品展销会，参展产品达100余种，见表10-3-1。

表10-3-1　　　　　荆州地区水利综合经营首次展销会部分产品一览表

单位	产 品 名 称
江陵	柑橘、蛋糕、月饼、手套、启闭机、长湖家具、鸭蛋、鸭、鸡、鳊鱼、草鱼、罗非鱼
松滋	扁橡筋、圆橡筋、花园绳、口罩带、60cm鞋带、90cm鞋带、白酒、精糠醋
公安	S7250千伏安变压器、S7100千伏安变压器、SWX-60型数字温度巡回检测仪、SPS-6型数字式水位仪、冷拔丝、聚氯丙烯、玻璃纤维丝
石首	组合家具、水泵配套锥管32×6、桥式翻椅32×48板箱、玻璃纤维布、白酒、芝麻油
监利	沙发、粉条、罐头瓶盖、铁垫圈、汽水瓶盖、街面板
洪湖	微型无纸鞭炮、印制电路板、珍珠、冰花烤漆、橡胶制品、沙发
天门	皮蛋、蜂蜜酒、巧克力香槟、折叠方桌、舒美绒春秋椅、人造革春秋椅、橙子汽水、蜂蜜可乐、服装、复合肥、塑管、ϕ25mm元钉、ϕ30mm元钉、ϕ40mm元钉、ϕ50mm元钉、ϕ60mm元钉、ϕ70mm元钉

单位	产 品 名 称
潜江	组合家具、板箱、400号水泥、500号水泥、房顶脊瓦、房屋地窗、改造低产田渗水管、双人床棕绷
仙桃	玻璃丝、洗衣球、肥皂盒、涂料、磷酸二氢钾、液体肥皂水、灭蚊香水、大童车轮、小童车轮、84-1型电子探诊仪、头梳、吹风梳、喷枪、各码布鞋、各式腈纶衣、大四轮童车、中四轮童车、小四轮童车、枕芯、水桶、粪桶、洗板、泥桶、P型止水橡胶、平板止水橡胶、沔阳牌复合肥、塑料袋、包装布
京山	柑橘、香菇、纸箱、水泥彩面砖
钟祥	柑橘、桂花酥饼、麻酥条、药烧全鸡、设备夹、花生
长江修防处	蒜蓉椒豆瓣酱、尖椒芝麻酱、牛肉豆瓣酱、纯尖椒酱、小磨纯芝麻酱、纯椒豆瓣酱、小磨香麻油；藤制双圈椅、藤制条椅、藤制茶几、藤制折叠条茶几、藤制拖脚折叠椅、藤制折叠餐桌、藤制无扶手办公椅；香槟酒、白莲
东荆河修防处	柑橘、棕刷、蜂蜜、弯扶手靠椅带茶几、直扶手靠椅带茶几、办公椅、水杉、柳树、活甲鱼
漳河水库	柑橘、茶叶、面条
浧水水库	柑橘、颗粒饵料
惠亭水库	盐蛋、皮蛋、猪鬃、睛伦衫、双翻椅脚套
吴岭水库	柑橘、黄花
石龙水库	柑橘、橘子罐头
四湖局	粉条
洪排总部	竹制桌椅
高潭口泵站	双马来酰亚胺、二氨基二苯甲烷、多面球
三善垸水委会	盆花
水利工程处	水泥彩面砖、岩棉保温材料

水利综合经营成果会展，得到荆州地区行署的肯定，行署专员徐林茂到会致辞祝贺，并要求水利系统把水利综合经营作为一项开拓性的工作常抓不懈，深化体制改革，完善承包责任制，按包死基数，确保上交，超收自留，歉收自补的原则进行承包。为扶持水利综合经营的发展，行署研究决定：财政局每年拿出一定的周转金、水利局每年拿出50万元贴息贷款、供销社每年安排500吨计划化肥、计委安排500吨计划柴油、粮食局提供25万千克饲料。全区水利系统得到政策扶持、精神鼓励、物资支持，水利综合经营得到持续发展，至1990年全区水利综合经营产值达1.7亿元，利润1709万元。其经营项目已发展到农、林、牧、副、渔、工、商、旅游、供水等领域，全地区共兴办加工业360个、商业服务网点500处、城乡供水38处。养鱼水面25.57万亩，其中精养鱼池1.26万亩，年产成鱼385万千克。栽植经济林9.6万亩，果林7万亩，年产水果109.5万千克。1986—1990年累计产值6.7亿元，年递增率21%，累计安排家属子女就业3000余人。产值过千万元的县（市）有仙桃、天门、江陵，水利工程管理单位有长江修防处。仙桃市电子仪器厂生产的DCL系列肿瘤探诊仪被卫生部评为优质产品，公安县变压器厂生产的SJ型节能变压器，1988年荣获湖北省政府优质产品证书。

1990 年后，水利综合经营实行经营体制改革。按照 1990 年 12 月全省水利综合经营管理工作会议要求，在荆州水利系统工程管理单位实行"机构分设、职责分开、人员分流"，将工程管理和综合经营两条线分开，要求各工程管理单位有 50％以上的人员从事综合经营，所分出的经济实体实行单独核算，自负盈亏，自我发展。改革促使了水利综合经营的发展，水利综合经营领域进一步拓展，实行招商引资，联合办厂，把施工队伍引向外地闯市场，在经济发达地区设立经营"窗口"，发展外向型经济。在内对传统的护堤林结合堤防建设进行品种更新，先后引进优质速生、周期短、见效快的白杨、黑山杨、哈山杨、天演杨、南林 895 等杨树品系，种植经济价值较高的银杏、樟树等名优树种，不仅发挥了应有的防护效益，也明显提高了工程防护林的经济效益。1991—1995 年，全区水利综合经营，生产规模不断扩大，种养业强盛不衰，工商业新兴突起，乡镇供水蓬勃发展，产值利润稳步增长，5 年间累计完成经营产值 17.1 亿元，年均增长率 25％；利润 1.5 亿元，年均增长率 24％；向国家缴税 4839 万元，生产成鱼 28944 吨、水果 16173 吨、粮食作物 12968 吨、肉类产品 1027 吨、禽蛋 685 吨，累计安排家属子女就业 3152 人，累计从水利综合经营利润中用于水利工程的资金 1275 万元，用于支付离退休人员工资 1231 万元。1988—1992 年荆州地区水利综合经营连续 5 年荣获全国水利系统综合经营先进单位和个人奖，其中 1990 年，荆州地区行署专员徐林茂荣获"全国水利综合经营突出贡献"奖。

1996 年后，随着市场经济体制改革的不断深化，小而全、作坊式的水利综合经营遇到了严峻的挑战和困难。为了适应新的形势，各地各单位进行了新一轮改革，在稳定已有项目、向内挖潜、向外使劲，注重经济增长质量的同时，抓大放小积极稳妥地对综合经营生产单位进行公司制的改革，实行资产重组，壮大企业规模，使综合经营实体逐步成为适应市场经济规律的法人实体和竞争主体。荆州地区水利工程处与荆堤房屋开发公司组成荆州水利水电开发总公司，沮水工程管理局将 10 个经营实体组建成沮水产业总公司，四湖工程管理局成立四湖工程有限责任总公司，长江河道管理局所属 8 个经营单位组建长江开发总公司，荆江分洪工程管理局将所属施工企业组建成建筑工程总公司，洪湖分蓄洪工程管理局组建湖北宏业水利工程有限责任公司，监利县水利系统 20 多个经营实体组成江河实业总公司，松滋市将 4 个直属单位组成江南水利水电工程有限公司。对中小经营实体则推行民营化，采取承包、拍卖、租赁、破产、职工买断工龄等办法，让经营实体轻装上阵。在经营上大力发展种养业、供水业、旅游业、建筑业、小机电等，通过一系列的改革和产业结构调整，水利综合经营进入了高速发展阶段，"九五"期间水利综合经营产值 29.7 亿元，是"八五"期间的 1.7 倍，利润 2.3678 亿元，是"八五"期间的 1.6 倍，水产品总量 2772 吨，果品产量 15546 吨，累计支付生产经营人员工资总额 31154 万元，累计提取劳动保障统筹 11047 万元，用于水利工程资金 986 万元，支付退休人员工资 4254 万元。

2002 年，荆州水利经济发展到了顶峰时期，全年实现总产值 79109 万元，实现利润 6008 万元。

三、改革时期（2003—2011 年）

2003 年，荆州水利系统开始进行水管体制的改革，对水利工程管理单位实行了"定编、定岗、定经费"的三定方案，将从事防洪抗灾、工程管理的部门定为纯公益性事业单位，人员实行定员上岗，其经费由财政列支，不再参与水利综合经营。对从事经营性的部门则定为企业单位，与水利工程管理脱钩，实行企业化管理，经营人员成为社会化的自然人。2005年水管体制改革结束，荆州市水利工程综合经营管理处早于1996年就更名为荆州市水利经济管理办公室，各县（市、区）的多种经营科或综合经营管理站也相继撤销或合并，水利综合经营回归于传统的经营项目，利用已有的水土资源，发展林业、渔业和"五小经济"（小养殖、小菜园、小果园、小种植、小加工）；利用沿江水道和滩岸，修建码头，经营轮渡、货场和物流业；利用水利行业优势兴建自来水厂，经营城乡供水；利用挖泥船机械设备，竞标河道疏浚和吹填工程；利用水利技术优势组成施工企业，参与社会建筑工程施工。至2011年，荆州江河堤防已有防护林696.95万株，蓄积量约23.87万立方米。荆江分洪工程管理局轮渡管理所，开辟荆江轮渡运输，年可创收500万元，长江水利水电工程公司利用荆江大堤加固工程的挖泥船，2003年成功竞标安徽淮河疏浚吹填工程项目，2007—2008年成功竞标天津塘沽港港池开挖工程项目。

这一时期的水利综合经营，除堤防植树和部分经改制组建成的企业公司继续进行经营外，小型大规模的综合经营已不复存在。

荆州1985—2005年累计完成综合经营产值89.34亿元，实现利润6.87亿元。见表10-3-2。

表10-3-2　　　　　　　　1985—2005年水利综合经营情况统计表　　　　　　　单位：万元

年份	总收入	第一产业收入	第二产业收入					第三产业收入	利润
			合计	工业			建筑业		
				小计	其中：供水	其中：供电			
1985	7690.24								
1986	5864.71	1271.52	4593.19						884.27
1987	10179.8	1558.12	6710.94					1910.74	1120.77
1988	10537.02	1755.42	7441.41					1340.19	1063.41
1989	14511.87	2215.8	8870.85	7364	522.00	458.54	526.31	3425.22	1564.84
1990	16188.4	2835	9754	7723		395.00	1636.00	3599.40	1510.00
1991	19301	3534	11380	9414		330.00	1639.00	4387.00	1586.00
1992	23838	3535	14779	12781			1763.00	5524.00	1948.00
1993	31608	4218	20734	15862	800.00		1998.00	6656.00	2315.00
1994	43545	5480	24259	20063	1147.00	2053.00	4196.00	13806.00	3736.00
1995	43059	6064	22925	16514	1283.00	2167.00	6411.00	14070.00	3161.00
1996	51173	9659	28827	21256	1407.00	2643.00	7571.00	12687.00	3608.00
1997	56448	9492	28995	19359	1986.00	1901.00	9636.00	17961.00	4524.00
1998	58132	10440	27664	19060	1726.00	2582.00	8604.00	20028.00	4833.00
1999	63013	11151	33060	19885	1721.00	2654.00	13175.00	18802.00	5266.00
2000	68494	12650	34870	19976	1936.00	2664.00	14894.00	20974.00	5445.00

续表

年份	总收入	第一产业收入	第二产业收入						第三产业收入	利润
			合计	工业			建筑业			
				小计	其中：供水	其中：供电				
2001	72082	13001	44437	17777	2270.00	2358.00	26660.00		14644.00	4643.00
2002	79109	13990	46559	17427	2340.00	2480.00	29132.00		18560.00	6008.00
2003	75001	14675	42894	17137	2465.00	2594.00	25757.00		17432.00	5625.00
2004	72890	15098	41205	18885	2642.00	2783.00	22320.00		16587.00	5541.00
2005	60380	10200	35423	17113	2695.00	2765.00	18310.00		14757.00	4285.00
合计	883045.04	152822.86	495381.39						227150.55	68667.29

第二节 经 营 项 目

一、林业

1951年冬，长江堤防管理部门在长江干堤八尺弓、新月堤、杨林港、伍家堤等处8.4千米堤段临水面种植5.19万株柳树，开堤防植树防浪之先。尔后，堤防管理部门把营造堤林纳入堤防加固计划，每年岁修结束，在堤防内外禁脚上种植树林。1955年，荆州专署提出"植树造林、绿化长江"的号召，各县（市）分别出台政策，把堤防植树列入堤防建设的重要内容，并明确规定"谁植树、谁受益"，按比例与堤防管理部门进行分成。

1952年开始在汉江两岸堤外栽植防浪林，至1964年全堤形成防浪林带。1956年11月，汉江干堤开始在堤内栽植用材林，以"三杉"（山杉、湘杉、池杉）为主要树种，至1994年，汉江干堤实现"一河两堤四条林"，堤外有防浪林144.23万株，堤内有用材林130.81万株，起到堤外防浪、堤内取材的作用。

东荆河自1955年3月在潜江关木岭和沔阳天星洲植树3200株开始，坚持自采种、自育苗、自造林的原则，逐年沿堤开展植树造林，至1994年，东荆河共循环植树925.01万株，是年保存林木220.98万株。

堤防树林分为防浪林和护堤林，临水面以防浪为主，背水面以护堤为主，兼以经济用材林。1950年以后很长一段时期以种植杨柳为主要树种。20世纪60年代，开始利用堤后禁脚种植经济林，多植桑树、果树、油桐、楝树、枫杨等，经一段时间实践，发现这些树种生长周期长，经济效益低，后逐步更换了一些适合堤脚平台地下水水位高、耐水强、生长速度快的树种，20世纪80年代以山杉、水杉为主，20世纪90年代以意杨为主，2000年以后先后引进美洲意杨、鲁山杨、南林895等优良品种。堤林一般以10～15年为一个生长周期，达到成材林轮流砍伐更新，良性循环。

20世纪60年代，四湖流域排涝渠道和大批水库工程建成，为加强内垸渠道和水库的管理，工程所在地的县（市）政府制定地方性法规，明确了水利工程管理范围，为水利系统植树造林提供土地资源。特别是水库建成之后，多数水库处在深山之中，水源条件好，气候适宜，适合果树生长，浍水水库种果树2500亩，公安卷桥水库种果树2300亩，主要品种是柑橘、橙、柚、梨树等。水库管理单位通过引进新品种，其经济效益大大高于堤林。公安卷桥水库，1972年建成，先后开垦荒山坡地3000亩，除栽种用材林之外，主要种植果树，1975年产柑橘2800千克，平均亩产35千克。尔后，水库管理处通过聘请华中农业大学知名果树专家和专业种植技术人员，传授栽培技术，并与华中农业大学挂钩，不断改良更新品种，科学培育，经过20多年的努力，到1995年，果树种植面积扩大到2300亩（挂果550亩），年产量220万千克，亩产达4000千克，柑橘品系由12个发展到38个，成为全省水利系统柑橘技术推广培训中心和华中农业大学柑橘优质苗木繁育基地，年平均出售各类优质苗木100万株，行销15个省（自治区、直辖市），尤其是国庆1号、国庆4号、纽荷乐脐橙、朋娜脐橙和台湾检柑等优良品种，备受消费者的青睐。此外，卷桥水库还有茶园100亩、松杉林1000亩，木材蓄积量800立方米。

1976年，洪湖分蓄洪工程主隔堤建成，堤防全长64千米，内外平台有植林面积8788亩。自1977年开始大规模植树，至2000年，有林木38.71万株。2007年开始更新树种，获木材10818立方米，创收383万元；当年植幼林959亩、6.83万株。至2011年累计林木销售收入1206.7万元，年均收入241.34万元。

荆州市长江河道管理局除坚持堤防植树造林外，自2002年起，还建成苗圃基地300亩、银杏基地450亩、杜仲基地75亩、葡萄基地500亩，引进大棚草莓16万株。2008年林木销售收入达1308万元。

荆州地区水利工程管理单位植树造林统计见表10-3-3。

表 10-3-3　　　　　　荆州地区水利工程管理单位植树造林统计表

单位名称	植树面积/万亩	树林/万株	统计年份
长江河道管理局	7.24	389.00	2012
荆江分蓄洪区工程管理局	0.12	5.24	2012
洪湖分蓄洪区工程管理局	0.88	38.71	2012
四湖工程管理局	5.56	250.00	2012
浍水水库工程管理局	0.39	14.00	2012
漳河水库工程管理局	0.46	27.34	1994
汉江河道管理局	1.80	275.04	1994
东荆河修防处	3.68	220.89	1994
合计	20.13	1220.22	

二、水产养殖业

（一）水库渔业

1956年，荆州地区第一座大型水库——石门水库建成受益。此后，开始了水库修建的高潮，至1979年，全区已建成大中小型水库705座。按其管理体制，大型水库设有工程管理机构，由行署水利局直属管理，中型水库一般由县水利部门管理，小型水库由所在地乡镇及村组管理。大中型水库管理单位从水库建成之后均组建渔业养殖队，从事渔业生产。

漳河水库渔业生产始于1959年，水库蓄水前，组织2000名民工进行简单的清库除障，水库蓄水后在库内清除鱼害，然后投放鱼种，组成烟墩、鸡公尖、王家塆、观音寺4个捕捞队。1965年成立养殖场，将4个捕捞队合并为王家塆、烟墩2个捕捞队，后又并为1个捕捞队。至1985年，水库从事渔业生产的职工81人、专业技术干部3人。

漳河水库有养殖水面10.5万亩，建库初期，水中营养生物含量丰富，人工放养的鱼种在库内占种群优势，害鱼的危害较小，库区群众入库捕鱼的不多，故鱼类生长较快，体质肥壮，产量高，1968年捕捞成鱼达23.18万千克。尔后，因建库初期水中所含营养质高峰期已过，库内鱼害增多，渔业生产秩序混乱，产量逐年下降，到1979年，年产成鱼仅3.2万千克。为提高成鱼单位面积产量，1974年冬即开始采用拦汊养殖的办法，选在道子河库汊，筑长238米、高32米的透水坝，坝左端建有调洪道，安装拦鱼网，拦截水面9000亩，养殖水面5000亩。道子河养殖场每年投放鱼种100万尾，至1985年产成鱼7.25万千克。

浕水水库建成于1971年，有养殖水面20300亩，库成当年组建水库渔场，人数40人，最多时达76人，后改称为养殖场。建场后建起两个精养汊，面积400亩；修建养鱼池120亩，长年从事鱼苗孵化、鱼种培育、大库捕捞及成鱼精养等项生产。从建场到1995年，已累计向库内投放鱼种3932万尾，累计捕捞成鱼79.86万千克，年均3.25万千克。

石门水库建成于1956年，1957年建渔场，水库养殖面积9990亩，渔场建立后又陆续建成精养鱼池60口，面积169.5亩，库区拦汊养殖面积300亩，共孵化鱼苗6亿多尾，平均年产成鱼5万千克。

温峡水库建成于1971年5月，有养殖水面3万亩。1969年、1971年两次投放大鱼种800万尾，1974年组建渔业队，1974—1989年共产成鱼638.4万千克，年平均生产成鱼45.59万千克。

惠亭水库于1965年兴建渔场，养殖水面1.4万亩，有渔业职工50人。自建场至1979年的15年间，累计投放鱼种5979万尾，年均捕捞成鱼4.5万千克，产量极其低下，1978年大旱，水库水位降至零点，渔场趁此用药物清库，同时清挖树蔸及其他杂物，为渔业生产打下基础，后又采取一系列措施，渔业产量猛增，至1985年，年均可捕成鱼12.5万千克。

高关水库于1972年创建渔场，养殖水面1.2万亩，渔业职工40人，主要从事四大家鱼养殖，至1984年，投放鱼种1457万尾，捕捞成鱼46万千克，年均产成鱼3.83万千克。1984年，争取到湖北省科学技术委员会在高关水库建设大水面成鱼高产试验点项目，由华中农学院水产系为项目课题技术负责，采取加大投放鱼种量、保护自然繁殖种群、清除凶害鱼类等措施，成鱼单产明显上升，年产可达20万千克。

至1985年，大型水库有水产面积19.13万亩，年均产成鱼82.36万千克，见表10-3-4。

表 10-3-4　　　　　　　　　　荆州地区大型水库水产养殖基本情况表

水库名称	总库容/万 m³	养殖水面面积/万亩	平均年产成鱼/万 kg
漳河	203500	10.50	7.10
浕水	59300	2.03	3.25
温峡	54800	300.00	42.59
石门	23250	1.00	5.00
惠亭	31400	1.40	12.50
高关	21244	1.20	11.92
合计	393494	19.13	82.36

　　1985 年后，在农村全面实行家庭承包责任制的带动下，水库渔业生产也实行承包经营，将任务分别承包给养殖队、组、家庭和个人，激发了渔场职工的生产积极性，1987年荆州水库生产成鱼达 210 万千克，其中浕水水库生产成鱼 29 万千克，比实行承包责任制以前年平均产量增加近 9 倍。

　　2000 年后，水库渔业实行了改制，撤销养殖场，渔场民营化，养殖水面实行租赁经营。为保证水库的水质，禁止租赁经营者向水库抛施大量化肥，恢复水库水面养殖"人放天养"的模式。至 2007 年，水库从事渔业生产的职工全员买断，购买养老保险，解除劳务合同，自谋职业。

（二）鱼池养殖

　　20 世纪 80 年代中期，在大力发展水利综合经营的号召下，各个水利工程管理单位利用水利工程管理范围内的土地和水面，结合堤防维护和渠道疏浚，改造出精养鱼池从事渔业生产，洪湖分蓄洪（区）工程管理局利用主隔堤的内外平台，自 1980 年开始，结合加筑平台、堤防整险加固及改造取土场，开挖精养鱼池 347 口，养殖水面 5187 亩，租赁给沿堤村民经营，可年产成鱼 116 万千克，年收租赁费 61 万元。四湖工程管理局利用河渠平台和废弃河道，开挖鱼池 1064 亩，改造植莲、植菱水面 600 亩。荆江分蓄洪区工程管理局利用荆江分洪区的湖泊先后在崇湖、北湖开辟精养鱼池 150 亩，每年可养成鱼 3 万千克，长江河道管理局先后开挖鱼池 1746 亩，还成立了特种养殖水产开发公司，建立养殖、捕捞、销售一体化的科技服务中心，促进了水利系统水产养殖的发展。

　　20 世纪 90 年代，水利部门的渔业生产发展极为迅速，至 1995 年成鱼产量已达 745万千克，为获得更大的经济效益，各地各单位开始向名、特、优品种发展。

　　1994 年，浕水水库成立特种水产养殖试验场，大水面引进银鱼养殖技术。银鱼分大小两种，小银鱼是一种一年生小型名贵经济鱼类，通体透明，体长 6～8 厘米，以浮游植物为食，肉质鲜美，蛋白质含量高，营养丰富，有"水中人参"之称；大银鱼生长初期与小银鱼相同，后期则以浮游生物或小型鱼类为食，体长 12～20 厘米，其食用价值与小银鱼相同，商品价值更胜一筹，但水质要求较高。1995 年，浕水水库与华中农业大学水产系联合，将浕水水库作为渔业资源开发基地，1996 年 1 月 10 日，从河南嵩县陆浑水库引进大银鱼受精卵 1200 万粒，同年 5 月和 1997 年 4 月，先后从漳河水库引进新银鱼（俗称小银鱼）受精卵 300 万粒投放到水库中，经过 3 年的休渔繁殖，已形成一定数量的种群，

2000年试捕捞获银鱼15吨，2001年捕捞银鱼30吨，2002年捕捞银鱼达50吨，2003年上游地区山洪暴发，冲毁硫铁矿的污染水进入库区，银鱼养殖受到影响。

太湖港水库紧邻沮漳河，有引进江河水源的条件，水量充裕，水质优良。自1988年起，水利部、湖北省水利厅决定在太湖港水库兴建水产良种基地，经可行性论证后，1989年7月19日，水利部批准项目建设方案，项目投资65.42万元，其中水利部投资50万元，湖北省水利厅投资10万元，湖北省财政厅拨款5.42万元。工程建设项目包括：改造精养鱼池286亩，兴建30千瓦电力排水站1座；新建1个孵化池和1个囤苗池，改造1间配电室，铺设252米排水管和4375平方米鱼池预制护坡。工程于1989年10月动工，1990年4月竣工。其任务是规模化生产优质鱼种，经培育繁殖后向外推广。自1991年起，所产鱼苗除供应水库和地方渔场外，每年约有3000万尾销往山西等地。至1995年，共外销优质鱼苗1.66亿尾，其间引进的良种主要有红鲤、荷源鲤、银鲫、团头鲂（武昌鱼）、细鳞斜颌鲴、尼罗鲱鱼、红鲫、淡水鲳、白鲫、银鲤、闪鳞晶鲤、勾鲶、大口鲶、叉尾鮰、鲟鱼等15个品种。

1995年洪湖市水利局投资100万元，建成1000亩青虾养殖基地。2002年又利用地下卤水繁殖河蟹苗成功，为水利系统水产养殖增添新的品种，改写了内陆地区不能繁殖蟹苗的记录。2004年，监利县水利局投资700万元，开辟水产养殖面积3500亩，发展黄鳝养殖网箱1000个，建立河蟹、南美洲白对虾养殖基地。

三、畜禽养殖业

畜禽养殖早期主要是堤防管养点的管养员利用堤林空地，散养一些家禽，以解决职工福利，未形成养殖规模。直至20世纪80年代后，水利系统才兴起大规模的家禽（畜）养殖，并迅速发展，主要以猪、牛、羊、鸡、鸭、鹅为主。据统计，1980—1987年全区水利系统养猪12560头、养牛7441头、养羊2659头、养鸭10000只、养鸡25309只、养兔2000只。至1995年，年产牲畜31100头、家禽110000只。进入21世纪，畜禽养殖除追求规模化以外，开始引进新品种。2001年石首市南闸水管所与华中农业大学、湖北农学院合作引进25头优质种牛，3年形成300头养殖规模。2002年长江河道管理局沙市盐卡畜牧场引进河南南阳养殖基地人工授精技术，为40头母牛配意大利和法国优质牛种获得成功。2004年荆州区水利局引进洛河黄牛、南阳黄牛、新疆黄羊、波尔山羊优良品种进行养殖和繁殖，均获得较好的效益。

四、工业、加工业

自20世纪80年代开始，水利综合经营除继续发展传统的种养业外，不少工程管理单位开始利用厂房、电源、技术等优势，发展工业、加工业。至1994年，已有成规模的工业、加工业企业95家，年产值达17417万元，占全荆州水利综合经营40%的份额。

（一）荆松水泥厂

1970年，松滋县水利电力局在松滋刘家场兴办水泥厂，建厂投资492.2万元，年产水泥3万吨。1975年，荆州地区水利电力局与松滋县协商合资办厂，地区水电局投资100万元扩建水泥厂，生产能力扩大到5万吨，厂名改为荆州地区水利电力局松滋水泥厂（以下简称"荆松水泥厂"），由松滋县水电局代管，配备管理干部 28 人、生产工人 232 人。1984 年，荆松水泥厂再次扩建后，由荆州地区水利局直接管理，生产规模扩大到年产 8 万吨。

1995 年 3 月 21 日，荆沙市编委批复将荆松水泥厂更名为荆沙市水泥厂。1996 年 10 月更名为荆州市水泥厂。1997 年后，国家对水泥生产行业实行关停并转，行业归口管理，荆州市水泥厂划归荆州市建材局管理。

（二）天门金属门窗厂

1984 年，天门县水利局在局属船闸修配厂的基础上引进卷闸门生产线，兴办天门金属门窗厂，1985 年开始批量生产。金属卷闸门当时在荆州地区尚属新兴产品，很受市场欢迎，生产与销量逐年增加。1990 年，又引进豪华型拉闸门生产线，进行产品升级，当年产值达 109 万元。1991 年被水利部评为部级先进企业，生产的豪华型拉闸门被评为湖北省优质产品。1993 年开始生产防盗门，产品种类进一步增加，当年生产拉闸门 18430.3 平方米、板门 834.1 平方米、卷闸门 2480 平方米，年产值 368.6 万元。职工人数 136 人，拥有固定资产 280 万元、机械设备 75 台（件）。

（三）沔阳电子仪器厂

沔阳电子仪器创办于 1984 年，生产由沔阳县水利局与湖北省肿瘤医院合作研制的 84－1 微型电子肿瘤探诊仪。开创荆州水利系统生产精密电子产品之先河。探诊仪于 1985 年经湖北省科委鉴定后投放批量生产，销售后取得较好的市场反响。此后，又研制出 DCL－4M 型肿瘤-常见病耳穴探诊仪，经鉴定后取得医疗器械生产许可证，经国家商标局注册为晨康牌。1990 年建成封闭式流水线批量生产。晨康牌探诊仪于 1991 年获第二届北京国际博览会银牌奖、全国高新技术（火炬）奖和产品展交会金奖，1993 年获首届中国科技之星国际博览会金奖。1994 年，国家科委以国科发计字〔1994〕47 号文将 DCL－4M 型肿瘤-常见病耳穴探诊仪列入当年国家科技项目计划，产品得到进一步推广。

（四）沔阳排湖泵站童车厂

1982 年，沔阳县水利局排湖泵站利用两幢材料仓库做厂房组建童车厂，经 10 年多的发展，已形成固定资产 400 万元，并拥有先进的机械和喷漆、成型流水生产线，生产的"桃童牌"童车，共有 5 大系列、20 多种规格，形成高、中、低不同档次，销往鄂、豫、湘、皖、川等省市场，年生产能力 30 万辆，年产值突破 1000 万元。

（五）湖北峰光化工厂

1984 年 3 月，荆州地区高潭口水利工程管理处利用泵站厂房，筹备修建化工厂，经 10 个月的厂房修建和设备安装调试，1985 年 1 月正式投产，正式命名为湖北峰光化工厂。

此厂主要生产二苯甲烷双马来酰亚胺和二氨一基二苯甲烷两种化工产品，注册牌号为 BM1－01。其产品广泛应用于航天、航空和机电工业，主要用于金刚石砂轮，橡胶硫化的凝结及塑化增强，化肥生产（合气氨）机械设备的元油润滑，以及航天、航空设备动静态密封等方面。西安西电电工绝缘材料有限公司利用峰光化工厂生产的双马来酰亚胺产品制造的绝缘材料已应用于葛洲坝电机安装等。

此厂年生产能力为 50 吨，最高年产值 1051 万元。2008 年爆发国际金融危机，原料进口价高达 147 美元每吨，而国内生产的成品销价又无法上涨，工厂被迫停产。

（六）江陵化工厂

1988 年江陵县水利局投资 80 万元，在沙市区太岳路北湖小区建成化工厂一座，占地面积 1000 平方米，建有 3 幢厂房，安装锅炉和化工生产设备，当年即投入生产。产品有磷酸三钠、磷酸二氢钾、过磷酸钙等品种，用于化肥、洗涤剂、医药及食品加工行业，颇受市场欢迎。1997 年又投资 120 万元，添置喷化洗衣粉生产设备，生产洗衣粉、洗涤剂、纺织助剂、农药医药中间体等化工产品，年产量 4000 吨以上，产值 520 万元。此后因管理不善，生产设备简陋，生产工艺落后，于 2001 年 7 月停产。2002 年 5 月，企业改制，企业法人销号，企业职工转换身份、工龄买断。

五、采石业

江汉河道蜿蜒流长，有多处崩岸险工险段，需要大量的石料护岸、护坡。为解决所需石料，历史上根据岁修测估核定工程量后，租用船只就近采运。新中国成立后，长江中游工程局从 1950 年起，除继续在宜昌平善坝开采石料外，还在湖南华容县塔市驿组织开采。1954 年后，又陆续在宜都毛沱、松滋车阳河，石首笔架山、东岳山、南岳山，荆门马良山以及洪湖县长江对岸的临江山等处开辟石源。与此同时，内垸大兴农田水利，所需石料猛增，除堤防管理单位继续开采石料外，各县水利局也纷纷办场采石，至 20 世纪 70 年代末，荆州地区年采石量达 106.9 万吨，年产值达 3700 万元。

（一）平善坝采石场

平善坝采石场位于宜昌南津关以下，自三游洞至涟沱，临山傍水，可开采面长 15 千米、宽约 0.5 千米，其石源丰富，石质坚硬，呈青褐色。自清朝开始，就在此设场开采石料，为荆江大堤所需石料的主要出产地。1950 年，长江中游工程局在此设立采石工作组，后划交荆州地区长江修防处，改名驻宜昌采石工作组，开办采石、调运业务，年调运石料 10 万立方米。1982 年葛洲坝水利工程部分机组建成发电，因开采石渣落江，推移过闸，磨损发电机组，同时，飞石影响过往船只安全，故停采。

（二）毛沱采石场

毛沱采石场地属宜都，距其县城 15 千米。沿清江两岸重山叠峦，石源丰富，且易于开采，当地早有采石习惯。但由于清江下游部分河道水浅，运输受阻，开采潜能未能充分发挥。1982 年葛洲坝水利枢纽工程建成后，平善坝处石源断绝，荆州地区长江修防处拟在此投资扩大开采，后因清江水利枢纽工程的坝址亦选择在毛沱附近，故将场址移至毛沱对岸的吕家冲。拟开采区有清江北岸斗笠山、南岸石门沿岸，以及周家坪至吕家冲一带沿岸，储量约为 1 亿立方米，建成后年开采量为 30 万立方米。石料由采石作业面——塘口（地方俗称，下同）开采后修陆路 1 千米抵清江边，用板车运抵码头，待丰水季节由清江进入长江运抵工地，枯水季节则通过陆运 9 千米抵长江转水运。

（三）车阳河采石场

1967 年，松滋县水利局在松滋、宜都两县的界河——车阳河处兴办采石场，至 1969 年调集采石劳力 500 人，年采石料 3 万立方米。此处有五丰山、香炉山等 5 处山岗可供开采，且覆盖土层薄、石质优良，从塘口到江边运距为 6.5 千米。1970 年 6 月，江陵县长江修防总段也抽调民工在此建场开采，因运输条件所限，于当年 10 月迁至石首南岳山。其后，松滋县在此设立采石指挥部，组织群众常年开采。1985 年 9 月，荆州地区长江修防处投资 168 万元，在香炉山购山地 50 亩，修道路 12 千米，场名改为荆江大堤加固工程车阳河采石场，年采石量 10 万立方米，解决荆江大堤加固用石。后荆江大堤加固工程用石量逐步减少，开采处于半停产状态，2004 年 9 月关闭。

（四）笔架山采石场

笔架山采石场位于石首市城区，紧靠长江，面积 1000 余亩，最高处海拔 118.50 米，山体由花岗岩构成。1956 年，荆州地区长江修防处在此建场开采，经填土修路铺设轻便铁轨 1 千米，将开采的石料运抵江边。1970 年将此处交由江陵、公安、石首 3 县设立采石指挥部抽调民工开采，其业务经费由长江修防处设立的采石指挥部按任务拨款。后江陵、石首相继退出，自 1972 年起由公安县独家经营，至 1983 年止，共开采石料 148.36 万立方米，年均开采量 11.5 万立方米。

（五）东岳山采石场

东岳山采石场位于石首市城区，东北临长江，山地面积 1000 余亩，海拔 150.00 米。1952 年，石首县始在此建场采石，当年开采量仅为 1266 立方米，后虽经扩大生产，但产量一直不高。1957 年，荆州地区长江修防处在此投资建场，年生产能力达到 5 万立方米。1958 年后，石首水利局工程队接管采石场，石首县成立采石指挥部组织 4 个区的劳力扩大至 4 个塘口开采石料。1972 年长江修防处又重新接管塘口开采。1975 年，复由石首县成立采石指挥部，全部接管开采，成立水泥制品厂。1978 年划出 3 个塘口给航运部门，用作港口码头建设。后东岳山被削为平地。1952—1984 年，共采石 126 万立方米，年开采量 4 万立方米。

（六）南岳山采石场

南岳山采石场位于石首市中心城区，总面积 2000 余亩，最高海拔 141.90 米，石质为花岗岩。1971 年 12 月，江陵县成立驻石首采石指挥部，在南岳山建场采石，常年有采石劳力 500 余人，高峰时达 1400 人。1976 年石首县东方、南口、向阳等公社和农科所也先后建塘口采石。1981 年，石首县指挥部移至南岳山，投资 40 万元搬迁山上军工建筑，扩建塘口至 300 米宽，开始较大规模的开采。江陵、公安、石首等县长期在南岳山炸山采石，石源逐渐减少，影响到当地环境和石首县自身石料的需要。石首县政府于 1985 年下令停采。1972—1982 年，江陵县采块石 48.39 万立方米、碎石 5.1 万立方米，年开采量 5.4 万立方米。

（七）五马口采石场

五马口采石场位于石首境内桃花山。此处石质坚硬，石源丰富，且距江边仅 1900 米。1969 年为适应中洲子裁弯工程之需，石首、监利两县于 1969 年和 1970 年在此建场采石，故有"石首五马口"与"监利五马口"之称。两县采石场通过辟塘口、修道路、凿隧洞、建工房，分别发展到年开采石料 7 万立方米和 9 万立方米的开采能力。1969—1984 年石首五马口山场共采石 91 万立方米。监利五马口山场因山地权属问题停采。1986 年荆州地区行政公署组织地区林业局、水利局和长江修防处对监利五马口山场的场界和开采范围进行了调查确认。1989 年由荆州地区水利局批准复采，石首市土地管理和矿业管理部门分别颁发土地使用证和采矿许可证，监利五马口采石场得以继续生产。后因石料无销路，于 2003 年停采，2010 年撤销。

（八）塔市驿采石场

塔市驿位于湖南华容县塔市驿弹子山下。1928 年，监利城南江岸发生大面积崩坍，急需大量石料抢护，湖北省建设厅水利局借征湖南华容县塔市驿弹子山开采石料，分东山、西山两个作业面，设塔市驿（又称为弹子山）采石处，委派专员，募工采石。1935 年，监利城南 3 座石矶建成，采石场停采。

1946 年，监利城南石矶再现崩坍，监利县提议恢复塔市驿采石场，采石护矶。经监利县政府请示，湖北省政府和江汉工程局同意恢复开采。1948 年，由江汉工程局发包给义成公司承办监利城南护矶工程的石料采运、块石抛护。施工时正值解放战争，工程未能完成。

1949 年 5 月，武汉军事管制委员会接管江汉工程局，同意监利护岸石料仍由弹子山开采。1950 年 7 月，长江委中游工程局成立，开采石料事宜由其局设立的采石组管理。

1951 年 6 月，采石组划归中游工程局沔阳修防处领导，由驻监利第四工务所组织开采。同年 9 月，根据中南军政委员会水利部（51）政字第 1626 号文《关于石山收归国有的通知》的要求，经与湖南省有关方面商定，由沔阳修防处设立塔市驿采石组进行常年开采。1952 年 10 月，经中游工程局决定，扩建东山塘口（即东山山场）。1957 年荆州地区长江修防处在东山设立采石常设机构，称为监利县水利工程指挥部塔市驿采石山场。

1971 年后，采石场陆续招收工人，修筑轻便铁轨，购置小火车和空压机，实行机械化作业，生产能力大幅度提高，年开采量达到 20 万立方米。

1978 年，采石场改称为监利县长江修防总段驻塔市驿采石场，在册正式职工达 284 人。

自 1986 年起，湖南华容县以山场的土地矿产权属问题和采石对环境造成破坏为由，要求停止开采，后经国家计委、水利部召集湘、鄂两省协调，塔市驿采石场停止开采，采石场职工迁回监利另行安排。

（九）马良山采石场

马良山位于荆门市马良镇，主峰云雾观海拔 160.00 米，其他山头海拔皆 80.00 米左右，总面积约 3000 亩，山脚濒临汉江，石质属高强度石灰岩，蕴藏量大，水陆运输方便。

清代和民国时期，汉江下游堤防工程护岸所需石料，即在马良山开采。1932 年，湖北省水利局在马良山建有荆门蛮石采办处（与汉阳阳夏、监利塔市驿山场同时成立）。是年 11 月，江汉工程局成立，荆门蛮石采办处即交由江汉工程局驻沙洋第七工务所兼办。后因采石采取辗转分包，石料开采处于时采时停状态。1949 年冬，荆州水利分局钟荆潜办事处接管私商兴隆公司，组成"马良山采石委员会"。1950 年 7 月，长委中游工程局在马良山设立常年采石工作组。1951 年 10 月，荆州区汉江修防处成立，采石组直属汉江修防处领导。为改善开采条件，开始铺设轻便铁道。1955年兴建杜家台分洪闸，在马良设立采石指挥部，采石工人多时有1400人，为分洪闸开采石料15万立方米。1963年改采石工作组为采石场，逐步用机械化和半机械化采石。1985年有职工104人。1949—1985年共开采石料170万立方米。

六、商业、服务业

商业、服务兴起于20世纪80年代，90年代进入高速发展阶段，至1994年全荆州地区水利系统商业网点达到500余处，年收入13806万元。

1984年，洪湖分蓄洪区工程管理局利用机关办公楼门面，开办综合商店，经营副食、五金、百货、建材等商品，楼上办招待所，经营一度红火，年收入达到43万元。类似这种水利工程管理单位和各县（市）水利物资供应公司创办的商业服务网点遍布城乡各地。洪湖市水利局物资公司1976—1989年累计完成商业销售额4849万元，其中1989年占24.9％，15年间累计销售钢材1.2万吨、水泥9万吨、砂石料65万吨、水泵311台、变压器253台、电机462台、导线517吨。形成固定资产191万元，有正式职工100人。1991年，公司推行目标管理，当年完成销售额823万元。

随着水利经济的发展壮大，商业服务业也由小而散的布局开始向集约化和规模化发展，2000年，监利县水利局投资200万元在半路堤泵站兴建一座占地9134平方米集加油、汽车配件、修理、餐饮、商店于一体的大型加油站，每天营业额达4万元，年销售额达1000万元。

沙市水利局经济开发公司，自筹资金284万元，新建一栋集仓储、宾馆、经营门面为一体的综合楼，依托蓝星建材商贸城，扩大经营门面和品种，2001年经营产值达8000万元。

七、建筑施工业

荆州水利部门自地（市）到各县（市、区）都各自拥有一支施工技术高、人员素质强的施工队伍，为荆州的水利工程建设作出了贡献，但在20世纪80年代以前，各施工队伍主要是以社会公益性为主，施工不计报酬，工程完工后没有积累，以至到了80年代后期，因水利工程建设处于一个停滞时期，各工程队便难以为继。经艰难的改组之后，各地利用各自的优势组建成立专业的施工企业，扩大施工领域，在市场竞争中逐步壮大。

（一）湖北华夏水利水电股份有限公司

湖北华夏水利水电股份有限公司由荆州市水利水电开发总公司于1996年9月改制组建，具有国家颁发的水利水电施工一级、工民建三级、地基处理三级、房地产二级、装潢二级等资质和金属结构生产许可证。

公司2011年有从业人员850人，其中有项目经理43人，内设生产经营部、质量检查部、设备器材部、计划财务部、发展部等8部，下辖一工程公司、二工程公司、汽车运输公司、基础处理公司、金属制造公司、荆堤房地产公司等9家分公司。

公司的前身是荆州地区水利工程队，成立于1956年12月，曾先后参与了漳河、沧水、惠亭、温峡等大型水库和洪湖分蓄洪区工程、荆江分蓄洪区配套工程建设，承建了高潭口、新滩口、田关泵站等数 10 处大中型泵站和新堤、福田寺等 10 多座排水闸、节制闸、船闸工程以及高速公路太湖港大桥等 6 处桥梁工程，还承接了荆江大堤、长江干堤隐蔽工程、固堤护坡、堤身防渗、穿堤建筑物整险加固、河道疏浚，以及荆州市城市防洪工程施工任务。2012 年 12 月划归荆州市国有资产管理委员会。

公司被水利部授予优秀企业，建设部授予精神文明建设先进单位和国家 "99 创业之星" 称号，名列湖北省综合经营十强、全国水利行业百强单位。

（二）荆州市长江水利水电建设工程公司

荆州市长江水利水电建设工程公司，始建于 1971 年 1 月，从事水利水电工程施工，涉及大坝、隧道、水库、涵闸、灌渠、城市引水供水、设备安装、疏浚吹填等项目的施工。公司资质为水利水电总承包二级、河湖整治工程专业承包二级、堤防工程专业承包二级、土石方工程专业承包三级。

公司拥有 5 艘疏浚吹填工程船舶，其中斗轮式挖泥船 1 艘，每小时吹填土方 1000 立方米，功率 1400 千瓦；绞吸式挖泥船 4 艘，每艘功率 1030 马力，每小时吹填土方 200 立方米。

公司内设综合部、市场部、财务部、质量技术部、安全管理部、实验室，下辖机动抢险大队和 4 个分公司，有职工 688 人，有水利水电专业高级工程师 11 人、工程师 42 人、建造师 23 人。

公司自成立以来，承担了各地各类大、中、小型水利水电工程的施工，先后在长江监利、洪湖、公安等地段和洞庭湖区完成吹填土方 9000 万立方米，2003 年成功竞标安徽淮河疏浚吹填工程项目，2007—2008 年成功竞标天津塘沽新港港池开挖工程项目。在多年的施工中，创造研发出《中型挖泥船增长排距技术》成果，开创了中型挖泥船远距离输泥 5000 米的先例，获湖北省科技进步二等奖；《200 立方米每小时绞吸式挖泥船改装配置》成果获荆州地区首届科技进步一等奖；《200 立方米每小时电动绞吸式挖泥船电机容量匹配研究》成果获荆州地区科技进步三等奖。

2007 年，公司荣获湖北省统计局授予的 "湖北省地市分行业十强称号"；2008 年又获全国优秀水利企业称号；2009 年经湖北专家评审委员会评定为 "AAA" 级资信企业。

（三）湖北宏业水利工程有限责任公司

湖北省宏业水利工程有限责任公司由湖北省洪湖分蓄洪区工程管理局机械工程处改制，于 2003 年 5 月组建而成。公司具有水利水电工程施工总承包二级资质，注册资金 2074 万元。主要经营范围：可承接单项合同额不超过企业注册资本 5 倍以下的工程施工，包括水库库容 1 亿立方米、泵站装机容量 100 千瓦以下的水利水电工程及辅助设施。

公司自成立以来，先后承接了枝江市向家垱水库、崇阳县长城水库、赤壁市张家坝水库除险加固工程，洪湖分蓄洪区应急工程，公安县章田寺毛家水厂新建工程，以及云梦县 5 万亩高产农田、洪湖市基本农田、荆州区太湖港水库灌区高产农田、天门市马湾镇土地整理等小农水建设。

八、水利旅游业

荆州有较多的水利工程设施位于偏远地区，特别是一些水库，地处深山之中，水库建成之后变山溪为人工湖泊，山清水秀，自然景观保存完好，但由于交通不便等因素，旅游价值没有得到较好的开发。2003 年，湖北省水利厅发出《关于编制全省水利风景区发展规划纲要的通知》。根据通知要求，荆州市水利局对荆州的水利旅游资源进行了全面调查，规划利用水利工程的自然景观、工程景观，结合人文景观，把水利旅游作为水利综合经营新的经济增长点来开发。

（一）洈水水库风景区

2007 年洈水水库风景区被确定为国家级水利风景区。2009 年洈水水库工程管理局入股鄂西文化旅游圈投资有限公司，共同投资开发水库风景区，为水库旅游开发打下了基础。

以洈水水库为中心所形成的洈水风景区，由北大山林场、洈水水库、溶洞群等三大自然景区组成，总面积 286 平方千米，中心园区 52.8 平方千米，一条长 8968 米巍巍大坝隔绝洈水，山溪涓流汇集成面积 37 平方千米、水深 40 米、总库容 5.93 亿立方米的人工湖，湖中镶嵌数百个小岛，形成天然的"水上迷宫"。沿湖有 500 多个半岛与群山毗连，山水相依，森林公园林木丰茂。沿湖岸分布岩溶洞穴 20 余个，其中 1996 年开发的新神洞因其独特的地质构造，形成罕见的岩溶奇观，堪称"华夏奇观"。1999 年开发的颜将军洞景观绝妙至极，被誉为国内水旱双游洞之冠。洈水风景区集水、岛、山、洞为一体，可谓"群峰倒映山溪水，无水无山不入神"，湖光山色分外妖娆。

（二）荆江分洪北闸水利风景区

新中国成立之初，荆江分洪工程动工兴建，进洪闸（位于分洪区之北，亦称为北闸）是荆江分洪工程的主体工程之一。闸长 1054.37 米，共 54 孔，创 20 世纪 50 年代水利建设之最，也受到全世界瞩目。2006 年被确定为国家级文物保护单位，2007 年被湖北省水利厅批准为省级水利风景区，2010 年被列入国家"十二五"红色旅游景区建设项目库。因其工程的重要地位和建筑物的雄伟，每年接待数万名中外游客。

（三）长湖水利风景区

长湖紧邻荆州古城，地接沙市城区，因其地缘优势和水面浩瀚，以及盛产各类水产品，吸引大批市民利用工作之余到此览水品鱼休闲，极具旅游开发前景。

（四）洪湖湿地风景区

洪湖是江汉平原最大的湖泊，水面达 348 平方千米，水质较为优良，物产十分丰富，是大自然造就的大型湿地，自然景观极佳。洪湖又是红色的土地，湘鄂西革命根据地就是利用这里的湖港沟汊建立了不朽的历史功勋，影片《洪湖赤卫队》既是这一时期革命斗争的缩影，也成为 20 世纪华人经典歌剧之一，洪湖的文化底蕴也十分深厚，现已被列为国家红色经典旅游景区之一。

（五）松滋北河水库风景区

北河水库跨松滋、宜都两市，库区水面面积 4.23 平方千米，被山峦环抱，焦柳铁路绕库而过，如山涧的一泓碧水，玲珑剔透，景色秀丽，旅游开发前景可观。

（六）公安卷桥水库风景区

卷桥水库建于 1959 年，位于公安县西南部，与湖南澧县接壤，库区水面面积 7000

亩，水库大坝长约 1000 米，高 10 米，宛如巨龙横卧；库区碧水蓝天，湖岸蜿蜒曲折，有小岛点缀，有半岛延伸，山清水秀、风光旖旎、空气清新、自然人文景观丰富。区内盛产柑橘、木材、茶叶、鲜鱼。每至秋天，漫山遍野橘树硕果盈枝，且个大味甜，"卷桥蜜橘"久负盛名。卷桥渔场，年产鲜鱼 5 万千克以上。果熟鱼丰一派繁荣景象。

（七）石首天鹅洲长江故道水利风景区

此处原为长江主河道，后由于自然裁弯演变成长江故道群湿地，现已建成长江天鹅洲江豚自然保护区和天鹅洲麋鹿、江豚保护区。天鹅洲湿地有一片近万亩的水杨树林，是长江中下游滩涂中最大的自然树林。湿地中繁育有中国特有世界珍稀的麋鹿和江豚。此外，湿地中还生长大量珍贵的动植物和鸟类，区内水草木丰茂，一年四季景色宜人，是旅游的极佳之地。

（八）监利杨林山泵站水利风景区

杨林山位于监利县东南部，一山突兀江畔，是湖南幕山余脉遗留在长江北岸的一座孤山，给一马平川的水网湖区平添了几分姿色。1984 年，监利利用此处良好的地质条件，修建了一座大型泵站，集自然景观与雄伟的人工建筑为一体，为平原湖区开辟了一块山林风景胜地。紧邻杨林山泵站的山坡上建有一处庙宇，红墙黛瓦，掩映在绿树丛中，香烟缭绕，透出几分神秘的宗教氛围，吸引了不少善男信女前往朝拜。

第三节 经 营 管 理

一、综合经营体制

水利综合经营体制是由水利工程管理体制所决定的，水利工程的管理，按照"统一管理，分级负责"的原则确定，由国家投资兴建的工程，由各级水利部门直接管理；集体投资兴建的工程，由集体单位管理，在业务上受同级水利部门的指导。跨地（市）受益的水利工程由省水利部门管理，跨县（市）的水利工程由市水利部门管理；在县（市）之内的水利工程，跨乡镇受益的水利工程由县市水利部门管理，乡镇内受益的水利工程由乡镇水利站管理。

县（市）及以上管理的水利工程，均设置有水利工程专门管理机构，实行专管和群众管理相结合的方式进行工程管理，最基层一级的管理机构，也就是一级经营实体。

（一）堤林管养体制

荆州江汉堤防自 1953 年开始栽植防浪林以来，采取国家投资，群众投工，专管和群管相结合，收益按比例分成总的原则，各个时期的具体措施不尽相同。1952—1957 年，由国家投资购买树苗，出人管，群众出工栽，结果是栽的多，活的少。1958 年以后，堤林实施统一栽植、统一管理、统一收入，结果是栽的不少，遭受破坏的多。1959—1961年 3 年自然灾害时期，一度出现群众毁林种粮或偷伐防浪林的现象。1962 年以后，开始实施林木收益由工程管理单位与当地社队按比例分成的政策，即与大集体联合造林共同管理，水利部门投资育苗，当地社队群众参与栽种和管理，林木收入"三七"分成，即水利工程管理单位提取 3 成、社队分 7 成，社队派出的堤林管理员记水利工回生产队参加年终分配。1982 年，湖北省政府发文规定：县以上管理的河道、堤防、涵闸、泵站等工程设施，包括禁脚地工程留用地和护堤林的所有权属于国家，由国家设置的管理部门统一管理；县以上管理的堤防内外禁脚，由堤防管理部门统一营造护堤林，其他任何单位和个人不准侵占、不准任意砍伐、破坏；堤防管理部门应与有关社队签订共同管理、护林合同，建立保护堤林的责任制，按比例分成；更新砍伐的树木应优先满足堤防、涵闸工程的需要，防洪抢险时无偿使用。

1984 年后，推行堤林管理承包责任制，分专业户、专业人、联合体和定额管理 4 种承包形式，实行"国家所有、专业承包、管理为主、以林养堤、保留现值、增资分成、逐年预支，到期结算"的管理办法。

1988 年后，农村实行联产责任承包制，集体经济削弱，群众管养员按惯例所获得的水利工无处兑现，故实行管养员的报酬与乡村脱钩，从林木收入中解决，堤林收入再不与乡村分成。

2000 年后，荆州市逐步实行林权制度改革，部分县（市、区）水利工程管理部门将堤林实行租赁经营，租赁期一般在 10 年左右，租赁期内林木种植、管理与更新全由租赁户负责。至 2006 年，荆州长江河道堤防管理单位清退群管员，全部实行专业化管理，堤林的营造及管理由堤防管理单位职工分段承包，管理绩效与工资挂钩。

（二）水库渔业管理体制

水库建成之初，各水库均自建渔场，招收渔业工人，自主经营。但水库一般水面较大，与库区群众有着密切的联系，虽然划定了工程管理单位与当地群众的山界林权，仍存在渔利矛盾。为管好水库的水土资源，理顺库群关系，荆州的水库自 20 世纪 60 年代就试行以水库带村（农业生产队），水库和周边群众联营的经营模式。

1. 以库带村

1970 年，公安县卷桥水库经公安县政府批准，将水库周边的 150 户、756 人、715 亩水旱耕地和周边山地划归水库管理单位统一管理，实行库林（队）合一。水库管理处加强对农业生产队的领导，在资金上给予扶持，解决抽水机械、照明设施等，帮助栽种果树，发展农业生产。据 1987 年调查统计，水库管理的农业队人平均收入要高出邻近村民人均收入 100 元以上。水库管理的农业生产队则参与水库的管理，年投入修建鱼池、培育护林劳动工 1500 个左右，解决水库管理人员不足的问题，促进了库农关系的良性发展，有效地保护了水库工程的各种设施和林业资源。至 1995 年，卷桥水库已种植杉树 1220 亩、柑橘树 500 余亩，且挂果受益，水库秩序良好，管理工作有条不紊。

2. 库群联营

1985 年 12 月，湖北省委、省政府作出《关于加强山区建设和扶贫工作的决定》，要求把老、少、边、山、库区作为开发扶贫的重点，扶持库区生产，扶持库区群众脱贫致富。根据这一决定，荆州境内的漳河、洈水等大型水库，采取库群联营的方式，帮助库区民众发展生产，脱贫致富。主要做法是：允许库区群众下库捕鱼，拦库汊和开展网箱养鱼，水库管理部门负责征收资源增殖费，购买鱼种投库，严格实行禁渔期和禁渔区制度，做好渔政管理工作，洈水水库水面跨松滋和湖南澧县，自 1984 年起逐步实行联营，坚持水面国有，把所有权与经营权分开，由水库管理处与沿库群众共同经营大水面，渔船主与管理处签订有公证机关公证的捕捞合同，凭证下库作业，1984年每船交增殖费720元，1985年每船交增殖费1000元，实行联营后，渔业生产发生了变化，产量迅速上升，从1980年的年产成鱼4075千克提高到1985年的20万千克，据调查，有70％的渔船年捕捞量在1000千克以上，为库区群众脱贫致富开辟了一个门路。

（三）企业管理体制

在大兴水利建设时期，围绕工程建设的需要，相应地成立一些工程施工队、物资运输车队、船队以及建立水泥厂、采石场等，在当时的管理体制下，水利企业仍作为事业单位管理，人员统一招收、调配，职工实行固定工资，生产计划由主管部门下达，资金从水费中拨付。

1984年6月27日，经荆州行署同意，荆州地区机构编制委员会批准成立荆州地区水利工程多种经营服务公司，实行单独核算、自负盈亏的企业化管理，其职责除自主经营外，还负责全区水利工程管理单位的多种经营生产的管理。与此同时，各县（市）和各水利工程管理单位也相应地成立水利综合经营工作机构，至此，原有一些承担施工任务的单位开始定性为企业，实行企业化管理。1986年4月，经荆州地区机构编制委员会批准，将荆州地区水利工程多种经营服务公司更名为荆州地区水利工程多种经营管理站，这标志着水利企业的改革更进一步深化，逐步取消对企业的资金拨付，使其独立经营，自负盈亏；对水利工程管理单位也实行定编定员，放权定责，财务包干，定额补助；对水利工程管理单位的超编人员也制定了"自找生产门路，扶持生产资金，实行经济承包，经费自给"的政策，于是，有了水利综合经营的大发展，各级水利部门及其直属单位兴办的综合经营企业和水利工程管理单位投资创办的企业，其经营管理体制，均为谁投资，谁经营管理。

（四）水利工程管理体制改革

随着水利综合经营不断地发展，国家明确提出了水利工程管理体制改革，将水利部门的所有单位严格从事业、企业的性质上进行划分，事业单位由财政供给，企业单位自我发展。按照国务院办公厅《水利工程管理体制改革实施意见》和湖北省人民政府办公厅《关于湖北省水利工程管理体制改革实施方案的通知》等文件要求，荆州市于2003年正式启动水利工程管理（以下简称"水管"）体制改革工作。3月18日，形成《荆州市水利工程管理体制改革实施方案》，5月23日，荆州市政府办公室组建了以分管水利工作副市长为组长，市政府联系水利工作的副秘书长和市编办、市财政、市水利、市人事、市劳动保障等部门主要负责人为成员的荆州市水利工程管理体制改革领导小组，下设办公室，各成员单位派人集中办公。经对全市水管单位进行调查研究，提出改革的建议。

2004年9月7日，荆州市人民政府根据湖北省政府有关水利工程管理体制改革的总体部署，下发了《荆州市人民政府办公室转发市体改办、市编办、市财政局、市水利局关于荆州市水利工程管理体制改革实施方案的通知》。改革的主要内容是明确权责，对水利工程实行统一管理与分级管理相结合，明确水行政主管部门和水管单位的管理责任，界定水管单位类别性质，严格定编定岗。根据水管单位承担的任务和收益状况，将现有水管单位分为 3 类：第一类是承担防洪、排涝等水利工程管理运行维护的公益性水管单位，称为纯公益性水管单位，定性为事业单位。第二类是承担既有防洪、排涝等公益性任务，又有供水、水力发电等经营性功能的水利工程运行维护任务的水管单位，称为准公益性水管单位。准公益性水管单位依其承担的任务，确定性质，承担防洪、排涝等公益任务的部分，定性为事业单位，把从事供水、发电等经营性部分剥离出来，转为水管单位下属企业。第三类是承担城市供水、水力发电等水利工程管理运行维护任务的水管单位，称为经营性水管单位，定性为企业。事业性质的水管单位，按照精简高效的原则，科学设置岗位，严格控制人员编制。定性为企业的水管单位，按照产权清晰、权责分明、政企分开、管理科学的原则，建立现代企业制度。事业性质的水管单位仍执行国家统一的事业单位工资制度，其人员经费和运行维护费经同级财政部门核定后，由同级财政全额拨付。

水管体制改革方案出台之后，市直各工程管理单位和各县（市、区）工程管理单位分别制定了各自的改革实施方案。

按照实施方案，荆州市委机构编制委员会和各县（市、区）机构编制委员会对荆州市65 个水管单位进行分类定性，通过调整合并为 63 个，其中定性为纯公益性事业单位 54 个，定性为准公益性事业单位 9 个。水管单位定员定岗参照水利部《水利工程管理单位定岗标准》进行测算，共核定事业编制 5458 名，见表 10 - 3 - 5。

表 10 - 3 - 5　　　　　　　　荆州市水管单位定性定编情况表

县（市、区）名称	定性单位个数	其 中		定编人数
		纯公益性单位个数	准公益性单位个数	
市直	6	5	1	3642
荆州区	7	4	3	174
沙市区	1		1	50
江陵县	2	1	1	166
松滋市	6	3	3	170
公安县	13	13		546
石首市	7	7		176
监利县	15	15		339
洪湖市	6	6		195
合计	63	54	9	5458

全市水管单位改革前共有 9217 人，其中在职职工 6820 人、离退休职工 1359 人、其他职工 1038 人。

完成了水管单位定编和人员定岗之后，省、市、县（市、区）各级财政部门根据机构编制核定的管理权限和定编情况，对纯公益性水管单位人员经费和工程日常维护养护费全额纳入财政预算，准公益性水管单位中的公益性部分的人员经费和工程日常维护养护费纳入财政预算。全市 63 家水管单位在财政全部立户，核定财政经费 15532.8 万元（其中人员经费 12409 万元、维修养护经费 3123.8 万元），比改革前的财政经费 5763 万元，增加9769.8 万元，见表 10 - 3 - 6 和表 10 - 3 - 7。

2008 年 12 月，经荆州市水管体制改革领导小组办公室对市直和各县（市、区）水管体制改革进行整体验收，荆州市水管体制改革工作基本完成。

表 10 - 3 - 6　　　　　　　　荆州市水管单位改革基本情况表（一）

序号	单位名称	水管单位个数	单位人员情况						人员经费情况			工程维修养护费情况		
			改革前职工人数				批复编制数	目前职工人数	核定经费/万元	落实经费/万元	落实比例/％	核定养护费/万元	落实养护费/万元	落实比例/％
			小计	在职	离退休	其他								
一	荆州区	7	538	415	61	62	487.2	449.2	92.20％	359	316	88.02％		
二	沙市区	1	76	54	19	3	50	50	125	125	100.00	46	46	100.00
三	江陵县	2	202	162	40	0	166	159	397	338	85.14	168	133	79.17
四	松滋市	6	242	185	57	0	170	183	324.5	301.2	92.82	573	495	86.39
五	公安县	13	696	605	91	0	546	399	876.6	882.72	100.70	663.4	499.46	75.29
六	石首市	7	212	194	18		176	176	352	352	100.00	309	280	90.61
七	监利县	15	598	519	79		339	454	1044.79	1044.79	100.00	465.34	333	71.56
八	洪湖市	6	457	366	91	0	195	362	420	379	90.24	110	98	89.09
九	市直	6	6187											
1	市长江局		4122	2631	575	916	2438	2365	16000	14302	89.39	3442	2018	58.63
2	省洪工局		518	392	66	60	300	300	979	979	100.00	311.37	295	94.74
3	省荆管局		564	488	76		400	400	1381	1381	100.00	170	170	100.00
4	市沮水局		473	354	119		276	276	701	570	81.31	382	71	18.59
5	市四湖局		482	366	116		230	230	563.5	348	61.76	710	461	64.93
6	市三善垸		28	24	4		14	14	34.9	34.9	100.00	5	5	100.00
	合计	63	9208	6755	1412	1041	5474	5542	23686.5	21486.8	90.70	7714.11	5220.46	67.67

二、生产责任制

水利工程管理单位开展综合经营之初，其经营项目主要是种养业，一般以基层管养点（组）或养殖场为生产单位，堤林护理和工程养护紧密相连，作为其工作任务之一，收益成为各单位解决职工福利的资金或物资来源，工资由单位发给，职工共同劳动，收益归集体所有，生产责任制不明确。

从 1978 年起，开始提倡生产责任制，主管单位和基层生产单位签订生产合同，实行"五定一奖"制度，即定产品、定产量、定产值、定成本、定利润，年初签订合同，年终结账兑现，超产有奖，减产扣赔。生产责任制的出现，对调动职工生产积极性起到了很大的促进作用。

1983 年，为了弥补"五定一奖"制度只能是主管单位对基层单位的约束，而不能约束到人的不足，水利工程管理生产责任制又有了较大的改进，普遍采取"层层包、项项包、包到人"的责任制，生产任务、成本控制、利润指标承包到人、到组，打破档案工资

表10-3-7

荆州市水管单位改革基本情况表（二）

序号	单位名称	单位人员情况						人员经费情况					工程维修养护费情况				
		改革前职工人数				批复编制数	目前职工人数	核定经费/万元	落实经费/万元	经费落实渠道			核定养护费/万元	落实养护费/万元	经费落实渠道		
		小计	在职	离退休	其他					财政拨款/万元	收入抵顶/万元	其他/万元			财政拨款/万元	收入抵顶/万元	其他/万元
	合计	4004	3244	695	65	2336	2477	5326.49	4805.81	4240.01	565.8	0	3569.14	2582.06	2207.66	270	104.4
一	水库单位	930	683	210	37	467	438	1100.8	882.4	385.9	496.5	0	650.4	284.65	114.65	170	0
1	荆州市洈水工程管理局	473	354	119		276	276	701	570	100	470		382	71		71	
2	荆州区大湖港工程管理局	279	191	51	37	52	52	145.6	119.2	119.2			128	99	20	79	
3	荆州区沙港水库管理处	25	23	2		25	25	70	20	20			37	20		20	
4	松滋文家河水库	26	20	6		20	19	39	34	24	10		31.2	31.2	31.2		
5	松滋北河水库	55	34	21		50	35	82.5	76.5	60	16.5		43	43	43		
6	公安巷桥水库管理处	72	61	11		44	31	62.70	62.70	62.70			29.20	20.45	20.45		
二	堤防单位	788	664	115	9	396	550	1035.74	1025.95	965.95	60	0	1090.47	992.2	922.2	70	0
1	荆州区长湖工程管理局	74	64	4	6	36	36	100.8	85	85			32	60		60	
2	荆州区学洲围堤管理段	50	48	2		25	25	70	92	92			64	37	27	10	
3	沙市区长湖管理局	76	54	19	3	50	50	125	125	65	60		46	46	46		
4	松滋堤防管理段	62	51	11		35	51	78	71.4	71.4			196	196	196		
5	公安荆南河流堤防管理总段	95	81	14		35	58	121.10	124.11	124.11			428.60	362.00	362.00		
6	石首堤防管理总段	32	30	2		28	28	56	56	56			144	144	144		
7	监利县下荆江河势控制工程管理段	19	18	1		12	17	38.67	38.67	38.67			12	2.00	2.00		
8	监利县新洲管理段	38	38			23	30	69.76	69.76	69.76			20.56	19.50	19.50		
9	监利县四湖管理局	65	52	13		32	41	95.8	95.8	95.8			27.82	17.40	17.40		
10	监利县三洲管理段	72	61	11		43	52	123.55	123.55	123.55			41.2	39.40	39.40		
11	监利县洪湖围堤管理段	31	25	6		16	20	47.06	47.06	47.06			35.29	29.90	29.90		
12	洪湖四湖局	174	142	32		61	142	110	97.6	97.6			43	39	39		

续表

序号	单位名称	单位人员情况				批复编制数	目前职工人数	人员经费情况					工程维修养护情况				
		改革前职工人数						核定经费/万元	落实经费/万元	经费落实情况			核定养护费/万元	落实养护费/万元	经费落实情况		
		小计	在职	离退休	其他					财政拨款/万元	收入抵顶/万元	其他/万元			财政拨款/万元	收入抵顶/万元	其他/万元
三	泵站单位	1193	1030	144	19	820	803	1668.62	1662.37	1662.37	0	0	805.75	603.31	573.31	30	0
1	荆州区里甲口电排管理站	15	15			9	9	25.2	60	60			48	40	35	5	
2	荆州区李家嘴电力灌溉站	56	35	2	19	22	22	61.6	40	40			38	40	15	25	
3	松滋小南海泵站	28	25	3		25	23	49.4	46	46			16	16	16		
4	松滋大同院水委会	40	34	6		20	34	42.3	40	40			42	42	42		
5	公安闸口泵站管理处	116	104	12		107	71	154.70	150.19	150.19			54.50	38.30	38.30		
6	公安黄山电排站	54	53	1		27	29	72.80	72.80	72.80			12.20	9.18	9.18		
7	公安法华寺电排站	46	34	12		54	26	61.50	63.43	63.43			32.50	7.78	7.78		
8	公安牛浪湖电排站	45	40	5		35	26	58.00	58.00	58.00			21.00	5.45	5.45		
9	公安淤泥湖泵站	51	47	4		43	34	78.00	80.63	80.63			34.30	25.80	25.80		
10	公安东港窑泵站管理处	80	75	5		78	43	81.30	81.30	81.30							
11	公安玉湖电排站	47	37	10		35	28	67.40	68.20	68.20			18.70	5.90	5.90		
12	公安小虎西电排站	21	19	2		18	11	27.00	27.00	27.00			10.50	7.70	7.70		
13	石首冯家潭一站	32	27	5		24	24	48	48	48			40	32	32		
14	石首冯家潭二站	33	30	3		27	27	54	54	54			40	34	34		
15	石首大港口泵站	30	26	4		21	21	42	42	42			40	34	34		
16	石首上津湖泵站	50	48	2		44	44	88	88	88			30	26	26		
17	石首陈市桥泵站	21	19	2		18	18	36	36	36			15	10	10		
18	监利县半路堤电力排灌站	80	68	12		38	57	127.78	127.78	127.78			40.68	22.10	22.10		
19	监利县螺山电排站	54	48	6		32	39	92.46	92.46	92.46			93.73	63.50	63.50		
20	监利县新沟电力灌溉站	72	62	10		31	53	115.2	115.2	115.2			30.12	22.60	22.60		
21	监利县杨林山电排站	60	57	3		32	43	99.18	99.18	99.18			83.89	59.50	59.50		

续表

序号	单位名称	单位人员情况						人员经费情况					工程维修养护费情况				
		改革前职工人数				批复编制数	目前职工人数	核定经费/万元	落实经费/万元	经费落实渠道			核定养护费/万元	落实养护费/万元	经费落实渠道		
		小计	在职	离退休	其他					财政拨款/万元	收入抵顶/万元	其他/万元			财政拨款/万元	收入抵顶/万元	其他/万元
22	监利县王港电排站	11	9	2		6	7	16.8	16.8	16.8			13.63	14.50	14.50		
23	洪湖南套沟泵站	84	60	24		35	57	80	73.5	73.5			30	28.8	28.8		
24	洪湖石码头泵站	41	36	5		21	35	50	44.1	44.1			10	8.6	8.6		
25	洪湖下万全泵站	26	22	4		18	22	40	37.8	37.8			11	9.6	9.6		
四	灌区单位	962	757	205	0	599	617	1409.93	1130.59	1121.29	9.3	0	983.02	667	562.6	0	104.4
1	荆州市四湖工程管理局	482	366	116		230	230	563.5	348	348			710	461	461		
2	荆州市三善垸水利工程管理处	28	24	4		14	14	34.9	34.9	34.9			5	5	5		
3	江陵县四湖管理局	202	162	40		106	100	263	223	223			83	71	12		59
4	江陵县观音寺颜家台灌区管理处					60	59	134	115	115			85	62	28		34
5	松滋北干渠管理段	31	21	10		20	21	33.3	33.3	24		9.3	15.2	11.4			11.4
6	公安农电排灌总站	19	16	3		13	15	35.00	37.12	37.12							
7	公安总排渠管理段	24	17	7		38	13	29.70	29.74	29.74			12.40	10.00	10.00		
8	石首电力排灌总站	14	14			14	14	28	28	28							
9	监利县河王庙灌区管理所	36	27	9		19	22	52.93	52.93	52.93			16.34	11.40	11.40		
10	监利县电力排灌管理总站	21	18	3		9	17	36.17	36.17	36.17			10	5.80	5.80		
11	监利县西门渊灌渠管理所	26	23	3		16	22	50.43	50.43	50.43			14.28	9.90	9.90		
12	监利县隔北灌区管理局	13	13			16	13	31.92	31.92	31.92			15.8	10.50	10.50		
13	监利电力排灌站					14	21	47.08	47.08	47.08			10	5.00	5.00		
14	洪湖电力排灌管理站	66	56	10		30	56	70	63	63	0		6	4	4		
五	水闸单位				0	49	64	97.4	90.5	90.5	0		19.5	14.9	14.9	0	0
1	公安二圣寺闸管理所	92	71	21		19	14	27.40	27.50	27.50			9.50	6.90	6.90		
2	洪湖新堤排水闸	66	50	16		30	50	70	63	63			10	8	8		
六	其他单位	39	39		0	5	5	14	14	14	0		20	20	20	0	0
1	荆州区电力排灌管理总站	39	39			5	5	14	14	14	0		20	20	20	0	0

制度，效益与职工报酬挂钩，不搞平均分配，能者多得，勤者多得，生产责任制进一步完善。

1988年，水利部以国水发〔1988〕22号文件发出通知，要求各级水利主管部门与工程管理单位签订承包经营合同，实行合同管理。同年3月，荆州地区水利局分别与各工程管理单位和各县水利局签订承包经营管理合同，其主要内容是"双包双挂一奖惩"，即包盈（结）余、包工程维修，工资总额与工程防洪安全挂钩，效益与财务盈（结）余挂钩，年终按《综合利用水利工程经营管理考核指标》全面考核定奖惩。

合同签订后，各工程管理单位以工程安全为重点，以经济效益为目标，将总任务层层分解到各基层单位，年终，地区水利局组织各单位和各县（市）实行交叉检查考核，分类排名，按合同奖惩兑现。

1991年后，水利工程管理单位根据水利综合经营规模，项目和参加经营人员增加的状况，开始推行承包经营制度。承包经营合同首先由水利工程管理单位与各基层单位签订，基层单位再与各生产车间、班组或个人签订，合同期效一般延长到3年。参加承包的人员实行风险抵押，即承包集体的成员每月扣工资的20%，承包的家庭或外来承包人员每年交500～1000元不等的风险金，所有风险金留在本单位作流动资金使用，年终考核，任务完成，风险金全部退还本人，完不成任务照比例扣减。

1994年，新一轮承包开始，根据"产权清晰、权责明确、政企分开、管理科学"的要求，将原统称的水利单位划分出水利工程管理单位和水利企业单位；将水管单位的人员又分成工程管理人员和综合经营人员，经费分别对待，水管单位的工资经费由水费供给，企业单位逐步减少经费供给，实行事业单位企业化管理；人员分流谋业，打破水利系统的"铁饭碗"——档案工资制，实施"联效计酬，薪绩挂钩"的分配制度。水利工程管理单位实现了由纯管理型向管理经营型的重大转折。

水利综合经营发展到一定的程度，承包经营的经营模式仍不能适应市场的激烈竞争，实体企业如果没有国家的投入，仅凭承包人的经营收入仅能维持人员工资和简单再生产，不可能再增加大的投入来扩大生产能力。自2001年起，水管单位逐步将一些经营项目租赁给社会人员，分年收取租赁承包费，合同期效一般为10～15年，单位的职工退出经营，保留职工身份，鼓励自找门路、自谋职业，发展私营经济。2001年2月，太湖港水库管理处撤销了水库养殖场，将429.6亩鱼池全部租赁给个人，签订鱼池10年租赁合同66份，收取租赁费121万元，原养殖场职工实行一次性买断，支付职工工龄买断款83.6万元。

2007年，实行水管体制改革后，水利企业全部走向了社会，2012年12月，荆州市水利水电开发总公司划归国有资产管理委员会管理。水利工程管理单位依托自身的资源优势，发展种养殖业和庭院经济进行精细化管理，探索出水利经济发展的新模式。

荆州市水管单位根据湖北省水利厅全省水利系统综合经营的总体安排，以工程管理为单元，落实"水利风景区"的规划建设。沱水水库、荆江分洪工程北闸已成为省级水利风景区；公安卷桥水库、荆州区太湖港水库、洪湖分蓄洪工程主隔堤正在申报水利风景区规划。水利综合经营开拓出新的途径并向前推进。

第十一篇 水利科技与教育

　　荆州，兴修水利具有悠久的历史。人民群众在长期与自然灾害的抗争中，积累了丰富的经验与教训，创造了一些工程建设和防洪抗灾的常用技术。但在治水活动中，多凭经验和成案办事，水利科学研究及其教育事业因受历史条件和客观环境的限制，显得十分苍白。

　　新中国成立后，荆州的水利科技与教育事业得到了迅速发展。新中国成立初期，荆州地区只有几名水利专业技术人员，所需技术力量主要在工程建设实践中锻炼和培养。在年复一年的大规模水利工程建设、工程管理和防洪抗旱排涝斗争中，培养造就了一支具有丰富实践经验和一定专业水平的骨干队伍。20世纪50年代中期开始，逐步选拔优秀青年职工输送到武汉水利专业院校短期委培，以解燃眉之急。60年代以后，大专院校的毕业生陆续分配到荆州各水利部门，专业技术人员逐年增加，业务能力逐步提高，适应了工程建设与管理的需要。

　　从20世纪50年代开始，荆州水利系统各单位的技术人员在长江委、湖北省水利厅、大专院校及科研单位的帮助与指导下，结合荆州实际情况和工程建设与水工程管理的需要，开展了大量的科研工作，涌现了一大批水利科技工作者，并取得丰硕的科研成果，解决了工程建设、防洪抗灾、农田灌溉以及管理工作中的难题，为荆州地区的安澜和经济发展作出了积极贡献。

第一章 水 利 科 技

科学技术是第一生产力，水利事业的发展，与科学技术密切相关。新中国成立初期，大规模的水利建设逐步展开，为解决堤防加固、抗洪抢险、白蚁防治、农田灌溉等方面的建设难题，工程技术人员从 20 世纪 50 年代开始，有针对性地开展了科研及先进技术推广工作，坚持理论与实践相结合的原则，敢于创新、勇于探索，充分发挥自己的聪明才智，集中群众的智慧，不断总结经验，研究新情况，解决新问题，攻克了一个个难关，增强了科研手段，积累了丰富的经验，获得了大量的科研成果，促进了水利事业的发展，取得了巨大的经济效益和社会效益。

第一节 发 展 概 况

20 世纪 50 年代，水利建设的重点是堵口复堤，加固堤防，关好防洪大门。当时，水利部门工程技术人员少，而建设项目又多，技术力量严重不足，且历史留传下来的水利技术知识与现代水利建设不相适应。随着水利事业的快速发展，水工建筑工程日益增多，江河防汛任务尤为繁重，面对大量的实际问题，如何加快堤防建设，保证堤防安全，尽快解决"旱包子""水袋子"的问题，成为水利科学研究的当务之急。在有关单位专家、教授的指导下，全区水利工程技术人员围绕水利建设的中心开展了大量的科研工作。

从 20 世纪 50 年代初，围绕荆江大堤的整险加固，荆州地区长江修防处在长委（长办）、湖北省水利厅及有关科研单位的帮助和指导下，先后在荆江大堤的几处重点险情发生地进行了钻探试验。其中，1958 年以研究堤基翻沙涌水为重点，选择有代表性的断面 40 处，钻孔 185 眼，总进尺 3195 米，钻孔布置按险情分为堤基、堤身两大类，取土样经长江水利科学研究院土工实验室进行颗粒分析，确定土壤名称及不均匀系数，并做密度、含水量、干容重、渗透等试验，对堤基部分还做了压缩试验。这些试验研究，对于了解区域地质条件及堤基情况，起到了一定作用。在此基础上，科技人员进一步对荆江大堤区域地质环境、堤基工程地质进行了分析研究，找到了管涌的产生原因：由于堤基下卧有粉细砂，粉细砂层缺少中间粒径，比较均匀，细砂含量较大，透水性强，洪水期间，在高水头作用下，地下水水位渗透压力加大，以致覆盖层薄弱或遭到破坏的地方，就突破上部覆盖层或通过孔隙而产生流土管涌。对荆江大堤管涌险情的控制，新中国成立后曾先后采取"外截"（延长渗径、降低渗水压力的一种工程措施，1954 年以前广泛使用）、"内压"（在堤内脚一定宽度内填筑平台、填塘、加厚堤内地面覆盖层，以平衡堤基渗水压力，防止管涌产生）、"内导"（在堤内一定范围内修筑浅层排渗井、排渗沟和深层减压井排渗，以降低地下水水位，减少剩余渗水压力）和"导压兼施"等措施。

土栖白蚁遍布于江河堤防，其洞穴可穿达堤身深处，在高水位的压力下，极易造成溃口性险情，是堤防的大敌，故有"千里金堤，溃于蚁穴"之说。为加强蚁患防治的研究，新中国成立初，首先在荆江大堤开展了区分白蚁类型、掌握白蚁生活习性及活动规律的研究工作，从中总结出一套"查找、翻筑、烟熏、灌浆"的防治办法，对清除白蚁隐患，防止白蚁对堤防、大坝的危害，取得了良好的效果。

20世纪50年代后期，在排灌方面也进行了一些研究试验工作。首先是对四湖地区的勘测、规划和治理，采取了等高截流、分层排蓄、统一规划、综合治理的办法。其次是进行了灌溉试验工作。1958年在天门县九真公社的两个大队进行试点，获得了成功。1959年4月全区12个县建立了灌溉试验站，全面开展试验研究工作。试验项目有农作物的需水量、灌溉制度试点、灌水技术试验等。通过试验观测，摸索出了不同降水年份不同类型的水稻、棉花的需水规律、田间需水量、合理灌溉制度、灌溉技术等，为农业增产、水利工程规划设计及管理应用提供了一些非常有价值的资料。

20世纪60年代，荆州水利建设在巩固堤防的基础上，把排涝作为重点，初期以自流排水、挖渠、筑堤、建闸为主，后期则为大力发展电排工程时期。怎样选择排涝标准，当时全国没有统一的规定，1964—1965年，荆州地区在长办规划的基础上对排水系统作了详细规划，并制定出排涝标准。

荆州平原湖区建闸，其基础处理技术是逐步完善的。20世纪60年代以前，一直沿用传统打摩擦桩以增强地基承载力的办法，但水闸采用桩基的弊端不少。60年代初期，推广汉江分洪闸的预压闸基经验，为节省预压填挖土方，多采用破堤建闸，利用密实堤基承载力，改用无桩基础。对四湖、内河低水头的节制闸，多采用开敞式轻型结构；对沿江大河水头较高、有防洪要求的排水灌溉涵闸，一般采用单孔或多孔的涵洞式结构，其优点是渗径较长，结构完整，闸基抗滑、抗渗和稳定。对大型或重点中型涵闸的基础，都进行了土壤、物理、力学性能试验研究，依据地基、闸基的相对弹性模量及沉降变形，考虑边荷载的影响进行闸基设计，通过弹性地基上框架结构的设计，使水闸的结构更能接近实际情况。这一研究成果当时在全国处于领先地位。湖北省最大、最早建立的公安黄山头泵站、洪湖南套沟泵站均采用了这一技术。

在灌溉方面，20世纪60年代主要是对渠系规划，对水库、塘堰、沟渠如何连接进行了研究。

20世纪70—80年代初，随着大规模水利建设的开展，涵闸、水库建设的重点逐步由兴建为主转为以管理为主。根据确保工程安全、充分发挥效益的方针，开展重点闸、坝工程原型观测的研究，监测工程运用期间的变化情况，指导工程安全控制运用，并为验证、改进设计积累了技术资料。

20世纪80年代，水利工程建设的重点是提高排涝标准，大力发展电排站。在泵站的设计、施工中，着重研究了泵站软土地基如何处理；地基、主体结构与附属结构如何合理安排；地基应力如何调整；站房如何布置；厂房、通风、运行、环境如何协调等。在设计、施工时，改原封闭式泵房为开敞式。原来泵站电机安装位置较低，水位一高，容易淹没损坏电机。为解决这一问题，在新的泵站设计中，将电机轴加长，安装位置提高，费用少，效果好，设计施工更加完善。

20 世纪 90 年代以来，针对荆州洪、涝、旱灾害频繁发生的突出问题，水利战线的科技人员把灌区节水与配套、四湖地区排涝系统优化调度、电力排灌站设备更新改造和渍害中低产田改造作为主攻方向，大力推广农田水利适用新技术，促进了水利科技成果向现实生产力转化，产生了明显的经济效益。尤其是 1998 年长江大水后，科技人员将堤防基础防渗新技术和新材料应用作为科研重点，取得了许多重大科研成果，并运用于大江大河堤防整险加固之中，有效地提高了堤防的抗洪能力。

第二节　科　研　成　果

新中国成立以来，广大水利职工结合本职工作实际，广泛开展技术革新和科研工作，尤其是在江河防洪工程、闸坝工程、农田排灌工程等方面投入了大量的人力、物力，积累了丰富的经验，取得了具有指导意义的科研成果，及时解决了实践中急需解决的一些课题和难题，为荆州的水利工程建设、防汛抗灾、农田改造作出了突出贡献。

一、江河防洪工程试验研究

（一）荆江分洪工程试验研究

1952 年 3 月 31 日，中央人民政府政务院发布《关于荆江分洪工程的规定》，4 月 5 日，荆江分洪工程太平口进洪闸、黄山头节制闸、安乡河北堤与虎渡河西堤的培修工程全面动工兴建。为了确保工程质量，在此之前，长委抽调技术人员与武汉大学合作，为荆江分洪工程进行了 4 项水工模型研究试验，即荆江分洪整体模型试验，北闸及南闸断面模型试验，虎渡河、太平口拦河坝拆除试验，荆江分洪区排水闸模型试验。

为给荆江分洪工程提供设计资料并科学控制施工质量，1952 年 4 月中旬，荆江分洪工程总指挥部商请武汉大学将土工试验仪器全部搬迁到工地开展工作，设址于沙市市纱厂。土工试验在冯国栋教授指导下，与长委实验室和土壤钻探队协作，共做南、北两闸基础土样物理及力学性能试验 555 个，连同武汉大学所做土样试验共计 882 个。

1952 年，荆江分洪工程动工，长委实验室派员携带仪器驻工地进行混凝土施工质量控制试验。先后做坍落度试验 16556 次，混凝土抗压强度试验 387 个，使甲级混凝土 28 天的强度平均在 3000 磅每平方英寸以上，乙级混凝土 28 天的强度平均在 2000 磅每平方英寸左右（新中国成立初期的标准）。

（二）杜家台分洪工程试验研究

1955 年，汉江杜家台分洪工程开工，此工程包括分洪闸、分洪道等。分洪闸位于汉江河湾凹岸。长委规划设计时，曾通过水工模型试验认真比较了鄢家湾和杜家台两处闸址，选定位于弯道起点、引水流势较顺、地质条件较好的杜家台。还对闸前防护、闸下消能防冲及河道稳定等方面进行了一系列的试验研究。

水利部苏联首席顾问沃洛宁曾两次视察杜家台分洪闸工地，针对闸基在天然状态下承载力不符合设计要求的问题，提出预压加固的建议。据此，长委进行了大量的地基土壤试验研究，经实施预压土方 20 余万立方米，历时 6 个月，使拟建闸室和岸墩地基分别沉降

67 厘米和 97 厘米，大大提高了土层承载力。分洪闸建成后，实测沉降量为：闸室 4 厘米，岸墩 6～12 厘米，符合质量要求。

为有效防止基坑开挖时因地下水水位高出基底发生涌水冒沙破坏地基的事故，在汉江杜家台分洪闸施工中，在国内首次采用了轻型井点排水系统。根据对地基土壤渗透性能的试验研究，以适当间距沿基坑周边分装一排深入地下透水沙层并带有滤孔的钢管，再将露出地面的管口连贯起来，用配有真空泵的抽水机进行抽水，既降低地下水水位，保证基础干燥，又能密实土壤，改善基础。共安装 6 米长井管 571 根，由 8 套真空泵抽水，降低地下水水位 20～24 米，保证了安全施工。

（三）防洪工程试验研究

长江中游的下荆江河段，九曲回肠，泄流不畅。1953 年，长委开始设立荆江观测队（后改为荆江河床试验站），对下荆江蜿蜒型河道的形成原因、演变规律和裁弯取直可行性进行重点观测研究。1958—1959 年，长科院河流研究室协同长江航道局全面勘测了荆江河段，提出初步规划后，河流研究室又进行了上下荆江 480 千米的河道模型试验和下荆江泄洪方案的气流模型试验；1960 年、1963 年进行了河床试验；1964 年进行了中洲子裁弯工程的设计研究，开展了定床与动床模型试验；1967—1969 年，先后实施了中洲子和上车湾裁弯工程。1972 年 7 月 19 日，下荆江沙滩子发生自然裁弯。3 处裁弯效益明显：防洪方面，可使上游 140 千米的沙市同流量水位降低约 50 厘米；航运方面，缩短航程约 80 千米，并裁去严重碍航浅滩 4 处，保证了航运安全，降低了航运费用。裁弯工程实施后，又继续进行了系统的河床演变研究和动床模型试验，研究了裁弯对河床的影响，为河势控制工程的顺利实施起到了指导作用。

长江上荆江河势虽然比较稳定，但加高加固荆江大堤，确保防洪安全，是荆州市水利建设长期的重要任务。1954—1976 年，荆州河道堤防部门在长委、湖北省水利厅及科研单位的指导下，先后在荆江大堤龙二渊、柳口、黑窑厂、黄灵垱、郝穴、斐家台、蛟子渊、胡家潭、肖家潭、李埠等堤段实施钻探试验，所取土样送长科院土工实验室进行颗粒分析。根据钻探试验资料成果，1961 年 8 月，长春地质大学大堤科研组编著《荆江大堤堤基翻沙涌水现象分析》一书。1976 年长科院又对上述地段历年来土工试验资料进行整理，编制《荆江地区地基粘性土质指标间的相互关系》报告。上述试验研究，对于了解区域地质条件及堤基情况，指导荆江大堤全面加固设计发挥了一定作用。1985 年，长办所属单位、湖北省水利勘测设计院、湖北省水利水电科学研究所为配合荆江大堤加固工程，又做了大量堤基土工试验与堤基标准渗流试验等，为荆江大堤加固工程积累了丰富资料。

1956 年起，长江水利科学研究院组织荆江河床试验站及堤防部门，对上荆江重要河段的变化情况采用水上测量和水下回声探测仪进行经常性监测及探查护岸块石移动走失情况，为这些河段的综合治理提供了翔实资料。1961 年起，陆续开始进行抛石护岸工程的室内试验研究，取得了具有实用价值的成果。1975 年，在沙市召开了长江护岸工程经验交流会。

（四）机械吹填

荆州堤防整险加固工程规模巨大，分布范围广，尤以濒临河湾凹岸、堤外无滩又内临深渊堤段，以及外靠湖泊洼地内傍渊塘沼泽的险工险段，所需土方量大。在堤防加固治理中，常常因土源缺乏而无法实施，成为荆州堤防防洪和建设的薄弱之处。

1972年，荆州地区长江修防处开始试验用国产挖泥船对荆江大堤内脚进行填塘固基。试验证明此办法具有投资省、不挖压土地、不破坏堤基、造价低于人工填筑等优点。1979年水电部推广了这一经验，并引进荷兰"海狸－4600"型班产土方1万～1.2万立方米的大型自动挖泥船4艘及专业设备。1981年，荆州地区长江修防处配合湖北省水利水电科学研究院、湖北省水利水电勘测设计院等单位，对荆江大堤祁家渊及方赵岗险段长6.42千米的吹填淤区进行了为时两年的观测、试验，共钻孔22个，试验吹填土样200个，观测直径700毫米压力管输泥特性两个施工季节，取得了吹填淤区沉积土变化规律、吹填土的物理力学特性以及抗垂直渗透变形和大型挖泥船直径700毫米管运输泥阻力特性等研究成果，为荆江大堤加固设计提供了翔实资料，并使进口大型挖泥船的输排泥距由1900米提高到3960米，提高了设备效能。

在采用挖泥船施工中，遇到的突出问题是加固堤段多位于主流贴靠的凹岸，外临深泓，近岸土源不足，而对岸是连绵不断的沙滩，土源充足。如何跨江取土，开辟新的土源，荆江大堤加固工程指挥部与长江航道局共同开展了试验研究。1978年，在荆江大堤木沉渊首次实施铺设过江潜管取土试验的潜管铺设技术，完成铺设跨江管道1059米，其中水下管道长517.5米。将泥沙从南岸金城洲通过水底管道输送到北岸木沉渊堤段后，2个月吹填土方87.5万立方米，无任何排泥故障，潜管吹填试验成功。此技术荣获交通部1979年重大科技成果二等奖。

虽然潜管过江试验成功，但是未能解决管道自行沉浮的问题，管道在水下不能自由移动位置，影响输泥效益，而且管道不能回收，造成浪费。1981年，水电部十三局与荆州长江修防处又在江陵龙二渊组织实施"端点站"技术进行潜管过江取土试验。此技术是一项能使管道自行沉浮的潜管输泥技术，利用管系重力与浮力变化进行的。沉放管道时，利用端点站上的水泵及充水阀向管道内充水，此时重力大于浮力，故能使橡胶软管由首端至尾端下沉至江底；需上浮时，则启动端点站上的空压机和充气阀向管道内充气，以气逐水，此时浮力大于重力，故使管道逐段上浮。经过实践运用，成效显著。

在吹填施工中，有的堤段离土源太远，输泥排距无法满足施工要求而影响最大效益的发挥。1981年后，荆州长江修防处组织技术力量，对挖泥船长排距输泥技术的可行性进行调查论证和试验观测，不断改进、摸索出采用接力泵站吹填渊塘、加固堤基的有效方法，解决了土源长距离输送的难题，1987年正式投产，排距可延伸至15000米，在国内同类型挖泥船中处于领先地位，成为全国长排距输泥吹填技术的典范。其阶段性成果"200立方米每小时绞吸式挖泥船改造配套装置"于1988年获荆州地区科技进步一等奖，"中型挖泥船增长排距技术"获1991年湖北省科技进步二等奖。

（五）江河堤防防渗研究及运用

20世纪90年代，南线大堤、松滋江堤、荆南长江干堤、洪湖监利长江干堤及荆南四河堤防相继实施大规模加固建设。在建设前，对这些堤防开展了全面、系统的地质勘察。其中，南线大堤地质勘察由长委第七勘测队负责，1990年11月开始实施，1991年4月完成勘测钻孔47个，总进尺1233米，取原状样123个、扰动样188个。松滋江堤地质勘察工作始于 1990 年 12 月，勘测长度 54 千米，次年 4 月完成，机钻孔 86 个，总进尺 1503 米，手钻孔 142 个，总进尺 475 米，土体物理力学及渗流试验由长科院承担，开展力学试验 131 组、物理试验 471 组。荆南长江干堤加固工程于 1999 年 11 月开始地质勘察工作，2000 年 6 月完成，小口径钻孔 2644 个，进尺 63000 米，手摇钻孔 276 个，进尺 842 米。洪湖监利长江干堤整险加固工程初步设计阶段，地质勘察钻孔布置主要位于险工险段、护岸段及穿堤建筑物，共钻孔 528 个，进尺 4824 米，取原状样 1599 组、扰动样 565 组，标准贯入试验 1883 次。荆南四河堤地质勘察于 1999 年 3 月开始，7 月结束，钻孔 610 个，进尺 13776 米，标准贯入试验 2537 次。经过大量的基础地质勘察试验，基本摸清了荆州长江干支堤防区域地质环境、堤基工程地质条件、堤身基本情况和渗漏产生的原因以及针对其特点所应采取的渗控措施，为堤防全面整险加固和防汛抗洪提供了必要的科学依据。

荆州的干支堤防大多数修筑于冲积土层上，堤基相对不透水层单薄，沙层深厚，土质结构复杂。由于长江河泓切割地面覆盖层，河床底部即为沙层或卵石层，洪水季节江水不断向堤内渗透，汛期外江水位高于堤内地下水，通过压力传递使承压水增高，因而经常出现管涌险情（亦称为翻沙鼓水）。管涌之所以为堤防安全的最大威胁，就在于水流挟带地基土层中的泥沙不断涌出，致使地基虚悬而最终形成溃口。

经过堤防部门多年的探索和抢护实践，已基本弄清管涌险情的形成原因，掌握了抢护方法。其抢护的指导原则是：采取措施削减水位差，降低渗透水在地基运动过程中的流速，达到出流不带沙的目的。抢护方法主要有外截、蓄水反压、内导、围井导滤等。

随着科技进步，越来越多的高新科技手段运用到堤防隐患检测之中，如运用流场法原理检测管涌就是一种高科技检测方法，2007 年 8 月在长江干堤蒋家垴重点险段试验运用中获得成功。其基本原理为：因江河湖库中的水流分布有其自身规律，当出现管涌时，便会出现迎水面向背水面的渗漏通道。流场法利用水流场与电流场在一定条件下数学物理上的相似性，通过分析电流场与渗漏水流场之间在数学形式上的内在联系，建立电流场和异常水流场时空分布形态之间的拟合关系，从而通过测定电流场可间接测定渗漏水流场，经过理论分析和大量物理模型试验，优选电流信号波形，使之获得渗漏水流场分布关系。此方法测定方便，且具有较高分辨率和较强抗干扰能力，是一种全新的物理探测技术。

20 世纪 50 年代，限于历史条件、经济条件和技术水平，荆江地区堤防建设主要采取堤身加高培厚、翻挖回填、反滤、减压井、铺盖等传统整治方式。1998 年大水后，为从根本上整治险情，提高抗洪能力，国家投入了巨额资金，实施堤防加固工程。荆州河道堤防部门在整治险要堤段及溃口性险情过程中，广泛运用新技术、新工艺、新材料处理堤防基础渗漏问题。其主要方法有以下几种。

1. 锥探灌浆

堤身隐患是荆江地区堤防三大险情之一。堤身隐患有白蚁、獾洞和埋在堤内的阴沟、墙脚、砖石、树桩以及堤上建筑物等，其中尤以白蚁隐患最为突出。长期以来，堤身隐患大多采用抽槽或按漏洞跟踪翻筑等方法查找，耗费大量物力人力。锥探灌浆是处理堤身各种隐患行之有效的一项工程措施。1953 年在荆江大堤加固中便学习运用黄河人工锥探方法，以消除堤身渗漏隐患，随后推广到荆州所有堤防。实践证明，作为一种预防性措施，锥探灌浆不仅能充填白蚁巢穴、蚁道，消灭白蚁，还能有效处理堤身裂缝、獾洞及其他隐患，增加堤身土壤密实度，增强堤身抗渗能力，改善堤质，加固堤防，是综合治理堤身隐患的有效措施。

1956年开始，由灌沙改灌泥浆，将泥浆由锥孔倒进，自流灌入，为避免因锥孔阻塞或灌沙不实而影响处理效果，1958年，江陵县改用手摇双杆灌浆机灌浆，一般洞穴、裂缝经过灌浆得到密实，减少人工开挖回填工作量。1972年，荆州河道部门学习黄河大堤机械灌浆经验，试制拌浆机、压力灌浆机和锥探机，形成锥探、拌浆、灌浆一条龙机械化施工流程，改变过去人工灌浆耗费大量体力的状况，节省了人力，提高了工效。1977年，洪湖长江修防总段工程师涂胜宝首创新型液压锥探机，压力灌浆入孔，以泥浆充填堤身裂缝，取得良好效果。1979年，沙市市修防管理段与沙市市棉纺厂合作，共同设计制作出车载挤压式双杆锥探机，获得当年沙市市科技进步三等奖。此后，这些锥探机械推广到荆州沿江各县（市）和武汉市东西湖堤防加固工程。

1998年长江大水后，荆江大堤151千米堤段实施锥探灌浆，部分重点薄弱堤段反复锥探。洪湖监利长江干堤整险加固中，对230千米堤防进行锥探灌浆，并对险工险段进行复灌。荆南长江干堤、南线大堤、松滋江堤加固过程中也实施了锥探灌浆，堤身隐患得到有效治理，堤防安全得到保障。

2. 减压井防渗

新中国成立后，荆江大堤、长江汉江堤防的多处险工险段设置减压井实施截渗防渗。减压井的作用是使基础土层在保护细砂不流失的条件下排除渗透水，减低渗透压力，防止土粒流失；可降低地下水位，防止管涌发生，为处理堤基管涌的一项措施。1958年，在荆江大堤黄林垱堤段布置空心减压井51口，浸润线观测管8根，地下水测压管12根，取得明显效果。1963年起，先后在荆江大堤廖子河、蔡老渊、李家埠、窑圻垴等历史管涌段布置空心减压井83口。

减压井建成后，一般3～5年内效果较好，但随着时间的推移，因泥沙淤塞，效果逐渐下降。因此，除了观音寺闸下游渠道内仍存有大量减压井外，其他堤段减压井先后拔管废除，并回填黏土压实。1983年在新滩口泵站施工中，研制了大口径、大抽水量的深井减压技术，其原理是通过大流量抽水，降低覆盖层下的承压水位，防止覆盖土层发生流土。此项技术曾用于观音寺闸整险、天门罗汉寺闸整险等多项工程中。

3. 压缩充填

通过专用设备将刀具或模具振动挤压至土体中，起拔时形成空间并同时注入浆液建造防渗墙的方法称为压缩充填。挤压法成墙主要有振动压模造墙法、超薄防渗墙工法、振动切槽法和板桩灌注法等。

（1）超薄防渗墙，亦称板桩灌注墙，是运用振动沉桩的方法通过液压振动锤将规格一般为H形、高0.5～1米、厚0.07～0.1米钢板桩振动至设计深度的混凝土防渗工程设施。为加快沉桩速度，在桩体上焊接有注浆管，在沉桩的同时注入润滑浆液，沉桩达到设计深度后，边拔桩边注入混凝土膨润浆液；然后沿设计轴线逐次移动桩位，重复操作，将履带式造孔机移至下一槽段，将H形桩顺着前一个槽段边缘部分振入后再灌注，使槽与槽之间形成连续性防渗墙体。1998年大水后，先后在长江干堤洪湖燕窝堤段和监利南河口堤段实施超薄防渗墙6.75万平方米，成墙28天后，渗透系数和抗压强度均达到设计要求。

（2）振沉板桩。施工方法是用振动锤将矩形钢板桩振入地下，达到设计深度后，用3PN立轴泥浆泵将混凝土浆通过高压管输送至钢板桩，经桩尖处特别设计的喷门喷出；边灌浆，边缓慢提升桩体，直至完成全桩灌注，最后形成连续的防渗板墙帷幕。施工时以36根桩为一小段，每小段跳桩分序进行，在各小段之间用"外椰桩"形式，使之成为完整、连续的防渗墙。1998年大水后，在长江干堤洪湖套口堤段实施振沉板桩防渗截渗工程，成墙28天后，渗透系数和抗压强度均达到设计要求。

（3）钢板桩。将钢板桩打入堤基透水层下相对不透水层中，拦截透水层渗水，形成半封闭或全封闭防渗墙，从而起到堤基防渗作用。钢板桩间均以锁扣连接，能有效防止水流渗透。钢板桩防渗墙建于江堤外滩软土上，先沿钢板桩轴线开挖施工沟槽，安装施工样架，沿样架插打钢板至设计高程，然后在钢板桩顶浇筑钢筋混凝土锁口梁，锁口梁顶贴复合土工膜，再覆盖黏土，与堤防形成防渗整体。

1998年汛期，荆州长江干堤险情不断，洪灾损失严重，引起国际社会普遍关注。针对荆江地区堤防堤基渗流引发的各种险情，1999年3月，日本政府向中国政府提出无偿援助1亿元（人民币）资金紧急实施长江堤防钢板桩加固示范项目的建议，最终选定在荆江大堤观音寺堤段、洪湖长江干堤燕窝堤段堤基实施钢板桩防渗工程。

4. 材料置换

利用机械在土层中开槽并充填具有防渗能力的材料从而形成一道连续的防渗墙的方法称为材料置换。根据开槽机具和方法不同，可分为以下4种。

（1）液压抓斗开槽建墙。利用抓斗抓出土层中土体，借助泥浆护壁形成槽孔，再浇注塑性混凝土形成防渗墙。施工方法为：用WY-300型液压抓斗造孔，槽孔抓取时一般采用膨润土或黏土泥浆护壁以防槽孔坍塌。槽孔分成间隔Ⅰ期、Ⅱ期槽孔，Ⅰ期槽孔成槽后，将接头管置入槽孔两端，依据初拟时间、浇注混凝土速度、气温等因素，确定起拔时间；全部拔出后形成接头子孔，待Ⅱ期槽孔浇筑时，混凝土嵌入Ⅰ期槽孔形成连续墙。监利姜家门堤段采用了液压抓斗开槽建墙防渗，其渗透系数和抗压强度均达到设计要求，1999年洪水期未出现新险情。但有不足之处，即工效较低、成墙速度较慢、造价较高。

（2）垂直铺膜技术。运用开槽机械，在堤基内开出深槽，将塑料薄膜敷埋入槽内，形成以塑料薄膜为主体的防渗屏障。施工中，通过PCY-15型垂直铺膜开槽刀杆的往复运动，刮刀不断切割土层，同时，高压水泵提供的高压水流经高压水管和刀杆空腔从喷嘴射出，不断充切土体；土体在刮刀和高压水流共同作用下，经搅拌形成泥浆起固壁作用，并流向沟槽后方。铺膜装置位于开槽机后方，施工时将竖向固定杆插入缠有土工膜的钢管内，放入沟槽至槽底，牵引绳系在开槽机底架后部随机器前进，土工膜即可平顺铺入槽内。用垂直铺塑替代混凝土、黏土、高压喷射灌浆防渗墙，可节省投资，缩短工期，且防渗效果明显。此方法施工工艺简单，铺膜速度快，采取机械化施工，挖槽、铺塑、回填一次完成。土工膜可将一定高程以上砂层中地下水截断，从而起到防渗作用。洪湖燕窝堤段和王洲堤段在加固工程中采用了垂直铺塑技术防渗截渗。

（3）射水法造墙。利用水泵及成型器中的射水喷嘴形成高速泥浆水流来切割地层，水土混合回流，泥沙溢出地面，同时利用卷扬机操纵成型器上下往复运动，进一步切割土层，并由成型器下沿刀具切割修整孔壁形成一定规格槽孔；槽孔由一定浓度泥浆固壁，槽孔成型后采用导管法水下混凝土浇筑建成混凝土单槽，先单序号跳槽造孔浇注，待混凝土槽板初凝后，造双序号槽孔过程中，成型器偶向水喷嘴不断冲洗单序号槽板侧面形成两侧冲洗干净的混凝土面槽孔，经过双序号浇注与单序号槽板连成连续混凝土墙体。此方法施工工艺比较复杂，造价适中，工效较低，但成墙效果好。实施此法造墙，能有效清除散浸、管涌等险情。1999 年在洪湖田家口堤段实施了射水法造墙。

（4）锯（拉）槽法造墙防渗。采用锯槽机，由近乎垂直的锯管在功率较大的上下摆装置或液压装置驱动下，锯管上设置一种类似锯条的刀削杆，模仿拉锯动作对地层进行上下切削，锯槽机根据地层状况以一定速度向前移动开槽，采用泥浆护壁，循环出渣；槽孔形成后，根据需要采用导管法下浇注塑性混凝土或钢筋混凝土形成防渗墙。荆南长江干堤石首境内加固工程采用了此技术。

5. 密实孔隙

采用相应方法将防渗材料填至土层孔隙中，达到防渗目的的方法称为密实孔隙。通过垂直防渗墙的建造，在地下形成封闭式防渗帷幕，使堤基背水侧表土层下面水头压力大为减小，从而达到防治管涌等险情的目的。其方法主要有以下两种。

（1）多头小口径深层搅拌桩。深层搅拌法防渗技术，是在深层搅拌桩基础上发展起来的堤防防渗加固新方法。它利用混凝土浆作为固化剂，通过特制深层搅拌机械，在堤基深处将软土和混凝土强制搅拌后，由混凝土与软土之间所产生的一系列物理、化学反应，使软土硬化为具有整体性、稳定性和一定强度的混凝土搅拌桩。施工方法为：先将多头小口径深层搅拌桩机就位、调平，通过主机动力传动装置，带动主机上 3 个并列钻杆转动，并以一定推进力使钻头在土层中推进至设计深度，然后再提升搅拌至孔口。施工中，通过水泥浆泵将水泥浆由高压输浆管输进钻具，在钻进和提升的同时，水泥浆和原土充分搅和，再将桩机纵移就位调平，多次重复上述过程形成防渗墙。此方法施工进度较快，每台班可造墙 150 平方米以上，造价较低，每平方米约 80 元，成墙墙体连续可靠。洪湖长江干堤中小沙角堤段实施后，未出现新的管涌险情。

（2）高喷灌浆造墙工法。利用置于钻孔中的喷射装置喷射高压射流冲切、搅拌地层，在射流切冲过程中部分土体颗粒被能量释放中产生的气泡携带置换出地面，同时灌入浆液，在基本不扰动地基应力条件下，形成不同结构形式（桩、板、墙）、不同形状、不同深度、不同倾斜度的防渗加固凝结体。此方法适合松散地基深度大于 15 米，并且可以截断水源的地基处理。此法施工，每台班造墙约 140 平方米，单位造价每平方米约 200 元。

（六）护岸研究及施工技术

河岸崩坍是荆州江河堤防的三大险情之一。尤其是长江干流的地质结构为土沙二元结构，黏土覆盖层薄，沙层厚，沙层顶板高，河岸抗冲能力弱，加之长江径流丰沛，汛期长，水深流急，河道弯曲，险工段迎流顶冲，深泓贴岸，历史上崩岸频发，堤防多次退挽，大量良田崩失，给当地人民生命财产造成严重威胁。

新中国成立后，国家和地方投入大量人力、物力和财力，进行崩岸研究及整治，实施长期大规模护岸工程，有效控制了崩岸险情，稳定了河势。据初步统计，1950—2010 年，荆州长江干流护岸工程累计护岸长 302.13 千米，完成土方 1385 万立方米、石方 2900 万立方米、混凝土 31.04 万立方米、柴枕 52.16 万个，总投资 13.4 亿元。汉江堤防从 1950 年起至 1984 年止，护岸护脚累计施工 25 次，下自代家拐，上至粮仓巷，全长 2360 米，完成石方 89113 立方米，其中水上护坡 20067 立方米、水下护脚 69046 立方米，抛枕 3790 个，总投资 152.11 万元。

1. 护岸工程与河床演变观测

围绕荆江河段崩岸整治工程，先后开展了险工护岸和河床演变等观测，这些观测成果，为护岸工程设计和施工提供了科学依据。

1956 年前后，险工护岸观测由荆州地区长江修防处及其所辖县段组织进行，重点险工护岸段由长委所属荆江河道观测专门机构（回声测量队、水文测量队、荆江观测队）结合荆江观测进行。1960 年后，观测工作由长办荆江河床试验站配合荆州地区长江修防处进行。1980 年起，主要由荆州地区长江修防处测量队负责进行。多年来，荆江 30 余个河段和 20 余个护岸段分别进行崩岸和护岸观测，重点观测沙市、盐卡、黄灵、祁冲、郝穴、城南 6 大险工河段。

施测技术：水深测量最初采用"砣测""杆测"等原始办法，1952 年后，开始普遍采取回声测探仪。此仪器体积小、灵活方便，根据回声原理，工作时由小型马达带动记录带转鼓，发声器即接通电流，经发声振荡器转换为声波，向河床发出，再经收声振荡器转换成电传信号，放大输送到记录器，显示黑色曲线，即可求得水深，绘成水下地形图，具有一定的精度。

平面控制测量采用激光经纬仪进行。为了解护岸效果和块石在床面分布情况，先后采用潜水员直接摸探和使用摸探打印器探测。1958 年后，荆江河床试验站利用特制测锤在荆江大堤护岸段进行探测，判别床面有无块石、卵石覆盖。结果表明，离岸 40～60 米范围内，一般均有块石存在。1976 年开始先后试用日本产 SP-2 型浅地层剖面仪和长办研制的 CK-1 型水声探测仪，在沙市、郝穴河段进行探测。浅地层剖面仪是根据声学原理，采用声学电子技术探测水下几十米地层分层结构的仪器；水声探测仪也是利用声波原理进行水下地质勘探的一种仪器，可以得到地质断面的直接显示和连续记录。经使用以上两种仪器探测，对了解抛石部位与分布及险工段安全状况，收到较好效果。此后，试用水下电视以直窥河底真貌，直观度得到较大提高。使用 GPS 定位系统和新型回声仪进行河势监测，准确度和精度上又有较大提高。通过崩岸观测，弄清了荆江崩岸情况，对其规律和成因有了进一步认识，为护岸工程布置提供了科学依据。

2. 岸坡稳定研究

新中国成立后，荆江堤防护岸工程岸坡稳定问题，一直是护岸研究中的重要课题。研究工作主要围绕抛石范围、抛石厚度及单位方量、稳定坡度等方面进行。多年来，研究人员依据实地观测资料，就稳定性的各种指标，在理论与实际的运用结合上进行分析论证。同时鉴于长江水深流急，施工机械化程度较低，以及各种测量仪器性能限制，抛石护岸工程质量不易控制等问题。为解决工程实践中出现的问题，1956 年起，荆州地区长江修防处实施抛石位移测验，以了解在一定流速和水深条件下石重与位移的关系，为施工提供参考，并根据测验成果绘成曲线图。1961 年起长办水科院陆续开展了实验室研究工作，其中于 1973 年和 1974 年在直槽和弯槽中进行定性试验，其内容包括河底冲深后斜坡上块石失去平衡而移动情况，相对稳定坡度的变化范围和荆江大堤护岸加固方案比较。其分析论证和试验研究成果有《长江中下游护岸工程经验选编》《长江中下游护岸工程论文集》。在这些研究成果资料中，抛石护岸工程设计、岸坡稳定问题上提出的各种指标，较为接近一致的有块石尺寸、抛石范围、抛石厚度、稳定坡度等。

各种资料和工程实践还表明，抛石护岸工程不可能做到一劳永逸，只有通过大规模护岸工程才能基本控制崩岸险情，再通过实地观测，逐步维护加固，最终达到工程的相对稳定。

3. 护岸施工技术

荆江大堤护岸，清代以修筑条石矶、石板坦坡和条石驳岸为主；民国初，仍采用修筑块石矶、浆砌块石护坡、抛沉毛碎石和石竹篓护脚等方法。1937年后，改建干砌块石坦坡，间或用浆砌块石护坡，并抛石、抛枕护脚；1946年、1947年在祁家渊堤段崩岸抢护中，还采用沉木船和打桩等办法。新中国成立后，护岸施工技术仍大多沿袭传统办法，但在工程设计和施工方面大多采用更具科学性的平顺护岸方式，并在技术措施上进行较大改进。同时还开展多项新护岸技术的研究和实践。平顺护岸能较平顺地导引水流，在近岸河床不形成明显局部性冲刷，同时平顺护岸可以起到稳定岸线、因势利导的作用，工程效果较好。

（1）砌坦。块石砌坦有干砌、浆砌和散铺3种形式。其中，以干砌石坦为主，浆砌一般用于集镇或码头，散铺一般运用在岸坡尚未稳定之处。

干砌石坦具有整体稳固性强、可防御强烈风浪和水流冲刷，适应滩岸轻微变形，对地下水具有导滤作用，以及造价低、便于维修养护等优点，是较好而通用的护坡结构形式。根据多年实践，坦护以单层块石护坡为宜，厚度一般为0.3米，下铺垫层厚0.07米，上砌块石厚0.23~0.3米。砌坦时，一般由低向高平衡上升，保持交错结合，紧密平整，不留直缝；脚槽外留宽3~5米枯水平台，散抛块石与水下抛石相衔接；坦顶高程与滩唇齐平，并以块石锁口或改建1~2米宽滩唇便道。在滩面较宽或滩面渗水严重堤段，以沙石料建导滤暗沟，或在坦坡面每隔一定距离设置排水明沟，利于排除滩岸渗水和滩面渍水，防止暴雨汇流冲坏坦坡。

浆砌石具有高度整体性、抗冲能力强、整齐美观的优点，但不易排渗，不能适应岸坡变形，出险不易发现，需常年维修，造价较高。其设计条件和施工程序与干砌石相同，仅增加水泥砂浆砌缝，并在坦面留有排水孔。

散铺石坦能适应岸坡变形，施工进度快，技术要求不高，但整体性差，抗冲能力较弱，与干砌、浆砌不同的是无垫层也无砌缝，仅将块石按设计要求铺平挤紧即可。

（2）混凝土墙。混凝土墙是新中国成立初期常采用的护坡方法之一，多建于基础稳固堤段，具有抗冲力强的特点，但施工时间长，发生险情不易检查，投资大。

（3）抛石护脚。抛石是荆州江河历年实施护岸所普遍采用的一种平顺护岸方式。主要优点是能很好地适应河床变形，适用范围广，任何情况下的崩岸均能以块石守护而达到稳定岸线的目的，无论是一般护岸堤段，还是迎流顶冲段，只要设计合理，抛投准确，护岸效果均较好，尤其是崩岸发展过程或抢险中更能体现抛石的优越性；同时，抛石过程造价低、施工和维修简便，因此，荆州江河普遍采用。其缺点是施工过程中数量控制难度较大，又需经常性加固。

（4）抛枕护岸。此方法是采取先抛枕后压石、枕石结合的一种护岸方式，多用于河床土质松软易受冲险工段。新中国成立后，荆江大堤城南、柳口、灵黄、祁冲、观盐、学堂洲及汉江遥堤等护岸段多次实施抛枕工程。石枕防护面积大，柔性强，孔隙小，既可覆盖砂质床面，防止冲刷，缓流落淤，又能适应岸坡地形变化，具有就地取材，少用石料，节省投资，施工简单和收效快等特点。

（5）沉排护岸。根据扎排所用梢料而定名。1959年春，荆江大堤学堂洲段护岸实施了沉排护岸工程，所沉皆为柴排。据施工前后观测情况表明，柴排护岸具有高度整体性和柔韧性，防护面积较大，能适应河床水下地形变形而紧贴河床，起到防冲作用，在水面流速小于2米每秒、岸坡1：1.5河段均能实施，但投资较大，技术性强，所需设备工具较多。

（6）沉帘护岸。沉帘是在沉排护岸基础上的一种改进。1979年，荆州地区长江修防处在荆江曾家洲和西流湾实施了沉柴帘工程试验，收到较好效果。试验表明，沉帘护岸主要优点是整体性强，覆盖面积大，具有一定强度和柔韧性，且结构灵活可变，能适应河床横向和纵向变形需要；施工简易、安全，工程进度快，能及时控制崩势；工程造价、材料消耗、运输量、用工及其他项目较抛枕工程节省。但柴帘如果编织不紧或操作不当，在沉帘过程中易发生漏底或折叠现象；块石覆盖不均，还可能造成帘体漂浮。此方法在水流速度大于2米每秒或水下坡比不足1：1的河段不宜采用。

（7）抛笼护岸。此法有抛竹笼、铅丝笼两种，郝龙、祁冲、沙市观音矶等险工地段采用过抛笼护岸。实践表明，抛笼具有取材广（小块石和大卵石均可作为填料）和增强块石与卵石的整体性等优点，尤其是铅丝笼体积大，防冲能力强，可用于水深流急冲刷严重河段。但因施工较困难，使用面不广。

（8）抛石下垫土工布及沉放钢丝网石笼护岸。20世纪90年代，下荆江石首河段河床演变剧烈，石首急弯切滩撇弯，1994年6月向家洲河势发生剧烈调整，引起岸线多处大崩坍，给防洪和航运造成不利影响。险情发生后进行抢护，但因许多地段守护标准不高而失败。1998年大水后，石首河段整治纳入长江重要堤防隐蔽工程实施范围，工程设计时，对崩坍较严重弯道——右岸北门口段采用抛石下垫土工布及水下沉放钢丝笼两种方法护岸。

沉放钢丝网石笼和抛石下垫土工布的两种护岸方法，作为运用于长江护岸的新材料、新技术，在石首北门口实施后，经过多年洪水考验，施工河段河岸稳定，近岸流态调整较好，对下游河势稳定起到重要作用，达到预期目的。

（9）抛塑料编织袋土枕护岸。它是用塑料编织袋盛土构成的一种软体沉排新技术，又称为"塑料织物护岸"，简称"塑护"。荆州地区长江修防处根据荆江河段崩岸特点进行研究，先后于1983年冬、1984年春在洪湖田家口、监利天星阁护岸段进行试验，经过多年汛期考验，效果明显。其主要特点是：土源广、成本低，以土代石，可就地取材；工效高、工期短，施工仅需一套简单机械设备，劳力100～120人即可施工，且质量控制及安全均有可靠保证；材料轻、运输量小；可避免形成"暗礁"，对航运有利。"塑护"用于平均低水位以下，在水中缺氧和紫外线的条件下，使用寿命可达20～30年。

(10) 混凝土铰链沉排护岸。20 世纪 80 年代首次使用，是一种集抗冲、反滤为一体的整体式护岸方法。由系排梁、预制混凝土板铰链和岸上干砌块石护坡 3 个部分组成，用钢制扣件将预制混凝土块连接并组建成排，然后实施护岸。系排梁处于护坡与护脚结合部位，起承上启下作用，固定排首为工程成败的关键。其平面布置需考虑工程具体要求、河岸条件、河段水位特征值、工程运行条件、工程地质情况等因素，尽量拉直平顺，减少转折，以保证排体之间搭接，局部崩岸处排体可平行后退与系梁斜接。排体是预制混凝土沉排护岸的主体，由铰链混凝土体和土工布组成。铰链混凝土体起抗冲和压重作用，土工布位于铰链混凝土体之下，起反滤与抗冲作用。混凝土连接可采用钢筋连接环，其规格应满足混凝土体间距和混凝土体连接施工操作的需要。选取土工布主要考虑其抗冲、耐磨、防渗、强度及抗老化等性能。为保证工程守护效果，减小排体周围受水流冲刷引起的变形，需在头、尾部抛块石保护；此外，对于新护段，需加土工布作为垫层，以防止混凝土块之间泥沙被淘刷而影响排体稳定与护岸效果；对于已抛石加固段，可不加土工布垫层。此项技术是在传统沉排基础上发展而来的一种新型护岸结构形式，集柔韧性与整体性于一身，能较好地适应河床变形，并不需经常加固和维修，护岸效果好，能够保证工程进度，容易控制工程数量和质量。石首长江干堤茅林口段崩岸频繁，2009 年采用混凝土铰链沉排技术实施护岸整治后，运行情况良好。

(11) 模袋混凝土护岸。采用合成纤维机织双层织物，利用高压泵向内灌注具有一定流动度的混凝土或砂浆，混凝土凝固后形成整片的混凝土护岸体。具有强度高，浇注时柔性大，能适应复杂水下地形，可机械化施工，施工速度快、质量可靠、稳定耐用等优点。2010 年 3 月，长委在荆江大堤文村夹崩岸段实施模袋混凝土护岸工程后，崩岸险情得到有效遏制。

（七）防浪林研究

1. 防浪林害虫防治研究

1962 年，天门县汉江堤防管养员罗河山在堤防管理工作中，发现很多昼伏夜出的害虫，严重危害护堤的防浪林。为了摸清这些害虫的活动规律，寻求防治办法，罗河山捕捉了 100 多条害虫，装在瓶子里进行实验喂养。根据害虫的形状、颜色、大小进行分类、编号、取名，鉴别其类型。对虫卵发育的变化时间、天气进行室内外对照观察，摸索虫卵的共性及其特殊性，并细心记载，专心研究。经过十几年的努力，成功探索出汉江堤防防浪林中 47 种害虫和 13 种益虫的繁殖规律和生活习性，从而总结出一套土法防治、生物防治和病毒防治的综合防治方法。1973 年，罗河山在华中农学院的协助下，编写了《防浪林害虫及其防治》和《护堤柳林几种害虫及其防治》两本专著。这两本专著，发行于国内并译载国外，为防治防浪林害虫，发展和保护防浪林作出了重要贡献。在 1978 年全国科学大会上，罗河山的"防浪林虫害及其天敌"研究成果获得全国科技大会科技奖。

罗河山研究的 47 种害虫中，扁脚黑树蜂为国内首次发现，柳小吉丁虫和柳瘘蚊两种害虫当时国内外均无图、无记载。对这 3 种害虫，他详细观察记载了其繁殖规律和生活习惯，并制作原图，填补了昆虫学的空白。光肩星天牛在国内虽有记载，但经过罗河山的细心观察研究后，纠正了过去书本上"天牛幼虫一经蛀入蛀道后，不再返回蛀孔"和"成虫只飞 10 多米"的欠妥结论。实际上，天牛幼虫入蛀道后经常返回蛀孔吸食周围的形成层，成虫一次可飞 10 多米，最远达 100 多米。

罗河山研究的 13 种益虫中，有两种益虫为重要发现。一种是尖腹黑蜂，国内只记载了此虫能寄生在柳瘿蚊体内，而对寄生习性和寄生范围却无记载。罗河山研究发现，黑蜂的卵是产生在瘿蚊成虫的卵内，瘿蚊的卵孵化成幼虫后，黑蜂卵仍在瘿蚊体内越冬；第二年春，当瘿蚊幼虫即将化蛹时，黑蜂卵在幼虫体内开始孵化，取食幼虫体内组织，直至害虫死亡，才咬破寄生皮膜后用力挤出来，出孔后经过一段时间，成熟后的雌飞虫又将卵产在瘿蚊的卵内，黑蜂的寄生率一般高达 80%。这一新发现，为生物防治瘿蚊闯出了一条新路。另一种是花绒坚甲，为天牛幼虫的天敌，也是国内首次发现的一种鞘翅目寄生性益虫，其寄生率高达 70% 以上，有很大的利用价值，填补了国内鞘翅目寄生性天敌的空白。

1978 年，罗河山在进一步观察研究防浪林害虫的活动中，发现有僵死的害虫白杨天社蛾，引起他的研究兴趣，树上未施药，为什么虫会僵死呢？是不是病毒引起的？于是他把僵死的虫收集起来，用水浸泡后喷洒在树上，活虫吸食后，3～5 天就死了。这一发现，经武汉大学生物系教授鉴定，认为是白杨天社蛾颗粒性病毒。根据此项成果，制成病毒药剂，为病毒防治白杨天社蛾打开了通道，并为国内昆虫病毒防治增添了一个新项目。

2. 防浪林防风消浪研究

荆州江汉河段大致为西北向东南流向，受季风影响，每临汛期，风浪常常冲刷淘洗滩岸、禁脚乃至堤身，对堤防安全度汛构成威胁。

长期以来，堤防防风消浪工程，通常采用块石、混凝土预制块护坡，汛期采用散铺柴枕、树排等临时措施，对堤防安全度汛起到了重要作用。但由于荆州河段堤防线长面广，情况复杂，加之护坡工程耗资巨大，因此在实施上具有一定的局限性。多年来，河道堤防部门因地制宜，科学合理地采取多种经济易行的措施，以确保堤防安全。其中，采用生物工程之一的防浪林进行防风消浪，早在 20 世纪 50 年代即开始探索施行。实践证明，它不仅对堤防工程防风消浪、护脚固滩和抵御洪水侵袭起到重要作用，而且能获得一定的生态效益和经济效益。

虽然荆州地区营造防浪林历史悠久，但人们对其作用认识不足或仅限于感性认识，因而如何准确测算其防风浪效果，科学制定营造方案及优化模式，国内尚缺乏定量分析和理论依据。鉴于此，1988 年洪湖长江修防总段开始在长江堤防进行试验研究。随着科研工作的开展和深入，逐渐引起上级主管部门的关注和重视，1991 年，水利部水利管理司将长江防浪林防风消浪作为研究课题正式下达，委托湖北省水利厅堤防处组织实施。

长江防浪林的课题研究工作从 1988 年开始，至 1994 年结束，历时 7 年。其基本技术思路是：选择有代表性的观测断面，确定观测项目及方法，详细收集整理资料，研究分析影响防浪林防风消浪效果的因素，选定主要因子，找出内在规律，然后采用多元回归分析法建立函数关系式，提出科学合理的防浪林营造模式。

为使课题研究资料丰富、数据准确，在观测时注重了内容的广泛性。根据课题技术思路和要求，观测内容涉及各种风向、风速、吹程、波高、波长，各种林相、树种、林宽、密度，不同岸滩、边坡以及作用于林间所产生的波浪及其比降等多种因素。科研人员经过 200 多个工作日的观测，收集观测数据 1 万余个，按照规范要求，进行严格审查，确保了数据的数量和质量。

长江防浪林防风消浪研究，资料具有直接性和准确性，资料分析整理必须严谨科学。在质量分析过程中，首先，对原始资料进行优选，即从原始资料中排除因流速干扰过大，风速过小或明显错误的观测数据，再对余下数据进行排列组合、分析、选择，直至最优。其次，对观测的因子进行筛选，即选择影响作用显著的因子进行回归分析。再次，拟定科学合理的回归方程形式，即经过反复分析计算，分别确定在其他自变量不变的条件下，单个自变量对因变量的变化规律。课题组先后制作各类散点图40余份，测算表格30余份，拟定回归方程式20多种，最后根据边界条件、物理定义、实际情况和回归效果择优S型函数形式作为防风和消浪效果的回归方程形式；幂函数形式作为林外缘波高的回归方程形式。在此基础上，采用计算机和人工对比方法进行回归运算和回归效果显著性及复相关系数的检验，其结果满足科研要求。

在科研工作中，咨询和征求了南京水利科学研究院、河海大学、武汉水利电力大学、武汉测绘大学、上海水利局、上海潮港观测站等有关单位专家、教授的意见，经过反复研讨、分析、计算，推导建立了防浪林防风效果、防浪林外缘波高、防浪林消浪效果等3个函数式，总结拟定防浪林科学营造模式。

1995年8月，"长江防浪林防风消浪研究"获水利部科技进步二等奖。参加验收的专家一致认为，课题研究范围虽然在湖北省洪湖长江地段内，但此河段堤防具有长江中下游河道的一般特性和代表性，因此，其成果对长江中下游堤防乃至其他江河堤防科学营造防浪林具有指导性和实用性，并有较强的可操作性，运用前景广阔。此成果既实用又有一定的理论价值，并且填补国内此领域研究空白，研究成果在国内同类研究中居领先水平。专家组鉴定为："长江防浪林防风消浪课题研究坚持多年野外观测，取得了翔实而系统的实际资料，真实地反映了防浪林防风消浪物理现象，资料难能可贵；根据防风消浪现象，建立了合理的多因素数学表达式，采用数理统计多元回归法，筛选出大量实测数据，建立了计算防浪林的透风系数 a、消浪系数 k、浪高的公式，技术思想正确，研究方向可行，计算结果与物理现象一致，达到了实践与理论的统一，同时对树种结构也提出了合理的模式；此成果为堤防生物防浪措施提供了切实可行成效较高的方案。对长江中下游地区有很好的运用和推广价值，中小河流也可参考运用"。

3. 长江中游生态经济型防浪林体系评价及优化模式研究

新中国成立后，江河堤防管理部门在干支民堤普遍栽植防浪林，形成了绿色长城，有效防止了风浪对堤身的冲刷。由于防浪林品种多为旱柳，经济价值相对较低。20世纪80年代，树木基本老化，到了更新换代时期。为了在防浪林更新中建立更为科学的长江中游生态经济型防浪林体系，湖北省洪湖分蓄洪区工程管理局工程师颜学恭、曾祥培等与华中农业大学教授共同承担了"长江中游生态经济型防浪林体系评价及优化模式研究"这一课题的研究，研究工作融合水利与林业两个学科，旨在探索防浪林带与防浪护岸的机理关系，并考虑生态、经济因素，其目的是改变过去单一栽植杨柳树的传统习惯，寻求经济效益最好、防浪效果最佳的防浪林树种和栽植模式。经过5年多的时间，在长江中游3省20多个县（市），行程5000余千米，对林分、草层、土壤、浪坎等做了大量的调研和试验，收集了数以万计的数据，经计算机处理，在国内首次提出了林分纵剖面覆盖度是防浪林防浪质量的关键标志，创建了长江中游抗洪能力最强、生态效益最佳、经济效益最高的防浪林体系，为营造第二代防浪林提供了理论依据。在长江中游部分堤段栽植 50 余万株旱柳、意杨、水杉、池杉、柑橘进行试验，其综合效益显著。在 1993 年 12 月 28 日的成果鉴定会上，有关教授、专家一致认为此项研究具有科学性、先进性、创新性和实用性，一些指标达到国际先进水平。此科研成果获得国家科技进步三等奖和湖北省科技进步二等奖。课题第一完成人颜学恭参加了国家科技颁奖大会，受到时任中共中央总书记江泽民、国务院总理朱镕基、国务院副总理温家宝的接见。

（八）土栖白蚁的研究与防治

土栖白蚁常常寄生在土坝、堤身内，蚁路横贯，内外相通，分布广，隐蔽性强，成为江河堤防和水库大坝的心腹大患。一旦汛期水涨，水流渗入堤身，穿过蚁巢、蚁路形成渗流通道，造成堤身漏水、跌窝，严重危及堤防安全。

荆州地区常见的危害堤防安全的白蚁属黑翅土栖白蚁，亦名"台湾黑翅土栖白蚁"。其巢穴深居堤防、大坝内部，菌圃、空腔星罗棋布，蚁路纵横交错、四通八达，主巢往往建筑在堤坝浸润线以上，如遇汛期水涨，洪水顺着蚁路流入主巢，长时间贯通便会发生溯源淘蚀。水流沿洞壁带走大量泥沙，洞径越来越大，流速随之增加，使堤身空洞发生恶化，主巢周围土壤逐渐含水饱和，抗剪能力降低，土体滑塌下陷，导致堤身变形，轻者形成漏洞、跌窝，重者发生堤身下陷，遇洪水而溃决成灾。

历史文献最早记载堤防遭受白蚁危害大约在 2200 年前，《韩非子·喻老》（公元前 234 年）便提到"千丈之堤，以蝼蚁之穴溃"。明清以来，人们对白蚁的危害及防治记载则更为具体详细，明代潘季驯在《河防一览》中指出："江河一决，澎湃难支，始而蚁穴，继而滥觞，终必至于滔天而莫可收拾。崔镇黄浦之覆辙可鉴也。崔镇黄浦当初决之时（崔镇决于明隆庆年间），持数十人捧土之力耳"。清代胡在恪在《松滋堤防考》中称："明洪武二十八年（1395 年）决后，时或间决，自明嘉靖三十九年（1560 年）以后，决无虚岁……凡十九处中多獾窝蚁穴，水易侵堤"。《荆州万城堤续志》（1894 年版）记载："蚁之为害，隐而难察，以土为食，孳生繁衍。其穿啮无问堤之内外，每曲折以透堤身，因此而成浸漏，物虽微而害实大，向来于堤内有浸漏处挖筑，忽隐忽现，难于得其踪，且未至堤心则止矣，因者堤不能全动也，数年来此费不少，迄无大效。窃思漏从外入，固外即可塞漏源，遂于漏孔上下翻挖外帮，宽一二丈，长一二十丈不等，近年李登二局，即照此法办理，十有八九得其巢穴，中空如盘如盂，累累相属，大者竟如数担瓮，中悬蚁窝如蜂房，藏蚁至数担之多。挖毕用三合土坚筑，惜不能透堤身搜除净尽，然较之内堤内漏孔挖筑，力功实多矣。修防之道，精益求精，稳益求稳，多尽一份心力，总有一份益处"。

黑翅土栖白蚁对荆州堤防危害严重。特别是荆江大堤蚁害在新中国成立初期达到高峰。据调查，荆江地区干支流堤防 2000 余千米，有蚁堤段 522.4 千米。其中，荆江大堤有蚁堤段 92.4 千米，占全长 182.35 千米的 50.7%；长江干堤有蚁堤段 180 千米，占全长 670.17 千米的 38.26%；荆南四河有蚁堤段 250 千米，占全长 653.46 千米的 38.26%。

经过白蚁防治人员长期观察和悉心研究，初步掌握了土栖白蚁巢居结构、群体分工、生育繁殖、生活习性及外出觅食活动规律。研究表明，白蚁属于群居性昆虫，堤坝附近的丘陵、山岗荒地、坟墓均为其"安营扎寨"的处所，也是传播堤防白蚁的主要来源之一。白蚁家族分工精细，组织严密，行动统一，常见大型巢穴大都具有繁殖功能，一般由蚁王、蚁后、繁殖蚁、工蚁和兵蚁组成。非生殖性工蚁、兵蚁由卵孵化成幼虫，一般约需40天时间，经过3～5个龄期，变为成虫，每个龄期蜕皮一次，全发育期约4个月。生殖性繁殖蚁，由卵孵化为成虫则需7个龄期，需7～8个月时间。蚁王、蚁后为蚁群创造者，也是蚁群亲体。一般每巢一王一后，个别也有一王多后、多王多后的。蚁后因产卵次数与数量增多而生殖器官发达，腹部膨大，向后延伸，其体长、腹围与其巢龄关系密不可分。巢龄长短，大抵可按其色泽作出判断：深色即长、浅色即短。巢龄短的蚁后体积小，在巢穴中有特殊住处，一般与蚁王同住菌圃下方。体长3～4厘米的蚁后多住在菌圃以上2/3高度的王室中。

有翅成虫，通称为繁殖蚁，虫体较大，长约3厘米时，色泽由白转深，翅脉明显，可辨雌雄，腹部共有10节；雌蚁腹部较空，第七节大于其他各节。每巢繁殖蚁有5000～9000只，最多可达17000只。每年5—6月于一定条件下群飞出巢，着地蜕翅，入土交配，建立新的群体。初期自觅食物，孵育幼蚁，待后代能独立生活时，则专司王、后职能。

工蚁体型小，数量约占总数的80%，全为雌性，无繁殖后代功能，头部淡黄，腹部带黑色，其他部分为乳白色；担任取食、建巢、筑路等任务，为蚁后、蚁王、兵蚁、繁殖蚁提供食物，在蚁巢遭到破坏时，抬运蚁后逃遁。

兵蚁较工蚁大，数量占10%～20%，色深，头部有一对上颚，负责护巢、防御外敌入侵。

土栖白蚁有贪潮、怕湿、畏光、避风等特性，其生存活动与食物、水分、土质、气候等条件有密切关系。主要食物有艾蒿、茅草、绊根草、马鞭草等。因白蚁畏光，故在巢穴口门筑有管状泥线，作为工蚁取食出入通道。

对于白蚁的防治，自古代就在民间流传着一些防治土栖白蚁的方法。据清光绪《荆州万城堤志·挖蚁篇》载："蚁洞万城大堤最多，枯树枯根更易生蚁，每逢汛水泛涨，内必浸漏，默志其处，候十月间，浸漏处挖开，有小洞，以蔓丝通入，视其邪正，跟挖即得其窝，如蜂房。土人云，蚁不过五尺，必须搜挖净尽，投诸河流，或用火焚，以石灰拌土筑塞，方尽根诛，缘蚁畏火也"。直至民国时期，仍沿用此法。

新中国成立后，为寻求整治蚁患办法，1955年，堤防部门学习黄河流域锥探灌沙和灌浆经验，结合堤坝翻筑、抽槽处理白蚁隐患，取得初步效果。1958年，在武汉大学生物系、中国科学院昆虫研究所及中南昆虫研究所专家、教授的帮助下，先后成立荆江大堤白蚁研究所、荆州地区灭蚁队和白蚁防治所。运用科学方法研究白蚁的防治工作。经过长期观察与分析研究，弄清了白蚁的生活习性及活动规律，摸索出一些行之有效的防治方法。其主要防治方法有以下几种。

（1）查找。根据土栖白蚁每年4—6月和9—11月大量外出地表觅食的基本活动规律，开展春秋两季普查。普查办法是根据地表象征（泥线、泥被、移殖孔）查找。经多年实践，发现白蚁地表象征分布规律是：春季堤内坡多，堤外坡少，堤上部多，堤下部少；秋季堤外坡多，堤内坡少，洪水线以下部位多，洪水线以上部位少；天气久晴不雨，堤身下部多，久雨不晴堤身上部多；烂渣枯枝植物多，青嫩植物少。高温、高湿的梅雨季节，蚁路附近和蚁路上，多生长鸡枞菌、三踏菌、鸡枞花等食用菌，顺其可寻获主巢。

随着科学技术的发展，查找蚁患的高科技手段不断增多，有"同位素探巢""红外线探巢""雷达探巢""微地震探巢"和"高密度电阻率法探测"等。

1）同位素探巢，是用松花粉、艾蒿粉、糖、水加入同位素碘或锑，制成饵料投放，然后用辐射仪探测的一种技术，可探测出 43～55 厘米深处的巢穴，但采用此法必须注意人员防护与安全。

2）红外线探巢，是根据蚁巢内部温度季节性变化与周围土温差异而产生的红外线辐射原理查找蚁巢的一种技术。

3）雷达探巢，是通过电磁波或超声波在分层介质中传播所反射的回波，来判断蚁巢位置的技术。此法分辨率高，图形清晰直观，可探测人工普查手段不易查找的各种堤防隐患，探测 1～10 厘米以上洞穴、裂缝，深度可达 1～10 米。

4）微地震探巢，是在不影响堤防安全的前提下，采取物理测试的一种技术。

5）高密度电阻率法探测，主要是靠电阻率图像推测隐患的一种技术。此方法现场采集数据量大，信息丰富，且对地基结构具有一定成像功能。因此，堤防裂缝、洞穴、不均匀体、软弱层等在推测成果图上均有明显、直接的反映，对蚁穴隐患推测适应能力较强。

6）电测堤身隐患。1979 年汉江修防处派员参加湖北省水利厅在武昌金水闸举办的电测学习班，实地学习电测仪运用。电测仪由鞍山市出厂，包括 BY1 型堤坝暗裂仪和 DDC－2B 自动补偿仪。1979 年 11 月在李家洲外滩麦地灌浆取土坑与天然麦地中做人工预埋隐患试验，效果较好。随后在与钟祥遥堤接壤的罗汉寺山岗白蚁区进行电测白蚁巢试测。1979—1984 年，共测堤长 12010 米，发现各类隐患 13 处。

（2）翻筑。在普查时跟踪蚁路，做好标记，然后组织劳力，在专业技术人员指点下翻挖，直至蚁巢。

（3）烟熏。过去常使用"六六六"烟雾剂毒杀土栖白蚁，不仅效果好，而且安全经济。在蚁路畅通、距主巢不远、巢内结构不十分复杂的情况下，可收全巢尽歼之功效。由于环保原因，2000 年以后改用"灭蚁灵"诱饵条实施药杀。

（4）灌浆。使用压力灌浆机由蚁路口灌注泥浆，也可在泥浆中加入低毒环保灭蚁毒剂，制成毒浆灌入，将所有白蚁凝固于泥浆内，灭蚁效果尤佳。使用灌浆机还可以代替人工翻筑，节省劳力。

荆江大堤白蚁防治所为荆州地区成立最早、成果较丰的一个专业机构，始称荆江大堤灭蚁钻探队，荆州长江河道管理局所属各分局（管理总段）均设有白蚁防治机构（荆州、公安分局为专职机构，其余为兼职人员在春秋两季进行白蚁查处工作），主要承担长江中游重要堤防特别是荆江大堤白蚁防治工作。截至 2010 年年底，共处理白蚁隐患 35954 处，清除蚁巢 14116 个，保证了长江堤防的安全。

1960 年 1 月，苏联专家专程考察荆江大堤白蚁防治工作。同年 3 月，第一次全国白蚁防治学术研讨会在沙市召开；4 月，全国 12 个省市防治土栖白蚁现场会在荆江大堤举行，与会专家学者充分肯定了荆江大堤白蚁防治工作成就。多年来，外地专家、科技人员到荆江大堤白蚁防治所参观学习人员达 7000 余人次，参加培训人员达 1 万余人次。1978年，全国科技大会授予此所"合作完成堤坝白蚁防治研究科技成果奖"，并被全国水利管理会议授予"水利水电科学技术先进集体"称号。1980 年，由联合国 17 个成员国组成的防洪考察团来荆江大堤参观考察，对其白蚁防治工作给予高度评价。1989 年完成荆江大堤白蚁防治资料汇编；1991—1996 年编写《荆江大堤白蚁研究与防治》一书，由中国水利水电出版社出版发行。

1988 年 9 月，公安县荆江分洪区管理总段锥探灭蚁队改名为公安白蚁防治科学研究所。此所拥有化验室、档案室、陈列室、接种室和实验培育基地，拥有白蚁防治专业技术人员 18 名，高级工程师 1 名，高级技师 11 名，技术员 6 名。业务范围由单一的堤防白蚁防治扩展为集白蚁防治、接种试验、蚁巢培育及专项课题研究为一体的综合科研机构，同时与华中农业大学昆虫资源研究所合作，成为高校研究机构的科研基地。此所在长期工作实践中，积累了丰富的经验，探索总结出成功的防治办法。1990 年 5 月，全国南方省（自治区、直辖市）堤坝白蚁防治经验交流会在公安县召开；2002—2003 年，由湖省水利厅组织的中南地区各省市专家、教授 3 次来研究所指导交流；2004 年此所作为特邀代表参加中南 5 省白蚁防治学术交流会；2005 年 12 月，参加华中 3 省昆虫学会 2005 学术年会暨全国第四届资源昆虫学术研讨会。自建所以来，对荆江地区堤防白蚁危害和种类分布进行了多次调查，清除白蚁隐患 3875 处，翻筑蚁巢 912 处，活捉蚁王 695 只、蚁后 805 只。同时，撰写了有关专题学术论文，探讨研究白蚁常见区与蚁巢关系，进行人工培育蚁巢试验；与日本除虫菊株式会社联合试验低毒安全诱饵条防治白蚁；开展黑翅土白蚁初建群体研究等。通过培育、观察、研究，总结出黑翅土白蚁初期群体的建立、发展、发育规律，黑翅土白蚁巢龄结构的演变过程及产生有翅成虫的周期性规律；根据黑翅土白蚁有翅成虫分飞时间的关系建立灰色预报方程。黑翅土白蚁的定量研究，黑翅土白蚁防治系统的研究，为根治堤坝白蚁隐患提出了一套理论正确、技术先进、适应性强、适合推广于南方地区堤坝白蚁防治的方法。"黑翅土白蚁初建群体的研究"成果于 1996 年获得湖北省水利厅科技进步一等奖，1997 年获湖北省政府科技进步二等奖。

水库大坝多位于丘陵山区，覆盖为黏土兼砂层，适宜白蚁繁殖生长，因此成为白蚁活动的重点区域。为了确保大坝安全，水库管理部门广泛开展了白蚁防治工作。洈水水库 1969 年在主坝区发现白蚁，后查找范围逐渐扩展到整个坝区，发现大坝背水坡有许多泥被线，其中南副坝蚁巢深达 2 米左右。1975 年成立专班，加强白蚁防治工作。通过参加荆州地区组织的专业培训和实践，摸索出一套"查、诱、挖、杀"白蚁的防治措施，基本控制住蚁患的蔓延。1999 年，水库组织专班到广东湛江市鹤地水库白蚁防治站学习 DB 型药杀技术，随后按其传授的经验在大坝进行试验，药杀白蚁巢 78 处，白蚁全部死亡，随即进行灌浆处理，解决了水库高水位运行时处理白蚁的难题。

（九）荆江河道演变监测及研究

三峡大坝蓄水运用后，长江中游河道的水沙过程发生明显改变，直接影响荆江河段护岸工程和河势的稳定，两岸堤防安全受到威胁，引起各级领导和水利部门的高度重视。为此，湖北省水利厅成立"湖北省荆江河道演变监测及研究领导小组"，对荆州市长江勘测设计院编制的《荆江河势演变监测及研究项目可行性报告》进行了评审，湖北省河道管理局安排荆州市长江勘测设计院负责荆江河势演变监测及研究工作。

荆州市长江勘测设计院为了顺利完成控制点布控工作，编制了技术设计文件，对施工的每个环节进行了规范要求，从标石的制作、埋设、沉降到 5 千米一对可通视 D 级 GPS

点、500 米一个 5″级导线点、间距 200 米 3 个断面点的测量都按照国家有关规范标准执行。在混凝土标石制作方面，采用厚度 5 毫米钢板制作模具，保证了标石的抗压强度和表面平整光滑；编号压字方面，采用厚度 10 毫米有机塑料制作模具，电脑刻字，深度 6 毫米，保证了标石上字迹工整、清晰；在 GPS 测量过程中严格按照《全球定位系统测量规范》操作，水准测量按照国家三等、四等水准测量规范施测，导线测量计算采用高斯正形投影。所有测量成果都满足技术规范精度要求。

通过这次布控，提高了荆江河段监测的速度，保证了监测的精度，保证了标石的抗压强度和表面平整光滑以及标石上字迹工整、清晰，跨带区域分别测出两带坐标，方便与历史成果的拼图与比较；导线测量采用三联脚架法施测，提高了作业进度和质量；沿江两岸同步施测静态 D 级 GPS 点，提高了 GPS 网平差的图形强度。

荆江河道演变监测项目控制网布设范围之广（跨湖北、湖南两省），跨带（37 带、38 带）、长度之长（两岸长度之和约 740 千米），密度之大（平均每 200 米有一个超过二级导线精度的控制点），在长江流域是史无前例的；GPS 测量解算及平差软件分别采用天宝随机软件。其监测及分析成果与长委资料相比较，图形符合、数据一致，对荆江河势变化分析的结论相同。经测绘、水利专家评审，此项目被评为"湖北省测绘科技二等奖"。

（十）堤防护坡草皮的研究

荆州市的江河堤防、水库大坝众多，战线长、分布广，护坡绝大部分采用生物植被，如何选择好的草种，做到生态效益好、防护效果好，同时减少白蚁危害，堤防管理部门尤为重视，在实践中摸索了一些经验。但是如何从感性认识上升为理性认识，还必须进行科研工作来定性。20 世纪 90 年代，湖北省洪湖分蓄洪区工程管理局工程师颜学恭在华农大教授的指导下，开展了"中国假俭草选育及运用研究"，历时 10 年，选育成功。此课题为湖北省水利重大科研项目，湖北省水利厅给予了大力支持。项目研究以紧密结合我国生态建设与水土保持的实际需要为研究目标，以原产我国的野生假俭草为研究对象，利用当今先进的科研方法和技术路线，选育出了被命名为"涵宇"的生态草。此草具有耐干旱、耐贫瘠、耐水渍、耐践踏、耐冲刷、不退化、绿期长、抗病害、抗污染、易养护等特性，是集工程效益、生态效益、经济效益、社会效益于一体的假俭草新品种，是防止水土流失、生态建设的理想材料。此项目 2005 年获湖北省科技进步三等奖，2006 年被列为水利部"948"推广转化项目，2007 年被选定为国际水利先进技术推介项目，2008 年被列为国家科技部农业科技成果转化项目。

湖北省洪湖分蓄洪区工程管理局管辖的主隔堤，大部分堤段经过湖沼地段，杂草丛生，长期以来，都是人工刀砍手扯，不仅增加了工程管理人员的劳动强度，而且影响堤防安全。2008 年以来，此局与华中农业大学联合开展"主隔堤杂草防除综合技术集成研究"，在洪湖分局金湾管理段建立试验段，进行了一系列药物除杂试验，总结出一套劳动强度小、成本低的除杂方法。据统计，杂草死亡率达到 80%，杂草品种由 112 个减少到 23 个，益草覆盖率由不足 15%提高到 80%，全年 10 千米堤段管理投劳由每年 600 个工作日减少到 100 个，除草费用降低 30%左右。

二、闸坝站工程研究

荆州地区水利工程大部分是在 20 世纪 50—60 年代建成的，受当时经济、技术条件的限制，工程建筑标准偏低，配套不尽完善，有的工程设计不周全，机电设备落后，经过多年运行，暴露出许多问题，主要是建筑物损坏、工程老化、设备陈旧、机械操作笨重，效益逐渐下降。70 年代以来，全区广大工程技术人员利用先进科学技术，大搞技术革新改造，利用计算机技术，实现操作自动化，加强了工程调度管理，提高了工程效益。

平原湖区建闸的基础处理技术。在 1952 年以前一直沿用传统打摩擦桩以增强地基承载力的方法。但水闸采用桩基，弊端不少。地基土与桩基沉降不一致，易发生沿底板横向渗漏；桩木切穿覆盖土，又往往导致垂直方向的渗透破坏，出现管涌险情。1958 年以后，推广汉江杜家台防洪闸的预压闸基研究成果，为节省预压填方，利用密实堤基承载力，多采用破堤建闸形式。

荆州内湖、内河低水头节制闸多采用开放式轻型结构，既节省投资，又利于通航。对沿江大河水头较高和有防洪要求的排水、灌溉涵闸，一般采用单孔或多孔的涵闸重力式结构，渗径较长，结构完整，利于闸身和闸基抗滑、抗渗稳定。对大型或重点中型水闸的地基土，都进行物理、力学性能试验研究，依据地基闸基的相对弹性模量及沉降变形，按弹性支撑梁考虑边荷载的影响进行闸基设计。1970 年以后，则利用"弹性地基的框架结构的计算方法"和"结构有限元及弹性半无限空间（或平面）有限元理论"进行设计，使水闸的设计更为科学合理。

大型水库及重点中型水库的溢洪道进口，一般设置多孔闸门控制，既加大宣泄洪水能力，又利于水库兴利与防洪的调度运用。溢洪道上的控制水闸，多设计成弹性地基上的多孔箱柜式结构，将底板、闸墩、工作桥、交通桥、边墩通过钢筋混凝土予以钢性连接，既可互相传递内力，又能调节地基不均匀沉陷、变形，减轻闸室、闸门变形的影响，一般都通过对地基的土工或岩石力学性能试验研究后，再依据试验成果进行设计。

1953 年，兴建石龙水库时首次采用羊角碾施工，为了验证施工效果，湖北省水利厅委托武汉大学对土壤物理、力学性能进行试验。为加强对大坝施工质量的控制，工程指挥部派员赴淮河南湾水库工地学习土工检验技术，购置仪器进行土场土料普查、最优含水量检测、干容重试验，控制和检验碾压质量。这是湖北省水利工程施工土工质量检验的开端，在以后的重点土坝建设中，土工检验工作得到推广运用。

20 世纪 50 年代后期，水库建设进入高潮，为解决土源问题，设计部门对土坝类型进行了试验研究。本着就近就地取材原则，土坝类型由均质土坝发展为黏土心墙（少数为黏土斜墙）多种土质坝。除黏土以外的撑体均以当地山坡、河滩的风化岩石堆积物或溢洪道开挖渣料取代了填土，称为"代料"。设计单位对这些风化岩石代料都进行了实验室或现场试验研究，认为"代料"具有许多优点：①抗剪强度较高，可设计比土料较陡的坝坡；②透水性能良好，利于降低土坝浸润线；③选择合理的级配，做到"细包粗"，可以分层次碾压密实。试验研究表明，由于风化料撑体沉陷量较大，黏土与其接触，应有一定的过渡带，既调整沉降不均，防止出现裂缝，又避免渗流带走黏土，形成冲刷。填筑密实的页岩代料的风化，仅及于表层，以之作坝的撑体，能满足要求。

新中国成立初期，在河道中修建滚水坝没有水泥，许多水利工程只能就地取材、土法上马。荆门县1958年在仙居河上修建黄豹闸时，为解决建筑材料问题，水利技术人员进行灰土过水坝试验研究，用当地出产的白石灰与土料拌和成两合土，建成灰土过水坝，既坚固，又经济，是当地行之有效的坝工型式之一，至今仍然保存完好，起着壅水灌田的作用。

灰土结构工程的施工操作，有其严格要求，概括起来是：选料配料、拌和拌活、夯实夯湿、盖草盖席、坝成满月，方算完毕。选料配料是指选择土质黏性较大的土料，翻松打碎，选细腻石灰，过筛取粉，按1尺高土料半尺灰的标准，均铺准配；拌和拌活即将灰土堆进行翻挖、操拌，行碾夯打，视其湿度，适当加水，碾实后用锹翻挖，再操拌、再搅实，如此2～3次，其颜色均匀一致，方为成品；夯实夯湿即将成品材料运上坝体，踩层10～15厘米，用石片碾压花套打，夯至灰土出"汗"，层踩层碾，直至坝成；为了防冻、防晒、防风，避免裂口，坝成之后，铺盖草席，1个月左右即可达到强度要求。

1958年7月，苏联水利专家到灰土滚水坝考察，建议做试验研究，不久，荆门水利局挖取坝面材料送水电部做试验研究，1959年4月《水利学报》刊登了研究成果《利用灰土作为过水坝坝面材料的试验研究》。研究成果包括抗压强度、抗剪强度、水稳性、抗冲刷性、抗冻性等方面的内容。

荆州境内大部分为平原湖区，地面工程多处于高程50.00米以下。因河高田低，汛期全赖电力提排除涝，才能保证农业丰收。自1969年兴建黄山头泵站以后，大型泵站兴建的数量迅速增加。通过多年建设，设计和施工技术不断成熟，在泵站的枢纽布置、结构型式、流道选择、地基基础处理和机组选型、安装、调试及管理自动化等方面都积累了丰富的经验。

1972年沔阳排湖泵站建成，1980年7月，水电部农水司在排湖泵站进行自动化系统试点，上海电器科学研究所负责总体方案设计、逻辑设计及现场调试工作，上海自动化仪表四厂负责远动装置设计、试制和巡回检测部分的逻辑设计及现场调试工作，排湖泵站负责弱电选线、单机联动部分的设计和设备改造及现场安装调试工作。自动化系统为综合远动装置，采用弱电选线、单机联动、远动加巡回检测综合装置，1982年3月调试完毕并开始作业。水利部农水司于当年12月组织全国有关大专院校、科研单位和排灌系统的代表对其进行鉴定、验收。经现场测试，自动化控制装置的主要功能和各项经济技术指标达到设计任务书的要求，即在自动化控制室内，9台机组可集中控制、单机联动，配套涵闸以有线、无线通道进行遥控并与之对话，值班人员在控制室只需按动电钮，便可使机组安全运行，闸门启闭自如，在100秒内可以检测238个有关数据。

在平原湖区，水工建筑物基础施工中常遇到的险情是管涌流土。处理这类险情的有效措施是设置井点排水。1983年在新滩口大型泵站施工中，根据泵站地基土层特性及水文地质条件分析，在站基深处有亚砂土层以及粉细砂层两个含水层，而砂层地下水源极其丰富，承压水头较高，施工及运行期间土壤有发生管涌和流土的可能。因此，防止基坑突涌，控制地基沉稳是地基设计的主要内容。参加此项工程设计和施工的工程师欧光华、许金明等没有照搬通常采用的轻型井点排水方案，而是进行大胆革新，进行了"采用深井点系统防止湖区建筑物基坑渗透变形破坏的试验研究"，研究成果表明，深井点具有抽水量大、井点数量少、投资小、施工简便等优点。在施工中打井径 80 厘米、滤水管径 250 毫米、滤水管长 15 米深井 9 孔，井深 42～44 米，分别安装深井泵排水，每口深井昼夜抽水量 864 立方米，通过大量抽水，降低了承压水头，使基坑地下水水位由 20.30～22.50 米降低到 16.00～17.40 米。深井点排水系统的实施，有效防止了泵站基础的破坏，使施工得以安全顺利进行。此研究项目是防止和处理湖区水工建筑物地基渗透变形的一项技术突破，随后在罗汉寺闸、观音寺闸、杨林尾站基坑防渗处理等多处运用，特别是民用建筑中，解决基坑安全问题运用最广。

三、农田排灌试验

荆州市地处江汉平原腹地，境内地势低洼，河渠纵横交错，汛期水高田低，渍害中低产田分布广、面积大，严重制约荆州的农业发展。为了解决这一问题，荆州水利部门把渍害中低产田改造、灌区节水与配套工程更新改造等作为水利科技攻关的主攻方向。

20 世纪 60 年代初期，武汉水利电力学院张蔚臻等通过对荆州地区河网化等试验观测资料的分析研究，完成"在蒸发条件下农田地下水不稳定渗流的计算""河网和水网地区河间地段地下水不稳定渗流的计算"等科研成果，在 1962 年湖北省水利学术年会上发表了论文，为开展明沟排水、改造冷浸低产田，提出了理论依据。

1963 年，荆州地区四湖工程管理局建立排灌试验站，此站为湖北省重点排灌试验站之一，拥有比较完善的农田气象观测设施、排灌试验设施、办公设备和农田水土测试分析室，站内有标准试验田 43 余亩，建有 80 个能控制排水的试验旱作物测坑和 10 个水稻需水量试验的地下廊道式测坑。试验的主要农作物有水稻、棉花、小麦等。试验项目有农作物的需水量（有筒测法、坑测法、田测法）、灌溉试验制度（有深灌、浅灌、浅灌中蓄、间歇灌溉、湿润灌溉等）、灌水技术试验（有落干晒田、畦灌、沟灌、漫灌等）。通过多年试验观测，摸索出不同降水年份不同类型的水稻和棉花的需水规律、田间需水量、合理灌溉制度、灌水技术等，从而为农业增产、水利观测规划设计及管理运用提供了大量有价值的资料。建站以来，长期与大专院校和水利科研单位共同承担作物灌溉排水、作物涝渍灾害和农田水肥运移规律等方面的研究。通过试验研究，先后在国内外学术期刊上公开发表论文 30 余篇，有 3 项成果被认定为湖北省重大科研成果，有 2 项成果分别获得湖北省科技进步二、三等奖，有 2 项成果分别获得长江大学科技进步一、二等奖。

天门市农田灌溉排水试验站 1956 年成立天门县棉花灌溉试验站，以培土沟灌、畦幅坑灌及漫灌、浇灌与不灌做对比试验，试验结果表明，以上灌溉方式都使得棉花增产。1963 年，成立荆州专署水利局小庙棉花灌溉试验站，兴建了田间试验测坑、棉田径流观测场、地下水水位观测井、气象观测场等工程设施，配备了水工、土化、气象等观测试验仪器，试验项目以棉田灌水技术和灌溉制度为主。1969 年撤销试验站，1974 年恢复并建站于新堰公社潭湖大队，试验项目增加了喷灌、地下暗灌及水文观测等。1984 年站址迁至新堰管理区青年队，征用试验地 20 亩，建有 20 个测坑，每个测坑 6.67 平方米，深 2.7 米，修建地下水水位观测井 15 个，建气象观测场 1 个。1988 年更名为天门市农田灌溉排水试验站，其主要任务是：以棉花、小麦等旱作物为研究对象，通过实验研究旱作物的需水特性，揭示水分与旱作物生长、发育的规律及产量的关系；摸索经济合理的灌溉方法；提出抗旱、保水、排渍、治涝的技术措施，为水利工程规划设计及运行管理提供资料，做好灌溉试验的技术传播和推广工作。有关试验成果已编入《荆州地区灌溉试验资料汇编（1981—1991 年）》和《湖北省灌溉试验成果集（1981—1991 年）》，部分成果还被《中国棉花栽培学》（1983 年版）一书选用。

团林灌溉试验站 1963 年 5 月建立荆州地区水利局雷集试验站，1967 年 3 月移交给漳河水库工程管理局，站址迁至团林铺，更名为漳河团林试验站。试验站面积 33 亩，建 2 米×2 米廊式测坑 12 个、918 毫米称重式测筒 40 个、遮雨棚架一套、15 米×20 米标准农业气象园 1 处，建有理化实验室配电子天平、烤箱、微机、扫描仪等设备。被水利部和湖北省水利厅确定为湖北省灌溉试验中心站，同时为武汉水利电力学院、华中农业大学的节水灌溉试验研究和教学实习基地。

常规试验 通过开展以水稻为主的作物灌溉制度、需水量的试验研究，找出作物在不同水文年、不同生育阶段、不同产量水平、不同地势、不同土壤条件下的需水量、需水规律及节水、增产的灌溉制度、适宜的灌水时间和灌水定额，为灌溉工程规划设计提供资料，为灌区灌溉管理优化调度提供科学依据，为灌溉试验研究提供科学分析资料，以便灌区依照不同气象水文特征运用研究成果，促进农业发展。

专题试验 根据当时农业生产、灌溉管理中存在的主要问题，开展了多种多样的灌溉方法试验研究。1964—1966 年开展了渠系配水试验；1964—1965 年开展了塘堰调蓄水量观测，弄清了灌区塘堰的作用大小，为水库调度运用提供了资料；1978 年开展了水稻磁化水灌溉试验；1982—1988 年开展了水稻耐旱试验。其科研成果主要有水稻需水量试验观测成果（《漳河灌区水资源供需平衡与合理利用研究分析报告》《湖北省参考作物需水量及水稻需水量等值线图研究》等）、水稻灌溉制度试验研究成果（《水稻正交试验成果初步分析报告》《中稻农业技术综合措施正交试验》等）、水稻抗旱试验成果（《用缺灌减产系数相关法计算水稻灌溉增产量》等）。1982 年分析整理出版《灌溉试验方法》一书。

宋家台试验站 1974—1977 年间，荆州地区水文站在沔阳县通海口公社宋家台设置地下水观测试验站，观测区面积 1000 亩，其中 800 亩为明沟排水，200 亩为暗管降水。试验区采用大小区结合、分片抽水控制的方式，达到内外分家、高低分家、排灌分家和控制排水沟水位及田间地下水水位的目的。经过 4 年的试验观测，得出的结论是：开沟排水能有效降低地下水水位，调节土壤的水气矛盾，滤毒增温，改良土壤，促进作物生长，提高作物产量 15%～35%。水稻宜勤灌浅灌，适时落干，使田间地下水水位间歇性下降，在水稻生长前期，地下水埋深控制在 0.3 米左右；后期控制在 0.5 米左右，冬春草籽生长季节控制在 1～1.2 米。

万家试验站 1984 年，在松滋县万家乡建立金星灌溉试验站，试验田 2 亩，建测坑 10 个、16 米×20 米气象观测场 1 个。试验项目为早、晚稻泡田定额测定、灌溉制度试验、需水量试验和气象观测等。经过多年试验研究，得出的结论是：浅湿交替对节水、提高分蘖数有其优势，早晚连作共节水 81.8 立方米每亩；产量以深蓄处理为高，早晚连作共高出 60 千克每亩；根据水稻腾发强度和腾发系数分析，水稻的需水量因处理不同而有差异，但需水规律却是一致的，即需水强度随生理需水与生态需水之和而变化。

1985 年 10 月，监利县水利局为解决全县 120 万亩涝渍中低产田的改造问题，在红城乡新兴垸进行暗管降低地下水试验。采用水泥砂浆暗管，内径 6 厘米，外径 9 厘米，每节长 33 厘米，暗管埋深为 0.8 米、0.9 米、1 米 3 种，暗管间距为 10 米、14 米、18 米 3 种，共 9 种组合。每种不同间距和埋深的暗管田前设置 5 口观测井，主要观测项目为地下水水位变化、地温变化。通过试验表明，暗管田的早稻比明沟排水田的早稻平均每亩增产 13.7％，比自然对照区增产 68 千克，增产率 30.1％。此后在监利县有条件的地方进行推广，均达到了增产增效的目的。

1986 年，湖北省水利厅和荆州地区水利局在沔阳县周家嘴进行平原滨湖地区改造渍害低产田适用技术试点，布设暗管排水区面积 315 亩（管距 10 米、埋深 0.8 米的 200 亩；管距 15 米、埋深 1 米的 115 亩）和 40 亩对照区。经过 4 年观测，取得了田间排水沟、暗管的经济技术参数，掌握了根据作物生长需要进行田间水分管理办法，摸清了水稻田地下水水位、土壤渗漏量、土壤理化性状、水稻的生长发育、病虫害等与作物产量的关系，获得了通过水分管理与农业技术相结合，控制地下水水位，进行渍害田改良，使作物由低产变高产的技术。经检测，通过暗管排水 2～3 年后，土层由青灰色潜育化土壤的渍害田，变成了黄褐色潴育型土壤的高产田；土壤氧化还原电位提高，作物生长环境良好，纹枯病指数明显下降，中稻亩产增加 89～111 千克。1990 年 11 月经水利部门专家验收，建议在全区推广使用。其试点成果收入 1991 年中国技术成果大会第三期目录。

1985—1988 年，荆州地区水利局工程师关庆滔组织有关科技人员，在测坑和田间开展了渍害田作物地下排水试验，著有"四湖地区渍害低产田排水改良研究""稻后种麦地下水位控制标准"等论文。试验成果用于潜江浩口镇田湖大垸渍害低产田的改造并取得显著效果。之后又用于洪湖和仙桃渍害低产田的改造，也取得明显效果。

1998—2006 年，由荆州市水利局总工程师欧光华、长江大学教授朱建强主持，先后开展了渍涝地排水改良技术试验研究、渍涝相随作用对几种旱作物生长及产量的影响试验研究、农田排水指标及排水调控研究。此 3 项课题在四湖工程管理局排灌试验站的试验深坑和试验小区进行，取得重大科研成果。"基于作物的农田排水指标及调控研究"是利用测坑设施和田间试验研究了连续式和间歇式多次涝渍相随两种模式，提出了综合考虑气象因素、农艺措施和农业生物技术动态过程及农田水土环境影响的排水控制措施，提出了农田致渍性评价方法和涝渍连续过程排涝、排渍指标的确定方法以及排水调控技术。该成果获湖北省科技进步三等奖，同时获长江大学科技进步二等奖；"涝渍相随对几种旱地作物生长及产量的影响"研究成果获长江大学科技进步一等奖。

为解决四湖地区渍害低产田的问题，在武汉水利电力大学和湖北农学院专家的指导下，荆州市水利局开展了田间地下水排渍标准试验、新型排水管开发试验和大田地下水观测等。1999 年完成了渍害田改造试验区田间灌溉排水工程建设和排水试验模拟测坑及灌溉水装置设施建设。经水利部与联合国粮食及农业组织协商，四湖地区渍害低产田改造科研项目列入亚洲灌溉排水技术与研究计划。由湖北省水利厅主持，荆州市水科学研究所与湖北省水利水电科学研究所、武汉水利电力大学合作，经过几年的共同研究，取得阶段性成果，在 1999 年汛期投入运行使用，结果表明此成果可用于四湖中下区排水调度实际操作。此项目于 2000 年获湖北省科技进步三等奖。

1996 年 10 月，中日两国专家在对荆州市渍害低产田进行考察的基础上，两国政府在武汉签订协议，确定为期 5 年的中日技术合作项目"中国湖北省江汉平原四湖涝渍地综合开发计划"，湖北省科技厅将此项目列为湖北省"九五"重大科研计划项目，湖北省水利厅、荆州市水利局和荆州市四湖工程管理局排灌试验站共同承担课题研究工作，组织百余名科技人员开展攻关。为了保证攻关研究的连续性和中日合作项目的顺利实施，在科技部、农业部、水利部的关心和指导下，开始实施江汉平原渍涝地综合开发研究。在日本专家和长江大学农学院的合作下，开展了涝渍地排水改良技术研究。此课题通过对江汉平原自然地势特点和已经形成的排区格局进行了全面的调查和分析，提出了各排区不同降雨频率下的设计雨量和用于排水的规划方案、排道与土地平整工程优化数学模型、涝渍相随情况下主要农作物的排水控制指标。项目首次从农业、水利、生态、气象、土地利用、区域开发和农业经济等多个学科，系统地研究了江汉平原渍涝地综合开发的技术问题；首次提出了渍涝地综合开发的水利工程、生态调整和农业开发的技术体系；提出了涝渍地作物排水控制指标；探讨了农业示范小区综合整治规划的新方法；在涝渍地的农田排水工程规划、地下排水工程材料、涝渍地梯级开发模式、高效农业模式等方面进行了全面深入的探索。2002 年 6 月，此项目通过湖北省科技厅组织的鉴定，总体达国际先进水平，于 2003 年获湖北省科技进步一等奖。

"涝渍地农业示范小区整体规划及综合整治开发研究"项目系湖北省"九五"攻关专题研究内容，荆州市水利局为此项目的实施与完成提供了技术力量和规划研究所需的大量基础数据。2001 年通过湖北省科技厅组织的鉴定，总体达到国内先进水平。此项目以江汉平原四湖涝渍地区的两个涝渍地农业示范小区为研究对象，从涝渍地的区域土地规划学、农田整备源量与方法、土壤地理学等方面探讨了涝渍地综合整治与开发小区规划的一套原理、原则、方法和程序；研究并提出了涝渍地的治理以单元水系的治理为基本单位的观点，完善、深化了涝渍地梯级开发模式的理论；提出了评价微域农业示范区开发整治的指标体系，为涝渍地开发效果评价奠定了基础。此项目于 2002 年获湖北省科技进步二等奖。"易涝易渍农田排水改良技术研究"项目由 3 个有密切联系的独立课题构成，由荆州市四湖工程管理局试验站完成，得到科技部、湖北省科技厅和湖北省教育厅的项目资助。此项目探索了涝渍灾害性农田的排水控制模式，研究了基于作物的新型排渍指标和涝渍综合排水指标；将排水技术与农业开发模式紧密结合，形成了具有地域特色的易涝易渍农田排水改良工程技术体系，建成了冲积型易渍易涝地以推行高效种植模式为特色、湖积型易渍易涝地以实施圈层生态开发为特色的排水改良示范区。此项目总体达到国际先进水平，于 2004 年获湖北省科技进步二等奖。

四、四湖优化调度研究

1980 年，四湖流域遭受严重的洪涝灾害，科学调度问题引起了各级水管理单位的极大关注，在其后的 20 余年间，分别进行了 3 次调度研究。

（1）根据流域排涝规划分区排水与统一排水相结合的原则，1981 年由荆州地区水利科学研究所提出初步的科学运用规划：上区与中下区分区调度，上区洪水不下泄入中区。长湖起排水位 30.00 米，洪湖起排水位 24.50 米，流域统排水位 26.00 米，四湖内垸分洪水位 26.50 米，最高控制水位 27.00 米。这次运行规则的改进，成功地抗御了 1983 年洪水。

（2）1985 年 11 月至 1989 年 3 月，根据湖北省水利厅的安排，组织由武汉水利电力学院、荆州地区水利局、荆州地区四湖工程管理局参加的课题组，完成"四湖地区水资源系统优化调度研究"。此课题研究包括两个部分：汛期排涝优化调度研究和非汛期水资源综合利用的运行对策研究。排涝优化调度研究中提出了上区及中下区的调度运行规则、中长期运行策略和短期实时调度方案等。在分析研究时，建立了大系统模拟模型、基本系统的确定性大系统分解-聚合模型、复合系统的确定性大系统复合-分解模型和随机性大系统分解-聚合模型。非汛期水资源综合利用的运行对策研究提出了满足四湖地区灌溉、航运、水产养殖、城镇供水、生态环境、农田排渍等综合利用要求的水资源运行规则及运行策略。为剖析这些问题，采用仿真技术，建立了水资源综合利用模拟模型，运用大系统多目标优化理论与方法，建立了大系统多目标分解-聚合模型。此研究被鉴定为具有国际先进水平的重要成果。此成果随后进入实时运用，在抗御 1991 年洪涝灾害中取得良好效果。

（3）"四湖排水系统优化调度研究及排水适时调度决策支持系统"研究项目是荆州市水利科技人员与湖北省水利水电科学研究所、武汉水利电力大学及加拿大、日本等国的专家共同开展的课题研究。课题的研究任务是为四湖排水调度提供一个决策系统。项目研制了经济分析和经济模型、降雨径流预报模型、优化规划模型、适时优化调度模型，建立了决策支持系统、地理信息系统、专家系统，具有国际先进水平，填补了国内外这一领域的空白。建立的运行调度模型系统包括概化的物理模型、运行规划模型与适时调度模型等，在平原湖区排水系统适时调度方面属国内首创。研究成果在 1996 年、1997 年、1998 年汛期进行了试验运行，效果良好，并于 2000 年获得湖北省科技进步三等奖，2003 年获得加拿大国家级工程咨询国际合作优秀奖、加拿大省级工程咨询合作优秀奖。2008 年由欧光华、黄泽钧、白宪台、关洪林等编著的《四湖排水系统优化调度机决策支持系统》一书，由武汉大学出版社出版。

"四湖流域水管理和可持续发展综合研究"于 2001 年 11 月至 2003 年 5 月实施，由湖北省水利厅、湖北省水利水电科学研究所、荆州市水利局、潜江市水利局、四湖工程管理局、日本技术产业公司、加拿大高达集团共同协作完成，主要内容为排水系统扩建规划方案研究、水管理监测与通信系统研究和水管机构发展研究等。

五、水文科技

荆州地区境内开展水文工作，最早是 1903 年由海关在沙市设置水位站。1958 年 12 月，湖北省人民委员会通知将全省各级水文站下放到所在地区水利局管辖，在专署水利局内设水文分站。后几经下放上收，1993 年 8 月成立湖北省荆州地区水文水资源勘测局，成为荆州地区水文行业的主管机构，直属湖北省水文水资源局领导。1994 年随着荆州地区撤区建市及天门、潜江、仙桃的建立，荆州地区水文水资源勘测局改称为荆州市水文水资源局。主要负责荆州、天门、潜江、仙桃 4 市的水文行业管理，为各级政府进行防灾减灾决策和水资源管理提供水文水资源技术支持，组织指导荆州市水文测验、情报和预报工作，负责水资源调查评价、《水资源公报》编制及水质监测分析等工作。

20 世纪 50 年代，水文测验工作主要靠人工观测，手段极为落后，劳动强度大，危险性高，测洪能力低，有人形象地总结为："一对木桨一条船，雨里浪里河中转，测流一次花半天，职工人身不安全。"随着水文事业的发展和科技进步，水文测验工作迅速发展，测验项目不断扩充，手段不断改进，技术水平不断提高。1966年，在潜江高场水文站试制成功全省第一台岸上手摇缆道测流绞车，1972年在田关水文站成功架设第一条电动自动测流缆道，迈出了水文测验自动化的第一步，至1980年，全区水文站基本实现了雨量观测自动化，测流缆道化（个别站实现了测流自动控制），雨情、水情传递采用水情电报和电话方式拍报，水情通信开始使用无线对讲机。90年代末，初步建成了长湖水文自动测报系统，水情信息采集、传输手段得到很大改进，计算机开始应用于洪水作业预报和水情信息处理，水文在防汛减灾中发挥着越来越重要的作用。

随着水文科技的进步和水文信息化建设的推进，水文新技术应用得到快速发展，特别是"十二五"期间，水文站网建设及基础设施建设实现了跨越式发展，全区新增各类水文监测站点173处，水位、雨量实现自动采集和自动传输，应急监测和服务能力不断增强，为地方经济社会发展提供了强有力的水文技术支撑。

为了提高水文信息的时效性和水情预报精度，水利工程管理单位先后引进和建立了水文遥测及网络工程，取得了显著效果。漳水水库被国家防办列为大型水库洪水调度系统试点单位以后，漳水水库管理局引进和开发了洪水调度系统，由计算机网络、防洪适时预报调度、气象卫星云图接收处理、大坝工程监测、预报会商和遥测等子系统组成。遥测雨量站、水位站采用太阳能电池板自报式终端机，布设在水库上游湖南省石门县、宜昌市五峰县山区，每当降雨超过1毫米、上游河道水位变幅超过1厘米时，遥测装置就向水库管理局发出一次数据。遥测系统自投入运行后，提高了水库洪水预报的精度和延长了预见期，在抗御洪水中发挥了显著效果，最大限度地发挥了水库防洪与兴利的综合效益。

在开展水文测验工作的同时，还开展了水文科研试验工作。

1959年成立水化室，开展水质化学分析，并逐步向社会提供服务。在设备上除常规分析仪器外，还有水质监测车、生化需氧量培养箱、荧光测汞仪、极普仪、电导仪、光度计、TG328A光学读数分析天平、离子色谱仪和3200原子吸收光度计等，为农业灌溉试验分析，提供了大量高精度的水质数据。例如，对漳水水库库区上游13个河段取样分析pH值、汞、砷、矿化度等15个项目，为处理上游硫磺矿废水提供了可靠数据。水化室1992年承担国家"八五"攻关项目——酸沉降分析，担负了宜昌部分站的酸雨分析和宜昌、恩施、黄冈、武汉等9个站的大气污染分析，1991年、1992年连续两年被水利部评为"全优水化室"。

水文试验工作是从20世纪60年代开始的。平原湖区于1960年在洪湖峰口建立第一个径流试验站，丘陵山区于1971年在钟祥县孔家岩建立第一个径流试验站。1973年又在仙桃石垸设立降低地下水、改造水浸田试验站。1976年在四湖中区开展大面积的水文试验观测，在流域周边控制56个进出水口，设测流点21个、水量调查点35个、水位观测点20个、雨量观测点19个、蒸发观测点2个，并对试验区内主要渠道、湖泊及涵闸进行了全面观测，基本掌握了四湖中区的湖渠调蓄能力，建立了相应的水位-容积曲线，提出了四湖地区的产流汇流成果。1986年在四湖中区设立了11个浅层地下水动态观测站，并在7个试验点开展了水稻蓄水量观测。以上试验研究均取得了比较完整的工程数据和初步成果。

六、技术革新

（一）改良土方运输工具

20世纪50年代堤防建设任务十分繁重，而当时施工几乎没有机械，施工工具陈旧落后，只能采用大兵团作战的方式。为了加快工程进度，减轻劳动强度，提高劳动效益，工程技术人员和人民群众对施工工具进行了多次改良。

在浼水水库建设中，因工地地形复杂，场地狭窄，加之时间紧、任务重，而当时使用的是一些原始工具，没有任何机械，单靠民工肩挑人拉，不仅施工进度慢，而且劳动强度大。所以工具改革势在必行。工程指挥部组建了修配厂、木工厂，组织各方面的技术人员进行研究，广泛听取群众意见，同时派人到外地学习参观，在工地掀起了工具改革的高潮。

工地开始提倡斗车化，由于场地狭窄，民工多，斗车又必须沿着木质轨道行走，经常因轨道松垮致使斗车越轨伤人，或者前面的车损坏后，后面的车全得停下来，秩序混乱，工效反而不及肩挑手提，严重影响了施工速度。当时工地曾流传着一首歌谣："上车难、下车难，上坝还要转，一坏就要停全盘。修整人多，推土人少，大坝何时完成得了。"针对这一情况，斗车被淘汰，改用木质铁边花滚独轮车，此车能自上、自卸、自推，只需要用人拉坡，效果很好，工效提高，于是工地广泛推广硬道化、铁边独轮车化。后来，工地又派人到安徽、河南等地考察，引进外地先进工具，结合本工地实际，又提倡板车、牛车、手推车作运输工具，根据道路情况分别使用。板车有木轮的，也有胶轮的，载重250千克左右，需两人驾驶，对道路的要求比较高，上坡不便，卸土不易，只适合于人少、场地宽和平地使用。牛车为双轮木碌，两碌有轴相连，一人一牛驾驶，载重350千克左右，这种车择道路，车辙易陷，上下不易，转弯阻塞其他车辆，易损坏，不适合大型工地使用。手推独轮车小巧玲珑，一人操作，载重250千克左右，不择路，在1∶5坡度情况下可自推上坝（如坡度陡，可增加人拉车），上下土比较方便，适合人多场地窄的工地。后来又由木轮独轮车发展为胶轮独轮车，载重量增加到350千克，工效比牛车、板车提高2倍以上，所以逐步取代了牛车和板车。人们称赞胶轮手推车："手推车，真是好，成本少，又小巧，羊肠道上也能跑，男女老少推得了，长短运输都能搞，比孔明的木牛还要好"，当时建设工地的手推独轮车达到15000辆。

在漳河水库建设中，木工巴炳辉一年内革新了14种水利施工工具，多种革新技术在全省推广，被评为特等劳模。他见石料运输缓慢，发明了木轨斗车，工效提高两倍；后又将木斗车的尖斗改为平斗，装土多，并将中心轴搁在平斗底下，解除了卸土滞慢的弊端，工效进一步提高。为了解决土源问题，工地指挥部决定用船只运土，每船每天只能运两次，木匠巴炳辉又设计制成了滑土板，将坡上的土溜到船上，工效提高两倍。

随着机械化程度的提高，土方运输方式逐步得到改进。20世纪70年代开始使用拖拉机，80年代以后主要使用铲运机、翻斗车运输，工效成倍提高，尤其是运距远的堤防加固工程，基本采取机械化作业，取消了人工土方，将农民从繁重的体力劳动中解放出来。

（二）改良土方碾压工具

江河堤防、水库大坝基本采用土方填筑，碾压是保证施工质量的关键之一。新中国成立初期，缺乏机械，人们只能采取最原始的密实办法。开始是用木夯、石片碾，由多人同时操作，称为打碾。后改为石滚碾，不仅可提高碾压工效，还可提高碾压质量，节省劳动力。拖拉机出现之后，大型工程开始使用拖拉机带动石碾（重 3~4 吨）碾压。先用羊足碾，拖拉机拉不动，土也碾压不实。人们就去掉羊足，浇筑成肋形碾、凤凰碾，如果拖拉机不够，可用牛拉，效果很好。

随着机械的不断进步，大型工程逐步使用推土机、碾压机，由于机械施工进度快、质量好，被广泛使用，传统的碾压方法逐步被取代。

（三）改进闸门装置

1956 年，荆门城关水电站建成，此电站位于城区陂河右岸，引用蒙、龙、惠、顺 4 泉之水和山溪来水，利用河床自然落差发电，为提高发电能力，必须抬高水位，如果修建固定坝或闸，在山洪暴发时就可能淹没街道。根据这一具体情况，荆门水利局技术人员徐声灿采用转轴带动齿轮传动齿条办法，设计了 9 墩 8 孔、墩距中至中 2.5 米、闸板单长 2 米、高 1 米的木板铁带连锁装置自行开动闸门。经实际运用，效果较好，20 世纪 60 年代在荆州山丘地区滚水坝工程中推广运用。

（四）改进涵闸泵站的运行设备

为了保证汉江杜家台分洪闸机械设备安全运行，延长工程的使用寿命，杜家台闸管所的工作人员根据多年的实践经验，对不合理、不完善的部分机器设备及建筑进行了改进。

（1）改进启闭设备。分洪闸门系采用卷扬机启闭，其变速机构由 4 组变速齿轮组成，齿轮一直用黄油润滑，既费工又费时，且不易涂匀，黄油又易沾灰尘，影响整洁，增加磨损。为解决这一问题，管理人员经认真研究，对齿轮较多、裸露在外的机件，改为机油润滑，即在每组齿轮的下面增设一个托油盘，盛装机油，齿轮浸泡在机油中，达到了保养、保洁和延长使用寿命的目的。

（2）改装闸门止水设备。分洪闸门顶止水原采用横压木压在胸墙的圆头橡皮上，底部止水采用梯形橡皮压在过水堰顶的门槛上，上下靠木料与橡皮结合止水。但木料易腐烂，造成闸门漏水，因此需经常更换止水木。1965 年，闸管所的工作人员进行试验，改用角铁代替横压木，用混凝土代替槛木，经过多次洪水试验，止水效果良好。

（3）增设下游防冲设施。1964 年汉江发生大洪水时，先后开闸运用 5 次，汛后进行全面检查，发现闸下游海漫内有不连续的冲坑。靠近防冲槽尾端，冲成约 1 万立方米的大坑，紧接下游分洪道首端两岸 1 千米长的洪道堤，冲刷成坎。究其原因，主要因为分洪流量大、下游没有防冲设施。为了使防冲槽尾端和洪道堤在大汛时不被严重冲刷，闸管所组织民工在防冲槽尾端用块石增设一道石坝，洪道两岸铺砌 1 千米长的块石护坡。经过洪水考验，水流流态及水跃平稳，水出导水墙后，均匀扩散，砌石坝也起到了消能作用，为防大洪水超标准运用创造了条件。

公安县的闸口泵站，由于建设时间较早，各种设备落后，运行时需要 7~8 人值班。一旦开机，值班人员要守在设备旁边用手操作，控制机组的油开关是手动的，开机时，操作人员到开关柜前用力扳动。开机前流道内要抽真空，到底抽多少，很难把握。另外，真空破坏阀在电机停止运行时必须及时打开，让流道进气，否则机组就要倒转发生事故，而真空破坏阀又是用压缩空气打开的，因为管道漏气，空压机要时刻开着保持气压，又因阀门容易失灵，停机前，运行人员要在真空破坏阀旁守着，于是，既紧张又疲劳。为了改进设备、减轻劳动强度，泵站管理处组织成立了自动化科研小组。科研人员经过一年多时间的努力，完成了真空破坏阀油开关电动自动装置及真空自动报警器等8项技术革新。公安县于1978年召开现场会，进行了革新设备的现场表演，效果良好，并经湖北省水利工程一团检验，认为油开关电动装置的性能良好。此后，科研小组又研制出真空自动信号器和数字温度巡测仪，实现了油开关自动合闸。同时，泵站水情人员还研制出"SDS－S型数字水位计"，在室内就可观测到泵站的水位，提高了工作效率。

荆州地区小型水库为了取用水库表层水灌溉农田，大多采用斜卧管分级放水。但是斜卧管放水孔的闸门都是插板、木塞或混凝土盖板型式，每当灌溉季节，需要人下水启闭，操作极不方便，而且止水效果差，漏水严重，影响灌溉效益，特别是人工下水启闭容易发生伤亡事故，因此改革斜卧管的闸门型式，势在必行。京山县水利局于1981年对8座小型水库斜卧管的老式闸门进行改造，建成小型混凝土球形闸门，经多年运行证明，这种闸门具有操作方便、止水效果好、安全可靠、施工简便、节省投资等优点。

洪湖市南套沟泵站建站较早，经多年运行设备老化，泵站管理单位进行了泵站改造试验。在不改变原有电机的安装尺寸以及水泵的连接方式的情况下，增大定子线圈截面，更换转子的磁极线包，使原有的电机功率由1600千瓦提高到1800千瓦，避免了泵站机组在高扬程工况下超负荷运行。在取得成功经验之后，又对高潭口等大型泵站进行了改造。与此同时，公安县排灌总站根据1600毫米直径的水泵调节装置无法正常使用的状况，经过多年探索和反复试验，研制出水泵的新型叶片角度调节器，在多个泵站进行安装试验，运行可靠，提高了水泵的运行效益。

（五）改进施工吊装设备

1972年，高潭口泵站工程开工，在施工中，因吊装设备受到限制而影响施工进度，承担施工任务的湖北省水电局工程一团土法上马，设计加工了贴地滑轮吊装设备，替代原来的吊装设备，保证了大件安全安装，既争取了时间，又节约投资28.5万元。

七、荆州江汉堤防主要险情抢护技术及防止方法

新中国成立初期，荆州堤防长达5000多千米。每至汛期，总会发生各种类型的险情。在长期的防汛抗洪斗争中，积累了丰富的险情抢护技术和防止险情发生的经验与教训，总结出适用于荆州江汉堤防险情抢护和防止的方法，为抗洪抢险提供强有力的技术支撑。荆州堤防由于建筑在冲积土层上，修筑历史悠久，堤身土质结构复杂以及人类活动等原因，汛期出现险情难以避免。只要有堤防存在，就有发生险情的可能；只要有险情发生，总有处置正确与错误两种可能。处理正确可以化险为夷，处理错误，造成灾害，甚至酿成巨灾，这已为过去防洪斗争的历史所证明。

积防汛抢险之经验教训，对于堤防出现的各类险情（不含崩岸）的抢护方法，可以概括为：堤身出险筑外帮，堤内出险筑围井。就多数险情而言，都必须这样处理。如果险情

一经发现就采取这样的措施，不会带来风险，不会使险情恶化。但是险情的性质千差万别，具体险情应具体对待，不可能都是一成不变的抢护方法。虽说筑外帮，筑围井只有好处，没有坏处。实际中需不需要采取这种方法，要仔细斟酌，以免浪费人力、物力。不过在险情发现之后，在现场没有技术人员指导的情况下，采取这样的措施是一种应急的措施。

（一）散浸

散浸是汛期最常见的险情，多发生在堤身挡水 2～3 天以后。堤身之所以出现散浸，与堤身修筑时的质量、断面的大小、外江水位高低和挡水时间长短有关。

江汉平原的堤防由于修筑年代久远，修堤时就近取土，没有对土料进行选择，有的堤段含沙量大，称之为"金包银"，碾压不实，或根本没有碾压，内部存在很多空隙，土壤含水量大。有的堤段外坡小于 1：2.5，内坡小于 1：3，因此，一到汛期就发生散浸。因是外江水由堤外向堤内渗透，范围较大，并非从某一处集中流出，所以称为散浸。

外江水沿堤身土壤之间孔隙向堤内浸透，至堤脚附近逸出，这条线路称为浸润线。浸润线的高低，标志散浸的范围大小及其严重程度。它不但与堤身质量有关，而且与堤内所采取的排渗措施有关，也与堤身挡水的时间长短有关。

散浸之所以称为险情，是因为如不及时处理，就会发展成为脱坡险情，如抢护不力，同样会造成溃口。并不是所有的堤段都会出现散浸，如堤身断面较大（内外坡比均大于 1：3）、堤身填筑的土料是黏性土、碾压比较密实等则不会出现散浸。

处理散浸的办法就是开沟导渗。主动把堤身内部的渗水排出来，不让它泡在里面，降低浸润线，使堤坡土壤达到干燥或比较干燥，保证内坡稳定。不要怕开沟，如不开沟导渗，浸润线会慢慢抬高，造成堤身内部大部分处于湿润饱和状态，一部分土体失去稳定而下滑变成脱坡险情。

沟的规格视堤身断面大小而定，一般沟宽 0.3～0.4 米，深 0.3 米左右，主沟与主沟的间距为 3～5 米。堤内坡湿润到哪里，沟就开到哪里。主沟与主沟之间用斜沟（也称为人字沟）相连。只能开直沟与斜沟，不能开横沟。

如果散浸严重，沟内要铺粗沙，上面覆盖少量卵石，沙固土，卵石固沙，达到出水不带沙的目的。对于含沙量很重的堤内坡，开沟要慎重，要一边开沟，一边填粗沙和卵石，沟的上面用稻草或草袋覆盖，防止垮沟。

如果堤身断面单薄，散浸又严重，单靠开沟并不足以控制险情发展，则应在堤外筑外帮截渗，同时还应在堤内筑透水压浸台或打透水土撑；如果采用黏性散土，填筑厚度在 2 米以上，则散浸会明显减少，浸润线也会随之降低。用沙土外帮截渗是没有用的。

防止散浸险情发生的办法，一是增大堤身断面，加筑外帮，采用黏性土，碾压密实；二是用锥探灌泥浆、填充堤身内部孔隙，改善堤质，散浸是完全可以防止的。

凡散浸严重的堤段，在冬季加修的时候，应筑外帮，尽量不筑内帮。筑内帮可能造成脱坡险情。如果堤外无滩，只能筑内帮时，应先将老堤进行锥探灌浆或抽槽翻筑进行截渗处理。

对于堤身出现的散浸险情是可以防止的。例如，1998 年荆江大堤挡水长度 66 千米，汛期发生散浸堤段的长度只有 3.4 千米，占 5%；长江干堤挡水长度 514 千米，汛期发生散浸堤段的长度有 163.5 千米，占 32%。可见防止散浸的办法，首先是加固原有的老堤，再就是新筑外帮，要少筑内帮。散浸开沟示意如图 11-1-1 所示。

（二）脱坡

脱坡险情是堤防四大险情（管涌、漏洞、脱坡、跌窝）之一。脱坡分内脱坡和外脱坡两种。内脱坡险情的发生率比外脱坡险情要高。

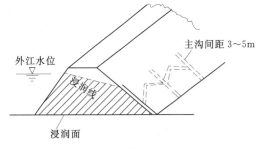

图 11-1-1　散浸开沟示意图

堤防由于受高水位长时间的浸泡，浸润线升高，渗透压力和土体含水量增大，抗剪强度明显降低，如果没有及时采取开沟导渗降低浸润线，则一部分土体失去稳定而下滑，称为脱坡。当堤身断面不大，下滑的土体数量很多时，如抢护不及时或方法不当，便会造成溃口。

出现脱坡险情除了堤内坡土壤含水饱和是其主要原因外，还有以下几种原因。

（1）堤内坡过陡，小于 1∶2.5，堤脚无平台，或是坑塘沼泽，当堤内含水量大时，因内坡过陡，无法稳定而垮塌。虽有平台，但因内坡过陡，也会发生脱坡，形成底部隆起。

（2）加固堤身时筑的是内帮，内帮断面很小（俗称贴膏药），而质量（包括土料）又好于原有老堤，当老堤渗水至新老堤之间受阻时，迫使新帮部分土体脱离老堤而下滑。还有一种情况，就是老堤背后加筑的新堤断面较大，土质好，碾压密实，透水性差，而老堤渗水性强，新老堤之间形成一层饱和的含水层，大量的渗水找不到出路，而新堤又没有达到自身稳定的足够断面，于是在新堤的薄弱部位发生裂缝，以致脱坡并带走部分老堤土体一同下滑。严重者甚至溃口。

因此，堤防在加固时应尽可能筑外帮，少筑内帮。如确需筑内帮时，应同时对老堤堤身进行加固（翻筑、灌浆）。搞好新老土结合。

（3）堤身内部存在隐患，含水饱和，时间久了，也会造成内脱坡。

（4）外脱坡因为长期受水浸泡，土壤含水饱和，坡度小于 1∶3，涨水时由于水压力的作用，尚可稳定，一旦退水较快便失去稳定而下滑。

处理外脱坡险情的方法为加筑内帮、增大堤身断面。处理内脱坡险情的方法为开沟导渗、柴土（或沙石料、土工布）还坡、外帮截浸、削坡减载，再辅以土撑作为两侧的支撑。

当脱坡险情发生后，不但要在已垮塌下来的土体上开沟，还要在已滑动断面的两侧交界处开沟。主沟一直要开到脱坡的最上端裂缝处，把脱坡与未脱坡的缝隙之间的渗水引出来。沟内要填沙和卵石（要用防雨设施将裂缝覆盖，以免雨水进入），同时进行外帮截浸。如果筑外帮的速度快、土质好，就有可能在很短的时间内起到截浸的作用，减少外江水进入堤内。渗透进来的水量少了，脱坡险情自然会得到缓解。反之，不重视外帮截浸，外江水还是不断地浸入堤内，脱坡险情就难以控制。这是抢护脱坡险情时所采取的堵排方法，一方面堵住外江水少浸入堤身，另一方面把已经浸入堤身内部的水尽可能排走。这也是抢护脱坡险情时所要掌握的原则。

柴土还坡的办法就是在堤内脚已滑下去的土体尾端增加压重，阻止土体继续下滑，达到还坡的目的。用柴草（芦苇或棉秆）主要是起滤水的作用。方法是先将滑动土体上开挖的排水沟延伸下来，使排水沟能通过柴土土坡将堤内浸水排出去；底层先铺一层芦苇或棉秆、树枝条、卵石均可，厚度在 0.1～0.2 米，如果平台部分没有受到脱坡土体的扰动，也可铺土工布，上面再铺黄沙或卵石 0.1～0.15 米。再在上面填土，每层土的厚度不超过 1 米，再在上面铺柴草或砂卵石（不再铺土工布），一直到需要的高度为止（一般是 2～3 米），视险情而定。土的质量要求，主要是含水量要少（沙壤土比较合适），比较干燥，防止形成浓泡土。

做好柴土还坡的关键是保证堤身内部的浸水能通过柴土还坡内部顺利排出来，而不浸入柴土土体内部。否则，新做的柴土土体有可能成为新的滑动体拉动原来滑下来的土体一同下滑，那是十分危险的。

当脱坡土体的最上端靠近堤顶未滑动的堤肩时，由于下部分脱坡，已变成陡坎，难以稳定，需要将陡坡削去一部分变成斜坡，保证安全，称之为"削坡减载"。削坡减载可能要将堤内肩乃至堤面削去一部分，为了保证堤身有足够的断面，还必须加大外帮的厚度，来补偿堤内肩或堤面被削去的那一部分。

当脱坡的滑动面接近堤顶时，必须尽快抢筑外帮。虽然新筑的外帮对截渗有效，但不能完全代替老堤挡水，但是可以有效地保护仅存的老堤不再因险情恶化而出事。外帮的宽度要能覆盖整个脱坡的滑动面，至少要超出两端滑动范围各 5 米左右。

如果堤身断面单薄，为了保证安全，可在脱坡体外的两侧做土撑，土撑的底部先铺导滤材料，堤身干燥可以不开滤水沟，堤身湿润要开滤水沟；土撑的尺寸一般底部宽 3～5 米，坡度不能小于 1∶2.5，土撑的顶部与外江水齐平或略低一点均可，不一定要打到堤顶。

（三）漏洞与跌窝

漏洞分为堤身漏洞与堤基漏洞两种，就其性质又分为清水漏洞与浑水漏洞两种。漏洞与跌窝均属堤防四大险情。

漏洞主要是堤身存在隐患所致。由于有的堤身存在白蚁、狗獾的危害，使堤身内部形成单个或多个洞隙。还有修堤时没有认真清除的坟墓、剐沟、暗管、树苑、军事工程和修堤时弄虚作假使用的树木柴堆以及明显的交卡缝等，时间久了，堤身内部就会形成大大小小的空洞和缝隙。当堤身挡水以后空洞部分被水浸泡，土体结构开始松软而出现下坍现象，称之为跌窝。空洞内的水沿着孔隙或裂缝不断地向堤内坡渗出，如果堤身内部空洞较小，土质又较好，则出清水，称为清水漏洞；如内部空洞较大，或空洞已与外江有通道贯通，外江水容易进入空洞再沿孔隙或裂缝向堤内坡流出，称为浑水漏洞。

当清水漏洞没有得到控制，堤身土质又较差时，则可能演变成为浑水漏洞。

浑水漏洞险情与跌窝险情的区别在于漏洞险情已在堤内外形成通道，外江水能直接进入堤身内部，通过空洞又流向堤内坡。即使是没有通道，但堤身内部隐患距堤外坡很近，外江水以散浸方式进入隐患内部。跌窝则主要是堤身内部存在的隐患，内外没有通道，浸水的时间久了，周边土体无法支撑而垮塌。如果外江水是以散浸方式进入堤内空洞，且堤内孔隙或裂缝部分土质不好，也可能形成浑水。

有的浑水漏洞险情发展到一定程度也将有跌窝险情发生。

抢护漏洞险情的方法为"外堵、内导、中截",即在堤外填筑外帮,在堤内做导滤设施。外堵是主要的,内导则视情况而定。内导只能减缓漏洞出口水流的速度,防止水流带土冲刷堤坡。中截就是在堤身的外坡或堤面开槽对漏洞进行临时翻筑,发现漏洞便回填黏土进行堵截。

堤身出现的漏洞险情与堤基没有关系。

漏洞往往在堤内坡的坡脚或堤内坡的半腰出现,有时是一个洞,有时是数个洞。如果出清水,表明堤身内部隐患尚未与外江水直接连通,外江水是通过散浸方式进入堤内的。有的清水漏洞并不是堤身内部存在很大孔隙,而是通过裂缝或其隐患留下的孔隙而向堤内流出。

没有明显的通道与外江水连通,是清水漏洞的最主要特点。如果是出浑水,则表明堤身内部隐患已与外江水连通,要紧急抢护。

不论是清水漏洞,还是浑水漏洞,当外江水进入堤身内部隐患时,就有可能出现跌窝险情。但是,如果堤身断面较大,隐患在堤身的中部,短时间即使隐患浸水,上部土体也不容易垮下来。

漏洞险情发生后,要紧急在堤的外坡派人寻找洞口。一边派人寻找洞口,一边用土进行外帮。当漏洞的进口在外江水位以下 2 米左右时,外帮的效果十分明显。当堤内坡漏洞出水明显减少时,即可大致判断漏洞进口的位置。

寻找漏洞进口首先派水手探摸,当探摸无果时,可用竹竿或钢筋(18~20 毫米)在堤外坡进行钻探,遇漏洞竹竿或钢筋则插入很快。

当堤外无滩或虽有滩地但水流又急,倒下去的土料难以稳住,或漏洞在堤外坡的中下部时,可用油布铺盖,再在油布上面盖袋土,接着用散土封闭袋土。如水流过急,可同时在铺油布的上游抢筑一道子埝或用树木挑流,减缓流速。

如果发现堤外有明显的旋涡时,如来不及用油布,可用棉絮或将多个袋土系在一起对着洞口投抛,也可以用事先预备好的芦苇排盖在洞口上,再压袋土。不论采用哪种材料堵塞洞口,一定要由水手探摸堵压,切忌没有目标没有方向地乱投乱抛,也不要用木桩一类的硬东西,以免卡在洞口,漏洞难以断流。

当漏洞的进口在堤外坡的下坡时,应用木船搭成浮桥(没有船只也可以搭跳板),将袋土或散土对着底部投抛。如果是由堤内坡向外推进,恐延误时间使险情恶化。

抢护漏洞险情,务必坚持先死水后闭气的原则,死水不等于闭气,只死水不闭气,险情还可能再发生。当用袋土或其他物料将漏洞堵塞之后,还必须在洞口上面用散土填筑,厚度至少在 1.5 米以上。

当跌窝险情发生时,应用比较干燥的土料填筑跌窝,一方面支撑跌窝周边土体不再垮塌,另一方面可以阻止外江水进入跌窝坑内。对跌窝坑内已垮塌的散土或内部原有的隐患杂物,是否应清除干净再填土料,应视情况而定。一般跌窝发生在堤身的中上部,当跌窝靠外江一侧的堤肩的厚度不足 2 米时,应紧急向坑内填土,并层层夯实,同时抢筑外帮截渗。只有当跌窝靠外江一侧有足够的断面,而且跌窝坑周围也没有发生其他变化时,才可以将跌窝内的散土杂物清除干净,然后再回填土料。清不清除散土杂物应十分慎重,如果需清除散土及杂物，速度一定要快，慢了可能使险情恶化。

处理漏洞险情，也可以在堤顶或堤身开沟抽槽进行堵截，即为中截。这要视堤身的断面大小以及险情的部位而定，如堤身断面小，漏洞发生在堤身的中下部，抽槽堵截就难以发挥作用。用这样的方法抢护漏洞，带有一定的风险，应慎重使用。有的地方在处理漏洞时还采用锥探灌浆的方法，一方面可以寻找漏洞，另一方面泥浆部分截断或堵塞漏洞。但要注意压力不可过大，防止在堤身造成新的裂缝。这种方法在汛期最好不要使用。

不论是清水漏洞，还是浑水漏洞或跌窝险情，在采取抢护措施的同时，都必须填筑外帮。重在外堵，外堵不成功，险情就会恶化，甚至溃口。

但是，有的清水漏洞，如果判断是由散浸集中而形成的，经开沟处理之后，水流明显减少，则不一定要填筑外帮。即使是散浸集中所造成的，但堤身断面小，为防止产生内脱坡，则应进行外帮。

堤基漏洞发生在堤内的平台上，不属于管涌性质，如果把它当作管涌抢护很容易造成险情恶化而溃口。它是由于堤基内有隐患，如废弃的小刑管、排水暗沟、坟墓，堤身覆盖的沟渠坑塘内掩埋的柴草杂物以及腐烂植物，时间久了形成空洞。发生这种险情是很危险的，应及时在堤外寻找洞口，用棉絮、柴排、泥土堵筑。同时，在堤内洞口筑围井，抬高水位反压，减少内外水头差，防止洞口扩大。切不可采取强行堵塞堤内洞口。这类险情有时发生在堤身断面小，没有内外平台，平时又没有进行锥探灌浆的堤段。再就是城区挡水墙在修建时清基不彻底，没有做防渗铺盖，也可能发生堤基漏洞（挡水的水头高、建筑物的有效渗径长度短，应特别做好防渗设计）。

（四）管涌

管涌险情是堤防各类险情中对堤防安全威胁最大的险情。1998 年和 1999 年长江中游溃决的主要堤垸，都是管涌险情造成的。因此，如何有效防止和正确抢护管涌险情，保证堤防安全，就成为一项十分重要的任务。

1. 管涌险情的成因

江汉平原的堤防大多建筑在冲积土层上，堤基相对不透水层单薄，沙层深厚，土质结构复杂，不连续的粉细沙层、淤泥层夹杂土层之中。多数堤段的堤基为双层结构堤基，即表层有一层弱透水层（壤土或黏性土），其下是透水层（沙）；另一种是单一的沙性透水层，堤后表面沙层已经裸露。

由于长江河泓切割了地面覆盖层，河床底部便是沙层或卵石层。洪水季节江水向堤内不断渗透，是深层承压水的主要补给源，到了枯水季节，堤内地下水又向外江流动。汛期，外江水因高于堤内地下水，通过压力传递使承压水位增高，其影响范围可达数千米，这就是为什么汛期在堤后几百米，甚至几千米远的地方还出现管涌的原因。由于外江水位与承压水位具有同步增长的规律，外江水位越高渗压就越增，强大的水压力通过地基土层中的孔隙不断向堤内渗透，在堤后覆盖层薄弱或遭破坏的地方冒出地面，称为管涌，也称为翻沙鼓水，因像水管一样向外流水，所以称为管涌。

管涌之所以是堤防安全的最大威胁，就在于水流挟带地基土层中的泥沙不断涌出，使地基架空而造成溃口。

渗透破坏的形式分为流土、管涌、接触流失和接触冲刷 4 种形式，纯粹就土本身而言，其破坏形式只有管涌和流土之分。

流土俗称"橡皮土"，人在上面行走，像踩"弹簧"一样，有水泡冒出，但不带泥沙。它与管涌不同之处，一是面积较大，二是表层土含水已经饱和，渗透水以"散浸"形式不断冒出地面，形成无数个冒孔。流土在高水位渗透作用下，地面表层还没有被鼓穿，但已处于被破坏的临界状态，表面土层最薄弱的地方已经形成表面隆起的"鼓泡"，人在上面行走时，不但有水泡冒出，还可听到"唧唧"的声音。根据《黄河·防洪词典》的解释："涵闸、土堤等建筑物因渗水压力作用，背水侧的土坡或土基上，渗逸出水流及出现非黏性土的颗粒群体浮动（或称为"水沸"），或含黏土质成块、成片发生掀动、流失等土体渗透变形的现象"。

流土险情多发生在含沙量较重的内平台。

产生管涌险情的另一个重要原因就是人为对覆盖层的破坏。如挖坑取土、修房挖基、挖鱼池、打井取水、钻探打井、爆破以及受爆破影响所产生的裂缝，挖渠道、修穿堤建筑物时不作地基处理等，覆盖层被破坏，汛期挡水就产生管涌险情。在当前人为破坏覆盖层诱发管涌险情比自然因素引发管涌险情的可能性更大、更危险，是一种"人造险情"。

从理论上讲，管涌险情距堤身越近越危险。根据抢护管涌险情的经验教训，距堤脚30米以内称为特大溃口性险情，50米以内称为溃口性险情，100米以内称为重大险情，150米以内称为重要险情。当然，这种以距堤脚远近的分类方法并不是国家规定的标准，只是对管涌险情的危险程度进行分类。因为管涌险情发生以后，管涌破坏首先是从出逸口（冒孔口）开始破坏，继而不断向地基内部发展，所以，距堤脚越近越危险。例如，1969年洪湖长江干堤田家口溃口，管涌险情距堤脚开始是18米，后发展至只有15米。1998年孟溪垸溃口的管涌，开始发生距平台只有1米，后发展至溃口，距平台也只有10米。迄今为止，长江中游地区已经发生的溃口管涌险情，距堤脚的距离都在30米以内。

当然，这并不是说其他范围的管涌险情就不需要处理了，或者可以马虎了。根据江汉平原的地质情况，凡距堤脚500米以内的管涌险情都应及时妥善处理，并派人观测守护。因为，如不处理，任其发展，地基底部就会形成通道，每至汛期，只需很小的比降，就会产生管涌险情。但是，对距堤脚150米以内的管涌险情要特别小心谨慎。相对来讲，所能用于控制险情的时间短，因为距堤脚越近，渗透压力越大，总水头仍有90%左右，管涌破坏造成地基架空所需的时间比远距离的管涌破坏所需的时间短，因此抢护要快，要争取时间，慢了就会出问题。从这个意义上讲，快就是安全，要以快取胜，以快制险。

管涌险情会不会发生，不但要看外江水位的高低，还要看持续时间的长短。因为在哪种情况下，水位到了哪个高程，渗透就会产生破坏，即哪种水位是渗透破坏的临界水位，是难以预料的，至少是目前的技术水平难以预料的。即使水位高但维持时间短，不一定产生渗透破坏，但是中水位维持时间长了，也有可能产生渗透破坏，而这又同地基土层情况密切相关。但是，要弄清楚所有堤段地基土层结构的全部情况是很困难的，几乎是不可能的。因此，对于管涌险情的抢护要高标准，严要求，要从难从严。讲"管涌险情无大小，凡是管涌险情都是大险"就是这个意思，抢护管涌险情，容不得丝毫大意。

就一般情况而言，渗透破坏往往是从出逸口开始，继而向地基内部发展。但是，如果覆盖层比较厚、地基土层中黏性土含量大，结构比较稳定，此时即使已经发生管涌，短时间还不会造成大面积的渗透破坏。有的管涌险情如人为造成的管涌险情（如打井、振动裂缝等），因为覆盖层较厚，渗透破坏是从覆盖层的底部开始的。所以，判断已经出现的管涌险情的严重程度，一是看距堤有多远，二是看出水带沙的情况，如果冒出的沙多，时间久了，地基就有可能形成通道或被架空，发展到一定程度，因无力支撑上部土体而发生堤身下挫而溃口。

根据抢护管涌险情的经验教训，堤后覆盖层薄，土质松散，含沙量重，或遭人为破坏是发生管涌的主要原因。

当年汛期发生的管涌险情，汛后一定要进行整治。

2. 怎样抢护管涌险情

管涌险情虽是堤防安全的最大威胁，但是，对于管涌险情要有正确的认识。管涌并不等于管涌破坏，不是一发生管涌险情就会溃口。关键是要能及时发现险情并迅速采取正确的抢护措施，并切实加强观测，三者缺一不可。至于有的管涌险情发展成为无法抢救而溃口，究其原因，则是发现险情太迟，险情已经恶化，抢险方法出现错误，或者采取抢护措施的速度太慢，无法控制险情；再就是有的险情虽已处理，但没有派专人观测，险情变化了不知道，未能及时采取补救措施。

管涌险情的发生、发展变化是有一个时间过程的，不会一发生险情很快就会溃口。但如果险情一旦发生没有查出来，让其出水带沙，使地基遭受破坏，就有可能溃口。所以，在汛期务必把"巡堤查险"工作落到实处。检验防守单位是不是麻痹大意，主要看"巡堤查险"这个环节落实了没有。能不能把"巡堤查险"工作切实抓好，是关系到能否安全度汛的大事。别的事情抓得好，而"巡堤查险"这一环没有抓住，就等于埋下了祸根。有的地方在处理管涌险情时很认真，却没有加强观测，以致险情发生了变化，没有采取措施调整，任其恶化，等到再发现，已经来不及了。所以，管涌险情处理以后，一定要落实监测的领导、技术人员、防守劳力（包括水手）、抢险器材（三级配的沙石料、土料、化纤袋、油布等）、工具（潜水设施、船只、木工工具）、照明设备、通信设备等，昼夜值班，一遇情况发生变化，一方面向上级报告，一方面进行补救，直至汛期结束。

管涌分为浅层管涌与深层管涌。浅层管涌比深层管涌更危险。现场准确判断是浅层管涌还是深层管涌是比较困难的，因而要求抢护时要从难从严。

浅层管涌主要是覆盖层很薄，一般距地面以下2～3米便是沙层，有的堤后平台很窄，平台外边可见裸露的沙层，强大的水压力很容易顶穿覆盖层形成管涌险情。浅层管涌具有出水量时大时小，水色浑浊，有臭味，常伴有腐烂质流出，水温与外江水温差别不大，一处常有多个冒孔发生，冒孔位置容易变化等特点。

深层管涌水色较清，多带细沙，水温较低，常伴有黄色锈水流出，出水量大小比较稳定，一般是单孔发生，位置不易变化。深层管涌多为人为破坏覆盖层所引起。

浅层管涌的发生率多于深层管涌。

抢护管涌险情的指导思想是：采取措施削减水头，降低渗透水在地基运动过程中的流速，达到不带泥沙冒出地面。削减水头是抢护管涌险情自始至终所追求的目标。

渗透水在地基中的运动情况，一是堤内外水头差的大小，水头差大，流动速度就快些。二是土层的结构及其密实程度，影响流动的速度。一旦形成管涌，水流就会不断地将土层中比较松散的颗粒带出地面，一步一步地由出逸口向堤基内部破坏，形成通道或空洞。所以，抢护管涌险情，要立足于采取措施减小水头差，只有水头差减小了，渗透水的流动速度才会减慢，挟带泥沙的能力才会降低，险情才有可能稳定。只有不带泥沙才会出清水，只要水流带走泥沙，遇到粉细沙，还会"板结"，堵塞出逸口，再在旁边出现新的冒孔。

但是，在抢护管涌险情时，通过采取措施来降低水头差，只是一种临时性措施，而且是有条件的，降低水头差也是有限度的，一般能降低 1～2.0 米也就可以了。如果想再降低，除非对周围覆盖层的安全确有把握，否则，就可能诱发新的险情。

抢护管涌险情的指导原则是外截内导。

所谓外截，就是在堤外对渗透水进行堵截，这在汛期一般是做不到的。但有的情况例外，例如，堤身底部下卧一层薄的沙层，而堤外脚的覆盖层又遭破坏，单纯依靠在堤内做围井或蓄水反压并不能控制险情，还需在堤外填土压盖阻渗。再就是有的管涌险情发现太迟，已经形成通道，这种险情多发生在堤外无滩、泓坡合一或沙层裸露的堤段，外填土是难以奏效的，还得从堤内想办法，做高围井进行反压。虽说，渗透水是从外江渗入的，但在形成管涌险情后的一段时间内，并没有形成明显的通道，是没有洞口可寻的，不像堤身漏洞险情那样应在外面寻找洞口，进行堵筑。不能把管涌险情当作漏洞险情来抢护。

对于大多数管涌险情则必须采取导的方法，渗透水既已冒出地面，堵回去是绝不可能的。企图采用堵塞的方法来控制险情，是造成险情恶化乃至溃口的主要原因，如采用土料压盖已发生的管涌冒孔，用木桩、块石强行堵塞管涌孔，用大锅或大桶盖在管涌冒孔上再在外面填土等。当强大的水压力顶穿上部所覆盖的土料和其他物料，或从旁边再次冒出地面时，溃口灾害就发生了。

"围井导滤"和"蓄水反压"是抢护管涌险情的有效措施。出清水不带泥沙是管涌险情得到控制的标志。

用下列方法抢护管涌险情是错误的。

在汛期，企图采用堵塞的方法来控制管涌险情，是造成险情恶化乃至溃口的主要原因。

过去采用错误的抢护方法有：采用土料回填覆盖已发生的管涌险情，用木桩或大蛮石强行堵塞管涌孔，用大锅或大黄桶盖在管涌孔上再在外面填土等。越抢越险。当强大的水压力顶穿上部所覆盖的土料和其他物体，或从旁边冒出地面时，溃口就发生了。

渗透水既已冒出地面，只能采取疏导的方法，堵是绝对不行的。

管涌并不等于管涌破坏，关键是渗透力是否大于地基的抗渗强度。防渗的首要作用是控制渗透量，其次是削减水头。设置围井导滤是防止渗透破坏的有效措施，可以保证出逸口不遭受渗流破坏，达到渗透稳定。围井导滤的作用有两点：一是围井可以限制和引导水流集中在一个方向向外流出，而不使冒孔周边的土层受到破坏；二是井内的导滤材料可以滤土滤沙，消杀水势，防止泥沙随水流出，通过滤土滤沙排水，达到减压的目的，防止土、沙进入导滤层，才能达到只出清水不带泥沙的目的。

一旦土、沙随水外出，穿过导滤设施，表明导滤井需要重筑。

如果围井筑成后，出水量突然减少或完全停止出水，有可能是围井内的反滤材料过多，或是被泥沙堵塞，应分析原因，调整反滤料各层的厚度。

围井的尺寸，如围埝的高度、井的直径大小视险情大小、涌水量多少，距堤脚距离远近，以及出险部位周围土层的质量而定，一般围井的直径宜大一些，2～3米为宜，高度为1.5～2.0米，井内的滤料可根据险情由低到高进行调整。

堤内平台是水田、旱地出现管涌时，在筑围井之前，应先清除底部的杂草、农作物、淤泥，并尽可能清除已经涌出来的泥沙。围井高度在1.5米以上者，围埝要用双层土袋，中间填土筑实，防止漏水。

坑塘沼泽地出现的管涌险情，当水深小于1.5米时，应尽可能筑围井，因为导滤堆是一锥形体，垂直高度的各点削减水头的作用是不一样的，因而它不能完全有效控制管涌水流从一个方向流出，而是常常在导滤堆的中部就向四周扩散，带出泥沙、发生淤塞，需要多次调整导滤材料，才能控制险情。由于坑塘内发生的管涌险情不易直接观测，为安全起见，多采用大面积的沙石反滤堆，水下反滤堆的高度不需露出水面。水下反滤堆筑成后，要特别加强观测，注意有无冒沙、反滤堆周围水色是否变清，并定时派水手探摸。还要设水位标志，观测坑塘内水位升降变化情况。

围井内的导滤材料尽可能采用三级配，即粗沙、瓜米石、中号卵石（碎石）。

第一层是粗沙，厚一般为0.2～0.3米。切忌采用含泥量大、颗粒细的沙，容易淤塞。可以用于混凝土级配的沙，就可以作导滤材料。

第二层是瓜米石，厚0.3米左右，粒径不能大于1.5厘米。

第三层是中号卵石（碎石），颗粒不能大于4厘米，厚0.3米左右。

如果限于材料，则只能采用二级配，即用粗沙和瓜米石。不管是二级配还是三级配，都不能混合级配。

但是，强调不能采用混合级配，只有在开始抢护管涌险情时才有可能。有的管涌险情由于多次调整，原有的级配已被扰动，变成了多种级配，只要达到了出清水不带泥沙的目的，就不要再去翻动它，如果出水带泥沙，就要根据情况对级配进行调整。

当管涌开始翻沙鼓水时，如果水量不是很大，口径在0.1米以内，冒出地面的水头在0.1米以内者，先清除冒出地面的沙丘，筑成围井导滤即可；当翻沙鼓水量较大时，可先用少量大卵石和小块石（狗头石）投入管涌孔，以削减水势，同时抢筑围井导滤或筑导滤堆。

当管涌出水带沙量很大，冒出地面（水面）形成水柱时，此时应用大量的卵石或块石（不用粗沙或少用粗沙）向洞口及周边抛投，迅速形成大范围的反滤堆；同时设法抢筑围埝，抬高水位，减少水头差。非如此则不能控制险情。只要判断不是堤外脚浅层渗透破坏所造成的管涌，就不要在堤外投抛沙石料。

迄今为止，围井导滤是抢护管涌破坏的最有效措施。设置围井导滤要注意以下几点。

（1）导滤材料必须冲洗干净，并满足级配的要求。

（2）当涌水涌沙量很大时，不要铺设土工布。土工布在排出渗水的同时，能阻挡土体颗粒不被带出，因而具有反滤功能。但是，由于管涌孔所冒出来的泥沙的粒径大小与土工布的规格不太相符，而且水流速度快，挟带的泥沙多，常常发生阻塞，以至于冒出的一部分泥沙不穿过土工布而是沿着土工布底部向四周逸出，不能控制险情。因此，在汛期使用土工布紧急抢护管涌险情时要十分慎重。1998 年汛期，有的地方采用两层纱窗布代替土工布，收到了比较好的效果。

（3）围井内的导滤材料不一定要一次到位，可视出水带沙情况作适当的调整，宁可偏低，不要偏高。偏低了不能完全有效地控制险情，但可以调整；偏高则有可能把险情挤压到围井的周边再冒出来，使已筑的围井完全失去作用。

（4）导滤材料的关键是粗沙和瓜米石，这两层如果起到了滤土滤沙的作用，险情就有可能得到控制。如果水流挟带泥沙跑到卵石这一层的上部，就要迅速返工，调整粗沙和瓜米石的厚度。如情况不允许（管涌距堤脚很近），则在卵石层上增加瓜米石（尽可能不再用沙）。

（5）导滤材料如有下陷应及时补充，少量下陷是允许的，大量下陷表明险情没有稳定或在恶化，应分析原因（围井是否过低，导滤料是否干净，是否符合级配，是否因险情发现太迟，地基内部已局部形成空洞等），提出调整方案。

围井导滤或反滤堆一经出清水，表明险情稳定，防守人员不要在导滤料上走动，以免扰动破坏导滤料已形成的出水通道。

围井内渗出的清水应用管道接出围井外，并记录出水量的大小。

范围不是很大的流土险情（面积小于 30 平方米），可先铺一层粗沙（厚 0.1 米左右），再铺一层瓜米石或卵石（厚 0.15～0.2 米）；如果地表面没有淤泥（如有杂草应铲除），先铺一层土工布再铺瓜米石和卵石。不要在已铺好的反滤层上走动，渗水应在尾端开沟流走。

蓄水反压的适用范围：蓄水反压是针对管涌险情已经发生多处，且出水涌沙量较大时，单靠围井导滤已经不能控制险情，必须通过筑围埝抬高水位，增加对管涌孔的淹没深度和范围，达到减压稳定险情的目的，是处理已经发生和防范可能发生管涌险情的有效措施，方法简单，便于操作，可收到立竿见影的效果。

遇下列情况之一者，必须蓄水反压。

（1）涵闸或泵站的内渠道、堤内的坑塘、低洼沼泽地发生的管涌，涵闸、泵站侧墙、翼墙出现的管涌。

（2）距堤脚很近的管涌，有可能控制一处险情后，又在附近发生新的管涌；或者堤内土质含沙量大，已经发生的管涌虽已得到控制，但水头差超过 5 米以上，时间久了，担心再发生多处管涌。

（3）大面积的管涌群，每个管涌孔冒孔小，出水冒沙量小，但不持续。有的堤段地基是古河道，覆盖层薄，沙层深厚，极易发生大范围的管涌，采用围井或导滤堆费工费时。

（4）已经出现明显的面积较大的流土险情。

蓄水反压的具体作法：在需要蓄水的范围的周边筑一道子埝，然后抽水反压。子埝的高度视需要而定，一般不超过 2 米。渠道需要蓄水反压，所筑子埝（坝）的高度则根据水位而定，如达到 5 米时，要在坝下再筑小坝，形成二级反压，以免主埝（坝）因挡水过高而垮坍。

如果蓄水反压有可能浸泡堤内坡脚造成脱坡险情时，应视险情而定，子埝的距离可距堤脚 3～5 米，或事先在堤坡开沟并铺设导渗材料，也可筑透水压浸台。当判断管涌险情已发展成溃口性险情时，非抬高水位便不能控制险情时，应果断决定蓄水反压，同时在堤外加筑外帮。就大多数堤段情况而言（内坡比不小于 1：3，不是新做断面很薄的内帮，或筑堤土质是膨胀土），不会因为蓄水反压而造成内脱坡。

当尚未发生管涌险情，但预计可能因水位上涨或高水位持续时间较长有可能发生管涌的地方，如覆盖层很薄，多次发生过管涌，堤后沙层裸露，低洼坑塘沼泽、渠道等，可事先蓄水反压，不要等到出了管涌险情，才去蓄水反压。

汛期，应根据涵闸、泵站、险工险段以及挡水堤段堤内覆盖层的情况，历年出险情况，确定允许的内外差是多少，以此来调整蓄水反压范围内的水位升降，满足控制水头差的要求。同时要确定距堤后适当范围内（300～500 米）的沟渠、坑塘、鱼池的最低水位，等于或低于这个水位时，禁止引水降低水位，已降低者应迅速补充，并派人密切监视。

对于出现的大面积的管涌群或流土险情，一方面对冒孔较大者做围井导滤或反滤堆，但必须同时沿流土或管涌群的周边筑围埝，作好蓄水反压的准备，一旦险情发生变化即蓄水反压。当判断不能单靠围井导滤或反滤堆来有效控制险情的时候，应迅速采用蓄水反压的措施。

修建穿堤建筑物（涵闸、泵站），由于回填土的质量问题（含沙多，没有夯实），汛期发生接触冲刷，或是基础覆盖层被破坏，管涌从翼墙两侧或从建筑物的硬缝、建筑物的尾端冒水带沙。当发生这种险情时，应立即在渠道内筑坝，蓄水反压。坝的距离一般距建筑物的尾端 50 米左右，如果太远，所需反压水量大。筑坝抬高水位是抢护涵闸、泵站这类管涌险情最有效的办法。它不同于一般堤后平台上的蓄水反压措施，担心抬高水位在围井外再冒孔。涵闸、泵站的渠道在开挖过程中两侧堆有大量的土方，即使水位抬高了，也不担心在旁边再冒出来。如果对涵闸、泵站的管涌冒孔也像抢护其他管涌险情一样，只强调围井导滤而忽视了蓄水反压，就可能使险情恶化。

尽管有的涵闸、泵站为了防止管涌险情发生，或者已经发生了管涌险情，采取了综合防治措施，如设置了垂直防渗墙，内渠修筑了反滤设施或打了减压井，但汛期仍要强调必须关水反压。如果认为有了这些措施而不注意关水反压，那是很危险的，管涌险情还会发生。渠道关水反压是综合措施中的关键措施，千万不可马虎。

对于"围井导滤"和"蓄水反压"的措施，可以简化为"高埝、深水、多层、大范围"。

高埝是指围井子埝的高度，强调要高一些，应在 1.5～2.0 米。为什么有的又不主张高埝呢？一是担心围埝高了容易倒塌，不安全；二是怕围井内的水蓄高了，有可能在围井外再冒出来。须知，抢护管涌险情的核心问题是要降低水头差，围埝过低就达不到这个要求。怕从围井处冒出来，就把围井的范围筑的大一些。每个管涌冒孔，除人工钻井破坏了覆盖层所引发的管涌之外，冒孔的周边土层都不同程度受到了挤压破坏，这一范围称为"扰动区"。在管涌孔冒出地面之初，地表土层略有轻微隆起，一旦冒孔发生，周围的土层又有轻微下沉。因此，围井的范围太小，筑在扰动区内，就不能控制险情。就多数管涌孔而言，扰动层的范围直径约 1.5 米。

管涌险情与围井示意如图 11-1-2 所示。

高埝并不是说围埝的高度越高越好，相反，围埝过高，不但风险大，而且由于井内滤

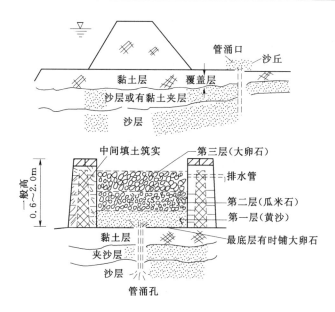

图 11-1-2 管涌险情与围井示意图

料过多过重，有可能把冒孔压死。只要我们明确，既已出现冒孔，就应设法使其出清水不带泥沙，达到这个目的就行了。

当第一次洪峰过后，外江水位下降，围井停止出水，这是正常的，围井内的级配材料会下沉，有可能堵塞原来出水孔道。外江水位再次上涨时，围井内的级配材料可能需要调整。

3. 防止管涌险情发生的方法

管涌虽是堤防安全的最大威胁，但是可以防止的。防止管涌险情发生，必须依靠综合措施，只靠某一种措施是不能收到满意效果的。

防止管涌的措施，总的原则是阻渗与排渗相结合。办法是前堵（截）后压（排），以排为主，截压兼施，延长渗径，改善堤基的渗流状态，达到保证堤防安全的目的。

堤防的管涌险情与水库大坝的管涌险情并不一样。相对而言，大坝的基础是不透水的。大坝的渗透主要来自坝身挡水以后，坝体受到长时间的浸泡，少量渗水从坝体中薄弱部位向坝内坡逸出；因为大坝坝后脚建有三级反滤设施，因此出逸是安全的。堤身因挡水时间较短，大量渗水从堤内坡逸出，把这种险情称为散浸，而不称为管涌。

处理已经发生的管涌险情与防止管涌险情发生的方法是不完全一样的。

防止管涌险情发生，首先要摸清堤段的地质情况，然后再采取相应的处理措施。

截或堵的方法，就是依靠工程措施，延长外江水向堤基内渗径长度，减轻水头的压力。完全阻止不让外江水进入堤基内部是不可能的，也没有必要。因为江汉平原的基础多为冲积土层、下卧一层很厚的强透水层，汛期江水通过透水层向堤内渗透；汛后，堤后的地下水又通过透水层向外江排出。

堵或截的方法有以下几种。

（1）填筑外平台。如果堤外脚100米范围内的覆盖层很薄（只有1米左右）或遭到破坏（主要是修堤近距离取土），可用黏土回填与原地面平或高出原地面，也可在堤外平台上抽深槽再回填黏土，形成浅层阻渗墙。如外滩较窄，滩岸沙层与堤内贯通，可将滩岸表层沙土挖去部分，再回填厚度为 0.8～1.0 米的黏土，上面砌块石防浪。

（2）垂直防渗墙。目前采用的垂直防渗墙分为垂直铺塑、高压喷射防渗墙、超薄防渗墙以及钢板桩等。一般进入地表以下的深度是 10～20 米。垂直防渗墙适宜于透水层较薄的堤基，而透水层中有一层黏土层，此时可以形成封闭式垂直防渗，基本切断了汛期江水对地下水的补充，堤基管涌可以得到防治。如果中间没有一层黏土层，要筑成封闭式防渗墙就很困难，因为这样的深度需要四五十米，甚至更深。即使筑成了，由于切断了江水和地下水相互补给的通道，地下水无法向外江排出，造成堤内大面积的土地变成冷浸田，故需要谨慎对待。

压和排的措施有以下几种。

防止管涌险情发生，强调要排（导），就是承认外江水是一定会渗透到堤内来的，完全堵住是不可能的。

要把堤基内的渗透水控制在安全的范围内，不让它形成管涌破坏，如今，最经济、最容易也是效果最好的方法，就是在堤后加宽加厚内平台，增加盖重，填土压渗，增加抗浮稳定性，平衡渗透水压力，提高堤脚附近渗透的稳定性，防止渗透变形危及堤身安全。以压促排，没有压便没有排，因为堤后附近平台的覆盖层如果没有足够的厚度的话，渗透水便会冒出地面，排就不可能了。从这个意义上讲，防止管涌的措施也可以称为以压为主了。

关于在堤后填筑平台究竟要多厚多宽才能保证安全，是一个十分复杂的问题。一般只能凭经验和可能来确定平台的宽度和厚度，对于重点险情，则应通过取样分析，经过设计确定。

现在，对于干支堤防的平台宽度一般都有规定，但厚度无法统一，像荆江大堤的平台宽度一般都有 50 米，其厚度是按长江设计最高水位与内平台地面之差不超过 6～8 米。一般的填筑厚度都有 1.5 米以上。长江干堤一般平台宽度为 20～30 米，厚度为 1～1.5 米，也有 3 米的。

就多数堤段而言，除了坑塘沼泽之外，内平台的填筑厚度不应小于 1.5 米，宽度不应小于 20 米，重点险段（堤外无滩，堤内水田），内平台的填筑厚度不应小于 2 米，宽度不应小于 30 米。当堤内脚覆盖层的厚度与堤身挡水的水头差相等（1∶1），甚至大于水头差时，出现管涌险情的可能性很小，而且也容易控制。例如，水头差是 4 米，覆盖层的厚度也有 4 米，就是 1∶1。即使这样，对于有的堤段，由于堤内脚地势低洼，汛期容易溃水，影响巡堤查险，影响堤内坡稳定，至少应填筑厚度 1 米以上、宽度 15～20 米的平台。堤内脚覆盖层的厚度与堤身挡水示意如图 11-1-3 所示。

覆盖层的厚度应不小于水头差的高度。

这种水头差与覆盖层厚度之比，虽是经验数据，但已被许多管涌险情

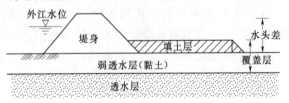

图 11-1-3　堤内脚覆盖层的厚度与堤身挡水示意图

抢护的实例证明是安全的。当然，不能只强调覆盖层的厚度，还必须强调它的质量，即土料的质量及其密实程度。

填筑平台的土料应以黏土为主，少量带沙的土料也可以。填筑平台的目的是为了增加盖重，防止管涌险情发生，是以压促排。否则，距堤脚很近的地下水向外逸出，即使在平台的尾端设置了排水设施也是没有用的。至于填筑平台以后，堤身的浸润线可能抬高，解决的方法一是在堤背坡开沟滤水，二是加做外帮。

只要堤内坡的坡比有 1:3 以上，出现散浸并不难处理。

对于采用吹填来防止管涌险情发生，需要根据地基土质情况而定。因为吹填的土料含沙量很大，对于坑塘，可以起到导滤的作用，不用担心会把地下水堵住，但作为压重的作用并不大，如已经发生管涌的坑塘内吹填厚度只有 2 米左右，管涌还是照样发生，有的老管涌险情的渗透破坏已重复多次，具有历史性，只需小的比降即可发生管涌。如果堤后地基内已有一层覆盖层，只是厚度不够安全，若再在上面吹填沙土增加盖重，土沙联合作用，便可防止管涌发生。由于吹填的是黏土，沙的含量较少，经过一段时间滤水沉淀后便可以形成有效的覆盖层。但要注意吹填部分同堤后平台的结合，防止将管涌压向薄弱地段再冒出来。

堤后通过填筑平台，可以保证堤脚附近的渗流稳定。但是，这并不是说堤基内的渗透问题已经解决了，堤基内的渗透水在平台范围内无力顶穿覆盖层，它将沿着平台覆盖层底部继续向下流动，即使是 200～300 米，它的总水头还有 70% 左右，还可以冒出地面。因此，凡是堤后土质较差的堤段，在平台的尾端可预先设置导滤设施（土工布、沙石料）。如堤后 100～200 米范围内既无坑塘沟渠，也无沼泽，沙层也没有裸露，就不必设置导滤设施。

江汉平原的大多数堤段，地基土层中都有一个外江水与地下水互相补给的问题，汛期互相顶托，同步增长，依靠上面一层较厚的土层压盖，才得以平衡而不冒出地面，一旦失衡，便会发生管涌。所以，只要它没有可能冒出地面，就不需要考虑排的问题。

堤上的涵闸、泵站的内渠道防止管涌险情与堤防防止管涌险情是不一样的。因为开挖渠道破坏了覆盖层，而渠道又没有硬化（混凝土或钢筋混凝土），在汛期管涌险情很容易发生，所以，单靠采取压的措施来防止管涌险情是比较困难的。最好的办法就是有计划地、主动地把地下渗透水引出来。目前防止的方法有：一是如果开挖渠道后，渠底以下还有一层覆盖层，考虑汛期关水后，尚可保证安全，可在建筑物尾端筑三级反滤设施；二是渠底的覆盖层加汛期渠道水深仍不能保证安全，可在渠底先铺一层土工布，再在土工布上面填沙、卵石，再砌块石（留排水孔），总厚度 0.6 米左右。但是，如果渠底覆盖层薄、沙层深厚、内外水头差大，采用这种措施并不能防止管涌险情，可修建减压井，排水减压，降低渗压，使其达到允许的水头。减压井的设置需通过钻探取样分析，求出减压井的数量、位置分布、口径大小及深度等。根据以往使用减压井的经验教训，力求做到全面控制，重点加强，口径宜粗不宜细，宜深不宜浅，一般井的口径在 25 厘米以上，口径过细，不便于冲洗；井深在 25 米以上，应当进入粗沙层，不容易敷住井壁，不怕井内淤塞，只担心井的外壁淤塞。减压井的关键在于经常维护，要根据水位涨落情况进行冲洗维护。减压井到了一定年限需要更换。

有的堤后是溃口形成的冲坑，堤基沙层深厚，汛期易发生管涌。为防止管涌险情发生，整治的办法是先将内平台从堤脚至冲坑边填黏土增加覆盖层的厚度，在距离脚30～50米处筑导渗沟，将部分渗透水导出来，再在冲坑的斜坡上铺土工布，上面压一层厚0.5米的卵石，让余下的渗透水能从斜坡安全渗出。

综合以上记叙，防止管涌险情发生的方法应当根据堤基土质、地形情况，采取综合防治的方法。以填土增加压盖为主，辅以垂直防渗墙、减压井、反滤层等其他方法。对于江汉平原的堤防而言，防止管涌险情的发生，主要依靠堤内平台的覆盖层有足够的厚度，并且不受到破坏。只要有足够的压重，就不会发生渗透破坏，这是防止管涌发生最根本的措施。就大多数堤段而言，如果堤内覆盖层有足够的厚度，就不必采取其他措施，也能防止管涌发生。只有那些堤外无滩或窄滩，堤身垂高在8米以上，以及有穿堤建筑物，多次发生管涌险情的堤段才视情况采取其他辅助措施。

只要充分认识到管涌险情对堤防安全危害的严重性，汛期切实加强巡堤查险，一经发现，迅速采取正确的抢护方法，使险情得到控制，汛后针对管涌险情发生的原因进行整治，那么，管涌险情发生的可能性会越来越少，而且也能得到控制。

迄今为止，我们对于管涌险情的发生及其抢护方法，从理论上讲比较清楚，但应用于抢险实践还存在一定的困难。这就是为什么我们在处理管涌险情时，常常发生偏差甚至错误的原因。

防止各种险情特别是管涌险情不发生或一旦发生能得到控制，贵在平时下工夫（整险加固），防是主动，抢是被动，抢险是不得已而为之，等到险情发生了，恶化了，哪怕抢险人员的本事再大，组织再严密，总会带有一定的风险。切不可过高估计对险情的抢护能力，不要把保证堤防安全的希望寄托在对险情的抢护上，而放松对堤防的建设和管理。平时加强建设，加强管理，汛期一定认真巡堤查险，把险情处理在初发阶段，这是从历次溃口事故中得出的深刻教训。

八、荆州地区（市）获奖科研成果、水利专著、科研人才

（一）国家科技进步奖

获国家科技进步奖研究成果名单见表11-1-1。

表11-1-1　　　　　　　　获国家科技进步奖研究成果名单

成果名称	获奖等级	获奖时间	主要完成单位	主要完成人员
防浪林虫害及其天敌的研究	全国科技奖	1978年	汉江修防处	罗河山
长江防浪林防风消浪研究	二等奖	1996年	湖北省水利厅堤防处、荆州地区长江修防处、洪湖市长江修防总段	蔡作武、陈扬志、朱常平、李成华、游汉卿、李敦品
长江中游生态经济型防浪林体系评价及优化模式研究	三等奖	1996年	湖北省洪湖分蓄洪区工程管理局、华中农业大学	颜学恭、杨祖俊、曾祥培等
堤身蚁穴系统的结构及强度与稳定性研究	一等奖	2004年	湖南理工学院、荆州长江河道管理局石首分局	高家成、刘晓红、甘新明

（二）水利部、湖北省科技进步奖

获水利部、湖北省科技进步奖研究成果名单见表11-1-2。

表11-1-2　　　　　获水利部、湖北省科技进步奖研究成果名单

成果名称	获奖等级	获奖时间	主要完成单位	主要完成人员
防浪林害虫及其防治、护堤柳林害虫及其防治	湖北省科技大会奖	1978年	汉江天门堤防管理段	罗河山
荆江大堤白蚁防治的研究	湖北省科技大会奖	1978年	湖北省水利局、荆州地区长江修防处	
荆江大堤木沉渊铺设跨江水下吹填输泥管道	二等奖	1982年	长江航道局汉口航道区、荆江大堤加固工程总指挥部	李同仁、夏德光等
试论综合治理开发江汉平原之方略	三等奖	1984年	荆州地区水利科研所	关庆滔
四湖地区除涝排水系统最优化扩建规划研究	水利部三等奖	1985年	武汉水电学院、荆州地区水利局	关庆滔、欧光华、郭元裕、白宪台等
塑料织物护岸	三等奖	1987年	荆州地区长江修防处	刘继春、郭孟瑶（女）
长江荆江河段防浪林营造技术与效益的调查研究	二等奖	1988年	石首市长江修防总段、林业局、水利局	李建设、陈睦文等
四湖地区渍害低产田地下排水改良试验	一等奖	1988年	荆州地区水利局、潜江县水利局、潜江县农业局	关庆滔等
综合农业区划	三等奖	1988年	松滋县水利局	邓和平
荆州地区防汛水情微机实时处理系统	三等奖	1989年	荆州地区防汛办公室、湖北省水文总站	
湖北省改造渍害低产田规划	三等奖	1990年	湖北省水利厅、洪湖市水利局等	
中型挖泥船增长排距技术	二等奖	1992年	荆州地区长江修防处	黄明山、刘昌时等
湖垸生态农业的系统研究	三等奖	1993年	监利县水利局	汪训孝
黑翅土白蚁初建群体的研究	二等奖	1997年	湖北省水利厅堤防处、荆州市长江修防处	陈立志、冯德平等
四湖排水系统优化调度研究及排水实时调度决策支持系统	三等奖	2000年	湖北省水利水电科学研究所、武汉水利电力大学、荆州市水利局，协作国家日本、加拿大	黄泽钧、欧光华、白宪台、关洪林等
涝渍地农业示范小区整体规划及综合整治开发研究	二等奖	2002年	湖北省水利厅、荆州市水利局	欧光华等
江汉平原涝渍地综合开发研究	一等奖	2003年	湖北省水利厅、荆州市水利局、荆州市四湖工程管理局	雷慰慈、朱建强、欧光华等
易涝易渍农田排水改良技术研究	二等奖	2004年	荆州市水利局、荆州市四湖工程管理局、长江大学	欧光华、朱建强等
假俭草选育及运用研究	三等奖	2005年	湖北省洪湖分蓄洪区工程管理局	颜学恭
荆江河段河势演变监测及研究项目控制点布控实施工程	二等奖	2008年	荆州市长江勘测设计院	谢先保、张卫军等

续表

成 果 名 称	获奖等级	获奖时间	主要完成单位	主要完成人员
江汉平原沿江滨湖区渍害低产田生产科研（扩大）潜江试点	省部级科技进步星火一等奖	"八五"期间	荆州地区农田水利技术推广中心、潜江市水利局	
基本作物的农田排水指标及排水调控研究	三等奖	2007年	荆州市四湖工程管理局排灌试验站	

（三）水利专著

水利专著名单见表 11-1-3。

表 11-1-3　　　　　　　　　　水 利 专 著 名 单

作 品 名 称	作者	出版时间	内 容 简 介
江陵水利志	廖启光等	1984年	江陵水利堤防建设历史
荆州水利（1949—1985）	吴兴信等	1985年	荆州水利35年建设成就
荆江大堤志	刘井湘等	1986年	荆江大堤建设发展史
江汉命脉录	地县水利局	1989年	荆州水利40年成就
漳河水库志（上）	杨仙圃等	1990年	漳河水库建设发展史
东荆河堤防志	王天增	1994年	东荆河堤防建设发展史
沙市水利堤防志	周传炳等	1994年	沙市水利堤防建设发展史
监利水利志	陈少敏等	2003年	监利水利堤防建设发展史
松滋水利志	丁永孔等	2008年	松滋水利堤防建设发展史
洈水水库志	杨光仲等	1995年	洈水水库建设发展史
荆江分洪工程志	彭爱真等	1995年	荆江分洪工程建设发展史
前事昭昭 足为明戒	易光曙	1997年	1954年以来长江中游堤防、涵闸、泵站、溃口事故及重大险情抢护的反思
漫谈荆江	易光曙	1998年	系统介绍荆江历史沿革、河道演变、工程治理以及风物典故
荆江防洪100个为什么	易光曙	1998年	以问答形式普及荆江防洪知识
我心滔滔	曾祥培	1998年	1998洪湖长江干堤抗洪纪实
南方圩区除涝系统最优化扩建规划	郭文裕、白宪台、关庆滔	1988年	运用现代系统优化理论研究除涝系统（河、湖、闸、站）扩建的最优规划
水工混凝土建筑裂缝分析及其处理	欧光华等	1998年	阐述水工混凝土裂缝发生的原因和处理措施。列举了湖北省内水利工程裂缝调查的情况
荆江的防洪问题	易光曙	2006年	荆江洪水灾害、治理成就、三峡工程建成后江湖关系的变化等
四湖-江汉平原的一颗明珠	易光曙	2008年	四湖水系演变过程、治理成就、存在问题
四湖水利系统优化调度及决策支持系统	欧光华等	2008年	将现代模型技术和决策支持系统用于四湖流域排水调度决策支持系统，是开发运用的技术成果与实践经验的总结
荆江堤防志	王建成等	2010年	荆江堤防建设发展历史
荆州长江河道堤防论文汇编	王建成等	2013年	

（四）有突出贡献的专家及技术拔尖人才

1. 全国有突出贡献的中青年专家

全国有突出贡献的中青年专家名单见表 11-1-4。

表 11-1-4　　　　　　　　全国有突出贡献的中青年专家名单

姓名	工 作 单 位	授证书单位	时间
欧光华	荆州地区水利局	人事部	1992 年
曾祥培	湖北省洪湖分蓄洪区工程管理局	人事部	1999 年

2. 享受政府津贴人员

享受政府津贴人员名单见表 11-1-5。

表 11-1-5　　　　　　　　享受政府津贴人员名单

姓名	工 作 单 位	政府津贴发放单位	时间
欧光华	荆州市水利局	国务院	1992 年
袁仲实	荆州市长江河道管理局	国务院	1997 年
曾祥培	湖北省洪湖分蓄洪区工程管理局	国务院	1999 年
陈扬志	荆州市长江河道管理局	国务院	1999 年
镇万善	荆州市长江河道管理局	国务院	1999 年
张致和	荆州市长江河道管理局江陵分局	国务院	1999 年
陈德芳	荆州市长江河道管理局监利分局	国务院	1999 年
周运生	荆州市长江河道管理局洪湖分局	国务院	1999 年
周芝泉	荆州市长江河道管理局松滋分局	国务院	1999 年
冯德平	荆州市长江河道管理局公安分局	国务院	1999 年
游汉卿	荆州市长江河道管理局洪湖分局	湖北省人民政府	1997 年
蔡作武	荆州市长江河道管理局	荆州市人民政府	1998 年

3. 湖北省水利专业技术拔尖人才

湖北省水利专业技术拔尖人才名单见表 11-1-6。

表 11-1-6　　　　　　　　湖北省水利专业技术拔尖人才名单

姓名	工 作 单 位	授证书单位	时间
曾祥培	湖北省洪湖分蓄洪区工程管理局	湖北省水利厅	1997 年
杨维民	荆州市长江河道管理局	湖北省水利厅	1997 年
余品淑	荆州市华夏水利水电开发总公司	湖北省水利厅	1997 年
蔡作武	荆州市长江河道管理局	湖北省水利厅	1997 年
王盛满	松滋市水利局	湖北省水利厅	1997 年
曾宪光	洪湖市水利局	湖北省水利厅	1997 年
揭先阶	监利县水利局	湖北省水利厅	1997 年
刘德福	荆州市四湖工程管理局	湖北省水利厅	2010 年

第二章 水利教育

　　荆州水利建设历史悠久，但水利专业教育则开展较晚。新中国成立前，荆州地区没有专门的水利教育机构，水利技术人员接受过正规教育的很少，多为堤防岁修和防汛抢险实践中脱颖而出的"土专家"。新中国成立初期，培养水利专门人才主要采取送外地有关院校进行培训和在实践中培养锻炼，20世纪70年代后期才开始创办教育培训专门机构。80年代以后，电大、职大、夜大等自修大学蓬勃兴起，在职职工主要采取脱产或不脱产方式进行继续教育。通过正规或非正规的教育培训，形成了专业门类齐全的技术和管理队伍，促进了荆州水利建设事业的健康发展。到2012年，全市水利系统拥有研究生学历人员23人、大学本科毕业人员583人、大学专科毕业人员1790人、中专毕业人员957人；拥有专业技术职称人员2840人，其中正高级工程师4人、高级工程师67人、工程师1085人、助理工程师727人；拥有技师1035人、高级工963人、中级工608人。

第一节 水 利 学 校

　　1949—1978年，随着荆州水利建设事业的快速发展，对技术人员的需求量越来越大，为了适应防汛抗灾、工程建设、工程管理的需要，采取委托有关大专院校代培的方式，或者针对某个专业自办培训班和参加外地组织的培训班培养水利方面的急需人才。但是这种形式只能解决基层单位在人才需求方面的燃眉之急，而不能满足社会快速发展对水利专业技术人才的需要。因此，创办自己的学校，培养更多的专业人才，成为荆州水利部门的一件大事，被纳入议事日程。

一、水利技工学校

　　1978年，经荆州地区行政公署批准，成立荆州地区水利技工学校，校址设在原荆州地区水利工程队院内。学校有专职教师11人，兼职教师1人，行管人员6人，内设办公室和教研室，教室和学生宿舍面积560平方米，设"水利机械"和"水利施工"专业。当年水利机械专业招生40人。1979年两个专业各招收40人。

　　水利技工学校历时两年半，圆满完成了教学大纲所规定的教学任务，学生均达到技工二级至三级的水平，1980年年底全部学员被分配到了工作岗位，其中地直水利单位和其他地直单位42人，75人分配到各县。

　　1981年，经地区水利局批准，设立荆州地区水利系统培训班，学校的工作重点由水利技工培训转为水利系统在职职工培训。至1983年，共举办培训班5期，参训人员335人次，其中1982年由地区水利局农电科主办两期水利电力排灌技术培训班，培训各大型泵站运行管理人员 177 人；由水利局管养科主办 1 期水库调度运用培训班，培训水库技术人员 30 人；同年举办 1 期文化补习班，学员 50 人。1983 年农电科主办 1 期泵站技术培训班，学员来自全区 16 个泵站，培训学员 78 人。职工培训期间，除专业课由地区水利局主管科聘请专业技术人员讲授外，专业基础课的讲授与辅导则由学校负责。

二、水利职工中专

随着水利新技术、新设备的应用和发展，对专业技术人才的需求越来越高，而当时的水利队伍的人员素质已远远不能适应新形势发展的要求。加之荆州中等专业技术人才青黄不接的现象已显现出来，因此，创办一所水利中专学校迫在眉睫。

1983 年年初，地区水利局根据国务院批转教育部《关于职工中等专业学校的试行办法》精神，向荆州地区行署和湖北省政府先后提出申请，拟将荆州地区水利职工培训班改为"湖北省荆州地区水利职工中等专业学校"。1984 年，经湖北省人民政府鄂政发〔1984〕037 号文批准，成立荆州地区水利职工中等专业学校，学校隶属地区水利局领导，在业务上接受地区教育局的领导。核定教职工 38 人，校领导 4 人，内设办公室、教务科、总务科、团委和学生科。1991 年，学校教职工达到 77 人，50 名教师中，高级工程师 5 名，工程师 7 名，讲师 6 名，助理讲师 18 名。学校以职工中专教育为主，同时还承担对水利系统在职职工的培训任务。

1984 年，教育主管部门批准该校设立 3 个专业，即"农田水利""工程管理""机电排灌"。学制均为 3 年。首届招生 120 人（3 个专业各招 40 人），1985—1987 年 3 年累计招生 315 人。1987 年招生范围由荆州地区扩展到全省，当年在恩施、十堰、郧阳、襄樊、神农架等地招生近 100 人。1988 年增设"小水电""水利经济管理"专业，学制 2 年，招生 183 人。同年开办干部专修班，学制 1 年，学员 34 人。1989 年职工中专生源锐减，全部专业仅招生 91 人，1990 年更是跌落至谷底，仅"工程管理"专业招生 55 人。1991 年转为普通中专后，职工中专班仅招生 50 人。

荆州地区水利职工中专的兴办，填补了荆州水利教育史上的空白，办学 8 年，为全地区乃至湖北省水利系统培养了 800 余名中等专业技术人才，极大地缓解了水利事业迅速发展与水利水电专业技术人才缺乏的矛盾，为荆州乃至湖北的水利事业和经济发展作出了贡献。职工中专毕业的学生，走上工作岗位后，大多数直接参与或主持了当地水利水电工程的建设和管理工作，成为单位的技术骨干，不少人走上了领导岗位。

三、全日制普通中专

随着水利水电事业的蓬勃发展，特别是水利作为国民经济的基础产业后，各地科技兴水、科技管水的愿望越来越强烈，对提高水利队伍专业技术人才业务素质的要求越来越高，而荆州地区水利专业人才紧缺，年龄结构老化，科技队伍青黄不接，水利职工文化素质偏低等现象日益显露出来。为了贯彻百年大计教育为本、人才第一的战略方针，适应新形势发展的要求，1991 年经湖北省教育委员会、计划委员会鄂教计〔1991〕094 号文批准，荆州地区水利职工中专转为全日制普通中专，学校更名为荆州地区水利水电学校，由荆州地区行署领导，地区水利局主管，同时接受教育行政主管部门的业务指导。学校一方面面向应届初中毕业生招生，从事普通中专学历教育；另一方面继续承担荆州地区水利系统在职职工的培训任务。

1991年教育部门批准的专业有4个，即"小水电""机电排灌""水利工程管理"和"农田水利"。当年批准普通中专招生计划50人，实际招生50人，专业为"农田水利"，学制3年。1992年，按照教育部门"稳步扩大招生规模，调整种类结构，适当增加工科中专招生数量，继续发展联合办学，实行对等培养和委托培养"的精神，开始招收委培生。当年招收国家任务生60人，委培生160人，涉及"机电排灌""农田水利""水利工程管理"3个专业。1993年招收国家任务生100人，委培生188人，对等协作生24人。

随着社会的进步，计算机应用、家用电器等方面的专业人才需求量增加，1994年经荆沙市教育委员会批准，学校增设了"计算机应用"和"家用电器"专业，招生360人。与此同时荆沙市水利培训中心在学校挂牌成立，共进行了3期培训，培训学员80余名。学员主要来自荆沙市的在职职工，也有少部分是外省市学员。1995年经荆沙市教育委员会批准，学校新增5个专业，即"机电排灌工程""水电站电力设备""水利水电工程建筑""水保与环保"和"电器技术"。当年招生470人，其中在广东中山和江门地区招生106人。1995年举办微机培训班两期，培训学员40人；举办水利工程管理培训班1期，学员30人。1996年为了满足基层水利单位要求开计划外班的要求，经荆沙市教育委员会批准，开始招收计划外生（计外生录取分数线以教委划定的起分线为准，学生入学时不带户口，毕业时不包分配）。1996年是普通中专成立以来招生人数最多的一年，达到629人。其中，在河南省录取120名新生（与河南省商丘地区财政学校签订建立计算机应用校外班的合同，80名学生留商丘财政学校就读）、广东省招生76人、陕西省安康地区招生21人、宜昌市招生20人。经荆沙市教育委员会同意，增设"工业与民用建筑"专业，学制3年。1997年招生范围扩展到福建、江西，当年招生464人。1998年国家取消毕业生包分配工作的政策，中专招生开始下滑，招生人数只有215人。

1991年成立全日制普通中专后，学校进入了一个快速发展时期，至2001年停止招生，共为社会各界输送普通中专毕业生2800名，通过实践锻炼，他们中的许多人成为所在单位的技术骨干。特别是1998年抗洪期间，在荆江大堤和长江干堤上有620多名荆州地区水利水电学校历届毕业生投身在抗洪一线，他们是各级防汛指挥部门的参谋和抗洪抢险的主要技术力量，为确保江河安澜发挥了重大作用。

从1999年开始，中专招生普遍陷入困境，不少学校被迫停办，对于没有财政拨款的荆州地区水利水电学校来说，办学举步维艰。当年中专招生不足100人。2000年和2001年招生形势更加严峻，2001年仅招生30余人（转入其他学校）。由于招生人数连续几年大幅下滑，于2002年停办。

四、监利水利学校

在荆州地区开设水利学校的同时，监利县水利局于1982年11月成立水利学校，配备教职员工33人，并在水利系统聘请8名高级工程师、经济师、会计师作兼职教师。此校主要是对水利系统职工子女进行为期2年的文化基础教学和岗位技能培训，为参加工作打基础。学校开设"农田水利"和"机电排灌"两个专业，学制2年，学员经考试合格后，安排在水利部门工作。至 1992 年，毕业学生 280 人。由于生源缺乏，1994 年争取了监利县教育委员会的支持，纳入监利县职业中专招生计划，面向社会招生，当年招生 74 名，分设机电和财会两个专业，至 1997 年，因毕业生不能统一分配，生源减少，又于 1998 年与武汉城市建设学院挂钩，开办职中对口高考预科班，招生 22 人。随着高等教育的扩招，中等职业教育学校生源紧缺，监利县水利学校于 2000 年停办。

第二节　职　工　教　育

新中国成立初期，水利部门职工的文化素质普遍较低，水利专业技术人员屈指可数，而水利工程建设面广线长，技术力量远远不能满足实际需要。为了适应大规模的水利工程建设，各单位、各部门采取委托培训、实践中锻炼培养的办法，着力提高职工专业技术水平。20 世纪 60 年代以后，随着水利教育事业的发展，采取院校输送、自办培训班、鼓励职工自学等多种形式，努力提高水利职工的专业水平、工作技能和管理水平，职工教育事业发展很快，成效显著。

一、委托培训

新中国成立初期，水利建设任务繁重，急需大量水利工程建设专业技术人才。荆州地区及其各县水利部门选送了一部分优秀青年、水利职工到湖北省水利学校、武汉水利电力学院等大中专院校委托培训和进修，委培时间一般为 1～2 年，培训专业主要为农田水利、水工建筑、水利工程、机电排灌等。他们学成归来后，成为水利建设队伍的技术骨干力量。

20 世纪 80 年代以后，为提高水利系统职工的专业水平，荆州各县（市、区）水利局和水利工程管理单位逐年输送年轻在职职工到武汉水利电力大学、中南财经学院、湖北省水利水电学校等大专院校以及荆州水利学校进行脱产学习深造，使荆州水利专业技术队伍不断壮大，在一定程度上提升了水利队伍的整体素质。

二、院校输送

20 世纪 60 年代，随着教育事业的发展，水利专业的大专院校逐步兴办起来，为培养水利技术人才创造了必要条件。这些从大专院校毕业的学生陆续分配到荆州水利部门，他们以较强的专业知识和工作能力承担了防洪治河、农田水利、机电排灌工程的规划、勘测、设计和施工任务，成为荆州水利技术队伍的中坚力量。同时，在他们的带动下，荆州水利技术队伍的整体水平达到了一个新的高度，保证了荆州水利事业的顺利发展。

20 世纪 70 年代末 80 年代初，一批技术骨干或因夫妻两地分居、或因沿海地区待遇丰厚以及其他原因，相继调离荆州，荆州水利系统的技术力量有所削弱。为解决水利技术人才断层的问题，从 80 年代开始，荆州各县（市、区）和水利管理单位逐年从大专院校招聘大学生补充到水利战线。经过实践锻炼，他们逐步成为荆州水利部门新的技术骨干，满足了荆州水利建设事业的需要。

三、自修提高

20 世纪 80 年代开始，电大、职大、夜大、自大等职工再教育事业发展迅速。广大在职中青年职工积极报考，参加脱产或不脱产学习，不断充实自己的文化和专业知识，提高工作技能。专业涉及多种领域和行业，其面之广、人数之多，都是空前的。这些职工通过自学，既提高了学历，增长了学识，又提升了综合素质，成为荆州水利战线的专业技术骨干。

四、短期培训

为了提高水利工作者的劳动技能，适应水利建设发展的需要，从新中国成立初期开始，荆州地区水利局及其各县水利局就将职工技术培训纳入议事日程，采用多种形式，坚持进行职工短期培训工作，成为提高水利职工素质的一个重要途径。

20 世纪 50 年代，重点培养基层水利技术人员和农民水利技术员，主要内容为简易测绘、堤防普查、土工建筑、农田水利等。湖北省水利局于 1951 年聘请黄河水利委员会 4 名技工，在东荆河堤举办"锥探钎试训练班"，培训东荆河沿堤各县堤防管理人员 21 人，学习黄河锥探查堤经验，首开水利技术短期培训之先河。通过 22 天的学习培训，受训人员掌握了锥探查堤技术，开展了堤防的普查工作，并通过灌浆和翻筑，处理了大量的隐患险情。沔阳县于 1951 年在陈家垸挽月工地举办技术培训班，从工地选拔 36 人参加施工技术学习，通过在大型水利工程建设工地锻炼，其中的优秀技术人才充实到水利部门工作。

20 世纪 60 年代，机械排灌事业发展很快，需要大量的机械操作人员，各县以机械操作、管理为重点，培训了大量的机械技术工人。随着水库的兴建，有关县培训了一批水库管理人员。

"文化大革命"期间，职工培训工作一度中断。

20 世纪 80 年代，培训的重点是泵站运行管理技术、防汛抢险知识、水文观测、财务会计等。尤其是 80 年代以来，荆州地区（市）和县（市、区）水利局采取短期培训和以会代训等多种形式，坚持对新上任的分管水利的副县长和乡镇长进行防汛抢险知识培训，提高了基层负责人的防汛组织指挥和应急抢险能力，为夺取历年的防汛抗灾斗争胜利起到了重要作用。

20 世纪 90 年代以后，各项管理工作逐步规范，要求各类管理人员和技术工人持证上岗，这一时期的培训内容丰富、范围广泛，重点是技术工人等级考试、泵站自动化技术、机电设备维修技术、工程监理、档案管理、会计电算化、水政执法培训等。

第三节　水　利　学　会

1978 年 3 月，中央召开了全国科学大会，同年中央批准科协和学会恢复活动。湖北省科协也明确指示："科协及其所属团体是科技工作者的群众组织。因此，它在组织上和工作上都应以科技工作者为主"。根据中央和湖北省科协的指示精神以及荆州地区水利事业的发展情况，1979 年成立荆州地区水利科学研究所，组织领导全区水利科学研究工作。

　　为了有效地开展科研活动，进行学术交流，1982年11月荆州地区水利局成立荆州地区水利学会，同年召开第一次代表大会。水利学会为荆州地区水利学术性群众团体，接受荆州地区水利局、荆州地区科学技术学会双重领导。凡具备水利专业助理工程师以上任职资格，经本人申请、学会理事会批准，即可成为荆州水利学会会员。学会组建初期，吸收会员182人。学会根据开展工作的需要和荆州地区的实际情况，制定了《荆州地区水利学会章程》，建立了水利学会组织机构。

　　名誉理事长：杨寿增

　　名　誉　理　事：韩明炎、刘昌时、杨德纯

　　理　　事　　长：吴志良

　　副　理　事　长：袁仲实、镇英明

　　秘　　书　　长：欧光华

　　副　秘　书　长：张全根、李卓坚、樊哲雄

　　常　务　理　事：吴志良、袁仲实、镇英明、欧光华、朱成虎、朱柏春、郑存灼

　　理　　　　事：刘玉衡、关庆滔、朱成虎、孙品芳、朱柏春、汪孝训、徐　洪、吴志良、
　　　　　　　　　李卓坚、李顶山、罗海清、郑存灼、欧光华、袁仲实、镇英明、高先武、
　　　　　　　　　黄达生、雷世明、鲍明润、欧光付、张全根

　　组织部部长：樊哲雄

　　宣传部部长：张全根、李卓坚

　　学术部部长：关庆滔、刘贵永

　　咨询部部长：欧光华、谭友炎、朱柏春

　　学会下设5个专业组。

　　防洪治河组组长：曾祥培

　　水文与水资源组组长：罗海清

　　水利规划与水工组组长：丁桂枢

　　工程管理与水利经济组组长：刘贵永

　　水利工程施工组组长：李钟赵

　　荆州地区水利学会成立之后，本着理论联系实际，服务国民经济的方针，制定科研规划，提出研究课题，结合工程建设、工程管理和抗灾工作实际，有领导、有计划、有目的地全面开展水利科学研究、咨询服务、宣传普及等工作，为领导部门和建设单位献计献策，有效地推动了荆州水电事业的发展。

　　学会成立之后，每年举行一次年会。年会紧密结合国民经济发展的需要，结合荆州地区水利建设与管理中的重点科技课题，开展形式多样、卓有成效的学术活动。年初决定研究课题，平时会员用业余时间从事课题研究工作，学会集中开会时互相交流，取长补短。这种根据实际工作设立研究课题，在实践中解决难题的方法，在很大程度上提高了科技人员分析问题、解决问题的能力，同时推动了荆州水利学会的蓬勃发展。

　　为使会员开阔视野，扩大对国外水电科技信息的了解，学习国外水利工作的长处，增进国际学术交流，荆州水利学会利用各种机会派员到国外学习、考察、参观，参加国际学术交流活动。学会曾派员到日本、韩国参加国际农田水利管理会议，并在大会上宣读论文

两篇。

在国内，荆州水利学会积极参加了一系列大型学术活动，了解国内水利动态，介绍荆州水利科研成果，发挥了学会应有的作用。参加的主要活动有：国家防办、中国水利学会联合举办的"关于减轻荆江、洞庭湖区洪涝灾害对策"学术研讨会，民盟中央主持的"两湖防洪学术研讨会"，"三峡建库对江汉平原沼泽化影响"学术讨论会，湖北省和荆州地区科协主持的"关于江汉平原区域开发"学术研讨会，全国泵站学术讨论会，湖北省水利经济讨论会（参加 4 次）等。在这些学术研讨会上，荆州学会会员宣读论文十余篇，其中有 3 篇论文获二等优秀论文奖，两篇论文获三等优秀论文奖。同时，学会还在全区水利技术骨干中选派 35 人参加了中国科协组织的水利科技联谊学术活动。

水利学会成立以来，为提高行政干部的防汛抢险能力，以荆州水校、荆州水利职工中专为阵地，多次举办防汛抢险知识培训班，培训了大批新上任的乡（镇）长和分管水利的副县长，每次参训人员 100 多人，提高了基层干部的防汛组织指挥能力和处理重大险情的能力，为夺取防汛抗洪的全面胜利发挥了重要作用。

学会还结合荆州水利建设及管理中遇到的技术难题，组织会员完成了《荆江防御特大洪水调度方案补充分析报告》。此报告在认真贯彻上级有关精神的基础上，结合本地实际，就荆江防洪问题进行了论证分析，为优化荆江防洪调度提供了科学依据，受到有关部门的好评。

学会组织有关科技人员对水库防洪调度工作进行了深入研究，开发了相应的软件，使洈水水库、温峡水库在全省率先实现水雨情遥测自动化，为水库科学化调度迈出了坚实的一步。

与此同时，学会还在多个领域对学术问题进行探讨，取得了一批颇具价值的成果。包括：水雨情微机处理，杨林山出水管道修整方案，沙湖泵站倒虹管事故的调查，9103 高效灭蚁药的配制，小型多功能灭蚁灌浆机改进，小型装配式农田水利建筑物改进，挖泥船叶片轮改进以及中低产田改造技术及其推广等，及时解决了实践中急需解决的一些课题和难题，为促进荆州水利事业的发展作出了贡献。

在宣传普及方面，学会与荆州地区水利局联合主办了水利学会刊物《荆州水利》，为全区水利系统综合性刊物，以内部发行为主，是全区水利技术干部学习交流的重要阵地。同时与外地科技情报单位进行交流，广泛吸取同行业的成功经验和科研成果，为拓宽荆州的治水思路发挥了积极作用。

由于学会理事会的组成人员有的退休、有的调离荆州等方面的原因，学会于 20 世纪90 年代中期停止活动。

第十二篇　治水人物与艺文

　　长期以来，荆州人民为求生存、谋发展，与洪、涝、旱灾害进行了不屈不挠的抗争，创造了许多除水患、兴水利的光辉业绩，涌现出一大批优秀的治水人物，其中包括对组织、推动治水事业发展具有决定性作用的领导人物，为治水作出重大贡献的工程技术人员和在治水活动中献出宝贵生命的优秀群众代表。是他们的聪明才智和无私奉献精神，开辟了荆州治水的成功之路、书写了荆州水利的辉煌历史，值得后来人尊敬与怀念。

　　在人们长期与水作斗争的过程中，既创造了大量的物质财富，也留下了丰富的文化遗产，如碑刻、论文、专著、民歌、民谣、诗词歌赋、治水传说等。这些极其珍贵的文化遗产，既是对历史经验与教训、成功与失败的真实记录，也是荆州人民治水的历史见证，更是激励水利人奋发作为的精神食粮。

第一章 治 水 人 物

　　荆州的治水成就，是无数杰出人物竭尽其智慧与才能，组织、领导千千万万劳动人民群众创造的。尤其是自古以来治水的领导、专家、学者的事迹在史界和民间广为流传，人们总是把重要水利工程与其主持或创始人紧密联系在一起，对他们充满了怀念与尊崇。他们的治水功绩，将永远流芳后世。

第一节 人 物 传 记

孙 叔 敖

　　孙叔敖（公元前630—前593年）　名敖，又名蒍敖，字孙叔，郢（荆州区纪南城）人，春秋时期楚国著名的政治家、军事家、水利专家。楚庄王时期（公元前613—前591年）任楚国令尹，约活动于公元前600年前后。敖任楚国令尹时，辅佐楚庄王改革内政，兴办教育，整顿吏治，惩治污吏，加强军备，使楚庄王成为"春秋五霸"之一。

　　孙叔敖在任时政绩卓著，"治楚三年，而楚国霸"（《韩诗外传》卷2）。任令尹前，他注重发展生产，在期思（原蒋国地，楚灭之设邑，今河南固始北境）一带征发民工排除积水。在雩娄（今河南固始东南）开挖渠道，修建了中国历史上第一个大型渠系水利工程——期思陂。期思陂的修建，使楚国"收九泽之利，以殷润国家，家富人喜"。被楚庄王任命为令尹后，"秋冬劝民山采，春夏以水，各得其所便，民皆乐其业"（《史记·循吏列传》），为保障农业发展，他组织楚人兴修水利，整治塘堰，"宣导川谷，陂障源泉，灌溉沃泽，堤防湖浦，以为池沼"。

　　史书所传孙叔敖所建水利工程还有：一为《后汉书·王景传》所载，"（庐江）郡界有楚相孙叔敖所起芍陂稻田。"芍陂在今安徽寿县境，历史上号称灌田万顷，经历代民众不断治理，至今仍在发挥效益。二为《史记·河渠书》所载，"于楚，西方则通渠汉水云梦之野。"这是他在江陵主持兴修的一项水利工程，后人称这项工程为云梦通渠（亦称为楚渠），渠首在今刘家堤头与万城闸附近，从这里引沮漳河水进入纪南城，就是现在的观桥河（又名太晖港），是古扬水的一支。通渠引沮漳河水济扬水。它不仅沟通了江汉之间的航运，还可灌溉两岸农田。通渠的另一端在今沙洋附近。西晋时的扬水运河，宋代时的荆南漕河都是在云梦通渠的基础上疏挖而成的。

　　相传他死后归葬于江陵县白土里，清乾隆二十二年（1757年），在今沙市区中山公园东北隅（春秋阁旁）立"楚令尹孙叔敖墓"石碑。

杜　预

杜预（222—284 年）　字元凯，京兆杜陵（今陕西西安东南）人，西晋著名政治家、文学家，司马懿之婿。司马炎代魏时，任镇南大将军，都督荆州诸军事，继羊祜之后，积极筹划灭吴。

西晋统一后，杜预积极发展水利。据《晋书》本传记载："又修邵信臣遗迹，激用滍淯诸水以浸原田万余顷，分疆刊石，使有定分，公私同利。众庶赖之，号曰'杜父'。旧水道唯沔汉达江陵千数百里，北无通路。又巴丘湖，沅湘之会，表里山川，实为险固，荆蛮之所恃也。预乃开扬口，起夏水达巴陵千余里，内泄长江之险，外通零桂之漕。"关于前者，主要是恢复今河南省南阳地区的灌溉工程，此项工程，以引用汉江支流唐白河水系为主要水源，灌溉功效除今河南南阳境外，亦惠及湖北襄阳地区部分县（区）。

杜预于公元 280 年为了平吴定江南、向长沙方面用兵的需要，必须缩短襄阳至江陵至零桂的航道里程。当时从襄阳至长沙，要经沔水、过夏水入长江，再绕道洪山头或城陵矶才能进入洞庭湖，航道弯曲而且航程远。近路就是利用扬水，扬水虽然不是畅通的，但有故道可寻，只要把扬口（在今泽口至沙洋之间）挖开，再把其他地方加以疏浚就可以通长江了。而后又在石首的焦山铺至湖南华容县开挖一条河，长约 10 千米，进行漕运，以起点命名为焦山河。这是从襄阳至长沙最近的一条水道，而且比较安全。这条"开扬口、起夏水"的运河，后人称之为杨夏运河，宋以后，演变为两沙运河，至 1955 年以前，还在发挥作用。

明万历《华容县志》载："华容之为邑，故水国也，水四面环焉。其经曰华容河，亦名沱水，是杜预之所通漕道也。"又载："杜预以巴丘沅湘之会，荆蛮所持，乃开扬口，起夏水、达巴陵、内泄长江之险，外通零桂之漕，百姓歌之。今县河自调弦口来，达于洞庭，甚迩也。零桂转漕，至巴陵，经华容诸湖，达县河，至调弦口入江，可以免三江之险，减数日之劳，故县河为预所开无疑。"1955 年长办编《荆江区防洪排渍方案》载："晋朝杜预开华容河，北接长江、南接洞庭，以通零桂。"调弦河是荆南四河中唯一人工开挖的河道。

杜预博学多才，于政治、经济、军事、历法、律令、算术、工程诸方面均有研究和著述，被称为"杜武库"，所著《春秋左氏经传集解》30 卷，为现存最早之《左传》注本。

桓　温

桓温（312—373 年）　字元子，谯国龙亢（今安徽怀远西）人，荆江大堤肇基时期"金堤"的奠基人。东晋明帝婿，大将，曾任琅邪太守、荆州刺史，都督荆、梁等四州之军事。永和三年（347 年），领兵入蜀地，灭成汉，声振一时，归江陵后，进位征西大将军，封临贺郡公。永和十年（354 年），自江陵发步骑四万讨前秦，以军粮不济而退师。越二年，收复洛阳。太和四年（369 年）复自江陵发步骑五万伐前秦至枋头（今河南浚县西南），又因军粮不济而还。两年后，废海西公，立简文帝，以大司马职镇姑孰（今安徽当涂），把持朝政，后欲受禅自立，未成病死，死后追谥丞相。

东晋永和年间（345—356 年），桓温驻兵江陵，以江水对城威胁甚大，命部将陈遵自江陵城西灵溪起，沿城筑堤防水。清光绪五年（1879年），荆州知府倪文蔚作《荆州万城堤铭》："唯荆有堤，自桓宣武（即桓温），盘折蜿蜒，二百里许，培土增高，绸缪桑土。障川东之，永固吾圉。"

桓温出于军事目的，还先后开凿巨野运河150余千米，为发展航运事业作出了贡献。

陈 遵

陈遵 东晋时人，生卒年不详。东晋永和年间（345—356年）荆江大堤肇基时期"金堤"的主要修建者。桓温在任荆州刺史期间，命陈遵自江陵城西灵溪起，沿城筑堤防水。所筑堤防因其坚固，称为金堤，是为荆江大堤修筑之始。《晋书》本传未载其事，郦道元《水经注》则记有此事，"江陵城地东南倾，故缘以金堤，自灵溪始，桓温令陈遵造。遵善于防功，使人打鼓远听之，知地势高下，依旁创筑略无差矣。"南朝盛弘之《荆州记》载：此堤段"缘城堤边，悉植细柳，绿条散风，清阴交陌。"可见当时的江陵滨江堤防颇具景观，并有一定的规模。陈遵修建的金堤起自荆州城西门外的荆山寺，沿城经龙山寺、南门至仲宣楼止，全长约8千米。

肖 憺

肖憺(476—520年) 字僧达，梁武帝肖衍之弟，南朝梁都督荆、湘、益、宁、南、北秦6州之军事，平西将军，齐和帝时至梁天监六年（507年），荆州刺史。天监元年（502年）封始兴郡王，加封安西将军。肖憺任荆州刺史期间，史家称他"励精图治，广辟屯田"，注重水利，实行安民政策。天监六年（507年），荆州大水，江溢堤坏，他率领将吏冒雨登堤堵口抢险。当时江水汹涌，随从惊惧，纷纷规劝他躲避，但肖憺举先人王尊欲以身塞堤为例，向随从表明他誓堵决口的心志，随从和丁壮大受感动，坚持抢险，直至水退。当时荆江南岸受灾严重，数百家人攀登于屋顶和大树上呼救，肖憺悬赏招募抢救灾民，凡救活1口，赏钱1万，一时间，勇壮者纷纷参与抢救，终将被困灾民救出。他率领官员不顾个人安危参加抗洪抢险的事迹，在荆江防洪史上成为美谈。

段 文 昌

段文昌（772—835年） 字墨卿，一字景初。生于荆州江陵（今荆州城区），祖籍西河（今山西汾阳）。少有才气，由剑南节度使韦皋荐为校书郎，后累有升迁。历任监察御史、中书舍人、刑部尚书、荆南节度使等职。唐太和四年至六年（830—832年），段出任荆南节度使，主持修筑唐代沙市堤。所修堤防西接晋代金堤，东沿迎喜街、解放路、中山路、胜利街与章华寺古堤相连。唐代沙市堤的修筑，不仅保护了郡城荆州，同时也为沙市的发展兴盛作出了贡献。民众称段文昌所筑之堤为段堤，并在堤旁建有段堤寺以资纪念。

高 季 兴

高季兴（858—928年） 本名季昌，字贻孙，陕州硖石（今河南三门峡）人，因避后唐献祖庙讳，更名季兴。五代后梁间拜荆南节度使，封南平王，都江陵。他在江陵做了两件大事，对荆州的治水产生了深远影响。一是将荆州的土城改为砖城，使荆州城的军事防御能力大大增强，在冷兵器时代，一直是南方的军事重镇；二是沿江汉修筑堤防，906年，派部将倪可福修筑江陵城西门外的寸金堤。后又"筑堤于监利"。清同治丙寅《石首县志》载："东晋始修荆江大堤，唐末五代高季兴割据荆南，将荆江南北大堤基本修成。"917年修汉江右岸堤防，人称"高氏堤"。顾祖禹《读史方舆纪要》载："高氏堤，在潜江县西北五里，起自荆门州禄麻山，至县南沱埠渊，延亘一百三十余里，以障襄汉二水，后屡经增筑。"此乃汉江右岸干堤堤防修筑的肇始。从荆门渊头至万寿寺止的汉江干堤和龙头拐至深河潭的东荆河堤，就是在高氏堤的基础上加高培厚和裁弯取直而成。高季兴为江汉堤防修筑的主要奠基者。

郑　獬

郑獬（1022—1072年）　字毅之，北宋安州（今湖北安陆）人，官至翰林学士。据《宋史·河渠志》载："沙市据水陆之冲，地本沙渚，当蜀江下游，每遇涨潦奔冲，沙水相荡，摧地动辄数十丈。熙宁中，郑獬作守，请发卒筑堤，自是地志始以沙市名堤矣。"郑獬代理开封府事务时，因反对王安石变法受到斥责，贬为杭州知府，后移青州。不久，称病请任闲职。著有《陨溪集》50卷。

张 孝 祥

张孝祥（1132—1170年）　南宋著名爱国词人，字安国，号于湖居士，乌江（今安徽和县乌江镇）人。绍兴二十四年（1154年）进士，名列第一，曾任中书舍人、直学士院。孝宗隆兴元年（1163年）宋北伐军在离符战败后，主和派得势，遣使与金议和。此时他任建康（南京）留守，因极力赞助北伐，遭主和派打击，被免职。一次因有感于此事，即席作《六州歌头》，对南宋政权的苟且偷安予以谴责，表示了要求国家统一的强烈愿望，使都督江、淮兵马的张浚听后感动罢席。

孝宗乾道四年（1168年）五月，江陵寸金堤上段溃决后不久，张孝祥自长沙移驻荆州，任荆湖北路（今湖北西南部和北部）安抚使。为保护城池安全，他调集5000民夫，在当年冬季用40天时间主持培修"寸金堤"，从西门外石斗门起，到沙市红门路接沙市堤，长十余千米。《宋史·张孝祥传》称："自是荆州无水患。"此举，对荆江大堤早期的巩固与发展，具有一定的意义，颇受史家称颂。

吴　猎

吴猎（1130—1213年）　字德夫，先后任江西、湖广转运判官，总领湖广、江西京西财赋。宋宁宗即位（1195年）后，任荆州北路安抚司公事，知江陵府。吴猎继刘甲、李师道之后，再次大修荆州三海。并增修八匮，"筑金鸾、内湖、通济、保安四匮，达于上海而注之中海；拱辰、长林、药山、枣林四匮，达于下海；分高沙、东奖之流，由寸金堤外历南纪、楚望诸门，东汇沙市为南海。又于赤湖城西南遏走马湖、熨斗陂之水，西北置李公匮，水势四合，可限戎马"（《宋史·吴猎传》）。吴猎在任期间主持修建的"三海八匮"，工程规模相当宏大，对江陵附近的自然环境具有深远影响。

孟 珙

孟珙（1195—1246年） 字璞玉，枣阳人，其祖父随岳飞出征有军功，全家抗金坚决。南宋嘉定十年（1217年），孟珙随父于襄阳、枣阳一带抗金。嘉定十四年（1221年），任校职，后任京西兵马铃辖、枣阳军驻劄、鄂州江陵府副都统、鄂州诸军都统制等职。封吉国公，谥号忠襄。

孟珙驻荆期间，开展大规模屯田，大力发展屯田水利，修筑荆江堤防。淳祐四年（1244年），他登城遥望三海，叹道："江陵所恃三海，不知沮洳有变为桑田者，敌一鸣鞭，即至城外"，于是"修外隘十、内隘十有一，又阻沮漳之水东流，俾绕城北入于汉，而三海遂通为一，随其高下为匮蓄泄，三百里间渺然巨浸，土木之工百七十万，民不知役，绘图上之"。

孟珙屯兵公安时，为防水患，在四周筑有赵公堤、斗湖堤、仓堤、油河堤和横堤等5堤。

廉 希 宪

廉希宪（1231—1280年） 字善甫，元初大臣，初为忽必烈谋士，忽必烈称他为廉孟子。后因挫败叛乱有功，升中书右丞，平章政事。至元十二年（1275年）奉命行省荆南，在新区内多行善政，颇受称赞。

廉希宪在荆南期间，曾主持把历史上著名的"荆州三海"之水尽行排干，重新开辟了几万亩良田，从而结束了长达千年的"三海"历史。从当时的情况看，有利于当地农业经济的发展。

储 询

储询 江苏泰州人，生卒年不详，进士出身，以兵部郎中左迁任沔阳知州（洪湖地区原属沔阳管辖）。他重视兴修水利。明正德十一年（1516年）、十二年，汉江连续两年大水后，沔境洪灾深重，"烟火断绝，哀号相闻"。储询关心民众疾苦，于嘉靖三年（1524年）上疏朝廷请求借支"司库官银"，用赈贷蠲租办法，修筑沔阳江汉堤防。朝廷准其奏请，"疏入下抚按举行"，"询迁官去"。嘉靖四年（1525年）初，"询之策"由按察副史刘士元施行，长江堤防自"龙渊、牛埠、竹林、西流、平放、水洪、茅埠、玉沙滨江者为堤，统万有余丈"，均实施了大规模修筑，汛前全部完工。当年"夏四月江溢至于六月，五月汉溢于七月，皆不为灾。"储询提出灾后动用司库官银，以工代赈修复堤防的办法，沿袭数百年之久，洪湖人童承叙盛赞其堤防一疏为"万世之利。"

赵 贤

赵贤（1532—1606年） 字良弼，号汝泉，明代汝阳（今河南汝南）人。嘉靖四十四年（1565年）出任荆州知府。嘉靖三十九年（1560年）堤决数十处，虎渡、黄潭诸堤频年溃决，随筑随决，房舍倒塌，稻谷淹没，瘟疫横行，死亡无数。赵贤初到任，席不暇暖，即率领属吏查勘灾情，抚恤救灾。他还以工代赈，组织灾民筑堤御水，先后重修江陵、监利、枝江、松滋、公安、石首 6 县堤防，共长 54000 余丈，质量务求坚实。经过 3 个冬天（1566—1568 年）的努力，6 县大堤得以修复。赵贤还主持创立"堤甲法"，规定每千丈堤设立 1 名堤老，500 丈设 1 名堤长，100 丈设 1 名堤甲和 10 名堤夫。共设堤长 223 人，其中北岸江陵设堤长 66 人，松滋、公安、石首南岸设堤长 77 人，监利东西岸设堤长 80 人。这些专职人员的职责是"夏秋守御、冬春修补、岁以为常"。堤甲法的建立，对保护大堤的安全发挥了重要作用。

隆庆元年（1567 年）大水，黄潭堤将决，赵贤将府库所存银两、谷米散发抢险民工，并顶风冒雨守堤旬余，忽"堤浸如漏厄，不可救"，他站立最险处，率众拼死抢救，军民感动，劝其离开险地，他流着泪说："堤溃则无民，无民安用守！"经过军民奋力抢救，终化险为夷。万历二年（1574 年），赵贤任湖广巡按，他请减库银 2 万余两，用于开采穴、新冲、承天、泗港、许家湾四口，以分泄荆江洪水，保证荆江堤岸的安全。

万历元年（1573 年），堵筑溃口达 21 年之久的沙洋大堤。同年，夜汉堤溃。翌年（1574 年）四月，赵贤到受灾县视察，深知汉江有此塞彼溃的规律，疏请留夜汉堤溃口（称夜汉口为大泽口），不堵以杀水势。并在夜汉河两岸修筑支堤 3500 丈，此为东荆河成河和堤防修筑之始。

李森然

李森然（1549—　）　字开扬，洪湖乌林镇青山村人。年轻时，读《尚书·禹贡》时就萌发为家乡治水的志愿。万历二年（1574 年）应试时，上疏朝廷请示修筑江堤，得到朝廷批准，并推荐李森然为修筑江堤大头人。李同刘璠商议合谋沿江 7 县业民修堤，于万历四年（1576 年）"由监邑界牌起，抵沔阳小林共一百八十里，将江堤一律修筑"，受到院司、道府嘉奖。天启元年（1621 年），江堤 7 处溃口，口门宽约 300 余丈，仍然委托李森然堵口复堤。功成，李受到官府表彰。

李森然身为布衣，从事江堤兴修长达 46 年，毕生献身于堤防事业，精神难能可贵。

毕　沅

毕沅（1730—1797 年）　字纕蘅，亦字秋帆，自号灵岩山人，镇洋（今江苏太仓）人。清乾隆二十五年（1760 年）进士，曾任翰林院修撰、左庶子、按察使，历任陕西、河南巡抚和湖广总督等职。在任期间，注重农业，发展水利，著有《续资治通鉴》《晋书地理志校注》等书。

乾隆五十三年（1788 年）长江大水，荆州万城堤溃，江水灌城，酿成巨灾，毕沅由河南巡抚升任湖广总督。他遵照乾隆谕旨，极力协助钦差大臣阿桂处理决堤善后事宜，惩治了一批失职的地方官员，申奏朝廷发帑银 200 万，用于赈济抚恤灾民，堵复修葺堤工、城垣。

毕沅认为造成决堤的主要原因是沙市对岸的江中窖金洲淤涨，阻滞水道，威胁北岸堤防安全，于是向朝廷申奏治理荆江意见，谓："江自松滋以至荆州万城堤，折而东北流，南逼窖金，荆水至无所宣泄，请筑对岸杨林洲、鸡嘴石坝，逼溜南趋，刷洲沙无致壅遏。"获准后，令人砍去洲上芦苇，以刷沙畅流，并于北岸筑坝挑溜护岸，以资保障。

汪 志 伊

汪志伊（1743—1818年） 字稼门，安徽桐城人，清乾隆三十六年（1771年）举人。历任知县、知州等职，留心水利。嘉庆十一年（1806年），任工部尚书，上任不久便又被授予湖广总督。在鄂期间，他自募小舟，察看江汉平原湖泊水系，提出了系统的治水设想，并修渠、筑堤、建闸多处。其中尤以修建福田寺、新堤茅江口二闸受到百姓赞扬。原来两地为江陵、监利、潜江、沔阳4境渍水的出路，因长堤阻挡，水无所泄，境内数百堤垸长期受涝。汪志伊请帑十余万两，组织动员十余州县数万民工，主持修建了福田寺、茅江口两座排水涵闸，并规定了启闭时间，不得以邻为壑。二闸内泄渍涝，外防倒灌，较好地解决了4县渍涝问题。

林 则 徐

林则徐（1785—1850年） 字元抚，号少穆、石麟，福建侯官（今福州市）人。历任河东河道总督、江苏巡抚、两江总督、湖广总督等职，因"虎门销烟"而闻名于世。林则徐在任期间，重视兴修水利，治水业绩显著。清道光十年（1830年）六月，林任湖北布政使，时值荆州大水，他积极修筑堤防，并制定《公安、监利二县修筑堤工章程十条》作为修堤必遵的守则。其主要内容是：严禁在堤上建房、设榨、埋坟、耕种，尤其是"严禁挽筑私垸"。此章法立法颇严，对当时解除堤政积弊起了一定作用。

道光十六年（1836年），监利县民捣毁堤工总局案发，案由为土局加增堤费，滥设散局乃至施酷刑于欠费者，激起民愤。林则徐到任后，严肃处理此案，并重审设局章程，规定："局不许多设，人不许多充，用不许多开，费不许多派。"还责令地方该管道府随时秉公查核，有弊即除，有犯必惩；如或迁就因循者，查出一并处置。次年元月，他被任命为湖广总督，仍竭诚致力于江汉安澜，为防御江汉洪水，林则徐提出"与其补救于事后，莫若筹备于未然"的治江策略，并制定《林制府防汛事宜十条》。他十分重视江堤的修筑，认为"民生保险，全赖堤防"，应"修防兼备"。为此，他到任不久，即通令有堤各州、县将上年秋冬估修工段，限期整修，并由政府官吏加以验收。他还建立报汛制度，倡导募捐，筹集修防经费。

道光十七年（1837年）六月，察看襄河堤工，给朝廷奏疏："襄河河底从前深皆数丈，自陕西南山一带及楚北郧阳上游深山老林尽行开垦，山土日掘日松，发水即河流随下，以致逐年淤垫，自汉阳至襄阳愈上而河愈浅，汉阳至襄阳堤防分为最险、次险、平稳三种，应分别采取相应措施。"并指出："襄河水患，溃在下游者轻，上游则重；溃在支堤者轻，正堤则重，因此于上游尤须加意防守。"

唐 际 盛

唐际盛 清代荆州知府，生卒年不详。清咸丰八年（1858年）秋到任，主持万城堤工3载有余，每届冬春督率员弁筹修堤防，一逢伏秋汛涨，驻工防守，不分寒暑，不辞劳瘁，并捐资抢险，力挽狂澜，故得岁庆安澜。咸丰九年（1859年），岁修工竣，铸铁牛一尊置于郝穴镇安寺，并撰铭文镌刻于铁牛之背："维咸丰九年夏，荆州太守唐际盛修堤成，铸角端镇水于郝穴，而系以铭曰：'嶙嶙岣岣，其德贞纯，吐秘孕宝，守捍江滨，骇浪不作，怪族胥驯。繄！千秋万代兮，福我下民'。"咸丰十一年（1861年），朝廷根据其治荆政绩，赏二品顶戴，以示嘉勉。

倪文蔚

倪文蔚（1823—1890年）　字茂甫，号豹岑，安徽望江雷池人。清咸丰二年（1852年）进士，历任巡抚、河道总督等职，为清代著名河臣。同治十一年（1872年）授荆州知府。在任8年，兴学校，续修府志，兴修堤防，颇有政绩。当时万城大堤每遇盛涨，滩岸崩坍严重。倪文蔚乃于陡岸铺砌坦坡，下列巨桩，上垒大石，层层收筑，自是倾塌之患大为减轻。又，沿堤城镇甚多，商贾多就堤列肆，致堤街房屋栉比，迁之则扰民，不迁又无法加固堤防，于是只得于堤上各铺户门前，安设石桩，临时上闸板以防漫溢。"闸板分储民房，每逢异涨则上，水落则下"。还严禁挽筑私垸，设水尺验水，栽植杨柳防浪等。为清除堤防积弊，使后来从事堤防工作者有法可依，"乃博采旧闻，旁搜近事"，于同治十三年（1874年）辑成《荆州万城堤志》。这是有关荆江大堤的第一部志书，"志分卷十二，分目三十六，凡述修防之义甚晰，而其所甄采故牍遗篇亦广博以严"。此志书的辑成，"于二千年来设堤御水之成绩犁然毕具，务俾有志之士考镜得失，一旦躬临巨役，不至以吏为师，后之官斯土者，庶其有所持衷"（《荆州万城堤志》李鸿章序）。光绪十三年（1887年）五月，倪文蔚升任河南巡抚，八月河决郑州，以疏于防范，自请交部议处，得到朝廷宽免，令妥筹赈抚，会同河道总督筹办堵口复堤。因处理善后堵复有功，光绪十六年（1890）年正月又受命兼署河道总督，三月即赴南阳校阅营伍，五月疾作回省，六月卒。

舒　惠

舒惠　字畅亭，长白人，生卒年不详。清光绪十三年（1887年）起，任荆州知府十余年，重视荆江堤防建设，曾主持捐资修建沙市及郝穴驳岸，对当时巩固荆江大堤有过一定贡献。光绪十七年（1891年）冬修筑沙市二郎门至九杆椊堤段，首先是加固堤基，在低洼处填土加高1米，然后砌石筑坡。接着又加固康家桥至九杆椊堤段，长666米。派人入山采石，并主持护岸施工，在近岸抛石固脚，使碎石坦坡不致溜挫，再砌块石，叠垒成墙，逐层收为斜坡，并加帮保石，筑三合土戗，培厚堤身。新筑石岸计分四层，各层高1.6米，连坦坡共高9米，长666米，面宽3米余。光绪十八年（1892年）至次年春，又修建郝穴上新垲堤外石岸333米。以上工程完工后，均于江边适中地点购置房屋，派人常驻养护。

舒惠在修建沙市驳岸加固堤防时，试图通过在南岸窖金洲取土的途径，达到"彼亏此盈"一举两得的目的。但事后察看，取土处不仅丝毫未被水冲蚀，反而更加淤大，逼流北射荆江大堤，较之以前更为严重，致使九杆椊至洋码头一段长达666米滩岸逐渐坍塌，形如偃月。为防止其继续坍塌，又委派曹本元等筹接修原驳岸，以为永固之计。经过勘察发现此处沙土松浮，不能下桩，若上垒条石，则势必下陷，即使抛护碎石也不过为一时搪护之计，一遇江水上涨，石随浪淌，仍不免坍塌，徒费人力、物力和财力，于是议论纷起，皆谓事不可为。而舒惠则认为，为政之要，当为民生着想，不能回避困难。经再三酌议，针对堤段滩岸形势，按一定比例刨成坦坡，然后仍分四层砌筑，下脚用毛碎石，每砌一层，必内灌灰浆，其余每层以青板石斜铺，石灰抿缝，并用大门坎石铺面，共计收高7.3米。下段靠洋码头处约长 13 米，仍按原规划砌成条石驳岸，两处合计建成石岸近 17千米，工费十余万缗，皆系地方捐助。自此"易危为安"，民众莫不额手称庆，并立碑江岸，称之为"舒公堤"。

舒惠在荆州任内，不仅重视堤防建设，而且重视编修堤志，除补刻再版倪文蔚编撰的《荆州万城堤志》外，并于光绪二十年（1894 年）主持编撰《荆州万城堤续志》。将此志断限以后 20 年的有关资料分类编纂成书，并聘请画家黄汉卿用"计里开方法"绘成"万城大堤全图"，插入志中，颇具特色，今人评论为清代末期最为详尽准确的万城堤图。

王 柏 心

王柏心（1799—1873 年） 字子寿，号螺洲，湖北监利螺山（今属洪湖市）人，晚清著名学者、治河理论家。道光二十四年（1844 年）中进士，授刑部主事，因无心仕途，任职仅一年，即辞职回家，潜心造学。计有传世著述《导江三议》一卷、《百花棠集》五十三卷、《螺洲文集》二十卷。《导江三议》是其治江方略专著，包括《浚虎渡导江流入洞庭议》和《导江续议》上、下篇。详细阐述了他的"南北分流、南分为主"的治江方略。他认为，单靠堤防，则既要防全江，又要防沙洲的逼溜，还要防风雨挟江之势，"一堤而三敌存之，左堤强，则右堤伤，左右俱强，则下堤伤"。所以他主张"放弃二三百里江所蹂躏之地与水，全千余里肥饶之地与民"，即放弃公安、澧县、安乡几处低洼之处行洪。

王柏心在《浚虎渡导江流入洞庭议》一文中，充分阐述了自己的治水思想，他认为过去治江多留穴口，因而水患较少；后来治江则主要以设堤防水，因而江患频繁发生，从而主张"因其已分者而分之，顺其已导者而导之"。至道光二十八年（1848 年）荆江南岸公安涂家港、石首、松滋高家套 3 处堤决，北岸监利薛家潭亦决，四邑漂庐舍，百姓四处逃亡。王柏心因而又撰《导江续议》，主张勿塞决口，藉以分流杀势。越一年，荆江又发大水，再决松滋高家套及监利中车湾，庐舍漂荡，浮尸遍野，比道光二十八年水灾还要严重，王柏心因此再作《导江续议》下篇，进一步向当局进言："诚能旷然远览，勿塞决口，顺其势而导之，使水土各遂其性而不相奸，必有成功，而用财力也寡，不然祸未艾。"后来咸丰、同治年间，藕池、松滋先后溃口不堵，致冲成藕池河、松滋河，成为荆江洪水向洞庭湖分流的两条重要洪道，显然就是受其影响。

季 雨 霖

季雨霖（1881—1918 年） 字良轩，湖北荆门人。辛亥革命参与者，民军将领。早年对清廷丧权辱国深为感愤。清末入湖北将弁学堂，后任新军 31 标 3 营督队官。与六静庵等公结湖北早期革命团体——日知会。1906 年日知会被取缔，他被捕入狱，遭严刑审讯。保释后，奔走燕、蜀、辽、黑诸地谋起事，均告败。

辛亥武昌首义爆发时，季绕道回鄂，任民军标统，赴汉口督战时负伤。后任安襄郧荆招讨使，亲率偏师进攻荆州，迫使清荆州将军联魁投降，同时讨平安陆（今钟祥），出兵襄阳。当年 12 月，挺进河南，克新野、邓县。南北议和后回武昌，所部被改编为第八师，任师长，不久辞职。1913 年在汉口密谋第二次革命，失败。曾一度屈服于袁世凯。1917 年响应孙中山护法，号召襄阳旧部起兵。辛亥革命后，曾两度涉足湖北的水利建设。1918 年被黎天才杀害于钟祥。

1911 年 10 月，季任安襄郧荆招讨使，出兵荆州后班师沙洋时，闻汉江干堤沙洋段系江陵、监利、潜江、沔阳、荆门 5 邑之门户，但屡屡溃决，害人匪浅，故应人民之望，力主修复沙洋堤，并委派官员督修，还致函沙洋、沙市等商会，计筹堤款 39.58 万串。工程于次年 5 月竣工。《湖北堤防纪要》载："沙洋堤自何家嘴起至王家潭止，长二十五里，计五千零七十二丈，连月堤分工十九段。民国元年（1912 年）溃口三百余丈，深五尺。由季招讨使雨霖建议修复，并培修全堤。于顶冲四十一广用方石平铺，修为滑坡；又于堤脚用碎石一丈为护脚工程坚固。二年、三年、四年均有岁修。堤外淤垫日高，河泓北趋，益臻巩固。"堤成不久，即遭洪水袭击而无恙。邑民念其功德，称此堤为"季公堤"。

1913 年 2 月，季任第八师师长时，驻沔阳仙桃镇，潜江大泽口"疏塞纠纷案"发，奉民国政府副总统黎元洪之命前往处理。大泽口又名吴家改口，系分泄汉江水之支流东荆河的进口，"上下南北两岸计修部堤洹八百里，全赖此口分流以杀水势。南岸垸民主塞，北岸垸民主通。塞则钟、京、天、汉、黄、孝、云、夏等县受害；通则潜、沔、监、江等县受害。"两相纷争，历史久远，清道光、咸丰、同治、光绪年间多次调停，迄未终止。是时，"潜、沔、江、监四邑合议堵塞，按每亩派夫一人，派费十文，共集万余人，声势汹汹"，"距泽口之龙头拐开工堵塞"。季等奉命派兵遣散，"不服，当开枪毙六十余人，方鸟兽散。嗣由双方协商调解，仍照原开通。"3 月 12 日湖北省督发布《禁塞吴家改口告示》。

蓝步青

蓝步青（1865—1931 年）　字辉宗，天门县赖场乡堤湾村人。清末贡生，宣统三年（1911 年）任岳州知府。不久，辛亥革命爆发，蓝步青离开岳州返回故里。1912 年任天门县劝学员长。后弃职回乡，兴办"义学"，贫困者入学一律免交学费。民国时期，水患频繁，民多饥荒。蓝步青弃教，投身堤防岁修工程，治理水患。1915 年，他年已半百，负责修筑钟祥县大柴湖郇公池（老罗汉寺）汉江堤段堤防工程，对手下约束甚严，不准侵占民工和当地百姓利益，群众称谢。1920 年，蓝步青领导了汉江干堤大王庙和长江干堤汉口姑嫂树段修筑工程。有《兰谱序》传世。

徐国彬

徐国彬（1866—1946 年）　字文陔，湖北黄陂县人，清末增贡生，湖北学绅法政讲习所毕业。清光绪三十年至宣统三年（1904—1911 年）任北路铁路学堂校监兼教授。1912 年任荆州万城堤工总局总理。1918 年荆州万城堤工总局改名荆江堤工局，徐国彬改称局长，任职至民国十二年（1923 年），同时兼任全国河务会议会员、扬子江水道讨论委员会委员等职。1923 年调内务部土木司任职，1926 年辞职回黄陂，经邑绅公举督修黄陂至汉口的首条公路，任黄陂县道局长。民国十九年（1930 年）调湖北省建设厅与水利局供职，兼任汉口张公堤工程处长，1933 年辞职回家。

徐国彬任万城堤工总局总理之初，有关万城堤的一些文件及规章散失大半，局内职员多半散去，堤工经费也毫无保证，加之堤身瘦小单薄，堤基渗漏等险象随处可见。种种困难摆在他面前，使之"几于束手"。他与江陵县有关人士广泛接触，向熟悉堤情的父老请教，并且徒步查勘江堤。经数月踏勘，对全堤所处河段江流的冲要与缓急、堤身的坚固与倾圮等情况，无不"犁然于胸臆"。然后根据了解的情况，提出培修计划，在征得乡人同意的基础上，向上写出书面报告，向各级长官"婉曲陈说"，以求得上级和各方面的支持。经过 5 年岁修，终使瘦小单薄的堤段得以"雍培"和"增筑"，渗漏严重的堤段也得到应有的整修和填筑。此外，还于冲流湍急处"建矶以分其势，抛石以杀其威"，从而使"袤延二百里之江堤，无不屹金城而巩磐石"。

在治江策略上，徐国彬持疏导为主观点，主张疏浚荆南四口，刨毁洲堤，以畅江流。他认为"治水之法主于因势利导，与水争地本向例所必禁，以邻为壑，尤公理所不容"。民国初年，石首北乡民众在王辅廷煽动和石首县鲁知事支持下，堵筑蛟子渊口，严重影响江流下泄，威胁大堤安全，徐国彬呈报民国政府副总统派兵刨毁，并招夫 200 名，连夜刨毁塞口。在他的要求下，对阻碍江流、妨碍大堤安全的淤洲私垸，一律由地方官疏通刨毁，并刊碑立为"铁案"。

徐国彬在荆江堤工任内，积极修筑堤防护岸工程，因沙市二郎矶门当沮漳河、荆江合流之冲，崩坍严重，1913 年修筑条石驳岸 272 米，宽 13～17 米，高 3.7 米；又修板石坦坡长 280 米，高 6～6.3 米及 3.7～4 米不等。七里庙与南岸窖金洲对峙，激流回旋，直逼岸脚，虽旧有条石驳岸搭护，然堤身单薄，江水泛涨时，仍不免出现险情。于是 1915—1916 年，又用碎石 4000 余立方米抛护镇脚，加修驳岸长 174 米，宽 6 米余，高近 7 米。从此，险情大为缓解，因刻石碑于江边以为纪念。

徐国彬以险工迭出，修防乏款，为谋扩大荆江堤防经费来源，经多方活动，得到沙市部分绅商和省长公署支持，由省府行文，责成沙市各盐行向盐商代收修防公益捐，"计川盐一包重 200 斤，缴公益捐四百文，精盐一包重 150 斤，缴三百文，淮芦盐一包重 100斤，缴二百文"。从而维持了堤防经费开支，并且尽量做到"款不虚靡，工归实用"。

徐国彬负责堤工 12 年，民国政府授予七等嘉禾勋章及三等河工奖章，以资嘉奖。他还从有利于堤防建设出发，制定《江陵万城大堤章程》《万城大堤善后办法条陈》《改良征存土费详文》及《堤警简章》等各种条例章程，既有利于当时堤防管理，又让继任者有所借鉴。有著作《万城堤防辑要》刊行于世，手稿《万城堤工利病书》留存在原籍，后毁于"文化大革命"期间。

徐 国 瑞

徐国瑞（1881—1946 年） 字兰田，湖北应山县人，将校讲习所肄业，国民党员。1911 年参加辛亥革命，先后任荆州水警区长、荆宜水警厅厅长，兼任两湖巡阅使署参议、长江上游总司令部顾问，授少将军衔。1923—1937 年任荆江堤工局局长，1937—1943 年5 月，改称江汉工程局第八工务所主任。

徐国瑞任职水警期间，即与前堤工局长徐国彬相善，人称"荆江二徐"。因此，徐国彬于 1923 年辞去堤工局长时，极力推荐徐国瑞接任局长职务。瑞出任堤工局长之初，即步行周视全堤，估勘工程，1925年冬投资74000缗进行整险加固。1926年夏监利车湾堤段溃决，加之狂风肆威助虐，荆堤崩岸甚烈，中下金果、上中下孟家垸等堤势如山颓，二三日间即将堤面去2/3。他"驻工二十余日，奔走四十余里，不惮声嘶力竭，不分晴雨昼夜，督率水警堤局及就近团防员役民夫……乃于极危险时、极危险地，仰天号泣，对众宣誓，表示以身殉堤，冀邀上苍垂怜，兼电禀呈省长，以示决绝。观众感泣，奋勇争先恐后"，崩势乃止。与此同时，监利所属280米之堤弥漫危岌，此堤在拖茅埠街后，介于荆堤之间，对于大堤之影响至为重要，他"一面电告监利，一面次第抢筑，历二十余日，奔走四十余里，每遇险处，辄以身先。八月八日在曾家湾抢险之际，忽堤崩数丈，瑞亦同坠入水中，幸被救起，至十二日，始将三十余里险段护妥脱险"。至1931年，又逢罕见之大水，是年7月22日至9月19日，大堤发生重大险情100余处；万城、李埠、沙市、登南、马家寨、郝穴、金果寺、拖茅埠等堤段相继告急。他除分段全面布防外，还率民夫千余人，前往重点险段组织抢护，日蒸夜露，废寝辍餐，"致面目黧黑、形容枯槁"，历数十日，终于化险为夷。国民政府以其"劳绩卓著"，于1934年由主席林森题赠"绩卓安澜"匾额。

徐国瑞唯以信佛为旨。1935年汛期满江大水，情况危急万分，他却在沙市大湾堤上搭台"祭江"，祈祷江神保佑，并以整筐整筐食物抛入江中，以飨"江蛟"，求水速退。由于抢救不力，导致荆江大堤得胜台、横店子堤溃20余处，酿成巨灾，他也因此受"降二级改叙"处分。

徐国瑞主持堤工期间，向以确保大堤为己任。1929年7月8日，日本日清公司"信阳丸"轮由宜昌抵沙市时，将沙市上巡司巷口下首江岸大石驳岸撞坏，长13米，宽近7米。时值江水上涨，全镇民众，深为激愤。他一面会同有关人员向日驻沙领事馆提出交涉，一面妥为抢护。经严重抗议，终于迫使日方承认错误并赔偿损失。1933年8月，扬子江防汛委员会根据湖南省政府建议，拟将荆江南岸之四口堵塞。徐立即致电湖北省政府及江汉工程局，转呈扬子江防汛委员会，痛陈堵塞四口之利害关系。由于其"所呈各节洞烛窍要，思虑深远，甚有见地"，扬子江防汛委员会终于同意撤销原议。

徐根据在长期修防工作中积累的经验，提出了一些治理荆江的主张和见解，1936年编写《荆江源流消泄水患意见书》，次年又写《救济荆江水利及荆堤安全之意见书》。他口赋的"抢险诀"为时人传诵："小险不忽，大险不惊；外面沉着，心为主宰；无论何人，不能干预；抢险工作，稍涉犹疑。"

1937年，由徐国瑞主持纂修的《荆江堤志》刊印出版。此书凡四卷，"宏纲细目，井井有条，而质实切近，绝无高远难行之空论，尤足备当时之采择，资后来之考镜"。

唐 天 际

唐天际（1904—1989年） 湖南安仁县人，1926年加入中国共产党。黄埔军校学员，曾参加北伐战争、南昌起义、湘南起义、井冈山斗争和长征。历任红四军十师党委秘书、湘南特委副书记、游击大队长、汝城县委书记、代理湖南特委书记、红一军团二纵队司令员、六十四师师长、红十五军政治部副主任、红四军参谋长、援西军政治宣传部部长等职。

抗日战争时期历任八路军政治部民运部副部长、第一战区联络处主任、晋豫边区游击支队司令员、一二九师新编一旅政委。解放战争时期历任吉东省委书记、军区政委，吉林军区副政委，东北野战军第一兵团副政委、第十二兵团副政委兼政治部主任等职。

新中国成立后，任四野二十一兵团政委、桂北剿匪委员会主任、湖南省军区司令员。1952年任荆江分洪工程总指挥部总指挥，组织30万劳动大军，克服重重困难，用两个多月时间建成了举世闻名的荆江分洪工程，比原计划提前15天完成。此后，他历任军委防空部队政委、军委财务部副部长、总后勤部副部长，为第二届、第三届全国政协委员，第四届全国人大常委，中央纪律检查委员会常委。1955年被授予中将军衔，1988年被授予一级红星功勋荣誉章。

任 士 舜

任士舜（1915—1978年）　湖北黄陂县梅店人，1934年考入复旦大学，次年加入中国共产党。1936年赴延安学习，不久派至东北军张学良部从事地下工作，积极参与"西安事变"，两年后在黄陂建立第一支抗日武装，任县民主政府工委书记，积极领导抗日减租减息和大生产运动，还组织群众兴修水利。1946年，以军调处身份在宣化店参与国共谈判，后赴延安。

新中国成立后任湖北省农业厅水利局第一任局长，1950年6月任长江委中游工程局局长，主持湖北境内长江、汉江堤防建设。同年7月兼任汉江治本委员会秘书长。1952年参加荆江分洪工程建设，任荆江分洪区工程委员会委员兼北闸指挥部指挥长，领导了荆江分洪区主体工程施工。同年11月，荆江分洪第二期工程开工，被任命为总指挥长。1953年4月，二期工程全面竣工，完成土方1100万立方米。

此后，担任长江委副主任、武汉水利电力学院党委书记、丹江口工程局局长，参加领导了三峡水利枢纽工程建设和杜家台分洪工程的规划设计工作。

饶 民 太

饶民太（1909—1979年）　湖北安陆县饶家大湾人，幼时读私塾4年。1939年参加新四军，同年10月加入中国共产党，历任陂孝游击大队副大队长、孝感县七区区长、汉孝陂县社会部长兼公安局长、云孝工委书记兼县长。抗战时期，饶民太在艰苦复杂的险恶环境中，开辟抗日游击根据地，歼日寇、锄汉奸，使日伪闻风丧胆。1946年"中原突围"后，他领导游击队反击国民党军"封湖围歼"。次年，随刘邓大军挺进中原，为解放武汉作出了贡献。1949年4月，饶率部解放孝感县城，5月受命赴松滋剿匪，10月任松滋县县长、县委副书记。

1952年带领松滋县4万民工参加荆江分洪工程建设，承担修筑虎渡河拦河堵坝的重要任务。虎渡河拦河坝合龙时，因洪水汹涌，水流湍急，沉船堵口方案屡次受挫，他与大家一起研究改进办法，提出著名的"八字抛枕法"堵口方案。在实施过程中，运石堵口的木船不敢靠近口门，饶乃大声呼叫道："要死我先死，不怕死的跟我来！"当即奋不顾身跳上运石木船。在其带动下，民工亦奋勇而上，终使大坝合龙。当年被评为模范县长，《人民日报》发表社论，号召向他学习。同时获中南军政委员会荆江分洪总指挥部所授特等劳模称号，记特等功一次。

1953 年调任荆州地委常委、荆州地区行署副专员，兼任荆州地区长江修防处处长、东荆河修防处处长和荆州专区长江和汉江防汛指挥部指挥长，领导荆州地区水利建设事业和防汛抗洪斗争。任内带领工程技术人员跋山涉水，对荆州地区的水系情况进行深入调查研究，将其划分为七大水系，提出了分区治理的总体规划和具体措施，实践证明，这个规划是科学的、符合荆州实际的规划。他为荆州地区的水利建设事业作出了重要贡献，是新中国成立后荆州治水的主要开拓者之一。

1958 年，他参加丹江口水库工程建设，在围堰截流中，他与工程师杨铭堂共同提出"以水赶土，土沙石组合围堰"施工方案，实施成功，受到湖北省省长张体学的高度赞扬，被全国资深水利专家陶述曾誉之为"一个伟大的创举"。《湖北日报》作了长篇报道。1958 年任漳河水库工程指挥部总指挥长，历时 8 载，他坐镇工地 5 个春秋。为了抢施工进度，他发动群众搞技术革新，采取海（水上）、陆、空（悬空吊运）同时并进的进料作业办法，保证了大坝在洪水到来之前脱离危险高程，受到上级的通令嘉奖。

1963—1964 年，兼任荆江分洪扩建工程指挥部指挥长，建成荆江分洪涴市扩建工程。1969 年，洪湖长江干堤田家口溃口，湖北省革委会主任张体学指名要正在遭受"文化大革命"错误关押的饶民太担任堵口指挥部副指挥长，时值长江汛期，堵口十分困难，他采取分段合龙办法，堵口成功。

1972 年，兼任荆州地区洪湖防洪排涝工程指挥长，他抱病带领洪湖区防洪排渍规划组进行实地考察，制订方案，组建施工队伍，落实施工任务，促使工程顺利开工。

饶民太为湖北省第一届、第二届、第三届人大代表。

荆州地委、行署为其立碑："饶民太同志具有高尚的共产主义品质，坚持原则，遵守纪律，顾全大局，团结同志，艰苦朴素，联系群众，勤勤恳恳，兢兢业业，为党为人民的事业而忘我的工作，鞠躬尽瘁，是中国共产党的优秀党员、模范干部。"

第二节　人　物　简　介

新中国成立以来，荆州的水利建设取得了前所未有的巨大成就。水利作为"农业的命脉""国民经济和社会发展的基础"，经过艰苦卓绝的不懈努力，建成了防洪、排涝、抗旱三大工程体系，确保了荆州经济的发展、江河堤防的安澜和荆州人民的幸福安乐。一次次的抗灾胜利，一座座的水利工程，凝聚了水利战线广大干部、工程技术人员和人民群众的心血与汗水，体现了水利人的聪明才智和奉献精神。在数十年的水利工程建设、管理、防洪抗灾、科学研究中，涌现了一大批杰出的治水人物，他们呕心沥血、艰苦奋斗、无私奉献，为荆州的水利事业作出了不可磨灭的贡献。

刘干（1909—1959 年）　河北省定县人。1939 年参加革命，同年加入中国共产党，1947 年随刘邓大军南下湖北，1949 年后历任沔阳县社会部长兼公安局长、洪湖县长、松滋硫磺矿经理、荆州专署财委副主任、荆州专区水利工程处副处长、荆州专署水利局局长。1958 年率先赴漳河水库工地，任副指挥长兼供应处处长。在施工前期准备工作中，他身先士卒，率领 3 万民工披荆斩棘，准备了大量的生活物质和施工材料，为全面大施工创造了条件。1959 年 3 月因观音寺大坝工地生产桥断塌伤及民工，忧劳过度，突发心肌梗塞病故，年仅 50 岁。为永远纪念他，漳河工程总指挥部将其安葬在漳河水库观音寺烈士陵园。

涂一元（1913—1974 年）　湖北江陵县林家垱人。1941 年参加革命，先后任民主政权中心乡长、区长，江监石联县副县长和县委统战部部长。新中国成立后，历任荆州地区中级人民法院院长、专署秘书处主任，1960 年任荆州专署水利局局长，同时兼任洪湖新滩口船闸工程指挥部指挥长，1962 年领导四湖地区修建大、中型涵闸 62 座，1963—1966 年兼任沱水水库和惠亭水库续建工程指挥长。《湖北日报》曾以通讯《艰苦之风满惠亭》报道了他艰苦奋斗建水库的事迹。

李大汉（1918—1974 年）　又名李登山，江陵县白马公社青港大队人。其父李先炳在土地革命时期英勇牺牲。

他受父亲的革命影响，十三岁在胡场区游击队担任通讯员，1943 年 8 月参加新四军在白马一带组织的地方武装基干队。新中国成立后任江陵县政府建设科科长，1953 年任江陵县副县长，分管水利工作。1954 年长江大水，7 月 21 日凌晨 2 点，李巡堤至祁家渊，发现堤身漏洞险情，堤外坡水面已出现旋涡，险情十分严重。李一面指挥民工在堤内筑井导渗，一面带头跳进江中，用棉絮堵漏，终于化险为夷，受到中共湖北省委的通报表扬，并号召全省干部向他学习。1955 年调荆州专署，先后任荆州地区长江修防处副处长、四湖排水工程副指挥长，荆州专署水利局副局长、四湖工程管理局局长和湖北省洪湖防洪排涝工程副指挥长。

1974 年 4 月，在洪湖排涝河上建黄丝南桥，在吊装预制桥梁时，绞车突然发生故障，飞旋的绞车弹出的木杠击中了他的左背，经医院检查右臂主骨折断。1974 年 9 月 14 日深夜突发心肌梗塞病逝世，终年 57 岁。

倪辑伍（1904—1977 年）　潜江龙湾人，1927 年加入国民党。1940 年春，利用"黄学会"在三湖一带扩充武装，自任总指挥长，联共抗日。同年秋，率部编为国民政府军 128 师独立团，兼任团长。128 师被日军击溃后，倪招旧部 300 余人，成立江陵抗日自卫团自任团长，兼任江陵县政府副县长。1944 年下半年，倪调任襄南专员公署水利科科长。在极端困难的环境下，组织修建了内荆河堤、吴公沟、红军闸等水利工程。新中国成立后，历任荆州专署水利局副局长、长江修防处副处长、江陵县第一至四届人民代表大会代表、湖北省第一至三届人民代表大会代表、中国国民党革命委员会沙市筹备委员会主任等职。

唐忠英（1911—1978 年）　湖北松滋县西斋人，1943 年加入共产党，历任松滋县游击大队长、军分区科长及营长。新中国成立后历任松滋八区区长、副县长。1953 年调任荆州专区长江修防处第一副处长（处长由荆州专区领导兼任），先后参加了 1956 年新滩口堵口工程、1958 年动工的漳河水库建设工程、1964 年动工的荆江分洪区扩建工程、1967 年动工的中洲子人工裁弯工程的领导工作，均圆满完成施工任务。他多次参加、指挥长江抗洪工作，每当出现重大险情的紧要关头，他都及时赶赴现场，身先士卒，果断决策，确保了长江大堤的安全。

邹荣卿（1915—1981年） 天门县金场乡杨店村人，抗日战争和解放战争中，他参加民兵组织，担任村贫农团团长，为锄奸、扩兵、搜集情报做了大量工作，1949年后历任天门县乡长、区委书记、副县长、县委书记处书记、县委统战部部长、县长、政协主席。任副县长期间，分管水利，他带领天门民工参加了汉江干堤加固、荆江分洪工程建设和修建了石门水库、石龙水库等工程。1954年担任天门县汉江防汛指挥长，事必躬亲，指挥果断，战胜了超历史的特大洪水。

从克家（1907—1989年） 湖北钟祥县大柴湖人，1926年在从家庙建立农民协会，1938年加入中国共产党，曾任水湖区委书记兼游击队队长。新中国成立后历任钟祥县副县长、县长。1953年调汉江修防处任副处长，1957年任处长。任内提出在汉江"堤外防浪、堤内取材"的林木栽植模式，3年实现"三杉"化，一直沿袭至今。1959年参加丹江口水库建设，任左翼兵团副司令员，带领荆州地区4县8万民工出色完成任务。1966年主持修建大柴湖围垦，减轻了洪水对汉江遥堤的威胁。他多次指挥汉江防汛工作，支持技术干部果断决策，及时排除险情，确保了汉江堤防安全。

贡福珍（1921—1989年） 安徽天长县龙集乡人，1943年投身抗日，1949年随军南下，历任天门县区委书记、松滋县副县长、荆州地区供销社办公室主任、沌水水库管理处党委书记兼处长。1958年沌水水库工程开工，贡担任指挥长，当大坝高程达到90.00米时，因经济困难、粮食供应不足，县委出现两种意见，有的领导主张推迟大坝合龙，贡据理力争，得到地委支持，决定大坝如期合龙，避免了因决策失误而造成的损失。1973年，他主持沌水水库管理处工作以后，力主枢纽工程加固、南北干渠改造维修，增加了水库的安全系数，扩大了灌溉效益。同时，带领职工自己动手开挖鱼池、植树造林，改变了库区的面貌。

邢子春（1925—1995年） 山西省五台县人，1937年冬参加抗日救国儿童团，1941年参加抗日青年救国会，负责村里财粮工作，1943年任村长。1948年随军南下，先后在湖北省荆门县、钟祥县开展革命活动。新中国成立后历任荆门县沙洋镇委书记，荆州地区行政公署人事科科长，潜江县委书记，漳河水库管理局副局长，湖北省防洪排涝工程总指挥部副指挥长、党委副书记，1980年主持湖北省洪湖防洪排涝工程总指挥部的全面工作，1984年任顾问。

王丑仁（1920—2000年） 山西省长治县人，1945年参加革命，同年加入中国共产党，任过村长、支部书记。1947年任苏店区委书记，同年南下到湖北，在监利新沟地区组织和发动群众成立武工队，历任区委组织委员、书记，县委组织部长。1957年任荆州地区四湖排涝工程总指挥部副书记兼指挥长；1960年任荆州地区水利局副局长；1962年任东荆河修防处处长；1983年任湖北省洪湖防洪排涝工程总指挥部副指挥长，1984年任顾问。任内曾主持四湖总干渠施工、东荆河岁修防汛及下游改道工程，领导东荆河修防处职工大力开展植树造林，取得了较好的生态效益和经济效益。

郭贯三（1922—2005年） 河北定县人，1939年8月参加革命，同年加入中国共产党，1947年随军南下，任沔阳县通海口区区长。新中国成立后历任沔阳县和洪湖县水利局局长，东荆河修防处副处长，石首县和沔阳县县长，荆州地区水利局局长，漳河管理局局长，荆州地区长江修防处党委书记、处长。1963—1965 年任东荆河下游改道工程指挥长，率 10 万余人修筑和加固堤防、开挖河道，使东荆河水不再注入沔境。任内长期参与荆州地区的大型水利工程建设决策，多次指挥防汛抢险战斗。

曹道生（1925—2008 年）　湖北汉阳人，1949 年 8 月入中原大学政治系学习并参加革命工作，1951—1953 年参加荆江分洪区移民和工程建设，1954 年参与荆江分洪工程运用和分洪后的堵口复堤并获乙等模范，1956 年加入中国共产党，先后在沔阳专署、荆州专署办公室和荆州专区水利工程总指挥部任秘书，1960 年任荆州专区水利局副局长，1970 年任松宜铁路指挥部第一副指挥长，1971 年任荆州水电局副局长，1974 年兼任湖北省洪湖防洪排涝工程总指挥部副指挥长，1978 年任荆州水利局局长。他参与编制荆州水利七大水系的规划工作，主持起草了许多有关荆州水利工作的指示、法规文件，多次担任荆州水利工程建设和防汛抗灾指挥部负责人，为夺取荆州地区的防洪、抗旱、排涝工作的胜利发挥了重要作用。

尹朝贵（1923—2010 年）　安徽和县人。1944 年 2 月任安徽省荆南县安平区区长，同年 11 月参军，1947 年加入中国共产党。1951 年 4 月任荆门县大队政治处副政委，1952 年 1 月任荆门县人武部部长，1965 年 3 月任荆州专署副专员，1972 年 4 月任荆州地委副书记，1983 年 10 月任荆州地委顾问。尹在荆州地区任职期间，分管农业水利工作多年，同时兼任漳河水库加固工程、湖北省洪湖防洪排涝一期工程等大型水利工程的临时党委书记，为荆州地区的水利工程建设作出了一定贡献。还多年担任荆州地区防汛抗灾指挥部副指挥长，组织领导了荆州地区的防汛抗洪工作。

杨铭堂（1910—1985 年）　河南省淮阳县人，高级工程师。1933 年毕业于河南开封国立水利专科学校，新中国成立前曾辗转黄河、长江、汉江从事水利技术工作，新中国成立后任中南水利局工程师，先后担任沔阳排湖闸、石龙水库、石门水库、黑屋湾水库、丹江口水利枢纽工程、漳河水库等工程科长、副指挥长、主任工程师、副总工程师等职。在排湖青冈泥软基础上建重力闸，他打破传统的施工方法，大胆改分块底板为整体底板，获得成功；1954 年在罗汉寺抢险时采用树枝围、石头堵、土方止水办法堵住了大堤溃口；1958 年在丹江口堵口时，与荆州行署副专员饶民太一道提出"以土赶水筑土石组合围堰"办法；在漳河水库观音寺大坝施工中，用风化石（代料）回填，解决了土源问题；在陈家冲溢洪道基础开挖时，提出了引水冲渣办法，节省投资 8 万余元。

侯大恒（1916—1986 年）　山东郯城人。1944 年毕业于武汉大学土木工程系，1946—1949 年 8 月任江汉工程局助理工程师，1949 年 8 月调荆州地区长江修防处，历任工务科副科长、高级工程师、江陵县政协委员、中国水利学会会员。曾负责荆江大堤重点险段祁家渊、冲和观、郝穴、观音寺等护岸工程的测量、设计和施工，由他制定的"抛石工间表""等距纵断面图"对保证工程质量发挥了重要作用。1954 年抗洪斗争中，参与重大险情抢护，被评为甲等抗洪模范。他为荆江大堤整险加固、移堤还滩、消除隐患提供设计指导。在洪湖新滩口、松滋八宝闸、洪湖田家口等堵口复堤中发挥了积极作用。还主持完成荆江地区一些大型工程的勘测、设计和施工任务。他编写的"堵口复堤"经验汇编材料被纳入 20 世纪 70 年代水利部主办的河道堤防管理培训教材。

杨寿增（1922—1989 年）　河南内乡人。1949 年投身于水利事业，先后担任清江修防处技术员、汉江修防处工程师、漳河水库渠道工程副指挥长、荆州地区水利工程队队长、荆州地区水利局副局长。1965 年到沇水水库施工，坚持设计革新，采用先进技术，大胆修改原设计方案，将电站站址由主坝改在主坝北端山凹；将溢流坝、挑流鼻坎混凝土改为浆砌石坝体、混凝土外壳结构，既解决了散热问题，又降低造价 60 余万元。1972 年兼任洪湖防洪排涝工程副指挥长，负责工程技术工作，主持工程的勘测、设计和施工，其中高潭口泵站 1982 年荣获工程设计、施工、安装银质奖章。他曾多次参加和指导江河堤防的抗洪抢险。

杨德纯（1924—1999 年）　湖北应城人。1949 年 5 月参加工作，由组织安排进江汉公学学习，后转入湖北革命大学，11 月入湖北农学院水利系学习，1950 年转入武汉大学工学院，1951 年秋因工程建设急需用人提前毕业。分配到荆州专署水利局工作，历任工程股长、科长；1970 年参加枝柳铁路建设，为工程技术负责人；1979 年 6 月公派出国到扎伊尔主持农田水利建设；1984 年 8 月至 1990 年 2 月任荆州地区水利职工中等专业学校党委书记。1990 年 2 月离休。曾主持编制全区农田水利补充规划、年度实施计划，审批工程设计，参加防汛抗灾。1961 年主持洪湖县小港河、湖闸工程的设计和施工，1964 年主持京山县惠亭水库灌溉渠系工程规划、设计和施工。他对工程质量要求严格，工作认真负责，治学严谨。

邓锐辅（1910—1991 年）　湖北长阳人。1937 年毕业于武汉大学土木工程专业，高级工程师。新中国成立前曾任汉江工程局、鄂中公路总段工程师，汉江工程局第六工务所主任。新中国成立后，历任湖北水利局荆州分局副局长、长江中游工程局荆州区修防处副处长、荆州专署水利局副局长。他长期从事水利堤防建设工作，主持完成荆江地区一些大型堤防工程的勘测、设计和施工，为荆江大堤整险加固、消除隐患提供技术指导，特别是在调弦口堵口建闸和木沉渊填塘固基等工程建设中发挥了重要作用。他多次参加长江防汛抢险的决策指挥工作。

侯泽荣（1919—1993 年）　四川南充人。1944 年毕业于武汉大学土木工程系，高级工程师。新中国成立前任江汉工程局藕池工程段段长。新中国成立后历任湖北省水利局沔阳区修防处助理工程师、荆州地区长江修防处工程师。曾参加丹江口水库、漳河水库观音寺大坝等工程建设，任民兵师参谋长、工务科长等职。在荆州地区长江修防处工作期间，主持廖子河等重要险段堤基整治工程，主持颜家台闸、沇里隔堤、北河水库等工程的设计和施工，多次参加长江抗洪抢险，为确保长江堤防安全发挥了技术指导作用，多次被评为抗洪模范、先进工作者和"五好"干部。

韩明炎（1916—1994 年）　松滋县南海镇人。毕业于湖北汉阳高等工业学校土木科。1939—1949 年任湖北省公路管理处分处处长，民革成员。1950 年 8 月调荆州专区水利局，高级工程师。曾担任太湖港水库、沇水水库、洪湖防洪排涝等大型水利工程的技术负责人，参与勘测、规划、设计和施工，其中主持的高潭口电排站工程，设计先进，施工质量好，于 1981 年经国家建委评定为 20 世纪 70 年代国家设计工程奖，1982 年又获工程设计、施工、安装银质奖章。他利用工作之余，撰写了多篇论文，其中影响最大的是《论四湖地区水利规划》《关于平原地区水工建筑设计中几个问题的探讨》等，对水利工程设计具有一定的实用价值。

傅钰冰（1923—2003 年） 四川三台县人。1938 年在江汉工程局工作，1949 年调入沔阳县，任工程师、水利局副局长、县人大常委等职。他是新中国成立初期沔阳水利工程建设的主要技术人员，曾参与制定汉南地区水利规划，主持了三益闸、建设闸、木兰口闸等涵闸的设计和施工，在东荆河下游改道、通顺河下游疏挖、洪湖防洪排涝等大型水利工程建设中任技术负责人，解决了大量的技术难题。同时，在防汛抗灾中，出谋划策，当好参谋，为战胜汉江 1964 年、1980 年大洪水作出了贡献。

刘大寅（1908—1960 年） 湖北石首县新厂人。1928 年参加农民赤卫队，任小队长。1948 年任江监石县政府第七区水利助理员。次年 5 月，任新厂区防汛指挥长。7 月，江水猛涨，为抢堵杨家铺堤的浑水漏洞，不顾个人安危，潜入江水中 1 个多小时，将漏洞堵死。他因防汛抢险表现英勇，1950 年被评为全国特等劳动模范，9 月光荣赴京出席全国战斗英雄、劳动模范代表大会，并参加国庆大典观礼。10 月，刘任沔阳专署水利局助理工程师。1952 年参加荆江分洪工程虎渡河施工荣立特等功。是年秋出席长江中游干堤修筑首届劳动模范代表大会。1952 年 10 月加入中国共产党。1955 年参加石门水库建设。1960 年病逝。

丁永善（1929—1999 年） 湖北松滋县涴市人。1952 年参加荆江分洪虎渡河堵口工程，以勇打硬仗而闻名，他带领 460 名民工组织堵口突击队，在龙口两边同时抛枕，又以大船在龙口上游正面抛枕垫底，取得堵口成功，为荆江分洪工程顺利实施创造了条件，荣获堵口英雄称号和荆江分洪工程特等劳模，1952 年 10 月被选派出席在维也纳召开的和平大会（因病未能成行）。1953 年被选为第二届全国团代会代表，受到毛泽东、周恩来等党和国家领导人的接见。

辛志英 女，松滋县米积台人。1952 年参加荆江分洪南闸工程建设，年仅 19 岁。当时，工程需要大量碎石，而人工捶石的工效很低，每人每天仅能完成 0.2 立方米，工程用料不能保证。辛志英改用麻鞭圈住石头捶打，并采用自由组合，合理分工，形成运石、改大石、捶小石一条龙施工，工效倍增，每人每天碎石达到 1 立方米，所创先进办法在全工地推广。由于贡献突出，被评为荆江分洪工程特等劳模。

吕明英 女，荆门县曾集镇人。1958 年参加漳河水库建设，在鸡公尖大坝施工中担任"七女战斗组"组长，她将独轮车改成自动卸土的双轮板车，创造新式"排桩崩土法"和"双车囤土法"，工效倍增，超过整个工地的男子组。在 4 年的施工中，19 次被各级评为特等劳模，出席湖北省劳模会两次，出席全国群英会 3 次，受到毛泽东、周恩来、朱德等中央领导人的接见和宴请，荣获朱德总司令亲自奖授的半自动步枪一支、子弹 100 发。

胡玉珍 女，荆门县盐池镇人。1958 年参加漳河水库建设，是开凿观音寺大坝导流隧洞的英雄。她组织由 14 个姑娘参加的"姊妹铁甲队"，在硝烟弥漫、无通风设备的隧洞内坚持钻孔、装药、放炮、转运石渣，多次窒息昏倒，刚刚苏醒又投入战斗，以日产110车超过男子组。多次被评为漳河水利工程建设的特等劳模，1958年出席全国第二次青年积极分子代表大会，受到毛泽东、周恩来、朱德等中央领导人的接见。

雷朝友　荆门县后港镇广坪乡人。1958年参加漳河水库工程建设，承担观音寺大坝清基任务，他带领18个突击队员，在冰水和淤泥中昼夜施工，肤呈紫色、毛孔渗血、四肢麻木，仍坚持到底。在大坝回填中，他带领"黄继光战斗组"，改革工具，加高车厢，一车载千斤，工效提高5倍，他以"千斤大力士"著称工地。曾35次出席县、地、省劳模会，1960年出席全国民兵积极分子大会，受到毛泽东、周恩来、朱德等中央领导人的接见，荣获朱德总司令奖授的半自动步枪一支、子弹100发。

彭文德　荆门县栗溪镇姚河乡人。1958年参加漳河水库建设，任隧洞爆破组组长，是一名爆破能手。他带领18人施工，进度快、省炸药，总指挥长饶民太亲授"优胜红旗"。曾多次被评为特等劳模，先后出席县、地、省劳模会，1959年10月1日参加北京国庆十周年大典，受到中央领导人的接见，荆州地区奖给45马力拖拉机一台。

牛德和　1958年从湖北省汽车运输局调漳河水库参加工程建设，因多拉快跑、吃苦耐劳、安全行驶，漳河水库工程总指挥部8次授予特等劳模和先进工作者。

马兰芳　女，荆门县子陵镇人。1958年参加漳河水库建设，任工地妇联主任，在鸡公尖大坝施工中，与王秀英、段爱莲、官大年3个不满20岁的姑娘组成"赛男突击队"，将装5担土的车厢一层一层地加高，一直到能装24担土，日产百余车，以"赛男英雄"闻名工地。她多次受到工程总指挥部表扬，被评为特等劳模，曾出席湖北省劳模会，受到李先念等领导人的接见。

罗河山　天门汉江堤防林业病虫研究所所长，林业高级工程师，全国劳模。他在堤防管理工作中，细心观察各种昆虫的繁殖规律和生活习性，掌握了47种害虫和13种益虫的活动规律及病虫害的防治办法，在全省堤防部门推广运用。他与华中农业大学教授合编的《防浪林害虫及其防治》《护堤柳林的几种害虫及其防治》两本专著，发行于国内并译载国外。先后荣获水电部先进工作者、全国科技大会奖、中国林学会劲松奖，1979年12月出席全国农业劳模大会，荣获国务院授予的全国劳动模范证书和奖章。

第三节　治　水　英　烈

沃野千里、美丽富饶的荆州，因江河众多，水系复杂，过境客水峰高量大，直接威胁着人民生命财产的安全。长期以来，荆州人民与洪水进行了艰苦卓绝的斗争，在修堤筑坝、建闸建站、抗洪抢险活动中，无数人为了江河堤防的安全和广大人民的幸福平安，献出了宝贵的生命，荆州人民永远不会忘记他们。现撷取其中一部分代表人物载入本志，以告慰英烈们的在天之灵。

原有发（1909—1954年）　山西省平顺县人。1942年参加革命并加入中国共产党，1947年随军南下，历任江监石第二区区长，石首县财粮科长、县政府秘书、副县长、县长。1954 年夏，长江遭遇百年罕见大水，原有发作为县长兼县防汛指挥部指挥长，抱病率众坚守荆江大堤外围人民大垸最险堤段。从 7 月 1 日起，连续战胜 3 次特大洪峰，成功抢护 70 余处严重险情。但因洪水过大，加之堤内溃水过深，在外洪内涝、无土可取的情况下，眼看人民大垸鲁家台堤段溃在顷刻，原有发顶风冒雨毅然乘拖轮前往组织抢救；当接近险段时，堤身"海口"突然穿洞，他不顾个人安危，果断指挥以船堵口，不幸船到时堤已溃决，刹那间船被卷进洪流，原有发不幸牺牲。湖北省人民政府追认其为烈士，石首县人民政府在大礼堂前立碑纪念。

赵辉吉（1922—1958 年）　荆门县五里乡人，中共党员，民兵连长。1958 年参加漳河水库工程建设，被评为特等劳动模范。1958 年 12 月 13 日傍晚，鸡公尖大坝工地民工工棚发生火灾，赵辉吉多次冲进火海，背出 6 个卧床病人，再次进入棚内时，烧坍的梁柱压住他的全身，烈火吞没了他年轻的生命。

范全国（1928—1959 年）　荆门县官垱镇人，中共党员，1952 年参加抗美援朝，立特等功。1958 年参加漳河水库工程建设，担任民兵连长，被评为特等劳模。1959 年 3 月 29 日傍晚，范率领民工从大坝工地返回驻地时，因人多超重，造成吊桥坍塌，数百人落水，他 3 次下水救起 5 人，第四次下水救人时，已精疲力尽，沉入水底，光荣牺牲。漳河水库总部党委授予他"优秀共产党员""革命烈士"光荣称号。

在此次事故中，为救他人而英勇牺牲的烈士还有吴中玉、郑志炳、徐德柱、田胜玉、童家昌、杨传荣、詹永祥、吴学清、侯圣万。

方先昌（1923—1961 年）　江陵普济人，1954 年加入中国共产党，曾任普济区副区长，在四湖总干渠施工中，两次获得荆州地区四湖工程指挥部劳模称号。1961 年，他领导普济民工在西干渠建成谭彩别节制闸，由于当年连降大雨，渠堤低处漫溢，方为了开闸放水，一人上闸开启闸板，因拴接闸板的麻缆绷断，他被闸板带入水中而献身。

李奎元（1935—1968 年）　京山县罗店区吕家村人。曾任民兵分队长、初级社社长、高级社主任、村副书记。1968 年，他带领民兵修建刘畈水库工程时，负责黄土湾隧洞开挖，因洞顶塌方，李奎元被埋入石渣而殉职。

邓绪德（1933—1972 年）　京山县永隆区马家岭村人。曾任大队会计、大队长。1972 年，在高关水库施工中，放完炮后，他同几名炮手去检查，发现一处炮眼冒烟，在迅速离开的途中，炮已爆炸，他见一块飞石即将砸到另一人的身上，他急忙推开他人，自己却被飞石砸中，当即牺牲。

彭本柱（1955—1979 年）　江陵沙岗人，曾任和平大队党支部副书记兼民兵连长。1979 年 6 月，连日大雨，五岔河水猛涨，河北堤的圩工泵闸口被洪水冲击穿孔，河水涌进堤内，威胁万亩农田，紧急关头，他奋不顾身，跳入水中，用身躯挡住缺口，此时，圩工泵闸突然倒塌，彭被洪水卷入闸中而献身，年仅 24 岁。

蒋方坤（1923—1983 年）　天门县太湖乡蒋寨村人。曾任干驿区副区长，因病回故里。1983 年 10 月 9 日，他在放牛时，发现沉湖河水威胁河堤安全，闸门冲开，情况紧急，他纵身跳入激流抢险，被洪水卷入涵闸而牺牲，避免了 1000 余户、20000 余亩农田遭受洪水灾难。天门县政府给予追记大功。

张友军（1968—1991 年） 沔阳陈场人，毕业于湖北农学院，范关办事处副主任。1991 年 7 月，境内发生溃涝，垸堤溃口，负责防守范关张马垸垸堤的张友军跳入激流抢堵，被洪水夺去了年轻的生命。荆州地委追授为"抗灾英雄"，湖北省政府批准为"革命烈士"。

彭绍林（1925—1991 年） 四川人，家住松滋南海镇裴家场村。1991 年 7 月，持续十余天大雨，老沱河水位居高不下，洪水威胁永合垸窑沟子闸，由于木质闸板长时间浸泡，闸板之间渗水严重，危及闸身安全。彭巡堤发现险情后，及时向镇水利站报告，并带堵漏棉絮和铲刀，只身潜入闸内堵塞渗水缝口，终因在水下时间过长，体力不支，溺死水中。经湖北省政府批准，追认其为"革命烈士"。

周厚松（1956—1991 年） 潜江县老新乡五星村人。1976 年中专毕业后分配到沱水水库工作，曾任工程科副科长。1991 年主持台山渡槽加固工程施工，6 月 13 日，因完成任务心切，亲自操作拌和机，不慎失事，造成重伤，在送往医院抢救途中停止呼吸，为沱水水库建设献出了年轻的生命。

梁大荣（1944—1991 年） 石首市大垸乡天星堡村人，村党支部书记。1991 年 7 月 5 日晚，因暴雨成灾，梁在开启涵闸排渍时殉职。湖北省委、省政府追认为"抗洪抢险英雄""革命烈士"。

陈士发（1961—1995 年） 石首市人，1991 年调任石首长江修防总段工程科副科长，1992 年加入中国共产党。1995 年 8 月 29 日，为保护石首市人民生命财产安全，在北门口崩岸抢险中不幸以身殉职。陈士发牺牲后，石首市委、市政府追授其"优秀共产党员""抢险英雄"光荣称号，并号召全市人民向陈士发学习。1996 年 1 月，经湖北省政府批准，追授其为"革命烈士"，并在其牺牲地点北门口护岸工地立有"陈士发烈士殉职处"石碑一块，以示纪念。

李向群（1977—1998 年） 海南省琼山市人，中共党员，广州军区"塔山守备英雄团"战士，1998 年汛期，在保卫公安南平的抗洪抢险中，他连续 12 天带病参加高强度抢险任务，8 月 19 日，在南平天兴堤抢险中因劳累过度，抢救无效而牺牲。广州军区授予李向群"抗洪勇士"荣誉称号，追记一等功。1999 年 3 月 18 日，中共中央总书记江泽民为李向群题词："努力培养和造就更多李向群式的英雄战士。"

唐传平（1940—1998 年） 松滋市新江口镇林园村人。1998 年抗洪斗争中，村委会安排他带 12 名民工到拦龙寺险段坐守，他主动要求值夜班，由于哨棚内炎热难当，加上熬更守夜，他体力渐感不支，7 月 26 日晨，在坚守防汛抢险岗位 25 个日夜后，因劳累过度突发脑出血而以身殉职。湖北省政府追认其为"革命烈士"。

杨德全（1950—1998 年） 松滋老城镇横堤村人。1998 年汛期，担任抢险突击队队长，在堤上抗洪 60 多天，带领 120 名突击队员坚持查险，排除了多处堤身滑坡险情。由于他身患高血压等疾病，长时间坚持在抗洪一线，劳累过度，突发脑出血，经抢救无效，献出了生命。湖北省政府追认其为"革命烈士"。

李远国（1971—1998年）　松滋沙道观镇豆花湖村人。1998年抗洪斗争中担任抢险突击队队员，6次参加抢险战斗，人称"拼命三郎"。8月29日，松滋河东支朱家湖段发生崩垮，他随突击队赶到出险现场，负责抛石镇脚，因套石的绳套滑脱，不幸落入江水中，光荣牺牲。湖北省政府追认其为"革命烈士"。

胥良发（1944—1998年）　石首市焦山河乡东升村人，曾任村会计、水利工程员。1998年抗洪斗争中，他组织民工修路、除杂，安排民工生活，带头参加防汛值班，开挖导滤沟，连续10多天没有休息，7月7日晚上，他在防守段面检查险情时，因劳累过度，倒在连部门槛边，经抢救无效，以身殉职。焦山河乡组织了隆重的追悼会，湖北省政府追认其为"革命烈士"。

周菊英（1954—1998年）　女，石首市大垸乡黄木山村人，中共党员，1998年8月8日，因多日参加抢险，劳累过度，牺牲在抗洪抢险"生死牌"下。汛后，湖北省政府批准其为"革命烈士"。9月10日，中共中央总书记江泽民在听取周菊英事迹汇报后，称赞其为"抗洪女英雄"。全国妇联追授其为"全国三八红旗手"。当年，湖北省委宣传部组织抗洪英模报告团在全省进行巡回演讲，介绍了她的英勇事迹。

胡正军（1967—1998年）　石首市横沟市秦家洲村人。在1998年长江抗洪抢险斗争中，他第一个上堤，生病后全然不顾，坚持战斗在防汛抢险第一线，连续27个昼夜没有好好休息，8月10日，因劳累过度而牺牲。汛后，湖北省政府批准其为"革命烈士"。

胡继成（1975—1998年）　监利县上车湾镇潘揭村人，共青团员。1998年汛期，他舍生忘死，长时间带病坚持在抗洪前线。8月9日，在长江分洪口堤段抗洪抢险中，他连续参加抢险40余小时，最后因劳累过度英勇牺牲。湖北省委追认其为共产党员，湖北省政府批准其为"革命烈士"。共青团中央、共青团湖北省委、共青团荆州市委分别授予其"抗洪青年突击队员英模""抗洪抢险英雄青年""湖北省优秀共青团员""抗洪抢险优秀共青团员"荣誉称号。湖北省见义勇为基金会授予其"湖北见义勇为先进分子"光荣称号。当年，湖北省委宣传部组织抗洪英模报告团在全省进行巡回演讲，介绍了他的英勇事迹。

杨书祥（1973—1998年）　监利县朱河镇余杨村人，共青团员。在1998年抗洪抢险中，他担任抗洪青年突击队队长，7月30日与洪水搏斗中，不幸被电击而献身。汛后，共青团湖北省委授予其"抗洪抢险英雄青年""湖北省优秀共青团干部"光荣称号，湖北省政府批准其为"革命烈士"。

侯明义（1942—1998年）　监利县网市镇三官村人。1998年8月8日，在参加长江抗洪抢险时英勇牺牲。汛后，湖北省、荆州市见义勇为基金会授予其"湖北省见义勇为先进分子""荆州市见义勇为先进分子"光荣称号，国家民政部批准其为"革命烈士"。

刘宏俭（1951—1998年）　松滋市街河市花桥村人。1998年8月13日，荆江分洪区准备实施分洪，他作为松滋市紧急驰援公安县抗洪抢险的民工，参加长江堤防的防守，在抢险中以身殉职。汛后，湖北省政府批准其为"革命烈士"。

段玉华（1962—1998 年） 石首市大垸乡丁家垸村人，生产组长。在 1998 年长江防汛抢险斗争中，驻守在荆州四大险段之一的鱼尾洲崩岸险段，他带领 40 多名民工，连续 8 天 8 夜抢筑子堤，参加重大抢险 4 次，在防汛前线坚持战斗 50 余天，于 8 月 18 日因劳累过度牺牲在大堤上。汛后，湖北省政府批准其为"革命烈士"。

王世卫（1969—1998 年） 洪湖市燕窝镇洲脚村人，民兵抢险突击队员。在 1998 年抗洪抢险斗争中，坚守七家垸，8 月 20 日因子堤溃决而英勇献身。湖北省政府批准其为"革命烈士"，共青团中央追授其为"抗洪青年突击队员英模"，荆州市委、市政府追授其为"抗洪英雄"。

方红平（1972—1998 年） 洪湖市燕窝镇洲脚村人，中共党员。1998 年抗洪抢险斗争中任村民抢险突击队队长，坚守七家垸，8 月 20 日因子堤溃决而坠入激流中，凭借一根竹竿向岸边游近，此时他看到另一村民在水中挣扎，他将竹竿推向他人获救，自己却英勇牺牲。汛后，国家民政部批准方红平为革命烈士，全国抗洪抢险表彰大会表彰他为"全国抗洪模范"，湖北省委、省政府追记其抗洪抢险个人一等功。荆州市委、市政府追授其为"抗洪英雄"。

胡会林（1980—1998 年） 洪湖市燕窝镇洲脚村人，民兵抢险突击队队员，在 1998 年抗洪抢险斗争中，坚守七家垸，8 月 20 日因子堤溃决而英勇牺牲。湖北省政府批准为革命烈士，共青团中央追授其为"抗洪青年突击队员英模"，荆州市委、市政府追授其为"抗洪英雄"。

谭金昌（1943—1998 年） 石首市横沟市镇溜口子村人，1998 年 8 月 24 日，在长江防汛抢险中因劳累成疾，以身殉职。汛后，湖北省政府批准其为"革命烈士"。

第四节 获 奖 单 位

新中国成立后，荆州地区（市）的治水活动如火如荼，成就斐然。各县（市、区）水利部门和工程管理单位在工程建设管理工作中，在防洪、抗旱、排涝斗争中励精图治、艰苦奋斗，取得优异成绩，多次获得上级表彰。据各水利部门统计，获得省部级及以上奖励的单位达到 44 个（次），详见表 12 - 1 - 1。

表 12 - 1 - 1　　　　　　　　获得省部级及以上奖励的单位统计表

荣 誉 单 位	授奖时间	荣 誉 称 号	授奖单位
荆州地区沶水水库管理处	1976 年 10 月	全国水利管理先进单位	水利部
荆州地区沶水水库管理处	1978 年 9 月	湖北省农业先进单位	省政府
江陵县荆江大堤灭蚁工程队	1978 年 3 月	水利电力科学技术先进集体	水利部
荆州地区沶水水库管理处	1981 年 4 月	全国水库管理先进单位	水利部
荆州地区防汛指挥部办公室	1989 年 4 月	防汛抗灾先进集体	省防汛抗旱指挥部

荣 誉 单 位	授奖时间	荣 誉 称 号	授奖单位
荆州地区洮水水库管理处	1989 年 12 月	湖北省扶贫工作先进单位	省政府
荆州地区洮水水库管理处	1990 年 11 月	全国先进灌区	水利部
荆州地区水利局	1991 年	抗洪救灾先进集体	省政府
荆州地区水利局	1991 年 10 月	全国水政工作先进集体	水利部
荆州地区水利局	1991 年	水利系统抗洪抢险先进集体	水利部
荆州地区洮水水库管理处	1991 年 2 月	湖北省农业先进单位	省政府
荆州地区洮水水库管理处	1991 年 3 月	部一级管理单位	水利部
荆州地区水利局	1993 年	全国水利行业职工教育工作先进单位	水利部
荆州地区长江修防处	1993 年	全国水利公安保卫先进集体	水利部
荆州地区洮水水库管理局	1994 年	全省造林绿化先进单位	省委、省政府
监利县	1995 年 9 月	水利建设先进县	省政府
荆沙市水利局审计科	1996 年 4 月	全国水利行业审计工作先进集体	水利部
荆沙市防汛指挥部	1996 年 10 月	湖北省抗洪救灾英雄群体	省委、省政府、省军区
荆沙市防汛指挥部	1996 年 10 月	湖北省抗洪救灾英雄群体	省委、省政府、省军区
荆沙市长江修防处北闸管理所	1996 年	全国水利管理先进集体	水利部
荆沙市洮水水库管理局	1996 年 1 月	闸门及启闭机、升船机设备管理等级评定一类工程	水利部
松滋县防汛指挥部	1996 年 10 月	湖北省抗洪救灾集体一等功	省委、省政府、省军区
京山县水利局	1996 年 10 月	湖北省抗洪救灾集体一等功	省委、省政府、省军区
荆州市长江修防处	1996 年 12 月	全国水利系统管理先进集体	水利部
荆江分洪区北闸管理所	1996 年 12 月	全国水利系统管理先进集体	水利部
荆州市水利局	1998 年 7 月	全省水利建设先进单位	省政府
荆州市水利局	1998 年 10 月	湖北省抗洪抢险集体一等功	省委、省政府、省军区
荆州市水利局	1998 年 12 月	全国水利系统先进集体	人事部、水利部
荆州市水利局	1998 年 12 月	1998 年长江抗洪先进集体	长江防汛总指挥部
荆州市防汛抗旱指挥部办公室	1998 年 12 月	1998 年全国抗洪先进集体	国家防总、人事部、解放军总政治部
荆州市长江河道管理局	1998 年	抗洪抢险一等功	省委、省政府
荆州市洮水水库管理局	1998 年	全国造林绿化四百佳	全国绿化委员会
荆州市洮水水库管理局	1998 年	湖北省文明单位	省委、省政府
荆州市洮水水库管理局	1999 年 12 月	全国水利系统水电先进单位	水利部
荆州市水利局	2003 年 5 月	全省长江堤防建设先进集体	省政府
荆州市洮水水库管理局	2003 年 11 月	全国大型灌区精神文明建设先进单位	水利部
荆州市长江河道管理局洪湖分局	2006 年 3 月	全国绿化模范单位	全国绿化委员会
荆州市长江河道管理局船舶疏浚总队	2007 年	全国优秀水利企业	中国水利企业协会

续表

荣誉单位	授奖时间	荣誉称号	授奖单位
湖北省洪湖分蓄洪区工程管理局	2007 年	省级最佳文明单位	省委、省政府
荆州市水利局	2009 年 7 月	2007—2008 年度省级文明单位	省委、省政府
湖北省洪湖分蓄洪区工程管理局	2009 年	全国精神文明建设先进单位	中央文明委
荆州市水利局	2010 年 12 月	全省防汛抗洪先进集体	省委、省政府、省军区
湖北省洪湖分蓄洪区工程管理局	2011 年	湖北"五一"劳动奖状	省政府
荆州市水利局	2011 年 7 月	全省万名干部进万村入万户活动先进工作组	省委、省政府
荆州市水利局	2011 年 8 月	2009—2010 年度文明单位	省委、省政府
湖北省洪湖分蓄洪区工程管理局	2011 年	全国文明单位	中央文明委
荆州市长江河道管理局沙市分局	2011 年	全国巾帼文明岗	中华全国妇女联合会
荆州市长江河道管理局石首分局	2011 年 8 月	全省精神文明建设工作先进单位	省委、省政府
荆州市沮水水库管理局	1999—2012 年	连续 7 届湖北省最佳文明单位	省委、省政府
荆州市水利局	2011	全省防汛抗旱先进集体	省防汛抗旱指挥部

第五节　先　进　个　人

新中国成立以来，荆州水利战线的广大干部职工在本职岗位上兢兢业业工作，积极开拓创新，为荆州的水利建设和抗灾胜利作出了突出贡献，受到上级政府和部门的表彰和奖励。据水利部门各单位初步统计，获得省部级及以上表彰的个人达到 43 人（次），详见表 12 - 1 - 2。

表 12 - 1 - 2　　　　　　获省部级及以上表彰人员统计表

姓名	工作单位	获奖名称	授奖单位	时间
陈代祥	荆州地区沮水水库管理处	水利卫士	水利部	1982 年
陈能均	荆州地区沮水水库管理处	全国农村优秀电工	水利部	1987 年
雷体福	荆州地区沮水水库管理处	全国水利系统先进工作者	水利部	1989 年
张运义	荆州地区沮水水库管理处	全国水利系统先进工作者	水利部	1990 年
杜士平	荆州地区沮水水库管理处	水产养殖先进工作者	水利部	1990 年
朱华义	荆州地区水利局	1991 年抗洪模范	省委、省政府	1991 年
廖新权	荆州地区沮水水库管理处	1991 年抗洪模范	省委、省政府	1991 年
赵华清	荆州地区新滩口工程管理处	全国血吸虫病防治先进个人	卫生部、水利部、农业部	1993 年

姓名	工作单位	获奖名称	授奖单位	时间
易光曙	荆州地区水利局	全国血吸虫病防治先进个人	卫生部、水利、农业部	1993 年
梅运振	荆州地区㳇水水库管理局	全省绿化先进个人	省委、省政府	1994 年
韩从浩	荆州地区高潭口水利工程管理处	全国水利系统先进工作者	人事部、水利部	1995 年
周友涛	松滋县水利局	全省水利系统先进个人	省委、省政府	1995 年
易光曙	荆沙市水利局	湖北省抗洪救灾个人一等功	省委、省政府、省军区	1996 年
吴綦生	荆沙市水利局	全国水利行业先进审计工作者	水利部	1996 年
刘湘宁	荆沙市水利局	全国水利系统财务会计工作先进个人	水利部	1996 年
董永圣	荆沙市水利局	全国水利系统优秀干部	水利部	1996 年
程昌松	荆沙市水利局	全国水利系统水利管理先进工作者	水利部水利管理司、人事劳动教育司	1996 年
陈先锋	荆沙市水利综合经营管理处	全国水利系统水利管理先进工作者	水利部水利管理司、人事劳动教育司	1996 年
丁同昌	荆沙市高潭口水利工程管理处	全国水利系统模范工人	水利部	1996 年
夏六林	监利县水利局	全国水利系统模范工人	水利部	1996 年
朱敬恒	公安县水利局	湖北省抗洪救灾个人一等功	省委、省政府、省军区	1996 年
王德春	荆州市水利局	1998 年全国抗洪模范	国家防总、人事部、解放军总政治部	1998 年
陈扬志	荆州市长江河道管理局	湖北省抗洪抢险模范个人	省委、省政府、省军区	1998 年
镇万善	荆州市长江河道管理局	全国抗洪模范	国家防总、人事部、解放军总政治部	1998 年
曾祥培	湖北省洪湖分蓄洪区工程管理局	全国科技界抗洪先进个人	科技部	1998 年
王大银	监利县水利局	全国水利系统先进工作者	水利部	1998 年
曾祥鑫	监利县水利局	湖北省抗洪抢险一等功	省政府	1998 年
李发云	公安县	湖北省抗洪抢险一等功	省委、省政府、省军区	1998 年
左德明	监利县防汛指挥部办公室	全国抗洪模范	国家防总、人事部、解放军总政治部	1998 年
蔡崇义	荆州市水利局	全国水利系统劳动工作先进个人	水利部人事劳动教育司	1999 年
张玉峰	荆州市水利局	全省长江堤防建设先进个人	省政府	2003 年
周家财	松滋市水利局	堤防建设先进个人	省政府	2003 年
张小川	松滋市水利局	堤防建设先进个人	省政府	2003 年
许弟豪	松滋市水利局	堤防建设先进个人	省政府	2003 年
肖正华	荆州市水利局	湖北省汉江抗洪先进个人	省政府	2006 年
王　旗	荆州市水利局	湖北省汉江抗洪先进个人	省政府	2006 年
刘方荣	湖北省洪湖分蓄洪区工程管理局	全国水利系统先进工作者	人事部、水利部	2005 年
		全国"五一"劳动奖章	全国总工会	2009 年

续表

姓 名	工 作 单 位	获 奖 名 称	授奖单位	时间
李 斌	荆州市水利局	全国农村水电及电气化建设先进个人	水利部	2009 年
易贤清	湖北省洪湖分蓄洪区工程管理局	全国奉献水利先进个人	水利部	2009 年
		全国水利系统先进工作者	人事部、水利部	2010 年
郝永耀	荆州市四湖工程管理局	2010 年全省防汛抗洪先进个人	省委、省政府、省军区	2010 年
邓爱荆	荆州市水利局	全国水利工程管理体制改革工作先进个人	水利部	2010 年
黄运杰	荆州市水利局	全省水利工程管理体制改革工作先进个人	省政府	2010 年
申小梅	荆州市长江河道管理局	全省水利工程体制改革工作先进个人	省政府	2010 年
钟殿成	荆州市水利局	全省农村饮水安全先进工作者	省水利厅、省社会保障厅	2011 年

第二章　艺　　文

荆州水利建设与发展过程中，既创造了丰硕的建设成果，也留下了丰富的非物质成果；大量的诗词、歌谣、碑记、文论和传说，既有颂扬水利事业的功绩，亦有揭示水旱灾害带来一方的苦难，还有描述水道变迁、水生态环境等，从多个侧面反映了现实社会与水利事业有关的真实内容，构成了丰富灿烂的荆州水文化。

第一节　诗　词　歌　谣

江渚、平野、秋水、湖光……纵横的江河，密织的水网，星罗棋布的湖泊港汊，灵异瑰奇的水色景观，不仅成就了荆州人的浪漫情思，塑造了荆州人的文化品格，也使得历代生于斯或游于斯的文人学士无不因水生情，情寄于水，创作了大量有关荆州之水的华美篇章。

一、古近代诗词

江津送刘光禄不及
〔陈〕阴铿

依然临江渚，长望倚河津。
鼓声随听绝，帆势与云邻。
泊处空馀鸟，离亭已散人。
林寒正下叶，钓晚欲收纶。
如何相背远，江汉与城闉。

作者简介：阴铿（生卒年不详），字子坚，武威姑臧（今甘肃武威）人。南北朝时期曾在荆州为梁湘东王法曹行参军，到陈代官至员外散骑常侍。此篇是他任湘东王幕僚时在沙市送友人刘光禄所作。

登荆州城望江（二首）
〔唐〕张九龄

（一）
滔滔大江水，天地相始终。
经阅几世人，复叹谁家子。

（二）
东望何悠悠，西来昼夜流。

岁月既如此，为心那不愁！

作者简介：张九龄（678—740 年），字子寿，韶州曲江（今广东曲江）人。中宗景龙初进士，曾任中书舍人、集贤院学士、中书令。居官贤明，正直不阿，被李林甫所排挤，贬为荆州长史。

汉 江 临 眺
〔唐〕王维

楚塞三湘接，荆门九派通。
江流天地外，山色有无中。
郡邑浮前浦，波澜动远空。
襄阳好风日，留醉与山翁。

作者简介：王维（701—761 年），山西祁县人。官至尚书右丞，晚年无心仕途，专诚奉佛，外号"诗佛"。现存诗 400 余首，在唐诗中成就很高。他还善画人物、丛竹、山水，是唐代山水田园派的代表。

渡 荆 门 送 别
〔唐〕李白

渡远荆门外，来从楚国游。
山随平野尽，江入大荒流。
月下飞天境，云生结海楼。
仍怜故乡水，万里送行舟。

陪族叔刑部侍郎晔及中书贾舍人至游洞庭
〔唐〕李白

南湖秋水夜无烟，耐可乘流直上天。
且就洞庭赊月色，将船买酒白云边。

作者简介：李白（701—762 年），字太白，陇西成纪（今甘肃静宁）人。早年在四川游学，25 岁出蜀，漫游洞庭、金陵、扬州、襄阳、荆州、洛阳、太原等地，后隐居东鲁。唐玄宗天宝初到长安，供奉翰林，为权贵所排挤。安史之乱中为永王璘幕僚，不久肃宗灭其弟李璘，李白受牵连被流放夜郎，至白帝城遇赦，来到荆州，对于荆州所写诗歌甚多，此篇为沿江东下途中所作。

江 陵 望 峡 隘
〔唐〕杜甫

闻说江陵府，云沙静眇然。
白鱼如切玉，朱橘不论钱。
水有远湖树，人今何处船。
青山若在远，却望峡中天。

作者简介：杜甫（712—770 年），字子美，襄阳人，后居河南巩县。安史之乱时，杜甫逃脱安禄山的拘留，肃宗拜其为左拾遗。因营救被罢宰相房琯，下狱问罪，幸得友人相救，流落四川。后得剑南节度使严武的援引，为工部员外郎。严武死后，杜甫往来夔州、梓州等地，768 年到江陵，虽有亲友，除诗酒流连外亦无所荐援，不到一年又离江陵南行。

秋日陪李侍郎御渡松滋江
〔唐〕孟浩然

南纪西江阔，皇华御史雄。
截流宁假楫，挂席御史雄。
獠寀争攀鹢，鱼龙亦避骢。
坐听白雪唱，翻入棹歌中。

作者简介：孟浩然（689—740 年），湖北襄阳人。40 岁前闲居读书，后到长安求官不成，漫游于江、淮、吴、越各地。张九龄任荆州刺史时，曾引其作短期幕僚，后归隐回乡。

江 陵 道 中
〔唐〕王建

菱叶参差萍叶重，新蒲半折夜来风。
江村水落平地起，溪畔渔船青草中。

作者简介：王建（生卒年不详），字仲初，河南许昌人。唐代宗大历十年（775 年）进士，官至侍御史，曾从军塞外，会写乐府诗，尤善宫体诗。

自江陵沿流道中
〔唐〕刘禹锡

三千三百西江水，自古如今要路津。
月夜歌谣有渔父，风天气色属商人。
沙村好处多逢寺，山叶红时觉胜春。
行到南朝征战地，古来名将尽为神。

作者简介：刘禹锡（772—842 年），字梦得，河南洛阳人。唐德宗贞元年间进士，授监察御史，曾参加王叔文改革集团，失败后贬为朗州司马，后来作过许多边远地方的刺史。唐武宗会昌年间任过礼部尚书。

荆 州 泊
〔唐〕李端

南楼西下时，月里闻来棹。
桂水舳舻回，荆州津济闹。
移帷望星汉，引带思容貌。

今夜一江人，惟应妾身觉。

作者简介：李端（生卒年不详），字正己，河北人。唐代宗大历五年（770 年）进士，曾任秘书省校书郎、杭州司马。晚年辞官隐居湖南衡山，自称衡岳幽人，"大历十才子"之一。

入 荆 江
〔北宋〕刘敞

此江自岷山，浩瀚漂西极。
中为三峡束，壅潗气愤激。
崩腾得平地，千里怒未息。
虽投洞庭湖，争道犹窄逼。
触岸皆倒流，势兼万牛力。
浑黄不可鉴，咫尺梦玄白。
颇似昆仑流，泄源下积石。
逶迤屡屈折，九曲乃大直。
中流急沸沙，惨惨半江黑。
俄倾成丘陵，方舟渡安得。
坤仪理专静，何故辄损益。
多异真穷乡，所逢岂中国。
墨生忍黔突，孔子不暖席。
贤圣亦远游，吾宁倦行役。

作者简介：刘敞（1019—1068 年），北宋史学家、经学家、散文家，庆历六年（1046 年）进士，官至集贤院学士，学识渊博，著有《公是集》。

渚 宫
〔北宋〕苏轼

渚宫寂寞依古郡，楚地荒茫非故基。
二王台榭已卤莽，何况远问纵横时。
楚王猎罢击灵鼓，猛士操舟张水嬉。
钓鱼不复数鱼鳖，大鼎千石烹蛟螭。
当时郢人驾宫殿，意思绝妙般与倕。
飞楼百尺照湖水，上有燕赵千蛾眉。
临风扬扬意自得，长使宋玉作楚词。
秦兵西来取钟虡，故宫禾黍秋离离。
千年壮观不可复，今之存者盖已卑。
池空野迥楼阁小，惟有深竹藏狐狸。
台中绛帐谁复见，台下野水浮清漪。
绿窗朱户春昼闭，想见深屋弹朱丝。

腐儒亦解爱声色，何用白首谈孔姬。

沙泉半涸草堂在，破窗无纸风飔飔。

陈公踪迹最未远，七瑞寥落今何之。

百年人事知几变，直恐荒废成空陂。

谁能为我访遗迹，草中应有湘东碑。

作者简介：苏轼（1036—1101 年），字子瞻，号东坡居士，四川眉山人，是我国北宋时代著名文学家。他的诗词雄浑豪放，清新俊逸，所作散文也极有气势。但屡遭贬逐，最后在 1101 年遇赦，从海南岛放贬处北归途中，死于常州。这首诗是他在贬谪中经过荆州时所作。

息 壤 歌
〔北宋〕苏轼

帝息此壤，以藩幽台。

有神司之，随取而培。

帝敕下民，无敢或开。

惟帝不言，以雷以雨。

惟民知之，幸帝之怒。

帝茫不知，谁敢以告。

帝怒不常，下土是震。

使民前知，是役于民。

无是坎者，谁取谁予？

惟其的之，是以射之。

息壤：古代谓能生长不已的土壤。传说大禹治水至荆州城南门外，发现一水穴冒水，知此穴下通长江，即率众填穴，并以镇水石投入，水方止。坊传此土不能乱动，动则大雨如注。

荆 渚 堤 上
〔南宋〕范成大

原田何莓莓，野水乱平楚。

大堤少人行，谁与艺稷黍？

独木且百岁，肮脏立水浒。

当年识兵烬，见赦几樵斧！

摩挲欲问讯，恨汝不能语。

薄暮有底忙，沙头听鸣橹。

作者简介：范成大（1126—1193 年），字致能，苏州吴县人。生活在南宋小朝廷偏安江南的年代，曾在朝廷任吏部员外郎，后为中大夫参知政事，还历任过地方大吏。他主张抗金。此篇是他由桂林调往四川途经荆州时所作。

荆　州　歌
〔南宋〕陆游

楚江鳞鳞绿如酿，衔尾江边系朱舫。

东征打鼓挂高帆，西上汤猪联百丈。

伏波古庙占好风，武昌白帝在眼中。

倚楼女儿笑迎客，清歌未尽千觞空。

沙头巷陌三千家，烟雨冥冥开橘花。

峡人住多楚人少，土铛争饷茱萸茶。

作者简介：陆游（1125—1210年），字务官，宋朝山阴（今浙江绍兴）人，从小有抗金之志。孝宗时进士出身。北伐失利，他因力主抗金被罢官。中年入蜀任夔州通判，后被孝宗派往福建、江西、浙江等地为官。光宗即位，任谏议大夫、礼部郎中。1189年再次被罢官。他是我国历史上著名的爱国诗人。此篇是他自家乡至夔州途中在荆州、沙市逗留时所作。

铁　牛
〔元〕孔思明

破幽触怪护江堤，头角峥嵘近水犀。

神物不存灵迹散，古潭烟浪冷凄凄。

作者简介：孔思明（生卒年不详），元朝诗人。铁牛在监利县西30千米，宋朝时建，嘉定年间堤溃，铁牛陷入渊潭。

题　仲　宣　楼
〔明〕张居正

（一）

一楼雄此郡，万里眼全开。

孤嶂烟中落，长江天际来。

看堤寻旧迹，怀古寄新裁。

不见操觚者，临风首重回。

（二）

百雉枕江烟，危楼倚碧天。

望随云共没，心与日俱悬。

柳暗迷通浦，沙明辨远川。

登高愧能赋，空羡昔人贤。

作者简介：张居正（1525—1582年），字叔大，号太岳，荆州人，明代杰出政治家。嘉靖年间进士，神宗朝宰相，前后主政10年，有突出政绩。此篇为他回家闲住时所作。

同曾退如、雷何思过柳浪湖
〔明〕袁宏道

醉里乌藤手自扶，闲随鸥鹭过澄湖。

一江浩雪浮箕舌，千亩深菫露顶颅。

且与青娥删白发，休将五岳换三孤。

烟峦好在消摇侣，惭愧虚名老顾厨。

作者简介：袁宏道（1568—1610 年），字中郎，湖北公安人，与兄宗道、弟中道并有文名，时称"三袁"。明朝万历年间进士，历任吴县知县、礼部主事、稽勋郎中。他反对拟古主义，提倡"独抒性灵，不拘格套"。受"三袁"的影响，当时文坛上形成了所谓"公安派"。

由草市至汉口小河舟中作
〔明〕袁中道

（一）

陵谷千年变，川原未可分。

长湖百里水，中有楚王坟。

（二）

日暮黑云生，且依龙口住。

小舟裙作帆，笑语过湖去。

（三）

自发桃花浪，白蘋尚满湖。

欲知今岁水，但看垂杨须。

作者简介：袁中道（1575—1630 年），袁宏道之弟，万历进士，文坛公安派"三袁"之一。

荆 州 水 灾
〔清〕毕沅

（一）

凉飙日暮暗凄其，棺椁纵横满路歧。

饥鼠伏仓餐腐粟，乱鱼吹浪逐浮尸。

神灯示现天开网，息壤难湮地绝维。

那料存亡关片刻，万家骨肉痛流离。

（二）

流头高压望江楼，眷属都羁水府囚。

人鬼黄泉争路出，蛟龙白日上城游。

悲哉极目秋为气，逝者伤心泪迸流。

不是乘稃即升屋，此生始信一浮鸥。

作者简介：毕沅（1730—1797 年），字秋帆，江苏镇洋（今江苏太仓）人。清代乾隆进士，官至湖广总督，对于湖广人民疾苦有所了解，有文才。

二、现代诗赋

1965 年参观漳河水库工程
董必武

漳水来源千万峰	每逢雨季闹山洪
民工十万齐心力	三载辛勤奏大功
四坝三槽两闸堤	工程十大纽兼枢
库容廿亿立方米	受益农田瘠变腴
群山万壑赴荆门	水急滩荒恶化村
一自漳河驯服后	良田万顷保粮源
移山曾笑愚公愚	今日愚公把水移
强使漳河东向走	干渠开发四分支
人定由来可胜天	同心协力克无坚
移山倒海寻常事	高举红旗直向前

作者简介：董必武（1886—1975 年），原名董贤琮，又名董用威，字洁畬，号壁伍，湖北黄安（今红安）人。中国共产党创始人之一，伟大的马克思主义者，杰出的无产阶级革命家，曾任中华人民共和国代主席。

荆江分洪工程落成纪念
邓子恢

荆江分洪工程大，设计施工近代化。
北闸长逾千公尺，南闸规模也不亚。
南堤腰斩黄天湖，虎河修起拦河坝。
蓄洪可达六十亿，从此荆堤不溃垮。
两岸人民免灾害，万顷沙田变沃野。
洞庭四水如暴涨，随时可把闸门下。
节制江水往南流，滨湖年长好庄稼。
长江之水浪沧沧，万吨轮船可通航。
如今荆堤无顾虑，物质交流保正常。
根治长江大计划，尚待专家细商量。
荆江分洪工告竣，赢得时间策周详。
这对国家大建设，关系重大意深长。
卅万大军同劳动，艰巨工程来担当。
热情技术相结合，又有专家好主张。
施工不到三个月，创此奇迹美名扬。
中国人民长建设，勤劳勇敢素坚强。
自从出了毛主席，革命威名震四方。
现在功成来建设，前途伟大更无量。

人民比对今和昔，永远追随共产党。

纪念分洪新胜利，主席英明永不忘。

作者简介：邓子恢（1896—1972年），福建龙岩人，1926年加入共产党，历任闽西特委宣传部长、闽西特委书记、闽西苏维埃政府主席、新四军政治部主任、华中军区政委、第四野战军华中军区第二政委等职。新中国成立后历任中南局第二书记、中南军政委员会副主席、国务院副总理等职。是荆江分洪工程建设的主要领导人之一。

祝 观 音 寺 闸 竣 工
陶述曾

两千英雄齐挥手，荆江孽龙不再吼。

观音大闸闸门开，俯首听命穿闸走！

人民眼中无困难，降龙伏虎只等闲。

水旱消除干劲足，粮棉岁岁获丰收。

作者简介：陶述曾（1896—1993年），湖北新洲人，著名水利专家，河南大学、武汉大学教授，曾任中国水利学会理事、中国土木工程学会副理事长、湖北水利学会理事长、湖北省水利厅厅长、湖北省副省长等职。

咏 沱 水
李尔重

绿玉出天镜，縠纹烂锦丝。

白云山数点，凉月水一池。

挥手招归鹤，烹鱼唱晚卮。

画里行舟处，诗边就梦时。

作者简介：李尔重（1913—2009年），河北丰润人，1930年参加唐山兵暴，1932年加入中国共产党，亲历抗日战争、解放战争，新中国成立后，历任武汉市委第二书记，湖北省委常委，中南局宣传部长，陕西省委常委、革委会副主任，河北省委书记兼省长。他在文学创作方面也卓有成就。

祝四湖工程白露湖工段早日成功
孟筱澎

茫茫白露湖，眼望无边际。

建设新四湖，穿湖挖干渠。

渠长十余里，一河分两堤。

深度近八尺，底宽五八米。

八千英雄将，大战在湖底。

作者简介：孟筱澎，原荆州地委书记。

漳 河 颂

饶民太

十坝九岭镇蛟龙，首尾衔接上山峰。
张口喷出江河水，听人使唤不行凶。
人工造雨人工湖，波碧万顷在山中。
拦洪二十二亿方，一滴不让白流空。
两闸三站如瀑布，响彻云霄受人封。
长藤结瓜新水系，万水归田五谷丰。

作者简介：见本篇第一章第一节人物传记相关内容。

三、民谣

旧长湖，翻恶浪，洪水泛滥民遭殃。
房屋倒塌田园荒，引妻带儿去逃荒。
长湖水，长又长，想起长湖泪汪汪，
三年两次发大水，背井离乡到远方。
长湖水，淹高台，低洼缺口年年灾，
晴天三日又怕旱，下雨三天又怕淹。
长湖水，烂泥滩，庄稼汉，愁和难，
正二三，心里乱，四五六，田无谷，
七八九，身发抖，十冬腊，无米杂。
有女不嫁长湖湾，好汉不住长湖滩，
如若长湖去安家，无食无衣去讨饭。

沙湖沔阳洲，十年九不收；
若是收一年，狗子不吃糯米粥。

一九五四年，春夏雨绵绵。
永隆河一带，惨遭渍水淹。
棉花黄豆没了巅，十有九家难炊烟。
夏粮毒烂豆涝死，亩产六十五斤棉。

有人不住漳河岸，十年就有九年淹，
白骨铺路饥荒苦，逼得妻离子又散。
三日不雨塘堰干，堰底挖坑用瓢端。
泥浆用来煮菜饭，颗粒无收度日难。

丘陵山岗土似钢，庄稼只有几寸长。

天干三日苗发黄，十有九载遭天荒。

如今长湖湾，修了电排站，
大涝电排渍，大旱电引灌。
鱼虾满船仓，稻花香两岸，
渔民千家乐，农家万户还。
修泵站，筑长堤，湖水流进山岗里，
五谷丰登心里喜，感谢恩人毛主席！

四、民谚

千百年来，荆州人为管好水、用好水，构建人水和谐的环境作出了巨大的努力。人们在实践中积累了丰富的经验，对水有了很深的认识和感悟，总结创造出了大量与水有关、具有鲜明艺术色彩和地方特色浓郁的谚语，在荆州民间流传，是荆州水文化的重要组成部分。

不怕三天干，就怕三天淹。
洪湖藏万宝，渔民离不了。
大水打破万城堤，荆沙可作养鱼池。
荆沙不怕干戈动，就怕南柯一梦中。
长湖边上的人莫夸嘴，八月有个蓼花水。
人治水，水养人，人不治水水害人。
种不好稻谷一年穷，治不好水害一世穷。
防汛如防火，保堤如保命。
千里金堤，溃于一穴。
漏清水，从容讲，漏浑水，万人慌。
立了秋，雨水收，有堤有垸赶快修。
有田无水望天哭，有水无肥懒收谷。
禾靠水，水靠塘，塘无水，仓无粮。
近水莫要枉费水，靠山莫要乱烧柴。
保土保水如保命，治土治水如治家。
实现河网化，旱涝都不怕。
天上望一望，不如修堰塘。
十冬腊月不修塘，五黄六月要喊娘。
春东风，雨公公，夏至东风一场空。
初三初四不下雨，全月只有九天阴。
初三下雨十三晴，十三下雨过年阴。
立冬晴，一冬淋；立冬淋，一冬晴。
东虹雾露西虹雨，南虹北虹下涝雨。

疮疤痒，雨声响；筋骨疼，有雨淋。

鲤鱼跳龙门，大雨要降临。

石头出汗，塘水要漫。

清明要晴，谷雨要淋；清明断雪，谷雨断霜。

清明三日不落雨，大麦隔壳看见米。

南风送九，旱死荷花枯死藕；北风送九，船儿划到大门口。

夏至无雨见青天，有雨要待立秋边；夏至连端午，打破车水鼓。

重阳无雨看十三，十三无雨一冬旱。

月亮长毛，大水浩浩。

谷雨不怕连阴雨，麦出不怕火烧天。

大寒一天星，谷米贵如金。

正月雨麦子的粪，二月雨麦子的病，三月雨要麦子的命。

不冷不热，五谷不得。

月出胭脂红，不是雨来就是风。

月亮带锁，干死蛤蟆。

早雾晴、晚雾阴，白天起雾下连阴。

久晴西风雨，久雨西风晴。

霜重见晴天，雪多兆丰年。

炸雷打上顶，有雨都不狠。

东虹日头西虹雨，南虹火门开，北虹连阴来。

燕子低飞蛇过道，螃蟹上岸斑鸠叫，八哥洗澡鱼儿跳，大雨转眼就来到。

水中泥鳅上下跳，必有大雨到。

天上起了鱼鳞斑，地上晒谷不用翻。

正月雷打雪，二月雨不歇，三月缺苗水，四月秧长节。

秋前的北风秋后的雨，秋后的北风干湖底。

有收无收在于水，收多收少在于肥。

第二节　碑　　记

重 开 古 穴 碑 记

〔元〕林元

　　皇帝即位之初元，诏开江陵路三县古六穴口，从本路请。府邑官吏即日奉行之。其应役者，不集而至，扶老携幼，远近集观，欢呼忭舞，赞皇元万年无疆之休，渀欤盛哉！江陵，荆一大都，西巫峡，东洞庭，北汉沔，南鼎澧。由江陵而下，皆水乡。按《郡国志》：古有九穴十三口，沿江之南北，以导荆水之流，夏秋泛溢，分杀水怒，民赖以安。宋以江南之力，抗中原之师，荆湖之费日广，兵食常苦不足。于是有兴事功者，出而画荆留屯之策，保民田而入官，策江堤以防水，塞南北诸穴口，阴寓固围之术，射小利，害大谋；急近功，遗远患，当时善之。畚锸既兴，工以万计，屯田之人不足供中役，则取之民，二邑之民不足，则取之他邑，甚而他郡皆征焉。集夫之名，岁以冬十月讫春三月筑堤，夏五月讫秋八月防水。终岁勤动，良农废业。归附以来，其取几何？纵令捍御，有备无虞，官入之数，偿民出之什一。堂堂大朝，梯航效贡，岂与此水争咫尺之利哉。今之故址，或摧而江，或决而渊，或潴而湖。七十年间，土水之功，皆生民之膏血。始作俑者，其白丹之徒欤？萨德弥实以忠翊受石首县。大德七年五月视事，六月，陡决县东之陈瓮港。本官□筑内之开口，再筑黄金、白杨之两堤。邻境岌岌，又增筑内垸之新兴堤。方完，公安竹林港大溃，新兴无恙，保全数村。自是本官究心于堤，必欲脱斯民于鱼鳖之区。未几，委运淮粮不果。明年，上司合数郡大兴工役。不一再岁，陈瓮再决，波及数邑，民堕流亡，官费赈给，皆堤祸之。本年八月，本官偕尹王承事，集邑耆儒、乡老、里社经事之人于庭，询其利害，皆曰开穴为便，塞穴为不便，遂定不筑陈瓮港之议，以验其效。是岁夏潦不减于常年，独陈瓮当下流之浸，注之洞庭，而无常岁冲溃之患，农田稍收。乃大合土民讲究之词，力陈古穴必合疏导之利，以告于府。时通议大夫赵公剖符江陵，严明正大，见义勇为，下车问疾苦甚悉。遂以牍上于行中书省参知政事行荆湘湖北道宣慰使司脱孛孛、山南山北道肃政廉访副使朵儿只与二公之意犹合璧，立赞决。私意不得投于其间，是以请愈坚，筹画愈熟，其利害愈白。受水之患，地隶两省，则委江陵路治中嘉山海牙参政，湖广则委澧州路治中李公奉政，皆详明廉干，通达今昔。故其申述穷极源委，议论毕合。请于省台，闻于朝廷，遂下合开六穴之令。江陵则郝穴，监利则赤剥，石首则杨林、宋穴、调弦、小岳与焉。元年秋大熟，网罟之地，转而犁锄；菰蒲之乡，化为禾黍。虽竭江汉之汤浮，不足以形容惠民之圣政，真太平盛世也。盖尝论水之利莫详《汉志》，治水之道，莫神禹功。堤防壅塞，失利至害，非古意也。迁《史》《沟洫》之笔，有取贾谊兴利除害之说。以诏来世。今夫堵穴，通则为利，塞则为害，较然甚明。曩闻塞穴之初，未尝无陈其不利者，前乎此，时非陈公言之时，人无主公言之人，不惟不主，且以己之私，挠人之公。宜其有言，略见举行，旋闻寝罢。斯民有幸，诸公一心，同主公论，利民之事达于上，害民之弊革于下。学道爱人，承流宣化，其善亦尽矣。泽水，天数也；酸枣金堤，宣防瓠子，人力也。疏通之论，不可磨灭。邀功生事，毋以适然中水籍口。或谓开穴之利今已见之；复民田之利谁与领此？后来者，愿广数公之志。

苏公开沔阳城河碑记

〔明〕费尚伊

沔，泽国也。江水趋江陵，东注为沱，汉水汇三澨，南溢为潜，而郡两据焉。一城斗大，二水环抱，故形家言，谓沔以水秀，则地势然矣。顷者，河源细，水泉涸，计郡治东南隅迤逦三十余里，悉为平陆，无论商贾懋迁及刍粟挽运，与水田灌溉之难，即襟带一水，乃令隔阂弗通，譬之于人，经络营卫，不相连贯，卒有痿痹之患，此于地脉风气所关匪浅也。第宦兹土者率蘧庐官舍，及瓜而代，有掉臂去耳。或一二健吏稍称任事，亦多首鼠两端，箕蠕观望，苟畚锸为终日之计止已。嗟夫，河奈何不终塞，且化为陵也。大夫苏公以郎署高第观察京以西，既莅沔，问民疾苦及一切兴革，群人士首以疏河之请，公毅然决策曰：吾奉玺书，廉察一方，若水利，天子固召我矣，矧询谋签同，其安敢避事。乃下令，令有司议工费，约民田，粮十钟出粟一釜，期月粟具，条上两台，台使者难之，欲报罢，而公持益坚，盖越月而河成，大都公审时度势，因民而利，故费省而具，功逸而倍，古人举大事类若此矣。

役既竣，公集郡人士巡行河曲，方舟载泳，清波湛如。田者溉于岸，樵者喧于渡，渔者歌于浦，爨者汲于燸，贾者扬帆鼓舵而驶于中流，盖公徘徊客舆而后喜可知也。然公又谓是役也，非创始之难，而持终之难，苟且目前而阙于长虑，一旦河流复梗，是尘饭土羹之戏也。于是徙旧闸之口以张水势，金邻河之夫以给尝役，减征商之税以通泉货，建四路之桥以济往来，随事擘画，条分缕析。盖公之言曰：吾心力尽矣，姑为此以待继我者润色而增益之可乎。夫縣前则已事之效也，縣后则来事之师也，美哉，明德远矣。昔者，禹之治水，九州攸同，万世永赖，玄圭既锡，禹贡乃作，今洞庭会稽之间，遗迹具在。杜预治襄阳，刻石记功。一置岘首之上，一投汉水之下，令后世勿忘。公于沔，百世之利也，是安可缺然无记。不佞乃从长吏及郡人之请，而授简如左。公经术吏治、冠绝一时，不具论，论其有功于河渠者。公讳雨登，万历甲戌进士，蜀之巴县人。

北 口 横 堤 碑
〔明〕肖上达

沔地，环郡皆水也，西南有防曰横岭，受水害尤毒。厥田属辽广二藩，厥民则沔，初不过一线土耳。嘉靖间，观察柯公始增之。万历间，泥湖决，居人数阴溃此堤，遂以沔为壑矣。先是父老议开新河，河去此堤里许，官出禔买广藩田五十三亩奇，以疏溃水，以固上流，沔水稍苏。嗣后，南江溃，大浸稽天，此堤成渊，而新河后淤，虽经应刺史加修，仅捍泥湖溃潦，无复旧观矣。自是逶迤而上，总堤决，泥湖又决，利水建瓴下沔，城内泛舟，田庐悉坏，从前水害，未有若斯之甚者。究致横岭、泥湖并为一区，沔人年年役夫，操畚锸从事，为邻人谨门户，随捍随决，如筑沙煮尘，迄无成功。天祚吾沔，而以云间章公来守是郡，课农桑，问疾苦，首议堤防，即命倌人诚凤驾，躬造横岭，相厥形势，诹日畚土，捐俸二百金以为倡导，而郡丞孙公，矢廉矢慎以董之。绅矜民庶，乐输子来，约略四千余金，长垣三百四十丈，中宽七丈，首尾各四丈，跌宽十二丈，远不过一里七分，而崇冈坚垒，屹若金城。立观壮缪庙于其上，以为保护之祀。水至次折澜杀势，永无冲啮之患，亦未尝壑邻。自便人皆沐浴，休泽歌咏，尸祝费衰，猗欤盛欤！夫香山、眉山，所称大业，文人也，然考其功德及人，如障湖捍海，溉田千万顷，至今赖之。公于两君子奚让焉，父老德公，属余为之记，志不朽也。

公南直华亭人，由解元进士为沔守。

重建小江湖闸暨姚金口月堤碑记
〔清〕姚湘

荆门为七省通衢，水陆交驰，山湖环列，湖民之受利于水，其受害亦以水，故所赖者一恃乎堤。然堤之修筑虽出于民，而非有实心爱民之父母起，则必不能慎区画厘弊伪委屈周详一劳而永逸也！自我刺史舒公来莅荆土，一切兴利除弊，仁声仁闻，媲美前贤者，既难更仅数，而其惠于湖民者，如关庙大堤、仙人古堤作五邑之保障，回狂澜而兴禾黍，不独声闻于宸聪矣，州独小江湖旧有长堤五十里，以御汉涨，有上下两堤，以消内溃。自雍正二年，上闸以堤溃冲决，湖民力不暇给，遂将上闸窒塞，由是水为所泄，而湖中叠受水害，缘小江湖三面环山，一面滨江，边山九十九汉之水尽贯于湖中，一遇淫雨之年，浩荡无涯，尽消泄于一闸，旬日累月，难退尺寸。且秋夏之间，江水泛涨，无一月之内开闸泄水不过数日。数年来，岁苦淫雨，湖民于大困矣。公久欲修复，因湖民修筑，岁无宁日，未暇兼营。已巳，姚金口堤决，公冒暑亲勘，剋期补塞，且力排众议，饬修上闸，并建内外八字，一切布置皆公自为区画，授予成法。至今堤闸成而鼎峙坚固，勘验各宪，啧啧称善，是公之慎于区画也如此，又小江湖原系私垸，凡有修筑吏胥，每恣意滥派，而豪强大户率多藐抗，独累小民，相沿已非一日，公廉得其实，志期剔厘皆亲丈亲估，并不假手吏胥，所有上闸、月堤诸工费，每田一亩仅派土三尺，而琥珀湾之加帮及掘口之补筑，下闸之修整，咸在其中，是公之厘弊伪者又如此，且建修之际，恐湖民蹈辙因循，先委州司马江公督修，择湖中老成绅士一、二人勷其事，务期层砖，尽归实用，继又委新城巡司协理及署司赴府，参军肖公往竣其程，而工复不时亲临亲验，更虑年荒月歉，民难支输，令暂借典商银两接济，是公之为民周详而委屈又如此也，无两闸既通，则内有所泄，而水不忧其溃；月堤既建，则外有所障，而水不忧其决。今而后，湖民庶可免淫潦之害，而土工亦得以息肩矣。滋非一劳而永逸者乎？所谓实心以爱民者非公其孰膺之？公之利济在一时，而惠泽之及人，直与汉江同其永矣。爰是士民鼓舞欢忭，咸愿勒石以志不朽云。

玉沙范氏洪济桥碑记

监利西门外向为江襄合流之所，每夏秋之间，监北一带垸分悉成洪潦，国赋民命两受其害……扶宇公毅然以为己任，亲至京师叩阍，奉旨谕允，于万历八年九月十八日修筑庞公渡，并建洪济桥。自后，新兴垸及北垸遂成腴产。今值重修桥，谨将我祖有功赋命之由书石，永垂不朽。

皇清嘉庆七年立

江陵县郝穴范家堤建闸记
李若峰

《括地志》称："荆州为全楚襟喉，古之泽国"，江陵首七邑，不但川岷发源江流掠境，即支分之汉水亦带萦虹贯，例注西趋。前数十年，迭遭巨浸，如极洼之林章等一百八垸，次洼之永丰等一百四十八垸，匪于莱，即釜底。守斯土者，亦心劳计拙矣。

岁丁卯制府汪大司马，入告民艰，发帑建监利福田、沔阳新堤二闸。萃县属西北长湖、东南桑湖之水，悉侧出于正东白露湖，而之□滥逐年消泄，日不足而月有余，民因赖以稍苏。然而道远且淤，中月阻浅，已难期于畅消。益以丙子之秋，双圣堤溃二百余丈，洪流内灌，平地扬波，前世之固复无几，而浸淹过之，如民生何？今夫民者圣王之田，田者百姓之命，聚千百万生灵托命之资，尽付陆沉，空嗟屋仰，是以本有膏腴之产，转而无升合之收也。守斯土者，亦何以上答天子牧民之意乎！

越次年，丁丑春，见峰观察、松亭郡伯率余周历各垸，详核淹渍情形，勘得郝穴汛有熊家河，可引桑湖汇归之水，直接出范家堤以达于江。爰请于大府，具奏借款，择吉鸠工，遴员监督，而复建闸焉。是后也，金门正付，地平天光，底桩之严密如铁铸，而且两披抢滩，长领锁口，江水泛而不淫，而且挟堤捍涨，挑渠迎流，河水聚而不暴，费不虚縻，工以月计，而闸已成。由斯以往，天不淫阳，地不闭阴．有保障而无漫缺之虞。有疏消而无渍涝之患。俾吾民财产给之家室，和康登礼让□型□采输将以奉上。所望后之君子，有守土之责者，济苦崒之不足，极人事以相天工，用庇我溺民也。计正副闸二座，各长七丈，中腰达长二尺，共长十四丈二尺。金门口宽六尺，中空高六尺。金刚墙二，各长十四丈二尺，凑长二十八丈四尺，伏卷正副各长七尺，内迎水八字雁翅墙二，各长三丈五尺。明闸长十四丈，外分八字雁翅墙二，各长六丈。堤内引水河长二百三十丈，分十二段，底面量地形浅深开挖，河宽八丈，深二丈二尺，底宽二丈有奇。明闸外出水河长七十丈，深通与明闸等，均例得备书。

赐进士出身文林朗知湖北省荆州府江陵县事，庚午科同考试官卓异侯升加五级记录十次，闻喜李若峰撰文。

嘉庆二十三年　岁次戊寅孟秋月上瀚毂旦

荆南观察祖公挽筑黄潭堤碑记

观察使祖公之莅我荆南也，精敏廉毅，有可以利民者，行之坚勇，不俟终朝。其视人之瘼，辄寝食弗遑，必欲去之而后快。以故风清弊绝，年丰人和。甘棠之所庇荫，口碑之所传诵，美不胜书。而黄潭一堤，其大造于吾民者，亿万载犹将受其赐也。盖荆当江汉之冲。江自岷山来，为众山所约束，激湍奔迅，抑遏未伸之气恒，有待而发。所恃以保障下邑者，惟沿江诸堤耳。黄潭隶在江陵，尤为要害，一决则监利、潜江、沔阳、荆门，绵亘千余里，稽天巨浸，波及邻封，不仅一郡一邑也。自昔以来，坏筑不一，康熙辛酉七月，堤忽崩溃，父老皆拊膺痛哭，谓百年所未有。于是急谋修筑。功未竣，而壬戌六月又告溃矣。水势怒涨，更倍于昔。风雨大作，益助凶威。禾黍桑麻，尽归鱼腹。室庐坟墓，化作蛟宫。死者枕藉，生者流亡，贾哭徒悲，郑图难绘。夫区区三户，夸形胜通商贾，皆倚江为利，而阳侯一怒，举千里之人民土地，而悉委之波臣，彼苍者天，何宁忍此。然事当穷蹙之秋，必有扶危定倾之人，夺造化之权，而争百姓之命。公下车即慨然曰："人事之不修，而徒诿其咎于天灾乎?"于是以修筑为己任，而又恐力役之不均也，勤惰之不齐也，吏胥之作奸也，追呼之多扰也，愚民之难与谋始而一劳永逸之无期也。公乃目营心计，颁设规程，揣基址，量厚薄，分丈尺，视远迩，行台土、个土之法，分工列号，给印票以杜欺罔，必赏罚以别勤怠，节省其力而用之，故民不劳；区画其地而考之，故事大集。凡四阅月，而一千五百余丈之堤屹如山立，向之惊浪狂澜悉循其故，然后人得平土而居之，公之功不在禹下矣。堤既成，妇子相与庆于室，农夫相与庆于野，行旅相与庆于涂。乃焚香呼跃稽首于公之庭，请勒石以志不朽。公曰："吾奉天子命，旬宣兹土。尔父老子弟有克，保有其田畴庐舍，以歌咏太平是重，吾不德也。幸而成，其敢自以为功乎!"亟请弗许。诸父老子弟曰："君行制，臣行意，古之道也。"乃乞言于余，以彰公之功。余曰："天下事亦惟是至诚者为之尔。公诚于爱民，故虽以江流之剽悍，不得不效灵以听奋锸而归其壑。藉令白圭郑国殚其生平之智力，犹惧不克胜，而公乃必之於数月之间，则诚与不诚之别也。回忆曩者吾与若均受其害，痛定而思，其痛愈毒。后此之田尔田、宅尔宅者，百世子孙，其谁不拜公之赐! 歌颂之思，其又乌能已也!"爰述其事，授之简，以勒诸贞珉。

来 福 寺 碑 记

万城堤者，荆州全郡之屏蔽也，俯翼郡城为唇齿。堤绵亘二百余里，大抵鳞次栉比，皆扼江之冲云。今年夏，余权守是邦，兼权本路观察。六月中旬，江流骤涨，逼万城堤下。官民各工以险告，城中文武诸君，分驰保护，余则择险要者任之，仍往来董率。二十日，中方城堤报险。驰视之，则内堤已坍丈许，下有漏孔，大可二三寸。疾加填筑子堤，忽横裂成缝者数处，表里洞彻。江水入啮之，已舂撞有声矣。内堤漏孔益刷宽二三丈，水喷激如箭，色浑而夹沙，势横溢不可遏。俄而老子堤相继颓圮者二十余丈，与江水平。急率众役，以土益增筑于其外，凡两昼夜间始高出水面。方惶遽间，内海面同时倏陷数坑，潭水突射如箭。孔此塞则彼涌，此筑则彼陷。或曰："殆蛟龙异物凭焉！"或曰："此泉脉也。"霖雨又继之，积旬不止。皆相视失色，村民狂走号哭欲去。唯幸此日无风，新筑处俄陷一坑，始知内渗所由。募人探之，得其实，急下絮豆塞之，内渗始绝，外筑者亦坚实，堤卒以全。皆称为万城堤数十年无此险者！事平，吏民议曰：堤之全，非独人力，盖亦有神助焉。按万城来福寺旧祀真武大帝，基宇甚隘，曷建中方城？又兹郡者圣帝昔尝治焉。灵爽凭依，最为赫濯，御灾捍患，屡著奇绩，曷并崇祀，用昭呵护？众咸以为然。自官吏至居民，相与捐镪成之，以壮庙貌，答灵贶焉。夫不测之谓神，不可遣之谓神，其与人心相感通，则捷若桴鼓者，惟诚而已矣！方护堤之际，危在呼吸，张皇补苴，谭漏百出，无智愚皆谓万难全济。即事后思之，未有不心悸目眩，手脚失措者也。而卒能回狂澜于既倒，此非神之为之，而谁为之耶？或谓神之于人，仁爱至矣，曷不镇定于事先，乃从其阽危而拯之乎？不知诚不积，则感不孚；诚不至，则应不捷。必待其忘身捍救，智勇俱竭，至于呼号有厉，始起而援之。然后人之事以尽者，神之事以著。尽也者，尽此诚也；著也者，著此诚也。其不测而不可遣也如此。夫自兹以往，尤愿吏于斯者，无忘畚锸之事，上下一心，日望其昭，格于陟降。则神之祐之，如响斯赴，千万年乐利之麻，广长保无穷也已。寮属请余以文纪之，因推明感召之理，盖如此云。

道光二十年十二月但明伦

凝 忠 寺 重 修 记

凝忠者何？聚众人之忠爱，成众人之忠爱也。道光二十四年，在甲辰夏秋交，江水盛涨，荆郡滨江之邑，堤多漫溃。松滋之黄木岭一口为最巨，其他系采穴故道。内有重潭，水势汹涌，直引支流，正泓全注。至仲冬，方能估工探量。当从内挽，计三百五十余丈，以两潭间古埂旧底为堤基，截水修筑者，长迤二百余丈，深至数尺至二丈许。水面以上，陡高计三丈三尺。取土之远，由二三百丈至五六百丈，观者咋舌。上悉皆悯其难，璞思被灾州县，既众均请筹款，势难遍给。议事之初，众绅金称，官督民修，邑有旧章，无所推诿，遂上达舆情，请协同绅士办理。择苏君孔瞻等十二人司总局，袁君应炳等八人为总监，并筵请学博陈弼山、明经王龙岗、上舍朱博斋综理诸人役。于是高乡敛帛布，低乡负畚揭，藉工代之，民皆踊跃。从事运土之夫舟八百余只，车五六百辆，肩荷者数逾万人，登筑之声，闻于数里。五闰月而工成，费逾八万贯，合之岁修与庞家湾、张国兴二口逾十万贯。众工并举，民力不免拮据，非藉众人之忠爱能竣此巨工乎！

兴工以来，璞驻堤督修，依灵钟寺为馆舍，每祈晴朗均沐神麻。新堤成，寺当登高重修以答灵贶。商所以题寺名者，窃谓旧时灵济晓钟之说似无深议，因以"凝忠"二字易之。为此举纪其实焉，盖兴大工而无累于上，此松人抒忠之义。璞特为聚而一之，顺而成之耳。自维才拙，幸此事之克竣，不敢没众人之善，故藉寺名以表彰之。后之君子图善俗以敷善治，可以知聪事矣。不能爱上则成功，事得众擎则易举，此可深长思也！鄙识迂论，冀垂览者鉴之。

呈清道光二十五年仲秋吉日

知松滋县事龙川陆锡璞记

汪公堤告成碑记（节录）
赵天相

江水发源岷山，控引巴渝三峡、建瓴之势，荆州实迎其锋。松滋据荆上游，长江直下，堤始于此，迤亘八十余里。思患预防洵赖于泣兹土者，明嘉靖间立堤甲法，国朝堤法日密。乾隆五十三年改章，官督民修，屡塞屡决。道光庚寅迄己酉二十年中，决至九次。

今上御极以来，稍庆安澜，第既幸无虞。则虽岁有议修之举，而心力或未至。邑侯汪公名维诚，号省吾，以拔贡登道光辛卯乡科，任青阳学博举，咸丰元年制科，旋奉讳归越，岁戊午。吾楚省制府官中丞胡耳，其名特疏，荐既其家起之，己未仲夏来署。……无何，阳侯不仁，庚申五月，江水横溢，非常之□为前此所未有，人情汹汹。幸侯未雨绸缪岁修外，尚得余费。闻警即驻堤分遣丁役督圩夫作子埝，勿片刻缓，全堤遂无恙。惟庞家湾溃一口，而决后水势益加。……条呈灾异，请予各上台，集邑人士议修筑，量工筹费，期归实用。择邑绅谙练老成者董司、局监、总务，遴选监修二十余人，工分二十二段，诹吉举事。万夫展力，荷畚执锸者，日如鱼鳞然。侯戴星出入督修，不辞劳瘁，始庚申十月，越明年夏五月堤成，计曰四百余丈，用费四万余缗。……春夏之交，濠口堤随修随锉，众忧之，议且纷起□□□□，势所必然，深渊中起，基未一筑，加其上者，若邱山乌得不矬，愈矬而土愈加，堤且愈固，何虑焉！事既竣，道路口碑名之曰：汪公堤。……侯曰：咨父母儿女原为一体，何辜斯人而罹艰，厄治水之余，征税有次第，而民不告急，徭赋从省抑，而民不告乏，矜恤措置。若疾病之在身，遂以奠灾黎于衽席，非仁心仁政曷克如此。……若夫堤工有难易，先乎其难易者，遂不劳而治，则此堤之保障万民，而我侯之砥柱中流，才力遂于此见焉！然则，侯因智、仁、勇兼备者，伟人功业其可量耶？侯莅松近三载矣！政绩莫能殚述，述其大而彰，彰较著者以复诸父老，父老曰：此一邑交颂之言，非一人私言也，宜贞诸石，候采风者传之。

咸丰十八年八月 松滋县士民公立

江汉两堤永不协筑碑记
张可前

自古治水独隆禹功，禹之明德成之也。方其祗承帝命，以干父蛊，轸念民艰，委股肱发肤于舟车楫摞中，求六府三事允治之不遑，岂有厥贡、厥赋、厥金、厥篚先萌于胸臆哉！继是井田变而阡陌，疏浚变而堤防。劳心劳力供职者，又便而因民之财、因民之力以利民，斯固勉效禹功而逊志禹德者也。迨至借昔例以博名，朘民膏以自利，趋斯下矣。康熙乙亥冬，吾邑百二五里之父老子弟，持部覆荆安两郡停协工前案，并违旨板协后案，索记于余，铭盛德也，杜后害也。余惟江汉两堤各修，旧矣。变例互协，取偿分争，时为之乎？人为之也。征之碑文，有明隆庆丁卯，安丞继升荆守赵公贤，因汉堤沙洋溃久难塞，以荆安两属援请捐助筑。顺治乙未，安丞马公逢皋，因监利马子湾连溃，灾切沔阳，详称：请沔阳愿协监利什之三。征之部案，康熙庚戌，荆堤石头嘴挽筑大工，荆郡丞张公登举，议安协荆，力请藩司张公彦珩，率两郡官民诣江堤丈勘。量得江水高汉水一丈六尺四寸，且验荆西诸流会于荆门潜江地方，过监利入沔阳，酌拨安属还协银四千两。康熙壬子，江陵民朱匡以四千两协荆不敷，匍匐控部，咨送两院议覆。总制蔡公毓荣、抚军董公国兴会勘，二府协修，每多争论，诚恐推诿两误，因下其议官于民，自后各筑各堤，两不相协，复部立案。征之题覆俞允者，则康熙庚申，科臣王公又旦条奏湖北协修五害，部覆荆安两郡，仍照州县，各卫本汛，各筑各堤，永禁协修。合稽碑文，部案俞旨永为遵守者，则康熙甲戌，知荆州府魏公勷、郡丞王公固妄请协修，详勘江汉水势，高不协低，大不协小，民力多不协寡，劳不协逸。奉旨事不必议，达者事不敢议，详允中丞年公遐龄，如详销案，凡此皆因民之财、因民之力以利民，逊志禹德，而功所必归者也。至若顺治庚子，历年安郡丞刘某，荆巡道升安守道颜某，啖于安郡李亨若，因重修沙洋，作俑互协，继筑绿麻湾，叠索荆郡银夫屡万，聚讼连年。康熙甲戌，荆门许仁声谋，江陵竺澄暗应，违旨翻案，请驱江、监、潜、沔四邑军民，协修沙洋，仍蹈覆辙，荆安道某未查奉旨有案，遽调五属丁男，公诣沙洋堤所，或挽或筑，民情鼎沸。幸魏公和衷共济，其事仍寝。彼李亨若辈，比匪无忌，不足论矣。岂颜若刘为天子恤民，乃为胺民自利、创利博名者愚耶？夫鲧之圮族，以方命也；禹之元圭告成，以祗承帝命也。今此案叠奉明旨俞允，永不协助，其恤民力杜纷争。虑至深远。后之治水者，将为方命之鲧也，抑为祗承帝命之禹也？余故直据往事，谨列于左，以为将来之法戒，两郡后患奚虑焉！按此记本非江堤正文，而事与江堤相涉。江陵岁供江堤经费巨万，又有阴襄城堤工，无非取给一邑。每遇偏灾，动形掣肘。邻邑别有工作，往往藉口受益，分成摊派，致起争端。存此以谂留心民瘼者。

荆 州 万 城 堤 铭

望江倪文蔚

维荆有堤，自桓宣武。
盘折蜿蜒，二百里许。
培厚增高，绸缪桑土。
障川东之，永固吾圉。

光绪五年己卯五月 勒石

新 修 沙 市 驳 岸 碑 记

〔清〕舒惠

沙市荆楚巨镇也。昔郑獬守荆，筑沙堤以御蜀涨，而沙市始有堤。堤之外为康家桥，越桥而南，遵外市，而达于江。迨下游穴口淤塞，河失故道，无以分泄江流，外市沦于深渊。乾隆以来，窖金洲淤生日甚，挺峙江心，逼溜北趋。北岸日益倾圮，堤以骎骎乎，濒临大江矣。每逢盛涨，岷江建瓴，清江、沮漳又复助之，众流毕汇。沙市适当其冲，水挟沙流，水退沙停，江底淤垫日高，堤防愈形吃紧，势必与水争地，且欲以人胜天，夫万城一堤，绵亘二百余里，为下游数十州县保障。岁恒补葺罅漏，培厚增高，独至沙堤官民二工之所交汇也，较之上下，堤身均形单薄，沿堤内外瓦鳞椽节，夯筑难施，取土维艰，官于斯者无不虑焉。前观察孙公倡捐督修驳岸於外以翼堤，自上米厂河迤逦至康家桥止。列如环堵桥以下迎溜顶冲，活土浮沙无从下脚，非惜费也，施工难也。升任河南巡抚倪公，设闸板、安石桩于堤上各铺户门前以防险。闸板分储民房，每逢异涨则上，水落则下，盖亦权宜之计。丁亥年，余出守是帮，上赖圣天子威灵，大府之洪福，下托群百工执事之贤劳，与彼都人士之和协，水不扬波、安澜有庆者五载。然而居安未尝忘危，履平不能忘险也。己丑之冬，南皮张公奉命督楚，下车伊始，首念堤防，庚寅夏，亲履万城勘工，辛卯春复遄，委观察赵公诣荆，相形估工，命于低洼之处加高三尺，中实以土，旁撑以石，自二郎门至九杆桅，计长五百丈，以太守札公董其役，费金钱壹万四千余缗。盖至是而堤已一律坦平，无少缺陷矣。而余窃虑堤外驳岸之保障未全也，增单培薄，事无偏废，功不善继，隐患斯在，上之宪司，得报曰"可"。论者顾以点金不易，鞭石维艰，代为忧之。余以仔肩所在，既见其事之当为，必尽其力所能到，于是毅然自任委员，入山伐石，诹吉兴工，先于靠岸抛填毛石实其底也，砌碎石坦水坡不致游埏也，甃磐石固其基也，取土于对岸窖金洲，亏彼而盈此也，累石为墙，逐层多放，收分而顺水势也，加帮保石，筑三合土戗培厚堤身也。经始于辛卯仲冬，落成于壬辰仲夏。同力合作，春和景明，迨观厥成，波澜未兴。石岸四层，层各五尺，连坦坡共高二丈七尺有奇，长竟二百丈，面宽丈许，费金钱三万二千余缗。功成筹及善后，遂于濒江适中之地，购置房屋，以为委员驻扎，用资防护焉。从此沙堤巩固，易危为安，道岸诞登，一劳永逸。一时游人、估客、耆老、妇孺靡不额手称庆，载道欢声，以为此固百世之利也。岂仅金城屹屹，克壮观瞻已哉？噫！江水盈虚，以时消长者，天也；陵谷变迁，沙诸回溆者，地也。因天地而度地利以补偏救散，弥缝造化之所不及者，则终有待于人焉。余设法筹挪巨款，并捐廉俸以利民之事亦尽心于民焉耳，敢以为有功德于斯民耶！兹以工程之大，砥石之坚，兴筑之固，经费之多，成功之速，咸宜勒石，暗兹来许。时往来筹画，揆度经费者，则有若曹主簿本元、张通守良弼、陈巡检启華、梁巡检景镛；督工，则有若孔典史昭熙、谭典史耀煋、徐典史保宗、乔典史南、候选布理问谢槌；其入山督运石料，则谢巡检葆珊、吕经历钦泰、魏大令远猷，皆有勋于斯堤者也。例得备书。

光绪十八年

接修沙市驳岸碑记

〔清〕舒惠

天下事，贵有初，以开其先尤贵，有终以善其后，此事理之当然。亦事机之相因，而有不容己者。余前之创建驳岸，自康家桥至九杆桅计二百余丈。当勘估之初，议论分歧，皆谓事苟可为，昔人已早为之，其不为者，畏其难耳，余曰："不然，为政之要，当为民生计久远，难奚辞？"于是毅然为之，历经大汛，巩固无虞，人咸称善，余亦谓既竭吾力，聿观厥成矣，而孰知洲滩消长莫测，要工环生之未已也。创建驳岸，以及加高工程取土于窖金洲，原冀亏彼而盈此也。癸巳冬，察看取土之处，淤生如故，洲尾滩脚宽长倍昔，坚如铁石，逼遏江流直射北岸，自九杆椗起至洋码头止，计长二百余丈，江滩正当其冲，逐渐坍塌，形如偃月。就目前情形而论，距堤尚远，似无妨碍，然窖金洲攻之不克，诚恐南岸愈长而北岸愈坍，若必俟坍近堤脚而始图之，殊难措手，则未雨绸缪，岂可缓哉！爰督同曹委员本元、陈委员启䇹、薛委员绍文、甘委员霖，筹估接修，以为永远计。察勘该处，沙土松浮，不能下桩，若修条石，难以任重，且易于游陷，即抛碎石，亦不过为一时搪护之计，一遇江水盛涨，石随浪淌，仍不免坍卸，徒费重资，终无实济。查该处沿江一带多系空旷，原非尺寸必争之地。再三酌议，相度滩势，刨成坦坡，仍分四层台面。下脚用毛碎石，砌一层内灌灰浆，其余每层用青石板胈陀斜铺，用灰石抿缝，台面用宽厚门坎石结面，共计收高二丈二尺。其靠洋码头处约四丈，沙少土多，外有滩脚，堪以任重，仍用条石砌成驳岸形，与前修一律，费钱二万余缗。款之巨，筹之难，不计也。是役也，经始于癸巳嘉平月中旬，落成于甲午清和月中旬。督工委员：曹本元、陈启䇹、薛绍文、甘霖、梁景镛、徐钧、杨炳坤；入山采石料委员：魏大令远猷、谢巡检葆珊、高典史崇德；押运委员：张缃洲、李渐达；验收石料委员：薛金吾、幕友蒋涣然。皆始终不懈，例得列名记碑，所以表其勤也。沿岸安设路灯十六盏，上油点灯有吴绅来卿、张绅新莆情愿集资经理，以利行人，二绅乐善不倦，并记之俾垂久远云。

光绪二十年

万城堤上新垱工程记碑

荆州万城堤至郝穴，临江壁立，称最险。太守舒君惠，伐石礅为坦坡，使水著之无力，法至善也。光绪乙未冬（1895 年）舒君以卓荐入□□观，余奉檄权守是郡，开办岁修冬工，覆勘至此，尚无恙。不旬月，忽传其地上新垱堤段矬裂，深至二丈许，长至四十余丈。一时居民相传说，甚恐。余闻之，仓卒复往视，信然。审其故，则由对江沙洲日壅益高，逼江洪北趋益近；轮艘往来，浪掣波翻，水脚为所震撼，自下而上，先矬后裂，势岌岌可危。先是，环堤皆保台。保台者累石为之，大数人围，深入地丈数尺，高出地亦丈数尺，市民建以载屋，重不知其几许。而沙土松，不能胜。溜刷于外，台压于上，遂以至此。堤上造屋，向有明禁，乃一律拆去。先抛乱石，饱护堤根。穷裂痕丈八九尺至尽处，杂和石灰沙石，级三层，层五尺，长五十二丈，又于其上，循舒君旧式，铺石为坦坡，高一丈八尺。就中又隔别，修石梯六处，便行旅上下。于尾又斧石为条，作驳岸五丈，保护台之未拆者。凡此，仅可保目前之险，而江洪之北趋如故也。则又于其首之在镇江寺者，适有淤沙突出江唇，遂因之建石矶一座，高二丈三尺，长七丈，俾挑大溜南行，以冀洄流蓄沙成洲于矶之下湾，使堤脚逐渐得所依护，不致复有矬裂患。工既成，居民无不额手称庆。余复虑他日或又建屋其上，则更于堤面濒江隙地，缭以石柱。大书高碑者三，分段竖立禁之。有犯者，则治于官法。是后也，不出于舒君九年之内，而出于不肖数月之间，犹幸出于霜清安澜之后，得以从容营造，在险不惊。未必非天之增益所不能，而使吾民相安亦无事。不然，殆矣！余既数数临视，工员亦相戒敷衍。如曹主簿本元、李经历章锷、易派检翰鼎，尤为勤实。张大使德溥、孔巡检照熙、邓典史联镖，亦始终其事，例德备书。

时光绪二十有二年夏五月。

赐进士出身、湖北补用道、特用府署，荆州府知府长沙余肇康识并书。

便 港 志 碑

胡洛渊洲垸之所接壤也，堤外河路弯环，舟不便于行。丁巳春，议由堤套开港捷出，举唐君忠禄、何君宾门、吴君远汉董其事，计十数日港成。而其地块之向背，费资之参差，宜有所征验，以传于后。谨刊于石碑，一览而知焉。同事里人龚旭章序。

注：荆江大堤桩号 644＋000 处名胡洛渊。渊距堤内 200 米，系清道光三年（1823年）溃口冲刷坑。溃决后外挽新堤，堤内建有一座单孔浆砌条石拱涵式剅闸，名为南剅。相传民国十四年（1925年）开引江水抗旱时出险，后将剅闸封堵未再使用。经锥探查明剅闸位于堤身下部，通南剅沟渠名"便港"，刊有石碑一块，立于该堤段堤身内坡。

黄 公 寺 碑

张太公筑九穴十三口，修长堤，已垦农田，历乃三百年也。……黄公寺系同治初年迁寺于市后原尺八口，古之赤剥穴也。

注：尺八小学校址原为黄公寺，民国二十九年（1940年）九月在寺中建一亭，亭中立有石碑一块，高 1.5 米，宽 1 米，厚 0.3 米。碑文为季家作（生平不详）题写。后因寺庙毁坏，石碑遗失。

日 清 公 司 赔 款 碑

徐国瑞

日清公司信阳丸撞坏沙市上巡司巷下首堤岸，交涉经过及解决赔款情形。

案查民国十八年（1929年）日清公司信阳丸于七月八日上午十时，由宜至沙。该轮司机人漫不经心，致将沙市上巡司巷口下首江岸大石驳岸撞坏。当经本局将破坏程度切实丈量，长四丈余，宽二丈余，深一丈余，咨请驻沙熊交涉员，于九日上午十时，会同熊交涉员及驻沙日领事馆崛内孝、日清公司大班北岛静等履勘复丈拍照，一面电报省府。确惟斯堤保障鄂中十余县赋命，关系极为重大。况值江水盛涨，撞坏宽长甚巨，全镇民众以利害切肤，深为愤激，兹特郑重声明，提出下列四条，咨请交涉署转向日领严重交涉，期达圆满解决目的，藉保命赋而固堤防。一、是日是时天气晴明，既无暴风大雾，水线又极宽深，通宽四里有余，非窄狭江面可比，该轮竟将数尺厚之大石驳岸极重命堤撞坏阔大，实属漫不经心。应将该轮负责人役按照航海通例从严惩办，以为妨害安宁者戒。二、沙市大堤驳岸，保障江陵、荆门、监利、潜江、沔阳、汉川、汉阳、天门、钟祥等十余县生命财产，而沙市全镇首受其害，尤为重要。自该轮七月八日十时撞坏堤岸起，至本年水落归槽，估工修复日止，在被撞范围内两头接连及水底附近之堤段发生危险情事，概归该公司完全负责。三、现在江水盛涨，若不急为抢护，危险实甚。已提前饬派工程课督同夫役，以麻袋装入炭瓢、炭渣、石灰、粗砂，均合装满，缝固抛填。极三昼夜多数人工之力，勉为护妥。并购民船一只停外挡浪，蛮石多方护面保固。所费实属不赀，应归该公司负责担

1708

任。四、至本年水落归槽，再将该堤被撞长短宽高，两头连接及水底附近之损坏尽量估价，按照大石原样整修完好，共需石料工资若干，均应由该公司负责赔偿。以上四条，咨由交涉员转照日领，严重交涉在案，嗣因交涉署裁撤，致前项提案尚无圆满答覆，交涉因之停顿。经本局长（荆江堤工局局长徐国瑞）呈奉省建设厅指令，就近与驻沙日领切实磋商及早解决等因，一面与日领切实磋商，一面趁江水枯涸，切实复勘。幸被撞堤段仅上中损坏，而下层脚底左右附近均未受损，不得不将全估修复各费酌加核减，以冀交涉易了，俾免之悬，函知日领转饬日清公司如数拨交，俾早解决。十九年元月十一日接准日领崛内孝函，称：去年七月九日贵局关于此案提议四条，已饬日清公司圆满负责，并催该公司派员赴贵局面商云云。十六日。该公司派来王经理一名，仅允赔偿抢险修复等费洋一千元，于抢修各费不敷甚巨。再三磋商，终无良果。嗣准日领崛内孝面称赴汉向汉口总领事请示。于元月二十日呈报请水利局就近在汉交涉，奉批示仍由本局在沙交涉。旋准日领回沙，云汉口总领事已转知日清总公司，只允赔款一千二百元，丝毫不肯再加。经本局极力交涉，增至一千三百五十元，呈奉请水利局令准各在案，不敷抢修仍巨，复经本局严重抗议，日领转旋，始增至一千五百元，于本年三月二十三日签字拨款了案，借敦邦交。卷查此案，自十八年七月起，至十九年三月止，拖延八月之久，与日领面商十次之多，往返公文不以数计，足见交涉困难达于极点。若不及时了案修复，一遇春汛盛涨，迎浪顶冲，危害实不堪设想。总之，堤在必修，决不能因争赔款之多少致该堤久羁修筑，置数百万生命于不顾，此解决斯案之实在情形也。除将该赔款、购料按照该堤原样修复抢险，作碑少数不敷由本局长捐廉呈报省水利局备案外，特将此案发生、交涉始末及经过情形，详勤碑石以作永远纪念云。

民国十九年四月

荆江分洪纪念碑

长江为世界著名大江，我国一大动脉。两岸肥沃，生产最富、航利最大，对中国民族之生存、经济之繁荣关系至深且巨。然长江中游荆江段狭窄淤垫，下游弯曲，急流汹涌，不能承泄，两岸平原低下极易泛溃，为千百年来长江水患最烈之区，历代人民甚以为苦。东晋年间，始修荆堤作为屏障，明万历年间加工复修。清乾隆时决溃，费时十年乃稍修复，此后人民常年与水搏斗，不遗余力。而历代封建帝王及国民党反动政府对千百万人民生命所系之大业置若罔闻。且以邻为壑，垦殖洲垸，阻塞水道、与水争地，于是水患迭起，险象环生，使长江水位高出两岸达十数公尺。而剥削阶级复乘民之危，藉修堤之名，行敲诈之实，以致洪峰逼临，防不胜防。故荆堤之安危，不独千百万人民之生存所系，长江且有改道之虞，影响遗害实非浅鲜！

一九五〇年，中国人民伟大领袖毛主席下令治理淮河，今年又下令进行荆江分洪，解除长江水患。并决定由中南军政委员会副主席邓子恢督责此项巨大工程，限于四月初开工，六月底完成。中南军政委员会乃决定成立荆江分洪委员会，以李先念为主任，唐天际、刘斐为副主任，以黄克诚、程潜、赵尔陆、赵毅敏、王树声、许子威、林一山、袁振、李一清、张执一、张广才、任士舜、李毅之、刘惠农、齐仲桓、徐觉非、田维扬、潘正道、刘子厚、郑绍文为委员；并成立荆江分洪总指挥部，以唐天际为总指挥，李先念为总政委，王树声、许子威、林一山、田维扬为副总指挥，袁振、黄志勇为副总政委，蓝侨、徐启明为正副参谋长，白文华、须浩风为政治部正副主任；并在总指挥部下成立南闸指挥部，以田维扬、徐觉非为指挥长，李毅之为政委；北闸指挥部以任士舜为指挥长、张广才为政委；荆江大堤加固指挥部以谢威为指挥长，顾大椿为政委，专司荆江分洪事。并集中大批干部、技师，调动人民解放军十万人，民工二十万人，在中央水利部、苏联水利专家之指导与协助下，发扬爱国主义精神，夜以继日，历尽艰辛，克服重重困难，终于提前十五日完成。继治淮之后又一伟大建设乃臻于成。

完竣工程计：一为荆江大堤培修加固，凡一百一十四公里；一为分洪区大水库，凡九百二十平方公里，可蓄水六十亿公方，其中堤工长百余公里；进洪闸五十四孔，长一千零五十四公尺；节制闸三十二孔，长三百三十六公尺，均为近代化新式工程，而进洪闸之大又为世界所鲜见。从此长江中游洪水浩劫之天灾人祸得以解除，长江航道得以畅通，两湖人民生命财产得以安全，广大群众未来之幸福生活具有保障矣。然此丰功伟绩属谁？应属毛主席之英明领导，中央、中南、两湖暨全国各级党、政、军与广大劳动群众之努力，尤以三十万参加工程之劳动建设大军，及代表新中国劳动人民优秀品质之数万劳动英模，其中多是中国共产党员、中国新民主主义青年团员与男女青年，不分昼夜，不分晴雨，以爱国主义、革命英雄主义精神忘我劳动，发挥无限智慧，取得无数发明创造，涌现出如"父子英雄"、"夫妇模范"、"兄妹光荣"、"师徒双立功"、"人民子弟兵战斗生产称英雄"等事迹。再则归功于苏联水利专家布可夫之伟大国际主义友谊援助。

兹值大功告成，江湖变象，自然改观，千万人民欢呼胜利之际，谨志于此，为后人鉴耳！

李先念唐天际敬撰

一九五二年七月一日立

枣 林 岗 碑

长江中游枝城至城陵矶通称荆江，河道蜿蜒淤狭，江流不畅，难承云岭巫峡来水，故有万里长江险在荆江之谓。

荆江大堤地处荆江北岸，西起荆州枣林岗，东迄监利城南，长一百八十二点三五公里。临江壁立，御狂澜之奔突；盘折蜿蜒，犹龙虬之蜷舒，为江汉平原和武汉重镇之重要防洪屏障。

斯堤肇基於东晋，拓於宋，成於明，固於今。其名始称万城堤，后屡易，一九一八年始用现名。

历史上，荆堤决溢频繁，东晋至民国一千五百余年间，有确切记载者九十七次，然沿堤存明显溃决痕迹而未见诸记载者远非此数。决堤之惨状尤以一七八八年、一九三一年、一九三五年为甚。清乾隆五十三年（1788年），堤自万城至御路口决二十二处，淹三十六县，实情骇人。帝颁旨二十四道惩负咎之吏，钦定其后承修该堤定限保固十年，并遣大学士阿桂督修，发帑银二百万两善后。

惟新中国崛世后，荆江防洪方列社稷鸿猷，荆江大堤亦首列国家确保堤段。一九七五年，荆江大堤加固工程列入国家重点基本建设项目，建设内容为：加固堤身、整治隐患、填塘固基、护岸保滩。建修以来，至二〇〇五年国家累计投资六点一二亿元，共完成土方二点一亿立方米，石方七百五十八万立方米，清除隐患十万余处。今之荆堤，堤身断面较建国前扩大三分之一，质貌巨变，御洪能力与昔殊异。莽莽江汉，岁岁安澜；荆楚大地、祥和升平。

斯堤，亦称"金堤、命堤"，万民安危之所系。

观 音 矶 碑

观音矶，因旁有"观音寺"得名。该矶初为土矶，形同象鼻，又名"象鼻矶"。南宋淳祐年间，建"尊胜石幢"于矶东北缘，以镇江流。明嘉靖年间，改建成石矶。明辽王建"万寿宝塔"于矶北缘，故俗称"宝塔矶"。

清乾隆五十四年（1789 年），石矶增筑，工程浩大，其上置镇水铁牛二具，雄视江流。后历经补修、增筑、方成现今规模。

长江西来，横啮江堤，观音矶顶承江流，挑杀水势，至险至要，为沙市市城市防洪之保障，荆堤安全之砥柱。

解放后，人民政府除对江堤进行多次维修外，还加固石矶。一九八七年，矶头出现纵裂，为整险，又补修截流沟，并重建围栏。凭栏远眺，天水一线，雄伟的荆江分洪工程形绰可见；俯瞰江流，浪奔波腾，石矶雄风再现，特刻石为记。

1989 年秋立

注：尊胜石幢，刻有佛号或经咒的石柱。

洪 湖 抗 洪 纪 念 碑

此碑位于洪湖乌林中沙角。1998 年夏，长江流域遭遇大洪水，8 月 9 日 11 时 50 分，朱镕基总理赴洪湖乌林中沙角长江大堤视察，慰问抗洪军民，并发表重要讲话。8 月 13 日 17 时，江泽民总书记来到乌林中沙角险段视察，号召广大抗洪军民发扬不怕疲劳、不怕艰险、连续作战、顽强拼搏的精神，坚持，坚持，再坚持！就一定能够夺取抗洪的最后胜利。为纪念这场抗洪斗争的伟大胜利，洪湖市人民在江泽民总书记、朱镕基总理视察讲话的地点中沙角，竖立抗洪纪念碑。

公安县一九九八抗洪纪念碑

公元一九九八年夏，长江发生了继 1954 年后又一次全流域型的大洪水，长江上游洪峰叠加，下游河湖满溢，三峡区间及长江中游又是暴雨连连，公安县堤内形成上压下顶，南北受夹、腹背受敌的严峻形势。面对大自然的肆虐，在党中央、国务院的亲切关怀下，在各级防汛指挥部的领导下，数十万军民临危不惧、众志成城、万众一心誓与大堤共存亡，用撼天动地的抗洪精神与洪魔展开了顽强拼搏，经过近三个月的持续战斗和与洪峰的 8 次较量，确保了长江干堤的安然无恙，夺取了公安县抗洪史上最辉煌、最重大的胜利。

石首调关矶头碑

调关矶头位于荆江河段调弦口下端，地处弯道顶点（石首长江干堤桩号 527＋900～529＋600），是荆江著名的险工险段，是鄂南湘北逾百万人民生命财产安全的重要防洪屏障。此矶头始建于 1933 年，迄今守护长 1700 米，水下累计抛石 41.6 万立方米。

受河势变化影响，调关矶头迎流顶冲，急弯卡口，水流紊乱，近岸边坡极不稳定，矶尖上下腮环形水流贴岸冲刷强劲，典型年份矶头深泓最深点为黄海高程－20米，高洪期水深60米，矶头上下腮30米间距水位落差达1.05米，导致调关矶头险情频发，曾于1967年、1974年、1989年、1991年、1993年、2004年、2005年、2007年等年份发生堤身脱坡、下平台及堤脚冲毁等重大险情。1989年7月13日23时，江水猛涨，矶头护坡块石被急流冲走，堤身崩塌，崩长瞬即扩展至35米，吊坎高8～9米，险情居当年全国之最，经奋力抢险才化险为夷。1998年8月9日在抗击长江流域大洪水的关键时刻，国务院总理朱镕基视察调关矶头，并号召军民要死守长江干堤，确保长江大堤安全，确保人民生命财产安全。

历经沧桑的调关矶头，见证了石首人民众志成城抗击洪水的英雄气概，见证了党和人民政府治理江河的惠民之举。

盛世安澜石刻

20世纪末，长江发生全流域型大洪水，荆州堤防势如累卵。存亡之际，荆江两岸人民万众一心，众志成城，不怕困难，顽强拼搏，坚忍不拔，敢于胜利，在全党全军和全国人民的大力支持下，在千里江防上，展开了一场气壮山河的抗洪大决战，先后八战八胜大洪峰，最终夺得了抗洪斗争的全面胜利。荆州人民的抗洪壮举以其特有的凝重和悲壮载入人类文明史册。

前事不忘，后事之师。为纪念这一伟大的历史事件，荆州市长江河道管理局沙市分局特置"盛世安澜"石刻于荆江观音矶下腮后缘处，以激励后来者居安思危，治水除患，造福子孙万代。

石刻为石灰岩质，取自长江滨城五眼泉，通高4.1米，阔3.2米，厚1.3米；上窄下阔，略呈锥体。正中镌刻原中国书法家协会主席、中国文联副主席沈鹏先生题书"盛世安澜"四字，笔力苍凉遒劲，石、字珠联璧合，极具历史厚重感。

松滋江堤禹王采穴治水纪念碑

禹，上古"三皇五帝"之一，史称大禹。

大禹治水，吸取其父"堵截"失败的教训，采用"疏导"方法，先导大河之水于湖海，再导沟壑之水于大河，含辛茹苦十三年，三过家门而不入，最后终于取得成功。

涴市镇长江古道之畔的采穴，或是大禹治水时在南北开九穴十三口之一穴，"采穴"由此得名，为了纪念大禹在松滋为民治水的功劳，以其精神激励后人，特立此碑。

2002年8月立

第三节 胜 迹

一、矶、塔、铁牛

荆江大堤沙市观音矶

沙市观音矶，位于荆江三大河湾之一的沙市河湾凹岸上首，是荆江大堤著名的历史险工。观音矶坝承江流，挑杀水势，维护江堤，位置十分险要，对控制荆江河势变化、稳定岸坡和保护荆江大堤安全起着重要的作用，有"荆江第一矶"之称。

观音矶因建有观音寺而得名。观音寺历史久远，观音寺分前后两刹，后寺建于唐贞元年中（785—804 年），当时地名白船，前寺明湘献王建于洪武初年。今万寿塔的东边，南宋时立有尊胜石幢，上刻《尊胜经》，以锁江流屡仆屡立。清道光初又立，上刻《老子道德经》，下刻宋末游宦诸人的名字，其中有宋末著名的奸相贾似道的名字。观音寺在明、清两代香火颇旺，"乾隆五十五年十月十六日，过观音寺，老僧七十余……。"寺毁于清末。

乾隆五十三年（1788 年）六月荆江大水后，湖北总督部堂毕沅奉敕建铁牛两只，分别置于观音矶上、下腮。一只于解放前不见踪迹，一只在解放后整修荆江大堤时落入江中。

观音矶初为土矶，清乾隆五十四年（1789 年）改为石矶。明辽王建万寿宝塔于矶北缘，故亦称"宝塔矶"。

历史上，观音矶曾多次出现下腮崩坍、上腮被水流冲刷导致石脚空虚、滩岸崩挫、矶身裂缝等险情。

1999 年 12 月，在荆江大堤桩号 759＋630～760＋520 长 890 米堤段实施观音矶护岸综合整治工程。工程的实施，提高了观音矶的防洪能力，改善了周边环境，防洪效益和社会效益显著。

万 寿 宝 塔

万寿宝塔耸立于荆江大堤观音矶头之上，系明朝第七代辽王朱宪㷜藩封荆州时，于嘉靖二十七年（1548 年）遵嫡母毛太妃之命，为嘉靖皇帝祈寿而建，历时 4 载。它是荆州重要的古建筑，1956 年被湖北省人民政府公布为全省第一批重点文物保护单位。

万寿宝塔通高 40.76 米，八面七层，楼阁式砖石仿木结构。塔基八角各有一汉白玉力士为砥柱。塔内一层正中有接引佛一尊，身高 8 米，肃然威严，塔体内外壁嵌佛龛，共有汉白玉坐佛 87 尊，神态各异，造型超绝逼真。部分塔砖烧制独特，成正方形，图文并茂，品类繁多，计有花卉砖、浮雕佛像砖、满藏回蒙汉五种文字砖共 2347 块。塔砖来自全国8 省 16 个州府县，均为各地信士所敬献。塔身中空，内建石阶，可盘旋而上至各层，每层向外洞开四门；依门俯瞰远眺江流、城郭，美不胜收。塔顶为葫芦形铜铸鎏金，其上刻有《金刚经》全文，是不可多得的珍稀文物。万寿宝塔与全国众多宝塔相比，特色独具的是：塔身深陷大堤堤面以下 7.29 米（塔底高程 38.45 米，塔旁堤顶高程 45.74 米），这一奇特景象的形成，主要源于长江河床、水位在漫长岁月中逐渐抬高，荆州大堤随之不断加高所致。

万寿宝塔建于荆江大堤之上，除了为皇帝祈寿的主旨外，另还有镇锁江流、降伏洪魔，保一方平安的寓意。数百年来，万寿宝塔既是荆江两岸饱经水患的历史见证，又承载寄托了人们制服江流的美好愿望。

1998 年盛夏，荆江河段遭遇大洪水，观音矶头有记载 45.22 米的超历史最高水位线，举世瞩目，广大军民众志成城谱写了一曲响彻寰宇的抗洪凯歌。为了祭奠抗洪斗争中英勇献身的英烈，1999年初，荆州市委、市政府在万寿宝塔西侧修建荆州抗洪纪念碑亭。

宝塔所在的万寿园，古朴典雅，竹木苍翠。园内的临江长廊、书法碑苑及奇石盆景汇展，与荆江矶头、古塔长廊交相映衬，使这里"分外妖娆"。尤其是盛夏，江风习习，荫凉片片，这里成为人们游览憩息的场所。

荆 江 铁 牛

新中国成立前，荆江堤防千疮百孔，水患不断。为祈救神灵的保佑，封建统治者兴修堤工后，多铸造铁牛镇守江滨，历史上，荆江两岸曾有多尊铁牛厮守江滨，虽夜以继日、任劳任怨，但终未能降伏肆虐的洪魔，且大多在与"蛟龙"的搏杀中折戟沉沙。至今唯清道光二十五年（1845年）和咸丰九年（1859年）所铸铁牛尚存，分别伫立于荆江大堤李埠和郝穴堤段。两尊铁牛均呈昂首蹲伏状，直视江面，神情专注，威严肃然。

《荆州万城堤志》载：清乾隆五十三年（1788年）十一月，上谕"向来沿河险要之区，多有铸造铁牛安镇水滨者。盖因蛟龙畏铁，又牛属土，土能治水，是以铸铁肖形，用示制镇。"十二月，湖广总督毕沅奉旨铸造镇水铁牛九具，安放于万城、中方城、上渔埠头、李家埠、中独阳、杨林矶、御路口、黑窑厂、观音矶等九处险要堤段。九具铁牛安砌石台九座，每座长一丈，宽六尺，高二尺。每具铁牛半身自额至尾长九尺，肩至蹄高五尺，额宽一尺八寸，肩宽三尺，角二支在额之中，前角长八寸，后角长一尺二寸，尾右盘长三尺，头身俱空，余俱实，背有铭载艺文。

李埠铁牛位于荆江大堤桩号777＋000内肩处，1976年毁于"文化大革命"时期，1982年修复。牛身铸有铭文："岁当乙巳，铸此铁牛，秉坤之德，克水之柔。分墟列宿，砥柱中流。威训泽国，势戢阳侯。沮漳息浪，禾稼盈畴。金堤巩固，永锁千秋。"

镇安寺铁牛是咸丰九年（1859年）万城堤加培之后，由荆州知府唐际盛铸造，位于郝穴镇西北1.5千米，荆江大堤桩号709＋400处外平台，以建在镇安寺湾得名。镇安寺铁牛，前立后蹲，高踞堤岸，俯视长江。铁牛独角，身长3米，高1.8米，宽0.9米，尾右盘长1米，外实内空，重约2吨。牛背有铭文126字，其中有篆、隶铭文各63字。书法遒劲工整，是荆江大堤唯一保存完好的一具铁牛。牛背上铸有铭文："嶙嶙峋峋，其德贞纯；吐秘孕宝，守悍江滨；骇浪不作，怪族胥驯；繄千秋万代兮，福我下民。"铭文言简意赅，意味深远。

安放于观音矶上的两只铁牛，一只在新中国成立前不见踪迹，一只在新中国成立后整修荆江大堤时落入江中，但铭文尚存，其铭文曰："屹屹金城，既筑既楗。有牛凭焉，巍然大件。西峡委波，云奔山动。帝制五材，聿神其用。相尔欣愬，土德之精。奉天明威，以肃百灵。困象阳侯，盱睢却顾。雷渊九回，安流东注。夏后导江，云梦既陂。铸鼎知奸，百物是宜。穆穆我皇，明德同美。缵禹成功，南国之记。"如今铁牛所背负的铭文均已成为悠悠长江水患的历史见证，是荆江防洪史难得的珍贵文物。

据《洪湖地名志》载："分布在洪湖境内的铁牛有两个，一个在新堤城区东部的长江干堤上，即洪湖县水利工程队驻地附近。1966年被移置于县光荣院内，后建房施工埋入地下。另一个在界牌公社铁牛一生产队余码头的老江堤上。由于废堤坍塌，牛身已经沉陷泥土中，唯头部露于地面之上。"又载："清乾隆五十三年（1788年），湖广总督毕沅，铸造九头铁牛，自江陵沿江而下，布设在干堤险要处，用于锁江。"

"镇水兽"并未减轻荆江两岸人民的灾难，只有在新中国成立后，修筑堤防，治理荆江，变水患为水利，才使荆江得以安澜。1958年2月28日，国务院总理周恩来视察荆江大堤时，手抚铁牛，赞扬我国古代劳动人民的智慧，并谈笑风生地讲述"铁牛镇水"的典故和治理荆江的宏图。铁牛无言，作为历史的见证，它向人们昭示着广大人民群众当家做主人后新旧社会两重天。

二、亭、楼

荆江分洪工程纪念碑亭

荆江分洪工程纪念碑亭位于荆州市沙市区荆江大堤上，与荆江分洪区隔江相望。

为根治长江水患，1952年党中央、政务院决定，在荆江南岸公安县境修建荆江分洪工程。当时调集军民30余万人日夜奋战，仅用75天便胜利修建新中国成立后第一个可蓄纳荆江过量洪水54亿立方米的大型水利设施荆江分洪工程。由荆江南岸公安县境的太平口54孔进洪闸、32孔黄山头节制闸、921平方千米分洪区围堤和荆江北岸大堤加固等工程组成。为纪念这一造福子孙后代的宏伟工程建设，1952年工程竣工后随即修建荆江分洪工程纪念碑亭。

荆江分洪纪念碑碑体为塔形花岗岩建筑，下层四壁浮雕为工程兴建时军民劳动的动人画面。中层四面镌刻有题词、碑文；南面为国家主席毛泽东题词："为了广大人民的利益，争取荆江分洪工程的胜利"；北面为政务院总理周恩来题词："要使江河都对人民有利"；东面为邓子恢的古言颂词；西面为李先念、唐天际撰写的纪念碑文。纪念碑两侧，各有亭阁一座，朱蓝碧瓦，分外耀眼。工程建成后共2.2万余人受到表彰，此处纪念亭中石碑镌刻有其中928位英模的名字。

荆江分洪工程纪念碑亭占地数百平方米，此处的江堤格外敞亮宽阔，极目河道碧空，一览无余。江流、江堤、江津城，人民的伟业殊勋，融为织锦，令人感慨万千，流连忘返。如今，这里已成为人们休闲游览的场所。

戊寅抗洪纪念亭

戊寅抗洪纪念亭位于荆州市沙市区荆江大堤万寿公园内。1998年夏，长江流域发生全流域型大洪水，千里荆堤危在旦夕，世人瞩目荆江。抗洪中，党中央、国务院英明决策，抗洪军民昼夜严防死守，抗御8次洪峰的凶猛冲击，取得抗洪全面胜利。在与洪水的殊死搏斗中，李向群等35位烈士英勇献身。为纪念这次长江抗洪斗争的伟大胜利和烈士英名，市委、市政府于1999年修建戊寅抗洪纪念亭。纪念亭采用北方园林亭阁的形式设计建造。亭为八角飞檐状，东南朝向，高6.8米，长、宽各6米，四面有青石台阶入亭。环亭起八根朱漆圆柱，柱间有长椅相连，亭顶盖为棕黄琉璃瓦覆盖，上置龙头脊吻、走兽。梁枋斗拱为木制，梁枋内外彩绘有104条金龙，呈行、腾、坐、降等动态状。亭内天花直径3米，雕有五爪金龙，为腾云驾雾之势。亭右为万寿宝塔，左为临江而立的碧瓦长廊，后有碑廊。在亭内正中处，横卧有长2米、宽1.1米、高0.3米的戊寅抗洪纪念碑。亭梁首悬"戊寅抗洪纪念亭"黑底金字匾，两侧挂"流芳千古""浩气长存"匾。亭前后柱分别挂有两幅抱匾：一书"碧血丹心昭日月，楚天荆水伴英雄"；一书"烈士英名与天地终古，抗洪豪气同松筠长青"。

文 星 楼

文星楼傍依沙市区中山路尾端荆江大堤，原为砖木结构，高三层，飞檐翘角，巍然峙立，相传为元明时期所建。楼下正殿供有"奎星神像"和四面佛一座，造型生动，别具一格。门前有石刻"云霄占斗极，都会控江津"楹联。清初于堤外建"奎文阁"，康熙年间移至堤内，道光年间改名文星楼，沿用至今。现存建筑物为1942年重建。"奎星神像"，取"奎主文昌"之意。当时文人为博取功名，修建此楼以祀"奎星"。每年春二月、三月和秋八月、九月于此集会，举功名最高、年龄最长者主祭，并以分赠祭祀肉食为荣。

第四节 杂 记

在治水活动中，人们往往将一些重大事件记载下来，以警后世。同时，出于对根治水患的良好愿望，民间流传着一些动人故事，成为荆州水文化的重要组成部分。

荆 州

荆州古为九州之一。九州乃传说中我国古代中原行政区划，起源于春秋战国时代，说法不一。西汉以前都认为九州系禹治水后划分，州名未有定说，但都有荆州。实际上九州只是当时学者各就其所知划分的9个地理区域，并不是行政区域。

荆州的地域，一般都认为"荆及衡阳惟荆州"。有的则认为汉水之南至衡阳乃荆州。不过荆州的范围远比楚国的范围要小。在楚国都郢的411年中，荆州并未作为行政区名称出现过，所以荆州不能代表楚。《尔雅·释地》："汉南曰荆州"。李巡曰："汉南其气燥刚、秉性强梁，故曰荆。荆强也。"《释名》以为取荆山之名。荆山在今南漳县西。荆州谓今湖南、湖北大部及四川旧遵义、重庆二府，贵州旧思南、铜仁、思州、石阡等府，及广西北部、广东之连县，皆其地。

秦设南郡，郡治江陵。西汉区境分属南郡，治江陵。元封五年（前106年），分全国为13部（州），设立荆州刺史部为行政监察区，不属于一级行政区划。因为是监督郡县，较少定居治所。这是荆州作为行政区名称之始。荆州刺史部，治江陵，辖六郡一国（南阳郡、南郡、江夏郡、桂阳郡、武陵郡、零陵郡、长沙国）共辖115县。东汉时，刘秀把西汉时监察地方政情的刺史，固定为州一级的地方长官，使州成为郡国的上级，州成为统辖郡国的大行政区。荆州刺史先治武陵郡索县（东汉时改为汉寿县），县治在今鼎城区八官崇孝垸西北的断头港，即古汉寿县城。县治与荆州刺史同治于此。后来荆州刺史移治江陵。汉献帝初平中刘表为荆州刺史，治襄阳。三国至南北朝时期，荆州被一分为二，称为东荆州与西荆州。六朝时曾出现多个荆州并存的局面。东荆州的首府，一直是南郡的江陵城。西荆州的首府是宛城，即现在的南阳城。

赤壁之战后，魏、蜀、吴三分荆州。魏荆州治所南阳宛城，蜀荆州治油江口（今公安县）。建安二十四年（219年），蜀汉荆州归吴，吴荆州治江陵。晋时荆州刺史治所数次迁移，先治襄阳，后移江陵，又移乐乡，晋成帝咸和九年（329 年），荆州刺史陶侃将州治迁于巴陵，咸和十年（330 年）又迁武昌，成帝咸康六年（340 年）复襄阳。桓温迁江陵，桓冲于晋孝武帝太元二年（337 年）迁上明城，即今松滋老城镇西北 1 千米处。王元逵任荆州刺史于太元十四年（389 年）复迁江陵。东晋时期，因江陵地位重要，荆州刺史治地主要在江陵。桓氏家族 9 人皆为荆州刺史，前所未有。东晋灭亡后，荆州地域政权更迭频繁。荆州刺史仍治江陵。隋初废郡一级，改为州、县两级制，不久又改州为郡，复置荆州，治江陵。唐升为江陵府，宋亦为江陵府，元改中兴路，明为荆州，清时荆州府隶属荆宜道、治江陵。

注：此文根据《荆州地区志·1996 年》《漫谈荆江·1998 年》资料整理。

荆 州 记·南 郡

〔南北朝·宋〕临川王侍郎盛弘之

荆蕴玉以润其区，汉含珠而清其域。

元嘉十四年，荆州所隶三十郡。自晋室东迁，王居建业，则以荆扬为京师，根本之所，寄荆楚为重镇，上流之所。总拟周之分陕，故有西陕之号焉。自后桓冲为大将军，屯上明，使刘波守江陵是也。

荆州城临汉江，临江王所治。王被征，出城北门而车轴折。父老泣曰："吾王去不还矣！"从此不开北门。

城西北百余步有栖霞楼，临川康王所置。

缘城隈边，悉植细柳，绿条散风，清阴交陌。

城西百余步有楼，俯临川上。罗君章居之，因名为罗公洲。楼下洲上，果竹交荫，长杨旁映，交梧前疏。虽近城隍，处同邱壑。

郡西沿江六十里，南岸有山，名曰荆门，北岸有山，名曰虎牙。二山相对，楚之西塞也。虎牙石壁之红色，间有白文，如牙齿状。荆门上合下开，开达山南，有门形，故因以为名。

荆州有美鲋，踰于洞庭温湖。

橘洲在郡南四里，对南津，常看如下，及至夏水怀山，诸洲皆没，橘洲独在。枚廻，村名，旧云是梅槐合生成树，故谓之梅槐。

燕尾洲南，有龙宠二洲。二洲之间，旧云多渔，而渔者投罟挥网，辄佳绝。乃有水客泅而视之。见水下有石牛二头，常为网碛，网者绝焉。故渔者惩之，皆鼓枻而去。

马牧城三里有蚌城。故老相传云：饥年民结侣拾蚌，止憩其中，故因名。又云：城随洲势，上大下尖，其形以蚌，故有蚌号。二称莫知所附，故并载焉。

江津东十余里有中夏洲，洲之首，江之汜也。故屈原云："经夏首而西浮。"又二十余里有涌口，所谓阎敖浮涌而逸。二水之间，谓之夏洲，首尾七百里。华容、监利二县在其中矣。

荒谷西北有苑，号曰王园。北有小城，名曰冶父城。《左传》所谓"莫敖缢于荒谷，群帅囚于冶父"是也。

昭王十年，吴通鄣水灌纪南城，入赤湖，进灌郢城。遂破楚。

江陵东北七里有故郢城，城周廻九里。

县东北十里天井台，东临天井，周廻二里许，中有潜室，人时见之，辄有兵寇。

县东一百里有绿林山，茂林蓊郁，襄阳道经由其西。所谓当阳之绿林了。

华容县西有陶朱公冢，树碑云：是越之范蠡。而终于陶。

当阳县城楼，王仲宣登之而作赋。

县东有栎林长坂。昔时武宁至乐乡八十里，拱树修竹，隐天蔽日。长林盖取名于此。

县东有驴城，沮水之西有磨城。传言：伍子胥造此二城以攻麦城。故假驴磨立名。俗谚云：东驴西磨麦自破。

枝江县旧治沮中，后移出百里洲。西去郡百六十里，县左右有数十洲，磐布江中，其百里洲最为大也。中有桑田甘果，映江依洲。自县西至上明，东及江津，其中有九十九洲。楚谚曰：洲不满百，故不王者。桓元有问鼎之志。乃增一洲，以充百数。僣号数旬，宗灭身屠。及其倾败，洲亦消毁。其后未几，龙飞江汉。斯有验矣。三洲，洲中最大号、曰阳洲、陇洲、廻洲，是百洲之数。

灌羊湖西三十里有马头戍，吴大司马陆抗所屯，以对江津口。与晋太傅羊祜相拒，大宏信义。抗有疾，祜馈之药，抗即推心服之。于时读者以为华元，子反复见于今。

南蛮府东有三湖，源同一水。

注：南郡：秦置。湖北旧荆州、安陆、汉阳、武昌、黄州、德安、施南诸府及襄阳府之南境皆其地。治郢，在今荆州区郢城镇境内。汉置江陵县为郡冶。三国吴移郡治公安。晋复移于郡治于江陵。

江陵志余（摘录）

〔清〕孔自来

譔曰：荆土当江汉之衝，号称泽国，波涛泛滥，百谷济森，所不致遽沦为鱼者，以有穴口湖陂，为潴泄之势耳。昔人三海八柜，其遗意矣。厥后生齿日繁，瓯窦汙邪，悉为畎畞，所云獐捕马牧之穴，无复故迹，然虎渡流入澧水，而江南诸泾注之。郝穴流出汉口，而江北诸泾注之，二道未壅，而□水会同，泻注有壑。今唯虎渡一派，委而弗讲，而规旦夕之利者，又托于显陵以塞郝穴，是由塞口止啼，总头无患，其可得哉。贾让曰：大川无防，小川得入，陂障卑下，以为汙泽，应使秋水得所休息，左右游波，宽缓而不迫，呜乎！诚治水之上策也。

豫章台　楚故城址也，豫章岗在其西北。俗称看花台，陈子昂诗：遥遥去巫峡，望望下章台。台前大道，直接古堤。

金堤　水经注曰：江陵地东南倾，故缘以金堤，自灵溪始，桓温令陈遵监造，遵善于方攻，使人打鼓听之，知地势高下，依傍创造，略无差矣。五代高氏，亦尝修筑，厥后江势改徙，堤迁于外。而看花台一带数十百里，犹存故迹，土人呼为高王古堤焉。

寸金堤　在西门外，将军倪可福所筑，激水捍蜀，谓此坚厚寸寸如金也。宋吴猎尝分高沙东浆之流，由此堤外，历南纪楚望诸门，东汇沙市为南海焉。

万城堤　在西六十里。堤因城址，险阢上流，嘉靖十二年堤决。郡城不浸者三版，万历壬子，复有为鱼之恐，江陵令石应嵩，宵昼防造，赖以无虞。石公心力过竭，呕血堤上，后人勒石记功，目为热血碑。

万城 在城西，俗谓之方万城。水经注云：沮水东南迳长城，东注于江，此城当又名长城矣。按左传方城以为城，古本非万，盖万字也。唐勒奏土论，我是楚也，世伯南土，自越以至业叶，垂弘境万里，故号万城。郦道元又云：楚盛周衰，头争强中国，多筑列城于北方，因号叶城为万城，或北方城。吕不韦所谓九塞之一也，此土之城，殆没人沿袭而名，郡志以为宋赵葵避父讳，始改为万，失之矣。

汉水 在城东北，即沔水也。由坼口分入，合杨水湖水，而东南流注于江。史记曰：吴兵之来，楚使子常夹汉水阵军败吴，乘胜逐之，五战及郢。今长湖一带，多吴王之迹。空同子曰：汉之性曲，其流十里九湾，郢沔之间，潴为泽薮，皆汉之漾也。语曰：劲莫如济，曲莫如汉，故地多平旷，望兼川陆，属筠鲫雁，殊异外江。

漳水 地理志云：漳水东至江陵，入杨水，注于沔，非矣。漳于当阳东南百余里，而右会沮水也。山海经云：漳水东南流注于沮，沮水东南流注于江。王粲登楼赋，夹清漳之通浦，倚曲沮之长洲。王基曰：江陵有沮漳二水，溉灌膏腴之田以千数。裴骃亦云：叔敖激沮水为泽，□二水入汉已旧，或古今开塞不同也。

夏水 水经注曰：夏水出江，流于江陵东南，应邵十三州记曰：江别入沔为夏水源，夏之为名，始于分江，冬竭夏流，故纳厥称，既有中夏之目，亦苞大夏之名矣。当其决水所出，谓之堵口。屈子云：惟郢路之辽运兮，江与夏之不可涉。郑玄尚书注云：沧浪之水，亦谓之夏水来同，故亦变名焉。刘澄之亦云：夏水，古文以为沧浪之水，渔父所歌也，因此，夏之水应由沔。今按夏水乃江流沔，非沔入夏，假使沔注夏，其势西南，非尚书又东之文，不知堵口以下，沔水通兼夏目而会于江，谓之夏纳也。……今中夏口虽塞，而长夏港一带，犹存故道云。

杨水 水经注云：龙陂水迳郢城南东北流曰杨水，沮漳水自西来，汇合流入沔，行六百里，一曰夏杨洲，汉书注非杨水。今水出郢城北入于海子。

中夏口 在豫章口东，是夏水之首，江之汜也。屈平所云过夏首而西浮也。郦道元云：杨水北流于沔，谓之杨口，中夏口也。曹操追先主于当阳，张飞按矛于长坡，玄德得与数骑趣汉津，遂济夏口是矣。是知夏水出江曰夏口，亦曰堵口，入沔曰杨口，亦曰夏口，武昌有夏口，故此称中夏，又监利之口曰子夏口。

杨口 水经云：沔水东南，与杨口合，即杨口也。杜预传云：旧水道唯沔汉达江陵千数百里，北无通路，预乃开杨口，起夏水，达巴陵，内泻长江之险，外通零桂之漕。又王廙长史镇杨口垒，杜曾攻陷之，即此地。

灵溪 庾仲雍曰：荆州大城西九里，有灵溪水。郭□诗：灵溪可潜盘，此也。水经注云：灵溪水无泉源，上承散水，合成大溪，南流注江，江溪之合，有灵溪戍，背阿面江，西带灵溪，故戍得其名矣。

奉城 南对马头岸，北对大岸，故江津长所治，主度州郡贡于洛阳，亦曰江津戍。

荆 州 城

荆州城，也称为江陵城。前689年，楚文王自丹阳徙都郢，这里是楚国郢都的官船码头。公元前671年至公元前625年，楚成王在官船码头修建别宫，名曰渚宫。前221年秦将白起拔郢后，成为江陵治所，出现城郭，故名江陵城。西汉武帝元封五年（前 106 年）设荆州刺史，为全国 13 州之一，成为荆州刺史治所，故又称为荆州城。

荆州城从楚国渚宫时算起至清顺治三年（1646 年）重建止，其中共经历了十建四毁。《通典》一八三卷载："汉故城，即旧城，偏在西北，迤逦向东南；关羽筑城偏在西南，桓温筑城包括为一。"当时的荆州城是土城，不是砖墙。五代十国时，南平王高季兴开始筑砖城。这次所筑的砖城规模很大，大城之内有金城，大城之外培修了金堤。宋代经"靖康之乱"后，堞垛圮毁，池隍亦多淤塞。南宋嘉熙年间，荆州安抚史赵雄，经奏准重建砖城，历时 11 个月完成。城墙周长 10.5 千米，营敌楼战屋 1000 余间，淳祐十年（1250 年）掘壕（护城河，亦称为城隍，沟内有水时称作"城池"，无水时称作"城隍"）。元世祖忽必烈至元十三年（1276 年）下令拆毁襄汉荆湖诸城，荆州城亦被拆毁。元惠宗至正二十四年（1364 年），吴王朱元璋所授湖广行省知政事杨景依旧基重建。城周长 3300 丈（实长 10.5 千米），高 2.65 丈（8.83 米），城垛 5100 个。设城门 6 座，其上各建城楼 1 座。东为镇流门，楼曰宾阳楼；东南为公安门，楼曰楚望；南为南纪门，楼曰曲江；北为古漕门，楼曰景龙；西北为拱辰门，楼曰朝宗；西为龙山门，楼曰九阳。周围城壕宽 16 丈（48 米），深 1 丈（3 米）。明嘉靖、万历年间，对城墙进行过维修。崇祯十六年（1643 年）张献忠攻占江陵时，将城墙毁大半。清顺治三年（1646 年），荆南道镇守李栖凤、总兵郑四维督兵民依明代旧基重建城池，于大北门和小北门附近各设水闸 1 处，以泄城内之水。康熙二十二年（1683 年）荆州驻防八旗驻江陵城，城内隔为东西两城（隔墙位于今拥军巷，东为满城，西为汉城）。乾隆二十一年（1756 年）重修城垣，并开水津门于西南隅。乾隆五十三年（1788 年）大水，城墙被冲毁多处。汛后重修，水津门、小北门、城东南等处退入十数处，余皆依旧基修补；封闭水津门，重建被毁的东、西门和大小北门城楼，补修了南纪门、公安门城楼；将公安门、东门两处吊桥并为 1 处。城门改名，东曰寅宾，南曰公安，西曰安澜，南曰南纪，大北门曰拱极，小北门曰远安。

现存砖城呈不规则长方形，东西长 3.75 千米，南北宽 1.2 千米，周长 10.5 千米，城内面积 4.47 平方千米，护城河长约 11 千米，河宽 15 米至百余米，水深 2～3 米，马河最深 16 米左右。城垣高 8～9 米，主墙由 52 块青砖砌成，垣城面宽 3～5 米。底宽 10 米左右。四周存藏兵洞 3 个，炮台 26 座，城垛 4567 个。6 座城门均设有瓮城。1970 年经国务院批准，为缓解城内交通拥挤状况，乃增开新东门和新南门，1994 年增开新北门，至此共有 9 个城门。

城墙用青条石砌脚，上用青砖砌墙，每块砖 0.21 米宽、0.11 米厚、0.38 米长，石灰糯米浆砌缝。城墙由三部分组成，从底到顶，外由三块青砖砌成，是为主墙，宽 0.6～0.7 米，每隔 10 米不等有丁墙与主墙墙体衔接，主墙后多用散块砖与主墙相连，这一层厚度为 1.0～1.5 米，第三层是由黏土填筑，坡度 1∶1.2～1∶1.5。主墙并非全部垂直，向后稍斜，坡度 1∶0.04～1∶0.06，全部土、石墙体积约 79.8 万立方米。

荆州城地面高程：东门 34.70 米左右，仲宣楼外城脚 36.50～37.00 米，南门 33.50 米左右，关庙 34.00 米，西门 33.00 米左右，小北门 33.20 米左右。

随着社会的进步，当军事作战武器由冷兵器时代向热兵器时代转变之后，城墙就失去了原有的防御作用。荆州古城经历了千百年风风雨雨，是荆州大地沧桑变化的见证。如今，即使在拔地而起的高楼大厦面前，城墙作为"铁打的荆州府"的象征，仍巍然屹立，雄风犹存。

荆州古城是我国十大古都之一，是祖先留给我们的一份珍贵财富。这个财富不仅属于历史文化名城本身，而且属于整个中华民族，以致属于整个人类，一定要非常珍惜和保护好这份宝贵的遗产。

保护古城的目的不但在于荆州城的雄伟壮观的风貌和威镇千年的军事工程作用，还在于它的建筑布局、建筑技巧和建筑水平都已达到相当高的水平，是劳动人民的智慧、汗水和科学技术的结晶，是我国文化遗产之一。例如，青砖的烧制技术、基础处理、6座城门的布局充分适应了军事上前呼后应、左右策应的要求。尤以墙体结构尺寸的设计，令当代的建筑工作者也感到惊讶。这么高的城墙，墙体如此单薄，何以能稳定？从开辟新门挖出的墙后土体观察，填土的密实程度与如今的机械碾压相比亦毫不逊色。土体中几乎看不到孔隙和杂物。由于墙后土体十分密实、稳定，能同墙体形成合力，才使墙体得以稳定。可见那时人们对于土料的选择、水分的控制、夯实的程度是十分讲究的，也是有一套办法的。这些都是值得学习研究的。

注：此文根据《江陵县志·1990年》《漫谈荆江·1998年》资料整理。

纪 南 城

位于荆州城北5千米，因在纪山之南，故名纪南。它是春秋战国时楚国的都城，当时称"郢"。纪南城不是楚郢都的本名，而是后世对楚郢都废墟的称呼。郢系本称，又称纪南、南郢。南郢之名何来？有的学者解释出自楚东迁以后。《水经注·江水》引《周书》曰：南国，名也。《路史》说：江陵，古南国。据文献记载：公元前689年，楚文王"始都郢"。至公元前278年，秦将白起拔郢，楚顷襄王迁都陈（今河南淮阳），楚国共有20个国王在此建都，历时411年之久。

纪南城是用黏土夯筑的，北垣长3547米，西垣3571米，南垣4502米，东垣3706米，总周长15506米，东西长4.45千米，南北宽3.58千米，城区面积16平方千米。城高4～7.5米[1]，面宽10～15米，护城河环绕，距城垣20米左右，河宽一段为30米左右。护城河与城内古河道贯通，以保证其水源。全城设8门[2]，其中南、北、东三面各设水门一座。城内地面高程34.00～35.00米。经勘探发掘城门一般为2墩3门。南北水门凌驾于河道上，扼守水路。南水门为木质，由38根大立柱直立而成，每排9或11根，构成3个门道，各宽3.5米左右，容船只通行，是迄今世界上已发现的最早的木结构水门。[3]

纪南城由于交通方便，春秋战国时期，便是我国南方的最大城市之一，十分繁华。楚威王时（前340—前329年），"地方五千里，带甲百万，车千乘，骑万匹，粟支十年"，"楚之领疆和国力臻于鼎盛，南郢的繁荣亦达于高峰。南郢后期的总人口比照临淄计算，当在30万人左右"[4]。

纪南城不仅是战国七雄之都中保存最为完整的，也是先秦时期我国保存最为完好的古城遗址。城内城外，地上地下，有春秋战国时期丰富的文化遗存，是研究当时社会变革和楚国历史的极为重要的文化宝库。

根据新中国成立后历年的调查和试掘，城内已发现春秋战国时期的夯土基台84座，一部分是楚都宫殿建筑基址，规模最大的台基长达 130 米，最宽的达 100 米，有的是手工作坊遗址。城址周围楚墓遍布，离城不远的纪山、八岭山、雨台山、马山和长湖边的墓葬，规模相当庞大，埋藏着许多重要历史文物。

城内的凤凰山自公元前 278 年秦国拔郢以后，便成为秦汉时期的一块墓地。经勘探，在 52000 平方米的范围内有古墓 200 余座，现已发掘 30 余座，出土了 2000 多件文物。1975 年 6 月发掘的一座西汉文帝十三年（前 167 年）的墓葬，出土了一具保存完好的男尸，对于研究西汉初期的历史、文化、手工业以及医药防腐技术等都有重要价值。

已经出土的大量文物还说明当时纪南城在铸铜、铸铁、绘画、雕刻工艺等方面已十分兴盛。在这里发掘了许多青铜器、丝绸织品、漆器等楚国文物，尤以青铜器代表了东周青铜文化的最高成就。青铜是铜、锡和铅的合金，它标志一个历史时期——青铜时代。我国在商代（前 16—前 21 世纪）已是高度发达了的青铜时代，商代以青铜器和甲骨文为代表的文化为我国的光辉灿烂的文明奠定了基础。

根据饶正洲《楚国的铜矿资源及其开采》一文介绍，楚国的矿产资源丰富，处于武器原料——铜矿产地的中心地域。楚国早期的产铜地在荆山。考古发掘在现钟祥的大洪山的客店一带有古代铜器冶炼遗址。楚国占有湖北大冶铜禄山铜矿，后又占有湖南麻阳九曲弯铜矿，使楚国成为拥有铜矿资源最丰富的国家。铜是那个时代最重要的生产资料和战略物资，在当时来说，一个国家生产铜的多少与国家的强弱大致成正比。有的资料分析，从铜禄山遗址推算，当时累计炼出纯铜不少于 8 万～10 万吨。冶铁和使用铁器最早的地区也是楚国，楚国在春秋晚期之前已有了冶铁业，据专家考证，我国铸铁冶炼技术的发明，要比欧洲早 1900 年，当时钢铁兵器的制造技术以楚国较发达，考古发掘的铁兵器，很多是楚国制造的。冶铁和铁器制造技术的出现，变更了生产工具，从而带动了农业飞跃进步，推动了生产力的发展，促进了人类文明，也带动了武器的进步，给军队提供了新的武器装备，钢铁武器日益增多。当时的楚国"带甲百万，车千乘，骑万匹"，这么庞大的军队，需要大批的青铜器和钢铁器来武装，大大增强了楚国问鼎中原的力量。

纪南城还是最早使用金币的地方。当时的金币叫"郢爰"，爰为重量名，是我国最早的黄金货币。郢爰是在扁平的金牌上打出一块块的金印，印文为"郢爰"，使用时从大版上切下，依重量定其价值，是一种称量货币。最近发现有"陈爰"，当是楚都由郢迁陈以后铸造的金币。迄今为止，我国出土的先秦时期金币无一例外概为楚物。事实说明，楚国是我国出土的铸造和使用黄金货币的方国。⑤

楚国又以音乐舞蹈之邦著称。纪南城楚墓出土的钟、磬、鼓、琴等古代乐器，反映了楚都艺术的繁荣昌盛。

纪南城是屈原为之奋斗的地方。屈原的诗歌和庄子（生于宋后迁于楚）的散文都是中国古代语言艺术无可逾越的顶峰。刘思勰《文心雕龙·辩骚篇》评屈原所作的楚辞："气往轹古，辞来切今，精彩绝艳，难与并能矣。"鲁迅《汉文学史纲要》评《庄子》："汪洋避阖，仪态万方，晚周诸子之作，莫能先也。"这里创造出了可与希腊文化相媲美的文明。

楚都何以为"郢"？据《说文解字》："郢，程字之假错"。"程，品也，品者，众庶也。因从庶而立法则，斯谓之程品。"而"郢"从"邑"，因应庶而立法则之邑，那就是国都了。所以郢就是古时楚国的邑名，不论是都城，还是陪都、新都、都郊，凡迁都所至，当时都被称为郢。"郢者何？楚王处也。"可见郢是楚国都城的通称。据冯永轩考证：郢字从呈，又可作壬，壬字实从土，像土上生物，且有高义。[6]

楚为何要建都于郢？按照当时的理论，"凡立国都，非于大山之下，即于广川之上，高毋近旱而水用足，下毋近水而沟防省。"故郢者，就是选择地势高亢之处以为都城。郢都地居江湖之会，兼有水陆之便南有长江天险，东接千里平原，西控巫巴咽喉，北联中原通衢，不仅自然条件优越，而且地理位置重要，从此成为楚国政治、经济、文化的中心。史称"楚人都郢而强，却郢而亡"。

①有的资料为 3.9～8 米。

②也有说 7 门。

③见《江陵古都学会·南国名都江陵》。

④、⑥见高介华《楚都南郢》。

⑤见李光灿、李谟鲜《楚文化从谈》。

注：此文摘自《漫谈荆江·1998 年》。

郢 城

郢城在荆州城东北 4.5 千米（今郢城镇境内），纪南城东南 3 千米。与荆州城、纪南城成为三角形。东南距沙市章华寺 7.5 千米。传为楚平王时囊瓦所筑，今人有不同看法，认为"该城古文献多讹为楚之别郢。现经考古勘探、发掘，确定为秦汉城址"。有的专家判定为秦代南郡治所、西汉郢县（东汉改郢亭）治所。东汉时郢县并入江陵县，郢城遂废。城垣成正方形，边长 1.4 千米，黄土夯筑，高 3～6 米，基宽 15～20 米，垣顶面宽 7～10 米。城垣西北角有一土台，俗称"庄王望妃台"。四面各有城门。城外有护城河环绕，河宽 30～40 米。城内文化层厚约 1.5 米。已发掘多座东汉墓葬。出土有秦及西汉陶井圈、砖瓦及日用生活器皿，半两、五铢铜币等。城东部发现东周遗址 2 处。

注：此文摘录自《江陵县志·1990 年》。

沙 市

於曙峦

一、沙市地位

（甲）方位 沙市一名沙津，一名沙头，属湖北江陵县，在治东南十五里，省会西水程一千零八十里，——监利、新堤、汉口三个三百六十里。——西去宜昌三百六十里，北去襄阳四百九十里。

（乙）气候 沙市纬度，较宜昌仅偏南二十余分，气候大致相似，惟附近多河泽湖泊，湿气较大耳。

二、沙市城市

沙市兴于何时，其历史不可考，但荆州自为楚都，（楚都郢，即纪南城；在江陵城北十五里，遗迹犹存。）成为历代军事重地，沙市为其外港，当随之而兴。且荆、襄为旧日西南各省入都（非专指北京，包括长安、洛阳等旧都。）通衢，沙市正其枢纽；观元微之诗"阗咽沙头市，玲珑竹岸窗"，知其繁盛，在唐时已然矣。不过至清光绪二十一年，中日《马关条约》开沙市，苏州、杭州为商埠后，此处更见兴盛耳。乡人谚云："天下口，算汉口；天下市，算沙市。"虽为坐井观天之语，亦可知沙市之繁荣矣。兹就其城市状况，分述于次：

（甲）地势　沙市南滨长江，地势甚低。宋时筑大堤，（名万城堤，详后。）抵御江流，而江身逐渐为泥沙壅积，竟高出沙市之市面。每当水涨，往来轮、帆等船，如行屋顶（指堤内房屋），其危险殊难言状，故土谚有"水来打破万城堤，荆州便是养鱼池"。所幸堤身坚固，保护甚力，或不至溃决，尚可苟且偷安耳。不过来日大难，终觉可畏。（1）日往月来，江身渐积，沙市地面，不能增高，大堤虽可随水增筑，然过其高度，即发生危险，不可久恃。（2）长江左右之大小湖泊，日渐壅塞，（洞庭昔称八百里，今已缩小，即是其例。）江流暴涨，无地容纳，水势渐见凶猛。（3）人民贪利，日谋筑堤，侵蚀蓄水面积，江流被逼，既增高度，更猛水势。以上三点，实沙市将来存亡问题，万难忽视者也。而沙市人士，均怡然泰然，视若无事，未闻有加以研究，设法防御者。后顾之忧，令人生惧。

（乙）街市　沙市繁盛街市，均在堤内，（堤上亦筑街数里曰堤街。）如青石大街，刘家场、丝线街、赤帝宫街等，全市精华，咸萃于斯，惟街道仄狭，屋宇古朴，地势高低，路石凌乱，较之宜昌各马路，则相差甚远。

沙市街市，现既狭窄，将来商务进步，市政亦殊难发展。盖因其东北虽多旷野，奈距江较远，修筑商埠，自不适宜。滨江一带，为大堤所缚，毫无施展余地。拆卸旧街，改造新市、，又非目令所可能。此诚沙市一大缺陷也。

（丙）附江陵城市状况　江陵城为旧荆州，在沙市西北十五里，吾国历史上一名区也。胡文定（安国）《地理通释》曰："荆渚，江左上流也。故楚子自枌归徙都，日以富强，近并谷、邓，次及汉东，下收江、黄，横行淮、泗，遂并吴、越，传六七百年而后止，此虽人谋，亦地势使然也。后逮汉衰，刘表牧之，坐谈西伯；先主假之，三分天下；关羽用之，威振中华；孙氏有之，抗衡曹魏；晋、宋、齐、梁，倚为重镇，财赋兵甲，当南朝之半。"荆州之重，可想而知，故前清设将军，驻旗兵于此也。兹将其城市一附述之：（1）城垣。城为明太祖饬平章王璟，依旧基修筑，周十八里余，有六门，形如椭圆，东西约六里，南北约三里，清驻防将军，统八旗兵驻城东，迁官署市厘于城西，设墙间之，遂称东城曰满城，西城曰汉城，民国后，始拆去间墙，回复原状。荆城因为八旗驻防之地，常加修葺，至今仍整齐宏壮，故有"铁打荆州"之称也。（2）街市。江陵商业重心集于沙市，荆州城内，除官署、学校、及民房外，无大商店，街市萧条，荒凉满目。民国以来，旗兵失其生计，日以拆卸房屋，运材料砖瓦至沙市出售为生，（因荆城寥落，无人买屋，故只得拆运沙市出售也。）东城已成一片瓦砾之场，益增萧条景象，将来必渐趋荒废也。但荆城城垣宽旷，地势平坦，距沙市虽十余里，有小河可通舟楫，陆路亦平坦易行，彼此交通，尚不为难，将来沙市商业发达，大可将大小工厂，筑于此间，一可济沙市地势逼促之穷，一可兴荆州衰落之市，诚两得也。

（丁）堤防　堤防之于水利，实一种剜肉医疮之计，非根本之图。盖以江水汪洋，不疏浚河身以畅其流，徒筑圩堤御水，水为所逼，其势转猛，幸者壑邻，不幸者自壑，旨哉汉文帝之言曰："左堤强则右堤伤，右堤强则左堤伤，左右俱强则上下伤。"不过吾国政治昏暗，疏浚江流，决无希望，而堤防则成救济目前之要政矣。荆州旧属各邑，地势平衍，湖汊纵横，长短圩堤，不可数计。其中工程最大，关系最巨者，则推保障沙市之万城大堤。此堤建于宋熙宁中，《宋史·河渠志》云："庆元三年，臣僚言：江陵府去城十余里，有沙市镇，据水陆之冲。熙宁中，郑獬作守，始筑长堤闸水，缘地本沙渚，当蜀江下流，每遇涨潦奔冲，沙水相荡，摧地动辄数十丈，乞发帑修筑，从之。"嗣后逐年增修，堤身日见巩固，成为鄂西惟一大堤，不但关系江陵、荆门、监利等县农业，亦数百万生命之保障也。其起讫及所经地点长度如下表：

名 称		起止间之段数	长度
起段	止段		
堆金台	下万城	六	一八·四六里
上万城	下李家埠	九	二八·四九
上独阳	下斗篷	七	二〇·二〇
黑窑厂	横堤	五	二二·三〇
阮家湾	长乐堤	八	二六·〇〇
岳家嘴	马家寨	七	二一·五〇
冲和观	龙二渊	七	二四·七〇
上新垱	下金果寺	一二	三五·六〇
上孟家垸	拖茅埠	六	二〇·一〇
合计		六七	二一七·三五

注：此文摘录自《沙市志略校注·1986 年》。这篇文章登载在 1927 年 4 月出版的《东方杂志》第二十三卷第七号上。文章作者，系当时武昌测量学校的教师，因来宜昌、沙市从事测量工作，事后写下这篇文章。

息 壤

荆州南纪门外有息壤，相传大禹用以镇泉穴。唐元和中始出地，致感雷雨之异。由是岁旱，辄一发之，往往而验。自康熙间发掘，暴雨四十余日，几至沦陷。近虽大旱，不敢犯。按方氏通雅，息壤垒土也。罗泌路史作息生之土，凡土自坟起者，皆为息壤，不独荆州有之。东坡诗序，谓畚锸所及，辄复如故，殆即此意。抑又闻之，古人有以息壤堙洪水，是息壤本以止水，而反致雷雨，殊不可通，益恍然于镇泉穴之说为可信也。夫物必有所制，乃不为患，土所以治水，原泉之水生息无穷，非此生息无穷之土不能相制；失其所制，则脉动、气腾，激而为雷，蒸而成雨，理有固然，无足怪者。旁有屋三楹，奉大禹像，负城临河，地势湫隘，春秋祀事，文武僚属咸在，不能容拜献。余惟荆州当江沱之会，四载之所必经，灵迹昭著，神所凭依，将在是矣，不可以亵爱，命工度地，增拓旧址长十余丈，广三丈许，高出河面，甃以巨石，俾与岸平，别为前殿三楹，以为瞻拜之所，改正门南向息壤，缭以石阑，游者从旁门入。经营数月，规制一新，计糜白金千两有奇，崇德报功，守土者之责，非敢徼福于明神也。董其役者府经历荣科属为之记，因书以刻于石。

[倪文蔚作于光绪元年（1875 年）]

注：从荆州城老南门向右，沿护城河行 150 米的城墙脚下，有一丘土，长约 40 米，宽 10 米，这就是传说中的息壤遗址。

堤　街

荆江大堤沿堤城镇甚多。这些城镇由于滨江，水运四通八达，货物多在江边集散，故旧时堤街异常繁荣。其中，沙市、郝穴之堤街则尤盛。

沙市早在唐时即已发展成为重要港埠，"蜀舟吴船上下必停"，商贾就堤"列肆"，堤街因此应运而生。发展至民国时期，堤上已是房屋栉比，店铺林立，热闹非凡，逶迤长达数里：上起宝塔至大湾名大同一街；大湾至拖船埠名大同二街；拖船埠至大慈巷名大同三街；大慈巷以下名大同四街。其间尤以大同二街最为繁华，全市山货行业百分之九十集散于此。三街尾四街头又称"板院子"，是收买坏船板做棺木的集市。宝塔河则是水果码头，大批川橘、夔府柚子等贸易即在此处成交。堤街街道窄狭，全用石板铺路，一般仅容二三人行走。堤内坡则是逐级砌墙为邻，由上而下建成住宅和货栈。堤外坡亦为民房住宅，由于不敢在条石梯级驳岸上砌墙，则以木柱建成吊楼，临江而筑，人行于下，整个堤身上下均为房屋遮盖，由于木质建筑居多，1947年一场大火，烧了七里庙到巡司巷一整条街，可谓惨矣！

郝穴堤街，旧时上起铁牛下迄范家堤闸，首尾共长亦在数里之遥。不仅商店林立，经济活跃，而且还是此镇政治中心。据《江陵县志》记载，清乾隆年间，郝穴主要衙署如郝穴塘、郝穴司、郝穴汛巡检及郝穴主簿等无不设在堤上。街名：铁牛至轮渡码头名"糖坊街"；轮渡码头以下名"河南堤街"和"镇江寺街"；再下则为"九华寺街"。堤街房屋全为吊脚楼。生意以经营花行、粮行为主，铺面虽小，却也十分兴旺。极盛时期，居民竟达3万余人。1940年6月6日，日机疯狂轰炸，堤街毁屋50余栋，死难百余人。时隔一年，即至次年的6月15日，国民党荆州专员兼游击总指挥又以阻止日寇过江为名，令直属队长唐玉庚再次火烧堤街，毁屋近四百栋，烧死达数十人，至此堤街始衰。但直至新中国成立初期街道仍长达三里许。

历史上堤街兴起，对繁荣沿堤市镇经济，无疑起到一定积极作用，但对堤防建设却有极大妨碍。因居民不仅在堤上建房，而且还随处乱挖墙脚，建阴圳和厕所，致使堤身百孔千疮，一遇外江涨水，堤后便到处发生渗漏，特别是发生在房屋里面的一些险情，巡堤查险很难发现，而房主又唯恐拆房而不敢据实报险，因此尤属大堤致命隐患。再加房屋占据堤面，无法进行培修。对此，清、民国时期虽屡有明令禁止，但却始终禁而未止。新中国成立后始采取果断措施清除堤上违章建筑，1952年兴建荆江分洪工程时首先拆除沙市狗头湾至玉和坪长约4公里堤街房屋，计1500余栋，60余万平方米，并在太师渊、大赛巷等处新建宿舍，安置拆迁居民2000余户8000余人。1954年冬加固荆江大堤时，全部拆除郝穴堤街的房屋。郝穴建设路即当时拆迁堤街时新建的一条南北走向街道。此外监利城南、堤头以及江陵观音寺等城镇堤街上的房屋亦在新中国成立以后陆续迁于堤内，从此荆江大堤堤街历史才最终消失。

官　肥　堤　瘦

民国时期全国贪污腐化成风，荆江大堤的堤防单位自然也不例外，仅自1945年抗日胜利至1949年民国灭亡，四年时间换了四任工务所主任。每换一任主任必自带出纳、总务等亲信僚属，从中大肆贪污中饱。1948年以洪某为主任的一伙，其会计李某以权谋私，将职工的工资，放账于中山路九和布店所开的黑钱庄，每月迟发工资十天，将所得利息全部据为己有。在任 14 个月，贪污数额折合大米 383 担，合当时纸币 4600 万元。又将工程款放账生息，分给洪某 2 亿元之多。此外，还勾结承包商，接受贿赂，盗卖防汛器材，仅祁家渊承包商、复兴公司经理严子卿和浥市夏宏泰营造厂经理夏金连就曾分别行贿 5000 万元和 3000 万元。李某盗卖麻袋两次，牟利 500 现洋。而在这伙人把持下的荆江大堤却百孔千疮，四年来所建工程的土石方量则是微乎其微。那时正逢世界反法西斯战争全面胜利，美国在远东菲律宾储存战备物资甚巨，拟运中国作为救济，于是"行政院善后救济总署"应运而生，"湖北救济分署沙市办事处"也随之成立，并接收了大批美国面粉。工务所即采取"以工代赈"方式开支修堤工费，其实这点面粉仅够工务所员工工资而已，哪有多余的用来放赈修堤。尤其是 1948 年的护岸石方工程中，由私商承包，更是行贿舞弊，丑态百出，真正能用到堤上的就要大打折扣了。故直到 1949 年人民政府接管时，大堤仍是矮小单薄不堪。

补　术

民国三十五年（1946 年）秋末，江水下落，下距沙市 80 里的祁家渊堤段，突然发生外滩崩坍。原有 90 余米宽的外滩，一夜之间崩坍 50 余米，而且有继续下崩趋势。堤防部门层层告急，请求专员公署急调蛮石抢护。经专员杨世英与幕僚策划，决定派沙市码头工人拆除沙市赶马台金龙寺大殿台阶及两边护阶条石，以作抢护器材之用。金龙寺原系川陕会馆，建筑工艺精良，是荆沙地区极有保存价值的文物之一，而当时政府不仅不谋修复保护，反将仅有部分拆除以解燃眉之急，平日不闻不问，事急挖肉补疮，笔者当时曾奉令前往监督拆运石料，目击码头工人用挖锄及洋镐挖了 3 天，才装了十几吨位的两条木船，运到祁家渊作抢护器材，然而杯水车薪，岂能有济于事！所幸那年后期水位下降较为平缓，加以马、郝堤管段又做了一些抢护的努力，因而崩势没有继续发展，直到新中国成立后采取大量工程措施，祁家渊险情才初步得到控制。

蛟子渊往事

蛟子渊亦名消滞渊，系大江支流，于金果寺入口，拖茅埠以下出流，长约 60 余里，两岸均为江中淤洲。北岸淤洲名朱阳湖，南岸淤洲为前清荆州将军牧马处，名马厂。两岸淤洲面积广达数万亩，均为石首管辖。由于此处为大江分泄支流，两岸洲地又为容水巨库，江面宽四五里，而蛟子渊支流及淤洲即占三分之二。为使江流畅达，历来官府严禁堵塞。清乾隆年间堵筑蛟子渊口，经江、监、石 3 县士绅呈请，出示予以刨毁，并且刊勒碑石以为永禁。民国元年（1912 年）湘籍客民王辅廷乘时局混乱之机堵塞此口，企图围湖霸荒，嗣经荆州万城堤工总局总理徐国彬呈请，于当年六月派兵强制刨毁。民国十三年（1924 年）二月，张耀南又请堵塞，未准。民国二十一年（1932 年）石首县第九区团总任新垓率团队民夫数百人堵口亦未成。至民国二十八年（1939 年）九月，江防司令郭忏以军事需要为由下令堵塞。抗日胜利后，经江陵县呈请，拨款石首实施刨毁，但仅刨约 5 米即中途而废。建国后，湖北省人民政府主席李先念、副主席聂洪钧、熊晋槐、王任重等于 1951 年 6 月 20 日到石首召开刨毁蛟子渊工程会议，随即动员石首、江陵民工 2700 余人予以彻底刨毁。1952年春，为安置荆江分洪区移民挽筑人民大垸时再次堵塞，自此成为内垸水系。

江陵洪水围城记（节录）

按：本文写于1935年7月水灾期间，当年在《武汉日报》上发表，后又收入《荆沙水灾写真》。作者雷啸岑是当时七区专员兼江陵县长。原文计分"洪水来源""洪水围城经过""民堤干堤溃决之实情"等目，其中"洪水围城经过"一节，似觉接近真实，兹节录如下，以存史实。

六日晨五时廿分，洪水袭至，余急驰西北门督同兵民急闭木闸，而城外难民，纷纷携同箱物及牲畜，争先入城避灾，哀恳缓闭，略稽半时，水已入城，急掩之，然仓皇间乃忘记先将城门关闭，以致水仍从闸缝中泄漏而入也。午前，四门紧闭，尚无特殊险象，惟北城下一大涵洞水流冒入颇急。驻城保安队仅有一个中队，除守护监狱及各机关勤务外，所余不过三十名，尚须四出征夫，殊觉棘手。幸驻军第十军特务团长李德惠，督饬所部两营兵士，（有一营在南门外守护大堤）分赴各处抢护，而对于北门涵洞，抢堵尤力，县府警士及团队，亦协力将事，此时人心尚安定。午后，水势愈猛，高齐城门，而北门之涵洞，又将晨间所堵筑之蚕豆布袋等冲散，水涌入城如急弩，飞机场一带，瞬时积水盈尺，西北两城垣，又以溃坍数丈闻。时大雨如注，朱团长率部以全力抢筑涵洞，余则率同全署职员，分赴四街鸣锣，征夫协助军队抢险，而居民多数收拾家物图逃难，应者廖廖。急回书写紧急标语，遍贴通衢，谓"北门城溃，水洞亦破，全城危在旦夕，望民众速起抢救"，仍少应者。乃派兵持枪四出强迫，而此拉彼逸，时逢灾患，又不便施以拘惩，费尽气力，拉来者不过二百人左右耳。西城外居民甚多，适当水冲，除房屋冲毁，人随波臣而去者外，余均僵立于屋檐上待救。五时以后，迅雷烈风，霪雨交作，余欲设法往救，而沙市方面大小船舶，无一开来城边者，继见西门套城内放有小划一支即派兵取上城，再用大绳放置城外水中，以两兵缒城下，驾往救护，至八时，救出一百三十余名，因天色暗黑狂风雨不止，尚有数十人未能续救矣。

七日午后，大雷雨又作，益以北风狂吼声，房屋树木倒折声，城外惊涛骇浪声，已令人闻之心胆悸裂。继而电报电话均断，城内监狱大墙倒坍，囚犯四百余人淘淘鼓噪将越狱。同时，西门城又告入水，城垣溃塌数丈，北门水洞仍无法堵筑，全城民众，竟相呼号奔驰，然城被水封，逃生无路，乃群向地势较高之东南城狂走，秩序大乱。余急加派保安队赴监狱守护，复亲入狱中对囚犯训话，群犯懍然利害，暂示平静。夜间，仍有数名越逃，经哨兵鸣枪始退入，居民又起一度虚惊。经时风雨不辍，西城垣低处，离水面不过三四尺，李团长仍督饬所部及专员公署员警与一部分学兵从事抢护各地水险，昼夜不休。城内民食恐慌，灾民麕集城上数百人，嗷嗷待食。余乃一面布告统制粮食，规定米价，一面勒令各米商将存米一律平粜，复将二十六军存放某商店之军米八十余石，暂行借用，局势勉强维持。晚间，水仍飞涨。综计大水围城三天中，以今日为最艰危也。

八日晨，忽闻西城下人声鼎沸，疑囚犯越狱矣，急往视，则见多数壮丁蚁聚，声言省立第八中学校长程旨云，不该将城外太晖观旁之明襄王墓前石狮一对移至校内，此乃镇水之"水猫子"。因程移动，遂召水患，宜将其抬出置西城上，虔诚祭奠云云。一呼百诺，不可理喻。壮丁人人自告奋勇，愿往搬抬（抢险则无人来矣），呼声震屋瓦。余知其愚不可及也，派副官杨泰率赴学校，允其抬出，但禁止轨外行动耳。俄而一群愚民，簇拥"水猫子"至西城上，强商会常委王显卿主祭读祝文，并称须余前去顶礼，余应之，但嘱稍待。午后，天忽晴，如是群相欢告，谓"水猫子"之灵佑也。其实水势稍退原因，乃沙市对面之金城垸堤冲破所致也。

九日下午，据江陵县之第一小学校长蔡祖璋由万城逃难入城报告，谓荆江大堤已溃之一段，在五日下午即漫水，驻万城之堤工局主任吴锦棠，闻警声言先往关庙祭奠，旋即潜逃无踪。局内防险材料，一无所有，仅留一职员杨玉龙与众敷衍，傍晚方取出大洋六十元为防险费，而无法购得材料。马山市之联保主任朱凤章，率领壮丁二百余人前来抢险，而无人接洽，坐视万城堤于晚十一时许溃决云。

一九三五年洪水决堤真相

一九三五年（民国二十四年），夏历乙亥年六月初六日，堤决得胜台（在万城北门楼出口不远之地），洪水将荆州城团团围住。当时曾由沙市《荆报》编纂《荆沙水灾写真》小册，记载其事，出版发行。但在当时因荆沙地方军政长官个人之间，意见不合，矛盾很深，平时借故寻衅，互相责难，甚至恶意攻讦之事，屡见不鲜。堤决后，沙市驻军第十军军长徐源泉竟公开出面，硬说荆江大堤溃决，是受县堤阴湘城堤溃决所影响，为大堤主管修防负责人——荆江堤工总局局长徐国瑞辩护。而当时第七区行政督察专员兼江陵县县长雷啸岑，则谓县堤阴湘城堤之溃，是内受大堤溃口后，江水倒灌，外受沮漳河山洪暴发，内外夹攻所漫溃，属于不可抗拒的自然灾害，并非修防不力。堤决成灾的关键所在，主要责任，不在县堤，而是江堤。因此雷啸岑当时曾亲笔写就《洪水围城记》一稿，交由《荆报》在第一版首要地位刊登。十军军部也指使其参谋皮震编写《驳〈洪水围城记〉》，也在《荆报》披露。两者之间，互相诿卸责任。因此《荆沙水灾写真》的编者，在秉笔时，对此现实环境，不能不有所顾忌，尤其对于军方，不能不有所迁就，所以《荆沙水灾写真》小册中，记载内容，间有与事实不符之处。为了实事求是，补偏救弊，爰就个人三亲（亲眼所见、亲耳所闻、亲身经历）所及，将当时实际情况缕述如次，备供广大群众考证审查，鉴定是非，而正视听。

（一）荆江大堤与阴湘城堤，对防水的重要性和堤决成灾后危害性的差别

荆江大堤，在明末曾以当时皇帝元号，定名为"隆庆"大堤（后改称万城大堤、荆江大堤、荆江北岸干堤，简称大堤）。义即此堤，乃皇帝直辖亲管之堤。清代，关于此堤修防事宜，责由荆州府府尹专管，为府尹行政事务中之首要任务。遇有堤决，府尹就要受到被参罢官处分，直接主管之修防人员，连前三任都要受到连带处分。从前清到民国，都划为省干堤。堤身缘领于江陵县属马山附近之堆金台，下迄监利县止，全长一百八十公里。其中计有一百二十公里险段，都在地势高亢之江陵县境内。所以此堤之安危，关系到江、潜、监、沔等十余县人民生命财产之安危。如遇堤决，则洪水泛滥，大地陆沉，人民生命财产之损失，实不可以数计。

阴湘城堤，位于江陵县属西北区，介属马山枣林岗之间，为县管堤。堤身全长约七公里。土质坚硬，甚为稳固。加以堤外还有两道外围：一为滨近沮漳河边之众志垸堤，一为

吴家闸堤，后改称阴湘城堤；为该堤之重要屏藩，安全更有保障。其作用：仅为防止堤外九冲十一汉渍水漫溢和众志垸堤溃河水冲入，危及堤内之用。纵使堤溃，溃口之水，亦仅由太湖港流入城河，通过关沮口流入长湖，东流入江。经过之处，除沿河两岸低洼地带，遭受灾害外，较高地方则极少波及，与大堤防水之重要性及堤决成灾危害性之差别，诚如霄壤之不同。

（二）堤决真相

一九三五年夏季，淫雨连绵，屡月不止。堤内低洼之处，渍水成河，堤外江水与沮漳河水，连续上涨，有增无减。迫到夏历六月初头，狂风暴雨，日夜不停。同月初五日，大堤外围保障垸堤告溃，洪峰直射大堤，加以山洪江水，同时暴发，水位已平堤顶，岌岌可危。同日下午八时许，因大堤得胜台堤段附近腰店子（幺店子）地方，有一条从堤内通过堤顶到堤外，经常行走牛车小路，年深月久，被牛车把堤面碾成一道深槽，风吹浪打，洪水就从槽口向内灌，越灌越大，变成急流。这时当地群众急忙用门板稻草，进行抢救，无济于事。当时主管该堤修防人员万城修防主任吴锦棠，闻讯后，不但毫未采取措施，且因雨大风狂，畏难躲在房内睡觉，若无事然。抢险的群众，因群龙无首，也就散去。是日深夜十三时许；堤遂被槽口之水，冲垮告溃。溃口洪峰怒向内流，高屋建瓴，一泻千里，江、潜、监、沔等十余县，洪水泛滥，大地陆沉，造成乾隆五十三年来之空前浩劫。在溃堤前一段紧张时期内，堤工局长徐国瑞很少出动到堤上视察，也未部署防洪抢险紧急措施，有乖职守，百喙莫辞。

阴湘城堤方面，因堤外渍水，已淹及堤身，外围之众志垸堤和吴家闸堤，因沮漳河山洪暴发，也相继溃决。溃口之水，直向该堤猛攻，水头高过堤顶，抢救困难，因而也于同月初六日平堤，为水彻底漫垮。溃口之水，沿太湖港顺流东下，与大堤溃口之水汇合，水势更加汹涌澎湃，破城之危险性更大。该堤修防主任李润之当时曾在堤上日夜冒雨抢险，但因水头高过堤顶，肇成漫溃，较诸大堤修防主任吴锦棠，视险不抢者，也就大有区别了。

（三）洪水围城时险象及抢险经过

夏历六月初六日拂晓前，洪水已把荆州古城紧紧包围。古城六门地势，西门最低，大小北门次之；东门公安门最高，南门次之。当时水位，西门已淹平垛口，如再稍涨，水就要从垛口灌人。全城生灵就要沦为鱼鳖。西门外最高的房屋，也不见屋脊，从太晖观西首高阜上坐船到西门城门南边约二百公尺处，只需一小步，就可踏上城墙。大小北门，只淹及城门四分之三。东门公安门仅淹及城门边缘。南门只上了两块半闸。是日仍然狂风大雨，整夜不停。城外风吹浪打，水啸声在城内清晰可闻。城墙摇摇欲坠。城内低处渍水如河，妨碍交通。在此险境逼人情况下，当时专员兼县长雷啸岑，亲自发动全城壮丁，会同驻军第十军特务团团长李德惠，和浙江保安团驻荆团长喻某，带领所属部队，冒着风雨，上城抢险，环城梭巡。至夜半时，小北门附近下水道洞口，被城外洪水灌入，震撼城脚，甚为危险，同时鼎甲山城脚，又突然发生下陷险象。两险齐发，人心更加惶骇。幸军民拼命抢救，化险为夷，次日雨止天晴，水位才停止未涨，此后逐次下落。一场水厄，才侥幸度过。后来十军方面，又散播说在初六日半夜，城墙两处发生险象时，雷啸岑悄悄跑到东门天主堂内躲难去了，全属事虚。

（四）抢险声中的插曲

1. 湖北省立第八中学（现粮食加工厂后门即其遗址）图书馆门前，排列有一对石狮，相传此物系明朝湘献王陵墓前青狮白象石人石马翁仲之类的残骸，因年久遭受风雨剥蚀，狮头已变成近似猫头了。在同年三月间，八中新建图书馆，便将此狮从城外抬回，排列图书馆门口作为装饰品。不料在洪水围城抢险紧急声中，有人诡谓这对石狮，是当年诸葛孔明在建修观桥时，用大法力安排的降水兽，此兽现已修炼通灵，具有降水的伟大法力。八中校长程旨云把它用作装饰品，是对神兽的极大侮辱，因此上天示警，才洪水为灾等一大篇鬼话，哄得一些愚昧无识之辈，便将石狮强行抬到西门城洞两边安放，搭红挂彩，烧香磕头，求神保佑，作法退水。

接着，又传出触怒神兽的首恶是八中校长程旨云，鼓动多人，要把程捉到城上，丢往水里，以泄神愤。并扬言要把石狮抬到专署门口，要雷专员亲自出来磕头。此刻，一方面城内绅商头面人物，纷纷出面劝解，一面由专署派出军警弹压，遣散群众，将石狮仍还原处，一场轩然大波，才告平息。

2. 城内各米店乘机趁火打劫，浑水摸鱼，关门停业。有米不卖，引起民众恐慌，人心浮动，居民争往购米者，络绎于途。米店门口，人多拥挤，横塞街道，断绝交通。米店闭门不纳，顾客打门狂叫。嘈杂詈骂之声，震耳欲聋。这时县政府不得不出示，严切告诫米商照常开门营业，并指派警察分赴各米店，勒令开门卖米，并维持秩序，居民才有米可买。

（五）对当时堤工主管人员的处分

大堤深夜溃决，居民梦中葬身波底者，为数不知凡几。为了平泄民愤，搪塞舆论，借以点缀法纪庄严门面，事后由当时湖北省政府发布通令，将大堤万城修防主任吴锦棠，阴湘城堤修防主任李润之，各给予"永不录用"处分，以示惩戒。一纸空文敷衍了事。而身负决堤成灾主要责任之荆江堤工局长徐国瑞，则因有徐源泉包庇袒护，仍然逍遥法外，官运亨通。堤工局长肥缺，一直蝉联到荆沙沦陷。他饱载几十年来鲸吞国帑，搜刮民财所取得的充盈巨囊西上重庆，养尊处优，锦衣玉食，安度寓公生活。所谓"窃钩者诛，窃国者侯"，不意又于徐国瑞渎职殃民罪恶事迹中见之。旧时代军政人员之瞻徇情面，视人民生命财产如草芥，等国家法纪若弁髦，殊堪发指！

（作者李梓楠、李东屏，原文 1982 年 4 月载于《江陵县志资料》第八期）

国民党军炸堤阴谋

1949 年 6 月，蒋军撤离荆沙前夕，为挽救其军事上彻底失败的命运，川湘鄂边区绥靖公署密调爆破组到江陵万城待命，企图在汛涨时炸毁荆江大堤，以水淹荆沙方式阻止人民解放军继续南进。该组受国民党军统特务机关掌握，共由七人组成，组长姓吴，为训练有素的特工人员，人甚精悍。到万城后即在大堤埋设烈性炸药，并带有电台直接与"绥署二处"（军统系统）保持联系。当时驻防荆沙的蒋军湖北保安第六师师长周上璠在党的政策感召下，决心弃暗投明。根据中共荆沙工委的指示，在地下工作者成铁侠、杜文华的帮助下，积极做好起义准备，并相机保护大堤。这个潜伏在万城的爆破组，名义上虽然属周上璠指挥，实际上却暗里直接为军统特务系统所控制。周上璠为了完成保护荆江大堤的任务，急调 16 团前往万城驻防，暗中监视爆破组的行动，并多次与其得力部属 16 团少校团副李国章秘密策划，商议相机全部干掉爆破组。7 月中旬，解放军已将荆沙外围团团围住，时值汛期，江水猛涨，水位几与堤平，蒋军川湘鄂边区绥靖公署下达命令，待解放军攻占荆沙即炸堤放水围困解放军，然后举行反攻。在这千钧一发之际，李国章根据周上璠的密令，事先挑选心腹精壮，组成特别行动组，埋伏于指定地点。7 月 14 日 7 时，李国章以师长来万城视察训话，将对爆破组作机密指示为名，通知爆破组全体人员到团部开会。等他们到后，一声号令，预先埋伏的官兵一拥而出，将其全部缴械捆绑，留家看守电台的二人也同时予以逮捕，并将他们全部拖上船，架到江中处决。接着又派技术熟练的工兵取出埋设在万城堤上的炸药，至此蒋军炸堤阴谋被彻底粉碎。

（根据周上璠《荆沙起义和保护荆江大堤的回顾》、李国章《保护荆江大堤亲历记》改写）

关于调弦口堵塞建闸问题

1958 年 5 月 20 日，湖北省委第一书记王任重根据中央和国务院的指示，邀请湖南省委第一书记周小舟、江西省委书记邵式萍、长办主任林一山等在国务院举行三省水利会议，周恩来、李先念、李葆华等领导人到会指导。会议着重研究了长江防洪问题。会议认为荆江四口应当分别建闸控制，应先在藕池口修建进洪闸，在浟市兴建出洪闸，将虎渡河改道，在浟市开辟一条分洪道，以扩大荆江分洪区的进洪能力，在调弦口堵口以代替建闸。调弦口堵口以后，在什么情况下扒口，应研究提出一个水位标准，报中央批准后执行。同年冬，根据三省会议精神，湖南省即在调弦口堵堤并建闸。此闸 3 孔，总净宽 9 米，钢筋混凝土底板，条石拱涵，设计流量 44 立方米每秒。后经湘鄂两省协商报中央批准，当监利水位达 36.00 米时，预报上游来水将超过 36.5 米时扒堤分洪。

第五节　传　说

古往今来，人民群众渴望风调雨顺，江安河靖，物阜民丰。但由于历史的局限，无力治理水患，便将一些美好愿望寄托于神话传说，于是，一些精彩的故事在民间广为流传。

降　水　兽

松滋市老城文物园内陈放一具"石龟"，高 1.1 米，宽 1.5 米，长 3.1 米，龟背新镌石碑一块，重约 5 吨。据考，此龟又名"玄武碑座"，明代末年作为降水神安置于朱家埠关帝庙东侧的江堤上。清同治九年（1870 年），江堤溃口，石龟遂被埋没。

传说，此龟乃水府之殿前将军，其金碧锃亮的龟背上，能发出利箭似的强光，专门查治那些推波助澜、兴风作浪的妖魔鬼怪。因此，被玉帝封为"降水神"，镇守江堤，惩邪降恶，为后天子民所敬奉。一个风高月黑的夜晚，龟神终因劳累过度打盹时被众水怪打进地狱。人们世世代代感念龟将军的恩德，于明末塑造了龟将军的石身，供奉在朱家埠江堤上，以镇江水。

1975 年冬，老城合众垸群众在开挖排水沟时，在关帝庙旧址堤下发现沙埋石龟。1986 年 6 月，松滋市文物部门把石龟挖掘出土，运至老城文物园，镌刻石碑一块，镶嵌于石龟背上，碑上镌刻"老城古秀"四个大字，作为重点文物加以保护。一位考古专家咏赞曰："玄武碑古秀，唯独老城有。全身万余斤，镇江降水兽。"

天 生 堰

位于京山县三阳区西北 14 千米的屈山、九峰、黄玉泉 3 个村之间，有一口自然形成的古堰，人称天生堰。据传说，古时候，这里是一块田畈，畈中居住着一户极其吝啬刻薄的地主，为了永享富贵，常请来和尚、道士闭门祈祷，以求降福避灾。可是，他对上门化缘的僧、道和临门乞讨的穷人却分文不舍，粒米不施。他家里有一个心地善良的丫环，见此情景，心中不忍，时常将米饭藏在提水桶内，暗中送给乞讨的穷人。一天，观音老母变成一个讨饭的穷妇，对给饭予她的丫环说："如果见到东家水缸旁边长出一对竹笋，你一定要在它长出五寸高之前离开此地。"说罢便悄然而去。丫环听后不解其意，后来，这家水缸旁果然长出一对竹笋，丫环不以为然，竹笋渐渐长高，快到五寸时，丫环仍然没有离开的意图。一天早晨，丫环正在梳头，忽然一只狗向她猛扑过来，她一惊骇将手中的梳子掉在地上，那只狗衔起梳子就跑，丫环紧紧追赶，赶到附近朝天观山顶时，狗才弃梳而逃。当丫环拾起梳子回头一看，只见四面山上洪水汹涌澎湃、宣泄而下，向田畈冲去，顿时，白茫茫一片，田畈从此便成了一口大堰。地主全家葬身堰底，只逃出了这个善良的丫环。人们便说，天惩恶人而生此堰，故名天生堰。

红 水 堰

红水堰，位于京山县永兴王场三里村，面积 50 多亩，形状像两节莲藕。据传说，明朝时期，朱元璋与陈友谅在湖北大战，一次，朱元璋的队伍追杀到这里，当地百姓害怕战乱，与陈友谅的败兵一起藏在这个堰的丛生荷叶中。朱元璋的队伍中带有一只鹦鹉，它说："朝荷叶一刀，朝荷叶一刀！"于是，朱兵下到堰里，见荷叶就砍，杀死了许多人，血把水染红了。后来人们便将此堰名为红水堰。

马 刨 泉

荆州城西有座八岭山，山上有口泉，一年四季，泉水不断，下雨不涨，天旱不枯，泉水又清又甜。

相传，刘备借了荆州，关羽被封为蜀汉前将军，治理荆、襄九郡。关公有两件宝物，一件是青龙偃月刀，一件是赤兔马。这赤兔马是天上下凡的神马，日行千里，夜行八百。

一日早晨，关公去喂马，只见赤兔马耳朵直竖，尾巴直摇，脚在地上乱刨，头朝西边吼，关公一看，坏了！只怕大哥有难。正在这时，探子来报，说刘备在当阳被曹操围住，性命难保。关公二话不说，带着人马，就向当阳赶去。行至八岭山附近，人困马乏，只好下马找水。因赤日炎炎，一片荒山秃石包，哪有水呢？这时，关公的赤兔马长啸一声，奋蹄猛刨，蹄下涌出清泉，人马喝足后，泉水仍不断喷射，自此终年不涸，故名"马刨泉"。有诗赞曰：

赤兔腾空关坡前，口干舌燥喉生烟。

一声长啸龙王至，刹时蹄下涌清泉。

女 占 大 堰

荆门市的草坪村和龙山村交界处，有一口建于明嘉靖年间的大堰，被一个姓刘的霸为己有，谁家要用水，都得出钱送礼。刘家女儿嫁到廖家，父亲看在女儿的份上，允许女婿在大堰边开一水沟，引水灌田。

有一年大旱，穷苦村民交不起水费，眼看庄稼日渐枯萎，心地善良的刘姑娘趁自己田里放水的同时，偷偷将水放到别家田里救灾，父亲知道后，火冒三丈，即令廖家填平水沟，连女儿家也不让放水。

刘姑娘和丈夫边填沟边思忖，来年再干旱怎么办？于是想出一个主意，将一些烂草埋进沟里，上面用土盖好，并将大堰灌丘、田块面积、亩数多少刻记在一块石碑上，沉入水底。几个月后，夫妻到县衙告状，说这堰为廖家所有，被刘家强占，并强行填实原有引水沟渠。县官见女儿告父，拍木怒斥道：是父母亲，还是丈夫亲，为何庇护丈夫，与父相争？女儿反问县官：穿衣见父母，脱衣见丈夫，你说谁亲？县官哭笑不得，无言以对。后派人查访，果见旧沟有陈腐烂草，并根据夫妻辩词捞起石碑查验，确认刘家霸占大堰是真，将大堰判给了廖家，后人将此堰起名为"女占大堰。"

大 沙 湖

大沙湖，原名白沙湖，位于洪湖市东部。关于大沙湖的形成和湖名的由来，还有一段久远的民间传说。相传很久以前，大沙湖的官墩和陈家墩之间有条河，河岸边有17家铁铺，所以叫铁铺河。那时，整个大湖地表芳草萋萋，底下尽是淤泥沼泽，没有一条能走的路，经常发生只见人进湖，不见人出来的惨事。有一天，大沙湖里突然出现一匹马，棕白相间，通体透亮，熠熠发光，英俊无比，在湖上昂首飘尾，行走如云。有人说是赤兔马，有人说是火龙驹，最后大家都叫它为宝马。奇怪的是这匹马不是吃草喝水，而是饿餐铁屑铁器，渴饮铁铺的铁锈水，晨食暮饮。更奇怪的是自从大沙湖里出现了这匹马，在湖中央慢慢出现了一条宽阔平坦的大路，可惜这条路没有人能走，因为远看像路近看像河，也没有人敢靠近这匹马。

有一天傍晚，突然雷声大作，风雨交加，人们在草棚和烂船里朝天祈祷，祈求平安。这时，铁铺河边来了一个身背渔鼓的艺人。只见他三尺白须，长衫破鞋，在一家草棚歇下。他说他本来有匹马做伴，可是马跑了，他现在就是来降马的。第二天一大早，人们见万里晴空，风平浪静，老艺人已经将马用铜链拴起。好多人听说后，都来观看热闹，还有人竟然拿来铁器让宝马吃。宝马当众将铁吃了。不一会，又精神起来，长啸一声，挣脱铜链一路狂奔，时而倒地打滚，时而腾空飞跃，然后在大沙湖上空奔腾一圈不见了。当人们缓过神来，老艺人却不见了。就在当天的夜里，17家铁铺神秘失踪，成了永久的传说。但宝马留下的大大小小的凼子永远存在，小凼子是宝马发怒时四蹄踩下的，大凼子是宝马高兴时打滚压下的。马高兴时打滚，人们叫撒欢，为了怀念宝马，就把这些湖泊统称为大撒湖，由于地方口音习惯，时间长了，就叫成了大沙湖。

沙 套 湖

沙套湖位于洪湖市东北端，南北跨新滩、燕窝两镇交界地带，距长江干堤最近的地方只有2千米。此湖源于长江故道，因泥沙淤积成湖。

关于沙套湖的来历，还有这样的传说：很久以前，勤劳善良的沙套湖人民世世代代在这里捕鱼、采莲、摘菱、耕作，过着天堂般的幸福生活。可是，天有不测风云，湖里突然来了一个湖怪，它妖术高超，隔三差五地骚扰村民，利用妖风邪雨制造事端，卷走百姓家产，伤害无辜村民，闹得沿湖地区不得安宁。大家为此想了许多办法，总是无法降妖。

湖边有一个姓沙的小伙子，为人正直，喜欢打抱不平，人称沙闹。有一天晚上他做了一个梦，梦见一个道人要他到汉阳归元寺取一个法宝，即可降妖。第二天，天刚蒙蒙亮，四周一片寂静，沙闹带了一些盘缠，乘船到达汉阳，直奔归元寺，烧了香，拜了众神，一连两天没有动静，很是着急。第三天中午，沙闹照旧烧香拜佛，一长老向他走来，口里念道："有心则灵，阿弥陀佛。"随即从衣袖中取出一个似固定划船桨的箍子给沙闹说："小伙子，有此宝物，便可舍身降妖，你做好准备了吗？"沙闹接过箍子，对长老表示深深的谢意。长老又叮嘱了几句，才匆匆离开归元寺。过了一段时间，湖妖又开始作怪了，只见湖面乌风黑浪，大雨倾盆，众乡亲找到沙闹，求他想办法降妖。沙闹说："乡亲们，不要着急，看我的吧！"他拿出箍子，按照长老指点的方法，念了咒语，将宝物射出，只见一道刺眼的强光直达旋风中心，套住一条鳡鱼，使之重重地摔在离他只有十多米的地方，湖妖现了原形。可是鳡鱼精垂死挣扎，向沙闹吐了一口毒水，沙闹猝不及防中毒身亡。霎时妖风突止，暴雨即停，一场灾害避免了。从此沙套湖恢复了平静。为了纪念沙闹舍身斗湖妖的英雄壮举，后人将此湖取名沙套（闹）湖。

上 津 湖

上津湖位于石首市南部边境，南岸与湖南华容县仅一路之隔。相传，古时这一带居住着许多勤劳善良的人们，其中有一个勇敢的年轻人叫尚津，有一天，村里突然间刮起了大风，房屋成片倒塌，到处鸡飞狗跳，妇女孩子哀声不绝，人们不知发生了什么，经打听，原来是来了一个恶魔，它会法术，还有一个宝葫芦，它看到这里山清水秀，人们生活富足，心生嫉妒。随即用宝葫芦吸干了河里的水，然后化作一阵恶风，直朝村里发泄，于是，恶风吹到哪里，哪里便像水洗了一般，百姓苦不堪言。尚津目睹了魔王的累累罪行，心中升起了一股怒火，发誓要除掉这个恶魔，他向菩萨祷告，要求神仙帮助他为民除害，他的诚意果然打动了众神，庙里一块大石突然裂开，一把宝剑掉了下来。尚津惊喜万分，只见此剑亮光闪闪，能削金剁铁，上面还有"降龙伏虎、斩妖除魔"八个大字。于是，尚津携带宝剑找魔王算账，他一到魔王洞府，一剑劈开石门，魔王闻声前来迎战。由于尚津有神力相助，愈战愈勇，与恶魔打了几百个回合，魔王渐渐体力不支，趁机逃出洞口，尚津追上魔王在空中大战，打了三天三夜，双方筋疲力尽，魔王见打不过尚津，便拿出宝葫芦欲将尚津吸进去淹死。尚津一看形势危急，赶紧手持宝剑向魔王眼睛刺去，宝剑刺中了魔王，但尚津也被吸进了半个身子，它们从天而降，跌落到地上，砸出了一个很大的窟窿，它们同归于尽。接着大水从宝葫芦里流出来，形成了一个湖泊，后来人们为了纪念除魔英雄，便将此湖称为尚津湖，由于口口相传，渐渐地将此湖叫上津湖。

三 菱 湖

三菱湖位于石首市桃花山中部，是一个名胜古迹。传说，古时候，有两个美丽的仙女下凡，来到桃花山区，一个叫阿鹿，一个叫阿菱，姐妹俩看到桃花山景色奇异，遂产生了不回天庭而留居人间之念。他们决定到人间寻找自己的如意郎君。正当他们找到自己的如意郎君时，不料天庭派猪大王来捉拿姐妹俩，哪知姐妹俩学会了十八般武艺，对猪大王的挑衅毫不畏惧，直斗得猪大王只有招架之功，没有还手之力。猪大王羞愧难当，顿生恶念，拿出大刀要直取姐妹首级。姐妹俩看到猪大王居心险恶，假装撤退，将猪大王引进山谷，猪大王中计，浑然不知，正当它得意之时，忽然轰然一声，魔王落入了猎人布下的陷阱，幸亏有神灵相助，才死里逃生。猪大王掉下的地方就在三菱湖边。狼狈逃回天庭的猪大王向王母娘娘汇报，王母娘娘顿时怒发冲冠，下令虎魔王下凡捉拿阿鹿、阿菱。虎王来到人间，欲抓姐妹俩，姐妹俩与虎王争斗不休，当地百姓赶来助威，虎王恼羞成怒，虎爪连连击向姐妹俩，在当地百姓的帮助下，斩断了虎王的一只脚爪。王母娘娘知道后，用玉簪朝凡间一指，阿鹿、阿菱变成了一个湖泊，就是人们今天看到的三菱湖。

崇　湖

崇湖，又名重湖、白水湖，位于荆江分洪区中部，公安县城南 15 千米处。相传上古时期，楚灭罗国，末代罗王携贵族家人逃亡此地（附近有罗王庙、凤凰山为证）。罗王见此地地势低，易受渍，人民生活极为困苦，遂拿出逃亡时携带的大量金银慷慨接济，并号召大家将大片低洼地开挖成湖，沿湖百姓从此免受渍害之苦，农闲时还可到湖里打鱼采莲。人民出于对罗王的感激、怀念和崇敬，将此湖命名为崇湖，并修建一座罗王庙。

王　家　大　湖

王家大湖地处松滋、公安两县交界处。传说此湖原是一片陆地，勤劳善良的人们在山上打猎，在河里捕鱼，安居乐业。一王姓大户通过巧取豪夺，霸占了大量土地，从此恃强凌弱，人民苦不堪言。观音菩萨闻听此事，化成一个要饭的老头，来凡间察看，目睹了王家大户的恶劣行径，决定替人间除去这一霸。观音菩萨请人们相互转告，三日内此地有大灾难，说完后化作一道金光不见了。人们见是神仙显灵，立即行动起来，瞒着王家大户悄悄地举家迁往山上和高地。三日后，电闪雷鸣，大雨倾盆，飞沙走石。富人都躲在家里，闭门不出。突然一声巨响，王家大户的庄园陷了下去，雨水河水灌了进来，形成了一个湖泊，从此穷苦百姓在湖里打鱼为生，自由自在。后来人们就把这地陷形成的湖叫做王家大湖。

菱　角　湖

菱角湖，古为灵溪水，位于江陵县（现为荆州区）西部。相传，明代以前名叫开盐州，因四十八口盐井而得名。此地盛产楠竹，翠竹挺拔，青松参天，真乃世外桃源，然而此地经常闹灾荒。北山有一个阴阳先生，看出断山口有一条赤龙，若将此龙赶走，北山灾难可免。于是他化作一个算命先生到南山去算命，恰遇一个财主后园竹子开花，他给财主算命说："竹子开花，人要搬家，不祥之兆啊！"财主请先生设法解脱。先生叹道：办法虽有，只怕人心不齐。财主再三哀求，先生才说：断山口下有条赤龙，截住了开盐州的气脉，只有挖开断山口出红水，方可消灾。财主立刻召集一伙人到断山口挖了几天几夜，不见红水，人困马乏地回去了。说来也巧，有个人丢了一只鞋，回去寻找，只听地下传出：

差一点就挖了我的腰！这个人听后，一锹挖下去，红水直冒，转眼间，成为一片汪洋。从此北山不再受水灾之苦。而开盐州却成了一片荒湖。有一天，观音菩萨从此经过，看到南山人民无法谋生，便将几粒莲籽、菱角投入湖中，顷刻间，莲菱满湖，荷花飘香，人们可以采菱莲度日。因此取名菱角湖。

七 里 庙

浍水水库枢纽工程的下端 2000 米处原来有一座七里庙。相传七里庙原名"七女庙"。很久很久以前，有七位仙女联袂出游，来到浍河，看到这里洪水泛滥，天昏地暗，民不聊生，饿殍载道，疮痍满目。她们心生恻隐，按下云头，下凡人间，在浍河北岸修下一庙宇，又在庙内陈放一枚夜明珠，日夜闪耀，璀璨夺目，把光亮洒向人间。自此，这里水患渐弭，风调雨顺，五谷丰登，国泰民安，歌舞升平。老百姓感恩戴德，每逢初一、十五，带着香纸蜡烛，扶老携幼，来庙里虔诚相拜。谁知有个贪婪之徒混迹其间，乘人不备，盗走了这颗夜明珠。从此，夜明珠没有了，山寨又失去了光明。

第六节 文 论

魏源《湖广水利论》

魏源（1794—1857 年），原名远达，字默深，湖南邵阳人。《湖广水利论》是一篇论述湖广水利问题的重要文献。他对长江近数十年中的洪灾原因作了具体分析，提出了很有见地的治理主张。

历代以来，有河患，无江患。河性悍于江，所经兖、豫、徐堤多平衍，其横溢溃决无足怪。江之流澄于河，所经过两岸，其狭处则有山以夹之，其宽处则月湖以潴之，宜乎千年永无溃决。乃数十年中，告灾不辍，大湖南北，漂田舍，浸城市，请赈缓征无虚岁，几与河防同患，何哉？

当明之季世，张贼屠蜀民殆尽，楚次之，而江西少受其害。事定之后，江西人入楚，楚人入蜀，故当时有江西填湖广、湖广填四川之谣。今则承平二百载，土满人满。湖北、湖南、江南各省沿江、沿汉、沿湖向日受水之地，无不筑圩捍水，成阡陌、治庐舍其中，于是平地无遗利。且湖广无业之民多迁黔、粤、川、陕交界刀耕火种，虽蚕虫峻岭，老林邃谷，无土不垦，无门不辟，于是山地无遗利。平地无遗利，则不受水，水必与人争地，而向日受水之区十弃五六矣。山无余利，则凡箐谷之中浮沙壅泥、败叶陈根、历年壅积者，至是皆铲疏浮，随大雨倾泻而下，由山入溪，由溪达汉、达江，由江、汉达湖。水去沙不去，遂为洲渚。洲渚日高，湖底日浅，近水居民又从而圩之田之，而向日受水之区十弃其七八矣。江、汉上游，旧有九穴、十三口，为泄水之地，今则南岸九穴淤，而自江至澧数百里，公安、石首、华容诸县尽占为湖田。北岸十三口淤，而夏首不复受江，监利、沔阳县亦长堤亘七百余里，尽占为圩田。江、汉下游，则自黄梅、广济下至望江、太湖诸县向为寻阳九派者，今亦长堤亘数百里，而泽国尽化桑麻。下游之湖面、江面日狭一日，而上游之沙涨日甚一日，夏涨安得不怒？堤垸安得不破？田亩安得不灾？

然则计将安出？曰：两害相形，则取其轻；两利相形，则取其重。为今之计，不去水之碍而免水之溃，必不能也。欲导水性，必掘水障。或曰：有官垸、民垸大碍水道，而私垸反不碍水道者，将若之何？且有官垸、民垸而籍私垸以捍卫者，并有籍私垸以护城堤者，将若之何？且私垸之多千百倍于官垸、民垸，私垸之筑高固甚于官垸、民垸。私垸强而官垸弱，私垸大而官垸小，必欲掘而导之，则庐墓不能尽毁，且费将安出？人将安置？

应之曰：今昔情形不同，自有因时因地制宜之法。如汉口镇旧与鹦鹉洲相连，汉水由后湖出江；国初忽冲开自山下出江，而鹦鹉洲化为乌有。又如君山自昔孤浮水面，今则三面皆洲，水涸不通舟楫；岳州城外，昔横亘大沙滩，舟楫距城甚远，今则直泊城下。又如洞庭西湖之布袋口，今亦冬不通舟。此则乾隆至今已判然不同，皆西涨东坍之明验。水既不遵故道，故今日有官垸、民垸当水道，私垸反不当水道之事。今日救弊之法，惟不问其为官为私，而但问其垸之碍水不碍水。其当水已被决者，即官垸亦不必修复；其不当水冲而未决者，即私垸亦毋庸议毁，不惟不毁，且令其加修、升科，以补废垸之粮缺。并请遴委公敏大员，编勘上游如龙阳、武陵、长沙、益阳、湘阴等地其私垸孰碍水之来路，洞庭下游如南岸巴陵、华容之私垸，北岸监利、潜、沔之私垸及汀州孰碍水之去路。相其要害，而去其已甚；杜其将来，而宽其既往。毁一垸以保众垸，治一县以保众县。

且不但数县而已。湖南地势高于湖北，湖北高于江西、江南。楚境闸湖口日蹙日浅，则吴境之江堤日高日险。数垸之流离，与沿江四省之流离，孰重孰轻？且不但以邻为壑而已。前年湖南、汉口大潦，诸县私垸之民人漂溺者，亦岂少乎？损人利己且不可，况损人并损己乎？

乾隆间，湖南巡抚陈文恭公劾玩视水利之官，治私筑豪民之罪，诏书嘉其不示小惠。苟徒听畏劳畏怨之州县、徇俗苟安之幕友以姑息于行贿舞弊之胥役、垄断罔利之豪右，而望水利之行，无是理也。欲兴水利，先除水弊。除弊如何？曰：除其夺水、夺利之人而已！

王柏心《导江三议》

王柏心，清代学者。道光、咸丰以后，长江洪水频繁，湖广地区围绕荆江洪水出路问题争议较多。王柏心对荆江与洞庭湖的关系及湘、鄂两省水患有所研究，著《导江三议》（即《浚虎渡口导江流入洞庭议》和《导江续议》上、下篇），提出了南北分流、以南为主的主张，对当时和后世荆江防洪治理产生较大影响。

浚虎渡口导江流入洞庭议

闻导江矣，未闻防江也。江何以有防？壅利者为之也。昔之为防者，犹顺其导之之迹，其防去水稍远，左右游波宽缓而不迫，又多留穴口，江流悍怒得有所杀，故其害也常不胜其利。后之为防者，去水愈近，闭遏穴口，知有防而不知有导，故其为利也常不胜其害。

夫江自岷蜀西塞，吞名川数十，所纳山谷溪涧不可胜数；重崖沓嶂，风雨之所摧裂，耕氓之所垦治，沙石杂下，挟涨以行屋企余里；至彝陵始趋平地，经枝江九十九洲，盘纡郁怒，下江陵则两岸皆平壤，沮、漳又自北来注之，江始得骋其奔腾冲突之势，横骋旁啮，无复羁勒，而害独中于荆江一郡。《家语》曰：“江水至江津，非方舟避风不可涉也。”郭景纯《江赋》亦曰：“跻江津以起涨。”荆郡盖有江津口云。江之有防，自荆郡始，防之祸，亦荆郡为最烈。郡七邑，修防者五，松滋、江陵、监利、石首是矣。以数千里汪洋浩瀚之江束之两岸间，无穴口以泄之，无高山以障之，至危且险，孰逾于此？况十数年来，江心骤高，沙壅为洲，枝分歧出，不可胜数。江与堤为敌，洲挟江以与堤为敌，风雨又挟江及洲之势以与堤为敌。一堤也，而三敌乘之，左堤强则右堤伤，左右俱强则下堤伤，堤之不能胜水也明矣。五邑修防之费，一岁计之，不下五十万缗，而增筑、退筑、蠲赈之费不与焉。缗钱有尽，江患无穷，譬之以肉喂饿虎也。然而吏民终不敢议复穴口者，何也？上游受水之故道与下游入江之故道皆已湮淤，或化为良田，又其中间陂泽什九淤淀，不足以资停蓄。欲尽事开凿，未能轻举。明知修防非策，而城郭田庐舍此别无保卫之谋，故竭膏血于畚锸而不辞也。抑愚闻之，解纠纷杂乱者不控拳，救斗者不搏戟。以堤捍水，愈争而愈不胜，是控拳搏戟之智也。有策于此，不劳大役，不烦大费，因其已分者而分之，顺其已导者而导之，捐弃二三百里江所蹂躏之地与水，全千余里肥饶之地与民，其与竭膏血、事畚锸者利害相去万万矣。请言其分，则江南之虎渡是矣；请言其导，则自虎渡之入洞庭是矣；请言其所捐弃，则公安、石首、澧州、安乡水所经之道是矣。

禹贡之文曰："岷山导江，东别为沱，又东至于澧。过九江，至于东陵。"按：水自江出为"沱"，枝江亦沱也；"澧"即今湖南澧州；曰"又东至於澧"者，是江水南出公安而下经澧州也；"九江"即今洞庭，以九水所入得名；大水入小水曰"过"，其曰"过九江"者，是江水南由澧州、安乡而过洞庭也；"东陵"即今湖南巴陵，其曰"至于东陵"者，是江水南出洞庭至巴陵，而复下合于江也。由此言之，神禹导江之故迹，不在北而在南也明矣。《水经注》"江陵枚回洲之下"，有北江之名，北则今荆江，南则虎渡至澧之道也。古时云梦合南北为巨浸，然江之经流，恒在于南，后乃以在北之荆江为经流耳。昔也以长江入九江，故杀而漫；今也以九江入长江，故扼而隘，其势然也。

夫导江必于南者，何哉？盖公安本沮洳地，安乡尤甚，惟澧州多山。江行公安而下注安、澧，得洞庭八百里广大之泽，洄漩潴蓄，其浟睢凌厉之气乃有所舒，然后弭节安行以下合于江，此乃上圣因势利导之功也。今虽以在北之荆江为经流，然犹南存虎渡口以备宣泄，特口门过宽。宽则束水无力，岁久积淤，虽遇盛涨，其流不畅，故旁溢横决无岁无之。决而复筑，筑而复决，决与筑相循环无已，而民已穷，财已殚矣。今莫若修治虎渡口门，其宽不得过三里，测量口门达洞庭之道阻浅者几何处，皆疏浚深通。凡水所经行处及所泛滥处皆除其粮额，其翼水支堤皆弃而不治，俟经流畅达、水势既定，然后相度高阜，听民别建遥堤以安耕凿。若使大江经流自此趋南，是复神禹导江故迹，万世之长利也。即不能如此，但分江水大半南注洞庭，则水力已杀，不过捐弃二三百里有名无实之租赋田亩，而北岸自荆州郡城及郡属之江陵、监利，安属之潜江，汉属之沔阳、汉川、汉阳，皆可免冲决之患，上下千余里间所全膏腴土产不可以亿万计，又无每岁治堤增高培厚之费。是说也，不劳民，不伤财，不创异论以骇听，不拂众情以难行，因其已分者分之，顺其已导者导之，而足以淡大灾、纾大患。倘亦事之可行者乎？虽然，民可乐成，难与虑始。今建此议，恐众论之犹多异同。粗述其端，随难立解，以次比附于后，凡难十、解十。

难者曰："古之穴九而口十有三，南北并建，故江患以纾。今如子说，何不于北岸并复穴口？若闭北而开南，是嫁祸于南也，北则安矣，南困奈何？"解之曰："南北并复穴口，善之善者也。然北岸数百里内无山，弥望皆平野耳，引江故道不可求，陂湖淤浅，水至既不能容又不能去，经年累岁，浩渺无涯，徒有昏垫之苦而已。若水注于南，则惟公安一邑受浸者什之六，其邑内东西两冈广袤各数十里，犹可垦田、可栖农民。安乡受浸倍于公安，水当宅其十之八九。至石首、澧州及与澧毗连之安福，则大半皆山，水所浸者才什之一二耳。况虎渡受江以后入公安境，又自析而为三：其一自公安之三汊河分西支至澧州入洞庭；其一自三汊河分南支出安乡，合澧水，由景河入洞庭；其一自公安之黄金口分东支过安乡，由沦口入洞庭。夫江自虎渡析而为二，虎渡又自析而为三。江势愈分，江怒愈杀，江流愈畅，必不至横溢于南境，其与江行北岸之浩渺无涯者，不可同日语也，何嫁祸之有哉？"

难者曰："万一经流南徙，是引全江入公安，而公安南境又有山谷诸水自松滋来者，势不能容，必至泛溢，设同时洞庭又复暴涨于下，乌睹其能宣泄哉？吾恐南境之民尽为鱼也。"解之曰："患经流不能南徙耳。诚能南徙，则水势有归矣，且随涨随泄，何至积而为横决乎？今夫公安南境之水与洞庭之涨岁岁有之，非关虎渡之浚也。不浚虎渡，江自决堤而南注者，十岁中尝六七见矣，能禁之乎？今不思顺导江之迹以行水，而惴惴焉恐江之入南境，岂为善虑患者哉？"

难者曰："水注于南，原隰高下荡为广泽，租税将安所取？未睹益下，先见损上，当若之何？"解之曰："南境江入则患水，堤决亦患水，岁常缓租，甚者蠲赈，民无升斗之利，而有版筑之费，不足者仰给于上，是上与下交损也，赋额徒虚名耳。方今完舜在上，至仁如天，方镇大吏又皆日夜孜孜讲求利弊，惟恐一民不得其所，若举灾区积苦为民请命，国家隆盛，拥薄海内外之大，岂以此区区一邑租赋为轻重者？其荷俞允也必矣。然后遣清白吏按行虎渡，东至洞庭，视卑下之区水所能至处，征集村耆，按方田图册豁除粮额；其高阜之乡毗连他邑者割而隶之，按征如故；凡南境各堤徭役皆罢，士籍存于乡学，府史分隶旁县，省吏禄，减抚赈，而民皆沛然获再生之乐矣。"

难者曰："赋除矣，南境民居当水所过者，迁徙之费谁给之乎？且何以赡其生邪？策将安出？"解之曰："南境患潦，所从来远矣，前此岂无迁徙，谁给其费耶？谁赡其生邪？吾闻南境之民，去其乡井者大半矣，或舍耒耜而业工商，或弃陇亩而操网罟，其滨水而居者转徙无常，余者皆栖处冈阜。今即大江分注，水所泛溢，不过如前此岁岁之沦胥而已，安在其重烦迁徙邪？且畅流之水与横决之水，其强弱不侔矣。况赋额已除，则民得收其菱藕、茭苇、鱼鳖、螺蚌之饶，而又无徭役以困之，无吏胥以扰之，资生之策何必尽仰县官也。语有之：'白刃当前，不顾流矢。'南境潦患深矣，不有所弃，安有所存？必求百利无一害者而后行之，则非愚蒙之所能及矣。"

难者曰："安乡视公安尤注下，固宜废矣。独公安有黄山者跨两省、界三邑，其俗颇悍，不立县恐强梗益甚，割隶石首则中隔废区，且东西两冈东有东河不可隶石首，西有军、纪诸湖不可隶松滋，似未宜遽废公安也。"解之曰："公安即不可废，其旧治可废也。闻其邑有孟家溪者，地处高阜，可移治焉，控制黄山甚近也。若以安乡之南连洞庭者废为潴泽，西连澧州者割隶澧州，而以其北连公安者自茶窖至黄山凡三十里悉隶公安，合东西两冈共为一县，此则形势联络贤于旧治之与镇獭为邻者。"

难者曰："公安、安乡故有驿传，若江水大至，道路不通，将废驿传，非计之便者。"解之曰："征诸公安邑乘，每岁春冬置驿公安，夏秋置驿松滋，避水潦也。松滋可任其半，独不可任其全乎？改而隶之，远近相等，孳畜尤宜，安乡驿即可移置澧州，皆计之至便者也。"

难者曰："波涛出没，津渚周回，旷无居民，芦苇丛生，斯盗贼之薮也，又不设县，无官吏以督之，能无萑蒲之警乎？"解之曰："江湖薮泽，所在有之，盗贼常不绝也，视政事之严与惰耳。令长精强，则威行旁邑，桀黠闻而敛迹。不然，则日苟其境，而盗贼之横者自若也。若江流注南，水势有归，徐按其津途扼要处移置水师营弁以资镇压，或遣丞卒岁一巡缉，旁邑复时时近加督察，则奸宄无所容矣。"

难者曰："子恃洞庭为尾闾，然今之洞庭非昔之洞庭矣。湖心渐淤，滨湖之田皆筑为堤，夏秋盛涨，湖阔不过三四百里耳。若江水大至，湖不能容，滨湖之田败矣，将奈何？"解之曰："昔之江水入湖多而湖转深，今之江水入湖少而湖反浅者，其故可知矣。江之水急而强，湖之水慢而弱；江入多则能荡泥沙，江入少则积成淤滞，湖堤又从而夺之，湖之浅且隘，不亦宜乎？今若使江水入多，而借江疏湖，借湖纳江，两利之道也。且滨湖私堤本为例禁，即不决去，亦未见其岁免潦患也。"

难者曰："江自龙洲而下，其趋沙市也势犹曲，其入虎渡也势甚径，喧泅涌，骤难容纳，往往至于横溢，即欲分江南注，曷不治之于其上游？"解之曰："浚虎渡者，因其已分之迹而导之也。今上游南口皆已闭遏，故未遑兼及，若能议此，洵良策也。闻松滋有陶家埠者，古采穴口也。倘凿为川渠，使江水自此经公安孙黄河入港口，合南境诸水达洞庭，则杀上游霆奔箭激之势，使虎渡得从容翕张，而北岸万城大堤亦不至为怒涛所排笮，其固将与磐石等。浚虎渡而并复采穴，此亦辅车之势也。"

难者曰："是皆然矣。南岸石首尚有调弦口，亦引江入湖者。子专言虎渡而略调弦，何也？"解之曰："专言虎渡者，先其急者耳。虎渡北与荆州郡城遥相直，能分江南注，则荆州郡城安矣，郡城安而北岸各邑皆安矣。譬之人身，虎渡吭也，调弦腹也，先吭而后腹，固其理也。虎渡浚，自当次浚调弦。岂惟调弦哉？公安之斗湖堤、涂家港、石首之杨林穴，皆系旧口，江势犹存，皆可开凿引水入湖。俟其成效既见，北岸安堵，十余年后，民气全复，经费有所取办，复于北岸獐捕、郝穴、庞公渡等口，或访求故道，或别凿新河，分引江水入长湖、白露湖、洪湖，由新堤、青潍、沌口下注于江。南北并治，势无不可，顾今力有未逮耳。惟当先遣通知水利者，自虎渡东至洞庭，探测水道纡直、河势分合、地形高下、道里远近、浚治工费多少，通计南北两省大利大害，博采众议，洞然知其利多害少，然后断而行之。自虎渡始，余俟财力有余，次第及之未晚也。"

导江续议（上）

岁戊申六月，南郡江涨骤至，南岸则公安堤决涂家港，石首堤继之；北岸则监利堤决薛家潭；最后南岸松滋堤决高家套。四邑者，漂庐舍、人民不胜计。客有问于螺洲子曰："子前言殆验矣，今将若之何？"螺洲子曰："囊固言之，南决则留南，北决则留北，并决则并留。若以人力开凿之，役巨而怨重，孰敢任厥咎者？今幸天为开其途，地为辟其径，因任自然而可以杀江怒、纾江患，策无便于此者矣。吾闻凤凰乘乎风，圣人乘乎时。夫乘时者，犹救火追亡人也，蹶而趋之，惟恐弗及，此机不可失也已。"

客曰："今南北二岸大决者四，小决者数十，将尽留之乎？抑有先且急焉者乎？"螺洲子曰："以愚论之，在南则高家套、涂家港决口宜勿塞，在北则薛家潭决口宜勿塞。此三者相距各百余里，远近略准，皆水所必争之地。所谓杜曲捣毁之势，兵法有之，坚其坚者，瑕其瑕者，谨避之无与争，勿塞为便，塞则必败。若留此三决口，而南纵之入洞庭，北纵之入洪湖，始有所分，继有所宿，终有所往，一郡之中，千里经流自此安矣。其小小决口可塞者塞之，其濒江各堤存之如故，岁省营缮捍御之费，而又无一旦漂没之害，于以兴利若不足，于以救败则有余。"

客曰："是皆然矣。今之洞庭非昔之洞庭也，阔不及向者之半。洪湖虽阔实浅。大江经流数千里，其底多积沙，岁岁增高。江入海处皆沙壅为洲，尾间甚滞，赴下不及。以目前论之，南北并决，水入洞庭、洪湖仍不能容，倘溢出平地，数千里间，高汗混茫者尽田庐也。能纳而不能泄，乌睹所谓救败者？目击沦胥不之捍遏，仁者岂宜出此？然则留口之不如修防也明矣。"螺洲子曰："夫以洞庭、洪湖之巨，长江经流之远，沧海之大且深，而不能容水，则堤又恶能容水乎哉？且今之数千里高汗混茫者，骤决使然也。相持既久，所积愈多，故一怒而肆滔天之虐耳。果留决口，则自冬历春、历夏秋，随涨随泄，涨即大至，万万无蓄威狂噬之势也。客以修防为仁，岂徒不得谓之仁哉？又不得谓之智！夫不量堤之能敌水与否，而敝敝焉括财赋、事版筑，此以田庐人民侥幸者也，必以田庐人民予水者也。不量力之能存堤与否，而贸贸焉补苴罅漏，此以堤侥幸者也，必以堤予水者也。悲夫！愚氓何知？谓堤成则吾属有托矣，筑室庐于其中，列市廛于其中，垦田艺种于其中，幸而无败，租税、衣食、嫁娶、丧葬、祷祀而外，益以缮堤、捍堤之费，耕作所入无赢焉；不幸则荡田庐，湛家族，今岁堤决，来岁复筑，筑与决如循环之无端，吏民犹以为得计，不自知其踏危阱也、蹑祸机也，不自知其狎波卧渊、枕蛟龙而席长鲸也。若预定留口，明示以趋避之路，民见可居者始居、可耕者始耕，自不至寄命于不可测之渊，而又蠲去岁岁缮堤、捍堤之费，其与设罟获以罔民者，孰仁且智欤？留口则必免租，其春麦之入一也，所损仅秋成，然无纳税、治堤诸费，亦足以相当，况濒口内外，犹有填淤之望哉？故曰：救败有余也。"

客曰："因其决也而不治，此与坐视无策同，奚以止藉藉之怨咨？"螺洲子曰："诚能留口，则江分矣，然后可用吾导之之说，行视决口以内至于湖。不能成道者，就而浚之，必使深畅。凡其旁溢伤败处，量除粮额，多留水地，徐增遥堤，翼水入湖，由湖下达于江。水有所分，则其怨息；有所宿，则其悍平；有所往，则其行疾。自兹以还，江患必减什之六七，此不可失之机也。知弃之为取者，斯善于取者矣。"

客曰："善。"

是岁也，沮于众论，留口之策迄不行。

导江续议（下）

越己酉岁，楚自正月雨至五月不止，江骤涨，南岸松滋高家套及北岸监利中车湾堤皆决，漂庐舍、人民视戊申岁倍之。客复有言于螺洲子者曰："甚哉！江之为害烈也。"螺洲子曰："非江则害，堤实害之。堤利尽矣，而害乃烈。"

客曰："稻人何言以防止水，匠人何言防必因地势，八蜡何以有防与水庸之祭？"螺洲子曰："田间沟浍之水宜用防，潴水之泽宜用鄣，谨泄蓄、备旱潦而已。江河大川，三代时无用防者。故周太子晋曰：'古之长民者不防川，昔共工壅防百川，堕高埋卑，以害天下。有崇伯鲧称遂共工之过。'召穆公曰：'川壅而溃，伤人必多，是故为川者决之使导。'子产曰：'不如小决使导。'贾让亦曰：'大川无防，小水得入。治土而防其川，犹止儿啼而塞其口。'此皆不防川之明验也。"

客曰："今将如何？"螺洲子曰："向者言之矣，因江之自分，吾乃从而导之而已矣。夫天地成而聚高于上，归物于下。川者，气之导也；泽者，水之钟也。导其气而钟其美，然后水土演而财用可足也，然后民生有所养而死有所葬也。昔者禹之治水，高高下下，疏川导滞，钟水丰物，故天无伏阴，地无散阳，水无沈气。今不师神禹之智，而循共工、伯鲧之过，起堤防以自救，排水泽而居之，自取湛溺，又不悔祸，筑塞如故，民死于堤，乃曰江实害之。嗟乎！岂不悖哉？诚能旷然远览，勿塞决口，顺其势而导之，上合天心，远遵古圣之法，使水土各遂其性而不相奸，必有成功，而用财力亦寡。不然，祸未艾。"

客曰："子曩言留三决口，今又舍公安不言，何漫无定见也？且盍不尽求古穴口而复之乎？"螺洲子曰："今但因江所自分者从而导之，贤乎人力开凿者远矣。凡穴口故道，大半湮没。元大德时，曾访得其六复之，果有效，今仍湮矣。然大抵江所攻突决裂处，率近古穴口，因其分而导之，奚必规规成迹？汉时韩牧论治河不能为九，但为四五宜有益，即此意也。善乎！管夷吾之论水性也，曰：'杜曲则捣毁。杜曲激则跃，跃则倚，倚则环，环则中，中则涵，涵则塞，塞则移，移则控，控则水安行，水妄行则伤人。'凡今之水妄行者，皆其曲故也，此无异犯虎口而摩鲸牙也。如吾之说，但视江所欲居者，稍自成川，跳出沙土，然后因其分而导之，高其高者，下其下者，顺从其性，水道自利，宜无巨害。必欲缮完故堤，增卑培薄，劳费无已，数逢其害，则吾不知所终穷矣。"

客曰："筑与留，等之救患，若堤不败，利当百倍。何独坚持留口之议？"螺洲子曰："以迁徙之费与缮治捍御之费较，什不敌一也；以沮洳之苦与覆宗湛族之苦较，百不敌一也。且留口者特弃水以予水，非尽弃地以予水也。即令弃地，视彼之举人民而弃以予水者，不犹愈乎？今堤决之后，灾黎与浮食无产业民同仰赈恤于县官，因而率之以浚川导流，费不糜而功可就，乃两便。此功一就，江安患弭？人有定居，填淤加肥，租赋尚可徐复，虽云救败之下计，实乃通变之中策也。"

客曰："唯。唯请以俟当世在位之吉凶与民同患而能断大事者。"

林一山同志给邓小平同志的报告

小平同志：

关于长江在荆州以下的荆江大堤防洪问题，我必须向你写个报告，因为在湖北，至今仍有可能发生一次世界罕见的悲惨事件，并将打乱全国经济计划。

解放以来，荆江大堤在防洪方面虽有所改善，但在本质上问题并没有解决。迄今为止，我们实际上经常都是处在冒险的情况下，采取一些临时性措施，应付可能发生的严重局势。根据历史洪水记录和今天荆江两岸的情况，如果发生一八七〇年、一八六〇年那样的洪水，我们经过多年的计算，即使采取了可以减少灾害的各种措施，如果大堤溃决事故发生在白天，要死五十万人，发生在夜间，要死六七十万人。这样的事故还不包括武汉三镇大部可能被洪水淹没的情况。这个计算是根据各种可能的水文条件，选择一种有代表性的情况作为依据的，因为洪峰的出现和降雨情况都是不完全重复的。

关于这样一个严重问题，我认为中央必须采取一切可能措施防止事故的发生。一九四九年大水，我军进入长江一带时，荆江大堤奇迹般地避免了溃决改道，这一情况为我当时亲眼所见。所谓奇迹，是指大堤正在剧烈坍陷的情况下，洪水也恰好在继续降落。当时中央很快就批准了这一工程。嗣后，由于大堤的岁修工程每年都在进行，加上兴建了分洪工程，防御荆江洪水的能力有所加强，但侥幸麻痹思想也逐步增加。由于先念同志的一贯重视，周总理认真听取汇报后，国务院于一九七一年批准了荆江北岸分洪放淤方案。不幸的是，对这一工程积极认真的湖北省长张体学同志在工程正在筹备期间因病去世，就此，这项治理荆江并对农业大有增产效益的工程被搁置下来。

荆江防洪问题如果处理不好，说不定什么时候就有可能发生一场会打乱全国计划的重大事故。对这个问题至今还有许多人不相信，不重视，甚至在水利界内部也有这种情况。这是一种麻痹侥幸心理，实际上也是一种不负责任的表现。这种表面上都有人负责而实际上无人负责的现象，正是目前仍然不能解决问题的关键所在。产生这种侥幸心理也有一定原因，因为一九五四年以来的三十年间，四川发生大水的机遇低于平均频率。一九五四年洪水的特点是洪量大而峰不高，一九八一年川江大水的特点是重庆以下基本无雨，也很侥幸，这两次洪峰只稍大于7万立方米每秒。根据宜昌站的记录和推算，一一五三年长江大水以来的800余年间，宜昌站洪峰在8万立方米每秒以上的特大洪水共8次。历史洪水记录如下表。产生麻痹思想的另一个原因是过去荆江大堤的防御政策是"舍南救北"，就是说每遇大水就向洞庭湖宣泄以保护北岸。但是现在的情况不同了，因为南岸地面普遍淤高，圩垸林立，经过计算，包括人工扒堤，要使洪水大量向洞庭湖宣泄，完全不可能解决问题。由于南岸群众利益和两湖水利纠纷，"舍南救北"也很难决策。

宜昌站历史洪水洪峰量统计

洪水年份	洪峰流量（立方米/秒）	三日洪量（亿立方米）	七日洪量（亿立方米）
1870	105000	265.0	536.6
1227	96300	241.6	492.5
1560	93600	234.8	479.2
1153	92800	232.7	475.3
1860	92500	232.0	473.8
1788	86000	215.6	441.9
1796	82200	206.0	423.2
1613	81000	203.0	417.3

经过数十年的研究，我们已经制定了几种经济易行的荆江防洪治本方案。这类方案的指导思想是淤高北岸地面或者迫使长江主泓南移，后者是指利用河流自身的动力调整河势，使长江主泓南移。荆江问题所以严重，主要原因是南岸地面高，北岸地面低，相差5～7米。如果使长江主泓在最危险的河段南移一至数公里，这样就可以解决南高北低这个根本问题。在这种情况下，万一发生特大洪水，大堤溃决，洪峰过后，河水归槽，长江不会改道，长江改道则是招致特大灾害的根本原因。我们的这个方案还有一个好处，可以最

大限度地节约国家投资，并可以尽早提高防洪效益，因为主泓南移方案可以使最危险的河段主泓逐步南移，逐步改善北岸大堤和加宽岸边滩地。经多年的研究计算，用这样的方法解决荆江问题，只在投资五千万到一亿元，就可采用逐步解决问题的办法达到治本的目的，那时，岁修工程投资也将逐年减少。可是由于国家体制问题，使我们这样一个简便易行的方案都很难尽早实施。这一工程虽属治本工程，但要求的投资已接近于现在的荆江大堤岁修工程投资。按中央权力下放政策，这个纯技术性的任务应完全交给长办负责。

上述使荆江主泓逐步南移以达到治本目的的方案，第一步实施计划可称为荆江河段溃堤不改道方案。这就是说在我们的总体方案还没有达到一定成效之前，立即组织力量，在可能改道的河段把荆江大堤加高展宽，并创造抢险条件。这样，在万一出现特大洪水时不致束手无策。这就是先保重点堤段，允许次要堤段溃决。在完成这一工程的基础上，随着主泓逐步南移，再争取时间，全面改善荆江大堤的防御条件。这个计划暂不考虑主泓南移工程，只在 43 公里重点堤段上加高培厚大堤，约需土方量 660 万立米，投资 2590 万元，其中包括岁修土方量 270 万立米，投资 1030 万元。关于荆江防洪的这种治本方案投资太大，由于国家财力困难，一时难以实施，则允许一部分侥幸思想的存在也还有一定道理，现在投资已压缩到五千万到一亿元，再拖延下去就是对人民的不负责任。荆江治本工程能提早一年完成就可以减少一年的冒险，同时可以减少南岸分洪工程的运用次数。根据一九八二年调查，南岸分洪工程运用一次，约需赔偿十余亿元。湖北省防汛指挥部在一九八一年大水时就曾经慎重考虑过分洪问题。关于荆江安全问题是历届湖北省委负责同志所最关心的。由于这个问题时间紧迫，请中央尽早作出决定。

林一山
一九八五年六月一日

注：林一山，长江委首任主任。邓小平将此报告批转给水电部部长钱正英。其后，钱正英给邓小平的报告中称："对一山同志的报告，我也有同感。"

第七节 治 水 回 忆

为了广大人民的利益
——记毛主席对荆江分洪工程的关怀
（摘录自《毛泽东在湖北》）

"为了广大人民的利益，争取荆江分洪工程的胜利！"这是 1952 年夏毛泽东主席向正在修建荆江分洪工程的全体军民发出的号召，并亲笔写在一面大锦旗上，派水利部部长傅作义代表他亲临工地慰问 30 万劳动大军。

长江从湖北枝城至湖南城陵矶一段，称为荆江。这一江段素有"九曲回肠"之说，洲滩棋布，河道弯曲，河床日益抬高，每当汛期，形成"帆船楼顶驶，江水屋上流"的险恶形势。如果大堤溃决，洪水将以高出地面 10 米以上的水头倾泻而下，荆北广大地区将尽成泽国，后果不堪设想。有史料记载：从 1499 年至 1949 年的 450 年中，先后溃堤成灾186 次，平均约两年半一次。记述 1935 年水灾实况的《荆沙水灾写真》中写到：荆州城外大片村庄居民，"顿时淹毙者几达 2/3。其幸免者，或攀树巅，或骑屋顶，或站高阜，均鹄立水中，延颈待食。不死于水中者，将悉死于饥，并见有剖人而食者。"可见，不能让历史的悲剧重演。

1950 年新中国第一个国庆节期间，中南局第三书记邓子恢奉命向毛泽东、刘少奇、周恩来等中央领导人汇报了荆江分洪工程设计方案。毛泽东亲自审阅了荆江分洪工程设计和工程预算。虽然工程巨大，国家财政困难，仍然作出了修建荆江分洪工程的决定。接着政务院由周恩来主持召开了第 67 次政务会议，专门听取了水利部部长傅作义着重就"长江最近几年的治理，应以荆江分洪工事为重点"的工作报告。1952 年 2 月，周恩来又专门召开荆江分洪工程会议。23 日，周总理向毛主席写了关于荆江分洪工程会议情况的报告，并主持起草了《政务院关于荆江分洪工程的决定》，一并呈请毛主席审阅。周总理在附信上写道："这一决定是我当场征求了各方面有关同志并在会后又征求了养病中的袁任远的同意做出的。现送上请审阅，拟将此决定草案再电询子恢、先念、克诚等同志意见后再以正式文件下达。"毛主席审阅后作出了如下批示："周恩来：（一）同意你的意见及政务院决定；（二）请将你这封信抄寄邓子恢同志。"3 月 21 日，周总理主持政务院第 129 次会议，通过了《政务院关于 1952 年水利工作的决定》，要求"长江中游继续加固荆江大堤，以保证堤身的安全，并于汛前保证完成荆江分洪工程中围堤及进洪闸与节制闸，中下游其他地区仍应分段保证 1931 年或 1949 年的最高洪水位不生溃决。"

政务院关于兴建荆江分洪工程的决定作出后，毛主席立即作了三点指示：一是要把荆江分洪工程当作全国的事情来办，全国支援；二是荆江分洪工程关系到两湖人民的生命财产，两湖要全力以赴；三是工程一定要在汛前完工，调一个兵团用打仗的方法来完成任务。对于工程的领导问题，毛主席提出如下原则："为胜利完成 1952 年荆江分洪各主要工程，应由中南军政委员会负责组成一强有力的荆江分洪委员会和分洪工程指挥机构，由长江水利委员会，湖南、湖北两省人民政府及参加工程建设的部队派人参加，并由中南军政委员会指派得力干部任正副主任。工程指挥机构的行政与技术人员由各有关单位调配。"

遵照毛主席的指示和政务院的要求，中央军委调正在桂北、湘南一带剿匪的 21 兵团和湖北军区部队近 10 万人民解放军指战员，参加荆江分洪工程建设。4 月初荆江分洪工程委员会和荆江分洪工程指挥部成立。工程委员会由李先念任主任委员，唐天际、刘斐等为副主任委员。工程指挥部由唐天际任总指挥，李先念任总政委，王树声、林一山、许子威、田维扬等任副总指挥，袁振、黄志勇等任副总政委，组成了强有力的领导班子和指挥机构。

1952 年 4 月 5 日荆江分洪工程破土动工，带着一身硝烟开赴工地的 10 万人民解放军指战员，承担起最艰苦最困难的工程任务，他们是防洪工程的一支劲旅。他们把工地当成战场，把工具当成武器，发扬英勇顽强、不怕困难、不怕牺牲的革命精神，出色地完成了各项任务。近 20 万的民工，是一支刚刚翻身得解放的农民队伍，第一次以当家做主人的精神参加工程建设，焕发了巨大的劳动热情和无穷的智慧。

全国人民大力支援，工程器材、物资和 30 万军民的生活资料，从全国各地源源不断运往工地。天津、上海的机器，东北的钢材，广东的水泥，广西的木材，宜昌的石头，都按时运到了工地。工地需要什么，什么时候要，就能什么时候运到。这是解放了的中国人民，为了尽快过上幸福生活，在党和毛主席的领导下，互相支持，紧密配合，生机勃勃，顽强拼搏的一支凯歌。

1952 年 6 月 20 日，荆江分洪工程胜利竣工。工期比原计划提前 15 天。工程建设者以无比喜悦的心情，给伟大领袖毛主席报告了这一喜讯。他们在信的字里行间，洋溢着对毛主席为治理荆江而操劳的万分感激之情。信中写道：

亲爱的毛主席：

伟大的荆江分洪工程，在您的英明领导下，已经在本（6）月 20 日胜利完工了。我们以极大的兴奋和愉快的心情，向您报告这个工程的完成。荆江分洪工程从今年 4 月 5 日正式开工，6 月 20 日全部工程即胜利完成。所历时间为两个半月。我们按照您的指示，以及中央人民政府政务院和中南军政委员会所批准的计划，建筑了一座 54 孔，长达 1054 米的进洪水闸，和一座 32 孔，长达 336 米的节制水闸。同时完成了可蓄洪 54 亿立方米的分洪区围堤工程和 133 公里的荆江大堤加固工程。因为这个工程是为荆江两岸千百万人民生命财产的安全，以及数百万亩粮田的丰收，且对长江水利及全国交通都是有利的。所以，荆江两岸千百万人民都欣喜若狂。他们正在热烈欢呼着您的名字。感谢您给他们解除了历史上的水患与深重的灾难，开始得到安全与幸福的生活。

荆江分洪工程建成之后的第二年，即 1954 年夏，就出现了："南水"、"西水"并作，长江、洞庭湖共涨的情况，江湖都超过了历时最高水位，经国务院下达命令，太平口进洪闸三次开闸分洪，充分发挥了荆江分洪区的蓄洪、泄洪作用。40 多年来，这项工程多次确保了荆江大堤的安全，免除了江汉平原和武汉三镇沉入泽国之害，保障了长江中下游航道的畅通。使荆江两岸人民过上了安居乐业的生活。

中共公安县委员会

周恩来与治水（节录）

曹应旺

（原文《周恩来与治水》由中央文献出版社出版）

（一）心忧荆江之险 酝酿防洪工程

长江流经湖北枝城至湖南岳阳附近的城陵矶这一段，被称为荆江。其中，又以湖北公安县藕池口为界，分为上荆江和下荆江。"渡远荆门外，来从楚国游。山随平野尽，江入大荒流。"李白这首《渡荆门送别》的诗惟妙惟肖地描绘了长江即将进入荆江段的山原分野的地理形胜。穿峡谷奔腾而来的长江，到了平原地段开始使人感到洪水泛滥的威胁。从东晋开始，就以荆州为中心修筑了荆江大堤，以约束洪水。

由于地势平坦，河道弯曲平缓，水流宣泄不畅，加之上游洪水又常与洞庭湖湘、资、沅、澧四水及清江、沮漳河相遇，荆江汛期洪水位高出堤内地面 10 多米。如果大堤发生溃决，巨大的洪水以高出地面 10 米以上的水头倾泻而下，荆北广大地区将尽成泽国，从而造成毁灭性的灾难。所以人们常说："万里长江，险在荆江"。

建国前的近百年中，荆江曾发生 1860、1870、1896、1931、1935 等年的大洪水。清朝张圣裁曾作诗曰："江陵自昔称泽国，全仗长堤卫江北，咫尺若少不坚牢，千里汪洋只顷刻。"1935 年的大洪水，据当时出版的《荆沙水灾写真》记述，荆州城外大片村镇居民，"登时淹毙者几达三分之二。其幸免者，或攀树巅，或骑屋顶，或站高阜，均鹄立水中，延颈待食。不死于水中者，将悉死于饥，并见有剖人而食者。"当地曾经流行过这样两句民谣："荆州不怕起干戈，只怕荆堤一梦终。"荆江之险，历来是人民心中的一个忧患。

1949年夏天，荆江大堤冲和观一带，因经受不住洪水的冲击，大部堤身已经崩塌江中，眼看就要发生溃堤，幸好洪峰持续时间不长，侥幸地避免了一次毁灭性的灾害。1950年淮河大水，造成了人民生命财产的重大损失。周恩来由此及彼，忧虑起荆江来。他想：荆江历史上的惨剧不能重演；今日淮河的灾难不能在荆江重现。1950年，周恩来在抓治理淮河的同时，开始了对荆江治理的思考。

1950年第一个国庆节期间，中南局代理书记邓子恢向毛泽东、刘少奇、周恩来汇报了荆江分洪工程设计方案。毛、刘、周亲阅了工程设计书，并派人向长江水利委员会主任林一山询问了一些具体情况。

两个月后，周恩来主持召开了政务院第67次政务院会议。水利部部长傅作义着重就"长江最近几年的治理，应以荆江防洪工事为重点"的工作报告。报告中指出，长江最近几年的治理，应以荆江防洪工事为重点，"荆江容量不能安全承泄川江重大洪水来量，应勘测研究防洪蓄洪方案，并推进准备工作。"会议讨论并批准了傅作义的报告。会上，周恩来就治水理论问题，水利工作的方针与步骤问题，统一性与积极性问题，计划性与临时性问题，工作重心问题，义务工与工资制问题等，作了总结。周恩来特别指出了长江的沙市工程，即荆江分洪工程，在必要时，就要用大力修治，否则，一旦决口，就会成为第二个淮河。

荆江分洪工程需要湖南、湖北协力合作，周恩来十分重视两湖的意见。1950年冬，他给邓子恢写了封信，谈到明朝一代名相张居正是湖北江陵人，认为长江水多不能向北淹，往洞庭湖流问题不大。周恩来指出，我们搞荆江分洪工程不能搞本位主义。信写毕，他把水利部党组书记兼副部长李葆华叫到政务院，让李持他的亲笔信去武汉找邓子恢，请邓召集中南局会议征求意见，并向湖北张难先、湖南程潜等做说服工作。李葆华到武汉后，邓子恢很快就召集了中南局会议。会上，李葆华传达了周恩来在给邓的信中谈到的兴修荆江分洪工程，避免洪水淹武汉的意见。邓子恢根据周恩来的信，分别找程潜和张难先谈话，初步取得了两湖相近的看法。

（二）召开各方会议　调解两湖纠纷

长江上游来水在进入荆江河段后，每年均有相当一部分水量要经过南岸的松滋、太平、藕池、调弦四口分流入洞庭湖调蓄，与湖南的湘、资、沅、澧四水汇合后，复由城陵矶注入长江。因而形成了复杂的江湖关系，即一方面江水不能不通过洞庭湖调蓄，另一方面江水在入湖调蓄时所携带的大量泥沙又导致湖泊的淤积和萎缩。近百年来，湖区围垦又人为地缩小了洞庭湖的自然面积，减弱了洞庭湖的调蓄能力。上述江湖矛盾引起湖南、湖北两省人民生死利害的矛盾。

长江水利委员会提出的荆江分洪工程方案，包括荆江大堤加固、进洪闸、节制闸、拦河土坝、围堤培修以及安全区等工程项目。分洪区位于荆江南岸，湖北省境内公安县虎渡河以东，安乡河以北，外围自太平口沿长江干堤至藕池口，折向西南抵虎东干堤，再沿虎东干堤至太平口，成一袋形，总面积921平方公里，有效库容54亿立方米。对上述方案，湖北持积极态度，湖南则有些顾虑。历史上存在着舍南救北的矛盾，荆江分洪区虽在湖北境内，但分洪区蓄满水，就等于洞庭湖头上顶了一盆水，万一南线大堤决口，就要水淹湖南。如黄克诚所说，荆江分洪工程搞得不好，湖南出了力，就等于自己淹自己。周恩来、邓子恢向湖南做说服工作，看法有所接近。1951年长江水利委员会在修堤费里积了点钱，把分洪区原先群众修的老堤带了个帽帽，加了个埂埂。这一带帽、加埂，湖南从当地利益考虑向中央告了状。常德专署专员柴保中通过黄克诚向毛主席写信，力陈长江水利委员会的做法损害了洞庭湖地区群众的利益。

在这种情况下，周恩来指示水利部安排两湖有关人员来京召开荆江分洪工程会议，以解决问题。

荆江分洪工程会议于1952年2月17日至19日，开了三天。出席会议的有：中南水利部潘正道副部长、规划处王恢先处长；长江水利委员会主任林一山，副总工程师何之泰；湖北省农业厅徐觉非厅长；湖南省水利局孟信甫局长，常德专署专员柴保中，另外还有工程技术人员4人。会上，两湖对荆江分洪工程完成后既能保障荆江大堤的安全，也能减轻对洞庭湖的威胁，意见是一致的。但湖南对长江发生特大洪水是否分洪，如何能免除对湖南的威胁，仍存在着顾虑。

2月20日，周恩来亲自召集水利部部长傅作义，副部长李葆华、张含英，技术委员会主任须恺等以及两湖到京人员开了一个会。周恩来反复询问各种情况后，先表扬常德专署、湖南水利局写信给毛主席，关心滨湖群众利益。紧接着转过来说："荆江分洪工程是毛主席批的，怎么到现在还没有开工？"并严肃批评："毛主席批的工程，中南局、湖北省委、水利部、长委会都置之脑后，不负责任。"这里生动体现了周恩来深入细致的工作作风和高超的领导艺术。如果当时对湖南采取简单粗暴的压服态度，显然只能激化两湖矛盾，无助问题的解决。

2月23日夜，周恩来向毛泽东和中央写了关于荆江分洪工程会议情况的报告。他指出："如遇洪水，进行无准备的分洪，必致危及洞庭湖沿湖居民，如肯定不分洪则在荆江大堤濒于溃决的威胁下，仍存在着不得已而分洪的可能和危险。这就是两省利害所在的焦点。"他说："经反复研究并询问各种情况，得知中南局对于这样的大事于中央决定只在政治报告会上做了一次传达，并未作任何切实的布置，亦未召集两省有关人员及负责同志开会商讨，便轻易地交给长江水利委员会去进行，同时两省负责同志对此事也未引起应有的注意，群众中除移民的部分外更不知道这件事。"对此，周恩来提出具体处理办法，并主持起草了《政务院关于荆江分洪工程的决定》初稿。周恩来说："这一决定是我当场征求了各方有关同志并在会后又征求了养病中的袁任远的同意做出的，现送上请审阅，拟将此决定草案再电询子恢、先念、克诚等同志意见后再以正式文件下达。"

2月25日，毛泽东仔细审阅了周恩来的上述报告，并作如下批示："周恩来：（一）同意你的意见及政务院决定；（二）请将你这封信抄寄邓子恢同志。"

（三）发布工程决定 规定完工期限

1952年3月15日，中南军政委员会作出了《关于荆江分洪工程的决定》，指出，根据中央指示，经有关部门负责人商讨，"一致同意荆江分洪的计划，认为这一计划的方针是照顾全局，兼顾了两省，对两湖人民都是有利的。"

3月21日，周恩来主持政务院第129次政务会议，通过了《政务院关于1952年水利工作的决定》。其中规定："长江中游继续加固荆江大堤，以保证堤身的安全，并于汛前保证完成荆江分洪工程中围堤及进洪闸与节制闸。中下游其他地区仍应分段保证1931年或1949年的最高洪水位不生溃决。"

2月底，李葆华同苏联专家布可夫一道去武汉，然后又亲往荆江分洪地区视察，调查掌握具体情况。李葆华去武汉后，周恩来不断与李进行电话联系。在李葆华汇报情况的基础上，周恩来对原来起草的《政务院关于荆江分洪工程的决定》初稿进行了部分修改。

3月29日，周恩来写信给毛泽东并刘少奇、朱德、陈云："送上1952年水利工作决定及荆江分洪工程的规定两个文件，请审阅批准，以便公布。关于荆江分洪工程，经李葆华与顾问布可夫去武汉开会后又亲往沙市分洪地区视察，他们均认为分洪工程如成对湖南滨湖地区毫无危险，且可减少水害。工程本身的关键在两个闸（节制闸与进洪闸），据布可夫设计，6月中可以完成，中南决定努力完成。我经过与李葆华电话商酌并转商得邓子恢同志同意，同时又与傅作义面商，决定分洪工程规定修改如现稿，这样可以完全解除湖南方面的顾虑，因工程不完成决不分洪，完成后是否分洪，还要看洪水情况并征得政务院批准。至于北岸分洪的根治办法及程颂云（程潜）所提意见，当继续研究。"这封信字里行间充满了周恩来对荆江分洪工程的积极、慎重、认真、负责的精神。他在筹划过程中所付出的大量心血，也可从信中略知一二。

《政务院关于荆江分洪工程的决定》是周恩来与李葆华、傅作义、程潜、邓子恢等多次商量、反复斟酌，才最后定稿的。3月31日，公布了政务院的《决定》。《决定》指出："为保障两湖千百万人民生命财产的安全起见，在长江治本工程未完成以前，加固荆江大堤并在南岸开辟分洪区乃是当前急迫需要的措施。"《决定》就工程经费与人力、工程期限与质量、分洪的条件与审批、分洪区移民、北岸蓄洪区勘测、工程的领导与指挥等六大方面，一一作了具体规定。政务院的《决定》有力地保证了荆江分洪工程的全面开工与顺利进行。

政务院的《决定》中有四个字加了着重号，"1952年汛前应保证完成两岸分洪区围堤及节制闸。进洪闸等工程"一句中的"保证完成"四字。这一限期完工的规定体现了周恩来严谨的治水思想。其一，天时不可多得，两个汛期之间是完成分洪工程的最佳时机。1952年汛前完成工程，即使1952年汛期荆江发生大洪水，既可使工程发挥作用，又不使工程半途而废，毁于洪水。其二，通过李葆华、布可夫的实地调查，证明汛前完成是有现实可能性的。这同那种凭抽象可能性规定过高任务，结果欲速则不达，有着根本的不同。其三，规定竣工期限，使工程领导者和建设者都有一种紧迫感。荆江分洪主体工程完工后，周恩来在143次政务会议上说，荆江分洪工程不搞吧，又怕淹了湖北；搞吧，黄克诚同志来电说，如果不彻底搞，湖南出了力，就等于自己淹自己。我们决定彻底搞，并限期100天完工，结果75天就完工了。如果没有期限，就不会完成得这样快。

（四）组建领导机构　保证工程所需

周恩来具体过问水利建设，向来认为大型水利工程必须有强有力的领导和指挥机构。

对于荆江分洪工程的领导机构，周恩来主持制定的政务院《决定》提出了如下原则："为胜利完成1952年荆江分洪各主要工程，应由中南军政委员会负责组成一强有力的荆江分洪委员会和荆江分洪工程指挥机构，由长江水利委员会、湖南、湖北两省人民政府及参加工程建设的部队派人参加，并由中南军政委员会指派得力干部任正副主任。工程指挥机构的行政与技术人员由各有关单位调配。"

根据政务院的要求，中南军政委员会于四月初发布命令，成立荆江分洪工程委员会和荆江分洪工程指挥部。荆江分洪委员会以李先念为主任委员，唐天际、刘斐为副主任委员，郑少文为秘书长，黄克诚、程潜、赵毅敏、赵尔陆、潘正道、齐仲桓、张广才、李毅之、林一山、许子威、王树声、袁振、徐觉非、郑绍文、刘惠农、田维扬、李一清、刘子厚、张执一、任士舜等为委员。荆江分洪工程总指挥部以唐天际为总指挥，王树声、林一山、许子威、田维扬为副总指挥，李先念为总政委，袁振、黄志勇为副总政委。实践证明，这个强有力的领导与指挥机构对保证荆江分洪工程按质提前完成起了关键性的作用。

为促使荆江分洪工程能按期完成，周恩来设法从全国组织和筹集人力、物力与财力，以保证工程所需。3月7日，周恩来在给邓子恢的电报中说："抢修南岸蓄洪区堤及两个闸所需器材，除中南可自行解决者外，尚缺何项物资须由中央调拨，望即作出详细计划，迳电中财委请拨。如人力及其他尚有困难，亦请电告。"3月11日，政务院《决定》指出，必须保证荆江分洪工程按期完成，"至于人力、器材、运输及技术等方面，如中南力量不足时，得提出具体计划，速报请政务院予以解决。"工程进行中，周恩来问林一山差什么建筑材料，并说："如有困难不及时提出，我就无法负责了。"当时，长江内满载着工程器材的船只往来如梭，数十万吨的器材物资，从东北、上海、北京、天津、太原、汉口、南京等地，源源不断地运到荆江分洪工程工地。两湖组织了近20万的民工、工人、技术人员到工地。周恩来还征得毛泽东同意，抽调6个师，其中包括水利、铁道、建筑方面的4个师，6万余人，参加荆江分洪工程建设。全部工程由中央投资7150亿元，其中主体工程即第一期工程实用经费4142亿元（1955年3月1日实行币制改革前的旧人民币10000元兑换新币1元）。在当时百废待举、抗美援朝战争正在进行，财政十分紧张的情况下，中央投入这么大的财力于荆江分洪工程是极不容易的。

4月5日，荆江分洪工程全面开工。5月24日，水利部长傅作义代表中央到荆江分洪工地慰问，授予绣有毛泽东、周恩来等亲笔题词的两面锦旗，毛泽东的题词是："为了广大人民的利益，争取荆江分洪工程的胜利！"周恩来的题词："要使江湖都对人民有利。"毛泽东、周恩来的亲笔题词对荆江分洪工程全体建设者是一个巨大的鼓舞。6月20日，荆江分洪主体工程全部完工，比规定的期限提前了15天。

1954年汛期长江流域连续发生暴雨，5、6两个月暴雨中心分布在中游湘鄂赣地带，致荆江下段江湖水位均高。7月中旬，中游地区雨未停止，而上游地区又连降大雨，不仅雨区广，强度大，而且持续的时间长。7月下旬至8月上旬，上游洪峰又接踵而来，而中下游江湖满盈未及宣泄，以致荆江发生了百年一遇的特大洪水。为了解除洪水对荆江大堤的威胁，经中央批准，先后3次运用荆江分洪工程，分泄了10000流量，使沙市水位下降了近1米，保住了荆江大堤。荆江分洪减缓了武汉水位的上涨速度。当毛主席获悉长江特大洪水被武汉人民战胜后，题词祝贺："庆贺武汉人民战胜了1954年的洪水，还要准备战胜今后可能发生的同样严重的洪水。"这次大洪水是对荆江分洪工程一次严格的考验，若没有荆江分洪工程发挥蓄纳超额洪水的作用，其后果将不堪设想。

一九三六年至一九三七年汉水钟祥遥堤堵口工程（节录）

陶述曾

（原文载《陶述曾治水言论集》）

一九三五年，我在开封河南水利专科学校和河南大学教书，暑假期间协助河南河务总局防汛。七月间听说汉水发生特大洪水，造成湖北钟、荆、潜、天、沔、汉一带严重水灾，生命损失 8 万多人。当时，黄河也正是大水，黄沁两河大堤紧张异常，无暇研究汉水的问题。翌年（一九三六年）五月底，报载汉江遥堤决口，湖北省政府派委员范熙绩等组织善后工程委员会主持堵塞。范熙绩保证趁汉水"六月晒滩"的时机堵塞完成。六月二日，我接到遥堤善后工程委员会工程处长陈汝珍的电报，邀请我率领学生支援堵口。我商得两校同意，率领水专毕业班学生十余人，于六月四日起程，六日到达湖北钟祥县遥堤善后工程委员会所在地——沙港。

一、两次决口的经过

汉水在钟祥县城南傍左岸丘陵脚向东南流十余公里，急转向西流，7～8 公里急转南流，20 公里转向东流，8～9 公里到旧口，转东南流。这 40 来公里的河段在平原上弯曲成弓背形。左岸大堤是接着丘陵西坡修起的。这段堤迎溜顶冲，又是汉水左岸广大湖泊水网区的屏障。这里历史上决过口，因为冬令水枯，决口还分 200～300 秒立米流量，不易堵塞，人们把这个口叫作"狮子口。"

一九三五年七月，汉水上中游大面积异常暴雨，洪水异涨，这段弓背形的河左岸大堤连决 12 口，最上游的狮子口宽 3.5 公里。分溜冲成河槽，下通天门河，泛滥十县一市。首当其冲的钟祥县南部死亡 40000 多人。秋后，南京经济委员会、湖北省政府认为这段大堤残破不堪，决定从旧口起，接左崖大堤往北抵罗汉寺丘陵修新堤。被洪水冲过的郑家集一带留作滞洪区。旧堤暂不恢复。因新堤离平行的河道遥远，命名为"钟祥遥堤"（简称遥堤）。遥堤长 18 公里，在离罗汉寺 2 公里处横跨分溜河槽。这一点离大堤决口（狮子口）约 10 公里。

遥堤是十县一市的屏障，它的纵横断面设计都采取堤防的最高标准。为了遥堤施工的需要，江汉工程局决定枯水的冬季把旧堤断了流的决口堵筑起来，在狮子口筑一道 4 公里长的内挽月拦水坝，用运河"推埽法"在熊家桥截断分溜河槽。拦水坝高程是按当地历年五月出现的最高水位设计的。拦水坝十一月开工，翌年（一九三六年）一月完工，接着分溜河槽截流工程也胜利完成。遥堤可以全部筑成了。但是遥堤与旧堤之间有 200 平方公里地面，雨水径流是向东南流的。北部的径流集中在分溜河槽，南部的径流积存遥堤外脚。为了在遥堤外取土方便，分溜河槽要暂留作排水沟，另在旧口附近开一条排水沟通出汉水。

遥堤施工分四段：从旧口起是第一段，到罗汉寺是第四段。第一、二、三段向附近各县征用民工修筑，由县长率领驻工督阵。第四段是难工，则用包工。江汉工程局误以为包工有专业工人，可以较快完工。结果恰得其反。第一、二、三段四、五月先后竣工，第四段到五月下旬，堤身还为分溜河槽排水留着一个缺口。在拦水坝防汛人员对第四段段长提出涨水警告，这个缺口才开始填筑。五月二十六日，洪水漫过拦水坝顶，冲开8个缺口，熊家桥堵口埽全部冲溃。遥堤未填好的缺口被冲开达550米。溃水循去年泛区泛滥南下，直到汉口的西北郊分流入汉水和长江。

二、遥堤善后工程委员会的六月堵口

对于这次水灾，湖北民愤很大。省政府组织遥堤善后工程委员会没有要江汉工程局的局长、总工程师参加，也不理会这个局的美国顾问。主任委员范熙绩出身于日本士官学校，当过军以上的参谋长。他根据汉水多年水文记录每年六月不涨水，七月十日以后才涨水的特点，力主趁这40天完成遥堤堵口和修堤工程。省政府和全国经济委员会都同意这个主张。善后工程委员会是为实现这个主张成立起来的（遥堤工程是全国经委的项目）。

我们六月六日到达善后委员会的所在地——沙港。这是在罗汉寺南4公里。靠遥堤里坡是一望无际的沙漠，地面以上，连断瓦颓垣也看不到，只有残存的柳树标志着村庄的遗址。工程委员会靠近遥堤，是几间草棚组成的四合院。我们会见了范熙绩、工务处长陈汝珍、总工程师张少逸。后两位原是河南河务总局的局长和技正。他们说这次作战方针已经委员会决定，放弃熊家桥拦水坝，集中力量堵塞遥堤决口。方法是采用黄运两河常用的捆厢进占法为主，汉水常用的排桩泥埽法为辅。汉水不常有冬令分流的决口，堵口熟练工人很少，从山东董庄和运河归江坝各借调来一队工人，只得采各组惯用的方法。好在黄、运两河的堵口方法基本上是一致的。

遥堤堵口工程六月一日已经开工。550米宽的口门，流势顺直，深泓在中间。施工计划是从南北两坝头起，先用排桩泥埽相向进占，随浇戗土。侯口门稍窄，溜势转急，大批芦柴绳缆采运到工，改用捆厢，加快进占速度，最后用合龙占合龙。这种合龙方法，黄河上有淘汰的趋势，但也有优点：只要龙门宽度留得适当，水流不太急，合龙一天就能断流，一两天就能闭气，黄运两河工人都熟悉这种方法，因此计划采用。

六月初、中旬，工程进展很顺利。在汉口订制的苎麻合龙缆运到工地，却泼了一瓢冷水。这粗缆既拧得不够紧，缆芯里还夹杂着大量的沙，麻的质量也差，不能用在关系工程成败的环节上。再购办也怕靠不住。只有改变工程计划，采用抛柳石枕合龙。这方法稍慢一点，但更稳妥。

工程计划的改变没有影响工程的进度。捆厢进占和土方挖运用的都是手工工具。夜工用气灯照明。六月二十五日，预计到七月二日可以合龙完成。二十八日上午接白河水文站电报；汉水陡涨11米，预计七月二日晨洪峰到达工地。委员会决定以四个日夜完成五个日夜的工作量，赶在洪峰到来前一天断流。二十九日、三十日两个夜晚大风雨，气温很低，无法维持多数民工夜作。七月一日下午五时才开始抛合龙柳石枕。这时，金门宽度只15米。这一夜冒风雨抢堵。11时水位开始上涨，到天明，金门底柳石枕已经接住了。水位上涨转急。下游水位也开始上涨。这标志着洪峰的到来。金门上游水位比昨晚上涨了6米，涨势转缓。上下水位差达3米。金门内形成壶嘴流。金门下游发生水跃和猛烈的回流，冲走两坝戗土。范熙绩和负责的技术人员，都在工地指挥工人上料上土加高两坝。范熙绩本人立在南金门占上指挥运石镇压这座占子。上午11时南金门占发生摇动。范熙绩喊旁人快撤，他自己却站着不动。第二占上的张队长看势不对，一个箭步窜上去，拉着范熙绩往回跑。两人刚跨到第二占上，金门占就被洪水卷走。范熙绩并没有惊慌。他喊大家镇静；保住未动的工程。这时，又接到白河水文站的电报说："汉水续涨 4 米"。正在抢险的人们都泄了气。范熙绩命令大家都回工棚休息。他本人招呼我们到委员会开会。

善后工程怎么办？经过讨论决定：

（1）主动放弃若干占，以免伏秋大汛漫溃。

（2）尽可能多守住几占，控制分泄流量，缩小灾区。

（3）筹备好冬令复工。

（4）黄运两组工人留工参加防汛和筹备工作，作为冬令堵口的骨干。

结果守住了 140 米宽的口门。

三、总结经验，继续前进

伏秋大汛到来，遥堤善后工程委员会首先要为本会六月堵口失败作必要的善后工程。第一，作好遥堤口门两坝的裹头；第二，作好拦水坝第八口门的裹头；第三，在遥堤外洪水冲出的一些沟道上做透水柳坝落淤，为汛后筑堤准备取土场。此外，关于民工、材料、财务、文牍等项都分途办理，作出段落。

汛后怎么办？在讨论中，大家认识到遥堤的功亏一篑，固然有天时的因素，更重要的是地势的因素。选择堵口地点，首先要避开"入袖水"。黄河堵口坝线总是选在逼近决口处，甚至选在决口之外逼近正流处。在这样的坝线上，只要口门水位略微抬高，入口的流量就随着减小，这样的口门水位与正流水位相差很微，抬高比较容易。入袖水有一定的比降和流速。在入袖水的任何一点上堵塞，都要克服这点以上的水体所挟的势能，付出的人力物力比前一种口门所付出的大得多。一九三五年不在遥堤堵口而做 4 公里长的拦水坝，在坝上的熊家桥堵口，就是避免遥堤入袖水堵塞的困难。七月二日，走埽前的水位陡长 5 米，并非完全由于白河站洪峰到来所致，而是入袖水抬高加上洪峰的结果。

然则善后工程委员会在遥堤堵口的决定是错误的么？从走埽的具体情况看，证明二日的失败并非注定了的。汉水六月流量不过 500～600 秒立米，狮子口分流量不过 100 多秒立米。一日下午五时抛枕合龙，十一时口门上游涨水，下游未涨，这是入袖水因口门堵塞而抬高的现象。一直到二日上午七至九时，下游水位才上涨，口门下游涨水是洪水到来的现象。如果没有洪水，下游水位将随着口门下泄量的减小而降低直至断流，更不会出现回流。戗土不被冲掉，金门占就不会被冲走，堵口就会按计划完成。

遥堤堵口，有洪水也可以不失败。问题是有无对洪水的准备。如果堵口正坝下游捆厢一座副坝，两坝间填土不会被洪水回流冲走。堵口也就不会功败垂成。当时不曾作这种准备。这不是委员会决定六月堵口的错误，而是工程技术人员存有侥幸心理未作洪水准备的错误。

接受现实的经验教训，善后工程委员会决定汛后仍在熊家桥堵口，计划十一月合龙，然后填筑遥堤缺口。拦水坝在熊家桥的口门宽 190 米，计划两端共 90 米采用排桩泥埽。中间 100 米，采用捆厢进占。东坝由运河工人负担，西坝由黄河工人负担，合龙采用黄运两河都惯用的合龙占。从避免入袖水的观点看，拦水坝线的选择也不好，跨过分溜河槽的熊家桥在决口下游两公里，分溜入袖很深，如用汉水习用的排桩泥埽堵塞，能否成功无把握，用运河法堵塞，一月间合龙也还顺利。这一线虽经五月决了 8 个口，残存的土方数量还大，汛后可以利用。

汛后工程计划大体既定之后，大汛期间（七至十月）就是防汛和对汛后工程的筹划了。

敞着口的堤段防汛，并不轻松。遥堤的口门宽度只有 140 米，口门上下游水面是泛滥的形势，比口门宽得多。防汛既要防止口门的扩宽，做好裹头，还要防止口门上下产生回流，冲刷两坝的上下坡，做好护沿工程。因为水面宽，还要防风浪。不过这些工作都在口门南北各 1000 米的范围之内，有黄运汉三方面专业河工共 200 来人，一切都主动。

关于汛后工程的筹备，有两方面：一是器材采运。大汛期间，熊家桥一带经常泛滥，不便存放器材，芦柴稻草、石料、桩木等项待深秋水落才运到工地。绳缆是捆厢的大宗材料，鉴于在武汉采买的成品多不合格，只采购苧麻由黄运工人自制各种规格的绳缆。二是组织管理：我国堵塞堤防决口有二千多年的历史，不仅工程技术上有成法，组织管理上也有成法。但是，我们看到的黄河堵口专业机构——黄利会负责的工地却是纷乱的。最显著的是认真负责的人焦头烂额，许多"干薪人员"袖手旁观，甚或说风凉话等，给负责人添些麻烦。善后工程委员会办事机关里没有拿干薪的，总务、财会、文牍等方面的人员都很少，工效较高。工务人员多，全以野外工作为主。范熙绩本人就经常在工地上。施工组织是严谨的。熊家桥堵口时期，全工地工作非常紧张，秩序却井然不乱。我国在三十年代对工程进展还没有"施工组织设计"这个概念。熊家桥堵口工程从九月中旬开始筹备到十一月下旬完工，只 70 天时间。工务处对黄运汉堵口方法以及黄河与遥堤合龙的方法都作了较深入的分析研究，结合拦水坝及熊家桥的具体情况，编制出工程每天的进程。每 5 天出一次榜，任务落实到每个工组。各工组负责人按照榜上规定的任务计算出本组每天的工作量，也知道其他各组的工作量，相互配合，取得主动。实践证明，任何紧迫任务，即使像堵塞堤防决口这样的战斗任务，只要事先调查研究清楚，定下切合实际的完成任务的技术措施，作出相应的组织计划，这个任务是能够按部就班地迅速完成的。

熊家桥合龙的时候，流量还有 150 秒立米，金门宽约 20 米，水深约 4.5 米。下合龙占时水流不急。早六时开始挂合龙缏，下午六时合龙完成。闭气则费了 48 小时。

遥堤罗汉寺缺口冬春（在熊家桥合龙后）断了流。缺口经过汛期，被冲成深潭。填筑时以五分之四的时间填平深潭。罗汉寺附近平地经两年泛滥，表层都是中细沙。堤身临水面 3 米从罗汉寺丘陵上取红色黏土填筑。临水坡脚下抽了 2 米深的槽子，用黏土回填。

1980 年 6 月

大事记

夏 商 周

周文王十四年至周宣公十八年（公元前 613—前 591 年）

孙叔敖为楚令尹时，主持开挖了江汉平原第一条人工运河——扬水运河。裴骃《史记集解》转引《皇览》云："孙叔敖激沮水作云梦大泽也。"《湖北通志志余》云："孙叔敖治楚，陂障源泉，灌溉沃野，堤防湖浦，以为池沼，则沧桑变而不独今日然也。"《史记·河渠书》载："于楚，西方则通渠汉水，云楚之野。"后人称这项工程为云梦泽通渠（亦称为楚渠）。孙叔敖根据江湖水利条件，采用壅水、挖渠等工程措施，将沮漳河水引入纪南城，再入汉水。它不仅沟通了江汉之间的航运，还可灌溉两岸农田。这是荆州早期的引江河水灌田工程，后来演变为两沙运河。

周敬王十四年（公元前 506 年）

《太平寰宇记》卷 146 盛弘之《荆州记》载："昭王十年，吴通漳水灌纪南入赤湖，进灌城，遂破楚，则是前攻纪南而后破郢也。"吴师在伍子胥率领下攻打郢都时，曾循着故楚运河的旧迹加以疏挖，可从东北直入郢都，后人称为子胥渎（今新桥河）。《水经注·沔水》记载："沔水又东南与扬口合，水上承江陵县赤湖。江陵县西北有纪南城，……楚之都郢也。城西有赤坂岗，岗下有渎水，东北流入城，名曰子胥渎。盖吴师入郢所开也。"子胥渎，即现在的新桥河。源起纪山南，南行抵纪南城，西垣城角，绕城东南行进南垣水门（现名新桥）入城，北流与朱河会，东行金龙会桥出城入海子湖，流程 30.5 千米。

汉

西汉初年（约公元前 200 年）

据考古专家依出土简牍考证，时南郡（治今荆州市）属县醴阳（位于长江之南、澧水之北）筑江堤三十九里二百二十步。全郡各县共有江堤、河堤一千二百八十三里八十九步（不完全统计），其可治者九百二十一里二百四十步，不可治者三百二十一里二百七十步。

西汉惠帝五年（公元前 190 年）

五月，江陵旱，"江河水少，溪谷绝"。始有旱灾记载。

汉高后三年至八年（公元前 185—前 180 年）

据《汉书·高后纪》载：汉高后三年（公元前 185 年）"夏江水、汉水溢，流民四千余家。"又据《汉书·五行志》载：汉高后八年（公元前 180 年）夏，又有"汉中，南郡大水，流六千余家"的记载。

汉代云梦泽出现围垸。据《天下郡国利弊书》记载："沔居泽中，土惟举行泥……故民田必因高下修堤防障之，大者论广数十里，小者十余里，谓之曰垸，如是百余区……。汉贾让曰：内黄界中，有泽方数十里，环之有堤，民起庐舍其中，东郡白马，黎阳故大堤皆数重，民居其间……盖自汉已然矣。"

注：《天下郡国利弊书》简称《利病书》。清初顾炎武未完成之稿本，内容乃杂取当时

全国府、州、县志书，及历代奏疏文集并明代实录缀辑而成。

三 国

魏正始二年（241年）

据《三国志·魏书·王基传》记载，大约于正始二年（241年），荆州刺史王基向朝廷上奏伐吴对策说："今江陵有沮漳二水，灌溉膏腴之田以千数。安陆左右，陂池沃衍。若水陆并农，以实军资，然后兵旨江陵、夷陵，分据夏口，顺沮、漳、资水浮谷而下。"引沮漳河水灌溉农田，江陵已成为重要的农业灌区。王基把此灌区作为伐吴的粮食基地。

吴赤乌十三年至孙皓凤凰二年（250—273年）

三国时期，孙吴守军引沮漳河水放入江陵县以北的低洼地（今马山、川店、纪南一带），作大堰，以拒魏兵。孙权赤乌十三年（250年），魏将王昶于北海架浮桥渡水进攻江陵。孙皓凤凰二年（273年），陆抗为荆州牧，治江陵。是时，吴西陵督步阐降晋，陆抗得知后，派兵讨伐。晋武帝泰始五年（269年），晋车骑将军羊祜，率兵袭江陵。陆抗令江陵督张咸"作大堰遏水，渐渍平土，以绝寇叛"（《三国志·吴书·陆抗传》）。张咸修筑大堰，水迈辽阔，形如大海，又处在纪南城之北，故名北海。创引沮漳河水御敌的先例。宋朝时曾多次引沮漳河水御敌，促进了长湖的发育。

晋

西晋武帝泰始八年（272年）

吴镇军大将军陆抗令江陵都督张咸作大堰（今海子湖）蓄水以御晋军。

西晋咸宁二至四年（276—278年）

据《晋书·五行志》记载："咸宁二年七月，荆州郡大水，流四千余家；咸宁三年七月，荆州大水，九月始平；咸宁四年七月，荆州大水，伤秋稼，坏室宇，有死者。"

西晋太康元年（280年）

清《文献通考》记载：晋平吴之后，当阳侯杜预在荆州（今襄阳郡）修曹信臣遗迹（曹信臣所作钳庐陂），六门堰并今南阳郡时为荆州所统，激用浊流通诸水，以浸原田万顷，分疆刊石，使有定分，公私同利，众庶赖之，号曰杜父。

西晋太康元至十年（280—289年）

《晋书·杜预传》载："旧水道惟沔汉达江陵千数百里，北无通路。又巴丘湖，沅湘之会，表里山川，实为险固，荆蛮之所恃也。预乃开扬口，起夏水达巴陵千余里，内泻长江之险，外通零桂之漕。"当时从襄阳到长沙要经沔水，过夏水入长江，再绕道至洪山头或城陵矶才能进入洞庭湖，航道弯曲航程远。而近路就是利用扬水故道。扬水虽不是畅通的，但是有故道可循，只要把扬口挖开，再把其他地方疏浚就可以通航了。杜预发卒数万，挖开扬口（今沙洋附近），疏浚了古扬水运河。船舶经汉水，入扬口直达江陵。也可以经夏水至石首、监利。同时挖开调弦河（从石首的焦山铺至湖南华容的塌西湖，长约

10 千米)。明万历《华容县志·山水》载:"华容之为邑,故水国也,水四面环焉。其经曰华容河,亦名沱水,是杜预之所通漕道也。"又载:"今县河自调弦口来,达于洞庭,甚迩也。零桂转漕,至巴陵,经华容转湖,达县河,至调弦口入江,可以免三江之险,减数日之劳。故县河为预所开无疑。"司马光对此评赞说:"杜预开扬口通零桂,公私赖之,实为定伦。"

扬夏运河又名扬夏水道(后称为两沙运河),是扬水运河的发展。杜预之后,杨夏运河曾两次修竣。一次是在东晋建武元年(317 年),王处仲(敦)为荆州刺史,凿漕河,通江汉南北埭;另一次是在南北朝宋元嘉二年(425 年),"通路白湖,下注扬水,以广漕河。"后人称扬夏运河为大漕河。

东晋建武元年(317 年)

据《读史方舆纪要》卷78记载:"漕河晋元帝时所凿,自罗堰口(在今荆门境内)入大漕河,又由里社穴(今潜江境内)达沔水口直通江。后通汉江,后废。"

征南大将军王敦主持开掘龙门河从草市达于江津(俗称便河,又称为小漕河),历时 5 年。

东晋建武元年至东晋末年(317—420 年),荆门引南泉水和直江水灌田,南泉(今名上泉)在荆门州北 15 千米,源于灵鹫山,当地百姓开渠引泉水灌田数百顷,直江(即两沙运河)在荆门州东南 80 千米,据《名胜志》载:"直江有渠,可灌田百顷,该渠长且直,故名直渠。"

东晋永和年间(345—356 年)

荆州刺史桓温令陈遵筑江陵城金堤,以防江水。《水经注·江水》载:"江陵城地东南倾,故缘以金堤自灵溪始,桓温令陈遵造。遵善于方功,使人打鼓听之,知地势高下,依傍创筑,略无差矣。"桓温于穆帝永和元年(345 年)领荆州刺史。另据盛弘之《荆州记》载:"缘城堤边,悉植细柳,绿条散风,清荫交陌。"一般认为,陈遵筑金堤是荆江左岸堤防创修之始。

东晋太元十九年(394 年)

"蜀水大出,漂浮江陵数千家。"荆州刺史殷仲堪"以堤防不严,事不邓察,降号鹰扬将军"之处分(《晋书·殷仲堪传》)。这是江陵堤防决溢的最早记载。有人认为晋代江陵县尚无江堤,只有城堤,因此,当时决溢的可能是荆州城堤。

东晋隆安三年(399 年)

据《晋书·五行志》记载:晋安帝隆安三年(399 年),"五月荆州大水,平地三丈。"

东晋义熙八年(412 年)

据《通鉴地理通释》记述,"上明故城,亦名桓城,在江陵府松滋县西一里,居上明之地而桓冲所筑,故兼二名……上明在县东二百步,明犹渠也。"朱龄石于晋安帝义熙八年(412 年)十月随刘裕至江陵,十二月以西阳太守(治今黄冈东)擢益州刺史,次年(413 年)即遇师伐蜀。其"开三明引江水"的时间,当为义熙八年十月或稍后,这是荆州长江以南开渠引江水灌田的最早记载。

南　北　朝

梁天监六年（507 年）

萧憺修筑荆江堤防。据《梁书》卷 22《太祖五王》记载，天监元年（502 年），肖憺为荆州刺史，封始兴郡王。"时军旅之后，公私空乏，憺励精图治，广辟屯田。""天监六年，荆州大水，江溢堤坏。憺亲率府将吏，冒雨赋尺丈筑治之。"王象之《舆地纪胜》，《嘉庆重修一统志》亦有类似记载。

南朝陈光大二年（568 年）

据《资治通鉴》卷 170《陈纪四》载："陈光大二年，吴明彻乘胜进攻江陵，引江水灌之，梁主出顿纪南以避之。"此为以江水攻城的首例。

南朝太建二年（570 年）

据《周书》卷 44《李迁哲传》记载，北周天和五年（570 年），陈将（司空）章昭达攻逼江陵，梁主萧岿告急于襄州卫公直令迁哲往救焉……会江陵总管陆腾出助之，陈人乃退。陈人因水汛涨，坏龙川、宁朔引水灌城，城中惊扰，此次破城堤引江水灌江陵在历史影响甚大。

唐

唐贞元八年（792 年）

荆南节度使李皋塞北古堤，改洼地为良田，并推广凿井饮水。据《新唐书·地理》记载："贞元八年节度使嗣曹王李皋塞古堤，广良田五千顷，亩收一钟。"又据《嘉庆重修一统志》载："唐李皋，太宗五世孙……德宗时，迁荆南节度使。江陵东北傍汉，有故障不治，负辙溢，皋修塞之，得其下良田五千顷。"所谓"故障""古堤"，即三国时张咸所筑的北海。唐代战事平息，"北海"军事用途消失，李皋主持开辟为良田。

同时，李皋见"荆俗饮陂泽，乃教人凿井，人以为便。"又据《嘉庆重修一统志》记载："由荆抵乐乡（注：乐乡即今松滋浥市）二百里间。数十墟聚不井饮，皋命凿井以便人。"

注：钟，系古代计量单位，一钟为六石四斗，换称成今制，合一亩 331 千克。

唐元和年间（806—820 年）

王起广修滨汉江塘堰，订立用水民约。据《新唐书》卷 167《王起传》记载，王起"以检校尚书右仆射为山南东道节度使。滨汉塘堰联属，史弗完治，起至部，先修发，与民约为水令，遂无凶年。"

唐长庆四年（824 年）

据《新唐书·五行志》记载，长庆四年（824 年），"郢中汉水大涨，决堤。"钟祥、沔阳受淹。

唐太和年间（827—835 年）

京山引泉水灌田。据《元和郡县图志》记载："汤泉在县（京山）南十五里，壅以灌稻田。其收数倍。"

唐太和四年至六年（830—832 年）

《资治通鉴》卷 244 记载："太和四年（三月）癸卯，加淮南节度使段文昌同平章事，为荆南节度使。"任期内于菩提寺处筑沙市江堤，因有"段堤"之称。菩提寺又称为段堤寺（菩提寺乃宋绍兴重建，清朝时名菩仰寺，1991 年迁至荆沙村）。

唐咸通年间（860—874 年）

"竟陵（今天门市）有石堰渠，咸通中，刺史董元素开"（《新唐书》卷 40《地理四》。又据明嘉靖九年（1530 年）《沔阳州志》载："竟陵北七十里曰石堰渠，唐咸通中刺史董元素开，其流自五华山，下通巾水。"

唐天祐四年（公元 904 年）

唐末，建镇水石幢（今观音矶），刻"荆山苍苍、楚水汤汤……"铭文，并刻有《道德经》。南宋重建，刻有《尊胜经》，称为尊胜石幢，以镇江流，屡仆屡立。元代石水都花再重建。清道光初又重建，上刻老子《道德经》及宋末游宦诸人的名字。今存石幢为清代之物。

五　代

后梁年间（907—921 年）

据《大清一统志·安陆府》载："高氏堤，在潜江县境，自县北沙洋（注：此为西北）至县东南三江口，当襄水下流。五代时高季昌据江陵，筑堤二百余里，以障汉江之水，故名。亦名仙人堤，自后累经修治。"《读史方舆纪要》也有记载："高氏堤在潜江西北五里，起自荆门绿麻山，至县南沱埠渊，延亘一百三十余里，以障襄汉二水，后累经增筑。"

据万历《湖广总志》记载："古堤垸在（监利）县南五里，五代高季兴筑，至今赖以防水患"，据康熙《监利县志》记载："五代高季兴守江陵，筑堤于监利。"

据《大清一统志》记载："寸金堤在江陵县西龙山门外，高氏将倪可福筑。"又据《读史方舆纪要》载："寸金堤在府城龙山寺外，五代时高将倪可福筑，以捍蜀江激水，谓其坚厚，寸寸如金，故名。"

宋

北宋初年（960—975 年）

宋筑监利至洪湖滨江堤防。据《读史方舆纪要》卷 77《沔阳州下》记载："江水……旧有长官堤起监利县境，东接汉阳，长百数十里，明渐圮。嘉靖初复筑江滨堤，西南起龙渊（界牌），东止玉沙（今洪湖市），万有余丈。"上述记载，说明洪湖市沿江堤防，在明代前即开始修筑。从宋代广筑堤来看，此堤也可能是宋代所筑。

京山县引五泉灌田。据《读史方舆纪要·京山县下》记载："五泉，（京山）县西五十里有五穴，通如鼎沸，灌田甚博。"《寰宇记》载："五泉发源于县西北百里之横岭。"又载："新罗泉在县北七十里，旧有新罗国僧居此，因名，泉流灌田，民甚便之。县北九十里之石人山，新罗泉发源是也。"

据《宋史·谢麟传》记载："石首宋初江水为患，堤不可御，至谢麟为令，才迭石障之，自是人得安堵。"又据嘉庆《湖北通志》载："万石堤在县西五里，下即万石湾，宋代县令谢麟所筑，用料万石，故名。"石首沿江堤防始筑于宋。

宋太平兴国二年至八年（977—983 年）

据《宋史》卷 61《五行志》记载："兴国二年七月复州蜀江涨，坏城及民田庐舍；五年七月复州江水涨，毁邑舍，堤塘皆坏，七年六月，汉江普涨，坏民舍，人畜死者甚众，又河决，汉阳军江水涨五丈；八年六月，荆门军长林县山水暴涨。"

北宋端拱元年（988 年）

供奉官阎文逊，苗忠俱上言："开荆南城东漕河，至狮子口入汉江（注：狮子口在今泽口以下），可通荆峡漕路至襄州，又开古白河，可通襄汉漕路至京。"朝廷采纳了这个建议，并派人查勘，当年即发丁夫治荆南漕河至汉江，可胜二百斛重载，行旅者颇便。

北宋仁宗年间（1023—1063 年）

仁宗后期，监利县令周喻培修遭水毁的十余处江岸堤防。

仁宗皇祐年间（1049—1053 年）

监利县南沿长江、北沿东荆河筑堤数百里。

北宋熙宁年间（1068—1077 年）

据《宋史·河渠志》记载，"庆元三年（1197 年）臣僚言：江陵府去城十余里有沙市镇，据水陆之冲。熙宁（1068—1077 年）中，郑獬作守，始筑长堤捍水。缘地本沙渚，当蜀江下游，每遇涨潦。沙水相荡，摧圮动辄数十丈，见有民屋，岌岌危惧。乞下江陵府同驻副都统制司发卒修筑。"郑獬所筑"长堤"即是在寸金堤之南重筑新堤。新堤筑成后不久溃决，于南宋庆元三年（1197 年）复议修筑。

南宋绍兴二十七年至二十八年（1157—1158 年）

绍兴二十七年（1157 年），监察御史都民望"因民诉"，始主持堵塞溃决堤防。绍兴二十八年（1158 年），又请准"令知县遇农隙随力修补，勿致损坏。"又据《读史方舆纪要》载：黄潭堤在江陵府"东南二十里，上当江流二百余里上冲，一决则江陵、潜江、监利民皆为鱼，至为要害，成化、正德以后屡经修筑。"黄潭堤在宋时已称"古堤"。

南宋乾道年间（1165—1173 年）

据《大清一统志》卷 259 记载："新堤，在嘉鱼县北，宋乾道初摄县事陈景筑。"

据知府张孝祥《金堤记》记述："宋乾道四年，荆州大水，寸金堤被冲决。知荆南湖北路安抚使张孝祥重筑寸金堤，并延长 20 余里，自西门外石斗门起，经荆南寺、龙山寺、东至双凤桥、赶马台、青石板、江渎观、红门路与沙市堤相接。"

据《读史方舆纪要》记载："南宋乾道四年（1168 年），寸金堤决口，江水啮城，帅方滋使人决虎渡堤。七年，漕臣李焘修复之"。"大江经引分流注于澧江，同入洞庭所谓穴口也。宋乾道七年（1171 年）湖北漕臣李焘修虎渡堤。"

南宋淳熙年间（1174—1189 年）

"张孝曾淳熙中知郢州……曾筑堤百里，以障水患，"（《嘉庆重修一统志》卷 342）。唐置治郢州于今钟祥市，宋曰郢州富水郡。宋时郢州城在汉水之北，张孝曾在郢州筑百里堤。

南宋绍熙三年（1192 年）

七月，"襄阳江陵府大雨水，汉江溢，败堤防，圮民庐，没田稼者愈旬，复荆门军水亦如此"（《宋史》卷 61《五行志》）。

南宋开禧元年（1205 年）

"袁枢知江陵府，濒大江种木数万，以为捍蔽"（《宋史·袁枢传》）。南宋时期就实行沿江种树保护堤防的办法。

南宋端平三年（1236 年）

孟珙筑公安沿江五堤。据《读史方舆纪要》记述："大江，县北三里，自江陵县流入境，又东南流入石首界。水利考：县地平旷，旧治在今西南紫林街，因避三穴桥水患，移治江埠，势若原陇。宋端平三年（1236 年）筑五堤以捍水。""五堤，在县治东三里者曰赵公堤，在县治南半里者斗湖堤，在县西三里者曰油河堤，在县东北二里者曰仓堤，在县治北者曰横堤。"又据《嘉庆重修一统志》记载："大江御水堤，在公安县东，上接江陵，下抵石首，长一百里，县地平旷，宋端平三年孟珙筑堤以御水，元大德七年（1303 年）竹林港堤大溃，自是不时决溢，修筑沿江一带堤，北接江陵上灌洋，东南接石首新开堤，堤长一万二千五百余丈。"上述记载说明，公安县沿江大堤，于南宋始筑，元明之际逐渐完善。

南宋嘉熙四年（1240 年）

孟珙行京西、湖北安抚使，兼知江陵府，"珙大兴屯田，调夫筑堰……"（《宋史·孟珙传》）。南宋时期江汉平原大兴屯田，农田排灌设施亦有所兴起。

南宋淳祐四年（1244 年）

孟珙修复"三海"，蓄水御敌。孟珙知江陵府。他登城遥望三海，叹道："江陵所恃三海，不知沮洳有变为桑田者。敌一鸣鞭，既至城外"，乃障沮漳之水东流，俾绕城北入于汉，而三海遂通一，随其高下为匮蓄泄，三百里渺然巨浸。

宋末（1265 年后）

"车木堤，在监利县东四十里，宋末大水决堤，明日得雷车毂于其上：邑人循车毂为堤，至今赖之。此堤与瓦子湾堤，皆捍江水上流防洞庭溢，极为要害。"又记："瓦子湾堤，在监利县东南八十里"（《嘉庆重修一统志》卷 345）。车木堤，即今长江干堤上车湾堤段；瓦子湾堤，即今观音洲一带堤段。

南宋乾道七年（1171年）

李焘主持修潜江里社穴堤。据《读史方舆纪要》卷77《湖广三》记载："里社穴在潜江县南，有里社穴西南通江陵之漕河。宋乾道七年湖北漕巨李焘修潜江里社穴堤是也。"

元

元至元年间（1264—1294年）

白景亮开天门白河。据《读史方舆纪要》记载："便河在（竟陵）县南三十里，元时郡守白景亮以自县至郡水道迂远，乃开此河，民以为便。时挖土得石，有文曰白公沟，亦名白河。"又据《元史》记述：至元十五年（1278年）沔阳镇升为沔阳府，景陵县属沔阳府，府尹白景亮，字明琢，南阳人。挖河沟通牛蹄支河与天门河，民以为便，故称为便河。

廉希宪决江陵三海之水得田万亩。据《元史·廉希宪传》记载："元至元二十年，……帝急召廉希宪，使行省荆南。……先时，江陵城外蓄水捍御，希宪命决之，得良田数万亩，以为贫民之业，发沙市仓粟之不入。官籍者二十万斛，以赈公安之饥。"他规定："富民随力耕耘，约以三年后，减半收租。贫民趋之，曾未期年，已成沃壤。"

元大德年间（1297—1307年）

据《读史方舆纪要·石首县下》记载："新兴堤，在县西南七十里，元大德中筑，以防竹港水患。"

元大德七年（1303年）

萨提勒密什主持在石首筑黄金堤、修渠建闸节制。据《读史方舆纪要》记载，元大德七年（1303年），"决县（石首）东三十五里之陈瓮港堤，始筑黄金、白杨二堤护之，未几复决。"又据《大清一统志》记载："黄金堤在石首县南五里，元大德中，萨提勒密什筑，县南去洞庭湖一百余里，每秋霖泛涨，辄至城下，自筑黄金堤障之，水患遂息，此堤不特防外浸，亦利内泄，因设桥闸，以时启闭。"

元大德九年（1305年）

重开荆江六穴。据元代林元《重开古穴碑记》载："皇帝即位之初（注：元武宗至大元年，即1308年），诏开江陵路三县古六穴……由江陵而下，皆水乡。"据《郡国志》载："古有'九穴十三口'，沿江之南北，以导荆江之流，夏秋泛滥，分杀水怒，民赖以安。"宋筑江堤以防水，塞南北诸古穴。《河渠见闻》载：由于盲目堵塞穴口，引起"七泽受水之地渐堙，三江流水之道渐狭而溢。"至元朝初，南北堤防频繁溃决。《天下郡国利病书·川江堤防考略》载："……自元大德间决公安，竹林港，又决石首陈瓮港，守土官每议筑堤。竟无成绩。始为开穴口之计。按江陵旧有九穴十三口。其所开者惟郝穴、赤剥、杨林、宋穴、调弦、小岳六处，余皆淹塞。迨我国朝，六穴复淹其五（注：仅存郝穴）。"

元至治元年（1321年）

据《元史·五行志》记载："至治元年八月，安陆府连续下七日，江水涨溢，受灾三千五百户，京山、长寿二县汉水亦涨溢。"

元至正九年（1349 年）

据《元史·五行志》记载："至正九年（1439 年），五月，汉阳城被淹。七月，公安、石首、潜江、监利及沔阳府、蕲州等地均为大水。"

明

明洪武三年（1370 年）

堵塞尺八穴。明初，荆江两岸大筑堤垸，垸田大盛。据同治《监利县志》记载：赤剥穴（俗名赤剥口，现称尺八口，位于监利县长江干堤 586＋000 处）在"县东九十里，上通大江，下通夏水。"南宋（约 1200 年左右）赤剥口第一次堵筑。元至大元年（1308 年）重开，以分泄江流。明洪武三年（1370 年）再次堵筑。隆庆四年（1570 年）复议开浚，言者以为非便而止。

明洪武十一年（1378 年）

明太祖十一年（1378 年）正月，封其第十二子朱柏为湘王，治江陵，为保护行宫太晖观，修筑枣林岗至堆金台的阴湘城堤，后成为荆江大堤的起点。

明永乐至正统年间（1403—1449 年）

普修江汉堤防。永乐元年（1403 年），修安陆，京山汉水崩岸。永乐九年（1411 年），大修安陆、京山、竟陵等州县圩堤，又修监利车木堤 4400 丈。宣德四年（1429 年），修潜江临襄河堤，宣德六年（1431 年），修石首临江 3 堤。宣德九年（1434 年），修江陵枝江沿岸堤。正统三年（1438 年），修江陵、松滋、公安、石首、潜江、监利近江决堤。正统四年（1439 年），修荆州城城西环堤，正统七年（1442 年），疏江陵、荆门、潜江淤沙 30 余里。正统十二年（1447 年），疏荆州公安外河，以便公安、石首诸县输纳。

明景泰六年（1456 年）

浚华容杜预渠（注：调弦河），通运船入江，避洞庭险。

明成化年间（1465—1487 年）

汉水在汉口附近改道。据《嘉庆重修一统志》记载："明成化前，汉水故道在今汉口北十余里，自黄金口入排沙口，向东北拐一弯，环抱牯牛洲，至鹅公口，又自西南转折再向北至郭师口，对岸称襄河口，长四十里，然后流向汉口。明成化初年，忽于排沙口下、郭师口上产生自然裁弯取直，长约十里，而故道淤积。"

明正统十一年至十二年（1516—1517 年）

汉江接连大水。据嘉靖《沔阳志》卷 8 载："自正统十一年，大水泛滥南北、江襄大堤冲崩，湖河淤浅，水道闭塞，垸塆倒塌，田地荒芜。即今十年来，水患无岁无之。"正统十一年（1516 年）大水是江汉平原发生在明朝的第一次特大洪灾，枝江、公安、江陵、监利、沔阳、钟祥、天门、汉川、应城等 9 州县部分房屋，田产被毁于一旦。

《湖北通志》卷 75 载："是年，安陆汉水溢，田庐淹没，民多溺死。"正统十二年夏，暴雨，江堤，汉堤均溃，城垣倒塌，田庐被淹没，溺死千余人。"

明嘉靖元年（1522年）

光绪八年（1882年）版《京山县志》载：明世宗（1522年）时，驻郢州（今钟祥）的守备太监以保护献陵风水为名，号令百姓筑塞九口，"安陆（今钟祥县城）以下，宜分河以杀水势。钟邑有铁牛关口、狮子口、臼口；京山有张壁口、操家口、黄传口、唐心口；潜江有泗港口、官吉口，共九口；令潜江县筑堤一百八十里，抵京山界；京山县筑堤九十里，抵钟祥界；钟祥县筑堤一百八十里，抵铁牛关，由是九口均塞。"修起堤圩形成三县一体的汉江堤防。然而，由于九口分流堵塞，堤身矮小单薄，一遇大水，非溃即溢，屡修屡溃，临近居民，备尝苦难。

明嘉靖二年（1523年）

知县敖铖主持开挖皇庄河。据《嘉靖实录》记载，敖铖奏疏："诸开浚淤洲以弭水患，但沿江一带淤洲尽属皇庄，未敢擅兴工作。"当时户部复议："江洲原非额田，税入无几，苟可救一县之民，何惜于此！请令巡抚湖广都御史行守巡官亲诣县治，相度地势水势，果为民患，即及时兴工疏浚，淤洲新增粒子悉减勿征。"朝廷准奏按此实施。

明嘉靖三年（1524年）

储洵创修沔阳汉江堤。知州储洵上疏，沔之利害莫大於堤防。……疏奏事下抚按举行会洵迁官，而都御史黄衷令藩臬诸臣议，以工大费，且时已迫，猝难尽举。按擦副使刘士元建议，龙渊而下凡九区为要衔，宜先事事迹出司藏千金于沔，而中分于竟陵，遣断事艾洪董其事，洪复益以沧浪而下凡五区，於是，龙渊、花坟、牛埠、竹林、西流、平放、水洪、茅埠、玉沙濒江者，为堤统万有余丈，大小朱家岗，沧浪、南池濒汉者为堤统几万丈。於是，洵之策虽未尽行，而汉江颇有所捍。明年丙戌夏四月江溢至于六月，五月汉溢，六月连溢加盈，秋七月复溢，沔赖以完，而百谷用登，期亦洵策之效也。

明嘉靖十八年至二十一年（1539—1542年）

明嘉靖十八年至二十一年，自江陵、公安、石首、监利、沔阳、竟陵、潜江修江堤850余千米，由陆杰、柯乔等主持。

明嘉靖二十一年（1542年）

堵荆江北岸郝穴口，加修新开堤，荆江大堤自堆金台至拖茅埠约124千米堤段连成一体。

明嘉靖二十六年（1547年）

《读史方舆纪要》卷77载：沙洋关庙堤溃。"汉水直趋江陵龙湾寺而下（今潜江市）分为支流者九，于是下流州县俱被淹没。"灾及5县，波及荆州、沙市。

明嘉靖二十七年（1548年）

辽王朱宪炸以庆嘉靖皇帝寿动工修建荆江大堤观音寺（象鼻矶）万寿宝塔。明嘉靖三十一年（1552年）竣工，七层，高40.79米。塔旁堤顶高程45.74米，塔底已低于地面7.28米（塔底高程38.45米）。2006年被国务院列为全国重点文物保护单位。

明嘉靖二十九年（1550年）

采穴再次冲刷成口。松滋县东5里有古堤，自堤首抵江陵古墙铺长亘80余里，旧有采穴一口可杀水势。宋元时故道湮塞。洪武二十八年（1395 年）决后，时或间决。自嘉靖二十九年（1550 年）后决无虚岁，下游诸县甚苦之。

明嘉靖三十四年（1555 年）

翰林院编修张居正回乡休假，修涵剅，排章寺渊渍水。后张官至首辅大臣，并为太子太傅，故后人称章寺渊为太师渊。

明嘉靖三十九年（1560 年）

长江发生全江性大洪水。据陈慕平《长江洪水特性及几次大水述要》载：宜昌洪峰流量（调查洪水）98000m³/s，洪峰水位 58.09m，居宜昌历史洪水位第三位。七月，荆江、洞庭湖大水。枝江百里洲决，大水淹城，民舍吞没。松滋江溢夹洲，江陵虎渡堤，公安沙堤铺、窑头铺、艾家堰、石首藕池等堤溃决殆尽。江陵寸金堤、黄潭堤溃，水至城下，高近三丈，六门筑土填筑，一月方退。荆州共决堤数十处。时徐学谟始知荆州府，增筑南北岸江堤数处，役夫数万人。

明嘉靖四十五年（1566 年）

"荆州大水，黄滩堤防荡洗殆尽，民之溺死者不下数十万。"荆州知府赵贤提议重修江陵、监利、枝江、松滋、公安、石首六县江堤。其中：北岸堤四万九千余丈，南岸五万四千余丈，务期坚厚。越三年，六县堤修竣，设立《堤甲法》，建立堤防专人管理制度"夏秋守御，冬春修补，岁以为常"（《天下郡国利病书》《行水金鉴》）。

明隆庆年间（1567—1572 年）

疏浚调弦口。调弦口在宋代因淤积湮塞，元代重开又复塞。明隆庆年间再浚调弦口。

明万历元年（1573 年）

疏浚两沙运河。两沙运河的前身乃古扬夏运河。北起沙洋，南抵沙市，故称为两沙运河。1547 年沙洋关庙堤溃口。大量泥沙将两沙运河北段部分河段淤塞。为了沟通江汉水运，明万历年间将两沙运河北段进行疏浚。两沙运河分两段。其东段利用直河（后称为运粮河）沟通沙洋和长湖，南段由长湖沟通沙市；万历间疏浚过沙市至草市一段。

明万历二年（1574 年）

赵贤为东荆河堤开基。明万历二年（1574 年），湖广巡抚赵贤亲查被灾州县，问民疾苦。深知汉江有"此塞彼溃"的规律，遂疏请留穴口故道，让水止于许家湾。西岸沿河修筑支堤 3500 丈，中一道为河（即今泽口至田关一段），是为东荆河堤之始。

《明史·河渠志六》载："万历二年，筑荆州采穴、承天泗港，谢家湾诸堤决口。复筑荆、岳等府及松滋诸县老垸堤。"又据《万历实录》记载：万历三年（1575）三月，湖广巡抚赵贤等人奏，"湖广当江汉之要，荆州、承天（府治今钟祥市）等处频遭水患，其民恃堤为命，而堤以固者惟穴口分泄之力，只因旧穴湮塞，以致水势横决，今议开荆州采穴、新冲三口，承天泗港，谢家湾各穴口以杀水势。前此节经抚按奏修堤塍，请银一万五千余两，今水患如故，今合将库贮德安仓粮银并减存备用各禄银三千二百二十二两，来充广阜仓银五千三百一十一两五钱支用。"上从之。

明万历十年（1582 年）

堵塞茅江口。茅江口为"九穴十三口"之一，内荆河一支由小港经此出江，称为茅江口。明嘉靖中堵塞。嘉靖二十九年（1550）茅江口溃口，敞口 32 年，直至万历十一年（1583）才又将茅江口堵复，复筑新堤。

明万历三十六年（1608 年）

沙洋堤溃，首辅张居正檄荆州府督修南岸沙洋堤。

明崇祯年间（1628—1644 年）

明崇祯年间，下荆江监利东港湖及湖南华容老河，先后两次发生自然裁弯。

明崇祯十二年（1639 年）六月，沔阳知州章旷督工堵筑监利县境内谭家、谢家、杨家 3 湾堤，加筑北口横堤，植柳护岸。次年冬，新筑泗垴堤，麻港 40 余垸 20 万亩农田受益。

崇祯年间，堵塞刘家堤头。《荆江大堤史料简辑》："沮漳河至柳港后分二支，一支经百里洲鹳子口入江，因修筑百里洲（1597 年），鹳子口淤塞，改由沙市附近学堂洲入江；一支东北流，经保障垸，清滩河绕刘家堤头，屈曲入太湖港，过护城河达沮口入长湖。明崇祯年间截堵刘家堤头，因而断流。"刘家堤头在梅家湾附近。

明代（1368—1644 年）

明代 276 年间，据现存资料记载，荆江大堤决溢 30 次，其中嘉靖十一年至四十五年（1532—1566 年）的 34 年间决溢 10 次。

清

清顺治七年（1650 年）

监利大水，堤防溃决。知县蔺完瑝依粮派土兴工，重修黄师堤，兴筑县东骆家湾堤、县西蒲家台堤，重塞分江穴口—庞公渡口。

清顺治十年（1653 年）

江堤决万城，水淹江陵城脚，西门倾塌。

清康熙元年（1662 年）

七月，孝感、沔阳、江陵、松滋大水，八月天门汉水堤决，舟行城上。成安、钟祥、潜江大水（《清史稿》）。

清康熙二年（1663 年）

八月，松滋堤决。大水浸公安，民溺无算。枝江大水，淹没民居，浮尸旬日不绝（《清史稿》）。

清康熙十二年（1673 年）

吴三桂攻宜昌，下令拆毁虎渡口丈宽石矶，扩大河口至数十丈，疏浚河道，以运送军需物资。

清康熙十三年（1674 年）

朝廷议准湖北滨江一带地方官吏汉阳知府，武昌、黄州、荆州、安陆、襄阳、淮安 6 府同知，分督江夏、武昌、蒲圻、黄梅、钟祥、京山、天门、江陵、公安、石首、监利 11 县丞，潜江县主簿，沔阳、荆门二州州同。咸宁、嘉鱼、汉阳、汉川、广济、云梦、应城、孝感、松滋 10 县典史，每逢夏秋汛涨，各于所属堤董率堤老、圩甲搭盖棚房，备置桩篓、柴草、芦苇、锹筐等项器物堆贮棚房，昼夜巡逻，看守防护。春冬兴工修筑（《湖北通志》卷 42）。

清康熙十五年（1676 年）

夏，江决郝穴，江陵、监利、沔阳以下皆大水，民人多死。

清康熙二十一年（1682 年）

荆江大水，盐卡堤溃，水入城。

清康熙二十一年（1682 年）

改变堤工费制度。吏部给事中王又旦疏称：湖北诸郡堤工费用系由百姓摊派，本来负担就重，地方官吏还要各县互相协济，受苦更甚。如安陆府自铁牛关以下都是钟祥汛地，又要潜江、竟陵负担，潜江自长老垸以下皆为其汛地，又要沔阳负担……这种做法其害有五：一是天气寒冷，老百姓远离家乡，多有冻饿死者；二是民工上堤免不了受当地官吏压榨勒索之苦；三是帮助别人修堤使得本地堤工废弛；四是容易给地方官吏贪污私肥以可乘之机；五是常因此而闹纠纷，动需时日，贻误修筑时间……工部据此下令今后永禁协济，如有不肖官吏借端科派等弊，由湖广总督从重议处。

清康熙二十四年（1685 年）

钟祥、沔阳、荆门、江陵、监利等地大水（《湖北通志》卷 75）。

清康熙二十五年（1686 年）

夏，江陵大水，黄潭堤决，枝江大水入城，五月方退，庐舍漂殆尽。潜沔一带尽淹（《清史稿·灾异》）。

清康熙二十八年（1689 年）

清廷设荆州水师营，额兵 300 名，后减为 280 名，战船 34 只，有巡堤之责，隶荆州城守营。

清康熙三十五年（1696 年）

沔阳新堤江岸崩溃，派夫修筑横堤，名曰"预备堤"，同年，江水决黄潭堤，监、潜、沔一带尽淹（《湖北通志》卷 75）。

清康熙三十九年（1700 年）

朝廷议准湖广修堤制度。是年大水议准湖广修堤，责令地方官员于每年九月兴工，次年二月告竣，如修筑不坚，以致溃决，将巡抚按总河官例，道府按督催官例，同知以下按承修官例议处（《大清会典事例》）。

清康熙四十四年（1705 年）

清廷作出规定，鼓励围垸垦田。无力之家由官捐给牛种，滨江修筑堤防占压的田亩，由地方政府赔偿损失。康熙五十年（1711 年），朝廷拨专银 6 万两修筑湖广堤垸。到清代末年，湖北荆州府各县垸田明显增长。其中，江陵县 179 垸，公安县 47 垸，石首县 48 垸，监利县 498 垸，松滋县 36 垸，枝江县 17 垸，共 825 垸（《中国水利史稿》）。

清康熙五十四年（1715 年）

朝廷决定由地方官看守江堤。康熙谕江堤与黄河堤不同，黄河水流无定，时常改道，故设河官看守。江水并不改移，故交地方官看守……嗣后湖广堤岸溃决（口），府州县官各罚俸一年，巡抚罚俸半年（《大清会典事例》）。

康熙五十五年（1716 年）

江陵、监利、沔阳、潜江大水。清廷支官银 6 万两修湖北、湖南堤防。

康熙五十九年（1720 年）

六月，石首大水，黑山庙堤溃，冲黄金堤，居民漂没无算。

清雍正二年（1724 年）

五月，郝穴江堤溃，江陵、沔阳、潜江水。

清雍正五年（1727 年）

沔阳江堤龙王庙、五枝部墩、月堤头、延寿宫、预备河堤口、观音寺、太平港、胡家洲、牛字上号、中号、下号、杨泗峰、竹林湾、吕蒙口、堤于口、八总口、南北湖口先后溃决，溃决总长 1700 余丈。湖广总督付敏捐养廉银，买米 3637 担 5 斗 6 升，资助堵口复堤。垸民闻之，咸踊跃输资，历三月工竣，动用民工 363700 余名。次年，石首再发大水，南北交浸，冲决黄金堤，民大饥，携家入川者死半。

清雍正六年（1728 年）

雍正五年（1727 年），世宗亲谕："荆江沿州堤岸，着动用帑金，遴委贡员，监督修理。修成后仍为民堤，令百姓加以防护，随时补葺。俾得永受其益。"雍正六年（1728 年），议准荆江两岸黄滩等 6 处险工每百丈设圩长 1 人，圩甲 2 名，圩役 5 名，督率附近居民看守，遇有蚁穴、獾洞即为填补，并在险要之处备桩木，编槿条竹笆以重防护。

清雍正十一年（1733 年）

荆江郝穴下十里堤溃，郡守周仲瑄捐款修郝穴下堤段，长 316 丈，称"周公堤。"

乾隆元年（1736 年）

沔阳知州禹殿鳌将监利界抵汉阳界江堤令新堤州同管理，乌林以下堤垸交巡检协同管理。

乾隆二年（1737 年）

清廷议准沔阳州南北大堤计 31930 余丈，东西南三方堤工归水利州同管理，北堤令州判驻仙桃就近管理。乾隆三年（1738 年），沔阳知州禹殿鳌倡率垸民加筑预备堤。

乾隆九年（1744 年）

御史张汉、湖广总督鄂弥达上奏"三楚"治水原则。奏称："治水之法，有不可与水争地者，有不能弃地就水者。三楚之水，百派千条，其江边湖岸未开之隙地，须严禁私筑小垸，俾水有所汇，以缓其流，所谓不可争者也。其倚江傍湖已辟之沃壤，须加谨防护堤塍，俾民有所依，以资其生，所谓不能弃者也，其各属迎流顶冲处，长堤连接，责令每岁增高培厚，寓疏浚于壅筑之中"（《清史稿》卷 129《河渠四》）。

清乾隆十二年（1747 年）

朝廷下令："湖北各堤堤长，严饬迎河各官，加意稽查堤长，止令传唤雇工，毋许滥行苛派，如有旷误营私、勒索滋扰情弊，严加治罪，别行公举签充。如迎河各官，漫无觉察，经道府揭参，照堤岸溃决疏防例处分"（《续行水金鉴》卷 153）。

清乾隆十三年（1748 年）

湖北巡抚彭树葵奏准禁止再筑私垸。彭树葵奏称："荆襄一带，江湖褒延千余里，一遇异涨，必借余地容纳。宋孟珙知江陵时，曾修'三海八柜'以储水，后为地方豪右据为田，汪叶力复之。又荆州旧有九穴十三口，以疏江流，后因河道变迁，故迹久湮，现在大江南岸只有虎渡、调弦、黄金等口疏江流入洞庭，稍杀水势。汉水由大泽口分流入荆，夏秋汛涨又上承荆门、当阳诸山水汇入长湖，下达潜江、监利、弥漫无际。所恃以为蓄泄者，譬诸人之一身，江邑之长湖，桑湖，红马，白露等湖就像人的胸膈。监、潜、沔诸湖下达沌口尾闾也。……但因水浊易淤，有力者趋利如鹜，如则于岸脚，湖心多方截流，以为成淤，继之四周筑堤以成垸，殊不知人与水争地为利，水必与人争地为殃，水流壅塞，其害无穷……唯有令各州县将所有民垸查造清册，著为定数，听民乐业，此后永远不许私筑新垸，已溃之垸不许修复，一垸之内，也不得再为扩充，以妨水路，而与水争地之习或可稍息"（《湖北通志》卷 42）。

清乾隆二十年（1755 年）

六月，山襄水涨，关沮口、诸倪岗二处决。九月，在堤塍单薄处加高 2 尺，面宽 1 丈 5 尺，次年四月完工。

清乾隆二十三年（1758 年）

沙市宝塔湾堤段溃口。

清乾隆二十四年（1759 年）

清廷动员民力疏浚虎渡河口。并规定地方官劝民疏渠，开堰多者，酌情记功；绅士捐资 300 两以下者，给匾奖励；300 两以上者，题请议叙。

清乾隆三十四年（1769 年）

十月，江陵、石首、监利、沔阳大水。

清乾隆四十五年（1780 年）

朝廷准奏修筑钟祥、潜江月堤。当时所修月堤包括钟祥自永兴观至保堤官，筑月堤九百九十七丈；股家湾溃口筑月堤二百五十三丈，潜江县长一垸筑月堤一千零八十六丈（《续行水鉴》卷 154）。

清乾隆五十三年（1788 年）

六月，长江上游连降暴雨，当川水汇入长江后，又与三峡地区洪水遭遇。七月二十三日宜昌最大洪峰流量（调查洪水）86000 立方米每秒，水位 57.14 米。六月二十日，堤自万城至御路口决口 22 处，水冲荆州西门，水津门两路入，官廨民房倾塌殆尽，仓库积贮漂流一空，水溃丈余，两月方退，兵民淹毙万余，号泣之声，晓夜不辍，登城全活者露处多日，艰苦万状，下乡一带〔注：指监利、沔阳（今洪湖市）〕，田庐尽被淹没，诚千古奇灾。乾隆皇帝派大学士阿桂来楚查办灾情，并发帑金二百万两以为修理堤工石矶城池兵房及抚恤灾民、修补仓谷之用。严惩十年内承修大堤官员舒常等三任湖广总督及六任湖北巡抚和地方官员 23 人。调宜都、襄阳、武昌等 12 个县民工修复堤防和城垣，共完成土方 388.5 万立方米。并在杨林矶、黑窑厂、观音寺等十余处建石矶。

清乾隆五十四年（1789 年）

清廷颁布《荆州府堤防岁修条例》，规定："一、岁修万城堤，必须派大员督工、检查、验收；二、岁修堤防保固期，由原来土工一年、石工三年一律改为十年；三、规定堤面、堤身加高培厚尺寸；四、修堤按工序进行；五、修堤经费层层核实；六、人夫工费专人专管，严禁克扣侵吞；七、新筑石岸必须随时检修；八、万城堤设立卡房，巡检轮流住宿，每年汛期道府同知必须亲自上堤往来巡视；九、堤上民房一律拆毁；十、万城堤逍遥堤至御路口长六十余里的最险段，由江陵县丞亲自看管；十一、同知衙门从城内迁至堤上办公；十二、府城各门常年储备防汛物资，以备急需。同年朝廷决定荆州水师营参与万城大堤的防护，在堤上设卡二十六间，每卡驻兵二名，并于杨林矶、黑窑厂、观音矶等各驻兵一名，共计五十五名，协防大堤。值每年四至八月汛期，守矶兵每日录报水单一纸。"

清乾隆五十六年（1791 年）

朝廷奏准在万城堤、中方城、上鱼埠、李家埠、中独阳、御路口、杨林洲、黑窑厂、观音矶等 9 处，各铸铁牛一具，以镇水势。

清嘉庆二年（1797 年）

奏准江陵、监利、沔阳、石首等州县江堤加高培厚，填补缺口，并筑月堤，镶龙尾埽工，均系公款官修，勒限保用十年，保固期满照例民修。

清嘉庆十二年（1807 年）

沔阳大旱，农民掘堤引水灌溉适水涨堤溃，沙湖镇监生戚光绪领民工抢筑溃口 15 昼夜，后修复溃堤，疏挖河淤，数月竣工。

湖广总督汪志伊自募小舟，泛长湖、穷源委，并江汉之大利大害而缕分之，疏渠筑堤多处。又以福田寺、新堤为江、监、潜、沔四邑积水出路，长堤阻而水莫能消，被淹者数百垸，乃择定在水港口（今福田寺），茅江口（今新堤）两处建闸，规定每年十月十五日先开新堤闸，十月二十日次开福田寺闸，翌年三月十五日先闭福田闸，三月二十日次闭新堤闸，这样内可宣泄积潦，外可防江水倒灌。此次兴工范围较广，规模较大，涉及十余州县，耗资数十万两，动用民夫数以万计，使平原湖区水利得改善。

清嘉庆二十年（1815 年）

沙湖士绅戚东瀛发明制造"疏河钯"，借以疏浚河道。后经改进，称"浚川钯"。沔阳州之接阳河，汉阳之黄陵矶、琴塘口、江夏之鲇鱼口等处，均以浚川钯除壅去积，而通舟楫。

清嘉庆二十三年（1818 年）

江陵在郝穴兴建范家堤排水闸，道光六年（1826 年）堤溃闸毁。此乃荆江大堤上早期兴建的排水闸。

清道光二年至五年（1822—1825 年）

道光二年（1822 年）八月，钟祥大水，王家营堤溃。潜江、天门、沔阳等 13 州县被灾。

道光三年（1823 年），石首、江陵大水，郝穴堤决。沔阳等 11 州县水灾。潜江、监利豪绅两次聚众，掘开朱麻垸堤，排放淤犁湖积水，与沔阳农民发生冲突，酿成械斗流血事件，死伤 30 余人。知州方策履勘，召集三方士绅议决，监沔两方开横堤头至沈家河长渠 40 余里，潜江一方建闸，共同管理，防涝排水。至此，纷争止息。同年，修筑天门、京山、钟祥等处堤垸，又监利樱桃垸，荆门沙洋堤。

道光四年（1824 年），沔阳等 15 州县水灾。培修荆州万城大堤横塘以下各工及监利伍家口、吴谢垸等溃决堤塍。

道光五年（1825 年），又修监利江堤和荆州得胜台堤。

清道光六年至八年（1826—1828 年）

道光六年（1826 年）五月，宜昌雨十日不止，山溪水涨，崩崖裂石，田亩多为积水所损。沔阳大风雷雨，平地水数尺。六月，钟祥王家营，张壁口、荆口、郑浦垸，朱家湾并溃。汉川、潜江、江陵、远安、竹溪、宜都枝江皆大水。

道光七年（1827 年）六月，堤决襄河恒丰垸、南江卡子口、荆河蒋家埠、吴家湾等处，汉川、潜江、江陵皆大水。枝江水入城。

道光八年（1828 年），京山巴家厂、潜江蚌埠堤决，荆河四岸诸家场堤亦溃。荆门等12 州县，水灾并旱灾。

清道光十年（1830 年）

御史程德润奏称京山王家营屡决，下游各州县连年受灾，请求修理。朝廷命湖广总督嵩孚筹划。嵩孚请仿以黄河工程切滩法，开浚下游沙洲，挑挖引河，裁弯取直，以顺正流。宣宗命刑部尚书陈若霖勘察后认为："京山决口三百二十余丈，钟祥溃口七十余丈，正河经行二百余年，不应舍此别寻故道。惟有挑除胡李湾沙块，先畅下游去路，将京山口门挽筑月堤，展宽水道，钟祥口门于堵闭后，添筑石坝二，护堤固沙。"宣宗亲谕嵩孚驻工督办。

公安大河湾溃。石首江堤溃决，连淹 3 年未堵筑，瘟疫流行，民死数万。沙市堤决，冲成廖子河。

湖北布政使林则徐颁发《公安监利二县修筑堤工章程十条》，规定："严禁在堤上建房、设榨埋坟、耕种"，此章程立法颇严，并附开验工票据式样。

清道光十一年（1831 年）

五月中旬，公安大水，吕江口、窑头埠决。石首江堤溃，饥死者大半。监利南北垸水灾，上汛铁牛寺、中汛药师殿、胡洛渊、朱家汛安庆月堤、义城月堤、肖家汛李家垸月堤俱溃，白螺矶江堤溃决，洪水横流，如顶灌足，劈头直泻，下游螺山、新堤、茅埠、锅底湾等堤俱溃。沔阳南部被淹（今洪湖市），洪水持续半月方缓退。

清道光十二年（1832 年）

公安秋水决堤，大风 3 日，民溺死者无数。石首止澜堤（梓楠堤）决，大疫，死者无数，松滋涴市堤决，民大饥。

荆州万城堤工，自乾隆五十三年（1788 年）荆江大水后，向由水利同知专管。本年始，以同知督办不得力，改归荆州知府承，并于万城、李家埠、江神庙、沙市、登南、马家寨、郝穴、金果寺、拖茅埠等 9 处设工局，分段管理修防事务。又设沙市石卡，验收发送各险工所需石方。

道光十三年（1833 年）

道光十三年（1833 年）夏，江水决万城堤，荆州城东数百里茫然巨浸。公安大水，石首江堤溃。道光十三年，御史朱逵吉上疏清廷，言湖北连年被水，请疏江汉支河以弥水患。疏称："湖北之水，江汉为大。欲治江汉之水，以疏通支河为要紧，堤防次之。唯今之计，唯有疏江水支河，南使汇于洞庭，疏汉水支河，使汇于三台等湖，并疏江汉支河，分汇于云梦、七泽间。然后堤防可固，水患可息。"清廷据奏，即著湖广总督讷尔经额酌办，并准拨邻省银二十五万两，以工代赈择要兴工，使民生、水利两有裨益（《荆楚疏修指要》）。

道光十四年（1834 年）

公安、石首大水溃堤。松滋涴市下堤溃。沔阳、潜江等 6 县临江堤溃。道光十四年（1834 年），浚沔阳、天门牛蹄支河，并修筑滨临江汉各堤。浚石首、潜江支河，修万城大堤。修潜江、钟祥、京山、天门、沔阳等县临江堤。道光十七年（1837 年），修钟祥刘公庵，何家潭老堤，潜江城外土堤，并建小港口石闸石埽。"

道光十五年（1835 年）

春，枝江、宜都、宜昌旱。夏，江陵、石首、公安、松滋大旱。冬，江陵、石首、公安、松滋、枝江大旱。七月，沔阳蝗。

道光十六年（1836 年）

监利南北垸水灾。上汛朱三弓堤溃，北汛杨林关堤溃。

道光十七年（1837 年）

湖广总督林则徐、湖北巡抚周之琦奏报改除堤政积弊。奏称："湖北江汉堤防延袤三十余州县，岁修需费甚巨，而生息款项有限，不得不积费于民。查历来收费修堤，或官征官修，或官征民修，或民征民修，三者皆不能无弊。若费征于官，则必假于胥吏，征于民则必委权于董事，胥吏之多舞弊固不待言，而董事若不得人也难驾驭，即以监利设局收土费一事言之（监利上年七月曾发生民众捣毁堤工总局案件），溯查该县数十年前按旧章，本系由堤长自行收费，继而改为或官征官修，又继而改为签董给单，道光十四年又改为设局收费，收费之事为地方官所把持，随意加征堤费，甚至用刑锁拿欠费者，以致引起民愤，对堤工总局章程重新加以稽查，规定今后局不许多设，人不许多充，因而应用不许多开，费不许多派。首土必由公举，不许贪缘滥入，不许留连把持。如有狡诈巧滑之人，应加以痛办，以儆效尤。并责成各管道府随时秉公查核，有病即除，有犯即惩，如或迁就因循，查出一并参处"（《林文忠公奏议》）。

清道光十九年（1839年）

湖广总督周天爵下令拆毁荆州万城堤一带私垸。命令下达后，荆州知府急令江陵、当阳两县严督刨毁大堤附近私垸，"如敢不遵，致有失事，定照肖姓大案办理。"

清道光二十年（1840年）

因江水盛涨，汉川、沔阳、天门、京山等处堤垸溃决，造成水灾。道光二十年（1840年），总督周天爵上报江汉灾情，提出疏堵章程六章。其中称："改江南岸虎渡口东支堤为西堤，别添新东堤，留宽水路四里余，达黄金口，归于洞庭，再于石首调弦口留三四十里沮洳之地。泻入洞庭；江北岸旧有闸门，应改为滚坝，冬启夏闭。"

清道光二十二年（1842年）

入夏，连日大雨，沮漳河水陡发，加之川江水势建瓴而下，容纳无所，以致大水冲塌万城堤以上的吴家桥水闸，冲溃下游十余里处上渔埠头官堤，溃口宽六十八丈，堤内冲成六至七尺深潭，大水直灌荆州郡城，仓库、监狱均被淹没。下游岳家嘴民堤溃口1120余米，南岸肖石嘴、马家渡民堤亦溃。汛后，修筑上渔埠头月堤1600余米、岳家嘴月堤1670米，至道光二十四年（1844年）完工。

清道光二十六年（1846年）

监利螺山进士王柏心就荆江洪水著《导江三议》，主张疏导虎渡河，分洪水大半南注洞庭湖，再分引江水入长湖、白露湖、洪湖。对荆江堤岸决口不再堵筑，而留作分泄水口，"南决则留南，北决则留北，并决则并留，因任自然可杀江怒，纾江患，称策无便于此者矣。"

清道光三十年（1850年）

江陵知县姜国棋主张对虎渡河"损其支堤不治，又留东江堤不治，肖石溃口不治。凡公安、华容、安乡水所经处，其支堤皆不治，任水所至"，这样"江流南注，则北岸万城大堤可免攻击之患，保大堤即保荆州。"对于被水淹之地的民众，他主张"或操网罟，或业工商。或采菱芦藕以谋生，或收鱼虾龟介以给食，水至乘小舟以为家，水退则葺茅舍以御冬。"

清咸丰元年（1851年）

汉江至天门境黑流渡分为南、北两派（支），南支为小河（今汉江干流），北派为正流。后正流不断淤积萎缩。至康熙年间易名为牛蹄支河。咸丰初年，牛蹄支河淤塞，原支流成为干流，汉江左岸堤防从钟祥、经京山、潜江、天门连成一线。

清咸丰九年（公 1859 年）

夏，万城堤（荆江大堤）岁修竣工，荆州知府唐际盛铸一外实内空，重约 2000 千克的铁牛，置于郝穴西北 1.5 千米处的镇安寺堤上，并亲撰铭文，镌刻牛背，铭文如下："维咸丰九年夏，荆州知府唐际盛修堤成，铸角端镇水铁牛于郝穴而系以铭曰：嶙嶙峋峋，其德贞纯，吐秘孕宝，守捍江滨，骇浪不作，怪族胥训，千秋万代，福我下民！"

清咸丰十年（1860 年）

长江发生特大洪水，七月十八日，宜昌洪峰流量 92500 立方米每秒（调查洪水），洪峰水位 57.96 米。洪水冲开石首马林工 1852 年溃口未堵之口门，串通原有的支流港汊，遂冲开成河，"藕池决口之宽与江身等，浊流悍惴，澎湃而南。"因决口有集镇名藕池，故名藕池河。

宜昌水涌入城，平地水深六七尺，枝江西门城决，水入城。荆江大堤万城堤溃，江陵大水。五月二十六日，松滋朱家埠西高石碑堤溃，平均水深二三丈，一片江洋。公安大水，水位高出城墙一丈多，县城被淹，灾民蜷伏屋脊呼救，江湖连成一片。洪水所经之处"民舍漂没殆尽，沿江炊烟断绝，灾民嗷嗷……百年未有之患也。"

清同治四年（1865 年）

杨林关溃口（注：北堤），直冲沔阳潘家坝堤，朱麻通城破垸成河，屡议修复未果，同治八年（1869 年），吴家改口溃决，东荆河水遂改道北趋。

注： 中府河旧名易家河，源于杨林关，系东荆河故道。自杨林关起，东经预备堤、网埠头、府场、曹家嘴、谢仁口、武家场至土京口入内荆河北支。清同治四年（1865 年），因杨林关以下河道（中河）淤积严重，宣泄不畅，杨林关北堤溃口，东荆河水改由沔阳朱麻通城等垸东流，由于溃口不堵筑，遂成为东荆河主道（即现在的东荆河干流）。东荆河改道后，原东荆河故道口门日渐淤高，光绪四年（1878 年）杨林关口门堵塞，原故道成为内河。

清同治五年（1866 年）

清廷设荆州长江水师营于城西笪箕洼，设官 41 名、兵 630 名、战船 85 只，分防沿江各汛，同治八年（1869 年）裁荆州水师营，留额兵 92 名专防万城大堤。

公安大水。沔阳江堤（今洪湖江堤）三总堤、九总堤、十三总堤、潭口边皆溃，民多流亡。知州以工代赈复堤。

清同治九年（1870 年）

京山兴建杨集区新垱滚水坝，拦截墩水引灌农田。当地绅士李公领头，按受益田亩筹款出工兴建，用块石堆砌长 55 米、高 2.5 米的流通水坝，开引水渠一条，长 1.5 千米，受益农田 119 亩。

清同治九年（1870 年）

长江上中游发生千年一遇特大洪水，宜昌站洪峰流量 105000 立方米每秒（调查洪水），水位 59.50 米，大水漫过松滋老城城墙沿山岗而下，在长江堤庞家湾、黄家铺两处溃口。当年堵复了黄家铺，但庞家湾（在朱家铺西北约 3 千米处为丘陵岗地）未堵复，任其自流。由于堵口不坚，至同治十二年（1873年）汛期，江水除从庞家湾漫流外，又冲开黄家铺已堵复的决口，松滋河形成。至此，荆江四口（四河）向南分流局面形成。

1870年大水，洪水从松滋、公安进入洞庭湖，直逼城陵矶，席卷两湖平原。洞庭湖区（华容、湘阴、安乡、湘潭、岳阳、临湘），洪水泛滥，公安、安乡、华容等县，舟行城中，武汉大部分被淹。松滋县"本县及邻邑堤连决七八处，漂流屋邑人民田禾无算，磨市全为水淹，百里之遥几无人烟。""洪水四溢，任其泛滥达四五十年之久，人民饱受颠沛流离之苦。"公安县"江堤俱溃，山峦宛在水中，漫城坦数尺，衙署庙宇民户倒塌殆尽。""汛后大疫，民多暴死。""石首大小堤溃，五年未堵筑。人民流离失所。"监利干堤邹码头、引港、螺山等处江堤俱溃。汉江宜城以下江堤尽溃，江汉平原一片泽国。史称"数百年未有之奇灾，百里之遥，几无人烟。"

1870年，因大量洪水南溃进入洞庭湖，荆江大堤没有溃口。《湖北通志》载："同治庚午年，江水暴涨，狂风雷雨，连日不息，大堤（注：荆江大堤）出险万状，危而获安。"

清同治十年（1871年）

堵塞汉江支流芦洑河口（又名小策口、古潜水）。沔阳人借疏河为名，在小策口内杨林洲筑坝长200余米，便将小策口完全堵塞，芦洑河同汉水断绝，成为内河。

清同治十三年（1874年）

是年，"加高文星楼至宝塔河堤，就街心累筑，高3～4尺不等"。

湖广总督李瀚章、巡抚吴元炳奏准，由原荆州水师营所留额兵92名设荆州堤防营，专事修防万城大堤，始于军政无涉，驻中斗蓬（江神庙），由荆州府调遣。

潜江县已被革职的千总严士廉扇动沔阳、潜江、江陵、监利等州县乡民，在东荆河何家别筑坝，塞断河流同，经官府派兵弹压制止，将严士廉就地正法，并勒石示禁："泽口官河，永禁阻遏"。

清光绪八年（1882年）

同年春，经湖北省巡抚彭祖贡会同地方官等劝谕，监利内荆河子贝渊决堤放水。决堤后，北岸水退尺余，南岸则水涨4尺，附近子贝渊堤的瞿家湾等26垸被淹。时值霪雨兼旬，江河并涨，新滩倒灌，使监北沔南700余垸田庐尽没。监利县民间指责地方官决堤殃民，两岸形成械斗。湖广总督涂宗瀛乃奏请于原口处修建启闭石闸，疏浚柴林河以消夏秋盛涨，修复新堤龙王庙以泄冬春积涝之水。子贝渊建闸疏河各工，于本年十月动工，次年五月告竣。光绪十年（1884年），又奏请于原开口处建朝天石闸一座以畅消北岸渍水，嗣因经费无着，未果。至光绪十二年（1886年）四月，湖广总督裕禄乃奏请开挖子贝渊下游20里之冯姓河资宣泄，并杜争端。

清光绪九年（1883年）

六月，汉江堤京山张壁口溃决。

清光绪十二年（1886年）

长江下荆江河段蜿蜒曲折，素有"九曲回肠"之称。这段河段历来河势变化很大，凸岸淤积，凹岸崩塌，横向摆幅达30余千米，导致此后频频自然裁弯。光绪十二年（1886

年），在荆江石首河段的街河、月亮湖两处发生自然裁弯。1887 年又发生公湖、古丈堤自然裁弯；1909 年发生尺八口、熊家洲自然裁弯；1949 年发生碾子湾自然裁弯；1972 年发生沙滩子自然裁弯；1994 年向家洲洲头冲穿，属于切滩撒弯。

清光绪十三年（1887 年）

长江、汉江部分堤段先后溃决，沔阳江堤大木林溃，州境内数百民垸被淹。

清光绪十八年（1892 年）

湖南京官张文锦等曾联名提出堵塞藕池口的要求。湖广总督张之洞在《勘明藕池口碍难堵筑疏》中陈述："自咸丰二年藕池溃口以来，四十年来南北相安无事。"并说："若一旦堵塞，荆民必群起相争。南省依堤为命者，北省必将与堤为仇，即使强欲议堵，此工亦恐难成……。实测今日藕池溃口之水，较之昔年初溃时已减其半。现在入藕池口内数里，即有淤沙，则日垫则水日缓，以后入口之水自当日见其减，……若塞藕池而不能铲去南洲，则未必大利于湖南而先有害于湖北。加以费既太巨，工亦难成，办理实无把握。"

清光绪二十一年（1895 年）

五月，江汉堤金港口、张壁口、陈洪口、杨堤湾、鲍家嘴等 5 处溃决。

清光绪二十九年（1903 年）

沙市设水尺，开始观测水位，以后分年增加观测项目，光绪三十一年（1905 年）开始观测降雨量。民国十七年（1928 年），湖北省建设厅在荆州沙洋、泽口、监利设 3 个水位站。

清光绪三十四年（1908 年）

潜江县谢孝达、汤作梅等在东荆河口龙头拐建泗水矶，并在下游河埠（即丁家埠）建矶头，天门县上告到农工商部，经农工商部咨督抚委派襄阳首施侯首魏安陆府张及天、潜二县知事共议："襄水分流只存吴家改口一处，万不可阻塞，至碍河流畅通。"

清宣统元年（1909 年）

夏，长江、汉江江堤数十处决口，天门、沔阳、潜江、江陵、公安、石首、监利等县遭灾。长江河道监利尺八口、熊家洲段自然裁弯，故道今为"老江河"。

湖广总督陈夔龙奏：公安高李公、松滋杨家垴、监利河龙庙各堤工，均拟派员督办筹修，以期巩固。准奏。

清宣统三年（1911 年）

沔阳州的济美、天城、涣鱼湖等垸顺水堤成，把东河延伸至中革岭。至此，东荆河堤自童家剅至中革岭的 70 多里堤连成一线。

清代（1644—1911 年）

清代 268 年间，据现存资料记载，荆江大堤决溢 55 次，其中康熙元年至五十三年（1662—1714 年）53 年间决溢 12 次，道光二年至三十年（1822—1850 年）28 年间决溢 18 次。

湖北征收堤工捐，最早始于清代。时称钟祥船捐（款来自于船运）。

明、清两代（共 544 年）荆江大堤共决溢 85 次，平均 6.4 年一次。其中，明嘉靖和清道光时期溃溢次数最多，共 28 次。

中 华 民 国

民国元年（1912 年）

4 月，荆州万城堤工总局成立，专司万城堤工事务。局址设沙市，徐国彬任总理，下设万城、李埠、江神庙、沙市、城南、马家寨、郝穴、金果寺、拖茅埠 9 个分局和沙市石卡。

汉江沙洋堤溃口 300 余丈，深 1 丈 5 尺。

石首北乡王辅廷等人堵塞肖子渊，经民国政府副总统黎元洪批准派兵刨毁。严惩为首分子。

10 月，民国政府内务部派员查勘，刨毁荆江沿岸私垸，并勒碑永禁。后内务部又拟定取缔私垸办法，规定未筑者严禁私挽，已筑者不准培修，溃后不准再行修复。

民国二年（1913 年）

汉江分流口大泽口（分流口有大泽口、小泽口。大泽口有夜汉河、峁河、吴家改口之称）历经清道光、咸丰、同治、光绪年间时有堵疏之争，多次处理，迄未终止。汉江北岸诸县主疏，南岸主塞。民国元年至二年（1912—1913 年），又起纠纷，3 月 12 日，湖北省督、民政长会颁发《禁塞吴家改口告示》："依据成案，吴家改口永远不准擅自堵塞，倘再有强筑情事，即将为首之人，从严拿办。"告示发布后，沔阳人唐传勋率数千人在东荆河何家刨筑坝，坝筑到长 93 米、宽 12 米、高 1.7 米时，湖北省都督黎元洪派兵弹压，又派副官徐世猷同都督府内务内委员胡丽钧、罗汝泽，潜江县知事欧阳启勋等亲临现场，颁发命令禁止。仍以"改口万不能筑，应成铁案。荆河不能不治，应于筹疏。"始成定论。这一历史纠纷才告平息。

民国三年（1914 年）

3 月，位于东荆河左岸新沟坝的裕丰排水闸动工，单孔，宽 1 丈，条石拱涵，开支铜元 4700 串，民国五年（1916 年）5 月竣工。

7 月，荆州万城堤工总局总理徐国彬条陈万城堤善后办法八条：一曰石工浩大，二曰砖工重要，三曰组织堤警，四曰整顿石船，五曰严禁私挽，六曰借助警威，七曰疏浚支流，八曰严催土费。巡按使批复：所请各节，均属可行，仰侯分饬各县知事查照办理，并饬水警总厅转饬该管各分署长遵办。

民国四年（1915 年）

6 月，湖北省财政厅拟将荆江两岸私垸百余万亩农田一律划征农业税收，使滨江围垦合法化。荆州万城堤工总局总理徐国彬向巡按使力陈利害，此按经巡按使批复，候饬湖北水利分局及荆南道核议会详察夺再行饬遵。

7 月，沙市士绅齐泳革等以荆江一带江心淤高亟宜疏浚江流以利堤防等情呈请疏浚荆江。9 月，徐国彬邀集官绅会商，议定首疏荆江，次疏洞庭湖，再疏分泄江流之四口以便江水畅流。后因筹款困难未果。

民国五年（1916 年）

6 月，襄河水势大涨，为近数年来所少见。沔阳、监利、潜江各县堤防多处报险。沔阳丁家垸堤落成方两月余，刻已决口。

国民六年（1917 年）

夏季，江水暴涨，水势之大，为民国以来罕见，天门、沔阳、京山、松滋、石首、公安、江陵、监利等数十县受灾，人民死亡、房屋倒塌，尤难胜计。湖北督军兼省长王占元急电道尹和各县知事，昼夜防守，及时抢险，并派江汉道尹为监护江堤大员，成立防护公所。

民国七年（1918 年）

7 月，以江陵县万城大堤之"万城"二字不能概括全部，且位于荆江北岸，改名为"荆江大堤"。荆江万城堤工总局亦改称为荆江堤工局，原设总理改为局长。

民国八年（1919 年）

冬，沟陵溪剅闸（今闸口）竣工，排虎东四区十垸三洲渍水。

夏季，淫雨为灾，山洪暴发，钟祥、京山、天门、潜江、荆门、松滋、石首、江陵、监利等县被水成灾，田庐什物尽付洪涛，灾众数万。农历六月二十九日，京山王家营襄河堤溃，口门宽达五六华里，深三四丈。下游天门等县连遭溃决者，多达数百处。

12 月，沙市绅士齐永萍、郑德耆等以荆江修堤为命，近来流坼洲复，穴口淤塞，上游泥沙壅滞，江底益高，不亟疏浚，后患不测。建议组织荆江疏防委员会，专以疏浚江流，防御水患为职责，凡客士绅民娴悉水利者皆得为本会会员，所带开办费收会费担负。疏防会成立后，因时事艰难，收款不易，以致疏浚江流计划未能施行。

民国九年（1920 年）

荆江堤工局局长徐国彬因荆堤险工迭出，修防无款，乃商同江陵县知事，召集沙市绅商、盐商议定筹款办法。时值沙市运销局裁撤，遂议定照向例各盐行、盐栈缴运销局规费之规定，继续追缴，并易名为"修防公益捐"。经省长公署指令核准，责成盐行、盐栈汇缴。

民国十年（1921 年）

春夏之交，荆州淫雨，山洪暴发，滨江临汉的天门、沔阳、京山、钟祥、公安、监利等县 20 余处决堤，田庐悉为泽国，襄堤王家营堤溃口，上起钟祥大王庙，下至京山末屋台，总长达 10 里，其中水泓宽 360 丈。灾及钟祥、京山、潜江、天门等 11 县，灾民百万，伤心惨目，闻者为悸（注：王家营溃口宽 3240 米，冲坑深 6.04 米，溃口水道宽约 1100 米）。

民国十一年（1922 年）

3 月，为加高荆江大堤沙市段，拆除自二郎矶至九杆桅计长 533 尺堤街，中间民房约 390 户，各拆一重或半重，约让地 2 丈数尺，堤脚加高 5 尺，培厚 1 丈。民国十四年（1925 年）6 月竣工。

6月，大旱，汉江水涸，深水处仅 4～5 尺。

民国十二年（1923年）

监利县上乡江堤八尺弓处因临泓走险，为抵御江流以利堤防安全，本年改筑石工。

3月，湖北督军兼省长肖耀南，为整理湖北堤防，厘定堤防等级，委派专员，从清理堤防档案入手，进而实地勘查，将堤防分为荆江、长江、襄江 3 段及官堤、民堤与最要、次要等级。荆江段包括宜昌……松滋、江陵、公安、石首及监利等堤段。

荆江堤工局局长徐国彬去职，原沙市水上警察局局长徐国瑞接任。

3月13日，钟祥堤工局局长宋树烈呈请辞职，湖北督军兼省长肖雄南委任李封前往接职。

民国十四年（1925年）

荆江大堤外围谢家、古梗、由始 3 垸由垸内巨户李竹轩倡筑堤防合一，统称"谢古垸"。

民国十五年（1926年）

7月9日前后，长江大水，江陵、松滋、公安、石首、监利等县江堤决口无算。8月，荆江大堤下段金果寺、拖茅埠两局全部洲堤溃决无存，致两局堤淹及堤顶，一汛未退，一汛又来，时及两月，各处堤防，多数溃决，而江水不见退落，加以南风肆威，助浪为虐，先后月余，片刻未停，殃及五六县，人民逃难不及，淹毙约万数以上。

12月，湖北省水利局按江汉流域，分别在荆州沙洋、郝穴两地设襄河、荆河水利分局；荆河原有之万城堤工局，襄河原有之钟祥堤工局，仍照旧不变，统归省水利局指挥监督。

本年湖北征收堤工捐。按特税、厘金及有堤之 36 县田赋内，各照正税征收十分之一堤工捐，并于湘、鄂、赣 3 省海关进出口货，按物价百分之一附征堤工损，专款专储，由财政部通令施行，作为湖北省修堤经费。

民国十六年（1927年）

1月26日，《湖北省水利分局暂行条例》经湖北省政府委员会会议审议通过，各分局辖区划分如下：①襄河水利分局：上起襄阳县，下至汉口止；②荆河水利分局：上起荆州，下至新堤上街止；③自新堤正街起至武汉附近各堤段，由水利局委派段长主管。

3月，湖北省水利局在监利设上车湾堤工处，委派杨烺为专员，堵修上年洪水溃口，年内工成。

6月24日，湖北省府委员会第十二次会议议定《验收堤工办法》。

民国十七年（1928年）

2月18日，湘鄂临时政务委员会令饬裁撤荆河等 3 个水利分局，保留荆州万城堤工局不变，并拟定《湖北各县堤工修防局章程》颁布实施。

6月，江陵、石首、监利、天门、荆门、京山、钟祥、松滋、潜江等县大旱，监利最重，闹饥荒者 30 余万，斗米 7000 文，糠秕吃尽，草木无芽。

荆门县从清明至处暑无透雨。全县普遍大旱，内荆河流域湖泊全部干涸，长湖可涉足而过，湖底种上芝麻、棉花、粟谷略有收成，水田全部无收，湖区人民以陈菱、蚌壳为生。山丘区塘干堰涸，河港断流，大部分农户未开"秧门"，冲田里只得种些高粱、黍谷之类。

洪湖宏恩矶护岸由湖北省水利局主持开工，并委派工程专员刘万选督导施工。同年石码头至叶家洲抛石护岸工程开工。

湖北水利工程处在荆州沙洋、泽口、监利设置水文站。

5月，湖北省水利局拟定《十九年沿江沿襄两岸干堤防汛章程》，规定长江设防汛段12处，襄河防汛段8处，每防汛段由省水利局委一防汛主任，督率员工负责防护。长江之荆江大堤因有常设专局，不在其内。

民国十八年（1929年）

洪湖彭家码头至叶十家堤段修建木质桩基，条石砌筑石矶，名曰一矶、二矶、三矶。

12月，湖北省财政厅以沙市盐捐征收钱码，不合现时计政，令饬改征洋码（即以元、角、分为计量单位）。

民国十九年（1930年）

3月，东荆河陶朱埠设立水尺站，属泽口水文站管辖。

夏，襄水泛涨浩大，潜江县孙家拐襄河干堤于6月29日溃决，口门宽达1里有余，被淹之处有5县之多。

民国二十年（1931年）

7月上旬，荆州阴雨连绵，江陵县平地水深数尺，监利县7月的月雨量782毫米，超过历年同期平均值的6倍；8月沙市水位43.52米，垸内渍水无法排出。7月1日，荆江大堤齐家堤溃口，水头6～7米，监利、公安、石首、潜江、沔阳、天门等县共溃口13处，荆北平原尽成泽国，全荆州无县不灾，无灾不重，一时间"人声鼎沸、庐舍荡然，人与虫鸟竞争，同栖树头，诚不啻人间地狱。"总共淹没农田124.7万亩，灾民214万人，死亡33760人。

8月7日，西荆河北堤谢家剅溃口，同月8日西荆河南堤曾晓湾亦溃决。贺龙率工农红军，发动群众，军民并肩战斗，退挽月堤，堵塞西荆河（今田关）口，冬季开工，翌年春堵口工程完工；1933年春退挽月堤竣工。杜绝汉水经西荆河的自由泛滥，使西荆河成为内河水系。

11月，松滋、公安两县绅民谭晏林等160余人联名禀呈湖北省水利局要求堵塞清同治九年（1870年）溃口之黄家铺（今称大口），省水利局将此案转饬荆江堤工局会同公安、松滋两县县长及第二测量队详细查勘议复。

据荆江堤工局局长徐国瑞呈称：查该口禁止堵筑历有成案，民国元年、四年均经通令禁筑，九年5月，松滋、公安两县贪挽淤洲，绅民复申堵筑之请，卒由督军兼省长令委荆南道尹孙振家查勘仍以不准堵筑，并刨毁新修土埂各在案。是该口之禁筑早成铁案。松滋、公安两县绅民谭晏林、汪光裕等复因该口流域尚有十数万亩淤滩，新口一筑获利无算，遂不顾北岸十数县生命财产之害，倡堵新口。……据此，湖北省水利局发出指令：松滋溃口禁止堵塞历有成案，碍难修复；如遽行堵塞，则长江少一泄水之口，水位必增数尺，况中央正厘定废田还湖办法，如堵塞消水之口，则适得其反。

民国二十一年（1932 年）

新堤至监利段江堤，因于湘鄂苏维埃解放区内，在抢修堤工任务中，湘鄂西苏区水利委员会与国民政府救济水灾委员会第七工赈局积极配合，共商筑堤办法。凡筑堤民工，工资以及工人的管理支配，均归苏维埃政府全权处理，工赈局得派监工驻地监视，并负责接洽麦粮的运输及工资的支配等事……。共同组织监利堤工委员会，委员会共产党 3 人、工赈局 2 人。因指挥统一，行动迅速，预定 3 日内招工 2 万人，至第二天即满额。

2 月 27 日，湖北省政府核准设置舵落口、仙桃镇、深河潭、沙洋、皇庄庙 5 处固定水尺站。

4 月 3 日，湖北省水利局划分有堤各县为甲、乙、丙、丁、戊、己 6 等，按等级发放补助费。江陵、监利、沔阳、钟祥、京山、潜江、天门 7 县划为甲等，每县发 1 万元。戊等以下不发。

11 月 26 日，湖北水利、堤工两局及湖北堤工经费保管委员会，一并裁撤。由全国经济委员会于汉口设江汉工程局，接管所有湖北水利、堤工两局办理之各项堤防、水利工程事务。江汉工程局随即在黄石港、武昌、嘉鱼、监利、汉川、岳口等处设第一、第二、第三、第四、第五、第六等 6 个工务所。后又增设新堤、沙洋两个临时工务所。

经江汉工程局核准，将松滋县东段滨江大堤纳入长江江南干堤范围，并在浣市镇设立滨江干堤修防处。在公安县成立滨江干堤修防处。

民国二十二年（1933 年）

5 月，湖北省政府拟定防汛办法如下：①江汉工程局各工务所负责勘估布置及经费材料供给和工作指导；②由建设厅提请省府委派有堤各县县长为防汛委员，督率各保甲长征集民工，指挥抢险；③请省府任命防汛视察若干人，分驻险段，巡视防汛情况；④防汛经费及防汛委员视察津贴、旅费、邮电费等项在防汛经费项目下开支。

11 月，建设厅在江陵、石首县筹设二等测候所，其他各县设上等测候所，是荆州地区气象观测机构之始。

荆州有堤各县普设修防处或堤工委员会。修防处除设正、副主任外，还设有堤董、堤保各若干人，各地建制因地而异。如石首县设有罗诚、横堤、天兴等 6 垸修防处，沔阳县设有滨江干堤修防处及襄河第一、第二修防处，监利县设有上汛、中汛、下汛上段、下汛下段及北汛 5 个修防处；潜江县在襄南干堤设有 7 个修防处，襄北干堤设有 3 个修防处。

扬子江防汛委员会拟将荆江四口堵塞，荆江堤工局局长徐国瑞据此致电湖北省政府及全国经济委员会，痛陈利害关系，经扬子江防汛委员会查明，撤销原议。

江汉工程局炸毁二圣寺矶头改为坦坡，挑流有所缓和。

建石首调关石坦，次年建成石矶，矶长 70 米。

江汉工程局接管湖北省堤防事务。由扬子江防汛委员会划湖北为第四防汛区。荆江大堤为第九段。下设 18 董、64 保。

民国二十三年（1934 年）

7 月，汉江、东荆河沔阳堤段数处溃口，后又遇秋旱。

12 月 4 日，湖北省政府 120 次委员会通过了有关民堤的 4 个通知和办法。规定：除沿江沿汉干堤，另设修防处办理干堤修防外，所有各县民堤现有堤工机关，一律撤销，在现有水利各区组建区水利委员会，由区长兼委员长，督理各区民堤及农田水利，合各区水利委员会组成县水利委员会，由县长兼委员长，办理各县民堤及一切水利业务。

本年，江汉工程局局长杨思廉令委刘复瑗为该局第三工务所主任，驻新堤；章锡缓为第四工务所主任，驻监利；黎秩五为第五工务所主任，驻汉川；陈绍棻为第六工务所主任，驻岳口；陈彰瑄为第七工务所主任，驻沙洋。

国民二十四年（1935 年）

4 月，江汉工程局令派赵承翰查勘沮漳流域，写成《勘查沮漳河报告》，提出包括航运、防水、垦殖等方面的整理意见，对沮漳河的治理颇具参考价值。

7 月，长江、汉江发生区域型特大洪水，造成长江中游和汉江中下游 20 世纪最严重的灾害损失。

7 月 5 日深夜，荆江大堤谢家倒口横店子溃口，6 日凌晨，阴湘城堤溃。7 日枝城洪峰水位 56.61 米，洪峰流量 75000 立方米每秒，同日，沙市水位 43.64 米，沮漳河两河口流量 5530 立方米每秒，荆江大堤麻布拐溃口，口门宽 1200 米，江陵、潜江、监利、沔阳受灾严重。"荆沙被水围困，形如岛屿，……四乡人畜漂没，田舍荡然，波及荆、监、潜、沔一带。"东荆河潜江莲花寺堤溃，松滋县长江干堤罗家潭溃口，内垸有 30 个民垸溃决。7 日，汉江干流丹江口洪峰流量 50000 立方米每秒，钟祥碾盘山站 7 天洪量 193 亿立方米（丹江口至碾盘山洪量 71 亿立方米），洪峰流量 53000 立方米每秒，由于峰高量大，河道无法宣泄，城南堤自一工至十一工，共溃口 30 余口，洪水横扫汉北十余县，灾及钟祥、天门、沔阳等 11 个县（市）。8 月秋汛，因溃口未能堵复，又复为水灾。钟祥、京山、潜江、天门、沔阳 5 县，受灾面积 12062 平方千米，受灾 186.8 万人，死亡 36282 人。

东荆河堤泽口至梅家嘴、李家湾至田关共长 27 千米，准列为干堤，属江汉工程局第六工务所管辖。

10 月 19 日，由武汉行营、湖北省政府、江汉工程局等单位联合召开襄堤三四工溃口善后计划会议，拟定退建遥堤，堤线自旧口向北经沙港至罗汉寺止，长 18 千米许。

是年，湖北省水利厅始在内荆河宦子口、新滩口设置水文站。

民国二十五年（1936 年）

6 月，扬子江水利委员会在新堤设立水文观测站，拟定《修正扬子江防汛办法大纲》，规定沿江堤顶高程，应依照历年各地最高水位以上 1 米为标准，沙市堤顶高度为 11.76 米（海关水尺零点，下同），危险水位为 10.28 米，防汛标准水位为 7.5 米。

8—10 月，荆门县政府及沙市、沙洋两商会等呈函湖北省政府请速疏浚两沙便河（注：两沙运河）。此项工程经省政府饬由第四区专员组织荆门、江陵两县成立两沙便河疏浚工程事务所负责施工，于民国二十七年（1938 年）6 月 1 日动工，原计划 9 月中旬完成，后因资金筹集困难和工地临近战区，被迫停工。

9月9日，扬子江水利委员会顾问、水利专家李仪祉视察荆江四口及湘、资、沅、澧各流，视察后撰写《整理洞庭湖意见》一文。该文提出在松滋、太平、藕池、调弦四口设滚水坝之建议。

9月15日，湖北省政府训令江陵、公安、监利、石首、沔阳、京山、钟祥、潜江等县堤岸开始造林，分别由当地区长或修防主任负责保护。后又确定江汉干堤造林由江汉工程局主持办理。

民国二十六年（1937年）

2月7日，荆江堤工局局长徐国瑞以湖南议定堵筑松滋、太平、藕池、调弦四口，影响荆堤安危甚巨，拟具《救济荆江水利及荆堤安全意见书》呈湖北省政府核议。该文首先论证堵塞四口之利害关系，认为："分泄江流四口堵筑之后，对于洞庭湖流域不易淤塞，保留现有之水库，在湘自为得计，独不虑荆江流量骤增，本身河床不足以容纳巨大之流势必漫溢堤身，演成溃决之害。四口何时堵筑，江流何时改道，洞庭湖随之北迁。"接着提出荆堤安全之意见如下："一为分泄沮漳河流；二为建筑护岸工程洗刷河床流沙；三为荆堤加高培厚，力谋安全；四为永禁堵筑消滞渊口。"最后结论："总之计划堵塞南岸四口，以防洞庭湖淤塞，失天然潴水之区，尤宜先行计划荆江裁弯取直，刷洲除滩，护岸加堤等工程完竣，不使江流改道，洞庭北徙，置江监潜沔等十余县人民死地，庶几双方兼顾，两湖南北实利赖之。"

7—8月间，长江、汉江及东荆河相继涨水，堤防多有溃决。长江：7月20—22日，石首古长堤、罗公垸等7处相继溃口21处；同时江陵阴湘城堤亦溃决，受灾60700亩。汉江：8月7—12日，天门甘家拐、荆门黄瓦干堤先后溃口。东荆河：7月6—8日，沔阳蒋家口、监利谢家台、谢家榨和潜江许家场镇龙山等堤段先后溃决。

10月16日，江汉工程局会同湖北省建设厅拟定民堤划分办法6条，规定滨江滨汉原有干堤保护田亩确在两万亩以上者仍列为干堤，不足两万亩改为民堤。滨江滨汉原有民堤除洲堤外，受益田亩确在两万亩以上，堤身高厚与附近或衔接之干堤相等者，均改为干堤。

11月25日，荆江堤工局遵照湖北省政府命令，改组为江汉工程局第八工务所，徐国瑞代理主任，并将第四工务所所辖之松滋、公安县境堤段，划归第八工务所管辖。

民国二十七年（1938年）

4月30日，民国政府公务员惩戒委员会议决：对1931年水灾责任者做出处理，其中湖北省水利局局长陈克明免职并停止任用两年，石首县县长卢泽东降一级改叙；沔阳县县长王星一、江陵县县长卢本权减4个月月俸10%；监利县县长万树铭减两个月月俸10%。

5月7日，荆江堤工局局长徐国瑞降两级改叙，万城分局堤工主任吴锦堂免职并停止任用10年。

沙市二郎矶设立观测水尺。

6月17日，湖北省政府核定《江汉干堤防汛办法》，共17条，其中规定：防汛期间以6月1日起至8月底为标准，但得依水情酌情变更；有堤各县县长兼任防汛专员，各区区长兼任防汛委员，各地市镇由当地警察局局长兼任防汛委员。

6月22日，东荆河右岸田关下深家洲堤溃，同岸汪家剅亦溃，下午同岸胡家场又溃。

6月24日，汉江右岸天门县五支角堤上午溃。7月6日晚，潜江东荆河左岸许家场溃。

7月24日，天门汉右五支角堤、汉左甘家场堤溃。9月22日，天门汉左天主堂、迎恩寺、毛泗港堤溃，淹没天门72垸田32万亩、沔阳垸田20万亩，并波及汉川、云梦、孝感、黄陂、应城等县。潜江杨家木行堤溃。

民国二十八年（1939年）

1月6日，江汉工程局襄河临时工务所改为钟祥遥堤工务段，直属江汉工程局。

3月4日，江汉工程局范熙绩局长由重庆抵沙市，经与四区专署专员金巨堂会商研究襄河溃口堵口事宜。后据范熙绩电称：奉蒋委员长命令，襄河溃口，暂缓堵筑。

江汉工程局所属工务所，相继沦入战区，业务无法开展。仅第八工务所（驻沙市）及第四工务所（驻监利）的部分地区仍可工作，江汉工程局乃令第八工务所主任同时兼理第四工务所事务，其余人员西迁或就地遣散。

7月，汉江河水泛涨，东荆河潜江县境之王家剅、石家窑两处溃决。原因主要是堤身单薄。另因处于作战地区，陆军第三十二师河防部队阻止抢救，遂使溃口。潜江淹田9.84万亩，受灾人口1.88万人，监利、沔阳部分地区受灾。

11月，陆军第四十九师奉江防司令郭忏代电："堵塞蛟子渊，以利戎机。"12月初开工，民工2500人，用工近7万个，短期竣工。同时由监利发动民夫堵筑刘家港。

民国二十九年（1940年）

2月，江防司令部为防止日寇西侵，破坏沙市以东道路，在上至沙市的荆江大堤上挖筑工事5099处。其中，拖茅埠至监利一段堤身整个挖断，毁与滩平者56处。经江汉工程局、湖北省政府、湖北省参议会等单位多次与郭忏司令及国民政府军事委员会交涉，以防敌兼顾防水为原则，采取了3条措施：①各防水堤段破坏口，一律填平；②沿堤与防水有关工事，由民众先堆土牛于内坡，改筑工事于土牛中，新工事完工后，则将旧工事填平。③消子渊（即蛟子渊）出入口筑堤，将堤顶降1公尺，以便涨时消泄。6月，日军侵占江陵，荆沙沦陷，由日伪维持会组成沙市堤防管理处。

民国三十年（1941年）

荆州大旱，受灾或灾民达全县人口二分之一者有石首、钟祥、监利、江陵、公安等6县，灾情稍轻者有荆门、松滋两县。

民国三十一年（1942年）

1月，根据中共鄂豫边区党委《关于经济建设的决定》，边区各县开展兴修水利"千塘万坝"运动，并组织开荒生产。

7月，我国近代第一部《水利法》颁布施行。此法共9章71条，主要包括4个方面的内容：①法定水利各级管理机构及相应的权限；②确认水资源为国家自然资源，规定了必须依法取得水权方能使用的水源范围及水源登记程序；③水利工程设施的修建、改造及管理申报批准手续；④特殊非工程水体即滞洪湖区、泄洪河道的管理。为配合《水利法》的实施。次年3月制定了《水利法实施》，共9章62条，主要是《水利法》各条款的具体解释。

荆州南涝北旱。江陵、公安、石首、监利、松滋等县发生水灾；天门、京山、钟祥等县发生大旱。

民国三十三年（1944 年）

荆州北部大旱。到 8 月止，荆门、钟祥、京山 3 县干旱 180 余天，沿途饿殍比比皆是，农业减产 6～9 成。

民国三十四年（1945 年）

江汉工程局拟定的河湖堤防善后救济计划中提出，湖北省沿江湖泊棋布，在昔为低洼蓄水之区，后以生齿日繁，人民沿湖垦殖，以致湖面日蹙，蓄洪效能日减，水患益增。值此战后复员之初，应即分别勘定湖界，划定蓄水区域，设立标志，以后绝对禁止任意围垦。该计划包括勘定堤界、修复河湖堤防、疏浚分流支河、修闸等内容。

8 月，监利县东荆河北岸溃决，水淹监利、沔阳、潜江 3 县数十万亩，以沔阳受灾最重。27 日，公安县荆江南岸陡湖堤下之滨江干堤朱家湾老堤决口，当日下午，朱家湾新堤亦决。藕池口附近之蒋家培、康王庙、杨林寺等处干堤溃口 23 处，被淹田地 43 万亩，灾民约 20.7 万人，毁房 2.1 万栋，溺毙 2.26 万人。灾后瘟疫流行，病亡 4.9 万余人。

民国三十五年（1946 年）

6 月，汉江堤、东荆河堤多处溃口。

扬子江水利委员会拟定《汉江初步整理工程计划》，内容有四：①在堵河建高坝 90 米，蓄水 20 亿立方米；②遥堤及小江湖开辟蓄洪垦殖区；③整理天门、牛蹄、东荆河及沿岸湖泊，以增加垦地面积；④东荆、牛蹄两河放淤等工程。计划分 5 年完成。12 月 7 日，扬子江水利委员会派第二测量队队长徐连仲前往查明长江石首东岳山以上至黄水套在当年伏汛中水位特高原因。后向行政院水利委员会提出报告指出：战前洞庭湖湖面约 4700 平方千米，而目前仅有 3100 平方千米，近 10 年来蓄洪能力竟缩减 1/3。

9 月，沔阳县新堤修浚滩闸促进委员会向行政垸呈请修复新堤新老二闸。

民国三十六年（1947 年）

3 月，湖北省两沙运河工务所成立，开始办理施工测量及筹备工事项。计划挖通高桥至沙洋一段长 8 千米运河，后因战事未开工。

4 月 23 日，颁布实施《湖北省管理各县民堤办法》及《湖北省各县民垸修防处组织规程》。《湖北省管理各县民堤办法》共 12 条，其中规定："各县民堤之管理以江汉工程局为主管机关，受湖北省政府之指挥监督。""各县江湖沿岸农田水利，除事先呈中央水利主管机关核准外，一律不得增挽民垸，如有擅自盗挽者，除勒令自行刨毁外，并严惩其主办人。"此办法对奖惩也作了具体规定。

5 月 20 日，江汉工程局奉湖北省府训令，会同建设厅拟具湘鄂湖江工程方案，据省审核。此方案关于整理工程纲要包括以下内容：①整理荆江堤防；②整理荆江水道；③整理洞庭湖；④整理四口；⑤整理两岸湖泊及低地；⑥拦沙保土。并就测绘工作及施工秩序提出具体建议。

9 月，经湖北省政府批复成立天沔汉属牛蹄支河堵口工程处，省政府视察向铁为主任，所需工费由此管各县协议摊任夫费及修守办法。

9月5日，湖北省政府致第四专员公署及石首县县长周黄中代电：刨毁肖滞渊堵塞物限令1个月完成，如届时未据报竣即予石首县长以撤职处分。并令饬江汉工程局派员驰往会同办理。石首县已遵令实施。后经石首县参议会函省府以此地人烟寥落，征工不易，进度迟缓，近因战事影响，人心动荡，如操之过急，诚恐影响治安，要求省政府暂缓刨毁。民国三十七年（1948年）经省府同意暂缓办理。

民国三十七年（1948年）

5月12日，江汉工程局依据堤防保护范围，将湖北省江汉干堤规划分为三级，凡保护田亩在20万亩以上，每千米保护田亩不在4000亩以下者，为第一级。其中，新滩口至荆江大堤，总长398千米，保护农田600万亩；石首陈公西垸、罗城垸、横堤垸共长47千米，保护农田20万亩；公安、江陵、大兴垸、东大垸、大定垸、金城垸、虎东垸等共长约100千米，保护农田800万亩；松滋七星垸、保益垸、大同垸共长约30千米，保护农田33万亩。

7月26日，沔阳长江干堤新堤马家码头（注：马家闸附近）溃，口门宽400米，江堤沿线及峰口以下各垸溃，监利、沔阳、潜江、天门等县被淹。此堤溃决时，沔阳县府与江汉工程局第六工务所无人临场督导抢救。9月2日，湖北省府将沔阳县县长曾建武撤职，并饬江汉工程局将六所所长夏安伦先行撤职，以平民愤。汛期，石首江北永护、民兴、张惠东、顾兴、肇易北、枚王张、罗公、羊子、维新上中下等12垸溃决，淹没农田180万亩；江南永合、兴学、谦吉、志成、马家、合心、三合、张诚、石安等垸溃决，淹没农田60余万亩。

荆门县10月初连日大雨，山洪暴发，黄瓦干堤所属的黄堤坝、罗家口、江家口、姚家口、刘家口、闸口等处堤防，于10月4日（九月初二）因汉水暴涨同时溃决，沙洋大堤何家嘴，一段堤防水将漫堤，当时驻沙洋镇的国民党区长杨玉龙阻止群众抢护，妄图借水淹没共产党领导的荆潜行委会的大片土地，以致这段堤防被洪水漫溃长达20余丈，沙洋镇河街、坪街、芦席街、榨街均冲成深潭，沙洋镇区房屋被冲走1/3，沙洋镇附近淹死300余人，灾及荆、潜、江、监、沔5县。

民国三十八年（1949年）

4月，荆州地区修堤工地出现共产党"新旧修堤比"传单、布告，其词为："修堤呀！修堤，过去不分男和女，怀胎妇女也要赶上堤，王老虎（保安大队长王明初）先派办公费八百元，茶烟每户两块钱，马料每家要一斗。修堤呀！修堤，本年不同往年比，民主政府来领导，以工代赈来救济，堤工堤粮，按人按亩来担堤。堤工不受打和骂，教育自觉来启发，放鞭发奖选模范。"

5月下旬，中共鄂中地委、鄂中专署在应城召开县委书记、县长联席会议，宣布湖北省委决定，取消鄂中地委、专署，划天门、京山、钟祥、潜江、荆门、江陵、公安、松滋8县为荆州专区，组建荆州地委、专署。同时，组建中共沔阳地委、专署，辖沔阳、监利、石首等7个县和新堤镇。

6月，国民党华中"剿总"副司令兼十四兵团司令官、湘鄂西绥靖总司令宋希濂3次密令周上璠（国民党川湘鄂绥靖公署少将副参谋长兼江防司令部司令、湖北省第四行政督察区专员）率保安七旅在郝穴掘堤，阻止解放军南渡长江。周未执行。他令十六团代团长李国章在万城捕杀国民党军统炸堤爆破组 7 名特务，拆除堤上预埋全部地雷和炸药，保住大堤。周上璠率保安六旅及七旅一部在松滋街河市起义，李先念赞他"保护荆江大堤，接洽起义，有功人民"。

7 月 8 日，国民党军队在沙市、郝穴间荆江大堤构筑工事，滥加破坏，是年入春以来又不准进行培修。在长江洪水冲击下，江陵马家寨堤崩溃 2/3，所剩不足 3 米宽堤防险象环生，岌岌可危。中国人民解放军武汉市军管会得悉后甚为焦急，因沙市尚未解放，无法前去抢修。乃令原江汉工程局发急报给尚在沙市的第八工务所，要他们向各方呼吁，进行抢修。

7 月 9 日，松滋口最高水位 46.18 米，全县溃决 6 垸，淹没农田 8.89 万亩。

长江沙市站洪峰水位 44.49 米，为有水文记录以来最高水位。高水位从 7 月 9 日持续至 15 日。7 月 15 日，荆沙解放，中国人民解放军一面作战，一面参加抢险。19 日，祁家渊大堤严重崩塌，江监石县政府副县长涂一元组织郝穴附近群众用柳枕抛护，控制住了崩势。

7 月 10 日，石首北门口水位 39.39 米，该县四民、天成、西兴、陈公东、石华、六合、谦吉 7 垸溃决，淹没农田 22.5 万亩。沔阳江堤局墩（今属洪湖）堤脚出现漏洞，抢护不及，于 20 时溃决，口门宽 150 米。

7 月 12 日，沔阳甘家码头（今属洪湖）江堤溃决，口门宽 900 米，峰口以下沿江民垸俱溃，受灾人口 64 万，淹没农田 96 万亩。

7 月 14 日深夜，沙市宝塔上首的狗头湾堤身穿洞漏水，工程员陈华山自发组织群众，用麻袋装土填压。次日拂晓脱险。

7 月 15 日，中国人民解放军第四野战军四十九军中午攻占沙市，21 时攻克江陵城。

7 月底，长江石首河段碾子湾道自然裁直，老河长 19.15 千米，新河长 2 千米。自此，石首出现江南、江北两处碾子湾。

9 月 17 日，湖北省人民政府农业厅水利局成立，下设荆州、沔阳等区水利分局，原工务所撤销。11 月，省人民政府发出《关于水利机构设置的指示》，规定，湖北省政府农业厅水利局为主持全省水利工作的机构，经水利会议讨论确定：①省局以下设黄冈、沔阳、荆州水利分局；②各分局下设若干办事处；③有堤各县不分干堤民堤，一般以区为单位设管理段；④各县的堤防和农田水利，根据需要设立局或科办理；⑤各县和有堤各区，设水利或堤工委员会。

根据省人民政府指示，沔阳分局所属沔汉嘉蒲办事处设新堤，监石办事处设监利，沔川汉办事处设汉川；荆州分局所属天门办事处设岳口，钟荆潜办事处设沙洋，江松公办事处设沙市。

9 月中旬，汉江出现 1935 年以来第四次最大洪水。9 月 16 日，仙桃水位达 34.95 米，超历年最高水位 0.18 米。9 月 17 日，天门蒋家滩、长春观等 3 处溃口，淹没天门县 2/5，受灾农田 51.8 万亩，受灾人口 25.5 万余人；支民堤溃口有天门双合垸，东荆河梅家嘴、马家湾、从家湾等处。

中 华 人 民 共 和 国

1949 年

10 月 22 至 11 月 18 日，湖北省人民政府组成慰问团，由团长王恢率领，前往监利、沔阳等重灾区调查灾情，慰问灾民。

10 月 25 日，沙市召开各界代表会议，同时设立堤防委员会，培修江堤作为会议的主要内容之一。

11 月 6 日，湖北省人民政府以〔1949〕农水字第 4 号文批准，设立荆州水利分局江（陵）公（安）松（滋）办事处，驻沙市。

11 月 24 日，荆州专区召开第二次水利会议，提出水利工作的方针是："就全区来说，干堤为主，民堤次之；堵口挽月，重点护岸为主，加培为次；维持现状为主，变革为次"。

11 月，湖北省水利局提出荆江大堤加固工程"治河为重点，兼顾农田水利，脚踏实地，继续治标，同时积极进行治本的准备工作"的方针。

1950 年

3 月初，湖北省荆州专区水利分局正式成立。专员张海峰兼任局长，倪辑伍任副局长，干部 10 人，在荆州城向阳街民房办公。

3 月，荆州专署向全区印发关于保护堤防的布告，严禁耕削堤面、铲除堤面坡草皮、建房、葬坟、建厕所、烧窑、挖窑、挖泄水沟等，建者除停令修复外，并依法制裁。

6 月 16 日，长江委中游工程局荆州修防处成立，专员张海峰兼任处长，黄柏清、邓锐甫任副处长，原荆州水利分局江松公、钟荆潜、天门 3 个办事处改为修防处第一、第二、第三工务所，同时，沔阳修防处成立，辖第四、第五、第六工务所。

6 月 20—29 日，湖北省防汛总指挥部副总指挥长陶述曾一行 8 人，先后检查甘家码头、车湾、监利城南、祁家渊等 21 处险工，并向当地防汛部门提出加固处理意见。

6 月，荆江大堤沙市观音矶、江陵郝穴及李家埠堤段设置防汛水尺。

7 月 7 日，东荆河堤沔阳葫芦坝溃口，淹没农田约 15 万亩。

7 月 10 日，荆江大堤外围谢古垸、瓦窑垸溃口。11 日，龙洲垸、突起洲溃。14 日，众志垸溃。江陵县受淹面积 51298 亩。同月，松滋县溃决义兴等 7 垸，义兴垸修防主任及技术员因抢险渎职受处分。

9 月，刘大寅为石首新厂人，长期从事堤防管理工作，在防汛抢险时跳进江中堵住浑水漏洞，被评为全国特等劳动模范，光荣赴京出席全国战斗英雄、劳动模范代表大会，并参加国庆大典观礼。

10 月 1 日，党和国家领导人毛泽东、刘少奇、周恩来听取中南军政委员会副主席邓子恢关于荆江分洪工程的汇报，并审阅设计工程书。毛泽东同意兴建荆江分洪工程。

10 月，东荆河修防处正式成立，隶属湖北省水利局，处长李知本，下设 4 个县修防段。

12月25日，中南军政委员会召开荆江安全会议，指出荆江问题总的原则是治标为主，并做治本的准备工作。长委拟用虎渡河太平口以东，长江右岸大堤以西，藕池口以北地区兴建荆江分洪区，作为治标办法之一。

12月底，由中南军政委员会副主席邓子恢主持召开会议，专门研究了荆江大堤加固问题，有湖北省主席李先念、副主席王任重等参加会议，会议决定拨粮1.65万吨，组织江陵、监利两县劳力投入荆江大堤加固工程。

1951 年

1月2日，长江委组织完成荆江临时分洪工程查勘，拟定虎渡河以东，荆江右岸以西，藕池口以北地区为是年临时分洪区，并编制《查勘荆江临时分洪工程报告》。

1月12日，政务院总理周恩来主持召开政务院政务会议，周恩来特别指出，荆江分洪工程，在必要时，要用大力修建。

1月30日，荆州地委、专署发出《贯彻执行中南关于加强荆江大堤安全工程的决定》，要求加强对荆江大堤安全工程的领导，设立荆江大堤工程处，并抽出一定力量结合土地改革完成修堤任务。

1月，荆江大堤加固工程全面开工，中南军政委员会决定由政府拨粮，组织江陵、监利两县投入劳力1.8万人施工。大堤设计标准，堤顶高程按1949年沙市最高水位44.49米相应水面线超高1米，面宽6米。至1954年完成土方1000万立方米。

1951年荆州地区的防汛工作方针与任务是：大力发动和组织群众，加强防汛防守，战胜洪水，以达到保障农田，发展农业生产为目的。工作任务为：集中统一领导，分层负责；上下游统筹兼顾、左右岸互相支援，民堤服从干堤，部分服从整体；全线防守，重点加强，保证当地出现1949年最高洪水位不溃口。

3月9日，长江委中游工程局重新确定各地水位标准，将汛期控制水位划分为"设防水位、防汛水位、紧急水位"3种。防汛水位：沙市站41.4米，监利站32.90米。紧急水位：沙市42.30米，监利站34.50米。设防水位各地自定。

5月25日，中南军政委员会决定将谢古垸、保障垸、众志垸、龙洲垸、三总垸、下百里洲、六合垸、共和垸、祝家湖垸、汪洋湖、上百里洲等12个民垸计划为蓄洪垦殖区，垸内土地权归国有。

6月，荆州专区防汛指挥部成立，行署专员张海峰任主任，军分区司令员魏国运和专署水利分局、修防处领导任副主任。

7月1日，沔阳专区撤销后，沔阳专区水利分局部分工作人员并入荆州专区水利分局。王建国任荆州水利分局局长。

7月，为了荆江大堤防洪安全，江陵、石首组织2782人刨毁蛟子渊坝（又名肖子渊、肖滞渊）。

9月8日，荆州区修防处更名为荆州区长江修防处。1956年，荆州区长江修防处由中游工程局移交荆州专区领导。

10月20日，荆州专署颁布《1952年水利工程负担办法》。

10月，荆州区汉江修防处成立，省、专双重领导，辖钟、荆、天、潜、沔5县汉江干堤。

12月31日，由农林部贷款38亿元（旧币），湖北省水利局设计、汉口信谊营造厂承建的东荆河堤左岸幸福排水闸竣工。

是年，经上级批准，江陵堆金台至枣林岗长8.35千米的阴湘城堤列入荆江大堤，至此，荆江大堤起点延伸至枣林岗，大堤由枣林岗至拖茅埠全长132.35千米。

1952 年

2月上旬，为解决荆江分洪区移民安置问题，经湖北省政府提议，中南区批准，在石首县原有的4个民垸的基础上，动员石首、江陵、监利5万多劳力堵塞蛟子渊，扩大围挽上人民大垸，4月底完成，完成土方134.8万立方米。

2月17—19日，政务院总理周恩来主持召开湖北、湖南负责人参加的荆江分洪工程会议，协调两省对工程的不同意见。水利部副部长张含英、水利部技术委员会主任顾恺参加会议。会议就《政务院关于荆州分洪工程的决定（草案）》进行讨论，并达成一致意见：南线大堤为确保堤段，要进行改线加固，同时修建节制闸，以控制虎渡河泄入洞庭湖的流量。

2月23日，周恩来向毛泽东和中央报告荆江分洪工程会议情况，进一步肯定修建荆江分洪工程的必要性。

2月25日，毛泽东审阅周恩来的报告后，同意周恩来意见及政务院决定。

3月4日，中南军政委员会召开湘鄂两省和中南局水利、农林、交通等负责人会议，对"荆江分洪工程计划"进行了商讨，一致认为此计划照顾了全局，兼顾了两省，对两省人民都是有利的。

3月15日，中南军政委员会第74次行政会议通过并发布《关于荆江分洪工程的决定》。成立荆江分洪工程委员会与荆江分洪总指挥部，李先念任荆江分洪委员会主任委员，唐天际、刘斐为副主任委员；唐天际任荆江分洪总指挥，李先念任总政委，王树声、林一山、许子威任副总指挥，袁振任副总政委。成立进洪闸（北闸）工程指挥部，以张广才为指挥、阎钧为副指挥。成立南线工程指挥部，以许子威为第一指挥、田维扬为第二指挥。

3月16日，苏联专家布可夫、沙巴耶夫在水利部副部长李葆华，长委会主任林一山、总工程师何之泰等陪同下视察了荆江大堤郝穴至祁家渊的险段，同时视察公安杨厂彩石洲的形成和冲和观矶头上下回流情况。

3月31日，政务院发布《关于荆江分洪工程的规定》。

4月5日，荆江分洪工程主体工程北闸、南闸和分洪区围堤的主要组成部分黄天湖大堤全面开工。参加施工的有中国人民解放军，湖南、湖北两省民工及武汉技术工人等共30万人（工人4万、民工16万、解放军10万）。6月20日竣工，历时75天，耗用经费4142.51亿元（旧币）。

5月24日，荆江分洪工程工地隆重举行授旗典礼大会。水利部部长傅作义代表中央到工地慰问，向参加施工的30万劳动大军授予国家主席毛泽东和政务院总理周恩来题词的两面锦旗。毛泽东题词："为广大人民的利益，争取荆江分洪工程的胜利！"周恩来题词："要使江湖都对人民有利。"

6月5日，中南军政委员会副主席张难先在副专员谢威等陪同下乘船到荆江大堤险段祁家渊视察。

6月15日，荆江分洪工程节制闸（南闸）工程竣工，共32孔，每孔宽9米，长336.83米，设计分泄流量3800立方米每秒。

6月16日，国家副主席宋庆龄陪同参加亚洲及太平洋区域和平会议的各国代表，视察了荆江分洪工程工地。

6月18日，荆江分洪工程进洪闸（北闸）工程竣工。进洪闸全长1054米，共54孔，每孔宽18米，为轻型开敞式结构，弧形闸门，设计最大进洪流量8000立方米每秒。

6月21日，唐天际、李先念代表荆江分洪总指挥及全体建设者上书国家主席毛泽东，报告荆江分洪工程胜利竣工。

6月28—7月8日，中南军政委员会组成刘斐任团长的验收团对荆江分洪工程进行验收，水利部副部长张含英参加。

7月10—13日，松滋县德胜、永丰垸及响水垱溃口。退水时，大同垸七里庙堤段崩坍3520米。

7月22日，中南军政委员会召开第84次行政会议，批准荆江分洪总指挥部《关于荆江分洪工程的总结报告》和中南军政委员会荆江分洪工程验收团《关于荆江分洪工程的验收报告》。

8月至9月上旬，汉江连续出现4次洪峰。9月13日仙桃水位35.45米，沔阳县黄新场汉江堤溃口（险情为浑水漏洞，溃口口门150米），上旬的大洪水致使7个民垸溃口，80万亩农田被淹，30万人受灾，淹死23人。

10月，荆州专署颁布《荆州专区1953年水利工程动员民工办法草案》，办法分总则、出工办法、优待和照顾、城镇负担等四大部分，共11条。

11月14日，荆江分洪第二期工程全面开工。中南军政委员会调整荆江分洪总指挥部组成人员，任命长江委副主任任士舜为总指挥，荆州区专员公署专员阎钧为政治委员。第二期工程包括在分洪区修建一条长100千米排水干渠，培修分洪区围堤和20个安全区及7个安全台。工程动员荆州、宜昌民工18.4万人施工。次年4月25日竣工，完成土方882万立方米，实用经费57亿元（旧币）。

12月，水利部部长傅作义、副部长李葆华，长江委中游工程局局长程敦秀和各级水利专家视察沔阳县黄新场堵口复堤工程，并视察汉江。

是年，荆江分洪工程纪念亭建成，李先念、唐天际撰写碑文。

1953 年

4月下旬，长江委中游工程局在荆江县（后并入公安县）成立荆江分洪工程管理处，负责分洪区围堤和南北闸管理工作，张家振任处长。

5月26日，东荆河修防处移交荆州专区领导。

10月，荆州专区抽水机站成立，站长万寿昌。主管全区机械排灌事务，业务归口水利局。分别在江陵、京山、天门、公安4县各建一个抽水机站，总共23人。

10月27日，经湖北省人民政府暨长江委批准，石首县西兴垸塔市驿（注：今为五码口）至章华港堤段升为长江干堤。

11月，长江委洞庭湖工程处提出《洞庭湖初步整理方案（草案）》。此方案涉及荆江河段的松滋、太平、藕池、调弦四口。

11月28日，荆州第一座中型水库石龙过江水库开工，1955年4月30日完工，5月成立水库管理处，由湖北省水利局直接领导，1965年5月4日移交荆州地区管理。

1954 年

2月，湖北省政府决定，将黄山头以上，虎渡河以南面积84平方千米地带，划为后备分洪区，亦称为"虎西备蓄区"。

5月1日，荆州地区第一座小型水库——京山县何家垱水库建成。

6月上旬，湖北荆州、湖南常德两个专区及中游工程局共同组成荆江防汛分洪总指挥部。

6月，水利部荆州防汛工作检查组检查荆江分洪区防汛和分洪准备工作。

湖北省委、省政府召开紧急会议，确定荆江大堤为确保堤段。

7月5日，长江上游出现第一次洪峰，下荆江监利河段超过保证水位（沙市7月8日出现第一次洪峰，水位43.85米），湖北省人民政府发布《关于防汛抢险的紧急命令》。荆江县防汛指挥部发出《防汛分洪紧急动员令》，动员"住蓄洪区的群众，限于7月10日前搬完家，安好家。"荆江分洪前，湖北省委、省政府和省军区以及荆州专区党政军各部门抽调500余名干部到荆江县组织和帮助群众转移。

7月7日，公安虎渡河南阳湾和戴皮塔溃决。

7月8日，石首长江干堤西兴垸溃口。

7月13日，洪湖长江干堤路途湾江堤溃口。

7月19日，沔阳禹王宫扒口分洪。

7月22至8月1日，经国务院批准，荆江分洪区进洪闸（北闸）于7月22日、29日和8月1日3次开闸分洪。

7月27日5时，洪湖蒋家码头分洪，口门宽150米，8月3日口门扩宽为900米，8月8日达到1003米。

7月29日，7时，石首人民大垸鲁家台溃口，石首县长原有发在抢险现场不幸遇难。

8月4—8日，经国务院批准，先后在虎东肖家嘴、虎西山岗堤、上百里洲、腊林洲、上车湾等处扒口分洪，以缓解荆江分洪区之危。

8月7日，中央军委派荆江分洪总指挥唐天际乘飞机视察荆江大堤和荆江分洪区。

17时，沙市洪峰水位44.67米，流量50000立方米每秒，为有水文记载以来最高洪水位。

8月10日，潜江东荆河杨家月堤、马家月堤和汉江饶家月堤溃口，15.94万亩农田被淹、12.6万人受灾。

8月，中央人民政府从天津、武汉等地调来抽水机106台，从东北调军工49人、技工68人，支援荆江分洪区抢排安全区溃水。

9月10日，荆江分洪劳模代表大会在沙市召开。大会表彰24个劳模单位和183名英模人物。

10 月 6 日，汉江潜江五支角堵口工程开工。

11 月，汉江干堤沔阳禹王宫堵口工程开工，耗用两月完工。

12 月底，荆州地区首建的第一座大型水库钟祥石门水库正式动工。1956 年 10 月竣工。

是年，经上级批准，监利县城南以上至拖茅埠一段长江干堤（桩号 628＋000～678＋000）长 50 千米堤段列入荆江大堤。至此，荆州大堤上自江陵县枣林岗，下至监利县城南，全长 182.35 千米。

1955 年

4 月初，长江委中游工程局撤销，原长江、汉江修防处分别更名为湖北省水利厅荆州长江修防处和湖北省水利厅汉江修防处，党政关系由荆州专署领导。

4 月 20 日，全区堵口复堤 125 处，共完成土方 3928 万立方米、石方 18.5 万立方米，并普遍整修涵闸沟渠等农田水利设施。共发放以工代赈款 2640 多万元。

5 月初，成立湖北省荆州专区水利工程处，由副专员李富五兼处长，刘干任副处长，统一管理干、支、民堤和农田水利工程。

5 月 9 日，长江委《对 1955 年防汛工作的意见》提出荆江沙市站保证水位为 44.49 米。

5 月下旬，公安县南线大堤被国家列为确保堤段，并专门成立南线大堤管理段。

6 月，省长张体学、水利厅厅长陶述曾视察监利长江干堤上车湾堵口复堤工程，对工程完成情况给予表扬。

7 月 3 日，监利县白螺区丁家洲民垸溃口，守护人员因失职受到处分。

8 月 17 日，《人民日报》登载《湖北省水利厅盲目修建水库造成巨大浪费》一文，指出湖北省水利厅修建的石门水库较大，施工技术也比较复杂，但是省水利厅没有进行勘探，没有编制技术设计，就盲目动工。上年底和 8 月初，几万民工和工作人员集中在工地上清基抽槽，开挖石方，结果发现这里不适宜筑坝，其他水文、地质资料也不全。为了避免更大的损失，这项工程终于被迫停工。据初步调查，浪费的工料费就达 13.9 万余元。

11 月 16 日，洪湖隔堤开工。为使河湖分家，让长江和东荆河水不再倒灌进入四湖地区，决定修建 56.12 千米的洪湖隔堤（即隔断江水之意），改东荆河南支洪水由白虎池东北流，至汉阳曲口与北支合流出沌口。由监利、沔阳、洪湖 3 县 12.45 万人参加施工。次年 1 月竣工，历时 75 天，完成土方 514.75 万立方米。

11 月，湖北省汉江下游（杜家台）分洪工程指挥部成立，省长张体学任指挥长。

12 月初，长江委提出《荆北区防洪排渍方案》。此方案将荆北地区划为三部分：荆北平原区、荆江洲滩区和江湖连接区。荆北平原区又称为内荆河流域，因区内有 4 个大型湖泊（长湖、三湖、白露湖、洪湖）又称为四湖流域。此方案分析了四湖流域洪涝灾害的成因及其严重后果；阐述了治理四湖的重要性及其紧迫性，治理的指导思想、方针和原则；明确了治理的具体措施和任务，是治理四湖的大纲。

12 月 14 日，四湖排水工程正式开工。由湖北省公安厅、民政厅共同组建"湖北省四湖排水工程指挥部"，钱运炎为指挥长，在监利县余家埠办公。解押沙洋农场 1 万名劳改人员参加施工。

12月，荆州专区四湖排水工程指挥部成立，协调湖北省指挥部的工作，由荆州专区水利工程副处长刘干任指挥长。

组建荆州专区水利分局工程处，配备干部、工人50人，负责全区农田水利工程的勘测、设计和施工任务。

是年，荆州地区开始征收农业水费。

1956 年

3月，长江委将荆州区长江修防管理处交湖北省管理，更名为湖北省水利厅荆州区长江修防处，职责及管理范围不变。

4月，专署决定成立荆州地区水土保持委员会，下设办公室，配专职干部3人，在水利局办公。

4月26日，杜家台分洪工程提前1个月完成，2万余人在沔阳县仙桃镇杜家台举行隆重的竣工典礼大会。

5月上旬，经石首、安乡两县协商，并报长办和湘、鄂两省批准，在安乡河的分支栗林河进口杨泗庙，出口小新口两处筑坝，堵死栗林河，使34千米的栗林河成为农田排灌渠道。栗林河堵塞后，为进一步减轻防洪负担，改善排灌条件，石首县将沿河两岸的天合、复陵、谦吉、业成、合兴5垸合并修防，统一管理，取名联合垸。

5月，湖北省防指决定将荆江大堤的设防水位定为：沙市站42.00米，监利站32.50米。警戒水位定为：沙市站43.00米，监利33.00米。

5月19日，湖北省人民委员会召开全省防汛会议。会议对"四防"工作提出明确要求。防汛方面，要贯彻"全面防守，重点加强"的方针。任务是：一般要求江汉干堤和主要支民堤保证水位应比1955年提高0.5米；长江干堤争取1954年当地最高水位不溃口；汉江方面争取今年水位齐平现有堤顶不溃口；荆江大堤、荆江分洪区南线大堤等重点堤防，保证在任何情况下不溃口。

7月2日，湖北省防指决定杜家台分洪闸开闸分洪，历时5天，共分泄洪水6.275亿立方米。

4—7月，京山、钟祥、荆门、松滋4县连降暴雨，致使部分地方山洪暴发，4县因山洪造成受灾面积7.92万亩，冲倒房屋293间，受灾人口5600人，淹死13人，冲毁堰塘挡坝2418处。

8月24日，杜家台分洪闸第二次分洪。

11月，湖北省四湖排水工程指挥部撤销，施工任务交荆州专区四湖排水工程指挥部。副专员李富伍任指挥长，荆州水利分局副局长李大汉任副指挥长。

12月，荆州专署决定撤销荆州专区水利工程处和荆州水利分局，合并组建荆州专员公署水利局，负责全区水利工作，刘干任局长。内设秘书、堤防、农田水利、财器科。

1957 年

2月21日，水利部、林业部共同提出营造防浪林规格，以达到护堤防浪，整齐美观的效果。规定：各地营造的防浪林，应离外滩脚 10～15 米，林带宽度一般要求栽植 6 排，株距 3 米，行距 5 米，成梅花形栽植；树种以柳树为主，柳桩长 3～4 米，直径 3 厘米以上。

3 月 29 日，湖北省水利厅为贯彻水利部《关于兴修水利结合消灭钉螺的指示》精神，专门发出通知，明确结合兴修水利消灭钉螺是水利部门任务之一，应纳入水利规划及年度计划之内。

6 月 23 日，反动组织"中央华中将军府"阴谋暴乱，企图炸毁荆江分洪进洪闸（北闸）、节制闸（南闸），被公安部门侦破，首要分子被依法处决。此后至 1965 年，两闸均由公安民警负责防守。1978 年后，主汛期由中国人民解放军某部驻守。

7 月 23 日，杜家台分洪闸开闸分洪。

9 月，地委、专署决定在四湖下区大同湖、大沙湖开办农场，成立"洪湖县大同湖、大沙湖围垦工程指挥部。"

10 月 5 日，专署在总结以往 8 年建设成就的基础上，提出新的水利工作方针："在保证江汉干堤安全的原则下，大力兴修农田水利，贯彻积极稳步、大力兴建、小型为主、辅以中型，必要和可能兴建大型工程；兴修与管养并重，巩固与发展并重，数量与质量并重，依靠群众，社办为主，全面规划，因地制宜，多种多样，投资省、收效快"。

10 月 14 日，湖北省水利厅批准监利县筑堤封堵尺八口河湾自然裁直后长江故道的上、下口，将被分割的唐家洲、中洲和孙良洲 3 个洲垸合堤并垸，连成一体，称为三洲联垸，是年冬动工，次年春竣工。

11 月，地委、专署发出《关于建立国营机械农场、大规模开垦荒地的指示》，随后，各地组织人力、物力围垦开荒，建成荆州地区"国营农场群"。

12 月 4 日，中央决定从河南灾区调 5.7 万人（连同自行来的 1.3 万人，共 7 万人）到荆州专区进行农垦和水利建设，其后定居境内。

12 月，长办组织查勘荆江四口，并于次年 5 月提出《四口查勘报告》。此报告对调弦口堵口、藕池口建闸（高陵岗、老洲、沙湖垸附近 3 个方案）、松滋口建闸（左岸上星垸、右岸何家台 2 个方案）、以后通航等问题提出规划。

冬，湖北省水利厅批准挽筑人民大垸下垸堤，随后成立下人民大垸围垦指挥部。当年 12 月 19 日围垦工程正式开工，筑堤长 26.7 千米。

1958 年

1 月，全区按自然水系全面规划为七大水系。平原湖区为四湖、汉南、汉北、江南四大水系，实行"以排为主、排灌兼顾、内排外引、分层排灌、控制湖面、留湖调蓄的方针"；丘陵山区为漳河、漳漈、沮水三大水系，实行"以蓄为主，小型为主，控制山洪，保持水土"的方针。

2 月 28 日，国务院总理周恩来，副总理李富春、李先念，湖北省委第一书记王任重及长办主任林一山等领导和工程技术人员冒雪视察荆江大堤。周恩来在沙市与荆州地委负责人座谈荆江治理和荆江大堤加固问题。

3 月 25 日，中共中央成都会议通过《中共中央关于三峡枢纽工程和长江流域规划的意见》指出："长江较大洪水一般可能 5 年发生一次，要抓紧时机分期完成各项防洪工程，其中堤防特别是荆江大堤的加固，中下游湖泊、洼地蓄洪排渍工程绝不可放松。在防洪问题上，要防止等待上三峡和有了三峡工程就万事大吉的思想。"

3 月 29 日，毛泽东主席从重庆乘"江峡"轮途经沙市时，走上甲板，巡视荆江大堤，接见专程从宜昌上船汇报的中共荆州地委第二书记陈明等，详细询问了荆江堤防及防汛等情况。

5 月初，第二机械工业部部长宋任穷带领一批下放干部，参加天门县水电站建设劳动。

5 月 20 日，湖北省委第一书记王任重根据党中央和国务院指示，邀请湖南省委书记周小舟、江西省委书记邵式平、长办主任林一山等在国务院举行三省水利会议，着重研究长江防洪及荆江四口问题。周恩来、李先念以及水电部副部长李葆华等亲临会议。会议认为荆州四口应当分别建闸控制，应尽早在藕池口修建进洪闸；在涴市新建出洪闸，将虎渡河改道，在涴市开辟分洪道，以扩大荆江分洪能力；在调弦口堵口代替建闸；松滋口建闸则可稍缓；人民大垸是否建闸，以后再议；在万城开辟蓄洪问题，也可缓办……；调弦口堵口以后，在什么情况下扒口，应研究出一个水位标准，报中央批准后执行。随后，长办邀请湖南、湖北两代表就四口建闸控制运用与藕池建闸问题进行了协商。

6 月 5 日，湖北省人委发出《关于修建漳河水利工程指示》，并成立"湖北省荆州专署漳河水利工程总指挥部"，副专员饶民太任指挥长，地委副书记梁久让任党委书记。

6 月 29 日，荆州专署首次颁发《湖北省荆州专区水利工程管养暂行办法》（草案）。

7 月 1 日，漳河水利枢纽工程全面动工。此水库由湖北省水利水电勘测设计院设计，湖北省水利厅工程一团施工。

7 月 3 日，成立"大岩嘴水库（松滋浇水水库）工程指挥部"。

7 月 16—21 日，漳河发生大水，沮漳河水位迅速上涨，荆江大堤外围垸众志垸、保障垸漫溃多处。

9 月 24 日，荆州地委、专署在四湖总部召开指挥长会议，要求作好冬春大施工前的准备工作。次年春，四湖工程指挥部组织动员江陵、潜江、监利、洪湖 4 县及沙洋农场劳力 6 万余人，以及湖南部分民工、河南长垣等 7 县以工代赈民工等共 8 万余人，投入开挖东干渠和总干渠中下段的施工，施工地段长 96 千米。经过一个冬春的施工，完成土方 920 万立方米。12 月，东干渠开挖工程基本结束。

10 月，荆江大堤管理单位摸索出一套适合荆江大堤特点的"查、找、薰、灌、挖"相结合的防治土白蚁方法。

10 月 25 日，根据鄂、湘、赣 3 省协议并经中央批准，调弦口堵坝建闸工程开工，次年 5 月基本竣工。

12 月 1 日，各地水文测站下放到专区领导，专区成立水文分站，负责全区水文测站管理工作，水文经费由湖北省水利厅统一安排。

12 月 13 日，荆门县五里乡民工刘志才在漳河工棚内使用无罩油灯，不慎酿成火灾。由于工棚内人多门少，民工不能迅速撤离险境。共烧毁工棚 6 栋 61 间，烧死民工 28 人，烧伤 20 人，事后对死难者进行公葬，并建立了烈士陵园。

12月15日，潜江泽口灌溉闸工程动工。次年8月建成，潜江、沔阳受益农田250万亩。

冬，沮漳河出口改道工程实施，将河口由宝塔湾上移至新河口。次年5月竣工。

1959 年

1月，四湖排水工程指挥部提出《荆北区水利规划补充草案》，其具体内容是增挖田关河（由刘岭至田关止，长30.5千米），使长湖渍水由田关河直接排入东荆河，减轻四湖中、下区的排水负担。

1月21—24日，湖北省水利厅在天门县召开灌溉排水试验工作现场会，参观九真人民公社农科所和柳河、张场两个大队的试验田。

2月22日，荆江大堤监利县城南灌溉闸建成。

3月24日，专署水利局通知各地开展排灌试验研究工作。

3月29日，漳河水库观音寺大坝施工木桥倒塌，造成159人死亡的重大事故。

4月1日，漳河工地举行追悼大会，宣布观音寺大坝施工木桥倒塌的死难者为烈士，建立烈士陵园，竖立纪念碑。

5月初，郭贯三调任荆州专署水利局长。

5月17日，钟祥县东桥公社榨河水库［小（1）型］垮坝。

5月31日，鄂湘两省水利厅及所属有关单位就调关闸的修防管工作签订如下协议：新修江堤（即连新垸民堤）3377米，由石首县修防管理；涵闸工程的日常管理及今后整修器材、经费、劳力、技工由湖南省负责；汛期防守由石首县负责，如发生恶劣险情，先由石首县突击抢护并及时通知湖南华容县调集劳力，所用器材、经费由湖南华容县负责；涵闸开启需经双方同意，并应以先排渍后抗旱为原则。

7月，监利县在荆江大堤一弓堤堤段破堤引水抗旱，当年冬堵复。

8月，洪湖县新滩口排水闸、汉江泽口灌溉闸建成。

全区大旱，大部分塘堰干涸，中小河流断流，农田受旱面积800余万亩。荆江大堤、江汉遥堤、长江干堤都曾挖明口引水抗旱。

9月11日，经湖北省委批准，堵塞汉江引水抗旱。成立"湖北省荆州专署汉江堵坝工程指挥部"，组织沔阳、潜江2万人施工，9月8日开始抢筑，坝址选择在泽口闸下游50米。连续奋战13昼夜，筑成160米的拦河坝，水位壅高达0.2米，因河槽不断冲深，未能合拢。后因泽口闸引水量增加，堵坝放弃。

9月25日，省委第一书记王任重到沔阳县视察八城垸渠网化建设，赞扬"内排外引，排灌兼顾，等高截流，分层排蓄"的治水经验。后在全省平原地区进行推广。

10月，荆州地委发出"改造四湖、建设四湖、变四湖为财库"的号召，决定大规模地、高速度地建设四湖，共动员24万人开始疏挖、建设长212千米的总干渠、田关渠、西干渠及其配套排灌涵闸。

11月，荆江大堤观音寺闸开工。

12月8日，专署在沔阳召开河网化建设现场会，提出全区水利工程河网化，明确防洪、排涝、抗旱三大目标和丰收、养鱼、通航三保险的要求。全区规划为四大河网，即荆北、汉南、江南、汉北，并对各河网区提出了具体要求。

12月9日，中共中央政治局委员、国务院副总理李先念视察漳河水库，对此工程土法上马，以土为主，土洋结合，依靠群众，勤俭治水的做法十分赞赏。

1960 年

3月，四湖总干渠、东干渠、西干渠和田关河等疏挖工程完工。

4月，水电部、中国科学院昆虫研究所、中国昆虫学会在荆江大堤江陵关庙段召开全国土栖白蚁防治现场会，与会者有南方14省（直辖市）及福建前线解放军代表共110人，专家们肯定荆江大堤防治土白蚁的办法。

天门罗汉寺灌溉闸竣工。

4月5日，荆江大堤观音寺灌溉闸建成放水。

4月20日，中共中央政治局委员、国务院副总理贺龙元帅为红军闸（田关排水闸）纪念碑题写碑文："继承土地革命时期的光荣传统，大搞水利，建设社会主义"。

5月初，洪湖新堤老闸（原名茅江闸）改建工程竣工。

5月25日，省委第一书记王任重检查漳河水库工程，强调指出："领导必须全面地抓思想、抓生产、抓生活"。

8月15日，洪湖新滩口船闸建成。

7月中旬至8月底，全区降雨严重偏少，水稻受旱面积432万亩，比上年减产2.87亿千克。

9月2—8日，汉江上游发生仅次于1935年的洪水，经丹江口水库调蓄后，中游洪峰水位和流量仍超过1958年。地委、行署领导薛坦、单一介等分别坐镇汉江、东荆河前线指挥防汛，汉江及东荆河共上劳力33万人，对薄弱堤段抢筑子埂。杜家台分洪闸于9月7日17时开闸分洪，至9月10日13时关闸，最大分洪流量4755立方米每秒，分洪总量19.77亿立方米。邓家湖民堤因獾洞穿孔造成溃口。

9月9日，石首横堤垸大刽口因引江水抗旱后未及时堵复，后藕池河水上涨，淹田5.6万亩，受灾人口2.43万人，淹死7人，倒塌房屋348栋（1074间）。事后，有关责任者受到刑事处分。

9月，田关排水闸引水失事，导致下游几处民垸溃决，淹潜江县农田6670亩。

12月12—14日，当年春由湖南常德地区实施的"松澧分流"工程完工。由于当年新展宽的洪道（中支）没有达到预定目标，壅高了松滋河上游（公安县）洪枯水位，造成防汛紧张，公安县境内大面积农田渍水长期不能排除。12月12—14日，在湖北省委书记王任重、湖南省委书记张平化主持下，湖南省水利电力厅副厅长吴子英、常德地委书记王敬、湖北省水利厅副厅长漆少川、荆州专署副专员饶民太以及长办主任林一山等在湖南长沙进行会商，达成协议：挖断岗及观音港（西支串河）两处堵坝可不刨除，但松滋河东支及官垸河（西支）仍须恢复原状，因此，东巴口（王守寺）、小望角、青龙窖、濠口等4处堵坝应彻底刨除。松滋中支展宽堤距范围内有碍水流的丛生植物与堤埂等应予清理，保证设计的泄流能力。郭家口坝（串河）是否刨由湖南省主管部门自行决定，但不考虑用郭家口代替濠口排泄青龙窖来水的主要部分的问题，以免顶托西支河来水。1961年，湖南省根据上述协议的要求组织实施。

12 月 21 日，地委批复《关于建立健全水利工程管理机构和领导关系的决定》。决定称：江、汉干堤、东荆河堤堤防机构仍由专署直接领导，支民堤堤防机构由所在县领导……长江修防处处长由专员兼任，各县（市）管理段段长由县（市）长兼任；干部管理和日常工作由所在县领导；工程业务和技术工作由修防处领导。

地委批转《荆州专区水利工程养护规定》草案，对堤防、水库、涵闸等 5 个方面提出了具体标准与要求。

冬，四湖排灌工程进入第二阶段施工，除了对田关渠道、西干渠扩宽断面，加高渠堤，疏浚裁弯外，重点是集中力量新开总干渠中段的河湖分家工程，使中区渍水不再经洪湖吞吐，直接排入长江。

1961 年

1 月，行署水利局发出通知，在各县及工程管理单位辖区内的水文测站，包括中心流量站，水文站和委托代办的专用雨量站、水文站，从 1961 年 1 月 1 日起委托各县水利局和地区管理单位代为管理。

3 月，涂一元任荆州行署水利局局长。

4 月 30 日，全区防汛和水利工程管理会议确定：凡未建立管理机构的要迅速建立；恢复堤防区管理段建制，每段配 3～4 人；大型水库每座配 10～15 人，中型水库配 3～7 人，小（1）型水库配 1～3，小（2）型一般要求配专人管理或交有关生产队管理。

5 月，荆州专区工程总指挥部提出《荆北地区（即四湖流域）河网化规划草案》。这个规划草案是对长委方案的细化。总的原则是：以总干渠，东、西干渠以及田关河四大干渠为纲，打破地域界限、废堤并垸，分区布网，并以排灌为主，兼顾渔业、航运、发电、加工和垦殖。要求做到河湖分家，互不干扰，分片引灌，分区排灌，分区开发，综合利用。

8 月 23 日，江陵县在龙洲垸挖堤引水抗旱，造成堤防溃决，口门冲成深潭，淹没农田 3000 亩，受灾 220 户，经全力抢护，于 25 日下午脱险。

11 月，监利县一弓堤灌溉闸动工兴建，次年 5 月竣工。

12 月，荆江大堤万城灌溉闸动工兴建，次年 5 月竣工。

是年，全区继续干旱，大部分水库塘堰干涸，山区人畜饮水困难。全区粮食产量 36.3 亿斤左右，比 1960 年略减，是新中国成立以来粮食最困难的一年。

1962 年

2 月 10 日，成立"荆州专区四湖工程管理局"，直属地委、专署领导，任命李大汉为支部书记兼局长，驻江陵丫角庙。

4 月，长湖库堤习家口节制闸竣工。福田寺（老闸）建成。

5 月初，经湖北省水利厅研究并与荆州专区商量同意，将石龙过江水库交荆州专区管理。

5 月 2 日，专署召开会议，分析了"三年灾害"所受的损失，因小型塘堰连年失修，蓄水保水能力比 1957 年下降 38％，1961 年与 1957 年比粮食产量下降 40％，棉花下降 48.7％，油料下降 47％。

5 月 7 日，湖北省人委召开防汛与机械排灌会议，确定防汛负担政策总的原则是谁受益、谁负担，不受益、不负担（国营农场受益者负担，国营企业可以不负担）；防汛用工为义务工，国家不付工资，不给任何报酬；主要防汛器材如元丝、油料、元钉、块石、木料、麻袋等由国家负担，其余器材由群众自筹解决。

6 月 26 日，专区"四防"总部通知石首县"四防"指挥部，北门口设防水位 37.00 米，警戒水位 38.00 米，保证水位 39.89 米。

7 月上中旬，长江中游发生自 1954 年以来大洪水。沙市站水位 11 日 18 时达 44.35 米，仅较 1954 年最高水位低 0.32 米。全区漫溃 11 个民垸，淹田 15.12 万亩，受灾人口 41236 人。

7 月 12 日，荆江大堤观音寺灌溉闸内距闸 370 米处，出现冒孔 1 个（管涌），砂盘直径 4.8 米，洞深 11.6 米，另有小冒孔 3 个，同时在蔡老渊发现管涌孔 7 个，均及时处理脱险。

7 月 22 日，专区"四防"总部发布《关于管好用好水利工程的几项规定》，强调各地要充分利用塘堰蓄水保水；大、中型水库和涵闸开闸放水，报专区批准；小型水库放水由县批准，报专区备案。

11 月 13 日，湖北省人委决定成立"湖北省漳河工程管理局"，白鸿任局长，下设 3 个管理处、4 个管理（养）所，由省委托荆州专区代管，原成立的"荆州专区漳河工程管理局"同时撤销。

1963 年

5 月，荆江分洪区开始修建第一期移民房、库。

8 月 23 日，专署颁布《荆州专区征收水费暂行办法》，含征收范围、水费标准和征收方案等 8 条。

9 月 19 日，副省长、省科协副主席、水利专家陶述曾带领的由水利、农业、农机、农垦、水产、林业、航运、地理、水文、血防等 10 个部门的教授、科技工作者组成的四湖地区综合开发考察团对四湖地区进行综合考察。

12 月 6 日，经水电部批准，荆江扩大分洪区洮里隔堤工程正式开工，荆州组织松滋、公安、江陵 3 县 2 万民工施工，于 1964 年 4 月竣工。

12 月 23 日，专署决定成立"荆州专署吴岭水库管理处"，属专署领导。大观桥、绿水堰成立管理所，由吴岭水库管理处领导。

是年，石油物探部门在荆江大堤盐卡段距堤脚内 1000 米处进行地震勘探，爆破钻探 57 孔。

1964 年

4 月初，省长张体学在省水利厅厅长漆少川、副专员饶民太陪同下，到四湖地区检查指导工作。

副省长陶述曾就漳河水库二干渠灌溉当阳草埠湖、江陵马山区一线进行实地选线踏勘，对建筑物等方案做研究比较。

4月25日，省长张体学视察荆江分洪区和洪湖长江干堤。

6月，省长张体学在水利厅厅长漆少川、副专员饶民太陪同下，乘船至监利县冯家潭建闸工地，检查和询问此闸的工程效益、质量情况。

9月，湖北省水利厅荆州区长江修防处更名为荆州地区长江修防处。人事、行政由荆州地委、专员公署管理，处长由副专员兼任，财务、工程业务由省水利厅管理。

9月至10月初，汉江出现有水文记录以来的大洪水。9月7日钟祥碾盘山洪峰水位52.31米，流量29700立方米每秒，石牌、邓家湖、小江湖等地分洪。10月6日杜家台分洪闸开闸分洪。10月9日遥堤天门多宝站洪峰水位44.06米，干流仙桃洪峰水位36.22米，东荆河潜江高胡台洪峰水位41.16米。10月11日监利新沟洪峰水位39.05米。

11月初，荆江分洪工程节制闸加固工程开工，次年汛前竣工。

11月20日，潜江田关新闸开工，次年6月竣工。

11月，长办提出《下荆江裁弯试验工程规划报告》，选定中洲子人工裁弯方案，次年水电部批复同意实施。

11月底，天门县汉江堤防管养员罗河山在探索研究防浪林病虫害领域，获重要成果，出席全国劳模大会，荣获全国劳模奖章。

组织开展对全区水库灌区进行为期一年的清查整顿工作。

12月23日，经专署批准，首次在东荆河龙头拐筑临时性土坝，以降低东荆河水位，便于四湖地区内涝外排。

松滋洮水水库建成受益。

是年，调整全区防汛任务为：在任何情况下，确保荆江大堤、荆江分洪区南线大堤和汉江遥堤的绝对安全；长江干堤防1954年当地实有最高水位；汉江干堤防1964年当地实有最高水位；东荆河堤中革岭以上防1964年当地实有最高水位，中革岭以下防1954年相应水面线；江南支堤、人民大垸、三洲联垸防1954年当地实有最高水位。

1965 年

2月，副省长陶述曾召集荆州、孝感和天门、汉川、应城2地3县水利局领导，就汉北河改道整治工程选线实地踏勘。

3月，湖北省最大的水库漳河水库建成蓄水。

5月7日，中共中央政治局委员、国家副主席董必武，在省长张体学、副专员饶民太陪同下，视察漳河水库、荆江大堤、荆江分洪工程和四湖排水工程，并亲手在监利县监新河上植树。

5月，京山惠亭水库竣工受益。

6月，监利西门渊灌溉闸竣工。

7月13日，松滋县八宝排水闸倒塌溃口，淹田10.3万亩，倒塌房屋15027户，死亡17人。松滋县和八宝区有关责任人受到处理。

11月，地区水利局提出《四湖总干渠中段河湖分家工程规划设计补充报告》。计划从福田寺闸下游的王家港起，沿洪湖的北缘，新开排水干渠至小港，一河两堤，福田寺闸来水不经洪湖调蓄，实现河湖分家。

是年汛期，长办在江陵县观音寺灌溉闸和石首市八十丈进行放淤试验，搜集泥沙落淤资料，并于同年9月提出《下荆江八十丈放淤试验报告》和《观音寺放淤测验小结》。

1966 年

2月，东荆河下游改道工程完工，增加耕地面积40万亩，改善防洪排涝面积34万亩。

4月，珠江电影制片厂拍摄汉江堤防防浪林科教片。

5月，江陵颜家台灌溉闸建成。

6月，长办在江陵荆江大堤颜家台进行放淤试验，58天平均淤厚0.58米。

10月25日，经中央批准，下荆江中洲子人工裁弯工程开始实施，裁去南河洲、杨波坦至来家铺河段，缩短流程28.9千米。

1967 年

去冬今春，江汉油田及地质探部门分别在荆江大堤桩号709＋000～750＋000、750＋000～761＋500、761＋500～798＋000三段实施地震勘探爆破，总计爆破孔839处。至4月27日处理819处，其中距堤脚100米内510处，距堤脚200米内309处，余20处待进一步处理。

5月3—8日，湖北省防汛会议根据国务院、中央军委紧急指示，决定各专、县防汛指挥部由军分区和县人武部负责组织。

1968 年

3月5日，越南水利考察团考察荆江大堤白蚁防治工作；15日，考察祁家渊和监利城南护岸工程。

4月，钟祥大柴湖第一期围垦工程完工。此工程于1967年动工，天门、荆门、钟祥、京山、潜江等县10万民工施工，完成防洪堤45.4千米，投资931.3万元。

7月4日，省革委会副主任张体学与武汉军区参谋长熊心乐飞抵沙市，部署荆江防汛工作。

7月5日，荆州地区革委会、荆州军分区、7212部队和荆沙警备区联合发出防汛《紧急动员令》。

7月7日，20时，沙市水位上涨至43.89米，省革委会副主任张体学等到荆江大堤巡视水情，深入荆江分洪区、江陵红旗闸督促检查。

7月11日，荆江大堤盐卡段发生特大管涌险情，出险处距大堤仅50米。省革委会副主任张体学乘直升机赶赴现场查看并指导抢险。

7月16日，湖北省革命委员会发布《紧急动员令》，指出荆江大堤、荆江分洪区要确保安全，如因防守不力，引起溃堤决口的，要追究责任，依法严办。

7月18日，沙市水位涨至44.13米，江陵谢古垸分洪。

8月，行署水利局撤销，其工作纳入地区革委会农林水小组。

12月7日，下荆江上车湾裁弯工程开工。

12月，长办在荆江大堤观音寺闸进行引水落淤试验。

冬，水电部副部长钱正英在省革委会副主任张体学陪同下视察荆江大堤。

1969 年

1月6—15日，水电部军管会召开长江中下游湘、鄂、皖、赣、苏5省防洪会议，国务院有关部门和长办与会。会议以讨论近期防洪方案为中心内容，提出沿江控制站保证水位初步意见：加高加固荆江大堤，将上荆江沙市站保证水位从44.49米提高到45.00米，城陵矶保证水位由33.95米提高到34.40米。

4月，荆江分洪区黄天湖电力排水站建成。

7月20日，洪湖长江干堤田家口溃口。溃口处桩号445＋790，7月20日21时，因管涌险情溃口，最大进洪流量9000立方米每秒（估算），进水总量35亿立方米，淹没面积1690平方千米，受灾人口26万人。

7月，省革命会副主任张体学率领技术专家赴荆江分洪工程进洪闸（北闸）进行防洪检查。水电部副部长钱正英、省革委会副主任张体学等就荆江大堤进行"战备加固"问题赴现场查勘。

9月，钟祥大柴湖围垦工程全部完工。

12月17日，水电部军管会批复同意荆江大堤按沙市水位45.00米，城陵矶水位34.00米，超高1米，面宽8米，外坡1∶3，内坡比1∶3～1∶5标准进行战备加固。

是年，荆江大堤加高加固全线开工。

1970 年

春，荆州地区革委会组织沔阳4万民工，支援修筑洪湖七家长江干堤裁弯取直工程及胡家湾至叶家边17千米长江干堤加培工程。

2月，荆州地区革委会设置水利电力科，主管全区水利、电力、水产业务，由军代表夏日宝任科长，徐林茂、李志民、张宏林任副科长，配备干部23人。

4月，洈水水库发电站（西斋水电站）建成，装机4台，总容量12400千瓦，年平均发电量3200万千瓦时。

湖北省防汛会议指出，今后荆江大堤离堤脚1000米以内，一般干堤500米以内不准挖防空洞。4月中旬至6月底，荆江大堤沿堤禁区内共查出防空洞2744处，处理2670处，17个爆破孔全部处理。其他堤防新挖防空洞均按此规定进行处理和恢复原貌。

5月29日，汉北河开挖工程竣工，共完成土方4400万立方米，并有一批配套涵闸同时兴建。

5月，东荆河龙头拐再次打坝，以利田关闸排水入东荆河。

6月17—24日，地区革委会先后发出通知，将田关排水闸、刘岭节制闸、惠亭、吴岭、石龙、石门水库、漳河二干渠、三干渠、四干渠等管理机构，分别由地区和地直单位下放到工程所在地领导。

7月7日，省革委会副主任张体学在沙市召集荆沙两地负责人及水利部门有关人员会议，研究荆江大堤沙市段堤外禁脚放淤，堤内禁脚拆迁，堤面混凝土路面及观音矶建坝进行人工造滩等问题。

9月，地区革委会决定，四湖工程管理局、长湖水产管理局、窑湾养殖场、公安处长湖水上分局合并成立"荆州地区四湖管理局革命委员会"，由白鸿任主任，在关沮口办公。

1971 年

4月，水电部部长钱正英到湖北研究长江防洪规划，并视察荆江大堤、下荆江河段。

地区革委会水电科改为"荆州水利电力局"，任和亭任局长，路英、凡明达、徐林茂任副局长，局机关定编36人。

5月1日，洪湖南套沟电排站建成。

5月，钟祥县温峡口水库竣工。

6月10日，洪湖新堤排水闸建成。

6月，田关排水闸、刘岭节制闸、惠亭、吴岭、石龙、石门水库、漳河二干渠、四干渠等管理机构收回地区领导。

10月，四湖工程管理局恢复，回原地丫角庙办公。

11月20日，水电部在京召开长江中下游防洪规划座谈会。重申长江干流各重点堤段的保证水位为：沙市45.00米，城陵矶34.40米，汉口29.73米。要求全面加固主要堤防（荆江大堤全面加高加固，堤顶超高2米），提出荆北放淤设计。遇1954年型洪水时，超额洪水492亿立方米需要分洪，分配方案为：荆江分洪区54亿立方米，洞庭湖160亿立方米，洪湖160亿立方米。继续完成下荆江系统裁弯工程。

1972 年

3月10日，湖北省革委会成立以尹朝贵为组长、徐耕云、李长青、王述奎为副组长的荆北放淤规划领导小组。

3月24—28日，地区水电局召开全区水利工程管理会议。

3月底，长办、湖北省水电局，召集四湖有关各县共同研究，结合长江中下游防洪及洪湖分蓄洪工程方案，确定洪湖分蓄洪区分担的分洪量为160亿立方米，认为对四湖原有排灌水系需要调整，增加福田寺到高潭口的排涝河，增加高潭口、付家湾两处电力排灌站。为恢复因洪湖分蓄洪工程的施工而破坏的水系，湖北省水电局提出《洪湖防洪排涝工程规划》。

4月，荆江大堤"吹填"工程试验成功。

5月，沔阳排湖电排站建成受益。

6月，东荆河龙头拐打坝失事，右岸坝头下沉，8人溺水，2人死亡。

7月12日，成立高关水库管理处，党、政关系隶属荆州地区领导；管理处人员由荆州、孝感两地区协商定编；行政技术人员荆州地区京山县配60%，孝感地区应城县配40%。

7月19日,下荆江石首沙滩子河道发生自然裁弯。

8月5—11日,中国科学院委托上海昆虫研究所在浙江嘉兴召开防治白蚁经验交流会,江陵县代表在会上介绍荆江大堤防治白蚁经验。

10月24日,成立"荆州地区洪湖防洪排涝工程总指挥部",由饶民太任指挥长。

11月,洪湖防洪排涝工程开始清淤,高潭口泵站动工兴建。

12月,国务院副总理李先念在长办报送的《荆北放淤工程报告》上批示:"接受葛洲坝教训,动工前一切设计要仔细,严禁草率行事。"水电部派总工程师冯寅生赴荆江大堤现场调查,随后撰写《荆北放淤工程初步设计审查意见》报水电部。

1973 年

3—5月,荆州地区水电局对全区堤防、水库、船闸、泵站、渠道等水利工程进行全面大检查。具体内容为"五查四定",即"查工程建设和投资使用情况,查工程安全,查工程效益,查综合利用,查管理现状;定任务,定措施,定计划,定体制"。全区公社以上组织3000多人,历时3个月完成。

4月,湖北省堤防管理会议在天门岳口召开,水利厅厅长漆少川作会议总结,荆州地委副书记尹朝贵、天门县委第一书记唐玉金参加会议。

5月底,汉北水利工程基本完工并发挥效益。

7月10日,监利螺山电排站建成。

9月8日,湖北省水电局就荆江大堤加固堤基吹填工程试验情况向水电部报告,试验证明吹填固基投资省、花工少、收效快,不仅改善堤基,并可消灭钉螺,使沼泽变良田,是"多快好省"加固堤防的好办法。

10月,汉江堤防管养员罗河山,经过十余年的观察、研究、防治实践,撰写了《防浪林害虫及其防治》和《护堤柳林的几种害虫及其防治》两本专著。

12月底,洪排主隔堤工程全面动工。动员江陵、潜江、监利、洪湖、沔阳、天门6县民工48万人,修筑福田寺至高潭口长48.8千米堤段,兴建福田寺节制闸和船闸。

1974 年

2月,洪湖防洪排涝工程高潭口至监利县福田寺工地共发生519例感染由黑线姬鼠传染的出血热病,死亡28人。

4月28日,李先念副总理在长办《关于兴建荆北放淤工程简要报告》上批示:"建议用大力加固现在的荆江大堤,防止近几年,特别是今年出现意想不到的大水。无论如何要保证大堤不能出事。这一点要湖北认真执行,决不能大意。"

4月,公安王家大湖围垦灭螺工程完工,开垦农田5万亩,消灭钉螺面积4万亩。

5月3日,松滋县刘家场区碾子湾水库垮坝,冲毁稻田660亩。

5月,水电部在京召开有关部门和地区代表参与的荆北放淤工程审查会。会上湖北省水电局提出不同意见,建议采用"吹填"的办法。由于意见不统一,荆北放淤工程搁置。

6月,洪湖高潭口电排站建成。

8月14日，国务院发出特急电报，要求各地决不能麻痹大意，认真做好防汛工作，特别是荆江大堤要动员一切力量，千方百计加强防守，无论如何要确保安全，保证不出问题。

9月，江汉平原普遍发生干旱。荆州地区60天没有下过透雨，全区70万人投入抗旱斗争。开动机械4400多台、水车4.5万余部，使受旱农田大部分灌了水，各级干部有4万余人在抗旱第一线，地区还组织11个工作组分赴各地督促检查。

10月初，汉江涨水。杜家台分洪闸开闸分洪，历时53.5小时，分洪总量2.856亿立方米。

10月，徐林茂任地区水电局局长。

11月20日，成立荆州地区洈水水库加固工程指挥部。组织松滋、公安和湖南澧县民工，持续施工达6年之久，到1980年整个工程全部完成。

12月，地区水电局副局长向从凯奉命出国外援扎伊尔任专家组组长，帮助扎伊尔开展农田水利建设。随同出援的有杨德纯、兰泽生等。

1975 年

2月26日，国家计委批复荆江大堤加固正式纳入国家基本建设项目，工程计划投资1.7亿元。荆州地区成立荆江大堤加固工程总指挥部。

3月24日，地区革委会组建三善垸管理委员会，由江陵、公安各派干部2人，松滋派干部1人，属地区水利局领导。

6月11日，地区革委会发出《关于汛期涵闸、水库、泵站启闭运用批准权限的通知》，通知规定按分级管理的原则，各水利工程运用要经上一级主管部门审批。

6月22日，地区革委会在监利螺山电排站召开会议，主要研究四湖地区的排灌调度措施。会议强调，以排为主，多排少引，分层排蓄，留湖蓄渍；排水灌溉，上下兼顾，统筹安排。要确保长湖、洪湖围堤安全，渠道畅通。

7月3日，地委批转长江修防处《关于擅自围垦江河洲滩阻滞行洪问题的报告》，强调，长江干、支河流的洲滩只许垦而不围。未经批准一律不准盲目围垦。汉江、东荆河流域各县亦应按此精神执行。

7月，钟祥孙庙电灌站建成。

8月15日，松滋牌坊口电灌站建成。

8月，漳河水库被列为全国37座重点险库之一。

10月初，地委副书记尹朝贵带领各县（市）水利局、地直水利工程管理单位负责人共200人，赴湖南桃源县参观学习水利工程管理先进经验。

10月5日，汉江形成第二次洪峰，杜家台分洪闸开闸分洪，分洪总量6.8亿立方米，相应降低仙桃水位1.27米。

10月13日，国家投资3000余万元，组织荆门、江陵、钟祥、当阳4县民工加固漳河水库大坝和增建泄洪设施。

11月，公安县闸口、玉湖、牛浪湖3座电排站相继建成。

12月，全国防汛通讯会议在荆州召开。

1976 年

4月，国家防办主任李伯宁视察荆江分洪区，提出分洪区建设方针："应立足分洪，分洪保安全，不分洪保丰收"。

5月，珠江电影制片厂在荆江大堤拍摄防治白蚁科教片。

沔阳沙湖电排站建成。

6月，潜江老新口电排站建成。

7月初，监利新沟嘴电排站建成。

7月中旬，公安法华寺电排站建成。

7月，在水电部的领导布置和第四机械工业部的领导下，荆江大堤、荆江分洪区、漳河水库、漳水水库、温峡口水库等主要水利工程安装各种类型的专用无线电话132台。与此同时，武昌至洪湖、洪湖至沙市、沙市至监利的三路载波机，以及江陵至观音寺、洪湖七家两处过江电缆等工程全部建成并正式通话。

1—9月，全区总降水量比常年偏少2～3成，北部地区与1972年同期相似。全区受旱面积高达930万亩，抗旱期间，开启沿江灌溉闸224座，引水19.3亿立方米；动用各种电动机1032台，4万多千瓦，柴油机5.4万台，69万马力，共提水6.8亿立方米。

10月，水电部部长钱正英视察沔阳县排湖、沙湖泵站，高度赞扬沔阳县自己设计、自己施工、自己安装大型电排站的首创精神。

1977 年

1月，水电部部长钱正英在副省长王利滨陪同下，视察高潭口泵站。

4月23至5月8日，长湖水位高达32.01米，长湖库堤防汛告急，省委书记姜一和省革委会副主任夏世厚亲临现场检查。

6月28日，钟祥郑家湾电灌站建成。

10月，荆江大堤文村夹灭蚁组试制成功"荆江120型"锥探机，并在荆江大堤加固工程推广运用。

石首冯家潭电排站建成。

1978 年

2月，水电部部长钱正英在省、地负责人陪同下，视察漳水水库。13日，她在葛洲坝度过春节后，又视察了漳河水库的整险加固工程。

3月，挖泥船潜管跨江输泥技术在荆江大堤江陵木沉渊段试验成功。

水电部授予江陵县荆江大堤灭蚁工程队"水利电力科学技术先进集体"称号。

全国科技大会授予江陵县荆江大堤灭蚁工程队"合作完成堤坝白蚁防治研究成果奖"。

4月，水电部授予汉江修防处"全国水利战线双学标兵"锦旗一面。

5月6日，联合国粮食组织森林资源处处长胡盖率领马达加斯加、贝宁、布隆迪等几个国家组成的"森林为农业服务"考察团一行22人，考察潜江谢湾、柴家湾、王家湾等堤段的防浪林和经济林。

5月，汉江堤防管养员罗河山发现防浪林白杨天社蛾颗粒体病毒，并进行防治研究，其研究成果荣获全国科技大会科技奖。

6月1日，湖北省防指批复将荆江大堤沙市站设防水位，由原42.00米改为41.50米，警戒、保证水位不变。

7月4日，国务院召开全国农田基本建设会议，地委副书记尹朝贵等4人和天门、沔阳、荆门、公安4县的县委书记参加了会议。

7月25日，省委第一书记陈丕显参加荆州地委召开的全区抗旱汇报会，并作重要报告。会后到旱情最严重的京山县检查指导抗旱工作。

8月14日，地委决定，撤销地直水利工程管理单位的革命委员会，实行党委领导下处（局、队、站）长分工负责制。

8月，湖北省水利厅荆州区汉江修防处更名为"湖北省荆州地区汉江修防处"。

9月，监利福田寺防洪闸竣工。

潜江幸福电排站建成。

10月11—20日，水电部在漳水管理处举办全国土坝裂缝及其探测分析学习班，12个省（直辖市）47个单位参加学习。

10月27日，成立四湖总干渠扩挖工程指挥部，尹朝贵任指挥长，徐林茂、马香魁为副指挥长。

11月8日，地区革委会决定，水利局与水产局实行分建，新设地区水产局。

12月，徐林茂升任行署副专员，曹道生接任水利局局长。

天门新堰、京山永隆棉花和蔬菜喷灌试点开始实施。

1—8月，全区受到了自1903年以来最大的一次春旱连夏旱，大中小型水库、塘堰蓄水量仅存3.6亿立方米，加之外江水位低，涵闸引水困难，全区955万亩农田受旱。

1979 年

1月23日，水电部批复同意修建钟祥大柴湖区供水工程，投资210万元。

2月27日，行署印发《四湖干渠管理试行规定》。对工程管理范围、管理要求、工程建设等作了明确规定。

3月12日，石首大港口电排站建成。

5月，水电部副部长李化一视察荆江大堤，并就荆江防洪问题与省、地有关负责人交换意见。

6月25日，地区防汛会议确定在东荆河杨林尾水位30.50米时，沔阳县联合大垸即扒口分洪。

9月3日，地区行署批准，成立"荆州地区水利科学研究所"。

9月，漳水水库整险加固工程竣工。

松滋小南海电排站建成。

12月，松滋县水利局水泥厂改由地区水利局与松滋县水利局联合经营，并更名为荆松水泥厂，同时扩建规模。

钟祥县漂湖电灌站改建完工。

1980 年

3 月，监利县半路堤电排站建成。

2 月—4 月，交通部、湖北省政府分别授予荆江大堤木沉渊挖泥船水下潜管吹填交通科研成果二等奖和潜管输泥二等奖。

4 月 1 日，行署批转漳河工程管理局《关于农业用水实行"按田配水计量收费"暂行办法的报告》。批文指出：农业用水实行"按田配水，计量收费"是水库管理工作的一项改进，是按经济办法搞好水库企业化管理的一项措施。以漳河灌区为试点，改进水库管理工作。

5 月，钟祥县肖店、长岗岭电灌站建成。

6 月 20—30 日，水电部在京召开长江中下游防洪座谈会，提出近十年防洪任务：遇 1954 年同样严重洪水时，确保重点堤防安全，努力减少淹没损失。为扩大长江泄量，长江重点堤防防御水位应比 1954 年提高，即沙市 45.00 米、城陵矶 34.40 米、武汉 29.73 米。根据上述水位，再遇 1954 年洪水，长江中下游约需分洪 500 亿立方米。并需继续有计划地整治上、下荆江，以增大泄洪量。

7 月 1 日，京山县三阳区段家冲水库大坝溃口，834 亩农田受灾。

7 月 12 日，中共中央副主席、国务院副总理邓小平乘船视察长江重要河段川江和荆江，途经荆州地区，详细了解了荆江防洪问题。

8 月 4 日，公安县松东河黄四嘴堤溃口，淹没农田 12.34 万亩，受灾人口 10.7 万人，死亡 7 人。

8 月 22 日，省委领导陈丕显、韩宁夫、黄知真、任中林等视察沔阳、洪湖、监利、江陵等县灾情，慰问干部群众。

8 月 28 日，监利县三洲联垸上搭垴堤段发生浑水漏洞决口，淹没面积 186 平方千米，受灾人口 4.1 万人，死亡 14 人，死亡牲畜 1047 头，倒塌房屋 2200 余栋，冲毁电站、刬闸 30 余处。

10 月 28 日，由 16 个国家的代表组成的"联合国防洪考察团"一行 26 人，考察荆江大堤的管理工作。

是年，洪涝灾害严重。1—8 月，全区各地降雨偏多，平均降雨量 1363 毫米，其中 7 月中旬至 8 月上旬 3 次大暴雨，降雨量达 638 毫米，共产生地面径流 147 亿立方米，受涝面积达 1114 万亩，300 万亩农田无收。四湖上区彭塚湖，下区洪狮垸、新螺垸、土地湖和中区桐梓湖、幺河口、王小垸等 7 处有计划地扒口分洪。

入汛后，漳河水库上游连降 12 次大暴雨，总来水量达 11 亿立方米，经省批准从 8 月 1 日起至 9 月 6 日止分 4 次开闸泄洪，共泄水 2.4 亿立方米。

1981 年

1 月 1 日，湖省水利局通知全省水文站网实行省、地双重领导，以省局为主的管理体制。

1 月 4 日，国务院总理赵紫阳在省长韩宁夫陪同下视察荆江大堤。

3月20日，行署副专员徐林茂率地区水利局、长江修防处负责人，现场调查石首县与人民大垸农场流港电排站以东外滩权属问题，决定维持荆革〔1975〕29号文件精神不变。

5月6日，美国"中国三峡考察团"一行10人考察了荆江大堤观音寺闸、挖泥船吹填工程，参观了文村夹土栖白蚁标本展，考察了祁家渊锥探灌浆、郝穴铁牛矶护岸工程。随后，还考察了杜家台分洪闸。

5月8—16日，省委第一书记陈丕显、副书记任中林到沔阳、洪湖、监利、公安、石首、松滋、江陵等重灾县察看了一些分洪区、溃口区和重灾社队，了解灾区群众生活情况；到长湖、洪湖、黄四嘴、三洲联垸等地察看了水毁工程修复情况，听取了当地生产救灾情况的汇报。

5月，水电部授予汉江修防处"水利管理先进单位"的荣誉称号，并颁发奖状。9月，又获共青团中央、林业部颁发的"绿化祖国突击队"光荣称号。

6月17日，湖北电影制片厂开始拍摄《驯服漳河》彩色纪录片。

6月21日，省委第一书记陈丕显就长江防洪问题写信给中共中央总书记胡耀邦、国务院总理赵紫阳，建议将长江防洪建设和管理工作交水利部直接领导负责，有关省积极参与、承担任务，并希望党中央、国务院有一位主要领导亲自掌握，以利于更好地加强长江防汛领导工作。

7月上旬，水利部在京主持召开湘、鄂两省边界水利问题协商会议，水利部钱正英、长办林一山、湖南万达、湖北黄知真等与会。此前，长办会同两省领导和技术人员到边界阻水现场查勘。会议期间，双方从全局出发，互谅互让，表示同意维持河道湖泊现状和原协议（即1960年长沙协议），并对有关问题提出处理意见：两省为抗旱在有关河道上堵筑的临时土坝，包括康家岗、岩土岭、团山寺、大杨树、茅草街5处，分别由两省在洪水到来前刨除；拆除王守寺、横河拐、青龙窖、鲇鱼须、合兴垸、九斤麻等处矶头，堵坝及阻水圩垸，或改为顺直护岸；拆除9处堵坝，改用渡船维持公路交通；同意横河拐坝不再扒开，而在永太垸内另行开挖行洪道；松滋中支河滩新围垸，同意各垸上下游扒开两个口门以便汛期行洪；湖北省境内，长江下游洲滩包括人民大垸、洪湖县南门洲滩等，均不得再行围垦或种植芦苇。水利部领导称此次协商为"正确处理两省边界水利问题的范例"。

7月10日，湖北省委决定成立荆江防汛前线指挥部。

7月20日，中共中央、国务院给荆州地区发来贺电：长江宜昌站7.2万立方米每秒洪峰安全通过荆江河段，这是战胜1954年、1980年两次长江大洪水后的又一次重要胜利。

9月1日，湖北省政府发出通知，强调沙市升格为省辖市后，荆江大堤堤段不宜分开，其基本建设、岁修管理以及机构人员仍维持地、市未分建前的办法，统一由荆州地区行政公署所属长江修防处和荆江大堤加固工程总指挥部负责。

10月4日，中共中央副主席李先念在省委第一书记陈丕显陪同下视察荆江大堤。

10月5日，荆州地区机构编制委员会同意成立"荆州地区行政公署水利局勘察设计室"。

11月，高潭口电排站荣获国家优秀设计项目奖。后又获施工、安装银质奖。

是年，荆州为迎战此次特大洪水，及时封堵长江干堤上有隐患的 6 座涵闸，填平荆江大堤内脚 500 米范围内 77 处鱼池，刨毁障碍行洪的 85 处洲滩围垸，加高松滋河、虎渡河子堤 22 千米。共投入各级干部 12034 人、防汛民工 25.2 万人。武汉军区调集 5000 名指战员支援抗洪。全区长江干堤出险 805 处，其中荆江大堤 71 处。

1982 年

1 月，沙市农场群众给国务院总理赵紫阳写信，反映此农场在荆江大堤窑湾至盐卡险段内距堤脚 200 米开挖鱼池。1 月 20 日，湖北省防汛指挥部电示荆州地区防汛指挥部，指出"在这个重要险段开挖鱼池，破坏覆盖层，是险上加险，后果将是极其严重的，应立即停止施工，并将已开挖部分回填，恢复原状。"沙市在 5 月前处理完毕。

2 月，湖北省政府授予荆州地区长江修防处"木沉渊铺设跨江水下吹填输泥管道"试验项目科学成果二等奖。

全区 28 座大、中型水库管理单位各自召集原工程设计和施工人员采取采访、回忆、追忆、座谈的办法对工程的设计标准、洪水频率、基础处理、施工记录、工程管理等历史资料，进行系统整理，建立了技术档案。

3 月 21 日，湖北省电影制片厂在天门、沔阳县拍摄堤防防浪林科教片。

4 月 25 日，美国农业部土壤保持局局长贝姆费戈森率美国防洪和流域规划考察组一行 4 人，考察荆江大堤、荆江分洪区。

5 月 11 日，全区防汛工作会议提出防汛工作要建立严格的分工负责制，强调各指挥部的负责人，不能只挂名不务实，要明确分工，出了问题要追究责任。

5 月 20 日，水利部顾问张含英（原水电部副部长）视察漳河水库。

5 月，日本福岛县访华团一行 16 人由团长小尺光南率领，参观访问荆江分洪区斗湖堤、黄金口安全区。

省长黄知真在荆州地委书记胡恒山陪同下，视察荆江大堤江陵段。

地区防汛指挥部发出通知，对江汉平原干（含确保堤段）、支堤上的排灌涵闸和内湖重要节制闸以及过闸抽水、翻堤抽水的审批权限作了明确规定。

意大利卡洛·洛蒂公司一行 4 人在水利部、长办领导陪同下，参观汉江遥堤和杜家台分洪闸。

地区水利局在漳水水库管理处召开全区水库大坝防治白蚁座谈会。

7 月 2 日，地委批转地区防汛指挥部《关于清除江河行洪障碍问题的报告》，强调要切实加强领导，制定专人负责，切不可因小失大。

8 月，长办提出《上荆江主泓南移方案研究报告》，报请水电部审批。

9 月，《荆州地区水利化区划报告》荣获湖北省农业区划办公室科研成果二等奖。

10 月上旬，新华社、人民日报、中国青年报、中国新闻社、中国建设、湖北日报和中央人民广播电台、中央电视台等 8 家新闻单位联合考察荆江大堤、沔阳汉南排灌工程、荆江分洪工程、汉江遥堤和漳河水库等水利工程。

11 月 20 日，日本访华团一行 17 人由团长原田力率领，考察荆江分洪工程，参观荆江分洪区斗湖堤、黄金口、闸口等安全区。

12月3日，荆州行署成立"荆州地区水土保持协调小组"，由徐林茂任组长，办公室设在水利局。

1983 年

1月，全区28座大、中型水库和重要泵站各自开展的三查三定工作，即查安全、定标准；查效益，定措施；查综合经营，定发展计划，全面结束并建立工程档案。

3月12日，地区水利局批复同意洈水水库管理处建立灌区试验站，定编7人，在现有职工中调剂安排。

3月15日，地区行署决定西斋水电站的发电水费从1月1日起直接上交地区水利局。

6月8—15日，省委书记关广富、省水利厅厅长童文辉等在地委书记胡恒山、行署副专员徐林茂陪同下，对荆江大堤、荆江分洪区、洪排工程、下荆江河势控制工程、黄四嘴堵口工程、杜家台分洪闸、汉江遥堤和高潭口、螺山电排站以及漳河、温峡、吴岭水库等重要水利工程的防汛排涝准备工作进行检查。

7月9日，武汉军区副司令员李光军、副参谋长张福钰，湖北省军区司令员王恒一对荆江分洪区进行空中和地面视察。

7月27日，行署批转长江修防处《关于藕池河东支河口扒坝行洪的意见》。

8月8日，地委办公室批复同意石首县复兴垸、东之垸、新建垸、三星外垸、向家台等5处民垸彻底刨毁，不准再堵；神皇垸、灭螺垸、白沙洲、新民外垸、新河洲等5处达到限制水位刨毁；北碾湾、南碾湾、新河外垸（即新老河垸），遇到特大洪水时，必须听从地区防汛指挥部通知，按时予以刨毁。

8月10日，国家防总给湖北省政府、省防指电称：温峡口水库大坝的地质勘探和加固设计工作进展缓慢，请抓紧进行。9月3日，省、地、县就此问题进行座谈，决定成立"钟祥县温峡口水库整险加固工程指挥部"和技术领导小组，地质勘探、同位素跟踪、灌浆试验3项工作同时进行。

10月25日，长湖水位高达33.30米，是长湖有水文记录以来的最高值。

4—10月，全区涝、洪、旱、冰雹、山洪暴发，多种灾害交替发生，四湖地区受灾严重。全区受渍农田788.95万亩，成灾462.12万亩。

12月，成立"荆州地区防汛、防旱、防涝、防山洪指挥部办公室"，为常设机构，在荆州地区水利局办公，曹道生兼办公室主任。

12月7日，洪湖新滩口电力排水泵站破土动工。

是年，在地直水利单位实行农田水利及事业费"效益合同制"，采取差额补助、全额补助、统收统支等节约分成的3种办法，对基本建设经费，以承包合同制的形式，普遍推行预算包干的办法。

1984 年

2月23日，水电部在京召开下荆江河势控制规划审查会议，原则同意《下荆江河势控制工程规划报告》。6月21日正式批准下荆江河势控制规划。

2月1日至3月12日，江汉石油管理局地球物理勘探公司2213地震队未经主管部门同意，擅自在荆江大堤黄灵垱及王府口险段距内脚 1000 米、堤外脚 300 米的范围内进行物探爆破，共计爆破口 93 口，造成人为的特大险情，严重危及荆江大堤防洪安全。

事故发生后，省、地、县各级党委极为重视，省委书记关广富专门批示。同时，副省长王汉章、省防指副指挥长郭兴春带领工作组赶到沙市，查看险情，制定抢险方案。此次抢险历时 10 天，共计完成土方 6626 立方米，耗用泥球 122 立方米。后 2213 地震队队长受开除留用处分，江汉石油管理局有关处长及总工程师记大过一次，荆州地区长江修防处及江陵总段有关人员分别受到行政处分。

4 月 26 日，经湖北省防指批复，沙市站设防水位改为 42.00 米。

5 月 15 日，行署决定开办"荆州水利职工中等专业学校"，归口荆州地区水利局领导，由省统一计划招生。

6 月 27 日，地区机构编制委员会同意成立"荆州地区水利工程多种经营服务公司"，属荆州行署水利局领导，实行企业管理，单独核算，自负盈亏，定企业编制 10 人。

7 月 3 日，省长黄知真，副省长王汉章、田英向公安县委书记下达荆江分洪区 1984 年应急工程任务。

7 月 9 日，潜江县奉命炸开阻碍分泄汉江洪水的东荆河龙头拐土坝，使其达到河道正常分流的标准。

7 月 10 日，荆江分洪区 1984 年应急工程全面开工。

7 月 16—18 日，武汉军区司令员周世忠、副司令员李光军，副省长王汉章、田英，省军区司令员王恒一、副司令员王申等一行 39 人视察荆江大堤、荆江分洪区，部署防洪工作。

7 月 27 日，因沮漳河上游普降暴雨，发生较大洪水，湖北省防指命令 8 时 30 分在江陵谢古垸上下游同时扒口分洪。淹田 13400 亩，受灾人口 5965 人，损失 1794 万元。

7 月 28 日，行署批转《荆州地区水利工程收费管理补充办法》，以按劳收费与按亩征收相结合，按劳收费与基本水费相结合为核心，制定各县水利工程的管理使用办法。

8 月 17 日，组织江陵县川店、马山、纪南、李埠等乡镇劳力 8000 人在谢古垸堵口复堤。

8 月 25 日，行署决定成立跨界水面协调领导小组，由副专员徐林茂、喻伦元牵头，农工部、水产局、水利局负责人参加。主要是协调处理跨县和跨地区的湖泊、水库管理的体制问题，督促有关单位搞好跨界水面的调解工作。

8 月 28 日，监利农民张友墩和停薪留职的国家职工刘运录，分别立约承包长 10 千米荆江大堤的堤林管理。堤防部门从此开始了荆江大堤堤林管理新机制的探索。

9 月 23 日，全区水利系统综合经营生产的鲜鱼、鳖鱼、小麻油等 21 种产品赴京参加全国水利系统综合经营的产品展销会。

9 月 29 日，杜家台分洪闸开闸泄洪，沔阳东荆河联合大垸炸堤分洪。

10 月 18 日，参加第二次河流泥沙国际学术研讨会的部分外国专家一行 34 人，参观荆江大堤陈家湾机械灌浆施工现场和冲和观、郝穴护岸段。

10 月，汉江修防处、漳河工程管理局和排湖电排站被水电部授予"全国水利电力系统先进单位"荣誉称号，并分别获得金质奖、铜质奖和奖金。

11 月中旬，联邦德国专家代表团来沙市考察"江汉运河"水道。

11 月 17 日，荆州地区水利学会成立。

11 月 28 日，巴基斯坦国家总工程局顾问、防洪委员协会主席阿不塔夫·侯赛因，国家灌溉排水防洪研究协会主席史霖法·库拉西和信德省灌溉和动力发展局局长阿布杜勒·阿齐兹·谢克等一行 16 人参观荆江分洪区工程进洪闸（北闸）。

12 月 8 日，荆州地区水利局制定出 1985—1990 年解决全区人畜饮水的工程计划。

12 月 25 日，三善垸水利管理委员会召集江陵、公安、松滋 3 县有关水管站代表，协商签订《关于严格按启排水位排湖的协议书》，主要内容为：玉湖调蓄区启排水位定为 36.50 米，一般情况排到 36.00 米为宜，由三善垸水管会掌握执行。玉湖调蓄面积 10.87 平方千米，不准在调蓄区内打坝、围垦；为防春旱，秋季湖水位可适当抬高，但入汛前必须排到 35.50 米以下。

是年，全区水利系统推行经济承包责任制，大中型水库、平原湖区水利工程实行"按田配水，计量收费"政策；根据各项水利工程的不同情况，分别实行岗位责任制、专业承包责任制、经济承包制和专业户承包制。

1985 年

3 月 3 日，四湖地区除涝排水系统最优扩建规划研究工作结束，研究成果获湖北省科协一等奖。

4 月 1 日，成立"荆州地区新滩口水利工程管理处"，属事业单位，副县级，管辖新滩口泵站、船闸、排水闸。

5 月初，水电部和湖北省水利厅检查发现，公安长江干堤沙市轮渡公司南岸渡口有一长约 90 米，面宽 6 米，高程 45.00 米的阻水丁坝，丁坝两侧建有 20 余栋以砖混结构为主的房屋。省水利厅决定全部予以拆除。

5 月 14 日，湖北省水利厅批复田关泵站开工。

5 月 18 日，行署颁布新的防汛负担办法，共 6 条，对防汛负担范围、负担办法、防汛用工、经费、器材，以及防汛经费的征收、使用、管理等方面都作了明确规定。

天门县彭麻电排站建成。此站建在汉江干堤上，装机 3 台，单机 800 千瓦，总容量 2400 千瓦，设计排流量 24.0 立方米每秒，受益面积 8 万亩，于 1982 年 12 月动工。

5 月 28 日，行署决定将荆松水泥厂改为由地区水利局领导。

5 月，经湖北省政府批准，漳河水库综合开发领导小组正式成立。荆州地区行署副专员徐林茂任组长，漳河水库管理局和远安、当阳有关负责人任副组长或成员。

监利县杨林山电排站建成。

6 月 11 日，荆州地区水利局编制荆州地区水利建设"七五计划"（1986—1990 年），总的方针是：在继续搞好堤防整险加固，保证防洪安全的前提下，加速平原湖区建设，治理内涝，重点解决"水袋子"的问题；丘陵山区认真抓好水库的整险加固和配套煞尾，加强管理，充分发挥效益。

7 月，全区农田普遍受旱，各级党组织及时采取措施，组织 100 多万劳力投入抗旱保丰收的斗争，沿长江、汉江的 108 处涵闸开启引水，丘陵山区的 700 多座水库全部开闸放水，投入抗旱的发电机、柴油机、水车近 10 万台（架）。

9 月 8 日，湖北省政府发出《关于减轻农民负担的若干规定》，指出农民的劳务负担包括国家规定的义务工和作为劳动积累工的农田基本建设用工，每年每个劳动力一般控制在 15 个标工以内，防汛抢险用工以及农民联户进行的小型农田水利建设用工不受此限。

10 月 24 日，行署以荆行文〔1985〕47 号文件向湖北省政府提出《关于荆江分洪区移民工程建设总体规划》，规划项目包括修建小型钢筋混凝土框架躲水楼，添置救生船，兴修移民晴雨通车公路等 14 个项目，共需经费 8685.65 万元。

10 月 26 日，成立"湖北省荆州地区田关泵站工程指挥部"，副专员喻伦元任指挥长，工程正式动工兴建。

11 月 4—14 日，水电部副部长杨振怀在长办副主任文伏波、副省长王汉章、行署副专员徐林茂陪同下，从高潭口电排站起，经洪排主隔堤、荆江大堤到荆江分洪区，全面检查荆江防洪工程情况。

11 月，国家计委和水电部批准荆江大堤第二期加固工程设计任务书，总投资为 2.7 亿元，由湖北省水利水电勘测设计院按防御沙市 45.00 米的洪水位编制技术设计。

12 月 25 日，习家口船闸正式动工。

12 月 27 日，行署决定将"荆江地区高潭口电力排灌站"和"荆州地区新滩口水利工程管理处"交由四湖工程管理局统一管理。

12 月，朱华义任水利局局长兼"四防"办主任。

是年，全区开展退田还湖工作，限期 1～2 年完成，以发展水产业。

1986 年

1 月 13 日，国家计委向国务院请示，要求将监利城南至半路堤 4.20 千米长江堤段纳入荆江大堤加固范围内。

荆州宛子口船闸建成通航。

1 月 29 日，在全省水利管理工作会议上，荆州地区漳水水库管理处、汉江修防处被评为一等先进单位；漳河工程管理局、沔阳县水利局、沔阳县排湖泵站被评为二等先进单位；高潭口电排站、潜江县东荆河堤防总段、洪湖县长江堤防总段、江陵县四湖工程管理段、洪湖市曹市水利组被评为三等先进单位；漳水水库养殖场场长杜世平、潜江县水利局副局长吴武恩被评为先进个人。

2 月 3 日，湖北省荆江大堤加固工程指挥部成立，与荆州地区长江修防处合署办公，行署专员徐林茂任指挥长。

2 月 13 日，代理省长郭振乾主持召开省长办公会研究荆江分洪及转移工程建设问题。

2 月 14 日，湖北省政府发文同意荆州行署《关于治理沔阳联合大垸的报告》，责成荆州行署和省水利厅负责组织实施；杨林尾扒口行洪仍控制在 31.00 米；强调联合垸的治理必须确立"以行洪为主"的指导思想，现在的大垸要坚决废除，保证该段河道在主汛期能安全下泄 5000 立方米每秒，大垸内的 9 个小垸加固，要做好规划，不影响行洪。

3 月 1 日，荆州地区水利工程队更名为"荆州地区水利工程处"。

3月5—7日，省长郭振乾、副省长王利滨检查洪湖、监利、公安、江陵、沙市等地长江堤防加固工程、分蓄洪区建设及当年度汛安排。

3月18—19日，水电部部长钱正英在副省长王汉章、长办主任魏廷琤、省水利厅厅长童文辉等陪同下，检查荆江大堤监利城南、江陵郝穴、沙市等堤段工程情况，听取沿堤各县（市）和荆州地区负责人汇报。

3月20日，地区防汛办公室在漳河管理局举办全区水库工程管理和防汛技术训练班，大中型水库和重点小（1）型水库管理单位以及水库管理任务大的县（市）负责人共40余人参加培训。

4月26日，全国政协经济建设组副组长林华、农业副组长杨显东和全国政协常委雷天觉一行10人，视察荆江大堤险工险段、荆江分洪工程进洪闸（北闸）以及洪湖等县水利建设情况，查看下荆江河势控制工程。

5月1日，国务院总理赵紫阳、副总理李鹏和全国人大常委会副委员长王任重、民政部部长崔乃夫、水电部部长钱正英、长办主任魏廷琤等一行80人视察荆江大堤沙市、郝穴段。

5月19日，湖北省防指印发《沮漳河洪水调度方案》，对沮漳河洪水调度方针、基本情况、防御标准、控制水位、洪水设计程序和分蓄洪程序等作出明确规定。

5月20—24日，湖北省政府、省军区在荆州地区长江防汛总指挥部召开湖北地区部队防汛协调会议，研究部队防汛部署，明确指挥关系及有关保障问题。

7月1日，省长郭振乾、副省长王利滨检查荆江大堤防汛及吹填工程现场。

8月3日，洪湖县新滩口电排站主体工程竣工。

8月，地区水利局勘测设计室经过一年多时间工作，撰写成《荆州地区四级区水资源供需平衡研究报告》，全区水资源供需平衡研究工作结束。

9月5—8日，中央顾问委员会常委、全国政协副主席程子华一行24人，在省政协副主席胡恒山、副省长王汉章的陪同下，视察荆江大堤、荆江分洪区、杜家台分洪闸等防洪工程。

10月14—16日，国务院三峡工程论证小组一行43人实地考察荆江分洪区、荆江大堤、洪湖分蓄洪区、浣市扩大分洪区和荆南四口情况。

11月17日，水电部副部长杨振怀、副省长王汉章一行23人视察荆江大堤。

11月17—21日，加拿大防洪专家约翰库博、农业专家马丁·斯莱和经济专家马尔科姆·马金尼在长办专家陪同下考察洪湖、监利长江干堤以及荆江分洪工程。

11月28日，中共中央政治局委员、国务院副总理万里在省长郭振乾陪同下视察荆江大堤。

是年，1—6月全区干旱少雨，水库、塘堰蓄水量仅占有效蓄水量的37.0%，江南四口至5月22日才开始进流，东荆河断流。全区受旱面积758万亩，80万人饮水困难。6月，全区除松滋、天门、钟祥、京山外，陡降暴雨100～200毫米，300万亩农作物受渍。8月中旬以后，全区又持续干旱。在抗灾中，全区水利工程共调动水源93.1亿立方米，涵闸引水24.0亿立方米，电灌站抽水7.6亿立方米，水库放水11亿立方米，塘堰供水3.3亿立方米。

1987 年

1月19日，江陵县被评为"全国农村水改工作先进单位"。

1月26日，湖北省防汛抗旱指挥部印发《荆江大堤加固工程地质占孔回填封孔技术质量规定》，对回填项目的回填材料、回填质量、回填方法等提出了明确的标准和要求。

2月21日，行署召集财办、税收、物资、水利等部门会议，专题研究发展水利综合经营问题。

3月2日，水电部部长钱正英在副省长王汉章陪同下视察荆江大堤，重点研究荆江大堤加固工程设计需重点解决沿堤钻孔的处理问题。

3月28日，江陵县观音寺电灌站建成。

4月11—12日，副省长王汉章在副专员喻伦元陪同下，检查荆江分洪区防汛准备工作。

5月18日，荆州地区水利科学研究所组织渍害低产田暗管排水的田间试验研究工作，其研究成果《四湖地区渍害低产田地下排水改良试验研究综合报告》《渍害稻田适宜渗漏量试验研究》等5篇论文荣获省科技进步一等奖。

5月25日，省委书记关广富、省长郭振乾在地委书记王生铁陪同下，视察荆江分洪工程进洪闸（北闸），检查防汛准备工作。

6月上旬，全区江河湖库清障工作全面开展。

6月17日，副省长王汉章、长办主任魏廷琤检查沙市长江防汛工作，讨论荆沙铁路下河线方案。

6月22—28日，省委书记关广富、省长郭振乾、副省长王汉章等检查长江、汉江、东荆河三流域和重点工程的防汛准备工作，提出长江要准备抗御1954年型洪水。

7月12日，湖北省委、省政府在荆州召开全省水利血防工作会议。

7月13日，广州军区司令员尤太忠在省军区司令员王申、政委张学奇陪同下，冒雨视察荆江大堤、荆江分洪工程。

7月23日，中国人民解放军34470部队分乘97辆运兵车，赶赴荆江抗洪前线，紧急投入荆江大堤沙市、江陵、监利堤段抗洪抢险战斗。

7月24日，全国政协主席李先念在《国内动态清样》1982期《湖北省紧急部署迎战长江第三次特大洪峰》上指示：要做到万无一失地保证荆江大堤和南线大堤的安全。

副省长王汉章、国家防办副主任周振先、长办副主任黎安田、省军区副司令员陈佐财等，赴荆江抗洪前线慰问正在迎战洪峰的广大军民，现场指挥抗洪抢险。

7月25日，地区防办在潜江召开堤防白蚁防治工作座谈会。

7月26日，省委书记关广富、省军区政委张学奇、副省长段永康和长办主任魏廷琤等专程到荆州抗洪前线慰问防汛抢险的干部群众和部队指战员。

7月29日，副省长王汉章、省军区副司令员陈佐财和荆州、沙市党政军负责人，在荆州为参加荆江抗洪抢险的广州军区某部举行庆功慰问活动。

9月16日，湘鄂两省协商处理监利县驻湖南华容县塔市驿采石山场开采权属会议在华容宾馆举行。

9 月 28 日，中国科学院武汉分院决定从本年起连续 4 年拿出专项研究经费 15 万～20 万元，组织 7 个研究所的部分科研技术人员参与湖北四湖地区综合开发及生态对策研究。

10 月 17 日，反映新中国成立 35 年全区水利发展建设的《荆州水利》一书刊印问世。

10 月 30 日，易光曙担任荆州地区防汛、防旱、防涝、防山洪指挥部办公室主任。

1988 年

1 月 9 日，湖北省政府办公厅同意将荆江分洪区建设工程指挥部改为荆江分洪区建设工程管理局，为副县级单位，隶属公安县政府，业务由荆州地区长江修防处领导。

1 月 19 日，地委、行署召开全区农业先进单位和先进工作者表彰大会。水利系统 31 个单位和 81 名个人获先进单位和先进工作者荣誉称号。

3 月 26 日，地区水利局在浰水水库召开全区水库库区经济开发扶贫工作现场会。

4 月 4—11 日，副省长韩南鹏在地委副书记柯余双陪同下，检查荆江大堤、荆江分洪区、洪湖分蓄洪区、下荆江河势控制等工程。

4 月 26 日，全国政协主席李先念在湖北省委负责人陪同下视察荆江大堤。

5 月 24—26 日，水利部专家 30 人对荆江大堤上的涵闸进行鉴定，现场调查、分析观音寺闸安全度汛和整治方案。

5 月 28 日，省长郭振乾召开办公会，专题研究荆江分洪区建设问题，决定加快分洪区建设。省财政拨给 300 万元集中用于分洪区安全设施建设。分洪区耕地占用税省分成的 15％返还给公安县，连同县分成部分专款用于躲水楼和其他安全设施的建设。

5 月 30 日，湖北省人民政府以鄂政发〔1988〕74 号文颁发《关于汉江中下游、沮漳河、汉北河防特大洪水调度方案》，方案提出了调度原则，规定了分洪措施和调度程序。

5 月 30 日至 6 月 12 日，地区防汛办公室分别举行全区水利乡、镇长和中型水库负责人防汛知识培训班，来自全区 200 个乡、镇和 17 座中型水库的负责人学习了水文气象、防汛抢险和《中华人民共和国水法》等专业知识。

6 月 2 日，国家计委以计农经（1988）028 号文，对《湖北省洪湖分蓄洪二期工程修改任务书的请示》进行审批，要求按 32.50 米蓄洪水位建设围堤工程和安全设施，工程总投资 3.2 亿元，从水利部水利基建投资中补助 1.8 亿元，包干使用，其余部分由湖北省自行解决，施工期 8 年左右。

6 月 10 日，行署副专员喻伦元主持召开全区《中华人民共和国水法》宣传工作会议，部署全区《中华人民共和国水法》宣传工作。

6 月 20 日至 7 月 10 日，在全区范围内开展了大规模学习、贯彻和实施水法的活动，各水利单位翻印《中华人民共和国水法》等有关材料 34000 余册（份），举办《中华人民共和国水法》培训班 628 期，参加培训人数 1450 余人，出动水法宣传车 137 辆，制作过街横幅 649 条，办宣传栏 4615 处，张贴标语 69835 条。

7 月 5 日，来自全国各地的 50 多位水利专家，就荆江大堤第二期加固工程中关于大堤附近地震烈度研究及要求，堤基勘测成果与分析，涵闸安全情况及加固措施，历史险情及其动态分析，技术管理现状及改进，堤基渗透状况及渗透措施等 6 个专题进行认真研究讨论。全国政协副主席、国家防总顾问钱正英出席会议。

7月7日，潜江县人民法院公开审理一起危害堤防安全的案件。1987年10—11月，湖北省罗田县七道河白蚁所黄舜刊、陈艮涛等8人分成运蚁、埋蚁、挖蚁3个小组，先后从钟祥、荆门、咸宁等地挖白蚁，运到东荆河潜江县王家剅堤段，再派人夜晚偷偷埋在堤内；第二天白天，以挖白蚁为幌子，每挖一窝50元骗取钱财，被堤防管理人员识破后，罪犯仓皇逃窜。当地公安、检察机关在罗田县七道河抓获罪犯，对为首分子陈艮涛等4人，分别判刑8年、4年和2年。

7月15日，荆州地区水利局、司法局联合转发中央、省《关于认真组织学习宣传贯彻〈中华人民共和国水法〉的通知》，要求各县（市）水利局、司法局认真贯彻执行。

7月23日，行署发出《关于禁止在洪湖调蓄面积内挽堤建鱼池和围湖造田的通知》，通知对保护洪湖的现有调蓄面积、彻底清除调蓄障碍作出了规定，并委托四湖管理局监督执行。

8月初，监利县福田寺实行"以资代劳"的水利负担办法，即首先将全年度内国家、村组的水利任务折算成标工，下达到户，然后标工换算成现金由村统一收齐（或先由村垫付），实行多做工的多进钱，少做工的少进钱，不出工的全出钱的办法，及时组织清工结账兑现。

全区小型水库清查整顿工作结束。

8月8日，省长郭振乾视察京山、钟祥抗旱情况。

8月24日，成立"荆州地区水利水电勘察设计院"。

9月16日，省委副书记钱运录视察长江防汛险情最集中的监利长江干堤，慰问防汛人员。

9月，潜江田关电排站建成。

10月初，国家主席杨尚昆视察荆江大堤观音矶。

10月4—19日，湖北省水利厅在洈水水库管理处举办全省大型水库经营管理千分制考评活动，洈水水库获第一名，并夺得流动丰收杯，漳河水库获第二名。

10月22—25日，汉江遥堤加固工程研讨会在荆州召开。

11月22日，荆江分洪工程进洪闸（北闸）加固工程正式开工。

11月23日，朝鲜中朝友好代表团原吉一行到荆江分洪工程进洪闸（北闸）参观访问。

11月24—25日，国务院三峡工程防洪论证专家组部分专家考察荆江大堤监利段堤防工程。

11月27—28日，中共中央政治局常委乔石在湖北省委书记关广富、地委书记王生铁陪同下视察荆江大堤。

12月7日，湖南华容县工商、税务、林业等部门在执法检查中，以"无证开采""非法经营"等理由，将监利驻塔市驿采石山场炸药库封查，电源切断，银行存款冻结、扣留，运输道路挖断。附近乡镇近3000余人将山场生产、生活设施破坏，致使山场被迫停产。

12月23—27日，水利部水利水电规划设计总院在北京主持召开《荆州大堤加固工程补充初步设计》审查会。

国务院批转水电部关于蓄滞洪区安全与建设指导纲要通知，对蓄洪区的有关政策和管理作出规定。

12月8日，国家防总授予监利县防汛指挥部为全国抗洪先进集体。

是年1—4月，全区先旱后涝，降雨量比去年同期少4~7成，比大旱的1978年少3~4成。6—7月少雨，高温，造成春旱连伏旱，受旱面积达1023万亩，部分山区人畜饮水十分困难。8月下旬至9月上旬，长江上游、洞庭湖及荆州全境连降3次大到暴雨，致使长江防汛达20余天。内垸的洪湖、长湖、内荆河、田关河、西荆河、汉北河、老沧河等均超过设防水位，湖区受渍面积795万亩。由于及时采取抗旱排涝措施，充分发挥水利设施的作用，农业获得较好的收成。

1989 年

2月14日，杜家台分蓄洪区续建配套工程可行性研究报告审查会在北京召开，荆州地区、仙桃市派人参加。

4月4日，广州军区政委张仲光、组织部长贺贤书一行视察荆江分洪工程进洪闸（北闸）。

4月9日，湖北省政府决定将漳河工程管理局及其所辖工程交省水利厅管理，实行人、财、物统一领导。

6月2日，水利部副部长钮茂生一行视察荆江大堤、洪湖分蓄洪工程主隔堤。

7月13日，由于江水猛涨，水流湍急，石首长江干堤调关矶头发生50米长严重牐崩。险情出现后，石首市防汛指挥部连夜组织市直各单位抢险，经过两昼夜紧张抢护终于化险为夷。

国务院副总理、国家防总总指挥田纪云，水利部部长杨振怀在省委书记关广富、省长郭振乾陪同下，乘直升机沿洪湖、监利、石首查看全线突破警戒水位的荆江河段，并实地视察江陵县郝穴铁牛矶、沙市观音矶险段。

7月14日，国务院副总理田纪云、水利部部长杨振怀在省长郭振乾陪同下，赴公安检查荆江分洪准备工作，实地查看松东河堤和虎西堤防等处险段。

7月16日，副省长韩宏树、荆州地委书记王生铁坐镇监利指挥长江防汛抗洪。

7月21—22日，中共中央总书记江泽民，在水利部部长杨振怀、农牧渔业部部长何康和省委书记关广富陪同下，先后视察荆江大堤、荆江分洪工程等防洪工程。

10月20—22日，全省水利血防工作现场会在荆州召开。

10月29日，国家防总及省市有关领导、专家一行16人赴石首调研调关矶头整险方案。

11月18日，湖北省政府办公厅下发《关于调处荆州地区四湖管理局刘岭闸管所与荆门市毛李镇蝴蝶村土地纠纷问题的通知》。通知指出：刘岭闸兴建时，所占用的700亩土地，经省水利厅批准，按政策规定给予了补偿，并由当时的荆州行署责成荆门县调整了土地。因此，所占土地权属清楚，属国家所有，由刘岭闸管所管理使用，不应再按现行政策给予补偿。荆门市政府应督促市土地管理部门尽快核发土地使用证，以保证工程管理正常进行和财产不受侵犯。

11月29日，江陵、公安、天门、钟祥等县（市）开展水利执法体系试点工作。

12月3—6日，荆江分洪区1986年、1987年度安全转移工程通过竣工验收。

1990 年

1月8日，湖北省水利厅、财政厅发布《关于收取支堤、民垸堤防维护管理费用的办法》，明确在保护范围内的农田、工矿企业按面积交纳堤防保护费。荆州地区各县（市）积极贯彻落实。

1月15日，国家计委、水利部"关于塔市采石场纠纷的协调意见"通知湖北省政府，商定将监利塔市驿采石场转让湖南省，由中央投资补助800万元给湖北省新辟黄龙采石场。要求湖北尽快做好转场安排，办好塔市采石场现有不动产的交接手续，做好职工群众思想工作和安置工作。

3月27日，省委副书记钱运录视察监利八姓洲险段护岸工程施工现场。

3月31日，水利部副部长陈庚仪查看石首调弦口、南口、藕池口河床演变情况。

4月初，湖北省水利厅正式批准江陵县太湖港为大型水库。

4月17—19日，代理省长郭树言、长委主任魏廷琤在地委书记王生铁、行署专员徐林茂陪同下视察荆江大堤、荆江分洪工程进洪闸（北闸）等防洪工程。

5月18—19日，省委书记关广富、省委常委田期玉在地委书记王生铁等陪同下，检查荆江分洪工程。

5月20—22日，国家防总副总指挥、水利部部长杨振怀率国家防总长江防汛检查组检查荆州长江防汛准备工作和防洪工程建设情况，实地查看荆江大堤、荆江分洪工程进洪闸（北闸）南线大堤等重点工程。

5月，水利部水利司在公安县修防管理总段白蚁防治科学研究所主持召开南方11省（自治区）堤坝白蚁防治经验交流会。

6月2日，全国政府副主席王任重、中顾委委员赵辛初在省委书记关广富、省政协主席沈因洛陪同下视察荆江大堤。

8月14日，钟祥县双河镇遭受暴雨袭击，境内207国道交通中断，淹没农田1.8万亩，冲毁耕地2000亩，冲断渠道15处长180米，冲倒堰坝100余处，2万人受灾，100多人受伤，雷电击死1人，损毁房屋2300余间，经济损失410万元。

10月13日，国务委员、国家计委主任、国务院三峡工程审查委员会主任邹家华，视察汉江杜家台分洪闸和荆江大堤。

10月16日，中共中央政治局委员、国务委员李铁映在省委副书记钱运录陪同下视察荆江大堤。

10月18日，沱水水库在第二届全省水库经营管理千分制考核评比中以967.2分的成绩再次获得第一名，蝉联"丰收杯"。

10月23日，湖北省政府决定对本年度水利建设进行表彰，江陵、公安被授予水利建设先进县称号，钟祥、潜江获通报表扬。

11月2日，全国部分省市河道经营管理改革座谈会在石首召开。

11月9日，中共中央政治局常委、书记处书记李瑞环在省委书记关广富陪同下视察荆江堤防。

11月16日，荆州地区电力排灌站管理达标工作会议召开，排湖、南套沟、玉湖等泵站成为1990年度泵站管理"达标"合格泵站。

11月22日，黄河水利委员会及所属各省河务局一行40人考察荆江大堤。

11月23日，由国家20个部委组成的三峡考察组考察荆江大堤。

1991年

1月7—12日，湖北省水利厅泵站管理达标验收小组对南套沟、排湖、玉湖等泵站管理达标进行检查验收，颁发泵站管理合格证。

1月26—27日，国家防总检查组检查荆江分洪工程进洪闸（北闸）、节制闸（南闸），荆江分洪区黄水套升船机等防洪设施及石首向家洲、古丈堤崩岸险段。

1月31日至2月2日，国务委员、国家科委主任宋健在副省长韩南鹏、长江委主任魏廷琤陪同下视察荆江分洪区和荆江大堤。

2月，国务院副总理邹家华、卫生部部长何介生视察荆江分洪工程进洪闸（北闸）。

3月1日，全国政协副主席钱正英率国务院三峡考察组考察荆江分洪区。

3月7日，国家气象局局长邹先清一行50人考察荆江分洪区。

3月21日，长江沙市（二郎矶）水文站水位31.14米。该水位系1937年有统计资料以来的历史最低水位。

4月，第二届北京国际博览会上，仙桃市水利局电子仪器厂生产的DCI-4米型肿瘤、常见病耳穴探诊系统荣获银奖；6月在深圳国家科委举办的火炬高新技术产品交易会上又获金奖。

5月14日，副省长徐鹏航陪同能源部领导一行41人视察荆江分洪区。

5月20—27日，荆州地区监利、洪湖、石首、公安等8县（市）多次遭受暴雨袭击，局部地区出现龙卷风和冰雹，致使全区358万亩农田受灾。地委书记王生铁、行署专员徐林茂等主要负责同志赶赴抗灾现场，查看灾情，安顿灾民，指挥抗灾。

5月30日，由国家防总成员、民政部副部长陈虹、国家防办副主任周振先、长江委副主任黎安田以及财政部、广州军区有关负责人组成的国家防总长江防汛检查组检查荆州长江防汛准备工作。

6月2—3日，国务院副总理邹家华率三峡工程审查委员会委员视察荆江大堤、荆江分洪区。

6月7日，广州军区司令部一行60人视察荆江分洪区。

6月26日，中央新闻考察团100人考察荆江分洪区。

6月27日，驻鄂、豫、湘有关部队在荆州召开湖北防汛部队协调会。

7月3日，国务院副总理朱镕基视察荆江大堤。

7月9日，省委书记关广富、省军区司令员王申少将、省委秘书长张洪祥检查公安防汛抗灾和荆江分洪区分洪准备情况。

7月11日，省长郭树言先后深入到仙桃、监利、潜江、洪湖、江陵等灾区了解灾情。

7月18日，国务院副总理、国家防总总指挥田纪云，国务委员陈俊生，国务院副秘书长，国家防总副总指挥李昌安视察荆江大堤，荆江分洪区。

8月2日，荆州地委发出通知，成立荆江分洪前线指挥部，徐林茂任指挥长，王生铁任政委。

9月10日，湖北省水利厅对杜家台分洪闸工程管理范围和保护范围进行重新划定。

9月12—19日，中共中央政治局常委、书记处书记李瑞环沿长江视察沙市、洪湖等地区堤防工程，重点查看荆江险段和分蓄洪区。

10月10—21日，全国政协副主席钱正英考察荆江大堤。

10月27—30日，全国政协副主席王光英率全国政协视察团到湖北省考察三峡工程，在沙市、江陵、公安实地考察了荆江大堤险段和防洪设施。

11月6—8日，水利部副部长王守强在江陵县组织召开全国省（自治区、直辖市）堤防工程管理处（局）长会议，就深化水利改革等议题进行研讨，并布置1991年冬工任务。

11月18日，水利部批准实施洪湖分蓄洪二期工程，核定总投资4.7亿元。

11月20—21日，水利部副部长严克强检查郝穴铁牛矶、松滋口、荆江分洪工程进洪闸（北闸）。

11月22—23日，江陵县李家嘴（二级）泵站，松滋县小南海泵站，公安县法华寺泵站、牛浪湖泵站、黄山头泵站、冯家潭泵站，监利县半路堤泵站，通过泵站管理验收，获得湖北省泵站管理合格证。

11月24日，全国人大常委会副委员长陈慕华率全国人大常委会三峡工程考察团实地考察荆江大堤和荆江分洪工程建设管理工作。

12月18—19日，国家计委副主任甘子玉，水利部副部长张春园、能源部副部长陆佑楣、交通部副部长刘松金及28个省（自治区、直辖市）、13个计划单列市分管计划工作的副省长、副市长一行47人组成的全国省长三峡考察团在湖北省长郭树言、省人大常委会副主任王汉章等陪同下，实地考察荆江堤防和分蓄洪区。

是年，全区发生仅次于1983年的内涝灾害。荆江两岸经历了3次暴雨过程。第一次是5月19—25日，第二次是6月中旬，第三次是6月底至7月中旬（即"91.7"暴雨）。这次暴雨以监利、仙桃、公安、石首、松滋、洪湖受灾最为严重。据统计，全区受灾农田490万亩，其中改种的有93万亩（水稻51万亩、棉花18万亩、秋杂13万亩、其他11万亩）。全区195座水库溢洪，总流量1744.7立方米每秒，其中有21座大中型水库溢洪流量1104立方米每秒。

1992 年

1月5日，以中共中央宣传部新闻局局长王福如、水利部办公厅副主任周保志为正副团长的"首都新闻界考察团"赴荆江分洪区考察。

1月7日，全国人大常委会新闻局三峡考察团赴荆江分洪区考察。

2月26日，中共中央政治局委员、国务委员李铁映率由全国教育、科学、文化、卫生、体育系统109人组成的三峡考察组实地考察荆江分洪区。

3月1日，国家防总、水利部批准兴建长江荆江地区微波通信工程。

3月13日，荆州地区行政公署电令监利县人民政府采取切实可行的果断措施，坚决刨毁西洲垸已实施工程。

3月28日，南线大堤加固工程竣工。

4月3日，中共中央政治局委员、北京市委书记李锡铭在省委书记关广富、长江委主任魏廷琤的陪同下视察荆江大堤、荆江分洪工程。

5月15日，水利部副部长、国家防办主任王守强率由国家防办、国家计委、水利部、财政部、邮电部、长江委等有关人员组成的国家防总长江防汛检查组，检查荆州长江防汛和荆江分洪区分洪准备工作。

5月17日，广州军区在荆州召开长江防汛协调会，专题研究荆江分洪问题。

6月初，江汉平原改造渍害低产田科研项目通过部级验收。

6月3—7日，水利部在洪湖市召开全国南方地区渍害低产田改造示范区建设经验交流会，荆州的成绩得到与会代表的肯定。

6月18日，湖北省防汛办公室在江陵召开桥河防汛协调会，并就桥河西堤防汛问题达成一致意见。

7月1日，荆州纪念荆江分洪工程建成40周年，全国政协副主席钱正英、中央顾问委员会常委陈丕显和水利部发来贺电。

7月9日，荆州地区长江防汛总指挥部与广州军区某部在松滋县有利垸废堤上进行的分洪爆破试验获得成功。

9月，公安县闸口第二电排站建成。

11月6日，湖北省政府决定，对在"一年受灾、一年恢复"新建水利工程建设中富有成效的仙桃、洪湖等10个县（市）授予"1992年度全省水利建设先进县"称号，并对公安、天门等8个县（市）给予通报表扬。

11月17日，中共中央政治局常委、国务院总理李鹏视察荆江分洪区。

是年，湖北省人民政府办公厅印发《关于收取河道采砂管理费有关问题的通知》，规定采砂管理费由水利部门或河道专门管理机关负责征收。

潜江田关河疏挖工程采取机械化施工节省投资、减轻农民负担，为全省农田水利基本建设机械化施工探索出一条新路。

天门彭麻、石首大港口、潜江老新泵站管理达标通过省级验收。

1993 年

年初，公安县全面完成300余千米干堤的划界任务，为全省县级堤防管理单位第一家。共领土地证51本，划界总面积13.42万亩，其中堤身地2.10万亩、禁脚滩地2.21万亩、水域9.10万亩、生活用地135亩、生产用地11.4亩。

5月17日，水利部部长钮茂生、副部长何璟和国家防办副主任周振先在副省长王生铁、水利厅厅长童文辉陪同下视察荆江大堤、松滋江堤、荆江分洪区、洪湖分蓄洪区。

6月29日，水利部副部长何璟率领由水利部、电力部、建设部、铁道部组成的国家防总防汛检查团检查荆江分洪区防汛、分洪准备工作。

6月29日，由湖北省编制的《天门市罗汉寺闸灌区规划报告》通过省级评审论证。

6月30日，仙桃市汉江杜家台分洪闸加固工程竣工验收。

7月12—16日，湖北省邮电管理局与省防汛通信中心在公安荆江分洪区组织进行模拟分洪时的通讯演习。

7月30日，省军区司令员刘国裕检查荆江分洪区防汛和分洪准备情况。

8月17日，省委副书记、省防汛指挥长回良玉检查荆江大堤柴纪险段，指导长江防汛工作，慰问抗洪一线干群。

8月31日，副省长王生铁到荆州检查长江防汛工作，查看荆江大堤险段。

9月1日，省人大常务副主任徐晓春、常务委员童文辉、副秘书长孙化检查荆江分洪区贯彻实施《中华人民共和国水法》和《湖北省实施〈中华人民共和国水法〉办法》的情况。

10月5日，荆江大堤万城闸改建工程开工。

10月25—26日，长江堤防白蚁防治新技术示范推广会在公安县长江修防总段白蚁防治科研所召开。广东、广西、江苏、湖北等19个省（自治区）、地（市）代表30人参加会议。

10月，监利一弓堤闸竣工验收。

11月初，总干渠习家口至潜江万福寺闸疏浚工程开工，长37.5千米，完成土方193万立方米。

11月2日，湖北省政府授予天门、监利为"1993年度水利建设先进县（市）"称号，通报表扬公安、潜江、仙桃等县（市）。

11月15日，被水利部列为南方7省（自治区）14个堤坝白蚁防治技术推广示范点之一的石首市长江干堤章华港堤段，通过由广东、广西、江苏和湖北等省（自治区）专家组成的验收小组验收，成为全国堤防系统验收合格示范点。

12月3日，湖北省人民政府颁发《湖北省河道堤防工程维护管理征收、使用和管理办法》。

12月25日，沮漳河下游综合治理第一期工程鸭子口至临江寺出口改道工程破土动工。

1994 年

去冬今春，沙市、天星洲、藕池口、石首、碾子湾、监利、窑坼垴、达马洲等水道出现间断性断流（沙市站2月20日最低水位30.87米）。

3月4日，国家防办常务副主任赵春明检查荆州长江防汛准备工作情况。

3月12日，湖北省政府、长委调整监利等6个重要站点防汛水位标准。调整后的防汛水位（冻结吴淞）分别为：监利城南站设防水位33.5米，警戒水位34.5米，保证水位36.57米；石首调关站设防水位36.0米，警戒水位37.0米，保证水位38.44米；洪湖螺山站设防水位30.0米，警戒水位31.5米，保证水位33.17米。

3月16日，松滋县发生风暴灾害，风力8级左右，涴市镇、八宝乡倒塌房屋669间、塑料大棚300个，折断树木1800根，伤11人，其中重伤3人。

4月4日，由中国科学院及所属武汉测地研究所和南京土壤研究所联合立项筹建的三峡工程长江中游观测站，在洪湖市境内的小港农场破土动工。

4月12日，仙桃市杨林尾泵站破土动工。

4月15—19日，水利部总工程师朱尔明带领由国家防办、水利部有关司局及水规总院、长委等单位组成的洞庭湖区综合治理考察组一行30人，到松滋、公安、石首、江陵等县（市）查勘松滋河、虎渡河、藕池河、调弦河和荆江分洪区进洪闸（北闸）、节制闸（南闸）及长江干堤部分险工险段，就如何进一步治理荆南四河提出意见。

4月20—22日，国家防办、水规总院在公安县主持审查《荆江地区蓄洪区安全建设规划》，并原则通过该规划。

4月底，长委召开碾盘山水利枢纽工程可行性研究报告中间成果汇报会。会议确定了该枢纽工程坝址、蓄水位和开发方式。

5月5日，湖北省人民政府办公室批准成立"湖北省洪湖分蓄洪区工程管理局"，定为县级事业单位，同时保留"湖北省洪湖分蓄洪区工程总指挥部"的牌子，实行省水利厅和荆州地区双重领导，以荆州地区管理为主的管理体制。

5月23日，副省长王生铁带领省直有关单位负责人检查荆江大堤沙市段护岸工程和堤内50米范围禁脚房屋拆迁情况。

5月25—28日，国家防总副总指挥何璟、国家防办副主任陈德坤一行查看监利长江干堤半路堤、铺子湾等险工险段。

6月7—9日，省委书记关广富检查石首长江防汛工作，视察荆江重点险段调关矶头，详细了解向家洲崩岸情况。

6月11日，石首河湾合作垸一带的向家洲狭颈崩穿过流，新河口迅速扩展，主航道正式撤弯移标通航。原石首港迅速淤塞，成为死港。

6月14—15日，国家防总副总指挥、国家计委副主任陈耀邦率由国家计委、水利部、国内贸易部、民政部、总参作战部、国家防办、广州军区作战部及长委负责人组成的国家防总长江流域防汛检查组检查荆州长江防汛工作，重点查看荆江分洪工程节制闸（南闸）、荆江大堤沙市观音矶、江陵铁牛矶、监利长江干堤半路堤泵站等防洪工程和险工险段。

6月25日，因石首向家洲崩穿通流，河势发生急剧变化，急流撤开东岳山天然节点，引起北门口沿岸发生大崩坍，崩长3000余米，最大崩宽200米。至12月30日，先后发生7次崩坍，总崩长4490米。险情发生后，国务院副总理姜春云、水利部部长钮茂生赶赴现场指挥抢险。石首市迅速成立石首河湾崩岸抢险指挥部，在严重崩岸线内完成水下抛石3.42万立方米，岸线基本稳定，险情得到控制。

6月，水利部水利管理司邀请加拿大专家到涢水水库考察大坝监测工作。

7月4日，副省长苏晓云到松滋县、石首市、公安县检查抗灾和防汛工作。

7月7日，副省长韩南鹏视察新滩口泵站。

7月11日，广州军区副司令员周玉书检查荆州防汛抗灾工作。

7月15日，水利部副部长严克强、副省长苏晓云、国家防总副主任李代鑫一行察看洪湖长江干堤险情。

8月15日，监利县白螺管理区在修筑长江干堤外平台时，弄虚作假，违规采用一层稻草一层土的施工方法，事后被荆州地区长江修防处通报并责令返工。

9月29日，荆州地区、沙市市合并，成立荆沙市。天门、潜江、仙桃由省直管。同时组建荆州区、沙市区、江陵区水利局。

10月5日，荆江大堤监利县西门渊闸改建工程动工，次年4月19日竣工。

10月12日，水利部有关司局组织国内部分专家在洪湖市对"长江防浪林防风消浪研究"项目进行评审认定，此项目获湖北省水利厅科学技术一等奖和水利部科学技术进步二等奖。

10月12—19日，中共中央总书记江泽民再次视察荆江大堤。

12月初，湖北省政府颁发《湖北省水资源征收试点办法》，荆州市开始试行征收水资源费。

12月12日，长江中游界牌河段综合整治工程开工。

12月13日，松滋江堤加高加固工程正式开工，总投资1.45亿元。

12月13—15日，洪湖分蓄洪区二期工程阶段验收鉴定会在洪湖市召开。

12月19日，省委常委、副省长王生铁带领工程技术人员检查石首北门口崩岸险情和监利西门渊闸改建工程。

12月31日，荆州地区水利局和沙市市水利局合并，正式组建荆沙市水利局筹备组，易光曙任筹备组组长，朱华义任党委书记。原荆州地区防汛办公室与沙市市防汛办公室合并，组建荆沙市防汛办公室，刘德佳任主任。

是年，市直水利管理单位有：荆沙市长江河道管理处（汉江、东荆河修防处于1995年2月交省直管）、省洪湖分蓄洪工程管理局、四湖工程管理局、沌水工程管理局、荆江分洪工程管理局、新滩口、高潭口水利工程管理处、水利工程处、水利水电学校、三善垸水利工程管理处、荆沙市水泥厂、水电勘测设计院、综合经营管理处，荆堤房屋开发公司、物资站和三峡宾馆。

到1994年止，全市共成立水利公安派出所26个，配备水政监察员725个（不含沙市），水利公安干警172名（除天、仙、潜），人民法院水利执行室执行员和巡回法庭审判员35人，进一步健全了水利执法体系。

1—7月，江河水位低，降雨偏少。全区受旱面积925万亩，旱情严重的528万亩。全市投入抗旱柴油机3.8万台、46.9万马力，电动机16498台、24.8万马力，水车9030部，高峰期利用各类水利设施调水流量高达1316立方米每秒。

是年，全市水利建设开工10770处，完工10690处，完成土石方1.02亿立方米（不含天门、潜江、仙桃）。监利、公安被湖北省评为水利建设先进县。

1995 年

1月初，水利部批准荆江地区蓄滞洪区安全建设规划报告。

1月5日，全市普降大雪，厚达30厘米。石首、监利、洪湖受灾严重，死亡耕牛208头，倒塌房屋3886间，死亡1人，伤17人。

1月15日，省委书记、省长贾志杰到石首、公安、松滋等县（市）现场查看胜利垸隔堤加固和北门口、向家洲崩岸整治及松滋江堤加高加固工程，并在公安县召开荆江地区防洪保安工作座谈会。

1月18日，长委主任黎安田视察石首北门口、向家洲崩岸整治现场。

2月6日，湖北省政府原则同意：①合并原荆州地区长江修防处和沙市市长江修防处，成立荆沙市长江河道管理处，业务上接受省水厅指导，行政、人事由荆沙市管理。相应设立荆沙市荆州区长江河道管理总段。长江沿线其他县（市）堤防管理总段亦更名为河道管理总段，管理体制不变。②合并原荆州地区汉江修防处和荆州地区东荆河修防处，成立湖北省汉江河道管理局，由省水利厅直接管理，原管理范围不变。汉江、东荆河的防汛工作按国务院有关规定仍由当地政府负责。③保留原荆州地区四湖水利工程管理局建制，更名为荆沙市四湖水利工程管理局，隶属荆沙市管理，原管理体系原则上保持不变。将其中位于荆门市境内的刘岭闸与潜江境内的田关泵站划归省水利厅直管，原四湖管理局潜江管理段由潜江市水利局主管。④京山县境内的惠亭等5座水库的管理体制基本维护现状，即惠亭、石龙水库仍由荆沙市管理，大观桥、绿水堰水库仍由天门市管理，吴岭水库暂由省水利厅直接管理。

2月中旬，位于下荆江六大河湾之首的石首河湾持续发生剧烈崩岸。

2月24日，荆沙市人民政府办公室发文将原江陵县长江修防总段分解为荆州区长江河道管理总段和江陵区长江河道管理总段；原沙市市长江修防处更名为沙市区河道管理总段，为副县级单位；其他县（市）堤防总段亦更名为河道管理总段，管理体制不变。

2月28日，洪湖湿地被国家环保总局列入第一批重点保护湿地名录。

3月3日，省长蒋祝平、副省长陈水文带领省直机关有关部门负责人查看荆江大堤、南线大堤、荆江分洪工程和监利西门渊闸改建工程、石首北门口崩岸整治工程等重点险工险段和防洪设施。

3月7日，副省长王生铁带领省计委、省水利厅、省财政厅有关负责人检查荆江分洪区防汛准备工作，查看石首长江干堤北门口崩岸抢护现状和调关矶头险段。

3月15日，国家防办副主任赵春明检查荆沙市汛前准备工作，重点查看荆江大堤、沮漳河下游改道工程、荆江分洪区以及石首河湾崩岸险段。

3月27日，中共中央政治局委员、国务院副总理吴邦国在省委书记贾志杰、省长蒋祝平陪同下视察荆江大堤。

3月，中共中央总书记、国家主席江泽民，国务院总理李鹏在第八届全国人大会议期间，批准动用总理预备金1000万元，用于荆江分洪区工程建设。

湖北省利用加拿大赠款的水利项目——四湖排涝系统优化调度第一阶段第一期的研究结束。

4月6日，湖北省政府以鄂政发（1995）43号文发出《湖北省防汛费征收管理办法》。规定凡有劳动能力的18～60周岁非农业人口，每人每年缴纳25元防汛经费。

荆沙市水利局开始征收防汛费。

4月11—14日，长江防总副指挥长、长委主任黎安田检查荆江大堤西门渊闸改建工程、观音寺闸加固工程以及松滋江堤加高加固工程、南线大堤加固工程建设情况。

4月12日，石首北门口、向家洲、鱼尾洲护岸整治工程全面竣工。经湖北省政府批准，成立荆江分洪区安全设施领导小组。刘克毅任组长，曾凡荣、谢作达任副组长。

4月19日，荆江大堤监利西门渊闸改建工程竣工。

4月20—22日，省军区司令员贾富坤少将实地检查荆江大堤郝穴险段、石首北门口崩岸抢护工程、荆江分洪区转移路和躲水楼等设施。

4月24日，长江干堤公安县五洲段崩岸长达1400米，最大崩宽32米，平均崩宽16米。

5月8日，中共中央政治局委员、国务院副总理姜春云，水利部部长钮茂生视察荆江大堤观音矶、铁牛矶、荆江分洪工程进洪闸（北闸）和石首河段北门口向家洲等防洪工程、险工险段。

5月12日，总参谋部作战部部长符传荣少将一行在湖北省军区副司令员廖其良少将陪同下查看荆江分洪工程进洪闸（北闸）、节制闸（南闸）和部分安全转移设施，并研究部署部队参与分洪准备的相关工作。

5月25日，湖北省政府发出《关于新滩口排水闸闸门坠落事故的通报》，要求各地引以为鉴。

5月26—28日，湖北省军区在荆沙市召开湖北省防汛抢险部队协调会议。

5月29日，水利部副部长严克强视察荆江分洪区。

5月，全市普降大雨，平均降雨量150毫米左右，部分乡镇出现特大暴雨和雷雨大风，全市受灾人口158.3万人，受灾面积220.5万亩。

6月25—26日，省人大常委会主任关广富视察荆江防汛工作，查看荆江大堤二郎矶、木沉渊、观音寺、铁牛矶等险工险段。

7月4日，副省长苏晓云视察荆江分洪区。

7月5—8日，副省长韩南鹏检查监利、洪湖防汛工作。

7月11日，广州军区副司令周玉书到荆州检查防汛抗灾工作。

7月15日，水利部副部长严克强、副省长苏晓云、国家防办副主任李代鑫一行察看洪湖长江干堤险情。

7月16—18日，省委书记贾志杰、省长蒋祝平就抓好抗洪救灾和农业生产等问题，到荆沙等地做专题调查研究。

7月25日，国家防总副总指挥、水利部部长钮茂生，省长蒋祝平来荆州检查长江干堤监利西门渊闸、白螺矶闸和尹家潭、赖家树林等险工险段。

晚，监利长江干堤一线遭特大龙卷风袭击，风力达7～9级，中心风力达10级以上。导致12栋防汛哨屋倒塌，5.4万株防护林被毁坏，一艘150吨铁驳船沉没，通信杆线多处受损，死亡1人，重伤4人。

8月1日，成立荆沙市水利局，易光曙任水利局局长

8月2日，荆江大堤荆州区闵家潭堤基处理工程指挥部成立。

8月8日，成立荆沙市水利规费征收管理处。

8月29日，石首市长江修防总段工程科副科长、共产党员陈士发在石首市北门口护岸抢险时殉职，湖北省政府追认其为烈士。

10月9日，成立荆江大堤江陵颜家台闸改建工程指挥部。

10月10日，荆江大堤江陵颜家台闸改建工程开工，次年5月底竣工。

11月15日，省委书记贾志杰视察石首北门口崩岸险情。

11月22日，监利白螺矶闸改建工程动工。次年8月15日竣工。

是年，全市先后发生 7 次大范围的强降雨，受灾农田 470 万亩。长江监利以下至洪湖新滩口出现有水文记录以来第五个高水年。全市布防堤防长 1225.3 千米，其中警戒堤长 401.01 千米。大型电排站共提排水量 38.6 亿立方米，其中排涝水量 33.8 亿立方米，抗旱提水 4.8 亿立方米。22 座大中型水库共拦蓄洪水 5.6 亿立方米，汛期先后有 9 座水库超过汛限水位，共溢洪和调洪 1.47 亿立方米。

1996 年

1 月 3 日，省、市人大代表视察石首崩岸抢护工程施工现场。

3 月 7 日，国家防总决定成立湖北省荆江防汛抢险机动队。

3 月 12 日，公安县长江河段管理总段白蚁防治科学研究所攻关课题"黑翅土栖白蚁初建群体的研究"获湖北省水利厅科学进步一等奖。

3 月 27 日，水利部水利管理司和长委等七大流域机构专家组成的验收组对钟祥汉江河道堤防总段进行验收，成为全国第一个一级河道目标管理单位。

3 月 31 日至 4 月 3 日，长委在洪湖市主持召开《湖北省洪湖分蓄洪二期工程新堤安全区工程扩大初步设计报告》审查会。

4 月 15 日，省委常委、副省长王生铁指导荆江防汛工作。

5 月 16—17 日，国家防总秘书长、水利部副部长周文智率领国家防总防汛检查组检查荆江防汛准备工作。

6 月 1 日，石首市连降 3 天暴雨，平均降雨量 170 毫米，受灾 24 万亩，倒塌房屋 204 栋。

6 月 16 日，中共中央政治局常委、全国人大常委会委员长乔石率全国人大常委会副委员长倪志福、李锡铭、王丙乾、王光英、布赫、铁木尔·达瓦买提等一行 64 人视察荆江大堤。

6 月 28 日，由国家防总投资建造的"国汛五号" 150 吨级抢险救生船在沙市下水，开始用于荆江防汛抢险救灾。

7 月 3 日，省委副书记杨永良一行，到高潭口泵站、洪湖等地检查指导防汛排涝工作。

7 月 6 日，省委常委、副省长王生铁检查监利县、荆州区长江防汛工作。

7 月 15 日，省委常委、副省长王生铁，省防指副指挥长徐林茂等到洪湖、长湖指导防汛抗灾斗争。

7 月 16—22 日，洪湖长江干堤周家嘴段长 417 米堤段内相继发生漏洞和塌陷溃口险情，经过数千军民的奋力抢护，23 日险情得到控制。

7 月 18 日，洪湖市沿湖新螺东垸、植莲场等 12 民垸扒口蓄洪，调蓄洪水近 1 亿立方米。

7 月 19 日，省长蒋祝平、副省长张洪祥和空降兵某部副部长李家洪少将视察洪湖长江干堤。

省军区司令员贾富坤少将坐镇荆州指挥防汛。

7 月 21 日，交通部长江航道局发布长江河道监利至武汉河段禁航令，于 7 月 23 日 24

时起执行。7月27日16时恢复通航。

7月22日,受中共中央总书记江泽民和国务院总理李鹏委托,中共中央政治局委员、国务院副总理、国家防总总指挥姜春云,在省委书记贾志杰、省长蒋祝平陪同下,现场指挥洪湖长江防汛抗洪,慰问防汛军民。

7月23日,监利长江干堤严家门段(桩号562+300)内堤脚垂高0.7米处出现漏洞1个,采取外截内导措施进行抢护后险情得到控制,受到湖北省委、省政府嘉奖。

洪湖长江干堤田家口段(桩号446+550~446+660)出现管涌群险情,经现场专家、工程技术人员采取围井导滤、抽水反压措施,险情得到控制。

7月24日,湖北省委、省政府下派21个防汛工作组赴洪湖、监利沿江乡镇督导防汛抢险工作。

空降兵某部队长马殿圣少将、副政委唐宗成少将率1100余名官兵奔赴洪湖参加防汛抢险。

7月25日,国家防总副总指挥、水利部部长钮茂生和省长蒋祝平前往洪湖、监利长江防汛抗灾一线查看灾情,指导抢险,并代表国家防总对洪湖螺山周家嘴长江干堤抢险部队颁发奖金100万元。

7月26日,长湖三支渠闸口出现跌窝,沙市区防汛指挥部组织锣场乡200多民工填土堵漏,经过6小时奋战,基本控制险情。

23时,石首六合垸堤因漏洞险情造成溃口,淹没耕地8400亩,受灾人口6500人。

7月27日,湖北省委、省政府作出决定,对参与监利观音洲荆河垴、白螺矶赖家树林、洪湖田家口、石码头等地抗洪抢险的集体予以通报表彰,并各奖励现金20万元。

7月28日,省委常委、省军区政委徐师樵率省委、省政府、省军区慰问团到洪湖、监利慰问抗洪军民。

7月31日,国家红十字会总会秘书长李长明到石首察看灾情,现场发放10万吨救灾大米,向荆州市捐赠款物折合人民币53.93万元。

8月2—4日,第8号台风影响荆州市,再次出现暴雨,加重了内涝。

8月3日,洪湖撮箕湖堤受8号台风影响,堤身发生溃口险情,经紧急动员新堤城区干部及民工共1000多人,用编织袋装卵石抢护,险情得到控制。

8月6日,18时30分,龙卷风袭击公安县孟溪、闸口、杨场等4个乡镇。造成48人伤亡,倒塌房屋1134间,树木折断3.23万株,1.8万亩农作物受损。

8月7日,长湖习家口闸出现特大险情。

8月10日,卫生部部长陈敏章带领疫病防治专家到洪湖、监利指导救灾防病工作。

8月13日,民政部部长多吉才让深入监利等重灾区查灾情、访灾民。

8月15日,省委书记贾志杰视察荆沙市灾情并现场办公

9月15日,荆江大堤外荆州区谢古垸退挽工程开工。次年1月15日竣工,退挽堤长14.5千米。

9月17日,香港红十字会国际服务部及赈灾部主任邹秉熙考察石首灾情并审计救灾物资发放情况。全年,香港红十字会向荆沙市捐赠救灾大米、食品、棉被、药品价值共43.86万元。

10月4日，湖北省委、省政府、省军区在武汉洪山礼堂隆重举行湖北省抗洪救灾英模报告会，洪湖周家嘴抢险英雄群体在会上作报告。

10月6日，由全国政协常委、徐悲鸿纪念馆馆长廖静文率领的全国政协赴湖北考察团来荆沙考察水资源和文物保护情况。

10月9日，由市委组织的荆沙市抗洪救灾英模报告团在市委礼堂举行首场报告会。

10月15日，各县（市、区）堤防管理总段实行地方政府（党委）管理为主，荆沙市长江河道管理处协管的双重管理体制。

10月28日，全国政协副主席钱正英考察荆江大堤建设及河道整治、分蓄洪工程。

10月，淤泥湖第二电力排水站动工兴建。

11月3日，长委、湖北省水利厅组成验收小组，对松滋江堤加固工程进行竣工验收，评定为优良工程。

11月18日，调整江陵、沙市管理堤段。江陵区管辖范围69.5千米（桩号675＋500～745＋000），沙市区管辖范围16.5千米（桩号754＋000～761＋500）。

11月9日，荆江大堤外学堂洲围堤移交荆州区水利局管理。

11月，以色列国家排灌委员会主席柯享先生率代表团一行5人考察荆江大堤。

11月27日，南、北闸管理所合并为"荆州市荆江分洪工程南北闸管理处"，为副县级单位，下设南闸管理所、北闸管理所。

12月3日，荆江大堤观音寺闸加固工程开工。次年5月1日工程竣工。

12月6日，田关河疏挖工程开工。省委常委、副省长王生铁到荆沙段工地现场办公。

12月19日，荆沙市更名为荆州市。京山县、钟祥市划归荆门市。荆沙市水利局更名为荆州市水利局，长江河道局、四湖工程管理局、洈水管理局、三善垸水利工程处同时更名。

12月21日，省委常委、副省长王生铁一行视察石首北门口崩岸险情。

12月27日，荆江大堤江陵颜家台闸、万城闸改建工程，荆州闸家潭堤基处理工程和监利西门渊闸改建工程通过国家基建工程验收小组评审，结论均为合格。

松滋江堤老城进洪闸至胡家岗16.8千米堤段（原为民垸）按松滋江堤标准进行加固。

是年，梅雨期形成典型的长江中游区域型大洪水。荆州市发生自1954年以来最严重的洪涝灾害，尤以内涝灾害特别严重。

1997 年

1月5—6日，水利部部长钮茂生、国家计委副主任陈耀邦带领国家水利建设检查组在省长蒋祝平陪同下检查荆州长江干堤整治加固情况。

1月17日，根据《湖北省水资源征收管理办法》，荆州市正式开始征收水资源费。

2月14日，省委书记贾志杰、省长蒋祝平率省委、省人大、省政府、省政协、省军区领导到荆江大堤李埠段字纸篓填塘工地，与2600余军民一起参加水利劳动。

3月下旬，国家防总专家组检查监利、公安、石首长江干堤险工险段和防洪工程。

3月，荣先楚任荆州市水利局局长。

4月2—4日，省委常委、副省长王生铁率省政府办公厅、省农委、省财政厅、省水利厅等省直部门领导、专家实地查看荆江分洪工程，检查荆州长江防汛准备工作。

4月17日，新堤安全区围堤加固工程动工。

5月18—19日，国家防总副总指挥、国家计委副主任陈耀邦率领国家防总检查组，检查荆州长江防汛准备工作，实地查看洪湖燕窝田家口、螺山周家嘴险段整险情况。

5月26—27日，省委书记贾志杰、省长蒋祝平和副省长王生铁、邓道坤率省防汛指挥部成员视察荆州长江干堤险工险段和荆江分洪工程进洪闸（北闸）、节制闸（南闸）等防洪工程。

5月29—30日，中共中央政治局委员、国务院副总理、国家防总总指挥温家宝率国家防总、水利部、国家计委、财政部、长江委负责人，视察荆江大堤、荆江分洪区。

6月6日，石首、监利、洪湖3县（市）部分乡镇遭受龙卷风袭击，风力达10级以上，34个乡镇受灾。

6月27—28日，省长蒋祝平检查荆江大堤、监利长江干堤、洪湖长江干堤，重点查看洪湖周家嘴、螺山船闸、监利铺子湾和荆州区谢古垸。

7月19—20日，四湖上区普降暴雨和特大暴雨，致使长湖水位陡涨，最高水位达32.99米。

8月11日，荆州市人民政府发出《关于认真贯彻〈湖北省水利建设基金筹集使用管理办法〉的通知》，全市开始水利建设基金筹集工作。

8月18日，湖北省政府同意将荆江大堤管理范围由550米扩增至1000米，安全保护区由300米扩增至750米。并规定凡在堤防管理范围内建设工程项目，550米内报省水利厅审批，550～1000米由荆州市长江河道管理处审批。

9月8日，荆江防汛机动抢险队在荆州市长江河道管理处正式挂牌成立。

11月20日，省委副书记邓国政在市委书记刘克毅陪同下，视察荆江大堤得胜寺堤基处理工程。

12月5日，长江中游石首河段整治工程项目通过水利部专家小组评审，被纳入下荆江河势控制总体规划。

12月12日，荆州市委书记刘克毅率市"五大家"领导和市直机关干部到荆江大堤得胜寺堤基处理工程施工工地参加义务劳动。

12月16日，荆江大堤监利西湖段6.5千米吹填工程开工。

12月20—21日，省委常委、副省长王生铁，省水利厅厅长曾凡荣一行检查公安、石首长江堤防建设工作，重点查看石首河湾河势控制工程整治现场。

1998 年

1月1日，《中华人民共和国防洪法》实施，荆州市认真学习贯彻，全市进入依法防洪的新阶段。

1月4日，荆州市委书记刘克毅、市长王平率市委、市政府、市人大、市政协领导检查荆江大堤目标管理考评晋级工作。

2月10日，荆州市政府召开荆江大堤达标升级工作会议，市委书记刘克毅提出"抓荆堤、促全局、保平安"，要把荆江大堤建成中华第一堤，让党中央和全国人民放心。

2月23—24日，全省防办主任会议在公安县召开，会上宣读了国务院副总理温家宝的重要批示和水利部部长钮茂生的信。

3月23日，荆江大堤达标工程通过湖北省水利厅检查组验收。

3月28日，副省长王生铁检查公安长江干堤陈家台崩岸整治工程，并专题研究荆江分洪区围堤加固施工问题。

3月，荆州长江大桥动工兴建。2002年9月底竣工，10月3日通车，大桥全长4397.6米。

3月底，全省最大的橡胶坝——沮漳河万城壅水坝建成并投入运用。

3月30日，水利部副部长、国家防办主任周文智，长江委主任黎安田率长江防汛检查组检查荆州长江防汛工作，重点查看荆江大堤沙市城区堤防。

4月2日，荆州市委书记刘克毅、市长王平检查长江防汛工作。

4月5—7日，副省长王生铁率省计委、省财政厅、省水利厅等部门负责人检查荆江防汛准备工作，重点查看荆江大堤、长江干堤险工险段、崩岸险情和荆江分洪区、洪湖新堤安全区围堤等水利、防洪工程。

4月23日17时30分，公安孟溪郑公渡、南平等15个乡镇遭受特大风暴袭击，死亡16人，伤300余人，倒塌房屋2360栋。

5月6日，日本国林郁夫教授到丫角试验站就中日合作渍涝改造工程项目进行考察。

5月7—8日，空降兵某部部队长马殿圣少将、参谋长王维山少将查看荆江大堤，听取堤防建设和防汛准备工作汇报。

5月8—9日，全省防汛工作会议在荆州召开，副省长王生铁率与会代表冒雨参观荆江大堤沙市观音矶、江陵木沉渊、铁牛矶和监利城区堤防、西门渊闸等水利工程。

5月20日，荆州市成立防汛指挥部顾问咨询委员会。

5月21日5时，松滋遭受特大暴雨袭击，最大降雨量220毫米，21个乡镇89万人115万亩农田受灾，民堤决口34处。

5月26—27日，省委书记贾志杰、省长蒋祝平和副省长王生铁、邓道坤实地查看荆江大堤沙市城区堤防、荆江分洪工程和石首北门口、调关矶头等重点险段。

5月27—28日，荆州市委书记刘克毅检查监利、洪湖防汛工作。

5月29—30日，中共中央政治局委员、国务院副总理、国家防总总指挥温家宝在省委书记贾志杰、省长蒋祝平、副省长王生铁陪同下视察荆江大堤江陵郝穴铁牛矶、沙市观音矶等险工险段和荆江分洪区进洪闸（北闸）。

5月，洪湖市螺山船闸建成通航。

6月2日，荆州市委、市政府发出关于切实做好1998年防汛工作的指示。

6月10日，省军区司令员贾富坤少将，检查荆州长江防汛工作，实地查看洪湖长江干堤田家口、监利长江干堤何王庙闸和荆江大堤江陵郝穴、木沉渊等险工险段。

6月26日，洪湖市乌林镇松林垸、同乐垸扒口行洪。

7月2日，荆州市委、市政府召开市直各部门主要负责人紧急会议，通报防汛抗洪严峻形势，部署防汛抗灾工作。

江陵耀新垸姚头铺闸发生闸门顶部漏水险情，抢险耗用小麦5.3万斤。

7月3日，长江第一次洪峰通过沙市。全市干支流设防堤长1782.6千米，其中超保证水位堤长726.4千米。第一批抗洪部部队空降兵某部1724名官兵由副部队长李家洪少将率领，奉命抵达监利、洪湖长江抗洪一线。洪湖市龙口人造湖围垸扒口行洪。石首市小河口镇建设垸漫溃。

7月4日，省长蒋祝平率省直部门负责人检查荆江大堤沙市观音矶、城区防浪墙工程、监利城区堤段和西洲围堤、荆江分洪工程进洪闸（北闸）、石首调关矶头等防洪重点工程和险工险段。

7月6日，中共中央政治局常委、国务院总理朱镕基，中共中央政治局委员、副总理温家宝视察荆江防洪工作。

湖北省防指派出29个防洪工作组，奔赴沿江各县（市、区）抗洪抢险责任堤段。晚，再次派出5个检查组分赴洪湖等地重点险工险段。

7月8日，荆州市委、市政府召开防汛抗洪紧急电视电话会议，传达国务院总理朱镕基、副总理温家宝视察荆江防汛工作时的指示。

7月12日，荆州市防指发出关于全力以赴迎战长江第二次洪峰的紧急通知。

洪湖长江干堤燕窝八八潭堤段发生3处重大管涌险情，孔径分别为0.3米、0.4米、0.55米，经采用三级导滤和蓄水反压措施，险情得到控制。

7月14日22时20分，荆州市委、市政府召开全市防汛抗洪紧急电视电话会议。

7月15日，省长蒋祝平赴洪湖长江抗洪抢险前线，实地查看洪湖长江干堤燕窝八八潭、田家口等重大管涌险情现场。7时20分，石首市小河口镇长江故道天星洲围垸漫溃。

7月17日，省委常委、省军区政委徐师樵少将检查荆州长江防汛抗洪工作，看望战斗在抗洪一线的解放军官兵。荆州军分区司令员王明宇带领300余名部队官兵在长江故道天星洲抢救百名被洪水围困的群众。

7月18日，沙市出现第二次洪峰。18日8时，沙市洪峰水位44.0米，流量46100立方米每秒。

7月19日，监利何王庙闸发生闸门漏水险情，经打坝蓄水反压后险情得到控制。

7月22日，荆州市防指召开紧急会议，指挥长王平向市"四大家"领导和市防指全体成员传达贯彻中共中央总书记江泽民和湖北省委、省政府主要领导对防汛工作的重要指示，并对全市的防汛抗灾工作进行再动员、再部署。

7月23日，在公安县南平保卫战中，身染重病的某部战士李向群苦战几天几夜，不幸牺牲。

7月24日，省委常委、省纪委书记罗清泉，省委常委、省委宣传部长缪合林和副省长王少阶赴监利抗洪一线指导防汛抗洪工作。

10时30分，公安县藕池镇六合垸漫溢，受灾面积4.49平方千米。

15时30分，公安县章田寺乡罗家塔围垸漫溢，受灾面积0.2平方千米。

7月25日，长江第三次洪峰通过沙市，沙市站洪峰水位43.85米，流量46900立方米每秒。

荆州市市长王平、军分区副司令员邱盛泽代表市委、市政府、荆州军分区到南平慰问抗洪抢险部队官兵，并送慰问款15万元。

14 时 30 分，洪湖市龙口大兴垸扒口行洪。

16 时 20 分，石首调关复兴洲扒口行洪。

22 时，荆州市委、市政府成立荆州市长江防汛洪湖前线指挥部（以下简称"市洪湖前指"），负责洪湖、监利抗洪抢险指挥调度，市委书记刘克毅任指挥长。指挥部设在洪湖市委。

7 月 26 日 0 时起，长江河道石首至武汉河段实施封航。9 月 7 日恢复通航，封航时间 43 天。

省委书记贾志杰、省军区司令员贾富坤少将赴监利长江防汛抗洪一线，看望慰问抗洪第一线的广大军民，先后查看监利荆江大堤和西洲垸防汛抗洪情况。

水利部副部长张基尧检查洪湖、监利长江干堤防汛抗洪工作。

市洪湖前指发布《关于迎接特大洪水的命令》（第一号）。

15 时 30 分，石首调关镇新河洲垸扒口行洪。

7 月 27 日，中共中央政治局委员、国务院副总理、国家防总总指挥温家宝第三次赴荆州长江抗洪一线指挥防汛抗洪。

水利部副部长张基尧前往公安县南平镇松西河堤查看汛情，慰问守护在大堤上的干部群众。

市洪湖前指发出《关于切实加强江堤防守的命令》（第二号）。

7 月 28 日 10 时，长江第三次洪峰通过洪湖，石首以下河段均出现有水文观测以来最高水位。

宜昌市按照湖北省防指指令，紧急调运防汛石料运抵荆州长江防汛重点地区监利县、洪湖市，其中监利县 560 吨、洪湖市 1310 吨。

7 月 29 日，省委常委、省纪委书记罗清泉，省军区副司令员廖其良少将，省武警总队副队长马振强，省纪委常委、省纪委秘书长陈绪国等，代表省委、省政府、省军区在建军节前夕赴监利抗洪抢险一线，慰问空降兵某部官兵。

8 月 2 日，湖北省长江防汛洪湖前线指挥部发布《关于切实加强险情抢护的命令》（第五号）。

8 月 3 日 11 时，空降兵某部 2000 名官兵按时抵达指定地点，投入洪湖长江干堤抗洪抢险战斗。

下午，荆州市委、市政府在监利防汛前线召开紧急会议。

8 月 4 日，广州军区副司令员龚谷城中将在省军区副司令员柳河生少将、省军区副政委刘容添少将和省武警总队副总队长张火炎陪同下，视察洪湖长江干堤防汛工作，并看望驻守洪湖防汛抢险的空降兵某部官兵。

省委常委罗清泉、缪合林，副省长张洪祥分别在监利、石首、洪湖传达省委扩大会议精神，贯彻江泽民总书记"三个确保"和把人民生命安全放在首位的指示精神。

8 月 5 日，市洪湖前指发布《关于查险报险奖励办法的命令》（第六号）。奖励办法规定，巡堤查险人员，凡在洪湖、监利境内的长江干堤、重要支民堤上发现重大险情的，立即上报，由工程技术人员鉴定后，记三等功一次，发给奖金 1000 元和立功证书。

荆州市防指发布《关于鏖战长江大洪水的命令》（第二号）。

荆州市委召开市"五大家"领导紧急会议,研究部署防汛抗洪工作,并成立荆州市长江防汛前线指挥部(以下简称"市长江前指")。

根据湖北省防总命令,监利新洲垸、西洲垸、血防垸,石首市六合垸、永合垸扒口行洪。人民大垸农场柳口分场堤漫溢。

市长江前指决定,即日起对荆江大堤实行交通管制。

8月6日1时,长江沙市站水位44.68米,超过1954年最高水位0.01米,且继续上涨,预报沙市水位将达到45.00米,荆江防洪形势进一步恶化。

凌晨,荆州市委、市人大、市政府、市政协和荆州军分区发布防汛抗洪紧急动员令。

上午,监利县三洲联垸将老、弱、病、残人员疏散完毕。

12时,交通部决定14时起对长江河道松滋至石首河段实行封航。

湖北省防指下达《关于做好荆江分洪区运用准备的命令》。

国务院副总理温家宝在命令上批示:"如必须采取分洪措施,务请提前通知我到现场,由我报中央下决心。"

荆州市委、市政府成立荆江分洪前线指挥部(以下简称"市荆江分洪前指"),紧急部署分洪准备工作,市长王平任指挥长,市委书记刘克毅任政委。

15时,市长江防指电令松滋、石首、沙市、荆州、江陵5地迅速调集2万劳力赴荆江分洪区接防208千米围堤。市长江前指发布抗洪总决战,誓与江堤共存亡的命令(第八号)。

16时,市荆江分洪前指在公安县召开第一次工作会议。

19时,石首大垸乡春风垸扒口行洪。

20时,荆江分洪区群众开始全面转移,至次日12时,共转移群众33.5万人。

8月7日0时45分,公安县孟溪大垸虎西支堤严家台堤(桩号53+600)溃决,口门宽185米,受灾面积220平方千米,受灾人口12.0万人。

2时,温家宝在监利县听取贾志杰、蒋祝平和刘克毅关于抗洪抢险情况的汇报后,发表重要讲话。

市前指发布公告(第一号),决定自8月7日15时起对荆江大堤沙市段宝塔河至红星路口之间堤段实行交通管制。

11时,石首市大垸乡北碾垸扒口行洪。

14时,石首市小河口镇张智垸扒口行洪。

晚,中共中央总书记江泽民在北京主持召开中共中央政治局常委扩大会议,听取国家防总汇报,研究长江抗洪抢险工作。随即中共中央发出《关于长江抗洪抢险工作的决定》。

6日晚至次日凌晨,国务院总理朱镕基办公室工作人员每小时一次,先后24次给市长江前指打电话,询问荆州汛情。

调关水位高达39.7米,调关八一大堤子堤挡水1米多。石首市迅速调集3000多人参加抢护,湖南省华容县派4000民工增援,加固子堤3千米。

8月8日2时,省委书记贾志杰在荆州宾馆主持召开荆江分洪区运用准备工作会议。

4时,长江第四次洪峰通过沙市,洪峰水位44.95米,流量48500立方米每秒。

中共中央政治局常委、国务院总理朱镕基,中共中央政治局委员、国务院副总理、国家防总总指挥温家宝，国务委员、国务院秘书长王忠禹先后到公安、石首、洪湖视察抗洪工作，慰问抗洪抢险一线军民。

国家防总急电三峡工程开发总公司调运的 4500 吨石料陆续运抵洪湖抗洪一线。

8月9日10时许，国务院总理朱镕基、副总理温家宝、国务委员王忠禹在贾志杰、蒋祝平、刘克毅等省市领导及广州军区副司令员龚谷城中将、济南军区副司令员裴怀亮中将陪同下，乘直升机赴石首长江干堤调关矶头，视察防汛抗洪工作，慰问一线解放军官兵和干部群众。

8月10日，温家宝在荆州主持召开会议，贯彻落实中共中央《关于长江抗洪抢险工作的决定》和国务院总理朱镕基视察荆州时的讲话精神。

湖北省防指荆江分洪前指指挥长罗清泉、副指挥长张忠俭率 7 个工作组对荆江分洪区 208 千米围堤开展拉网式检查。

石首市南口镇白沙洲等 8 个巴垸子扒口行洪。

副省长苏晓云赴监利看望三洲联垸、新洲垸等扒口行洪后转移出来的灾民。

8月11日，温家宝在荆州主持召开国家防总特别会议，贯彻落实党中央关于长江抢险工作指示，要求沿江各地党政领导、广大军民紧急动员起来，坚决保住长江大堤，夺取抗洪抢险斗争的全面胜利。

凌晨，市长江前指发出紧急通知，决定对荆江段客轮及码头、渡口从 11 日时起实施封渡，8月22日18时恢复营运。

湖北省委、省政府组团奔赴荆江分洪区，分 7 个组慰问转移到安全区、安全台的群众，并向转移灾民分发 500 吨大米、数万瓶食油及价值 50 万元的药品。

总政治部主任于永波上将，广州军区司令员陶伯钧上将、政委史玉孝上将，总参谋部副总参谋长隗福焰中将，总后勤部部长沈滨义中将，国防科工委副主任陈达植中将，军委办公厅副主任杨福坤少将等率领总政治部、总参谋部、总后勤部、总装备部组成的慰问团，赴公安杨厂南五洲、埠河北闸和石首调关、监利三洲、洪湖石码头等地慰问战斗在抗洪一线的解放军和武警官兵。

中国人民武装警察部队政委徐永清中将、武警湖北省总队政委张万华少将慰问驻守监利人民大垸朱湖分场防汛险段的省武警官兵。

济南军区某集团军、广州军区某集团军和舟桥部队官兵 4000 人，石首市组织民工 6000 人，对挡水子堤全面加高加宽。经两昼夜连续奋战，调关镇堤段 31 千米子堤加高到高出水面 1 米，加宽到 1.5 米，采取外挡内压、抽槽夯实措施，确保子堤不脱坡、不渗漏、不漫溢、不溃口。

省委书记贾志杰、省长蒋祝平检查公安县防汛抗洪和分洪区群众转移工作。

国家防总秘书长、水利部副部长周文智，总参作战部长符传荣少将，国家防办副主任邓坚一行检查松滋长江干堤防汛工作。

10时20分，监利长江干堤南河口（桩号 589＋000）距堤内脚 32 米的水田内发生大面积溃口性管涌险情。

8月12日，石首市合作垸鱼尾洲（天星堡）堤段发生大面积溃口性管涌群。

市荆江分洪前指发出紧急通告，命令迅速做好分洪准备。

10时，分洪区道路全部实行交通管制，所有排水闸门全部封闭，电力、通信、自来水供应以及后勤保障部门迅速做好一切应急准备，安全区安全欠高地段抢修子堤，并封堵进出口。

16时，分洪区内所有人员第二次全部转移至安全地段。

中央电视台《新闻联播》《焦点访谈》《新闻30分》等栏目，相继播出8条中国人民解放军在公安县英勇奋战，公安县人民群众踊跃拥军支前和灾民安置方面的新闻报道。

省委书记贾志杰、省长蒋祝平、省委秘书长赵文源在荆州市委书记刘克毅陪同下，到洪湖检查抗大洪抢大险的工作，并就保大堤、保人民生命财产安全作出具体指示。

21时，长江第五次洪峰通过沙市，沙市站最高水位44.84米。

8月13日，中共中央总书记、国家主席、中央军委主席江泽民，国务院副总理、国家防总总指挥温家宝，中央军委副主席张万年上将，中央办公厅主任曾庆红，在广州军区司令员陶伯钧上将和省委书记贾志杰、省长蒋祝平陪同下，深入荆江抗洪抢险前线视察，号召抗洪军民坚持、坚持、再坚持，夺取抗洪斗争最后胜利。

8月14日，公安县孟溪大垸在松东左堤新渡口扒口吐洪。

省委常委、纪委书记罗清泉，省人大常委会副主任张忠俭率领7个慰问团，代表省委、省政府慰问分洪区转移安置的群众。

市荆江分洪前指举行第二次新闻发布会，介绍公安县的重大灾情和面临的巨大困难以及急需解决的问题，100余名海内外记者与会。

空军司令员刘顺尧中将、政委丁文昌上将，赴洪湖长江干堤燕窝八八潭险段视察，慰问空降兵官兵。

中央电视台《新闻调查》栏目报道公安县"南平保卫战"情况。

8月16日，国务院副总理、国家防总总指挥温家宝赴荆州现场坐镇指挥。18时30分，中央军委任命广州军区司令员陶伯钧上将为湖北抗洪部队总指挥，济南军区副司令员裴怀亮中将为石首段抗洪部队总指挥，空降兵某部部队长马殿圣少将为洪湖段抗洪部队总指挥，广州军区副司令员龚谷成中将为监利段抗洪部队总指挥。

8月17日，长江出现的有水文记载以来最大洪峰——第六次洪峰通过荆江。9时，沙市水位45.22米，超历史最高水位0.55米。

10时，国务院副总理温家宝在沙市观音矶查看险情，落实处理措施。

当日，全市设防堤段长1736千米，上堤布防45.62万人，其中军警5.4万人。

8月18日凌晨，国务院副总理、国家防总总指挥温家宝在荆州主持召开会议，要求坚决贯彻中共中央总书记江泽民视察湖北的重要讲话精神。

市洪湖前指发布命令，要求洪湖市在24小时内将135千米长江干堤按防御螺山水位34.90米的标准，抢筑、培高、加固子堤。

8月19日，中共中央总书记江泽民题词："努力培养和造就更多李向群式的英雄战士。"

8月20日9时，湖北省委、省政府和广州军区前指在荆江大堤沙市段荆江分洪工程纪念碑处召开湖北省抗洪抢险战地誓师大会。

17时30分，洪湖七家垸附近出现雷雨大风（事前有预报），风力5~6级，致使七家垸子堤于 18 时 30 分漫溃，内面长江干堤及加筑的子埝开始挡水。19 时 30 分，桩号 421 ＋990～422＋130 段的子埝被风浪冲垮，洪水从堤顶漫入堤内（堤顶漫水深度为 0.3～0.6 米），有随时溃口的危险。经 2000 多军民奋力抢护，至 22 时 5 分，险情得到控制。

23 时，洪湖长江干堤青山段（桩号 485＋440～485＋600）发生内脱坡重大险情，经军民 6000 余人抢护，至 22 日险情得到控制。

8 月 21 日，中共中央政治局常委、全国政协主席李瑞环实地查看荆江大堤观音矶、铁牛矶、木沉渊等险工险段，看望慰问抗洪抢险的干部群众和部队官兵。

8 月 22 日，中华慈善总会会长阎明复一行向洪湖灾区及抗洪军民捐赠 250 吨大米。

8 月 24 日，市洪湖前指在洪湖市举行新闻通气会，向百余名中央、省、市记者通报洪湖市、监利县抗洪救灾工作。

8 月 25 日，江泽民就迎战长江第七次洪峰再次作重要指示。

全国人大常委会委员长李鹏清晨打电话给省长蒋祝平，慰问战斗在抗洪一线的各级干部和广大军民，并详细询问第七次洪峰的流量、水位情况。

洪湖市委、市政府授予在七家垸抢险战斗中牺牲的方红平、王世卫、胡会林"抗洪英雄"称号，次日湖北省政府批准方红平、王世卫、胡会林为革命烈士。

8 月 26 日，长江第七次洪峰通过沙市，洪峰水位 44.39 米，相应流量 44100 立方米每秒。

8 月 27 日，广州军区司令员陶伯钧上将、政委史玉孝上将赴洪湖市乌林镇青山、小沙角等险段检查长江防汛工作。

共青团中央第一书记周强赴荆江大堤、公安灾区走访灾民，慰问抗洪部队和青年突击队员。

8 月 28 日，省委书记贾志杰、省长蒋祝平重点检查洪湖王洲、叶洲险段，并看望抢险守险民工。

市长江前指紧急通知迎战长江第八次洪峰。

8 月 29 日，市长江前指对公安县长江干堤埠河段夜间巡查存在严重疏漏情况进行通报批评。

8 月 31 日，长江第八次洪峰进入沙市河段，17 时沙市站洪峰水位 44.43 米，相应流量 46000 立方米每秒。湖北省委、省政府在荆州召开紧急电视电话会议，部署迎战长江第八次洪峰。

9 月 1 日，省委书记贾志杰、省长蒋祝平在公安县就 8 月 7 日孟家溪垸溃决事件的处理及灾后工作召开现场办公会，要求以这次溃决事故为反面教材，汲取教训，确保抗洪全胜。

9 月 2 日，长江第八次洪峰通过洪湖河段后消退，干支流水位全线回落。

中共中央政治局常委、国务院副总理李岚清在教育部部长陈至立、国务院副秘书长徐荣凯、财政部副部长张佑才、卫生部副部长殷大奎陪同下，专程赴公安孟溪大垸视察灾区学生就学和灾民衣、食、住、医情况。

9 月 6 日，副省长张洪祥、荆州市委书记刘克毅和 23 名省市水利专家、工程技术人员对洪湖 135 千米长江干堤出现的 32 处重点险情进行实地踏勘，并就防守整险、确保退水期间大堤安全等问题进行现场会商。

9月8日8时，全市长江干支堤全线退出保证水位。

9月9日，孟溪严家台堵口复堤工程正式动工。次年1月12日完工。

9月10日，长江干流沙市站退出设防水位。凌晨2时，支援荆州抗洪抢险的数万解放军、武警部队官兵开始凯旋返营。全市连续几日举行热烈隆重的欢送活动。

9月15日，全国妇联副主席顾秀莲赴公安县孟溪灾区看望受灾妇女和儿童，并向灾区捐赠价值9万元的物资和2万元现金。

荆州市移民建镇方案确定，平垸行洪、移民建镇工作分为3种类型区别对待。

9月16日，省人大常委会主任关广富在荆州市委书记刘克毅陪同下，查看公安县孟溪大垸灾情。

9月17日，科技部、水利部联合组织堤防、灌区考察组，实地查看荆江分洪区、荆江大堤、洪湖长江干堤、监利长江干堤。

9月19日，驻荆州最后一批抗洪部队空降兵某部3220名官兵班师回营，洪湖市万民空巷欢送子弟兵。

9月20日，荆州市加快水毁基础设施修复工作，13个项目经国家批准落实，项目资金总额达7.01亿元。

9月25日，全市退出设防水位。汛期历时91天。

共青团中央授予洪湖燕窝镇青年突击队等3个集体为抗洪英雄青年突击队。

9月26日，荆州市水利建设现场会在松滋市召开。

10月4日，省委常委、副省长王生铁带领省计委、省水利、省财政、省农机等部门负责人和水利专家实地检查荆州长江干堤重点险工险段、堤防加固建设及灾后重建工作。

10月6日，荆州市委、市政府召开全市抗洪抢险总结表彰暨重建家园、发展经济动员大会。

荆州市委、市政府和荆州军分区作出《关于表彰全市抗洪先进集体和先进人物的决定》。荆州市水利局等51个单位被授予"荆州市抗洪英雄集体"称号，易光曙等53人被授予"荆州市抗洪功臣"称号。

10月9日，中共中央政治局常委、全国人大常委会委员长李鹏，全国人大常委会副委员长布赫专程来荆州，慰问公安孟溪灾区灾民，视察灾后恢复生产和重建家园情况。

10月11日，荆州市委、市政府在北京举办"98荆州市抗洪抢险、重建家园汇报会"。

中共中央委员、军事科学院院长刘精松上将，公安部副部长田期玉，国际关系学院政委姚科贵将军，原兰州军区政委谭友林将军，原国务院机关党委书记宋一平以及在北京工作的600余名荆州籍著名人士观看《九八荆州抗洪救灾纪实》专题片，听取荆州市市长王平关于全市抗洪救灾、重建家园的情况汇报。

11月4日，石首市六合垸、永合垸、张智垸、春风垸、北碾垸等行洪民垸堵口复堤工程全面启动。

11月13日，水利部部长汪恕诚、副部长张基尧，省长蒋祝平，长江委主任黎安田视察荆州长江干堤整险加固工程、荆江分洪工程进洪闸（北闸）和公安县孟溪大垸堵口复堤工程。

11月19日，由国务院新闻办公室和新华社香港分社联合组织，香港文汇报、大公报、商报、亚洲电视台等10家新闻单位和新华社香港分社派员参与的香港传媒记者团一行，对公安县孟溪大垸灾后重建工作进行实地采访。

11月26日，省委副书记王生铁赴监利视察水利堤防建设工程，实地查看长江干堤、丁家洲堤段加高培厚工程、口子河整险加固工程、三洲上河堰堵口复堤工程、荆江大堤西湖段吹填工程后，给予高度评价。

11月30日，荆州市水利建设现场会在监利召开。

12月14日，省长蒋祝平赴洪湖、监利督查水利建设和灾后重建工作，要求各地发扬抗洪精神，打好水利建设和灾后重建攻坚战。

12月19—20日，全国江河堤防建设现场总结会在荆州召开。中共中央政治局委员、国务院副总理、国家防总总指挥温家宝和国家有关部委、15个省（自治区、直辖市）负责人及专家与会，温家宝作重要讲话。

12月25日，长江委主持并组织300余名测量人员，开始对长江干堤上起荆州区枣林岗、下至长江口崇明岛3600千米堤段进行纵、横剖面测量。

12月，《湖北省荆南长江干堤加固工程可行性研究报告》上报水利部。

1999 年

1月6日，湖北省委、省政府在洪湖召开紧急会议，动用贷款6亿元用于长江干堤整险加固建设。

1月7—8日，中央电视台就松滋江堤加高加固工程承包方式、工程质量、青苗赔偿、土地挖压等进行现场采访报道。

1月8日，全市水利建设工作会议召开，荆州市委书记刘克毅要求各地加快水利建设进度，严格管理，加强领导。

1月9—12日，中央电视台随同由水利部、长江委、湖北省水利厅领导及专家组成的督导检查组，对松滋江堤加高加固工程施工现场采取随机抽样检测方法，进行跟踪采访报道。

1月16日，全国人大常委、民进中央副主席张怀西率参加"民进长江中上游水患综合防治座谈会"的专家学者一行23人来荆州考察长江重要河段。

1月21—24日，中央电视台《焦点访谈》和《新闻联播》栏目分别报道洪湖监利长江干堤整治加固工程螺山堤段、松滋江堤加高加固工程转包和违法分包问题，引起湖北省委、省政府高度重视。

2月6日，省委副书记王生铁，省委常委、宣传部长缪合林，省委常委、省委秘书长赵文源，省军区副司令廖其良少将带领省人大、省政府、省政协、省军区、省武警总队、省纪委及省有关部门负责人分3组检查荆江大堤、长江干堤、连江支堤整治加固工程建设情况。

2月7日，中共中央政治局常委、中央纪律委员会书记尉健行在省长蒋祝平和荆州市委书记刘克毅、市长徐松南陪同下视察荆江大堤。

2月8日，以古纳先生为团长的世界银行考察团一行13人，考察荆江大堤加固工程。

2月12日，省委书记贾志杰、省长蒋祝平检查荆州水利堤防建设工作，重点检查洪湖长江干堤燕窝堤段堤基处理、中沙角吹填及堤身加培工程等，并慰问灾民。

2月27日，湖北省水利水电工程招标投标管理委员会在《中国水利报》《湖北日报》上发布洪湖监利长江干堤整治加固工程洪湖中小沙角、套口堤段堤基处理工程施工招标公告。

3月5—7日，副省长贾天增带领省水利厅、省防办、省财政厅、省计委等有关部门负责人检查荆州长江干堤整险加固工程。

3月10日，中日技术合作四湖治涝综合开发土建工程竣工。此工程为江汉平原涝渍地和中国南方涝渍地开发树立了样板。

3月20日，荆州市委书记刘克毅检查石首长江干堤调关矶头重大崩岸险情。

3月30日，全国政协副主席杨汝岱在省政协副主席程运铁及省水利厅等有关部门负责人陪同下，视察荆州长江堤防建设情况，查看洪湖长江干堤王洲堤段、荆江大堤观音矶、郝穴铁牛矶等险工险段。

3月，湖北省水利厅引进德国 BAUER 公司超薄防渗墙技术与设备，在监利长江干堤尺八口堤段组织施工。

松滋江堤加高加固工程、洪湖监利长江干堤整治加固基础处理工程等项目，面向全国公开招标。

荆江分洪工程进洪闸（北闸）启闭机房改建工程开工。同年11月竣工。

4月10日，水利部副部长张基尧一行视察荆州长江防汛准备工作。

4月12日，荆州市长江河道管理处更名为荆州市长江河道管理局，同时，松滋、公安、石首、荆州、沙市、江陵、监利、洪湖河道管理总段更名为分局，由市河道局直管。

4月27日，省委组织部部长黄远志在荆州市长徐松南陪同下检查荆江大堤加固工程建设。

4月29日，荆州市提出"集中力量，苦战100天，修好堤防，关好大门"，洪湖、监利、石首、公安、松滋等地出现40余处万人大会战场面，完成土方7000万立方米，工程量约为平常年份的10倍。

5月6—8日，水利部副部长张春园率由水利部、民政部、卫生部、国土资源部有关负责人组成的国家防总长江防汛检查组检查洪湖长江干堤王洲、荆江大堤沙市巡司巷、荆江分洪工程进洪闸（北闸）等整险加固工程和防洪设施，并在公安召开专题座谈会。

5月9—12日，湖北省人大常委会视察组视察洪湖监利长江干堤整治加固工程、荆江大堤加固工程建设情况，重点查看荆江大堤沙市巡司巷、杨家湾吹填等整险工程和堤顶路面整治工程，以及公安县孟溪大垸堵口复堤工程施工现场。

5月31日，国务院决定湖北、湖南两省各安排50亿立方米的蓄滞洪区。湖北省确定在洪湖分洪区东部划出一块先行建设，即洪湖东分块蓄洪工程。

7月3日，省长蒋祝平、副省长张洪祥到洪湖市检查防汛抗灾工作。

7月5日，副省长高瑞科、省政府副秘书长尹汉宁赴监利县指导防汛工作，先后查看荆江大堤监利堤段吹填工程，长江干堤蒋家垴、三支角、观音洲等险工险段。

7月6日，中央电视台《焦点访谈》栏目报道洪湖长江干堤燕窝段加固工程中存在转包及质量问题。

7月8日,水利部、长江委近50名专家在崩岸险情多发的石首市召开《长江中游石首河段整治工程可行性研究报告》审查论证会议。

7月12日,中共中央政治局常委、国务院总理朱镕基,中共中央政治局委员、副总理温家宝率湖南、江苏、安徽、江西、重庆5省(直辖市)党政主要领导和国家计委、财政部、国家防总、水利部、国务院政策研究室、长委等部门主要负责人视察洪湖长江干堤。

7月16日,副省长高瑞科带领省堤防工程质量检查组,检查监利长江堤防工程建设质量。

17时,驻鄂空降兵某部1500余名官兵抵达监利抗洪抢险一线。

7月17日,广州军区某集团军军长叶爱群少将赴监利县进行防汛实地勘查,部署部队抗洪。

7月18日,省人大常委会副主任张忠俭带领检查组一行,检查荆江大堤荆州区段工程施工质量和防汛工作。

7月19日,凌晨,省军区紧急出动3000余名官兵赴监利、洪湖、石首抗洪抢险。

7月21日,沙市最高水位44.74米,监利最高水位38.30米。

7月21—24日,水利部副部长张基尧率国家防总检查组检查荆州长江防汛工作,重点查看荆江大堤沙市巡司巷、杨家湾,洪湖长江干堤燕窝、中小沙角等险段整治情况。

7月22日,城陵矶最高水位35.54米,螺山最高水位34.60米,新堤最高水位33.94米。

7月25—26日,省委书记贾志杰在荆州市委书记刘克毅陪同下视察荆州长江防汛抗洪工作,重点查看荆江大堤和监利、洪湖长江干堤。

7月27日,广州军区副司令员龚谷成中将、省委书记贾志杰视察石首长江干堤调关矶头,慰问驻监利抗洪一线的解放军官兵。

国家防总长江防汛检查组检查松滋长江防汛抗洪工作。

8月3—5日,省委副书记、省防指常务副指挥长王生铁率省防办专家,从沮漳河开始,沿荆江大堤而下至监利、洪湖长江干堤,检查荆州市去冬今春加固堤防情况,部署今冬明春堤防建设任务。

10月15日,采用日本无偿援助资金及施工设备实施的荆江大堤加固工程观音寺钢板桩防渗工程开工。

11月2日,"长江河流国际学术会议"考察团中的中国、美国、法国、阿根廷等9个国家的专家、学者40余人,实地考察荆江分洪工程进洪闸(北闸)和荆江大堤沙市观音矶。

国务委员吴仪视察荆州,听取堤防建设汇报。

11月30日,松滋长江干堤杨家垴闸迁址改建工程开工。次年4月5日竣工。

12月3日,荆江大堤加固工程公开招标会在荆州市长江河道局举行。

12月4日,监利长江干堤姜家门堤段堤基防渗处理工程完成浇筑任务,累计施工1.81万平方米,为全省长江堤基防渗处理中首次采用薄型抓斗成墙工艺施工的混凝土防渗墙工程。

12月9日，水利部、国家环保局长江流域水资源保护局有关领导，考察评估监利长江干堤赵家月整险工程对周边环境的影响。

12月13日，湖北省计划委员会、省水利厅下达洞庭湖区四河堤防加固工程（荆南四河）5000万元投资计划，其中中央投资2500万元、地方配套投资2500万元。

12月16—18日，水利部副部长张基尧率国家防总、水利部水利建设检查组，检查荆州长江堤防建设管理情况，现场查看公安南五洲崩岸，荆江大堤观音寺段、江陵郝穴段及监利半路堤段。

是年，全市水利堤防建设受到湖北省政府通报表扬。松滋江堤加固工程经长委工程建设监理中心验收，质量被评为优良。

受长江中下游梅雨和四川、贵州、重庆强降雨影响，长江中下游继1998年之后，又发生了一次较大洪水，沙市至螺山各站的水位达到有水文记录以来仅次于1998年的第二高水位。这是20世纪最大的一次"姊妹水"。

2000 年

1月1日，1999年度湖北省洞庭湖区四河（荆南四河）堤防加固工程正式开工。

1月3日，荆州市政府召开常务会议，传达全省水利建设督办会议精神，通过《白蚁防治管理办法》。

1月5日，全市水利建设督办会议在公安县召开。

1月8日，财政部驻鄂专员办、湖北省水利厅联合组成水利建设督办检查组，检查督办荆州长江堤防工程建设。

1月14日，全市平垸行洪、移民建镇工作会议在石首市召开。

2月15—19日，省长蒋祝平率领省计委主任翁行德、省财政厅厅长童道友、省水利厅厅长段安华一行，先后查看监利南河口、三洲联垸、石首八一大堤、调关矶、公安北闸、沙市观音矶等13个险工险段。

3月2日，荆州市委书记刘克毅率市水利堤防部门负责人对洪湖市、监利县长江干堤、荆江大堤和东荆河堤防进行了为期两天的检查。

3月5日，全省水利局长、防办主任暨堤防建设管理会议在监利县召开。

3月8日，省委副书记王生铁带领省委有关部门及省水利厅负责人考察荆江大堤、长江干堤堤防建设情况。

3月19日，湖北省政府发出通知，决定开征水土保持补偿费和水土流失防治费。

4月1日，《湖北省洞庭湖区四河堤防加固工程可行性研究报告》通过水利部、国家计委、长委等部门的评审。国家将拨近30亿元专项资金整治、加固荆南四河堤防。

经湖北省防汛抗旱指挥部批准，松滋市松西河设防水位由42.50米调整为43.00米；警戒水位由43.50米调整为44.00米；保证水位仍维持新江口（松西河）45.77米，沙道观（松东河）45.21米。

4月14日，荆南长江干堤整险加固工程方案正式通过国家计委所属中国国际工程咨询公司的评审，计划总投资14.5亿元。

5月7—9日，全市人工降雨抗旱成功，共发射炮弹168枚，一次最大降雨量达30毫米。

5月12—14日，水利部副部长张基尧率由卫生部、农业部、长江委组成的血防检查组检查荆州血防灭螺工作。

5月20—21日，国家计委、建设部、水利部、农业部、国土资源部联合检查组一行，检查荆州长江干堤工程建设及国债资金使用情况，实地查看长江干堤整治加固、监利何王庙闸改建工程等施工现场及监利新洲移民安置工程。

6月2日，爱德基金会及菲律宾访问团一行12人考察监利长江堤防建设，验收1998年抗灾中救济和投资的6个水灾治理项目。

10月20日，沮水灌区建设被湖北省评定为优良工程。

10月22日，水利部副部长张基尧率由国家计委、财政部、建设部、水利部等部委工作人员组成的中央检查组检查石首、监利、洪湖等地堤防整治、移民建镇、分蓄洪区建设和国债项目执行情况。

11月7—8日，石首市长江干流高水行洪民垸（永和垸、六合垸、张智垸）行洪口门通过湖北省水利厅验收。工程于3月正式动工，7月15日完工。

12月9—10日，全省堤防与分蓄洪区建设现场会在荆州召开，会议推广荆州市堤防建设管理经验。

是年，全市近700千米堤防达到三级以上标准，10处800千瓦以上大型泵站达到省星级标准。沮水水库连续4年在全省大型水库考评中获得第一名，并被水利部评为一级管理单位；太湖港水库在全省大型水库考评中被评为湖北省二级管理单位；捲桥水库在全省中型水库考评中被评为湖北省一级管理单位。

2001 年

4月，国家计委批准《湖北省荆南长江干堤加固工程可行性研究报告》。

5月2—4日，全国政协副主席王文元视察荆州长江堤防工程。

6月19日，全省水政监察暨水利规费、基金工作现场会在荆召开。

6月，松滋江堤整治加培工程全部完工。

7月16日，中日技术合作项目——江汉平原四湖涝渍地综合开发计划通过评估。

7月19—20日，中共中央政治局委员、国务院副总理吴邦国视察荆江大堤。

7月30日，中央电视台《焦点访谈》栏目以"如此固堤，堤难固"为题播出关于荆州市荆南长江干堤弥市段建设中出现问题的报道。次日，水利部即派出由建设与管理司、监察局、稽查办、长委领导和专家组成的调查组赶赴现场，对《焦点访谈》报道的问题进行全面、认真、彻底的调查。

8月20日，湖北省政府召开省长办公会，听取省水利厅关于7月30日中央电视台《焦点访谈》栏目所报道的荆南长江干堤弥市段建设问题和对有关责任单位、责任人的处理情况及整改措施的汇报。

10月，《荆南长江干堤加固工程初步设计报告（非隐蔽工程）》通过湖北省水利厅评审。

12月22—24日，国家防汛抗旱总指挥部秘书长鄂竟平率水利部、长江委有关负责人来荆调研长江防汛情况。

是年6月，荆州市普降大到暴雨，部分地区遭受特大暴雨袭击。据统计，此次灾害涉及监利、江陵、公安、石首、沙市、荆州等6个县（市、区）、81个乡镇的270万人，受灾人口59万人，农作物受灾面积331万亩，因灾死亡6人。

6月中旬以后，晴热高温天气持续40余天。同时出现"空梅"，降雨明显减少且时空分布不均。全市农作物高峰期受旱面积达510万亩，其中严重受旱面积231万亩，干枯24万亩；有22万人、16.2万头大牲畜饮水困难。开启灌溉涵闸130座（其中沿江涵闸29座），引水量4.5亿立方米；66座大小水库放水9500万立方米。

年内，荆州市水利局被湖北省政府授予"平垸行洪退田还湖移民建镇先进单位"，被湖北省水利厅先后授予"湖北省水利行业文明单位""'九五'全省水利科技工作先进单位""全省水利规划计划先进单位"和"全省水利系统办公室工作先进单位"。

本年度，国家下达荆江分洪区国债计划5000万元（含地方配套2500万元），下达洪湖分洪区基建计划1000万元，主要用于安全区围堤加固、安置房维修改善、新堤安全区建设和转移路桥建设。

2002 年

1月26—27日，中共中央政治局委员、省委书记俞正声视察监利半路堤、荆江大堤监利西湖段、江陵郝穴段等施工工地。

3月19日，荆江大堤江陵文村夹段发生崩岸险情，崩长550米，崩宽10米，岸坡陡峭且多处出现裂缝，崩坎距堤脚最近处仅44米，严重威胁荆江大堤防洪安全。

3月22日，省委常委、省委副书记邓道坤率省政府、省财政厅、省计委负责人到松滋检查平垸行洪移民建镇工作，并要求10月底前必须全部完成第四期平垸行洪移民建镇工作任务。

3月29日至4月1日，国家防总副总指挥、水利部部长汪恕诚检查荆江大堤沙市观音矶、江陵铁牛矶护岸综合整治工程和监利长江干堤加固整险工程。

4月9日，省人大常委会副主任章治文、省人大常委会委员曾凡荣、省水利厅厅长段安华及省防总负责人一行视察洪湖长江干堤加固工程。

5月1日，洈水水库水位达93.14米，超过汛限水位。荆州市防汛指挥部命令，开溢洪道中孔泄洪。

5月8日，石首市上津湖排水泵站竣工。

5月9日—10日，省委副书记王生铁率省水利厅、省农办、省防办负责人来荆视察荆南长江干堤及荆南四河堤防。

5月16日，长江防总常务副总指挥、长江委主任蔡其华查看荆江大堤江陵文村夹堤段外滩崩岸险情抢护现场。

5月17日，国务院副总理温家宝对荆江大堤江陵文村夹崩岸抢护整险作出批示。

5月22—24日，济南军区某集团军副军长邬援军少将率勘察组到荆江大堤进行实地勘察，检查部队预定布防的重点堤段。

6月4—5日，中共中央政治局常委、国务院总理朱镕基率财政部部长项怀诚、建设部部长汪光焘、水利部部长汪恕诚，在中共中央政治局委员、省委书记俞正声陪同下，视察荆州长江堤防整险加固建设和防汛准备工作。

6月5日，世界银行官员检查荆南长江干堤整治加固工程建设情况。

6月19—20日，省防汛抗旱指挥部副指挥长王生铁率领省防汛部门负责人深入监利、洪湖等县（市）检查指导长江、东荆河防汛工作。

6月27日，广州军区原司令员陶伯钧上将视察荆江大堤江陵段防汛工作。

7月16日，荆州区马山、菱湖、郢城和松滋部分乡镇遭受龙卷风、冰雹袭击，2647间房屋倒塌，重伤38人，死亡5人。副省长苏晓云查看受灾现场，安排救灾资金40万元。

8月1日，副省长高瑞科一行调研监利长江堤防建设情况。

8月6日，省委常委、常务副省长周坚卫率省水利厅、省建设厅、省计委等部门负责人来荆州视察平垸行洪、移民建镇及长江干堤加固工程。

8月19日，副省长刘友凡带领省直有关部门负责人及水利专家到洪湖检查防汛工作。

8月23日，中共中央政治局委员、省委书记俞正声赴监利、洪湖长江防汛第一线查看险工险段，检查指导防汛工作。

8月24日，省委常委、省委宣传部部长张昌尔在石首市检查指导防汛工作。

8月26日，国家防总副总指挥、水利部部长汪恕诚专程从湖南赶赴监利县，实地查看荆江大堤、监利长江干堤等重要堤防工程，并代表国家防总和水利部慰问抗洪一线军民。

8月27日，省委常委、省军区司令员贾富坤在荆州检查指导防汛工作。

9月6—8日，由国家计委、建设部、水利部、交通部、铁道部、信息部、国家民航总局组成的建筑市场联合检查组，对荆州市荆南长江干堤加固工程建设和整顿规范水利建筑市场秩序情况进行检查，并听取荆州市工作汇报。

10月，经国家计委、水利部批准，投资2.241亿元用于荆江大堤、洞庭湖区四河堤防和汉江堤防加固，其中荆江大堤计划投资1.116亿元。

11月12日，全省堤坝白蚁防治高级培训班在荆州举办，各市（州）水库、堤防白蚁防治站（组）负责人55人参加培训。

是年，全市多次发生强降水，平均年降雨量1394毫米。持续降雨使内垸河湖库渠水位不断上涨。长湖设防46天，最高水位32.25米；洪湖设防104天，最高水位26.17米。内涝给全市工农业生产造成重大损失。全市农作物受灾面积205万亩，粮食减产4亿斤。全市共投入排涝泵站495处，累计抢排渍水59.8亿立方米。

是年，基本实现修完长江干堤目标，全市976千米长江干堤的高度、宽度、坡比度达到设计标准。南线大堤、松滋江堤基本完成建设任务。

2003 年

1月8—9日，水利部副部长张基尧重点查看监利口子河、北王家加固施工情况。

3月3日，荆州市委书记段轮一视察荆江大堤加固工程建设施工现场，实地查看江陵堤防险工险段。

3月24日，水利部副部长陈雷检查荆江大堤工程建设情况，重点查看文村夹崩险情整治工程。

5月7日，"荆州市大坝监测白蚁防治站"更名为"荆州市堤坝白蚁防治和水土保持监测站"。

5月13—14日，中共中央政治局常委李长春在中共中央政治局委员、省委书记俞正声和荆州市委书记段轮一、市长应代明陪同下视察荆江大堤。

5月20—21日，中共中央政治局委员、省委书记俞正声查看监利、石首、公安、松滋4县（市）长江堤防加固工程。

5月30日，水利部副部长翟浩辉率国家防总长江流域防汛检查组检查荆州长江防汛工作。

6月1日，三峡水库开始下闸试蓄水。

6月4日，全市长江干支流部分站点的特征水位调整：沙市站保证水位45.00米，石首站保证水位40.38米，监利警戒水位35.50米、保证水位37.23米，洪湖螺山站警戒水位32.00米、保证水位33.01米，虎渡河弥陀寺站警戒水位43.00米。

7月11日，中央政治局委员、省委书记俞正声到公安县检查指导防汛抗灾工作。

7月13—14日，副省长刘友凡检查监利、江陵、公安长江防汛抗灾工作。

7月19日，广州军区副司令员龚谷城中将在省军区司令员苑世军少将陪同下，视察荆州长江防汛工作。

7月22—24日，省长罗清泉视察荆州长江防汛抗灾工作，并在公安县召开现场办公会。

8月，中共中央政治局委员、省委书记俞正声，水利部部长汪恕诚，省长罗清泉检查荆州长江堤防工程建设情况。

9月29日，全省水利血防工作会议在荆召开。与会代表参观了公安县总排渠白桥段水利血防现场、夹竹园虎渡河堤防建设现场和花基台水利血防治理现场。湖北省政府授予江陵县等13县（市）为"全省水利建设先进集体"。

9月30日，全省水利工程管理体制改革工作会议在荆州召开。

10月10日，荆州市水利规费征收管理处整体并入荆州市水政监察支队，对外保留荆州市水利规费征收管理处的牌子。合并后，其机构级别不变，人员编制由17名调减到15名，配备领导职数3名（1正2副）；内部机构设综合科、水政水保监察科、规费征收科；配备科级领导职数6名（正科3名、副科3名）。

10月，耿冀威任荆州市水利局局长

是年，荆州市水利局被湖北省政府表彰为"堤防建设先进单位"，被荆州市纠风办评为"行风评议合格单位"。

2004 年

3月1日，成立荆州市南水北调引江济汉工程管理局，为相当正县级事业单位。内设综合科、工程科，核定事业编制8名。其中，局长1名（由市水利局长兼任）、副局长1

名、总工程师 1 名、科级领导职数 3 名。

5 月 9 日，荆州市委机构编制委员会批复市防汛抗旱指挥部办公室配备主任职数 1 名，不再由市水利局局长兼任。

5 月 17—18 日，水利部副部长陈雷抵达荆州检查防汛措施落实情况。

6 月 2—3 日，副省长刘友凡率领省水利厅负责人一行在荆州区、公安县检查防汛工作，要求重点抓好病险水库重建工作，防止堤防崩岸险情发生。

6 月 9 日，中共中央政治局常委、国务院总理温家宝莅临荆州检查防汛准备工作。中共中央政治局委员、省委书记俞正声，省长罗清泉陪同检查。省委副书记邓道坤在洪湖市检查防汛准备工作。

6 月 16 日，省委常委、省委宣传部部长张昌尔深入石首市检查防汛准备工作。

6 月 17 日，省委常委、省委组织部部长宋育英在荆州区、沙市区和江陵县检查防汛准备工作。

6 月 19—21 日，省委常委、副省长周坚卫，省委常委、统战部长苏晓云分别在洪湖、监利和松滋、公安检查防汛工作，要求克服麻痹思想，确保经济发展、防汛工作两不误。

6 月 24 日，湖北省军区司令员苑世军少将在荆州检查防汛工作。

7 月初，张玉峰任荆州市防汛办公室主任。

7 月 6 日，省政协主席王生铁率省政协部分常委、委员来荆视察长江堤防建设管理工作。

7 月 7 日，省委常委、省军区政委刘勋发少将深入洪湖、监利、江陵、石首、沙市、荆州等县（市、区）检查防汛准备工作。

9 月 16 日，成立荆州市河道采砂管理处，与荆州市水政监察支队（荆州市水利规费征收管理处）合署办公，实行三块牌子、一套班子，所需人员从荆州市市水利局系统内部调剂。

9 月 22 日，荆州市水利局农村水利水电科加挂"荆州市村镇改水办公室"牌子，相应增加农村改水工作协调管理职能。改水办公室配 1 名负责人（正科级），所需工作人员从内部调剂解决。

10 月 24 日，国家审计署武汉特派办先后开展洪湖监利长江干堤整险加固工程、荆南长江干堤加固工程的审计工作。次年 6 月结束审计。

2005 年

3 月 29 日，全国政协委员、省政协主席王生铁率驻鄂全国政协委员、省政协考察团一行考察荆江防汛抗洪及堤防建设工作。

4 月 20 日，高潭口水利工程管理处定编 72 名，新滩口水利工程管理处定编 87 名。

5 月 6 日，中共中央政治局委员、省委书记俞正声检查荆州长江堤防建设和防汛准备工作，重点查看荆江大堤加固工程、监利半路堤严家门整治加固工程、洪湖长江干堤新堤夹崩岸险段整治以及荆南四河整险加固工程。

5 月 19 日，荆州市水土保持设施补偿费和水土流失防治费征收工作全面展开。

5 月 30 日，洪湖监利长江干堤整险加固工程水利通信信息网络及广播设施恢复工程、洪湖至嘉鱼长江水底通信光缆工程进行工程验收。

6月9—10日，中共中央政治局委员、国务院副总理回良玉视察荆江大堤、洪湖长江干堤、荆江分洪工程进洪闸。

6月15日，湖北省委、省政府决定撤销"湖北省四湖流域防洪排涝协调领导小组"，正式成立"湖北省四湖流域管理委员会"，省水利厅厅长任主任委员，分管副厅长和荆州、荆门、潜江市政府分管副市长任副主任委员，办公室地点设在荆州市四湖工程管理局。

6月24日，省委常委、省委宣传部部长张昌尔视察石首市长江防汛工作，实地查看调关矶头、北门口、江波渡等险工险段。

6月28日，省长罗清泉视察荆州长江防汛抗灾工作，实地查看松滋谢牟岗崩段险段整治现场。

7月1—2日，省委常委、省委组织部部长宋育英检查荆江大堤防汛工作，重点查看荆江大堤江陵观音寺闸、文村夹崩岸、荆州学堂洲崩岸等险工险段。

7月5日，荆江流域20个水文站启动报汛自动化系统，结束百年人工报汛历史。

7月10日，广州军区司令员高春翔中将、湖北省军区参谋长郭应斌大校视察荆江分洪工程进洪闸（北闸），慰问驻守官兵。

8月11日，水利部副部长矫勇检查长江枝江至沙市河段禁采河砂工作。

8月17日，荆州市水利水电开发总公司、荆州市水利工程综合经营供销站转制为企业，退出事业单位序列，原定事业编制收回。

9月8日，荆州古城护城河整治工程开工。此工程利用日本国际协力银行贷款6060万元。

9月中旬，省军区原司令员贾富坤少将带领部分全国人大代表考察荆州长江堤防建设情况，先后赴洪湖、监利、石首、公安等县（市）调研长江堤防建设管理工作。

10月24日，国家审计署武汉特派办对荆江大堤加固工程1998—2006年财务情况进行全面审计。2006年6月结束审计。

12月28日，荆州市沮水工程管理局机构改革，为准公益性事业单位，机构级别为正县级，隶属荆州市水利局领导。

是年，荆州市水利局被湖北省水利厅评为全省水利新闻宣传先进集体和全省"十五"水利科技工作先进单位。

2006 年

3月，洪湖市长江河道分局被全国绿化委员会授予"全国绿化模范单位"。

4月13—14日，长江委主任蔡其华调研荆南四河河流和堤防工程，听取荆南四河加固工程建设情况汇报。

4月17—19日，由水利部党组成员、纪检组组长张印忠带队，水利部、总参作战部、国土资源部、交通部有关人员参加的国家防总检查组一行，在长江委主任蔡其华、副省长刘友凡等陪同下检查荆州市长江防汛抗旱工作。

4月25日，荆州市长江河道管理局系统开始全面辞退"群管员"，实行干部职工直接管堤，全系统先后辞退群管员916名。

5月25日，省委常委、省委宣传部部长张昌尔率领省防汛工作督办检查组，来荆就防汛工作情况进行调研。

6月3日，省委常委、副省长周坚卫率防汛检查组赴洪湖、监利两地检查防汛工作。

6月16—18日，中共中央政治局委员、省委书记俞正声到荆州调研长江防汛工作，先后查看荆江大堤江陵文村夹、荆南长江干堤公安南五洲、中河口、斋公垱崩岸整治现场及石首调关矶头等险工险段。

9月16日，荆州市人民政府主持召开荆江大堤加固工程征地移民专项自验会议。

10月，南线大堤加固工程通过竣工验收。1992年经国家计委批准开工加固，2003年竣工，历时十余年，累计完成石方22.6万立方米、土方206万立方米。

10月31日，全市大中型水库移民工作会议召开，并出台《荆州市大中型水库移民后期扶持政策实施方案》。

2007 年

1月15—16日，由水利部办公厅组织，长江委档案馆、湖北省档案局、湖北省水利厅等单位组成的荆江大堤加固工程档案专项验收组，对荆江大堤加固工程档案进行专项验收。

1月22日，副省长刘友凡率省水利厅、省环保局、省发改委、省国土资源厅等省直有关部门负责人一行来荆州，就四湖流域综合治理问题现场调研。

3月3—5日，石首合作垸发生重大崩岸险情，3天内崩长1250米，最大崩宽60米。

3月15日，长委、湖北省水利厅专家组通过荆江大堤整险加固工程的初步验收。

4月12—13日，副省长刘友凡来荆检查全市防汛准备工作。

4月26日，韩国杨口郡考察团一行访问监利，参观考察荆江大堤。

5月9—10日，省委副书记杨松一行检查荆州长江防汛工作，查看荆江大堤郝穴堤段险工险段。

5月11日，中共中央政治局委员、湖北省委书记俞正声在荆州检查指导长江防汛以及四湖流域整治工作。

由新华社、人民日报、中央电视台、中央人民广播电台、中国水利报社、人民长江报等新闻媒体组成的"防汛江河行"新闻采访组采访荆州长江防汛抗洪情况，查看荆江大堤文村夹崩岸险情整治工作现场。

5月24日，中共中央政治局委员、国务院副总理、国家防总总指挥回良玉带领国家防总、武警部队、发改委、民政部、财政部、国土资源部、国家气象局、长委等部门负责人，乘船视察荆江河势，沿途重点查看荆江大堤江陵观音寺险段、文村夹险段、西流河险段。随后离船上岸，冒雨查看江陵文村夹堤段崩岸现场、荆南长江干堤石首合作垸堤段崩岸现场和调关矶头险情。

6月9日，全市防汛抗旱工作会议召开。

7月4—5日，省委常委、省委宣传部部长张昌尔到石首市、公安县、松滋市，沿荆州大堤、长江干堤和荆南四河，察看堤防险工险段以及排涝设施建设。

7月14—15日，常务副省长周坚卫到荆州检查防汛工作。

7月31日，江陵县荆江大堤观音寺段（桩号739＋950）距堤脚153米处发生管涌险情。

8月8日，副省长刘友凡到荆州长江干堤、荆南四河堤防，检查指导防汛工作。

9月5日，以水利部副部长矫勇为组长的国务院水利安全督查组对荆州长江河道水利安全生产工作进行督查。

10月14—15日，石首长江干堤北碾垸发生崩岸险情。年内，此处相继发生多次崩岸险情，共计崩长645米。

2008 年

4月22日，荆州市确定每年4月1日至10月31日，在长江沿线、荆南四河、总干渠、西干渠、东荆河等主要江、河、渠，全面实施洲滩禁牧。

由水利部副部长周英任组长的国家防总长江防汛检查组检查荆州市长江防汛工作。

5月21日，国务院三峡建设委员会泥沙专家组在荆州召开三峡工程蓄水后荆江河段变化情况及三峡工程对荆江河段影响的论证结论阶段性评估座谈会。

6月4日，省委常委、常务副省长李宪生检查荆州长江防汛工作。

6月5日，中共中央政治局委员、国务院副总理、国家防总总指挥回良玉视察荆州长江堤防，实地查看荆江大堤江陵西流堤崩岸、观音寺管涌和沙市康家桥整治工程。

6月10—11日，省委常委、省委宣传部部长张昌尔率领省直有关部门检查荆州长江防汛工作。

6月23日，广州军区副政委张汝成中将、参谋长徐粉林少将检查荆州长江防汛工作。

7月2日，省长李鸿忠视察荆州长江防汛工作，实地查看石首久合垸堤防、荆江分洪工程节制闸（南闸）等防洪工程及公安虎渡河中河口崩岸险段。

7月3日，荆南长江干堤加固工程通过长委组织的竣工验收。工程全长189.2千米，总投资8.5亿元。

11月26日，全省农田水利建设现场会在洪湖召开。省委常委、副省长汤涛，荆州市委书记应代明出席会议。会议表彰洪湖市、松滋市等6个（县、市）区为全省农田水利基本建设先进单位。

12月19—21日，国防大学校长裴怀亮上将、济南军区副司令员叶爱群中将、广州军区副司令员丁寿岳中将、广州军区某集团军副军长张永少将、江苏省信息产业厅副厅长陈为保等一行，在荆州市领导陪同下，先后视察石首大垸镇焦家铺、东升镇南碾垸、调关镇八一大堤、调关矶头等险段，回顾1998年抗洪抢险场景，重温军民鱼水深情。

是年，自1994年开始实施的下荆河河势控制工程，至2008年止完成护岸14.77千米、加固7.36千米。

全市疏挖渠道422条、2229.4千米，新增和改善农田灌溉面积30万亩，新增和改善除涝面积40.2万亩，改造渍害低产田11.6万亩，水利结合灭螺面积2.74万亩，治理水土流失面积3.5平方千米。四湖流域综合治理完成渠道疏挖26.5千米，完成土方36万立方米。

荆州市水利局先后荣获2007—2008年省级文明单位、全省水利规费工作先进单位。

市直水利系统共缴纳"特殊党费"13.92万元捐助四川灾区。

2009 年

1月，湖北省洪湖分蓄洪区工程管理局获"全国精神文明建设先进单位"称号。

2月22日，全省堤防管理现场会在洪湖分蓄洪工程管理局监利分局召开。

2月25日，国务院南水北调建设工程委员会办公室主任张基尧就南水北调引江济汉工程建设问题来荆州实地调研。

3月30至4月1日，十一届全国政协提案委员会副主任王生铁一行视察荆江大堤、监利长江干堤。

4月16日，瑞士联邦委员会环境、交通、能源信息总部部长莫里茨·卢恩贝格尔及夫人、部长助理凯瑟琳·布里尼女士、环境署副署长安德里亚斯·高兹及夫人等一行，在瑞士驻华大使顾博礼陪同下，参观荆江大堤观音矶。

4月25—26日，水利部副部长矫勇率国家防总长江防汛抗旱检查组检查指导荆州长江防汛准备工作，实地查看荆江大堤万城闸和观音寺闸、荆南支流公安县斋公垱护岸、荆江分洪工程节制闸（南闸）及石首调关矶头等防洪工程和险工险段。

5月6日，公安县虎渡河中河口堤段发生大范围崩岸险情，崩长1450米。

5月18日，公安长江干堤南五洲堤段（桩号36+455～37+100）发生弧形崩岸险情，崩长600米，崩宽10米。

5月28日，国家防总专家组一行7人实地查看荆州长江崩岸现场。

6月4日，省委常委、常务副省长李宪生和省政府副秘书长卢焱群、省发改委主任许克振、省水利厅厅长王忠法一行检查荆州防汛工作。

6月8日，湖北武警总队参谋长刘荣宝一行视察荆江大堤郝穴铁牛矶险段。

6月9日，省委常委、省总工会主席张昌尔率省直有关部门负责人检查荆州长江防汛工作。

6月18日，省军区副司令员张洪振少将视察荆江大堤观音矶险段。

6月25日，广州军区司令员章沁生中将、参谋长徐粉林中将视察荆江大堤观音矶险段。

8月15日，国务院三峡办副主任卢纯考察荆江河势，实地查看公安腊林洲崩岸险情，就三峡工程建成后清水下泄对长江荆江段及支流水环境、堤防工程影响等进行专题调研。

9月9日，韩国水资源公社代表团一行7人在长委领导陪同下考察荆江大堤、荆江分洪工程，参观荆江大堤观音矶、荆江分洪工程进洪闸（北闸）。

9月17—19日，国家发改委、交通部、长委、中国国际工程咨询公司组成《三峡工程对长江中下游影响处理规划》评估专家组一行9人莅临荆州，先后实地查看松滋城区水厂、公安中和口崩岸、沙市盐卡码头、江陵观音寺闸和石首调关矶护岸、北门口崩岸及藕池河口等。

11月9日，中国水利工程协会决定，授予湖北省洪湖监利长江干堤整治加固（非隐蔽）工程等十大工程"中国水利工程优质（大禹）奖。"

是年，荆州市水利局被湖北省委、省政府表彰为"2007—2008年度省级文明单位"，被省人力资源和社会保障厅、省水利厅联合表彰为"全省水利系统先进集体"。

是年，三峡水利枢纽工程建成。

2010 年

1月4日，南水北调中线一期引江济汉工程开工准备工作座谈会在荆州召开。

1月11日，荆州市南水北调引江济汉工程建设领导小组正式成立，市长王祥喜任组长。

3月26日，南水北调中线一期引江济汉工程开工典礼在荆州区李埠龙洲垸举行，国务院南水北调建设工程委员会办公室主任张基尧、省委书记罗清泉、省长李鸿忠出席开工仪式。工期4年，总投资80亿元。

5月27日，副省长赵斌检查荆州长江防汛工作。

6月16日，上海世博会国际信息发展网馆"展母亲河魅力，倡导节水理念"主题活动长江荆州取水仪式在荆江宝塔湾举行。

6月18—19日，省人大常委会副主任罗辉带领省人大农村委及省直有关部门负责人专题调研荆州市农村安全饮水情况。

6月21—23日，省委常委、省纪委书记黄先耀检查督办荆州市荆江以南地区防汛备汛工作。

6月26日，引江济汉通航工程——汉宜大桥正式开工建设。此桥位于荆州市荆州区拍马村，全长901米，为引江济汉通航工程全线最长的桥梁。

7月27日，省委书记罗清泉在省水利厅、省交通运输厅主要负责人陪同下，现场查看公安长江干堤杨厂南五洲崩岸险情。

6月28日，省委常委、常务副省长李宪生检查荆州市长江以北地区防汛抗灾工作。

7月8—14日，荆州市连续7天普降大暴雨，其中洪湖螺山累计降雨量577.7毫米，日降雨量最大228.5毫米，为洪湖市有记录以来最大单日降雨量。荆州市受灾人口158.98万人，因灾死亡2人；受灾面积286.6万亩，绝收面积37.19万亩；倒塌房屋1866间，损坏房屋2953间，造成直接经济损失12.17亿元。

7月13日，省委常委、副省长张岱梨检查荆州防汛抗灾工作。

7月17日，省长李鸿忠带领省直有关部门负责人到洪湖检查指导防汛抗洪工作，看望慰问受灾群众。

7月20日，省委书记、省人大常委会主任罗清泉到监利县、洪湖市察看灾情，慰问受灾群众。

国家防总湖北、湖南检查组组长沙志忠一行检查荆州长江防汛工作。

8月5日，总参谋部副总参谋长章沁生上将视察荆州长江堤防并检查指导防汛抗灾工作。

8月16日，省委书记罗清泉率省直有关部门负责人到洪湖市、监利县调研灾后重建工作。

9月13日，国务院三峡办、水利部、长江委组织人民日报、新华社、中央人民广播电台、中央电视台、人民网等13家媒体的20余名记者参观荆江大堤，就三峡工程防洪效益发挥情况进行采访。

10月10日，省人大常委会副主任周坚卫带领省环保厅、省水利厅、省住建委相关负责人对荆州市四湖流域水环境整治工作进行视察。

10月31日，首批南水北调中线工程丹江口水库移民49户、215人落户江陵县滩桥镇。

12月1日，欧洲联盟防洪考察团考察荆江分洪工程进洪闸（北闸）。

12月9日，省人大常委会副主任刘友凡在省南水北调管理局局长郭志高陪同下，视察荆江大堤。

是年，荆州市政府第80号令颁布《荆州市城区地下水开采使用管理规定》，为实行最严格的水资源管理制度，进一步规范荆州城区地下水资源开采使用管理提供了政策依据。

年内，荆州市水利局被湖北省委、省政府和省军区授予"防汛抗灾先进集体"；被湖北省水利厅表彰为全省水利系统"五五"普法先进集体、全省水利系统2010年度社会治安综合治理工作优胜单位。在湖北省水利厅组织的"水法规知识竞赛"中，荆州市水利局获得第一名。

2011 年

1月5—6日，省委常委、省总工会主席张昌尔率领工作组到荆州市就加快水利改革发展情况进行调研。

4月，郝永耀任荆州市水利局局长。

5月6日，国务院南水北调办副主任张野一行到荆州检查南水北调中线引江济汉工程建设情况。

5月27日，水利部副部长周英、总参谋部应急办主任李海洋少将率国家防总长江防汛抗旱检查组一行赴公安县检查指导防汛抗旱工作，实地查看虎东干堤杨家湾和南五洲崩岸险情整治现场。

6月3日，中共中央政治局常委、国务院总理温家宝，中共中央政治局委员、国务院副总理回良玉在省长王国生、市委书记应代明等领导陪同下，视察荆江大堤观音矶、长湖五支渠抗旱现场。

9月14—15日，美国路易斯安那州州立大学昆虫学教授、白蚁专家克洛迪雅·汉生斯蒂尔女士与华中农业大学昆虫研究所雷朝亮教授、黄永应博士一行考察荆江大堤、公安长江干堤白蚁防治情况，参观荆江大堤白蚁防治所、公安白蚁防治科学研究所。

11月5日，中共中央政治局委员、中央政法委副书记、中央综治委副主任王乐泉在省、市领导陪同下视察荆江大堤。

11月8日，荆州市政府调整荆州市水土保持工作委员会成员名单，副市长刘曾君任主任。

11月，成都军区副政委刘良银中将视察荆江分洪工程进洪闸（北闸）。台湾水利署访问团参观荆江分洪工程进洪闸（北闸）。

12月19日，国家发改委检查组检查指导荆州长江堤防建设工作。

是年4—5月，荆州市春旱连夏旱，降水量少，江河水位低，部分地区人畜饮水困难。

干旱导致洪湖紧急转移渔民 957 户、3234 人，按每人每天补助生活费 10 元，共 64.32 万元。

年内，荆州市水利局被湖北省委、省政府表彰为全省万名干部进万村入万户活动先进单位。全市水利系统规划计划、水库湖泊管理、水利规划、饮水安全等工作受到湖北省水利厅表彰。

2012 年

1 月 6 日，湖北省水利厅与荆州市政府签署合作备忘录。"十二五"期间，省水利厅将支持荆州市争取中央和省级项目投资 197 亿元，为荆州振兴提供水利基础支撑，助推荆州"壮腰"。

1 月 19 日，国务院南水北调办副主任于幼军一行到荆州，看问慰问引江济汉工程建设者，并对工程建设进展情况进行检查督办。

2 月 19—25 日，澳大利亚可持续发展、环境、水资源与人口社区部副部长大卫·帕克先生率代表团一行 10 人考察荆江大堤。

3 月 14 日，省政府在荆州召开南水北调建设现场会，副省长田承忠出席并讲话。

4 月 24 日，由水利部副部长胡四一率领的水利部农村水电增效扩容督察组来荆，对农村水电增效扩容改造工作进行督办检查。

5 月 5 日，水利部纪检组组长董力，长江委主任、长江防总常务副总指挥蔡其华率领国家防总长江防汛抗旱检查组检查指导荆州防汛准备工作。省水利厅厅长王忠法陪同检查。

5 月 21 日，市委书记李新华检查长江防汛工作，重点查看荆江大堤万城闸、荆江分洪工程进洪闸（北闸）等防洪工程。

5 月 30 日，省委常委、省委宣传部部长尹汉宁，在市委书记李新华陪同下，检查荆州长江防汛工作，实地查看荆江分洪工程进洪闸（北闸）。

6 月 20 日，湖北省防汛抗旱指挥部办公室、湖北省荆江分蓄洪区工程管理局在公安举办纪念荆江分洪主体工程建成 60 周年专题座谈会。副省长赵斌、长江委副主任魏山忠、省水利厅厅长王忠法和市领导李新华、李建明等参加座谈会。

7 月 5 日，由省政府督查室主任李文涛牵头，在洪湖市召开洪湖分蓄洪区东分块项目前期准备工作座谈会，督办、协调工程项目前期有关工作。

7 月 10 日，国家防总领导在湖北省防办负责人陪同下检查荆州长江防汛工作，实地查勘荆江大堤江陵堤段管涌险情抢护现场。

7 月 13—20 日，水利部组织人民日报、新华社、中央电视台、光明日报、经济日报等多家媒体对公安县孟溪垸虎渡河中河口、荆江大堤观音矶、监利长江干堤何王庙等实地采访，了解荆州防洪体系建设成就对荆州长江防汛形势及社会经济发展带来的变化。

7 月 18 日，国家发改委项目评审中心评估组莅荆对荆江大堤进行实地查勘，就荆江大堤综合整险工程项目进行评审。

7 月 23 日，省委副书记张昌尔对公安县防汛工作进行检查。

7 月 24 日，长委主任蔡其华、副省长赵斌检查指导荆州长江防汛工作，实地查看荆江大堤尹家湾管涌现场。

7月25日，中共中央政治局委员、国务院副总理、国家防总总指挥回良玉率有关部、办、委领导视察荆江大堤，实地查看尹家湾管涌险情抢护情况。

7月26—30日，荆州市委书记李新华视察石首、监利、洪湖长江防汛工作，重点查看调关矶头、新堤大闸、新堤夹角崩岸整治工程，听取全市防汛工作汇报。

8月1日，省军区司令员汪金玉来荆州检查指导防汛工作，看望慰问防汛一线的民兵预备役人员。

8月1—2日，中共中央政治常委、国务院总理温家宝视察荆州长江防汛抗洪工作，重点查看荆江大堤观音矶险段、尹家湾管涌险情及荆南四河南平垸险情。

9月18日，国家发改委及荆南四河堤防加固工程专家评审组成员一行40人，实地查看虎西干堤仁洋湖险段，详细了解虎西干堤防洪能力和保护范围等情况。

9月24日，副省长赵斌带领省水利厅、省农业厅、省金融办和湖北省银行负责人到松滋市调研水利建设和金融支持农业等工作。

10月15—16日，全国人大常委会委员、农委主任委员王云龙率全国人大调研组莅临荆州，就荆江分蓄洪区农田水利建设进行专题调研。

10月22日，全国政协提案委员会副主任王生铁一行视察荆江分洪工程节制闸（南闸），调研荆江分洪工程建设管理情况。

10月24日，全国政协人口资源环境委员会副主任、原国务院南水北调办主任张基尧到荆州视察引江济汉工程建设情况。

11月28—29日，国务院南水北调办公室副主任蒋旭光率质量监督检查组，对南水北调中线引江济汉工程荆州段工程质量进行检查。

重要文献

政务院关于荆江分洪工程的规定

（1952 年 3 月 31 日）

长江中游荆江段由于河道狭窄淤垫，下游弯曲，不能承泄大量洪水，且堤身高出地面十数米，每当汛期，洪峰逼临，险工迭出，时有溃决的危险。如一旦溃决，不仅江汉广大平原遭受淹没，并将影响长江通航，且在短期内难以堵口善后。不决，则以长江水位抬高，由四口（松滋、太平、藕池、调弦）注入洞庭湖的水量势必增多，滨湖多数堤垸必遭溃决。为保障两湖千百万人民生命财产的安全起见，在长江治本工程未完成以前，加固荆江大堤并在南岸开辟分洪区乃是当前急迫需要的措施。

荆江分洪工程完成以后，如长江发生异常洪水需要分洪时，既可减轻洪水对荆江大堤的威胁，并可减少四口注入洞庭湖的洪量；同时，做好分洪区工程又能保障滨湖区不因分洪而受危害。这一措施对湖北、湖南人民都是有利的。为此，本院特作下列规定：

（1）1952 年仍以巩固荆江大堤为重点，必须大力加强，保证不致溃决，其所需经费可酌予增加。具体施工计划及预算由长江水利委员会会同湖北省人民政府拟订，限期完成。

（2）1952 年汛前应保证完成南岸分洪区围堤及节制闸、进洪闸等工程，并切实加强工程质量。其所需人力，应由湖北、湖南和部队分别负担。

（3）1952 年不拟分洪。如万一长江发生异常洪水威胁荆江大堤的最后安全，在荆江分洪工程业已完成的条件下，可以考虑分洪，但必须由中南军政委员会报请政务院批准。

（4）湖北省分洪区移民工作应于汛前完成。

（5）关于长江北岸的蓄洪问题，应即组织勘察测量工作，并与其他治本计划加以比较研究后再行确定。

（6）为胜利完成 1952 年荆江分洪各主要工程，应由中南军政委员会负责组成一强有力的荆江分洪委员会和分洪工程指挥机构，由长江水利委员会和湖南、湖北两省人民政府及参加工程建设的部队派人参加，并由中南军政委员会指派得力干部任正副主任，工程指挥机构的行政与技术人员由各有关单位调配。

上述各项工程，因时间紧迫必须抓紧进行周密的准备工作，并保证按期完成。至于人力、器材、运输及技术等方面，如中南力量不足时，得提出具体计划，速报请政务院予以解决。

中南军政委员会关于荆江分洪工程的决定

(1952 年 3 月 15 日)

查荆江大堤的安危，不仅关系湖北、湖南两省，而且是长江交通要道，关系全国经济体系。但荆江大堤却是长江全线最薄弱最危险地带，堤身高出地面十数公尺，堤防险工迭出，每当汛期，洪峰逼临，时有溃决之虞。如一旦溃决，将使江汉平原变成大海，不仅江汉 300 万人民、700 万亩良田被淹没，并要影响长江通航，贻祸将不堪设想。且在短时期内又难以善其后，为适当减除荆江大堤的危险，确保长江航运畅通，并保障两湖人民生命财产的安全起见，除荆江大堤本身加固外，荆江分洪工程是目前十分必要的迫切措施。

长江水利委员会在去年提出此一计划，业经中央水利部研究，提请周总理作出决定。本会 3 月 4 日召集湖南、湖北两省负责同志及本会水利、农林、交通各有关部门负责人商讨，一致同意荆江分洪的计划，认为此一计划的方针是照顾了全局，兼顾了两省，对两湖人民都是有利的。并经中南军政委员会第七十四次行政会议通过作出如下决定。

一、荆江大堤继续培修加固，保证安全度过洪峰达到 1949 年的水位。

二、荆江南岸蓄洪区堤工及南面节制闸立即动工，必须于 6 月底前完成。北面进洪闸争取同时动工，汛前完成。

三、蓄洪区移民事宜由湖北省人民政府于汛前完成。

四、1952 年不拟分洪，如万一今年水量过大，万不得已需要分洪时须经本会报请政务院周总理批准后方能执行。

五、长江北岸蓄洪问题，应积极进行勘察，俟勘察完毕，作研究后再行确定。

六、这一工程所需人力、物力非常浩大，而时间又甚短促，为胜利完成此一艰巨的政治任务，指定：

（1）分洪工程以军工为主，南线堤工由军工担任，虎渡河西岸山地工程由湖北动员民工担任，南面节制闸由湖南动员民工 2 万人，湖北动员民工 1 万人担任。××兵团部全部调任分洪总指挥部工作。

（2）湖北省荆州及湖南省常德两专区全部军政机关力量，听候总指挥部调动，负责供应工作。

（3）中南水利局、长江水利委员会须将全力投入此一工程。

（4）荆江大堤培修加固由中游局负责。

（5）运输任务由交通部负责。

（6）物资及日用品之调拨供应由财委系统各部门负责。

（7）工人及干部的调配、宣传、教育、医药卫生、保卫工作、劳动改造队的调配管理及施工区司法工作等，由中南劳动部、人事部、文化部、教育部、卫生部、公安部及最高人民法院中南分院等部门分担，并须指定专人负责进行。

七、成立荆江分洪委员会，以李先念为主任委员，唐天际、刘斐为副主任委员，郑少文为秘书长，黄克诚、程潜、赵毅敏、赵尔陆、潘正道、齐仲恒、张广才、李毅之、林一山、许子威、王树声、袁振、徐觉非、郑绍文、刘惠农、田维扬、李一清、刘子厚、张执一、任士舜等为委员，以统一事权，集中力量。

成立荆江分洪工程总指挥部，以唐天际为总指挥，王树声、林一山、许子威为副总指挥，李先念为总政委，袁振为副总政委。

成立南线工程指挥部，以许子威为第一指挥，田维扬为第二指挥，李毅之、徐觉非、任士舜为副指挥。

成立北闸工程指挥部，张广才为指挥，阎钧为副指挥。

八、荆江分洪委员会及其指挥机构有权与各方面商洽与决定一切有关分洪工程事宜，并有权调拨有关分洪工程的人力、物力；在工程上所需器材，加工订货，物资运输等均须享受优先权。各有关部门，必须大力支持，不得借故推延，有关地区各级人民政府必须听候调度，接受指定任务，协力完成。

九、在人力、器材及技术等各方面，凡中南力量不足者，荆江分洪委员会总指挥部应迅速提出具体计划，请求政务院帮助解决。

国务院关于漳河工程设计任务书的批复

（1963 年 8 月 5 日）

国家计划委员会并湖北省人民政府：

根据国家计划委员会 1963 年 7 月 31 日的审查意见，国务院同意修正后的漳河水库设计任务书。现在批复如下：

（一）水库防洪标准和坝高问题。

鉴于水库总容量达 22 亿立方米以上，属巨型水库，下游又有沙市等重要城镇和长江荆江大堤，因此同意采取防洪库容与兴利库容重复利用和增设泄洪隧洞的措施。将水库的防洪标准，从原设计的百年一遇设计、千年一遇校核，提高为千年一遇设计、万年一遇校核。

水库坝高。由于影响的因素较多，如死水位、正常高水位，防洪库容与兴利库容重复利用方式，泄洪隧洞的位置和规模等，而这些方面，都还需要论证。因此，对设计任务提出的坝顶高程 127.00 米（观音寺大坝）和 125.50 米（鸡公尖大坝），暂不决定，留待水电部审查修正初步设计时，结合有关因素，进一步分析论证后，再行核定。1963 年暂按原设计坝顶 123.50 米进行加固。在修正初步设计中，对防洪库容与溢洪道规模的相关关系和水库下游防洪标准的选定还需要作补充论证。

（二）灌区规模问题。

按水量平衡计算。单位灌溉面积的供水标准偏低。因此，灌区规模应控制不超过 286 万亩（灌溉保证率 75％），渠道断面、建筑物的规模和工程投资均应按此确定。同时由水电部在审查修正初步设计时，对水量平衡，灌区规模和灌区效益，作进一步审查。

由于水库调节的水量有限，西干渠不考虑跨越漳河，至于四渠的效益问题，要求在修正初步设计中作必要的补充论证。

（三）木材过坝设计问题。

据了解水库枢纽对漳河上游木材流放产生了影响，应考虑增建木材过坝设备和分配流放木材所必需的水量。要求在修正初步设计中，经过比较论证后，提出方案。

（四）工程总投资，由水电部在审查修正初步设计时本着厉行节约的精神，予以确定。

国务院批转《水利电力部关于黄河、长江、淮河、永定河防御特大洪水方案报告》的通知

各省、自治区、直辖市人民政府，国务院各部委、各直属机构：

国务院同意水利电力部《关于黄河、长江、淮河、永定河防御特大洪水方案的报告》，现转发给你们，请贯彻执行。

防御各大江河可能发生的特大洪水，是一件关系到社会主义经济建设和广大人民生命财产安全的大事，必须予以足够的重视，绝不可掉以轻心。应当看到，建国以来，我们虽然进行了大规模的江河整治，各大江河的防洪能力有了不同程度的提高，但对于特大洪水，现在还不能完全控制。在遭受难以抗御的特大洪水袭击的情况下，为了保全大局，减少损失，适时地采取分洪、滞洪措施是必要的。对此，各有关地区要事先做好准备。要认真研究并落实分洪区、滞洪区的特殊政策，调整生产结构，积极研究试行防洪保险或防洪基金等办法。对于分洪区、滞洪区内的安全设施、房屋形式及预警通讯建设，要及早安排好。要严格制止盲目围垦湖泊、洼地，对于应该退田还湖的，要抓紧落实。

要做好宣传教育工作，向分洪区、滞洪区广大干部和群众说明小局服从大局的道理，要求在大洪水面前，一定要以大局为重，坚决服从各级防汛指挥部的调度，干部必须以身作则，加强组织纪律性，对不服从调度命令，阻碍行洪的，要严加惩处。

对于报告中防御特大洪水的具体部署，公开宣传报道要慎重，报道时机由水电部提出，报国务院确定。

中华人民共和国国务院
1985 年 6 月 25 日

附：《黄河、长江、淮河、永定河防御特大洪水方案》的第二部分：长江防御特大洪水方案

长江中下游平原地区有耕地 9000 多万亩，人口 6000 多万人，有武汉、长沙、南昌、芜湖、南京、上海等重要工商业城市，是我国精华所在。这一平原地区的地面高程普遍低于长江干流及支流尾闾的洪水位，现在主要依靠总长约 3 万公里的大堤与圩垸来抗御洪水。历史上这里洪水灾害频繁、严重。据记载，从汉代到清末的 2000 多年中，长江共发生较大洪水 200 余次，平均 10 年一次。19 世纪中叶，出现过 1860 年和 1870 年两次特大洪水，宜昌站洪峰流量分别为 9.25 万立方米每秒和 11 万立方米每秒，两湖平原损失惨重。1931 年全江大水，洪水淹没耕地 5000 余万亩，受灾人口 2850 多万，死亡 14.5 万人，沙市、汉口、南京等沿江城市均被水淹。1935 年长江及支流汉江、澧水大洪水，淹没耕地 2200 余万亩，受灾人口 1000 万，死亡 14.2 万人。新中国成立以后，1954 年长江发生了全流域型洪水，洪水超过了 1931 年，虽然保证了荆江大堤和武汉市、南京市的安全，但仍淹没耕地 4700 余万亩，死亡 3.3 万人，影响京广铁路正常行车达 100 天。

长江中下游洪水灾害的成因，主要是峰高量大而河槽泄量不够。历史上，长江洪水主要依靠两岸大小湖泊分蓄。但是，长期以来，长江干支流的泥沙将这些湖泊逐渐淤积，随着人口增加，不断围垦开发，北岸的云梦泽，自明代建成荆江大堤后，已成为 1000 多万亩耕地的江汉平原，南岸的洞庭湖，依靠圩垸保护，也已形成 1000 万亩耕地。目前，荆江河段的安全泄量，大约为 6.1 万立方米每秒，而宜昌站近百年来，洪峰超过 6 万立方米每秒的达 23 次。洞庭湖出口处城陵矶以下河段安全泄量约 6 万立方米每秒，而在 1931 年、1935 年、1954 年等几个大水年的汇合洪峰，都在 10 万立方米每秒左右，远远超过河道的泄洪能力。1931 年和 1954 年大水，超过河道安全泄量的洪水都在 1000 亿立方米以上，不是一般规模的工程可以解决的。如何处理这样大量的超额洪水，是长江中下游防洪的矛盾所在。

30 多年来，在长江干流和主要支流，已建成较为完整的堤防体系，并整治了下荆江局部河段，提高了荆江的泄洪能力。修建了荆江分洪区和汉江杜家台分洪区等分、滞洪工程，累计完成土石方 30 多亿立方米，其中石方约 3000 万立方米。在汉江上建成了丹江口水库，加上下游的分洪工程，可基本控制汉江的洪水。但是，长江干流还没有控制工程，支流大中型水库虽有 965 座，总库容 920 亿立方米，但极为分散，只能控制局部地区的灾害，不能削减长江干流的洪峰。现在干流和主要圩垸堤防只能抗御 10 年一遇到 20 年一遇洪水。

如果重现 1954 年洪水，还要有计划地分洪 500 亿～700 亿立方米，淹地 1500 万亩，临时转移 700 万人。虽然淹没面积可争取比 1954 年减少，但是由于国民经济的发展，其损失要比 1954 年大得多，估计将达数百亿元。如果遇到历史上曾经出现的 1870 年特大洪水，灾害将更加严重。

长江中下游的防汛任务是：遇到 1954 年同样严重的洪水，要确保重点堤防的安全，努力减少淹没损失。对于比 1954 年更大的洪水，仍需依靠临时扒口，努力减轻灾害。为此，要严禁围垦湖泊并有计划地整治上下荆江，提高泄洪能力，及早兴建三峡水利枢纽，改善长江中游防洪险峻局面。其防洪具体措施是：

（1）经过培修巩固堤防，尽快做到长江干流防洪水位比 1954 年实际最高水位略有提高，以扩大洪水泄量。具体要求是：沙市保证 44.67 米，争取 45.00 米；城陵矶保证 33.95 米，争取 34.40 米；汉口维持 29.73 米不变；湖口保证 21.68 米，争取 22.50 米。

（2）明确分洪、滞洪任务，安排超额洪水。按上述水位进行合理调度，如遇 1954 年同样洪水，争取分洪量减为 500 亿～700 亿立方米。具体安排是：

当沙市水位到达 44.67 米（争取 45.00 米），预报将继续上涨时，即开荆江分洪区北闸分洪 6000～7700 立方米每秒；水位仍上涨时，扒开腊林洲堤进洪，合计分洪流量可达 1.5 万～1.7 万立方米每秒。如预报来量大，仍将上涨时，则运用涴市扩建区，最大进洪 5000 立方米，同时将虎渡河东、西两堤扒开，与荆江分洪区联合运用。这一措施，约可解决枝城洪峰流量 8 万立方米每秒洪水（荆江分洪区位于湖北省长江荆江段右岸的公安、江陵县境内，包括荆江分洪区、涴市扩建区和虎西备蓄区，共有耕地 67 万亩，人口 48.9 万，可分蓄洪水 54 亿立方米，连同涴市扩建区为 62 亿立方米）。当荆江分洪区水位将超过 42.00 米时，在无量庵扒口泄洪，如干流泄洪不及，则分洪入人民大垸。必要时可从中洲子、青泥洲吐洪入江，再由大马洲、乌龟洲和上车湾泄洪入洪湖；再大时可由吴老渊扒口入洪湖。无量庵吐洪量大于 2 万立方米每秒时还要由石首以西江堤扒口，向南分洪入东洞庭湖。

城陵矶控制水位 33.95 米时，分洪量为 420 亿立方米（控制水位为 34.40 米时，分洪量为 320 亿立方米），由洞庭湖、洪湖各滞洪一半，即各滞洪 160 亿～210 亿立方米。洞庭湖除了力争要保的民主阳城垸、大通湖、烂泥湖、松澧、沅南、育才、乐新、安保、安造、安尤、湘滨南湖圩垸以外，其余圩垸为洞庭湖分洪区（洞庭湖分洪区内约有耕地 240 万亩，人口 128 万；洪湖分洪区内约有耕地 120 万亩，人口 86 万）。

武汉市附近，按汉口水位 29.73 米控制，超额洪水运用杜家台滞洪区、武湖、张渡湖、白潭湖、西凉湖和东西湖滞洪，共分蓄 68 亿～110 亿立方米（约有耕地 106 万亩，人口 71 万）。

鄱阳湖湖口附近，按湖口水位 22.00 米控制（争取 22.50 米），运用鄱阳湖和华阳河滞洪 130 亿立方米（或 50 亿立方米），各滞洪一半（鄱阳湖分洪区内有耕地 78 万亩，人口 53.9 万；华阳河分洪区内有耕地 112 万亩，人口 79 万）。

（3）如遇 1870 年同样洪水的紧急措施是：除按前述程序开闸扒口外，预报枝城来量将超过 8 万立方米每秒时，即主动在上百里洲北堤、南泓采穴附近两岸堤及杨家垴一带江堤扒口，要求进洪 3 万立方米每秒；并将虎渡河西堤半边山以上、东堤夹竹园以上扒开，与荆江分洪区联合运用。无量庵吐洪 4 万多立方米每秒，人民大垸吐洪 2 万立方米每秒入洪湖；由石首以西江堤扒口分洪约 1.45 万立方米每秒南下入东洞庭湖。

在防御 1954 年同样洪水时，长江荆江分洪区的分洪运用，由中央防汛总指挥部决定；其余的行洪、滞洪区和有关湖泊的滞洪运用，由长江中下游防汛总指挥部商所在省人民政府决定。在防御 1870 年同样洪水时的分洪运用，需经国务院的批准。

国家防汛抗旱总指挥部关于
长江洪水调度方案的批复

（国汛〔2011〕22号）

长江防汛抗旱总指挥部，四川、重庆、湖北、湖南、江西、安徽、江苏、上海等省（直辖市）防汛抗旱指挥部，长江水利委员会：

国家防汛抗旱总指挥部同意长江水利委员会会同四川、重庆、湖北、湖南、江西、安徽、江苏、上海8省（直辖市）人民政府制定的《长江洪水调度方案》，现予印发，请遵照执行。国家防汛抗旱总指挥部1999年批准的《长江洪水调度方案》（国汛〔1999〕10号）同时废止。

长江洪水调度工作事关长江中下游流域重点地区、重要城市和重要设施的安全，请你们认真落实方案中确定的各项任务和措施，做好长江洪水调度工作，确保防洪安全。

附：长江洪水调度方案

根据国务院批复的《长江流域防洪规划》和《三峡水库优化调度方案》，结合目前长江流域防洪工程状况和长江流域防洪形势，在《长江洪水调度方案》（国汛〔1999〕10号）基础上，修订长江洪水调度方案如下：

一、防洪体系建设情况

经过几十年的防洪体系建设，长江中下游已基本形成了以堤防为基础、三峡水库为骨干，其他干支流水库、蓄滞洪区、河道整治相配合，以及平垸行洪、退田还湖等工程措施与防洪非工程措施相结合的综合防洪减灾体系。

（一）堤防工程

长江中下游堤防包括长江干堤、主要支流堤防，以及洞庭湖区、鄱阳湖区等堤防，总长约30000千米，是长江防洪的基础。目前，长江中下游3900余千米干堤已全部完成达标建设。

长江中下游干流堤防设计洪水位分别为沙市45.00米、城陵矶（莲花塘）34.40米、汉口29.73米、黄石27.50米、湖口22.50米、大通17.10米、芜湖13.40米（有台风为13.50米）和南京10.60米（有台风为11.10米）。

荆江大堤、无为大堤、南线大堤、汉江遥堤以及沿江全国重点防洪城市堤防为Ⅰ级堤防。松滋江堤、荆南长江干堤、洪湖监利江堤、岳阳长江干堤（岳阳市城区段除外）、四邑公堤、汉南长江干堤、粑铺大堤、黄广大堤、九江大堤（九江市城区段除外）、同马大堤、广济圩江堤、枞阳江堤、和县江堤、江苏长江干堤（南京市城区段除外）等为Ⅱ级堤防。洞庭湖区、鄱阳湖区重点圩垸堤防为Ⅱ级，国家确定的蓄滞洪区其他堤防为Ⅲ级。汉江下游干流堤防为Ⅱ级（武汉市城区段除外）。

长江中下游干流Ⅰ级堤防堤顶超高一般为2.0米，Ⅱ级及Ⅲ级堤防堤顶超高一般为1.5米，江苏南京以下感潮河段长江干堤堤顶超高为2.0～2.5米，其他堤防超高一般为 1.0 米，城陵矶附近长江干堤（北岸龙口以上监利洪湖江堤、南岸岳阳长江干堤）在上述标准的基础上增加 0.5 米的超高；洞庭湖及鄱阳湖临湖堤风浪大、吹程远，重点圩垸堤防临湖堤超高 2.0 米，临河堤超高 1.5 米，洞庭湖蓄滞洪区堤防临湖堤超高 1.5 米，临河堤超高 1.0 米，东、南洞庭湖堤防在上述标准的基础上增加 0.5 米的超高。

（二）河道治理工程

长江中下游干流河道总长 1893 千米，共划分为 30 个河段，其中宜枝、上荆江、下荆江、岳阳、武汉、鄂黄、九江、安庆、铜陵、芜裕、马鞍山、南京、镇扬、扬中、澄通、长江口等 16 个河段为重点河段；陆溪口、嘉鱼、簰洲湾、叶家洲、团风、韦源口、田家镇、龙坪、马挡、东流、太子矶、贵池、大通、黑沙洲等 14 个河段为一般河段。

长江中下游干流以控制河势和防洪保安为主要目标，开展了较大规模的河道治理，河道河势得到初步控制。干流各河段现状的行洪能力：荆江沙市河段约为 53000 立方米每秒，城陵矶河段约为 60000 立方米每秒，武汉河段约为 73000 立方米每秒，湖口河段约为 83000 立方米每秒。

（三）蓄滞洪区

长江中游干流目前安排了 40 处蓄滞洪区（如洪湖蓄滞洪区按东、中、西 3 块考虑，则蓄滞洪区总数为 42 处），总面积约为 1.2 万平方千米，耕地 711.8 万亩，人口约 632.5 万人，有效蓄洪容积约 589.7 亿立方米。

重要蓄滞洪区 13 处，分别为荆江分洪区、洪湖东分块、钱粮湖、共双茶、大通湖东、围堤湖、民主、城西、澧南、西官、建设、杜家台、康山蓄滞洪区；一般蓄滞洪区 13 处，分别为洪湖中分块、屈原、九垸、江南陆城、建新、西凉湖、武湖、张渡湖、白潭湖、珠湖、黄湖、方洲斜塘和华阳河蓄滞洪区；蓄滞洪保留区 16 处，分别为浣市扩大分洪区、人民大垸分洪区、虎西备蓄区、君山、集成安合、南汉、和康、安化、安澧、安昌、北湖、义合、南顶、六角山、洪湖西分块、东西湖蓄滞洪区。

（四）重点大型水库

长江流域在干支流上已建成大中小型水库 4.6 万座，总库容 2349 亿立方米。以防洪为首要任务的大型水库，目前已建成的有三峡、丹江口、江垭、皂市等，已建和基本建成且具有较大防洪作用的水库还有二滩、紫坪铺、瀑布沟、构皮滩、彭水、宝珠寺、隔河岩、水布垭、漳河、五强溪、柘溪、万安、柘林、廖坊等，正在建设的具有较大防洪作用的水库有溪洛渡、向家坝、锦屏一级、亭子口、峡江等。

（五）平垸行洪、退田还湖

1998 年长江大洪水后，对长江中下游干堤之间严重阻碍行洪的洲滩民垸、洞庭湖及鄱阳湖区部分在常遇洪水时即遭受洪灾的湖滩及民垸进行了平垸行洪、退田还湖建设。平垸行洪、退田还湖圩垸分两类，一是退人又退耕的"双退"圩垸，二是退人不退耕的"单退"圩垸。目前，长江中下游干流已实施单退圩垸 331 个、面积 1975 平方千米、蓄水容积 77.1 亿立方米。其中，城陵矶以上河段洲滩民垸的蓄水容积为 26.4 亿立方米，城陵矶至汉口河段的蓄水容积为 8.4 亿立方米，汉口至湖口河段的蓄水容积为 8.5 亿立方米，湖口以下河段的蓄水容积为 35.8 亿立方米。

（六）防洪非工程措施

目前，长江流域向长江防汛抗旱总指挥部报汛的站点总数基本上能控制流域水雨情，随着国家防汛抗旱指挥系统的建成运行和中央报汛站实现报汛自动化，水文测报能力显著提高，初步建立了一套基本适应当前防汛需要的水情信息系统；经过不断的修编，洪水作业预报方案逐步完善；随着长江流域防汛调度系统、水情会商系统、洪水预报系统的建成，水情预报精度和时效性显著提高，在 1998 年、2010 年等抗洪斗争中发挥了重要作用，基本满足长江流域防汛需要。以三峡水库为核心的水库群联合调度技术也逐步成熟，提高了长江流域的防洪安全保障能力。

二、长江干支流现有防洪能力

长江干支流主要河段现有防洪能力大致为：荆江地区依靠堤防可防御 10 年一遇洪水，通过三峡水库调节，遇 100 年一遇及以下洪水可使沙市水位不超过 44.50 米，不需启用荆江地区蓄滞洪区，遇 1000 年一遇或 1870 年同大洪水，通过三峡水库的调节，可控制枝城泄量不超过 80000 立方米每秒，配合荆江地区蓄滞洪区的运用，可控制沙市水位不超过 45.00 米，保证荆江河段行洪安全。城陵矶河段依靠堤防可防御 10～20 年一遇洪水，通过三峡水库的调节，一般年份基本上可不分洪（各支流尾闾除外），遇 1931 年、1935 年、1954 年大洪水，可减少分蓄洪量和土地淹没，考虑本地区蓄滞洪区的运用，可防御 1954 年洪水。武汉河段依靠堤防可防御 20～30 年一遇洪水，考虑河段上游及本地区蓄滞洪区的运用，可防御 1954 年洪水（其最大 30 天洪量约 200 年一遇）。湖口河段依靠堤防可防御 20 年一遇洪水，考虑河段上游及本地区蓄滞洪区的运用，可满足防御 1954 年洪水的需要。

汉江中下游依靠堤防、丹江口水库及杜家台分洪工程可防御 20 年一遇洪水，配合新城以上民垸分洪，可防御 1935 年同大洪水，约相当于 100 年一遇。赣江可防御 20～50 年一遇洪水，其他支流大部分可防御 10～20 年一遇洪水，长江上游四川腹地各主要支流依靠堤防和水库一般可防御 10 年一遇左右洪水。

三、设计洪水

（一）荆江河段设计洪水

荆江河段的防洪标准以防御枝城 100 年一遇洪水洪峰流量为目标，同时对遭遇 1870 年同大洪水应有可靠的措施，保证荆江两岸干堤不发生漫溃，防止发生毁灭性灾害。

枝城站系荆江河段的入流站，枝城站设计洪水成果见下表。

枝城站设计洪水成果表

时段	统计参数			设计流量/(m^3/s)					
	E_x	C_v	C_s/C_v	0.1%	0.33%	0.5%	1%	2%	5%
日均流量	54100	0.21	4.0	102800	94600	92100	87000	82200	75200

（二）城陵矶及以下干流河段设计洪水

长江中下游城陵矶及以下干流河段总体防洪标准为防御新中国成立以来发生的最大洪水，即1954年洪水。

城陵矶以下河段以螺山站作为代表站。螺山站30天总入流设计洪水成果见下表。1954年洪水螺山站30天总入流为1975亿立方米，约180年一遇。

螺山站30天总入流设计洪水成果表

时段	统计参数			设计流量/(m³/s)				
	E_x	C_v	C_s/C_v	0.33%	0.5%	1%	2%	5%
30天洪量/亿 m³	1190	0.21	4.0	2088	2027	1919	1808	1652

四、洪水调度原则和目标

（一）洪水调度原则

（1）坚持以人为本、依法防洪、科学调度的原则。

（2）坚持蓄泄兼筹、以泄为主，上下游兼顾、左右岸协调，局部利益服从全局利益的原则。

（3）当发生大洪水时，适时运用洲滩民垸，充分发挥河道的泄洪能力；利用三峡及其他水库拦洪错峰，充分发挥水库的防洪作用；当河道控制站水位接近并预报将超过堤防设计水位时，适时启用蓄滞洪区分蓄超额洪水。

（4）统筹处理好防洪与排涝的关系，遇大洪水时，排涝服从防洪的要求。

（5）兴利调度服从防洪调度，在确保防洪安全和不影响排涝的前提下，兼顾洪水资源利用。

（6）各干支流水库在保证下游防洪保护对象和本身防洪安全的情况下，若中下游干流发生大洪水，应尽量拦蓄洪水，以减轻中下游干流防洪压力。

（二）洪水调度目标

发生防御标准以内洪水时，确保重要水库、重点堤防、重要城市和地区的防洪安全。遇超标准洪水或特殊情况，采取非常措施，保证重要城市和地区的防洪安全，最大限度地减轻洪灾损失。

五、洪水调度

（一）水库调度

（1）三峡水库在保证枢纽大坝安全的前提下，对长江上游洪水进行调控，使荆江河段防洪标准达到100年一遇，遇100年一遇至1000年一遇洪水，包括1870年同大洪水时，控制枝城站流量不大于80000立方米每秒，配合蓄滞洪区运用，保证荆江河段行洪安全，避免两岸干堤漫决发生毁灭性灾害；根据城陵矶地区防洪要求，考虑长江上游来水情况和水文气象预报，适度调控洪水，减少城陵矶地区分蓄洪量。

1）对荆江河段实施防洪补偿调度。当三峡水库水位低于171.00米时，控制沙市水位不高于 44.50 米；当三峡水库水位在 171.00～175.00 米之间时，控制枝城最大流量不超过 80000 立方米每秒，配合分洪措施控制沙市水位不超过 45.00 米。

2）对城陵矶河段实施防洪补偿调度。在长江上游来水不大，三峡水库尚不需为荆江河段防洪大量蓄水而城陵矶附近防洪形势严峻，且三峡水库水位不高于 155.00 米时，三峡水库兼顾对城陵矶河段进行防洪补偿调度，即按控制沙市水位不高于 44.50 米，同时城陵矶水位不超过 34.40 米进行防洪补偿调度。当三峡水库水位高于 155.00 米后，转为对荆江河段进行防洪补偿调度，不再对城陵矶河段进行防洪补偿调度。

3）三峡水库水位超过 175.00 米后，按照保枢纽安全的防洪调度方式运行。原则上，当入库流量小于水库泄流能力时，按来多少泄多少进行调度；当入库流量大于水库泄流能力时，按水库泄流能力下泄。届时可根据实时水雨情及防洪需要统筹考虑进行调度。

（2）长江上游发生中小洪水，根据实时雨水情和预测预报，三峡水库尚不需要对荆江或城陵矶河段实施防洪补偿调度，且有充分把握保障防洪安全时，三峡水库可以相机对中小洪水进行滞洪调度。

（3）沙市水位预报将超过 44.50 米时，若清江来水大，则利用清江隔河岩、水布垭水库配合三峡水库联合拦蓄洪水，控制沙市站水位不高于 44.50 米。

（4）根据长江中下游防洪需要，长江上游二滩、紫坪铺、瀑布沟、宝珠寺、构皮滩、彭水等干支流控制性水库在保证各水库下游和本身防洪安全的基础上，按照调度指令配合三峡水库为中下游拦蓄洪水，减轻防洪压力。

（5）清江、沮漳河、洞庭湖四水、鄱阳湖五河发生洪水时，充分发挥隔河岩、水布垭、漳河、五强溪、柘溪、凤滩、江垭、皂市、万安、柘林、廖坊等水库的拦洪作用，以减轻水库下游或长江干流防洪压力。

（二）河道及蓄滞洪区调度

1. 荆江河段（枝城—城陵矶）

（1）沙市水位预报将超过 44.50 米，相机扒开荆江两岸干堤间洲滩民垸行洪，充分利用河道下泄洪水，利用三峡等水库联合拦蓄洪水，控制沙市水位不超过 44.50 米。

（2）当三峡水库水位高于 171.00 米之后，如上游来水仍然很大，水库下泄流量将逐步加大至控制枝城站流量不超过 80000 立方米每秒，为控制沙市站水位不超过 45.00 米，需要荆江地区蓄滞洪区配合使用。

1）沙市水位达到 44.67 米，并预报继续上涨时，做好荆江分洪区进洪闸（北闸）防淤堤的爆破准备。

2）沙市水位达到 45.00 米，并预报继续上涨时，视实时洪水大小和荆江堤防工程安全状况，决定是否开启荆江分洪区进洪闸（北闸）分洪。北闸分洪的同时，做好爆破腊林洲江堤分洪口门的准备。在国家防汛抗旱总指挥部下达荆江分洪区人员转移命令时，湖南省接守南线大堤。

在运用北闸分洪已控制住沙市水位，并预报短期内来水不再增大、水位不再上涨时，应视水情状况适时调控直至关闭进洪闸，保留蓄洪容积，以备下次洪峰到来时分洪运用。

3）荆江分洪区进洪闸全部开启进洪仍不能控制沙市水位上涨时，则爆破腊林洲江堤口门分洪；同时做好涴市扩大区与荆江分洪区联合运用的准备。

4）荆江分洪区进洪闸全部开启且腊林洲江堤按设定口门爆破分洪后，仍不能控制沙市水位上涨时，则爆破涴市扩大区江堤进洪口门及虎渡河里甲口东、西堤，与荆江分洪区联合运用。运用虎渡河节制闸（南闸）兼顾上下游控制泄流，最大不超过 3800 立方米每秒，同时做好虎西备蓄区与荆江分洪区联合运用的准备。

5）预报荆江分洪区内蓄洪水位（黄金口站，下同）将超过 42.00 米时，爆破虎东堤和虎西堤，使虎西备蓄区与荆江分洪区联合运用。同时做好无量庵吐洪入江及人民大垸分洪运用的准备。

6）荆江分洪区、涴市扩大区、虎西备蓄区运用后，预报荆江分洪区内蓄洪水位仍将超过 42.00 米时，提前爆破无量庵江堤口门吐洪入江。预计长江干流不能安全承泄洪水时，在爆破无量庵江堤口门的同时，在其对岸上游爆破人民大垸江堤分洪。并进一步落实长江监利河段主泓南侧青泥洲、北侧新洲垸扩大行洪，清除阻水障碍等措施，确保行洪畅通。

上述措施可解决枝城 1000 年一遇或 1870 年同大洪水，若遇再大洪水，则视实时洪水水情和荆江堤防工程安全状况，爆破人民大垸中洲子江堤吐洪入江；若来水继续增大，则爆破洪湖蓄滞洪区上车湾江堤进洪口门，分洪入洪湖蓄滞洪区。

2. 城陵矶河段（城陵矶—东荆河口）

（1）城陵矶水位达到 33.95 米，并预报继续上涨时，视实时洪水水情，相机扒开城陵矶至东荆河口段长江干堤之间、洞庭湖区洲滩民垸进洪，充分利用河湖泄蓄洪水。城陵矶水位达到 34.90 米时，洲滩民垸须全部运用。

（2）城陵矶水位预报将达到 34.40 米并继续上涨，且三峡水库水位在 155.00 米以下时，三峡水库按控制城陵矶水位不高于 34.40 米进行防洪补偿调度。

（3）三峡水库水位达到 155.00 米后，如城陵矶水位仍将达到 34.40 米并继续上涨，则需采取城陵矶附近蓄滞洪区分洪措施。视重点保护对象安全需要，首先运用洞庭湖钱粮湖、大通湖东、共双茶和洪湖蓄滞洪区东分块，并相机运用屈原垸、建新垸、建设垸、民主垸、城西垸、江南陆城、澧南垸、西官垸、围堤湖、九垸等蓄滞洪区蓄洪。若在执行上述分洪过程中，预报城陵矶超额洪峰、洪量较大，运用上述蓄滞洪区分洪不能有效控制城陵矶水位时，则运用君山垸、集成安合等蓄滞洪保留区蓄洪水。

如城陵矶水位达到 34.40 米，但沙市水位低于 44.50 米且汉口水位低于 29.00 米时，城陵矶运行水位可抬高到 34.90 米运用。

（4）洞庭湖四水尾闾水位超过其控制水位（湘江长沙站 39.00 米、资水益阳站 39.00 米、沅水常德站 41.50 米、澧水津市站 44.00 米），危及重点圩垸和城市安全，可先期运用四水尾闾相应蓄滞洪区。

3. 武汉河段（东荆河口—武穴）

（1）汉口水位达到 28.50 米，并预报继续上涨时，视实时洪水水情，扒开东荆河口至武穴河段长江干堤之间洲滩民垸进洪，充分利用河道下泄洪水。汉口水位达到 29.00 米时，洲滩民垸应全部运用。

（2）汉口水位达到 29.50 米，并预报继续上涨时，视长江、汉江水情，首先运用杜家台蓄滞洪区，再运用武汉附近其他蓄滞洪区。

1）若汉江来水较大，在丹江口水库充分运用的条件下，则开启汉江下游杜家台分洪闸分洪；若汉江来水不大，首先运用黄陵矶闸分长江洪水入杜家台蓄滞洪区，若分洪量不足，视情况采取扩大分洪量的措施。

2）若武汉河段上游长江来水大，在首先运用杜家台蓄滞洪区之后，则视超额洪量大小，依次运用西凉湖、武湖、张渡湖、白潭湖蓄滞洪区蓄纳洪水，以控制汉口水位不超过29.73米。若武汉河段上游来水小，而汉口至湖口区间洪水较大，在首先运用杜家台蓄滞洪区之后，则视超额洪量大小，依次运用武湖、张渡湖、白潭湖、西凉湖蓄滞洪区蓄纳洪水，以控制汉口水位不超过29.73米。

（3）武汉附近杜家台、武湖、张渡湖、白潭湖、西凉湖蓄滞洪区运用后，汉口水位仍将超过29.73米时，启用东西湖蓄滞洪保留区蓄纳洪水。

4. 湖口河段（武穴—湖口）

（1）湖口水位达到20.50米时，并预报继续上涨时，视实时洪水水情，扒开武穴至湖口河段长江干堤之间、鄱阳湖区洲滩民垸进洪，充分利用河湖泄蓄洪水。湖口水位达到21.50米（鄱阳湖万亩以上单退圩堤水位为21.68米）时，洲滩民垸应全部运用。

（2）湖口水位达到22.50米，并预报继续上涨时，首先运用鄱阳湖区的康山蓄滞洪区，相机运用珠湖、黄湖、方洲斜塘蓄滞洪区蓄纳洪水。同时做好华阳河蓄滞洪区分洪的各项准备。

（3）运用上述4处蓄滞洪区后仍不能控制湖口水位上涨且危及重点堤防安全时，则运用华阳河蓄滞洪区分蓄洪水，华阳河蓄滞洪区分洪口门设在占家峦。

六、调度权限

（1）荆江分洪区的运用由长江防汛抗旱总指挥部商湖北省人民政府提出方案，由国家防汛抗旱总指挥部决定，国家确定的其他蓄滞洪区的运用由长江防汛抗旱总指挥部商所在省人民政府决定，由所在省防汛抗旱指挥部负责组织实施，并报国家防汛抗旱总指挥部备案。当洞庭湖四水发生洪水，为保护四水下游重点地区的防洪安全，需运用国家确定的四水尾闾蓄滞洪区分洪时，由湖南省提出要求，报经长江防汛抗旱总指挥部同意后执行。洲滩民垸的运用由各省防汛抗旱指挥部负责，报长江防汛抗旱总指挥部备案。

（2）三峡水库入库流量不超过25000立方米每秒，且库水位在汛期运用水位浮动范围内，原则上由中国长江三峡集团公司负责调度；三峡水库入库流量超过25000立方米每秒，但枝城流量小于56700立方米每秒，或相机对中小洪水采取调洪运用，由长江防汛抗旱总指挥部负责调度；枝城流量超过56700立方米每秒，或需对城陵矶河段进行补偿调度，由长江防汛抗旱总指挥部提出调度方案，报国家防汛抗旱总指挥部批准，中国长江三峡集团公司执行。

（3）丹江口水库的洪水调度由长江防汛抗旱总指挥部负责。水布垭、隔河岩水库和漳河水库的洪水调度由湖北省防汛抗旱指挥部负责，当水布垭、隔河岩水库配合三峡水库对荆江河段进行防洪补偿调度时，由长江防汛抗旱总指挥部负责调度。五强溪、柘溪、凤滩、江垭、皂市等水库的洪水调度由湖南省防汛抗旱指挥部负责。万安、柘林、廖坊等水库的洪水调度由江西省防汛抗旱指挥部负责。

（4）长江上游干支流为长江中下游预留防洪库容的水库，当需要配合三峡水库为长江中下游进行防洪调度时，由长江防汛抗旱总指挥部调度。防洪影响跨省（自治区、直辖市）的水库，在洪水调度过程中可能影响到两个省级行政区域防洪时，由长江防汛抗旱总指挥部提出调度方案，报国家防汛抗旱总指挥部批准，由有关水库管理单位执行。以上水库的年度度汛方案由长江防汛抗旱总指挥部审批，并报国家防汛抗旱总指挥部备案。

七、附则

嘉陵江、岷江、乌江、汉江、滁河、青弋江、水阳江、漳河及其他支流的洪水调度方案另行编制。

遇特殊情况，国家防汛抗旱总指挥部、长江防汛抗旱总指挥部可按照本方案的精神及有关规定，进行应急调度。

本方案中除三峡水库水位采用吴淞高程外，其他各控制站水位均采用冻结吴淞高程。

本方案由长江防汛抗旱总指挥部负责解释。

本方案自批准之日起执行，原《长江洪水调度方案》（国汛〔1999〕10 号）同时废止。

中南军政委员会发布长江沿岸护堤规约

（1951 年）

一、为了提高群众觉悟，开展群众性的护堤运动，以期堤防巩固，保障广大人民生命财产，特制定本规约。

二、本规约通用于长江沿岸及其重要支流之干堤。

三、本规约不论党、军、政、人民都有遵守的义务与责任。

四、堤内人民如见有违背规约之行为都有制止、批评、控诉、检举之责，如发现破坏行为者，应送交当地政府依法处分。

五、堤上不得栽植树木、竹子及其他农作物，以免损坏堤身，但堤身应普遍地种植扒根草以防冲洗。

六、堤内外种植树木、竹子及其他农作物等，应离堤脚 30 米以外，如种植农作物应在压浸台以外。

七、堤上禁止埋坟取土挖沟放水，安设阴沟、粪坑、修建房屋以及安放牛车等。

八、堤上禁止放牧猪牛及其他牲畜，并不得推行铁环独轮车，以免损坏堤身，如牲畜车辆必须经过时，应在该处加培走路。

九、江堤堤面、边坡应经常保持完整，不得损坏，如见有洞穴、裂缝、陷落凹窝、坍塌与草皮损坏等情，各管理段（或修防段）应依合理负担原则调配附近民工填补。

十、每年开关闸门时期，各管理段（或修防段）应根据每年水位情况，拟定防汛简报通告沿堤人民共同遵守。

十一、沿堤各区、乡政府，得以本规约原则，结合当地实际情况，订立公约，经群众会议讨论通过执行之，并报告长江水利委员会备查。

十二、本规约如有未尽事宜，得由长江水利委员会随时修订之。

十三、本规约自公布之日起实行。

中南军政委员会、中南军区关于
严禁挖掘堤坡防止引起水患的联合训令

（1950 年 5 月 18 日）

筑堤修坝，是为了防止水患与保护江湖沿岸广大人民之生命财产，也是我和平建设重大任务之一。近来接到湖北省以及其他地区报告，某些机关、部队，为了生产，竟有在堤防上进行刨草、伐柴、掘肥、开荒、担土等挖掘堤坡，破坏堤身行为。中南区水流较多，农业生产及某些城市，对堤坝依赖极大。如因从事生产，而挖掘堤坡，度汛到时，势必因小失大，将造成重大损失。为此，我各级政府与各级军区与部队及水利部门，应严格教育所属认识南方堤坝，对生产关系重大，勿因一锄之土，而溃百里之堤，以致千万亩良田为水淹没，造成千万人民的生活无依。因此，已发现挖堤坝者，应迅速责成所属机关或人员即行予以填补，并严令所属，今后不得再有类此情事发生。今后如发现仍有挖堤掘坝破坏堤身者，人人得予以逮捕，送交当地政府或有关领导机关予以惩处。

此外，各级政府与各级军区部队及水利部门，并有组织与协同群众保护当地堤坝之责，除组织与协同群众解决护堤工作中应进行之工作外，更须严密监视敌特分子对堤坝之破坏行为。护堤有功者奖，护堤不力者罚，务必切实执行为要！

荆州专区水利工程管理办法

[根据荆州专署（1962）荆秘字第 498 号文摘录]

一、堤防管理

（一）干支民堤是保障广大人民生命财产和社会主义建设的重要屏障，为了加强堤防管理与养护，确保堤防完整与安全，充分发挥其应有的抗洪能力，必须根据"统一领导，分级管理"的原则，建立与健全各级堤防管理机构，配备得力干部，认真做好管理养护工作。

（二）各级堤防管理机构的主要任务是：

（1）在各级党政统一领导、统一安排下，在上级业务部门技术指导下，依靠群众，发动群众，建立与健全群众性的护堤组织，制定群众性的护堤公约，认真贯彻执行有关堤防管理工作的各项政策法令，对一切破坏堤防的不法行为，有权制止和越权控告。

（2）根据需要，编制所管堤段加固培修的长期规划和年度计划。

（3）认真作好堤防岁修、防汛抢险的技术指导和锥探灌浆、消灭隐患等通常性的养护工作。

（4）大力培植防浪林，保护堤身，绿化堤防。

（5）经常深入检查堤防和堤上各种建筑物，加强河泓水位观测，开展科学研究工作，掌握险情和河床的变化情况，发现问题及时向上级汇报，并采取有效措施进行处理。

（三）凡影响江河泄洪和堤防安全的洲滩严禁围垦，对已经围垦而又影响江河泄洪和堤防安全的，应立即彻底刨毁，恢复原状。

（四）留足禁脚和留用的土地。

禁脚规定：荆江大堤、汉江遥堤，内留 30 米，外留 50 米，江汉干堤、东荆河堤，内留 10 米，外留 30 米。主要支民堤内留 5 米，外留 10 米，一般支民堤内外各留 5～7 米，荆江分洪安全区围堤内外各留 2～3 米，凡属险工险段，应在上述规定的基础上，适当多留。原留禁脚宽于上述规定者，仍应继续保留。

留用土地按土改时的规定，干堤禁脚以外内外各留 200 米（禁脚不在内，下同），支堤内外各留 150 米，民堤内外各留 100 米，凡属险工险段，外滩全部留用，堤内应在规定的基础上适当多留，留用土地所有权属国家，划交沿堤生产队耕种使用，但不发土地证。

（五）堤身和禁脚，严格禁止耕种、取土、挖塘、开沟、建屋、埋坟、挖堤修路和修建猪圈、牛栏以及影响安全的一切设施，对堤身及禁脚已遭破坏的应立即恢复原状。

（六）堤上所有涵闸、护岸、电杆、电线、测量标记、哨棚和其他附属建筑物，应妥善保护，不准破坏。存放堤上的岁修、防汛器材，要加强保管，注意防火防盗。任何单位和个人，未经批准，不得擅自动用。

（七）加强防浪林和护坡草皮的培育管理，未经管理部门同意，不得随意砍伐和铲除。

（八）无砂石路面的堤段，在降雨和雨后，路面未干时，禁止行驶机动车辆、载重牛马车、独轮车和拖拉机。

（九）江河干支流，不准拦河打坝和兴建码头，个别小支流，如果确实需要，必须报上级批准，未经批准，不准动工。

（十）荆江大堤、汉江遥堤，堤脚内外各 200 米；江汉干堤，堤脚内外各 100 米；主要支民堤，堤脚内外各 50 米范围内，不准开沟、挖塘和打井。如果确实需要，江汉干堤和东荆河堤报省批准，主要支堤报专署批准，未经批准，不得动工。

（十一）干支民堤上现有涵闸要加强管理维修养护，保证安全，今后在堤上修建涵闸和埋设虹吸管，无论规模大小，都必须经过批准，江汉干堤、东荆河堤报省批准，支民堤报专区批准，干支民堤上一律不准开挖明口。

（十二）各级堤防管理机构专职管理人员和沿堤地区的广大干部与群众都有保护堤防安全的责任；凡对保护堤防积极负责有显著成绩者，应给予奖励；凡违反上述规定，使堤防遭受破坏者，应分别情节轻重，给予应得的处分。

二、水库管理

（一）水库枢纽与灌区渠道工程必须根据"统一领导，分级负责"的原则，建立与健全管理机构，配备事业心强、身体健康、有一定工作能力的人担任管理工作。

（二）凡处在城镇和交通要道上游的水库，为了确保安全，其防汛标准相应提高一级。

（三）凡跨社、跨区、跨县、跨专区的水库，由上一级政府领导，或由上一级政府委托工程所在地政府领导。

（四）水库管理机构的主要任务是：

（1）对水库枢纽工程（指大坝、溢洪道、输水管）和渠系建筑物要进行经常性的养护维修工作，确保工程安全，延长工程寿命。

（2）根据气象预报，进行水文分析，做好水库调度运用和防汛防旱工作。

（3）依靠灌区群众，发动灌区群众，千方百计注意蓄水、保水、引水，合理用水，节约用水，扩大灌溉效益。

（4）注重灌溉试验研究，总结灌溉经验，加强灌区技术指导。

（5）建立工程管理档案制度，不断总结管理经验，改善管理办法，收集科学研究资料。

（6）在确保工程安全、充分发挥工程效益的前提下，利用水库资源，发展多种经营，实行经济核算，逐步做到自给自足。

（五）为了确保水库安全，必须做到：

（1）留足禁脚。

大坝禁脚：大型水库 200～300 米；中型水库 100～150 米；小型水库 50～100 米；小小型水库 10～15 米。

渠道禁脚：大型水库 5 米；中型水库 3 米；小型水库 2 米；小小型水库 1 米。填方险段适当多留。

（2）在大坝禁脚和渠系建筑物周围 300～500 米以内，禁止爆破。

（3）溢洪道设置拦鱼网，或增修建筑物，必须报请上级批准，未经批准，不得动工。

（4）禁止在水库内炸鱼。

（5）禁止在大坝或渠堤内外的边坡与禁脚上种庄稼、铲草皮、挖明口及其他一切危及坝、堤安全的行为。

（六）水库蓄水和控制运用，要服从统一指挥。汛期闸门启闭，蓄水亿方以上的水库，报省批准，蓄水千万方到亿方的水库，报专区批准，蓄水百万方到千万方的水库，报县批准。凡关系到两个县、两个区、两个公社以上受益的水库，其控制运用计划，由管理单位组织有关方面协商制定。报经上级主管部门批准后，由管理部门组织贯彻执行。

（七）水库管理单位，应本着"先急后缓、上下兼顾"的原则，注意掌握合理灌溉，严禁在干渠内打坝拦水或挖口放水。

（八）水库管理单位，每年要定期召开几次灌区代表会，总结灌溉经验，制定灌溉计划和用水公约，研究工程维修计划，解决灌区存在的突出问题。

（九）加强观测工作，凡蓄水 100 万方以上的水库，必须设置观测设备，经常注意大坝沉陷、建筑物位移和溢洪水位、流速、流量的观测工作，如有问题，随时研究分析，并按时上报观测资料。

（十）利用水库周围荒坡，有计划地植树造林，绿化水库。水库分水岭以内原有森林与当地生产队协商，实行封山育林，严禁乱砍滥伐和严格控制水土流失。

（十一）加强水电站的经营管理，以农业灌溉为主，适当照顾加工和生活用电，并注意节约开支，实行成本核算。

（十二）凡由国家投资或民办公助兴建的水库工程，受益单位（包括国家农场和其他用水单位）都应照章交纳水费。

（十三）各级水库管理机构，专职管理工作人员，水库受益地区的广大干部与群众，都有保护水库枢纽工程和渠道建筑物的责任；凡对水库管理养护工作有显著成绩者，应给予表扬和奖励；凡因工作不负责任、不遵守管理制度，使工程受到破坏，生产遭受损失者，应分别情节轻重，给予应得的处分。

三、涵闸管理

（一）大中小涵闸，都要根据"统一领导，分级管理"和"谁受益、谁管理"的原则，分别建立管理机构。凡跨县、跨区、跨社的涵闸，由上一级管理或由上一级委托一个单位管理。

（二）涵闸管理机构的主要任务是：

（1）搞好建筑物的维修、养护和保卫工作，按照工程设计能力，合理控制运用，确保工程安全。

（2）严格遵守操作规程，具体管理涵闸启闭。

（3）闸门启闭机要定期除锈涂油，保持机件滑润，保证启闭灵活。

（4）加强调查研究，掌握灌溉情况，根据不同季节的需水程度和范围，及时提出引水、调水、配水计划，尽量做到合理灌溉。

（5）经常做好水文和工程观测工作，掌握工程的变化情况和工程效能，及时整理观测资料，加强分析研究，按期填送报表，建立和健全涵闸档案制度。

（三）严禁在建筑物周围300～500米范围内爆破，闸上不准堆放重物和通行超过设计荷重的车辆。加强对器材、机件、工具、测量标志和通讯设备的管理，防止散失和盗窃。

（四）为了保证涵闸安全，启闭闸门必须根据排灌需要报经批准，叫开就开，叫关就关。闸门启闭的批准权限：万城、观音寺、新滩口、田关、浩口、谢家湾、罗汉寺等大型涵闸，汛期报省批准，平时报专署批准。其他江汉干堤、东荆河堤和主要支民堤上的大、中、小型涵闸，无论平时或汛期一律报专署批准，但为了有利及时排水，上述地区的中、小型排水闸，由县批准，一面启闭一面上报专署备查。内湖地区的大、中、小型涵闸，由哪一级管理，启闭批准权即属哪一级。

（五）无论江河和内湖涵闸，每次运用期间，开启孔数、高度、内外水位、流量等情况，均应按时详细记载，整理归档。

（六）沿江河涵闸汛期运用时，必须力求有充足的抢护器材，专人防守，如发生险情，除迅速组织抢护外，应在一小时内详报专署防汛抗旱总指挥部。沿江河涵闸运用任务完成或遇上游出现洪峰时，应及时关闭，确保安全。

（七）所有排灌涵闸，为了充分发挥效益，都必须做好配套工程，保证行水畅通，在一般情况下，不准拦河堵坝、拦水、抢水。如情况特殊必须堵坝时，涉及两个县以上的干支渠报专署批准，未经批准不得动工。

（八）涵闸渠道在运用期间必须根据"内排外灌、排灌兼顾"的原则，灌溉时，按照受益范围大小，统一调水，先急后缓，上下兼顾，引水不能过多。排水时，上下兼顾，能排尽排，尽量做到统一排水与分级排水相结合，使上下游都有利。

（九）加强渠堤养护，开展植树造林，渠堤内外坡和禁脚，一律不准耕种，防止水土流失。

（十）凡属国家投资和民办公助的涵闸，都要根据受益情况，照章交纳水费。

（十一）涵闸、渠道管理机构，在确保工程安全，充分发挥效益的前提下，可利用闸渠附近的荒地发展多种经营，逐步做到自给自足，但不得与群众争地。

（十二）涵闸、渠道管理机构的专职管理人员和闸渠受益地区的广大干部和群众都有保护闸渠的责任，对管理养护工作有显著成绩者，应给予表扬和奖励；如因工作失职，违反管理规定使工程遭受破坏，造成严重损坏者，应根据情节轻重，给予应得的处分。

四、抽水机站的经营管理

（一）抽水机站的经营形式原则上实行谁拥有谁经营，鉴于目前的经济条件可采取国家投资国家经营、国家投资集体经营、集体投资集体经营三种方式。具体到一个区、一个站，应本着有利生产，有利管理的精神，因地制宜地确定。

（二）三十匹马力以上的动力机，要固定安装建站，三十匹马力（主要指柴油机）以下的可以实行流动作业。无论是固定抽水机站还是流动作业的小型机车，都必须贯彻以"农业为主"和"灌溉为主"的使用方针，在此前提下，可以利用农忙间隙和农闲季节开展多项作业，增加收入。

（三）抽水机站是社会主义的农业企业，无论规模大小，都必须实行"单独核算、自负盈亏"和"不赔不赚"的原则，核算成本，合理征收水费。每年征收水费的标准和办法，在有利巩固集体经济和不影响社员分配的前提下，因地制宜，经过站和队互派代表充分协商签订合同。

（四）改善经营管理，提高机械使用效率，降低成本费用，主要内容是：

（1）实行计划管理，坚持合同制度。抽水机站，应组织群众，制定年度和季度的生产财务计划，并报上一级主管部门批准，同时与受益区的生产队订好灌溉合同。

（2）搞好定额管理，认真贯彻多劳多得的分配政策。所有抽水机站和流动作业的机车，要切实做好劳动生产燃油消耗、工具使用、零件寿命等定额。方法可由低到高，由粗到细，逐步做到合理。

（3）严格机务管理，保证生产安全。因地制宜，逐站逐台机车制定安全生产措施，设置安全设备。实行机车卡片，建立机车档案制度，认真执行"八不准"，即：①新到机车，未经试车运行，不准带负荷工作；②不准超负荷、超转速工作；③不准乱拆乱卸机车的喷油嘴、油泵芯子等精密零件；④不准非机务人员开车；⑤不准机车带病工作；⑥不准机务人员在工作时离开机车；⑦不准在开车时更换司机；⑧不准擅自搬动已经固定安装的机车和设备，必要时，必须经专署主管部门批准。

（4）加强财务管理，贯彻"勤俭办站"的方针，每个抽水机站年初要有预算，年终要有决算，并报上级主管部门批准；建立各项物资颁发制度，严格开支，费用压到最低限度；定期征收水费，保证生产资金的周转。

为了搞好抽水机站经济核算，每个站要配备一个有一定业务水平的会计，同时站长要亲自动手管理财务。

（5）加强用水管理。无论灌区范围大小，抽水机站和受益地区的生产队，在上一级党政机关的统一领导下，共同建立和健全管水用水委员会，具体制定用水制度，定期研究用水事宜，处理用水纠纷。受益区的生产队，应根据受益情况，选定专人参加放水、管水、维护渠道等工作。

（6）培养技术力量，不断壮大技术队伍。固定抽水机站和流动作业的机车，都要逐台定员，长期不变，有些站固定人员不够，可辅以合同工。为了不断地充实技术队伍，必须有计划地提高现有工人的技术水平和培训新的技术力量。

（7）作好机车的修理配套。认真执行"防重于治"和"用管修配并举"的方针，逐步做到配套合理，修理经常化。

（8）加强政治思想工作，经常向机车使用人员讲解形势，宣传政策，提高他们的政治觉悟，鼓励他们积极钻研业务，提高技术水平，管好用好现有机械。

（9）实行奖励制度，做到既有政治挂帅，又有物质奖励，多奖少赔，内容一般有超额完成任务奖、节约燃油料奖、安全生产奖等。

（10）各级党组织领导必须切实加强具体领导，把排灌机械工作纳入议事日程，一年要抓几次，听取排灌机械部门的汇报，帮助解决生产、生活上的具体问题。业务部门的管理人员，要适当加强，干部配备要稳定下来，使其不断地提高经营管理业务水平。

荆州地区水利工程水费核定、计收和管理规定

为贯彻实施《中华人民共和国水法》，保证我区现有水利工程的运行管理、大修和更新改造，充分发挥水利工程经济效益，根据国务院《水利工程水费核定、计收和管理办法》（国发〔1985〕94号）和《湖北省水利工程水费核定、计收和管理实施办法》（湖北省人民政府令第13号），结合本地情况，特制定本规定。

一、水费征收范围及主管机关

（一）凡依靠本区县（含县级）以上水行政主管部门所属的工程管理单位管理的水利工程，供排水的工业、农业以及其他用水户（包括在本区范围内的中、省单位），均应按本规定向水利工程管理单位或水行政主管部门缴纳水费。

（二）各级水行政主管部门是水费计收、使用和管理的主管机关。财政、审计、银行等部门协助水行政主管部门和水利工程管理单位做好水费的计收、使用和管理工作。

（三）集体管理的水利工程，其水费核定、计收和管理，由县（市）水行政主管部门参照本规定制定具体办法，报县（市）人民政府批准后执行。

二、水费标准

（四）水费计收标准在核算水利工程供、排水成本的基础上确定。供水成本包括水利工程的固定资产折旧费、大修理费和运行管理费，以及按国家规定应计入成本的其他费用（农业供水成本不包括农民投劳折资部分的固定资产折旧）；排水成本包括水利工程的大修理费和运行管理费。

（五）农业水费（含国营农、林、牧及鱼种场），采用按稻谷计价、货币结算的方式。稻谷价格根据当年国家规定的定购粮收购牌价确定。其计收标准如下：

1. 农业供水实行基本水费加计量水费计收

（1）水库灌区自流排水：基本水费每亩按2公斤稻谷折价计收；计量水费每一百立方米按3.5公斤稻谷折价计收，以支渠进水口为计量点。

（2）引水工程供水：基本水费每亩按2公斤稻谷折价计收；计量水费每100立方米按2公斤稻谷折价计收，以支渠进水口为计量点。

（3）电力提水工程供水：基本水费每千吨水按2公斤稻谷折价计收；计量水费每100立方米按2公斤稻谷折价计收，以渠道水池口或水管口为计量点。

2. 农业排水按受益耕地面积计收。

（1）涵闸自排水：每亩按2公斤稻谷折价计收。

（2）电力排水工程：每亩按6公斤稻谷折价计收。

由于历史习惯或不具备计量收费条件的地方，可实行按田配水综合收费办法。受各类工程共同制约的农田，其基本水费应分类计算，合并计收。考虑到丘陵山区特殊情况，基本水费每亩可按3～4公斤稻谷折价计收。

（六）工业用水按取水口计量收取，每立方米收费5分。

（七）水力发电工程用水。

1. 小型发电工程不结合用水的按以下标准的任何一种执行；结合用水的按照不结合用水的标准分别减半计收。

（1）按发电量计收，每度电收费15厘。

（2）按用水量计收，每立方米收费1厘。

2. 大、中型水力发电工程用水，按小型发电工程用水计收标准提高一倍计收。

（八）城镇居民生活用水，按取水口计量每立方米收费3分。

（九）经水利工程实施排水的企、事业单位，按受益的自然面积每亩8公斤稻谷折价计收排水费。

（十）部分地方按历史习惯收取堤防保护费，按现在执行的规定继续收取。今后如另有规定则按新规定执行。

（十一）地区提成水费标准。

1. 基本水费：根据县（市）（包括工程受益的国营农、林、牧、渔场）水费计收面积，松滋、公安、石首、京山、钟祥、五三农场，按每亩0.5公斤稻谷折价提成；仙桃、天门和潜江的汉南部分，每亩按0.75公斤稻谷折价提成；监利、江陵、洪湖、潜江的四湖部分，每亩按1公斤稻谷折价提成。

2. 地直四湖流域泵站排水（包括工程受益的国营农、林、牧、渔场）提成水费，统排区每亩按2.5公斤稻谷折价提成；直排区每亩按3公斤稻谷折价提成。

3. 三善垸流域综合基本水费，根据受益面积每亩按1公斤稻谷折价提成，电力排灌费用按方量据实分摊。

（十二）国营农场依靠县（市）管理的水利工程供排水的，应根据本规定向县（市）水行政主管部门交纳提成水费，不依靠县（市）的，不交纳提成水费。

（十三）水源工程与灌溉工程分设独立管理机构的，用户水费由灌溉工程管理单位收取，水源费由灌溉工程管理单位向水源工程管理单位交纳。水源费标准最高不得超过用户交纳的水费标准的70%（外地区由我区提供水源的灌溉工程水源费中含按规定计收的基本水费）。

三、水费计收

（十四）由水库供给的农业灌溉、工业发电、城镇居民及其他用水等计量水费，均由水利工程管理单位负责计收；其他水费由市县水行政主管部门统一计收。各类水费可自收也可委托代收，具体办法由单位自定。水费自收或委托代收，均按实收水费的比例提取手续费，但累计不得超过3%。水费计收均实行统一的水费收据。

（十五）农业水费按夏、秋两季计收或在年底统一计收；水库计量水费，实行购票供水，或在年初预交，供水结束后结算，工业、城镇生活、水力发电及其他用水，均按月交纳水费。

因灾减产、农民不能按期如数交纳水费的，应视同农业税，经核实批准后，酌情给予减免或缓收水费的照顾。

（十六）地区提成水费由县（市）水行政主管部门按规定的标准统一计收后分别上交，其中基本水费（或综合基本水费）和地直四湖流域泵站排水费上交行署水利局；三善垸流域综合基本提成水费，直接上交地区三善垸水委会。

四、水费使用管理

（十七）国营水利工程管理单位，属国家预算管理序列并实行独立核算、以收抵支、财务包干的事业单位，其水费收入只能用于工程正常运行管理、大修和更新改造所需费用的开支。任何单位和个人不得截留、扣减、挪用和借调。

（十八）水利工程管理单位或水行政主管部门所获水费收入，抵顶供、排水成本和用于事业费的定额补贴，免交能源交通重点建设基金、预算调节和其他捐税。

（十九）水费收入结余部分可结转下年使用，并按 20％～30％的比例建立储备基金，作为以丰补歉的资金来源。经批准后，还可安排适当比例作为水利工程管理单位发展生产的周转金。

（二十）各级水行政主管部门要保证沿江堤防上的涵闸正常运行需要的人员经费、运行管理费、维护大修理费以及更新改造费用。

（二十一）县（市）水行政主管部门必须会同财政部门编制年度水费收支计划和年度决算报告，上报地区水行政主管部门和财政部门审查批准后执行。

各级财政部门督促水行政主管部门建立健全年度水费收入计划和决算报表制度。审计部门对水费资金进行审计监督。

（二十二）水费的收取、使用和管理的有关具体事宜由行署水利局、财政局制定。

五、其他事项

（二十三）建立水费奖励基金。水行政主管部门或水利工程管理单位，按本规定的水费标准以收取率 70％为基数，超过部分按以下比例提取奖励基金：收取率达到 71％～85％的，提取超过部分的 10％；收取率达到 86％～100％，提取超过部分的 15％。此项基金与财务包干结余分配中的奖励基金合并使用，用于职工奖励和改善职工生活福利设施。

（二十四）违反本规定不能按期交纳水费的，从拖欠之日起，每日加收拖欠金 0.1％的滞纳金；经多次催交无效的，水利工程管理单位有权限制或停止供、排水。

（二十五）任何单位和个人不得违反规定擅自提高水费标准或巧立名目乱收费用。否则，由物价部门按国家有关规定进行处理。

（二十六）由于不严格执行本规定而造成水利工程资金不能满足工程正常运行、难以为继的工程管理单位，各级财政和上级主管部门不予补贴。

（二十七）对于以任何形式截留、扣减、挪用和借调水费资金的单位和个人，除限期归还水费资金外，还应视情节给予行政处分。对于构成犯罪的直接责任人，提请司法机关依法追究刑事责任。

（二十八）尚有移民遗留问题的水库，在向受益地区用户计收水费的同时，附加水费 10％的库区移民扶助金，用于扶持库区移民发展生产。

（二十九）本规定执行后新建、扩建的水利工程，在交付使用时，其水费计收标准由水行政主管部门商同物价部门在核定成本的基础上确定。

（三十）各县（市）人民政府可依据本规定制定具体实施办法。

（三十一）本规定从 1991 年 1 月起执行。各地可根据实际情况，力争在 1991 年年底以前到位；不能到位的，1991 年年底以前不得低于本规定标准的 80%，但必须在 1992 年年底以前达到本规定的标准。

（三十二）本规定由行署水利局负责解释。行署原颁发的有关水费文件同时废止。

荆州市分蓄洪区运用预案

（2006 年 7 月 10 日）

1 总则

1.1 编制目的。加强分蓄洪区分洪运用的准备工作，建立健全应急启用和管理的组织体系及运行机制，明确分工，落实责任，做到科学调度，适时适量处理超额洪水，及时转移和妥善安置分蓄洪区内的群众，保障江河防洪安全、人民群众生命安全，有序开展分洪补偿和灾后重建工作，促进分蓄洪区所在地经济社会的可持续发展。

1.2 编制依据。编制本预案的主要依据是：《中华人民共和国水法》《中华人民共和国防洪法》《中华人民共和国防汛条例》《国家突发公共事件总体应急预案》《国家防汛抗旱应急预案》《中华人民共和国蓄滞洪区运用补偿暂行办法》和湖北省配套的有关法规、《湖北省公共事件总体应急预案》《湖北省防汛抗旱应急预案》《湖北省分蓄洪区分洪预案》以及《荆州市防汛抗旱应急预案》等有关规章制度；江河流域防洪规划、蓄滞洪区安全建设规划；江河防御洪水方案与洪水调度方案、流域防洪预案和各级政府、防汛抗旱指挥部及有关部门制定的防洪预案。

1.3 工作原则。以"三个代表"重要思想为指导，体现以人为本，坚持把保障人民群众生命安全放在第一位。坚持科学发展观，实现由控制洪水向洪水管理转变。牺牲局部保全局，以最小的代价换取最大的利益。分蓄洪区的防洪工作实行各级政府行政首长负责制，统一指挥调度，分级分部门负责。依法防洪，组织防洪救灾队伍，实行部队与群众及水利防汛队伍的有机结合。

1.4 适用范围。本预案适用于市境内国务院明确的荆江分洪区、涴市扩大分洪区、虎西备蓄区、人民大垸分蓄洪区和洪湖分蓄洪区等 5 个长江分蓄洪区，省防指明确的众志垸、谢古垸等两个沮漳河分蓄洪区的分洪准备和分洪运用。其他河流、湖泊的分蓄洪区分洪运用预案可参照编制和实施。

2 指挥体系及职责

2.1 市防汛抗旱指挥部。市防汛抗旱指挥部负责拟定分蓄洪区建设、管理、运用、补偿等方面的政策；组织指导市境内长江、沮漳河分蓄洪区分洪运用和区内群众安全转移方案的编制并予以审查，及时掌握江河汛情及分蓄洪区社会经济等动态情况，按调度权限和程序决定分蓄洪区的分洪运用，动员、组织、领导社会力量参与分洪、救灾等各项工作；指导督促有关县（市、区）防汛抗旱指挥部做好其他中小河流、湖泊分蓄洪区的分洪准备及运用工作。

2.2 市分洪前线指挥部。市分洪前线指挥部负责市境内荆江地区分蓄洪区、洪湖分蓄洪区分洪运用和区内群众安全转移方案的编制，及时掌握江河汛情及分蓄洪区社会经济、安转设施等动态情况，一旦决定分洪，迅速领导和组织实施群众安全转移、闸门启闭操作、口门爆破、围堤防守及防洪救灾等各项工作。市分洪前线指挥部下设：人畜转移指挥分部，负责分蓄洪区人畜转移安置的组织、指挥工作；爆破扒口指挥分部，负责分泄洪口门的运用指挥；前线抢救指挥分部，负责分洪后人员救生抢救工作；后勤指挥分部，负责分洪期间后勤物资保障工作；分蓄洪区围堤防守指挥分部，负责分蓄洪区堤防防守的组织、指挥工作；治安保卫组，负责分洪期间社会稳定和交通秩序的维护工作；纪律监察组，负责分洪期间纪律监察工作；军事协调组，负责分洪期间部队和民兵参与抗洪抢险的协调、组织指挥工作；新闻中心，负责分洪期间新闻宣传和发布工作。

2.3 市直有关部门的职责。荆州军分区负责组织指挥民兵、预备役部队承担分洪期间的急难险重任务。必要时，按照程序协调调动、指挥部队参加抢险救灾行动。武警荆州市支队负责承担分洪运用中的急难险重任务。市发改委指导分蓄洪区建设，安排分蓄洪工程的应急整治。市经委负责分蓄洪区防洪期间的电力调配。市国资委负责监督保障分蓄洪区国有企业资产的防洪安全。市财政局负责分蓄洪区防洪资金、分洪补偿资金的筹集、分配和使用监督检查。市民政局负责分洪转移安置点群众的生活安排及分蓄洪区灾情核实、灾区救灾，指导开展生产自救。市交通局负责分蓄洪区群众转移公路、水运交通设施的防洪安全及所需水陆交通工具的安排和防洪救灾物资的运输。市建委负责分蓄洪区内城镇防洪排涝工作。市农业局负责分蓄洪区分洪后的农业救灾、生产恢复、补种及鼠疫防治等工作。市公安局负责分蓄洪区防洪期间的治安保卫工作，维护社会治安，负责分洪转移范围的现场清理。市卫生局负责分蓄洪区防洪及运用期间的瘟疫控制和疾病防治。市政府新闻办公室、市政府新闻发言人办公室负责分蓄洪区防洪期间的新闻发布工作。荆州供电公司负责分蓄洪区供电调度，指导督促供电设施的抢修及维护等。市气象局负责分蓄洪区防洪期间的气象预报，及时发布气象信息。市信息产业局负责保障分蓄洪区防洪期间的通信畅通以及分蓄洪区分洪后通信的恢复工作。市邮政局负责保障分蓄洪区分洪期间各级防汛指挥部的邮政畅通以及分蓄洪区分洪后的邮政恢复工作。市供销社负责分蓄洪区防洪抢险物资的组织。中石化荆州分公司负责分蓄洪区防洪期间的燃料供应。南航荆州基地协调落实分蓄洪区防汛抢险救灾工作的空运工作。市水利局负责做好分蓄洪区建设、管理和防汛的检查、督促、协调及防洪措施的落实工作，防汛期间，全面跟踪掌握水雨工情，及时会商，当好决策参谋。市粮食局、市商务局、市林业局、荆州海事局、省无委办荆州管理处和电信公司荆州分公司、移动公司荆州分公司、联通公司荆州分公司，根据市防汛抗旱指挥部汛前安排，负责抓好任务落实。市直其他部门根据市防汛抗旱指挥部的紧急命令或临时安排，负责做好分蓄洪区运用的防洪救灾工作。

2.4 地方防汛抗旱指挥部分洪前线指挥部。防汛期间，有关县（市、区）设立防汛抗旱指挥部分洪前线指挥部，其指挥部由本级政府主要负责人和人武部及水利、财政、公安、交通、民政等部门负责人组成。负责承担分蓄洪区分洪运用的警报信息发布、转移安置、口门爆破扒口、堤防防守、人员救生、物资供应、后勤保障等任务。

3 运用准备

3.1 工程准备。汛期到来之前，各级防汛抗旱指挥部督促分蓄洪工程和安转设施建设、维修、整险加固的进度，确保完成年度计划，做好工程迎汛准备。重点检查分蓄洪区进退洪闸启闭设施是否完好无损，运行正常；分洪口门、退洪口门前后是否存在土台、林木、高秆作物等阻洪障碍和房屋等违章建筑；分洪口门裹头石是否充足完整；安全区围堤和分洪区围堤以及堤防上的涵闸泵站等穿堤建筑物是否安全；安全台、避水楼是否牢固可靠；安全转移道路是否畅通，转移桥梁及码头船只是否正常通行等。

3.2 物料准备。按照国家和湖北省制定的《防汛物料准备办法》及各级防汛抗旱指挥部制定的防汛物料储备方案，对编织袋、彩条布和沙石料等物料储备的品种、储备的数量，分布的地点以及所采取的交通运输方式等，逐一组织检查落实。要求做到品种齐全、数量充足、分布合理，一旦抢险急需，能及时运抵抢险现场。分蓄洪区的安全区，应备有必要的抽水机械，确保分洪后能排除渍水及生活废水。

3.3 预警通信准备。市、县两级防汛抗旱指挥部和分洪前线指挥部应将预警通信系统的正常运行作为水雨情传递和防汛抗灾指令上传下达的保障措施，及时组织检查。检查内容包括：分洪区范围内有线、无线、广播及电视等设施是否良好，通信是否畅通，信号是否稳定，是否存在通信盲区，警报发布是否落实专人负责，警报方式是否明确，各级指挥部成员单位、县（市、区）、乡镇、村组值班电话和各负责人的通信方式是否登记造册下发。通过检查，发现问题及时整改，保持 24 小时通信设施开通，形成安全高效畅通的通信网络。

3.4 救生力量准备。市、县两级防汛抗旱指挥部应组织一定数量的抢险救生队伍，以应急需。抢险救生队伍以部队、民兵和水利防汛技术人员为骨干，市、县、乡三级为单位进行组建。参加队伍的人员必须责任心强，身体健康，水性较好。每支救生队伍应配备一定数量的冲锋舟、皮划艇等必需的救生设施。分洪运用期间，做到快速有效，全力搜救。

3.5 分洪宣传准备。在分蓄洪区范围内，广泛宣传分蓄洪区防洪抗灾的重要性，以增强广大人民群众的防洪意识、避灾意识、全局意识。让广大群众充分了解本地所在分洪区一旦分洪，洪水将要淹没的区域范围及水位高程等主要情况，了解分洪报警手段、撤离路线、主要安置及生活保障措施等分洪区安全转移预案的主要内容，促使群众自觉配合支持分洪区的防洪救灾工作。

3.6 演练准备。每年汛前，按照分级负责的原则，由各级防汛抗旱指挥部对市、县、乡三级分管防汛抗旱的领导及干部队伍，统一进行防汛抢险技术培训，以提高干部队伍的防汛抢险决策水平及实战能力，保证每 3～4 年轮训一次。对荆江分洪区北闸、南闸等进退洪闸，由工程管理单位具体组织进行启闭试运行。分蓄洪区进退洪口门的爆破，先由水利防汛部门组织有资质的专业爆破设计单位，制定分洪区爆破技术设计方案评审后进行审批。在爆破孔或药室的开挖、爆破器材的组装和起爆等关键环节上，要加强技术培训和现场培训，进行现场爆破模拟实验，一旦需要分洪，确保爆破成功，万无一失。

3.7 汛前准备。各级防汛抗旱指挥部和有关部门对所负责的范围和汛前准备工作，组织全面检查。检查应由负责人带队，专业技术人员参加，实行徒步检查方式。对汛前检查所发现的薄弱环节和问题，应记录、登记、签字，现场研究，提出整改方案，明确专人负责，督促采取有效措施，限期进行全面整改，彻底消除隐患，做好迎汛的一切准备工作。

4 预警转移

4.1 通信报警。

4.1.1 警报发布。市、县两级分洪前线指挥部分别明确 1 名副指挥长为警报发布负责人，分蓄洪区内每个乡镇、每个村组确定 1 名负责人专门负责承担警报发布和传递任务，做到准确及时无误。

4.1.2 报警方式。各个分蓄洪区所在地的防汛抗旱指挥部应根据分蓄洪区的实际情况和现状条件，确定一种主要报警方式，并辅以有线电视、广播、电话等多种措施，保证分洪报警信号能准确及时传递到每一个人。

4.1.3 报警信号分级。根据分蓄洪区运用的不同阶段，报警信号分为警戒、待命、行动、结束等。各个分蓄洪区所在地的防汛抗旱指挥部应对以上 4 个报警阶段分别确定一种具体的报警信号及持续时间，并继续广泛宣传，做到家喻户晓。

4.1.4 联络方式。各级防汛抗旱指挥部、分洪前线指挥部明确公布其指挥机构和责任人，并将指挥部办事机构及乡镇、村组的值班电话和各责任人的通信方式，登记造册发布，汛期保持电话、手机、对讲机、广播等通信设备 24 小时开通。

4.2 转移安置。

4.2.1 县、乡镇、村、组四级明确一名负责人，专门负责实施群众安全转移，组织群众按时到达安置地点，保证安全转移和群众的生命财产安全。

4.2.2 市、县两级防汛抗旱指挥部、分洪前线指挥部及转移安置负责人应全面掌握分蓄洪区需要转移的范围及人口数量，区内就近转移的人数、需要向外转移的人数，需要二次转移的人数及需要转移的主要财产等动态情况，做到心中有数。市、县两级防汛抗旱指挥部负责人协调辖区内需要跨越行政区划的转移安置，并由接收地点所在的当地政府具体组织落实对口安置的有关工作。

4.2.3 市、县两级防汛抗旱指挥部应每年组织修订完善分洪区安全转移预案，其预案修编应确定合理的转移时间，选择科学的转移方式、快速便捷的转移路线、可靠的交通工具和安全的安置地点。一旦需要分洪，按照安全转移预案，有序组织群众实施安全转移。

4.2.4 组织群众转移至安置点后，当地政府按照修订完善的分洪区安全转移预案，妥善安排群众生活。根据合理确定的群众生活基本定额，及时组织发放，保证群众有房住、有饭吃、有水喝、不挨冻。同时及时给转移群众发放必需的生活日用品，保证转移群众的正常生活需要。

4.2.5 市境内荆江、洪湖分洪区的安全转移预案，每年由县（市、区）防汛抗旱指挥部和分洪区工程管理单位组织修订完善，经省荆管局、省洪工局审核、汇总、完善后上报市防汛抗旱指挥部，按程序进行审定并报省防汛抗旱指挥部备案，其他分洪区的安全转移预案，由所辖区的县（市、区）防汛抗旱指挥部组织修订完善后报荆州市防汛抗旱指挥部审定。

4.3 单位自保。按照各负其责的原则，分洪区范围内的国家机关、学校及企事业单位，必须采取自保措施，对所在单位的机械、设备、产品等重要财产和档案资料，进行安全转移和安全保护。对有毒有害、易燃易爆的化学物品，采取深埋或安全转移和保护等有效措施，保证分洪运用期间的安全。各单位的防洪自保方案，每年由本单位组织修订并上报当地防汛抗旱指挥部备案。

4.4 全面清查。在实施分洪运用之前，由各乡镇、村组领导组成检查小组，在本分蓄洪区范围内，逐村逐户进行拉网式巡查，将滞留在分蓄洪区内的群众，迅速组织转移到安全地带。清查工作结束后，由公安、武警部队对所有交通路口、码头实行戒严，严禁人员进入分蓄洪区。清理检查实行报告制度，由检查小组组长在检查报告上签名盖章后，快速报上一级防汛抗旱指挥部备案。保证做到在实施分洪之前不遗留一人，确保人民群众生命安全。

5 分洪运用

5.1 启用条件。根据江河洪水调度方案，一般情况下，当预报江河水情达到、超过分洪区的运用条件或防洪工程出现重大险情时，启用分蓄洪区分洪。实际操作过程中，按照调度权限，由相应的防汛抗旱指挥部根据当时水雨工情及未来发展趋势，进行防汛会商，研究决定是否启用分蓄洪区，实时适量进行分洪。

5.2 进退洪运用。在分蓄洪区的运用过程中，体现洪水管理理念，在确保防洪安全的前提下，可结合分蓄洪区湿地保护及水污染治理等规划，尽量利用洪水资源，做好进退洪运用工作。

5.2.1 进洪方式。一是开闸进洪。有闸门控制的分蓄洪区，工程管理单位接到上级防汛抗旱指挥部的开闸、关闸命令后，根据闸门启用操作规程规范，由中孔向两侧逐渐开启，关闸时由两侧向中孔逐渐关闭。二是爆破进洪。无闸门控制的分蓄洪区，由爆破专业队伍按照研究制定的口门爆破方案，遵照市、县两级防汛抗旱指挥部转发或下达的命令实施爆破。

5.2.2 退洪方式。一是开闸退洪。有闸门控制的分洪区，由工程管理单位遵照市、县两级防汛抗旱指挥部转发或下达的命令，根据闸门启用操作规程规范，开闸实施退洪，开闸时由中孔向两侧逐渐开启。二是爆破退洪。无闸门控制的分洪区，由爆破队伍遵照市、县两级防汛抗旱指挥部转发或下达的命令，根据退洪口门退洪爆破方案，实施爆破退洪。

5.3 围堤防守。分洪运用期间，根据职责分工，由接受任务的县（市、区）防汛抗旱指挥部组织防守劳力，对分洪区围堤和安全区围堤加强观察防守，其中对重点险工险段，按照制定的抢险方案重点布防。防守期间，加强24小时巡堤查险，发现险情，及时上报并组织抢护，确保防洪安全。

5.4 人员救生。分洪运用时，由市、县、乡三级组成的救生队伍，在各自所辖的分洪区淹没范围内，逐村逐户进行拉网式巡查，采取有效措施，及时进行搜救，确保人民群众生命安全。

6 保障措施

市、县两级防汛抗旱指挥部成员单位及分洪运用的有关部门，按照各自的职责分工，负责提供完成防洪救灾各项任务的保障措施。

6.1 交通保障。交通运输部门优先保障防汛抢险人员、抢险部队的运送和防汛抢险救灾物资的运输，调配落实群众安全转移所需的车辆、船只，负责高水位时部队、群众和有关人员过江的渡运及临时码头设置。公安交通管理部门保障道路交通安全管理和分洪期间的道路交通管制，保证道路交通安全畅通。

6.2 资金保障。财政部门保障分洪区转移设施和分洪区各项准备急需资金的筹措、分配并监督使用。

6.3 油料保障。石油企业保障抗洪抢险车辆所需油料和分洪转移安置所需油料的组织、供应，同时做好分洪区及附近区域油料供应点的储备工作。

6.4 治安保障。公安部门保障通往分蓄洪区的干线公路、重要桥梁、渡口等设施运行中的治安秩序稳定，切实做好警戒、警卫工作，严厉打击违法犯罪分子，保证分蓄洪区群众的生命财产安全和社会稳定。

6.5 医疗保障。医疗卫生防疫部门保障防洪转移群众的防病治病和医用药品的供应，组织医疗卫生队深入转移群众安置地点，巡医问诊，开展疾病防治的业务指导。

6.6 通信保障。通信管理部门及企业提供通信设备和技术队伍，保障分洪区防洪期间和分洪转移安置时有线、无线通信的维修等。加强频道管制，取缔非法电台，保证分洪指挥调度指令的传递畅通。必要时，架设临时台站。

6.7 电力保障。供电企业保障分蓄洪区防洪期间的电力正常供应，并按照命令对影响分洪安全的电力线路及时断电、断线，保证分洪安全。

6.8 物资保障。民政、粮食、供销、商务部门保障转移群众所需粮食、食品、食油及防汛抢险物资器材的组织调运，一旦需要，立即足额调配到位。

6.9 民爆器材准备。由省荆管局、省洪工局、市长江河道管理局及时向省防办请示，具体安排落实分洪爆破所需的炸药、雷管、导火索等民爆器材，并在分洪区附近储存保管，确保一旦需要能及时调运到指定位置。北闸防淤堤爆破所需器材由市长江河道管理局专题向省请示落实。

6.10 爆破队伍保障。市、县两级防汛抗旱指挥部要加强领导，组织以部队为骨干、预备役部队和民兵为辅助力量，爆破专家为指导的分洪爆破队伍，严格按照审定的爆破分洪方案，适时执行分洪爆破任务。

6.11 技术保障。水利防汛部门全面掌握水雨工情动态信息，制定和优化洪水调度方案，当好分洪调度决策参谋，进行防汛抢险技术指导，并会同荆州军分区提供分洪爆破的技术支持等。

6.12 宣传保障。按照分级负责和分管权限，各级防汛抗旱指挥部通过媒体加强宣传，及时报道水雨工情和防洪救灾形势。

7 善后工作

7.1 人员返迁。分蓄洪区退洪后，由当地政府根据实际情况，适时组织转移群众返迁，及时恢复正常的生活、生产和工作秩序。

7.2 水毁修复。对分洪区的水毁工程，当地政府要多途径多渠道筹集资金，尽快进行堵口复堤，保证次年防洪安全。对遭到破坏的交通、电力、通信、水文以及防汛专用通信等设施和安全转移设施等，要加强领导，全力组织修复，保证正常运用。

7.3 分洪补偿。荆江、洪湖等5个长江分洪区运用后，按照《中华人民共和国分蓄洪区补偿暂行办法》进行补偿；沮漳河分洪区分洪运用后，按省政府的相关规定进行补偿；其他分洪区分洪运用后，按市、县两级政府制定分蓄洪区分洪补偿政策进行补偿。

7.4 灾后重建。灾后重建工作由当地政府具体组织实施，灾后重建原则上按照标准恢复，条件许可时，可适当提高标准。重建家园工作要与当地社会主义新农村建设相结合，切实加强领导，加大重建力度，尽快让受灾群众住进自己合适、满意的新家园。在进行家园重建的同时，要对未达标或存在病险隐患的分洪区防洪工程进行整险加固，并加大工程建设的力度，加快分蓄洪区安全转移设施的建设，保障今后分洪运用安全。

荆州市水利发展"十二五"规划（简介）

一、规划布局

"十二五"水利建设规划总体布局是不断完善防洪体系，高效配置水资源，坚持民生水利重点，突出生态水利方向，推进水利管理现代化。

二、主要目标

1. 防洪减灾。长江达到防御 1954 年型、汉江（东荆河）初步达到防御 1935 年型洪水的防洪标准；荆江分蓄洪区能够正常运用，洪湖分蓄洪区东隔堤工程开工建设；洞庭湖区四河堤防、沮漳河等主要支流的重点河段防洪达标，25 座大中小（1）型病险水库全部脱险销号、94 座小（2）型病险水库除险加固基本完成、17 处大中型病险涵闸全面脱险，长湖防洪标准近期达到 50 年一遇、洪湖达到防御 1996 年型洪水标准。

2. 排灌体系。平原湖区农田易涝面积达到 10 年一遇及以上排涝标准，新增或改善除涝面积 240 万亩；新增或改善有效灌溉面积 165 万亩，新增或改善节水灌溉面积 105 万亩，新增高效节水灌溉面积 10 万亩，全市灌溉水利用系数提高到 0.50 以上；全市干旱灾害年均直接经济损失占同期 GDP 的比重降低到 1% 以下。

3. 民生水利。"十二五"期末达到"村村通"目标，使城乡居民饮水安全得到保障；2015 年达到血吸虫病传播控制标准；农村用水质量和效率充分提高、水环境得到根本改善。

4. 水资源综合利用与保护。优化全市水资源配置，新增保障农村和城镇居民生活、生态供水能力，开发以松滋市洈水河等为主的水能资源；严格控制地下水的开采；提高水资源的利用效率，2015 年全市平均工业用水重复利用率达到 70% 左右；万元工业增加值用水量由 2010 年的 261 立方米降到 170 立方米；城市供水管网平均漏损率控制在 20% 以下；全市重要江河湖库水功能区水质目标达标率提高到 85%；集中式饮用水水源地水质达标率达 95% 以上，突发性水污染事件应急反应能力全面提高。"十二五"末，全市年用水总量控制在 40 亿立方米之内，其中地表水为 38.5 立方米，地下水为 1.5 亿立方米。

5. 水土保持与水生态修复。"十二五"末，力争完成水土流失综合防治面积 210 平方千米，专项生态修复面积 120 平方千米；加强水功能区和入河排污口的管理；加强以荆州城区为重点的水生态修复。

6. 水利管理与改革。基本建立最严格的水资源管理制度，建立适应荆州实际的水利工程管理制度，建立合理的用水价格体系，建立和完善乡村水利服务体系。

三、主要任务

1. 防洪减灾体系建设。

（1）继续加强大江大河及重要湖泊、支流治理。实施荆江大堤综合治理、洞庭湖区四河堤防加固、四河河道疏浚工程、荆江河势控制应急工程。抓紧实施四湖流域综合治理。

（2）加强荆江分蓄洪区近期重点工程和安置房改造工程建设，加快洪湖分蓄洪区东分块工程前期工作。

（3）完成重点地区中小河流治理。全面完成纳入全国重点地区中小河流近期治理规划的 36 条（段）中小河流治理任务。

（4）全面完成病险水库整险加固。

（5）实施大中型病险水闸除险加固。对习家口、福田寺防洪闸等 17 座大型病险水闸进行除险加固。

（6）实施荆州城市防洪工程建设。构筑荆州城市防洪封闭圈。

2. 排涝、灌溉、抗旱体系建设。

（1）全面完成大型泵站更新改造。继续实施李家嘴、莲花、梦溪泵站等 3 处大型灌排泵站的更新改造。

（2）实施中小型泵站更新改造。

（3）完善平原湖区除涝体系。新建高潭口二站，对螺山泵站增容改造。

（4）加大灌区建设力度。"十一五"期间已经开工的 6 处大型灌区，在"十二五"期末按规划完成 80% 的建设任务；对后规划的 7 处大型灌区，"十二五"末达到可实施程度。加快实施 17 处重点中型灌区续建配套与节水改造工程建设。

（5）加强农田水利工程建设。

（6）加快三峡后续规划工程项目实施。完成排涝、灌溉水资源配置项目建设。

3. 民生水利建设。

（1）农村饮水安全，新增受益人口 203.98 万人。

（2）水利血防工程建设。重点实施太湖港水库灌区荆州区金秘渠、沙市区长湖南北渠，公安荆江分洪区灌区、合顺垸灌区，监利一弓堤灌区，洪湖下内荆河灌区等灌区和荆州区沮漳河外滩、松滋市庙河、石首市民建河、洪湖下内荆河等 4 条河流 11 个水利血防项目建设。

（3）加强"五小"工程建设。完成 2 万千米小微渠道整治任务。

4. 水资源综合利用与保护。

（1）实行最严格的水资源管理制度，做好沙市区试点工作。

（2）加强水源地保护建设。实施荆州区水源地建设与保护，建设长湖备用水源地；建设松滋市新江口城区等城市供水工程。

（3）合理开发利用水能资源。完成西斋、青冢子、七里庙等 3 处中小水电站更新改造和增效扩容；实施小水电供电区电网建设与改造。

（4）加大排污口整治力度。对长江、长湖等水域附近的排污口进行整治。

（5）全面推进节水型社会建设。

5. 水土保持与水生态修复。

（1）加强水土保持工程建设。

（2）开展易灾地区生态环境治理工程，实施水土保持重点治理工程，重点实施荆州城区河湖联通水生态修复工程。

（3）加强湖泊管理与水生态修复保护。

（4）全面推进农村水生态建设、水环境治理。

6.水利管理与改革。

实行最严格的水资源管理制度，强化涉水事务的社会管理，深化水利体制机制及水务一体化改革。加强洪水管理、水资源管理、水利工程管理及工程建设管理、水土保持监督管理、水利行业安全监督管理等。

7.行业能力建设。

加强水利信息化建设、水利科技建设、水利法制建设、水利队伍建设等。

四、规划投资估算

依据相关规划、专项规划和单项工程前期工作的投资估算，结合中、省、市关于加快水利改革发展的部署，经过重点项目筛选，全市"十二五"水利发展规划总投资197亿元。主要包括18大类工程：江河治理74.69亿元、蓄滞洪区建设55.99亿元、主要支流治理1.25亿元、大中型病险水闸除险加固2.66亿元、三峡后规划（农业灌溉及供水影响处理）工程7.22亿元、病险水库除险加固2.6亿元、大型灌区续建配套与节水改造9.01亿元、中型灌区续建配套与节水改造4.47亿元、大型排灌泵站更新改造4.1亿元、水利血防3.34亿元、湖泊治理5.02亿元、农村饮水安全工程建设14.99亿元、荆州长江水源地保护0.67亿元、小水电0.37亿元、水土保持1.95亿元、水利行业能力0.95亿元。

荆州市防汛抗旱应急预案

（荆政办发〔2012〕57号）

1 总则

1.1 编制目的

主动预防应对水旱及其衍生灾害，规范防汛抗旱应对行为，做好突发洪涝、干旱的防范与处置工作，使水旱灾害处于可控状态，保证抗洪抢险、抗旱救灾工作快速、有序、高效进行，最大限度地减少人员伤亡和财产损失，保障荆州市经济社会全面、协调、可持续发展。

1.2 编制依据

《中华人民共和国突发事件应对法》《中华人民共和国水法》《中华人民共和国防洪法》《中华人民共和国防汛条例》《中华人民共和国抗旱条例》《中华人民共和国河道管理条例》《水库大坝安全管理条例》《蓄滞洪区运用补偿暂行办法》《城市节约用水管理规定》《取水许可制度实施办法》和湖北省及荆州市配套的相关法律法规和规范性文件、《国家突发公共事件总体应急预案》《国家防汛抗旱应急预案》《湖北省公共事件总体应急预案》《湖北省防汛抗旱应急预案》《荆州市突发公共事件总体应急预案》等。

1.3 适用范围

适用于全市范围内突发性水旱灾害的预防和应急处置。主要包括：江河洪水、城乡渍涝、山洪灾害（指由降雨引发的山洪、泥石流、滑坡灾害）、干旱灾害、供水危机以及由洪水、地震、恐怖活动等引发的水库垮坝、堤防决口、闸站倒塌、供水水质被侵害等衍生灾害。

1.4 工作原则

1.4.1 坚持防汛抗旱并举，实现由控制洪水向洪水管理转变，由单一抗旱向全面抗旱转变，提高防汛抗旱的综合能力和现代化水平。

1.4.2 防汛抗旱工作实行各级政府行政首长负责制，统一指挥，分级分部门负责。

1.4.3 防汛抗旱以防洪安全和城乡供水安全、粮食生产安全为首要目标，坚持安全第一，以防为主，防抗结合和城乡统筹，突出重点，兼顾一般，局部服从全局。

1.4.4 坚持依法防汛抗旱，实行公众参与，军民结合，警民结合，专群结合，平战结合。

1.4.5 抗旱用水以水资源承载能力为基础，科学调度，优化配置，实行先生活、后生产，先地表、后地下，先节水、后调水，努力保障城乡居民生活用水，尽可能满足生产用水，兼顾生态用水需求。

1.4.6 坚持防汛抗旱统筹，在确保安全的前提下，尽可能利用雨洪资源；以法规约束人的行为，防止人对水的侵害，实现利用和保护水资源的统一，促进人与自然和谐相处。

2 组织指挥体系及职责

县级以上防汛抗旱指挥机构，负责本行政区域的防汛抗旱突发事件应对工作。

2.1 市防汛抗旱指挥部

荆州市防汛抗旱指挥部（以下简称"市防指"）。负责领导组织全市防汛抗旱工作，市防指办公室设在市水利局。

市防指由市委书记任政委，市长任指挥长，市委、市人大、市政府、市政协、荆州军分区的部分领导和市水利局局长任副指挥长，市政府新闻办公室、市政府新闻发言人办公室、市发改委、市经信委、市住建委、市财政局、市民政局、市交通运输局、市农业局、市国土资源局、市公安局、市卫生局、市安监局、市气象局、市水文水资源勘测局、长江委荆江水文水资源勘测局、市邮政局、湖北无线电管委会荆州管理处、荆州供电公司、中石化公司荆州分公司、市供销社、电信公司荆州分公司、移动公司荆州分公司、联通公司荆州分公司、市水利局、市长江河道管理局、省洪湖分蓄洪区工程管理局、省荆江分蓄洪区工程管理局、市四湖工程管理局、市洈水工程管理局的主要负责人为指挥部成员。

2.1.1 市防指职责。

市防指负责领导、组织全市的防汛抗旱工作，主要职责是审定市防汛抗旱的制度，组织制定长江、东荆河、沮漳河、长湖、洪湖和洈水水库等江河湖库防御洪水方案，荆江、洪湖分蓄洪区安全转移预案、荆州市城市防洪预案和辖区内跨县（市、区）行政区划的防洪排涝、调水方案，及时掌握全市汛情、旱情、灾情并组织实施抗洪抢险及抗旱减灾措施，统一调控和调度全市水利、水电设施的水量，做好洪水管理工作，组织灾后处置，并做好有关协调工作。

2.1.2 市防指成员单位职责。

市委宣传部、市政府新闻办公室、市政府新闻发言人办公室正确把握全市防汛抗旱宣传工作导向，及时协调、指导新闻宣传单位做好防汛抗旱新闻宣传报道工作，组织召开新闻发布会。

市发改委指导全市防汛抗旱规划的制定工作，负责防汛抗旱设施、重点工程除险加固建设计划的协调安排和监督管理，协助荆州区防汛抗旱工作。

市经信委负责防汛抗旱物资、电力调配等工作；指导协调公共通信设施的防洪建设和维护，做好汛期防汛抗旱的通信保障工作，根据汛情需要，协调调度应急通信设施。

市住建委协助指导全市城市防洪排涝规划制定工作，负责荆州市城区防洪排涝工作，协助荆州开发区防汛抗灾工作。

市财政局负责防汛抗旱资金的及时筹集、分配、下拨，并监督使用；对中央救灾款物及其使用情况实行监督检查。

市民政局组织、协调全市水旱灾害的救灾工作，并组织核实灾情，统一发布救灾工作情况，及时向荆州市防指提供灾情信息，涉及水旱灾情况的，由市防指办公室会同市民政局发布。指导开展生产自救。负责指导事发地民政部门组织、协调灾区救灾和受灾群众的生活救助，管理分配中央、省、市救灾款物，监督检查其使用情况；组织、指导和开展救灾捐赠等工作。

市交通运输局做好公路、水运交通设施的防洪安全工作，负责防汛抗旱物资运输、交通保障和分洪人畜转移的交通运输工作，协助洪湖市防汛抗旱工作。

市农业局及时收集、整理农业旱、涝等灾情信息，指导农业防汛抗旱和灾后农业救灾及生产恢复，负责种苗（种畜禽、水产苗种）、饲草、农药（兽药）和防汛抗旱机具等物资的储备、调剂工作，协助石首市防汛抗旱工作。

市国土资源局组织监测、预防地质灾害，对山体滑坡、崩塌、地面塌陷、泥石流等地质灾害进行勘察、监测、防治等工作。协助沙市区防汛抗旱工作。

市公安局负责社会治安和交通秩序保障工作，依法打击造谣惑众和盗窃、哄抢防汛抗旱物资以及破坏水利工程设施的违法犯罪活动，协助有关部门妥善处置因防汛抗旱引发的群体性治安事件，协助组织群众从危险区安全撤离转移。

市卫生局负责灾区疾病预防控制和医疗救护工作，并及时向荆州市防指提供疫情与防治，组织医疗卫生人员赴灾区，开展防病治病，预防和控制疾病的发生和流行。协助监利县防汛抗旱工作。

市安监局负责监督、指导协调有关部门的安全生产工作。

市气象局负责灾害性天气监测和预报，对影响汛情、旱情的天气形势作出分析和预测，及时对重要天气形势和灾害性天气作出滚动预报，提供气象信息，根据旱情发展情况，适时开展人工增雨（雪）作业。

市水文水资源勘测局负责全市水文水资源测报工作，提供水文水资源信息。

长江委荆江水文水资源勘测局负责荆江水文测报工作，提供荆江水文信息。

市邮政局负责保障各级防汛抗旱指挥部的邮政通畅及分蓄洪区分洪后邮政恢复工作，协助江陵县防汛抗旱工作。

省无线电管委会荆州管理处负责防汛抗旱期间无线电通信畅通。

荆州供电公司负责防汛排涝抗灾电力调度，协助松滋市防汛抗旱工作。

中石化公司荆州分公司负责防汛抗旱燃料供应。

市供销社负责防汛抗旱物资的组织，协助公安县防汛抗旱工作。

电信公司荆州分公司负责各级防汛抗旱指挥部的电信通畅和分蓄洪区分洪后电信恢复。

移动公司荆州分公司负责防汛抗旱期间各级防汛抗旱指挥部和重点工程移动通信通畅。

联通公司荆州分公司负责防汛抗旱期间各级防汛抗旱指挥部和重点工程联通通信通畅。

市水利局负责组织、指导全市防汛排涝和抗旱工程的建设与管理，督促事发地政府及时修复水毁水利工程，组织江河湖库洪水的监测、预报和旱情的监测、管理，加强防汛抗旱工程安全的监督管理，按照市防指领导指示，作好检查、监督、协调、落实工作。

市长江河道管理局负责长江防汛日常工作。

省洪湖分蓄洪区工程管理局负责洪湖分蓄洪区防汛日常工作。

省荆江分蓄洪区工程管理局负责荆江分蓄洪区防汛日常工作。

市四湖工程管理局负责四湖流域防汛排涝日常工作。

市漳水工程管理局负责漳水防汛抗旱日常工作。

荆州军分区负责组织指挥民兵、预备役部队参加抗洪抢险救灾，协助转移危险地区的群众，根据上级的指示，协调组织参加荆州市抗洪抢险部队的行动。

2.2 市防汛抗旱指挥部办公室（简称"市防办"）

承办市防指日常工作。具体安排全市防汛抗旱工作；拟定全市有关防汛抗旱工作的总体要求、发展战略并贯彻实施；组织编制荆州市长江、东荆河、沮漳河、四湖流域、三善垸流域、内漳河流域、漳水水库、荆江分蓄洪区、洪湖分蓄洪区等大江大河大湖、分蓄洪区的防御洪水方案、洪水调度方案、分蓄洪区安全转移预案及荆州市抗旱预案，并监督实施；指导、督促县（市、区）防汛部门制订和实施防汛抗旱相关预案；负责掌握全市防汛抗旱动态、水旱灾情，研究制度宣传方案，及时发布权威信息，正确引导舆论，组织指导防汛抗旱新闻报道工作；指导防汛演练和抗洪抢险；督导有关防汛指挥机构清除江河湖库和分蓄洪区范围内行洪障碍；负责中央、省、市防汛抗旱经费的分配计划，防汛抗旱物资的储备、调配和管理；组织、指导和检查分蓄洪区安全建设、管理运用和补偿工作；组织汛期防汛值班，全程跟踪雨情、水情、工情、灾情，及时会商，随时提出应急措施，当好决策参谋；组织、指导防汛机动抢险队和抗旱服务组织的建设和管理；组织全市防汛抗旱指挥系统的建设与管理。

2.3 市流域防汛抗旱和分洪前线指挥机构

根据我市水利现状和市属水利工程管理单位情况，市防指下设荆州市长江防汛指挥部、荆州市四湖防汛指挥部、东荆河防汛指挥部、荆州市漳水防汛抗旱指挥部、荆州市分洪前线指挥部。在市防指的统一领导下，分别负责组织指挥所管辖范围内的防汛抗旱分洪工作，主要职责是制定预案，组织实施抗洪抢险、抗旱减灾及转移安置措施，组织善后处置等。上述指挥部成员由市政府及有关部门、相关县（市、区）政府、工程管理机构的负责人组成，其办事机构设在各工程管理机构。

2.4 县（市、区）防汛抗旱指挥部

各县（市、区）防汛抗旱指挥部，在上级防汛抗旱指挥机构和本级政府的领导下，组织和指挥本地区的防汛抗旱工作。其办事机构设在同级水行政主管部门。

2.5 其他防汛抗旱指挥机构

在建工程业主单位以及水文部门等，汛期成立相应的专业防汛抗灾组织，负责各自的防汛抗灾工作；有防洪任务的水电工程、大中型企业根据需要成立防汛指挥部。针对重大突发事件，可以组建临时指挥机构，具体负责应急处理工作。

3 预防和预警机制

3.1 预防预警信息

3.1.1 气象水文信息。各级气象、水文部门应加强对当地灾害性天气的监测和预报，并将相关信息及时报送同级防汛抗旱指挥机构；应当按照组织对重大灾害性天气和水雨情的监测、预报，尽可能延长预见期，对重大水旱灾害趋势作出评估，及时上报本级政府和

防汛抗旱指挥机构。当即将发生严重水旱灾害时，当地防汛抗旱指挥机构应提早预警，立即向可能受到危害的相关地区防指和当地驻军通报，同时向上级防指、政府有关部门报告。当江河发生洪水、内垸渍涝时，气象、水文部门应加密测验时段，及时上报测验结果，雨情、水情应分别在 1 小时内报荆州市防指，重要站点水位应在 30 分钟内报荆州市防指、省防指，为适时指挥决策提供依据。

3.1.2 工程信息。

（1）堤防工程信息。当江河出现设防水位以上洪水时，各级堤防、泵站管理单位应加强工程监测，并将堤防、涵闸、泵站等工程设施的运行情况报上级工程管理部门和同级防汛抗旱指挥机构，发生洪水地区的县（市、区）防汛抗旱指挥机构应向市防指报告工程险情和防守情况，长江、东荆河干支流重要堤段，洪湖、长湖及内垸重要防渍堤、涵闸等发生重大险情应在第一时间上报市防指。

当堤防和闸站等穿堤建筑物出现险情或遭遇超标准洪水袭击，以及其他不可抗拒因素而可能决口时，工程管理单位应迅速组织抢险，并及时向有关区域预警，同时向上级工程管理部门和同级防汛抗旱指挥机构准确报告出险部位、险情种类、抢护方案、除险情况、通信联络方式以及处理险情的行政、技术责任人名单，以利加强指导或作出进一步的抢险决策。

（2）水库工程信息。在水库水位超过汛限水位时，水库管理单位应对大坝、溢洪道、输水管等关键部位加密监测，并按照有管辖权的防汛抗旱指挥机构批准的洪水调度方案调度，其工程运行状况应向上一级行政主管部门和同级防汛抗旱指挥机构报告。大型或重点中型水库发生重大险情应在 2 小时内报荆州市防指、省防指。

当水库出现险情时，水库管理单位应立即向下游预警，并迅速处置险情，同时向上级主管部门和同级防汛抗旱指挥机构报告出险部位、险情种类、抢护方案、除险情况、通信联络方式以及处理险情的行政、技术责任人名单，以便随时联系、掌握情况，进一步采取相应措施。

当水库遭遇超标准洪水或其他不可抗拒因素而可能溃坝时，应在做好抢险各种准备的同时，实施多种手段提早预警，为下游群众安全转移争取时间。

3.1.3 洪涝灾情信息。

（1）洪涝灾情信息主要包括：灾害发生的时间、地点、范围，受灾人口以及群众财产、农林牧渔、交通道路、邮电通信、水电设施等方面的损失。

（2）洪涝灾情发生后，防汛抗旱指挥机构应收集动态灾情，全面掌握受灾情况，并向同级政府和上级防汛抗旱指挥机构报告。对造成人员伤亡和财产损失较大的，应在第一时间内向荆州市防指上报初步情况，并对实时灾情组织核实，核实后及时再报，以便为抗灾救灾提供准确依据。

（3）各县（市、区）防汛抗旱指挥机构应按照《水旱灾害统计报表制度》的规定上报洪涝灾情。

3.1.4 旱情信息。

（1）旱情信息主要包括：干旱发生的时间、地点、程度、成因、范围，对人口、工农业生产、农村饮水、城市供水、林牧渔业以及生态环境等方面造成的影响。防汛抗旱指挥机构应掌握水雨情变化、当地蓄水数量及分布、农田土壤墒情和城乡供水情况，加强旱情监测，一旦发生旱情，应逐级上报。发生严重旱情时，当地防汛抗旱指挥机构应及时核实，迅速上报。

（2）各县（市、区）防汛抗旱指挥机构应按照《水旱灾害统计报表制度》的规定逐级上报旱情。遇旱情急剧变化时应及时加报。

3.1.5 供水水质信息。

（1）各级水文部门负责监测辖区内的江河湖库供水水质。

（2）一旦发现由洪水等因素引发水质影响城乡生活的较重污染事件时，应在第一时间上报辖区内防汛抗旱指挥机构。

3.2 预防预警行动

3.2.1 预防预警准备工作。

（1）加强宣传，增强全民预防水旱灾害和自我保护的意识，做好防大汛抗大旱的思想准备。

（2）组织到位。建立健全防汛抗旱组织指挥机构，落实防汛抗旱责任人、防汛抗旱队伍和山洪易发重点区域的监测网络及预警措施，加强防汛专业机动抢险队和抗旱服务组织的建设与管理。

（3）工程准备。按时保质保量完成水毁工程修复和水源工程建设任务，对存在病险的堤防、水库、闸站等各类水利工程设施实行应急整险加固，在有堤防防护的地区做好及时封闭穿越堤防的涵闸和交通闸口的准备；对在建的水利工程设施和病险工程，落实安全度汛方案。

（4）预案编制。修订完善各类江河湖库和城市防洪预案、洪水预报方案、防洪工程调度规程、堤防和水库防洪抢险应急预案、分蓄洪区安全转移预案、山区防御山洪灾害预案和抗旱预案、城市抗旱预案。研究制定防御超标准洪水的应急方案，主动应对突发大洪水。对江河堤防险工险段，应制定工程抢险方案。堤防溃口抢险方案，由现场抢险指挥部研究提出，按堤防管理权限，报上级防指审批。

（5）物料储备。按照分级负责的原则，各级防汛抗旱指挥机构应储备必需的防汛物料，合理配置。重点险工险段的备用抢险物料应运抵现场，以应急需；易旱地区应储备抗旱所需器材。

（6）通信保障。对防汛通信专网、分蓄洪区预警反馈系统和水库遥测设施组织分级检查维修，保证处于完好状态。除充分利用社会通信公网外，应建立健全测报站网，确保雨情、水情、工情、灾情信息和指令的及时传递。

（7）汛前检查。实行以查思想、查组织、查工程、查预案、查物资、查通信为主要内容的分级检查制度，发现薄弱环节，要明确责任、限时整改。

（8）风险排查。加强江河湖库及山洪灾害区域排查，对发现的风险隐患进行登记、评估、发布和整改，消除和控制风险。

（9）日常管理。加强防汛日常管理工作，对江河湖库、人工水道、分蓄洪区内建设的非防洪建设项目进行防洪影响评价，并按管辖权限审批或报上级水行政主管部门审批，对未经审批并影响防洪的项目，依法采取补救措施或强行拆除。

3.2.2 江河湖库洪水预警。

（1）当江河湖库即将出现洪水时，各级水文、气象部门应做好洪水及降雨预报工作，及时向同级防汛抗旱指挥机构报告将出现的最高水位和最大流量以及洪水走势、降雨趋势等情况，为预警提供依据。

（2）各级防汛抗旱指挥机构应按照分级负责原则，确定洪水预警区域、级别和洪水信息发布范围，按照权限向社会发布。

（3）水文部门应跟踪分析江河湖库洪水的发展趋势，及时滚动预报最新水情，为抗灾救灾提供基本依据。

3.2.3 渍涝灾害预警。当气象预报将出现较大降雨时，各级防汛抗旱指挥机构应确定辖区渍涝灾害预警范围、级别，按照权限向社会发布渍涝灾害信息，做好排涝的有关准备工作，并根据需要，通知低洼区域居民及企事业单位及时转移财产。

3.2.4 山洪灾害预警。

（1）凡可能遭受山洪灾害威胁的地方，应根据山洪灾害的成因和特点，主动采取预防和避险措施。水文、气象、国土、水利等部门应密切联系，相互配合，实现信息共享，提高预报水平，协调发布预报警报。

（2）凡有山洪灾害的地方，应由防汛抗旱指挥机构组织国土、气象、水利等部门编制山洪灾害防御预案，绘制区域内山洪灾害风险图，划分并确定区域内易发生山洪灾害的地点及范围，制定安全转移方案，明确组织机构的设置及职责。

（3）山洪灾害易发区，应建立专业监测与群测群防相结合的监测体系。降雨期间，加密观测、加强巡逻。每个乡镇、村组和相关单位应确定信号发送员，一旦发现危险征兆，立即向周边群众报警，实现快速转移，并报本地政府和防汛杭旱指挥机构，以便及时组织抗灾救灾。

3.2.5 分蓄洪区预警。

（1）分蓄洪区所在地防汛抗旱指挥机构和分蓄洪区管理单位应拟定群众安全转移方案，按分级管理的权限上报，由有审批权的防汛抗旱指挥机构组织审定执行。

（2）分蓄洪区所在地水行政主管部门和分蓄洪区工程管理单位应加强工程运行监测，发现问题及时处理，并报告上级主管部门和同级防汛抗旱指挥机构。

（3）当地政府和防汛抗旱指挥机构按照上级防汛抗旱指挥机构命令运用分蓄洪区时，应把人民的生命安全放在首位，迅速启动预警系统，按照群众安全转移方案实施转移。

3.2.6 干旱灾害预警。

（1）各级防汛抗旱指挥机构应针对干旱灾害的成因、特点，因地制宜采取预警防范措施。

（2）各级防汛抗旱指挥机构应建立健全旱情监测网络和干旱灾害统计队伍，随时掌握实时旱情灾情，并预测干旱发展趋势，根据不同干旱等级，提出相应对策，为抗旱指挥决策提供科学依据。

（3）各级防汛抗旱指挥机构应鼓励和支持社会力量开展多种形式的社会化服务组织建设，并加强协调和管理，以增强防范和抗御干旱灾害的能力。

3.2.7 供水危机预警。当因供水水源短缺或被破坏、供水线路中断、供水水质被侵害等原因出现供水危机时，由当地防汛抗旱指挥机构向社会公布预警，城乡居民、企事业单位应储备应急用水，有关部门做好应急供水的准备。

3.3 预警支持系统

3.3.1 洪水、干旱风险图。

（1）各级防汛抗旱指挥机构应组织工程技术人员，研究绘制本地区的城市洪水风险图、分蓄洪区洪水风险图、流域洪水风险图、山洪灾害风险图、水库洪水风险图和干旱风险图。

（2）防汛抗旱指挥机构应以各类洪水、干旱风险图作为抗洪抢险救灾、群众安全转移安置和抗旱救灾决策的技术依据。

3.3.2 防御洪水方案。

（1）防汛抗旱指挥机构应根据需要，编制和修订防御江河洪水方案，主动应对江河洪水。

（2）应根据变化的情况，修订和完善防御洪水调度方案，按照各种不同量级的洪水，提出分区分段调度的具体措施。

（3）各类防御江河洪水预案和防洪调度方案，按规定逐级上报审批，凡经政府或防汛抗旱指挥机构审批的防洪预案和调度方案，均具有权威性，有关地区应坚决贯彻执行。

3.3.3 抗旱预案。

（1）各级防汛抗旱指挥机构应编制抗旱预案，以主动应对不同等级的干旱灾害。

（2）各类抗旱预案由当地政府或防汛抗旱指挥机构审批，报上一级防汛抗旱指挥机构备案，凡经审批的各类抗旱预案，各有关地区应贯彻执行。

4 应急处置

4.1 应急响应的总体要求

4.1.1 按洪涝、旱灾的严重程度和范围，将应急响应行动分为四级。

4.1.2 进入汛期、旱期，各级防汛抗旱指挥机构应实行 24 小时值班制度，全程跟踪雨情、水情、工情、旱情、灾情，加强水旱灾害管理，并根据不同情况发布一级、二级、三级、四级预警，预警的条件与应急响应的条件相对应，并启动相关应急程序。

4.1.3 市政府和市防指以及流域防汛指挥机构按规程负责事关全局的水利、防洪工程调度；其他水利、防洪工程的调度由所属地方政府和防汛抗旱指挥机构负责，必要时视情况由上一级防汛抗旱指挥机构直接调度。防指各成员单位应按照指挥部的统一部署和职责分工，做好相关工作，并及时报告有关工作情况。

4.1.4 洪涝、干旱灾害发生后，应按照分级负责的原则，事发地政府和防汛抗旱指挥机构应先期处置，并同时上报，由履行统一领导职责的防汛抗旱指挥机构负责实施辖区内的抗洪抢险、排涝、抗旱减灾和抗灾救灾等方面工作。

4.1.5 洪涝、干旱等灾害发生后，由事发地防汛抗旱指挥机构向同级政府和上级防汛抗旱指挥机构及时报告情况。造成人员伤亡的突发事件，可越级上报，并同时报上一级防汛抗旱指挥机构。任何单位和个人发现堤防、水库发生险情时，应立即向有关部门报告。

4.1.6 对跨区域发生的水旱灾害，或者将影响到邻近行政区域的突发事件，在报告同级政府和上级防汛抗旱指挥机构的同时，应向受影响地区的防汛抗旱指挥机构通报情况。

4.1.7 因水旱灾害而衍生的疾病流行、水陆交通事故等次生灾害，当地防汛抗旱指挥机构应组织有关部门全力抢救和处置，采取有效措施，防止次生或衍生灾害的蔓延，并及时向同级政府和上级防汛抗旱指挥机构报告。

4.2 Ⅰ级响应

4.2.1 出现下列情况之一者，为Ⅰ级响应：

（1）长江干流发生大洪水，参考主要站点水位超保证或荆江河段接近保证水位。

（2）东荆河发生大洪水，参考主要站点水位超保证水位。

（3）多个县（市、区）发生特大涝灾。

（4）长江干支流堤防发生决口，东荆河、长湖、洪湖堤防发生决口。

（5）大中型水库发生垮坝。

（6）多个县（市、区）发生特大干旱。

4.2.2 Ⅰ级响应行动。

（1）由市防办提出Ⅰ级响应行动建议，市防指政委或指挥长决定启动Ⅰ级响应程序。市防指政委、指挥长主持会商，副指挥长协助坐镇指挥，召开市防指全体成员会议，紧急动员部署，强化相应工作措施，强化防汛抗旱工作指导，并将情况上报省委、省政府及省防指，同时向市委、市人大、市政府、市政协、荆州军分区和市防指成员单位通报。市防指应派工作组、专家组赴一线具体指导防汛抗旱工作。市防办负责人带班，增加值班人员，加强值班，随时掌握汛情或旱情、工情和灾情的发展变化，做好预测预报，加强协调、督导事关全局的防汛抗旱调度。由市防汛抗旱指挥机构及时发布应急响应行动信息，按照相关规定通过市电视台等媒体发布汛情、旱情。紧急时刻，提请市委、市政府研究部署，防汛抗旱工作，实行市委常委负责制，带领工作专班分赴一线指导防汛抗旱工作。

（2）相关县（市、区）的防汛抗旱指挥机构启动Ⅰ级响应，按照《中华人民共和国防洪法》和省实施办法的相关规定，行使权力。防汛抗旱指挥机构的主要领导主持会商，坐镇指挥，紧急动员部署防汛抗旱工作，同时增加值班人员，加强值班，掌握情况。按照分管权限，调度水利、防洪工程。根据预案，转移险区群众，组织强化防守巡查，及时控制险情，或组织强化抗旱工作。受灾地区的各级防汛抗旱指挥机构负责人、成员单位负责人，应按照职责到分管的区域组织指挥防汛抗旱工作，或驻点具体帮助重灾区做好防汛抗旱工作。防汛抗旱指挥机构应将工作情况随时上报当地政府和市防指。

（3）市委、市人大、市政府、市政协、荆州军分区领导和市防指成员应率领专家组或工作组到相关责任区域驻守。市防指成员单位急事急办，特事特办，全力支持抗灾救灾工作。市经信委和荆州供电公司确保防汛抗旱用电需要。市财政局为灾区及时提供资金帮助。市防办为灾区紧急调拨防汛抗旱物资。市交通局为防汛抗旱物资提供运输保障。市民政局及时组织指导救助受灾群众。市卫生局及时派出医疗队，赴各灾区开展医疗救治和疾病防控工作。市气象局加强灾害天气监测预报，视抗旱工作需要，及时组织实施人工增雨（雪）作业。市防指其他成员单位按照职责分工，做好有关工作。相关县（市、区）的防汛抗旱指挥机构成员单位应全力配合做好防汛抗旱和抗灾救灾工作。

4.3 Ⅱ级响应

4.3.1 出现下列情况之一者，为Ⅱ级响应：

（1）长江干流发生较大洪水，参考主要站点水位接近保证水位。

（2）东荆河发生较大洪水，参考主要站点水位接近保证水位。

（3）荆南四河发生大洪水，超保证水位。

（4）沮漳河发生大洪水，超保证水位。

（5）数县（市、区）发生大涝灾或一县（市、区）发生特大涝灾，或长湖、洪湖围堤出现严重险情。

（6）大中型水库出现严重险情，小型水库发生垮坝。

（7）数县（市、区）多个乡镇发生严重干旱或一县（市、区）发生特大干旱。

4.3.2 Ⅱ级响应行动。

（1）由市防办提出Ⅱ级响应行动建议，市防指指挥长决定启动Ⅱ级响应程序。市防指指挥长主持会商，副指挥长协助坐镇指挥，作出相应工作部署，并向市委、市人大、市政府、市政协、荆州军分区相关责任领导作出通报。市防办负责人带班，增加值班人员，随时掌握汛情或旱情、工情和旱情的发展变化，做好预测预报，加强协调和督导，搞好重点工程的调度。加强防汛抗旱工作的指导，在24小时内派出市防指成员单位组成的工作组、专家组赴一线指导防汛抗旱，并将情况上报省防指。市防汛抗旱指挥机构不定期发布汛、旱情通报。

（2）相关县（市、区）的防汛抗旱指挥机构可依法宣布本地区进入紧急防汛期，按照《中华人民共和国防洪法》和本省实施办法行使相关权力。防汛抗旱指挥机构主要负责人主持会商，具体安排防汛抗旱工作。增加值班人员，加强值班，按照分管权限，调度水利、防洪工程。根据预案，转移险区群众，组织加强防守巡查，及时控制险情，或组织加强抗旱工作。受灾地区的各级防汛抗旱指挥机构负责人、成员单位负责人，应按照职责到分管的区域组织指挥防汛抗旱工作。防汛抗旱指挥机构应将工作情况上报当地党委、政府主要领导和市防指。

（3）市防指成员单位应启动应急响应，加派工作组分赴抗灾一线，具体帮助防汛抗旱工作。市民政局及时救助受灾群众。市卫生局派出医疗队赴一线帮助医疗救护。市气象局加强灾害天气监测预测，视抗旱工作需要，及时组织实施人工增雨（雪）作业。市防指其他成员单位按照职责分工，做好有关工作。相关县（市、区）的防汛抗旱指挥机构成员单位应全力配合，做好防汛抗旱和抗灾救灾工作。

4.4 Ⅲ级响应

4.4.1 出现下列情况之一者，为Ⅲ级响应：

（1）长江干流发生中洪水，超警戒水位，低于保证水位。

（2）东荆河发生中洪水，超警戒水位，低于保证水位。

（3）荆南四河发生较大洪水，超警戒水位。

（4）沮漳河发生较大洪水，超警戒水位。

（5）数县（市、区）同时发生较大涝灾或一县（市、区）发生大涝灾。

（6）大中型水库出现险情或小型水库出现严重险情。

（7）数县（市、区）同时发生中度以上干旱。

4.4.2　Ⅲ级响应行动。

（1）由市防办提出Ⅲ级响应行动建议，市防指分管副指挥长决定启动Ⅲ级响应程序。分管副指挥长主持会商，并坐镇指挥，作出相应工作部署，加强防汛抗旱工作的指导，并将情况上报市委、市政府主要领导和省防指。市防办加强值班，掌握情况，搞好协调、督导和重点工程调度，市防指应派出工作组分赴一线帮助指导防汛抗灾工作。市防汛抗旱指挥机构发布汛、旱情通报。

（2）相关县（市、区）的防汛抗旱指挥机构主要负责人主持会商，具体安排防汛抗旱工作。按照分管权限，调度水利、防洪工程。根据预案，组织布防、抢险或组织抗旱，派出工作组到一线具体帮助防汛抗旱工作，并将防汛抗旱的工作情况上报市防指，并由市防指报省防办。

（3）相关县（市、区）的防汛抗旱指挥机构成员单位按照分工做好防汛抗旱和抗灾救灾工作。市民政局及时救助受灾群众。市卫生局组织医疗队赴一线开展卫生防疫工作。市气象局加强灾害天气监测预报，视抗旱工作需要，及时组织实施人工增雨（雪）作业。市防指其他成员应根据需要，主动对口落实任务，为防汛抗旱排忧解难。

4.5　Ⅳ级响应

4.5.1　出现下列情况之一者，为Ⅳ级响应：

（1）长江发生小洪水，参考主要站点水位接近警戒水位。

（2）荆南四河发生一般洪水，参考主要站点水位接近警戒水位。

（3）沮漳河发生一般洪水，参考主要站点水位接近警戒水位。

（4）数县（市、区）同时发生一般涝灾。

（5）数县（市、区）同时发生轻度干旱。

（6）小型水库出现险情。

4.5.2　Ⅳ级响应行动。

（1）由市防办提出Ⅳ级响应行动建议，市防办主任决定启动Ⅳ级响应程序，并报市防指分管副指挥长。市防办主任主持会商，作出相应工作安排。严格执行值班制度，密切注意汛情、旱情和水旱灾情的变化，加强防汛抗旱工作的具体协调和指导，抓好重点工程调度，并将情况上报市委、市政府领导。市气象局加强灾害天气监测预报，视抗旱工作需要，及时组织实施人工增雨（雪）作业。市防办发布汛、旱情通报。

（2）相关县（市、区）的防汛抗旱指挥机构，按照市防办的具体安排和分管权限，调度水利、防洪工程。根据预案，组织布防、抢险或组织防汛抗旱，并将工作情况上报市防办。

4.6　不同灾害的应急响应措施

4.6.1　江河湖库洪水。

（1）当江河湖库水位超过原设防、汛限水位时，当地防汛抗旱指挥机构应组织水利堤防管理单位干部职工或水利专班巡堤、巡坝查险。

（2）当江河湖库水位超过警戒水位、设计洪水位时，当地防汛抗旱指挥机构应按照批准的防洪预案和防汛责任制要求，组织专业和群众防汛队伍巡堤、巡坝查险，严密布防，必要时可申请动用军队、武警和预备役部队参加重要堤段、重点工程的防守或突击抢险。

（3）当江河湖库洪水位继续上涨，危及重点保护对象时，各级防汛抗旱指挥机构和承担防汛任务的部门、单位，应根据江河水情和洪水预报，强化巡查布防措施，并按照规定的权限和防御洪水方案，适时调度运用防洪工程，必要时上级防汛抗旱指挥机构可以直接调度。防洪调度主要包括：调节水库拦洪错峰，开启节制闸泄洪，启动泵站抢排，启用分洪河道、分蓄洪区行蓄洪水，清除河道阻水障碍物，临时抢护加高堤防增加河道泄洪能力等。

（4）在实施分蓄洪区调度运用时，根据洪水预报和批准的洪水调度方案，由防汛抗旱指挥机构决定做好分蓄洪区启用的准备工作，主要包括：组织分蓄洪区内人员转移、安置，分洪设施的启用和无闸分洪口门爆破准备。当江河水情达到洪水调度方案规定的条件时，按照启用程序和管理权限由相应的防汛抗旱指挥机构批准下达命令实施分洪。

（5）在江河、湖泊水情接近保证水位或者安全流量，水库水位接近校核洪水位，或者防洪工程设施发生重大险情时，按照《中华人民共和国防洪法》和省实施办法的有关规定，县级以上人民政府防汛抗旱指挥机构宣布进入紧急防汛期，可在其管辖范围内调用物资、设备、交通运输工具和人力，采取占地取土、砍伐树木、清除阻水障碍物和其他紧急措施；必要时，公安、交通等有关部门按照防汛抗旱指挥机构的决定，实施陆地和水面交通管制，以保障抗洪抢险的顺利实施。

4.6.2　渍涝灾害。

（1）当发生一般渍涝灾害时，当地防汛抗旱指挥机构应按照"先田后湖、分区分级、等高截流、高水高排、低水低排"的原则，按照规程调度水利工程设施，充分运用泵站提排和涵闸自排，尽快排水入江，恢复正常生产生活秩序。当发生大的渍涝灾害时，要按照规程，统筹调度，处理好田湖关系。

（2）在江河防汛形势紧张时，要正确处理排涝与防洪的关系，视情况及时减少排水量或停止排水，以减缓防洪压力。

4.6.3　山洪灾害。

（1）山洪灾害应急处理由当地防汛杭旱指挥机构负责，水利、国土、气象、民政、建设、环保等有关部门按职责分工做好相关工作。

（2）当山洪灾害易发区雨量观测点降雨量达到一定数量或观测山体发生变形有滑动趋势时，由当地防汛抗旱指挥机构或有关部门及时发出警报，如需紧急转移群众时，应立即通知相关乡镇或村组按预案组织人员安全撤离。

（3）转移受威胁地区的群众，应按照就近、迅速、安全、有序的原则进行，先人员后财产，先老幼病残后其他人员，先危险区人员后警戒区人员，防止道路堵塞和意外事件的发生。

（4）发生山洪灾害后，若导致人员伤亡，应立即组织人员或抢险突击队紧急抢救，属于重大人员伤亡应向当地驻军、武警部队和上级政府请求支援。

（5）当发生山洪灾害时，当地防汛抗旱指挥机构应组织水利、国土、气象、民政等有关部门的专家和技术人员，及时赶赴现场，加强观测，采取应急措施，防止滑坡等山洪灾害造成更大的损失。

（6）如山洪泥石流、滑坡体堵塞河道时，当地防汛抗旱指挥机构应召集有关部门、专家研究处理方案，尽快组织实施，避免发生更大的灾害。

4.6.4 堤防决口、闸站垮塌、水库溃坝。

（1）当出现堤防决口、闸站垮塌、水库溃坝前期征兆时，工程管理单位应迅速调集人力、物力全力组织抢险，尽可能控制险情，并及时向下游预警。

（2）堤防决口、闸站垮塌、水库溃坝的应急处理，由当地防汛抗旱指挥机构负责，首先应迅速组织受威胁地区群众转移，并视情况组织实施堵口或抢筑阻水二道防线等措施，尽可能减少灾害损失。

（3）实施堤防、涵闸、水库堵口，应明确行政、技术责任人，及时调集人力、物力，严密组织，快速行动。上级防汛抗旱指挥机构负责同志应立即带领专家赶赴现场指导。

4.6.5 干旱灾害。

县级以上防汛抗旱指挥机构根据本地区实际情况，按特大、严重、中度、轻度4个干旱等级，制定相应的应急抗旱措施，并负责组织抗旱工作。

（1）特大干旱。

强化地方行政首长抗旱目标责任制，确保城乡居民生活和重点企业用水安全，维护灾区社会稳定。

防汛抗旱指挥机构强化抗旱工作的统一指挥和组织协调，加强会商，强化抗旱水源的科学调度和用水管理，各有关部门按照指挥机构的统一指挥部署，协调联动，全面做好抗旱工作。

启动相关抗旱预案，并报上一级指挥机构备案。必要时经本级人民政府批准，可宣布进入紧急抗旱期，启动各项特殊应急抗旱措施，如应急开源、应急限水、应急调水、应急送水等。

密切监测旱情、及时分析旱情变化发展趋势，随时掌握旱情灾情及抗旱工作情况，及时分析旱情灾情对经济社会发展的影响，适时向社会通报信息。

防汛抗旱指挥机构成员单位按照部门落实抗旱职责，并动员社会各方面力量支援抗旱救灾工作。

加强旱情灾情及抗旱工作的宣传。

（2）严重干旱。

进一步加强旱情监测和分析预报工作，及时掌握旱情灾情及其发展变化趋势，及时通报旱情信息和抗旱情况。

防汛抗旱指挥机构及时组织抗旱会商，研究部署抗旱工作。

视旱情变化，启动相关抗旱预案，并报上级防汛抗旱指挥机构备案。

防汛抗旱指挥机构的各成员单位落实部门抗旱职责，做好抗旱水源的统一管理和调度，落实应急抗旱资金和抗旱物资。

做好抗旱工作的宣传。

（3）中度干旱。

加强旱情监测，密切注视旱情的发展情况，及时分析预测旱情变化趋势，通报旱情信息和抗旱情况。

及时分析预测水量供求变化形势，加强抗旱水源的统一管理和调度。

根据旱情发展趋势，及时会商，适时进行抗旱工作动员部署，并做好相关宣传工作。

（4）轻度干旱。

掌握旱情变化情况，做好旱情监测、预报工作。

及时分析了解社会各方面的用水需求。

算好水账，提出防旱抗旱的具体措施，做好抗旱水源的管理调度工作。

4.6.6　供水危机。

（1）当发生供水危机时，有关防汛抗旱指挥机构加强对城市地表水、地下水和外调水实行统一调度和管理，严格实施应急限水，合理调配有限的水源；采取辖区内、跨地区、跨流域应急调水，补充供水水源，协同水质检测部门，加强供水水质的监测，保证城乡居民生活和重点单位用水安全。

（2）针对供水危机出现的原因，采取措施，尽快恢复供水水源，使供水量和水质处于正常状态。

4.6.7　供水水质被侵害。

（1）当发生供水水质因洪水等因素影响城乡生活的较重污染事件时，当地防汛抗旱指挥部应迅速研究措施，及时通知水质污染范围内的群众，力争避免水质污染影响生活。

（2）当地防汛抗旱指挥部应利用一切有利条件，搞好调水冲污，置换水质，尽力将水质污染的影响减少到最低限度。应急响应结束后，将其处置结果报同级人大常委会备案。

4.7　信息报送和处理。

4.7.1　汛情、旱情、工情、险情、灾情等防汛抗旱信息实行分级上报，归口处理，同级共享。

4.7.2　防汛抗旱信息的报送和处理，应快速、准确、翔实，重要信息应在第一时间上报，因客观原因一时难以准确掌握的信息，应及时报告基本情况，同时抓紧了解情况，随后补报详情。

4.7.3　属一般性汛情、旱情、工情、险情、灾情，按分管权限，分别报送本级防汛抗旱指挥机构和信息部门负责处理。因险情、灾情较重，按分管权限上报一时难以处理，需上级帮助、指导处理的，经本级防汛抗旱指挥机构负责同志审批后，可向上一级防汛抗旱指挥机构和信息部门上报。

4.7.4　凡经本级或上级防汛抗旱指挥机构、信息部门采用和发布的水旱灾害、工程抢险等信息，当地防汛抗旱指挥机构应立即调查核实，对存在的问题，及时采取措施加以解决。凡属本级或上级领导对发布的信息作出批示的，有关部门和单位应立即传达贯彻，并组织专班核实，研究具体落实措施，认真加以解决。

4.7.5　市防办接到重大的汛情、旱情、险情、灾情报告后应立即报告市政府，抄送有关部门，并及时续报。特别重大、重大事件信息必须在事发 3 小时内报市政府和省防办，抄送有关部门。

4.8 指挥和调度

4.8.1 出现水旱灾害后，事发地的防汛抗旱指挥机构应立即启动应急预案，并根据需要成立现场指挥部。在采取紧急措施的同时，向上一级防汛抗旱指挥机构报告。根据现场情况，及时收集、掌握相关信息，判明事件的性质和危害程度，并及时上报事态的发展变化情况。

4.8.2 事发地的防汛抗旱指挥机构负责人应迅速进岗到位，分析事件的性质，预测事态发展趋势和可能造成的危害程度，并按规定的处置程序，组织指挥有关单位或部门按照职责分工，迅速采取处置措施，控制事态发展。

4.8.3 发生重大水旱灾害后，上一级防汛抗旱机构应派出由领导带队的工作组赶赴现场，加强领导，指导工作，必要时成立前线指挥部。

4.9 抢险救灾

4.9.1 出现水旱灾害或防洪工程发生重大险情后，事发地的防汛抗旱指挥机构应根据事件的性质，迅速对事件进行监控、追踪，并立即与相关部门联系。

4.9.2 事发地的防汛抗旱指挥机构应根据事件具体情况和专家咨询意见，深入分析，按照预案，研究提出紧急处置措施，供当地政府或上一级相关部门指挥决策。

4.9.3 事发地防汛抗旱指挥机构应迅速调集本部门或社会的资源和力量，提供技术支持；组织当地有关部门和人员，迅速开展现场处置或救援工作。堤防、水库险情的抢护，应按事先制定的抢险预案进行。长江、东荆河堤防决口的堵复，水库重大险情的抢护，应严格执行抢险预案，并由防汛机动抢险队或抗洪抢险专业部队等实施。

4.9.4 处置水旱灾害和工程重大险情时，应按照职能分工，由防汛抗旱指挥机构统一指挥，各部门应各司其职，团结协作，快速反应，高效处置，最大限度地减少损失。

4.10 安全防护和医疗救护

4.10.1 各级政府和防汛抗旱指挥机构应高度重视应急人员的安全，调集和储备必要的防护器材和消毒药品，以备随时应用。

4.10.2 应急人员进入和撤出现场由防汛抗旱指挥机构视情况作出决定。应急人员进入受威胁的现场前，应采取防护措施以保证自身安全。当现场受到污染时，应按要求为应急人员配备防护设施，撤离时应进行消毒、去污处理。

4.10.3 出现水旱灾害后，事发地防汛抗旱指挥机构应及时做好群众的救援、转移和疏散工作；事发地防汛抗旱指挥机构应按照当地政府和上级领导机构的指令，及时发布通告，防止人、畜进入危险区域或饮用被污染的水源。事发地和有关政府负责对转移的群众提供紧急避难场所，并妥善安置灾区群众，保证基本生活；事发地政府和防汛抗旱指挥机构应组织卫生部门加强受影响地区的突发公共卫生事件监测、报告工作，落实各项疾病预防控制措施，派出医疗队，对受伤人员进行紧急救护；必要时，可紧急动员当地医疗机构在现场设立紧急救护所。

4.11 社会力量动员

出现水旱灾害后，事发地的防汛抗旱指挥机构可根据事件的性质和危害程度，报经当地政府批准，对重点地区和重点部位实施紧急控制，防止事态及其危害的进一步扩大。必要时可通过当地政府调动社会力量参与应急突发事件的处置，紧急情况下可依法征调车辆、物资、人员等，全力投入抗洪抢险。

4.12 信息发布

4.12.1 防汛抗旱的信息发布实行分级管理，事发地防汛抗旱指挥机构应及时准确地发布应急处置工作的情况及事态发展方面的信息，并对新闻报道进行管理；重大信息可由事发地政府或上级政府发布，信息发布可采取举行新闻发布会、组织媒体报道、接受记者采访、提供新闻稿、授权新闻单位发布等方式。

4.12.2 全市性的或重大的汛情、旱情及防汛抗旱动态等信息，由市防指统一审核和发布；涉及水旱灾情的，由市防办会同市民政局审核和发布；涉及部队和武警的，由荆州军分区、武警荆州市支队审核。

4.12.3 县（市、区）防汛抗旱指挥机构负责辖区内汛情、旱情及防汛抗旱动态等信息的审核和发布，涉及水旱灾情的，由当地防办会同民政部门审核和发布。信息发布要按照《荆州市突发公共事件新闻发布预案》，在市政府新闻办公室、市政府新闻发言人办公室的统一组织协调下进行。

4.13 应急结束

4.13.1 当严重的水旱灾害趋势减缓，并得到有效控制时，市防指和事发地的防汛抗旱指挥机构可视汛情旱情，通过媒体宣布结束响应程序或紧急防汛期、紧急抗旱期。同时采取措施，防止或处置水旱灾害衍生事件。

4.12.2 依照有关紧急防汛、抗旱期规定征用和调用的物资、设备、交通运输工具等，在突发水旱灾害处置结束后应当及时归还；被征用或征用后毁损、灭失的，按照国家有关规定给予补偿。取土占地、砍伐林木的，在汛期结束后依法向有关部门补办手续；有关地方政府对取土后的土地组织复垦，对砍伐的林木组织补种。

4.12.3 紧急处置工作结束后，事发地防汛抗旱指挥机构应协助当地政府进一步恢复正常生活、生产、工作秩序，修复水毁基础设施，尽可能减少突发事件带来的损失和影响。

5 应急保障

5.1 通信与信息保障

5.1.1 任何通信运营部门都有依法保障防汛抗旱信息畅通的责任。

5.1.2 防汛抗旱指挥机构应按照以公用通信网为主的原则，合理组建防汛专用通信网络，确保信息畅通。堤防及水库管理单位必须配备通信设施。

5.1.3 防汛抗旱指挥机构应协调当地通信管理部门，将防汛抗旱通信保障的要求纳入应急预案。发生突发事件后，通信部门应启动应急预案，迅速调集力量抢修损坏的通信设施，同时尽可能利用现有设施，保证防汛抗旱通信畅通。必要时，应调度应急通信设备，为防汛通信和现场指挥提供通信保障。

5.1.4 在紧急情况下，应充分利用公共广播、电视、手机短信等手段发布信息，通知群众快速撤离，确保群众生命的安全。

5.2 应急支援与装备保障

5.2.1 现场救援和工程抢险保障。对重点险工险段或易出险的水利工程设施，应提前编制工程应急抢险预案，以备紧急情况下因险施策；当出现新的险情后，应派工程技术人员赶赴现场，研究优化除险方案，并由防汛行政首长负责组织实施。防汛抗旱指挥机构和水利工程管理单位以及受洪水威胁的其他单位储备的抢险机械、抗旱设备、物资和救生器材，应能满足抢险或抗旱急需。

5.2.2 应急队伍保障。

（1）防汛队伍。

任何单位和个人都有依法参加防汛抗洪的义务。驻荆解放军、武警部队和民兵、预备役部队按照有关规定执行抗洪抢险任务。

防汛抢险队伍分为：群众抢险队伍、非专业部队抢险队伍和专业抢险队伍（省、市组织建设的防汛机动抢险队和解放军组建的抗洪抢险专业应急部队）。群众抢险队伍主要为抢险提供劳动力，非专业部队抢险队主要完成对抢险技术设备要求不高的抢险任务，专业抢险队伍主要完成急、难、险、重的抢险任务。

调动防汛机动抢险队程序：本级防汛抗旱指挥部管理的防汛机动抢险队，由本级防汛抗旱指挥部负责调动；上级防汛抗旱指挥部管理的防汛机动抢险队，由本级防汛抗旱指挥部提出调动申请，由上级防汛抗旱指挥部批准；同级其他区域防汛抗旱指挥部管理的机动抢险队，由本级防汛抗旱指挥部提出调动申请，上级防汛抗旱指挥部协商调动。

调动部队参加抢险程序：原则按照国务院、中央军委颁布的《军队参加抢险救灾条例》办理。各县（市、区）防指、市流域防指需要用兵时，向市防指申请，市防指根据申请研究决定用兵时，协商军分区向省防指、省军区提出申请，按程序办理相关手续。紧急情况下，部队可以边行动边报告，市防指应及时向市军分区补办相关手续。组织抢险救灾需武警参加时，由荆州市防指与武警荆州支队联系，并向省防指报告，办理相关手续。

所在地政府应为参加抗洪抢险的部队、武警和民兵、预备役部队提供必要的生活和物质保障。

申请调动部队或武警参加抢险救灾的文件内容包括：灾害种类、发生时间、受灾地域和程度、采取的救灾措施以及需要使用的兵力、装备等。

（2）抗旱队伍。

在抗旱期间，各级政府和防汛抗旱指挥机构应组织动员社会公众力量投入抗旱救灾工作。有关单位和个人都有承担防汛抗旱指挥机构分配抗旱任务的责任。

抗旱服务组织是农业社会化服务体系的重要组成部分，在干旱时期应直接为受旱地区农民提供生活用水、流动灌溉，维修保养抗旱机具，租赁、销售抗旱物资，提供抗旱信息和技术咨询等方面的服务。

5.2.3 供电保障。电力部门主要负责抗洪抢险、抢排渍涝、抗旱救灾等方面的电力供应和应急救援现场的临时供电。

5.2.4 交通运输保障。交通运输部门主要负责优先保障防汛抢险人员和防汛抗旱救灾物资的运输；分蓄洪区分洪时，负责群众安全转移所需地方车辆、船舶的调配；负责分泄大洪水时河道航行和渡口的安全监管工作；负责大洪水时用于抢险、救灾车辆和船舶的及时调配。

5.2.5 医疗保障医疗卫生部门主要负责灾区疾病防治的业务技术指导；组织医疗卫生队赴灾区巡医问诊，负责灾区防疫消毒、抢救伤员等工作。

5.2.6 治安保障公安部门主要负责做好灾区的社会治安保卫工作，依法严厉打击破坏分子，维护工程设施安全，保证抗灾救灾工作的顺利进行；负责组织爆破专家对分洪爆破设计施工方案的评审和审批，做好防汛抢险、分洪爆破时的戒严、警卫工作，维护分蓄洪区的社会秩序。

5.2.7 物资保障。

（1）物资储备。

防汛抗旱指挥机构、重点防洪工程管理单位以及受洪水威胁的其他单位应按规范储备防汛抢险物资。市防指办公室应及时掌握防汛物资新材料、新设备的应用情况，及时调整物资品种，提高抗洪抢险的科技含量。

县（市、区）防汛物资储备的品种应包括挡洪水、导渗堵漏、堵口复堤等所需的抢险物料，救助、转移被洪水围困的群众及抗洪抢险人员所需的救生器材，抢险施工、查险排险所需常用的机具。

地方各级防汛抗旱指挥机构储备防汛物资的品种及定额，由各级防汛抗旱指挥机构根据抗洪抢险的需要和具体情况确定。

易旱地区县（市、区）政府应组织有关部门储备一定数量的抗旱物资，由本级防汛抗旱指挥机构负责调用。

（2）物资调拨。

防汛物资调拨原则：在抗洪斗争中，如发生险情，应由险情所在地防汛抗旱指挥部就地调拨本级防汛抢险物资，在不能满足需要的情况下，可申请调用上级防汛储备物资或者其他地区的防汛储备物资。当有多处申请调用防汛物资时，应优先保证重点地区的防汛抢险物资急需。

防汛物资调拨程序：由流域防汛指挥机构或县（市、区）防汛抗旱指挥机构向市防指提出申请，经批准同意后，由市防办向储备单位下达调令；或向省防指申请调用中央、省级防汛物资。

5.2.8 资金保障。中央和省财政筹集安排的防汛抗旱资金，用于国家明确的重要江河、湖泊、水库的堤坝抗大洪抢大险和水毁工程修复，以及遭受严重干旱地区为兴建应急抗旱设施、添置提运水设备和运行费用的补助。荆州市及县（市、区）财政筹集安排的防汛抗旱资金，用于本区域防汛抗旱和水利工程修复补助。按照国务院和省政府的有关规定，水行政主管部门可以在防洪保护区范围内征收河道工程修建维护管理费、防汛费，以加强保护区内的防洪工程建设，提高防洪能力。

5.2.9 社会动员保障。

（1）防汛抗旱是社会公益性事业，任何单位和个人都有保护水利工程设施的责任。

（2）汛期或旱季，各级防汛抗旱指挥机构应在各种新闻媒体发布水雨工情信息。根据水旱灾害的发展，各级政府和防汛抗旱机构应做好动员工作，组织社会力量投入防汛抗旱。

（3）各级防汛抗旱指挥机构成员单位在严重水旱灾害期间，应在做好本行业本系统抗灾工作的同时，按照分工，解决防汛抗旱的实际问题，同时充分调动本系统的力量，全力支持抗灾救灾和灾后重建工作。

（4）各级政府应加强对防汛抗旱工作的统一领导，组织有关部门和单位，动员全社会的力量，做好防汛抗旱工作。在防汛抗旱的关键时刻，各级行政首长应靠前指挥，组织广大干部群众抗灾减灾。

5.3　技术保障

5.3.1　决策支持系统。

（1）逐步建立覆盖市防指、流域机构和各县（市、区）防汛抗旱部门的计算机网络系统，提高信息传输的质量和速度。

（2）改进水情信息采集系统，扩大信息采集范围，使全市水文测站的水情信息能在30分钟内传到省防指。

（3）建立和完善长江、荆南四河、东荆河、沮漳河等重要河段洪水预报系统，提高预报精度，延长有效预见期。

（4）建立工程数据库及长江、荆南四河、东荆河、沮漳河等重要河流地区的地理和社会经济数据库，实现重要防洪工程基本信息和社会信息的快速查询。

（5）建立长江、荆南四河、东荆河、沮漳河等重要河段的防汛调度系统，并实现实时制定和优化洪水调度方案，为防洪调度决策提供支持。

（6）建立与省防指和各流域机构、各县（市、区）防汛抗旱指挥机构之间的异地会商系统。

（7）开发全市旱情监测预警和评估系统，开展旱情信息采集试点建设，为宏观分析全市抗旱形势和作出抗旱决策提供支持。

（8）合理加密山洪灾害预测与防治水雨情监测站网，增加预警信息量，提高预测水平和防治能力。

5.3.2　各级防汛抗旱指挥机构应建立专家库，由气象、水文、水利、防洪、抗旱、地质、通信、信息、爆破等方面的专家组成，具体负责提供相关专业的技术咨询。当发生水旱灾害时，由防汛抗旱指挥机构统一调度，及时派出专家组，指导防汛抗旱工作。

5.4　宣传、培训和演练

5.4.1　宣传教育。

（1）汛情、旱情、工情、灾情及防汛抗旱工作等方面的公众信息交流，实行分级负责制，一般公众信息由本级防办负责同志审批后，可通过媒体向社会发布。

（2）当主要江河发生超警戒水位以上洪水，并呈上涨趋势；山区发生暴雨山洪，造成较为严重影响；出现大范围的严重旱情，并呈发展趋势时，按分管权限，由本区域的防汛抗旱指挥部统一发布汛情、旱情、灾情通报，以引起社会公众关注，参与防汛抗旱救灾工作。

（3）防汛抗旱的重要公众信息交流，实行新闻发言人制度，经本级政府同意后，报同级宣传部由防汛抗旱指挥部指定的发言人，按规定通过本地新闻网站、媒体统一向社会发布，可以采取散发新闻稿、组织报道、接受记者采访、举行新闻发布会等形式。

5.4.2 培训。

（1）采取分级负责的原则，由各级防汛抗旱指挥机构统一组织培训。

（2）培训工作应做到规范课程、分类施教、严格考核、结业发证、保证培训工作质量。

（3）培训工作应结合实际，采取多种组织形式，定期与不定期相结合，每年汛前至少组织一次培训。

（4）部队、武警抗洪抢险应急部队的培训，分别由荆州军分区、武警荆州市支队统一安排，市政府和地方有关部门给予必要的支持和协助。

5.4.3 演练。各级防汛抗旱指挥机构应定期举行不同类型的应急演习，以检验、改善和强化应急准备和应急响应能力。专业抢险队伍必须每年进行抗洪抢险演练。多个部门联合进行的专业演练，一般2～3年举行一次，由市防指负责组织协调。

6 善后工作

发生水旱灾害地方的县（市、区）政府应组织有关部门做好灾区生活供给、卫生防疫、救灾物资供应，治安管理、学校复课、水毁修复、恢复生产和重建家园等善后工作。

6.1 救灾

6.1.1 发生重大灾情时，事发地政府应成立救灾指挥部，负责灾害救助的组织、协调和指挥工作。根据救灾工作实际需要，各有关部门和单位可派联络员参加指挥部办公室工作。

6.1.2 民政部门负责受灾群众生活救助，应及时调配救灾款物，组织安置灾民，保证灾民有饭吃、有干净水喝、有衣穿、有临时住所、有病能医，做好灾民临时生活安排，并负责灾民倒塌房屋的恢复重建，解决灾民的基本生活问题。

6.1.3 卫生部门负责调配医务技术力量，抢救因灾伤病人员，对传染源和污染源进行消毒处理，对灾区重大疫情、病情实施紧急处理，防止疫病的传播、蔓延。

6.2 防汛抢险物料补充

针对当年防汛抢险物料消耗情况，市、县防汛抗旱组织机构应按照分级筹措和常规防汛的要求，及时补充防汛抢险物资。

6.3 水毁工程修复

6.3.1 对影响当年防洪安全和城乡供水安全的水毁工程，应组织突击施工，尽快修复。水毁恢复项目及抗旱水源工程，分级列入财政预算；属于工程量大的水毁恢复项目，分级列入基建计划。防洪工程应力争次年主汛期之前恢复主体功能，抗旱水源工程应尽快恢复功能。

6.3.2 遭到毁坏的交通、电力、通信、水文以及防汛专用通信等基础设施，有关部门应按照职责，尽快组织修复，投入正常使用。

6.4 分蓄洪区补偿

荆江分蓄洪区、洪湖分蓄洪区分洪运用后，按照《中华人民共和国分蓄洪区补偿暂行办法》进行补偿。其他分蓄洪区分洪运用补偿由省人民政府制定《湖北省分蓄洪区补偿暂行办法》后，按规定执行。

6.5　灾后重建

各相关部门应尽快组织灾后重建工作。灾后重建原则上按原标准恢复，在条件允许情况下，可提高标准重建。

6.6　防汛抗旱工作评价

各级防汛抗旱指挥机构应实行防汛抗旱工作年评价制度。当年防汛抗旱工作结束后，应对各个方面和环节进行定性和定量的总结、分析、评估，总结经验，找出问题，从防洪抗旱工程的规划、设计、运行、管理以及防汛抗旱工作的各个方面提出改进建议，以进一步做好防汛抗旱工作。

7　省内外沟通与协作

加强省内外、市之间的交流，按省防指要求，积极开展省内外的防汛抗旱减灾交流，借鉴先进的防汛抗旱减灾工作经验，进一步做好我市水旱灾害的防范与处置工作。

8　奖励与责任追究

对抗洪抢险和抗灾减灾作出突出贡献的先进集体和个人，市政府进行表彰并上报省政府或省人社厅、省防指联合表彰；对抗洪抢险和抗旱减灾中英勇献身的人员，按有关规定程序追认为烈士；对防汛抗旱中玩忽职守造成损失的，依据国家有关法律法规和本省有关规定，追究当事人的责任，并依法予以处理。

9　附则

9.1　名词术语解释

洪水风险图：是融合地理、社会经济信息、洪水特征信息，通过资料调查、洪水计算和成果整理，以地图形式直观反映某一地区发生洪水后可能淹没的范围和水深，用以分析和预评估不同量级洪水可能造成的风险和危害的工具。

干旱风险图：是融合地理、社会经济信息、水资源特征信息，通过资料调查、水资源计算和成果整理，以地图形式直观反映某一地区发生干旱后可能影响的范围，用以分析和预评估不同干旱等级造成的风险和危害的工具。

防御洪水方案：是有防汛抗洪任务的县级以上地方人民政府根据流域综合规划、防洪工程实际状况和国家规定的防洪标准，制定的防御江河洪水（包括对特大洪水）、山洪灾害（山洪、泥石流、滑坡等）、台风暴潮灾害等方案的统称。荆州市长江、东荆河、四湖流域、洈水水库、洪湖分蓄洪区、荆江分蓄洪区的防御洪水方案、转移安置预案，由市各流域或县（市、区）防汛抗旱指挥机构按照国务院、国家防总、省政府、省防指有关规定制定，报市政府或市防指批准。防御洪水方案经批准后，有关地方政府必须执行。各级防汛指挥机构和承担防汛抗洪任务的部门和单位，必须根据防御洪水方案做好防汛抗洪准备工作。

抗旱预案：是在现有工程设施条件和抗旱能力下，针对不同等级、程度的干旱，而预先制定的对策和措施，是各级防汛抗旱指挥部门实施指挥决策的依据。

抗旱服务组织：是由水利部门组建的事业性服务实体，以抗旱减灾为宗旨，围绕群众饮水安全、粮食用水安全、经济发展用水安全和生态环境用水安全开展抗旱服务工作。其业务工作受同级水行政主管部门的领导和上一级抗旱服务组织的指导。市政府支持和鼓励社会力量兴办各种形式的抗旱社会化服务组织。

小洪水：水文要素的重现期小于 5 年一遇的洪水。

中洪水：水文要素的重现期 5～20 年一遇的洪水。

大洪水：水文要素的重现期 20～50 年一遇的洪水。

特大洪水：水文要素的重现期大于 50 年一遇的洪水。

水文要素：包括洪峰水位（流量）或时段最大流量，可依据河段的水文特性选择。

一般涝灾：区域受涝成灾面积占播种面积的比例在 30％ 以下。

较大涝灾：区域受涝成灾面积占播种面积的比例为 31％～50％。

大涝灾：区域受涝成灾面积占播种面积的比例达 51％～80％。

特大涝灾：区域受涝成灾面积占播种面积的比例达 80％ 以上。

轻度干旱：受旱区域作物受旱面积占播种面积的比例在 30％ 以下，以及因旱造成农（牧）区临时性饮水困难人口占所在地区人口比例在 20％ 以下。

中度干旱：受旱区域作物受旱面积占播种面积的比例为 31％～50％；以及因旱造成农（牧）区临时性饮水困难人口占所在地区人口比例为 21％～40％。

严重干旱：受旱区域作物受旱面积占播种面积的比例达 51％～80％；以及因旱造成农（牧）区临时性饮水困难人口占所在地区人口比例达 41％～60％。

特大干旱：受旱区域作物受旱面积占播种面积的比例在 80％ 以上；以及因旱造成农（牧）区临时性饮水困难人口占所在地区人口比例高于 60％。

城市干旱：因旱造成城市供水水源不足，实际供水量低于正常供水量，居民生活和生产受到影响。

城市轻度干旱：因旱城市实际供水量低于正常供水量的 5％～10％，出现缺水现象，居民生活、生产用水受到一定程度影响。

城市中度干旱：因旱城市实际供水量低于正常供水量的 10％～20％，出现明显的缺水现象，居民生活、生产用水受到较大影响。

城市重度干旱：因旱城市实际供水量低于正常供水量的 20％～30％，出现明显缺水现象，居民生活、生产用水受到严重影响。

城市极度干旱：因旱城市实际供水量低于正常供水量 30％ 以上，出现极为严重的缺水局面，居民生活、生产用水受到极大影响。

紧急防汛期：根据《中华人民共和国防洪法》和湖北省实施办法的规定，当江河、湖泊的水情接近保证水位或者安全流量，水库水位接近设计洪水位，或者防洪工程设施发生重大险情时，有关县级以上防汛抗洪指挥机构报请省防汛抗旱指挥机构批准后，可以宣布进入紧急防汛期。在紧急防汛期，县级以上防汛抗旱指挥机构可以对壅水、阻水严重的桥梁、码头和其他跨河工程设施作出紧急处置。防汛抗洪指挥机构根据防汛抗洪的需要，有权在其管辖范围内调用物资、设备、交通运输工具和人力，决定采取取土占地、砍伐林木、清除阻水障碍物和其他必要的紧急措施；必要时，公安、交通等有关部门按照防汛抗旱指挥机构的决定，依法实施陆地和水面交通管制。

9.2　预案管理

本预案由市防办负责管理和实施。视情况变化作出相应修改，组织专家评审报市政府批准。各流域管理机构，各县（市、区）防汛抗旱指挥机构根据本预案制定相关江河湖库、区域防汛抗旱应急预案。

本预案自印发之日起实施。

参 考 文 献

[1] 长江水利委员会 . 长江志 [M]. 北京：中国大百科全书出版社，2005.

[2] 湖北省水利志编纂委员会 . 湖北水利志 [M]. 北京：中国水利水电出版社，2000.

[3] 湖北省水利志编纂委员会 . 湖北水利大事记 [M]. 武汉：长江出版社，2006.

[4] 湖北省水利厅，中共湖北省委党史研究室 . 湖北的水利工程建设 [M]. 北京：中共党史出版社，1999.

[5] 荆州地区地方志编纂委员会 . 荆州地区志 [M]. 北京：红旗出版社，1996.

[6] 中共荆州市委政策研究室 . 戊寅大水 [M]. 武汉：湖北人民出版社，1998.

[7] '98 荆州抗洪志编纂委员会 . 荆州地方志办公室 . '98 荆州抗洪志 [M]. 北京：中国经济出版社，1990.

[8] 荆州地区行政公署水利局 . 江汉命脉录 [M]. 北京：中国水利水电出版社，1990.

[9] 荆州市长江河道管理局 . 荆江堤防志 [M]. 北京：中国水利水电出版社，2012.

[10] 荆江分洪工程志编纂委员会 . 荆江分洪工程志 [M]. 北京：中国水利水电出版社，2000.

[11] 洈水水库志编纂委员会 . 洈水水库志 [M]. 北京：中国水利水电出版社，1996.

[12] 漳河水库志编纂委员会 . 漳河水库志 [M]. 北京：中国水利水电出版社，2000.

[13] 荆州地区汉江修防处 . 荆州汉江堤防志（初稿）·上、下册 [Z].1989.

[14] 钟祥水利志编纂委员会 . 钟祥水利志 [M]. 北京：中国水利水电出版社，1999.

[15] 京山县水利志编纂室 . 京山县水利志（初稿）[Z].1988.

[16] 石首市水利堤防志编辑组 . 石首县水利堤防志（初稿）[Z].1987.

[17] 仙桃水利志编纂委员会 . 仙桃水利志 [M]. 武汉：长江出版社，2008.

[18] 天门水利志编纂委员会 . 天门水利志 [M]. 北京：中华书局，1999.

[19] 潜江水利志编纂委员会 . 潜江水利志 [M]. 北京：中国水利水电出版社，1997.

[20] 监利水利志编纂委员会 . 监利水利志 [M]. 北京：中国水利水电出版社，2005.

[21] 松滋水利志编纂委员会 . 松滋水利志 [M]. 北京：中国环境科学出版社，2008.

[22] 江陵县水利志编纂领导小组 . 江陵县水利志 [M]. 孝感：孝感报社印刷厂，1984.

[23] 沙市市水利堤防志编纂委员会 . 沙市水利堤防志 [M]. 太原：山西高校联合出版社，1994.

[24] 荆门市水利志编纂委员会 . 荆门市水利志 [M]. 武汉：长江出版社，2008.

[25] 洞庭湖志编纂委员会 . 洞庭湖志 [M]. 长沙：湖南人民出版社，2013.

[26] 谭其骧：云梦与云梦泽，复旦学报、社会科学版、历史地理专辑，1980.

[27] 张修桂 . 云梦泽的演变与下荆江河曲的形成 [M]. 北京：中国水利水电出版社，1999.

[28] 张修桂 . 中国历史地貌与古地图研究 [M]. 北京：社会科学文献出版社，2006.

[29] 黎沛虹，李可可：夏扬水与东荆河考，武汉大学学报第 54 卷第 6 期，2001.

[30] 聂芳容 . 洞庭湖——演变、治理与综合开发 [M]. 长沙：湖南人民出版社，2013.

[31] 周凤琴 . 荆江历史变迁的阶段性特征，长江三峡下游河道原型观测资料分析文集，1989.

[32] 易光曙 . 荆江的防洪问题 [M]. 武汉：湖北科学技术出版社，2006.

[33] 易光曙 . 漫谈荆江 [M]. 武汉：武汉测绘科技大学出版社，1999.

[34] 易光曙 . 前事昭昭，足为明戒 [M]. 武汉：湖北科学技术出版社，2012.

[35] 易光曙 . 四湖—江汉平原的一颗明珠 [M]. 北京：中国水利水电出版社，2008.

编　后　记

治天下者以史为鉴，治郡国者以志为鉴。1989 年，荆州地区水利局首次成立《荆州地区水利志》编纂委员会，由徐林茂、喻伦元任名誉主任，尹朝贵、曹道生任顾问，朱华义任编委会主任，张宏林任主编，经过张宏林、吴兴信、邓克道、黄华兵等编纂人员两年多的努力，整编出 40 余万字的志书草稿。

2012 年 7 月 19 日，在上级水行政主管部门指导和荆州市委、市政府领导的关心支持下，荆州市水利局党委高度重视，成立《荆州水利志》编纂委员会，由局长郝永耀任编委会主任，易光曙任顾问，郑明进任编辑室主任，副局长李发云具体领导修志工作，动员县（市、区）水利局、市直水利工程管理单位和局机关各科室全面收集、提供资料，齐心协力做好志书编纂工作。

2012 年 9 月，开始收集资料和拟定编写大纲。篇目采用篇、章、节、目 4 个层次排列，以工程门类分篇，横排纵写，大事记以编年体为主，结合记事本末体，经参考其他地方水利志篇目和反复修改，初步确定第一稿为九篇四十八章。志书编写采用分工合作制，由郑明进负责水灾旱灾及防汛抗灾、水利机构与管理的编写；陈少敏负责水利自然环境、防洪工程、水资源开发利用、水利经济的编写；张文亮负责农田水利、水利科技与教育、治水人物与艺文的编写；易光曙负责大事记的编写。志书脱稿后郑明进撰写概述，全书由易光曙进行统稿和修改，于 2014 年 12 月完成初稿。

《荆州水利志》（初稿）经印刷后即分送给市局、防办领导和机关各科室负责人，以及各工程管理单位进行审阅和修改。与此同时，还聘请了湖北省水利厅副巡视员裴海燕、湖北省水利厅宣传中心副主任王晓、荆州市史志办公室总编向耘、荆州市防汛抗旱指挥部办公室原主任张玉峰、荆州市水利局原总工程师欧光华、荆州市长江河道管理局党委副书记王建成、荆州市长江河道管理局总工程师杨维明、湖北省洪湖分蓄洪区工程管理局工会主席易法明、湖北省荆江分蓄洪区工程管理局总工程师徐星华、荆州市四湖工程管理局总工程师严小庆、荆州市涴水工程管理局局长廖光耀、荆州市调水局副局长曾天喜、荆州市三善垸水利工程管理处处长刘顺华等成员为专家组。于 2015 年 1 月 22 日在荆州市水利局召集了上述各位领导、科室负责人、专家组成员对初稿进行认真评审，一致认为《荆州水利志》（初稿）篇幅宏大、内容齐全、结构合理。但考虑到为出一本高质量的志书，充分反映荆州的水利特色，也提出了在篇目上应作适当调整，语言上要进一步精炼，资料要进一步考证核实等许多好的建议。

根据评审会议的意见，对全书的篇目进行了较大调整，由原来的九篇调整为十二篇。由陈少敏负责一～六篇以及第八篇的修改；张文亮负责七、九、十、十一、十二篇的修改；易光曙负责概述和大事记的修改。

2015年6月10日，由湖北省防汛抗旱指挥部办公室副主任徐少军主持，湖北省方志办公办公室副巡视员陈章华，武汉大学教授黎沛虹、王绍良，长江水利委员会长江科学院河流研究所原所长余文畴，长江勘测规划设计研究院规划处原副处长陈炳全，湖北省水利厅副巡视员裴海燕、宣传中心副主任王晓，荆州市史志办公室主任田传章、总编向耘等25位专家学者参加，对《荆州水利志》第二稿进行了认真的评审。一致认为：《荆州水利志》史料丰富，体例完备，事件记述脉络清晰，结构合理，是一部全面反映荆州市（地区）水利发展历史的志书。同时，也提出了需要进一步修改的意见。评审会后，志书编纂人员易光曙、陈少敏、张文亮又各对自己所承担编写的篇章进行交叉修改，全书最后由易光曙终审定稿。

本志在编写前，编纂人员曾多次到湖北省水利厅宣传中心和荆州市地方志办公室汇报并征求意见，先后到襄阳、十堰、宜昌、荆门等兄弟地市水利局学习水利志的编纂经验；长江委荆江水文局、湖北省汉江河道管理局、湖北省漳河工程管理局和天门、潜江、仙桃、京山、钟祥等县（市）水利局为本志书提供了大量有益的资料。

在撰写过程中，为确保质量，有的篇目数易其稿。本志采用了《荆州地区水利志》（送审稿）、《荆江堤防志》《荆州汉江堤防志》（初稿）、《荆江分洪工程志》《漳河水库志》《洈水水库志》及有关县（市）水利志中的大量资料，在此表示感谢。郑明进在负责组织、联络的同时，还参与编写了概述、水旱灾害及防汛抗灾、水利机构与管理和凡例、编后记。陈少敏主要负责水利自然环境、防洪工程、水资源开发利用、水利经济的编写任务；张文亮负责农田水利、水利科技与教育、治水人物与艺文的编写任务。白超美负责文字校对的任务，并对部分章节提出了很好的修改意见。胡中华为志书资料的搜集、打印做了大量工作。全书于2015年12月脱稿。

本志编纂得到了湖北省水利厅和荆州市委、市政府的高度重视，得到了湖北省水利厅宣传中心、长江委荆江水文水资源局、湖北省水资源环境总站、荆州市地方志办公室等单位的大力支持；得到了荆州市水文水资源勘测局、荆州市气象局、荆州市长江河道管理局、荆州市四湖工程管理局、湖北省洪湖分蓄洪区工程管理局、湖北省荆江分蓄洪区工程管理局、荆州市浥水工程管理局等单位的支持与协助；还得到了裴海燕、王晓、陈家泽、向耘、王德春、张玉峰、王建成、张美德、李智民等专家学者的指导。志书前的照片由马齐鸣提供。

在此，谨向所有为《荆州水利志》资料收集、编纂、评审、修改工作作出贡献者表示衷心感谢。

《荆州水利志》纵贯几千年，横及工程门类众多，篇章节目浩繁，行政区划多次变更，编写难度大，加上编修人员水平有限，错漏之处难免，敬请各位领导、专家、读者和同仁提出宝贵意见。